第二次气候变化国家评估报告

《第二次气候变化国家评估报告》编写委员会 编著

科学出版社

北 京

内 容 简 介

《第二次气候变化国家评估报告》由科学技术部、中国气象局、中国科学院等12个部委组成的编写领导小组组织实施，共有16个部门的158位专家参与了评估报告的编写。这是中国第二次组织编制气候变化国家评估报告。

本书内容包括中国的气候变化、气候变化的影响与适应、减缓气候变化的社会经济影响评价、全球气候变化有关评估方法的分析、中国应对气候变化的政策措施、采取的行动及成效5部分，共40章。《第二次气候变化国家评估报告》以满足国家应对气候变化内政外交需求为目标，对我国气候变化研究的关键问题进行了系统梳理，全面反映中国科学界在气候变化领域的最新研究进展，展示了中国在应对气候变化方面的成果。

本书可供中央、地方和国家各级决策部门，以及气候、气象、经济、外交、水文、海洋、农林牧、地质和地理等领域的科研与教学人员参考使用。

图书在版编目（CIP）数据

第二次气候变化国家评估报告/《第二次气候变化国家评估报告》编写委员会编著. —北京：科学出版社，2011

ISBN 978-7-03-032184-8

Ⅰ.①第… Ⅱ.①第… Ⅲ.①气候变化－评估－研究报告－中国 Ⅳ.①P468.2

中国版本图书馆 CIP 数据核字（2011）第173535号

责任编辑：朱海燕 韩 鹏 杨帅英 吴三保 / 责任校对：李 影
责任印制：钱玉芬 / 封面设计：黄华斌

科学出版社 出版

北京东黄城根北街16号
邮政编码：100717
http://www.sciencep.com

中国科学院印刷厂 印刷

科学出版社发行 各地新华书店经销

*

2011年11月第 一 版 开本：889×1194 1/16
2011年11月第一次印刷 印张：46 3/4
字数：1 116 000

定价：280.00元

（如有印装质量问题，我社负责调换）

《第二次气候变化国家评估报告》编写委员会

编写领导小组

组　长　刘燕华　科学技术部/国务院参事室
副组长　郑国光　中国气象局
　　　　丁仲礼　中国科学院
成　员　马燕合　科学技术部社会发展科技司
　　　　苏　伟　国家发展和改革委员会应对气候变化司
　　　　黄惠康　外交部条约法律司
　　　　王衍亮　农业部科技教育司
　　　　段红东　水利部规划计划司
　　　　谢焕忠　教育部科学技术司
　　　　高吉喜　环境保护部科技标准司
　　　　李怒云　国家林业局造林绿化管理司
　　　　雷　波　国家海洋局海洋科学技术司
　　　　柴育成　国家自然科学基金委员会地球科学部
　　　　郭日生　中国 21 世纪议程管理中心

编写领导小组办公室

主　任　马燕合　科学技术部社会发展科技司
副主任　孙成永　科学技术部社会发展科技司
　　　　巢清尘　中国气象局科技与气候变化司
　　　　常　旭　中国科学院资源环境科学与技术局
成　员　蒋兆理　国家发展和改革委员会应对气候变化司
　　　　李　婷　外交部条约法律司
　　　　方　放　农业部科技教育司
　　　　高敏凤　水利部规划计划司
　　　　明　炬　教育部科学技术司
　　　　裴晓菲　环境保护部科技标准司
　　　　蒋三乃　国家林业局造林绿化管理司
　　　　辛红梅　国家海洋局海洋科学技术司
　　　　张朝林　国家自然科学基金委员会地球科学部

袁佳双　中国气象局科技与气候变化司

任小波　中国科学院资源环境科学与技术局

沈建忠　科学技术部社会发展科技司

康相武　科学技术部社会发展科技司

曾经是《第二次气候变化国家评估报告》编写委员会领导组及办公室成员，后因职务变动等原因不再作为成员的有：于庆泰、武贵龙、赵英民、邱志高、郭亚曦、孙翠华、刘舒生、王春峰、罗云峰、高云、吕学都

编写专家组

组　　长	秦大河
副组长	丁永建　林而达　何建坤　周大地　王会军　罗　勇
第一部分	秦大河　丁永建　王会军　丁一汇
第二部分	林而达　吴绍洪　罗　勇
第三部分	何建坤　潘家华　葛全胜
第四部分	丁一汇　于贵瑞
第五部分	周大地

编写专家组办公室

主　　任	罗　勇	国家气候中心
副主任	彭斯震	中国 21 世纪议程管理中心
成　　员	闫宇平	国家气候中心
	张九天	中国 21 世纪议程管理中心
	王文华	中国科学院寒区旱区环境与工程研究所
	明　镜	国家气候中心
	刘颖杰	国家气候中心
	胡　婷	国家气候中心
	胡国权	国家气候中心
	周波涛	国家气候中心
	马　欣	中国农业科学院农业环境与可持续发展研究所
	谢爱红	中国科学院寒区旱区环境与工程研究所

编 写 专 家

第 一 部 分

领衔专家	秦大河　丁永建　葛全胜　王会军
执笔专家	秦大河　戴晓苏　石广玉　张　华　王绍武　唐国利　任国玉
	封国林　丁永建　任贾文　张人禾　王　凡　张德二　葛全胜
	张小曳　蔡祖聪　吴统文　周天军　高学杰　徐　影
贡献专家	王志立　荆现文　黄建斌　陈　峪　邹旭恺　龚志强　马丽娟

刘时银	赵 林	叶柏生	王根绪	赵传成	王 雁	姜 彤
陈 文	高 超	左军成	周凌晞	徐晓斌	明 镜	廖 宏
王在志	辛晓歌	李 博	石 英	吴 佳		

第 二 部 分

领衔专家	林而达	吴绍洪	罗 勇				
执笔专家	林而达	罗 勇	许吟隆	居 辉	张建云	夏 军	叶柏生
	吴绍洪	吴建国	朱建华	左军成	李国胜	蔡榕硕	熊 伟
	李茂松	赵艳霞	郭 元	肖子牛	姜 彤	陶 澍	吴青柏
	高庆先	王长科	陈晓光	周广胜	李原园		
贡献专家	戎 兵	陈敏鹏	潘 婕	蒋金荷	王国庆	效存德	李 岩
	贺瑞敏	尹云鹤	杜 凌	杨晓光	霍治国	高 歌	陈 峪
	张称意	刘颖杰	陈满春	秦保芳	周晓农	师华定	杨 坤
	刘学峰	谢立勇	廉 毅				

第 三 部 分

领衔专家	何建坤	潘家华	陈文颖				
执笔专家	何建坤	滕 飞	徐华清	刘 滨	张希良	王仲颖	胡秀莲
	张阿玲	刘 强	肖学智	苏明山	胡建信	李玉娥	张小全
	潘根兴	陈文颖	姜克隽	陈 迎	段茂盛	高 云	潘家华
	王 毅	李 伟					
贡献专家	周凌晞	麻林巍	高 林	王 宇	周 胜	张慧勇	万 丹
	高清竹	万运帆	刘 硕	石生伟	周 剑	牛玉静	周玲玲
	吕学都	苏利阳					

第 四 部 分

领衔专家	丁一汇	于贵瑞					
执笔专家	刘洪滨	郑景云	唐国利	于贵瑞	黄 耀	王菊英	赵宗慈
	任国玉	王 辉	蔡 怡	丁一汇	林而达	王会军	胡国权
	陈 迎	徐泽鸿	何建坤	张坤民	周 剑		
贡献专家	徐 明						

第 五 部 分

领衔专家	周大地	吕学都	许光清				
执笔专家	徐华清	郁 聪	高 虎	田春秀	董红敏	姜春前	林而达
	高尚宾	王国胜	王国庆	仇天宇	许光清	朱定真	杨宏伟
	陈振林	冯升波	王 毅				

《第二次气候变化国家评估报告》评审专家

第 一 部 分

程国栋　安芷生　曾庆存　姚檀栋　方精云　翟盘茂　王宁练　刘时银
戴永久　魏文寿　赵　林　朱　江　陆日宇　李栋梁　吴德星　周名江
张耀存　刘秦玉　赵　平　武炳义　沈学顺

第 二 部 分

张新时　刘昌明　郑　度　陈宗铺　刘春臻　陈正洪　马继瑞　张长宽
章四龙　张启龙　陈　文　贺庆棠　唐森铭　韩兴国　刘世荣　方长明
包满珠　程义斌　金银龙　蔡运龙

第 三 部 分

杜祥琬　蒋有绪　王　浩　王金南　白荣春　孙向阳　谢祖彬　宋长春
刘子刚　韩国栋　周汝良　阎秀峰　张秀芝　冯　飞　沈彦俊　蔡昌达
朱　蓉

第 四 部 分

吴国雄　符淙斌　张龙军　翟惟东　宋金明　龚道溢　俞永强　江志红
李俊峰　许洪华

第 五 部 分

高广生　陈泮勤　巢清尘　董文杰　任　勇　毛恒青　张军扩　张志强
王苏民　彭斯震

编辑统稿专家

孙惠南　韦志洪　杨勤业　赵宗慈　丁永建　熊　伟　陈文颖　刘洪滨
许光清

《第二次气候变化国家评估报告》评审部门

第一次评审部门（2009 年 12 月）

国家发展和改革委员会、外交部、科学技术部、教育部、环境保护部、水利部、农业部、国家林业局、中国科学院、中国气象局、国家自然科学基金委员会、国家海洋局

第二次评审部门（2010 年 7 月）

国家发展和改革委员会、外交部、科学技术部、教育部、环境保护部、水利部、农业部、国家林业局、中国科学院、中国气象局、国家自然科学基金委员会、国家海洋局、国家能源局

第三次评审部门（2011 年 1 月）

国家发展和改革委员会、外交部、科学技术部、教育部、环境保护部、水利部、农业部、国家林业局、中国科学院、中国气象局、国家自然科学基金委员会、国家海洋局

序

全球气候变化事关人类可持续发展，已成为世界各国面临的共同挑战。新形势下，气候变化问题与国际经济、政治等重大问题相互交织、相互影响，进一步成为国际社会广泛关注的焦点。我国高度重视应对气候变化工作，积极履行与发展程度相适应的国际责任和义务，展现了负责任大国的良好形象；注重充分发挥科学技术的重要作用，出台了一系列重大政策、行为和措施，应对气候变化取得显著成效。

《国民经济和社会发展第十二个五年规划纲要》明确提出，"十二五"期间要实现非化石能源占一次能源消费比重达到11.4%，单位国内生产总值能源消耗降低16%，单位国内生产总值二氧化碳排放降低17%；要求坚持减缓和适应气候变化并重，充分发挥技术进步的作用，完善体制机制和政策体系，提高应对气候变化能力。规划纲要把应对气候变化摆在了更加突出的战略位置，进一步体现了党中央、国务院对应对气候变化工作的高度重视，体现了我国积极履行国际共同义务、促进全球共同发展的负责任态度。

科学应对气候变化，必须有效地把握我国气候变化的基本情况，掌握未来可能的变化趋势，提出行之有效的对策措施。2006年，科技部、中国气象局和中国科学院联合发布第一次《气候变化国家评估报告》，为依靠科技创新应对气候变化提供了基本依据，产生了积极的国际影响。在此基础上，科技部等14部委联合启动实施"应对气候变化科技专项活动"，广泛动员科技界深入开展研究，形成了大量极具价值的结论和成果，为应对气候变化提供了积极支撑。

为更好地满足新形势下我国应对气候变化的需要，2008年年底以来，科技部、中国气象局、中国科学院会同国家发展和改革委员会、外交部、农业部、教育部、水利部、环境保护部、林业局、海洋局、国家自然科学基金委员会共同组织专家启动了《第二次气候变化国家评估报告》的编制工作，力求全面、系统汇集我国应对气候变化有关科学、技术、经济和社会研究成果，准确、客观反映我国气候变化领域研究的最新进展。经过两年多扎实、艰苦、细致的工作，形成了《第二次气候变化国家评估报告》。

报告对我国气候变化的基本情况、发展趋势和我国减排形势、气候变化对经济社会的影响、现有政策的效果等进行了认真评估，对气候变化评估方法进行了深入分析，并依据评估结果提出了新形势下推进应对气候变化工作的政策和行动建议。报告汇聚了各有关部门、各地应对气候变化的主要成果，凝聚了气候变化领域众多专家的智慧和心血，具有较强的参考价值和实践意义。希望报告在我国参与气候变化国际事务、促进经济社会可持续发展方面起到更为积极的作用。我们相信，在党中央、国务院的正确领导下，通过各部门、各地和社会各界的共同努力，我国应对气候变化的目标一定能有效实现，一定能为全球应对气候变化做出应有的贡献。

2011 年 5 月

前　　言

　　自 18 世纪中叶工业革命以来，全球气候正经历一次以变暖为主要特征的显著变化，进入 21 世纪，全球变暖的趋势还在加剧。全球气候持续变暖深刻影响着人类赖以生存的自然环境和经济社会的可持续发展，是当今国际社会共同面临的重大挑战。自 1972 年国际社会开始关注气候变化以来，人类为保护全球环境、应对气候变化共同努力，不断加深认知、不断凝聚共识、不断应对挑战。

　　妥善应对气候变化，事关国内国际两个大局。我国正处于经济快速发展阶段，人口众多、经济发展水平低、气候条件复杂、生态环境脆弱，是受气候变化影响最严重的国家之一，同时我国的自身发展也面临着转变经济发展方式、优化产业和能源结构、保护生态环境、实现可持续发展的需求。

　　我国高度重视气候变化问题，是最早制定实施《应对气候变化国家方案》的发展中国家，是近年来节能减排力度最大的国家，是新能源和可再生能源增长速度最快的国家，也是世界上人工造林面积最大的国家。中国应对气候变化已取得巨大成就。未来中国还将继续把积极应对气候变化作为经济社会发展的一项重大战略。2009 年 11 月 25 日，国务院决定，到 2020 年，我国单位 GDP 二氧化碳排放比 2005 年下降 40％～45％作为约束性指标纳入国民经济和社会发展中长期规划，并制定相应的国内统计、监测、考核办法；非化石能源占一次能源消费的比重达到 15％左右；森林面积比 2005 年增加 4000 万 hm^2，森林蓄积量比 2005 年增加 13 亿 m^3。这是我国对国际社会的庄严承诺，也是对全球应对气候变化的重大贡献。实现这一目标，难度相当大，需要付出更加艰苦卓绝的努力。

　　为了给我国科学决策和妥善部署应对气候变化各项工作提供科学依据，2002 年 12 月由科学技术部、中国气象局和中国科学院联合牵头组织编写第一次《气候变化国家评估报告》，并于 2006 年 12 月 26 日正式发布。为满足新形势下我国应对气候变化内政外交的需求，再次由科学技术部、中国气象局、中国科学院联合牵头组织，国内其他相关部门共同参与的《第二次气候变化国家评估报告》编制组织工作于 2008 年 12 月启动。编写专家组系统总结我国学者取得的气候变化科学研究成果并为未来的科学研究指出方向，旨在为制定国民经济和社会的长期发展战略提供科学决策依据；为我国参与气候变化领域的国际行动提供科技支撑。此次国家评估报告在第一次评估报告的基础上进行拓展和延伸，主要涉及中国的气候变化，气候变化的影响与适应，减缓气候变化的社会经济影响评价，全球气候变化有关评估方法的分析，以及中国应对气候变化的政策措施、采取的行动及成效等五部分内容。《第二次气候变化国家评估报告》的编写以满足国家应对气候变化内政外交需求为目标，突出了中国特色；编写工作对我国气候变化研究的关键问题进行了系统梳理，全面、准确、客观、平衡地反映我国科学界在气候变化领域最新、最重要的研究进展和成果，展示了我国在应对气候变化方面的成效。编写中还客观描述了气候变化问题的科学性和不确定性，注意将评估结论建立在坚实的科学研究基础之上，充分考虑目前对气候变化问题认识的局限性和科学不确定性。本次评估报告的组织工作参考了第一次评估报告的组织经验，充分利用了多部门联合协作机制，还进行了多次专家评审和部门评审，体现了国家评估报告的全面性、综合性和权威性。

总　摘　要

自 2006 年 12 月 26 日中国发布第一次《气候变化国家评估报告》以来，国内外对全球气候变化的认识进一步深化。在此基础上，中国完成了《第二次气候变化国家评估报告》。报告对气候变化的事实、原因和不确定性，气候变化对中国自然和经济社会可持续发展的主要影响，适应与减缓气候变化的政策和措施选择，以及中国应对气候变化的政策、行动与成效等进行了系统的评估。

一、气候变化：事实、影响及其原因

（一）气候变化事实

百年尺度上，中国的升温趋势与全球基本一致。1951～2009 年，中国陆地表面平均温度上升 1.38℃，变暖速率为 0.23℃/10a。1950 年代以来，对流层上层及平流层下层温度略有下降。1880 年以来，中国降水无明显的趋势性变化，但是存在 20～30 年尺度的年代际振荡。1960 年代以来，东亚夏季阻塞高压有增强的趋势，副热带高压与南亚高压亦有增强，冬、夏季风则均减弱。1950 年代以来中国地面总辐射量减少。

1951 年以来，中国的高温、低温、强降水、干旱、台风、大雾、沙尘暴等极端天气气候事件的频率和强度存在变化趋势，并有区域差异。强降水事件在长江中下游、东南和西部地区有所增多、增强，全国范围小雨频率明显减少。全国气象干旱面积呈增加趋势，其中华北和东北地区较为明显。冷夜、冷昼和寒潮、霜冻日数减少，暖夜、暖昼日数增加。登陆台风频数下降，带来的降水量明显减少。全国大雾日数略减，东部霾日明显增加。北方地区沙尘暴频率总体显著减少。

自 1950 年代以来，中国大部分地区冰川面积缩小了 10% 以上，90 年代以来退缩加速，已导致干旱区内陆河流的径流显著增加，但也存在冰湖溃决等灾害的潜在风险。多年冻土的面积减小、温度升高，活动层厚度增加。青藏高原由于多年冻土退化每年释放的水量估计达 50 亿～110 亿 m³。20 世纪后半叶以来，青藏高原积雪深度稳定增加，但本世纪以来大幅减少，新疆北部最大积雪深度显著增加，东北—内蒙古地区积雪深度虽无明显变化，但 20 世纪 90 年代以来波动加大。1950 年代以来，渤海和黄海北部海冰、北方河流和湖泊结冰日数和冰的厚度均呈减小趋势。

蒸发皿观测到中国大部分地区年蒸发量呈减少趋势，西北地区最为显著。1968 年后，华南沿海和北方夏季径流减少，长江流域夏季径流增加。松花江、辽河、海河和黄河流域的年径流量明显减少，长江、海河、黄河流域湖泊湿地萎缩。近 30 年来中国近海海水温度呈上升趋势，冬季升温比夏季明显。1977～2009 年，中国海平面平均上升速率为 2.6mm/a。

气候代用指标表明，过去 1 万年的气候存在千年尺度的周期变化，过去 2000 年存在百年尺度的冷暖、干湿波动，各地"中世纪暖期"、"小冰期"和"20 世纪暖期"的出现和持续时间各不相同。中世纪暖期气候温暖、小冰期气候寒冷，但是中世纪暖期的温暖程度与20世纪暖期相比尚待进一步确定。过去 1000 年间中国大范围持续干旱事件大多出现在寒冷气候背景下。过去 500 年，中国北方多雨的降水分布型在相对温暖背景下的出现频率高于相对寒冷背景。

（二）气候变化的影响

1. 气候变化对各领域的影响

气候变化对中国农业的影响利弊共存，以弊为主。东北水稻种植面积由于气候变暖扩展明显；冬小麦的种植北界少量北移西扩，由于增温小麦需水量加大、冬春抗寒力下降；气候变化导致病虫害种类和世代增加、危害范围扩大、经济损失加重；气候变化造成化肥、农药等投入增加，农业生产成本增大。极端天气气候事件增多，如华北持续干旱、南方干旱、极端高温和极端低温等对农业危害均呈加重态势。

全球气候变化对中国水资源的时空分布产生了一定的影响。在全球变暖背景下，区域性洪涝干旱灾害有增多增强趋势；中国主要江河流域降水、水面蒸发及实测径流量发生了不同程度的变化，总体上，海河、黄河、辽河等北方河流的实测径流量减少较为明显。

气候变化对中国的生态系统与生物多样性产生了可以辨识的影响。冻土变化对生态影响显著，导致长江、黄河源区以及内陆河山区生态系统退化。树种分布变化、林线上升、物候期变化、生产力和碳吸收增加、林火和病虫害加剧等；草地退化加剧、草地物候期变化、草地生产力随降水变化而有地域差异；内陆湿地面积萎缩，功能下降；气候变化加重荒漠生态系统的脆弱形势。气候变化还影响到动物、植物和微生物多样性、栖息地以及生态系统及景观多样性，某些物种的退化、灭绝也与气候变化有关。

气候变化影响大洋环流和季风的变化，通过黑潮和东亚季风的变化影响中国近海和海岸带环境。1989～2009 年，中国近海海水温度明显升高，平均升高 0.6℃，海平面持续上升，平均上升 5cm，近岸海域赤潮灾害加剧、珊瑚礁和红树林生态系统退化、生物多样性减少等；风暴潮的发生频率、强度和灾害增加，海岸侵蚀和咸潮入侵等海岸带灾害加重，并显著影响沿岸湿地生态系统。

中国风暴潮发生的次数无明显增多，但强度有加强的趋势；中国海极值波高在北部区域有减小趋势，南部区域有增大趋势。近几十年来，近海各种生态灾害频频出现。

气候变化在中国所引起的高温热浪等极端天气事件频发不仅直接影响人体健康，同时也会使传染性疾病的患病风险增加。

2. 气候变化对区域的影响

中国地域辽阔，气候多样，不同区域的地理环境、气候特征、经济发展水平等差异显著，气候变化对各区域的影响也有所不同，生态环境越脆弱的地区，受气候变化的影响越显著。

华北地区　近 50 年年均气温呈明显上升趋势，增温率为 0.22℃/10a，降水逐年代减少，气候暖干化明显，加剧了水资源紧张态势，引起浅层地下水位不断下降。气候变暖导致热量增加从而影响该地区的农业产量及布局。

东北地区　近 50 年年平均气温上升速率为 0.3℃/10a，年降水量呈略减少趋势，减少速率为 15mm/10a，降水减少，蒸发增加引起东北西部特别是吉林省中西部地区干旱趋势加重，土地向荒漠化和盐渍化发展，而农作物由于积温增加，种植面积扩大，粮食生产由于受降水影响而波动增大。

华东地区　1961～2005 年平均气温上升速率为 0.21℃/10a，降水量没有明显的变化趋势。气候变暖常伴随热浪发生频率及强度的增加，导致人体心血管、脑血管及呼吸系统等疾病的发病率和病死率增加。夏季持续高温导致用电量不断增长，高温期间（日最高温度大于 35℃）上海地区夏季日最高温度每增加 1℃，日用电量增加 367 万 kW·h，严重影响区域能源安全。20 世纪 80 年代以来，洪涝灾害日趋加重，发生频率逐渐增加。

华中地区　1961～2005 年平均气温上升速率为 0.12℃/10a，年降水量变化趋势不明显，但降水量的空间分布变化明显。气候变化引起该地区洪涝灾害加剧，湿地面积不断减小，气候变化还使得该地区适宜于钉螺和血吸虫生长的时期在过去几十年中有不同程度的延长，血吸虫病暴发几率增大。

华南地区　近 50 年平均气温的增温速率为 0.16℃/10a，而年平均降水没有明显变化。气候变化使得登陆华南热带气旋个数减少，强度增大，登陆时间偏早，移动路径复杂。南海海平面加速上升，1993 年至 2006 年，南海海平面平均上升速率为 3.9mm/a。气候变化特别是长期的人类活动还引起华南地区红树林和珊瑚礁生态系统严重退化。气候变化伴随大规模城市化叠加作用，使得珠三角城市群灾害加剧，用水安全风险加大。

西南地区　20 世纪后 40 年川西高原、云贵高原的增温趋势明显，而四川盆地气温存在明显的下降趋势，降水表现为降雨日数的逐步减少。气候变化引起干旱、洪涝灾害频次增多，程度加重，山地灾害呈现出点多、面广、规模大、成灾快、暴发频率高、延续时间长等特点，该地区山地灾害占全国同类灾害的 30%～40% 以上。气候变化加剧了西南地区生物多样性减少、生态系统退化、岩溶地区石漠化。

西北地区　近 50 年区域年平均增温率达 0.37℃/10a，降水量变化的时空分布不均。气候变化对西北地区的水资源造成严重影响，约 82% 的冰川处于退缩状态。地下水资源总体呈减少趋势，一些地区土地沙漠化问题突出。气候变暖还影响西北地区农牧业发展，近 50 年的气候变暖虽然使绿洲灌溉区农作物的气候产量提高了大约 10%～20%，但使雨养农业区作物气候产量减少了 10%～20% 左右。

青藏地区　20 世纪 80 年代，青藏高原冬春积雪日数增加，而 90 年代呈减少趋势。念青唐古拉峰地区的冰川近期也出现了较大变化，喜马拉雅山脉西段的纳木那尼冰川正在强烈萎缩，冰川末端在 1976～2006 年平均退缩速度为 5m/a 左右，2004～2006 年退缩速度达到 7.8m/a，表现出近期加速后退态势。随着气温的升高，多年冻土退化显著。高原牧区气候变暖，加剧草地水分的散失，牧草生长发育受阻，产草量下降，优良牧草比例下降，杂类草的比例上升。

（三）气候变化的原因

气候变化的原因可以分为自然因子和人为因子两大类。自然因子主要包括火山活动、太阳变化以及气候系统内部因子的变化等。人为因子主要包括人类为了改变生存条件所进行的各类活动。中国气候变化是全球与区域尺度、自然因子和人为因子共同作用的结果。

自 1750 年工业革命以来，化石燃料消费及其他人类活动导致地球大气中 CO_2、CH_4、

N_2O 以及含氯氟烃等温室气体和大气气溶胶浓度迅速增加。2008 年中国大气本底站观测到的大气 CO_2 年均浓度已达 386.1～393.8ppm[①]；1997～2007 年瓦里关全球本底站大气 CO_2 浓度年均增长率约 2.0ppm/a，大气甲烷、氧化亚氮、六氟化硫浓度也呈不断上升趋势。2007 年上旬子观测到的 CFC-11、CFC-12 和 HCFC-22 等温室气体年均浓度与国外本底站相当。与北美和欧洲一些地区一样，中国对流层 O_3 属于北半球高值区。中国大气气溶胶散射效应较强，区域混合气溶胶的浓度相对不高，多种气溶胶综合的气候"冷却"效应明显，对大尺度环流的影响与国际上的前期研究结果明显不同。

人类活动也可以通过改变地表特征而影响气候。1980 年以来，中国陆地生物圈显示出碳汇的作用。

辐射强迫是气候变化的驱动力。对 1750 年工业革命以来上述因子所产生的全球气候变化辐射强迫的最新估计是：长寿命温室气体（包括 CO_2、CH_4、N_2O 和卤代烃）为 +2.63 [±0.26] W/m^2；平流层 O_3 和对流层 O_3 分别为 -0.05 [±0.1] W/m^2、+0.35 [-0.1，+0.3] W/m^2；大气气溶胶（包括硫酸盐、有机碳、黑碳、沙尘和海盐）的总直接辐射强迫为 -2.03 W/m^2，人为气溶胶（硫酸盐、有机碳和黑碳）的直接效应为 -0.23 W/m^2。间接辐射强迫（包括云反照率效应和云生命期效应）为 -1.93 W/m^2。由土地利用及沉积在雪面上的黑碳气溶胶引起地表反照率变化而产生的辐射强迫分别为 -0.20 [±0.20] W/m^2 和 +0.10 [±0.10] W/m^2。

火山喷发具有复杂的气候效应。据估计，其全球辐射强迫大约是 -0.2 W/m^2，北半球平均为 -0.3 W/m^2，略小于人为气溶胶产生的辐射强迫。但是，即使是一次很强的火山活动对地面温度的影响也不超过几年，故难于估计其长期气候效应；自工业革命以来，太阳变化所产生的气候变化辐射强迫为 +0.12 [-0.06，+0.18] W/m^2；地热可以归类于自然强迫因子。现有的资料显示，海洋和陆地的地热流分别是 0.101 W/m^2 和 0.065 W/m^2，海陆面积加权的全球平均值为 0.087 W/m^2，相当于人为强迫因子的二十分之一左右。

气候系统内部各圈层的相互作用造成气候变化，其中海洋与大气相互作用的年际及年代际时间尺度上，如厄尔尼诺（El Nino）、南方涛动、太平洋年代际振动、以及温盐环流和经向翻转环流等对全球和中国气候变化都有明显影响，特别是可能与全球温度变化存在一定的联系。例如厄尔尼诺（El Nino）与拉尼娜（La Nina）事件对全球温度在年代际尺度上可能造成 0.1℃～0.3℃的影响。

但是，20 世纪后 50 年的气候变化几乎不可能用自然原因和气候系统内部因子的变率来解释，人类活动产生的外强迫很可能是造成气候变暖的主要原因。特别值得注意的一个问题是，在研究气候变化的归因时必须分清时间尺度。地球气候可以在年际、年代际、百年、千年、万年、几十万年、百万年甚至千万年到亿年的时间尺度上发生变化，而造成有关变化的驱动力（强迫）在不同的时间尺度上可能是很不相同的。

（四）气候变化的不确定性

观测的 20 世纪以来全球和中国的变暖具有明显的科学基础，其不确定性来自 20 世纪前 50 年中国观测资料的缺失和后 50 余年中国城市化影响尚未完全剔除。

---

① 1ppm＝10^{-6}，下同

对于 20 世纪中国的变暖在近千年中是否为最暖的百年，近 50 年全球和中国的变暖速率以及极端天气气候事件发生频率和强度是否超过古气候和历史气候时期的自然气候变率，近百年和近 50 年中国变暖中人类活动效应和气温的自然的准周期性和年代际变率如何区分，中国降水强度和频率以及各种极端气候事件变化是否有人类活动的信号，以及自然外强迫和气候系统内部相互作用以及人类活动的区分、检测和归因分析等国内所做的研究较少，目前尚难得出明确的结论，存在较大的不确定性，今后尚需做更深入的研究和分析。

二、未来可能状况：变化与潜在影响

（一）未来可能的变化

利用多个气候系统模式集合平均，预估到本世纪末，中国年平均温度在 B1（低排放）、A1B（中排放）和 A2（高排放）情景下将比 1980～1999 年平均分别增加约 2.5℃、3.8℃和 4.6℃，比全球平均的温度增幅大。A1B 情景下，全国年平均降水有所增加，中心位于青藏高原南部及云贵高原，以及长江中下游地区。但上述降水变化趋势并非全年一致。夏季降水在除塔里木盆地西部等个别地区外，都表现为一致的增加趋势，而冬季青藏高原南部和华南部分地区降水减少，其他地区降水则增多。

中国海平面将继续上升，到 2030 年，全海域海平面上升将达到 80～130mm。

21 世纪末，中国大部分地区的降雪日数将减少，青藏高原东部、南部是减少最大的地区，达 50 天以上。稳定积雪区（积雪日数大于 60 天的区域）面积将减少 10％左右。年平均积雪量的变化与积雪日数的变化总体上表现一致，但存在区域差异。

（二）未来可能的潜在影响

1. 农业

未来气候变化将改变现存的种植制度。到 2050 年，中高纬度地区的作物可能向更高纬度扩展，喜温高产种植面积可能扩大。气候变暖可使作物带向极地移动，年平均温度每增加 1℃，北半球中纬度的作物带可在水平方向北移 150～200km，垂直方向上移 150～200m。温度升高 1℃，水稻单产下降 10％。在品种和生产水平不变的前提下，温度上升 1.4℃，降水增加 4.2％，中国一熟制种植面积可由当前的 62.3％下降为 39.2％，二熟制面积变化不大，三熟制可由 13.5％提高到 35.9％。21 世纪末，全球平均气温上升 4℃左右时，中国单季稻面积还可以向北扩展 50 万 hm²，双季稻面积还可以扩展 620 万 hm²。

如果不考虑任何适应措施，全球温度升高 2.5℃左右将会导致中国粮食作物产量降低，单产最高下降幅度约 20％；如果考虑可能的气候变化适应措施（如 CO_2 肥效，适应技术等），则可以部分抵消升温的危害，一些作物产量还可能略有增加。按照可持续的社会发展模式和人口增长速率，如果高浓度 CO_2 的肥效作用充分得到利用，中国就可以保证 2030 年人均 400kg/a 的粮食需求，再结合其他技术进步等适应措施，气候变化不会造成中国粮食安全问题。需要明确，粮食供给还取决于水资源、土地利用等因素的变化，未来农业用水的供给将成为粮食总产增加的一个主要限制因子，到 21 世纪下半叶，如果缺乏有效的应对措施，气候变化依然可能对国家的粮食安全构成威胁。

2. 水文水资源

预计 21 世纪中期，长江、黄河、松花江和珠江 4 条河流的径流量可能增加，其中，松花江、珠江增加幅度相对较大，长江和黄河增幅略小。在黄河河源区，降水变化对径流量的影响较大，气温影响相对较小；而未来黄河源区的降水量可能增加，在一定程度上可能缓解近 20 年黄河上游径流量减少趋势。

2050 年前后，除宁夏、吉林和海南省径流可能减少较多，陕西省略微减少，四川省基本不变外，其余各省可能有不同程度的增加，且南方地区以福建省增幅为最大，北方地区以新疆地区增幅为最大。在不同排放情景下，全国未来百年平均径流量较 1961～1990 年增多 7%～10%。

3. 陆地生态系统

受气候变化影响，到 21 世纪末，中国森林植被类型和物种的分布可能发生大范围的迁移。东北森林垂直分布带有上移的趋势；若降水也增加，则大兴安岭森林群落中温带针阔混交林树种的比例增加；落叶针叶林的面积减少很大，甚至可能移出中国境内；温带落叶阔叶林面积扩大，较南的森林类型取代较北的类型；高寒草甸可能被稀树草原和常绿针叶林取代，森林总面积增加。总体而言，生长力极有可能增加。但因极端气候事件的发生，如温度升高导致夏季干旱，及其引发火灾等，可能会使森林生态系统生产力下降。

到 21 世纪末，北方草原区可能发生的暖干化将导致各干旱地区的草原类型向湿润区推进，即目前的各草原界线将会东移。青藏高原、天山、祁连山等高山牧场温度升高，各类草原的界线也会相应上移 380～600m。温带草原增幅较大，面积可能由 8.3 万 hm^2 增至 25.4 万 hm^2，而温带灌丛/草甸的面积也由 13.9 万 hm^2 增至 31.6 万 hm^2。

到 21 世纪末，气候变化将使物种分布范围产生一定变化。气候变化将对大熊猫、滇金丝猴和白唇鹿等分布产生极大影响，使分布区破碎化。另外，气候变化将对植物物种分布范围有一定的影响。

到 21 世纪末，气候变化将使物种优势度改变。如东部样带中温度升高 1℃后，高位芽植物比例增加，地面芽和地下芽植物比例下降；温度增加 5℃，降水变化不大的情景下，高山岳桦林中云杉、冷杉和落叶松优势度将增加。未来 50 年气候变暖和 CO_2 浓度倍增情景下，黑龙江宜春地区的红松阔叶林中落叶松、山杨和白桦优势度将降低。

4. 海岸带环境

预计未来 30 年，中国沿海海平面将继续上升。全海域 2030 年比 2009 年上升 80～130mm，同时存在显著的区域差异。与 2009 年比，渤海升高 68～118mm，黄海升高 82～126mm，东海升高 86～138mm，南海升高 73～127mm。天津、上海、广东沿海海平面的涨幅最大，分别将达到 76～145mm、98～148mm 和 83～149mm。2050 年珠江口绝对海平面将上升 90～210mm。

未来海平面上升导致风暴极值水位的重现期明显缩短。至 2050 年，长江三角洲、珠江三角洲和渤海西岸 50 年一遇的极值水位将缩短为 5～20 年一遇。

海平面上升可加剧海岸低地的淹没。在现有海堤的情况下，2080 年相对于 2000 年，黄河三角洲及渤莱沿岸、长江三角洲和江浙沿岸、珠江三角洲的可能淹没面积约为 1.8 万 km²。

在考虑现有堤防情况下，在 2030 年海平面上升预测值和百年一遇高潮位出现时，对沿海土地面积、人口数量和 GDP 的可能影响比例分别为 19%、10% 和 20%。

未来气候变化进一步影响近海生态环境和生物多样性。温度升高 2℃ 后，红树植物分布区的北界可能由现在的福建省福鼎县到达浙江省嵊县附近，群落物种也会增加。大气中 CO_2 浓度的升高将导致海洋进一步酸化，预计到 2100 年南海南沙表层水中 $CaCO_3$ 的各种矿物饱和度将下降至 43% 左右，该海域珊瑚礁的平均钙化速率将有较大程度的减少。

5. 人体健康

气候变化及其引起的极端天气气候事件增多对人体健康具有重要的影响，且以负面影响为主。气候变暖对人类健康影响最严重的是，导致病原性传染性疾病的传播和复苏，影响疾病的分布和发病。这些疾病的传播媒介和中间宿主的地区分布和数量取决于各种气象因素（温度、湿度、雨量、地表水及风等）和生物因素（植被、宿主种类及寄生虫和人类干预）。多数虫媒疾病都属温度敏感型传染病，气候变化将引起疾病传播媒介的地理分布范围扩大，从而增加了媒介传播性疾病的潜在危险（如血吸虫病、疟疾、登革热等），随着气候变化，疟疾、血吸虫病、登革热等虫媒疾病将殃及世界 40%～50% 人口的健康。在中国东部疾病流行区有向北扩散的趋势。基于观测到的气候变化事实，实验观测和趋势模拟表明，血吸虫的中间宿主钉螺最北分布带与年最低温 0℃ 线基本吻合，而随着气候变化，0℃ 线呈北移趋势，加之南水北调等大型水利工程的实施，可能引起钉螺最北分布带向北扩散，将会增加敏感区域血吸虫病传播的风险。2030 年血吸虫病潜在分布地区出现了北移，主要北移至江苏北部、安徽北部、山东西南部、河北南部等部分地区，而 2050 年将进一步北移，涉及山东省及河北省，中国西北部的新疆局部地区也为适合血吸虫病潜在传播区域。

（三）气候模式预估的不确定性

通过与实测和 IPCC AR4 多模式集合结果的比较，评估了我国最新研发的两个全球耦合气候系统模式 BCC-CSM 和 FGOALS 对当代平均气候态和 20 世纪气候变化的模拟再现能力，表明气候模式在模拟全球、半球、洋盆尺度气候和气候变化方面具有较高的可靠性，目前气候模式是预测未来气候变化和影响的最主要的工具，但由于科学水平的局限，气候模式的预测存在不确定性，如对气温、降水的区域模拟存在偏差。

三、适应气候变化的政策和措施

（一）农　　业

调整农业种植结构和布局。根据未来光、温、水资源分配和农业气象灾害的新格局，趋利避害，科学地调整种植制度和作物布局，降低农业对气候的脆弱性，促进农业稳产、高产、高效。

发展现代生物与高新技术。加强光合作用、生物固氮、抗御逆境、设施农业和精准农业等高新技术的研发和利用,通过体细胞无性繁殖技术、原生质融合技术、DNA重组技术等生物技术,快速有效地培育出抗逆性强、高产优质的作物新品种,增强农业生产系统适应气候变化的能力。

推广更新农业管理措施。通过高效利用水资源、控制水土流失、增加灌溉和施肥、防治病虫害、推广生态农业等管理措施,提高农业适应气候变化能力。另外,采用盐碱沙荒、水土流失等综合治理措施,逐步改中低产田为高产田,提高土地利用率和产出率。

改善农业基础设施与条件。以改土治水为中心,加强农田基本建设,改善农业生态与环境,通过更新改造老化农业灌排工程、发展农业节水设备和配套设施、强化自然灾害防御工程建设等,不断提高农业对气候变化的适应能力和抗灾减灾水平。

(二) 水 资 源

适应气候变化,转变水资源管理思路;加强需水管理,全面建设节水型社会:实施以供定用的水资源平衡策略,各行业加强需水和用水管理,加大水的重复利用和循环利用,提高用水效率。

实施严格的水资源保护,维护可再生能力;强化非常规水源利用,实现多种水源综合配置:以水功能区管理和基本生态用水保障为重点,加强水源涵养工程、水资源战略储备体系和应急水源建设;加大雨洪资源利用和废水利用。完善多种水源的优化配置和调度系统。

加强基础设施建设,提高防洪抗旱及水资源调配能力:加强以水库、河道、堤防、蓄滞洪区为主的大江大河防洪工程体系建设力度;实施大型灌区骨干工程续建配套与节水改造,加快丘陵山区和其他干旱缺水地区雨水集蓄利用工程建设和山洪灾害频发地区的治理步伐。

将气候变化纳入到水资源评价和规划范畴;加强应急预案编制和应急机制建设:在水资源规划中对气候变化的影响给予足够的重视,增强规划的针对性和适应性;建立和完善针对突发灾害的应急机制、体制,加强应急预案的编制工作规划与落实。

健全法规和制度体系,保障水利应对气候变化措施的实施:国家颁布了《水法》、《防洪法》、《水土保持法》、《水污染防治法》、《抗旱条例》等法律法规,需要进一步完善适合国情、考虑气候变化的水利政策法规体系,逐步加大相关法律法规监管实施力度。

针对未来气候变化对水资源的可能影响,在中国北方的水资源紧缺地区,需要加强水资源管理和保护,全面建设节水型社会;调整产业结构,减少高耗水产业;强化非传统水源利用和水利基础设施建设,提高多种水源的优化配置。在中国南方洪涝频发区,需要加强大型控制性水利工程和蓄滞洪区建设,强化暴雨洪水的警预、预报能力,加强应急预案编制。

(三) 陆地生态系统

在森林生态系统上进行植树造林、提高森林覆盖率,扩大封山育林面积,科学经营管理人工林,提高森林火灾、病虫害的预防和控制能力等。根据气候变化的情况,采取针对性适应措施,推进宜林荒山荒地造林,实施天然林保护、退耕还林、京津风沙源治理、速生丰产用材林、防护林体系建设工程和建设生物质能源林基地,加快扩大森林面积、提高森林覆盖率和生产力。

根据气候变化对不同地区牧草返青期、黄枯期、生长期的影响,及时调整放牧方式和时间。春季返青期较为敏感期间应停止放牧，对牧草返青推后的地区合理推迟放牧时间，促进牧草正常返青生长。在牧草产量下降明显的地区，适当减少该地区的放牧程度，或通过灌溉和补种增加产草量，有效控制草原的载畜量，以草定畜，保持畜草平衡，逐步实施草地分类经营分期放牧及草地休闲利用。

从湿地生态系统的生态、水文与地球化学过程的需求出发，优化水坝、水闸等水利工程调度机制，科学管理湿地生态系统，加强湿地生态治理和污染控制，提高湿地在抵御气候变化风险方面的能力。重点解决湿地生态补偿和重要退化湿地的生态补水问题，有计划地开展湿地污染物控制工作，实施湿地退耕（养）还泽（滩）项目，扩大湿地面积，提高湿地生态系统质量。通过试点，逐步解决并实施湿地生态效益补偿制度，建立湿地保护长效机制。根据湿地类型、退化原因和程度等情况，因地制宜地开展湿地植被恢复工作，提高湿地碳储量。

从保护荒漠资源、防治荒漠化、合理利用水资源、保护生物多样性和灾害防治等方面提高荒漠生态系统的适应能力。加强生物治理技术的推广应用，加大工程治理荒漠化力度、化学治理技术的开发和应用，建立健全荒漠化土地综合整治与管理体系。开展防沙治沙及防治荒漠化技术研究，大力发展沙产业。针对分布在大江大河源头，且遭受人为破坏严重的半乔木、灌木、半灌木和垫状小半灌木荒漠生态系统，建立一批沙化土地封育保护区，实行封禁保护。保护西部地区独特的植被资源，增强这类生态系统碳吸收功能，在沙化土地封禁保护区内，禁止一切破坏植被的生产建设活动，确实保护沙区植被和荒漠生态系统。

系统监测生物多样性对气候变化响应，评估脆弱性：监测物种、栖息地和气候变化相关因子，建立生物多样性适应气候变化预警监测体系，系统评估气候变化对生物多样性的影响，确定脆弱性，提高国家生物多样性保护适应气候变化的整体能力。建立濒危物种繁育基地，扩大濒危种群数量，开展物种驯化，增加自然适应能力。

（四）近海与海岸带

在对中国沿海海平面变化、地面垂直升降，以及海洋水文和环境生态、潮滩湿地、海岸侵蚀、土地盐渍化、咸潮入侵等动态长期监测基础上，研究海平面上升对海洋工程标准的影响，建立中国近海和海岸带影响的预警系统、近海和海岸带环境与生态系统影响评估体系，以及应对气候变化的中国海岸带综合管理体系。

中国沿海有约 2/3 的海岸线虽然建有海堤和防护带，但防潮标准普遍较低，在气候变化尤其是海平面上升的背景下，防潮标准变得更低。在海平面上升的背景下，今后防潮设施建设的重点主要应该包括提高防潮设计标准和加高加固现有防护设施和新建防潮设施兴建海岸防护工程，发展海岸防护林，有效防御海岸侵蚀、风暴潮、洪涝等灾害的袭击，建立滨海湿地、红树林和珊瑚礁生态保护区，保护近海和海岸带生态系统。在海平面上升预测的基础上，合理规划沿海防潮标准，增加防潮设施的投入，到2030年千年一遇标准的海堤提高至沿海海堤总长度的 10％，百年一遇增至 40％，50 年一遇增至 50％。

（五）人体健康

建立和完善气候变化对人体健康影响的监测、预警系统，为社会提供内容丰富、准确、及时、权威的疾病监测、评估、预测、预警。结合极端天气事件与人体健康监测预警网络，对发生的极端天气气候事件所致疾病进行实时监测、分析和评估。

在受气候变化影响的敏感区域强化综合应对措施。在对气候变化影响评价并建立完善监测预警系统和网络的基础上，开发相关应急预案，特别是针对高温热浪、暴雨洪涝、风暴、沙尘暴、干旱、雾霾等极端天气气候事件，开发相关应急预案，实施相应的预防控制技术和适应技术，降低因气候变化导致传染病对人类的危害。

加强气候变化对人体健康影响和适应措施相关科学研究。气候变化对人体健康的影响毋庸置疑，但其对人体健康影响的机制和程度尚存在很多不确定性，如何应对气候变化，保护人类健康更是日趋紧迫的课题。因此，加强国际和国内多领域、多学科的合作，有必要开展相关研究，如：利用国内外气象和气候数据资料，应用地理信息系统技术，集成疫情和其他环境数据库，建设气候变化及其对人体健康影响相关的科学研究基础数据库，从而建立中国气候变化对人体健康影响评价体系，对中国主要流行病、传染病开展气候风险评估和气候区划研究，确定各季节、各地区传染病防治的重点具有重要的意义。

四、减　　缓

减缓温室气体排放主要途径包括：①强化节能，包括加强技术进步、提高能源转化和利用效率的技术节能，也包括转变发展方式、调整产业结构、推进产业升级、提高产品增加值率的结构节能；②发展核能、水电、风电、太阳能等新能源和可再生能源，优化能源结构，降低单位能源消费的碳排放量；③控制工业生产过程温室气体排放；④减少农业温室气体排放，并通过植树造林、减少毁林、森林管理、封山育林等增加森林碳汇。

（一）能源供应部门的减排技术和潜力

采用自下而上的方法，从技术特征、经济性、发展潜力、推广障碍几个方面，系统分析了主要能源转换技术的发展潜力和减排效果。对先进高效燃煤发电技术、煤基多联产技术、碳捕集和封存技术、核电技术、水电技术、风电技术、太阳能发电、生物质能发电技术和生物燃料技术等进行了评估，并给出了促进这些技术发展和应用的政策建议。与 2005 年相比，到 2020 年中国能源供应部门主要减排技术的减排潜力可达到 18 亿 t CO_2 左右。从减排潜力和减排成本两个方面看，在 2005 年至 2020 年期间，中国能源供应部门优先发展和推广的 CO_2 减排技术是超（超）临界发电技术、水电、核能和陆上风电，这四类技术不仅减排潜力大而且减排成本较低。

（二）终端能源利用部门的减排技术和潜力

针对 2005 年至 2020 年中国能源终端利用部门减排 CO_2 的技术潜力和成本的评估及不确定性分析表明，减少 CO_2 排放的技术和实践一直在不断发展，其中许多技术集中在工业、交通运输和建筑等能源终端利用部门，是中国目前和未来减缓碳排放增长的主要部门。2020 年中国能源终端利用部门技术减排潜力约 22 亿 t CO_2，其中工业、交通运输和建筑部门分别占 46％、28％和 26％。要实现这些技术的减排潜力，关键在于能源效率提高和减排成本降低的速度，以及技术推广的力度。此外，还需要努力克服经济、社会、行为和（或）体制上的种种障碍。

（三）工业生产过程中的减排技术和潜力

工业过程排放温室气体相对比较复杂，涉及的温室气体种类较多，包括 CO_2、N_2O 以及含氟气体等。排放领域较多，排放状况、减排技术差异大，对环境、经济和社会的影响也比较复杂。经综合分析相关工业过程上下游产业和技术发展现状及趋势，以及相关国际国内政策，预计到 2020 年，中国工业生产过程温室气体相对减排潜力约为 2.39 亿～5.43 亿 t CO_2 当量。将这些减排潜力变为现实，需要国际社会与中国政府共同努力，联手为减缓全球气候变化做出贡献。

（四）农林及其他土地利用的减排增汇技术和潜力

减少农业温室气体排放，增加农田、草地、湿地和森林生态系统碳汇的技术措施具有相当潜力。减缓稻田甲烷排放的技术措施涉及间歇灌溉、肥料管理、选择高产低 CH_4 排放速率的水稻品种以及使用稻田甲烷抑制剂，间歇灌溉可以减少稻田甲烷排放 30%～40%，相对于使用厩肥而言，堆肥和沼渣可以减少 40%～60% 的 CH_4 排放；减缓农田 N_2O 排放的技术措施包括精准施肥、选用肥料品种、改善施肥方式和使用硝化抑制剂等；施用有机肥、秸秆还田与免耕等能够增加农田土壤碳储量 $0.47～0.96$ t C/(hm²·a)；秸秆综合利用和发展能源作物也是农业领域减排增汇的主要措施，秸秆青贮、氨化每年可减少 CH_4 动物肠道甲烷排放约 17 万 t，能源作物的减排潜力为 0.66 亿万 t CO_2。发展户用沼气池和推动规模化养殖企业发展大中型沼气工程处理动物粪便，是减少粪便温室气体排放和能源替代的有效措施。2015 年，全国户用沼气可减排 0.78 亿～1.2 亿 t CO_2/a，2015 年沼气工程可减排 268 万 t CO_2。

植树造林、减少毁林、森林管理、封山育林等活动增加森林碳汇。林业活动碳吸收汇主要来自林木生长碳吸收，土壤仅占总碳源汇量的 10% 左右。如果选取 2000 年作为基年，2010～2030 年植树造林、减少毁林、森林管理、封山育林的净碳汇吸收量为 4.17 亿～6.10 亿 t CO_2/a。

（五）减缓未来温室气体排放的相关因素

除部门和技术减排因素外，未来温室气体排放还取决于中国未来社会经济以及能源与环境发展的目标，具体因素包括经济增长、人口与城市化水平、产业结构、能源技术创新、能源安全、国际贸易与内涵排放等。中国未来的能源与 CO_2 排放会随着经济的增长而适度地增加。未来能源与 CO_2 排放情景具有不确定性。中国还处于快速工业化阶段，经济增长率高，未来能源与 CO_2 排放情景的不确定性要大大高于发达国家。经济增长的不确定性是影响未来中国能源消费与碳排放不确定性最关键的因素，未来 GDP 能源强度或 GDP 二氧化碳强度的不确定性要低于能源消费量或 CO_2 排放量的不确定性。中国提出实现 2020 年 GDP 二氧化碳排放强度比 2005 年下降 40%～45% 的自主减缓行动目标，符合中国的国情和发展阶段特征。为实现该目标，2010～2020 年总共需要新增投资大约 10 万亿元人民币，其中节能、新能源与可再生能源发展各需新增投资约 5 万亿元。

（六）转变经济发展方式，走中国特色的低碳发展之路

转变经济发展方式，走以低碳为重要特征的新型工业化和城市化道路，既是中国应对全球气候变化的需要，也是贯彻落实科学发展观，建设资源节约型和环境友好型社会，实现可持续发展的必然选择。中国在能源供应、终端利用、生产过程、土地利用等方面，通过整合可持续发展的政策措施，可以积极有效地向低碳发展方式转型。当然，实现低碳发展需要加强技术创新，加快先进低碳技术研发和产业化步伐；需要加大投入，加速发展低碳战略性新兴产业，促进传统产业转型升级，实现低碳化发展；需要加强体制和机制建设，为低碳发展创造良好的制度环境、政策环境和市场环境；同时也需要倡导低碳社会消费观念，改变不可持续的生活方式。尽管中国当前的发展阶段不可能在短期内实现绝对的低碳化，但从长远看，发展低碳经济与中国的可持续发展是协同一致的。全面参与国际合作，调动全社会力量，必将加速中国的低碳化进程。

五、中国应对气候变化的政策、措施与成效

中国是世界上最大的发展中国家，人口众多、人均资源禀赋不足，还没有完成工业化、现代化的任务。2009 年年末，全国人口达到 13.35 亿，人均国内生产总值约合 3700 美元，位居世界第 99 位。按中国政府现行扶贫标准，还有数千万贫困人口，发展经济、改善民生的任务相当艰巨。作为一个负责任的国家，2007 年，在《中国应对气候变化国家方案》中明确提出了到 2010 年单位 GDP 能耗将比 2005 年下降 20% 左右，可再生能源开发利用总量在一次能源供应结构中的比重提高到 10% 左右的目标。2009 年，中国政府进一步提出了到 2020 年单位 GDP 二氧化碳排放比 2005 年下降 40%～45%，非化石能源占一次能源消费比重达到 15% 左右，森林面积比 2005 年增加 4000 万 hm^2，森林蓄积量比 2005 年增加 13 亿 m^3 等控制温室气体排放行动目标，这是中国根据国情采取的自主行动，也是为全球应对气候变化做出的巨大努力。

（一）适应气候变化的政策与行动

中国气候条件复杂，生态环境脆弱，易受气候变化的不利影响。中国高度重视气候变化对不同领域和不同地区的影响，坚持以增强防灾减灾能力和提高适应气候变化能力为目标，在农业、林业、水资源和海岸带等适应气候变化领域采取了一系列政策措施，取得了明显效果。

中国农业克服了气候变化的不利影响，取得了高产丰收。中国重视以保障粮食生产安全为中心的农业适应气候变化的政策与行动，加大对粮食生产扶持力度，在加强农业基础设施建设、转变农业生产方式、加强抗逆品种研究与推广、建设节水等示范项目、提高农业防灾减灾能力等方面取得了积极的成效。

中国制定并实施了一系列增强林业适应气候变化能力的法律法规，建立了具有中国特色

的森林资源管护制度。强化了对天然林的保护，实施了野生动植物自然保护区以及湿地保护工程的建设，加大了生态脆弱区域生态系统功能的恢复与重建。同时，退耕还林工程、"三北"防护林体系建设工程、京津风沙源治理工程、长江流域防护林体系建设工程、海岸防护林体系、农田防护林体系等重大林业生态建设工程的实施，提高了这些区域适应气候变化的能力。

中国在完善政策法规、加化水资源管理、加快南水北调工程等水利基础设施建设、加大水资源配置、综合节水和海水利用技术开发、核定水域纳污能力等方面采取了综合性举措，在一定程度上缓解了水资源供需矛盾，促进了水资源的可持续开发利用，并增强了水资源适应气候变化的能力。

中国加强了沿海和岛屿的观测网点，开展了海洋环境风险评估，完善了极端海洋灾害的预警预报和应急响应机制，推进实施了海洋保护区和海洋生态护岸工程，加强了海岸带水资源综合管理，并开展了海洋领域适应气候变化的科技专项行动。

（二）减缓气候变化的政策与行动

中国目前正处于工业化、城镇化快速发展的关键阶段，生态环境脆弱，能源结构以煤为主，控制温室气体排放面临严峻挑战。中国在可持续发展的框架下，把控制温室气体排放与国内节能降耗、发展可再生能源、植树造林等相关政策措施有机结合，在减缓温室气体排放方面已取得了显著成效。1990~2009 年，中国单位 GDP 的 CO_2 排放下降了 55%，远远超过了发达国家和世界的平均水平，为全球减缓气候变化做出了积极的贡献。

中国历来重视节约能源和开发利用低碳能源。"十一五"期间，通过综合运用经济、法律、技术和必要的行政手段，加大资金投入，甚至不惜代价关停、淘汰落后生产能力，中国的单位 GDP 能耗和主要高耗能产品的综合能耗持续下降。到 2009 年年底中国的单位 GDP 能耗累计下降了 15.6%。中国制定了促进可再生能源和核电发展的相关规划，形成了包括法律、产业、技术和财政等内容的低碳能源发展政策框架，中国低碳能源应用的规模正不断扩大，2009 年中国商品化非化石能源消费量达到 2.4 亿 tce。

中国近年来的循环经济实践为提高资源、能源利用效率、控制温室气体排放做出了积极的贡献。到 2008 年，中国的工业固体废弃物综合利用率达到 64.9%，近 1/4 的钢产量来源于废钢，20% 的水泥原料的来自于固体废物，1/3 的纸浆原料来自再生资源。

中国加大了农村清洁能源供给以及控制农业部门温室气体排放的力度。截至 2008 年年底，中国年产沼气量达到 120 亿 m^3，相当于减少 CO_2 排放 4900 万 t。同时，在农业部门通过推广高产水稻品种、水稻灌溉管理技术、秸秆青贮氨化技术、配方施肥等措施也在一定程度上减缓了 CH_4、N_2O 等温室气体排放。此外，中国还通过实施保护性耕作、加强草原保护与建设等增加了农业土壤碳汇和草原碳汇。

中国通过大力开展植树造林、退耕还林和封山育林等，有效地促进了森林资源的恢复和增长，增强了森林碳汇能力。据估算，1980~2005 年中国造林活动累计净吸收约 30.6 亿 t CO_2，森林管理累计净吸收 16.2 亿 t CO_2，减少毁林排放 4.3 亿 t CO_2。

（三）提高全社会应对气候变化意识

提高全社会应对气候变化意识是中国应对气候变化政策和行动的重要内容，通过节能减排、低碳生活等一系列宣传教育和公众参与活动,中国公众应对气候变化的意识进一步提高,全社会积极应对气候变化的氛围正在逐步形成。

中国重视应对气候变化方面的教育和宣传。中国政府有关部门在正规教育和非正规教育中都涵盖了应对气候变化的内容,并通过各种媒体手段普及气候变化知识。非政府组织近十几年在中国得到了蓬勃发展,在推动全社会应对气候变化的意识方面发挥了积极的作用。根据不同来源的调查问卷显示,中国大城市公众的气候变化意识有了明显的提高,但农村地区居民的气候变化意识亟待加强。

中国地方各级政府通过制定应对气候变化省级方案、创建低碳城市和发展低碳产业等工作,其应对气候变化的意识正在逐步提高。中国企业应对气候变化意识的提高主要表现在企业的社会责任感得到了加强,积极参加 CDM 项目,并在自愿性碳减排、碳交易、碳中和等方面做了有益的尝试。

(四) 气候变化领域国际合作

中国政府从中国人民和人类长远发展的根本利益出发,按照共同但有区别的责任原则,积极参加了应对气候变化的国际谈判和合作。

中国积极支持和参加《联合国气候变化框架公约》和《京都议定书》框架下的活动,努力推动气候变化领域国际社会的交流与互信,促进形成公平、有效的全球应对气候变化机制,促进《公约》和《议定书》的有效实施。中国已有 715 个 CDM 项目在 EB 注册,注册年减排总量接近 2 亿 t CO_2 当量,为国际社会减缓温室气体做出了积极的贡献。

中国加强气候变化领域的双边对话与务实合作,分别与欧盟、印度、巴西、南非、日本、美国、加拿大、英国、澳大利亚等国家和地区建立了气候变化对话与合作机制,并将气候变化作为南南合作的重要内容,发起建立了中非应对气候变化伙伴关系和"基础四国"气候变化部长级磋商机制,积极维护发展中国家的共同利益和团结。

中国积极参与气候变化相关领域国际科技合作计划,并加强与相关国际组织和机构的信息沟通和资源共享。中国专家积极参与 IPCC 的工作,为历次评估报告的编写做出了贡献。

(五) 应对气候变化的体制机制建设

中国政府在完善相关法律法规、成立中央和地方应对气候变化管理机构、建立推动CDM 项目合作的体制机制等方面采取了一系列综合措施,初步建立了应对气候变化的体制机制框架。

中国政府认真贯彻实施《环境保护法》、《节约能源法》、《可再生能源法》等相关法规。1993 年 5 月 7 日,中国全国人大常委会批准了《联合国气候变化框架公约》,2002 年 8 月 30日,中国政府核准了《京都议定书》。

中国政府于 1990 年成立了"国家气候变化协调小组",2007 年成立了"国家应对气候变化领导小组"。2008 年,国家发展和改革委员会新设立了应对气候变化司,外交部、农业部、中国气象局等 7 个部门也成立了部门应对气候变化领导小组。在实施 CDM 项目合作过程中,中国在管理办法、机构建设等方面开展了积极的探索。

中国省、自治区、直辖市一级的地方政府也都先后设立或明确了应对气候变化工作的职能职责。省级政府通过编制应对气候变化方案，进一步加强了其应对气候变化的机构与能力建设。

结 束 语

中国实现绿色发展，不仅是应对全球气候变化的需要，也是中国落实科学发展观、实践可持续发展的必然选择。中国在能源供应、终端利用、生产过程、土地利用等方面，通过整合可持续发展的政策措施，可以积极有效地向绿色发展方式转型。当然，实现绿色发展需要加大投入，需要一定的经济成本，需要改变不可持续的生活方式。尽管中国当前的发展阶段不可能在短期内实现绝对的低碳化，但从长远看，发展低碳经济与中国的可持续发展是协同一致的。全面参与国际合作，调动全社会力量，必将加速中国的低碳化进程。

目　　录

序

前言

总摘要

第一部分　中国的气候变化

摘要 ·· 3

第一章　科学认识气候变化 ··· 7

  提要 ·· 7

  1.1　天气、气候和气候系统 ··· 7

  1.2　气候变化的驱动力 ··· 10

  1.3　全球气候变化的事实和预估 ··· 15

  1.4　IPCC 评估报告的影响和未来工作 ··································· 19

第二章　辐射强迫与气候变化归因 ··· 23

  提要 ··· 23

  2.1　辐射强迫、全球增温潜能与温变潜能 ······························ 23

  2.2　温室气体的辐射强迫 ·· 25

  2.3　大气气溶胶的直接辐射强迫 ··· 27

  2.4　大气气溶胶的间接气候效应 ··· 31

  2.5　土地利用与土地覆盖变化的辐射强迫 ································ 32

  2.6　近百年来全球气候变化的归因 ······································ 34

第三章　观测的中国气候和东亚大气环流变化 ···························· 38

  提要 ··· 38

  3.1　近百年中国的温度变化 ·· 38

  3.2　近百年中国降水量的变化 ·· 42

  3.3　东亚大气环流变化 ··· 47

  3.4　云、辐射与对流层温度变化 ··· 55

  3.5　中国气候变化与全球的联系 ··· 58

第四章　现代极端气候事件变化 ·· 63

  提要 ··· 63

  4.1　极端降水事件 ··· 63

  4.2　极端气温事件 ··· 68

  4.3　热带气旋和台风 ··· 72

  4.4　低能见度事件 ··· 73

  4.5　极端气候事件的综合评估 ·· 76

第五章　冰冻圈变化 ··· 79

  提要 ··· 79

　　5.1　冰川变化及影响 ··· 79

　　5.2　冻土变化及影响 ··· 84

　　5.3　积雪变化及影响 ··· 88

　　5.4　河冰、湖冰和海冰变化及影响 ··· 91

第六章　陆地水循环与近海变化 ··· 96

　　提要 ··· 96

　　6.1　降水、蒸发与土壤湿度 ·· 96

　　6.2　湖泊与湿地 ··· 101

　　6.3　径流 ··· 104

　　6.4　近海气候 ·· 109

　　6.5　近海海洋灾害 ··· 111

　　6.6　沿岸海平面 ··· 113

第七章　历史气候变化 ··· 117

　　提要 ··· 117

　　7.1　近2万年的气候变化 ··· 117

　　7.2　过去2000年的气候变化 ··· 120

　　7.3　近500年的气候变化 ··· 129

　　7.4　历史极端气候事件 ·· 133

第八章　大气成分变化及碳氮循环与气候变化 ································· 137

　　提要 ··· 137

　　8.1　大气温室气体 ··· 137

　　8.2　大气气溶胶 ··· 142

　　8.3　陆地生态系统与大气成分变化 ·· 148

　　8.4　对流层臭氧 ··· 152

第九章　全球气候系统模式评估与气候变化预估 ······························· 155

　　提要 ··· 155

　　9.1　气候系统模式发展概况 ·· 155

　　9.2　20世纪气候模拟评估 ·· 157

　　9.3　20世纪年代际变化的模拟 ·· 160

　　9.4　21世纪气候变化预估 ·· 162

　　9.5　不确定性分析 ··· 171

第十章　中国区域气候变化预估 ·· 174

　　提要 ··· 174

　　10.1　区域气候模式的评估 ·· 174

　　10.2　区域气候模式预估中国气候变化情景 ································· 180

　　10.3　区域预估中的不确定性 ··· 190

第二部分　气候变化的影响与适应

摘要 ·· 195

第十一章　气候与环境变化对中国影响的综合分析 ···························· 200

提要 ……………………………………………………………………………… 200

　11.1　IPCC 第四次评估报告关于影响、脆弱性和适应性的主要结论 ……… 200

　11.2　中国面临的主要气候与环境问题及其影响 ………………………… 202

第十二章　影响与适应研究基础框架概述 ……………………………………… 206

　提要 ……………………………………………………………………………… 206

　12.1　气候变化影响的监测和分析认定 …………………………………… 207

　12.2　气候变化情景的构建与应用 ………………………………………… 208

　12.3　未来气候变化影响评估 ……………………………………………… 208

　12.4　适应分类与适应对策评估 …………………………………………… 210

　12.5　评估的不确定性 ……………………………………………………… 211

第十三章　气候变化对陆地水文水资源的影响和适应 ……………………… 213

　提要 ……………………………………………………………………………… 213

　13.1　水资源系统对气候变化的敏感性 …………………………………… 213

　13.2　观测到的直接和间接影响 …………………………………………… 216

　13.3　气候变化对未来水文水资源的可能影响 …………………………… 224

　13.4　解决水资源供需矛盾的适应对策 …………………………………… 226

　13.5　研究差距和优先适应领域 …………………………………………… 228

第十四章　气候变化对陆地生态系统和生物多样性的影响和适应 ………… 230

　提要 ……………………………………………………………………………… 230

　14.1　观测到的影响 ………………………………………………………… 230

　14.2　预计的可能影响 ……………………………………………………… 234

　14.3　适应对策 ……………………………………………………………… 240

　14.4　研究差距和优先适应措施 …………………………………………… 243

第十五章　气候变化对近海和海岸带环境的影响和适应 …………………… 245

　提要 ……………………………………………………………………………… 245

　15.1　对气候变化的敏感性和脆弱性 ……………………………………… 245

　15.2　观测的对近海和海岸带环境的影响 ………………………………… 246

　15.3　预计的可能影响 ……………………………………………………… 251

　15.4　适应对策与措施 ……………………………………………………… 254

　15.5　研究差距和优先适应措施 …………………………………………… 255

第十六章　气候变化对农业的影响和适应 …………………………………… 257

　提要 ……………………………………………………………………………… 257

　16.1　农业对气候变化的敏感性和脆弱性 ………………………………… 257

　16.2　观测到的影响 ………………………………………………………… 258

　16.3　预计的可能影响 ……………………………………………………… 261

　16.4　适应技术与措施 ……………………………………………………… 265

　16.5　研究差距和优先领域 ………………………………………………… 268

第十七章　气候变化对能源活动的影响和适应 ……………………………… 270

　提要 ……………………………………………………………………………… 270

　17.1　能源活动对气候变化的敏感性 ……………………………………… 270

17.2 观测到的影响 ··· 272

17.3 预计可能的影响 ··· 276

17.4 能源领域适应对策 ··· 278

17.5 研究差距与优先适应领域 ······································· 281

第十八章 气候变化对重大工程的影响和适应 ··························· 282

提要 ··· 282

18.1 沿海核电工程 ·· 283

18.2 三峡工程 ·· 285

18.3 南水北调工程 ·· 287

18.4 山地灾害防护工程 ··· 289

18.5 公路铁路等寒区工程 ··· 291

18.6 沙漠化防治及水土保持 ··· 293

18.7 内陆河流域综合治理工程 ······································· 297

18.8 退耕还林工程 ·· 299

第十九章 气候变化对工业、交通、人居和健康的影响和适应 ············· 301

提要 ··· 301

19.1 工业与交通部门 ··· 301

19.2 人居生活 ·· 304

19.3 人体健康 ·· 306

第二十章 气候变化对区域发展的影响和适应 ··························· 311

提要 ··· 311

20.1 气候变化对华北区的影响及对策 ·································· 312

20.2 气候变化对东北区的影响及对策 ·································· 315

20.3 气候变化对华东区的影响及对策 ·································· 319

20.4 气候变化对华中区的影响及对策 ·································· 322

20.5 气候变化对华南区的影响及对策 ·································· 326

20.6 气候变化对西南区的影响及对策 ·································· 330

20.7 气候变化对西北区的影响及对策 ·································· 335

20.8 区域可持续发展对气候变化的适应措施 ···························· 339

第三部分 减缓气候变化的社会经济影响评价

摘要 ··· 345

第二十一章 应对气候变化的国际进程及中国面临的挑战和机遇 ··········· 348

提要 ··· 348

21.1 应对气候变化的国际进程和形势 ·································· 348

21.2 中国在应对气候变化领域面临的挑战与机遇 ························ 352

21.3 中国应对气候变化的思路与对策 ·································· 354

第二十二章 世界与中国减缓温室气体排放的形势 ····················· 357

提要 ··· 357

22.1 全球温室气体排放概况 ·· 357

　22.2　发达国家减排温室气体情况 ··· 358

　22.3　中国减缓温室气体排放的努力与成效 ··· 363

第二十三章　能源供应部门减排技术与潜力 ·· 366

　提要 ··· 366

　23.1　洁净煤转化技术 ··· 366

　23.2　二氧化碳捕集和封存技术 ··· 369

　23.3　非化石能源技术 ··· 372

　23.4　结论与总结 ··· 379

第二十四章　中国能源终端利用部门减排技术与潜力 ································· 382

　提要 ··· 382

　24.1　工业部门减排技术与潜力 ··· 383

　24.2　交通部门减排技术与潜力 ··· 391

　24.3　建筑部门减排技术与潜力 ··· 401

第二十五章　中国工业生产过程中的减排技术与潜力 ································· 408

　提要 ··· 408

　25.1　工业生产过程中二氧化碳的减排技术与潜力 ···························· 408

　25.2　工业过程中氧化亚氮（N_2O）的减排技术与潜力 ····················· 411

　25.3　工业生产过程中含氟气体的减排潜力 ····································· 416

第二十六章　中国农业、林业和其他土地利用减排增汇技术与潜力 ············· 423

　提要 ··· 423

　26.1　中国农业减排增汇措施及潜力 ·· 424

　26.2　林业减排增汇技术及潜力 ··· 430

　26.3　湿地保护与固碳减排 ··· 433

　26.4　农林业减排增汇措施的障碍与对策 ·· 435

第二十七章　中国减缓温室气体排放的宏观评价 ······································· 438

　提要 ··· 438

　27.1　中国未来社会经济发展的目标 ·· 438

　27.2　未来碳排放趋势分析 ··· 444

　27.3　促进减缓碳排放的战略思路与对策 ·· 453

第二十八章　中国低碳发展之路 ·· 458

　提要 ··· 458

　28.1　低碳经济的发展趋势与选择 ··· 458

　28.2　低碳经济转型与中国的可持续发展 ·· 460

　28.3　中国低碳发展的主要对策 ··· 463

第四部分　全球气候变化有关评估方法的分析

摘要 ·· 469

第二十九章　全球与中国温度变化的评估方法分析 ···································· 472

　提要 ··· 472

　29.1　千年温度变化 ··· 472

29.2 近一百年地表温度变化 ……………………………………………………………… 477

第三十章 全球和区域碳收支的评估方法分析 ………………………………………… 484
提要 …………………………………………………………………………………… 484
30.1 全球碳收支评估方法分析 ……………………………………………………… 484
30.2 土地利用变化对陆地碳源和碳汇影响的评价方法分析 ……………………… 487
30.3 陆地生态系统固定大气二氧化碳量区域评估方法分析 ……………………… 490
30.4 海洋碳收支评估方法分析 ……………………………………………………… 493
30.5 中国区域的碳库及其碳收支评估结果分析 …………………………………… 495

第三十一章 人为气候变化与自然气候变率评估分析 ……………………………… 498
提要 …………………………………………………………………………………… 498
31.1 现代气候变暖的历史透视的评估 ……………………………………………… 498
31.2 自然气候变率在百年时间尺度气候变化作用的评估 ………………………… 501
31.3 人类活动对百年时间尺度气候变暖贡献评估 ………………………………… 505
31.4 评估自然和人类联合强迫的气候变化预估 …………………………………… 508

第三十二章 气候变化阈值的科学分析 …………………………………………… 513
提要 …………………………………………………………………………………… 513
32.1 气候变化阈值提出的原因 ……………………………………………………… 513
32.2 关键脆弱性的判据与阈值 ……………………………………………………… 514
32.3 气候变化阈值的确定方法及其不确定性 ……………………………………… 519
32.4 中国地区阈值的确定及其影响分析 …………………………………………… 524

第三十三章 温室气体减排责任分担方法分析 …………………………………… 526
提要 …………………………………………………………………………………… 526
33.1 减排责任分担的方法学评估 …………………………………………………… 526
33.2 人均历史累积排放及其对气候变化的贡献 …………………………………… 529
33.3 生产侧与消费侧方法的差异 …………………………………………………… 531

第三十四章 低碳经济和可持续发展的评估分析 ………………………………… 534
提要 …………………………………………………………………………………… 534
34.1 减缓和适应气候变化的经济成本分析 ………………………………………… 534
34.2 低碳经济发展路径及其效果评估 ……………………………………………… 546
34.3 发展中国家应对气候变化与可持续发展 ……………………………………… 555

第五部分 中国应对气候变化的政策措施、采取的行动及成效

摘要 ………………………………………………………………………………………… 565

第三十五章 应对气候变化的总体思路 …………………………………………… 569
提要 …………………………………………………………………………………… 569
35.1 应对气候变化总体框架 ………………………………………………………… 569
35.2 应对气候变化总体目标 ………………………………………………………… 572
35.3 应对气候变化总体进展 ………………………………………………………… 576

第三十六章 减缓气候变化的政策与行动 ………………………………………… 578
提要 …………………………………………………………………………………… 578

36.1　节能和提高能效 …………………………………………………… 578

36.2　优化能源结构 ……………………………………………………… 582

36.3　防治污染协同减排 ………………………………………………… 589

36.4　发展循环经济 ……………………………………………………… 591

36.5　减缓农业和农村温室气体排放 …………………………………… 593

36.6　增强森林碳汇 ……………………………………………………… 596

第三十七章　适应气候变化的政策与行动 …………………………… 601

提要 ………………………………………………………………………… 601

37.1　保障粮食安全 ……………………………………………………… 601

37.2　保护林业自然生态系统 …………………………………………… 606

37.3　缓解水资源供需矛盾 ……………………………………………… 609

37.4　加强海岸带管理 …………………………………………………… 611

37.5　增强防灾减灾能力 ………………………………………………… 616

37.6　适应气候变化的成功案例 ………………………………………… 617

第三十八章　提高全社会应对气候变化意识 ………………………… 620

提要 ………………………………………………………………………… 620

38.1　教育、宣传与公众意识提高 ……………………………………… 620

38.2　广泛的公众参与 …………………………………………………… 626

38.3　地方政府和企业 …………………………………………………… 630

第三十九章　加强气候变化领域国际合作 …………………………… 634

提要 ………………………………………………………………………… 634

39.1　气候变化领域国际合作的基础和面临的挑战 …………………… 634

39.2　《公约》及《议定书》下的合作活动 …………………………… 637

39.3　《公约》及《议定书》外的多边、双边及地区合作 …………… 642

39.4　国际科学合作 ……………………………………………………… 645

第四十章　应对气候变化的体制机制建设 …………………………… 648

提要 ………………………………………………………………………… 648

40.1　应对气候变化的法制法规建设 …………………………………… 648

40.2　国家应对气候变化的体制机制安排 ……………………………… 649

40.3　地方应对气候变化的体制机制建设 ……………………………… 650

40.4　实施清洁发展机制项目合作的体制建设 ………………………… 651

40.5　应对气候变化的科技体制建设 …………………………………… 653

参考文献 ………………………………………………………………… 656

名词解释 ………………………………………………………………… 707

后记 ……………………………………………………………………… 711

第 一 部 分

中国的气候变化

摘　　要

《第二次气候变化国家评估报告》第一部分，主要阐述了中国气候变化的基本事实与可能原因，并对 21 世纪全球和中国的气候变化趋势作出预估，为气候变化影响、适应和减缓对策研究提供科学依据。

本部分首先介绍了天气、气候、气候系统等概念，描述了大气圈、水圈、冰冻圈、岩石圈（陆地表面）、生物圈等气候系统五大圈层的属性、相互作用及其对全球气候变化的影响和反馈，综合分析了自然和人为驱动力对气候变化的贡献。基于"政府间气候变化专门委员会"（IPCC）评估报告的主要内容，总结了 IPCC 自 1990 年以来四次评估报告对全球变暖认识逐步深化的过程、气候变化的主要事实以及未来气候变化的预估结果。介绍了中国科学家对提高气候变化科学认识的贡献，综述了第一次气候变化国家评估报告的主要结论和本次气候变化国家评估报告的主要内容，并简要介绍了不同学术观点之间的争论。

人为强迫首先是自工业革命以来由人类活动导致的地球大气中 CO_2、CH_4、N_2O 以及含氯氟烃等温室气体（GHGs）和大气气溶胶浓度的迅速增加，其数值为 $+1.6$ $[\pm 0.17]$ W/m^2；其次是土地利用与土地覆盖的变化（LUCC）引起的地表反照率以及陆-气能量和物质交换的变化，数值为 -0.2 $[\pm 0.2]$ W/m^2。自然强迫主要包括火山和太阳活动。一次即使很强的火山活动对地面温度的影响也不超过几年；1750 年以来，太阳辐射强迫为 $+0.12$ $[-0.06, +0.18]$ W/m^2。本部分最后分析了 20 世纪全球和中国气候变化的可能原因，其中包括人类活动、自然变化以及气候系统内部因子的变化等。

1880 年以来中国的变暖速率在 0.5 ℃/100a 到 0.8 ℃/100a 之间。但是，1920 年代和 1940 年代的变暖机制可能与 1985 年之后不同。中国的降水量则无明显的趋势性变化，以 20～30 年尺度的年代际变化为主，与北半球陆地平均降水量变化不同。20 世纪后半叶东亚夏季阻塞高压有增强的趋势，副热带高压与南亚高压亦有增强，冬、夏季风则均减弱。20 世纪后半叶中国总辐射量减少，对流层上层及平流层下层温度略有下降。比较了 1880 年以来中国气候变化与全球气候变化，中国温度变化与全球或北半球温度变化有较高的相关。中国平均年降水量与全球陆地年降水量变化关系不大，而中国夏季降水量则与亚非地区夏季降水量减少一致，这反映了 20 世纪后半叶亚非季风区夏季风的减弱。

给出了最近 60 余年仪器观测时期极端天气气候事件频率和强度的趋势变化特征。这些极端天气气候事件主要包括高温、低温、强降水、干旱、热带气旋（台风）、大雾、沙尘暴等大气现象或过程。1951 年以来，中国大陆极端天气气候事件发生了一定趋势性变化，但不同类型和不同区域趋势变化的显著程度存在差异。从全国范围看，极端降水事件频率和强度变化趋势不明显，但长江中下游和东南地区、西部特别是西北地区有所增多、增强，而华北、东北中南部和西南部分地区减少、减弱；多数研究发现小雨频率明显减少，偏轻和偏强的降水事件强度有所增加；全国平均的气象干旱面积呈增加趋势，其中华北和东北地区增加较显著；与异常偏冷相关的极端事件如寒潮、冷夜和冷昼日数、霜冻日数等，总体显著减少、减弱，偏冷的气候极值减小；与异常偏暖相关的暖夜和暖昼日数一般明显增多，但高温热浪事件频数和偏热的气候极值没有显著变化；登陆和影响中国的热带气旋、台风频数有所下降，但下降趋势不明显，而其造成的降水总量有较明显减少；全国平均大雾日数有轻微减少，东部多数地区霾日数有明显增加；中国北方地区沙尘暴频率总体呈显著减少趋势。

自20世纪50年代以来，超过82%的冰川处于退缩状态，90年代以来退缩加速。冰川变化已导致干旱区内陆河流和江河源区径流显著增加，这些影响目前总体上是有利的，但冰湖溃决洪水等灾害的潜在风险也在增加。多年冻土内温度升高，活动层厚度增加，面积减小。估计青藏高原由于多年冻土退化每年释放的水量达50亿~110亿 m³，冻土变化对山区径流的年内分配产生影响，高覆盖冻土区冬季径流增加。冻土变化对生态影响显著，在长江和黄河源区及内陆河山区流域均已发现冻土变化导致生态退化的直接或间接证据。青藏高原积雪深度在20世纪后半叶稳定增加，21世纪以来的9年较前期大幅减少；1961~2006年新疆北部最大积雪深度显著增加；东北-内蒙古地区积雪深度虽无明显趋势，但20世纪90年代以来波动振幅加大。高原积雪与我国东部夏季降水关系密切，积雪的年际波动对汛期降水预测具有重要指示意义。积雪变化还显著影响西北干旱区河流径流的年内分配。自1950年代以来，渤海和黄海北部海冰、北方河流和湖泊结冰日数和冰的厚度都呈减小趋势。预估未来几十年冰冻圈各组分将继续缩减，并对水资源、生态、气候和环境产生重要影响，其中冰川对干旱区水资源和绿洲生态、冻土对地表水循环和生态、积雪对春汛和夏季降水的影响均较明显。冰湖溃决洪水、积雪灾害、冻土冻融对工程设施的破坏等应给予更多关注。

中国西部降水有增加的趋势，东部降水从黄河流域到东北呈减少趋势，长江流域以及华南地区为增加趋势。中国降水变化趋势与极端强降水的变化趋势具有较好的一致性。中国东部夏季降水具有明显的年代际变化，1970年代中期到1980年代末多雨区出现在长江中下游流域，1980年代末出现年代际转型，多雨区南移到华南地区。中国绝大部分地区年水面蒸发量呈减少趋势，西北地区减少趋势最大。西南地区和东北地区土壤变干趋势较东部中纬度地区显著，深层土壤变干趋势较浅层显著。中国东部夏季1968年后华南沿海和北方径流减少，而长江流域径流增加。松花江流域、辽河流域、海河流域、黄河流域、塔里木河流域的径流量均明显减少，长江、海河、黄河流域湖泊湿地萎缩。近30年来中国近海海面温度呈上升趋势，且冬季升温比夏季明显。中国风暴潮发生的次数无明显增多，但强度有加强的趋势；中国海极值波高在北部区域有减小趋势，南部区域有增大趋势。近海各种生态灾害近几十年来频频出现，生态系统处于变动阶段。近30年来中国沿海海平面总体呈上升趋势，平均上升速率为2.6 mm/a，高于全球海平面平均上升速率。

过去1万年的气候呈现明显的千年准周期振荡，过去2000年存在百年尺度的冷暖、干湿波动，各地"中世纪暖期"、"小冰期"和"20世纪暖期"的出现和持续时间各不相同。由于15世纪以前中国温度变化的重建结果尚有不确定性，不能充分证明中国的中世纪暖期与20世纪何者更为温暖，20世纪可能只是过去500年的最暖世纪。过去1000年间中国大范围持续干旱事件大多出现在寒冷气候背景下，其严重程度超过迅速增暖的20世纪。过去500年，中国北方多雨的降水分布型在相对温暖背景下的出现频率高于相对寒冷背景。1743年华北极端高温事件超过20世纪的气温极值记录。

2008年中国不同区域大气CO_2年均浓度已达386.1～393.8 ppm，1997～2007年瓦里关全球本底站观测的大气CO_2浓度年均增长值约2.0 ppm/a，大气中CH_4、N_2O、SF_6浓度也呈不断上升趋势。2007年北京上甸子区域本底站观测到的CFC-11、CFC-12和HCFC-22等卤代温室气体年均浓度与国外本底站相当，但部分较理想臭氧层损耗物质的替代物（如HFCs和PFCs）具有更高的全球增温潜能的问题不容忽视。1980年代以来，中国陆地生物圈发挥着碳汇的作用。随着氮肥用量的日益增加，中国N_2O排放量则有日益增加的趋势。中国大气气溶胶散射效应较强，区域混合气溶胶的浓度相对不高，多种气溶胶综合的气候"冷却"效应明显，对大尺度环流的影响与国际上前期结果明显不同。中国与北美和欧洲一些地区一样，对流层O_3属于北半球高值区。这些认识均与国家的气候变化应对关系密切。

通过与观测和参与IPCC AR4多模式集合结果的比较，对我国最新研发的两个全球耦合气候系统模式BCC-CSM和FGOALS对当代平均气候态和20世纪气候变化的模拟再现能力进行了评估，表明气候模式在模拟全球、半球、洋盆尺度气候和气候变化方面具有较高的可靠性，在气温、降水年代际变化等方面也具有较好的模拟能力，但对区域温度和降水变化的模拟偏差较大。根据A2、A1B和B1等气候变化情景，利用气候系统模式进一步预估了21世纪未来气温变化，到21世纪末，多模式集合平均模拟的中国年平均温度在B1、A1B和A2情景下将分别增加约2.5℃、3.8℃和4.6℃，比全球平均的温度增幅大，比较了BCC-CSM和FGOALS模式与IPCC AR4多模式预估结果的异同点，给出了中国地区多模式集合的极端温度和极端降水、海平面高度等的可能变化。

对模式的评估和检验表明，区域模式较全球模式的模拟有较大改进，特别是在季风降水方面，但对高温和强降水事件等的模拟能力仍有待提高。区域模式预估的未来变化和全球模式表现出较大不同，如全球模式结果中降水以增加为主，而区域模式中则为普遍减少。区域模式的预估结果表明，21世纪末中国冬、夏季和年平均气温将分别上升3.6℃、3.8℃和3.5℃，降水的变化分别为11.1%、-2.1%和4.2%，高温炎热以及极端降水事件将增加，南方冬季部分地区强降雪事件增多、冻雨分布有所改变，在中国大部分地方积雪日数和积雪面积将减少，积雪开始时间推迟而结束时间提前。对海平面的预估结果显示未来中国沿海海平面都呈现上升趋势，但不同地区的上升幅度相差较大。对不同区域模式模拟的结果进行了比较，讨论了目前区域气候预估中存在的问题和不确定性。

第一章　科学认识气候变化

提　要

本章首先介绍了天气、气候、气候系统等概念，描述了大气圈、水圈、冰冻圈、岩石圈（陆地表面）、生物圈等气候系统五大圈层的属性、相互作用及其对全球气候变化的影响和反馈，综合分析了自然和人为驱动力对气候变化的贡献。基于"政府间气候变化专门委员会"（IPCC）评估报告的主要内容，总结了 IPCC 自 1990 年以来四次评估报告对全球变暖认识逐步深化的过程、气候变化的主要事实以及未来气候变化的预估结果，并介绍了中国科学家对提高气候变化科学认识的贡献。

1.1　天气、气候和气候系统

天气是指较短时间内大气中气象要素和天气现象的综合，如雷电、雨雪、冰雹、台风、寒潮、大风等。气候是指从月、年、十年、百年、千年甚至到数百万年的时段内的天气平均统计状况，由某一时段（通常采用世界气象组织定义的 30 年时间段）的平均值及其变率来表征，主要反映一个地区的冷、暖、干、湿等基本特征。天气和气候密切相关，但二者之间存在着重要的区别。气候系统是对地球上大气圈、水圈、冰冻圈、岩石圈（陆地表面）和生物圈等组成部分的综合称谓，这些圈层之间发生着明显的相互作用。

气候是人类生存和发展所依托的外在环境的一个重要组成部分，地球上的生命本身和人类的存在都依赖于一个适宜的气候环境。一方面，地球气候以各种各样的方式影响并决定着人类为生存和发展所开展的各项活动，包括影响人类对食物和水的获取，以及对居所和衣物的选择等。气候在人类的文化、生活和社会福利中起着重要的作用。另一方面，人类活动又反过来影响到地球气候的变化，这种相互作用是探寻人类可持续发展所必须考虑的重要因素之一（伯勒斯，2007）。近百年来，地球气候正经历着一次以变暖为主要特征的显著变化，人们愈来愈认识到人类活动是气候系统发生变化的原因之一，也愈来愈认识到气候变化对于社会和经济发展有着显著影响。在过去一百多年里，人类在与气候相关的科学和技术领域取得了重大进展，这也成为开展气候变化科学评估的基础。随着人类对气候系统认识的不断深化，人类社会也必将具有更大的能力来应对气候变化给社会经济可持续发展带来的挑战。

气候可以定义为气候系统的全部组成部分在任一特定时段内的平均统计特征。因此，气候变化的实质不仅反映了某个单一气象要素如温度或降水的变化，而且反映了整个气候系统的变化，包括大气环流改变、海平面变化、冰雪融化和冻土变化、生物多样性受损等。

气候系统与气候变化

气候系统是由大气圈、水圈、冰冻圈、岩石圈（陆地表面）和生物圈五个圈层及其之间相互作用组成的高度复杂的系统。气候系统随时间演变的过程受到自身内部动力学的影响，也受到外部强迫如火山爆发、太阳活动变化的影响，还受到人为强迫如不断变化的大气成分和土地利用变化的影响。

政府间气候变化专门委员会把"气候变化"定义为"气候状态的变化，这种变化可以通过其特征的平均值和/或变率的变化予以判别（如通过统计检验），这种变化将持续一段时间，通常为几十年或更长的时间。气候变化的原因可能是由于自然的内部过程或外部强迫，或是由于大气成分和土地利用中持续的人为变化（IPCC，2001a-d）。"联合国气候变化框架公约则把"气候变化"定义为"在可比时期内所观测到的在自然气候变率之外的直接或间接归因于人类活动改变全球大气成分所导致的气候变化"。因此，前者的定义包括了"人为气候变化"和"自然气候变率"，而后者的定义只涉及"人为气候变化"[①]。

1.1.1　气候系统的属性

气候系统是一个完整的、相互关联的、具有自身调节机制的系统（图 1.1）。气候系统

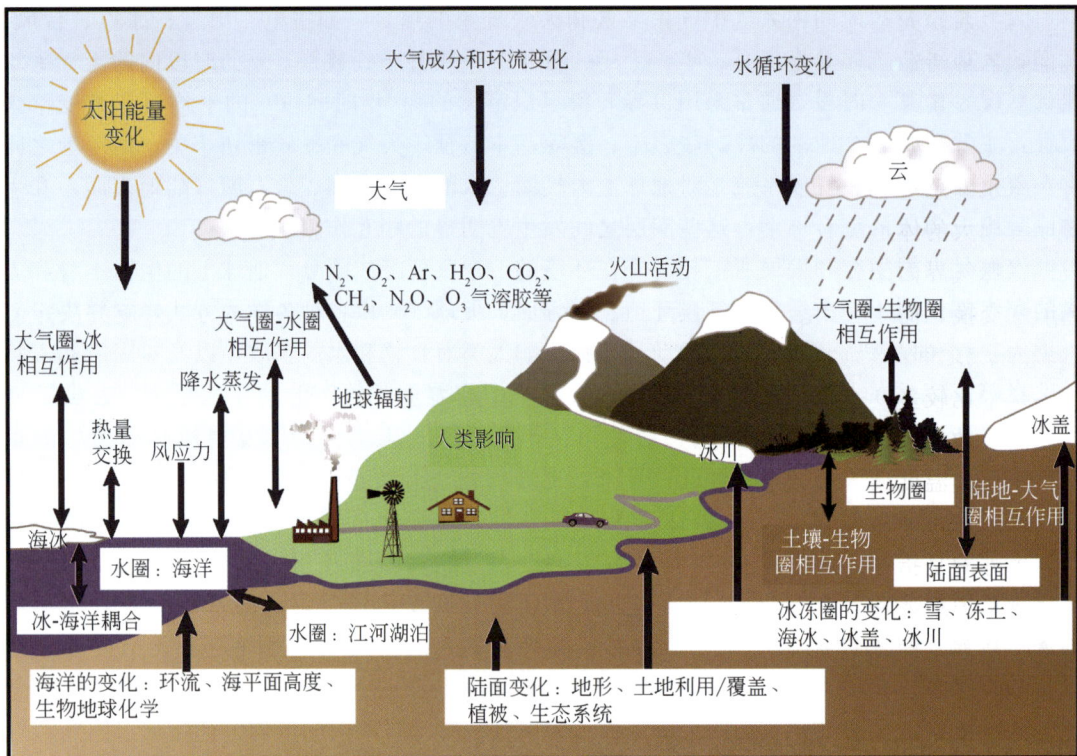

图 1.1　气候系统各组成部分、过程和相互影响的示意图（据 IPCC，2007a-c 改编）

①　UN，1992. United Nations Framework Convention on Climate Change. http://www.unfccc.int/resources.

的属性可以概括为以下五个方面：①热力属性，包括空气、水、冰和陆地的温度；②动力属性，包括风、洋流和冰体流动；③水分属性，包括空气湿度、云量及云中液态水含量、降水量、土壤湿度、河湖水位、冰雪等；④静力属性，包括大气和海水的密度和压强、大气成分、大洋盐度及气候系统的几何边界和物理常数等；⑤生物属性，包括陆地和海洋生态系统等。这些属性在一定的外因条件下通过气候系统内部的物理过程、化学过程和生物过程相互关联，并在不同的时间尺度内发生着变化。

1.1.2　气候系统各圈层的相互作用

气候系统各圈层具有不同的时间与空间尺度，它们之间发生着明显的相互作用，包括物理的、化学的和生物的，从而使气候系统成为一个高度复杂的系统。气候系统各圈层虽然在组成、物理与化学特征、结构和状态上有着明显的差别，但它们通过物质、热量和动量的交换相互联系在一起，并通过其内部的一系列复杂过程，成为一个开放系统。在气候系统各圈层的相互作用中，最重要的是海-气相互作用、陆-气相互作用、冰-气相互作用以及生-气相互作用等。

大气圈自下而上包括对流层、平流层、中间层、电离层及散逸层（外逸层），厚达约100km，是气候系统中最不稳定、变化最快的部分，其中包括大气成分和大气环流的变化。例如，当外界能量输入（主要是太阳辐射）发生变化后，通过各种能量输送和交换过程调整各层温度的分布。大气圈不但受到其他四个圈层的直接作用与影响，而且与人类活动有着最密切的关系。人类主要生活在对流层下部，因而大气圈的状态和变化直接影响着人类的生存条件和各种活动。气候系统中其他圈层变化产生的影响和结果都会反映在大气圈中，使大气圈成为气候系统的中心。

水圈由海洋、河流、湖泊等地上水体和地下水等组成。其中，海洋水量为13.84亿 km^3，占地球水圈总量的97%（海洋面积为3.62亿 km^2，占地球表面积5.1亿 km^2 的71%）。水圈以其硕大的体量成为气候系统中一个巨大的能量贮存库，同时，海-气之间的相互作用还表现在海气界面上的各种交换，包括热量、动量、水分、气溶胶，以及 CO_2 等气体和阴阳离子的交换，而大气和海洋之间的生物地球化学循环过程是地球碳、氮循环的关键过程之一。海-气之间的热量、水分、阴阳离子等的交换，主要是海洋向大气圈输送。但大气是海-气系统中比较多变的成员，运动着的大气也不断通过海面将动量和物质输送给海洋，同时，大气的运动也影响海水的水平输送，影响上层海洋的垂直混合和输送，影响着海洋的热状况和上层海洋温度场的分布。异常的大气环流可造成异常的海水输送、辐散、辐合和垂直运动，形成异常的海面温度分布。

冰冻圈是指地球表层以固态形式存在的水体，包括所有种类的冰、雪和冻土，主要有冰川（包括山地冰川、冰帽、极地冰盖等）、冰架、积雪、冻土（包括多年冻土和季节冻土）、海冰、河冰、湖冰等。冰冻圈在不同时间尺度上（日、月、季、年际、年代际、百年际甚至更长的时段等）都对气候系统产生重要作用。冰冻圈对气候变化十分敏感，气候变化影响冰冻圈的变化，同时，冰冻圈通过其反照率、能量和动量、生物地球化学循环和温室气体源汇的转化等影响气候变化。目前，全球冰冻圈的储冰量为2830万 km^3，其中南极冰盖和格陵兰冰盖就占了2760万 km^3；全球冰雪总面积（冷季最大）达9824万 km^2，而季节冻土和多年冻土分别达到（最大）4810万 km^2 和2280万 km^2（IPCC，2007a-c）。按此计算，冰冻圈面积最大时占地球表面积的 33% 左右，其中冰雪总面积占 20% 左右。巨大的冰量，加上它的动量、潜热等，对地球气候产生的影响仅次于海洋，是影响气候系统的第二大要素。此外，冰冻圈的扩张或退缩会导致参与局地、区域或全球能量和水分循环的能量和水分的减少或增加，并伴随着能量和水分平衡的改变使其与气候、水文、环境和生态等之间产生一系列相互作用。冰川和冰盖体积的变化与海平面的变化有密切的联系，海冰和冰架则在全球热量平衡、热盐环流等方面起着重要作用。

陆地约占地球表面积的 29%，主要是处于不同海拔高度和地形条件下的各种不同岩性的岩石、沉积物、土壤和各种各样的自然与人为的覆盖物。陆地表面也是气候系统中容易变化的部分。陆地表面的形状和结构比较复杂，土地利用/覆盖的变化如植被、裸地、土壤及其含水量、陆面水域、建筑工程设施、城市化等都是影响局地气候的重要因子，气候的基本状况又影响着地表环境（如植被类型、土壤湿润程度、冰雪分布）。目前的大尺度气候变化研究注意到陆面特性的变化（即陆面过程）与气候变化的相互作用，逐渐把地表特性的变化看成为气候系统中不可分割的组成部分。陆面过程是指控制地表与大气间热量、水分和动量交换以及温室气体的源汇等过程，如森林砍伐、大范围垦殖、区域性灌溉、水库建设和城市化等土地利用/覆盖的变化，既包含各种时空尺度的自然变化，也包含人类活动的影响。

生物圈是指地球表层生物有机体及其生存环境的总称，包括陆地上和海洋中的植物以及生存于大气、海洋和陆地的动物，并通过生物圈的生物过程与物理和化学过程的相互作用，产生维持地球上生命系统赖以生存的环境。传统生态学认为气候控制着植被过程和植物地理，生物学的观点也认为气候是一个外部因子，应根据温室气体、气溶胶、太阳辐射的变化带来的行星能量和大气环流的强迫来认识气候，作为气候变化结果的陆地生态系统的结构和功能变化，也仅仅被看作是气候变化的影响，而不是气候系统内部的反馈。20 世纪 80 年代的全球变化研究结果打破了生态学和气候学之间的界限，特别是气候模式的发展需要对大气边界层，以及陆地与大气之间的能量、水分和动量的交换过程进行数学描述，但这些过程有一部分是由植物通过自身的叶片、气孔和大量的不符合流体力学的生命形式进行调节的。这样，发展气候模型的大气科学家们必须使他们的地球物理学框架扩展到生物地球物理学框架（Deardorff，1978；Dickinson et al.，1986；Sellers et al.，1986）。现在已经认识到，陆地生态系统对气候有显著的反馈作用，并体现在气候与生命协同进化的概念中，即气候调节生物活动，而生物活动也通过能量、水文和化学循环来调节气候（Lovelock，2000；Schneider，Londer，1984）。生物圈对大气成分有重要影响，对于海-气碳交换、气溶胶的产生以及其他气体成分和阴阳离子有关的化学平衡都有重要作用。陆地生态系统也是气候系统中的一个重要组成部分，例如陆地植被的类型影响蒸发到大气的水分和太阳辐射的吸收或反射。植物可以随着温度、辐射和降水的变化而发生自然变化，其变化的时间尺度为季节到数千年不等；而植物反过来也会改变地面反射率和粗糙度，影响水分的蒸发、蒸腾以及地下水循环。由于动物需要得到适当的食物和栖息地，所以动物群落的变化，也反映了气候的改变。

1.2 气候变化的驱动力

气候系统因其内部各圈层的相互作用以及受到来自外部因子（称为强迫）的影响，而随时间发生变化。外部强迫因子是指在气候系统之外引起气候系统变化的强迫因素,如自然的火山爆发、太阳变化和人类活动产生的大气成分的改变。改变地球气候有两种最基本的方式:①改变入射的太阳辐射(例如由于地球轨道或太阳本身的变化,以及云量、气溶胶或土地利用/覆盖的变化);②改变地球向空间出射的长波辐射(例如由于温室气体浓度的变化)。通过各种反馈机制,气候直接和间接地对上述变化做出响应。

引起全球气候变化的驱动因子包括自然(地球板块构造、地球绕太阳的运行轨道参数的变化、太阳活动、火山爆发、各圈层如陆地和海洋的变化等)和人为(化石燃料燃烧、生物质燃烧以及土地利用/覆盖的变化)两个方面。

认识反馈作用在地球气候系统内的复杂程度对于气候学家是一大挑战。所谓反馈,是指当一个气候变量变化时,通过一定的途径也改变了另一个变量,从而又对引起变化的初始变量产生影响。当这种循环响应导致最初的刺激加强,则整个系统将在给定方向上发生显著位移,这种加强的响应称之为正反馈;而当循环响应趋向于减小最初刺激的影响而产生稳定状态时,会发生相反的情况,谓之负反馈。冰冻圈反馈效应、水汽反馈效应、温室气体反馈效应和气溶胶-云反馈效应是气候变化研究中的几个重要的反馈作用,科学准确地定量表述这些反馈作用是科学界面临的挑战之一。

1.2.1 自然驱动力

按照板块构造理论,地球外层的岩石圈板块漂浮在地幔软流圈层之上。地幔对流通过大洋中脊的扩张和大洋板片的俯冲作用而发生物质循环,同时驱动各岩石圈板块以每年几毫米到几厘米的速度缓慢运动,改变着大陆的位置和洋-陆的分布,影响到全球气候变化。大约在8亿~10亿年前,地球大陆聚合成一个统一沿赤道分布的罗迪尼亚超大陆。之后,该大陆发生分裂。大约3亿年前,分裂的大陆又一次发生聚集,形成"盘古联合古陆",并于2.5亿年前开始从赤道附近分裂,缓慢漂移到现在的位置。这种聚合-分裂循环约需5亿年。如果"联合古陆"在3亿年前开始形成,可以预测下一个超大陆将在2亿年后随着太平洋的消失而形成。在地质历史时间尺度上,大陆裂解-拼合的过程可能是全球气候变化的最主要的自然原因。约7亿~6亿年前后,地球陆地被冰川覆盖形成"雪球",原因之一就是聚集在赤道附近的罗迪尼亚超大陆极大地提高了反射率,超大陆裂解促进风化作用,强烈消耗CO_2,最终导致"雪球"事件发生。白垩纪(约1.45亿~0.65亿年前)全球进入到高温阶段,当时大西洋刚刚打开,印度洋还未形成,地球两个主要大陆之间存在一个被称为特提斯的赤道洋流,该洋流给高纬地区输送了热量,使地球纬向温度梯度变小,全球气候比现在温暖。地质学家估计白垩纪热带地区海水温度比现代可能高14℃,高纬度地区可能高达30℃。板块运动也会造成山脉崛起、高原隆升、盆地沉陷以及大江、大河的发育。地形地貌的变化影响大气环流,隆升增加了全球物理和化学风化的强度,使大气圈中CO_2浓度快速下降。地质证据表明,过去4000万年以来发生的喜马拉雅运动,使地球多个板块向北快速运动,与欧亚大陆发生碰撞,形成了横贯欧亚大陆的特提斯造山带,青藏高原由此崛起,深刻地改变了地球大气环流,温度和降水也随之发生改变。

到达地面的太阳辐射量的变化受到地球轨道参数长期变化的影响。地球绕日轨道偏心率、黄赤交角和岁差的变化分别对应10万年、4.1万年和2.2万年的周期。由于这些参数的变化都能影响太阳辐射在南、北两个半球与各纬度上的强度,所以被认为是地质时间尺度上气候演化的外部驱动因子。米兰科维奇把这三个周期变化叠加起来进行分析，发现晚新生代以来，全球冰期和间冰期与导致上述三个周期的地球轨道参数关系密切，受到国际学术界的重视，被称之为米兰科维奇周期。

太阳辐射是地球气候系统获得能量并驱动气候系统运转的最主要来源。到达地球大气层顶的太阳总辐射强度变化很小，基本上可视为稳定不变，故称为太阳常数。太阳表面有多种多样的扰动现象，一般有太阳黑子、耀斑（或称太阳爆发）、日珥等。许多科学家认为太阳黑子数多时地球偏暖，少时偏冷。太阳黑子的变化周期中以 11 年周期最为显著，此外，两个相邻的 11 年周期的太阳磁性不同，所以有的科学家还提出 22 年周期。另外，科学家还注意到太阳活动的 44 年周期、88 年周期、176 年周期等，并将它们应用于百年尺度的气候变化研究中。

火山爆发可导致平流层硫酸盐气溶胶的暂时增加，产生短期（1～3 年）的负辐射强迫，造成全球范围的降温。据美国地质调查局（USGS）的资料，火山爆发排放的 CO_2 为 $130 \times 10^6 \sim 230 \times 10^6$ t/a（Gerlach，1991），相当于人类活动排放量的 1/130，其对增温的影响约为人类排放影响的 1%（Marland et al.，2006）。火山爆发排放的 SO_2 则为 $3650 \times 10^6 \sim 7300 \times 10^6$ t/a[①]。

气候系统内部各圈层之间的相互作用也是重要的自然因素之一，例如大气与海洋环流的变化或脉动，是造成区域尺度各种气候要素变化的主要原因。在年际时间尺度上，厄尔尼诺-南方涛动是大气与海洋环流变化的重要实例，其变化影响着大范围甚至半球或全球尺度的天气与气候变化。对于更长的年代际时间尺度，太平洋年代振荡（PDO）和相关的年代际振荡（如 NO、NAO）也引起科学家的关注。

1.2.2　人为驱动力

人类活动通过改变大气中的温室气体和气溶胶影响气候变化。通过燃烧化石燃料和生物质，以及改变土地利用/覆盖，使大气中 CO_2 等温室气体、臭氧、气溶胶显著增加，尽管土地利用/覆盖的变化也能改变能量平衡。温室气体和气溶胶影响气候的途径是改变太阳短波辐射和长波辐射的平衡而影响陆-气、海-气间的能量平衡。改变这些气体和微粒在大气中的含量或特性能够导致气候系统的增温或冷却。

人类活动对气候变化的作用主要表现在以下几个方面：①化石燃料燃烧和生物质燃烧，以及土地利用/覆盖变化排放的 CO_2 等温室气体通过温室效应影响气候，这是人类活动造成气候变暖的主要驱动力；②农业活动和工业过程排放的 CH_4、CO_2、N_2O、PFC、HFC、SF_6 等温室气体也通过温室效应增强气候变暖；③人类活动排放的气溶胶对气候变化的影响仍存在较大的不确定性。

1.2.3　各种驱动力的综合影响

最近几十年，随着气候系统的变化以及气候和气候变化科学的迅速发展，尤其是 IPCC 四次评估报告的发布，不断加深了对人类活动影响近百年气候变化的科学认识。大气中温室气体和气溶胶含量的变化、太阳辐射变化以及地表特性的变化，都会改变气候系统的能量平

---

① USGS. 2010. http://volcanoes.usgs.gov/hazards/gas/index.php

衡。这些变化用"辐射强迫"来表述，它被用于比较各种人为和自然驱动因子对全球气候的变暖或冷却作用。根据 IPCC 第四次评估报告的结论，自 1750 年工业化时代开始以来，人类活动对气候的总体影响是增暖，其辐射强迫为＋1.6［＋0.6～＋2.4］W/m²（图 1.2）。由于太阳辐照度变化引起的辐射强迫估算值比人类活动造成的辐射强迫估算值小得多，因此，人类对气候的影响被认为大大超过了太阳活动变化带来的影响，近 50 年来，人类活动造成的温室气体浓度的增加很可能是全球变暖的主要原因（90％以上的概率）。

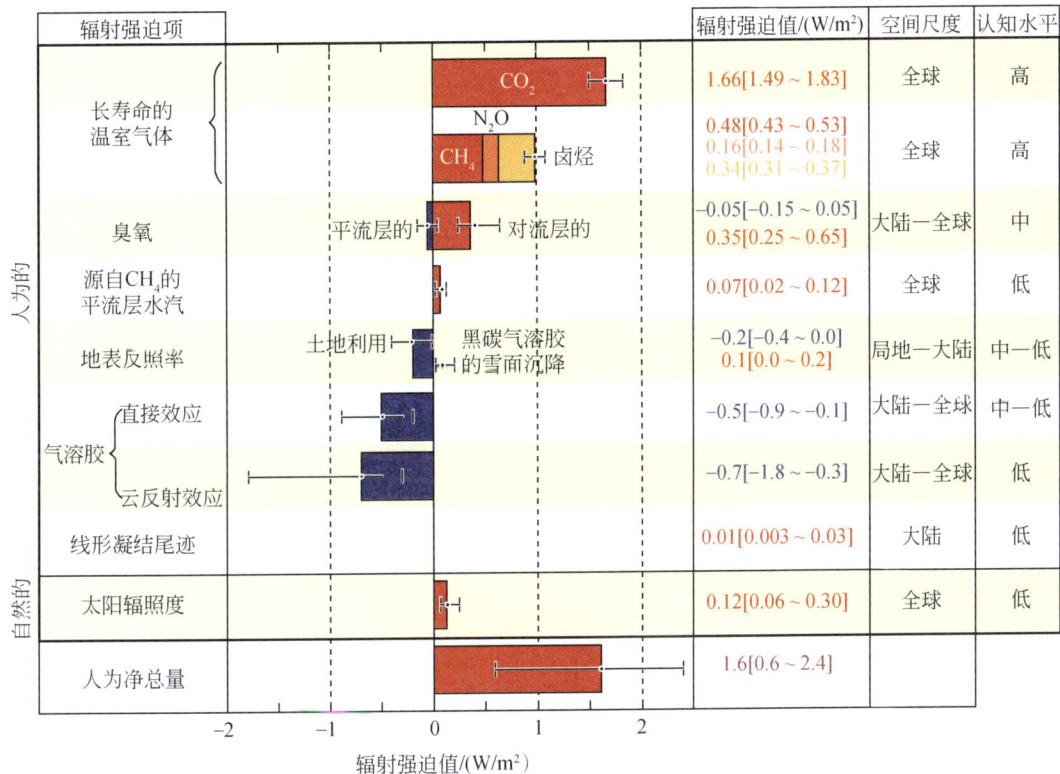

辐射强迫项				辐射强迫值/(W/m²)	空间尺度	认知水平
人为的	长寿命的温室气体	CO₂		1.66[1.49～1.83]	全球	高
		N₂O		0.48[0.43～0.53]	全球	高
		CH₄ 卤烃		0.16[0.14～0.18] 0.34[0.31～0.37]		
	臭氧	平流层的 对流层的		−0.05[−0.15～0.05] 0.35[0.25～0.65]	大陆—全球	中
	源自CH₄的平流层水汽			0.07[0.02～0.12]	全球	低
	地表反照率	土地利用 黑碳气溶胶的雪面沉降		−0.2[−0.4～0.0] 0.1[0.0～0.2]	局地—大陆	中—低
	气溶胶 直接效应			−0.5[−0.9～−0.1]	大陆—全球	中—低
	云反射效应			−0.7[−1.8～−0.3]	大陆—全球	低
	线形凝结尾迹			0.01[0.003～0.03]	大陆	低
自然的	太阳辐照度			0.12[0.06～0.30]	全球	低
	人为净总量			1.6[0.6～2.4]		

辐射强迫值/(W/m²)

图 1.2　相对于工业化初期（大约 1750 年）2005 年全球平均辐射强迫估算值及其范围，包括对人为 CO₂、CH₄、N₂O、气溶胶和其他重要成分的辐射强迫，以及各种强迫通常的空间尺度和科学认知水平的评估，同时给出了人为净辐射强迫及其范围（IPCC，2007a-c）

　　IPCC 关于气候变化检测和归因的认识是逐步深化的（表 1.1）。1990 年 IPCC 第一次评估报告认为，观测到的全球增温归因于自然变率和人类活动的共同影响，还不能将气候的人为影响和自然变率区别开来（IPCC，1990）；1995 年第二次评估报告指出，尽管仍存在较大的不确定性，但已有区别于自然变率的人类活动影响气候变暖迹象的证据（IPCC，1996a，b）；而到了 2001 年的第三次评估报告第一次明确提出，有明显的证据可以检测出人类活动对气候变暖的影响，可能性达 66％以上（IPCC，2001a-d）；由于更多更新的研究进展，2007 年第四次评估报告把对于人类活动影响全球气候变暖的因果关系的判断，由六年前 66％的信度提高到目前 90％的信度，认为最近 50 年气候变暖很可能由人类活动引起（IPCC，2007a-c）。

表 1.1   IPCC 四次评估报告关于全球温度变化观测结果和归因的主要结论

IPCC 评估报告	观测到的全球温度变化			全球气候变化的归因
	平均温度变化 /℃	温度变化范围 /℃	观测时段 /年	
第一次 (1990 年)	0.45	0.30～0.60	1861～1989	近百年的气候变化可能是自然波动或人类活动或两者共同造成
第二次 (1996 年)	0.45	0.30～0.60	1861～1994	目前定量确定人类活动对全球气候影响的能力有限,在一些关键因子上仍存在不确定性。但是越来越多的各种事实表明,人类活动的影响被觉察出来
第三次 (2001 年)	0.60 0.60	0.4～0.8 0.4～0.8	1861～2000 1901～2000	尽管存在不确定性,但新的和更强的证据表明,过去 50 年观测到的大部分增暖可能是人类活动排放温室气体的增加造成的
第四次 (2007 年)	0.74	0.56～0.92	1906～2005	观测到的 20 世纪中叶以来大部分全球平均温度的升高,很可能是观测到的人为温室气体浓度的增加引起的

    第四次评估报告不但在结论信度上提高了许多,而且在空间尺度和气候变量方面的检测与归因研究有了明显进展。IPCC 第一次和第二次评估报告期间,上述结论主要是针对单一的全球平均地表温度序列而言。到了第三次评估报告时期,检测和归因研究进入更复杂的统计分析阶段,主要分析了复杂的气候变化场的状况,不再限于地表单变量(即温度)的分析。在第四次评估报告时期,对人类活动的检测和归因研究扩展到六个大洲(南极洲除外),并且将可辨别的人类活动影响扩展到了气候系统的其他方面,如海洋变暖、大陆尺度的平均温度、温度极值以及风场,使人类活动是造成过去 50 年全球气候变暖的结论有了更多的科学依据(秦大河等,2007;赵宗慈,王绍武,罗勇,2007)。

    为了更妥善地处理气候变化科学中的不确定性,IPCC 第四次评估报告第一工作组引入了一套简单的关于在评估报告中确定和描述结果可能性的标准术语(表 1.2)。

表 1.2   确定和描述结果可能性的标准术语

可能性术语	发生/出现的可能性
几乎确定(virtually certain)	发生概率大于 99%
极有可能(extremely likely)	发生概率大于 95%
很可能(very likely)	发生概率大于 90%
可能(likely)	发生概率大于 66%
多半可能(more likely than not)	发生概率大于 50%
或许可能(about as likely as not)	发生概率为 33%～66%
不可能(unlikely)	发生概率小于 33%
很不可能(very unlikely)	发生概率小于 10%
极不可能(extremely unlikely)	发生概率小于 5%
几乎不可能(exceptionally unlikely)	发生概率小于 1%

1.3　全球气候变化的事实和预估

　　IPCC 第四次评估报告的综合报告描述了气候变化的人为驱动因子、影响和响应及其相互之间的联系（图 1.3）。2001 年的 IPCC 第三次评估报告主要描述了图中顺时针方向的联系，即从社会经济信息和排放推导出气候变化、影响和脆弱性，最后就适应和减缓气候变化提出应对措施。随着对这些联系认识的不断提高，第四次评估报告所获得的信息有可能评估逆时针方向的联系，即评估可能的发展道路和全球排放限制，从而降低社会经济对未来气候变化影响的风险。这意味着气候变化科学评估在科学团体与决策者和社会公众之间架设起了相互沟通的桥梁，从而可以更好地为决策者和社会公众提供气候变化科学、技术和社会经济方面的信息，同时，还可以向科学界传递决策者和社会公众为适应和减缓气候变化对相关科学知识的需求。

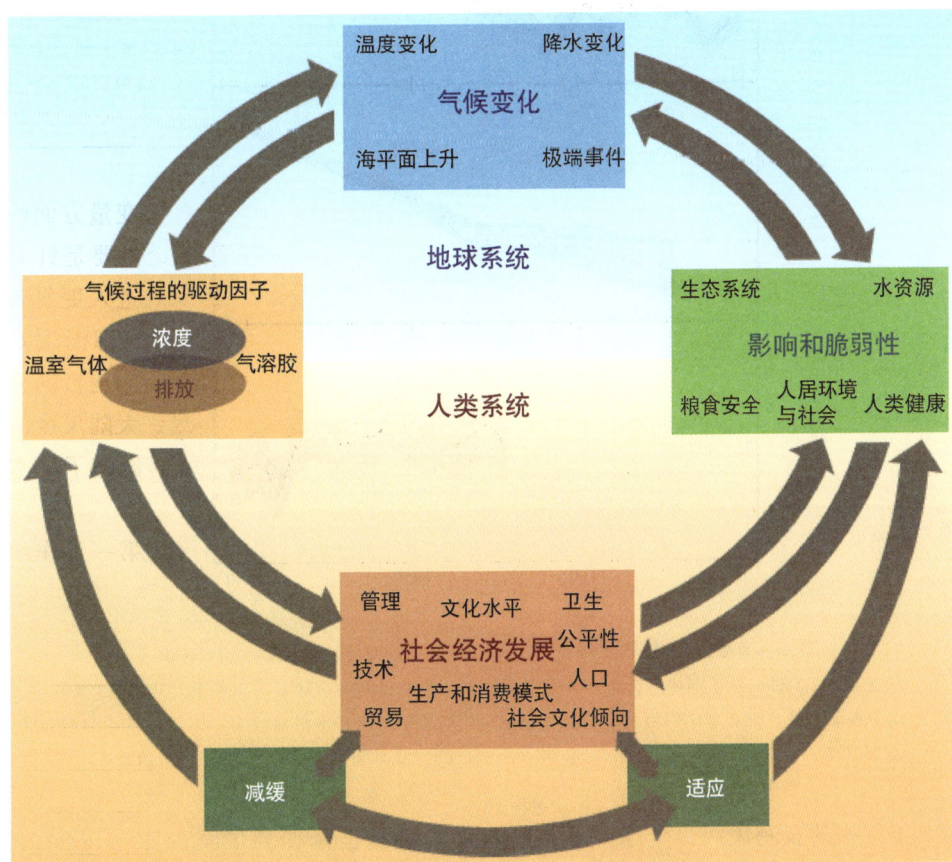

图 1.3　气候变化的人为驱动因子、影响和响应的示意框架图（IPCC，2007a-c）

1.3.1　全球气候变化事实

　　2007 年发布的 IPCC 第四次评估报告主要评估了 2001～2006 年期间全球和洋盆/大陆尺度的气候变化、影响、脆弱性、适应和减缓气候变化对策等方面的最新研究进展，以及当前的科学认知水平，其中包括气候变化的人为和自然驱动因子、观测到的气候变化、气候变化的认知和归因，以及预估未来气候变化等方面的最新科学进展。这些最新进展主要是基于大量新的和更全面的数据、对数据更复杂的分析、对各种过程进一步的认识、模式对这些过程模拟的改进以及对不确定性范围更广泛的分析得到的。

观测表明，气候系统的变暖毋庸置疑。目前从全球平均地表温度和海洋温度上升、冰雪大范围消融，以及海平面上升等的观测中得到的证据支持了这一观点（图1.4）。根据仪器观测资料，1906～2005年全球地表平均温度升高了0.74℃［0.56℃～0.92℃］。1995～2006年12年里有11年位列1850年以来最暖的12个年份之中。

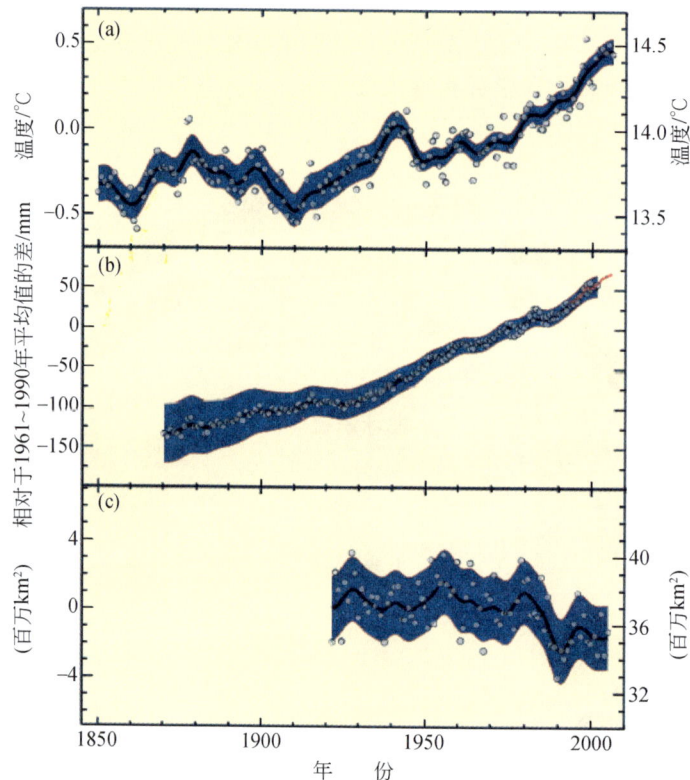

图1.4 温度、海平面高度和北半球积雪的变化（IPCC，2007a-c）

（a）全球平均地表温度；（b）从验潮站（蓝色）和卫星（红色）资料得到的全球平均海平面上升；（c）3月至4月北半球积雪变化的观测结果。所有变化均相对于1961年至1990年的平均值。平滑曲线表示十年均值，圆圈表示年值。阴影区为不确定性区间，由已知不确定性（a）和（b）及时间序列（c）的综合分析估算得出

1961年以来的观测表明，全球海洋平均温度的升高已延伸到了至少3000m深的海洋，海洋已经并且正在吸收80％以上增添到气候系统内的热量。这一变暖引起海水膨胀，造成海平面上升。南、北半球的山地冰川和积雪总体上呈退缩状态。山地冰川和冰帽的大范围退缩也造成了海平面上升（冰帽不包括格陵兰冰盖和南极冰盖对海平面变化的贡献）。1961～2003年期间，全球海平面上升的平均速率为1.8［1.3～2.3］mm/a。1993～2003年期间，上升速率为3.1［2.4～3.8］mm/a。这里要说明的是，前者是验潮站的实测结果，后者是欧洲卫星测高仪的实测结果。20世纪全球海平面上升0.17［0.12～0.22］m（IPCC，2007a-c）。

在大陆和洋盆尺度上，已观测到气候的多种长期变化，包括北极的温度和冰、大范围的

降水量、海水盐度、风场，以及包括干旱、强降水、热浪和热带气旋在内的极端天气方面的变化。自 20 世纪 70 年代以来，在更大范围，尤其在热带和副热带地区，观测到了强度更强、持续时间更长的干旱。与温度升高和降水减少有关的干旱增加，强化了干旱化。海表温度和风场的变化，以及积雪减少，也与干旱的发生有关。大多数陆地上强降水事件的发生频率上升，这与变暖和观测到的大气水汽增加相一致。近 50 年来已观测到极端温度大范围的变化。冷昼、冷夜和霜冻的频率减小，热昼、热夜和热浪的发生频率增加。一些观测证据表明，大约从 1970 年以来，北大西洋的强热带气旋活动增加，但每年的热带气旋个数没有明显变化（IPCC，2007a-c）。

　　根据 IPCC 第四次评估报告，自 1750 年以来，由于人类活动，全球大气中的 CO_2、CH_4 和 N_2O 浓度已明显增加，目前已经远远超出了冰芯记录的人类工业化前近万年中的浓度值（图 1.5）。CO_2 是最重要的人为温室气体，全球大气中 CO_2 浓度已从工业化前的约 280 ppm 增加到 2005 年的 379 ppm，已远远超过了过去 65 万年的自然变化值（180～330 ppm），CO_2 在 1995～2005 年十年里的增长速率，远高于 1960～2005 年期间的连续直接观测到的年平均速率。人类工业化以来，大气 CO_2 浓度的增加主要源于化石燃料的使用。全球大气中 CH_4 浓度已从工业化前的约 715 ppb[①] 增加到 2005 年的 1774 ppb，远超出 65 万年以来的自然变化范围（320～790 ppb），观测到的 CH_4 浓度的增加很可能源于人类活动，主要是农业和使用化石燃料。全球大气中 N_2O 浓度值已从工业化前约 270 ppb 上升到 2005 年的 319 ppb，人为 N_2O 排放主要源于农业。据世界气象组织公布的结果，2008 年全球大气圈中 CO_2 浓度已上升到 385.2 ppm，CH_4 1797 ppb，N_2O 321.8 ppb，均达历史新高。

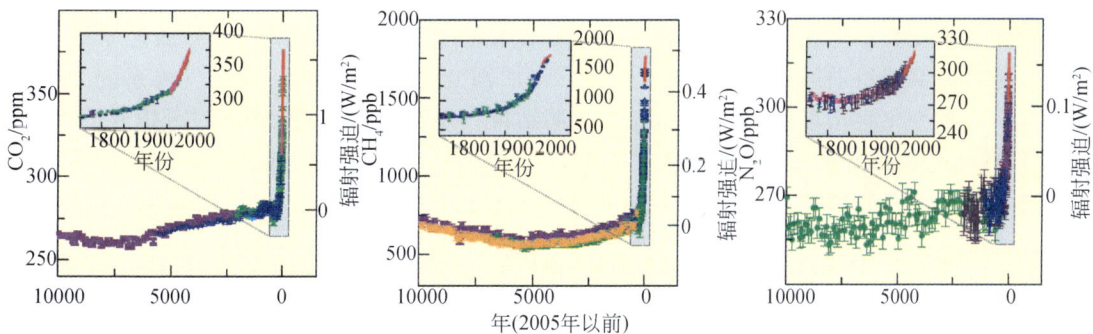

图 1.5　最近 1 万年（大图）和公元 1750 年（嵌入图）以来大气 CO_2、CH_4 和 N_2O 浓度的变化（IPCC，2007a-c）
图中所示测量值分别源于冰芯（不同颜色的符号表示不同的研究结果）和大气样本（红线），
所对应的辐射强迫值见大图右侧纵坐标

1.3.2　预估未来气候变化

　　为了预估未来气候变化及其影响，并为制定减缓和适应气候变化的对策奠定基础，IPCC 排放情景特别报告（SRES）描述了新的未来情景，预测了与社会经济发展相联系的温

①　1ppb=1×10^{-9}，下同

室气体排放（Nakićenovićet al.，2000）。SRES 包括四个情景族共 40 个情景，不同情景族的主要特征如下：

（1）在 A1 情景族中，未来世界的经济高速增长，全球人口在 21 世纪中叶达到峰值后减少，并快速引进新的和更高效的技术。主要特征是地区间的融合、能力建设、日益增加的文化和社会的相互影响，同时大幅度降低人均收入的地区性差异。人们追求的是个人福利而不是环境质量。该情景族进一步划分为三组情景，分别描述了能源系统中技术变化的不同方向：A1FI（以化石燃料能源为主）、A1T（以非化石燃料能源为主）和 A1B（各种能源之间达到平衡）。

（2）在 A2 情景族中，未来世界的发展很不均衡，主要特征是自给自足，保持区域特色，强调家庭价值和当地传统。不同地区间生产力方式的趋同异常缓慢，导致人口持续增长，经济发展主要面向区域，人均经济增长和技术变化是不连续的，低于其他情景的发展速度。

（3）在 B1 情景族中，未来世界更为趋同，和 A1 情景族一样，全球人口在 21 世纪中叶达到峰值后减少，所不同的是，经济结构向服务和信息经济快速转变，伴之以材料密集程度的下降，以及清洁生产技术和资源高效技术的引进。着重于经济、社会和环境可持续发展的全球解决方案，其中包括公平性的提高，但不采取额外的气候政策干预。

（4）在 B2 情景族中，未来世界着重于经济、社会和环境可持续发展的局地解决方案。全球人口持续增长，但增长速度比 A2 情景族慢，经济发展速度中等，与 B1 和 A1 情景族相比，技术变化速度较为缓慢且更加多样化。尽管该情景也致力于环境保护和社会公平，但着重点放在局地和区域层面。

在一系列 SRES 排放情景下，预估未来 20 年为每十年增温 0.2℃。即使所有温室气体和气溶胶的浓度都稳定在 2000 年的水平不变，预估也会以每十年大约 0.1℃ 的速率进一步变暖。保持或高于目前的温室气体排放速率，将加剧变暖，并引发 21 世纪气候系统的一系列变化，这些变化将很可能大于 20 世纪的观测结果。表 1.3 给出了六个 SRES 排放情景下，相对于 1980～1999 年平均的 21 世纪末（2090～2099 年）全球平均地表变暖的最佳估算值及其变化范围。尽管这些预估结果与 IPCC 第三次评估报告给出的范围（1.4℃～5.8℃）较

表 1.3   21 世纪末全球平均地表变暖和海平面上升的预估结果（IPCC，2007a-c）

情景	温度变化/℃ （相对 1980～1999 年平均的 2090～2099 年的结果）		海平面上升/m （相对 1980～1999 年平均的 2090～2099 年的结果） 模式模拟的范围，不包括未来 流冰的快速动态变化
	最佳估算/℃	可能变化范围/℃	
稳定在 2000 年浓度水平	0.6	0.3～0.9	无
B1 情景	1.8	1.1～2.9	0.18～0.38
A1T 情景	2.4	1.4～3.8	0.20～0.45
B2 情景	2.4	1.4～3.8	0.20～0.43
A1B 情景	2.8	1.7～4.4	0.21～0.48
A2 情景	3.4	2.0～5.4	0.23～0.51
A1FI 情景	4.0	2.4～6.4	0.26～0.59

为一致，但这些结果不能直接比较（图 1.6），因为第四次评估报告使用了更为先进、更复杂也更真实的大量气候模式，以及关于碳循环反馈和气候观测制约因素的最新资料。表 1.3 也给出了模式模拟得到的 21 世纪末全球平均海平面上升幅度的预估结果。

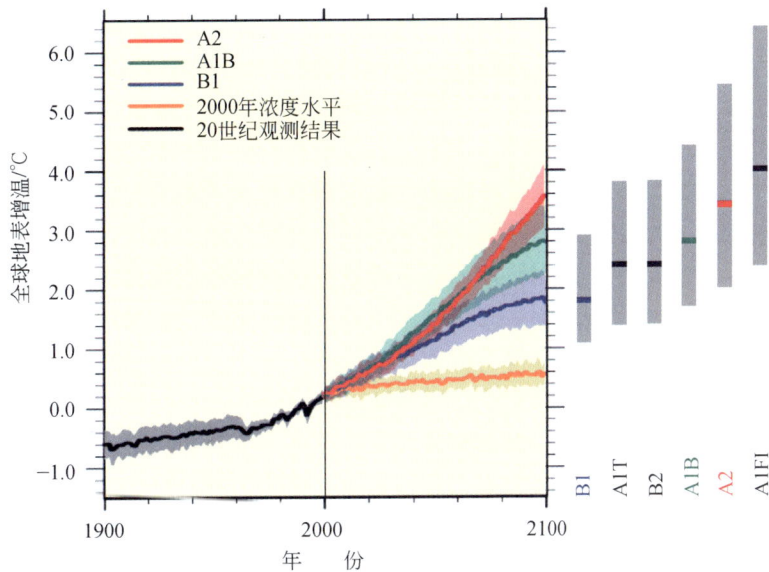

图 1.6　地表温度的海气耦合模式预估结果（IPCC，2007a-c）

各实线分别表示 A2、A1B 和 B1 情景下的多模式全球平均地表变暖（相对于 1980～1999 年平均），并作为 20 世纪模拟结果的延续，阴影区表示各模式年值的正负一个标准差范围。橘红色线表示将控制在 2000 年浓度水平上的模拟试验结果，右侧的灰色条表示最佳估算值（各条中间的实线）和六个 SRES 标志情景可能范围的评估结果

作为气候系统的组成要素，冰冻圈变化的预估结果显示，陆地积雪将退缩，大部分多年冻土区内冻土活动层厚度会增加，北冰洋和南大洋的海冰面积将退缩。基于模式结果，预估未来热带气旋（台风和飓风）可能将变得更强，风速会更大，和热带海表温度增加相关的更强的降水事件也会增加。热浪和强降水事件的发生频率很可能会持续上升。目前的模式结果认为，21 世纪大洋经向翻转环流很不可能（小于 10% 的概率）出现突变，但更长期的变化尚无可靠的评估（IPCC，2007a-c）。

由于各种气候过程、温室效应、反馈和相关时间尺度等因素的制约，即使大气圈内的温室气体浓度保持稳定不变，人类活动导致的气候变暖和海平面上升仍将持续若干个世纪，加上自然清除大气圈内的 CO_2 所需的时间，过去和未来的人为排放的 CO_2 将使变暖和海平面上升现象延续达千年以上。

1.4　IPCC 评估报告的影响和未来工作

1.4.1　IPCC 的背景和作用

随着经济社会的发展，各国对煤、石油、天然气等化石燃料需求的快速增长，国际社会对环境问题更加关注，同时，气候变化问题，特别是人类活动排放温室气体引发的气候变化，引起了国际社会的高度重视，科学界对气候变化和人类活动关系的认识不断深入，相关研究工作得以加强。但是，由于气候变化是一项非常复杂、前沿和极具挑战的命题，多年来在科学研究上虽有长足进展，但仍有许多未知或知之不足的地方，存在许多不确定性。但为了应对气候变化，为了全人类的福祉，决策者们需要科学家提供有关气候变化成因、其潜在的环境和社会经济影响以及解决这些问题的对策信息。为此，世界气象组织和联合国环境规划署在联合国麾下合作，于 1988 年成立了政府间气候变化专门委员会，即 IPCC，旨在就气候变化问题为国际组织和各国决策者提供科学咨询，共同应对气候变化。从世界气象组织和联合国环境规划署赋予它的职能来看，IPCC 工作是在全面、客观、开放和透明的基础上，以气候变化科学问题为切入点，在全球范围内就气候变化及其影响、脆弱性、适应和减缓气候变化等有关问题，依据当时的国际科学认知水平、经审议通过的评估程序和议事规则，从科学、技术、社会、经济等方面进行评估，再经过科学界和各国政府审查和 IPCC 全会逐句逐段审议通过，形成系列评估报告，为国际组织和各国决策者，以及联合国气候变化框架公约（以下简称气候公约）提供科学技术咨询。

截至目前，IPCC 分别在 1990 年、1995 年、2001 年和 2007 年发布了四次评估报告，并编写出版了一系列特别报告、技术报告和指南等，对各国政府和科学界产生了重大影响。这些文献已经成为气候变化工作领域的重要参考著作，被决策者、科学家、学校和社会有关方面广泛使用和引证，在一些高等院校已列为有关专业高年级学生和研究生的教材，影响日益扩大。IPCC 评估报告汇集了全球有关气候变化科学的最新研究成果，尽管它不直接评估政策，但报告所评估的气候变化科学问题几乎均与政策直接或间接相关，对气候变化决策和国际谈判起到重要作用。

IPCC 评估报告不仅使公众，而且使政府对各项政治承诺有了新的认识，如 1990 年发布的 IPCC 第一次评估报告确认了有关气候变化问题的科学基础，使全世界对温室气体排放和全球变暖之间的联系产生了警觉，促进了政府间的对话，联合国大会做出了制定气候公约的决定，各种谈判也随之启动，推动召开了 1992 年里约热内卢地球峰会，通过并签署了气候公约，李鹏总理代表中国政府在公约上签字，中国成为气候公约的签署国之一。

1996 年发布的 IPCC 第二次评估报告产生了类似的影响。该报告对气候变化科学的全面评估为系统阐述气候公约的最终目标提供了科学依据，对京都议定书的谈判起了重要作用。京都议定书于 1997 年获得通过，中国于 1998 年成为京都议定书的签署国之一。

2001 年发布的 IPCC 第三次评估报告为制定应对气候变化的政策，满足气候公约的目标提供了客观的科学信息，在气候公约谈判中引入了适应和减缓的议题，推动了谈判进程。第三次评估报告特别强调适应气候变化的重要性，取得了积极成果，促进形成了《气候变化影响、脆弱性和适应的内罗毕工作计划》。

2007 年发布的第四次评估报告在气候公约谈判中发挥了重要作用，它大大消除了对气候变化是否真实和正在发生气候变化的怀疑，并将口头响应提升到最高政治层面的行动和公众意识的觉醒。2007 年 10 月 12 日，"由于努力构建和传播人类活动影响气候变化的知识，并为提出防止气候变化的措施奠定了坚实科学基础"，挪威诺贝尔奖委员会宣布，将 2007 年度诺贝尔和平奖授予 IPCC（与美国前副总统戈尔分享该奖项），以表彰该团体 20 年的努力和贡献。

中国政府和科技界积极参与了 IPCC 的工作。邹竞蒙先生在担任世界气象组织主席期间，提出并领导成立了 IPCC，并将 IPCC 秘书处设在了日内瓦世界气象组织总部。中国气象局作为国内 IPCC 活动的牵头部门，协调国内有关部门参与了 IPCC 一系列活动，组团参加了 IPCC 历次全会和主席团会议，阐述中国关于气候变化科学评估的基本立场，在重大问题上反映中国政府的意见和建议；同时，积极推荐中国科学家作为主要作者和撰稿人参加了所有报告的编写，在 IPCC 评估报告中反映中国科学家的科研成果。此外，组织对 IPCC 历次报告进行专家和政府评审，向 IPCC 秘书处反馈中国专家和政府的评审意见。通过上述活动，维护了中国的国家利益。迄今中国共有来自政府部门、研究机构和高等院校的一百多位科学家参加了 IPCC 评估报告和特别报告的编写和评审。中国还积极组织举办了多次 IPCC 相关的国际会议，包括 1992 年 1 月 IPCC 第一工作组第三次会议，2001 年 1 月 IPCC 第一工作组第八次会议，2002 年 6 月 IPCC 极端天气和气候事件变化研讨会，2005 年 5 月 IPCC 第一工作组主要作者会议，2006 年 2 月 IPCC 第三工作组主要作者会议等。通过参与 IPCC 活动，不仅推动了中国在气候变化领域的研究工作，同时培养了人才，特别是越来越多的青年科学家开始走上气候变化科学的国际舞台，大大增强了中国在 IPCC 相关活动以及国际气候变化科学领域中的影响和作用，为中国的环境外交和社会经济的可持续发展发挥了积极作用。

1.4.2　关于 IPCC 第五次评估报告

气候变化谈判需要科学界不断提供气候变化科学、影响、适应和减缓方面的评估信息，并基于这些信息做出政治决策和机制体制安排。IPCC 拟于 2013～2014 年完成的第五次评估报告将对国际社会就 2020 年后气候变化应对机制的谈判产生重要影响。IPCC 第五次评估报告将对以往报告已阐述的科学问题和基本结论加以巩固，并提供更有说服力的证据和论据，更加侧重区域问题，增加适应和减缓经济学成本、气候变化与可持续发展等内容的分析。关于气候变化检测和归因、气候变化影响和关键脆弱性、大气温室气体浓度稳定水平、适应的选择及其成本效益、减缓措施的选择和社会经济成本、责任分担机制及公平性等问题的评估结论，将对气候公约谈判进程的推进发挥重要作用。

为了编写第五次评估报告，IPCC 确定了一套不同于 SRES 情景的基准排放情景，即 RCP（典型浓度路径）情景。RCP 情景采用辐射强迫作为区分不同路径的物理量，包括四种路径：高端路径，即到 2100 年其辐射强迫将达到 8.5 W/m² 以上，并将继续上升一段时间；两个中间"稳定路径"，其辐射强迫在 2100 年之后大约分别稳定在 6 W/m² 和 4.5 W/m²；低端路径，其辐射强迫在 2100 年之前达到 2.6 W/m² 的峰值，然后下降（Moss et al.，2010）。这些情景包括全套温室气体和气溶胶以及化学活性气体和土地利用/覆盖的排放和浓度的时间路径。新的情景还包括近期（涵盖到 2035 年）和远期（涵盖到 2300 年）情景，以满足不同研究对象和研究群体的需求。在第五次评估报告中，RCP 情景将被用于气候模式预估以及影响、适应和减缓研究。

目前 IPCC 第五次评估报告的编写工作已经开始，2009 年 10 月召开的 IPCC 第 31 次全会已批准了三个工作组的编写大纲，各个工作组正在按程序遴选写作队伍，之后，评估报告编写工作将全面展开。预计第一工作组报告在 2013 年 9 月完成，第二和第三工作组报告在 2014 年 3 月和 4 月完成，2014 年 9 月完成综合报告。

需要指出的是，尽管人类对气候变化的科学认知有了长足的发展，但由于气候系统的复杂性、当前科技水平的限制，以及自然科学本身发展的渐进性特征等，目前气候变化科学仍存在许多不确定性，对气候变化科学的认识还有许多不足之处，亟须进一步开展深入研究。在观测问题上，由于各个区域气候系统监测的站点分布不均匀，一些区域监测站点不够，甚至还有空白，致使资料的代表性不足。另外，气候系统科学领域的科学家在不同国家情况很不一样，发达国家、经济转型国家和发展中国家的科学家的数量、地理分布和研究现状差别也很大，使得各个区域科学家们的研究成果存在差别，导致科学家的区域代表性不充分，发达国家科学家发表的科学论文文献的数量和质量都有明显优势。凡此种种，造成 IPCC 评估报告结论可能存在一定的倾向性。所以，决策者和科学团体在引用 IPCC 报告时，必须注意上述不确定性和存在的问题，以便客观、公正和较好地评价并引用 IPCC 评估报告的结论。

第二章　辐射强迫与气候变化归因

提　要

　　本章系统地评述了造成全球气候变化的驱动因子，即自然和人为辐射强迫。人为强迫首先是自工业革命以来由人类活动导致的地球大气中二氧化碳、甲烷、氧化亚氮以及含氯氟烃等温室气体（GHGs）和大气气溶胶浓度的迅速增加，其数值为＋1.6 W/m²；其次是土地利用与土地覆盖的变化（LUCC）引起的地表反照率以及陆-气能量和物质交换的变化，数值为－0.2 W/m²。自然强迫主要包括火山和太阳活动。一次即使很大的火山活动对地面温度的影响也不超过几年；1750 年以来，太阳辐射强迫为＋0.12 W/m²。本章最后分析了 20 世纪全球和中国气候变化的可能原因，其中包括人类活动、自然变化以及气候系统内部因子的变化等。

2.1　辐射强迫、全球增温潜能与温变潜能

　　鉴于辐射强迫在引起气候变化中的重要性，在前面科学认识气候变化背景的基本上，有必要进一步讨论和评估辐射强迫及与之紧密关联的气候变化归因问题。

2.1.1　辐射强迫

　　地球气候可以在一切时间尺度上因太阳短波辐射的散射和吸收以及地气系统吸收和发射的红外热辐射的变化而变化。如果气候系统处于平衡态，则其吸收的太阳辐射能将精确地等于地球和大气向外空发射的红外辐射能。任何能够扰动这种平衡并因此可能改变气候的因子都被称为辐射强迫因子，它们所产生的对地气系统的强迫则称为辐射强迫（RF）（IPCC，1990）。

　　辐射强迫在数值上定义为某种辐射强迫因子变化时所产生的对流层顶平均净辐射的变化（太阳和红外热辐射，单位 W/m²）。之所以选取对流层顶，是因为至少在简单气候模式中，在全球平均的意义上，地表和对流层紧密地耦合在一起，所以应当将它们作为一个单一的热力学系统来处理。当辐射强迫因子变化时，平流层温度也将发生变化。按照是否允许平流层温度进行调整，可以把辐射强迫具体划分为①瞬时辐射强迫（Instantaneous Radiative Forcing，IRF），不考虑平流层温度的变化；②调整的辐射强迫（Adjusted Radiative Forcing，ARF），允许平流层温度对瞬时辐射强迫重新进行调整（IPCC，1995）。按照产生强迫的物理机制，辐射强迫又可分为直接辐射强迫和间接辐射强迫。

　　如果记全球平均的平流层调整的辐射强迫为 ΔF，全球平均的地表温度响应为 ΔT_s（K），

则有：$\Delta T_s = \lambda \Delta F$，$\lambda$ 是气候灵敏度参数，取决于诸如水汽反馈、云反馈和雪冰反照率反馈等多种物理过程。主要由于云反馈的不确定性，不同气候模式的 λ 是很不相同的，其变化范围至少可以从 0.3 到 1.4℃/（W/m²）。

瞬时辐射强迫（IRF）和平流层温度调整的辐射强迫（ARF）

图 1 给出了瞬时辐射强迫（IRF）和平流层温度调整过的辐射强迫（ARF）的含义以及有关的地面和大气温度调整过程的示意图。

（a）由于某种辐射强迫因子的变化［例如大气温室气体（GHGs）或气溶胶的浓度变化，太阳变化、火山喷发等］，在大气对流层顶造成净辐射通量的不平衡，即所谓的 IRF。在计算 IRF 时，从地面到平流层的整层大气的温度均保持不变；

（b）保持地面和对流层的温度不变，但允许平流层温度对 IRF 进行调整。当平流层温度达到平衡时，对流层顶的净辐射将仍然是不平衡的，由此所得到的净辐射通量为 ARF；

（c）保持地面温度不变，允许对流层和平流层的温度对 ARF 进行相应的调整，从而得到一条新的大气温度廓线。此时由于不允许地面温度变化，因此对流层顶的净辐射通量依然不平衡；

（d）最后，允许地面温度与大气温度同时变化，当对流层顶的净辐射通量等于零时，则达到一个新的气候平衡态，此时的地面温度变化为 ΔT_s。当然在实际求解新的平衡温度廓线时，特别是在一维 RCM 中，并无必要将上述过程（c）和过程（d）分开，它们是可以同时进行的。

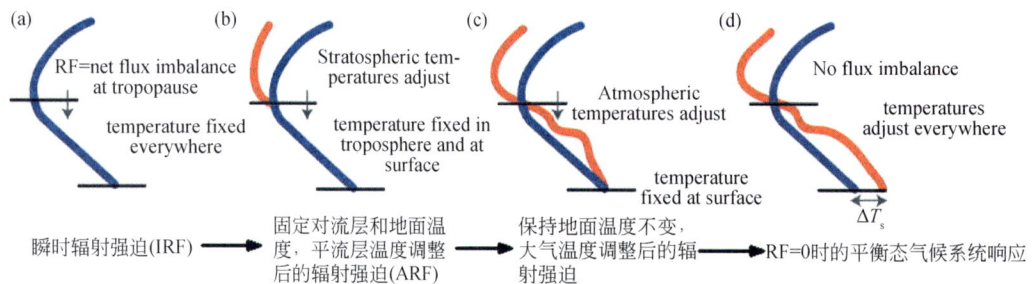

图 1　各种辐射强迫的含义及地面和大气温度调整过程（IPCC，2007a-c）

（注：如正文所述，IPCC 原来将 RF 定义为大气对流层顶的净辐射通量变化，但近年来也可以将这一概念扩展到大气顶和地面）

2.1.2　全球增温潜能（GWP）与全球温变潜能（GTP）

为了把辐射强迫因子的气候效应的科学评估与某种社会、经济和政策考虑结合起来，应当寻求一种度量方法，它可以把对单个分子的温室强度的计算与分子大气寿命的估计结合起来，同时它又能将该种气体在大气中引起的化学变化（主要指生成新的温室气体分子）所带来的间接温室效应包括进去。大气温室气体的全球增温潜能（Global Warming Potential，GWP）可以定义为，瞬态释放 1kg 的某种温室气体所产生的时间积分的辐射强迫与对应的

1kg 的参照气体（目前一般取 CO_2）的辐射强迫的比值（IPCC，1995）；根据政策制定的需要，积分时间经常取 20 年、100 年和 500 年。显然，GWP 值是温室气体所可能产生的温室效应相对大小的一种度量。有了这些数据，决策者就有可能确定对哪一种气体进行减排更有效，或者用 GWP 较小的气体来替代 GWP 较大的气体。GWP 可以分为直接 GWP 与间接GWP。前者系由某种温室气体本身所产生，后者则是由于这种气体在大气中发生化学反应产生新的温室气体分子而带来增温潜能。

尽管 GWP 是决策者可以用来对不同温室气体释放所带来的温室效应相对大小进行评估的一个简单明了的指数，但是它没有与全球平均地面温度的变化直接联系起来。因此，最近提出了全球温变潜能（Global Temperature Potential，GTP）概念作为一种新的度量指数（Shine et al.，2005）。GTP 定义为（瞬间或持续）释放的某种物质在未来某一给定时间范围内造成的全球平均地面温度变化与某一参考气体（如 CO_2）所造成全球平均地面温度变化的比值。由于 GTP 这一度量指数可以更直接地同地面温度变化联系在一起，因而较之 GWP具有潜在的优点，它可以直接与限制全球温度变化使之低于一个给定值的政策目标相联系。

2.2　温室气体的辐射强迫

温室气体是指那些允许入射太阳辐射几乎无衰减地到达地球表面或者较少吸收太阳辐射，但是强烈阻止地表和大气发射的长波辐射逃逸到外空从而使能量保留在地气系统中的气体化合物。许多温室气体在大气中自然存在，如 H_2O、CO_2、CH_4 和 N_2O 等；它们在大气中的含量也受到人类活动的重要影响。而另外一些温室气体则完全是人为产生的，包括CFC_s，HFC_s，PFC_s 和 SF_6 等。对流层大气臭氧也是一种重要的温室气体。

2.2.1　长寿命温室气体（CO_2、CH_4、N_2O 与卤代烃等）

当前大气 CO_2 和 CH_4 的浓度已经超过了至少近 65 万年以来的地质历史记录。有多种证据表明这些气体在工业革命以后的增加不能完全归结为自然机制。自 1750 年以来，长寿命温室气体 CO_2、CH_4 和 N_2O 等浓度增加所产生的地球气候的总辐射强迫，以及这些气体所产生总强迫的增加速率，在过去 1 万多年里是史无前例的。

在所有强迫因子中，对这些长寿命温室气体所产生的辐射强迫的科学认知水平最高，不确定性最小。大气 CO_2 在 2005 年的全球平均浓度为 379 ppm，它所产生的工业革命以来的全球气候变化的辐射强迫（Radiative Forcing of Climate Change，RFCE）是（1.66±0.17）W/m^2；CH_4 在 2005 年的全球平均浓度为 1774 ppb，对应的 RFCC 是（0.48±0.05）W/m^2；N_2O 的相应数值是 319 ppb 与（0.16±0.02）W/m^2（IPCC，2007a-c）。《蒙特利尔议定书》限制排放的 CFCs 和 HCFCs 及其他含氯氟烃化合物，原本是为了保护大气臭氧层，但它们同时又是一些重要的温室气体。在 2003 年它们的浓度达到峰值，随后开始下降。它们在2005 年的总 RFCC 是 0.32±0.03 W/m^2。另一方面，《京都议定书》所提及的许多含氟气体如 HFCs、PFCs 和 SF_6 等的浓度，从 1998 年到 2005 年，大约增加了 1.3~4.3 倍，它们的相关 RFCC 是 0.017±0.002 W/m^2，而且现在正以 10%/a 的速率在快速增加（IPCC，2007a-c）。国内在这方面的最新研究（Zhang，Wu，Lu，2011；张华和吴金秀等，2011；吴金秀，肖稳安，张华，2009）基于新的谱线资料，采用高光谱辐射方案计算得到了《京都议定书》主要限排温室气体 HFCs、PFCs 和 SF$_6$ 在不同条件下的辐射效率（释放 1ppbv[①] 的气体所产生的辐射强迫，见表 2.1）。结果表明，除了 CF$_4$ 外，它们的 GWP 和 GTP（表 2.2）均比 IPCC（2007a-c）给出的相应值大。如表 2.2 所示，HFCs、PFCs 和 SF$_6$ 的 20 年、100 年和 500 年的 GWP 和 GTP 可以达到 CO$_2$ 的几千到几万倍，对全球变暖有长期和持续的影响。当然，在 GTP 的计算中仍然存在很多的不确定因素，如气候灵敏度参数、海洋热吸收和终极目标的时间选择等，因此在新的温室效应度量方法 GTP 能够替换 GWP 之前，仍然有很多科学问题需要进一步研究（张华，2009）。

表 2.1　HFCs、PFCs、SF$_6$ 的辐射效率

温室气体	辐射效率/［W/(m^2·ppbv)］				
	晴空瞬时辐射强迫	平流层辐射平衡调整后的晴空辐射强迫	有云条件下经平流层辐射平衡调整后的辐射强迫	有云大气下经寿命调整后的辐射强迫	IPCC（2007a-c）
HFC-32	0.189	0.195	0.147	0.127	0.11
HFC-125	0.401	0.421	0.318	0.295	0.23
HFC-134	0.329	0.356	0.304	0.272	0.18
HFC-134a	0.294	0.307	0.232	0.210	0.16
HFC-143a	0.291	0.304	0.231	0.217	0.13
HFC-152a	0.214	0.223	0.168	0.132	0.09
C$_2$F$_6$	0.433	0.453	0.346	0.346	0.26
CF$_4$	0.116	0.119	0.098	0.098	0.1
SF$_6$	0.869	0.909	0.680	0.680	0.52

表 2.2　HFCs、PFCs、SF$_6$ 的 GWP 和 GTP

气体	GWP			GWP（IPCC，2007a-c）			GTP^p			GTP^s		
	20	100	500	20	100	500	20	100	500	20	100	500
HFC-32	2727	817	254	2330	675	205	1670	2	0	3469	885	257
HFC-125	8235	4713	1513	6350	3500	1100	8004	1113	0	8369	5008	1532
HFC-134	5345	1820	566	3200	1100	330	4007	10	0	6098	1791	573
HFC-134a	5080	1966	612	3830	1430	435	4406	55	0	5538	2125	619
HFC-143a	9940	7829	2850	5890	4470	1590	10124	4288	3	9764	8107	2885
HFC-152a	649	191	59	437	124	38	273	0	0	914	207	60
C$_2$F$_6$	11 614	17 035	25 955	8630	12 200	18 200	12 530	22 468	34 975	10 909	16 498	25 732
CF$_4$	5163	7597	11 761	5210	7390	11 200	5572	10 052	15 694	4849	7355	11 655
SF$_6$	21 520	31 298	45 744	16 300	22 800	32 600	23 202	40 935	56 856	20 224	30 341	45 399

注：GTP^p 与 GTP^s 的上标 p 和 s 分别表示脉冲式排放与连续式排放。

2.2.2　大 气 臭 氧

大气臭氧（O$_3$）是地球大气中一种重要但又很特殊的微量气体，首先它不是均匀混合

---

① 1ppbv 为体积分数，十亿分之一

的，其次它在太阳波段与红外波段均有重要的吸收。平流层臭氧对太阳紫外辐射有强烈的吸收，从而起到保护地球生物圈的作用。在对流层，臭氧是一种温室气体，同时也是一种污染气体。由于臭氧在 $9.6\mu m$ 大气窗区有很强的红外吸收带，因此对流层臭氧浓度的变化会影响地表和对流层的辐射收支，由此引起的辐射效应和气候效应近年来已引起国际社会越来越多的关注。

在 IPCC 第三和第四次评估报告中，已经对对流层 O_3 和平流层 O_3 浓度变化所引起的辐射强迫分别进行了评估。其中，平流层 O_3 的辐射强迫源自 1978 年以来观测到的 O_3 浓度的减少（最有代表性的是所谓南极臭氧洞问题）；而对流层 O_3 的辐射强迫则基于有关化学模式给出的浓度结果。自工业革命至 2005 年期间，平流层 O_3 减少所产生的 RFCC 为（-0.05 ± 0.15）W/m^2，而由于对流层 O_3 浓度增加造成的 RFCC 的最佳估计值为（$+0.35\pm0.15$）W/m^2（IPCC，2007a-c）。利用区域气候和大气化学耦合模式估计的中国地区夏季对流层臭氧的平均辐射强迫为 0.39 W/m^2（王体健等，2004）。

2.2.3 温室气体的间接辐射效应

大气中的红外吸收气体除了产生直接辐射强迫外，还能够通过化学反应生成新的具有温室效应的物种从而产生间接辐射效应。间接效应主要与 O_3 的产生或消除、平流层水汽、CH_4 和次级气溶胶产生等过程有关。

CH_4 有四种间接辐射效应，它可以通过改变大气中的 OH 浓度来增加自身的寿命，并由此改变对流层 O_3 浓度，增加平流层水汽含量，以及产生 CO_2（IPCC，2007a-c）。

NO_x 的短寿命特征及其非线性化学过程的复杂性，使其可以通过增加 O_3 浓度和减少 CH_4 浓度，产生两种相反的间接辐射效应；从而使得 NO_x 的 GWP 变得更为不确定（Shine et al.，2005）。此外，在用模式计算 NO_x 的 GWP 时，没有考虑硝酸盐的形成这一重要过程。因此，NO_x 的 100 年（间接）GWP 尚未给出（IPCC，2007a-c）。

含氯氟烃（CFCs）等分子在平流层通过光化学反应被分解，可以释放出氯原子和溴原子导致平流层 O_3 浓度减少。

2.3 大气气溶胶的直接辐射强迫

大气中的气溶胶颗粒可以来自天然源（如海水飞沫），也可以是人为产生的。人为源主要是化石燃料和生物质燃烧以及土地利用/覆盖的变化等人类活动。大气中的气溶胶主要包括海盐气溶胶、硫酸盐气溶胶、含碳气溶胶（黑碳和有机碳）、硝酸盐气溶胶、铵盐气溶胶以及沙尘气溶胶等。

相对于气溶胶间接效应，对气溶胶直接效应的理论理解和计算方法要比间接效应清楚得多，但气溶胶直接效应的估算仍然有巨大的不确定性（IPCC，2007a-c），主要问题是气溶胶输入参数（光学厚度，单次散射比等）存在很大的不确定性。比如利用卫星反演的全球气溶胶光学厚度是目前计算气溶胶直接效应最主要的输入参数，但对各种主要卫星气溶胶产品的最新评估结果表明，它们的相对偏差仍高达 50%，主要影响因子尚无法确定（Li et al.，2009）。气溶胶单次散射比是另一个重要参数，它是决定气溶胶对全球是增温还是冷却的最关键因子之一，目前尚无法在全球尺度上得到该参数。它主要取决于气溶胶的类型，只能通过大气化学模式对其进行粗略的估算。

2.3.1 硫酸盐气溶胶

硫酸盐气溶胶由排放到大气中的含硫气体，如 SO_2、H_2S、DMS（二甲基硫）、CS_2 和 COS（氧硫化碳）等前体物，经过复杂的化学反应而产生，其来源依次为化石燃料燃烧排放的 SO_2、海洋浮游生物腐败产生的硫化物、火山喷发出的 SO_2，以及生物质燃烧。

利用美国大气研究中心（National Center for Atmespheric Research，NCAR）的新一代大气环流模式 CAM3.0 单向耦合一个气溶胶同化系统的模拟结果表明，中国区域硫酸盐气溶胶引起的全球平均的直接辐射强迫为 $-0.25W/m^2$，导致中国内陆 $25°N$ 左右的以北地区普遍降温，但海表温度升高（孙家仁和刘煜，2008）。另外，它在大气顶可能产生的负辐射强迫将减弱未来全球变暖的趋势（Fischer-Bruns，Banse，Feichter et al.，2008）。区域模式的模拟结果表明，我国硫酸盐气溶胶的柱含量最大值可以达到 $25mg/m^2$，主要分布在华中、华东和西南地区，且具有明显的季节变化特征（高丽洁等，2004），由此产生全国平均的直接辐射强迫为 $-0.92W/m^2$，在冬季中东部地区可达到 $-7W/m^2$（Wang T. J. et al.，2003）。

2.3.2 含碳气溶胶

含碳气溶胶是大气中气溶胶的重要组成部分，主要成分是黑碳（Black Carbon，BC）和有机碳（Organic Carbon，OC）。含碳气溶胶的来源可分为自然源和人为源两种。工业革命以来，人类大量使用煤、石油和天然气等化石燃料，以及生物质燃烧和植被变化等都成为大气中含碳气溶胶的主要来源。黑碳气溶胶全球排放约为 8 Tg C/a（Bond et al.，2004）。

黑碳气溶胶具有特殊的光学性质，可以吸收从短波到红外的很宽波段的太阳和地球长波辐射，其净增温效果在全球气候变化中可能产生举足轻重的作用。它对短波太阳辐射的吸收，使得到达地面的太阳辐射减少，因而造成地面负的辐射强迫。与此同时，吸收了太阳辐射的黑碳气溶胶使其所在的局部大气加热，使得该层大气向下的红外辐射增加，这是造成对流层顶黑碳气溶胶正的辐射强迫的主要原因；此外，黑碳气溶胶也会像温室气体一样吸收由地面向上的红外辐射发射，但是由于大部分黑碳气溶胶的粒径尺度较小，其引起的长波辐射强迫与其引起的短波辐射相比可以忽略。特别是黑碳气溶胶会使对流层大气的稳定度增加，抑止对流发生，减小地表的蒸发，从而影响水循环（张华，马井会，郑有飞，2008）。

有机碳气溶胶由生物质或化石燃料充分燃烧后产生，其光学性质主要表现为散射太阳辐射。有机碳气溶胶既有来自原始气溶胶颗粒的，又有来自半挥发或挥发性有机气体的冷凝物形成的二次气溶胶颗粒。全球化石燃料燃烧排放的有机碳颗粒约为 2.2 Tg（POM）/a，而生物质燃烧排放的有机碳气溶胶约为 7.5 Tg（POM）/a，总的排放从 1870 年到 2000 年增加了约三倍（Ito，Penner，2005）。目前中国能源结构依然是以煤为主，且燃烧方式比较落后；另外生物质燃烧也相当可观，这些因素决定了含碳气溶胶是中国大气气溶胶的重要组成部分，并且可能对中国的区域气候变化产生重要的影响。

早在 20 世纪，黑碳气溶胶就已经引起了各国科学家的注意。20 世纪 80 年代以后，黑碳气溶胶能在对流层顶和大气顶产生正的直接辐射强迫也逐渐被科学家们所认识，并作为气溶胶气候效应的一个重要方面开展了深入的研究（例如，张华，王志立，2009）。利用改进的辐射传输模式，结合全球气溶胶数据集（GADS），得出晴空条件下对北半球冬季和夏季而言，黑碳气溶胶在对流层顶全球辐射强迫的平均值分别为 $0.085W/m^2$ 和 $0.155 W/m^2$，在地面则分别为 $-0.37 W/m^2$ 和 $-0.63 W/m^2$。虽然黑碳气溶胶的直接辐射强迫主要依赖于其本身的光学性质和在大气中的浓度，但是太阳高度角和地表反照率对黑碳气溶胶的辐射强迫会产生很大的影响（张华，马井会，郑有飞，2008）。通过 NCAR 的全球大气模式 CAM3.0 单向耦合气溶胶同化系统计算得出，在有云条件下，黑碳气溶胶在大气顶产生正的直接辐射强迫，全球年平均值为 $+0.33 W/m^2$，比晴空条件下的值要高，这说明云可以加强黑碳气溶胶的正强迫，而在地表产生负的强迫，全球年平均值为 $-0.56 W/m^2$（王志立，郭品文，张华，2009）。利用耦合了一个混合层海洋模式的 GISS 大气环流模式对人为黑碳气溶胶气候效应的研究表明，如果气溶胶为外混合，将引起全球年平均地表空气温度上升 $0.20℃$；如果气溶胶为内混合，相应的数值为 $0.37℃$，且北半球温度的升高明显高于南半球（Chung et al.，2005）。在晴空条件下，当在气候模式中同时考虑黑碳气溶胶和有机碳气溶胶的直接气候效应和黑碳气溶胶的半直接辐射效应时，含碳气溶胶在大气顶和地表均产生负强迫，全球年平均值分别为 $-0.24 W/m^2$ 和 $-1.31 W/m^2$；有云条件下，相应的辐射强迫值分别为 $+0.08 W/m^2$ 和 $-0.96 W/m^2$，这说明云可以改变含碳气溶胶在大气顶辐射强迫的符号，并使其在地面的负强迫的绝对值变弱（Zhang，Wang et al.，2009）。IPCC（2007a-c）对气溶胶的辐射强迫作了专门的讨论，指出生物质燃烧产生的含碳气溶胶在 $1750\sim2005$ 年间引起的气候变化辐射强迫为 $（+0.03\pm0.12）W/m^2$；化石燃烧产生的有机碳和黑碳气溶胶造成的辐射强迫分别为 $（-0.05\pm0.05）W/m^2$ 和 $（+0.20\pm0.15）W/m^2$。从以上各种结果不难看出，有关含碳气溶胶的辐射强迫不确定性仍然很大，值得进一步开展全面深入的研究。

2.3.3 硝酸盐气溶胶

一般认为硝酸盐粒子的产生主要有两种途径：一是氮氧化物（主要是 NO 和 NO_2）溶于水生成亚硝酸和硝酸，并进而与海盐粒子反应生成硝酸盐颗粒，或者气溶胶粒子吸收硝酸或硝酸盐转化成含硝酸盐的粒子；另一途径是在气溶胶粒子表面通过氮氧化物的非均相氧化形成硝酸盐气溶胶。大气中硝酸盐气溶胶的含量与太阳辐射、温度、湿度、NO_2 和 NH_3 等前体物浓度关系密切（Wang et al.，2006）。东亚地区的人类活动不仅使污染地区气溶胶（硫酸盐、硝酸盐、铵盐）含量显著增加，而且使近海无源区的广大海域的污染加重（张美根和韩志伟，2003）。对细模态的硝酸盐气溶胶的地面观测表明，硝酸盐的高浓度出现在工业高度发达的地区，而低浓度一般出现在乡村地区（Putaud et al.，2004）。近年来，中国随着汽车数量的增加和燃煤电站的发展，人为氮氧化物的排放量增加，也导致大气中硝酸盐含量上升。

根据 IPCC SRES A2 的排放情景，已经利用 GCM II-prime 模式在线模拟了现在（2005年）和未来 2100 年硝酸盐气溶胶和硫酸盐气溶胶的全球年平均辐射强迫。结果表明，现在硝酸盐和硫酸盐气溶胶所引起的人为辐射强迫分别为 $-0.19 W/m^2$ 和 $-0.95 W/m^2$，到 2100 年则分别为 $-1.28 W/m^2$ 和 $-0.85 W/m^2$（Adams et al.，2001）。在同一排放情景下，利用 GISS GCM II 对工业革命前、现在和 2100 年硝酸盐气溶胶和硫酸盐气溶胶的直接辐射强迫进行的在线模拟结果表明，工业革命前这两种气溶胶引起的辐射强迫分别为 $-0.18 W/m^2$ 和 $-0.32 W/m^2$，目前为 $-0.48 W/m^2$ 和 $-1.40 W/m^2$，到 2100 年则分别达到 $-1.97 W/m^2$

和－0.37 W/m²（Liao et al.，2005）。由此可见，硝酸盐气溶胶的直接辐射强迫在 21 世纪末将会超过硫酸盐气溶胶。这意味着对硝酸盐气溶胶辐射强迫的研究很可能成为未来气候变化研究工作的一个热点。

以往国内外对硝酸盐气溶胶辐射强迫的研究较少，研究范围也主要集中在全球尺度。国内最新的研究结果表明，硝酸盐气溶胶是一种强散射性气溶胶，其散射强度在某些波段甚至大于硫酸盐。晴空条件下硝酸盐气溶胶的直接辐射强迫存在明显的季节变化，主要表现为冬季最强，春季次之，秋季再次，夏季最弱。就全国平均而言，冬季（1 月份）硝酸盐的平均强迫值为－3.67 W/m²，夏季（7 月份）为－1.17 W/m²。云对硝酸盐气溶胶的直接辐射强迫具有很强的削弱作用。考虑云的影响后，模拟区内的硝酸盐气溶胶的直接辐射强迫平均减少到 1/3～1/2。具体结果是，在晴空条件下，中国地区硝酸盐气溶胶的年平均直接辐射强迫为－3.49 W/m²；有云条件下，其值减小到－1.06 W/m²[1]。

IPCC 第四次科学评估报告首次对硝酸盐气溶胶的 RFCC 进行了评估，结果为（－0.10±0.10）W/m²，不确定性很大。这一方面是由于硝酸盐气溶胶的光学厚度不确定性较大，另一方面，它的排放源分布很不均匀，所以在区域尺度上研究硝酸盐气溶胶的辐射强迫可能更有意义。当然，这需要更多的观测和理论研究。

2.3.4　沙尘气溶胶

沙尘气溶胶又称为矿物气溶胶，是大气气溶胶的主要成分之一，它占了大气气溶胶含量和光学厚度的 30% 左右。沙尘气溶胶对短波辐射的消光效应以散射为主，但它对于红外辐射，也具有吸收作用，所以沙尘气溶胶与地气系统的相互作用比其他气溶胶更复杂。近年来，由于人类活动加重了一些地区的荒漠化，使得沙尘气溶胶源地有所增多。

沙尘气溶胶辐射效应的定量化研究起步较晚，始于 20 世纪 90 年代中期，目前仍是一个较新的研究领域。国内外许多学者利用观测资料以及全球大气环流模式和区域模式模拟了沙尘气溶胶的辐射效应（Liao et al.，2004；王宏等，2001；王宏，石广玉，王标，2007；Reddy et al.，2005；Shi et al.，2005；Wang T. et al.，2006；Mikami et al.，2006；Zhang，Zakey et al.，2009；吉振明等，2010）。IPCC（2007a-c）给出的沙尘气溶胶气候变化的直接辐射强迫为－0.3～＋0.1W/m²，同时指出不同研究结果间的差异非常大，需要开展大量相关研究以减小其不确定性。一般而言，沙尘气溶胶造成抵达地面的太阳辐射大幅度减少，导致地面气温下降，但在沙尘层将产生加热，这些都会改变大气的动力稳定性。对亚洲各种气溶胶的辐射强迫的估算表明，沙尘气溶胶产生的地表直接辐射强迫占总的气溶胶直接辐射强迫的 22%（为－6.8 W/m²），大气顶辐射强迫占总强迫的 31%（为－2.9 W/m²）（Parka，Jeong，2008）。

在区域气候模式 RIEMS 2.10 中引入沙尘气溶胶的起沙机制，同时建立与气候模式耦合的沙尘气溶胶输送模式，并在辐射模块中加入沙尘气溶胶的影响，得出沙尘气溶胶使中国地区地面短波辐射收入平均减少了 4.10 W/m²，长波辐射收支增加了＋0.46 W/m²，净辐射强迫为－3.64 W/m²，但大气辐射收支与地面相反，净辐射强迫为＋3.10 W/m²（赵伟，刘红年，吴涧，2008）。另外的研究则利用改进的辐射传输模式，结合全球气溶胶数据集（GADS），计算得出在晴空条件下，全球平均短波地面辐射强迫冬夏两季分别为－1.36W/m²

---

① 沈钟平．2009. 硝酸盐气溶胶光学厚度和在中国地区直接辐射强迫的研究．中国气象科学研究院硕士论文

和-1.56W/m^2；长波辐射强迫分别为0.27W/m^2和0.23W/m^2。云对沙尘气溶胶的直接辐射强迫的影响，不仅取决于云量，而且与云的高度和云水路径以及地面反照率和太阳高度角等综合因素有关。云的存在使对流层顶长波辐射强迫减少，其中低云的影响最为明显，所以，在估算沙尘气溶胶总的直接辐射强迫时，云的贡献不可忽视（Zhang D F et al.，2009）。

为了估计沙尘气溶胶的辐射效应，首先需要知道注入大气中的沙尘气溶胶的含量，此外还要知道沙尘粒子的粒径、复折射指数以及沙尘气溶胶粒子的混合形态。复折射指数包括实部和虚部两部分，实部反映气溶胶粒子的散射能力，虚部则决定其吸收能力，它是研究包括沙尘气溶胶在内的大气气溶胶辐射气候效应的一个重要物理量。业已发现，亚洲沙尘在太阳辐射和红外辐射的大部分波段的复折射指数实部均高于 WMO 模式，而虚部在太阳波段却小于WMO 模式（Shi et al.，2005）。然而，总体来说，上述评估沙尘气溶胶辐射效应的参数，目前在中国还缺乏充分的观测资料，这就给研究沙尘气溶胶的气候效应带来了很大的困难。

总之，通过利用大气化学模式对上述主要气溶胶类型的模拟，中国科学家已经研究了大气气溶胶直接辐射强迫在中国的分布与变化（胡荣明，石广玉，1998；周秀骥，李维亮，罗云峰，1998；张立盛，石广玉，2001；Wang T J et al.，2003；张华，马井会，郑有飞，2008；Zhang H et al.，2009）。但基于实际观测资料所进行的估算，基本上在近几年才开展起来（Xia et al.，2007a，b，c；Li et al.，2010a，b）。研究揭示出，在中国由气溶胶引起的辐射强迫是由 CO_2 倍增引起的辐射效应的 5 倍；但它们对气候系统的影响机制完全不同。CO_2 对地面和低层大气起增温作用，高层降温；而气溶胶对地面总体起冷却作用，尽管在近地面的气溶胶层本身有增温作用，但它们对大气高层的作用很小。由气溶胶的吸收作用产生的中国大气顶平均气溶胶辐射强迫接近于零，但地面的辐射量减少与在大气内的吸收量，中国年平均可以高达 16W/m^2（Li et al. 2010a）。这种由气溶胶引起的垂直方向上的能量再分配可能会极大地改变大气加热廓线和大气环流。在中国东部地区，这一现象尤其明显，由气溶胶引起的到达地面太阳辐射能的减少接近于由云引起的能量减少量的一半，而全球平均大约是 15％～20％。这种能量减少可能是中国地区总体变暖趋势下影响中国中东部降温（1960～1990 年）和近期的微弱增温趋势的一个主要因子。

2.4　大气气溶胶的间接气候效应

气溶胶的间接气候效应具有极大的不确定性，是当前气候研究中的难点问题。近年来国外以观测资料为基础，有关研究已经取得了明显的进步（Mircea et al.，2005；Twohy et al.，2005）。目前已经明确区分出第一类间接效应与第二类间接效应。全球气候模式对于模拟全球气溶胶的间接气候效应仍然是一个重要且有效的工具。IPCC 第四次科学评估报告第一次给出了人为气溶胶对水云的云反照率效应的最佳评估，其值为-0.7 $[-0.3\sim-1.8]$ W/m^2。至于气溶胶的其他效应，包括云生命期效应、半直接效应以及气溶胶—冰云相互作用则被认为是气候响应，而不是辐射强迫。目前有关气溶胶间接气候效应的研究还处在探索阶段，观测研究主要涉及个例分析和短期效应，而理论研究大多基于理论假设和有限的观测资料。现有有关气溶胶改变云和降水特性的理论尚无定论，视大气、云和气溶胶情况，正负效应均可发生。有关人类活动对大气水循环和水资源影响的气溶胶长期综合（间接）效应，我们还知之甚少。最新此类研究发现地面气溶胶浓度可显著影响云厚和降水概率（Li et al.，2010b）。

目前，国内对气溶胶间接气候效应的研究刚刚起步，而且还仅限于模式研究，其中的不确定性较大。利用中国气象局国家气候中心的大气环流模式 BCC_AGCM2.0.1，加入云-气溶胶相互作用的参数化方案，模拟了气溶胶（硫酸盐、有机碳和海盐）对暖（水）云造成的间接辐射效应。发现，气溶胶第一类间接辐射强迫的全球年平均值约为 $-1.14\ \mathrm{W/m^2}$，而且夏季辐射强迫绝对值大值区主要位于北半球中高纬度，而冬季主要集中在 60°S 附近的洋面上空，具有明显的季节变化。第二类间接效应引起大气顶全球年平均净短波辐射通量的变化约为 $-1.03\ \mathrm{W/m^2}$；总的间接效应为 $-1.93\ \mathrm{W/m^2}$，地表温度下降约 0.12℃，北半球地表温度的降低明显高于南半球（分别为 -0.23℃和 -0.01℃），特别是北极地区年平均温度下降接近 2℃ （Wang，Zhang et al.，2010）。利用区域气候模式耦合对流层大气化学模式对人为硝酸盐气溶胶在中国地区的间接辐射强迫的模拟结果表明：1 月份其值为 $-1.63\ \mathrm{W/m^2}$，而在 7 月份为 $-2.65\ \mathrm{W/m^2}$，在某些地方甚至可以达到 $-10.0\ \mathrm{W/m^2}$。中国地区由黑碳气溶胶所造成的间接辐射强迫平均值为 $-0.39\mathrm{W/m^2}$（1 月）和 $-1.18\mathrm{W/m^2}$（7 月）。硝酸盐和黑碳气溶胶的间接气候效应导致近地面气温下降，降水减少（Li et al.，2009；庄炳亮，王体健，李树，2009）。

大气气溶胶的气候效应

大气气溶胶的气候效应包括其直接辐射强迫与间接效应。气溶胶粒子可以散射和吸收太阳辐射，从而直接造成大气吸收的、到达地面的以及大气顶反射回外空的太阳辐射能的变化，扰动地气系统的辐射平衡；其中不涉及与任何其他过程的相互作用，故被称为直接辐射强迫。另一方面，气溶胶颗粒可以作为云凝结核改变云的微物理和辐射性质以及云的寿命，称为气溶胶的间接气候效应。

气溶胶的间接气候效应通常分为两类：第一类指的是，当云中的液态水含量不变时，气溶胶粒子的增加会减小云滴谱的有效半径，增加云滴数目，导致云的反照率增加，从而使行星反照率增加，称为云的反照率效应（Twomey 效应）；第二类是气溶胶粒子增加所造成的云滴有效半径的减小将降低云的降水效率，增加云的寿命或云中的凝结水，使区域平均的云反照率增加，称为云的生命期效应。间接效应还包括冰核化效应和热力学效应以及半直接效应等。事实上，气溶胶粒子的存在还将引起大气加热率和冷却率的变化，直接影响大气动力过程。沙尘等大气气溶胶还可能携带营养盐，当其沉降到海洋时会影响海洋初级生产力，造成辐射活性气体（CO_2、CH_4 和 DMS 等）的海气交换通量改变，并进而影响全球碳循环，最终影响地球气候系统。这些影响均可以归类于大气气溶胶的"间接气候效应"，它们可能是非常重要的，但有关研究刚刚开始不久，目前难于给出任何定量描述。

2.5　土地利用与土地覆盖变化的辐射强迫

土地利用与土地覆盖变化（LUCC）主要通过改变地表反照率（反照率效应）以及改变地面和大气间物质、能量交换和动量输送对气候产生影响。

2.5.1 反照率效应

土地利用与覆盖的变化首先将改变地表的辐射特性如地表反照率。农田、森林、草原、沙漠等不同地表覆盖的短波反照率是很不相同的，因此 LUCC 将通过改变地表反照率产生重要的气候变化辐射强迫（IPCC，2001a-d）。

直到 20 世纪中叶，中纬度地区的大多数森林面积都在减少；在最近的几十年，虽然西欧、北美和亚洲（特别是中国地区）已经开始恢复林地的行动，但热带地区森林的破坏却在加速。

自 IPCC 第三次科学评估报告以来，已经对工业革命以来 LUCC 造成的辐射强迫进行了新的研究。利用重建的 1700 年以来的耕地变化数据（Ramankutty，Foley，1999），得到的 18 世纪以来耕地变化引起的全球辐射强迫约为 − 0.15 W/m² （Hansen et al.，2005；Brovkin et al.，2006）。另一方面，牧地变化的历史数据也获得了重建（Klein，2001），由此得到的 1750 年以来耕地和牧地变化两者的总辐射强迫约为 −0.18 W/m² （Betts et al.，2007）。

事实上，LUCC 所带来的反照率效应具有很大的地区差异。另一个值得注意的问题是，地表反照率的变化可以影响大气气溶胶的辐射强迫，因此，在估计地表反照率的辐射强迫与气溶胶的辐射强迫时，需要将两者综合考虑（Betts et al.，2007）。

2.5.2 物质与能量交换效应

除了反照率效应之外，LUCC 还可以改变地面能量和物质交换，诸如水汽收支，CO_2、CH_4 以及生物质燃烧气溶胶和沙尘气溶胶等的排放等，进而对降水、温度和大气环流带来扰动，影响区域和全球气候。工业革命以来土地利用/覆盖类型的主要变化是温带地区森林的减少，全球气温对 LUCC 的响应取决于冬春季节地表反照率增加（降温效应）以及夏季和热带地区蒸发量的减少（增温效应）的相对重要性（Bounoua et al.，2002）。目前估算的由过去森林面积减少引起的全球温度响应范围在 0.01℃ （Zhao et al.，2001）和 −0.25℃ （Govindasamy，Dufly，Caldeira，2001；Brovkin et al.，2006）之间。虽然很多研究都表明，近 300 年来 LUCC 使全球温度降低（Govindasamy，Dufly，Caldeira，2001；Brovkin et al.，2006；石正国等，2007），但是由于近年来热带雨林破坏的加剧，由于蒸发减少造成的增温可能也越来越重要。中国近几十年的现代化进程所带来的 LUCC 变化无论其影响范围和变化速度都是值得重视的。

但由于模式发展和资料的限制，中国在 LUCC 对气候影响方面的研究与国外相比起步较晚，20 世纪 90 年代以后中国科学家才开始利用数值模拟对 LUCC 的气候效应进行研究。结果表明，大范围区域植被变化对区域降水、温度的影响非常显著，而气温的变化比降水更显著；植被退化使当地气温明显升高，使中、低层大气变得干燥，近地层风速加大；而植树造林却使当地及周围地区冬偏暖、夏偏凉，大气变得湿润，近地层风速减小，在一定程度上会减少沙尘暴的发生（丁一汇，李巧萍，董文杰，2005）。利用一个区域气候模式对中国近代历史时期 LUCC 对区域气候影响的模拟结果表明（李巧萍，丁一汇，董文杰，2006），1700 年以来，LUCC 可能对中国区域降水和温度产生了显著影响，包括造成 1900 年以后尤其是最近 50 年中国大部分区域的平均温度升高，使东亚冬、夏季风气流有所增强。另一个区域气候模式对中国土地利用状况变化对气候影响的研究结果表明，LUCC 加强了中国地区冬、夏季的季风环流，引起了年平均降水在南方增加、北方减少，年平均气温在南方显著降低（高学杰等，2007）。通过一个中等复杂程度的地球系统模式对近 1000 年来的模拟结果表明，仅考虑反照率效应时，近 300 年来 LUCC 使全球变冷了 0.09～0.16℃，而北半球年均气温降低了 0.14～0.22 ℃，尤其在春季更为显著（石正国等，2007）。

除了数值模拟研究外，还可以从观测资料出发，研究中国地表气温变化对土地利用/覆盖类型的敏感性，它能为许多 LUCC 对气候影响的数值模拟试验研究提供观测事实的支持（杨续超等，2009）。结果表明，在全球升温的背景下，沙地、戈壁等未利用地和人类活动较多的区域（如中国东部）地表升温幅度大，而植被覆盖状况好的区域升温趋势则较弱。将观测资料分析和数值模拟结合起来，所得到的中国西北地区在 20 世纪 70 年代与 90 年代的植被改变造成的气候变化与观测到的气候变化特征基本一致。这说明，上述地区上述时段的气温和降水以及相关的大气环流年代际变化很可能受到了当地植被覆盖改变的影响（Chen et al.，2009）。这里需要指出的是，任何观测到的气候变化特征是由多种因子所决定的，LUCC 的定量影响应当进一步辨识。

2.6 近百年来全球气候变化的归因

地球实际气候的演变过程是自然变化和人类活动共同作用的结果。研究表明，自然变化既包括气候系统内部的"海洋-陆地-大气-海冰"相互作用，诸如大洋热盐环流的自然振荡等，又包括由太阳活动、火山喷发等外部强迫因子引起的变化。人类活动的许多方面，例如人为温室气体和气溶胶排放等，都可以影响气候变化。

气候变化归因的判别方法有多种，如简单的指标和序列法、最佳指纹法和多元回归法等，其主要工具是数理统计和气候模式模拟。利用自然和人为强迫因子驱动气候模式，并把模拟结果和观测（或重建）结果进行比较是气候归因研究中一种重要的方法。"气候变率与可预报性研究计划"（CLIVAR）下属的"20 世纪气候模拟国际比较计划"分别利用大气环流模式、局部海—气耦合模式、完全海—气耦合模式，考察模式系统对外强迫响应的变化，以期从根本上对 20 世纪的气候变化进行归因（周天军等，2008）。需要强调的是，目前尚无任何方法可以完全定量地给出各种因子对气候变化的影响程度，给出的只是定性的分析结果。

近期对全球温度变化的研究表明（Brohan et al.，2006），20 世纪全球地表气温呈明显变暖趋势，存在两个明显的增温期，分别为 1910～1940 年左右和 1976～2000 年，而 1946～1975 年间全球温度无明显变化，是一个相对冷期（IPCC，2001a-d）。IPCC 第四次科学评估报告认为，全球变暖有逐渐加剧的趋势。例如，在过去 150 年间（以 2005 年为参考年）速率是 (0.045±0.012)℃/10a，过去 100 年和 50 年间分别增加到 (0.074±0.018)℃/10a 与 (0.128±0.026)℃/10a，而最近 25 年间更增加到 (0.177±0.052)℃/10a。但是，如果以此来证明人类活动对过去 100 多年以来的全球变暖有愈来愈大的贡献，目前尚存在很多争议。实际上，不同时期和不同时间尺度的增温速率是不可比的，将它们混为一谈将有可能混淆气候自然变率和人类活动的影响。一个最明显的例证是，从 1910 年到 1940 年前后的增温速率完全可以与最近 25 年（1980～2005 年）的相比拟，但是造成这种"相似性"的原因可能很不相同。

从物理原理上来说，温室效应理论无疑是成立的，大气气溶胶的气候效应也不存在疑问。但是，温室效应和气溶胶气候效应理论的模式结果的不确定性较大，使我们无法根据模拟的气温变化结果来界定（约束）造成这种变化的外部（辐射）强迫。此外，理论所模拟的气温上升趋势虽然与观测到的变化趋势不矛盾，但无法解释年际至十年际的气温变化，特别是 20 世纪 40 年代的变暖。所以近年来科学家一直在寻求造成近百年来全球平均气温变化的其他原因，诸如火山气溶胶和太阳活动等。以下将分述太阳活动和火山活动等自然因子，温室气体与气溶胶增加等人为因子，以及气候系统内部因子对全球气候变化的影响。

2.6.1 太阳活动

尽管有黑子、耀斑、日冕等活动，但太阳仍然是一个相当稳定的辐射源。30 多年的卫星观测资料表明，在 11 年太阳周期内，太阳总辐射通量密度（Total Solar Irradiance，TSI）仅有 0.08% 的变化，对应的辐射强迫为 +0.17 W/m^2 左右，比 1750 年以来大气 CO_2 的辐射强迫（+1.66 W/m^2）小一个数量级。利用代用资料对过去几百年的 TSI 变化进行重建后得出，入射到地球的太阳辐射也仅有极小的变化，其中既考虑了太阳 11 年的活动周期又考虑了更长时期的分量。IPCC（2007a-c）对造成全球气候变化的太阳辐射强迫进行了重新评估。按照 11 年滑动平均的 TSI 时间序列（Wang X et al.，2005），从 1750 年到现在 TSI 有 0.05% 的净增加，对应的辐射强迫为 +0.12 W/m^2，不到 IPCC（2001a-d）给出的太阳辐射强迫值（+0.30 W/m^2）的 1/2。

从能量学的观点来看，自 1850 年以来的 TSI 变化不大可能对地球平均气温的上升有重要贡献。但是，微小的 TSI 变化，有可能在到达地气系统过程中被某种物理或者化学机制所放大，从这个观点来阐明太阳变化与地球气候的关系，可能需要一个"放大器"，其中包括光化学放大器、宇宙线通量-全球云量放大器、大气电学（或地磁）放大器以及物理-化学放大器等（石广玉，2007）。其中，有些放大器的"放大倍数"不是很高，有些缺少具体的研究途径。云量在调节地球气候中起着巨大的作用，使用一维辐射-对流气候模式计算的结果表明，在全球云量 50% 的情况下，如果在太阳 11 年周期内云量变化 3% 的话，可以产生 0.8~1.7 W/m^2 的辐射强迫。与此相比，自工业革命以来的 CO_2 和 CH_4 等所有温室气体以及气溶胶浓度增加所产生的人为总辐射强迫也不过是 1.6 W/m^2，而在十年际的时间尺度上，0.8~1.7 W/m^2 的辐射强迫则远远超过温室气体（例如在 1980 年代，其值大约是 0.5 W/m^2）（Shi and Fan，1992；IPCC，1996a，b）。因此，如果能够找到太阳变化与全球云量的某种关联，它必将成为一个有效的"放大器"。

业已发现，全球云量与宇宙线强度之间存在极好的相关性，但目前仍然缺乏一种普遍接受的微物理学解释。目前提出的可能机制包括离子调节的凝结核机制（Ion-Mediated Nucleation，IMN）放大器，全球电路和电清除机制放大器等，亟待进一步研究。

2.6.2 火山活动

火山活动是除太阳活动外影响地-气系统辐射收支，进而影响全球气候的重要自然因子。火山喷发最重要的气候效应是向平流层释放含硫气体，主要是 SO_2，有时也有 H_2S。这些含硫气体可以在几周的时间内与 OH 和 H_2O 发生反应，形成大量的硫酸盐气溶胶，产生显著的辐射效应。大的火山喷发形成的平流层气溶胶云强烈散射太阳辐射，增加行星反照率，减少到达地面的太阳辐射，对地面产生净冷却作用。平流层火山气溶胶在散射太阳可见光的同时，也对近红外辐射有重要的吸收作用，这导致平流层火山气溶胶云上部增暖，因此还必须考虑它对长波辐射的影响。卫星测量结果表明，1982 年的艾尔奇琼（El Chichon）火山爆发，将 700 万 t SO_2 注入大气，而 1991 年皮纳图博（Pinatubo）火山的 SO_2 喷发量则高达 2000 万 t（Bluth et al.，1992）。显然，它们形成的硫酸盐气溶胶将产生显著的气候效应。大的火山爆发，有可能使爆发后 1～2 年内的全球平均气温下降 $0.1℃～0.5℃$。像 1982 年艾尔奇琼这样的大爆发引起的十年际的平均辐射强迫可能达到了 1980～1990 年间温室气体强迫的 1/3 左右，当然符号相反。这里需要特别指出的是，无论多么强的火山喷发，它对全球气候的影响一般只能持续几年；因此，除非能够证明近百年来火山喷发有连续增加或减少的趋势，否则它对有关地面气温长期变化的归因将没有实质性的贡献。

地热可以归类于自然强迫因子。现有的资料显示，海洋和陆地的地热流分别是 $0.101W/m^2$ 和 $0.065W/m^2$，海陆面积加权的全球平均值为 $0.087W/m^2$（Pollak et al.，1993），大约是人为强迫因子的 1/18。

2.6.3　温室气体与气溶胶

工业革命以来主要的几种长寿命温室气体 CO_2、CH_4、N_2O 和卤代烃含量增加造成的总辐射强迫已经达到＋$(2.63±0.26)$ W/m^2（IPCC，2007a-c）。研究表明，工业革命之后，尤其是 1900 年后的 100 年间，人类活动使得上述几种温室气体的含量和辐射强迫大幅度增加，成为主要的气候变化强迫因子。

数值模拟表明，当只考虑火山和太阳活动等自然强迫时，模拟不出 20 世纪的全球变暖趋势，而当考虑人类活动造成的温室气体和气溶胶排放时，可以使模拟结果得到明显改善，这说明人类活动可能在 20 世纪全球变暖中起了重大作用，尤其是在后 50 年。但是，由于目前对气候模式的灵敏度无法进行具有坚实物理基础的界定，诸如地面反照率-温度反馈、水汽反馈，特别是云反馈和物理-化学反馈，因此许多模式的结果来自于对气候模式的灵敏度进行"调整"，使模拟的地面温度变化与观测结果"一致"。但是实际上，只要改变一下模式的灵敏度，即使忽略某些物理机制（例如大气气溶胶），同样可以得到很好的结果（石广玉等，1996）。

2.6.4　气候系统内部因子

使气候变化归因研究变得更为复杂的还有云的辐射强迫问题，云本身并非很大（比如 5％左右的云量）的变化所产生的辐射强迫就可能与大气 CO_2 浓度加倍所产生的辐射强迫相比拟，或者补偿或者增强 CO_2 浓度增加所产生的增强温室效应（石广玉，2000；刘玉芝等，2007）。目前，很难将云的辐射强迫划归气候变化的"自然因子"或"人为因子"，因为它有可能来自地球气候系统内部，例如大气环流变化等"自然因子"，但是，也有可能来自大气气溶胶的间接、半直接效应等"人为因子"，甚或是两者的共同作用。无论如何，研究云的辐射-气候效应对气候变化的归因研究来说，是必不可少的。

　　海-气相互作用可能与全球温度变化存在一定的联系。El Nino 与 La Nina 事件对全球温度在年代际尺度上可能造成 0.1~0.3℃ 的影响，因而在研究气候变化的归因时可能需要在一个长期变暖趋势上附加可能的短期过程的影响[①]。

　　但是，20 世纪后 50 年的气候变化几乎不可能用气候系统内部因子的变率来解释，外部强迫可能起了非常重要的作用；而且在所有外强迫中，自然强迫也不能单独解释这段时间的气候变暖。因此人类活动产生的外强迫（主要是温室气体浓度与人为气溶胶含量的增加、土地利用与覆盖的变化、臭氧层破坏等）很可能是造成气候变暖的原因（IPCC，2007a-c）。这里特别值得注意的一个问题是，在研究气候变化的归因时必须分清时间尺度。地球气候可以在年际、年代际、百年、千年、万年、几十万年、百万年甚至千万年到亿年的时间尺度上发生变化，而造成有关变化的驱动力可能很不相同。

---

① UEA. 2002. Impact of volcanoes and Elnino/La Nina on the global climate change. http：//ipcc-ddc. cru. uea. ac. uk. ，University of East Anglia

第三章　观测的中国气候和东亚大气环流变化

提　要

本章主要评述中国气候和东亚大气环流变化的仪器观测结果。1880 年以来中国的变暖速率在 0.5℃/100a 到 0.8 ℃/100a 之间。1920 年代和 1940 年代的变暖机制可能与 1985 年之后不同。1951～2009 年中国平均温度上升了 1.38℃，变暖速率达到 0.23℃/10a，与全球变暖趋势一致。同期中国总辐射量减少，对流层上层及平流层下层温度略有下降。中国的降水量无明显的趋势性变化，以 20～30 年尺度的年代际变化为主。中国平均年降水量与全球陆地年降水量变化关系不大，而中国夏季降水量则与亚非地区夏季降水量减少一致，这反映了 20 世纪后半叶亚非季风区夏季风的减弱。20 世纪后半叶东亚夏季阻塞高压、副热带高压与南亚高压均有增强的趋势。冬、夏季风则均减弱。

3.1　近百年中国的温度变化

3.1.1　中国平均温度变化

研究温度的变化，首先需要建立一个覆盖面较为均匀的时间序列。1960 年代由中国气象局建立了大体上可覆盖中国的 160 个站的月平均温度及月降水量序列。该序列始于 1951 年，以后随时补充更新，成为气候预测和气候变化研究的重要依据。但 1951 年之前仍面临资料覆盖面不完整以及观测多次中断的资料问题。1950 年代末到 1960 年代初，中央气象台和天气气候所绘制了 1910～1950 年 137 个站的中国温度等级图。该等级图后来延伸到 1980 年，并于 1984 年出版（气象科学研究院天气气候所，中央气象台，1984），第一次为分析 20 世纪中国的温度变化提供了可能。后来，有不少作者分析了中国的温度变化，但是大多仅限于 20 世纪后半叶，或者资料覆盖面不够完整（唐国利，林学椿等，1992；任国玉，郭军，徐铭志，2005）。

目前有 5～6 个中国温度序列，最主要的有以下 3 个：

W 序列先建立了 1880 年以来全国 10 个区的温度序列，再加权平均得到中国平均温度序列。10 个区中包括新疆、西藏、台湾，做到了覆盖面基本完整。各区序列的缺测用冰芯 δ^{18}O、树木年轮和历史资料插补。每个区用 5 个代表站，凡是早期只有 1 个站的时期对其标准差按比例缩小。区域之间的界限根据 1°×1°（经度×纬度）温度与各区代表站的相关来确定。这是中国第一次能有一个覆盖面完整的序列（王绍武等，1998）。

L 序列利用中国 711 个站月平均温度观测资料，以年代较长的测站为代表站，计算各代表站与全国其他测站的相关系数，按照＞99％的信度水平，同时考虑测站分布的疏密情况，将全国划分为 10 个区，在先计算各区平均序列基础上求全国平均，建立了 1873 年以来的中国温度序列（林学椿，于淑秋，唐国利，1995）。

　　T 序列采用温度观测资料中的最高温度和最低温度的平均代表月平均温度，计算 5°×5°（经度×纬度）格点的温度距平，然后用面积加权得到中国温度序列（唐国利，巢清尘，2005），这个序列的特点是采用最高与最低温度平均，一定程度上克服了不同测站观测时间不同而造成的不均一性，不过也存在资料覆盖面早期小、后期大的不均一性。

　　表 3.1 给出这 3 个序列的交叉相关系数。可见 3 个序列之间的相关是很高的。鉴于 W 序列和 T 序列一个覆盖面比较完整，一个采用最高最低温度，各有特色，因此下面主要分析这两个序列。图 3.1 给出这两个序列，同时给出建立 T 序列所用台站数。图中还附有国家气候中心最新的 2200 站温度序列。1951 年之后，这个序列与 W 序列和 T 序列的相关系数高达 0.99。可见如果选择适当，像 W 序列仅用 50 个站，与用 2200 个站，结果基本一致。

　　从图 3.1 可见，从 19 世纪后期至今，中国温度的变化经历了 3 次变暖；1885～1900 年，1910～1940 年，1985 年以后。最暖的 10 年按 W 序列为 1920 年代（1920～1929 年，下同），1940 年代及 1990 年代和 2000 年代。T 序列 1920 年代的暖期不明显。

表 3.1　3 个中国平均温度序列之间的相关系数

	W	L	T
W	—	0.93	0.91
L		—	0.90
T			—

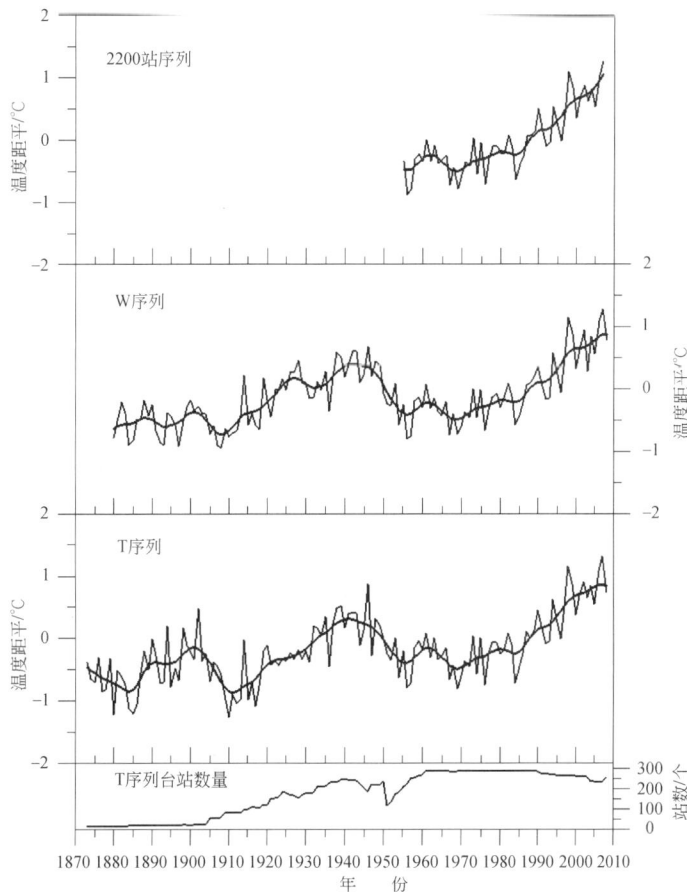

图 3.1　1873～2008 年中国年平均温度距平（相对于 1971～2000 年）

粗线为低频滤波值

虽然 W 序列和 T 序列有较高的相关，但是两个序列所给出的变暖速率却有不同。根据 1906～2005 年资料，W 序列的变暖速率为 0.53℃/100a，T 序列为 0.86℃/100a。我们认为，中国气候变暖的速率应在 0.5℃/100a 到 0.8℃/100a 之间。根据 T 序列，1951～2009 年中国平均温度上升了 1.38℃，变暖速率达到 0.23℃/10a，与全球变暖趋势一致

3.1.2　温度变化的时空结构

前述的 W 序列和 T 序列，前者覆盖面完整，但只有年平均值。后者有月平均值，但覆盖面的变化较大。为了分析温度变化的时空结构，采用中国东部 71 个站季气温距平和降水量距平百分比资料，该序列包括 1880～2007 年共 128 年（王绍武，赵振国，李维京，2009）。这份资料利用了一切可能得到的观测记录，选出在 1951 年之前资料较多且较均匀地分布在 105°E 以东大陆地区的 71 个站。凡缺测用史料插补，所以分辨率只达到季。下面即利用这份资料进行分析。

分两段时间，即 1880～1950 年及 1951～2005 年，对四季温度分别做 EOF（经验正交函数）分析，EOF1、EOF2 反映了温度变化的主要空间分布特征（濮冰等，2007b）。综合起来看，无论包括了代用资料的 1880～1950 年，还是只有观测资料的 1951～2005 年，或者春、夏、秋、冬各季，EOF1 均显出中国东部温度变化的一致特征，而 EOF2 则反映东北地

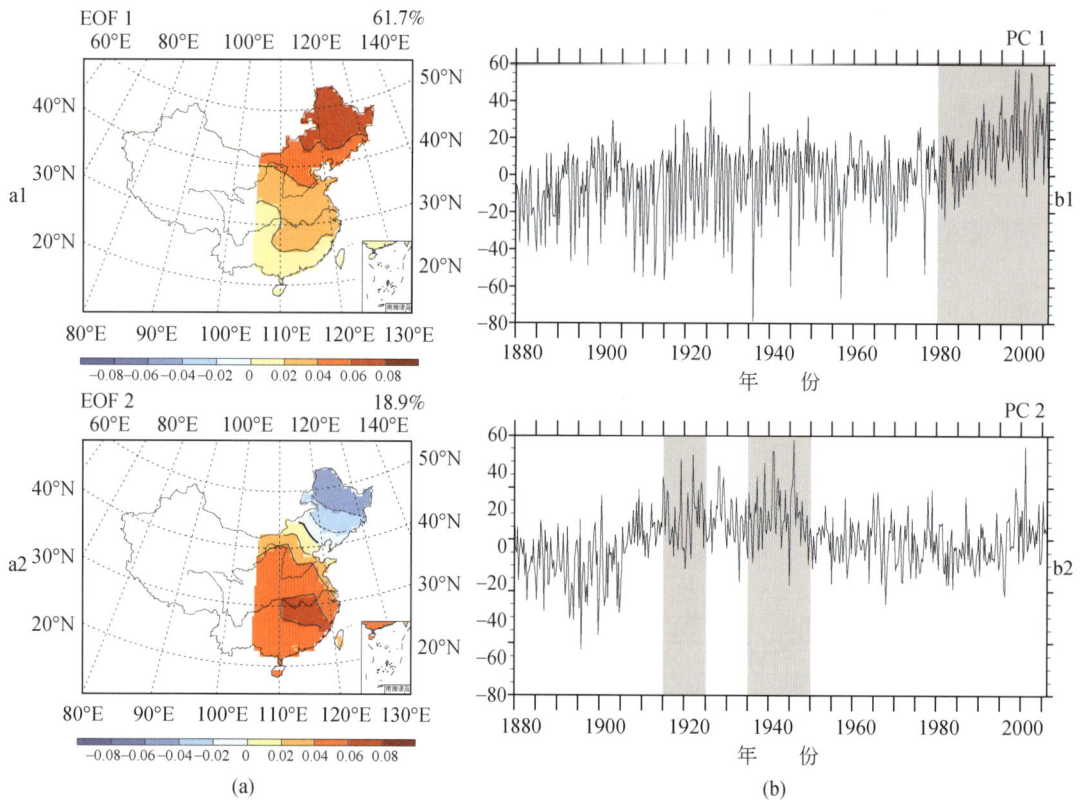

图 3.2　对 1880～2004 年共 501 个季节气温距平做 EOF 分析所得的前两个分量的
空间向量（a）和时间系数（b）（濮冰等，2007b）

区、包括内蒙古东部的温度变化与华北及其以南地区的温度变化符号相反。所以把 1880～2004 年按每年冬、春、夏、秋的顺序合为一个总的序列，并进行 EOF 分析。图 3.2 给出 EOF1、EOF2 及其时间系数 PC1 和 PC2。PC1 与 PC2 反映了 EOF1 与 EOF2 特征随时间的变化。

图 3.2（a）表明中国东部温度变化的最主要空间特征就是温度变化的符号一致。东北北部及内蒙古东部变率最大，华南则变率最小。

EOF1 解释了总方差的 61.7 ％，可见其影响的巨大。EOF2 有正、负各 1 个中心；负中心在东北北部及内蒙古东部的最北部，正中心在长江及其以南。这个 EOF 也能解释总方差的 18.9 ％，图 3.2 中的 PC1 表现出比较平稳的变化，但是 1985 年之后有持续的上升。PC2 则表现出与 PC1 完全不同的特点；在 1920 年代及 1940 年代各有 1 个正位相时期。图中正系数时期用阴影表示。与图 3.1 对比就可以看出，PC1 的正值期与 1985 年之后的变暖相对应，因此可能属于全球气候变暖的一部分。但是 PC2 的正值期所对应的变暖则可能主要限于中国的中部与南部。这说明 1920 年代与 1940 年代的气候变暖机制可能与 1985 年之后的变暖不同。这是一个非常值得进一步研究的问题。

3.1.3　温度变化季节性特征和变暖趋势

根据四季温度距平资料可以看出，近百年中国东部地区各季节的温度均呈现明显的上升趋势（图 3.3）。增温的速率因季节而异，1880～2008 年冬季为 1.50℃/100a，春季 0.93℃/100a，夏季 0.44℃/100a，秋季 0.89℃/100a，均达到 95 ％的信度标准。1880 年以来，1940 年代和 1980 年代中期以后是两段温度偏高时期，其他时期则以偏低为主。两个明显的偏低时期是 1910 年代～1920 年代和 1950 年代～1960 年代，20 世纪早期偏低尤其突出。1940 年代和 1990 年代虽同为温度偏高期，但前者的最大正距平值出现在春、夏、秋三季，而后者则四季均较明显。这也支持 3.1.2 节的观点，即 20 世纪后期的变暖可能是全球变暖的一部分。

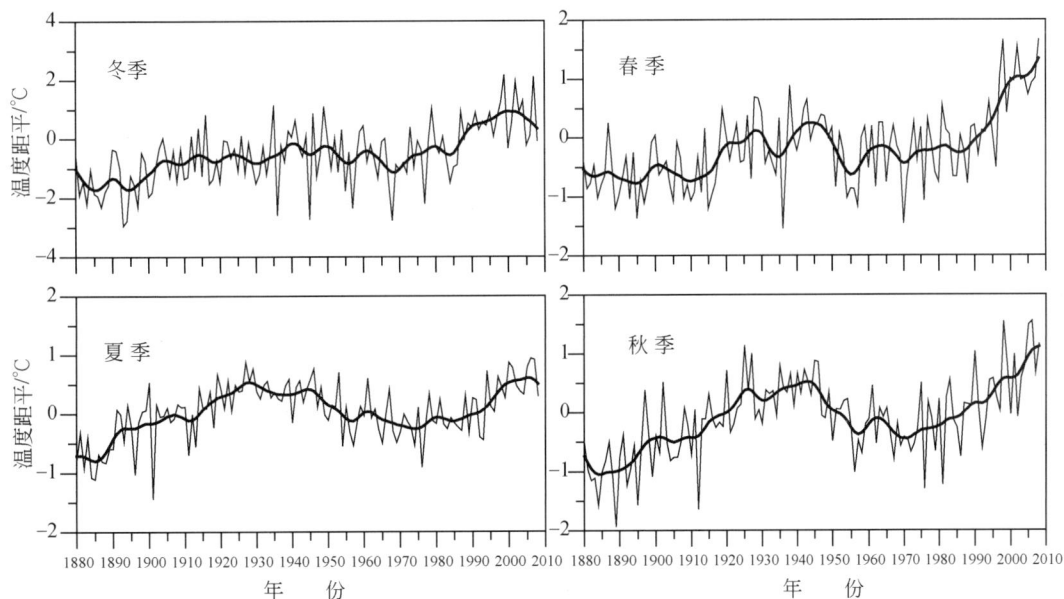

图 3.3　中国东部 71 站 1880～2008 年四季温度距平（相对于 1971～2000 年）

1951 年以来，由于资料覆盖面的提高使得可以对温度变化趋势的地理分布特征进行更为详尽的分析。图 3.4 给出了按 2°×2° 网格区计算的 1951～2005 年中国年平均气温变化速率的空间分布。可以看到，全国大部分地区均呈增温趋势，增温最显著的区域主要在北方，特别是34°N 以北的大部分地区。增温最小的区域主要在中国的西南部，包括云南东部、贵州大部、四川东部和重庆等地区，这些区域在 21 世纪初期以前甚至为降温趋势。但对大部分地区而言，尤其是中国北部，1951～2005 年的增温速率远超过了 20 世纪以来增温速率的平均值。

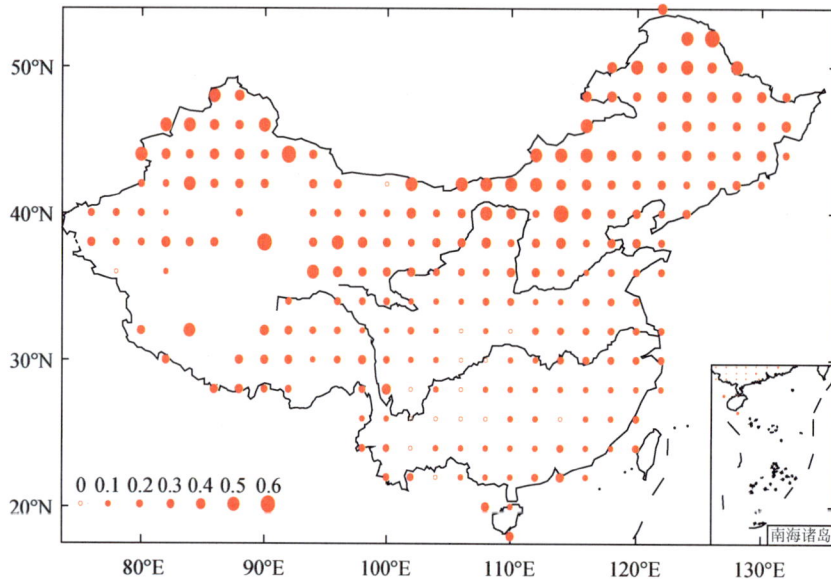

图 3.4　1951～2005 年中国年平均气温变化趋势（℃/10a）

3.2　近百年中国降水量的变化

3.2.1　中国平均降水量变化

图 3.5 给出 4 个降水量序列，NCC160、R2200、CRU 及 W71 序列。NCC160 为国家气候中心最早建立的序列，已经在全国各单位广泛使用，但是序列仅开始于 1951 年。R2200为最新的国家气候中心序列包括 2200 个站，不过也仅限于 1951 年之后。CRU 建立了全球陆地降水量序列。这个序列开始于 1901 年，中间无间断。把 CRU 序列中国范围的降水量平均，得到中国降水量（闻新宇等，2006）。CRU 序列包括 20 世纪，但是 1951 年之前，尤其是中国西部缺测较为严重，主要靠邻近国家的记录内插，有一定的不确定性。W71 序列从 1951 年开始采用 NCC160 个站中的 71 个站，大体均匀分布于 105°E 以东地区。1951 年之前缺测均根据史料插补降水量等级，然后按照近 30 年降水量等级与降水量距平的关系，把降水量等级转化为降水量距平（濮冰等，2007a）。

图 3.5 给出 1880～2008 年 4 个序列。前两个序列仅限于 1951 年之后。W71 序列和CRU 序列则开始较早。表 3.2 给出 1955～2000 年上述 4 个序列之间的相关系数。可见彼此之间相关还是很高的。从图 3.5 也可以看出 1960 年代的低谷，1980 年代的两个弱低谷，4个序列都是一致的，1950 年代初和 1990 年代末的峰值也是一致的。这说明从 W71 序列的

71 个站到 R2200 序列的 2200 个站，对分析中国降水量长期变化趋势并没有很大影响。从图 3.5 可以看出大体上 1910 年代、1930 年代、1950 年代、1970 年代和 1990 年代属于多雨期，1900 年代、1920 年代、1940 年代、1960 年代和 1980 年代属于少雨期，反映出中国的降水以 20 年左右的周期性变化为主，无明显变化趋势。

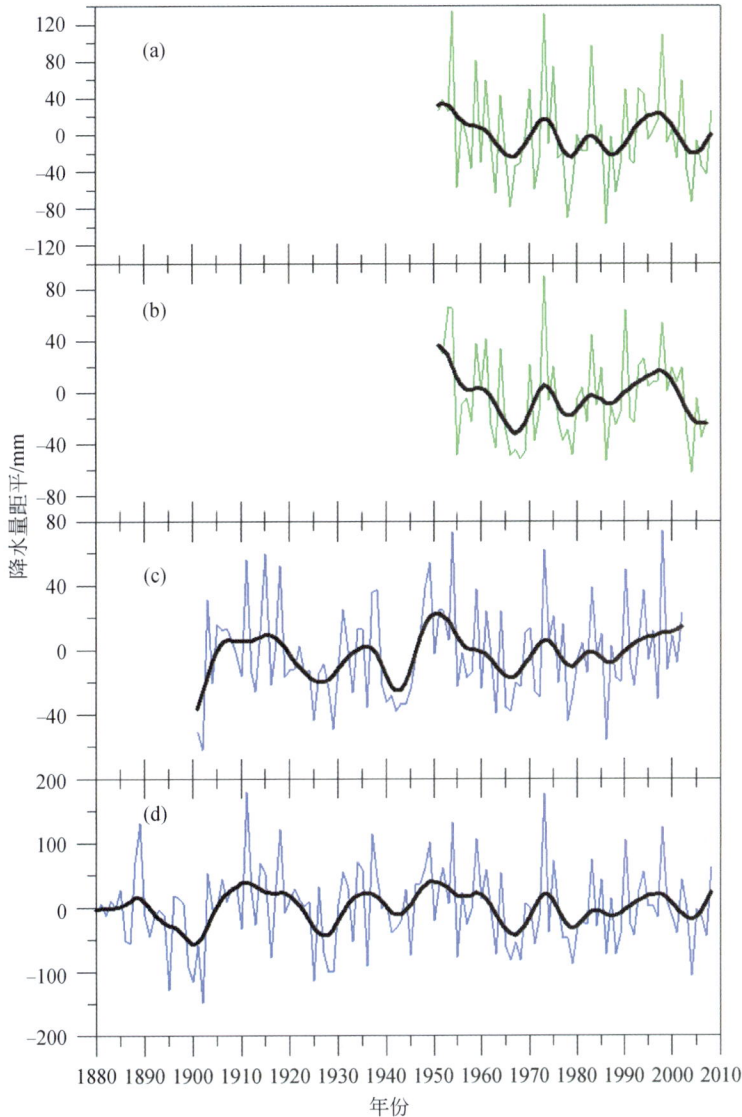

图 3.5　1880～2008 年中国平均年降水量距平（mm）（相对于 1971～2000 年）

　　　　（a）NCC160 序列；（b）R2200 序列；（c）CRU 序列；（d）W71 序列

表 3.2　1955～2000 年中国 4 个降水序列之间的相关系数

序列名称	W71	NCC160	R2200	CRU
W71	—	0.91	0.91	0.87
NCC160		—	0.89	0.90
R2200			—	0.84
CRU				—

3.2.2 季节降水量变化

对中国东部 W71 四季降水量序列，每个季分为 1880～1950 年及 1951～2004 年两段时间做 EOF 分析（濮冰等，2007a），结果表明前后两段时间 EOF 特征基本一致。由于 1951 年的序列采用了大量的史料插补降水量，因此前后两段时间 EOF 特征的一致，一方面说明了气候变化空间结构的稳定，另一方面也说明代用资料的使用没有扭曲气候变化空间结构的基本特征。在分析中国五百年旱涝变化时，曾发现 EOF 的排序在几百年前的小冰期可能与 20 世纪后期不同（王绍武，赵宗慈，1979）。目前研究的两段时期基本上属于 20 世纪暖期，因此 EOF 的排序无明显变化。

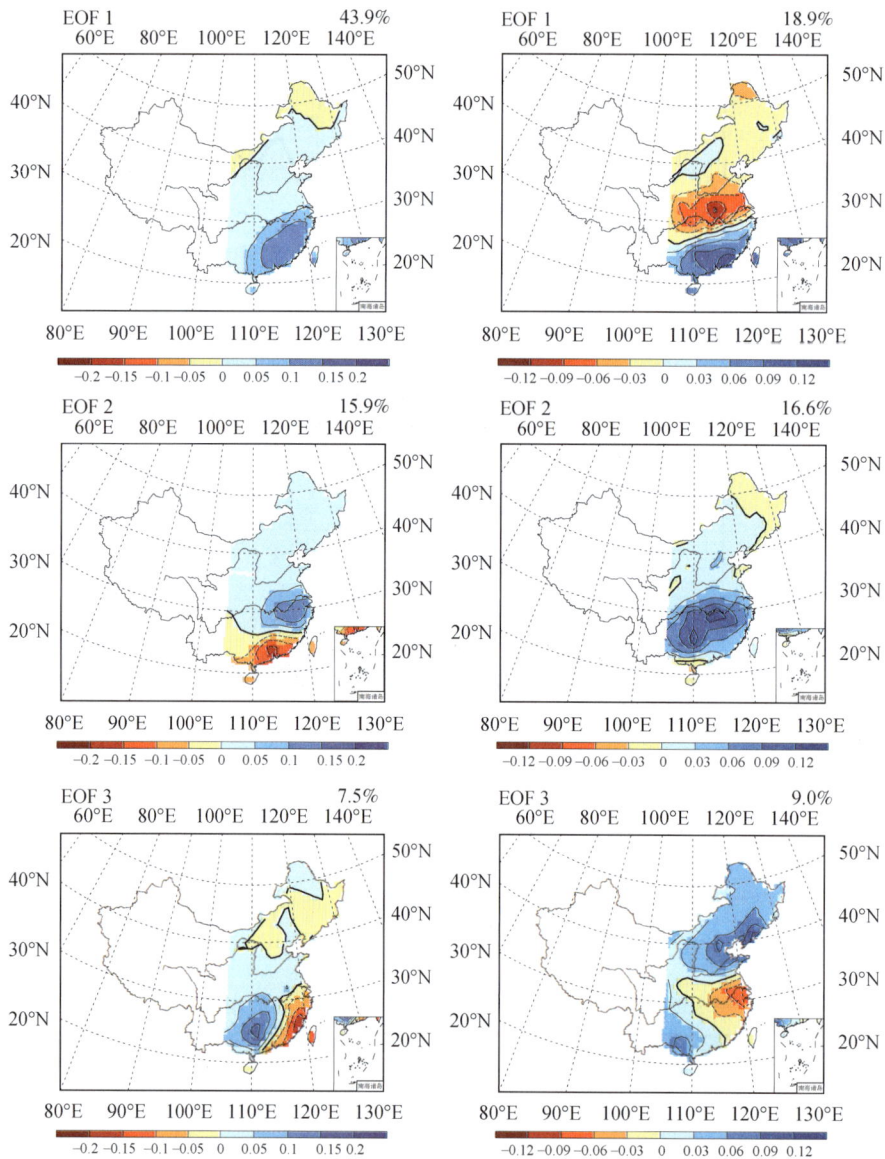

图 3.6 1880～2004 年冬季（左）与夏季（右）季总降水量的前三个 EOF（濮冰等，2007a）

图 3.6 给出冬季与夏季季总降水量的前三个 EOF。冬季 EOF1 能解释总方差的 43.9 %。降水异常中心在江南,冬季风强时降水少,冬季风弱时降水多。EOF2 解释总方差 15.9 %,可能主要反映冬季风与南支暖湿气流的交汇。EOF3 可能与南支暖湿气流的东伸与西退有关,所以主要影响江南、特别是华南地区。但 EOF3 仅能解释总方差的 7.5 %,已经不是冬季降水异常的主要特征了。冬季长江以北以降雪为主,不可能有较大的降水量,因此前三个 EOF 在长江以北均没有强的距平。

夏季降水量的情况则与冬季不同,出现了远较冬季复杂的空间特征,所以高阶 EOF 仍能解释较大的方差。前三个 EOF 所能解释的总方差仅 44.5 %,远小于冬季的 67.3 %。但是,高阶的 EOF 所反映的特征大都是小尺度的。图 3.6 的夏季 EOF1 与 EOF3 均在一定程度上反映出长江与华北及江南降水异常相反的特征。不过 EOF1 的降水量异常主要是江淮与华南到江南南部相反,而 EOF3 则主要是长江与华北的相反。这就反映了当中国东部出现两个雨带时,往往不是两个雨带同样强,有时华北雨带强(正 PC3),有时华南雨带强(正PC1)。研究表明,这种长江降水距平与华北及华南相反是中国夏季降水的主要特征,包括两个模态:一个为长江多雨(负 PC1),另一个为长江少雨、华北(正 PC3)或华南(正PC1)多雨。分析形成这种降水异常的大气环流模态指出,这正是夏季东亚大气环流的EOF1,能解释总方差 20 % 左右,而且在 1880 年以来也有相当大的稳定性(濮冰,王绍武,朱锦江,2008)。长江多雨时东亚(100°~170°E)北部 50°N 以北 500 hPa 高度场为正距平,反映阻塞高压活跃。30°N 以南也是正距平反映副热带高压强而偏南。30°~50°N 之间为负距平,反映从贝加尔湖南下的冷空气,这正是长江流域梅雨的典型天气形势。长江少雨时环流异常分布相反。图 3.7 给出 W71 序列四季的降水量变化曲线,可见各季之间差异是不小的。如 1910年代夏、秋降水均较多,但冬、春就不明显,又如 1990 年代夏季多雨,春、秋则少雨。

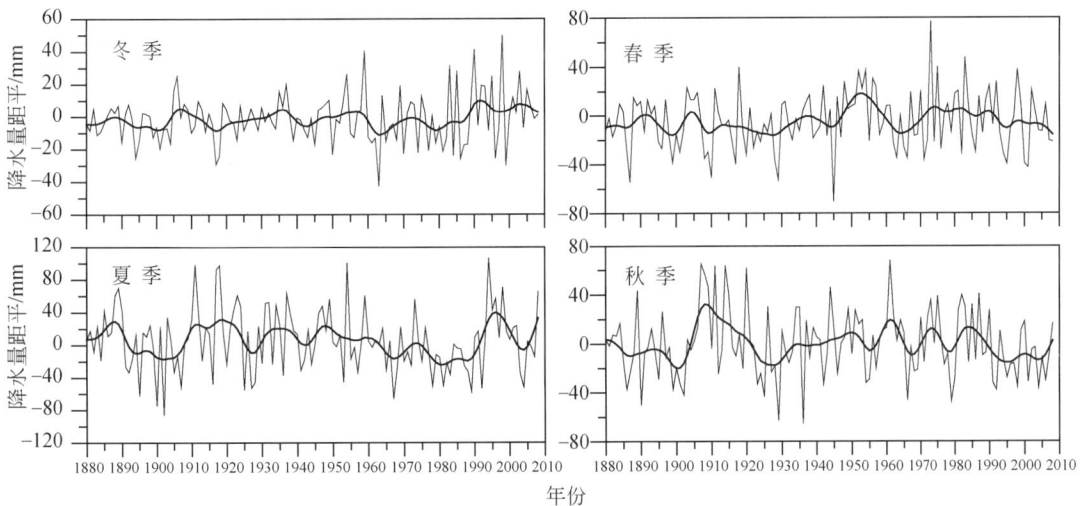

图 3.7 1880~2008 年中国东部四季降水量距平(相对于 1971~2000 年)

3.2.3 降水量的变化趋势

图 3.8 为中国东部华北、长江、华南降水量变化,同时给出中国西部的降水量变化,图中可见中国西部与东部降水量变化差别较大,东部三个地区降水量的变化亦有不同。长江与

华北时有相反，如 1890 年代～1910 年代及 1960 年代～1990 年代。长江与华南也有时相反，如 1920 年代～1940 年代及 1970 年代～1980 年代，反映出降水量异常分布型的年代际变化。

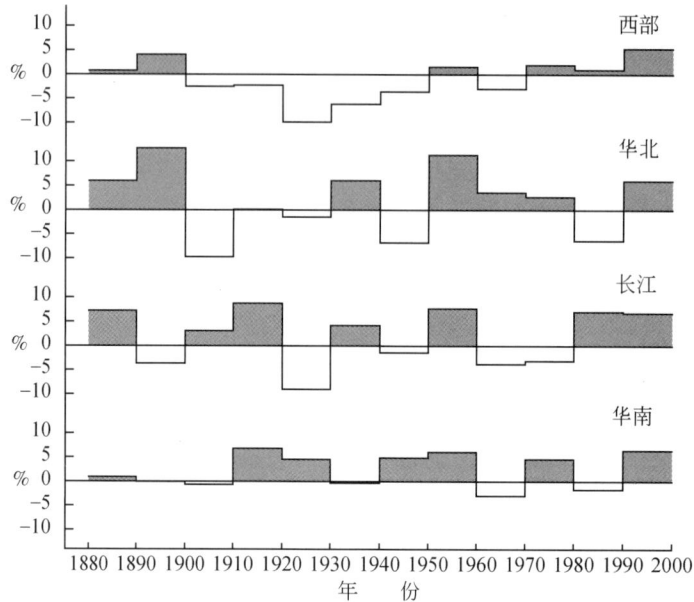

图 3.8　中国西部、华北、长江、华南 10 年平均降水量距平百分比
（相对于 1961～1990）（工绍武等，2002）

图 3.8 还表明，中国西部的降水量自 1920 年代以来就呈增加趋势，1970 年代以来这种趋势加剧，近来提出中国西北气候由暖干向暖湿转型的问题（施雅风，2003）。图 3.9（a）给出 1951～2002 年中国降水量变化的趋势（王绍武等，2003）。显然，中国西部降水量有明显的增加趋势；南疆及北疆的南部，青海北部、甘肃西部，降水量普遍增加，仅有个别格点降水量减少。有 5 个格点降水量增加的趋势在 1 ％/a 以上，最大达到 1.5 ％/a。如果以资料长度 50 年计，则相当年降水量总计增加 50 ％以上。因此，可以认为西部地区近半个世纪降水量增加最明显。必须指出，尽管降水量增加按百分比计算是一个很大的值，例如 20 ％、50 ％，但降水量增加的绝对值不大。因为在西北地区除北疆及河西走廊的东部外，年降水量均在 200mm 以下，特别是百分比增加最大的地区降水量一般在 100mm 以下，有的不足 50mm，所以降水量增加 20 ％或 50 ％，一般也只有几十毫米，因此中国西北地区气候干旱的基本状况不会改变。不过，虽然降水量增加绝对值不大，但是可能已经在环境及生态方面产生了一些有利的影响，内陆湖泊面积扩大、径流增加、植被改善。

另一个关键问题是，中国西部降水量增加是否是人类活动影响的结果，目前还不能做出完全肯定的回答。图 3.9（b）是 CO_2 倍增的模拟结果，现代 CO_2 浓度仅增加 30％。所以图 3.9（a）与图 3.9（b）的数值无法直接比较，不过其数量级是一致的，而且图 3.9（a）及图 3.9（b）降水变化的地理分布格局确有一定程度的一致，这似乎支持中国西部气候变湿是温室效应加剧结果的观点。

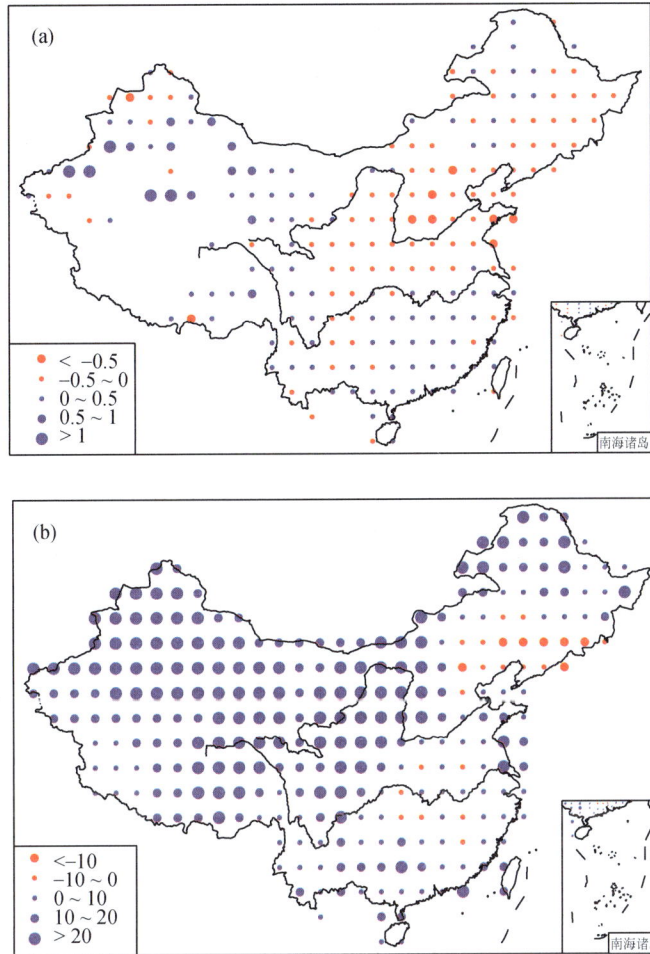

图 3.9

（a）1951～2002 年降水量变率（％/a）（王绍武等，2003）；（b）区域模式模拟的 CO_2 浓度加倍情况下的中国降水量的变化（％）［原作 Gao et al.，2001，为了与图 3.9（a）比较做了改绘］

3.3 东亚大气环流变化

东亚大气环流的变化直接影响了中国的气候变化。特别在年代际和年代尺度上，大气环流变化异常激烈。认识大气环流变化是了解气候异常和气候变化形成机制的重要一步。本节对东亚大气环流的主要成员及其变化做扼要的介绍和评价。

3.3.1 对流层西风

由于地球自转及赤道暖、两极冷的结构，在地球的南北半球中纬度均盛行西风，形成著名的西风带。在对流层中上层西风带十分强大，是影响各地区气候的一个重要大气环流机制。东亚西风带的活动，特别是季节性的北跳与南撤的研究表明，在东亚（105°～120°E）冬季有两支西风急流，一支在 40°N 附近，另一支在 30°N 附近，最大风速 60 m/s～70 m/s 处于 200 hPa 上下。但是在青藏高原及其以西（76°～90°E）则只有一支西风急流，在 28°～26°N 之间，最大风速 45 m/s 以上，高度在 200 hPa。夏季，西风急流大为减弱，在 40°～

45°N 之间，200 hPa 上下，大部地区强度只有 25m/s 左右。西风急流冬季到夏季状态之间的转变是突然的，两次转变分别发生于 6 月和 10 月。例如，1956 年 5 月最后一候到 6 月第一候西风急流突然北移从 35°N 到达 40°N，同时低层东风侵入 20°N 以北。东西风分界线从 20°N 以南，到达 25°～26°N。这时低纬度整个对流层盛行东风。伴随着大气环流的突变，印度夏季风及长江流域梅雨先后建立。

进一步研究表明，东亚大气环流的季节性转变不是一次完成的。在 5 月 8 日和 6 月 7 日前后东亚地区有两次西风急流北跳，分别对应其后的南海夏季风爆发和江淮流域梅雨的开始（李崇银等，2004）。中国气候与对流层上层东亚西风急流的异常有密切关系（廖清海等，2004）。急流强而位置偏北时夏季风强、华北多雨。反之，急流弱而位置偏南时夏季风弱、江淮流域多雨。南亚高压的变化也同西风急流的南北位置有关（Lin，Lu，2005）。西风急流中心位置的变化与梅雨期的开始和结束一致（Zhang Yaocun et al.，2006）。这些研究均有助于认识西风急流对中国气候影响的机制。

10 月中旬对流层上层大气环流发生另一次突变，中纬度西风带南移，南支西风急流建立。这时存在两个急流中心，一个在 40°N 略偏南，一个新的中心出现在 30°N 之南。东亚低层东风南退，热带辐合带（Intertropical Convergence Zone，ITCZ）退到南海，西南季风退出印度次大陆。

3.3.2　阻 塞 高 压

阻塞高压是中高纬度重要的大气环流成员，是西风带大幅度摆动的产物，对中高纬度的天气气候有重要的影响。从 9 月到来年的 4 月 55°N 有两个阻塞高压频率高的地区，一个从北大西洋伸向乌拉尔山（40°W～60°E），另一个在鄂霍次克海到白令海（140°E～160°W）。在这两个地区之间（60°～140°E）阻塞高压发生的频率非常低。冬季亚欧地区中高纬的阻塞高压活动是影响东亚冬季风和寒潮的重要气压系统。图 3.10 给出 1960～1996 年冬季亚欧地区阻塞高压天数。可见其年代际和年际变化十分明显，并对中国气候有重要的影响（季明霞等，2008）。

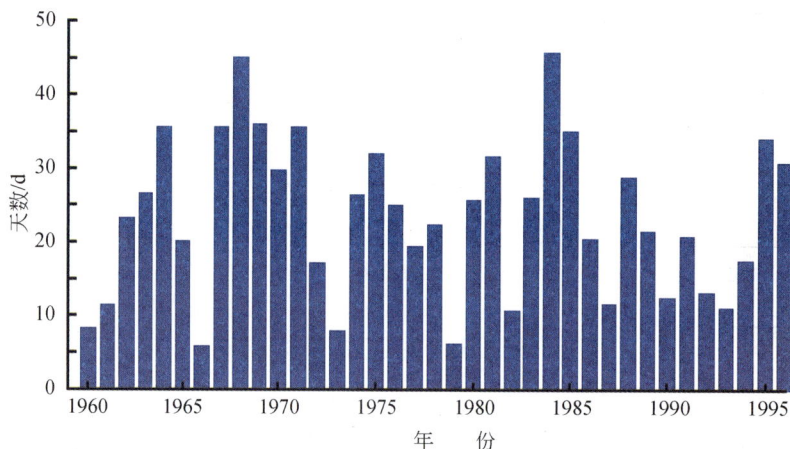

图 3.10　亚欧地区冬季阻塞高压天数的年际变化（季明霞等，2008）

夏季 5～8 月阻塞高压的活动与冬季差别很大。从 5 月开始，上述两个地区阻塞高压的频率迅速下降，特别 6～8 月，高频区出现在 20°～140°E。从空间分布来看也有两个高频中心，一个在北欧到乌拉尔山 20°～60°E，另一个在远东 100°～140°E。夏季亚洲东北部到鄂霍次克海阻塞高压是江淮流域洪涝形成的典型天气形势。由于阻塞高压的阻挡，贝加尔湖地区形成一个稳定的槽，冷空气不断从槽后南下，是产生夏季降水的主要天气机制。鄂霍次克海有阻塞高压时，东西伯利亚广大高纬地区 500 hPa 高度为正距平，以此为中心向西高度距平呈正、负、正分布；贝加尔湖地区为负距平，乌拉尔山南部又为正距平。同时，在东亚南北方向，高度距平亦呈正、负、正分布；长江以北为负距平，长江以南为正距平。负距平区反映冷空气的活跃，正距平区说明副热带高压强，而位置偏南。1954 年及 1998 年长江流域的洪水都是发生在这种大气环流形势下。图 3.11 给出四个地区阻塞高压指数。1954 年、1998 年鄂霍次克海高压是非常强的。1951 年以来四个指数中有三个呈增强趋势，21 世纪以来，淮河多雨均发生在四个阻塞高压都是正距平的夏季，即 2000 年、2003 年、2005 年和 2007 年。

东亚大气环流

东亚大气环流季节特征明显，1 月大体上可以代表冬季。对流层中上层盛行西风气流，东亚大槽是一个最主要的特征。海平面气压图上整个亚洲大陆为一强大的高压控制，大陆东部盛行西北气流。东部海上太平洋北部有阿留申低压、南部有高压带，高压中心在太平洋东南部。7 月对流层上层热带盛行东风，中纬度盛行西风，南亚高压控制了亚洲大陆的中部和南部。对流层中层仍然是西风气流控制，西太平洋的副热带高压伸向亚洲大陆。海平面气压图上亚洲大陆为低气压控制，中心在印度北部，海上为太平洋高压。

图 1 给出东亚地区 1 月和 7 月对流层上层 100 hPa 高度，对流层中层 500 hPa 高度，和海平面气压图。可以概括地看出东亚大气环流的基本特征。

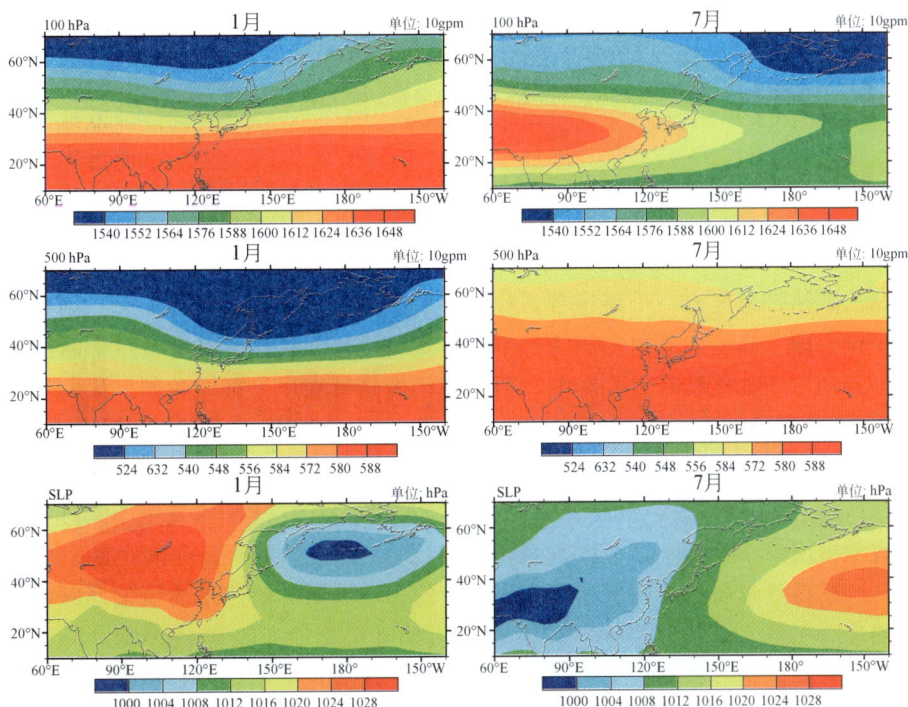

图 1　1 月（左）和 7 月（右）东亚大气环流形势
100 hPa 高度（上），500 hPa 高度（中），海平面气压（下）

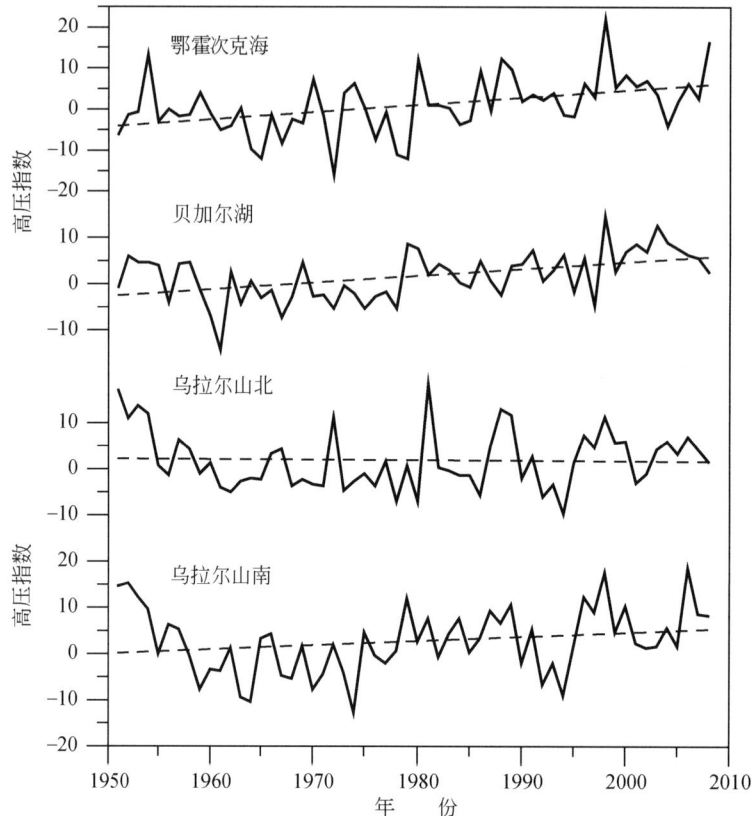

图 3.11 1951~2008 年夏季东亚 4 个阻塞高压指数（根据国家气候中心资料绘制）
鄂霍次克海（50°~60°N，120°~150°E），贝加尔湖（50°~60°N，80°~110°E），
乌拉尔山北（50°~60°N，40°~70°E），乌拉尔山南（40°~50°N，40°~70°E）

3.3.3 副热带高压

北半球的副热带地区有一个高压带，称为副热带高压，在海上尤为显著。副热带高压控制区气候干燥少雨。高压向赤道一侧为热带辐合带（ITCZ），由春到夏副热带高压的加强及向高纬度的移动对当地气候有重大影响。西太平洋副热带高压是影响我国气候的重要气压系统。5 月副热带高压在 15°N 及其以南。6 月在 15°~20°N 之间，7 月跳到 25°N 以北，8 月在 25°~30°N 之间。9 月退到 25°N 以南，10 月退到 20°N 以南。显然，一次北进在 6 月，一次南退在 10 月，变化幅度最大，形成跳跃。第 1 次北跳跳过 20°N 平均发生于 6 月第 4 候，对应于长江流域梅雨雨季开始。第 2 次北跳跳过 25°N，平均发生于 7 月第 3 候，与梅雨结束时间接近。分析副热带高压的季节性异常与旱涝的关系表明，副热带高压偏西时，中国东部少雨，副热带高压偏北时华北多雨，副热带高压偏强偏南时长江流域多雨。6 月到 8 月之间，各月副热带高压指数和降水量之间的关系尚有一定变化。不过，副热带高压位置及强度对中国夏季雨带形成及地理位置的决定性影响是无可怀疑的。

在长期的预报实践中，国家气候中心（NCC）积累了较丰富的经验，提出了一系列的指数（赵振国，1999），用来定量描述副热带高压的特征：

面积指数 在 5°×5°经纬度菱形网格的 500 hPa 月平均高度图上，10°N 以北，110°E～180°范围内≥588 dagpm[①] 格点数。

强度指数 同样资料范围，588 dagpm 为 1，589 dagpm 为 2，依此类推的累计值。

脊线指数 110°～150°E 范围内每隔 5°经度，共 9 条经线上副热带高压脊的平均纬度。

北界指数 与脊线同一范围内，副热带高压北部 588 dagpm 等高线的平均纬度。

西伸脊点指数 90°～180°范围内 588 dagpm 等高线所在的最西位置的经度。

这五个指数之中，面积与强度之间以及脊线与北界之间均有较大的相关，也就是彼此不独立。所以，日常应用最多的是三个指数，即强度指数、北界指数及西伸脊点指数。副高强度高长江流域多雨，华北、华南少雨。西伸明显，中国沿海降水减少。北界偏北，华北多雨，江南少雨。这三个指数彼此之间尽管相关不大，但在一定配置下，气候影响明显。例如副热带高压强而位置偏南是长江流域形成洪水的一个重要条件。图 3.12 给出 1951～2008 年上述五个指数的变化曲线。

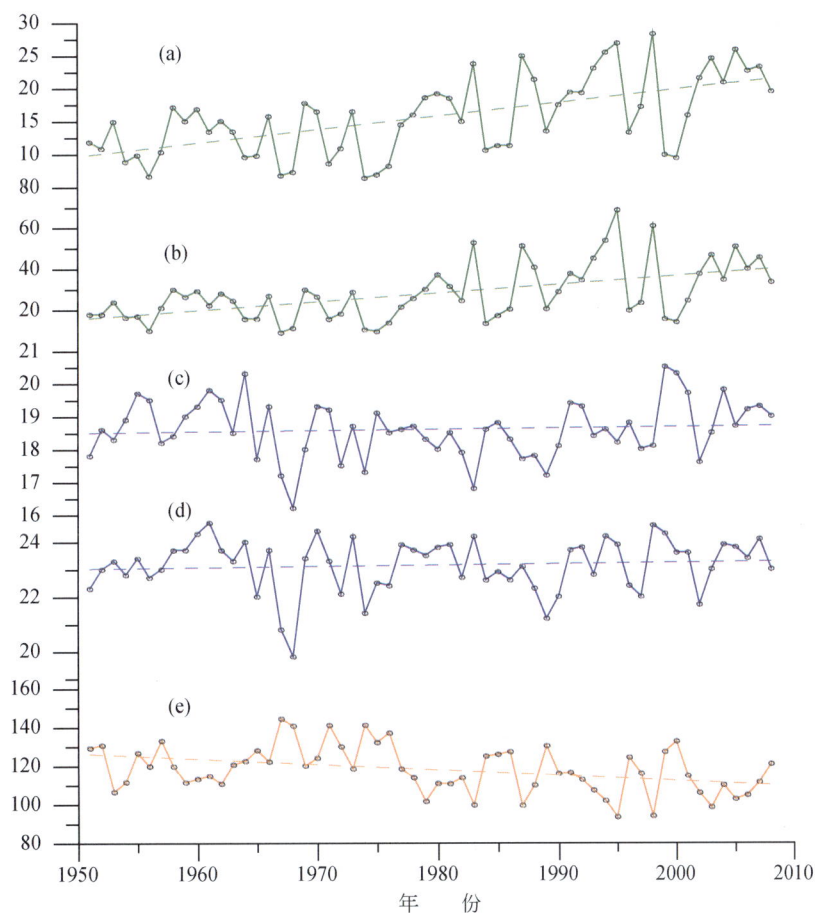

图 3.12　1951～2008 年年平均西太平洋副热带高压特征量变化（根据国家气候中心资料绘制）
（a）面积指数，（b）强度指数，（c）脊线指数，（d）北界指数，（e）西伸脊点指数

① dagpm 是重力位势单位，为十位势米

3.3.4　南亚高压

夏季对流层上层，100 hPa 等压面上有一个高压位于欧亚大陆南部，称为南亚高压。4 月高压还在西太平洋，5 月高压中心到中南半岛上空。从 6 月到 9 月高压中心在青藏高原到伊朗高原上空。10 月则又退出大陆。因此，高压最盛行的时间不过 4 个月左右。

南亚高压有两种最基本的类型：Ⅰ类南亚高压分为两个独立的中心，一个在中国东部 110°E 附近，一个在伊朗高原约 50°E；Ⅱ类只有一个高压中心，位于青藏高原上空 80°～90° E。夏季对流层上层的大气环流变化，均表现为这两种类型的交替。南亚高压与中国东部夏季降水有密切关系，沿 120°E 高压脊的位置 6 月在 28°N，7 月在 32°N，高压脊偏南时，梅雨强盛。高压脊偏北时长江流域干旱，当高压中心出现在 100°E 以东时长江下游干旱、华北多雨，高压中心在 100°E 以西时长江中下游多雨、华北干旱。1980 年代到 1990 年代，南亚高压位置偏南、强度增加、面积扩大，这是否对长江流域的多雨和华北的干旱产生了影响，值得进一步研究。研究表明，南亚高压与极涡之间有一定的关系。图 3.13 给出 1960～2006 年南亚高压面积指数、东伸指数及极涡指数，可见南亚高压强时极涡弱，南亚高压弱时极涡强。

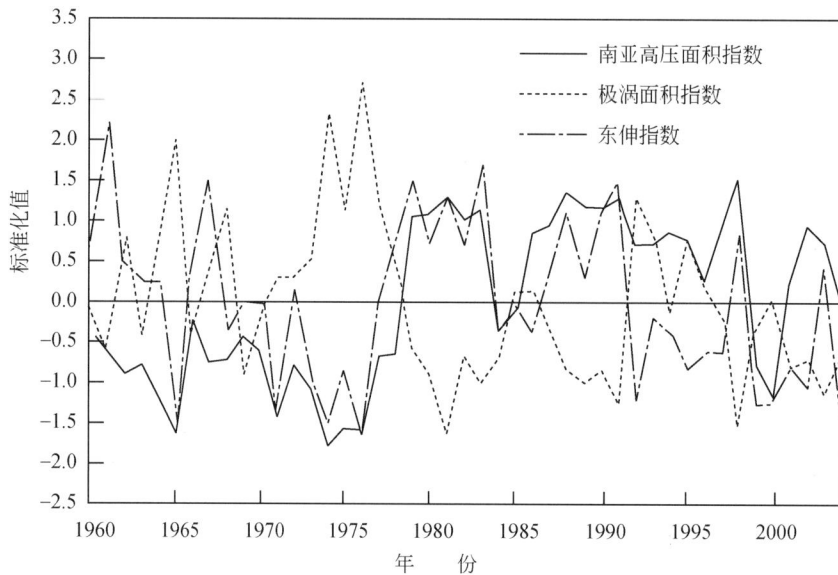

图 3.13　7～8 月 100 hPa 南亚高压东伸指数、极涡及南亚高压面积
指数时间序列（陈永仁，李跃清，2007）

3.3.5　东亚季风

中国是世界上著名的季风区之一，冬季西伯利亚高压覆盖了几乎整个亚洲大陆，而夏季一个巨大的低压系统控制着亚洲，其中心在印度北部。冬季中国盛行干冷的西北风，夏季盛行偏南暖湿的气流，25°N 以北以东南风为主，25°N 以南以西南风为主。夏季风的北界与夏季极锋的平均位置相合。冬季风的南界则取决于冬季极锋的平均位置。中国处于亚洲大陆的

东部，冬季盛行西北风，夏季盛行东南风。东亚季风是亚非季风系统的一个子系统。东亚夏季风环流从 5 月到 7 月有三次突变（Tao，Zhang，2004）。5 月中旬南海季风爆发，西太平洋副热带高压突然北跳到 20°N 以北。6 月中旬对流层上层南亚高压建立，对流层中层的西太平洋副热带高压突然跳过 25°N，长江流域梅雨开始。7 月中旬梅雨结束，西太平洋副热带高压跳过 30°N，华北雨季开始。

东亚的冬季风来自亚洲大陆腹地西伯利亚，冷空气从西北（55%）、北（25%）及西（15%）3 个方向到达中西伯利亚，从西北及西方侵袭中国。冬季风的强度取决于中心在西伯利亚的反气旋的强度。冬季风的发展表现为一系列冷空气及寒潮的暴发。一般 10 月到来年 5 月之间可能有寒潮暴发，但是每一个冬半年的时间内通常只有 4～5 次寒潮，和 6～7 次强冷空气活动。寒潮与强冷空气分别表示降温达到 10℃ 和 10℃～5℃ 的过程。

经典气候学指出，季风形成的最基本原因为海陆温差（郭其蕴，蔡静宁，邵雪梅，2003）。利用 20°～50°N，110°～160°E 海陆温差与海平面气压差来描述东亚季风的强度。图 3.14 给出 1880 年以来东亚夏季风指数（a）和冬季风指数（b）的变化曲线。从图 3.14（a）看出，20 世纪 20 年代开始是一个夏季风的持续增强期，许多年标准化的夏季风指数达到 1.4，即夏季风强度比多年平均高出 40%。从 1960 年代末进入一个夏季风持续减弱期，特别从 1980 年代开始夏季风显著偏弱，不少年夏季风指数为 0.6，即夏季风强度比平均偏低 40%。即从 20 世纪 60 年代中到 20 世纪末，夏季风强度减少了一半还多。20 世纪 70 年代以来夏季风的减弱与华北干旱的发展有很好的关系。

冬季风在 19 世纪末到 20 世纪初较弱，20 世纪 20 年代到 70 年代是一个漫长的增强期，80 年代初才显著减弱［图 3.14（b）］。这与全球变暖趋势及中国的温度变化过程吻合。

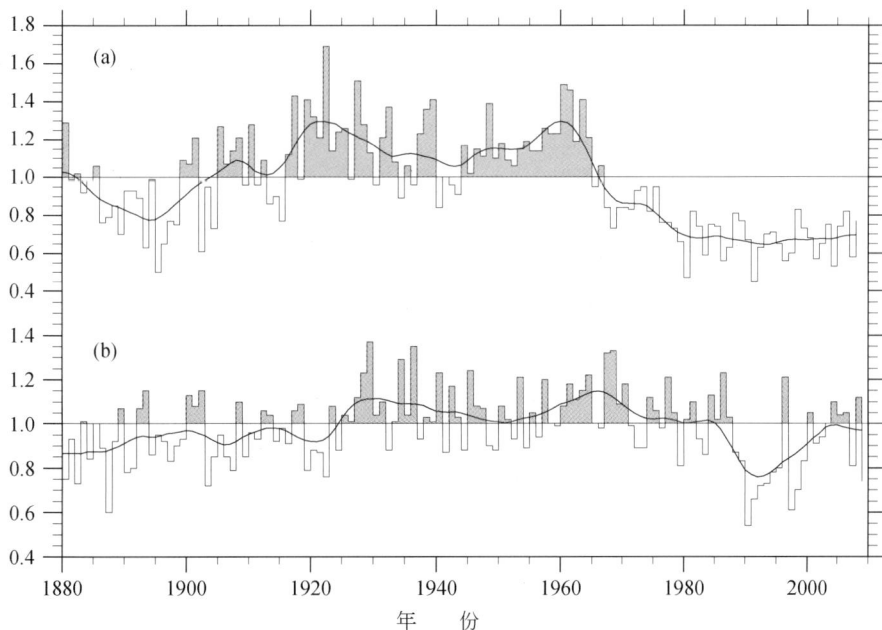

图 3.14　1880～2008 年东亚夏季风指数（a）和冬季风指数（b）

亚非季风区

东亚季风是亚非季风区的一个重要季风子系统。经典气候学用 1 月、7 月地面盛行风角度的差来定义季风区，凡盛行风角度差在 120°～180° 之间为季风区（高由禧等，1962）。按照这一定义，地球上范围最大的季风区在赤道以北到 20°～30°N，自西非经阿拉伯半岛、阿拉伯海、印度、中南半岛、中国南部到西太平洋，这就是人们经常谈到的亚非季风区。

在亚洲季风区内影响中国气候的是东亚季风，与影响印度气候的南亚季风不同，大量研究证明这是两个相对独立的季风子系统。南亚季风以西南季风为主，属于热带季风。东亚季风以东南风为主属于副热带季风。印度半岛北接青藏高原南临印度海洋，中国西接亚洲大陆腹地东临太平洋，这可能是两个地区季风子系统差异的根本原因（Tao，Chen，1987）。

根据降水量来研究夏季风，用每 5d 的日平均降水量减去 1 月日平均降水量，称为相对候平均降水率，以 5 mm/d 为标准，达到这个值代表季风区（Wang，Lin，2002）。图 1 给出这样确定的季风区，蓝色代表印度夏季风（ISM），绿色代表东亚夏季风（EASM），紫色代表西北太平洋夏季风（WNPSM）。ISM 及 WNPSM 虽然同属热带季风，但他们之间有一个中南半岛缓冲区（图 1 黄色区），那里夏季风降水在 5 月及 9 月～10 月各有一个峰值，与西部的 ISM 及东部的 WNPSM 显著不同。

亚非季风区还包括非洲季风。近来又把用降水量年变程定义季风的概念扩展到全球，称为全球季风（global monsoon），在 15°N 及 15°S 各构成一个带，每个带上有 3～4 个核心区，即全球季风区（Wang，Ding，2006）。

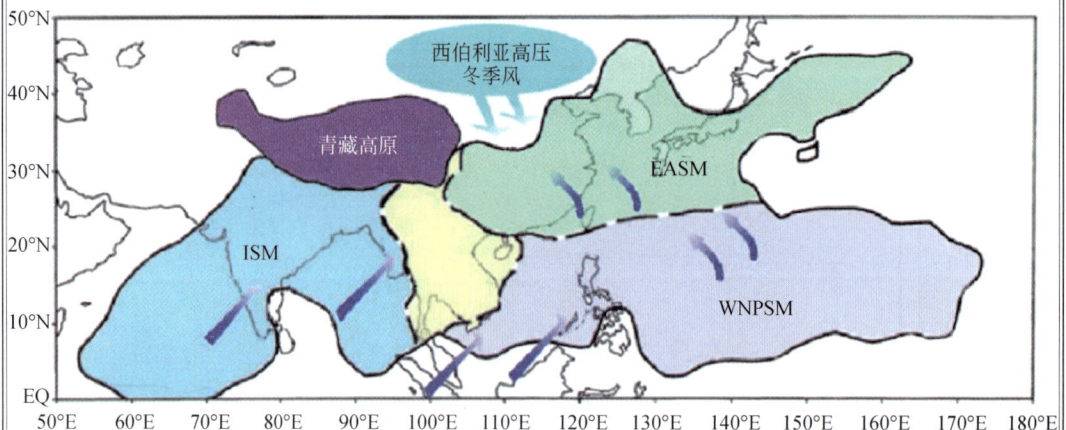

图 1　亚洲季风区示意图，绿色——东亚夏季风（EASM），蓝色——印度夏季风（ISM），紫色——西北太平洋夏季风（WNPSM），黄色——季风缓冲区，紫红色——青藏高原，翠蓝色——冬季风，蓝色箭头——盛行风向（Wang，Lin，2002）

3.4　云、辐射与对流层温度变化

3.4.1　水汽和云的变化

　　云在地球气候系统的辐射能量收支和水分循环过程中起着重要的作用，因此云是气候系统中的一个不可忽视的物理量。但是，由于时空变率高，很难得到可靠而又有足够分辨率及覆盖面的长序列。目前，云的信息有卫星遥感和地基观测两个来源，其中卫星资料覆盖面大、系统性好，但序列一般不如地基观测长，地基观测则在客观数字化及代表性方面不如卫星观测。比较卫星观测和中国 208 个站的地基观测，发现各月总云量空间分布的相关系数在0.69～0.91 之间，秋季相关最高，冬季相关较低（翁笃鸣，韩爱梅，1998），年平均总云量的相关系数 0.83。

　　图 3.15 给出 1984～2000 年卫星遥感总云量变化趋势，可见我国东北北部和新疆天山一带总云量有所增加，但其他地区的云量或者表现为减少，或者变化不明显，其中华北、青藏高原北部以及新疆东部地区的总云量减少幅度较大，而江南、藏南以及青藏高原西北部地区基本保持不变（刘瑞霞，刘玉洁，杜秉玉，2004）。

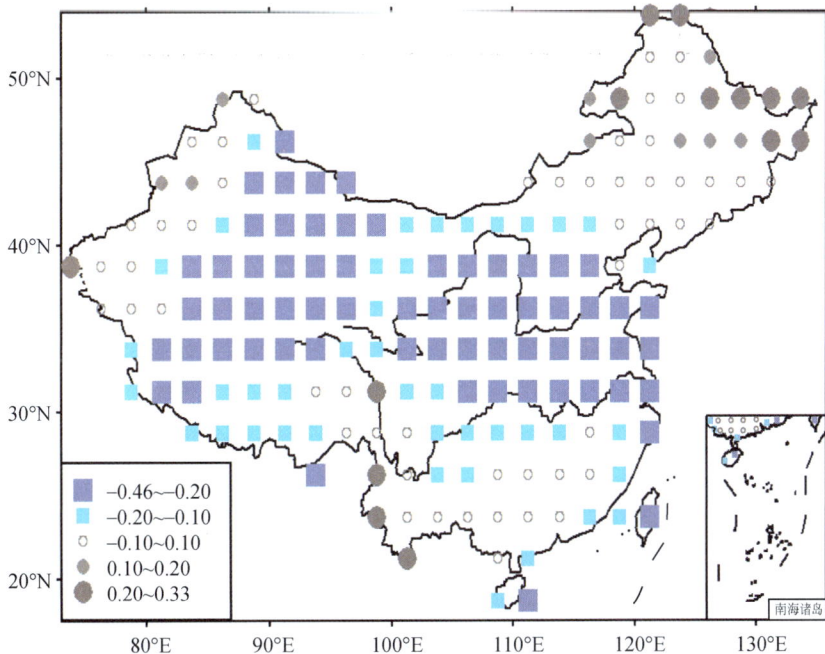

图 3.15　卫星观测的 1984～2000 年我国总云量的变化趋势（刘瑞霞，刘玉洁，杜秉玉，2004）

　　根据 1961～2004 年地基观测，全国平均的总云量呈明显减少趋势，20 世纪 70 年代后期以来减少尤其显著，其中从 1975 年到 1997 年总云量约减少 3.6 ％（图 3.16）。1961 年以来云量减少的速率达到−0.87 ％/10a。利用 1954～1994 年的地基观测也证实总云量有下降趋势（Kaiser，2000）。

　　从空间分布看，全国除个别地区云量增加外，其余大部分地区都呈减少趋势，其中内蒙古中西部、西北东部、华北大部以及西部个别地区总云量减少最为明显，30°N以南地区和新疆、青藏高原地区总云量趋势变化不明显，局部地区甚至有轻微增加趋势。可见，中国总云量变化趋势的空间分布特征与年降水量变化基本一致。云量观测资料及其分析还存在着较大的不确定性。地面常规观测主观任意性比较大，资料的非均一性问题也比较突出。利用卫星遥感资料分析云量变化有一定优势，但目前的卫星资料长度还比较短。此外，关于大气中的水汽含量变化，1970～1990年期间全国平均大气水分呈增高趋势，主要增高区域分布在东北、西南和南部沿海地区，而华北和中南部分地区呈下降趋势（翟盘茂，周琴芳，1997）。

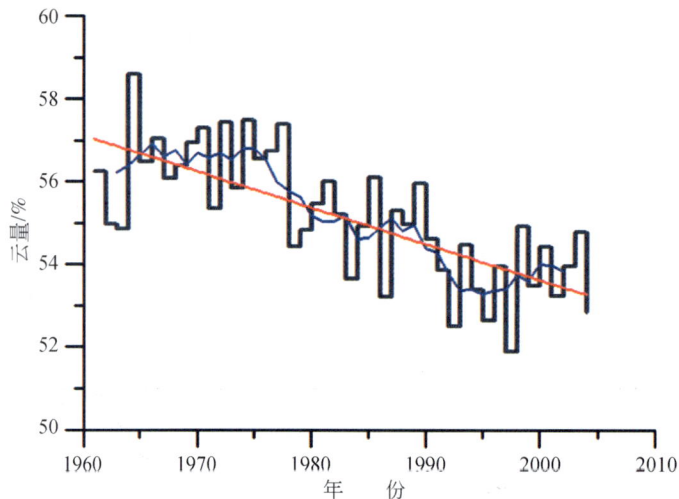

图3.16　1961～2004年全国平均总云量变化（根据国家基准/基本站资料绘制）

3.4.2　太阳辐射变化

太阳辐射是地球气候系统最主要的能量来源。到达地球大气上界的太阳辐射变化非常小，一般认为即使11年周期，变化也不过0.1%～0.2%。但是，到达地球表面的太阳辐射的变化却比这个变化高1～2个数量级。这主要是因为大气成分、云量、大气中水汽含量，以及大气悬浮物等的影响。因此，研究到达地面太阳辐射量的变化，对认识气候变化的形成，改进气候模式中对辐射过程的描述，均有重要意义。

最近的研究表明，近几十年来中国的太阳辐射总体上呈下降趋势（Che et al.，2005；Shi et al.，2008）。1961～2000年中国平均总辐射是165.86W/m²，全国平均以−2.54%/10a的速率下降，1961～1989年下降趋势是−4.61%/10a，1989年之后转为上升趋势约为1.76%/10a。这种上升与全球表面总辐射的变化似乎是一致的（图3.17）。1961～1990年总辐射量也有下降的趋势（李晓文等，1998）。与总辐射的下降趋势一致，1961～2000年全国平均年日照百分率也显著下降（−1.28%/10a）（Che et al.，2005）。

从地理分布来看（图3.18），1961年以来全国大部分地区总辐射为下降趋势，特别是在南方地区，如四川盆地、贵州地区以及长江中下游地区。而东北和西部地区的下降率较小，数值在4.00%/10a以下。与总辐射和直接辐射相比，散射辐射的下降趋势不明显，部分站点显示为明显的上升趋势。68个站的平均散射辐射1961～2000年间下降了3.11%。除西藏的若干站点外，其他大部分上升或下降的站点的分布比较散乱。直接辐射的地理分布与总辐射非常类似，全国大部分地区的直接辐射以下降趋势为主，总体看，中部和东部的下降大于西部和东北。最显著的下降出现在三个地区：四川、贵州和长江中下游地区。由于总辐射由直接辐射和散射辐射组成，而后者并未表现出明显的下降趋势，因此总辐射的下降主要是由直接辐射的下降引起的。总辐射量变化趋势的季节特点是，冬季下降趋势最明显，为－4.82％/10 a，而秋季、夏季和春季分别为－2.63％/10a、－2.15％/10a 和－1.39％/10 a。

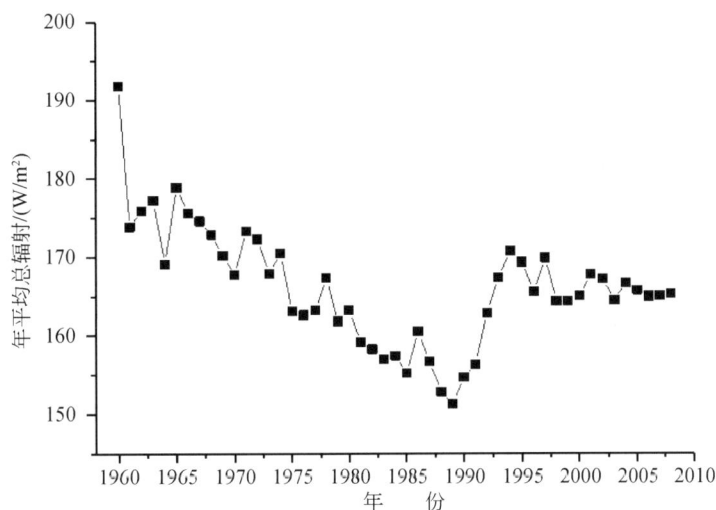

图 3.17　1961～2008 年中国年平均总辐射的时间变化（据 Shi et al.，2008 改绘）

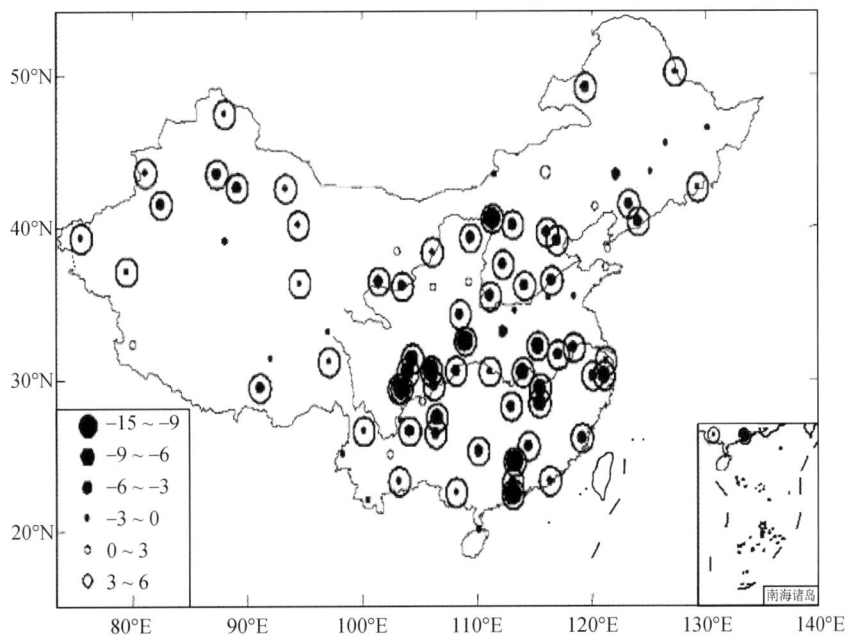

图 3.18　中国年平均总辐射变化（％/10a）的空间分布（带圆圈的站表示超过 95％信度标准）

（Shi et al.，2008）

3.4.3　对流层温度变化

研究对流层温度变化对全面认识气候变暖有重要意义。图 3.19 给出根据 1961～2004 年全国 134 个探空站的资料得到的中国对流层下层（850～400 hPa）、对流层上层（300～150 hPa）、及平流层底层（100～50 hPa）平均温度距平（王颖，任国玉，2005）。可见对流层下层温度仅有微弱的上升趋势（0.05 ℃/10a）。但是，对流层上层温度呈下降趋势（−0.17 ℃/10a）。平流层底层则下降更明显（−0.22 ℃/10a）。

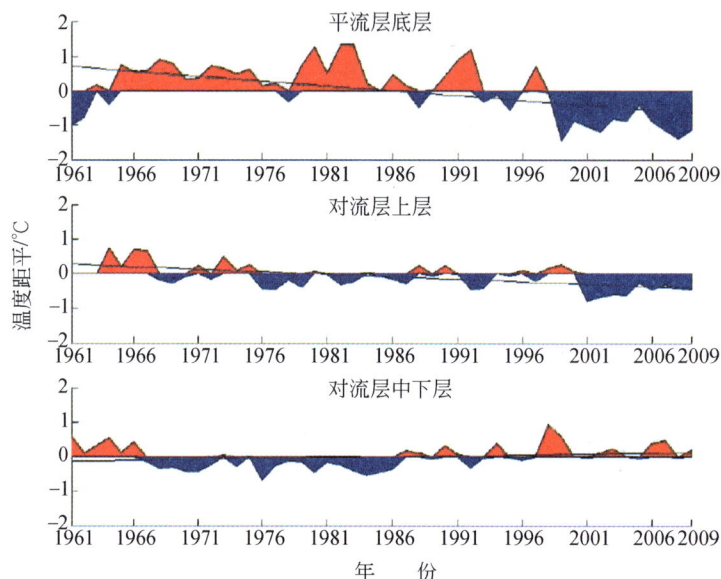

图 3.19　1961～2004 年中国上空各高度层年平均温度距平变化（相对于 1971～2000 年）

（王颖，任国玉，2005，有补充）

根据等压面之间的厚度分析 1951～1993 年对流层的温度变化表明，对流层只有微弱的下降趋势（−0.07 ℃/10a），平流层则下降最明显（−0.51 ℃/10a）（王绍武等，1996）。对我国 1958～2005 年 116 个探空温度序列做了均一化处理，850 hPa 温度上升（0.18 ℃/10a），300 hPa 温度下降（−0.24 ℃/10a）（郭艳君，丁一汇，2008）。上述工作表明，1951 年以来对流层低层温度变化不显著，对流层上层温度下降，平流层下降最明显，这与北半球的温度变化趋势大体相同（Tranberth et al.，2007）。

3.5　中国气候变化与全球的联系

3.5.1　与全球变暖的比较

全球变暖的研究始于对全球温度资料的整合，1940 年代末到 1960 年代是这项研究的第一个阶段。当时还没有建立全球的格点温度资料，主要利用有限的台站资料分气候带研究气候变暖，确认了北半球 1940 年代温度最高，比 19 世纪末上升 0.6℃左右。1980 年代到 1990 年代是研究的第二阶段，开始建立全球的格点温度序列。资料主要为陆地测站月平均地面温

度观测，应用的台站数达到 2000～3000 个，比第一阶段增加 10 倍以上。但是由于分析方法
不同、原始资料也不完全一致，各序列之间存在一定差异。

20 世纪末以来，哈德莱中心与东英吉利大学（Hadley Climatic Research Unit Temperature Data 3，HadCRUT3；Brohan et al.，2006），美国国家气候资料中心（National Climatic Data Center NCDC；Smith，Reynolds，2005）和美国戈达德空间研究所（Goddard Institute for Space Studies，GISS. Hansen et al.，2010）先后分别建立了全球温度序列。IPCC 报告经常引用的就是 HadCRUT3 序列，我们下面应用的全球和北半球温度序列也是这个序列。

图 3.20 给出全球、北半球（HadCRUT3）和中国平均温度（T 序列）距平序列。这三条曲线变化趋势是比较一致的。中国温度序列和全球或北半球温度序列的相关系数在0.63～0.79 之间。但也可以看出，1940 年代的变暖中国比北半球明显，北半球比全球明显，这证明 1940 年代的变暖可能是区域性的观点。

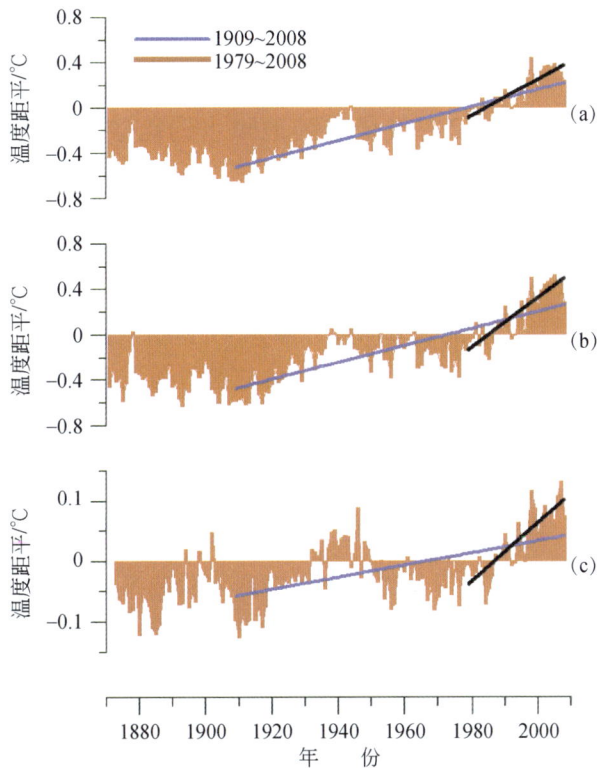

图 3.20　1870～2008 年全球平均温度距平（a）、北半球平均温度距平（b）（HadCRUT3）和
中国平均温度距平（T 序列）（c）

表 3.3 给出 1880 年到 2008 年全球、北半球、中国 W 序列和 T 序列前十个最暖年。可见十年中有 6～7 年是一致的，虽然在全球或北半球与中国的排序不尽相同，但十个最暖年中年有 6～7 年发生在 21 世纪，可见中国与全球或北半球一样，气候变暖日益激烈。前四个最暖年，中国自己的两个序列排序是一致的，但与全球或北半球则不同。1998 年是有观测记录以来全球最暖的一年，但在中国和北半球则排在了第二位，中国最暖的是 2007 年。

表 3.3   全球(GL)、北半球(NH)、中国 W 序列(W)及中国 T 序列(T)前 10 个最暖年(温度距平℃)

No	GL	NH	W	T
1	1998 (0.44)	2005 (0.53)	2007 (1.28)	2007 (1.31)
2	2005 (0.39)	1998 (0.50)	1998 (1.15)	1998 (1.16)
3	2003 (0.38)	2004 (0.49)	2006 (1.10)	2006 (1.08)
4	2002 (0.37)	2007 (0.48)	2002 (0.94)	2002 (0.91)
5	2004 (0.36)	2003 (0.46)	1999 (0.89)	1946 (0.88)
6	2006 (0.33)	2006 (0.46)	2004 (0.84)	1999 (0.87)
7	2001 (0.32)	2002 (0.44)	2008 (0.79)	2004 (0.84)
8	2007 (0.31)	2001 (0.39)	1946 (0.68)	2008 (0.74)
9	1997 (0.26)	1997 (0.31)	2001 (0.64)	2001 (0.68)
10	2008 (0.24)	1995 (0.29)	1943 (0.61)	2003 (0.65)

3.5.2   与全球陆地降水的比较

迄今为止，由于缺乏海洋上的降水量观测资料，一直未能建立包括陆地与海洋的全球降水量的长序列。目前仅有的两个陆地降水的长序列是 GHCN (Global Historical Climatology Network) 序列及 CRU 序列，前者始于 1900 年，后者始于 1901 年。其他序列大都只有 20 世纪后 50 年的记录。2007 年的 IPCC 报告 (Trenberth et al.，2007) 对几个公认的全球降水量序列进行了比较，指出尽管降水量的绝对值彼此有较大差异，但是年代际变化趋势是基本一致的。图 3.21 (a) 给出 GHCN 序列，1950 年代中到 1980 年代初的 30 余年是多雨期，而 20 世纪初的 40 余年为少雨期，虽然在此期间降水量也有波动，但是平均降水量约比 1950 年代到 1980 年代低 20mm 左右，作为全球陆地平均，这是一个不小的量了。

图 3.21 (b) 给出根据 CRU 资料得到的中国降水量距平，这是一个地理覆盖面完整的序列，但是 20 世纪前半叶由于中国西部实际上几乎没有什么降水量观测，所以大部分数据是靠中国以外的站内插得到的，有的格点没有适合的观测可供内插，连续若干年均采用零距平。但是，无论如何这提供了一个包括中国西部的全中国降水量序列。从图 3.21 (a) 和图 3.21 (b) 可见，中国的降水量与全球差别较大，CRU 的中国序列没有像全球一样表现出 1950 年代到 1980 年代的多雨，虽然 1950 年代及 1970 年代降水量也有一些峰值，但主要是年际变化。20 世纪前半叶 1920 年代及 1940 年前后的少雨与全球陆地的平均也不一致。

图 3.21 (c) 给出中国 W71 序列的降水量，20 世纪 CRU 序列与 W71 序列相关系数达到 0.85。CRU 序列及 W71 序列与 GHCN 序列的相关系数分别为 0.17 和 0.06，这表明中国的降水量与全球陆地平均降水量变化不一致。1900 年以来全球陆地降水量有弱的增长趋势 (14.75mm/100a)，中国降水的增量更小 (6.77mm/100a)，中国东部降水量为负增长 (-7.97mm/100a)。

从中国东部降水量变化来看，1910 年代到 1960 年代是一个多雨期，这个特点同 IPCC

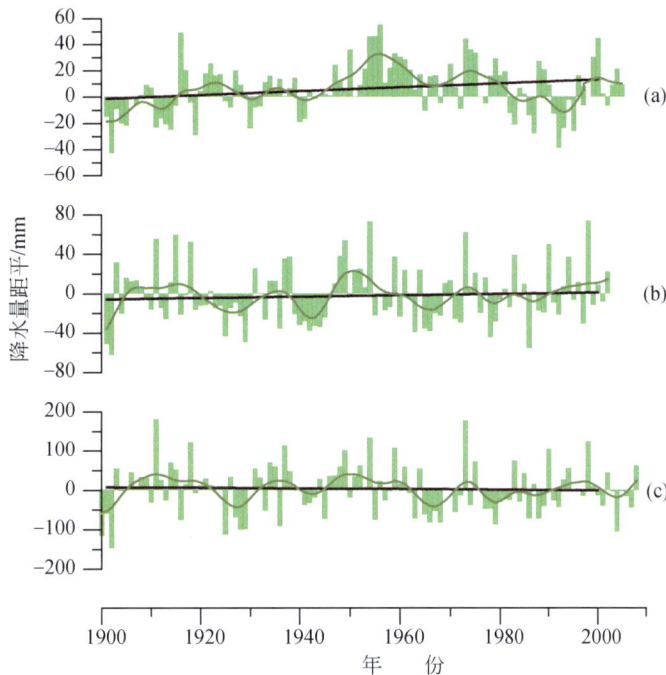

图 3.21　1900~2008 年陆地降水量变化

(a) 全球陆地平均降水量距平（GHCN）；(b) 整个中国平均降水量距平（CRU）；(c) 中国东部 71 个站降水量距平（相对于 1971~2000 年）［(a) 取自 Trenberth et al.，2007］

报告（Trenberth et al.，2007）中给出的降水量变化的纬度—时间剖面中 10°~35°N 的正降水量距平十分一致，三个降水量正距平峰值期在 1910 年代、1930 年代及 1950 年代，与中国降水量变化较为一致。

20 世纪 60 年代末以来的萨赫勒干旱是 20 世纪著名的气候事件，20 世纪 70 年代之前的多雨及 70 年代的少雨是亚非季风区气候变化的一个重要特征，并且不仅限于萨赫勒地区，甚至中国华北也有反映。虽然各个地区有本区的特点，但是 20 世纪前 70 年降水偏多、后 30 年降水偏少的总趋势则是一致的。

图 3.22 给出亚非季风区四个地区的降水量序列，其中前三个曲线取自 IPCC 报告（Trenberth et al.，2007），第四个曲线取自 W71 序列。从 1950 年代末到 21 世纪初这四个地区降水量减少的趋势是一致的，这说明近半个世纪亚非夏季风普遍减弱。

近年来华北地区降水量的减少可能处于 80 年周期中的干旱阶段（Ding et al.，2007）。这种干旱是夏季风减弱及对流层东风急流减弱的反映。计算 1951~2003 年的 Palmer 干旱指数，指出 20 世纪末中国干旱面积增加，华北尤为显著（Zou，Zhou，Zhang，2005），也证实了这个观点。

比较 1960 年代~1970 年代及 1980 年代到 1990 年代两段时间中国降水量的变化，后一段时间中国南方雨季增长，而华北雨季缩短，呈南涝北旱形势（Zhao et al.，2009）。高原积雪增加使陆地温度下降，东印度洋及西太平洋 SST 上升，海陆热力对比减少，这也证明夏季风减弱可能是形成南涝北旱的原因。

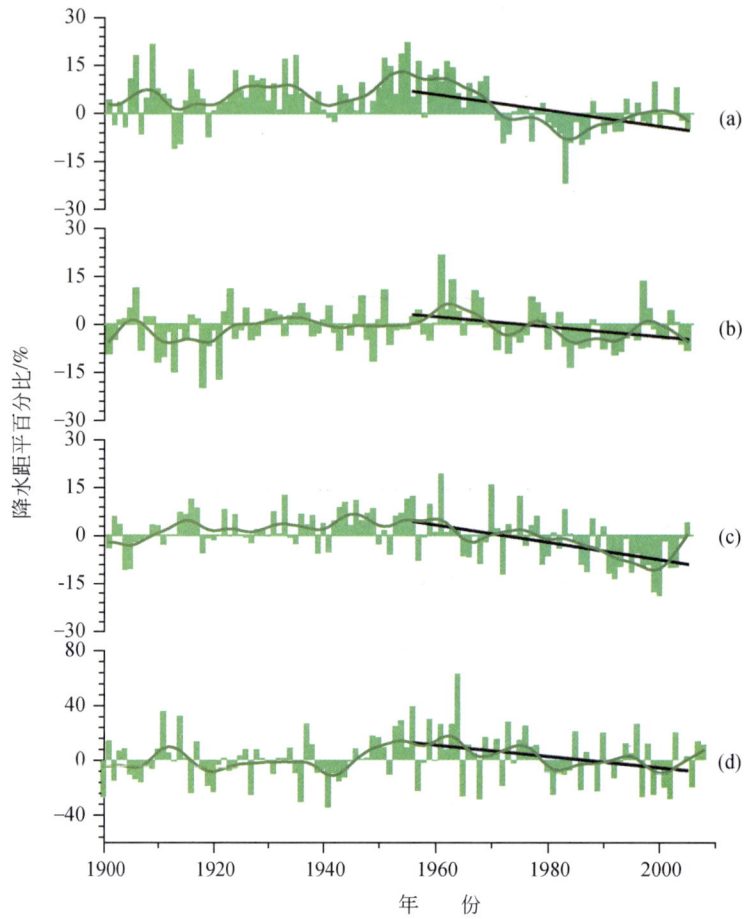

图 3.22　1880～2008 年亚非季风区降水量异常

（a）西非（Trenberth et al.，2007）；（b）东非（Trenberth et al.，2007）；（c）南亚（Trenberth et al.，2007）；

（d）中国华北（W71 序列）（相对于 1971～2000 年）

第四章　现代极端气候事件变化

提　要

本章评估了最近 60 余年仪器观测时期极端天气气候事件频率和强度的趋势变化特征。1951 年以来，全国范围极端强降水事件频率和强度变化趋势不明显，但长江中下游、东南地区和西北地区增多、增强；小雨频率明显减少，偏轻和偏强的降水事件强度有所增加；全国气象干旱面积呈增加趋势，华北和东北地区增加较显著；寒潮、冷夜和冷昼日数、霜冻日数总体显著减少、减弱，偏冷的气候极值减小；暖夜和暖昼日数明显增多，高温热浪和偏热的气候极值没有显著变化；登陆和影响中国的热带气旋、台风频数有所下降，趋势不明显，而其造成的降水总量有较明显减少；全国大雾日数有轻微减少，东部多数地区霾日数明显增加；中国北方地区沙尘暴频率总体呈显著减少趋势。

极端天气气候事件是指发生概率较小的大气现象，主要包括异常高（低）温、异常强降水、干旱以及热带气旋和沙尘暴等可产生严重影响的天气气候过程，这里统称极端气候事件。极端气候事件变化是指在一个较长时期内，极端气候事件频率和强度随时间的趋势性变化。最近几十年极端气候事件变化是各界十分关注的科学问题，也是全球及区域气候变化检测、预估和影响研究的重要内容。

本章涉及的极端气候事件包括：与降水相关的极端气候事件，如暴雨日数、极端强降水量和降水强度、气象干旱面积等；与气温相关的极端气候事件，如高温日数、暖（冷）昼（夜）日数、平均和极端最高（低）气温等；热带气旋和台风，包括其生成数量、登陆数量、产生的降水总量和最大风速等；与能见度相关的极端气候事件，如沙尘天气频率、大雾日数、霾日数等。对于局地性极端气候事件，例如龙卷风、飑线、雷暴发生频率等，因相关研究较少，这里没有涉及。

4.1　极端降水事件

4.1.1　降水极值

降水极值如 1 日（24 小时）最大降水量或连续 3 日、5 日最大降水量等，对于洪涝灾害形成具有重要意义。但是，中国关于降水极值变化方面的研究还比较少。

最近分析表明，1956～2008 年中国大陆地区平均 1 日最大降水量没有明显的线性趋势，但存在较显著的年代际变化（图 4.1）。从 20 世纪 50 年代中到 70 年代后期，24 小时最大降水量有减少现象，70 年代为各代中最少；而从 70 年代后期（特别是从 80 年代中开始）到 1998 年，1 日最大降水量有明显的上升趋势。20 世纪 90 年代平均值为 1961 年以来最大（陈峪等，2010）。

因此，全国平均每年 1 日最大降水量的变化与年总降水量变化一样，对于所选取的分析时段比较敏感，采用不同的分析时间起始点会得到不同的结果。从 20 世纪 50 年代或 60 年代初到现在，全国平均每年 1 日最大降水量没有明显趋势变化。

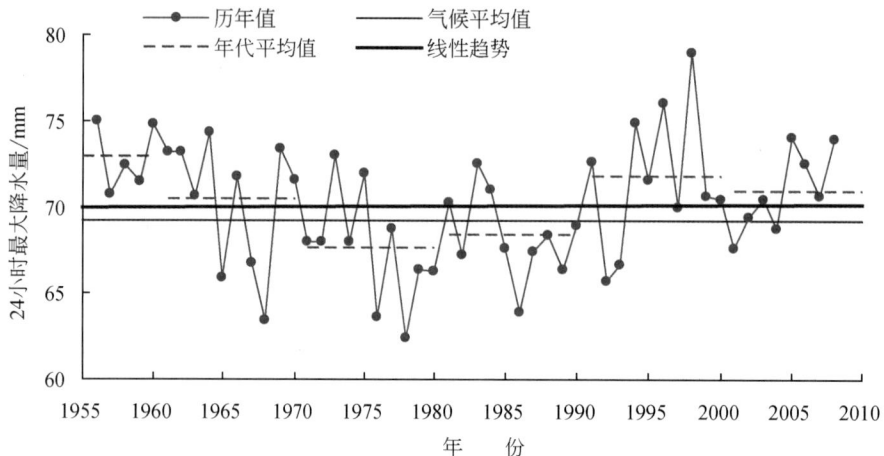

图 4.1　中国 1956～2008 年期间 1 日最大降水量变化

平均值（水平直线）：1971～2000 年平均；年代平均值（水平虚线）：20 世纪 50 年代后期为
1956～1960 年平均、21 世纪以来为 2001～2008 年平均，其余为 10 年平均（陈峪等，2010）

水利部组织的全国流域综合规划修编相关研究专题成果表明，在 1956～2007 年期间，参与统计的全国所有 752 个台站中，1 日暴雨平均降水量表现为增加和减少的台站数量分别占 49.8％和 50.2％，但明显增加和明显减少的台站数量则分别为 22.9％和 17.7％，即 1 日暴雨平均降水量表现为明显增加的台站数量比明显减少的台站略多；3 日暴雨平均降水量表现为增加和减少的台站数量分别占 47.3％和 52.7％，减少的台站比增加的台站数略多，明显增加和明显减少的台站数量分别为 21.1％和 20.0％，没有明显差异。分析还发现，1 日暴雨最大降水量表现为增加和减少的台站数量分别占 59.6％和 40.4％，明显增加和明显减少的台站数量则分别为 45.1％和 27.8％，差异均较显著，南方地区差异更为明显；3 日暴雨最大降水量表现为增加和减少的台站数量分别占 57.4％和 42.6％，明显增加和明显减少的台站数量分别为 42.2％和 28.9％，同样差异比较显著，南方地区差异最大[①]。

因此，尽管全国平均每年 1 日最大降水量序列没有表现明显趋势变化，但 1 日和 3 日暴雨最大降水量表现为增加的区域比减少的区域范围似乎要大。造成这种变化的原因可能主要是南方多数地点强降水增加的结果，但北方地区 1 日暴雨最大降水量表现为增加的范围也扩大。这一结果在多大程度上与观测资料的偏差有关，又在多大程度上是大尺度气候变化的结果，尚待今后深入研究。

4.1.2　极端降水事件

中国学者利用各种绝对和相对阈值标准定义极端降水事件，分析了近 60 年全国极端降

---

① 南京水科学研究院 . 2009. 气候变化对中国水资源及洪涝干旱极端事件影响的研究 . 南京，110

水事件频率和强度的变化（Zhai et al.，2005；翟盘茂和周琴芳，1999；翟盘茂，王志伟，邹旭恺，2007；闵屾，钱永甫，2008；邹用昌等，2009）。这些研究一般认为，中国极端强降水变化具有明显的区域差异，一些地区如长江中下游和东南沿海地区表现出明显增多、增强趋势，但从全国平均来看趋势变化不显著。

最近更新的分析指出，1956～2008 年有暴雨出现地区的年平均暴雨日数为 2.1 天，1998 年暴雨日数最多，1978 年最少，但整个分析时期全国平均暴雨日数呈现不显著的增多趋势（图 4.2）。从空间上看，淮河以南地区年暴雨日数大多呈增加趋势，淮河以北地区则以减少趋势为主（陈峪等，2010）（图 4.3）。

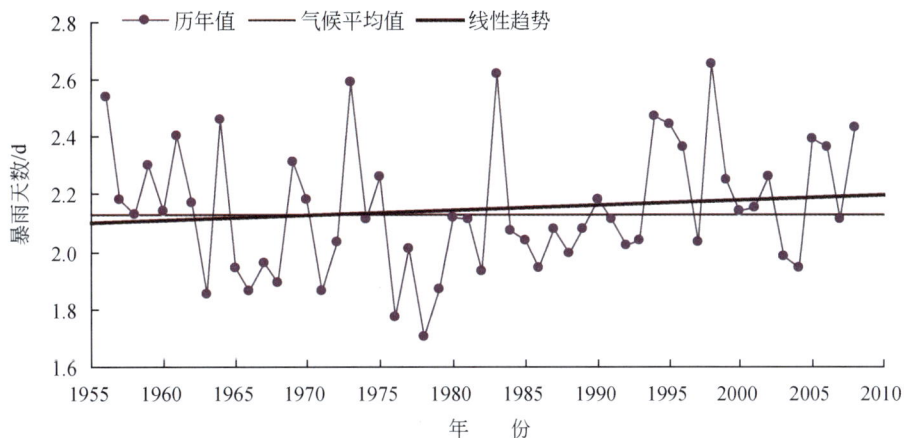

图 4.2　1956～2008 年中国平均暴雨日数变化（陈峪等，2010）

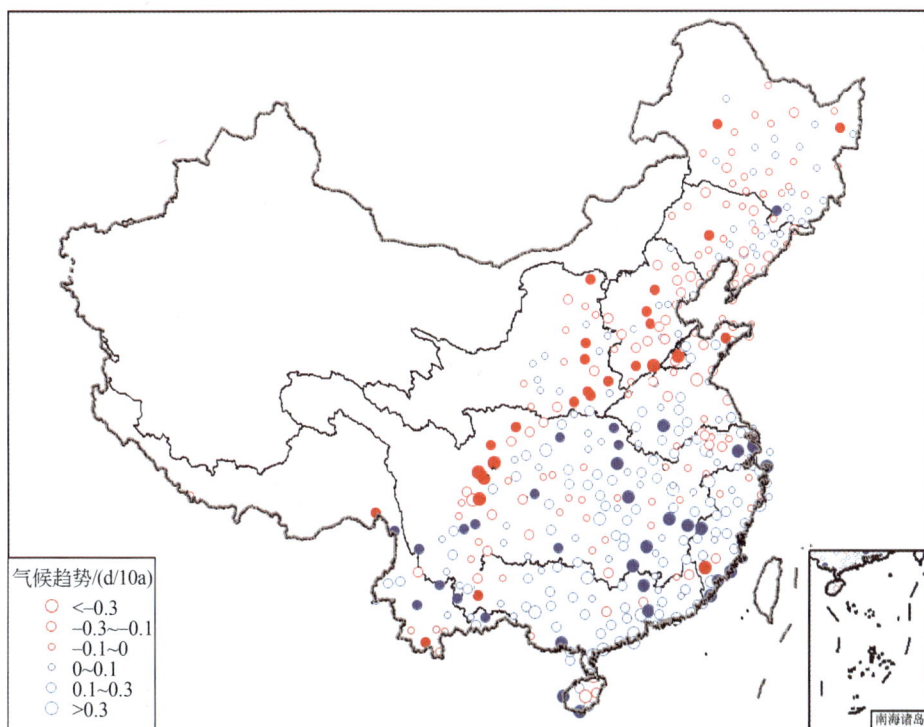

图 4.3　1956～2008 年中国年暴雨日数变化趋势分布（陈峪等，2010）
站点圆圈大小代表气候趋势大小，蓝色为增加，红色为减少，实心代表趋势通过 0.10 显著性水平检验

在 1956～2008 年，南、北方各大河流流域暴雨日数变化趋势差异明显。除西南诸河流域外，南方流域（淮河、长江、珠江、东南诸河）暴雨日数均呈上升趋势；北方外流河流域（松花江、辽河、海河、黄河）暴雨日数则均呈减少趋势。珠江流域年暴雨日数上升趋势显著，升幅约为 0.2d/10a；西南诸河、海河、黄河流域减少趋势显著（表 4.1），海河流域年暴雨日数减幅为 0.1d/10a。同期大雨以上量级降水日数有相似的变化特征，只是淮河流域亦呈减少趋势；除海河流域大雨以上量级降水日数显著减少外，其他流域变化趋势都不显著（翟盘茂，王志伟，邹旭恺，2007；陈峪等，2010）。

表 4.1　中国九大河流流域平均年暴雨日数趋势（1956～2008 年）（陈峪等，2010）

流域	松花江	辽河	海河	黄河	淮河	长江	东南诸河	珠江	西南诸河
趋势系数	−0.139	−0.138	−0.301*	−0.333*	0.046	0.131	0.212	0.269*	−0.270*
气候趋势（d/10a）	−0.02	−0.05	−0.11	−0.04	0.02	0.05	0.14	0.18	−0.04

* 表示通过 0.05 显著性水平检验。

对于季节极端降水变化的研究表明，20 世纪 60 年代初以来，西部地区四季的极端降水事件频数呈现出显著的增加趋势；江淮和华南地区秋季极端降水事件频数减少，而其他季节均表现为增加；华北和东北地区冬季极端降水事件频数增加，其他季节增减参半（闵屾等，2008；杨金虎等，2008）。此外，极端降水量与降水总量的比值在全国多数地区有所增加，说明降水量存在向极端化方向发展的趋势（翟盘茂，王志伟，邹旭恺，2007；闵屾等，2008；杨金虎等，2008）。

研究发现，除西部地区外中国大部地区降水日数有显著的减少。由于降水日数减少，多数地区降水强度有所增加；在长江中下游和华南沿海地区，年降水量的增加主要是由降水强度增加造成的，而北方地区年降水量的减少主要是由于降水日数的显著减少（Zhai et al.，2005）。北方地区明显的干旱化进程中伴随着小雨事件的显著减少，按连续无雨天数定义的干燥事件频数增多。中国西部地区年降水量的增加是降水频率和平均降水强度共同增加的结果（Yan，Yang，2000；龚道溢，韩晖，2004）。全国多数地区降水日数的减少在秋季更为明显（王大钧，陈列，丁玉国，2006）。

针对各个地区的研究一般支持上述分析结论。例如，对华北地区近 45 年来极端降水变化的分析表明，平均年最大日降水量呈下降趋势，降水日数明显减少，但强降水日数和暴雨日数下降趋势不明显，降水日数的减少主要是中、小雨（雪）日数减少造成的。华北中部强降水日数和暴雨日数在降水日数中的比重相对增大，强降水量和暴雨降水量在总降水量中的比重也有所增加。这种相对增加趋势主要发生在 20 世纪 90 年代中期以后（张爱英，高霞，任国玉，2008）。1951～2002 年东北地区年雨日减少趋势非常明显，雨日的减少主要为小雨日数减少引起，年降水强度表现为明显的增强趋势，主要体现为小雨和暴雨强度增强（孙凤华，杨素英，任国玉，2007）。西北的宁夏地区 45 年来年降水量以平均 3.6mm/10a 的速率减少，夏、秋季小雨日明显减少，大雨以上降水日数明显增加，降水频率分布呈现向高强度降水增加的变化趋势（陈晓光等，2008）。1961～2004 年湖南省极端强降水量和日数呈增加趋势，年平均极端强降水量与日数 1994～2004 年比 1961～1993 年分别增加 126.4mm 和 2.05 天，但极端强降水年平均强度趋势不明显（罗伯良，张超，林浩，2008）。

如果采用降水量序列某一百分位值（如 95% 或 90%）作为极端强降水事件的标准，则

20世纪50年代到90年代末中国地区年极端强降水日数的趋势变化空间特征与年降水量和暴雨日数变化基本相似（翟盘茂，王志伟，邹旭恺，2007；Zhai et al.，2005；邹用昌等，2009）。东北东部、华北和四川盆地的极端强降水日数和降水量出现了减少趋势，华北和四川盆地部分地区减少趋势显著。西部的大部地区、长江中下游地区和华南部分地区极端强降水日数和降水量有增加趋势，其中长江中下游地区、西南部分地区和华南沿海部分地区增加趋势显著。夏半年极端强降水事件频率变化趋势的空间特征与年值相似。冬半年南方地区有更多的站点极端强降水日数有显著的增加趋势。

在长江流域，尽管中下游地区年极端强降水量呈现显著的增加趋势，上游地区年极端强降水量却有微弱下降（苏布达等，2006）。长江中下游流域极端强降水量的增加主要发生在鄱阳湖、洞庭湖及干流以南等区域，上游地区的下降在嘉陵江水系和岷、沱江水系较显著（杨宏青等，2005；苏布达等，2006）。

有研究分析了连阴雨日数和累积降水量的变化，发现过去50年华北地区年连阴雨日数呈减少趋势，西部部分地区则有弱的增加趋势；年连阴雨过程的累积降水量在华北、东北东部和西南东部都有显著的减少趋势，而长江干流以南大部地区有增加趋势；在中国西部地区，除青藏高原南部外，大部地区年连阴雨累积降水量没有明显的变化趋势（Bai et al.，2006）。

4.1.3　干　　旱

干旱是影响严重的气象灾害之一。在气候变化背景下，全国和各个区域气象干旱发生的频率、强度和持续时间是否出现了变化，是很值得关注的问题。

最近的研究采用606个地面站1951～2008年的逐日降水量和平均气温资料，以及《气象干旱等级》国家标准（张强等，2006）中推荐的综合气象干旱指数（CI），分析了近60余年中国的气象干旱时空分布特征（邹旭恺，张强，任国玉，2010）。这项研究与早期利用其他方法研究所获得的结果（翟盘茂，王志伟，邹旭恺，2007；马柱国，任小波，2007）相似。

在近半个多世纪中，中国气象干旱较重的时期主要出现在20世纪60年代、70年代后期至80年代前期、80年代中后期以及90年代后期至21世纪初。其中最为严重的气象干旱出现在1999年，相对面积比率达到31.5%。就整体而言，全国气象干旱面积百分率在近60余年中有较明显增加趋势，趋势值为0.66%/10a（表4.2）。

表4.2　1951～2008年中国全国及十大江河流域平均气象干旱面积
百分率变化（%/10a）（邹旭恺，张强，任国玉，2010）

地区	变化趋势/（%/10a）
松花江流域	1.91*
辽河流域	2.61*
海河流域	3.24*
黄河流域	0.72
淮河流域	1.22
长江流域	0.38
东南诸河流域	0.63

续表

地区	变化趋势/（%/10a）
珠江流域	0.68
西南诸河流域	−1.25*
西北诸河流域	0.15
全国	0.66*

* 表示通过 0.05 显著性水平检验。

从各流域气象干旱面积的长期变化看，北方江河流域大多表现出增加的趋势，其中松花江流域、辽河流域、海河流域气象干旱面积的增加趋势达到显著，海河流域干旱化趋势最为突出，辽河流域、海河流域、黄河流域在 20 世纪 90 年代中后期至 21 世纪前期连续数年出现大范围气象干旱，为历史罕见。南方大多数的江河流域气象干旱面积的变化趋势不明显，只有西南诸河流域有显著的减少趋势。

从 1951 年以来最长气象干旱过程出现年代看，在松花江流域、辽河流域、海河流域、淮河流域北部、黄河流域东部和南部、长江流域中西部、珠江流域北部等地持续时间最长的气象干旱事件多发生在 1980 年以后的 20 多年中。

图 4.4 表示 1980～2008 年和 1951～1979 年年平均气象干旱日数之差。在近 28 年中，辽河流域、海河流域、淮河流域北部、黄河流域和珠江流域大部分台站气象干旱发生频率比前 28 年更高，西南诸河流域多数台站气象干旱发生频率减少。在 60 余年内，气象干旱持续时间长的几个中心分别位于辽河流域西部、黄河流域东部、海河流域、西南诸河流域东南部等地，最长持续时间一般在 4 个月以上。

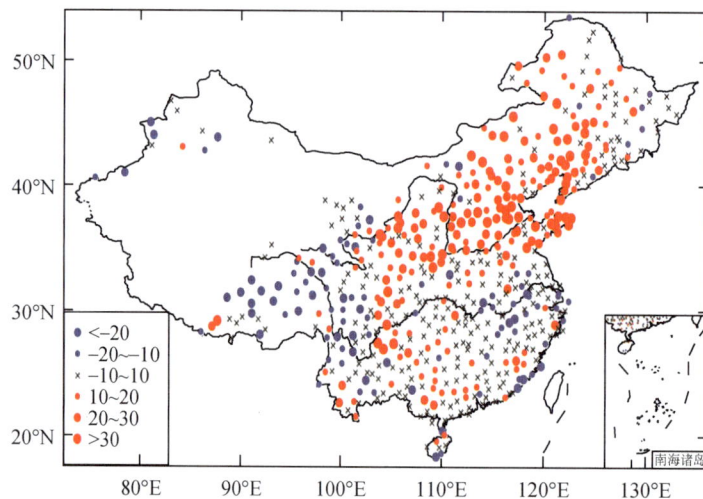

图 4.4　1980～2008 年和 1951～1979 年年平均干旱日数之差（单位：天）（邹旭恺，张强，任国玉，2010）

4.2　极端气温事件

4.2.1　气温极值

从最高和最低气温的变化看，全国年平均最高气温在 1951～2008 年中有较明显的增加，且气温升高主要发生在最近的 10 余年（王翠花，李雄，缪启龙，2003；唐红玉，翟盘茂，王振宇，2005）。平均最高气温北方增加明显，南方大部分台站变化不明显；增加最多的地区包括东北北部、华北北部和西北北部，青藏高原的增加也很明显［图 4.5（a）］（唐红玉，翟盘茂，王振宇，2005；Yan，Yang，2000）。就季节平均最高气温来看，冬季的增加最为明显，对年平均最高气温的上升贡献最大；夏季平均最高气温增加最弱。

年平均最低气温在全国范围内表现出较为一致的显著增加趋势［图 4.5（b）］。全国年平均最低气温上升趋势远较年平均最高气温变化明显，上升速率达到 0.29℃/10a。北方地区上升更显著，且上升速率有随纬度增加趋势（唐红玉，翟盘茂，王振宇，2005）。与年平均气温变化趋势相似，年平均最低气温增加最明显的地区是东北、华北、西北北部和青藏高原东北部等地区。各季节平均最低气温均呈增加趋势，冬季增加最明显，对年平均最低气温的上升贡献最大。

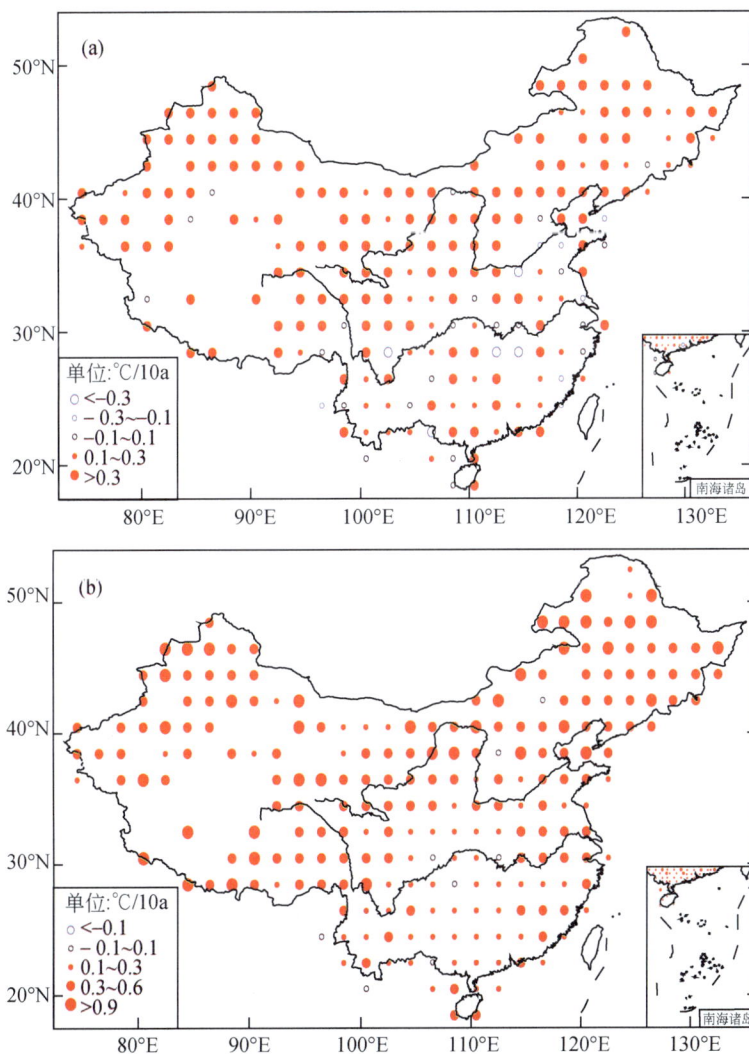

图 4.5　1951～2008 年全国年平均最高气温（a）、平均最低气温（b）线性变化趋势
［据唐红玉，翟盘茂，王振宇（2005）更新］

最高和最低气温的变化在各个区域内部存在一定差异。例如，西北地区东部夏季平均最高气温有下降趋势，中部除冬季外所有季节平均最高气温都显著下降，北部冬季最高气温上升；季节平均最低气温在西北东部一般上升，但夏季下降（马晓波，1999）。南方地区的长江中下游夏季平均气温下降明显，主要与最高气温明显下降有关（任国玉，初子莹，周雅清，2005a；苏布达等，2006）。在北方地区，黄河下游区域年、春季和夏季平均最高气温均出现较明显的下降趋势（张宁，孙照勃，曾刚，2007）。

因此，中国平均最高气温和平均最低气温都是以冬季的增暖最为明显。无论是年还是季节，平均最低气温的增幅都明显大于平均最高气温，出现昼、夜气温的非对称性变化（Zhai Ren, Zhang, 1999；王绍武等，2005；任国玉，郭军，徐志铭，2005；唐红玉，翟盘茂，王振宇，2005；钱维宏等，2007）。在过去的半个多世纪，年平均最低气温明显升高的年份也早于最高气温，后者主要在20世纪80年代中期以后表现出明显的增暖（王菱，谢贤群，苏文等，2004；任国玉，郭军，徐志铭，2005；钱维宏等，2007）。

由于平均最低气温增加一般比平均最高气温快，中国年平均气温日较差呈总体下降趋势。下降幅度较大的地区主要在东北、华北东北部、新疆北部和青藏高原。全国各季平均气温日较差均呈下降趋势，但冬季的下降趋势最为明显（Zhai, Ren, Zhang, 1999；唐红玉，翟盘茂，王振宇，2005）。由于冬季平均最低气温上升比夏季平均最高气温上升快，全国多数地区气温极值的年内变化趋向和缓。

4.2.2　高温、热浪

在中国东部，日最高气温高于某一界限值的高温日数一般减少。如果把日最高气温超过35℃可以作为一个高温日，则自20世纪50年代到90年代，全国平均高温日数有弱的减少趋势，但到2008年则有一定增加趋势（Zhai, Pan, 2003；章大全，钱忠华，2008；任国玉等，2010）。在不同地区，高温日数的变化趋势不同，长江中下游和华南地区有比较显著的减少，中国西部的部分地区则有增加（Zhai, Pan, 2003）。

1957～2001年中国极端高温事件和极端低温事件的变化趋势特征研究表明，年均极端高温的次数趋于上升，而年均极端低温的次数有所减少，这与高温日数变化的分析结果不完全一致（章大全，钱忠华，2008）。在空间分布上，除西南地区部分站点外，大部分地区极端低温事件的年均发生次数趋于减少，而极端高温事件发生频率的变化则呈现出东南沿海地区减少、西北内陆地区增加的分布特点（章大全，钱忠华，2008）

一些研究分析了区域平均暖昼（夜）日数的变化趋势（例如，Zhai, Pan, 2003；向旬等，2008；Choi, et al.，2009）。就整体而言，中国暖昼和暖夜日数在20世纪80年代中期以前变化趋势不明显，其后则表现出显著的增加趋势（图4.6）。从空间分布上看，近60余年，中国北方大部、西部地区和东南沿海地区暖昼天数有增加趋势，而长江中下游和华南等地则有减少趋势（Zhai, Pan, 2003）。

全国平均每年暖夜日数在近60余年存在着显著的增加趋势，趋势值为3d/10a。20世纪80年代中期以前，全国平均年暖夜日数有10～20d，80年代中期以后则增长到20～40d。在大部地区，暖夜日数都表现出增长趋势，增长最显著的地区出现在西南地区。

与气温相关的极端气候事件频率和强度趋势变化研究结果还存在一些不确定性。主要的不确定性来自于城市化对地面气温观测记录的影响（Ren et al.，2008；Choi et al.，2009）。

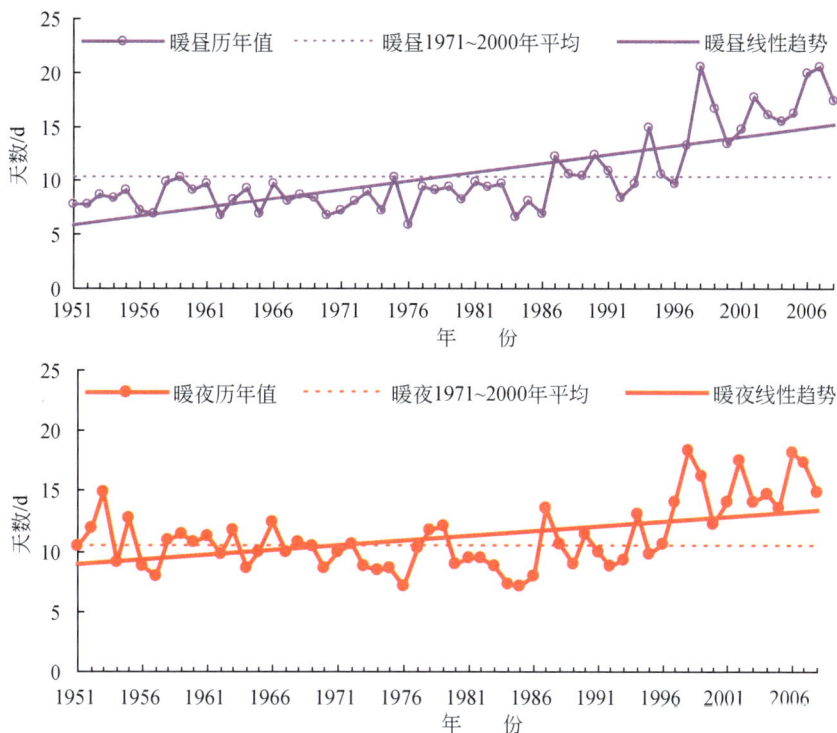

图 4.6　1951～2008 年全国平均历年暖昼（上）、暖夜（下）日数的变化［据 Zhai，Pan（2003）更新］

在华北地区，城市化引起的增暖对于国家级气象台站年平均地面气温上升趋势的贡献达到39％，对于年和季节平均最低气温变化趋势的相对影响更大（周雅清，任国玉，2009）。因此，与夜间气温有关的极端气候事件频率和强度变化趋势还需要深入研究。

4.2.3　低温、寒潮与霜冻

在中国绝大多数地区，霜冻日数有显著的减少趋势，20 世纪 90 年代的平均年霜冻日数大约比 60 年代减少 10d（Zhai，Pan，2003）。

全国平均的冷昼日数在近 60 余年有弱的减少趋势，特别是 20 世纪 80 年代中期以后较为显著。空间分布上，北方地区冷昼日数显著减少，而南方地区则有弱的增加趋势（Zhai，Pan，2003）。全国平均每年冷夜日数有明显减少趋势，特别是 20 世纪 70 年代中期以后表现更为明显。在中国大部分地区，冷夜日数均显著减少，北方地区的减少趋势大于南方地区。

比较全国平均每年暖昼（夜）和冷夜（昼）日数变化可以发现，最近 60 余年全国范围暖夜日数上升和冷夜日数下降均比暖昼日数增加和冷昼日数减少显著，表现出昼夜气温的非对称性趋势变化特点（Zhai，Pan，2003；Choi et al.，2009）。

在中国大部分地区，不仅气温日较差出现了显著的减小趋势，气温年较差也呈现出显著的下降，北方地区的下降幅度普遍比南方地区大，大致为 −0.86～−0.94℃/10a（华丽娟，马柱国，罗德海，2004；唐红玉，翟盘茂，王振宇，2005）。

与平均最低气温变化相关的是，极端低温天气过程频率也出现显著变化。自 1950 年代开始，全国大范围的寒潮活动逐渐减弱，尤其是在 80 年代和 90 年代，寒潮影响尤其微弱。大部分地区的夏季低温日数也趋于减少。日最低气温小于 0℃ 的霜冻日数减少更显著，下降速率约为 2.4d/10a。霜冻日数减少最快的时期是 80 年代中期以后（丁一汇，任国玉，2008）。

因此，在最近的 60 余年间，与日最高气温相关的极端气候事件强度和频率一般呈现稳定态势或微弱上升趋势，而与日最低气温相关的极端气候事件强度和频率则明显减弱、减少，昼夜极端气温值和极端气温事件频率呈现出明显的非对称性变化趋势。全国范围内的地面气温具有趋向温和与更少极端的变化特征。

4.3 热带气旋和台风

4.3.1 登陆热带气旋

根据中国气象局整编的《台风年鉴》和《热带气旋年鉴》资料，一些研究对生成于西北太平洋和登陆热带气旋（台风）频率变化进行了分析。研究发现，在 1970～2001 年，每年生成和登陆的热带气旋数量均趋于减少。1995～2001 年期间热带气旋生成数低于多年平均值，1998 年达到最小值（李英，陈联寿，张胜军，2004）。

图 4.7 给出了 1949～2008 年西北太平洋生成的热带气旋频数距平变化曲线。20 世纪 60 年代和 70 年代初，西北太平洋生成的热带气旋频数较高，70 年代初以来频数持续下降，90 年代中期以来尤其偏少。同期登陆中国的热带气旋和台风频数经历了大致相似的变化，但 20 世纪 90 年代末以来表现出更明显的回升趋势（曹祥村等，2007）。

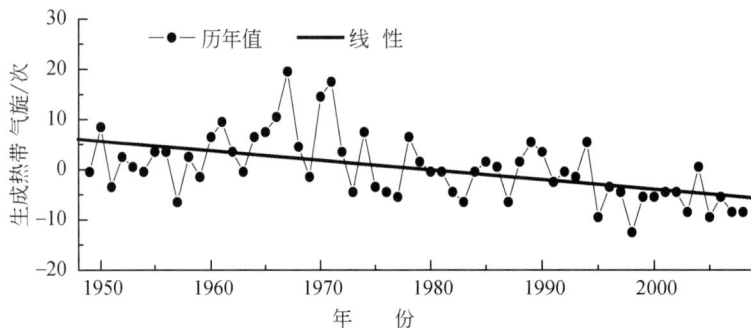

图 4.7 1949～2008 年西北太平洋生成热带气旋逐年频数距平曲线［据曹祥村等（2007）更新］

热带气旋登陆前后的强度变化也是一个长期受到关注的问题。西北太平洋热带气旋在 20 世纪 60 年代中后期强度较小，进入 20 世纪 70 和 80 年代后有所增大（余晖，费亮，端义宏，2002）。从 1951～2004 年登陆中国的强台风和超强台风频数看，一般呈显著减少趋势。最大登陆热带气旋强度出现在 20 世纪 50～70 年代，近几年处于偏弱阶段，整个时期平均登陆强度没有明显变化。登陆热带气旋的破坏潜力存在明显的年代际变化，20 世纪 50～70 年代初明显偏大。登陆热带气旋平均强度的减弱和较强热带气旋登陆频次的减少是破坏潜力减弱的主要原因（纪忠萍等，2007；任福民等，2008）。1960～2002 年南海中北部热带气旋强度多数呈减弱趋势（孔宁谦，陈润珍，蔡敏，2007）。

热带气旋生成和登陆频数与赤道中东太平洋海表温度呈显著负相关、与西北太平洋暖池海表温度呈显著正相关。厄尔尼诺（El Nino）年影响中国的热带气旋频数较少，但强度较大；拉尼娜（La Nina）年则相反（林惠娟，张耀存，2004；李春晖，2007）。当太平洋十年涛动（Pacific Decadal Oscillation，PDO）位于冷位相和处于拉尼娜年时，影响中国的台风偏多；反之亦然（王咏梅等，2007）。此外，当西太平洋暖池处于热状态时，生成热带气旋的位置偏向于靠近大陆的西北侧，且以西行路径为主，对中国的影响较为频繁；而当西太平洋暖池处于冷状态时，生成于西北太平洋东南侧的台风较为频繁，西北向移动至日本东南侧，易发生东北的转向（Baik，Paek，1998；Chan，Duan，Shay，1998；陈光华，黄荣辉，2006）。此外，大气环流变异对热带气旋的形成和发展也有显著的影响（Wang，Chan，2002；Chia，Ropelewski，2002；张艳霞，钱永甫，王谦谦，2004；Camargo，Sobel，2005；王会军，范可，2007）。

4.3.2 热带气旋降水

热带气旋是最强的暴雨天气系统之一。在热带气旋或台风经过的地区，一般能产生150mm～300mm的降雨量。一些研究估算分析了热带气旋引起的全国每年降水量变化（Ren，Wang，Wang，2007；林小红等，2008；王咏梅等，2007）。图4.8表示1957～2008年台风导致的中国夏季降水量变化。在受到台风影响的区域，台风产生的中国地区降水总量表现出显著下降趋势，东北地区南部这种趋势尤为显著（Ren，Byron，David，2002）。这与同期登陆热带气旋数量总体减少的趋势是一致的。

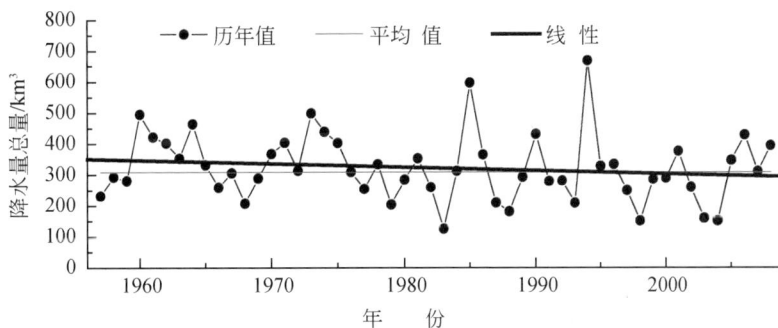

图4.8 1957～2008年台风引起的中国大陆地区年降水总量变化［据 Ren，Byron，David（2002）更新］

4.4 低能见度事件

由于经济迅速发展和污染物排放的增加，中国东部多数地区大气能见度不断下降。例如，北京地区平均大气能见度在1970～1979年10年内降低了6～10km（苏维瀚等，1986）；1954～2004年，珠江三角洲地区城市能见度呈显著下降趋势（王淑英，张小玲，徐晓峰，2003）。中国大气能见度的下降始于20世纪70年代初，并在经济高速发展的80～90年代初进一步恶化，90年代中期之后虽有减缓，但其总体下降趋势仍未逆转。个别地区大气能见度呈增加趋势，20世纪90年代明显好于80年代（赵庆云，张武，王式功，2003）。

低能见度事件主要由大雾、霾和沙尘暴等天气气候事件造成。广义的低能见度现象还可包括雨雪天气，但不在本报告讨论。

4.4.1 大 雾

总体上看，自 20 世纪 60 年代初以来，中国年平均雾日数存在下降趋势。1976 年之前中国年平均雾日在波动中增加，1980 年之后下降趋势明显，特别是 1990 年之后下降趋势更为显著。1961～2003 年的 43 年中全国平均雾日数减少了 2 天（王丽萍，陈少勇，董安祥，2006）。

大雾（浓雾）是指水平能见度低于 200m 的雾天气现象。1951～2001 年大部地区年大雾日数变化不明显或呈减少趋势，西部和北部的部分地区呈减少的趋势；年大雾日数呈增加趋势的地区主要包括华北平原南部、黄河下游至长江中下游的大部分地区以及四川东部、云南东部、西藏西部（刘小宁等，2005；吴滨等，2007；曹治强，吴兑，吴晓京，2008）。

对代表性地区雾日变化所进行的案例分析一般支持上述结论（安月改，2004；徐会明等，2004）。例如，1954～2000 年京、津、冀区域大雾日数总体为增加趋势，1976 年以前基本低于多年平均值，1976 年之后绝大多数年份雾日数高于平均值，整个分析时期线性增加趋势为 1.0d/10a（安月改，2004）；但四川盆地 1980～2001 年大雾日数呈下降趋势，1996 年以后下降明显（徐会明等，2004）。这种不一致可能主要与分析的时段不同有关。

对雾或大雾频率变化的原因，一般认为主要和城市区域空气中颗粒物排放变化有关（赵习方等，2001；刘小宁等，2005；曹治强，吴兑，吴晓京，2008），城市及乡村土地利用和土地覆盖变化可能也是重要影响因子（刘小宁等，2005；石春娥等，2008）。

4.4.2 霾

霾是大量极细微的干尘粒等均匀地浮游在空中，使水平能见度小于 10km 的空气普遍浑浊现象。近几十年来，人类活动向大气中释放了大量的一次性和经过二次转化后的气溶胶粒子，导致区域性的霾天气日趋严重。因此，当今的霾已经不是一种完全的自然现象（张小曳，周凌晞，丁国安，2006）。中国许多地区大气能见度的下降在很大程度上反映了霾天气的分布、变化和严重的程度。

霾 的 影 响

由于霾中的大气气溶胶大部分均可被人体吸入，霾天气极容易引发呼吸道疾病，包括上呼吸道感染、慢性支气管炎、肺气肿等。霾天气还影响心理健康，令人们感到压抑、窒闷，情绪低落，烦躁不安，人活动的主动性也会大大降低，容易出现全身疲乏无力等症状。由于太阳中的紫外线是人体合成维生素 D 的唯一途径，霾会造成紫外线辐射减弱，直接导致小儿佝偻病高发。此外，霾天气条件下，室外大气能见度低，对交通安全带来一定影响，容易造成交通阻塞和交通事故。霾中的气溶胶会严重扰乱地球的水汽蒸发和降水循环。通过干扰太阳对羟自由基的分解，霾会减少降雨量，对农作物产量造成影响。

---

20 世纪 50 年代末以来，东部年平均能见度明显下降，西部能见度下降的幅度和速率也较

明显，显示出以能见度下降为表征的区域霾问题日趋严重，且在东部城市和人口密集区域表现更为突出（刘爱军，杜光东，王惠英，2004；张小曳，周凌晞，丁国安，2006）（图4.9）。

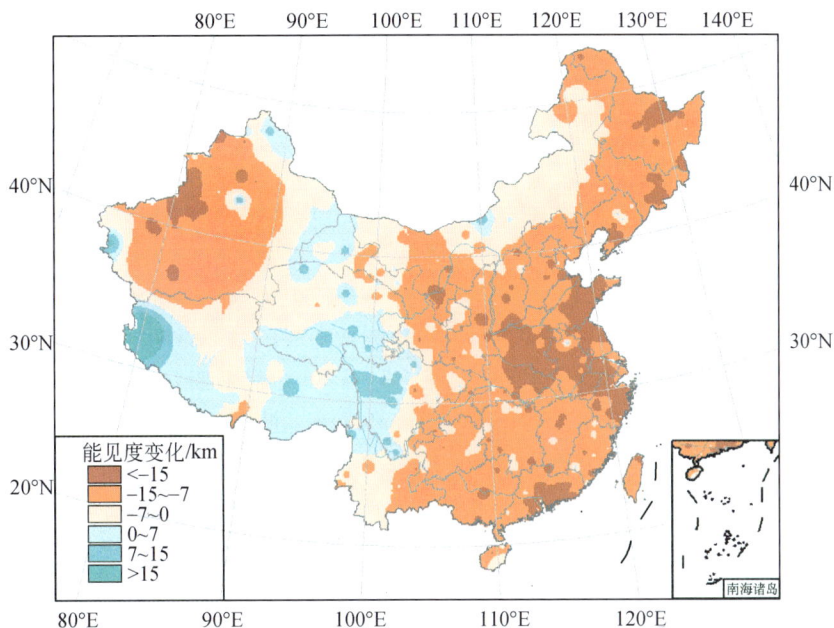

图4.9 2001～2005年年霾日平均能见度相对于1961～1965年间的变化（张小曳，周凌晞，丁国安，2006）

目前许多城市都有霾现象发生。从大的区域范围看，全国存在着4个明显的霾区：黄淮海地区、长江中下游、四川盆地和珠江三角洲。由于中国疆域宽广，观测站网有限，还存在大量未观测区域，因此，实际发生霾的地区比有记录的要多得多（张保安，钱公望，2007）。

1961～2005年全国平均年霾日数呈现明显的增加趋势，增长率为1.19d/10a（图4.10）。从年代际变化来看，20世纪60年代年平均霾日数2.2天为最少，70年代（5.0天）、80年代（5.2天）、90年代（5.6天）及21世纪初（7.8天）逐年代递增，90年代转为偏多态势，21世纪初达最高值，其中2003～2005年为近45年来霾日最多的3年。东北地区、西北东部、西北西部、西南地区年代际变化形势基本相同，20世纪60、70年代，霾日数大多较常年偏多，70年代最多，进入80年代后，转为偏少，且年代际变化不大；华北地区，以20世纪80年代霾日数最多，45年中经历了先增后减过程；长江中下游地区和华南地区，霾

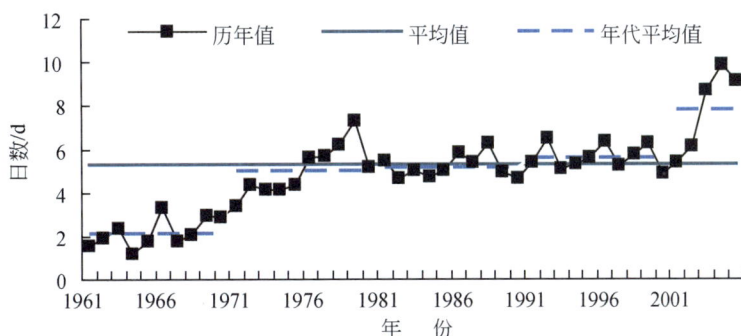

图4.10 1961～2005年中国平均年霾日数变化（高歌，2008）

日均逐年代增加，进入 21 世纪后，年霾日数有大幅度增加；青藏高原呈现逐年递减态势，
60 年代霾日最多，80 年代霾日转为偏少（曹治强，吴兑，吴晓京，2008；周自江，朱燕君，
鞠晓慧，2007）。

4.4.3 沙　尘　暴

沙尘暴是指强风将地面大量沙尘吹起，导致空气浑浊，水平能见度小于 1km 的沙尘天
气现象。近 50 年来中国沙尘暴发生频率和强度整体呈现减少、减弱趋势，但在世纪之交的
几年强度有所增加（周自江等，2003；张莉，任国玉，2003；范一大，史培军，周俊华等，
2005；唐国利，巢清尘，2005；程相坤，蔡冬梅，王式功，2007；王勇，缪启龙，丁园圆，
2008）。从图 4.11 可以看出，全国平均沙尘暴发生频数随时间呈非常明显的下降趋势。与多年
平均值比较，20 世纪 70 年代以前沙尘暴明显偏多，从 80 年代中期开始显著偏少。总体而言，
20 世纪 60～70 年代全国沙尘暴平均发生频次在较高水平上波动，80～90 年代持续减少，2000
年后有小幅回升，但仍明显低于常年水平（周自江等，2003；唐国利，巢清尘，2005）。

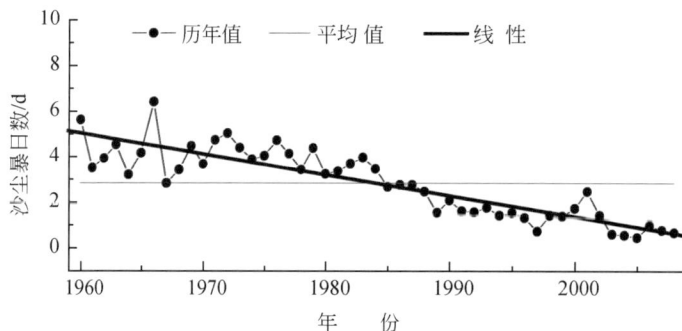

图 4.11　1960～2008 年中国年平均沙尘暴日数变化［据张莉等（2003）更新］

统计分析沙尘暴天气过程频次发现，2000 年以后的几年，亚洲沙尘暴天气过程的发生
频次呈现小幅波动变化特征（张小曳，龚山陵，2006），每年春季平均发生约 14 次亚洲区域
性沙尘暴过程（包括扬沙、沙尘暴和强沙尘暴过程）。2003 年和 2005 年为沙尘暴过程频次
明显偏少的年份。

另外，对于若干地区雷暴等局地强对流天气事件发生频率变化的研究也有一些报道。对
于雷暴日数变化的研究多集中在东部小区域范围内或大城市附近，而且使用了不同的分析时
段和方法，但个例分析结果均表明，雷暴发生频率有较明显减少趋势（任国玉，封国林，严
中伟，2010）。其中，1961～2002 年陕西省关中地区（蔡新玲等，2004）、1961～2001 年长
江三峡库区及其周边地区（叶殿秀，张强，邹旭恺，2005）、1957～2004 年广东省（易燕明
等，2006）、1959～2000 年成都地区（段炼，陈章，2006）、1966～2005 年山东省（高留喜
等，2007）等区域年雷暴发生频率均呈现比较明显的下降。

4.5　极端气候事件的综合评估

综合以上评估结果，最近 60 余年中国各主要类型极端气候事件频率和强度变化十分复

杂，不同区域不同类型极端气候事件变化特点表现出明显差异（表4.3）。

表4.3 20世纪50年代以来全国主要类型极端气候事件变化

极端事件	研究时段	观测的变化趋势	结论的可信性
暴雨或极端强降水	1951～2008 年	全国趋势不显著，但东南和西北增多，华北和东北减少。暴雨或极端强降水事件强度在多数地区增加。	高
暴雨极值	1956～2008 年	1 日和连续 3 日最大降水量趋势变化不显著，但暴雨最大降水量表现为增加的地区比减少的地区范围要大。	中等
干旱面积、强度	1951～2008 年	全国平均气象干旱指数和干旱面积百分比有上升趋势，华北、东北南部上升更明显，南方和西部则略有下降。	高
冷夜和冷昼、寒潮、低温频次	1951～2008 年	全国大范围地区减少、减弱，北方地区尤其明显。	很高
暖昼、高温和热浪频次	1951～2008 年	全国趋势变化不显著，但华北地区增多，长江中下游地区减少。	高
热带气旋、台风	1954～2008 年	登陆中国的热带气旋或台风数量明显减少，每年台风造成的降水量和影响范围也明显减少。	高
大雾	1951～2008 年	东部大部分地区减少。	高
霾	1961～2008 年	全国范围增加，东部地区增加明显。	很高
沙尘暴	1954～2008 年	全国范围明显减少，1998 年以后有微弱增多，但与 20 世纪 80 年代以前比较仍显著偏少。	很高
雷暴	1961～2008 年	在所研究的东部几个区域均呈较明显减少。	很高

注：对评估结论可信度的描述采用 IPCC 第四次评估报告第二工作组的规定。很高：至少有 90％几率是正确的；高：约有 80％几率是正确的；中等：约有 50％几率是正确的；低：约有 20％几率是正确的；很低：正确的几率小于 10％。

　　全国范围各级别降水事件一般发生了明显变化，多数研究发现小雨频数明显下降，偏轻和偏强的降水事件强度有所增加。在区域尺度上，一些极端强降水事件发生频率和强度出现了较显著变化。在东南地区、长江中下游地区和西部大部分地区，暴雨或极端强降水事件有频率增多、强度增大趋势，气象干旱面积和强度变化不大；但在华北地区和东北中南部、西南部分地区暴雨或极端强降水事件有减少、减弱趋势，而气象干旱面积和强度则有增加趋势。北方气候较干燥，常年气象干旱事件发生频率就较高，近 60 余年还有加重趋向；而南方气候较湿润，常年洪涝事件更易发生，气象干旱事件发生频率从总体上看趋势变化不明显。因此，近 60 余年与降水相关的极端气候事件变化对东部季风区整体来说，具有较大的负面影响。

　　近 60 余年，影响中国的寒潮和低温事件频率和强度有下降趋势，北方地区冬、春季寒潮事件发生频次明显减少，东北地区夏季低温事件频率趋于下降；异常冷夜和冷昼天数、霜冻日数一般显著减少、减弱，偏冷的气候极值减轻；与异常偏暖相关的暖夜日数一般明显增加，但直到 20 世纪末全国范围内极端高温事件发生频率没有明显增多，长江流域和东南沿海地区一般减少，而华北和东北南部等地区有一定增加。

　　登陆和影响中国的热带气旋、台风没有表现出增多或增强趋势，观测记录显示最近 50 年到 60 年登陆中国的热带气旋和台风数量有较明显下降趋势，其造成的降水总量也有明显减少趋势。

全国多数地区大雾日数有轻微减少,但东部多数地区霾发生日数有明显增加,对人类生活和生产造成比较大影响。北方的沙尘暴事件发生频率从总体上看有显著减少趋势,在世纪之交的几年有所回升,但仍远低于20世纪80年代以前的水平。另外,现有分析表明,中国部分地区雷暴发生频率有减少趋势,其中陕西关中、长江三峡、广东、成都和山东地区减少趋势比较明显。

本章仅评估了中国大陆地区重要极端气候事件变化的观测事实,不涉及或很少涉及相关变化的原因和影响研究。有关极端气候事件变化原因的研究较少,其中部分工作及其结论将在其他章节讨论。

第五章　冰冻圈变化

提　要

　　本章重点评述冰川、冻土、积雪等冰冻圈要素的变化及影响。自 1950 年代以来，大部分地区冰川面积退缩量在 10% 以上。冰川变化使干旱区内陆河流和江河源区径流显著增加，同时冰湖溃决洪水等灾害的潜在风险在增加。多年冻土内温度升高，活动层厚度增加，面积减小。冻土变化改变了山区径流的年内分配，冬季径流增加。给出了冻土变化导致生态退化的直接或间接证据。青藏高原积雪深度 21 世纪初较前期大幅减少，1961 年以来，新疆北部最大积雪深度显著增加，东北—内蒙古地区 1990 年代以来波动振幅加大。高原积雪变化对我国东部夏季降水、春季径流及农业有重要影响。自 20 世纪 50 年代以来，渤海和黄海北部海冰、北方河流和湖泊结冰日数和冰的厚度都呈减小趋势。

5.1　冰川变化及影响

5.1.1　冰川类型与分布

　　据 2005 年发布的中国冰川编目结果，中国境内发育有冰川 46 377 条，总面积 59 425km^2，冰储量 5 600km^3（施雅风，2005）。在全球和亚洲山地冰川中，中国冰川面积分别占其总量的 14.5% 和 47.6%，是中低纬度山地冰川最发育的国家。需要指出的是，冰川编目自 20 世纪 70 年代末始，历经 23 年，数据主要来源于航空照片、地形图及个别冰川的实地考察，反映的是航测成图时期（主要为 20 世纪 60 年代到 70 年代，少部分为 20 世纪 50 年代和 80 年代）的冰川状态。

　　依据冰川发育的气候条件和冰川物理性质，中国冰川可分为海洋型、大陆型和极大陆型三种主要类型（施雅风，2005）。海洋型冰川（或称温冰川），主要分布于气候比较湿润的西藏东南部和横断山区，占中国冰川总面积的 22%。大陆型（或称亚极地型）冰川分布范围最广，占中国冰川总面积的 46%，阿尔泰山、天山、祁连山中段和东段、昆仑山东段、唐古拉山东段、念青唐古拉山西段、喜马拉雅山中段和西段、喀喇昆仑山北坡等地区的冰川均属于该类型。极大陆型（或称极地型）冰川以低温、低消融和低积累为特点，分布于青藏高原内陆水系及其西北边缘的中、西昆仑山，祁连山西段和长江源头，约占中国冰川总面积的 32%。

冰　冻　圈

冰冻圈（cryosphere）是指地球表层（陆地和海洋表面以及以下）含固态水的部分，其主要组成部分为积雪、冰川（和冰帽）和冰盖（和冰架）、冻土（季节冻土和多年冻土）、海冰、河冰和湖冰等。

全球75％的淡水储存在冰冻圈中，陆地表面约10％被冰川和冰盖所覆盖，海冰面积占海洋面积的7％，北半球冬季积雪面积接近陆地面积的一半，冻土面积更大。

冰冻圈是气候系统中的五大圈层之一。由于冰雪具有很高的反照率和相变潜热以及冰冻圈自身巨大的冰储量，冰冻圈对气候的影响作用仅次于海洋。从全球尺度看，冰冻圈及其变化的作用最主要表现在对地表能量平衡、水循环、海平面变化、生物地球化学循环和温室气体的源汇等有重要影响。由于冰冻圈各分量的地理分布和人类社会等区域差异，冰冻圈表现出很强的区域特征。中国冰冻圈主要由冰川、冻土和积雪三大要素组成（河、湖、海冰分布范围相对较小）。冰川的水文水资源效应、冻土对地表水循环、生态系统特征和生物地球化学循环特征的影响、积雪对春汛和夏季降水的影响等非常突出。

5.1.2　冰　川　变　化

中国近数十年来的冰川变化可以从典型冰川监测和区域冰川变化的考察与遥感监测结果得到反映。天山乌鲁木齐河源1号冰川自1959年开始监测，除1966～1976年为恢复资料外，连续监测达50年，唐古拉山小冬克玛底冰川、昆仑山煤矿冰川、祁连山七一冰川、贡嘎山海螺沟冰川和珠穆朗玛峰绒布冰川等十多条冰川也有监测，但监测时间相对较短。

根据监测，乌鲁木齐河源1号冰川自20世纪60年代初以来总体处于退缩状态，到1993年，东西支冰舌完全分离，成为两支独立的冰川，期间共退缩139.7 m，冰川面积也相应由1962年的2.0km^{2}减小到2001年1.7km^2（李忠勤等，2003）。1959～2002年，该冰川累积物质亏损量达10 597mm，相当于冰川厚度平均减薄10.6 m。而且，1995/1996年以来物质亏损呈加速趋势，6年中冰川表面平均累积物质亏损量高达4437mm，占总亏损量的42％（焦克勤等，2004）。

祁连山冰川普遍退缩，但东段和中西段差异较大。1956～1976年，东段冷龙岭地区的冰川退缩比较强烈，水管河4号冰川的平均退缩量为16.8 m/a，而中西段退缩量并不太大，七一冰川和羊龙河冰川1956～1977年的退缩速率分别为2.0 m/a和4.8 m/a（蒲健辰等，2005），西部的老虎沟12号冰川1957～1976年平均退缩速率为5.0m/a，其后处于稳定状态，1985～2005年以平均7.0m/a的速率退缩（杜文涛等，2008）。

唐古拉山小冬克玛底冰川20世纪90年代初以前处于前进状态，1993年之后出现持续负物质平衡，至目前平均退缩速度约为5.0 m/a；藏北高原的普若岗日冰原1999～2001年末端退缩速度为4.0 m/a～5.0 m/a；可可西里马兰冰川1970年以后的30年中末端退缩速度为1.0 m/a～1.7 m/a（蒲健辰等，2004）。

喜马拉雅山中段的珠穆朗玛峰绒布冰川末端1966～1997年退缩速度为5.0 m/a～8.0 m/a，1997年以来退缩速度加快到7.0 m/a～9.0 m/a（Ren et al.，2006）。希夏邦玛峰地区的抗物热冰川末端退缩速度在1976～1991年间平均为4.0 m/a，1991～2001年为

6.0 m/a～10.0 m/a。达索普冰川侧面的小冰川末端退缩速度 1997～2001 年间平均为 4.0 m/a～5.0 m/a（蒲健辰等，2004）。

横断山海螺沟冰川自 1960 年以来处于持续负物质平衡状态，其中 1966～1975 年、1975～1994 年、1994～2007 年冰川末端分别退缩了（295±60）m、（252±45）m、（181±23）m（Liu et al.，2010）。玉龙雪山白水 1 号冰川 1982～2002 年间末端退缩了 250.0 m，而 1998 年以后每年退缩超过 20.0 m（何元庆，章典，2004）。图 5.1 为几条监测时间相对较长冰川的累积物质平衡变化情况。

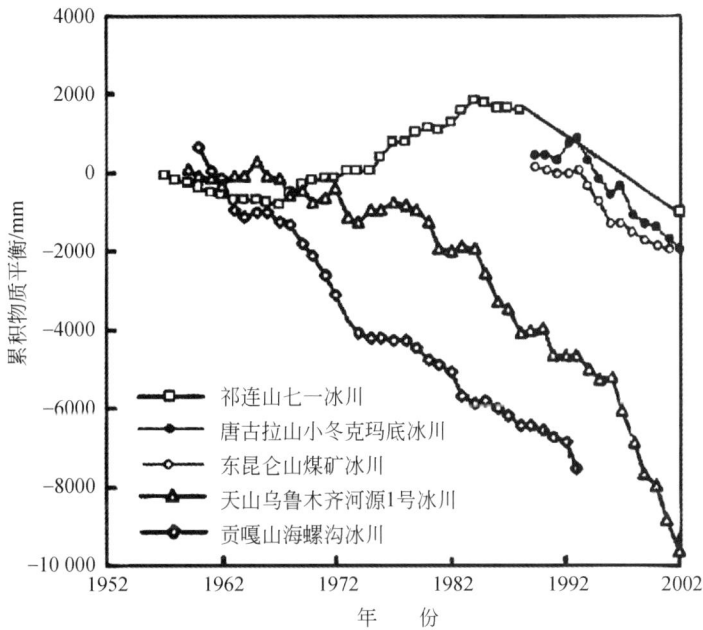

图 5.1　乌鲁木齐河源 1 号冰川、七一冰川、小冬克玛底冰川、煤矿冰川和海螺沟冰川累积物质平衡变化过程（Xiao et al.，2007）

利用美国陆地卫星携带的专题制图仪/增强型专题制图仪（Thematic Mapper/ Enhanced Thematic Mapper Plus，Landsat TM/ETM＋）以及 Terra 卫星携带的高级星载热辐射与反射辐射计（Advanced Spaceborne Thermal Emission and Reflection Radiometer，ASTER）的数字影像对中国西部各代表性地区的 1700 多条冰川的近期变化进行遥感分析表明，若不考虑那些变化状态不确定的冰川数量，20 世纪 60 年代至 2005 年，约 82% 的冰川处于退缩及消失状态，仅 18% 的冰川呈前进或稳定状态，大部分地区冰川面积减少量在 10% 以上，尤以青藏高原边缘山地（如祁连山、阿尼玛卿山区、珠峰北坡等）退缩冰川所占比例最大，退缩速率较快，20 世纪 90 年代以来冰川退缩加速，有些面积不足 1km² 的冰川已经消失。

5.1.3　冰川变化对水文水资源的影响

中国冰川资源折合水量约为 5 万亿 m³，相当于 5 条长江（出海口年径流量）以固态形式储存于西部高山。冰川通过冰川融水的变化，调节着西部的江河径流，每年平均冰川融水量约为 620 亿 m³，与黄河多年平均入海径流量相当。中国西部冰川分布区是亚洲 10 条大江大河（长江、黄河、塔里木河、怒江、澜沧江、伊犁河、额尔齐斯河、雅鲁藏布江、印度河、恒河）的水源形成区，冰川和积雪对这些江河水资源的形成与变化有着十分突出的影响。

冰川对中国水资源的影响主要有两方面作用，一是水资源补给作用，二是对河流径流的削峰补缺调节作用（丁永建，秦大河，2009）。作为水资源补给作用不难理解，而作为对河流径流过程的调节作用，其主要表现在，丰水年由于流域降水偏多，分布在极高山区的冰川区气温往往偏低，冰川消融量减少，冰川融水对河流的补给量下降，削弱降水偏多而引起的流域径流增加幅度；反之，当流域降水偏少时，冰川区相对偏高的气温导致冰川融水增加，弥补降水不足对河流的补给量。这样，冰川的存在将使有冰川的流域河流径流处于相对稳定的状态，利于水资源利用。

在西北内陆干旱区，冰川融水的作用尤其突出，塔里木河各源流区冰川融水补给比例多在30%～80%。在中国干旱区内陆河流域，高山冰川—山前绿洲—尾闾湖泊构成的流域生态系统中，冰川进退对绿洲萎扩和湖泊消涨具有重要调节和稳定作用，冰川是中国干旱区绿洲稳定和发展的生命之源。实际上正是由于冰川和积雪的存在，才使得中国内陆腹地的干旱区形成了许多人类赖以生存的绿洲，也使得中国干旱区有别于世界上其他地带性干旱区。这种冰川积雪—绿洲景观及其相关的水文和生态系统稳定和持续存在的核心正是冰川和积雪，没有冰川积雪就没有绿洲，也就没有在那里千百年来生息的人民（丁永建，秦大河，2009）。

在青藏高原，冰川变化除直接影响一些大江大河源区的水文情势外，还与高原湖泊消涨、沼泽湿地变化有密切联系。冰川变化影响周围地区的水循环过程，进而又影响到源区生态与环境。因此，在青藏高原，冰川—河流—湖泊—湿地紧密相连，在干旱区内陆河流域，冰川—河流—绿洲—尾闾湖泊不可分割，冰川变化对寒区生态系统具有牵一发而动全身的作用。国家高度关注的诸多西部生态建设与水源保护重大工程，如"三江源"生态与水源保护工程、塔里木河综合治理工程等，均与冰川密切相关（丁永建，秦大河，2009）。

冰川变化已经对中国西部的江、河、湖、沼产生了明显影响（姚檀栋，刘时银，蒲健辰，2004；丁永建等，2006）。近十几年新疆出山径流增加显著，最高增幅可达40%，乌鲁木齐河源区径流增加的70%来自于冰川加速消融补给，南疆阿克苏河近十几年径流增加的1/3左右来源于冰川径流增加（刘时银等，2006）。长江源区直门达水文站测得近40年河川径流减少14%，而直门达以上流域内冰川融水同期则增加了15%（Liu et al.，2009），说明如果没有冰川径流的补给，河川径流减少将更加显著。这些冰川消融导致的江河水量的增加在目前总体上是有利的。

用一维冰流模型对天山伊犁河流域不同规模冰川径流对气候变暖响应进行模拟表明（Ye et al.，2003b），冰川径流峰值大小取决于升温速率，升温越快，峰值出现越早，且峰值较高。冰川越小，冰川径流对气温变化越敏感，径流峰值越高，衰减也越快（图5.2）。径流峰值的出现时间与气温变化的不一致性实际上是冰川对气候变化滞后响应的一种表现。

对长江源区冰川变化的模拟结果（Liu et al.2009）表明，与1999～2002年间相比，未来50年长江源区冰川面积将减少8%左右，冰储量将减少11%左右，相对于1961～1990年均值，源区径流增加25%～30%左右（表5.1）。可见青藏高原内陆区冰川未来变化的时间位相与干旱区冰川变化是有差别的，在冰川径流的未来变化上峰值出现的时间差别很大。

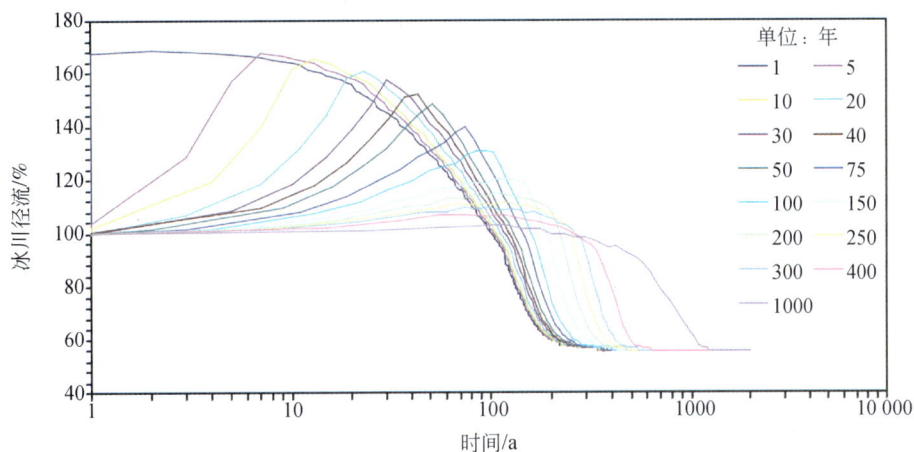

图 5.2　冰川径流对不同升温速率的响应过程，图例为升温 1.0℃所需时间（Ye et al.，2003b）

表 5.1　A2 和 B1 情景下（至 2050 年），**冬克玛底冰川流域和长江源区冰川径流预估**

（百分比为相对于 1961~1990 年均值）（Liu et al.，2009）

	冬克玛底冰川流域		长江源区	
	平均径流深/mm	百分比/%	平均径流量/亿 m³	百分比/%
1961~1990 年	800	0	18.0	0
A2 情景	995	24	23.2	29
B1 情景	1004	25	23.3	29

　　总体来看，未来 50~70 年，中国面积小于 2km² 冰川的逐渐消失是可以预期的，较大面积的冰川萎缩也将趋于显著。值得注意的是，中国冰川组成的特点是，数量不到 5% 的大型冰川，面积却占到 55% 以上。所以，未来更应关注大型冰川的变化。不同的流域，冰川大小组成特点不同，冰川未来变化有较大差异，对当地的影响也各不相同，需要有针对性地研究冰川变化特点，才能应对冰川变化对水文水资源的影响。

5.1.4　冰川灾害

　　冰川的变化不仅对水、生态和环境具有重要影响，同时由于其对气候与环境的高度敏感性，也是导致寒区各种相关灾害的主要策源地。例如，随着冰冻圈的变化，诸如冰川/冰碛湖溃决洪水、冰川消融洪水、冻胀、融沉、雪崩、风吹雪、冰冻灾害等的影响也越来越显著。

　　青藏高原面积大于 1.0km² 的冰湖共有 1091 个（姜加虎，黄群，2004）。过去几十年间，西藏境内超过 15 个冰碛湖发生过 18 次溃决（表 5.2），由于冰湖形成于冰川末端，数千米的高差聚集了巨大的洪水能量，所以每次冰湖溃决均会形成规模巨大的洪水和泥石流灾害。20 世纪 80 年代以来的剧烈增温过程中，冰川消融加剧，冰湖数量显著增加，造成冰湖库容增大，加大了发生溃决洪水事件的可能性。根据遥感解译结果，2000/2001 年，青藏高原南部朋曲流域共有冰湖 225 个，较 20 世纪 80 年代减少了 4 个，但冰湖面积却增加了 5.48km²，为原冰湖面积的 13%（车涛等，2004）；2000/2001 年，喜马拉雅山中段波曲流域大于 0.02km² 的冰湖共有 49 个，冰湖总面积 17.60km²，与 1987 年相比，流域内冰川面积减少了 20%，而大于 0.02km² 的冰湖数量增加了 11%，冰湖面积增加了 47%（陈晓清等，2005）；高原南部羊卓雍湖和沉错湖在 1970~2000 年期间分别萎缩了 43.64km² 和 1.06km²，约为 6.8% 和 2.6%（鲁安新，王丽红，姚檀栋，2006）。

20 世纪 90 年代末期以来，新疆阿克苏河源区麦兹巴赫冰川湖（在吉尔吉斯斯坦境内）溃决突发洪水发生频率较 20 世纪 70 年代到 80 年代增加了 30%。随着未来气候的进一步变暖，冰湖溃决灾害将更加严重。为此，亟须解决具有潜在溃决危险冰湖的排险技术与措施，并通过典型示范，提高应对冰碛湖溃决灾害的防治能力。

表 5.2　1931~2002 年西藏境内有记载的冰湖溃决洪水灾害（程尊兰等，2008）

序号	发生时间	流域名称	湖名	所在地区	所在县	成灾形式	直接原因
1	1931.6.8 藏历	帕隆藏布	鲁姆湖	林芝	波密	稀性泥石流，洪水	冰崩，冰川跃动
2	1935.8.28	波曲	塔阿错	日喀则	聂拉木	洪水，泥石流	冰川跃动
3	1940.7.10	康布曲	穷比吓玛错	日喀则	亚东	洪水，泥石流	冰崩
4	1954.7.16	年楚河	桑旺错	日喀则	康马	稀性泥石流，洪水	冰川跃动
5	1964	波曲	章藏错	日喀则	聂拉木	洪水，泥石流	冰川跃动
6	1964.8.25	吉隆藏布	隆达错	日喀则	吉隆县	洪水，泥石流	冰崩，冰川跃动
7	1964.9.21	朋曲	吉来错	日喀则	定结	稀性泥石流，洪水	冰川跃动
8	1964.9.28 1968.8.15	尼洋河	达门拉咳错	林芝	工布江达	洪水，稀性及黏性泥石流	冰崩，冰川跃动
9	1969.8.17 1970.8.17	朋曲	阿亚错	日喀则	定日	黏性，稀性泥石流及洪水	冰川跃动
10	1972.8.23	怒江	班戈错	那曲	索县	洪水，稀性泥石流	冰崩，冰川跃动
11	1981.6.24	洛扎雄曲	扎日错	山南	洛扎	洪水，泥石流	冰崩，冰川跃动
12	1981.7.11	波曲	次仁玛错	日喀则	聂拉木	洪水，泥石流	冰崩，管涌
13	1982.8.27	朋曲	印达普错	日喀则	定结	洪水，泥石流	冰崩
14	1988.7.14	帕隆藏布	光谢错	林芝	波密	稀性泥石流，洪水	冰崩，冰川跃动
15	1991.6.12	怒江		昌都	八宿	稀性泥石流，洪水	冰川跃动
16	2002.9.18	洛扎雄曲	得嘎错	山南	洛扎	黏性，稀性泥石流及洪水	冰崩，冰川跃动

5.2　冻土变化及影响

5.2.1　冻土分布及特征

中国是仅次于俄罗斯和加拿大的世界第三大多年冻土国，多年冻土包括分布于东北地区的低海拔多年冻土和分布于西北高山区、青藏高原的高海拔多年冻土。高海拔多年冻土约占多年冻土总面积的 92%（表 5.3）。季节冻土的分布以 1 月平均气温 0℃ 等温线为南界，在东部地区大致与秦岭—淮河一线相当，西部大致与青藏高原的西南界限一致（周幼吾等，2000），包含中国东北、华北、西北和青藏高原多年冻土外的大部分地区，面积约占中国陆地国土总面积的 55％。短时冻土的南界大致沿 25°N 线摆动，气候条件属湿热的亚热带季风气候区，面积占陆地国土面积的 20％以下。

表 5.3 中国多年冻土分布面积统计表（周幼吾等，2000）

多年冻土类型	地区		多年冻土区面积/万 km²	连续性/％	多年冻土面积/万 km²	合计/万 km²
低海拔	东北北部	大片多年冻土	7.1	70～80	5.3	11.6
		大片—岛状多年冻土	4.4	30～70	2.2	
		稀疏岛状多年冻土	27.1	<30	4.1	
高海拔		天山	6.3		6.3	137.3
		阿尔泰山	1.1		1.1	
		青藏高原	129.9		129.9	

5.2.2 冻土的变化

1. 季节冻土的变化

中国季节冻土厚度总体上呈减小趋势，其中青藏高原绝大部分地区呈减薄趋势，尤其在那曲—安多，德令哈—都兰，同德—贵德等地表现得比较突出。1961～2006 年，青藏高原地区季节最大冻结深度平均以 3.3cm/10a 的速度减薄，20 世纪 90 年代相对于 60 年代平均减薄了 10.0cm（李韧等，2009）。冬季平均冻结深度在 20 世纪 80 年代中期有一次均值突变，此前 93.0cm 左右，之后平均减小了 10.0cm 左右（高荣，董文杰，韦志刚，2008）（图 5.3）。1967～1997 年的 31 年间，青藏高原周边地区季节冻土变化的区域差异性较大，季节冻结深度大的高原腹地和东北地区的变化较大，季节冻土厚度减薄约 20.0cm，而高原西北和东南地区的变化较小，减薄约 5.0cm～6.0cm（Zhao et al.，2008）。

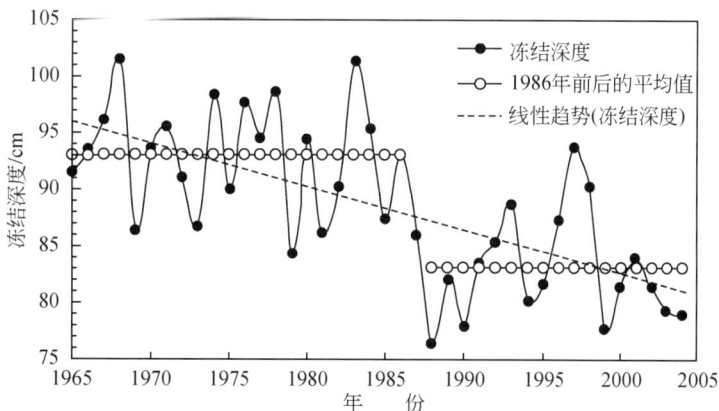

图 5.3 青藏高原季节冻土冬季平均冻结深度变化（高荣，董文杰，韦志刚，2008）

2. 多年冻土变化

1975～2002 年，青藏高原多年冻土北界西大滩附近的多年冻土面积减小 12％；多年冻土下界（多年冻土边缘界限的海拔高度）升高 50.0 m。1975～1996 年，南界附近安多—两道河公路两侧 2.0km 范围内多年冻土岛的总面积缩小 36.0%。高原其他地区多年冻土下界也有明显上升迹象，自 20 世纪 60 年代以来，上升幅度为 50.0 m～80.0 m（Zhao et al.，2000）。

20 世纪 70 年代至 90 年代，高原腹地连续多年冻土地温上升约 0.1℃～0.2℃；不连续多年冻土区地温上升 0.2℃～0.5℃。1995 年以来，青藏公路沿线唐古拉山以北 4 个观测点 5.0 m 深度处的升温幅度最大 0.5℃（可可西里），最小 0.1℃（楚玛尔河），其他地区约 0.2℃左右，其中，3.0 m～5.0 m 深度的升温幅度最大，随着深度的增加，升温速率降低（张鲁新，2000）。到 2002 年，青藏铁路沿线的河流融区较 20 世纪 60 年代到 70 年代有不同程度的扩大，通天河两岸多年冻土边界向后退缩达 1.2km 以上，其他河流两岸多年冻土的退缩都在 500 m 之内。

伴随着多年冻土温度的上升，活动层厚度也在增加。在 20 世纪 80 年代至 90 年代的 10 多年中，青藏公路沿线天然地表下活动层厚度增加量从几厘米到 1.0 m，最大可达 2.0 m。从 1995～2002 年的 7 年间，公路沿线天然地表下活动层厚度增加 25～60cm，低温多年冻土区（昆仑山垭口和风火山）的增加量相对较小。

受人类工程活动直接影响地区的多年冻土退化更为显著，青藏公路沿线路基下的多年冻土由 1979 年的 550.0km 减至 1991 年的 522.0km，岛状多年冻土由 1979 年的 210.0km 减至 1991 年的 191.0km。而天然状态下北界向南退化 0.5～1.0km，南界向北退化 1.0～2.0km（吴青柏，陆子建，刘永智，2005）。

在青藏高原多年冻土呈现显著变化的同时，高山多年冻土也有明显变化。阿尔泰山和天山的年均气温在过去 40 年中明显升高，其中阿尔泰山升温约 1.8℃，天山近 1.0℃。乌鲁木齐河源 3497m 高度处的 60 m 钻孔地温监测结果显示，20 m～40 m 深度的地温 1992～2002 年升高了 0.1℃～0.2℃，预示冻土面积和厚度可能有所减小。

东北地区多年冻土变化的野外资料极少，从多年冻土区 31 个气象站的资料得出，1961～2000 年，年均气温升高 0.9℃～2.5℃。在这样的背景下，多年冻土的退化势在必然。此外，在日益强烈的人为活动下，森林被大面积采伐、耕地面积扩张以及各类工程建筑的加速发展，均可能导致多年冻土的退化（王春鹤，张宝林，刘福涛，1996）。

总之，过去几十年来，以青藏高原为主体的多年冻土发生了显著变化，主要表现在两方面，一是冻土温度普遍上升，原来较低的冻土温度变得较高，例如，分布于青藏高原中低山区的冻土温度普遍由过去的低于−3.0℃上升到−3.0℃～−1.0℃，河谷、盆地间的冻土温度已达到−1.0℃～−0.5℃，为冻土开始退化的温度，连续多年冻土上部升温率已达到 0.1℃/a；二是冻土的直接退化，例如，季节冻土活动层减薄，冻结时间缩短，多年冻土活动层厚度增加，冻土边缘敏感区冻土消失，冻土面积减少等。对于冻土温度较低的多年冻土（冻土温度低于−3.0℃），以升温为主，对于高温多年冻土（高于−1.0℃），则以退化为主。

5.2.3　冻土变化对水文生态的影响

1. 冻土变化对水文过程的影响

据估算，青藏高原多年冻土含冰量达 9500km³（赵林等，2010），折合水当量约为 8.6 万亿 m³，是中国冰川储量的 1.7 倍。由于冻土活动层深度加大，活动层内土壤水分向下迁移，在冻土发育区的高寒草甸、高寒沼泽和湿地显著退化（丁永建，2009）。据不同时期航、卫片资料分析（王根绪等，2009），长江和黄河源区 1967～2000 年高覆盖度草甸减面积少了约 17.3%，沼泽湿地面积减少 23.7%，而与冻土活动层关系不太密切的高覆盖度高寒草原只减少了 5.3%。多年冻土边缘区是冻土退化最显著，也是生态退化最显著的地方，在疏勒河山区多年冻土与季节冻土过渡区内，过去 20 年高覆盖度草地向低覆盖度草地转化比例较其两侧高出 2～8 倍（丁永建，2009）。在东北大、小兴安岭地区，多年冻土的退化和消失与森林退化同步发生。一百多年来，兴安落叶松林已减少 40 %以上，林缘由于冻土的消失正逐步北移。

　　冻土对径流年内过程影响可使河流径流年内分配发生改变（康尔泗，程国栋，董增川，2002）。中国冻土面积分布广阔，冻土内水分状况及冻土作为不透水层，其变化对寒区水文过程有重要影响。气候变化对活动层内地下水位和冻融面的作用直接影响冻土区水文过程（杨针娘等，1993）。冻土在冻结形成过程中贮存了大量固态水，提高了土壤蓄水量，同时抑制了土壤蒸发和冻结层上水及水流的形成，土壤水分有着独特运行规律（刘海昆，董树祥，王慧，2002）。青藏高原多年冻土区 10m 深度以内土层的平均含水量为 18%（赵林等，2010）。估计由于冻土变化平均每年从青藏高原多年冻土中由地下冰转化成液态水的水量将达 50 亿～110 亿 m³（丁永建，潘家华，2005），相当于黄河兰州站年径流量的 1/6～1/3。可见，由气候变暖引发的冻土水文效应是巨大的。

　　流域冻土覆盖率与径流的年内分配有较好的关系（图 5.4）。冻土覆盖率高于 60%的流域，年最大月径流与最小月径流比率和流域冻土覆盖率有较好的关系，覆盖率小于 40%的流域，则受冻土覆盖率的影响较小（Ye et al.，2009）。冻土发育较好的流域，夏季径流集中，冬季径流较小，冻土直接控制径流的年内分配，对于这一类河流，冻土退化可能会对河流径流的年内分配产生较大的影响。从径流的时间变化上看，1951 年以来，冻土覆盖率较大的河流冬季退水过程明显减缓，这一减缓过程与流域负积温变化较为一致，但这一影响在冻土覆盖率较小的流域则没有明显表现（丁永建，2009）。这表明在冻土覆盖率较大的流域，冻土退化已经对流域的水文过程产生影响。冻土退化的这一水文效应主要是由于随着冻土退化，冻土的隔水作用减小，一方面流域内有更多的地表水入渗变成地下水，使流域地下水水库储水量加大，导致冬季径流增加，另一方面，入渗区域的加大和活动层的加厚，使流域地

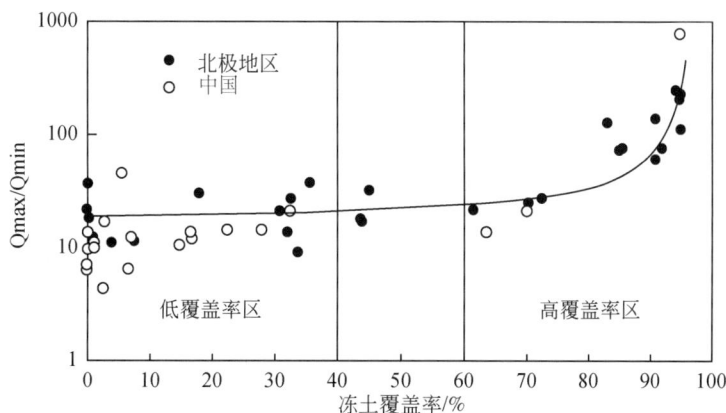

图 5.4　北极地区和青藏高原主要河流年最大月径流（Qmax）与最小月径流（Qmin）
比率和流域冻土覆盖率的关系（据 Ye et al.，2009 补充中国数据）

下水库库容增加，流域退水过程更为缓慢。

2. 冻土变化对生态的影响

多年冻土区生态、环境与多年冻土相辅相成的共生关系已经得到了广泛的认识。通过对青康公路沿线、青藏公路南段和唐古拉山南麓两道河—聂荣高地等地区冻土退化对植被的影响研究发现，伴随着多年冻土退化，高原植被的退化将是沼泽—沼泽草甸—草甸—草原—荒漠草原—荒漠这样一个渐变转化过程。高寒草甸（包括高寒沼泽）植被覆盖度与冻土上限深度之间具有较好的相关性，但高寒草原草地植被覆盖度与冻土上限之间的统计关系不密切（王根绪等，2006）。在气候变暖背景下，冻土退化是导致青藏高原河源区高寒生态系统变化的主要驱动因素。冻土退化导致的根系层土壤水分、养分含量以及粒度组成变化对生态系统物种结构有重要影响。

对植被盖度与冻土水热状况研究表明，随植被盖度的减小，冻结温度降低，在 $0\sim0.2$ m，65％和30％盖度分别比92％盖度的开始冻结温度低0.7℃和1.7℃；随植被盖度降低，融化温度增高，同样在 $0\sim0.2$ m，30％盖度比65％和92％盖度的开始融化温度分别高1.4℃和1.7℃（Wang et al.，2008）。

5.2.4　冻　土　灾　害

占中国陆地国土面积75％的多年冻土区和季节冻土区，各类工程，如工业与民用建筑、水利设施、隧道、桥梁等常出现大量冻融灾害问题，不仅严重影响工程的安全运营，而且产生了较大的经济损失。多年冻土区大量的公路和铁路工程，如青藏公路、青康公路、宁张公路、东北省区交通干线与输油（气）管线等寒区线性工程中的主要灾害就是融化下沉变形、边坡滑塌、路基纵向裂缝、冻胀、积冰和冻融翻浆等，已严重影响并极大地制约了寒区工程建设和经济发展。例如，青藏公路加铺沥青路面后，路基病害屡屡发生。青藏公路先后开展了三期整治工程，但因气候变化和工程作用影响，路基冻融病害仍不能从根本上消除，冻融工程病害仍然不断发生，迫使青藏公路不断维修以保证道路畅通。如果以三期整治工程费用来计算，冻土区公路破坏损失达10多亿元人民币。青康公路（214国道）铺设沥青路面后，路基冻融病害不断发生，新藏公路（319国道）、黑北公路等时常发生病害。同时拟建工程，如中俄输油管线工程、南水北调西线工程等，由于冻融灾害的存在，须亟待研究相关的工程技术措施防治这些重大工程的冻融灾害发生。季节冻土区大量的水利渠道工程等，常因土体冻胀导致渠道产生渗漏和破坏，造成大量的水流失，严重时会导致渠道丧失输水功能，严重影响中国中西部和东北地区的农业发展。季节冻土区中公路和铁路工程，时常因为强烈冻胀问题威胁重大工程的安全运营。同时，随着公路和铁路等级的提高，冻胀问题所引发的系列病害越发显著和强烈。

5.3　积雪变化及影响

5.3.1　积　雪　概　况

中国积雪的地理分布相当广泛，亦极不均匀。其中稳定积雪区（年积雪日数60天上）

主要分布在东北、内蒙古自治区东部地区（以下简称东北—内蒙古地区）、新疆北部和西部地区（以下简称新疆地区）、及青藏高原地区（图 5.5），总面积约为 340 万 km²（Li et al.，2008）。以往沿用的稳定积雪区面积 420 万 km²，统计自全国 1600 个地面气象台站观测积雪资料，数据截至 1970 年或 1980 年不等（李培基，米德生，1983）。自 1979 年被动微波遥感资料的使用，使得积雪的空间监测更加准确。根据中国地面台站观测积雪深度资料改进卫星遥感雪深反演算法（Che et al.，2008），统计出 1979～2006 年中国稳定积雪区平均面积 340 万 km²，是目前为止比较可靠的数字。然而，受限于被动微波信号本身的缺陷，发展多传感器遥感反演技术有助于积雪面积的精确计算。

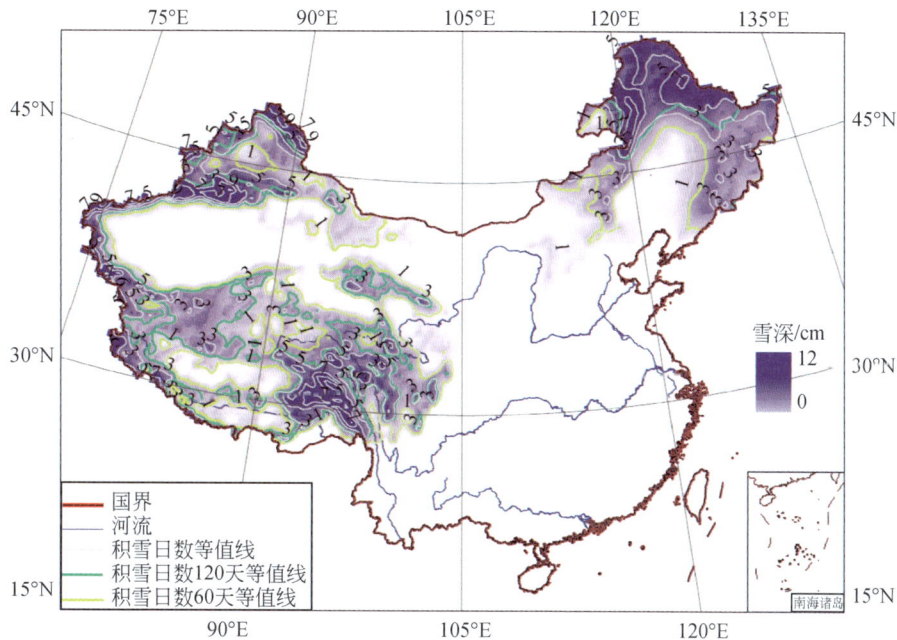

图 5.5　SMMR＋SSM/I 遥感中国 1979～2006 年平均积雪深度和年积雪日数（Li et al.，2008）
图中数值表示积雪深度

5.3.2　积雪变化

中国积雪变化大致分为 3 种类型，类型 I：积雪深度和积雪日数都呈缓慢增长或减少趋势；类型 II：积雪深度缓慢增长，积雪日数却有所下降；类型 III：积雪深度有所下降，积雪日数缓慢增长（王澄海，王芝兰，崔洋，2009）。

1958～2009 年期间，青藏高原积雪深度在 2000 年前基本上表现为波动而缓慢的增加趋势（图 5.6），20 世纪 80 年代中期以来，增加趋势更为明显，年振幅也显著增大，90 年代中后期开始，由持续增长转为下降。青藏高原积雪面积也在 20 世纪 80 年代至 90 年代略有增加（Qin et al.，2006），之后至 2005 年有所减少（王叶堂，何勇，侯书贵，2007）。

新疆北部 20 站 1961～2006 年最大积雪深度呈显著增加趋势，平均年增长 0.8%（王秋香等，2009），1967～2000 年天山最大积雪深度呈明显上升趋势，年平均增长 1.43%（高卫东，魏文寿，张丽旭，2005），而北疆地区积雪日数的增加主要出现在 20 世纪 60 年代至 80 年代，90 年代以来有所减少（王秋香等，2009），但同期积雪初、终日期并没有明显推迟或

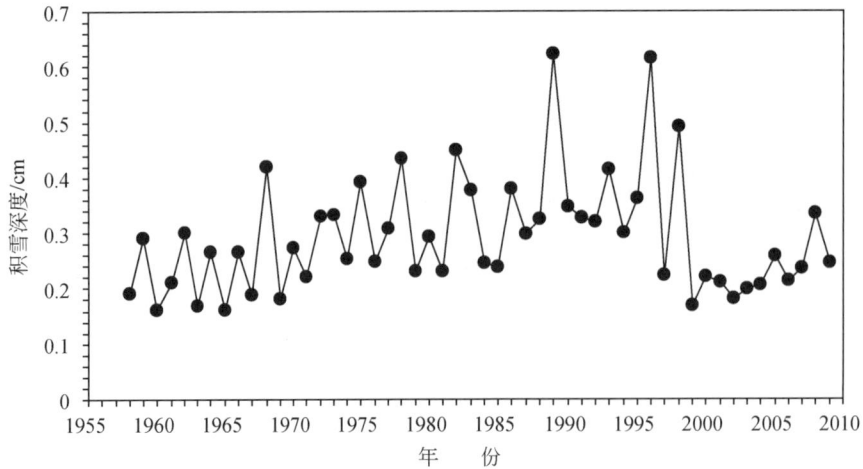

图 5.6　1958～2009 年青藏高原台站观测年平均积雪深度变化[①]

提前（杨青等，2007）。

东北—内蒙古地区积雪深度无明显趋势，但自 20 世纪 90 年代开始波动幅度明显加大（Qin et al.，2006）。空间上有几片零散的积雪大值区，包括大兴安岭、小兴安岭、锡林郭勒等地，且积雪年际变率和季节振荡均较大，其最大积雪深度出现在隆冬季节，也是雪深年际变率最大的季节（Xiao et al.，2007）。

5.3.3　积雪变化对气候与水文的影响

积雪是大气环流的产物，其变化又反过来对天气气候有重要影响。青藏高原积雪的一个最显著气候效应便是通过季风对中国东部降水产生影响。20 世纪 70 年代至 90 年代青藏高原冬春积雪偏多，导致夏季风强度偏弱（Zhang，Li，Wang，2004），使中国出现南方多雨、北方少雨的分布形式，其中春末夏初高原土壤湿度的响应被证明为积雪影响中国夏季降水的重要机制（Zhao，Zhou，Liu，2007）。然而，讨论前冬春积雪对中国夏季降水的影响，不应将青藏高原与欧亚大陆积雪剥离开来。20 世纪 70 年代至 90 年代，欧亚大陆积雪分布的主导模态为大部分地区偏少，而东亚和高原的部分地区偏多，这种形式有利于在较高纬度激发波列，华北异常高压，华南异常低压（Zhang et al.，2008a），对应中国南部和东南部降水偏多，而黄河上游地区降水偏少（Wu，Yang，Zhang，2009）。因此，20 世纪后二十几年欧亚大陆积雪的减少和高原积雪的增加均与中国"南涝北旱"格局的形成关系密切。

中国积雪资源的一半集中在西部和北部高山地区，春季大部分以融雪径流形式补给河流。西北山区春季融雪径流过程的提前和融雪期的延长已经改变了水资源的季节分配，有些河流在年径流总量减少的情况下，春季径流仍呈现增加趋势（王建，李硕，2005），其变化幅度取决于流域的融雪补给率。自 20 世纪 90 年代以来，南疆阿克苏流域 2 月～5 月融雪径流增长了 20%，近 5 年增幅高达 30%（叶柏生，2002）；1958～2005 年，克兰河月径流总量增加约 15%，4～6 月融雪季节径流量也由占年径流的 60% 增加到近 70%，年最大月径流

①　马丽娟.2008.近 50 年青藏高原积雪的时空变化特征及其与大气环流因子的关系.中国气象科学研究院/中国科学院研究生院，北京

值由 6 月提前到 5 月（沈永平等，2007）；1981～2000 年黑河流域积雪开始消融时间较 1970～1986 年提前，融雪径流量增大使得 3～7 月径流量显著增长（王建，李硕，2005）。春季径流增加对缓解春旱具有重要作用，但同时也导致融雪洪水灾害出现的频率加大，发生洪水的时间提前，洪峰流量增大，破坏性加大。克兰河观测到的年最大洪峰流量从 20 世纪 70 年代到 80 年代的约 200 m³/s 增大到 90 年代以来的约 350 m³/s（沈永平等，2007）。若到 21 世纪末中国大部分地区积雪减少，春季融雪径流将减少或消失，积雪对河川径流的调节能力将显著减弱，春旱灾害将日趋严重，干旱化进一步加剧，生态环境进一步恶化。

5.3.4　积雪灾害

中国每年都有不同程度的积雪灾害发生，"2008 年度十大自然灾害事件"中，与雪相关的灾害就占了两个。中国三大稳定积雪区也是积雪灾害的多发区，常见的积雪灾害有牧区雪灾、雪崩和风吹雪灾害三种。

雪灾是中国牧区主要的自然灾害。中国存在 3 个雪灾高发中心，即内蒙古中部、新疆天山以北和青藏高原东北部。1949～2000 年，全国有 90% 以上年份都有不同程度的雪灾发生，雪灾次数的年际变化较大，且有增多趋势。雪灾波动主要受气候变化影响，到 2050 年，有些山区，如唐古拉山、巴颜喀拉山、喜马拉雅山、阿尔泰山以及内蒙古高原等，大雪灾害和枯雪灾害还会进一步加剧（丁永建，潘家华，2005），而人类活动的增强，特别是单位草场载畜量持续增加导致草地退化也是雪灾持续增长的主要原因（刘兴元等，2008）。2009/2010 年初冬，新疆北部阿勒泰地区多次遭暴雪袭击，截至 2010 年 1 月 10 日，雪灾造成当地 36.89 万人、200 万头（只）牲畜受灾，直接经济损失近 1.5 亿元人民币。因此，需大力加强积雪预测研究、建立雪灾预警系统、提高各级政府应对雪灾的能力，尽可能减小、减轻因灾损失。

山区积雪超过一定厚度，积雪之间的附着力支撑不住积雪重力时，便会发生雪崩现象。中国每年都有雪崩发生，雪崩因其突发性，往往带来很大灾难（王彦龙，1992）。雪崩与多种要素有关，如气候条件、积雪深度及含水率、深霜厚度及类型、坡度、植被覆盖类型及覆盖度等。多年来，中国积极开展公路雪崩灾害及防治技术研究，提出了"生物防治为主，工程防治为辅，机械清除三者相结合"的综合防治雪崩方法（王彦龙，1992）。

风吹雪是影响交通的主要积雪灾害，也是雪崩的物质来源。中国有风吹雪的区域面积占陆地国土面积的 55%（王中隆，2001），严重风吹雪灾害主要分布在西北、青藏高原及边缘山区、内蒙古和东北山区及平原。中国风吹雪最早出现在 11 月或 12 月，最晚终止于 2 月～4 月，风吹雪日数年际变化较大，1971～1996 年显著减少，且有明显的区域特征，其中东北、内蒙古、西藏的部分地区和新疆北部地区风吹雪日数均呈下降趋势，而青海、甘肃和宁夏部分地区呈上升趋势（刘洪鹄，林燕，2005）。随着经济的发展、城市人口的增多及高寒区的开发，风吹雪造成的损失显著增大，积极开展风吹雪雪害成因与预警研究，是减轻灾害的重要途径之一。

5.4　河冰、湖冰和海冰变化及影响

5.4.1　河　　冰

中国北方河流冬季有不同程度的结冰现象，但绝大多数河流缺乏结冰和解冻日期、河冰

厚度等观测资料，只有个别对交通、工程设施造成危害或引发洪水灾害的河流冰情才有记载和观测资料。

黄河、松花江、黑龙江、辽河等比较大的河流的某些区段常常在冬春季节因河冰阻塞引起洪水或水位上涨，即所谓的凌汛，对沿岸农田、村庄或工程设施造成破坏。

黄河凌汛主要集中在上游宁蒙河段、中游河曲河段和黄河下游河段，其中上游宁蒙河段和黄河下游河段更为严重。这两段河道的共同特点是：河道较窄，流速缓慢，从低纬度流向高纬度，冬季气温上暖下寒，结冰上薄下厚，封河时从下往上，开河时自上而下。由于黄河宁蒙河段位置偏北，气温较低，是黄河冰凌灾害最为严重的河段。石嘴山、巴彦郭勒、三湖河口和头道拐是宁蒙河段的 4 个典型水文站，表 5.4 给出了这 4 个水文站 1990 年前后流凌、封河和开河日期的统计结果。可见，自 20 世纪 90 年代以来，4 个水文站封冻日期普遍较前期滞后，分别推迟了 8 天、10 天、9 天和 8 天；同时开河日期普遍提前，分别提前了 15 天、9 天、6 天和 14 天（姚惠明等，2007；方立，冯相明，2007）。图 5.7 总结了黄河宁蒙段河冰开河日期与封河日期的历史变化，20 世纪 90 年代黄河内蒙古段的开河与封河日期有较大的变化波动，但整体趋势是封河日期推迟，开河日期提前。

表 5.4　黄河宁蒙段封、开河日期统计

年　　度	石嘴山			巴彦高勒			三湖河			头道拐		
	流凌	封河	开河	流凌	封河	开河	流凌	封河	开河	流凌	封河	开河
1968～1989 年均值 /（月．日）	12.1	1.8	3.5	11.28	12.12	3.18	11.18	12.1	3.24	11.18	12.6	3.25
1990～2005 年均值 /（月．日）	12.7	1.16	2.20	11.30	12.22	3.9	11.18	12.10	3.18	11.19	12.14	3.11
两个时期之差（d）	+6	+8	−13	+2	+10	−9	0	+9	−6	+1	+8	−14

东北地区位于中国高纬度地带，冬季漫长，气候寒冷。该区容易发生冰凌洪水的河流主要集中在 46°N 以北的黑龙江中上游河段、松花江依兰以下河段以及嫩江上游河段。黑龙江中上游是冰凌洪水的高发区，局部河段的卡塞几乎每年都有，具有一定规模的冰坝平均每 3 年发生一次。松花江干流依兰以下河段，也是冰凌洪水的高发区，据依兰水文站 1954～1988 年资料统计，年最高水位出现在凌汛期的占 31%。嫩江上游冰凌洪水也很频繁，根据历年水位资料统计，上游石灰窑—库漠屯河段年最高水位出现在凌汛期的超过 40%。

气温、流量和河道形态的共同作用，影响着中国北方河流的冰情变化，综合各研究成果表明，气温是影响冰情变化的主要因素。全球变暖导致中国北方温度升高明显，也使中国北方河流冰情有所变化，主要表现为流凌、封河日期推迟，开河日期提前，封河天数明显缩短，冰厚变薄。20 世纪 90 年代以来，平均封河日期推迟了 1～11 天，平均开河日期提前了 1～10 天，平均封冻天数减少了 3～38 天。封河长度和封河流量有不同程度的减少，最大冰量减少，最大冰厚偏薄 0.06～0.20m。东北地区河流冰坝发生频率也有所减少。但是由于凌汛的复杂性，其对中国北方河流的威胁并未解除。因此，进一步加强凌汛观测、充分发挥水库的调节作用，深入研究凌汛的特点、规律和变化趋势，对防凌来说意义重大。

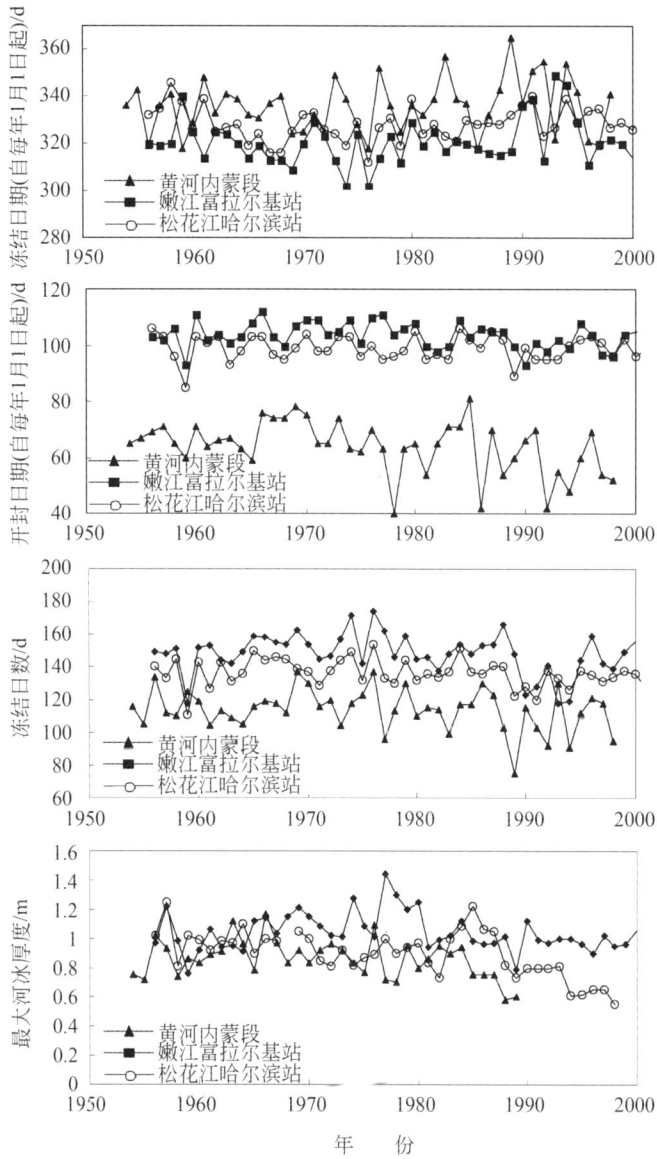

图 5.7　黄河内蒙古段、嫩江富拉尔基站和松花江哈尔滨站 1954～2000 年河冰变化（Xiao et al.，2007）

5.4.2　湖　　冰

　　分布在青藏高原、东北平原和山地以及内蒙古—新疆三个地区的湖泊，大部分冬季都发生结冰现象。然而，由于湖冰一般不引发灾害，关于湖冰的观测极为匮乏。

　　对中国湖冰较系统的研究仅为青海湖（陈贤章等，1995），青海湖 1958～1983 年湖冰的变化为：①湖冰厚度约 0.5 m，最大厚度 0.7 m，空间上表现为从岸边向湖心方向逐渐减薄；②封冻期介于 100～129 天，10 月开始部分冻结，12 月形成稳定湖冰，翌年 3～4 月开始解冻；③湖冰厚度有变薄趋势，与同期气温升高趋势一致；④湖冰厚度对气温变化有较好的年内响应。在一个湖冰冻结—解冻年度内，结冰与解冻日期相对气温的升降有一定滞后性。比如,最低气温出现在 1 月,湖冰最大厚度则出现在 2 月。

利用低频亮度温度遥感数据建立的青海湖 1978~2006 年的湖冰封冻和解冻日期序列(图 5.8)表明,近 28 年来湖冰持续日数减少了 14~15 天,其中封冻期推迟了约 4 天,解冻期提前了约 10 天(车涛,李新,晋锐,2009)。青海湖水文站在距岸边 1km 处观测湖冰冰情,湖冰数据包括封冻和解冻日,以及湖冰厚度等,用该水文站数据对被动微波监测结果进行对比验证结果表明,被动微波遥感数据结果与实际观测结果非常吻合,最大误差为 2 天,分别产生于 2002 年和 2005 年封冻期与 2002 年解冻期。

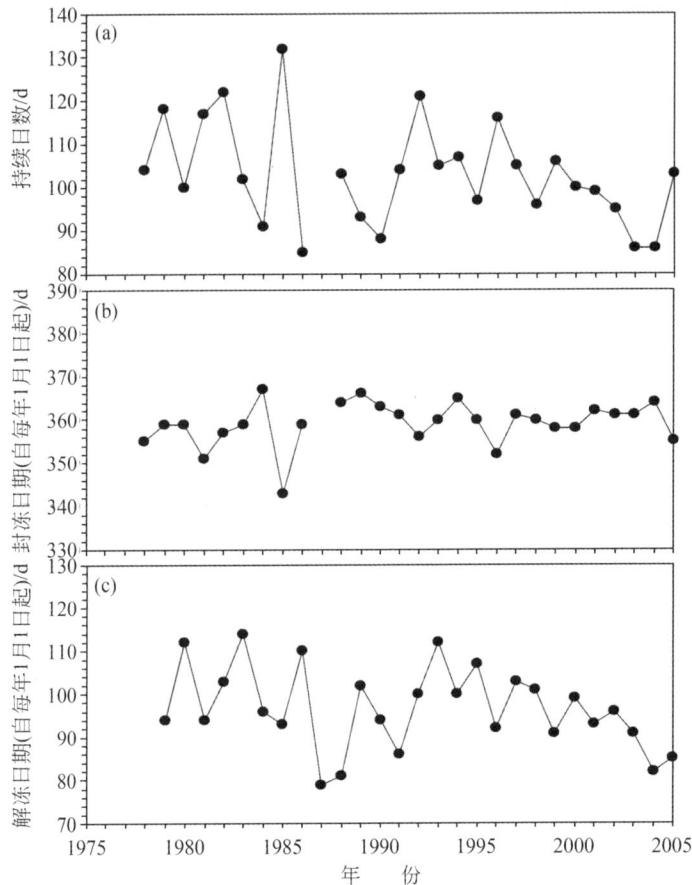

图 5.8 SMMR+SSM/I 遥感 1978~2006 年青海湖湖冰时间序列(车涛,李新,晋锐,2009)
(a)持续日数;(b)封冻日期;(c)解冻日期。纵轴超过 365 天的数值表示封冻日期在第二年

5.4.3 海 冰

中国季节性海冰主要出现在黄海和渤海北部。一般结冰期始于 11 月中下旬,从辽东湾开始冻结,而后结冰范围扩展至渤海湾、莱州湾和黄海北部。海冰盛冰期一般在 1 月下旬至 2 月上旬。2 月中旬海冰由南向北逐渐融化,至 3 月中下旬辽东湾最后终冰。

中国海冰冰情共分 5 级:1 级冰情最轻,即轻冰年;2 级冰情偏轻,即偏轻冰年;3 级冰情常年,即常冰年;4 级冰情偏重,即偏重冰年;5 级冰情严重,即重冰年。据记载,渤海和黄海北部 1895～2000 年发生常冰年（局部封冻）以上冰情灾害共 22 次，其中重冰年灾害 6 次，即 1895 年、1915 年、1936 年、1947 年、1957 年、1969 年，偏重冰年灾害 3 次，即 1908 年、1968 年、1977 年，常冰年局部封冻 12 次。

据统计，1895～1940 年出现重冰年 3 次、常冰年 3 次。1941～1970 年与前期相同。1971～2000 年出现常冰年 6 次，而偏重冰年仅有 1 次。1950～2000 年的 50 年间，渤海及黄海北部海冰冰级年际变化中出现过 4 个高峰年（图 5.9），具有 10 年左右的准周期，且振幅越来越小。说明 20 世纪 70 年代以来，中国北部海区的冰情逐渐减轻。但随着气候变化波动性增加及海上交通和海洋资源的开发活动上升，由海冰引起的灾情应引起重视。例如，2009 年冬季以来，受持续冷空气影响，中国渤海、黄海（以下简称渤黄海）海区气温迅速下降，海冰出现时间比往年要早。往年 12 月上旬才会出现的初生冰，2009 年 11 月 15 日就在辽东湾沿岸海域出现。进入 2010 年 1 月之后，受寒潮大风影响，渤黄海海区的海冰迅速发展，范围不断扩大，出现了近 30 年来同期最严重的罕见冰情，到 3 月初冰情才逐渐减弱。海冰在融化时可能形成海上浮冰和巨大锋利的冰排，在风和海流的推动下，不仅会对海上平台、管道等造成破坏，还会严重影响小型船舶的安全，从而对近海海上交通和海洋资源的开发产生严重影响。

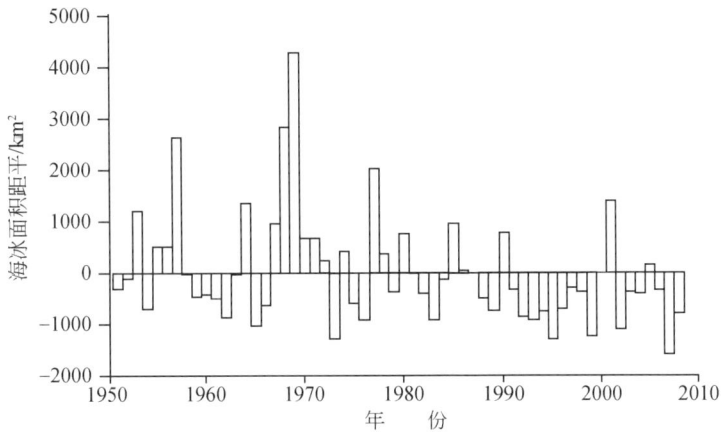

图 5.9　1950～2009 年渤海和黄海北部海冰面积距平（相对于 1961～1990 年）时间序列

第六章　陆地水循环与近海变化

提　要

本章对中国近 50 年降水、蒸发、土壤湿度和径流等水循环要素的变化及近海气候、海洋灾害和海平面变化进行了系统评估。中国西部降水有增加的趋势，东部从黄河流域到东北呈减少趋势，长江流域以及华南地区为增加趋势。中国绝大部分地区年水面蒸发量呈减少趋势，西北地区减少最大。西南和东北地区土壤变干趋势较东部中纬度地区显著。1968 年后华南沿海和北方径流减少，而长江流域径流增加。长江、海河、黄河流域湖泊湿地萎缩。近 30 年来中国近海海面温度呈上升趋势，冬季升温明显。中国海极值波高在北部区域有减小趋势，南部区域有增大趋势。近 30 年来中国沿海海平面总体呈上升趋势，平均上升速率为 2.6mm/a，高于全球海平面平均上升速率。

6.1　降水、蒸发与土壤湿度

6.1.1　降水时空变化特征

1. 降水变化趋势

近百年（1900～2008）中国与全球陆地降水量变化不同，中国降水增量（6.77mm/100a）比全球陆地增量（14.75mm/100a）要小一半多（详见本评估报告第一部分第三章）。近 50 年中国降水变化趋势有明显的区域特征（图 6.1），1956～2008 年降水趋势系数表现为中国西部地区降水普遍增加，中国东部从黄河流域到东北呈减少趋势，中国东部的长江流域以及华南地区降水为增加趋势。中国降水变化趋势与极端强降水变化趋势具有较好的一致性。西北西部极端强降水值和极端强降水强度未发生明显的变化，但极端强降水事件趋于频繁。长江及长江以南地区极端强降水事件趋强、趋多。东北和华北以及四川盆地年极端强降水日数为减小趋势，其中华北和四川盆地下降趋势尤其显著；西部地区和长江中下游一直到华南都表现出增加趋势。过去 50 年夏半年极端强降水事件增加的趋势虽然在西北、长江流域等地都有所表现，但只有在长江中下游地区才出现显著增加趋势，这种趋势与长江流域 20世纪 80 年代以来洪涝增加的趋势相一致（Zhai et al.，2005）。除新疆、西藏、内蒙古中部、青海西部和四川西部地区外，1961～2000 年雨日数的趋势系数均为负值，说明雨日数总的趋势是减少的（王大钧，陈列，丁裕国，2006）。

2. 降水空间变化

东亚夏季风指数具有明显的年代际变化，中国降水空间分布与东亚季风变异具有密切联

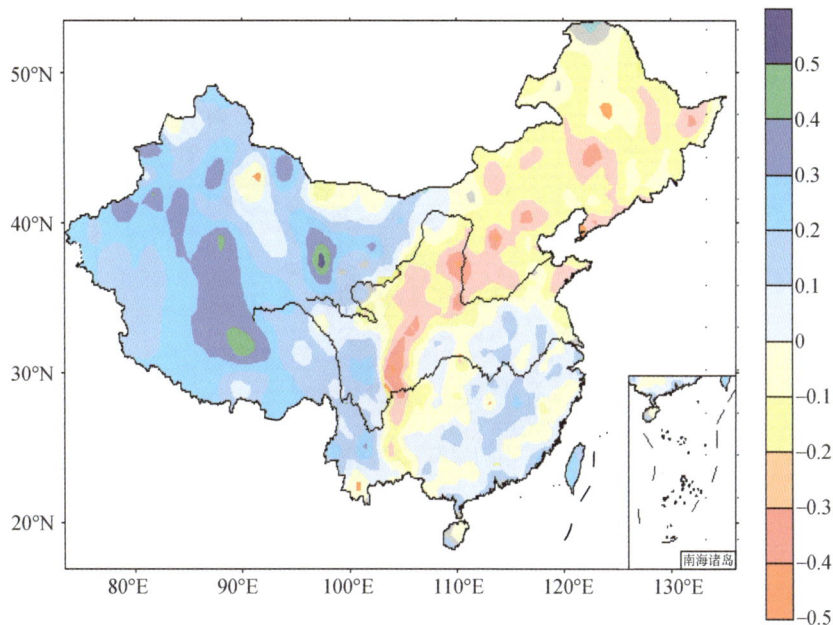

图 6.1 1956～2008 年中国降水变化趋势系数（正值和负值分别表示增加和减少）

[根据任国玉（2007）改绘]

系。东亚夏季风除了在 1970 年代中期发生了一次年代际转型外，在 1980 年代末也出现了一次年代际转型，对应于这两次东亚夏季风的年代际转型，中国夏季降水的分布形势也表现出相应的变化（张人禾等，2008）。图 6.2 给出了 1975～1989 年与 1960～1974 年中国夏季（6～8 月）平均降水的差值 [图 6.2（a）] 以及 1990～2001 年与 1975～1989 年中国夏季（6～8 月）平均降水的差值 [图（6.2b）]。从图 6.2（a）可看出，对应着 1970 年代中期东亚夏季风的年代际转型，在长江中下游地区降水增加，华北和华南降水减少。而对应着 1980 年代末东亚夏季风的年代际转型 [图 6.2（b）]，1990～2001 年与 1975～1989 两个时

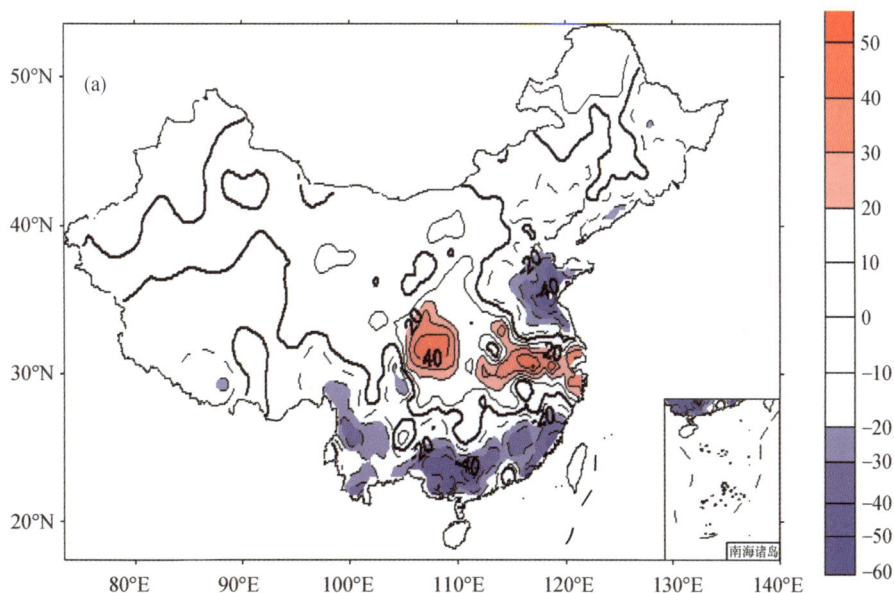

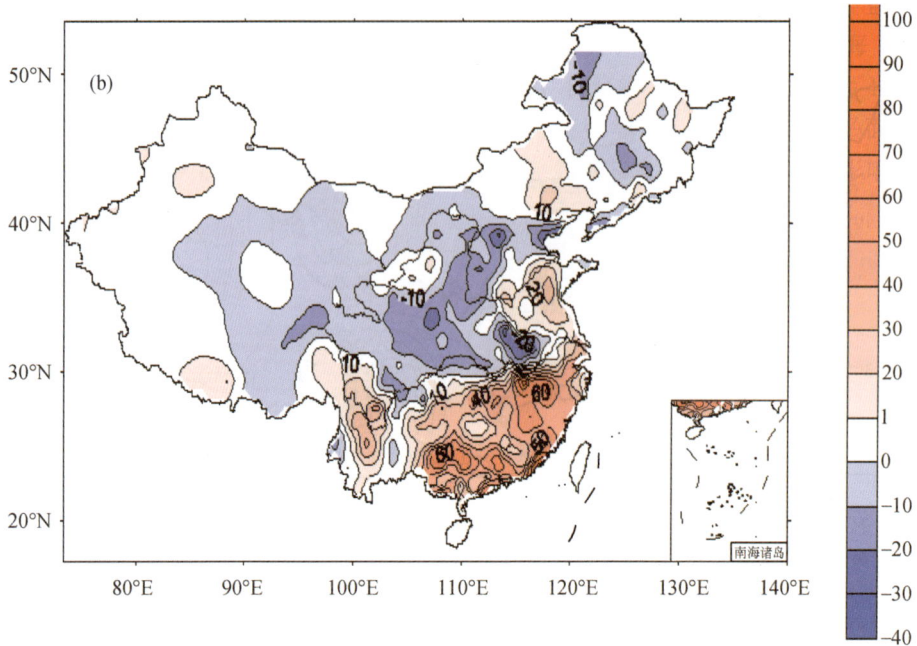

图 6.2

(a) 1975～1989 年与 1960～1974 年夏季平均降水差；(b) 1990～2002 年与 1975～1989 年
夏季平均降水差（单位：mm；蓝色表示正值，红色表示负值，等值线间隔 10mm）（引自张人禾等，2008）

段降水差值在中国东部 30°N 以南除了云南东部 104°E 附近的一小块区域外，均为明显的较大正值区域，即 1990～2001 年时段与 1975～1989 年相比，在中国东部南方地区降水明显增多。由此可知，虽然 1980 年代以来全球和中国的地面温度都呈现显著的持续增加趋势（秦大河等，2005），但中国东部夏季降水变化具有其独特性。东亚夏季风指数的变化也表明东亚夏季风并没有呈现出一致性的变化趋势，而表现出明显的年代际变化。从中国夏季降水情况来看，1990 年到 2001 年和 1975 年到 1989 年两个时段的中国夏季降水差表现出在中国东部 30°N 以南地区降水明显增加，30°N 以北地区降水明显减少。

6.1.2 水面蒸发量的时空变化特征

1956～2000 年间全国年平均和季节平均水面蒸发量变化在图 6.3 中给出。全国多年平均蒸发量为 1767.4mm，年蒸发量在 1980 年代末以前下降明显，由 1840mm 以上持续下降到 1990 年代初期的 1740mm 左右，1990 年代以后呈轻微上升趋势，长期变化速率为 −30.7mm/10a（任国玉，郭军，徐志铭，2005；任国玉，郭军，2006）。冬季蒸发量占全年总量的 9.5%，1956～2000 年期间变化趋势不明显，为 −1.6mm/10a。春季蒸发量占全年总量的 31.0%，趋势变化明显，变化速率为 −9.5mm/10a。夏季蒸发量占全年总量的 38.6%，夏季蒸发量变化幅度最大，整个时段变化速率为 −13.7mm/10a。秋季蒸发量占全年总量的 20.7%，其变化特征与春季相似，长期变化速率为 −5.6mm/10a（任国玉，郭军，徐志铭，2005；任国玉，郭军，2006）。

图 6.4 给出了 1956～2000 年中国年蒸发量变化速率的空间分布。可看出除了东北地区

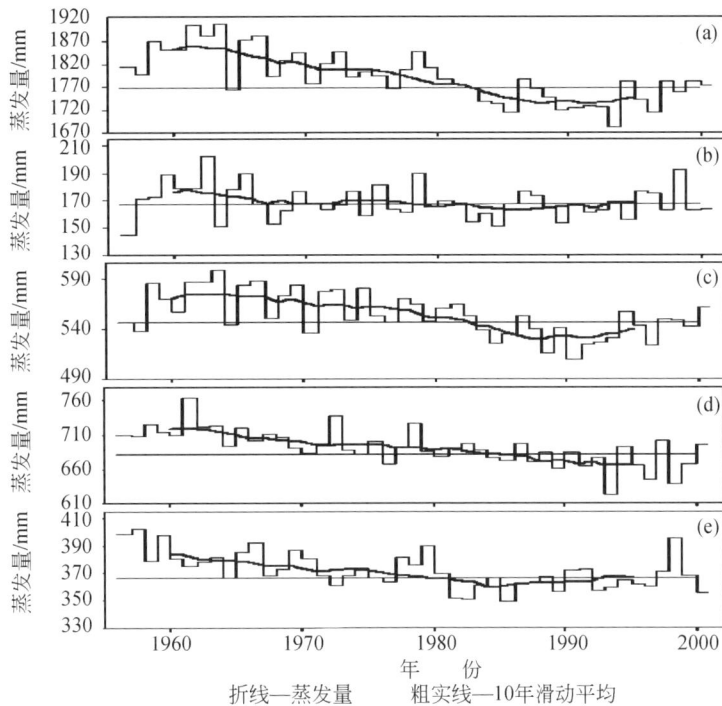

图 6.3 全国平均年和季节水面蒸发量变化（1956～2000 年）（引自任国玉，郭军，2006）

(a) 年；(b) 冬季；(c) 春季；(d) 夏季；(e) 秋季

北部和西部，甘肃南部、西藏西部以及四川、云南、西藏交界的地区年蒸发量呈增加趋势外，全国绝大部分地区呈减少的趋势。中国西北地区为减少趋势最大的区域，除新疆西南部外，新疆、青藏高原以及甘肃北部，绝大部分变化速率都在－40mm/10a 以下，新疆东部和甘肃北部则达到－150mm/10a 左右。中国东部和南部减少速率也较明显，其变化速率在－20mm/10a 以下，其中黄淮、江淮以及广西东部和西部的变化速率在－40mm/10a 以下，冬季塔里木盆地和西藏南部下降速率最大。全国各流域的蒸发量基本呈明显下降的趋势（任国玉，2006；许何也，李小雁，孙永亮，2007；王佩，邱国玉，尹婧，2008；格丽玛等，2007；刘猛等，2008；闵骞，刘影，2006）。许多研究表明（王鹏祥等，2007；王润元等，2007；韩宇平，张建龙，2007；张景华，李英年，2008），在 1970 年代中期西北地区出现由干向湿的突变现象，降水量的增加超越了变暖导致的潜在蒸发的增加，以致出现世纪性的径流增加与湖泊扩张（施雅风等，2003）。利用 1961～2000 年间湿润指数的研究表明（王菱，谢贤群，李运生等，2004），在 100°E 以东地区，气候有暖干的趋势，而 100°E 以西的地区有变湿的趋势，其原因在于东部降水减少速率大于潜在蒸发的下降速率，而西部潜在蒸发下降速率绝对值大于降水增加速率。另外，蒸发量的变化也具有季节特征，春季新疆的东部、青藏高原大部、淮河流域下游、广西等地区减少趋势明显。夏季和秋季在新疆东部、甘肃西北部以及青海北部显著减少（任国玉，郭军，徐志铭，2005；任国玉，郭军，2006）。春季华北地区蒸发在 20 世纪 50 年代为负距平，但是 1963 年和 1964 年有很大的正距平，1970 年代距平相继减少，但是从 1970 年代后期，华北春季蒸发距平开始增加（周连童，黄荣辉，2006）。

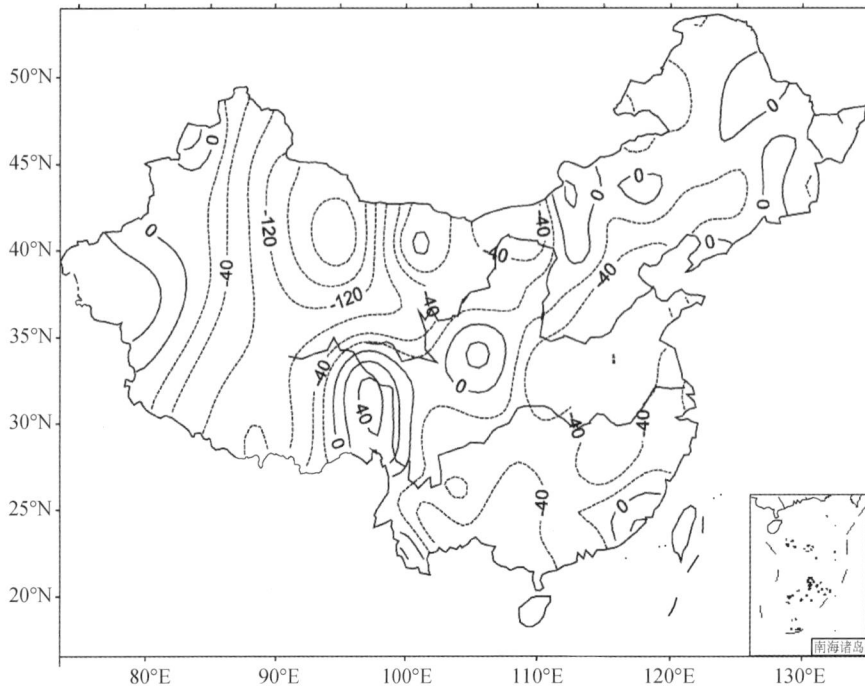

图 6.4　1956～2000 年中国年蒸发量变化速率（mm/10a）空间分布（引自任国玉，郭军，2006）

太阳辐射的减少和平均风速的减弱可能是影响观测到的水面蒸发下降的重要因素。中国东部蒸发的减少与人为气溶胶排放可能有密切关系，大气中气溶胶含量的增加可引起日照时数减少，太阳辐射减弱，低层云和雾日增多，水面蒸发量下降。低层风速的减弱可能与东亚季风环流系统的演变有联系。影响西部蒸发的因子主要为云量和降水量的变化（任国玉，郭军，2006；宁金花，申双和，2008）。

6.1.3　土壤湿度时空变化

对台站观测的土壤湿度资料分析表明，近 20 年中国大部分区域土壤存在干化趋势（Nie et al.，2008），春季中国东部中纬度地区是土壤湿度变率最大的区域，与东北和西南地区的土壤湿度呈现相反的变化，当中国东部中纬度地区春季土壤偏湿时，西南和东北地区土壤偏干[①]。对模式结果的分析表明，长江流域以北地区夏季土壤湿度有逐渐减少的趋势（杜川利，刘晓东，Wu Wali，2008）。在西北地区，20 世纪 80 年代以来西北东部和华北干旱化趋势不断加剧（马柱国，符淙斌，2006）。1993 年以后陇东黄土高原土壤干化严重（杨小利，2009）。土壤水分在春季减少最为明显，近几十年来南疆地表土壤湿度在增加（刘明哲，魏文寿，2005）。

利用 ERA40 1958～2002 年的春季土壤湿度资料研究表明（左志燕，张人禾，2008），春季整个中国东部地区的土壤存在不同程度的干化现象。将中国 100°E 以东地区分为 3 个区域，即西南（100～110°E，<30°N）、东部中纬度（105°～120°E，30°～40°N）和东北（>115°E，>40°N）3 个地区，从春季 ERA40 土壤湿度随时间的演变可看到（图 6.5），由于南方热带雨林地表强烈的固水作用，西南地区 4 层土壤湿度的年际变化特征基本一致，但从

① 左志燕．2007．我国东部土壤湿度异常对东亚夏季风的影响．中国科学院研究生院博士论文

1976 年以后存在一个较显著的长期变干趋势，呈现出 20 世纪 80 年代以前西南地区土壤偏湿、80 年代以后土壤偏干的特征。在中国东部中纬度地区，除了 189cm 层的土壤湿度在 1988 年以后有较为显著的变干趋势，其他 3 层土壤湿度没有明显的变化趋势。中国东北地区浅层和深层土壤湿度在整个时间段内都变干，其中浅层土壤湿度从 20 世纪 70 年代初开始变干趋势减缓，但土壤依然在变干，而深层土壤在 70 年代末之后变干趋势却显著加剧。就整个东部土壤湿度而言，深层变干趋势较浅层显著，而东北和西南地区较东部中纬度地区显著。

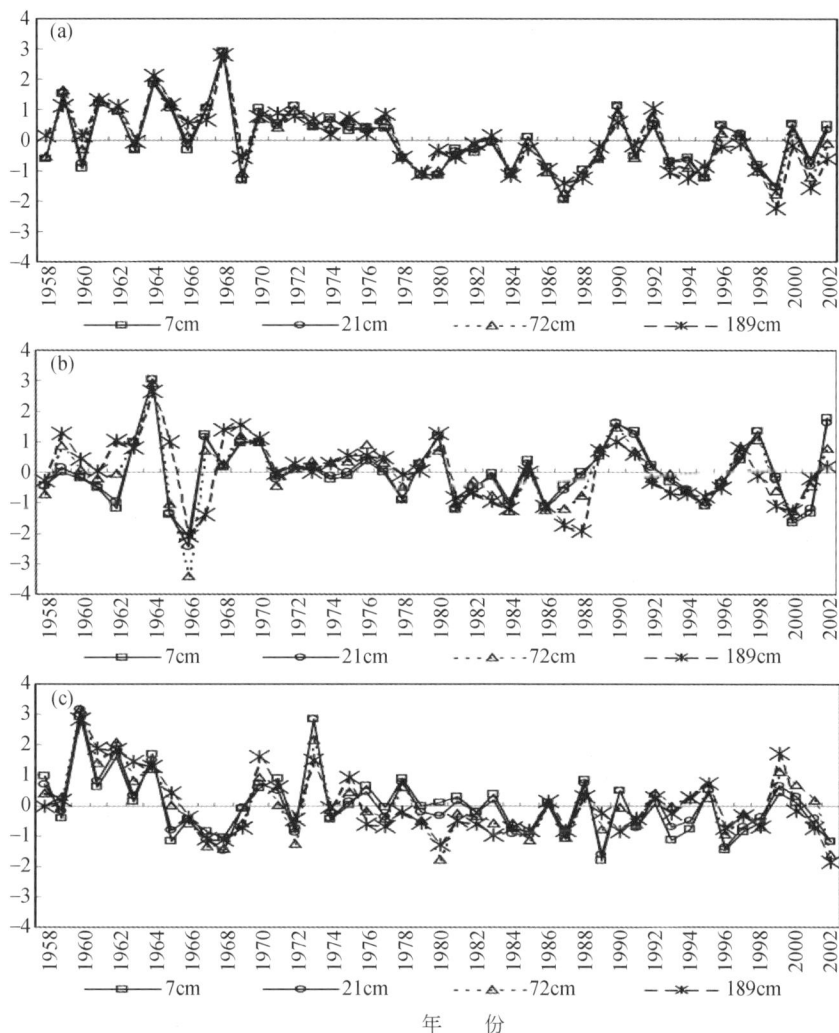

图 6.5 标准化的 7cm、21cm、72cm 和 189cm 深度的春季 ERA40 土壤
湿度随时间变化(引自左志燕，张人禾，2008)
（a）西南地区（100～110°E，30°N 以南）；（b）中纬度地区（105～120°E，30°～40°N）；
（c）东北地区（115°E 以东，40°N 以北）

6.2 湖泊与湿地

6.2.1 湖泊湿地概况

遥感资料显示，中国湿地面积为 359 478km²。湿地面积占全国湿地面积比例大于 10%

的有青海、黑龙江、西藏和内蒙古，分别占 16.6%、14.0%、12.2% 和 12.4%。这 4 个省
（区）湿地面积占全国湿地总面积的 55.2%。新疆、吉林、江苏、四川、湖北和安徽，湿地
面积分别占全国湿地总面积的比例为 7.2%，4.6%，3.4%，3.3%，3.1% 和 2.2%，这 6
个省（区）占全国湿地面积的 23.6%。中国湿地在 2000 年左右主要集中在东北、西北等地
（图 6.6）（牛振国等，2009；李凤霞等，2009）。

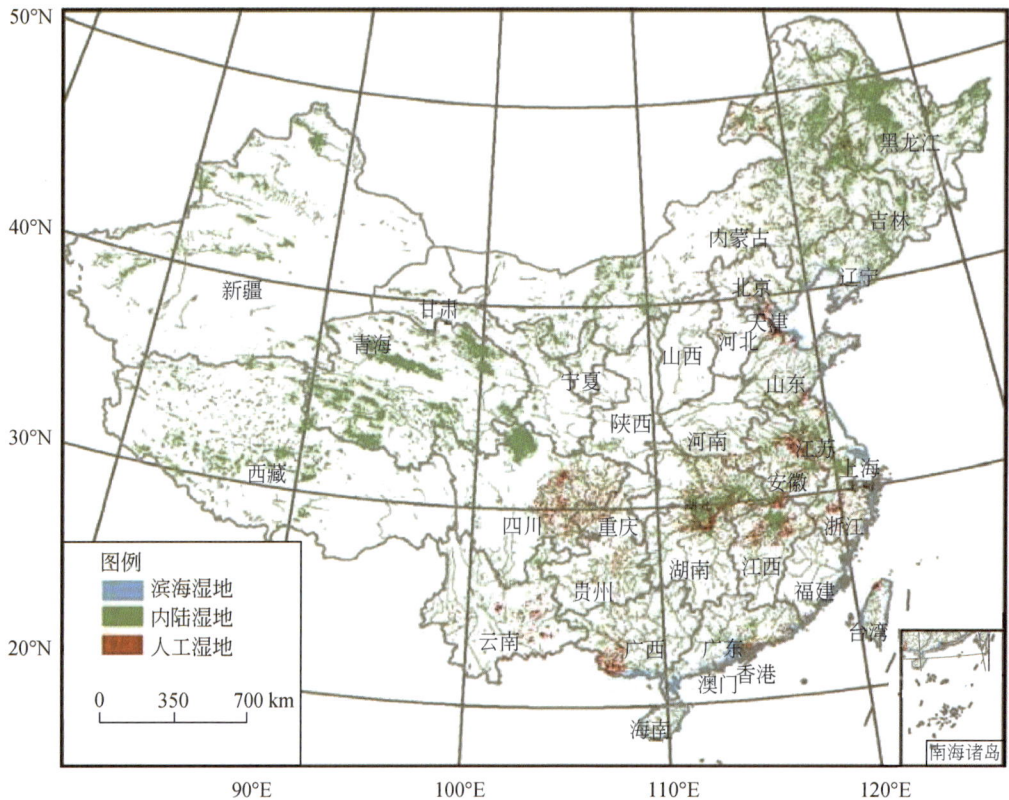

图 6.6 2000 年中国湿地分布（牛振国等，2009）

中国湿地主要分布在中温带和高寒气候区。暖温带主要区域是淮河以北的华北平原及其
以西的太行山和关中地区、塔里木盆地及其以东地区，这些区域都是湿地分布较少的地区。
中国的 2 大淡水湖湿地（鄱阳湖和洞庭湖）及苏南和长江三角洲这些湿地分布较多的区域属
于北亚热带。中亚热带的江南南岭、川贵和滇北等区域的地形特征不利于湿地的形成。中国
湿地主要分布在湿润区，占了全国湿地的 36%，干旱区湿地比例低于其国土面积所占比例
（牛振国等，2009）。

6.2.2 湖泊湿地区域变化

1. 中国湖泊变化概况

20 世纪 50 年代以来，在气候和人类活动的共同影响下，中国部分湖泊萎缩，水量减少
甚至干涸，富营养化加剧，如白洋淀等一些大型湖泊湿地变化较明显。白洋淀湿地最高水位
由 20 世纪 60 年代的 11.58 m 下降到 2007 年的 6.66m，水面面积 75km², 容量 0.62 亿 m³,

而在 1960 年水位 11m 时白洋淀水面面积为 309km²，容量达 11.2 亿 m³。伴随白洋淀面积减少，湿地生物多样性急剧下降，人类开发和利用水资源等活动加剧了湿地退化（刘春兰，谢高地，肖玉，2007；阎新兴，2009；高彦春，王晗，龙笛，2009）。

就全国而言，20 世纪 50 年代以来有 142 个大于 10km² 的湖泊萎缩，面积减少约 9570km²，占萎缩前 8 万 km² 湖泊总面积的 12%，蓄水量减少 516 亿 m³，占湖泊总蓄水量的 6.5%。其中长江、海河、黄河区湖泊萎缩比较严重，长江区有 79 个湖泊发生萎缩，萎缩面积达 6003km²，海河区 5 个湖泊萎缩，面积减少 1013km²，黄河区 11 个湖泊萎缩，减少面积 602km²；西北诸河区和松花江区湖泊萎缩面积分别占萎缩前湖泊面积的 2.8% 和 1.6%（宁淼，叶文虎，2009）。青海湖水位从 1956 年的 3196.9 m 变为 2008 年的 3193.4 m，下降了 3.5 m，湖面积由 1956 年 4568km² 减少为 4318km²，减少了 250km²；面积约 600km² 的米提江占木错，现已解体并萎缩成 4 个串珠状湖泊，湖水明显咸化。另外，大量无名小湖退缩、咸化和干涸，如位于沱沱河北岸（沱沱河沿附近）的无名小湖已经干涸等，总体而言 20 世纪 50 年代以来湖泊干涸面积达约 4326km²（董春雨等，2009；丁永建等，2006）。

2. 三江源区湖泊湿地变化

三江源地区位于青藏高原的腹地，是长江、黄河和澜沧江三大河流的发源地。利用区域气候模式进行敏感性试验表明，湿地面积减少，三江源大部分地区月平均气温增加，降水量减少（陈锦等，2009）。沼泽湿地面积与日照、蒸发和降水灰色关联系数分别为 0.82、0.81 和 0.77。其中与降水呈正相关，与蒸发和日照呈负相关，说明沼泽面积减少与日照增加、蒸发加大和降雨量减少相联系。湖泊湿地面积与蒸发、降水的灰色关联系数分别为 0.87 和 0.76，蒸发加大、降水减少，将制约湖泊湿地发育，使其面积变小（李凤霞等，2009）。

三江源区的高海拔沼泽湿地主要是高寒沼泽草甸。1986～2000 年江河源区沼泽草甸分布面积锐减 24.36%，年平均减少 157.50km²，是江河源区退化幅度最大的生态系统。1986 年，黄河源区有沼泽草甸 2473.29km²，而到 2000 年，黄河源区的高寒沼泽草甸减少到 2141.70km²，15 年间净减少了 331.59km²，变化 -13.41%。长江源区的沼泽草甸从 1986 年的 7222.15km² 减少到 2000 年的 5191.85km²，减少了 2030.30km²，变化 -28.11%。（李林，吴素霞，朱西德等，2008）

三江源区的湖泊主要分布在黄河源区，但湖泊退化主要发生在长江源区（表 6.1）。与湖泊分布不同，江河源区的河流面积主要分布在长江源区，但河流面积减少主要发生在黄河源区。河流作为湿地一个重要的补给水源，对河流湿地的发展和演变起着决定性的作用。高寒湿地系统退化使流域水涵养指数显著递减，地表水涵养能力持续下降，导致径流量减小。

表 6.1 江河源区 1986～2000 年湖泊面积变化（km²）

时间	长江源区	黄河源区	合计
1986	1040.35	1580.18	2620.53
2000	925.54	1498.45	2423.99
减少面积	114.81	81.73	196.54
减少率/%	11.04	5.17	7.5

3. 东北三江平原区湖泊湿地变化

1986～2000 年东北地区沼泽湿地总面积呈下降趋势,后 5 年年均缩减率是前 10 年的 28 倍;15 年间沼泽斑块数总体呈减少趋势,但沼泽景观破碎度不断上升,斑块的形状变得越来越不规则,边界扩散程度加强,斑块越来越复杂。沼泽湿地土地利用方式不当和气候变干是沼泽面积减少的主要原因,而沼泽景观扩张的主要因素也是气候变干,使部分湖泊退化为沼泽。洪水淹没了部分草地并使部分河水漫过河道,是导致沼泽景观扩张的另一原因(陈静,张树文,张养贞,2009)。1986～2000 年东北地区沼泽湿地面积缩减幅度达 26.93 %,黑龙江省沼泽湿地变化幅度略大于东北地区沼泽湿地整体变化幅度,1996 年以前 10 年间,辽宁省和吉林省是湿地动态变化活跃地区,1996 年之后 5 年间,各省间沼泽湿地相对变化水平差异性减小,仅黑龙江省变化幅度大于整体变化幅度(刘振乾,刘红玉,吕宪国,2001)。三江平原北部挠力河流域 1950～2000 年湿地损失 13 675km^2,面积比例由 52.49% 下降到 15.71%(侯伟等,2006;徐玲玲等,2009)。

东北地区沼泽景观的转化总趋势是沼泽面积减少,并向其他地类转换。1986～1996 年间使沼泽面积增加的主要土地覆被类型为湖泊,使沼泽面积减少的土地覆被类型为旱地和草地,沼泽面积减少相当于增加的 6.4 倍。1996～2000 年间使沼泽面积增加的主要土地覆被类型为草地和河滩地,使沼泽面积减少的土地覆被类型为旱地和草地,减少面积相当于增加的 2.4 倍(赵慧颖,马力吉,郝文俊,2008)。

4. 长江中下游地区湖泊湿地变化

长江流域独具特色的地貌背景和水文情势,客观上形成了长江中下游平原,尤其是沿江地区星罗棋布的湖群景观。但新中国成立以来长江中下游地区有 1/3 以上的湖泊面积被围垦,围垦总面积达 13 000km^2 左右,这一数字约相当于五大淡水湖面积总和的 1.3 倍,因围垦而消亡的湖泊达 1000 余个。围垦不仅使湖泊面积锐减,也使湖泊蓄水容积减少。调查表明新中国成立以来长江中下游地区因围垦减少湖泊容积约达 500×10^8 m^3 以上,相当于淮河年径流量的 1.1 倍、五大淡水湖泊蓄水总量的 1.3 倍、三峡水利工程设计调蓄库容的 5.8 倍(运行前期)(姜加虎,黄群,孙占东,2006)。

5. 河口海岸湿地变化

海岸湿地更容易受到海平面上升、海洋表面温度升高和强烈的风暴活动的影响。长江口湿地主要为自然湿地,包括海岸及浅海、河口湿地;还可以分为沿江沿海湿地和河口沙洲岛屿湿地两大类。近几年出现了将大量滩涂湿地转为城市建设用地的现象,这将不利于长江口湿地生态系统的保护。对近 20 年以来长江口边滩湿地变化的监控表明,2005～2007 年长江口生态监控区共围垦边滩湿地 40.20km^2,平均每年围垦 20.10km^2,围垦速度较以前有所减慢(张正龙,徐韧,范海梅,2008)。

6.3　径　流

6.3.1　径流变化特征

中国径流时空变率很大,主要径流出现在春夏季。利用 1951～1983 年大约 200 个站的径流资料，图 6.7 给出了中国东部夏季径流量的经验正交函数（EOF）分析的前三个分量（Xue et al.，2005）。第一主分量（EOF1）解释了夏季总径流量方差的 32.1%，正的径流异常出现在淮河、长江和珠江流域，最大值出现在长江和南岭之间，其中分布着两个主要的南部支流——赣江流域和湘江流域。负的径流异常出现在山东半岛和秦岭。第一主分量的时间变化系数（PC1）主要表现为年际变化，小波分析也揭示出 6 年和 16 年周期的变化。第二主分量（EOF2）解释了夏季总径流量方差的 20.3%，主要反映了华南沿海和南岭以北地区径流异常的南北振荡，最大的正异常出现在珠江流域，最大的负异常出现在长江和淮河之间的汉水流域。第二主分量的时间变化系数（PC2）也主要表现为年际和年代际变化，小波分析也揭示出 6 年和 16 年周期的变化。第三主分量（EOF3）解释了夏季总径流量方差的 8.8%，主要反映了南北方向上径流异常的"＋－＋"分布形态。第三主分量的时间变化系数（PC3）表现出明显的长期变化趋势，导致 1968 年后华南沿海和北方变干，而长江流域变涝。

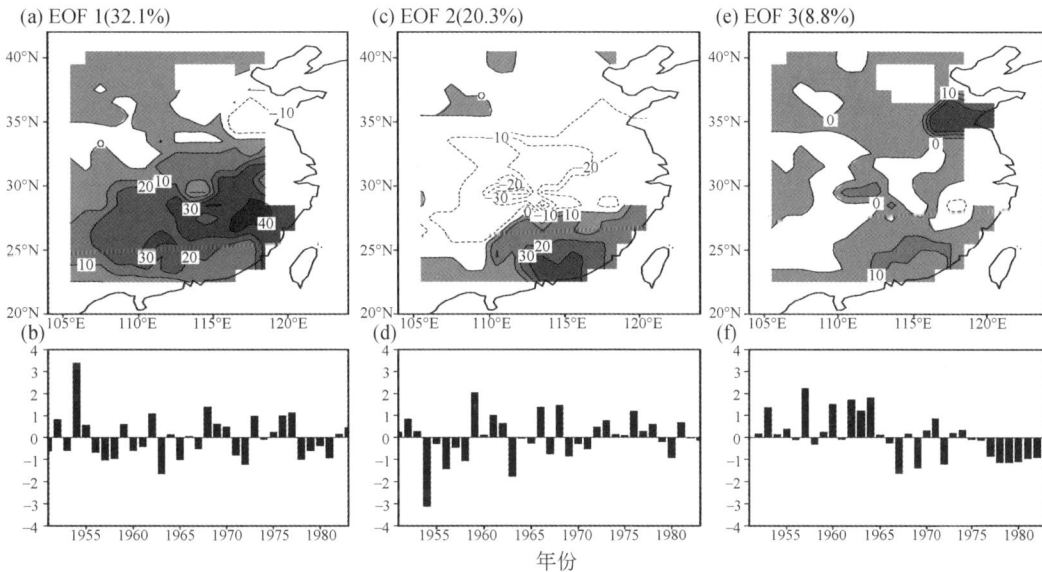

图 6.7 中国东部夏季径流量 1951~1983 年 EOF 的空间分布和 PC 时间序列（引自 Xue et al.，2005）
(a)、(b) EOF1；(c)、(d) EOF2；(e)、(f) EOF3

图 6.8 给出了中国东部春季径流量 1951~1983 年的 EOF 分析的前三个分量（Chen et al.，2009），显然主要的春季径流出现在长江以南，这与中国春季降水主要发生在华南是一致的。EOF1 解释了春季总径流量方差的 55.5%，表现为长江以南一致的变化，其最大的正异常出现在武夷山附近和南岭的东部。PC1 表示的时间序列反映出明显的年代际变化，1958~1972 年主要为负值，其他时间则多为正值。EOF2 解释了春季总径流量方差的 13.5%，也主要反映了径流异常的南北振荡，正异常中心主要在湘江和赣江流域，相对弱的负异常出现在南岭的东南方。PC2 表示的时间序列表现出明显地减少趋势以及显著的年际振荡，说明从 20 世纪 50 年代至 80 年代，春季湘江和赣江流域的径流量在减少，而南岭东南的径流量则稍有增加。EOF3 仅解释了春季总径流量方差的 7.6%，主要反映了东西方向上径流异常的反向振荡关系，其分界处大致位于罗霄山。

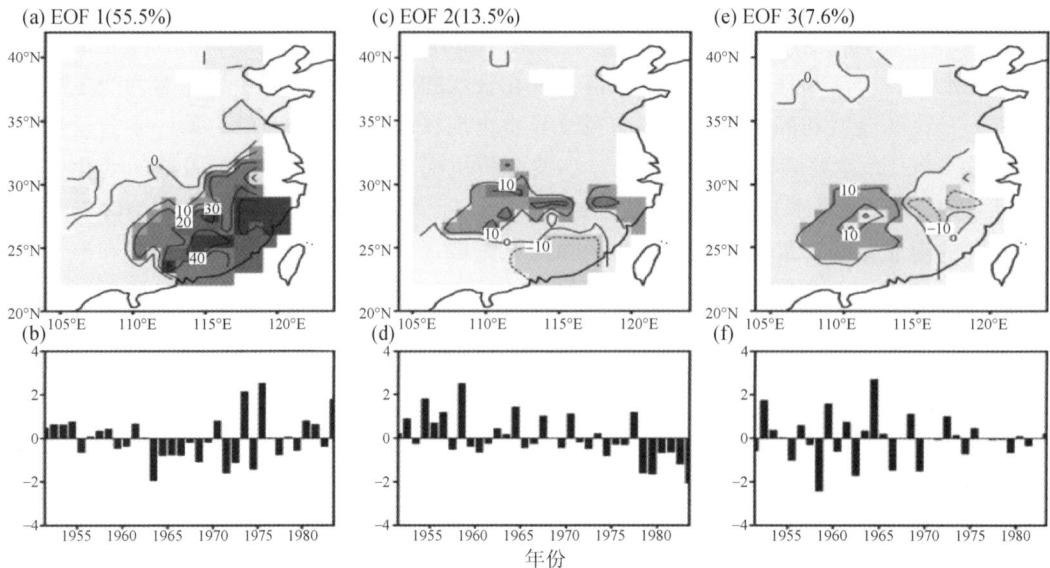

图 6.8 中国东部春季径流量 1951～1983 年 EOF 的空间分布和 PC 时间序列

（a）、（b）EOF1；（c）、（d）EOF2；（e）、（f）EOF3（引自 Chen et al., 2009）

6.3.2 十大流域径流变化

中国可分为十大流域，分别是松花江流域、辽河流域、海河流域、黄河流域、淮河流域、长江流域、珠江流域、东南诸河流域、西南诸河流域及西北内陆河流域，除西北内陆河流域，其他流域均为外流河流域。这十大流域的基本情况见表 6.2（翟建青，2009）。

表 6.2 十大流域基本情况

编号	流域名称	流域面积 万/km²	多年平均降雨量 /mm	多年平均陆地蒸发 /mm	陆地蒸发量占降雨量 比重/%
1	松花江	93.5	504.8	358.3	71
2	辽河	31.4	545.2	400.0	73
3	海河	32.0	534.8	425.4	80
4	黄河	79.5	447.1	364.2	81
5	淮河	33.0	838.5	599.9	72
6	长江	180.0	1086.8	533.3	49
7	珠江	57.9	1549.7	734.0	47
8	东南诸河	24.5	1787.4	702.1	39
9	西南诸河	84.4	1088.2	404.1	37
10	西北内陆河	336.3	161.2	125.8	78

用十大流域干流的控制水文站或流域内重要支流的控制水文站点径流变化代表相应流域的径流变化，由于东南诸河流域、西南诸河流域、西北诸河流域内水系比较分散，不像其他流域最终汇入一条干流，这三个流域分别选择重要支流流域即闽江流域、澜沧江流域和塔里木河流域的竹岐、允景洪、阿拉尔站，其他流域选择干流的控制站点（张建云等，2007；翟建青，2009）。除海河流域为1963～2007年、塔里木河流域为1957～2004年、澜沧江流域为1960～2003年外，其他水文站径流资料为1957～2007年。通过Mann-kendall非参数检验方法（简称M-K方法）（Kendall，1975），对各流域的径流变化趋势进行了显著性检测，表6.3给出了统计检验结果。

表6.3　主要水文站数据信息

编号	河流名称	水文站	控制面积 /万 km²	控制面积占流域 面积百分比/%	水文资料 时间序列	M-K 统计值
1	松花江	佳木斯	52.8	56	1957～2007 年	−2.56**
2	辽河	铁岭	12.1	39	1957～2007 年	−2.88**
3	海河	雁翅	4.4	14	1963～2007 年	−6.78**
4	黄河	利津	75.2	95	1957～2007 年	−5.34**
5	淮河	蚌埠	12.1	37	1957～2007 年	−0.41
6	长江	大通	170.5	95	1957～2007 年	0.85
7	珠江	高要	35.2	61	1957～2007 年	−0.48
8	东南诸河	竹岐	5.5	22	1957～2007 年	0.82
9	澜沧江（西南诸河）	允景洪	14.1	84	1960～2003 年	−0.74
10	塔里木河（西北内陆河）	阿拉尔	15.0	14	1957～2004 年	−2.37**

注：带 ** 的数值表示该站径流量减少趋势通过置信度99％检验。

各水文站点的逐年径流量变化如图6.9，虚线为相应的线性趋势。近几十年来，松花江流域、辽河流域、海河流域、黄河流域、塔里木河流域的径流量均明显减少，减少趋势（M-K值）通过置信度99％检验；淮河流域、长江流域、珠江流域、闽江流域的径流量变化趋势不明显，没有通过置信度检验。这些水文站点的径流量均为观测径流，综合反映了气候变化和人类活动下的流域径流变化。河川径流受气候因素的影响是非常直接的，同时，流域河川径流变化也受到人类活动的影响，尤其是大江大河的干流，受灌溉和水利工程影响突出。受气候变化和人类活动影响，中国大江大河变化的原因较为复杂。以黄河为例，基于对天然时期水文过程的模拟结果，就1970～2000年的平均情况而言，人类活动是黄河中游径流量减少的主要因素，气候变化和人类活动对径流的影响分别占径流减少总量的38.5％和61.5％（张建云等，2007）。

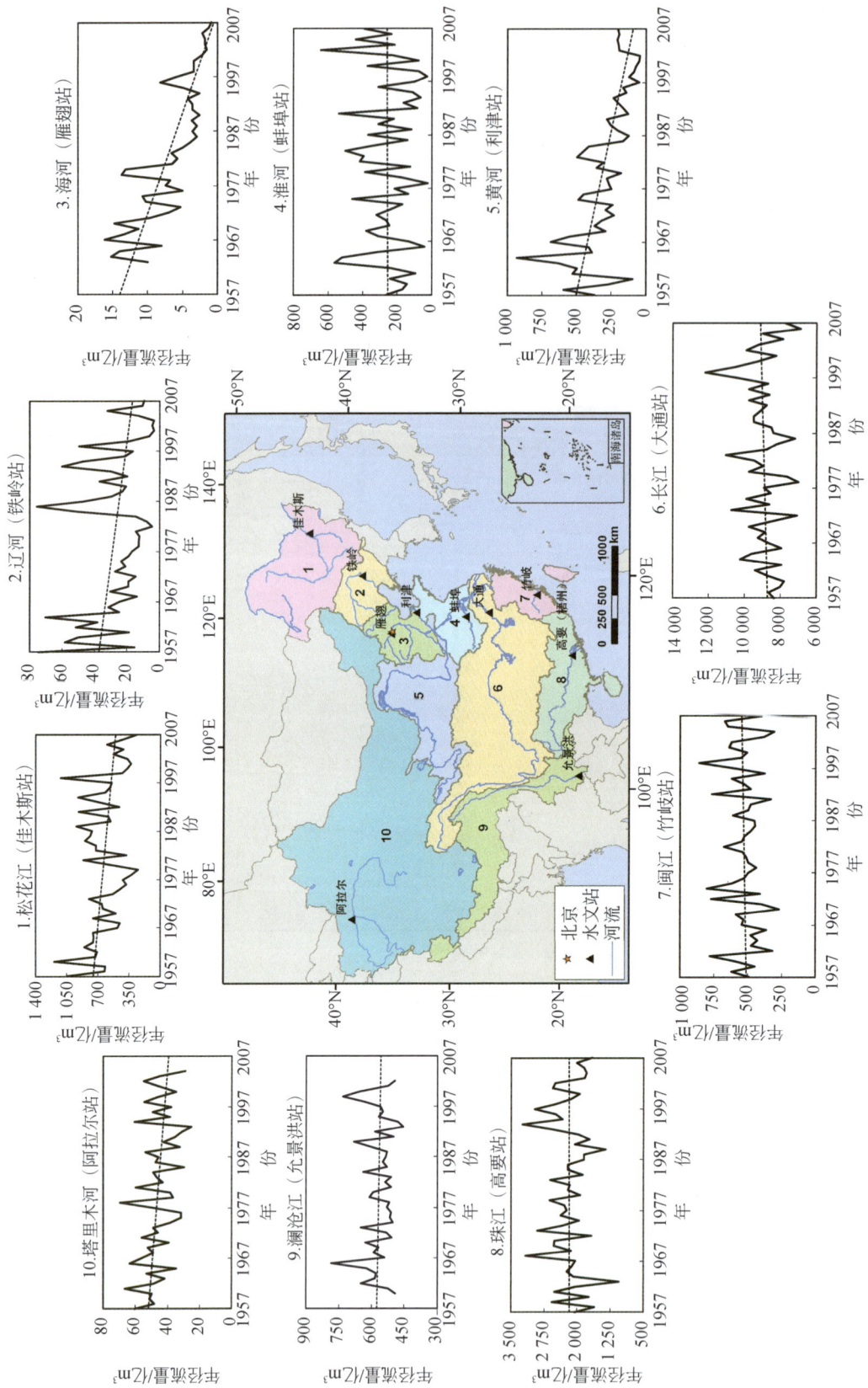

图6.9 中国十大流域及水文站观测径流变化
其中虚线为线性趋势

6.4　近海气候

近 100 年来（1901～2004）各海区均呈升温趋势，尤其是 20 世纪 80 年代以后明显增暖（张秀芝，裘越芳，吴迅英，2005）。近 20 年来（1989～2007），中国沿海气温、海温与海平面均呈明显上升趋势，上升幅度分别为 1.1 ℃、0.9 ℃ 和 92mm（左书华，李蓓，2008）。近海气候环境的变化对生态环境和经济发展存在重要影响，但由于获取海上观测资料的困难，造成长期海洋观测资料的缺乏，限制了对中国近海气候变化的系统了解和整体性认识，变化的空间分布特征和定量化分析结果仍多有差异。

台湾海峡到长江口之间海域是我国近海最大升温区，1958～1976 年与 1977～2000 年相比，冬季约升温 1.4 ℃，夏季约上升 0.5 ℃，升温的幅度明显大于热带、副热带西太平洋（蔡榕硕，陈际龙，黄荣辉，2006）。东海沿岸海面温度（SST）在 1960～1999 年间总体呈上升趋势，冬季的升温尤为明显（郭伟其等，2005）。根据多种来源的历史观测资料，东海北部 SST 在夏季和冬季均存在明显的年代际升温现象（Tang et al.，2009）。1977～1996 年的夏季平均 SST 与 1957～1976 年相比，平均增温 0.46 ℃，台湾暖流增强；同时段冬季平均 SST 的差（除去长江口外海域）为 0.53 ℃（图 6.10）。夏季东海北部 SST 升高主要受黑潮流量增强的影响，而冬季的升温主要是由大气强迫的变化导致的。东海的中尺度现象也存在明显的长期气候变化，研究发现 1977 年以来夏季东海冷涡的强度有所增强，其强度变化

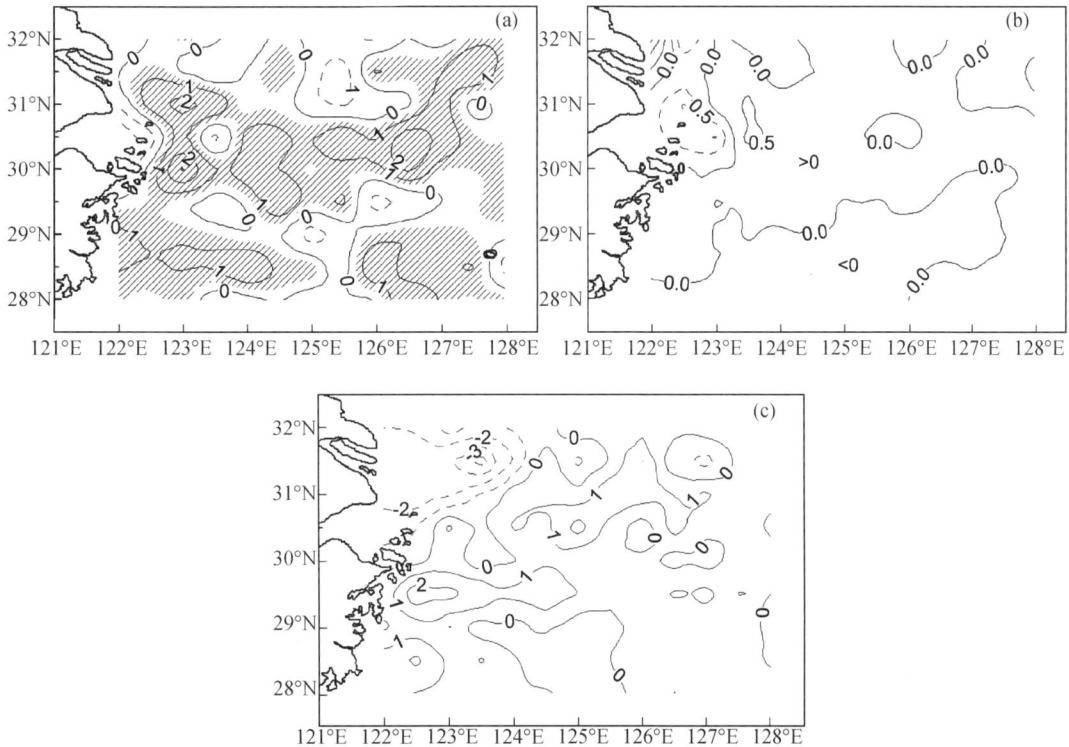

图 6.10　东海北部 1977～1996 年平均与 1957～1976 年平均（引自 Tang et al.，2009）

(a) 夏季海表温度（℃）；(b) 夏季底层盐度；(c) 冬季海面温度（℃）之差。正值表示温度/盐度升高。

(a) 中阴影表示升温 0.5 ℃以上的区域

与黄海暖流及长江冲淡水密切相关，与东海上空的气旋型环流有紧密联系（Chen et al.，2004）。

渤海是中国最浅的边缘海，其水文环境容易受到气候变化的影响。基于渤海沿岸葫芦岛、秦皇岛、塘沽和渤海海峡北部北隍城 4 个海洋观测站 35 年（1961～1996 年）和渤海历史盐度观测资料的分析，近 35 年来全渤海平均盐度升高近 2 psu[①]，渤海湾老黄河口附近海域盐度升高近 10 psu，2000 年渤海的盐度已高于渤海海峡东侧北黄海的盐度（吴德星等，2004）（图 6.11）。基于年代平均淡水通量收支分析，认为黄河入海流量持续锐减是导致渤海盐度升高的主导原因。此外，对比渤海 SST 历史资料发现，渤海 1990～1999 年平均 SST 较 1959～1982 年 23 年平均 SST 有一定的升高，但空间结构没有根本性变化（吴德星等，2005）。

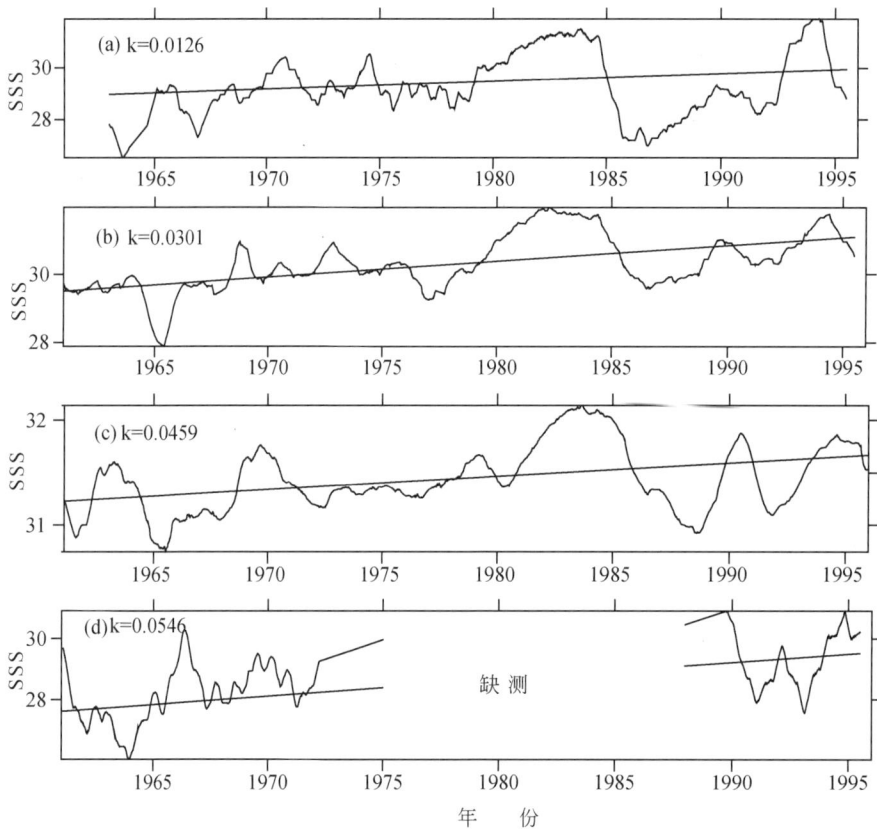

图 6.11　环渤海 4 个海洋观测站海表盐度（SSS）的变化（引自吴德星等，2004）

（a）北隍城；（b）葫芦岛；（c）秦皇岛；（d）塘沽。K 为 SSS（单位：psu）平均年变化率

南海 SST 也有上升趋势，并有加速上升的现象。1971～2003 年期间，南海北部珠江口海表温度呈显著上升趋势，线性上升率约为 0.019 ℃/a～0.034 ℃/a，且珠江口外高于口内（汤超莲等，2006）。南海中部 SST 在 1950～2006 年间约上长了 0.92 ℃（蔡榕硕，张启龙，齐庆华，2009）。

黑潮海区作为太平洋海-气相互作用的活跃区，将大量的热量从低纬区源源不断地输入

① psu 为 practical salinity units，实用盐标

到中国近海。通过对 1945～2006 年 SST 的分析表明，黑潮水入侵对热量平流输运的增加有利于东中国海 SST 长期升高，同样起到促进作用的还有海面风场所控制的垂向卷夹过程（冯琳，林宵沛，2009）。

6.5　近海海洋灾害

6.5.1　风暴潮、巨浪与咸潮灾害

风暴潮是指由于强烈的大气扰动——如强风和气压骤变所导致的海面异常升高的现象。按照诱发风暴潮的天气系统特征，通常把风暴潮分为温带风暴潮和台风风暴潮两大类。另外，在中国北方的渤、黄海还存在另一种类型的风暴潮，它是由寒潮或冷空气引起的。中国的风暴潮灾害一年四季均有发生。台风风暴潮的致灾区域几乎遍及整个中国沿海，多发生在夏秋季节；中国温带风暴潮的致灾区域主要集中在中国的渤、黄海沿岸，多发生在冬半年（11 月至翌年 4 月）。

统计表明（图 6.12）中国沿海风暴潮灾害的直接经济损失由 20 世纪 50 年代的总计几亿元左右，增至 80 年代后期的年均数十亿元。而 90 年代至今损失继续增加，年均直接经济损失超过 100 亿元，严重年份（如 1997 年）达 308 亿元。中国沿海日趋严重的风暴潮灾害已成为制约沿海经济发展的重要因素之一。现在看来，中国风暴潮发生的次数没明显增多，但强度有加强的趋势，这可能与气候变化导致台风强度增强有关。

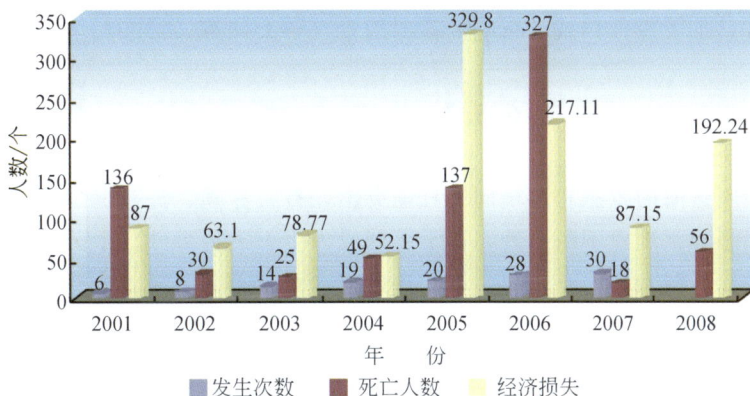

图 6.12　2001～2008 年风暴潮发生情况及造成危害（根据 2001～2008 年国家海洋局海洋灾害公报绘制）

一般认为有效波高 $H_s \geqslant 4m$ 的海浪称为巨浪，在中国一般由台风过程引起。统计研究表明，海上破坏力的 90% 来自海浪，中国东部海域海极值波高在过去 45 年里（1958～2002）北部区域有减小的趋势，南部区域有增大的趋势，这与北部东亚季风减弱及南部台风强度增强相关联（Huang et al.，2008）（图 6.13）。

影响长江口和珠江口咸潮入侵的因素主要有入海径流量、口外潮汐与海水盐度、河口地形与河床阻力、风力与风向以及海流、气候变化、海平面上升等，全球加速上升的海平面与中国沿海平原地带的自然和人为地面沉降可产生叠加作用。若上海邻近海域海平面上升50cm，位于长江口南岸的吴淞口在枯水年的枯水季节出现盐度 $> 250 \times 10^{-6}$ 的时间将超过 80 天，会加剧咸水入侵，对长江口沿岸地区的影响更趋严重（黄东锋等，2008）。通过对珠江

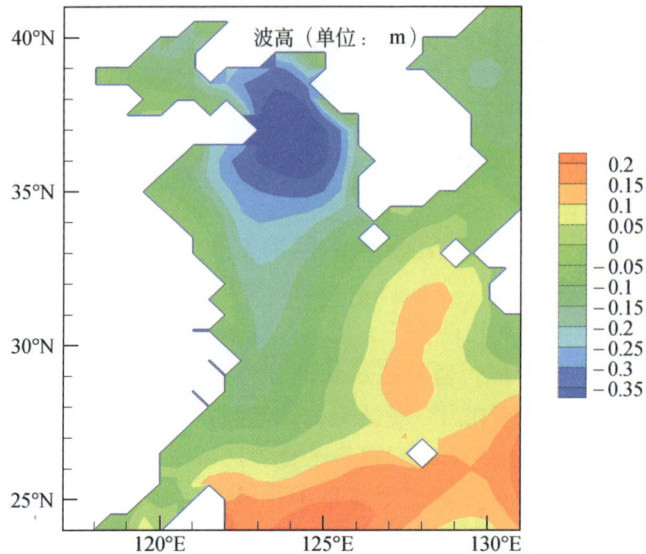

图 6.13   1958~2002 年东中国海极值波高的变化趋势（引自 Huang et al.，2008）

口近 30 年（1979~2008）相对海平面和近 15 年（1993~2007）绝对海平面变化及南海卫星观测和珠江口验潮站观测的海平面变化趋势的研究，认为珠江口的相对海平面上升最主要原因是全球气候变暖和海平面上升。通过研究 29 个冬季（1979~2007）各月西、北江冬季径流量、海平面、表层盐度的变化趋势，以及强咸潮月份的径流、海平面、盐度的对应关系，认为海平面上升是加大珠江口咸潮影响的重要因素（游大伟等，2009）。

6.5.2   生态灾害

近年来，中国近海的生态和环境问题日渐突出，有害赤潮、浒苔绿潮、水母旺发、低氧区扩张等各种生态异常现象不断出现，甚至发展成为生态灾害事件。中国近海有害赤潮的统计结果表明（梁松，钱宏林，齐雨藻，2000；国家海洋局海洋灾害公报），中国近海有害赤潮的发生频率和规模有显著增加的趋势（图 6.14）。从 2001 年至今，中国近海每年赤潮发生次数都在 60 次以上。同时，大规模赤潮在渤海、东海、南海频频出现：1998 年广东、香港近海海域发生大规模米氏凯伦藻赤潮；1999 年渤海发生大规模赤潮；从 2000 年至今，东海长江口海域每年都发生大规模原甲藻赤潮，影响面积可达上万平方千米。此外，甲藻赤潮在中国近海赤潮中所占的比例呈现明显的上升趋势。研究发现，每年春季在长江口及其邻近海域发生的赤潮中主要为东海原甲藻、米氏凯伦藻、亚历山大藻等甲藻（周名江，朱明远，2006）。同时，在渤海、黄海和南海海域，凯伦藻、裸甲藻、亚历山大藻等甲藻形成的赤潮也频频发生[1]。由于许多甲藻藻种能够产生毒素，或者通过其他机制对人类健康、水产养殖和自然生态产生影响，因此，中国近海赤潮向有毒有害赤潮演变的趋势已然出现。除有害赤潮外，从 2002 年到 2006 年，黄东海连续多年出现水母旺发现象。2007 年黄海海域首次暴发浒苔绿潮。2008 年大规模浒苔绿潮再次发生，影响面积达25 000km²，对黄海沿岸地区构成了巨

---

[1]   国家海洋局．海洋灾害公报．http：//www．soa．gov．cn/hyjww/hygb/A0207index ＿ 1．htm，1989~2008 年

大的威胁，在山东、江苏等省市造成了 13.2 亿元的经济损失（国家海洋局海洋灾害公报）。近
海富营养化是中国近海赤潮、绿潮等生态灾害频繁发生的重要原因。进入 21 世纪以后，中
国近海总体污染状况并没有明显好转，在长江口及其邻近海域，大量营养盐输入导致的富营
养化状况仍然非常严重（国家海洋局海洋环境质量公报）。特别是氮营养盐的过量输入，使
得近海海水中溶解无机氮浓度显著上升，改变了水体营养盐结构，这是长江口临近海海域有
害赤潮频繁爆发的重要原因（Zhou et al.，2008a）。

对于全球气候变化与中国近海生态灾害频发之间的联系目前并不清楚。全球变化会影响
到近海海水温度的变化，以及环流、上升流、水体层化等，因此，有可能影响到赤潮的分布
及其爆发的时间。尽管有研究表明中国沿海部分赤潮的发生受到气候变化因素的影响
（Yang，Hodgkiss，2004；Zhou et al.，2008b；吴瑞贞，马毅，2009），但是，对于气候变
化影响有害赤潮等生态灾害形成、分布及演变的过程和机制，仍有待于深入研究。

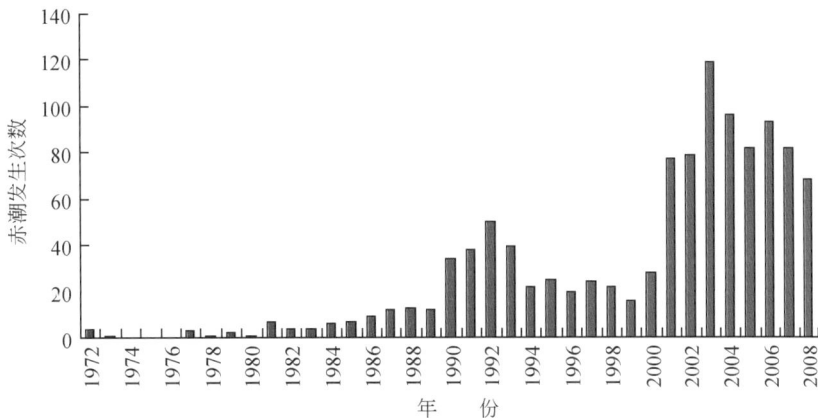

图 6.14　20 世纪 70 年代至今中国沿海赤潮发生情况［根据梁松，钱宏林，齐雨藻（2000）
和国家海洋局海洋灾害公报①绘制］

6.6　沿岸海平面

6.6.1　验潮站观测到的中国沿岸海平面变化（1977～2008 年）

过去 100 年间，我国海平面上升了 20～30cm，平均每年上升 2.5mm。据 2007 年和
2008 年《中国海平面公报》报道，最近 30 年来（1977～2008）中国沿海海平面总体呈波动
上升趋势，平均上升速率为 2.6mm/a，高于全球海平面平均上升速率（图 6.15）（中国海平
面公报，2008）。

中国沿海海平面的变化具有明显的区域特征，最近 30 年来各海域的上升速率有所差异，
其中，渤海海域最大，总体上升量为 118mm，黄海海域及东海海域次之，总体上升量分别
为 87mm 和 86mm，南海海域最小，总体上升了 72mm。沿海各主要岸段的上升幅度也有较
大差异，其中，天津沿岸上升最快，幅度达 196mm，上海次之为 115mm，辽宁、山东、浙
江上升均在 100mm 左右，福建、广东较低为 50～60mm，总体趋势为北快南缓（表 6.4）

①　国家海洋局．海洋灾害公报．http://www.soa.gov.cn/hyjww/hygb/A0207index_1.htm，1989～2008 年

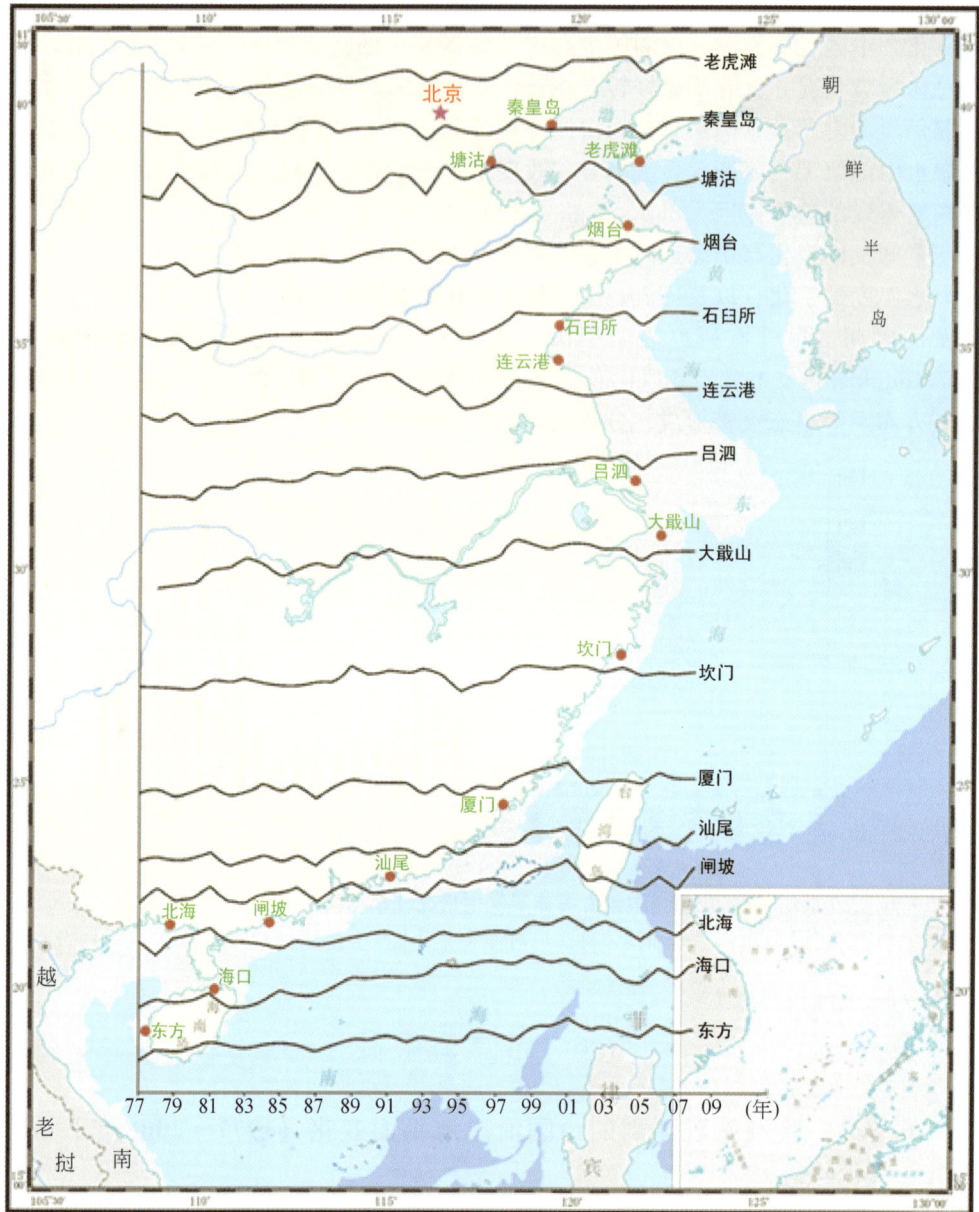

图 6.15　1977～2008 年中国沿海主要监测站海平面变化（引自中国海平面公报，2008）

（中国海平面公报，2007，2008）。

表 6.4　中国沿海主要岸段或区域 1977～2008 年海平面上升统计（中国海平面公报，2007，2008）①

岸段或	沿海省（自治区、直辖市）											海区				全海域
区域	辽宁	河北	天津	山东	江苏	上海	浙江	福建	广东	广西	海南	渤海	东海	黄海	南海	
上升量 /mm	109	48	196	96	78	115	98	47	55	81	80	118	86	87	72	92

---

①　国家海洋局．中国海平面公报．http：//www. soa. gov. cn/hyjww/hygb/zghpmgb/2009/03/1225332553131587. htm

中国东部沿海验潮站资料表明东部沿海缓慢上升（图 6.15），且与全球海平面变化趋势相一致，海平面变化的主要原因为地面沉降和全球变暖导致的海水受热膨胀（邢灿飞等，2005）。

6.6.2 遥感监测到的中国沿岸海平面变化（1993～2003 年）

由于验潮站大多分布于大陆沿岸，无法观测大洋内部，同时验潮站所处的陆地本身也存在垂直运动，观测的是相对其所处陆地的海平面变化。随着卫星测高数据在分辨率和精度上的不断提高，其覆盖范围大和绝对高度测量可以弥补验潮站的不足，因此卫星测高技术已成为海平面高度观测的一个重要手段。对 TOPEX/Poseidon（T/P）卫星高度计资料的分析表明，1993～2003 年 T/P 海平面的上升速率为 4.93mm/a（颜梅等，2008），说明东中国海近10 年的海平面上升要大于全球平均海平面上升速率。东中国海海平面长期变化趋势的空间分布的最大上升区位于台湾岛的东侧和北侧海域以及日本海的南部（图 6.16），最大上升速率为 8.50mm/a；总比容海平面的最大上升区出现在琉球群岛西南、日本九州岛的西南以及台湾岛的西南等海域；热比容海平面的最大上升区域与总比容几乎吻合，只是琉球群岛西南侧海域范围要小得多，另外热比容海平面在冲绳岛的东南有一明显的下降区。资料分析表明冲绳岛的东南区域的热比容海平面在上升，因此该区域的下降趋势可能为资料原因导致（杜凌等，2005）。

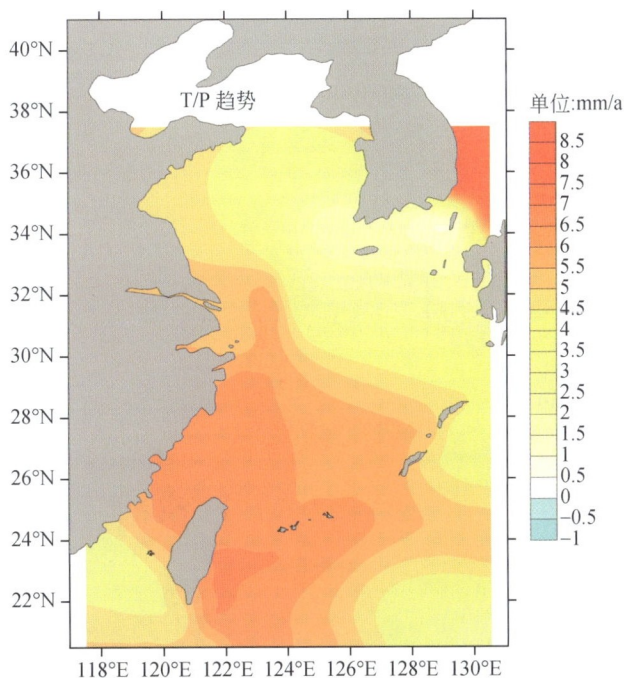

图 6.16 东中国海 1993～2003 年间 T/P 海平面变化空间分布（引自颜梅等，2008）

由于浅海海平面变化受风、环流结构影响较大，T/P 海平面和比容海平面的长期趋势空间分布不同。东中国海 T/P 海平面在 1993～2003 年间的线性上升速率为 4.93mm/a，总比容海平面为 3.18mm/a，对 T/P 海平面的上升贡献为 64.5%，其中热比容海平面为

1.88mm/a，盐比容海平年为 1.30mm/a，热比容对 T/P 海平面的贡献为 38%，盐比容贡献为 26%。南海海平面平均以 4.70mm/a 的速度上升，最大区域在南海的东北部 (10.0mm/a)，西南部为下降区域，中心值 23.0mm/a，比容海平面的上升速率为 4.20mm/a，比容海平面的位相比 T/P 海平面大约提前 2 个月（丁荣荣等，2008）。比容海平面的快速上升及其对海平面上升的主导贡献，体现了全球气候变暖及其对上层海洋温度的影响上。

第七章　历史气候变化

提　要

本章评述了过去 2 万年来中国的气候变化。给出了中国末次冰期冰盛期以来的气候格局、冷暖波动和快速强降温事件的温度变幅。指出过去 1 万年的气候呈现明显的千年准周期振荡，过去 2000 年存在百年尺度的冷暖、干湿波动，各地"中世纪暖期"、"小冰期"和"20 世纪暖期"的出现和持续时间不尽相同。由于 15 世纪以前中国温度变化的重建结果尚有不确定性，目前的证据表明，20 世纪可能是过去 500 年的最暖世纪。过去 1000 年间中国大范围持续干旱事件大多出现在寒冷气候背景下，其严重程度超过迅速增暖的 20 世纪。过去 500 年，中国北方多雨的降水分布型在相对温暖背景下的出现频率高于相对寒冷背景。1743 年华北极端高温事件超过 20 世纪的高温极值记录。

7.1　近 2 万年的气候变化

7.1.1　从末次冰期冰盛期向全新世气候的转换

1. 末次冰期冰盛期

末次冰期冰盛期（Last Glacial Maximum，LGM）是距今最近的一个与现代气候反差最大的寒冷时期，其时间约在 21kaBP（相当于 ^{14}C 年代 18 ka BP，ka BP 指距 1950 年之前的若干千年，下同）前后。LGM 时中国冬季风强、夏季风弱，气候冷干，沙漠和黄土堆积区大规模扩张，海岸线较今东进 800～1000km，1/3 的边缘海成为陆地。当时中国年均气温 0℃的等温线维持在辽东半岛南端—燕山—太行山山麓—黄土高原南缘一线，1 月 0℃等温线从现在的秦岭—淮河一线南移到南岭附近，7 月温度全国大部分地区大体与现在 5 月中旬相当，中东部年平均温度较今约低 10℃，东部的森林带分布界线向南推移 300～1000km；200mm 等雨量线从东北的松嫩平原西部经长城沿线向西延伸到青海共和盆地，与马兰黄土堆积的北缘相当，此线以西的荒漠气候区占全国面积的半数以上。由于夏季风弱小，当时华北大部地区和东北中部地区为季风尾闾区，已退化成草原气候，年降水量约 200～400mm；江淮地区的年降水量也仅为 500～600mm，唯长江以南地区年降水仍有 1000mm（安芷生等，1991；陈瑜，倪健，2008；董光荣，靳鹤龄，陈惠忠，1997）。

2. 冰后期的快速回暖与新仙女木事件

LGM 后中国气候快速转暖，但呈现不稳定特征；至全新世开始，其间存在两次千年左右的暖湿期及三次冷干事件。两次暖湿期存在的时间是日历年 15 ka BP 和 13 ka BP 左右，分别对应格陵兰冰芯中界定的 Bôlling 和 Allerôd 暖期，冷干事件则分别对应老仙女木、中仙女木和新仙女木事件（马春梅等，2008）。仙女木事件是 12.9～11.5 ka BP 前后发生的全球性突然降温事件（图 7.1），当时中国绝大部分地区气候冷干，其中南海冬季温度较今低 1.5～3.3℃（汪品先等，1996），河西走廊地区则较今低 6℃～8℃（王乃昂等，2000），因而风尘堆积增加、湖面急剧下降、孢粉总量显著减少或草本植被花粉比例增加（周卫建等，1996；Wang et al.，2001；曹广超等，2009）。

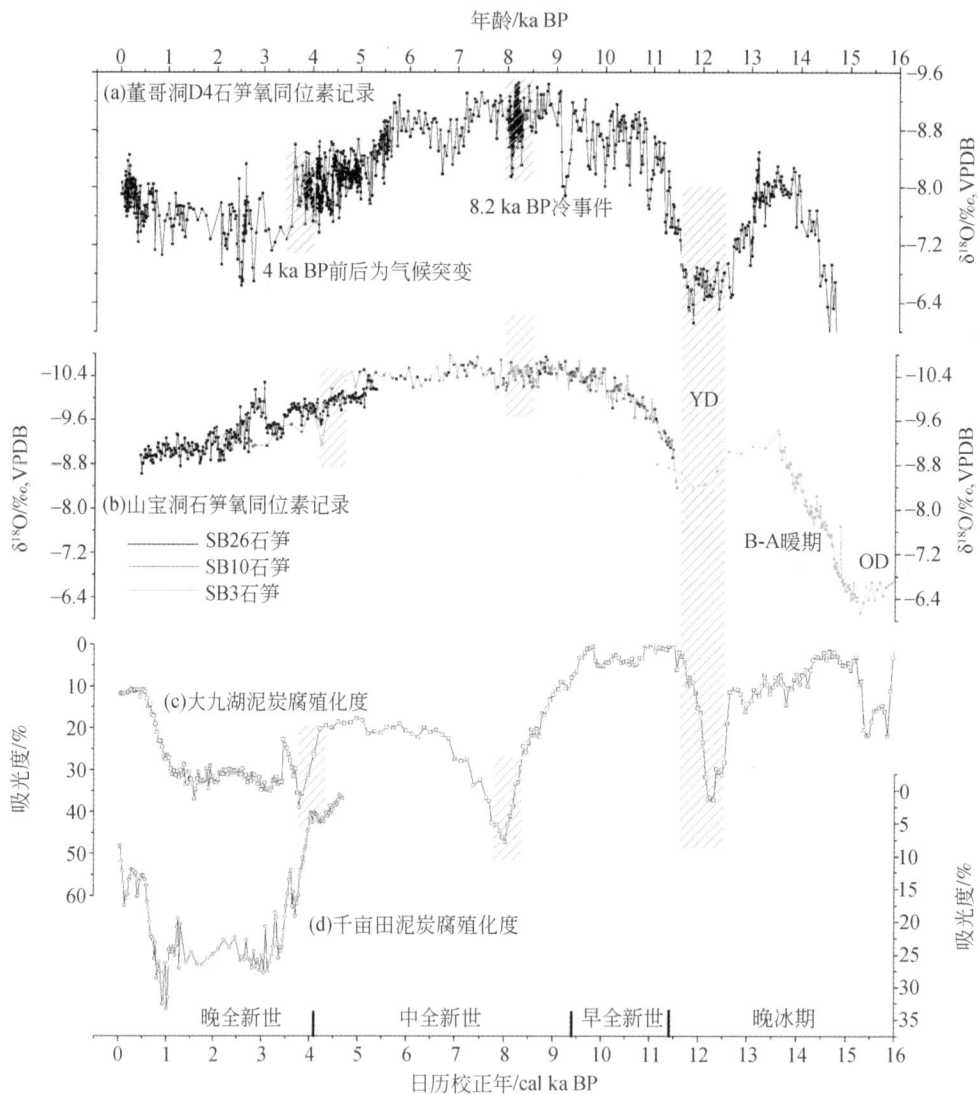

图 7.1　最近 2 万年间的新仙女木事件（YD）、8.2 ka BP 和 4 ka BP 降温事件，见图中阴影所示
［据马春梅等（2008），覃嘉铭等（2004）绘制］

新仙女木事件（Younger Dryas，YD）根据丹麦哥本哈根北部沉积剖面黏土层中所发现的苔原植物八瓣仙女木花粉而命名，是指冰川消融期间 12.9 至 11.6ka 的一个时期，这段时期的特征是许多地点都暂时回到较冷的状态，特别是在北大西洋周围。该事件是 15ka BP 以来从冰期向全新世间冰期气候快速过渡过程中所发生 3 次强变冷事件中的最后一次，因其寒冷程度几乎与冰期相当，相对于稍早的"中"、"老"仙女木事件而称为新仙女木事件。

7.1.2　全新世气候

全新世以新仙女木事件结束为开端，是第四纪冰期—间冰期旋回中的现代间冰期时段，中国气候变化可分为三个阶段。早期（8.5～8.0ka BP）是第一个阶段，全国绝大多数地区温度上升、降水增加，中期为第二个阶段（8.0～4.3ka BP），全国气候暖湿，被称为全新世大暖期（Megathermal），晚期（4.3ka BP 以来）气候转冷。

1. 全新世大暖期盛期

全新世大暖期盛期（Megathermal Maximum）出现在 6ka BP 前后，中国气候明显暖于现代，在百年尺度上其最暖时段的年均气温较今约高 2℃，其中，青藏高原高 4℃～5℃、长城以外地区高 3℃、东部地区高 2.5℃、长江流域以南地区高 2℃（图 7.2）。当时的降水显著多于现代，其中，贺兰山以西的西北部地区多 50～100mm，青藏高原和秦岭—淮河以北

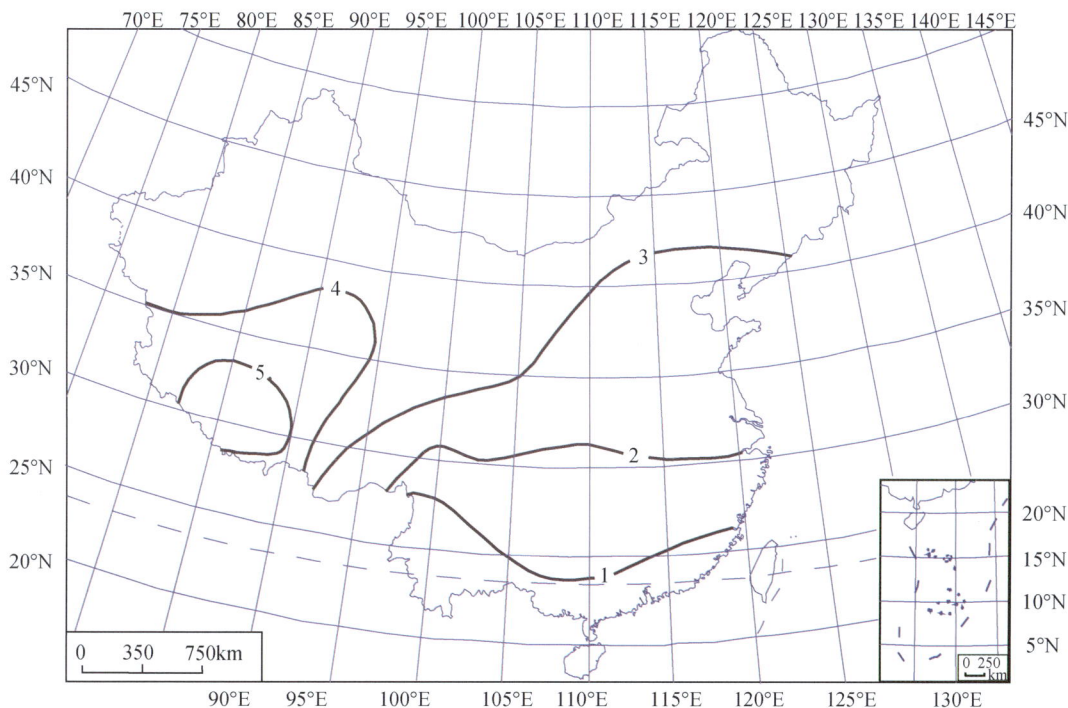

图 7.2　全新世大暖期盛期期间中国温度与现代温度的差异幅度（单位:℃；施雅风等，1993）

地区多 100~200mm，南方地区多 200mm 左右。因为气候暖湿，中国东部森林分布界线北移约 200~500km，草原—森林分界线西推 200~300km，沙地和黄土地区普遍发育古土壤，青藏高原冻原的面积缩小、树线比现今高 300~500 m，内陆湖泊普遍出现高湖面和湖水淡化现象（施雅风等，1993；安芷生等，1991；陈瑜，倪健，2008；董光荣，靳鹤龄，陈惠忠，1997；方修琦，1998）。

2. 千年周期与突变事件

中国的全新世气候变化存在明显的千年周期振荡特征，存在 2300~3000a、1300~1500a 与 1000a 等 3 个准周期，其中以 1300~1500a 最为显著（方修琦，葛全胜，郑景云，2004），与北大西洋深海沉积物所指示的气候突变事件重现周期（1470±500）a 基本对应；此外，还存在约 500a、200a 等百年尺度的准周期（刘嘉麒等，2000）。

全新世气候突变事件也称为快速气候变化（rapid climate change，RCC）。从北大西洋深海沉积物中冰漂沉积（ice-raffed debris，IRD）辨识出的全新世 9 次寒冷事件在中国均有相应的表现（方修琦，葛全胜，郑景云，2004）。其中，最为重要的是 8.2ka BP 和 4ka BP 事件。

8.2ka BP 的降温事件（始于 8.4 ka BP 结束于 8 ka BP）被认为是进入全新世以来发生的最强的全球性降温事件，中国在此期间夏季风减弱，气候冷干。如西昆仑山古里雅冰帽地区、祁连山敦德冰帽地区及川西稻城古冰帽等地区存在与 8.2ka BP 降温事件相对应的冰川终碛，青海共和盆地则年龄为 8.2ka BP 左右的存在冻融褶皱；在古里雅冰芯中，$\delta^{18}O$ 值在 8.4~8.3ka BP 的 100a 时间里从 −11.6‰ 急剧下降到 −17.9‰；青海湖在 8.4~8.0 ka BP 期间孢粉浓度显著降低。另外，贵州董哥洞、湖北山宝洞的石笋记录显示 8.2ka BP 前后降水急剧减少，浑善达克沙地沙丘和沙/黄土剖面中出现了年龄为 8.2 ka 的粗沙层（周亚利，鹿化煜，Mason，2008）。

4.3~4.0ka BP 前后开始，中国发生了强烈的环境恶化事件，许多地区出现明显的寒冷、干旱、洪水等极端气候事件，这被认为是全新世暖期环境结束的重要标志。其间，中国气候急剧变冷变干，内陆湖泊水位降低，西部地区冰川扩张，北方落叶阔叶树显著下降，喜冷植物增加（谭亮成等，2008）。

7.2　过去 2000 年的气候变化

过去 2000 年是气候变化由自然因素驱动占主导地位过渡到人类活动因素与自然因素共同驱动的阶段，也是气候变化自然证据和人文证据并存的阶段。重建这一时段的气候变化的事实，分析其变化的时空特征及其机制，是理解和检测现代全球变暖是否异常及其产生原因，准确预估未来气候变化的基础。

由于现代仪器观测资料在全球大多数地区不超过百年（中国大多数地区 20 世纪 50 年代始有仪器观测资料），因此需要依据高分辨率代用资料来重建和分析这一阶段的气候变化。中国拥有世界上独有的、年代悠久、记录连续详尽、气候意义清晰的文献证据，现已对其中的气候及其相关的记载进行了系统的采集和勘校（张德二，2004），还拥有石笋、冰芯、树轮、湖泊等高分辨率自然记录档案。据研究（Ge et al.，2007）在 50~100 年尺度上，利用文献证据和自然证据重建的温度结果具有较高信度的一致性。

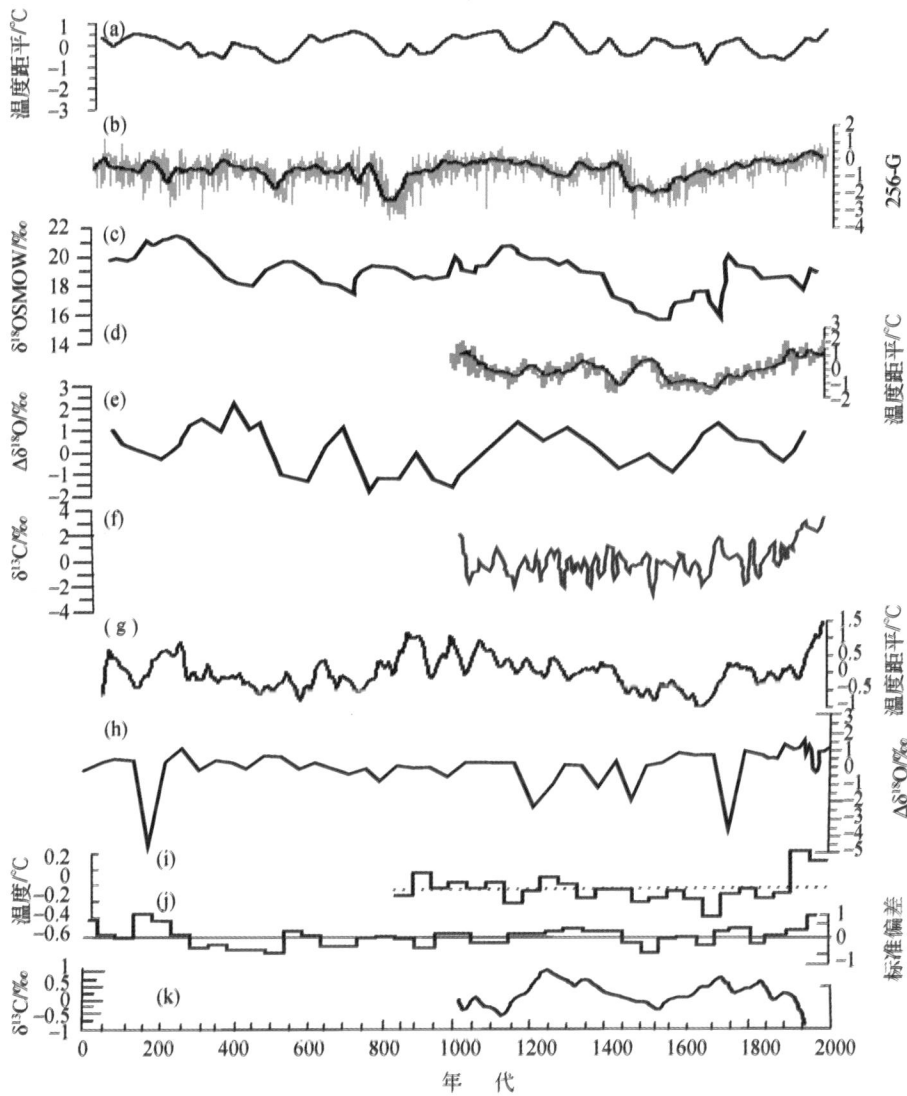

图 7.3　根据代用资料重建的中国过去 2000 年温度与冷暖变化序列

（a）中国东部冬半年气温距平（相对于 1951～1980 年的均值）；灰细线：每 10 年；粗实线：
每 30 年（Ge et al.，2003）；（b）北京石花洞石笋 δ¹⁸O 的标准化值（相对于序列均值）；灰细
线：每年；粗实线：每 30 年（Tan et al.，2003）；（c）吉林金川泥炭 δ¹⁸O 值（Hong et al.，
2000）；（d）祁连山地气温距平标准化值（相对于序列均值，根据树轮宽度和 δ¹³C 重建）；灰
细线：每 3 年；粗实线：每 30 年（刘晓宏等，2004）；（e）四川红原泥炭 δ¹⁸O 值（徐海，洪业
汤，2002）；（f）青藏高原 4 个冰芯（普若岗日、古里雅、达索普、敦德）的 δ¹³C 标准化值
（姚檀栋等，2006）；（g）全国集成（Yang et al.，2002）；（h）青海苏干湖沉积物 δ¹⁸O 值
（Qiang et al.，2005）（i）近 1200 年的中国平均气温（相对于 1880～1979 年平均）的距平
（王绍武，龚道溢，2000）；（j）青藏高原集成（Yang，Brauning，Shi，2003）；（k）青海昌都
树轮碳同位素（杨保，Braenuing Achim.，2006）

7.2.1 温 度 变 化

近十几年来，中国学者分别利用文献证据（Ge et al.，2003）和树轮（刘晓宏，秦大河，邵雪梅，2004；杨保，Braenuing，2006）、冰芯（姚檀栋等，2006）、石笋（Tan et al.，2003）、泥炭（徐海，洪业汤，2002）、沉积（Qiang et al.，2005）等自然证据，以及综合利用多源证据（王绍武，龚道溢，2000；Yang et al.，2002，Yang，Brauning，Shi，2003）重建了若干区域或全国的温度序列。

这些重建序列在时间段上均覆盖了过去千年以上，在时间分辨率达到了1～10年。综合这些重建结果可以看出，过去2000年中国温度变化（图7.3）具有明显的百年尺度的波动，不同地区均经历这种波动。虽然不同地区在冷暖阶段的起止时间和冷暖变幅上存在一定的差别，但区域之间的冷暖变化阶段仍具有较好的相似性。

青海昌都树轮氧同位素（杨保，Braenuing Achim.，2006）。重建结果表明，中国东中部地区过去2000年气候共历经了四个暖期和三个冷期等7个阶段（表7.1），以冬半年温度计，这些阶段之间的冷暖转换大多存在1.0℃左右的升降幅（郑景云和王绍武，2005）。这个结果与其他四条根据历史文献重建的结果基本一致（Ge et al.，2007）。

表 7.1 过去 2000 年中国东部冷暖期的冬半年气温平均距平及其
最暖与最冷 30 年的气温距平（Ge et al.，2003）

		冷暖期	距平平均值与均方差/℃		最暖的 30 年及其温度距平/℃		最冷的 30 年及其温度距平/℃	
暖期	I	0 年代～200 年代	0.14	0.20	90 年代～110 年代	0.4	30 年代～50 年代	−0.2
	II	570 年代～770 年代	0.23	0.18	690 年代～710 年代	0.5	600 年代～620 年代 750 年代～770 年代	0.0
	III	930 年代～1310 年代	0.18	0.40	1230 年代～1250 年代	0.9	1140 年代～1160 年代	−0.5
	其中	930 年代～1100 年代	0.27	0.19	1080 年代～1100 年代	0.5	930 年代～950 年代	0.0
		1110 年代～1190 年代	−0.33	0.15	1170 年代～1190 年代	−0.2	1140 年代～1160 年代	−0.5
		1200 年代～1310 年代	0.43	0.44	1230 年代～1250 年代	0.9	1290 年代～1310 年代	0.0
	IV	1920 年代～1990 年代	0.20	0.26	1980 年代～1990 年代	0.5	1950 年代～1970 年代	0.0
冷期	I	210 年代～560 年代	−0.47	0.33	240 年代～260 年代 360 年代～380 年代	0.0	480 年代～500 年代	−1.0
	II	780 年代～920 年代	−0.50	0.23	840 年代～860 年代	−0.1	810 年代～830 年代	−0.7
	III	1320 年代～1910 年代	−0.39	0.36	1380 年代～1400 年代 1500 年代～1520 年代 1740 年代～1760 年代	0.1	1650 年代～1670 年代	−1.1

过去 2000 年中国西部地区百年尺度的冷暖变化与东部地区基本相似，各阶段的起讫时间也与东部地区相差不大，但在变化幅度上存在一些差异。根据冰芯、树轮、积物和冰川波动等各种代用资料，重建的近 2000 年青藏高原温度变化显示青藏高原在 1150～1400 年为最暖，而 800～1100 年表现为弱暖期（Yang et al.，2002）。

另外，在全面收集已重建温度序列的基础上，采用 IPCC AR4 过去千年温度变化的包络评估方法，分区域地评估中国境内温度重建结果的不确定性，以及过去 2000 年中国温度变化重建结果的可靠性（Ge et al.，2010）。具体步骤是依据 1961～2007 年的气象观测资料，利用最大正交旋转主成分分析的方法，将中国划分为东北、西北、东中部、青藏高原和东南等 5 个温度变化具有明显差异的区域，然后采用 IPCC 过去千年温度变化的包络评估方法，对源于历史文献和自然证据等代用资料的 24 条中国过去 2000 年温度变化重建结果进行了集成评估（图 7.4）。

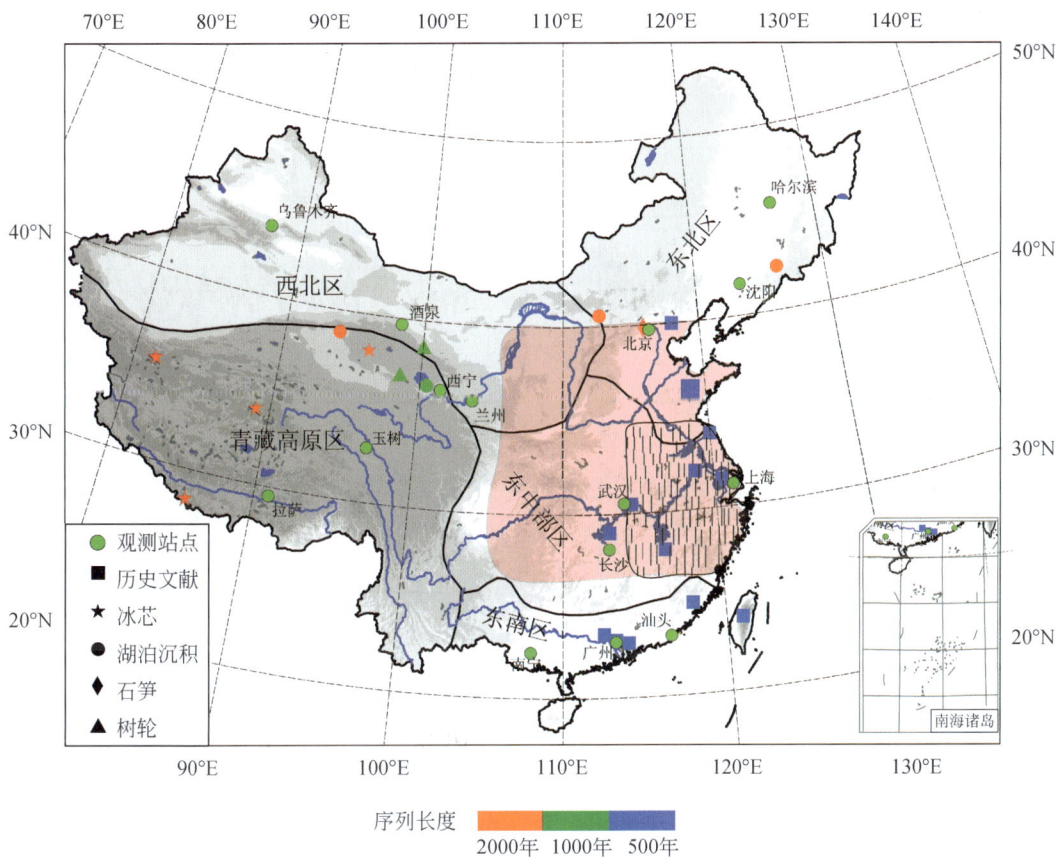

图 7.4　5 个年温度变化较为一致的区域（粗黑曲线隔开）、重建的温度序列覆盖区域和代用资料采样点的分布图

红色是利用历史文献重建温度变化的区域；序列长度为 2000 年、1000 年及 500 年的重建点分别用红、绿和蓝色表示；由浅至深灰色阴影表示海拔高度由低至高（Ge et al.，2010）

结果表明：①过去 500 年来，源于各种代用资料重建的全国和各区域温度变化的结果基本可信；②1470 年代以前全国及各区域的温度变化重建结果存在显著的不确定性；③各区百年尺度的温度变化过程存在明显的位相差异，"小冰期"、"20 世纪暖期"在各地出现和持续的时间也各不相同，以青藏高原区、东北区和西北区出现时间最早；④20 世纪是过去 500 年中最暖世纪，但由于重建结果存在不确定性，目前仍无法对 20 世纪与中世纪暖期的温暖程度进行定量比较（图 7.5）。

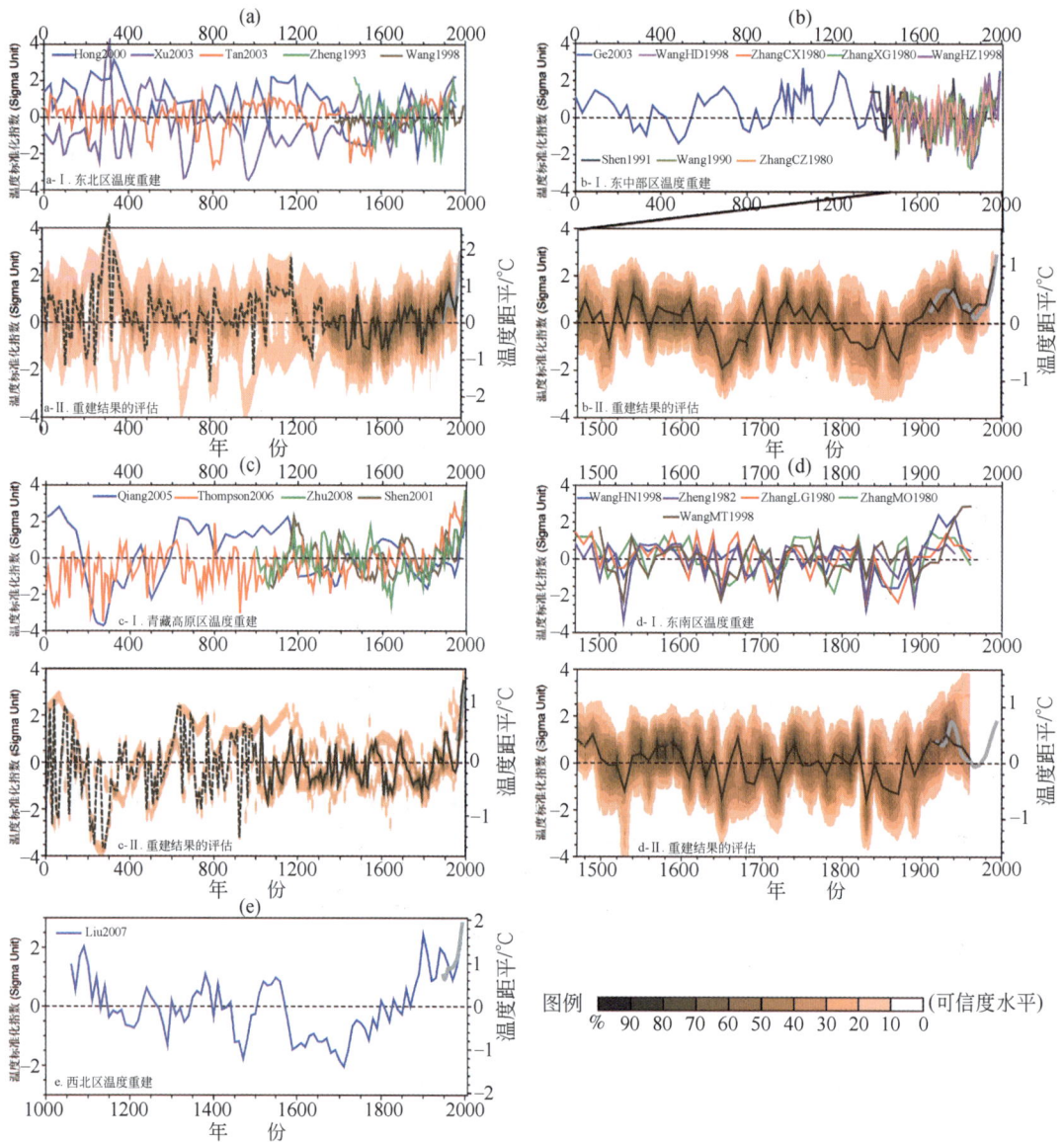

图 7.5　过去 2000 年温度重建结果 5 个区域的综合评估（图中引用曲线参见 Ge et al.，2010）
（a）东北区；（b）东中部地区；（c）西北地区；（d）青藏高原地区；（e）东南地区

7.2.2　干湿变化

　　丰富的历史文献记载为中国东部 2000 年的降水变化研究提供了大量的代用资料。以这些资料为基础重建的东部地区（约 105°E 以东，25°～40°N）公元 500 年以来干湿变化序列表明：这一地区曾经历多次百年尺度的干湿波动（图 7.6），其中 500 年代～870 年代、1000年代～1230 年代、1430 年代～1530 年代及 1920 年代～1990 年代等 4 个阶段相对较干；880年代～990 年代、1240 年代～1420 年代与 1540 年代～1910 年代等 3 个阶段相对湿润；而且各个百年阶段内又包括数个 10 年尺度的干湿波动（Zheng et al.，2006b）。

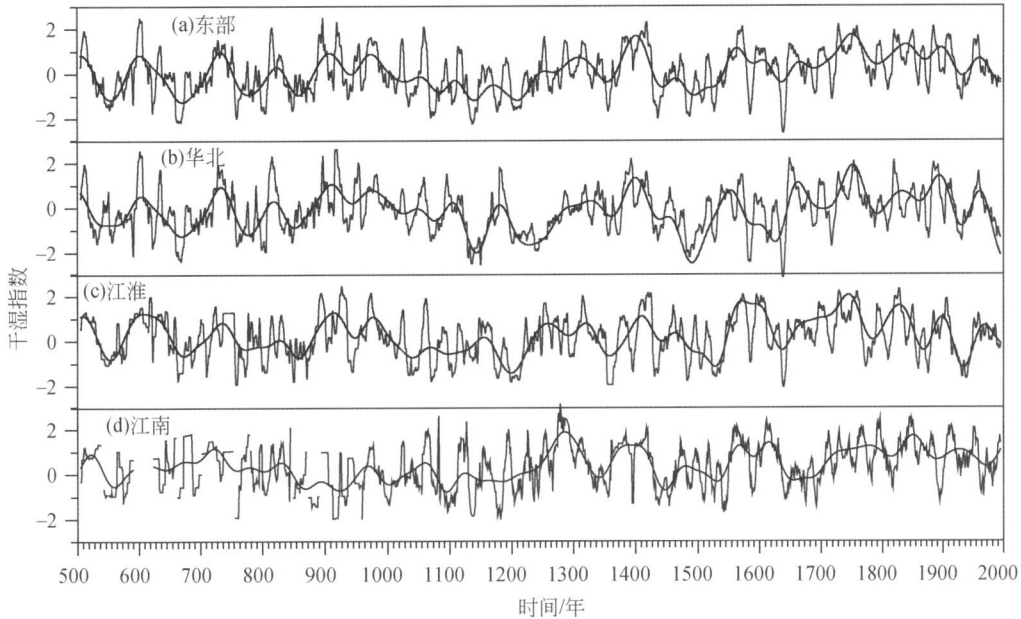

图 7.6 中国东部地区过去 1500 年的干湿指数变化（Zheng et al.，2006b）
细实线：干湿指数；粗实线：干湿指数的 30 年 FFT（快速傅里叶变换）平滑曲线

中国东部干湿变化的另一个特征是区域之间的变化位相不同步，如约在 1450 年代～1700 年代及 1800 年代～1990 年代，江南地区和华北地区的多年代际变化往往存在相反的变化趋势；而在 1450 年以前，这种反相变化则不甚明显。此外江南和江淮地区在 11～13 世纪与 18～20 世纪的多年代变化趋势也以反相居多（Zheng et al.，2006b）。

近年来中国学者根据冰芯、树轮、沉积和石笋等代用资料，重建了 20 多条过去 2000 年西部地区干湿序列（康兴成，2003；Sheppard et al.，2004；邵雪梅等，2004）。其中利用树轮证据重建的青海西北部都兰降水序列显示，公元 51～375 年，426～500 年，526～575 年，626～700 年，1100～1225 年，1251～1325 年，1451～1525 年，1651～1750 年阶段相对较干，而公元 376～425 年，576～625 年，951～1050 年，1351～1375 年，1551～1600 年阶段以及现代相对较湿（Sheppard et al.，2004），在德令哈地区的重建结果也具有类似特征（邵雪梅等，2004）。

具有年分辨率的古里雅冰芯冰川积累量记录了近 2000 年来该地区降水变化：公元初是一个降水减少的时期，以后降水在波动中趋增。近 2000 年来的干湿变化可划分出 4 次干期（401～560 年、721～980 年、1081～1500 年、1801～1900 年）和 5 次湿期（301～400 年、561～720 年、981～1080 年、1501～1800 年、1901 至今）。1000～1100 年前后是一个关键转折时期，之前气候干燥，之后降水增多（姚檀栋等，1996）。

但迄今为止，恢复过去降水序列的研究方面仍有许多问题须进一步探讨。有些地区的多个序列之间一致性不是很好，甚至相互矛盾，其原因是多方面的，既有研究方法问题，也有测年问题。

7.2.3　中世纪暖期和小冰期

1. 中世纪暖期

竺可桢曾根据历史文献证据认为中国不存在与欧洲对应的中世纪暖期。20 世纪 90 年代的研究指出 9 世纪初至 13 世纪中国存在可与欧洲中世纪暖期相对应的温暖气候（满志敏，张修桂，1993；Zhang，1994）。近年的研究进一步证实中国存在中世纪暖期，且中东部地区十分显著（Ge et al.，2003；Tan et al.，2003）。通过对昌都地区分辨率为 5 年的树轮 $\delta^{13}C$（杨保，Braenuing Achim.，2006）、苏干湖泊（Qiang et al.，2005）以及根据冰芯、树轮、湖泊沉积物和冰川波动等各种代用资料（Yang et al.，2002）集成研究表明，中国西部地区也明显存在中世纪暖期。

中国中世纪暖期大约存在于公元 900～1300 之间，但不是一个持续的暖期。从中国东部这一阶段的重建结果来看，中世纪暖期间存在一个长达近百年（1110 年代～1190 年代）的相对寒冷时段，其冬半年气温较 1951～1980 年约低 0.3℃（Ge et al.，2003）。

关于中世纪暖期温暖程度，不同重建结果之间存在较大差异。有研究表明，930 年代～1310 年代中国东中部冬半年气温较 1951～1980 年高 0.2℃，其中 960 年代～1100 年代及 1200 年代～1280 年代是这一温暖阶段中最为温暖的两个时段，其冬半年气温较 1951～1980 年分别高 0.3℃ 和 0.6℃；1230 年代～1250 年代是其中最暖的 30 年，其冬半年气温较 1951～1980 年约高 0.9℃（Ge et al.，2003）。另有研究注意到，认为在气候最为温暖的 13 世纪中叶（即 1250 年前后），华北地区的年平均气温较现代高约 1℃～2℃（满志敏，张修桂，1993）；还有人据文献记载推算中世纪暖期华中地区的年平均气温高于现代 0.9℃～1.0℃，1 月平均气温高于现代 0.6℃，极端最低气温多年平均较现代约高 3.5℃（Zhang，1994）。石笋证据表明北京中世纪 5～8 月的温度与现今相近（Tan et al.，2003）；树轮证据显示青藏高原地区公元 1200～1400 年夏季温度是 1000 年来最暖的时期，比现今（20 世纪）高约 1.2℃，其间最暖的 13 世纪比 20 世纪平均值高出 1.6℃（杨保，Braenuing Achim.，2006）。

中世纪暖期中国的干湿状况存在显著的区域差异。自 11 世纪至 13 世纪中期，东部地区气候相对较干，其中，长江以北地区显著偏干（Zheng et al.，2006b）。两宋时（约公元 1050～1250 年）四川涪陵、云阳长江枯水位记载最多（郑斯中，1983），黄河决溢次数较少（施少华，1994），是中国过去三千年来第二大湖泊萎缩时期（Fang，1993）。广东湛江一个湖光岩玛珥湖高分辨率沉积物指标也显示公元 880～1260 年之间该地区表现为暖干（图 7.7）（Chu et al.，2002）。

在西部地区，古里雅冰芯累积量指示了中世纪暖期的干旱环境（姚檀栋等，1996）；而在西部季风边缘区对树轮和石笋的研究结果则显示降水增加（邵雪梅等，2004），中国北方的农牧交错带上和附近沙漠带等季风边缘区也表现出类似的特点，当时古土壤发育，许多内陆湖泊出现高湖面，流沙活动减弱，植被覆盖度增加（武健伟，鲁瑞洁，赵廷宁，2004）。

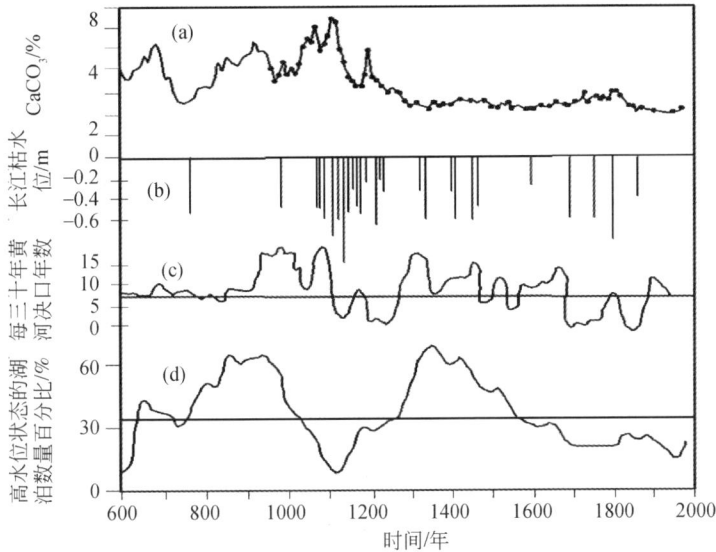

图 7.7　中国东部地区中世纪暖期干湿状况

(a) 广东湛江湖光岩玛尔湖 $CaCO_3$ 百分含量 (Chu, 2002)；(b) 黄河决溢频率 (施少华, 1994)；

(c) 四川涪陵、云阳古石刻枯水位 (郑斯中, 1983)；(d) 中国历史高水位状态的湖泊数量百分比 (Fang, 1993)

中世纪暖期

"中世纪暖期"（Medieval Warm Period 或 Medieval Warm Epoch 缩写为 MWP）指公元 1000 年至 1300 年之间的一段时期，在该时期内北半球某些区域比随后的小冰期温暖。该词最早由 H. Lamb 于 1965 年提出。由于 1100～1200 AD 正处于欧洲的"中世纪"，当时西欧的气温较 1900～1939 年高 0.5～1.0℃，故而得名。又因，当时欧洲大部分地区气候对人类社会的发展比较有利，又被称之为中世纪气候最佳期（Medieval Climate Optimum）或"小气候适宜期"（Little climatic optimum）。然而，中世纪暖期间，世界其他一些地区降水发生异常，干旱非常严重。最为典型的是美国西部（尤其是加利福尼亚东部和西部大盆地）在 1210～1350 年发生了长期干旱，并对当地居民的生活和文明发展产生了严重的不利影响，因此一些学者认为用"中世纪气候异常期"（Medieval Climate Anomaly）称谓可能更合适。

2. 小冰期

中国东中部地区的寒冷阶段起于 14 世纪初，迄于 19 世纪末，持续时间约 600 年，其间共包括 4 个（即 1320 年代～1370 年代，1410 年代～1490 年代，1560 年代～1690 年代，1790 年代～1890 年代）持续百年左右的寒冷时段和 3 个持续数十年（即 1380 年代～1400 年代，1500 年代～1550 年代，1700 年代～1780 年代）的相对温暖时段；寒冷与温暖时段之间的温度波动幅度较大。以冬半年气温计，中国东中部地区整个寒冷期（1320 年代～1910 年代）平均较 1951～1980 年均值约低 0.4℃，其中最冷（1650 年代～1670 年代）的 30 年约低 1.1℃（Ge et al.，2003）。

在西部地区，从青藏高原地区 4 个高分辨率冰芯记录集成的 $\delta^{18}O$ 记录看，虽然自 15 世纪前期开始，气候有转冷趋势，并多次出现明显的降温（其中冷谷分别位于 16 世纪前期、

17 世纪后期、18 世纪后期及 19 世纪前期），但从总体上看，这一阶段的寒冷程度与其前（即 11～13 世纪）的冷暖状况相比降温幅度不大，只是冷暖波动幅度较大。19 世纪中期以后，这一地区的气候就开始持续转暖。这说明，与中国其他地区在 15～19 世纪均出现持续寒冷气候相比，青藏高原地区在小冰期期间的气候降温幅度较小（姚檀栋等，2006）。

中国小冰期的降水与干湿变化同样具有显著的区域差异。东中部地区 14～15 世纪前期相对偏湿，15 世纪中期至 17 世纪末相对偏干，18 世纪初至 19 世纪末又转向湿润。同时干湿的南北分异特征增强，这一时段内的南北干湿在多年代（60～80 年）尺度上常呈反位相变化，表现为当华北地区转向相对湿润时，长江以南地区往往转向相对干旱；反之当华北地区转向相对干旱时，长江以南地区往往转向相对湿润（图 7.6）（Zheng, Hao, Ge, 2005）。

1400～1920 年，西北干旱区相对湿润（图 7.8），区内高大山系降水较多，西昆仑山古里雅冰芯积累量增大，天山山间湖泊水位回升，祁连山敦德冰芯孢粉总浓度增加；盆地内流系统水量也出现了相应的变化——塔里木盆地克里雅河和塔里木河流量增大，准噶尔盆地艾比湖水位上升，巴丹吉林沙漠地下水补给量上升，居延海入湖水量增大，湖面扩展，青海湖盆地降水增加，有效湿度增大，苏干湖水体盐度降低，入湖水量/蒸发量之比升高等。青藏高原东南部受夏季风影响的边缘地带，小冰期内部存在次一级的干湿波动，两个湿度较高的时期出现在 16 世纪和 18 世纪，分别与小冰期内部的两个相对温暖时期有很好的对应（姚檀栋等，1996；陈建徽等，2008）。

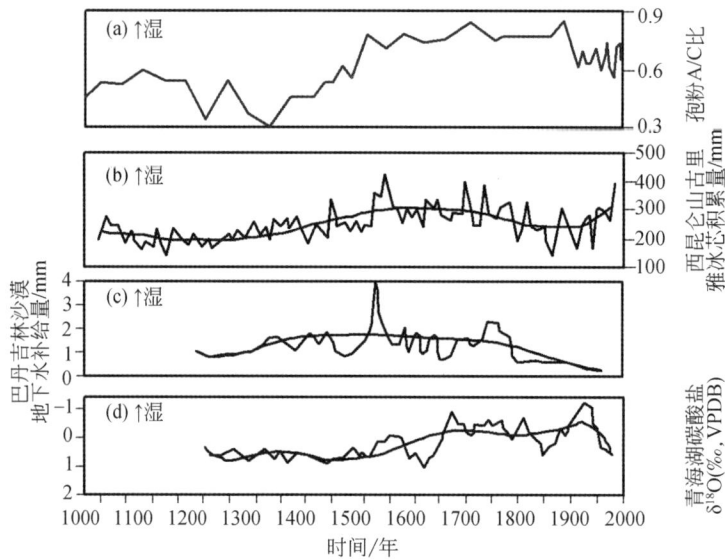

图 7.8

（a）新疆博斯腾湖 BST04H 孔岩芯孢粉 A/C 比（陈建徽等，2008）；（b）古里雅冰芯净积累量（姚檀栋等，1996）；
（c）巴丹吉林沙漠地下水补给量变化（陈建徽等，2008）；（d）青海湖自生碳酸盐氧同位素变化（陈建徽等，2008）

小 冰 期

小冰期（Little Ice Age, LIA）是由弗朗索瓦—埃米尔·马泰（François-Emile Matthes）于 1939 年提出的，最初是一个冰川学概念，主要用来描述全新世最适宜期以来，即全新世晚期近 4000 年来的山地冰川前进的阶段。20 世纪 60 年代之后愈来愈多的研究者将这一广泛的冰川前进期称为新冰期，而将"小冰期"用来专指大约在公元 1400 年至 1900 年之间的一段时期，当时北半球的温度普遍比现在低得多，特别是在欧洲。

7.3　近 500 年的气候变化

7.3.1　近 500 年的温度变化

继竺可桢开创性的历史温度研究（竺可桢，1973）之后，中国学者又利用文献记录先后建立了多个分辨率为 10 年的 500 年区域温度序列，一致确认过去的 500 年间中国的温度变化呈现 3 次冷、暖时段交替的基本特征，指出各冷暖时段的起讫年代（张丕远，龚高法，1979；张德二，1980），且这些冷暖时段与欧洲、日本的记录有很好的对应。推算上海、汉口两地冬温的 10 年平均值，指出 1470～1950 年间中国长江中、下游地区冬季温度（10 年平均）的变幅是 1.8℃～2.0℃（张德二，1980）。2002 年以后，又利用历史文献记录的物候现象重建了中国东部过去 2000 年分辨率为 30 年的冬半年（10～4 月）温度序列，其近 500年的分辨率为 10 年，指出最寒冷的时段是 1560 年代到 1690 年代和 1790 年代到 1890 年代（Ge et al.，2003）。有研究对据历史文献重建的中国东部不同地区近 2000 年和近 500 年的温度重建序列进行的评估，认为各序列反映的温度变化趋势有很好的一致性（郑景云，王绍武，2005）。同时，树木年轮研究不断深入，一些关于西北干旱区及其毗邻地区的温度序列相继发表（蔡秋芳等，2008；勾晓华等，2007；刘禹等，2001，2009），还利用北京石花洞石笋年层厚度建立了分辨率为年的北京暖季（5～8 月）温度序列（Tan et al.，2003）等。对这些温度代用序列的 500 年时段也得出了一些新的认识。不过，值得注意的是其中一些研究结果彼此尚有差异，如关于小冰期的开始和结束时间、19 世纪以后气候迅速转暖的开始时间、小冰期最寒冷时段的认定等。另外，关于温度序列的建立方法和一些温度代用气候记录的解读仍值得深入探讨，如，一些树轮气候序列所代表的有夏季温度、初春温度、冬半年平均温度或夏季平均最高温度等各不相同，不宜直接当做年平均温度来进行温度变化的综合分析等。各种代用气候记录的校准工作仍待展开。

7.3.2　近 500 年的降水（干湿）变化

1. 东部地区的降水变化

根据历史文献记载重建的中国近 500 年旱涝序列和逐年旱涝分布图（1470～2000 年），是研究过去 500 年降水变化的基础资料（中央气象局气象科学研究院，1981；张德二，李小泉，梁有叶，2003）。它包含分布于全国的 120 个站点，但以 100°E 以东的资料连续性好，所以多用于揭示东部地区的降水变化，由这份资料又衍生出多种区域的旱涝等级、干湿指数序列等（王绍武，赵宗慈，1979；张德二，1983，2010）。在这基础上展开的中国 500 年旱涝的系列研究，已对中国降水变化的演变规律和特征得出较详细的认识，指出在过去 500 年间呈现干湿气候期交替的特点和各区域干湿气候期的划分。还指出中国降水变化的时间变率大、区域差异大的特点，由 1470～2000 年的区域序列曲线（图 7.9）即可见华北序列和江淮、华南序列的明显差异，有时甚至呈相反的变化趋势，如 1590 年、1610 年、1750 年、1820 年、1910 年前后等（张德二，2010）。对 16 个区域旱涝等级序列的功率谱分析表明，2～3 年的准两年振荡是过去 500 年间各区域降水变化的共同特征，5～6 年、9～11 年、准22 年和准 33 年周期在部分区域明显，各区域之间的旱涝变化有共同的准周期，但除同步变化外，还有位相的相对变化，从南北方向看，南面区域的旱涝变化比北面区域早 1 年发生（张德二，1983）。

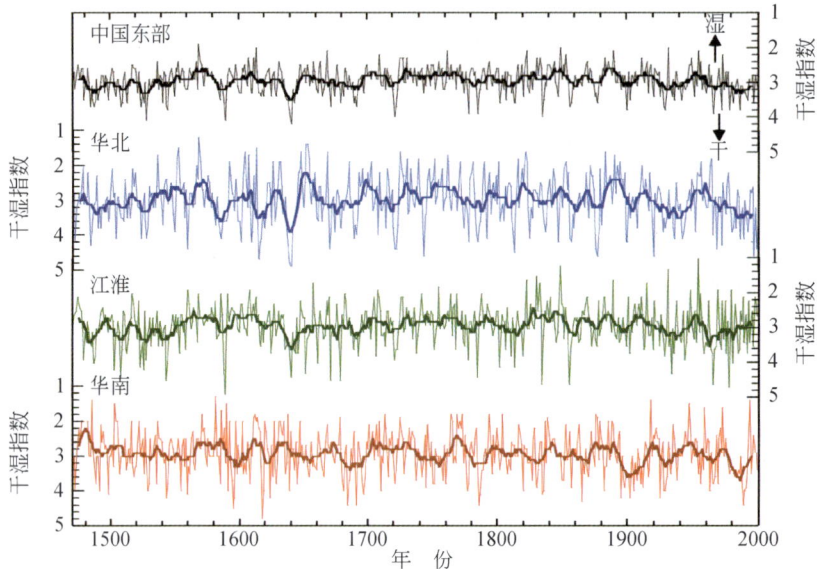

图 7.9　公元 1470～2000 年中国东部区域干-湿指数的变化（Zhang et al.，2010）

2. 西部地区的降水变化

中国西部历史文献记录缺乏，但有大量高分辨率的冰芯、树轮等自然记录可资利用，由这些记录的综合而得出了有关降水变化的新认识。

冰川积累量是大气降水在冰川上的直接记录（姚檀栋等，1995，1996）。利用敦德冰芯积累量序列、乌兰树轮年表、青海湖环境指数序列、黄河上游唐乃亥历史流量等级、河西地区历史旱灾频率序列等代用资料，分析该地区近 500 年来的降水变化指出，有 5 次气候干旱期：1470～1500 年代，1580～1650 年代，1720～1760 年代，1840～1870 年代和 1920～1980 年代（王涛等，2004），利用大复本量的树轮宽度序列，重建的柴达木盆地东北缘德令哈地区近 1000 年来的年降水量变化序列显示，多雨期发生于 1520～1633 年和1933～2001年，而少雨期主要为 1429～1529 年和 1634～1741 年（邵雪梅等，2004）。这些时期也是近千年干旱持续时间最长的 3 个时期。利用祁连山中部北坡的年轮宽度指数重建的公元 800 年以来的 PDSI（帕尔默干旱强度指数）干旱曲线（Zhang Y et al.，2009）和德令哈地区降水曲线在低频变化上非常一致，且均指示 20 世纪的降水变化幅度仍处在气候的自然变率范围之内。新疆地区的树轮气候研究也取得进展。

3. 旱涝空间分布型的变化

有关中国近五百年的逐年旱涝空间分布型的研究延续了很久，最初是根据 EOF（经验正交函数分析）的原理利用中国近五百年旱涝等级序列来进行的（王绍武，赵宗慈，1979），之后又有多种五百年的逐年旱涝分布型年表发表（于淑秋，林学椿，1989；叶瑾林，王绍武，李晓东，1997），这些年表都是将降水的空间分布划分为 6 种类型，这基本上概括了中国降水分布的基本特征，只是不同的作者的分型名称略有不同，给出的逐年的分型结果也彼此略有差异，显然这与不同作者的主观判断差异有关。这六种分型简称为：全国涝型、全国旱型、南北涝长江旱型、南北旱长江涝型、北涝南旱型和北旱南涝型。有的研究者为了突出大范围旱涝特征，对 500 年旱涝等级资料进行空间滤波处理，然后再做分型（于淑秋，林学椿，1989）后来又有人采用新的分析手段如 REOF（旋转经验正交分析）等，但结果出入不大（王绍武，赵宗慈，陈振华，1993；叶瑾琳，王绍武，李晓东，1997）。对近 500 年旱涝型频数及频数距平的统计表明，这 6 种降水分布型的出现次数最多的是北旱南涝型，其余依次是全国涝型、南北旱长江涝型、全国旱型、南北涝长江旱型，出现次数最少的是北涝南旱型。研究指出 旱涝型存在阶段性，某一时段以某几个型为主，另一时段以另几个型为主，北方偏旱（涝）和南方偏涝（旱）交替出现（于淑秋，林学椿，1989）。

近些年由于中国北方地区的缺水问题更带来极大的困扰，由此而引出关于中国北方多雨的降水分布格局的长期演变，及其与大范围冷暖气候背景是否有关联的问题。为此，进行了综合利用历史文献记录、树木年轮代用记录和降水量资料来确定近五百年间的北方多雨年份和北方东部多雨年份，并建立历史年表（1470～2007 年）的研究（张德二，梁有叶，2009）（北方地区指秦岭淮河以北、90°E 以东的广大地区，其中 105°E 以东为北方东部地区）。这项研究所用的树轮降水序列，经代用记录的校准检验认为具有高可信度（张德二，2010）。关于北方多雨年的研究指出，在过去的 538 年间有北方多雨年 97 年（发生率 18.0%）和北方东部多雨年 174 年（发生率 32.3%），二者均呈现阶段性集中出现的特点，各有 6 个长约 20～40 年的频繁发生时段（图 7.10）。在东亚和北半球气候相对温暖的时段内，北方多雨年和北方东部多雨年的发生频率明显地高于气候相对寒冷的时段，这意味着在未来气候变暖的背景下，中国的降水分布将可能出现北方多雨年频繁出现的情形。不过在最近百年的全球大范围急剧升温时段，北方多雨年的发生频率仅表现为高于冷时段而已，并未呈现随增温速率的加快而同步增高，这表明北方多雨年的发生率与温度背景并非简单的线性关系（张德二，梁有叶，2009）。

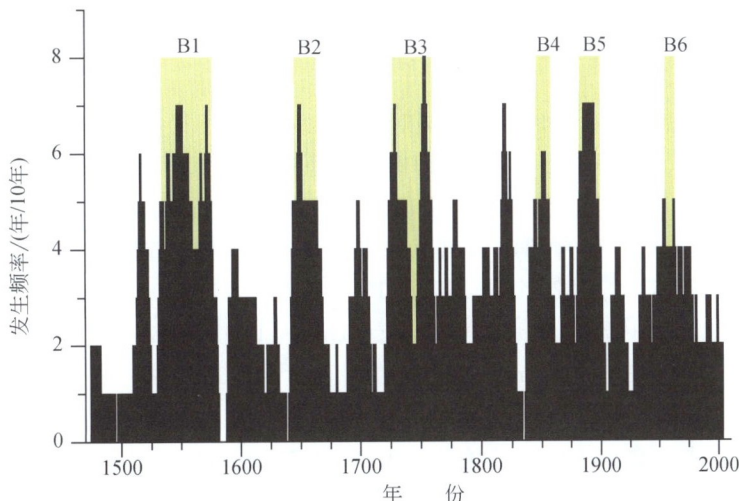

图 7.10　1470～2007 年中国北方东部（秦岭淮河以北、105°E 以东）
多雨年发生频率（张德二，梁有叶，2009）
B1～B6 分别为 6 个频繁时段

4. 近 300 年的降水变化

利用清代宫廷档案的逐日天气记录"晴雨录"重建的北京 250 年降水序列早已由原中央气象局气象科学研究所（中国气象科学研究院的前身）完成并交付使用。近些年，经复验和改进计算方案又给出更新的北京 1724～2000 年降水量、夏季降水量序列（图 7.11），指出 1724～2000 年北京降水变化呈现的准周期性和干湿阶段交替出现特点，2000 年正处于自 1970 年以来的最近一次干旱阶段的降水量最低位置（张德二，刘月巍，2002）。

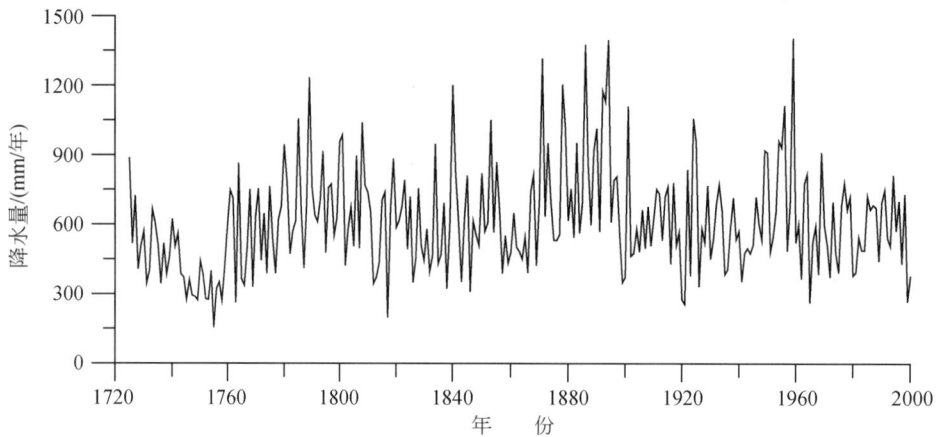

图 7.11　北京年降水量序列 1724～2000 年（张德二，刘月巍，2002）

利用清宫"晴雨录"资料还重建了长江下游 18 世纪的梅雨序列，给出历年入梅、出梅日期、梅雨期长度、梅雨期雨量值和历年梅雨等级表，指出梅雨变化具有 9 年、4～5 年、2～3 年的准周期性，指出现代梅雨变化的基本特征在 18 世纪也同样存在。1723～1800 年平均入梅日期为 6 月 15 日、出梅日期为 7 月 6 日，梅雨期长度为 20 天，单站平均雨量为 190mm。还指出早梅雨入梅日期偏早则雨期偏长、梅雨量偏多。这些特点与现代梅雨相近（张德二，王宝贯，1990）。

另一项长江中下游 1736～1911 年梅雨期的变化的研究也得出相似结果，这是利用清代宫廷档案"雨雪分寸"资料进行的（图 7.12）。它还指出近 300 年以来长江中下游地区的梅雨期长短、季风雨带位置移动与东亚夏季风强弱变化有较好的对应关系，1736～1770 年、1821～1870 年及 1921～1970 年等时段东亚夏季风偏强，中国东部夏季风雨带多位于华北和华南，梅雨期偏短；1771～1820 年、1871～1920 年及 1971～2000 年等时段东亚夏季风偏弱，雨带多位于长江中下游地区，梅雨期偏长（Ge et al.，2008a，b）。

利用"雨雪分寸"资料，2002～2006 年中国科学院地理科学与资源研究所的历史气候小组研究模仿清代人的观测方法，在黄河中下游与江淮流域设立自然降水入渗的试验观测站，找到了降水量与入渗深度的统计关系，重建了 1736～1911 年黄河中下游地区 17 个站点的降水量（Zheng，Hao，Ge，2005；Ge et al.，2005；Hao et al.，2008）；通过统计分析并诊断其可能的气候驱动机制，目前已初步得出以下主要结论：黄河中下游地区在 1915 年前后存在降水由多变少的突变，其中 1791～1805 年、1816～1830 年及 1886～1895 年等 3 个时段降水明显偏多；而 1916～1945 年及 1981～2000 年等 2 个时段降水则明显偏少；该区域的降水变化以 2～4 年、准 22 年和 70～80 年为主要周期。在年尺度上，黄河中下游地区的

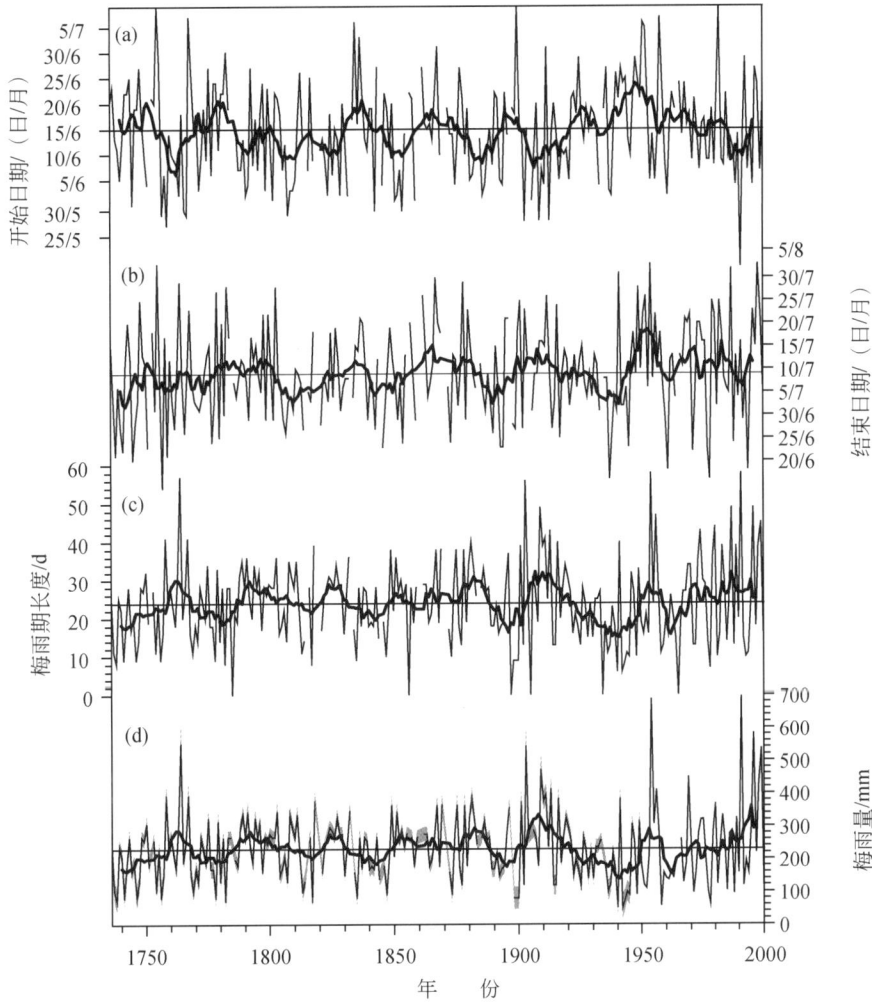

图 7.12　1736~2000 年梅雨的特征量（引自 Ge et al.，2008）

（a）入梅日期；（b）出梅日期；（c）梅雨期长度；（d）梅雨量；粗曲线：9 年滑动平均值；

直线：整个序列的平均值

降水变化与 El Nino 事件密切相关，在 El Nino 事件发生的当年或第二年，黄河中下游地区的降水比常年偏少；而其准 22 年的变化特征与太平洋十年涛动（Pacific Decadal Oscillation，PDO）的关系较为密切；在 70~80 年尺度上，黄河中下游地区的降水变化与太阳黑子相对数的周期变化基本对应（Ge et al.，2008a，b）。

7.4　历史极端气候事件

7.4.1　历史极端低温事件

中国历史上的极端低温寒害事件屡见于历史文献的记载，严寒的标志是冬季强寒潮活动频繁，广大地区出现异常寒冷的记录，如井水结冰，大范围的竹木冻死，中纬度江、河、湖泊封冻或过早封冻，冰层坚厚，北纬 35 度以南的海面结冰，冻雨多发生，果树种植业遭受毁灭性的冻害，罕见冰雪的南岭以南地区大范围冰雪霜冻为害等。许多寒冷情景是 20 世纪未曾出现过的。虽然严冬通常集中地出现在气候寒冷时期，值得注意的是它们在不同的冷暖气候背景下或不同的冷暖气候阶段均有发生。这些寒冬事件有出现于小冰期最盛期的，如 1620/21 年、1654/55 年、1670/71 年、1690/91 年等，也有出现于气候相对温和的 18 世纪的，如 1745/46 年等，更有出现在欧洲、日本许多地区寒冷气候期结束以后的，如 1861/62 年、1864/65 年、1877/78 年以及全球大范围迅速增暖背景之下，如 1892/93 年，还有若干严重的江河湖泊结冰的寒冬事件，如 1493/94 年、1513/14 年、1577/78 年等（张德二，1997）。

有研究采用"事件发生概率密度函数小于 10%"的标准，以 1951 年以来全国冬季气温距平序列为依据，确定 1954~1955、1956~1957、1967~1968、1976~1977 及 1983~1984 年等 5 个冬季为严寒冬季。这些极端冷冬均在中国南方地区出现了大范围、持续性的严重雨雪冰冻天气气候灾害，使江淮地区的大河、大湖（如淮河、汉水、洞庭湖、鄱阳湖、太湖等）及长江以南河湖出现冻结，并造成大范围的柑橘及其他亚热带、热带果蔬发生严重冻害。据此可确定 1650~1910 年的极端寒冬共发生 41 次（图 7.13）。从每 50 年的极端寒冷事件发生次数统计结果看：1650~1699 及 1850~1899 年是 1650 年以来发生极端寒冷事件最为频繁的 2 个 50 年，其出现次数几乎是 20 世纪后半叶（1950~1999 年）的 2 倍；19 世纪前半叶（1800~1849 年）发生次数较 20 世纪后半叶多 50%；而 18 世纪上下半叶则大致与 20 世纪后半叶相当（Zheng et al.，2006a）。不过，值得进一步讨论的是这项研究指出的历史极端寒冷事件都是发生在寒冷的小冰期的气候背景下的，而且在全球变暖背景下的 1951~2000 年的极端寒冷事件发生率还高于小冰期中的 1701~1800 年。

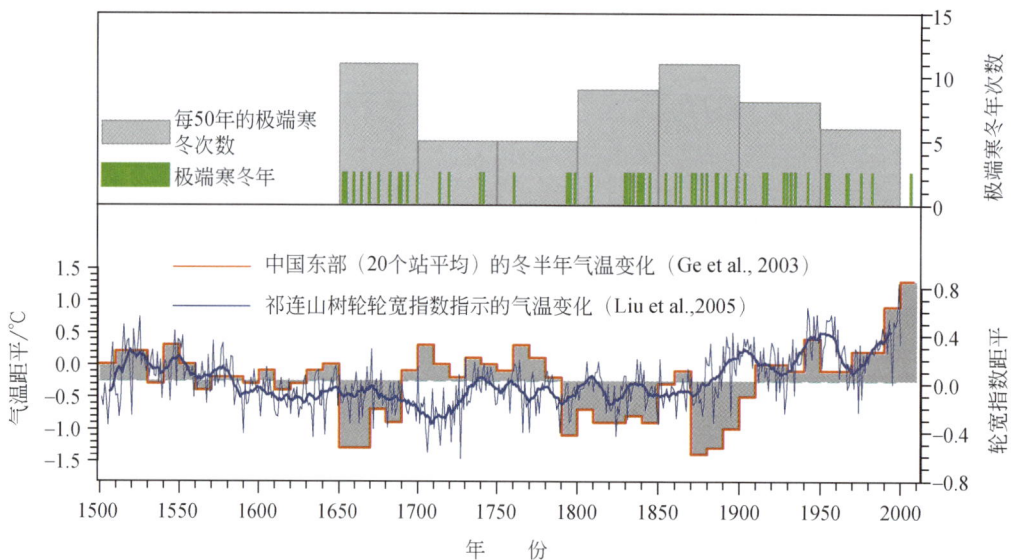

图 7.13 公元 1650~2008 年间的中国极端寒冷事件（上）及其与气温变化（下）的对比（Zheng et al.，2006a）

7.4.2 历史极端高温事件

随着全球变暖的加剧，各国夏季高温事件频频发生，1999 年中国北方夏季高温，北京出现 42.3℃的极端高温记录，引起各界对极端高温事件的极大关注和议论，或疑问这些极端高温事件是否为过去千年所未见，或疑问是否只有在 CO₂ 温室气体高浓度时才会有如此高温事件发生等。一项关于近 500 年极端高温事件——1743 年夏季华北炎夏高温事件的研究对此作了探讨。该研究（张德二，Demarry，2004）分析新近在欧洲发现的北京早期仪器观测的气象记录资料、清代宫廷天气观测记录、欧洲教士的通信和中国历史文献记载以及对比 15～19 世纪中国各次炎夏事件的实况记述，认为 1743 年夏季是中国最近 700 年来最炎热的夏季（图 7.14）。1743 年 7 月 25 日北京的日最高气温高达 44.4℃（这早年的温度计是经过检定的，只是细节已无从稽考），超过了 20 世纪的极端气候记录 42.6℃（1942 年）和 42.3℃（1999 年），表明近 20 年全球迅速增暖后的北京高温记录并非千年以来的最高值。研究指出 1743 年的天气气候特征如旱涝分布、梅雨、副高特点以及相应的太阳活动、海温场等外部因子条件等特征均与 1942 年、1999 年的华北炎夏事件的相同。可认为 1743 年华北夏季高温事件是工业革命之前、CO₂ 较低排放水平时出现的极端高温实例。（张德二，Demarry，2004）。

图 7.14　1743 年华北夏季极端高温事件的发生地域（张德二，Demarry，2004）

7.4.3　历史极端干旱事件

根据重建的近 1000 年中国东部 6 个区的逐年干湿指数序列和经勘校的历史记录（张德二，2004），对中国东部地区近 1000 年的重大干旱事件（Zhang，2005）进行了复查和确认，以持续时间 3 年以上、干旱范围覆盖 4 省份以上作为重大干旱事件的标准，列出近千年来发生的重大干旱事件（图 7.15），其中一些干旱范围延及西北地区的事件，还得到树轮记录的佐证（张德二，2010）。最严重的 15 次干旱事件发生于公元 989～991 年，1073～1075 年，1209～1211 年，1370～1372 年，1440～1442 年，1483～1485 年，1527～1529 年，1585～1590 年，1616～1618 年，1637～1643 年，1689～1692 年，1721～1723 年，1784～1786 年，1856～1858 年和 1876～1878 年，其中 1637～1643 年是近千年来最严重的干旱事件（Zhang，2005）。另一项依据历史资料的研究也得出类似的结果（Zheng et al.，2006b）。对这些历史重大干旱事件的研究指出，许多历史上的持续干旱事件其干旱严重程度超过全球迅速变暖的 20 世纪的干旱事件（Zhang，2005）。换言之，在全球发生迅速增暖时，中国并没有出现比历史记录更为严重的大范围干旱（IPCC，2007a-c）。

值得注意的是，这些极端干旱个例发生在不同的冷暖气候背景下。如 1637～1643 年南北方连续 7 年大范围干旱，出现在小冰期寒冷气候背景下；而 1784～1787 年的大范围持续干旱事件则出现在小冰期中的相对温暖的气候阶段；1876～1878 年持续 3 年大范围干旱，出现在全球大范围气候转暖的背景下等。对发生在不同的冷、暖气候背景下的 1784～1787 年、1876～1878 年大范围持续干旱事件做了专题研究，复原干旱事件的发生实况和发展过程，以及极端气候值的定量推算，并且与现代气候记录进行对比。讨论其与外部强迫因子如太阳活动、El Nino 事件、火山活动的可能关联（张德二，2000；张德二，梁有叶，2010）。

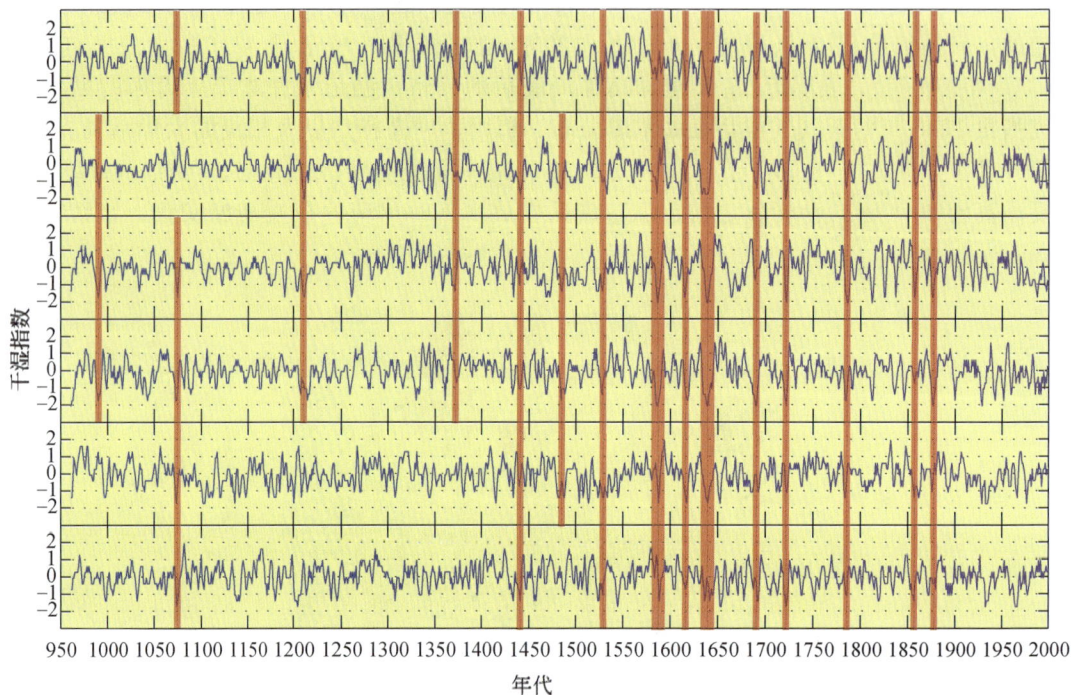

图 7.15　最近千年中国东部 6 区域的逐年湿度等级序列曲线（自上而下依次为第Ⅰ-Ⅵ区）
（3 年滑动平均，960～2000 年）和 15 例重大的持续干旱事件（用棕色竖条所示）（Zhang，2005）

　　另一个值得关注的问题是关于重大干旱事件与温度背景的关联。近年来，关于北美地区的研究认为重大的干旱发生在温暖的气候背景之下，这引起普遍关注和讨论。利用中国历史温度序列资料，对这 15 例重大干旱事件的冷暖气候背景的分析指出，这些重大干旱事件可以发生在不同的冷暖气候背景下，15 例中有 11 例所在的年代气候寒冷，其冬半年平均气温低于 1951～1980 年的平均值。表明中国的情况与北美不同，大多数的重大干旱事件并非出现在温暖的气候背景下，这可能是东亚季风气候区的特殊性（Zhang，2005）。

第八章 大气成分变化及碳氮循环与气候变化

提　要

本章分类型评估了近年来有关中国大气成分分布、变化、碳氮循环及其对气候的影响。1997~2007 年瓦里关全球本底站观测的大气 CO_2 浓度年均增长约 2.0 ppm，大气 CH_4、N_2O 浓度也呈不断上升趋势，2008 年中国不同区域大气 CO_2 年均浓度已达 386.1~393.8 ppm。2007 年北京上甸子区域本底站观测到的卤代温室气体年均浓度与国外本底站相当。1980 年代以来，中国陆地生物圈发挥着碳汇的作用。随着氮肥用量的日益增加，中国 N_2O 排放量有增加的趋势。中国大气气溶胶散射效应较强，区域混合气溶胶的浓度相对不高，多种气溶胶综合的气候"冷却"效应明显，对大尺度环流的影响与国际上前期结果明显不同。北美和欧洲一些地区相同，对流层 O_3 属北半球高值区。

8.1　大气温室气体

根据 IPCC 第四次评估报告（IPCC, 2007a-c），在温室气体的总增温效应中，CO_2 约占 63%，CH_4 贡献约 18%，N_2O 约 6%，其他合计约 13%。1989 年以来，在世界气象组织（WMO）全球大气观测（GAW）计划的框架下，逐步形成了由 60 多个国家的 400 多个本底站组成的观测网，其中 26 个属全球本底站见表 8.1。GAW 所说的大气本底是指不受局地和人为活动直接影响、混合较充分的大气组成特征，一般指较大范围内大气成分及其特性的平均状况和变化，根据所代表的时空尺度范围，可划分为"全球基准（Baseline）"和"区域背景（Background）"。1980 年代初以来，我国陆续建立北京上甸子（40°39′N，117°07′E）、浙江临安（30°18′N，119°44′E）和黑龙江龙凤山（44°43.8′N，127°36′E）区域本底站，1994 年建立的青海瓦里关本底站是欧亚大陆腹地唯一的全球大气基准站。上述 4 站已陆续加入 WMO/GAW。2005 年以来，我国整合建设"国家大气成分本底观测研究台站体系"，这 4 站被遴选为国家野外站。截至 2008 年年底统计资料，已有 59 个国家的 283 个站点向温室气体世界资料中心（WDCGG）报送数据，但这些站点的地理分布很不均匀，发达国家站点较多，亚洲内陆地区站点较少。

表 8.1　全球大气观测计划（GAW）的 26 个全球大气基准站

代码	名称	经度	纬度	海拔（m a.s.l.）	国家
ABP	Arembepe, Bahia	12.77°S	38.17°W	1.0	Brazil
ALT	Alert, Nunavut	82.45°N	62.51°W	200.0	Canada
AMS	Amsterdam Island	37.95°S	77.53°E	150.0	France

续表

代码	名称	经度	纬度	海拔（m a.s.l.）	国家
ASK	Assekrem	23.18°N	5.42°E	2728.0	Algeria
BKT	Bukit Kototabang	0.20°S	100.32°E	864.5	Indonesia
BRW	Barrow, Alaska	71.32°N	156.61°W	11.0	United States
CGO	Cape Grim, Tasmania	40.68°S	144.69°E	94.0	Australia
CPT	Cape Point	34.35°S	18.49°E	230.0	South Africa
CVO	Cape Verde	16.85°N	24.871°W	10.0	Cape Verde
DMV	Danum Valley	4.98°N	117.84°E	426.0	Malaysia
HPB	Hohenpeissenberg	47.80°N	11.01°E	985.0	Germany
IZO	Tenerife, Canary Islands	28.31°N	16.50°W	2360.0	Spain
JFJ	Jungfraujoch	46.55°N	7.99°E	3580	Switzerland
LDR	Lauder	45.04°S	169.68°E	0.0	New Zealand
MHD	Mace Head, Galway	53.33°N	9.90°W	25.0	Ireland
MKN	Mt. Kenya	0.05°S	37.30°E	3897.0	Kenya
MLO	Mauna Loa, Hawaii	19.54°N	155.58°W	3397.0	United States
MNM	Minamitorishima	24.28°N	153.98°E	8.0	Japan
NMY	Neumayer	70.65°S	8.25°W	42.0	Germany
PAL	Pallas-Sammaltunturi	67.97°N	24.12°E	560.0	Finland
SMO	Tutuila	14.25°S	170.56°W	42.0	American Samoa
SPO	South Pole, Antarctica	89.98°S	24.80°W	2810.0	United States
THD	Trinidad Head, California	41.05°N	124.15°W	107.0	United States
USH	Ushuaia Observatory	54.82°S	68.33°W	20.0	Argentina
WLG	Mt. Waliguan	36.29°N	100.90°E	3810.0	China
ZEP	Ny-Alesund, Svalbard	78.90°N	11.88°E	475.0	Norway, Sweden

　　自 20 世纪 80 年代中期开始，中国一些本底站及城区的定位监测初步反映出不同区域人类及自然活动对大气 CO_2、CH_4 和 N_2O 浓度的影响（Zhou et al.，2004；王庚辰，温玉璞，1996；王明星等，1989；王跃思等，2002）。1990 年以来，在瓦里关全球本底站开始温室气体采样分析、1994 年开始在线观测，大气 CO_2 和 CH_4 浓度资料进入全球同化数据库（Globalview-CO_2 和 Globalview-CH_4），并用于 WMO 全球温室气体公报和 IPCC 评估报告，代表中国大陆大气本底状况（Zhou，2005；周秀骥等，2005），也应用于时间序列、年季变化、源汇和数值模式等研究（Zhou L. X. et al.，2006；蔡旭晖，邵敏，苏方，2002）。2006 年以来，还在北京上甸子、浙江临安、黑龙江龙凤山、湖北金沙等区域本底站开始了网络化采样分析，初步获得了中国几个典型区域主要温室气体本底浓度变化状况和地区间差异（周凌晞等，2008）。

8.1.1　二 氧 化 碳

　　大气二氧化碳（CO_2）时空变化主要受控于人类活动、大气圈—陆地生物圈、大气圈—水圈的复杂相互作用，海洋和陆地生物圈吸收约 50% 人为排放的 CO_2（IPCC，2007a-c）。2007 年全球大气 CO_2 平均浓度 383.1 ppm，近 10 年（1997～2007）年均增长值约 2.0 ppm/a（WMO，2008），2008 年已经达到 385.2 ppm。2007 和 2008 年，瓦里关全球本底站（36°17′N,100°54′E）大气 CO_2 平均浓度分别为 384.2 ppm 和 386.1 ppm，近 10 年（1997～

2007）年均增长值约 2.0 ppm/a。

选择北极阿拉斯加州本底站 [BRW，Barrow（AK），United States]、夏威夷冒纳罗亚本底站 [MLO，Mauna Loa（HI），United States] 和澳大利亚塔斯马尼亚本底站（CGO，Cape Grim，Australia）3 个全球本底站与瓦里关站同期大气 CO_2 浓度变化相比较（图8.1），1992 和 2007 年，BRW 站大气 CO_2 年均浓度分别为 357.7 和 384.9 ppb（15 年间的年均增长值约 1.81 ppm/a），MLO 站年均浓度分别为 356.3 和 383.7 ppm（年均增长值约1.83 ppm），CGO 站年均浓度分别为 353.7 和 380.5 ppm（年均增长值约 1.79 ppm），瓦里关站分别为 356.7 和 384.2 ppm（年均增长值约 1.84 ppm/a）；周边同纬度带（35°N～45°N）韩国 TAP 站大气 CO_2 年均浓度分别为 360.6 和 389.8 ppm（年均增长值约 1.94 ppm/a），日本 RYO 站分别为 358.4 和 386.6 ppm（年均增长值约 1.88 ppm/a），蒙古 UUM 站分别为 356.6 和 384.7 ppm（年均增长值约 1.88 ppm/a）（国外站点数据来自于 ftp：//gaw. kishou. go. jp/pub/data/）。

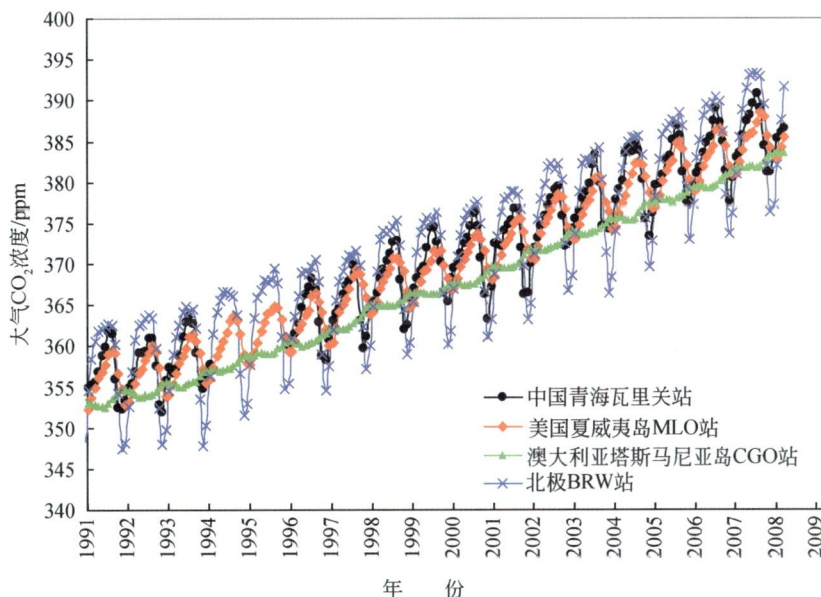

图 8.1　中国瓦里关站与 3 个主要全球本底站大气 CO_2 浓度变化的比较

8.1.2　甲　　烷

甲烷（CH_4）的排放量虽不及 CO_2，但其单个分子的辐射强迫强度为 CO_2 的 21 倍，它还是大气中丰度最高和最重要的化学活性物种（IPCC，2007a-c）。2007 年全球大气 CH_4 平均浓度 1789ppb，近 10 年（1997～2007）年均增长值约 2.7ppb/a[①]，2008 年已经达到1797ppb。2007 年和 2008 年，瓦里关全球本底站大气 CH_4 浓度分别为 1841.6ppb 和1846.2ppb，近 10 年（1997～2007）年均增长值约 3.44ppb/a（图 8.2）。

1992 和 2007 年，北极 BRW 站大气 CH_4 年均浓度分别为 1828.8 和 1873.1ppb（15 年间的年均增长值约 2.95ppb/a），夏威夷 MLO 站年均浓度分别为 1745.4 和 1794.9ppb（年均

[①] WMO. 2008. Greenhouse Gas Bulletin：the State of Greenhouse Gases in the Atmosphere Using Global Observations through 2007

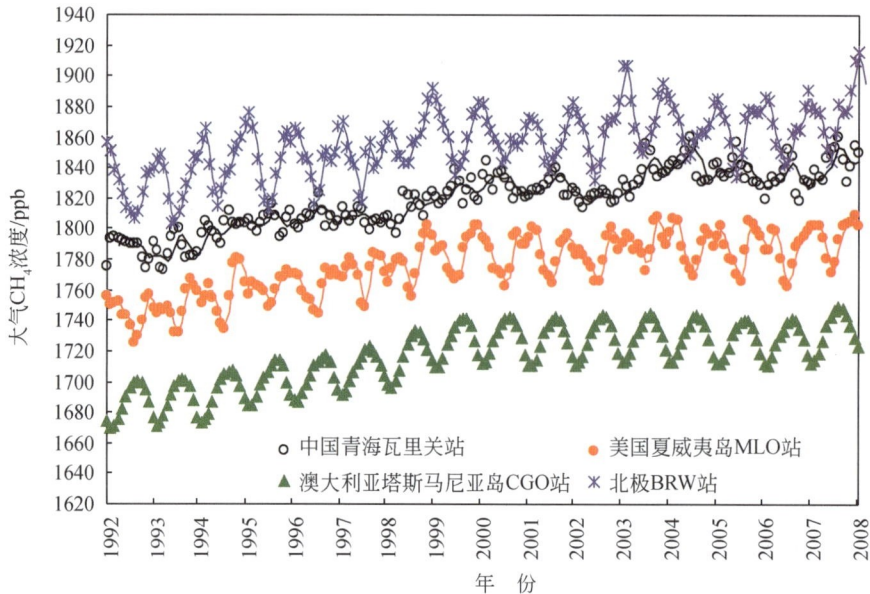

图 8.2　中国瓦里关站与 3 个主要全球本底站大气 CH_4 浓度变化的比较

增长值约 3.30ppb/a），澳大利亚 CGO 站年均浓度分别为 1686.8 和 1733.0ppb（年均增长值约 3.08ppb/a），瓦里关站分别为 1787.4 和 1841.6ppb（年均增长值约 3.61ppb/a）；周边同纬度带（35°N~45°N）韩国 TAP 站大气 CH_4 年均浓度分别为 1859.0 和 1894.2ppb（年均增长值约 2.35ppb/a），日本 RYO 站年均浓度分别为 1783.8 和 1868.3ppb（年均增长值约 5.64ppb/a），蒙古 UUM 站年均浓度分别为 1814.9 和 1858.7ppb（年均增长值约 2.92ppb/a）（国外站点数据来自于 ftp：//gaw. kishou. go. jp/pub/data/）。

8.1.3　氧化亚氮

氧化亚氮（N_2O）在大气中留存时间长，其单个分子的辐射强迫强度为 CO_2 的 310 倍，能发生光化学转化从而损耗平流层臭氧，农业活动是大气 N_2O 浓度急剧上升的重要原因（IPCC，2007a-c）。2007 年全球大气 N_2O 平均浓度 320.9 ppb，近 10 年（1997~2007）年均增长值约 0.8 ppb/a[1]。2007 年和 2008 年，瓦里关全球本底站大气 N_2O 浓度分别为 321.3 ppb 和 322.1 ppb，近 10 年（1997~2007）其大气浓度呈线性增长，年均增长值约 0.75 ppb/a，与全球平均状况基本一致（图 8.3）。

与瓦里关站同期大气 N_2O 浓度变化相比较，1997 和 2007 年，BRW 站大气 N_2O 年均浓度分别为 313.4 和 321.4 ppb（10 年间的年均增长值约 0.80 ppb/a），MLO 站年均浓度分别为 313.4 和 321.3 ppb（年均增长值约 0.80 ppb/a），CGO 站年均浓度分别为 312.9 和 319.8 ppb（年均增长值约 0.69 ppb/a），瓦里关站分别为 313.8 和 321.3 ppb（年均增长值约 0.75 ppb/a）（国外站点数据来自于 ftp：//gaw. kishou. go. jp/pub/data/current_archives/）。

---

[1]　WMO. 2008. Greenhouse Gas Bulletin：the State of Greenhouse Gases in the Atmosphere Using Global Observations through 2007

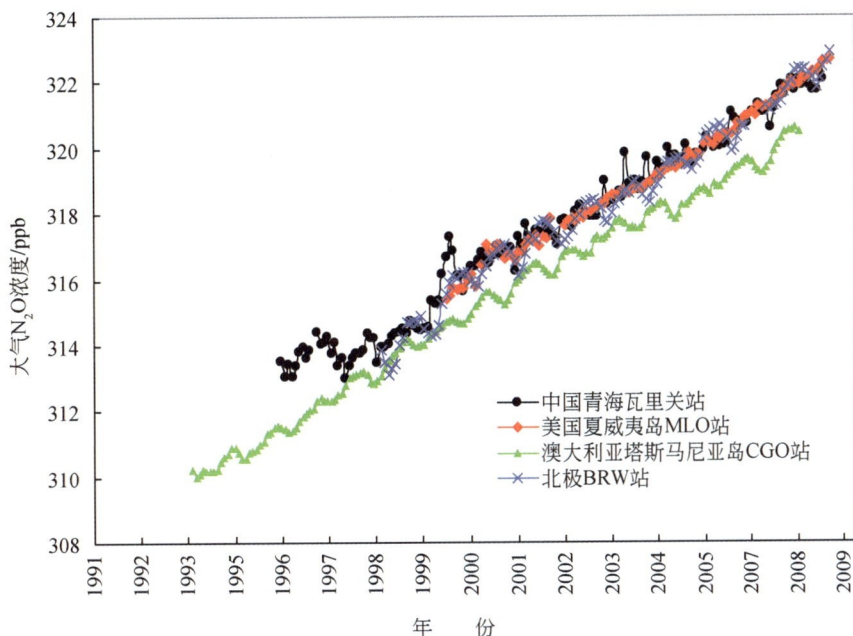

图 8.3　中国瓦里关站与 3 个主要全球本底站大气 N_2O 浓度变化的比较

8.1.4　其他卤代温室气体

卤代温室气体是指分子中含卤素的温室气体，包括氟氯碳化物（CFCs）、哈龙（Halons）、氢氟氯碳化物（HCFCs）、氢氟碳化物（HFCs）、全氟化碳（PFCs）、六氟化硫（SF_6）和其他含卤素的有机溶剂（如 CCl_4、CH_3CCl_3、CH_3Cl、CH_3Br、$CHCl_3$ 等）。几乎全部由人为活动产生，主要用于制冷剂、发泡剂、喷雾剂、清洗剂、灭火剂、有机溶剂等[①]。它们在大气中寿命很长、能长距离传输，催化平流层臭氧的光化学反应、导致臭氧层损耗[②]；具有极强的温室效应（IPCC，2007a-c），履约减排 CFCs 等臭氧层损耗物质（ODS）的同时也能减缓全球变暖，然而部分较理想的 ODS 替代物（如 HFCs 和 PFCs）具有更高的全球增温潜能的问题也不容忽视。卤代温室气体是《蒙特利尔议定书》和《京都议定书》联合履约的焦点。其中，CFC-11、CFC-12 和 HCFC-22 是大气中浓度最高的 3 种卤代温室气体。

中国卤代温室气体观测研究主要集中在经济发达的城市群和工业区，包括京津冀、长江三角洲、珠江三角洲、香港和台湾地区（Barletta et al.，2006；Chan et al.，2006；Guo et al.，2004；Qin，2007），采用的方法和标准不尽相同，观测物种少、资料时间序列较短。2006 年以来，采用与国际卤代温室气体观测网（AGAGE/SOGE）溯源一致的混合标气、观测及标校方法和质量控制流程（Prinn et al.，2000），在北京上甸子区域大气本底站获得了 12 种卤代温室气体浓度在线观测资料及部分物种排放源反演初步结果（Vollmer et al.，2009）。表 8.2 是 2007 年北京上甸子站与南北半球 5 个典型本底站（选择了爱尔兰 MHD、美国 THD、巴巴多斯 RPB、美属萨摩亚 SMO 和澳大利亚 CGO）大气 CFC-11、CFC-12 和 HCFC-22 年均本底浓度的比较，各站年均值具有可比性，南北半球观测值差异反映出不同

[①]　UNEP. 2003. Handbook for the International Treaties for the Protection of the Ozone Layer，UNEP，Kenya.

[②]　WMO. 2007. Scientific Assessment of Ozone Depletion. Global ozone research and monitoring project report #50

纬度带大气均受到人类活动排放、大气输送及混合的影响。

表8.2 2007年北京上甸子站与南北半球不同经纬度地区5个典型本底站年均本底浓度的比较

站名	经度/(°)	纬度/(°)	海拔高度/m	CFC-11 年均浓度/ppt①	CFC-12 年均浓度/ppt	HCFC-22 年均浓度/ppt
爱尔兰 MHD 站	−9.9	53.33	25	246.29	541.02	194.77
美国 THD 站	−124.15	41.05	120	246.44	541.20	195.91
北京上甸子站	117.12	40.65	293.3	245.97	541.26	195.35
巴巴多斯 RPB 站	−59.43	13.17	45	246.18	540.48	189.13
美属萨摩亚 SMO 站	−170.57	−14.24	42	244.86	538.71	176.35
澳大利亚 CGO 站	144.68	−40.68	94	243.84	537.94	173.10

注：AGAGE/SOGE 国际观测网的其中5个典型本底站年均值观测结果根据从世界温室气体数据中心（WDCGG）下载的月平均浓度计算（数据来源于 ftp：//gaw.kishou.go.jp/pub/data/current_archives/）。

8.2 大气气溶胶

大气气溶胶粒子主要包括：矿物气溶胶、海盐、硫酸盐、硝酸盐、铵盐、有机碳/黑碳这六类七种主要组分。根据 IPCC 第四次评估报告的结果，对全球平均而言，气溶胶直接气候效应和第一类间接效应产生的辐射强迫已经达到与温室气体相当的量级（Forster et al.，2007），能在一定程度上抵消温室气体增加所导致的增暖效应。由于气溶胶在大气中寿命较短，其时空分布呈现显著的非均匀性，因而在区域尺度上的影响更复杂。随着人类活动的加剧，气溶胶在大气中作用更定量的评估，以及区域性分布的气溶胶变化是否影响到全球气候，成为21世纪早期大气科学中最不确定，又至关重要的问题。

气溶胶粒子

气溶胶粒子是指悬浮在大气中的多种固体和液体粒子的总称，有的源于自然界，如火山喷发的烟尘、被风吹起的沙尘、海水飞溅扬入大气后被蒸发的盐粒等；有的源于人类活动，如煤、油、气等化石燃料燃烧产生的物质，焚烧秸秆等生物质的燃烧物质，以及因土地利用和覆盖改变产生的物质。气溶胶粒子具有区域分布差异大且变化复杂的特点，多集中于大气的底层，能够从两方面影响天气和气候。一是可将太阳光反散射回太空中，从而冷却大气，二是能通过吸收一部分太阳辐射，使大气升温。气溶胶还对云的凝结核、冰核、云滴形成有明显的影响，进而间接地影响天气和气候，并在降水形成中起重要的作用。当气溶胶浓度足够高时，还对人的健康造成危害，它是当今天天气、气候和环境研究中被高度关注的对象之一。

8.2.1 各类气溶胶在中国的分布、浓度水平及排放情况

基于中国气象局14个站点2006和2007年的气溶胶化学监测资料分析②，发现在中国陆

---

① 1ppt=10^{-12}，下同

② Zhang X, Zhang X C, Wang Y Q, Zhang Y M, Li Y, Gong S. 2009. Aerosol Compositions over China. Report of CAWNET. Series Editor：CAWAS，Beijing，China Meteorological Administration

上大气气溶胶中矿物气溶胶（包括：沙尘、城市逸散性粉尘和煤烟尘等）是含量最大的组分，平均约占 PM10 的 35%（图 8.4）。硫酸盐和有机碳气溶胶（OC）是另外两个含量较大、并有重要散射效应的气溶胶组分，分别约占 16% 和 15%。但在青藏高原和西北沙漠区域硫酸盐只占 PM10 的约 3%~6%，但 OC 在这些区域所占比例没有下降，且 OC 中的约 50%~70% 是二次转化的有机碳气溶胶（SOC）（Zhang et al.，2008b）。SOC 的测定、估算和在数值模式中的准确描述不确定性很大，是影响当今国际上准确估算气溶胶散射效应的一个重要因素。在中国大气 PM10 中，黑碳气溶胶只占约 3.5%，硝酸盐约 7%，铵盐除了在中国西北沙漠区域和青藏高原只占约 0.5% 外，在其他地区所占的比例约为 5%。

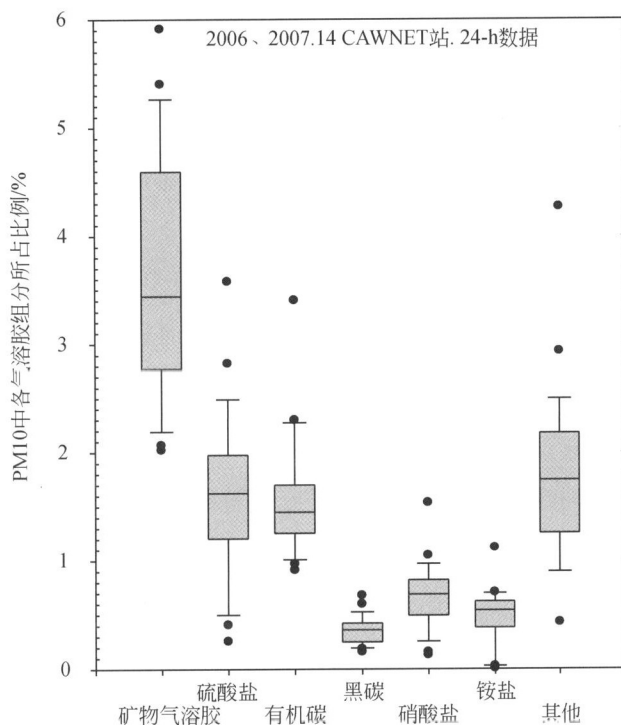

图 8.4　2006、2007 年中国 14 个站点 PM10 中各种气溶胶组分所占比例

8.2.2　硫　酸　盐

2006~2007 年，中国城市 PM10 中硫酸盐气溶胶 24-h 浓度的年平均值一般在 30~50$\mu g/m^3$ 之间，城郊农村通常在 20~25$\mu g/m^3$，在青藏高原、西北沙漠区和东北林区等偏远地区的浓度水平通常在 2~10$\mu g/m^3$，其中拉萨的硫酸盐浓度约在 2~3$\mu g/m^3$ 之间。城市硫酸盐浓度较高的地点包括中原的郑州（43.9~46.3$\mu g/m^3$）、关中平原的西安（46~48$\mu g/m^3$）、四川盆地的成都（38~42$\mu g/m^3$）、北京南部省区的河北固城（约 35$\mu g/m^3$）和珠三角的广东番禺（25~28$\mu g/m^3$）[①]（图 8.5）。广州 2002 年 10 月至 2003 年 6 月间 PM2.5 中的硫酸盐浓度约为 15$\mu g/m^3$（Hagler et al.，2006），上海 1999~2000 年间 PM2.5 中的相应浓度

_____
① 　与上页②同

是 $10\sim19\mu g/m^3$（Ye et al.，2003a），贵阳 2003 年全年的硫酸盐浓度约为 $22\mu g/m^3$（Xiao and Liu，2004）。

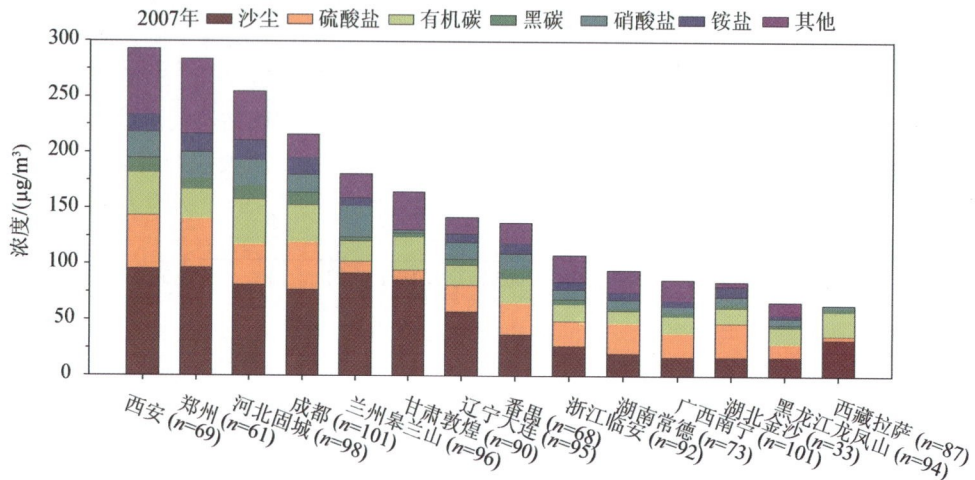

图 8.5　2007 年中国 14 个站点 PM10 中各种气溶胶组分的质量浓度

中国城郊农村硫酸盐的浓度水平（约为 $22\mu g/m^3$）大约是城市浓度的二分之一。某些城市站点，例如南宁和大连的硫酸盐浓度较低，与城郊农村的水平相当，可能与当地的 SO_2 排放相对较小（Cao et al.，2009），以及站点接收到较多区域混合的气溶胶有关[①]。与南亚和东南亚城市区域的浓度水平（$18.3\sim28.3\mu g/m^3$）相比（Oanha et al.，2006；Smith et al.，1996），中国城郊硫酸盐气溶胶的浓度水平还是略高。东亚城市中硫酸盐气溶胶的浓度在 $4.1\sim15.9\mu g/m^3$（Ho et al.，2003；Kaneyasu，Takada，2004），欧洲城市一年以上的观测显示其 PM10 中硫酸盐的浓度在 $3.9\sim9.3\mu g/m^3$（Hueglin et al.，2005；Perez et al.，2008），美国和南美城市在 $3.2\sim5.8\mu g/m^3$ 之间（Celis et al.，2004；Chow et al.，2002；Chow et al.，1993b；Kim et al.，2000）。不过与 1996～1997 年相比（西安春到秋季的硫酸盐浓度为 $30\sim100\mu g/m^3$、冬季达到 $340\mu g/m^3$）（Zhang et al.，2002a），中国环境大气中硫酸盐的浓度水平已经有了大幅度下降。

中国城市大气中和在区域范围内形成和混合的大气硫酸盐浓度较高与中国开放 30 年来能源使用中煤一直占有约 70％ 的比例有关，也是中国区域性霾天气形成的一个主要的贡献者。而预测 2050 年中国煤的使用仍将超过 50％（大气环境保护战略专题组，2009），硫酸盐浓度较高的状况不会有明显的改变。从硫酸盐气溶胶前体物的排放量分布看，中国 SO_2 排放强度较高的是东北、华北及华东、华南等工业发达、人口众多的区域，而面积广大的西部地区及内蒙古则因为地广人稀、工业用煤较少的缘故，燃煤量较小、排放强度也较低（Cao et al.，2009）。

8.2.3　碳气溶胶

碳气溶胶主要包括有机碳（OC）和黑碳（EC）气溶胶两种。2007 年中国各个城市大气

---

① 与上页同

中 OC 的浓度在 21.2～46.1$\mu g/m^3$、EC 在 4.5～12.3$\mu g/m^3$[①]，这样的浓度水平与 2006 年的观测（Zhang et al.，2008a）和中国之前在不同城市观测到的浓度值（Feng et al.，2006；He et al.，2001；Ye et al.，2003b；Zhang et al.，2005）基本一致，但低于南亚的浓度水平，尤其是 EC 比南亚（20.5～75.2μg OC/m^3、12.4～41.3μg EC/m^3）（Salam et al.，2003；Venkataraman et al.，2002）低得更多。中国城市碳气溶胶与东南亚（22.6μg OC/m^3、6.3～12.9μg EC/m^3）（Oanha et al.，2006）和东亚的（10.3～16.2μg OC/m^3、4.9～12.9μg EC/m^3）（Park et al.，2001）相比，EC 基本一致但 OC 偏高。

2006 和 2007 年在远离城市的偏远地区站点（拉萨、敦煌和龙凤山），以及在城郊农村的区域性站点（临安、皋兰山、常德、金沙）观测到的 EC 浓度差别不大（2.2～4.7$\mu g/m^3$）[①]，这是和硫酸盐气溶胶的差别较大之处。中国 EC 的浓度和亚洲城郊类似站点也基本一致（2.6～4.7μg EC/m^3，2.0～12.2μg OC/m^3）（Holler et al.，2002；Kaneyasu，Ohta，Murao，1995；Lee，Kang，2001），浓度并不很高。但中国的 OC 浓度（11.3～28$\mu g/m^3$）要更高一些[①]。中国 OC 浓度较高的特点与欧洲类似站点（8.9～9.1$\mu g/m^3$）（Castro et al.，1999）和美洲类似站点（约 5.4$\mu g/m^3$）（Chow et al.，1993a）相比也很明显。

中国直接排放出的碳气溶胶中 OC 与 EC 的比值通常是 2.8，化石燃料燃烧排放物中此值为 2.0，汽油燃烧为 1.4、柴油为 1.4，生物质燃烧为 3.3（Cao，Zhang，Zheng.，2006）。中国城市大气中 OC/EC 比值平均值在 3.1（Zhang et al.，2008a）和 3.9 之间，表明城市碳溶胶主要还是基本反映了排放的情况。

中国区域站点观测到的 OC/EC 值（平均为 5.2～6.1）要远高于中国和亚洲城市大气中报道的比值[①]。因露天燃烧生物质排放出的气溶胶中 OC/EC 的比值为 7.1，其中冬季为 8.9，春季 8.0，夏季 5.6 和秋季 5.9（Cao，Zhang，Zheng，2006），中国区域混合气溶胶中较高 OC/EC 比值可能与此有关，此外还有一个重要的来源是二次转化的有机碳气溶胶（SOC），中国区域站点观测到的总 OC 中 SOC 的贡献约占 50%～70%（Zhang et al.，2008a）。

8.2.4　矿物气溶胶

2006 和 2007 年全年中国 14 个观测点的地基气溶胶化学分析显示，矿物气溶胶组分在青藏高原的拉萨、关中平原的西安和中原的郑州均占 PM10 的 30%～40%，在西北的敦煌、兰州皋兰山这一比例甚至达到 50%～60%，浓度除青藏高原为 30～50$\mu g/m^3$ 外，多在 80～100$\mu g/m^3$，在四川盆地的成都、湖北的金沙、广东的番禺、河北的固城、浙江的临安、湖南的常德、广西的南宁和黑龙江的龙凤山这种比例在 20%～35%，浓度多在 20～50$\mu g/m^3$[①]。矿物气溶胶在不同的下垫面、混合特性和不同的形状和粒度分布下，其散射和吸收效应有所不同，矿物气溶胶对吸收的贡献（不同季节 5%～14%）已经在中国的不同区域被发现（Zhang et al.，2008b），其在海陆之间不同的辐射效应（Wang H. et al.，2004），以及在调节海陆热力差异、影响东亚冬季风快速变化中的作用（Zhang et al.，2002b），显示出这种主要由自然过程控制的气溶胶（Zhang et al.，2003）对气候的影响显著。

---

①　与上页同

8.2.5 硝 酸 盐

基于 2006 和 2007 年的数据发现[①]，中国城市大气硝酸盐气溶胶年平均的日均值多在 $10\sim24\mu g/m^3$，其中浓度较大的也在中原的郑州、关中平原的西安和北京南部省区的河北固城（$17.0\sim23.9\mu g/m^3$），四川盆地的成都、珠三角的广东番禺和东北城市大连的浓度在 $10\sim16\mu g/m^3$。广州、深圳和中山 2002 年 10 月至 2003 年 6 月间 PM2.5 中的硝酸盐浓度约为 $5\mu g/m^3$（Hagler et al.，2006），上海 1999~2000 年间 PM2.5 中的相应浓度是 $7\sim12\mu g/m^3$（Ye et al.，2003a），西安 1996~1998 年间的硝酸盐浓度是 $6\sim12\mu g/m^3$（Zhang et al.，2002a）。中国 2006~2007 年城市大气中硝酸浓度接近或略高于南亚、东南亚（$12\sim13\mu g/m^3$）（Oanha et al.，2006；Smith et al.，1996）和美国城市（$10.3\sim13.5\mu g/m^3$）（Chow et al.，1993b；Kim et al.，2000），但还是要高于东亚的城市（$5.3\sim8.0\mu g/m^3$）（Choi et al.，2001；Ho et al.，2003）、南美城市（$3.8\sim8.6\mu g/m^3$）（Celis et al.，2004；Chow et al.，2002）、欧洲城市（$2.7\sim9.1\mu g/m^3$）（Hueglin et al.，2005；Lonati et al.，2005；Perez et al.，2008）的浓度水平。就全球来看，硝酸盐气溶胶的前体气体 NO_x 主要来源于天然源，但城市大气中的 NO_x 多来自人类活动使用的化石燃料燃烧，如汽车等流动源、工业窑炉等固定源。由于近些年中国经济的高速发展，化石燃料的用量连年攀升，使得源于化石燃料燃烧排放的 NO_x 等污染物的排放量也在逐年升高（Yan et al.，2003）。虽然目前中国环境部在新建电厂推广"低氮燃烧技术"（控制燃烧温度，降低 NO_x 的生成量），但即使在北京还没有完全实现燃煤脱氮。而中国城市硝酸盐气溶胶及其前体物浓度与机动车排放的关系也非常密切（Zhang，Wang，Lin，2009），加之中国各大城市机动车的保有量也在不断上升，这些可能是导致了中国 2006、2007 年城市硝酸盐气溶胶浓度较之前略高，即使与美国大量使用汽车的城市相比也略高的原因。

在中国城郊农村观测到的区域混合较充分的硝酸盐浓度水平在 $2\sim10\mu g/m^3$，相当于美国城郊的浓度水平（$2.2\sim9.5\mu g/m^3$）（Chow et al.，1993b；Malm et al.，1994），但比亚洲城郊（$1.2\sim4.5\mu g/m^3$）（Carmichael et al.，1997；Ho et al.，2003）和欧洲城郊（$0.8\sim3.0\mu g/m^3$）（Hueglin et al.，2005；Lenschow et al.，2001；Querol et al.，2007）的浓度还是要高一些，这可能与中国区域大气中存在较高的 NH_3 气等和较高的大气氧化能力有关（Zhang et al.，2009a）。而青藏高原的拉萨、西北沙漠区的敦煌和东北龙凤山的浓度（$2.0\sim4.3\mu g/m^3$）还是维持在较低的水平。国内外学者估算的 2000 年中国的排放量非常接近，分别为 11.12 Tg（孙庆贺等，2004）、11.35 Tg（Streets et al.，2003）、11.19 Tg（Yan et al.，2003）。由于均主要来源于燃烧过程，故中国区域 NO_x 的排放分布和 SO_2 类似，即排放强度较高的是东北、华北及华东、华南等地区，而西部地区及内蒙古则排放强度较低（Cao et al.，2009）。

8.2.6 铵 盐

中国城市大气中 2006~2007 年铵盐气溶胶的浓度水平（$7\sim18\mu g/m^3$）要远高于城郊大气中混合较充分铵盐浓度水平（$2\sim7\mu g/m^3$）[a]（图 8.8），这和上海 PM2.5 中的浓度 9.2~$10.9\mu g/m^3$（Ye et al.，2003a）、西安 TSP 中的 $9\sim14\mu g/m^3$（Zhang et al.，2002a）、广州

PM2.5 中的浓度 7μg/m^3（Hagler et al.，2006）基本相当，要高于其他亚洲城市（1.9～7.0μg/m^3）（Choi et al.，2001；Ho et al.，2003；Oanha et al.，2006；Smith et al.，1996；Venkataraman et al.，2002）、美国城市（4.1～5.5μg/m^3）（Chow et al.，1993b；Kim et al.，2000）、南美城市（2.1～4.8μg/m^3）（Celis et al.，2004；Chow et al.，2002）、欧洲城市（1.8～3.7μg/m^3）（Hueglin et al.，2005；Lenschow et al.，2001；Perez et al.，2008）的浓度水平，这可能与中国大城市人口众多和废物处置量大（Cao et al.，2009），以及城市大气中较高的硫酸根和硝酸根浓度水平、较高的大气氧化能力有关（Zhang，Wang，Lin，2009）。

中国城郊铵盐的浓度水平（2～7μg/m^3）也要略高于亚洲城郊（1.3～3.0μg/m^3）（Carmichael et al.，1997；Ho et al.，2003）、美国城郊（1.6～3.7μg/m^3）（Chow et al.，1993b；Malm et al.，1994）和欧洲城郊（0.8～1.6μg/m^3）（Hueglin et al.，2005；Querol et al.，2007）的浓度水平，这可能和中国城郊大量的农业活动有关（Cao et al.，2009）。在中国一些人口稀少的偏远区域站点，如拉萨和敦煌，铵盐气溶胶的浓度水平（0.03～0.50μg/m^3）就更低，指示出 NH$_3$ 气排放量很低和硫酸盐、硝酸盐浓度同样较低的共同贡献。

估算出的中国地区 NH$_3$ 的主要排放源是废物处置（9672.1 Gg）和农业过程排放（3622.5 Gg），其中，源于大牲畜牛（18.5%）、猪（14.0%）及数量众多的家禽（16.2%）和农田施用氮肥后土壤的排放量（12.9%）较高（Cao et al.，2009）。由于主要来源于农业过程和动物排放的有机质分解，故中国地区 NH$_3$ 的排放强度分布和其他主要源于燃烧过程的污染物的情况稍有不同，NH$_3$ 排放量较大的分别是山东、河南、四川、河北等省，主要是因为上述地区的家禽、家畜饲养量高，农田面积较大及化肥施用量也较高，这也就是为什么这些区域站点的铵盐浓度较大的原因。郑州（16.6μg/m^3）、成都（12.9μg/m^3）、固城（13.2μg/m^3），西部地区和海南的排放量则相对较小。

8.2.7　中国大气气溶胶的特点及其对气候的影响

如前所述，中国大气气溶胶中散射效应较强的组分，例如有机碳、硫酸盐，硝酸盐和铵盐占到气溶胶总量的约 50%，而另一个约占 35% 的沙尘组分，也被认为在多数情况下具有较强的散射-制冷效应，且其主体的变化受到天气气候自然变率的控制（Zhang et al.，2003）。虽然黑碳具有确定的吸收效应，但中国的黑碳（占所有 PM10 气溶胶粒子的约 3.5%），特别是区域混合的具有较长寿命的黑碳其浓度并不很高（Zhang et al.，2008a），且对太阳辐射的吸收中还有来自自然过程的沙尘约 4%～15% 的贡献（Zhang et al.，2008b）。而几乎同源的具有显著散射效应的有机碳气溶胶，其在中国的浓度要显著高于其他地区，这其中还存在约 50%～70% 的经二次转化的有机碳气溶胶（Zhang et al.，2008a）。气溶胶层是产生"增温"还是"冷却"的效应取决于其光学特性、高度、气溶胶载荷和其一次散射反照率的大小，这是由吸收性和散射性气溶胶的相对数量决定的。观测到的中国大气气溶胶的平均一次散射反照率为 0.90（Qiu et al.，2004）也证明中国气溶胶的散射特性较强的特点。要恰当地评估中国气溶胶的气候效应，在数值模式中应同时考虑黑碳和有机碳，如果可能还应加入硫酸盐、硝酸盐、铵盐、沙尘和海盐，同时，对黑碳和有机碳的净排放量、二次有机碳形成的机制和准确的模式描述等都需要详细和认真地处理。

当前国际上对六类七种气溶胶的综合气候效应的研究有限，在全球海气模式中同时考虑有机碳和黑碳的也不多。考虑黑碳气溶胶的影响，有研究指出青藏高原南北侧的吸收性气溶胶强烈吸收太阳短波辐射，加热该地区的大气，可能导致 5 月底到 6 月初孟加拉湾西南气流加强，降水增多，且使南亚夏季风提前（Lau，Kim，2005）。利用大气环流模式 GISS，假设了中国气溶胶的一次散射反照率为 0.85，并认为气溶胶的吸收完全来自黑碳的贡献，有研究得出的结论表明，中国夏季近 50 年来经常发生的南涝北旱的现象可能与黑碳气溶胶有关（Menon et al.，2002）。但也有利用全球气候模式 CAM3/NCAR，同时考虑了具有吸收效应的黑碳和具有散射效应的有机碳气溶胶的影响，发现碳气溶胶不会引起中国南方降水增加，北方降水减少（Zhang H. et al.，2009），得出完全相反的结论（图 8.6）。利用全球气候模式模拟了中国区域硫酸盐和黑碳气溶胶的直接气候效应和对东亚夏季风及降水的影响（Liu，Sun，Yang，2009），也得到相反的结论，表明通过气候模式开展气溶胶对气候影响的研究，还有很多细致的研究需要开展，应该考虑各种气溶胶的综合影响，应结合中国地区气溶胶排放的实际情况和中国地区气溶胶特有的化学和光学性质来做研究，而不是通过一些初步的工作和假定的气溶胶光学特性匆忙给出气溶胶对气候变化影响的结论。

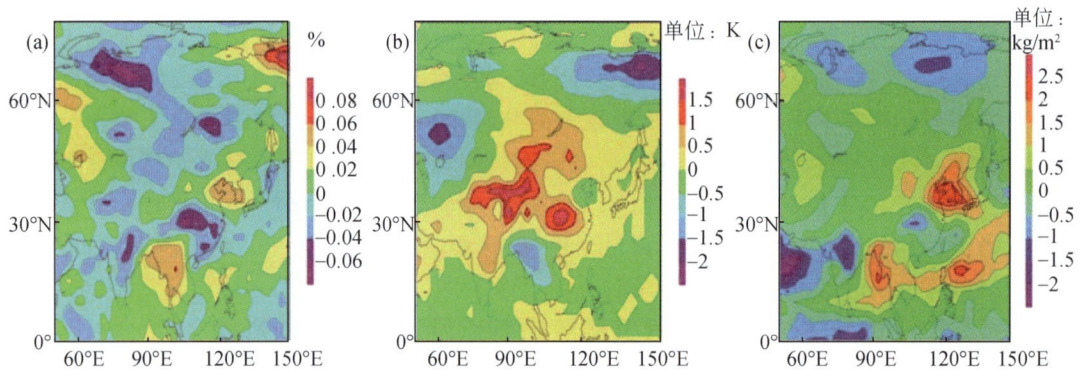

图 8.6　碳气溶胶对东亚夏季（a）总云量（%）、（b）地表温度、（c）降水的影响

8.3　陆地生态系统与大气成分变化

工业革命以前，大气温室气体浓度变化主要受陆地生物圈碳、氮循环的控制，工业革命以后，陆地生物圈对大气温室气体浓度变化的作用相对下降，但仍然起着重要的作用。陆地生物圈同时起着大气温室气体源和汇的作用，源、汇及其强度主要取决于土地利用方式、利用强度和管理模式。历史上，人类改变土地利用方式大幅度地降低了陆地生物圈碳储量。20 世纪 80 年代以来，陆地生物圈正从大气 CO_2 源向汇的转变。中国的情况与世界相似，大量证据表明，20 世纪 80 年代以来，中国陆地生物圈发挥着大气 CO_2 汇的作用。但是，随着氮肥用量的日益增加，N_2O 排放量则有日益增加的趋势。

8.3.1　陆地生态系统碳储量变化

全球陆地生态系统碳储量约为 $1500 \sim 2900$ PgC[1]，其中低纬度热带区域的森林植被碳贮量约为 $202 \sim 461$ PgC，中纬度温带森林植被碳储量为 $59 \sim 174$ PgC[2]。中国低纬度亚热带和热带地区森林植被碳储量约为 1.94 PgC，中纬度温带地区森林植被碳储量约为 1.84 PgC（Zhao and Zhou，2006），分别占全球同一气候区森林植被碳储量的 $0.42\% \sim 0.96\%$ 和 $1.06\% \sim 3.12\%$。

中国草地生态系统植被和土壤碳总储量约为 44 PgC，其中约有 51% 分布在高寒草甸、高寒草原和温性草原中，占全球草地生态系统碳储量（约为 569 PgC）的 7.74%（Ni，2001；樊江文等，2003）。中国分布在中纬度地区的温带草原和高寒草甸、草原的碳储量约占全球同纬度地区温带草原碳储量的 7.4%（钟华平等，2005）。根据调查数据估算的中国陆地各类植被（森林、草地、农作物、荒漠、沼泽、石骨裸露山地和城市工矿交通用地）的总碳储量约为 6.1 PgC（方精云等，1996）。但模型估算数据较调查数据大，达 13.3 PgC（李克让，王绍强，曹明奎，2003）。基于碳密度法（carbon density method）估算的中国陆地 37 种植被的总碳储量达 35.2 PgC（Ni，2001）。综合各种研究结果（李克让等，2003；季劲钧等，2008；黄玫等，2006）得到中国陆地生态系统的植被碳储量大约为 (13.7 ± 0.4) Pg C。利用全国第二次土壤普查数据，采用各种方法估算的中国土壤碳储量（1m）为 (84.2 ± 5.6) Pg C。中国陆地生态系统的总碳储量为 97.9 Pg C。

中国陆地生态系统净初级生产力（NPP）的变异性相对较小，平均为 (3.05 ± 0.57) Pg C/a，相当于全球 NPP（57.0 Pg C/a）的 5.3%（Cao et al.，2003）。从 1950 至 1999 年的 50 年间，农田的净初级生产力不断增加，其时空变异性可以很好地用肥料消耗与气候参数（温度和降雨）加以表述（Huang et al.，2007）。采用森林资源清查资料结合模型估算的研究发现，20 世纪 70 年代中期至 90 年代末，中国人工林共固定了 0.45 PgC（Fang et al.，2001）。近 20 年中国耕作土壤有机碳储量以 $15 \sim 20$ Tg C/a 的速率增加（黄耀，孙文娟，2006）。模型模拟研究表明，$1982 \sim 2002$ 年中国陆地生态系统 NEP 的累积量达到 11.97 PgC，年平均值为 0.57 Pg C（陈泮勤等，2008）。$1980 \sim 2000$ 年中国陆地生态系统的植被和土壤总碳汇相当于同期中国工业 CO_2 排放量的 $20.8\% \sim 26.8\%$（方精云等，2007）。

中国陆地生态系统通量观测研究网络（ChinaFLUX）$2003 \sim 2007$ 年 8 个观测站的观测结果也表明中国陆地生态系统发挥着碳汇的作用（于贵瑞，孙晓敏，2008）。中国东部主要的森林生态系统均表现出明显的碳汇功能，强度受温度和水分条件的控制，由南向北降低（Yu et al.，2006）。中国亚热带老龄林的土壤仍具有较强的碳汇功能（Yu G. R. et al.，2008；Zhou G. Y. et al.，2006）。青藏高原高寒草甸与高寒灌丛草甸具有一定的碳汇功能（Zhao et al.，2006），年均碳吸收强度分别为 $0.79 \sim 1.93$ t C/hm² 和 $0.07 \sim 1.1$ t C/hm²，但青藏高原腹地高寒草甸的碳收支接近于平衡，干旱年份有微弱的碳排放（石培礼等，2006）。内蒙古半干旱草原的多年碳排放和碳吸收接近于平衡，在干旱年份表现为一定的碳排放（伏玉玲等，2006）。随着耕作制度的改进，作物生产力不断提高，碳的吸收能力显著增大。华北地区一年两熟制

---

[1] 1Pg＝10^{15}g

[2] WBGU. 1998. (The German Advisory Council on Global Change). The accounting of biological sinks and sources under the Kyoto Protocol. WBGU Special Report

"吨粮田"的年均吸收强度可以达到 2.4～6.1 t C/hm²，平均为 4.8 t C/hm²，同时农田土壤有机碳储量不断增加，表明中国陆地生态系统总体上发挥着碳汇的作用（图 8.7）。

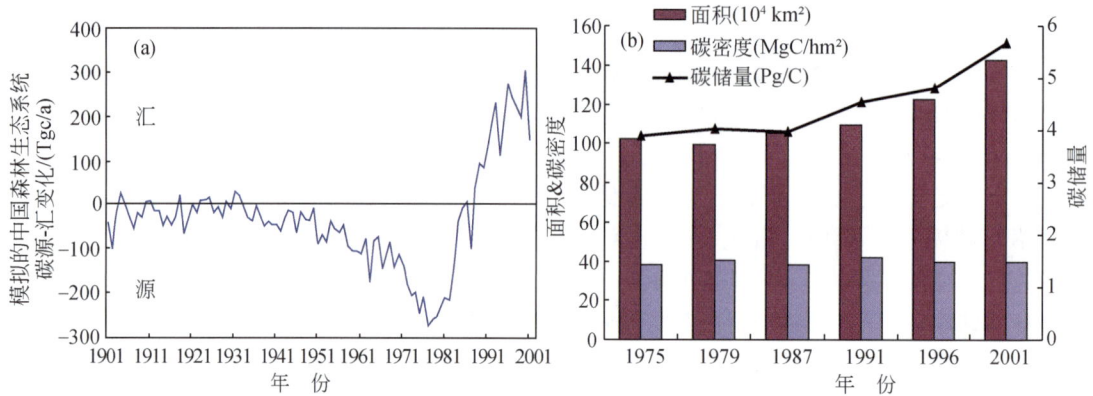

图 8.7

（a）InTEC 模型模拟的森林生态系统 NEP 动态变化，显示 1901～1949 年期间的 NEP 为（−21.0±7.8）Tg C/a，1950～1987 年期间的 NEP 为（−122.3±25.3）TgC/a；1988～2001 年期间的 NEP 为（176.7±44.8）TgC/a；（b）根据森林清查资料统计得到的中国森林面积（104km²）、碳密度（Mg C/hm²）和碳储量（Pg C）的动态变化，显示中国森林的碳储量由 20 世纪 70 年代的 3.89 Pg C 增加到了 21 世纪初的 5.68 PgC

在空间上，中国陆地碳汇主要分布在东北林区、南方亚热带林区和藏北高原草甸草原区。草地生态系统的碳吸收能力小于森林生态系统。陆地生态系统的碳汇空间格局主要受降水和温度的共同作用，可以用年均气温和降水量进行粗略的评估（图 8.8）。但是温带森林的总初级生产力（GPP）和净生态系统生产力（NEP）主要受气温的影响，而亚热带森林则主要受辐射影响。沿东部南北样带，NEP 呈现随纬度升高而降低的空间格局，与欧洲大陆 NEP 的空间格局存在明显差异（Yu G. R. et al.，2008）。

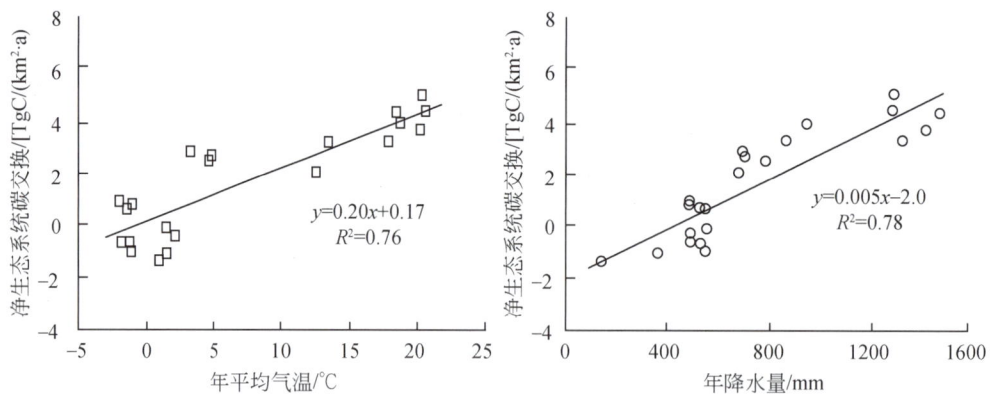

图 8.8　温度和降水对生态系统净生态系统生产力（NEP）空间格局的影响

8.3.2　陆地生态系统与大气氧化亚氮交换

表 8.3 汇总的是中国陆地生态系统 N_2O 排放量测定数据。在不施用氮肥的陆地生态系统，亚热带、热带森林生态系统的 N_2O 排放量较为一致，变动于 2.0～4.0 kg N/（hm² · a）

之间。温带森林的 N_2O 排放量明显低于热带和亚热带森林。在北方干旱地区,降水通常促进 N_2O 排放(Wang Y. S. et al.,2005)。三江平原除灌丛湿地外,湿地 N_2O 排放量与北方草地生态系统相当,低于热带、亚热带森林生态系统(表 8.3)。三江平原灌丛湿地的 N_2O 排放量何以如此之高的原因还有待于进一步研究。

表 8.3　中国非施氮肥陆地生态系统 N_2O 排放

生态系统	N_2O 排放量		文献
	生长季(g N/($hm^2 \cdot d$))	全年(kg N/($hm^2 \cdot a$))	
内蒙古草地	0.35—1.23		(Xu et al.,2003)
三江平原沼泽			(王毅勇等,2006)
毛果苔草		0.539	
小叶草		0.214	
灌丛		6.57	
温带森林			(王颖等,2009)
硬木林	0.54		
红松林	0.42		
落叶松林	0.24		
蒙古栎林	0.04		
鼎湖山亚热带森林		3.2 ± 1.2	(Tang et al.,2006)
西双版纳热带雨林			(Yan et al.,2008)
去凋落物		2.8	
有凋落物		2.6	
有凋落物+幼苗		3.7	
广东			(Liu et al.,2008)
松林		3.03	
果园		8.64	
热带森林			(Zhang W et al.,2008)
人工松林		2.11 ± 0.12	
针阔混交林		2.30 ± 0.13	
常绿阔叶成熟林		2.57 ± 0.14	
常绿阔叶林		$2.0 \sim 4.4$	(Fang et al.,2009)

农田生态系统是陆地生态系统中最重要的 N_2O 排放源。水分管理模式和氮肥施用量是影响农田 N_2O 排放量的最主要因素。在相同氮肥施用量下,稻田的 N_2O 排放量低于旱地(Xing,1998)。在稻田生态系统中,N_2O 排放系数随着排水次数增加而增大(Zou et al.,2009)。水稻生长季连续淹水的稻田,N_2O 排放量几乎可以忽略不计,且受氮肥施用的影响很小,一次烤田和多次烤田稻田的 N_2O 排放系数分别为 0.42% 和 0.73% (Zou et al.,2009;Zou et al.,2007)。旱地农田 N_2O 排放系数接近于(IPCC,2007a-c)的缺省值(1%),在国家尺度上,随着降水量的增加而增加(卢燕宇等,2005)。中国农田背景 N_2O 排放量变化于 $0.1 \sim 3.67$ kg N/($hm^2 \cdot a$)之间,平均为 1.35 kg N/($hm^2 \cdot a$),与土壤全氮含量或有机碳含量呈显著正相关(Gu et al.,2007)。

除个别早期的估算数值外,采用不同方法获得的全国农田 N_2O 排放量的估算值变化范围不大,在 $292 \sim 476.3$ Gg N/a 之间,其中氮肥引发的 N_2O 排放量约占 42.5% (Yan et al.,2003)。稻田生态系统对 N_2O 排放量也有相当的贡献(表 8.4)。

表 8.4　中国农田 N_2O 排放量估算

文献	估算年	方法	N_2O 排放量（Gg N/a）		
			化肥诱发	稻田*	总量
(Wang et al.，1995)	1990	依据单点测定扩展至全国			122
(Xing，1998)	1995	依据稻田和旱地多点测定扩展至全国		35	398
(Li et al.，2001)	1990	DNDC 模型	130		310
		1996 版 IPCC 指南	210		360
(Yan et al.，2003)	1995	1996 版 IPCC 指南	202.4		476.3
(Zheng et al.，2004)	1990 年代	排放系数方法	275		
(Zheng et al.，2008)	2004	IPA-N 模型			399
(卢燕宇 et al.，2007)	1997 1991～2000	IPCC 指南。旱地 EF 根据降水量校正，稻田取 0.31%	199 204	18ζ	
(Zou et al.，2007)	1990 年代	划分稻田水分管理类型，分别取 EF 值估算		29.0	
(Zou et al.，2009)	1990 年代	划分稻田水分管理类型，分别取 EF 值估算		32.3	

* 稻田仅为水稻生长季。

ζ 化肥氮诱发的 N_2O 排放量。

8.4　对流层臭氧

对流层臭氧一部分来自平流层臭氧向下输送，更多则由挥发性有机物、一氧化碳和氮氧化物等臭氧前体物通过光化学反应产生。欧洲和北美地区对流层臭氧浓度已经经历了长时间的显著上升过程，虽然目前上升速度得到一定程度减缓，但上升趋势并没有扭转。与此同时，其他经济快速发展地区（例如包括中国在内的一些人口密集、经济发达地区）的区域臭氧浓度上升趋势也先后显现出来。重要的臭氧前体物的人为排放主要集中在北半球的中、高纬度地区，其结果是，北半球的亚热带和中纬度地区的臭氧辐射强迫效应达到全球年平均值的 2 倍。

8.4.1　对流层臭氧

中国大部分国土处于北半球亚热带和中纬度，气象条件有利于大气光化学反应，中国经济处于持续高速发展期，因而，区域性臭氧变化对中国气候和大气环境的影响很值得关注。一方面要关注整个对流层臭氧含量变化带来的气候效应，另一方面要重视地面臭氧浓度升高对人体健康、农作物产量和林木生长的影响。虽然已有一些模拟研究工作分析了中国对流层臭氧的区域分布格局（Luo et al.，2000；Ma，Zhou，Hauglustaine，2002），但要获得对流层臭氧长期变化和垂直结构数据还要依靠卫星遥感和臭氧探空。中国虽然在个别站点开展过一些短期探空测量，并于国外卫星数据进行了比对（蔡兆男等，

2009)，但这方面长期的观测数据还没有。美国航空航天局基于卫星探测数据经过处理取得的对流层臭氧数据（TOR，Tropospheric Ozone Residue，http：//asd-www.larc.nasa.gov/TOR/data.html）是一套时空覆盖较好、反映对流层臭氧含量变化的较可靠数据（Fishman，Wozniak，Creilson，2003）。该数据已被用于中国长江三角洲地区臭氧长期变化分析（徐晓斌等，2006），最近更新的 TOR 数据也被用于分析中国对流层臭氧 1979～2005 年间的变化状况（徐晓斌，林伟立，2009）。这些年间中国 TOR 的月平均水平在 22～48 DU[①] 间波动，低值出现于冬季，高值出现于夏季。总体而言，中国与北美和欧洲一些地区一样，属于北半球高值区（图 8.9）。

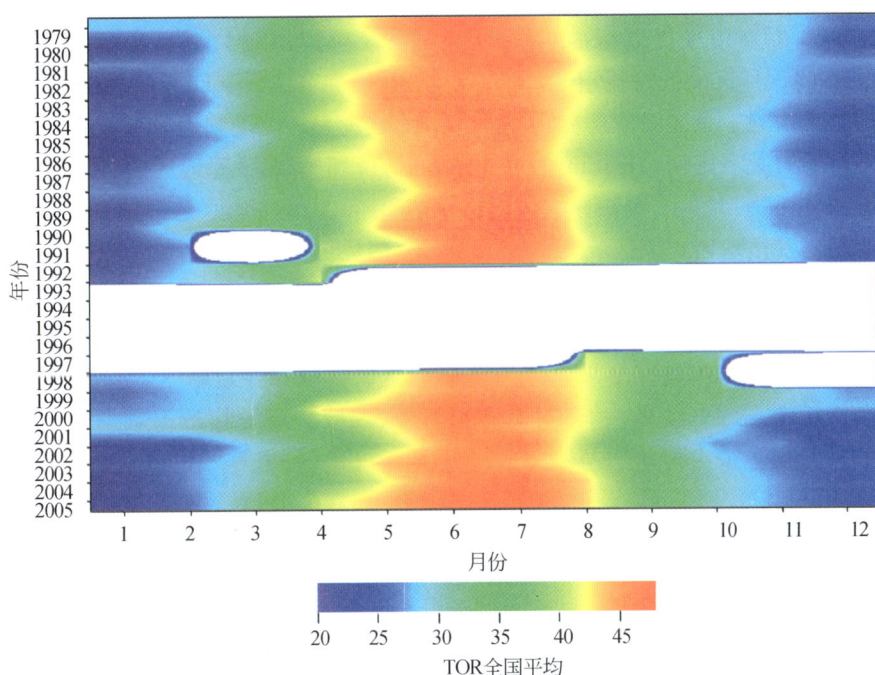

图 8.9　中国上空 TOR 在 1979～2005 年间逐年和逐月变化情况
TOR 单位 DU，图中空白处为缺测

　　表 8.5 给出了全国范围内 TOR 和华北平原、长三角、珠三角以及四川盆地 4 个关键区域内 TOR 全年和不同季节平均值的线性变化趋势。由此表可见，全国的年平均 TOR 呈微弱的下降趋势，只在夏季有微弱的上升趋势。珠三角和四川盆地地区的 TOR 总体呈下降趋势，这种下降趋势比较明显，而且在某些季节甚至全年都是显著的。长三角地区的 TOR 除了夏季趋势极微弱外，其他季节呈微小的下降趋势，但统计上尚不显著。

表 8.5　中国 1979～2005 年对流层臭氧变化趋势（单位：DU/10 年）（徐晓斌，林伟立，2009）

区域	全年	冬季	春季	夏季	秋季
全国	−0.12	−0.28	−0.44	+0.20	−0.19
华北平原	+0.30	−0.26	+0.09	+1.10*	+0.27

---

　　①　规定千分之一厘米厚度为一个多布森单位，记为 DU

续表

区域	全年	冬季	春季	夏季	秋季
长三角	−0.34	−0.50	−0.73	+0.02	−0.18
珠三角	−0.64	−1.47*	−1.43*	−0.10	−0.28
四川盆地	−0.71*	−0.31	−1.20*	−0.34	−0.60

*通过显著性检验（α＝0.05）。

虽然数据上显示中国多数地区 1979～2005 年间 TOR 无显著变化趋降，但华北平原地区的 TOR 存在值得关注的增长趋势，尤其是在夏季，增长率达到 1.10 DU/10 年（徐晓斌，林伟立，2009）。对商用飞机取得的北京及周边地区对流层臭氧分布数据分析结果表明，1995～2005 年间该地区的低对流层臭氧的增长速率达每年 2%（Ding et al.，2008），与卫星数据定性结果一致。虽然对流层臭氧含量变化在很大程度上受到大气环流的影响，与北极涛动和南方涛动等关系密切（Fishman et al.，2005），但华北平原地区的对流层臭氧增长趋势与南方涛动并无密切联系（徐晓斌，林伟立，2010）。华北平原是中国人口密集区之一，也是工农业相对发达地区，该区域对流层臭氧变化趋势可能主要与污染物人为排放有关，其所带来的区域气候效应应引起重视。

关于中国对流层臭氧增加引起的辐射效应研究很少。利用 1995 年的排放源资料、针对 1994 年的气象条件的模拟研究结果表明，对流层臭氧的增加导致晴空辐射强迫为正，并且主要分布在长江中下游、华东、华南地区，全模拟区域季节平均最大辐射强迫为 1.04W/m²，出现在 4 月份，最小为 0.59W/m²，出现在 1 月份（吴涧等，2002）。

第九章 全球气候系统模式评估与气候变化预估

提 要

本章简要介绍了近年来国内外耦合气候系统模式发展现状以及未来发展趋势。通过我国最新研发的两个全球耦合气候系统模式 BCC-CSM 和 FGOALS 对气候变化的模拟再现能力的评估，表明在模拟全球、半球、洋盆尺度气候方面具有较高的可靠性，在气温、降水年代际变化方面也具有较好的模拟能力，对区域温度和降水变化的模拟偏差较大。利用多模式集合平均模拟预估，到 21 世纪末中国年平均温度在 B1、A1B 和 A2 情景下将分别增加约 2.5℃、3.8℃和 4.6℃，高于全球平均增幅，比较中国模式与 IPCC AR4 多模式预估结果的差异，给出了中国地区多模式集合的极端温度和极端降水、海平面高度等的可能变化。最后讨论了影响气候模式预估结果不确定性的有关因素。

9.1 气候系统模式发展概况

气候变化的预估是科学家和公众以及决策者共同关心的问题，其中几十年到一百年时间尺度气候变化的预估与各个国家和地区制定长远社会经济发展计划息息相关。目前，在预测未来人类活动造成的气候变化研究方面，主要依靠的工具是气候系统模式。

气候系统模式与数值天气预报模式相比，更多关注的是气候系统内部圈层之间的相互作用。关键的模式分量有大气、陆面、海洋、海冰、气溶胶、碳循环、植被生态和大气化学等。这些模式分量首先是独立发展和完善，最后耦合到气候系统模式中。模式的发展密切依赖于对控制整个气候系统的物理、化学和生物过程以及它们之间的相互作用的认识和理解程度的不断提高。

在发展各分量气候模式的同时，我国在耦合模式的研发方面也开展了大量的工作。中国科学院大气物理研究所"大气科学和地球流体力学数值模拟国家重点实验室"（IAP/LASG）在发展气候模式方面具有长期的工作积累（张学洪等，1999；Zhou，Yu，et al.，2007）。近年来，IAP/LASG 基于自己发展的大气环流模式和大洋环流模式，在引进国外先进气候系统模式特别是美国国家大气研究中心（NCAR）的气候系统模式 CCSM 的耦合框架基础上，发展建立了新版本的气候系统模式 FGOALS①（周天军等，2005a，b；Yu Y. et al.，2008；Wang et al.，2009）。FGOALS 的大气模式分量有 IAP/LASG 谱大气模式和格点大气模式

---

① Wang B, et al. 2006. Recent progress in the development of the 4th generation of IAP/LASG climate system model FGOALS and the associated experiments，Invited presentation at the 2005 Annual Meeting of the Institute of Atmospheric Physics，Chinese Academy of Sciences，held in Mar 24，2006，Beijing

两种选择：一是与大气谱模式 SAMIL 对应的版本，简称 FGOALS-s（周天军等，2005a，b）；二是与大气格点模式 GAMIL 对应的版本，简称 FGOALS-g（Yu Y. et al.，2008）。海洋模式分量为 IAP/LASG 第三代大洋环流模式 LICOM（Jin，Xue，Zhou，1999；Liu et al.，2004），陆面模式分量采用了通用陆面过程模式 CLM，海冰模式分量为 NCAR 研制的海冰模式 CSIM4，其水平分辨率与海洋模式保持一致，考虑了海冰的热力学和动力学过程。新版的气候系统模式采用耦合器技术（主要采用 NCAR CCSM2 的耦合器 CPL5）进行"非通量订正"的海洋与大气的直接耦合（周天军等，2004）。与此同时，为适应千年气候模式试验的巨大计算量要求，IAP/LASG 还通过适当降低耦合模式系统中最为耗时的大气模式分辨率、提高计算效率的方法，发展了 FGOALS 的快速耦合版本 FGOALS_gl（Wen et al.，2007；Zhou et al.，2008a），并利用其结合 IPCC AR5 的要求，进行了过去千年气候演变的数值模拟试验（张洁等，2009）。

"九五"期间，国家气候中心和中国科学院大气物理研究所 LASG 合作研制了用于季节气候预测的全球大气-海洋耦合模式（丁一汇等，2000；董敏，2001），耦合模式由全球大气环流模式（BCC_AGCM1.0）与全球海洋环流模式（NCC/LASG L30T63）（Jin et al.，1999）通过日通量距平耦合方案在开洋面上逐日耦合而形成，被称作 BCC-CM1.0。进入 21 世纪，高性能计算机迅速发展，气候模式的发展也出现了模块化、标准化和并行化的趋势，以耦合的气候系统模式为代表的动力气候模式发展方向成为主流趋势。2004 年起，中国气象局着手开发新一代气候系统模式 BCC-CSM，新版的气候系统模式 BCC-CSM1.0 也是基于耦合器结构（以 NCAR CSM2 为蓝本），其中的大气分量模式是正在发展的全球大气环流模式 BCC-AGCM2.0.1（Wu et al.，2008；Wu，Yu，Zhang，et al.，2010），陆面分量模式 CLM3，全球海洋环流分量模式 POP，海冰模式 CSIM。同时也开发了包含了全球碳循环过程在内的 BCC-CSM1.1 版本，其中大气分量模式是 BCC-AGCM2.1，陆面过程模式为在 AVIM（季劲钧，余莉，1999）基础上发展的 BCC_AVIM1.0，海洋环流模式和海冰模式分量分别在 GFDL MOM4 和 SIS 的基础上改进发展。中国气象局 BCC-CSM 下一代模式版本同时还将考虑嵌套大气化学模式和气溶胶模式等，从而建立多圈层的气候系统模式耦合平台。

能够刻画大气、海洋、陆地、冰雪、植被等多圈层相互作用的"海－陆－气－冰"耦合的物理气候系统模式，已经成为理解气候变化的机理、预测预估未来气候变化的重要工具。当前，气候系统模式朝着同时考虑物理过程、生物地球化学过程以及固体地球和空间天气、人类活动影响等复杂过程的地球系统模式的方向发展。

地球系统模式

地球系统模式是用来描述地球系统中大气圈、水圈、冰雪圈、岩石圈和生物圈之间相互作用，包含生物地球化学过程和人类活动影响的数值模式，是根据地球系统中的动力、物理、化学和生物过程建立起来的数学方程组（包括动力学方程组和参数化方案）来确定其各个部分（大气圈、水圈、冰雪圈、岩石圈、生物圈）的特性，由此构成地球系统的数学物理模型，然后用数值的方法进行求解，编制成一种大型综合性计算程序，并通过计算机付诸实现对地球系统复杂行为和过程的模拟与预测的科学工具。

自 IPCC 第一次评估报告以来，气候模式的模拟结果为 IPCC 评估报告提供了气候变化模拟预估的科学分析依据。IPCC 第一次评估报告共使用了 11 个气候模式。第二次评估报告使用的耦合模式共 14 个，其中包含 IAP/LASG 的模式 IAP（4°×5° L2 分辨率）。在 IPCC 第三次评估报告中，有 16 个模式参加了比较试验，其中来自 IAP/LASG 的耦合模式是唯一来自发展中国家的模式。自第三次评估报告之后，海气耦合模式的发展取得了长足进步，其中国家气候中心和中国科学院大气物理研究所各有一个模式参与其中，在最近公布的第四次评估报告 IPCC AR4 中，有 24 个耦合模式参与（表 9.1），并提供了试验结果。同时，这些模式无论在物理过程还是在模式分辨率上，较之 IPCC 第三次评估报告都有了很大的提高。

表 9.1　参与 IPCC AR4 全球海气耦合模式

模式名称	所属机构（国家）	大气模式分辨率	海洋模式分辨率
BCC-CM1.0	BCC（中国）	T63（1.9°×1.9°）	T63（1.9°×1.9°）
BCCR-BCM2.0	BCCR（挪威）	T63（1.9°×1.9°）	0.5°~1.5°×1.5° L35
CCSM3	NCAR（美国）	T85（1.4°×1.4°）L26	0.3°~1°×1° L40
CGCM3.1（T47）	CCCma（加拿大）	T47（~2.8°×2.8°）L31	1.9°×1.9° L29
CGCM3.1（T63）	CCCma（加拿大）	T63（~1.9°×1.9°）L31	0.9°×1.4° L29
CNRM-CM3	CNRM（法国）	T63（~1.9°×1.9°）L45	0.5°~2°×2° L31
CSIRO-Mk3.0	CSIRO（澳大利亚）	T63（~1.9°×1.9°）L18	0.8°×1.9° L31
ECHAM5/MPI-OM	MPI（德国）	T63（~1.9°×1.9°）L31	1.5°×1.5° L40
ECHO-G	MIUB/MRI（德国/韩国）	T30（~3.9°×3.9°）L19	0.5°~2.8°×2.8° L20
FGOALS-g1.0	IAP/LASG（中国）	2.8°×2.8° L26	1.0°×1.0° L30
GFDL-CM2.0	GFDL（美国）	2.0°×2.5° L24	0.3°~1.0°×1.0°
GFDL-CM2.1	GFDL（美国）	2.0°×2.5° L24	0.3°~1.0°×1.0°
GISS-AOM	GISS（美国）	3°×4° L12	3°×4° L16
GISS-EH	GISS（美国）	4°×5° L20	2°×2° L16
GISS-ER	GISS（美国）	4°×5° L20	4°×5° L13
INM-CM3.0	INM（俄罗斯）	4°×5° L21	2°×2.5° L33
IPSL-CM4	IPSL（法国）	2.5°×3.75° L19	2°×2° L31
MIROC3.2（hires）	UT，JAMSTEC（日本）	T106（~1.1°×1.1°）L56	0.2°×0.3° L47
MIROC3.2（medres）	UT，JAMSTEC（日本）	T42（~2.8°×2.8°）L20	0.5°~1.4°×1.4° L43
MRI-CGCM2.3.2	MRI（日本）	T42（~2.8°×2.8°）L30	0.5°~2.0°×2.5° L23
PCM	NCAR（美国）	T42（~2.8°×2.8°）L26	0.5°~0.7°×1.1° L40
UKMO-HadCM3	UKMO（英国）	2.5°×3.75° L19	1.25°×1.25° L20
UKMO-HadGEM1	UKMO（英国）	~1.3°×1.9° L38	0.3°~1.0°×1.0° L40

注：表中符号 T 代表三角形截断，R 代表菱形截断，L 代表垂直方向的层次。

在已启动的 IPCC 第五次评估报告（AR5）中，将特别关注全球碳循环过程对气候和气候变化的影响。因此，参与针对 AR5 的第五次耦合模式比较计划（CMIP5）的多数气候系统模式已考虑了陆地生态系统的碳源汇变化和海洋碳循环过程，能够模拟人为温室气体排放对全球碳循环的影响。

9.2　20 世纪气候模拟评估

海气耦合模式经过 20 多年来的发展与改进，已经有了明显的进步。从目前气候状况和气候变化的检验表明，气候模式在模拟全球、半球尺度气候变化方面具有较高的可靠性；对于季、年时间尺度和年代际变化有较好的模拟能力，其中尤以冬季模拟效果最好；在模拟气温场、环流场等方面也具有较好的能力。关于耦合模式模拟性能的分析评估，基本是从气候平均态、年际变率等角度展开，例如对以下重要过程的模拟，包括海洋状态和年际年代际变率（张学洪等，2003；吴春强等，2009）、海洋热盐环流（周天军，张学洪，王绍武，2000）、陆面过程（包庆等，2006；张文君等 2008a，b）、大气平均态（王在志等，2007）、水循环过程（周天军等，2001）、北大西洋涛动 NAO 和北极涛动 AO（Zhou et al.，2000；辛晓歌，周天军，宇如聪，2008）、全球季风（张丽霞等，2008）、东亚季风（Zhou，Li，2002；陈昊明等，2009）、季风－ENSO 相互作用（吴波等，2009）等。本节将着重介绍模式对气温和降水的模拟和预估分析结果。

9.2.1　全球平均气温分布

从参与 IPCC AR4 的多个耦合模式的模拟结果来看，几乎所有模式都能再现 1980～1999 年平均的全球地表气温的空间分布特征（IPCC，2007a-c），除极区和其他一些资料较差的地区之外，在全球绝大部分地区模拟的地表气温与实测值的绝对误差一般都在 3℃ 以内。一些较大的误差出现在有陡峭地形变化的地区，这可能是由于模式地形与实际地形之间的不匹配所造成。模式模拟结果普遍存在轻微的冷偏差。极区之外，误差相对较大的地区出现在热带海盆的东部，这可能与低云模拟中存在的问题有关。这些模式系统误差对模式对外部扰动响应的影响程度尚不清楚，但有可能非常大。尽管存在差异，模式能够以合理的程度逼近控制地表气温气候态的主要过程。就单个模式而言，模拟和观测的年平均温度空间分布型之间的相关在 0.98 左右。

就我国的气候系统模式 BCC-CSM 和 FGOALS_g 模拟结果而言［图 9.1（a），（b）］，误差大值区主要在极区，在北极偏冷 4℃ 以上，在南极则以偏暖为主，这与多模式模拟结果一致［图 9.1（c）］；其与观测场的偏差，除极区和局部区域外，大部分地区的绝对误差值也在 2℃ 以内，这表明我国气候模式的总体模拟能力与国际上的模式接近，模式还是能够很大程度上再现全球温度的分布型。对南极和格陵兰岛温度的模拟，我国的两个模式模拟结果都偏大，注意到在这两个系统中采用的陆面模式相同，都是 CLM，因此对陆地冰面的处理可能需要改进。但我国的这两个模式模拟结果也存在明显的差别，偏差场的空间分布总体上 BCC-CSM 与多模式结果更相似，在海洋和北极区上 FGOALS_g 模拟偏差偏大，而这两个系统中采用的海冰模式也相同，这样的差别可能与 FGOALS_g 中海洋模式经向热输送模拟偏弱有关。

9.2.2　全球平均降水分布

图 9.2 给出了 1979～1999 年观测的年平均降水和国内的两个耦合模式以及 IPCC AR4 多模式平均的降水场。从大尺度来看，高纬度地区较少的降水反映了较低温度条件下局地蒸发的减少和较冷空气的低饱和水气压，这可能会抑制其他区域向该地区的水汽输送。模式都较好地再现出大尺度降水的分布型，由于赤道附近的热带辐合带（ITCZ）使得太平洋近赤道地区出现局地降水的最小值，而在中纬度地区出现局地最大值，这反映出下沉运动抑制了

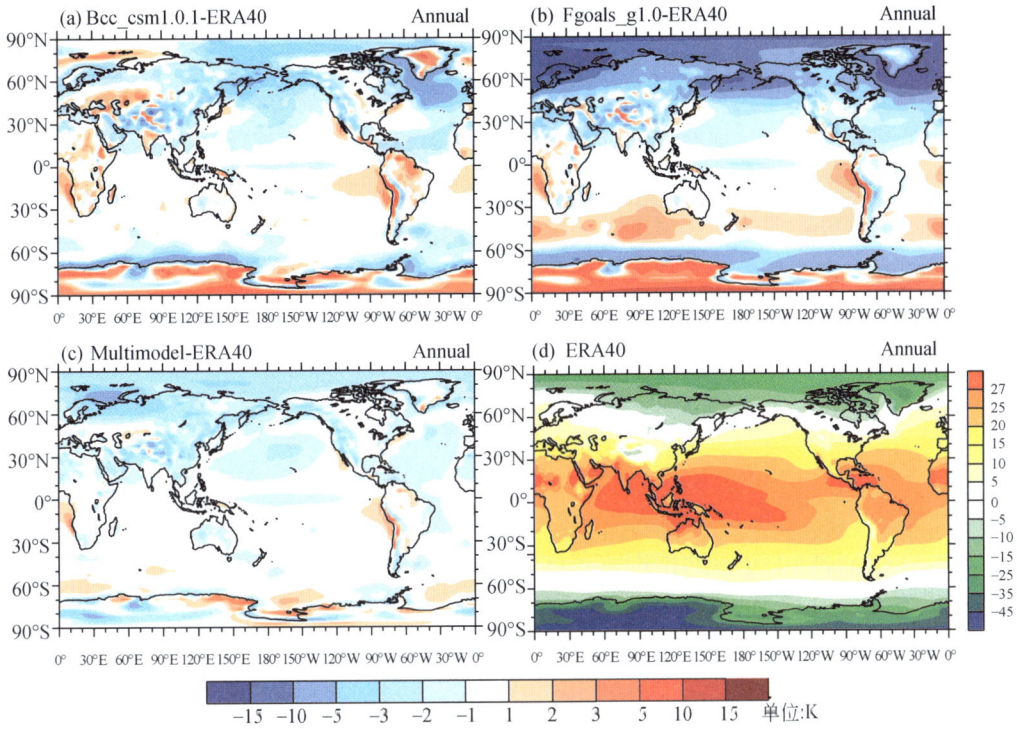

图 9.1　模式全年气候平均（1961～1990）气温相对观测的偏差

（a）BCC-CSM 模拟偏差；（b）FGOALS_g 模拟偏差；（c）多模式平均偏差；

（d）ERA40 气候平均场

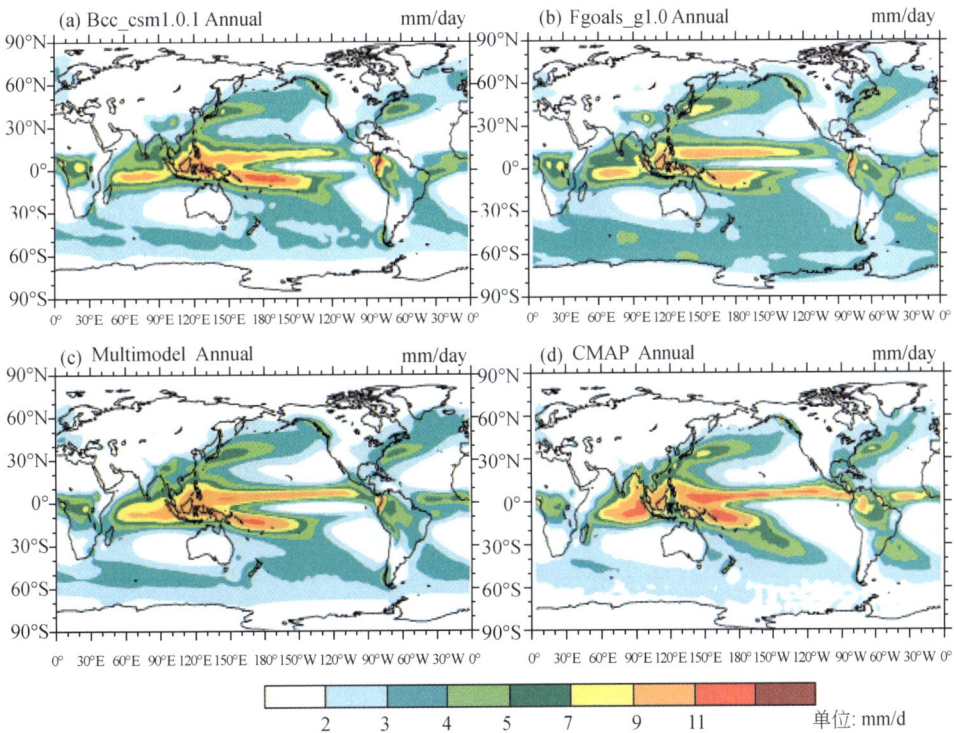

图 9.2　1979～1999 年全球年平均降水分布

（a）BCC-CSM 模拟结果；（b）FGOALS_g 模拟结果；（c）多模式模拟结果；（d）CMAP 观测

副热带地区的降水，风暴系统加强了中纬度地区的降水。模式抓住了这些大尺度的纬向平均降水的分布特点，说明它们能够较准确地再现大气环流的这些特征。

同时，模式模拟出了一些主要的区域降水特征，包括主要的辐合区和热带雨林上空降水的最大值，尽管模式低估了亚马孙地区上空的降水。然而，多模式平均降水场与观测的降水场之间还是存在不少差异。平行于纬圈的南太平洋辐合区明显过于东伸。在热带大西洋地区，大部分模式模拟的降水最大值偏低，而在赤道以南降水则偏多。同时，大部分模式在印太暖池区降水还存在系统性的东西方向的位置偏差，西印度洋和海洋大陆地区的降水过多。孟加拉湾地区出现系统性的偏干，这可能与季风模拟的偏差有关。

9.3 20 世纪年代际变化的模拟

从图 9.3 所示的 IPCC AR4 22 个耦合模式和 BCC-CSM1.0.1 在对 20 世纪气候模拟试验中对全球年平均气温的模拟结果来看（Zhou，Yu，2006；辛晓歌，周天军，宇如聪，2008），就 1880～1999 年的变化而言，在自然因子和人为因子的共同强迫作用下，多数耦合模式能够成功再现全球平均气温在过去百年的实际演变，多模式集合的结果与观测序列（Jones et al.，1999）的相关系数可以达到 0.87，这种高相关系数主要来自 20 世纪的变暖趋势，多模式集合的变暖趋势为 0.67℃/100a，非常接近观测的 0.53℃/100a。包括太阳活动、火山气溶胶在内的自然强迫因子逐年变化的引入，显著提高了耦合模式的模拟效果，这种改进在 20 世纪前半叶尤为明显。不过，模式间的离差亦很大，特别是在 20 世纪前半叶，这从图 9.3 可以明显看出。方差分析表明，外强迫可以解释 20 世纪全球年平均气温变化的 60%，而内部变率（噪声）则解释了 40%，这种内部变率来自"海-陆-气-冰"耦合系统内

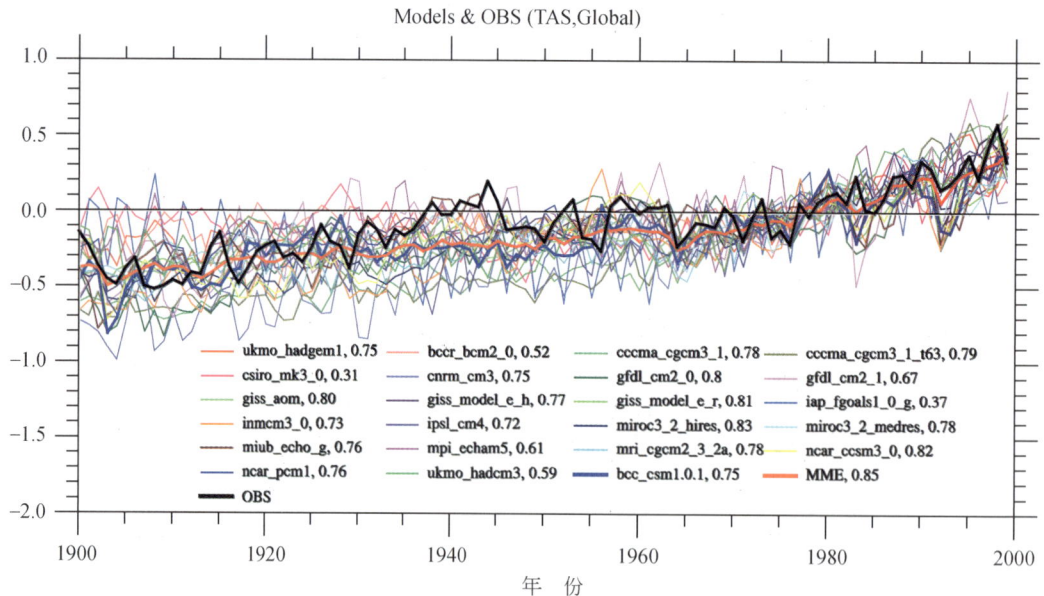

图 9.3 CMIP3 计划中 20C3M 试验 22 个模式和 BCC-CSM1.0.1 模式模拟的全球平均
地表温度距平随时间的变化（相对于 1961～1990 年）及其与观测的相关系数
［依据 Zhou，Yu（2006）；辛晓歌，周天军，宇如聪（2008）重新绘制］

部的相互作用。在年际变率上，耦合模式结果与实际观测没有对应关系。进一步分析发现，耦合模式对 20 世纪后半叶温度变化的模拟效果，整体上较之 20 世纪前半叶效果更佳，原因部分来自近 50 年的温室气体、气溶胶等强迫资料更为可靠，同时温室气体的作用可能亦更为显著（Zhou，Yu，2006）。国家气候中心最新发展的气候系统模式 BCC-CSM1.0.1 与观测的相关系数为 0.75，与多模式集合平均模拟结果接近。

从图 9.3 不难看出，在考虑人为温室气体排放和硫酸盐气溶胶作用时，气候系统模式能够比较成功地模拟出 20 世纪后期的全球增暖，但几乎所有的耦合模式很难再现 20 世纪前期（1925～1944 年）的变暖。如果要增强对这一现象的模拟，可能还需同时考虑太阳辐射和火山活动等自然外强迫因子的影响以及气候系统内部变率的作用。利用 IAP/LASG GOALS 模式所开展的模拟试验亦表明（Ma et al.，2004），20 世纪特别是 1980 年代以来的全球增暖主要来自温室气体的贡献，而硫酸盐气溶胶则部分抵消了温室气体的影响。

第三次耦合模式比较计划（CMIP3）中 20 世纪气候模拟试验（20C3M）22 个耦合模式和 BCC-CSM1.0.1 模拟的 20 世纪中国年平均气温距平变化见图 9.4。已有研究工作较为全面地总结了模式的模拟特征（Zhou，Yu，2006；周天军，赵宗慈，2006）。在 20 世纪 70 年代以前，模式间的离差较大，而 70 年代以后，几乎所有模式的结果都接近于观测值（Wang et al.，1998）。多数模式的模拟结果和观测都存在显著的正相关，我国发展的 BCC-CSM1.0.1 和 FGOALS_g1.0 两个模式的相关系数分别为 0.15 和 −0.06。多模式集合平均结果和观测序列的相关系数为 0.46，这较之全球平均的情况要低一些，但是在统计上依然具有 5% 水平的显著性。就中国区域平均而言，模式间的离差较之全球平均要大许多，表明利用全球气候模式来模拟区域尺度的长期温度变化，其难度较之全球和半球尺度都要大。

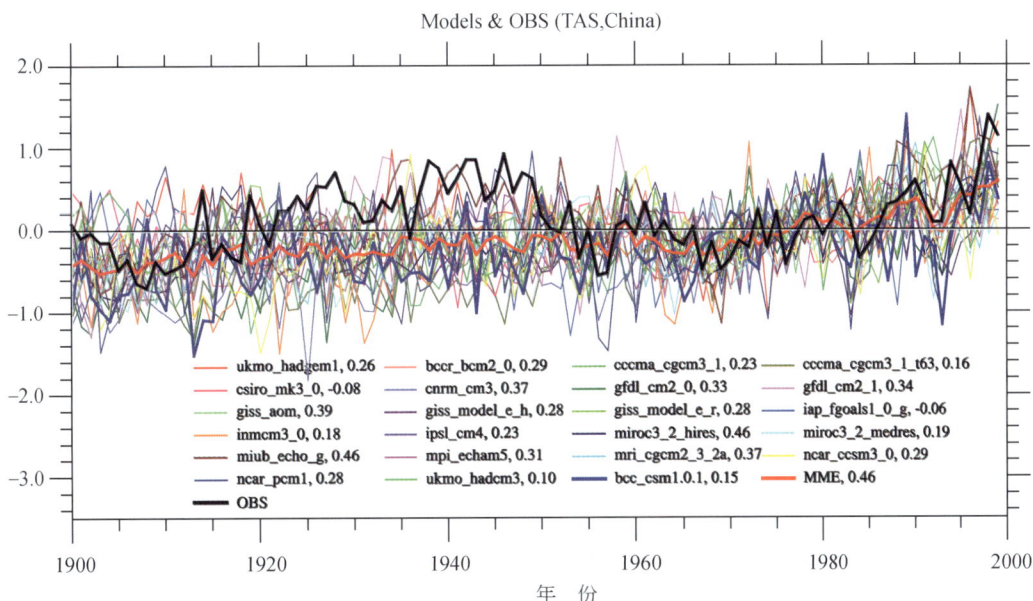

Models & OBS (TAS,China)

图 9.4　CMIP3 计划中 20C3M 试验 22 个模式和 BCC-CSM1.0.1 模拟的中国平均气温
距平随时间的变化（相对于 1961～1990 年）及其与观测的相关系数
［据 Zhou，Yu（2006）；辛晓歌，周天军，宇如聪（2008）重新绘制］

此外，统计分析发现（Zhou，Yu，2006；周天军，赵宗慈，2006），考虑了自然变化的模式（CCSM3、CNRM-CM3、GFDL-CM2.0、GFDL-CM2.1 和 MRI-CGCM2.3.2）集合平均模拟的 1880～1940 年中国区域平均地表气温距平序列，与观测值的相关系数为 0.55，高于仅使用人类活动作为外强迫的模拟结果，这表明 20 世纪前半叶的中国气温变化受到太阳活动、火山爆发等自然因素的影响较大。对于 20 世纪后半叶（1941～1999 年），中国气温变化受到温室气体作用的显著影响，那些考虑了温室气体变化的模式所模拟的中国区域平均气温变化与观测值都存在显著的正相关。进一步分析发现，模拟值和观测值的相关系数，在中国北部要高于中国南部。方差分析表明（Zhou，Yu，2006；周天军等，2008），外强迫解释了 20 世纪中国年平均温度变化的 32%，而内部变率（噪声）的贡献则高达 68%，信噪比为 0.69，比全球平均情况要高。

另外，观测得到的中国区域平均温度变化与全球平均的不同之处，在于除了 1940 年代的变暖之外，在 1920 年代还存在一个暖期，而几乎所有耦合模式都难以模拟出该现象。无论是利用观测海温强迫 AGCM，还是采用自然外强迫因子和人为温室气体强迫耦合模式，都模拟不出 1920 年代这一暖期，这使得如何解释 20 世纪早期的这一变暖现象就成为一个悬而未决的问题（Zhou，Yu，2006；周天军，赵宗慈，2006）。

9.4　21 世纪气候变化预估

9.4.1　全球平均气温和降水

在 IPCC 第二次评估报告中，使用了 6 种 IS92 排放情景，不同模式给出的 1990～2100 年全球平均气温增加约 1.0℃～3.5℃；在 IPCC 第三次评估报告中，使用 35 种温室气体排放前景，不同模式给出的 1990～2100 年全球平均地表温度的增加范围为 1.4℃～5.8℃；与 IPCC 第三次评估报告相比，有更多的物理气候系统模式参与第四次评估报告（AR4）气候变化的数值模拟研究，因此也就更加容易定量地比较模式结果的差异，给出模拟结果的置信区间。从集合平均的全球平均的地面气温来看［图 9.5（a）］，AR4 给出的模拟结果与第三次评估报告十分接近，但有一明显的特点就是，不同模式之间的一致性非常高［图 9.5（a）］。

由于不同的方案假定和不同模式的敏感度，增暖速率将会稍有不同。未来自然强迫的变化可能会对模拟结果有一定影响，但即使是大气含量保持 2000 年的值不变，21 世纪早期依然有一半的增温幅度发生。在 21 世纪中期（2046～2065 年），对于多模式平均的全球平均 SAT 增暖幅度而言，方案的选择将变得比较重要。如果同时考虑排放情景和气候模式本身的不确定性，预计在 21 世纪末的全球地表气温将增暖 1.1℃～6.4℃（图 9.6）。

从图 9.5（b）可以看出，BCC-CSM1.0.1 模式所预估的 21 世纪全球平均气温仍然是增温的趋势，所模拟的振幅与 IPCC AR4 多模式平均值相当，在温室气体低排放情景 B1 情况下，所模拟的全球平均温度 100 年约增加 1.8℃，在中等排放情景 A1B 下，未来 100 年约升温 2.4℃，而在 A2 高排放情景下，全球平均气温升温可达 3.2℃。

另外需要着重指出的是，在 AR4 报告中，也有一些包含完整的碳循环过程的地球系统模式进行不同排放情景的气候变化试验，与物理气候系统模式相比，考虑碳循环之后会给未来的气候变化预估带来更大的不确定性。

在全球增暖的背景下，同 IPCC 第三次评估报告的结果类似，IPCC AR4 大多数模式也

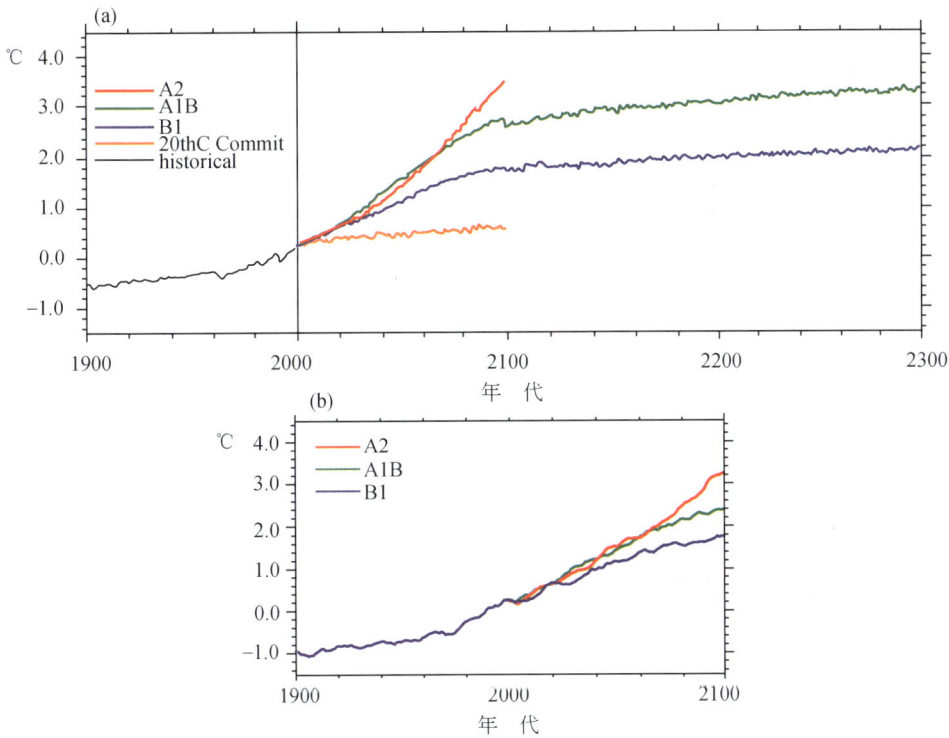

图 9.5　多个耦合气候模式模拟的 20～22 世纪全球平均表面气温的变化（a）（引自 IPCC AR4）和中国气象局气候系统模式 BCC-CSM1.0 模拟的 20～21 世纪全球平均表面气温的变化趋势（b）（引自辛晓歌，周天军，宇如聪，2008）。单位：℃，图中选取的是 1961～1990 年的气候平均值

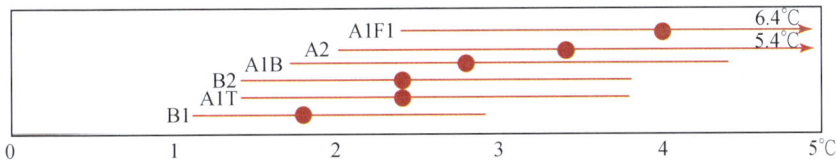

图 9.6　在不同温室气体排放情景下，气候模式预估的全球平均地表温度的升高范围
圆点和线条分别表示与 1980～1999 年相比，2090～2099 年的最佳估值和
在六个情景下评估变暖的可能性范围（引自 IPCC AR4）

是模拟全球平均降水的增加。但是与气温不同的是，模式之间的离差更大，表明降水的模拟有更大的不确定性。尽管模式之间的离差很大，但是多数模式模拟的全球平均降水还是表现为略微增加的趋势（图 9.7）。

9.4.2　不同温室气体排放对 21 世纪东亚区域气候的影响

关于未来气候变化的情景预估，此前的工作多给出多模式的集合平均结果。例如，国际七个气候模式所模拟的 A2 和 B2 排放情景下中国气候 21 世纪的变化趋势显示（姜大膀等，2004a，b），中国大陆年均表面气温升高过程与全球同步，但增幅在东北、西部和华中地区较大，且表现出明显的年际变化；冬季升温幅度要大于同期夏季，地表最低温度升幅要强于

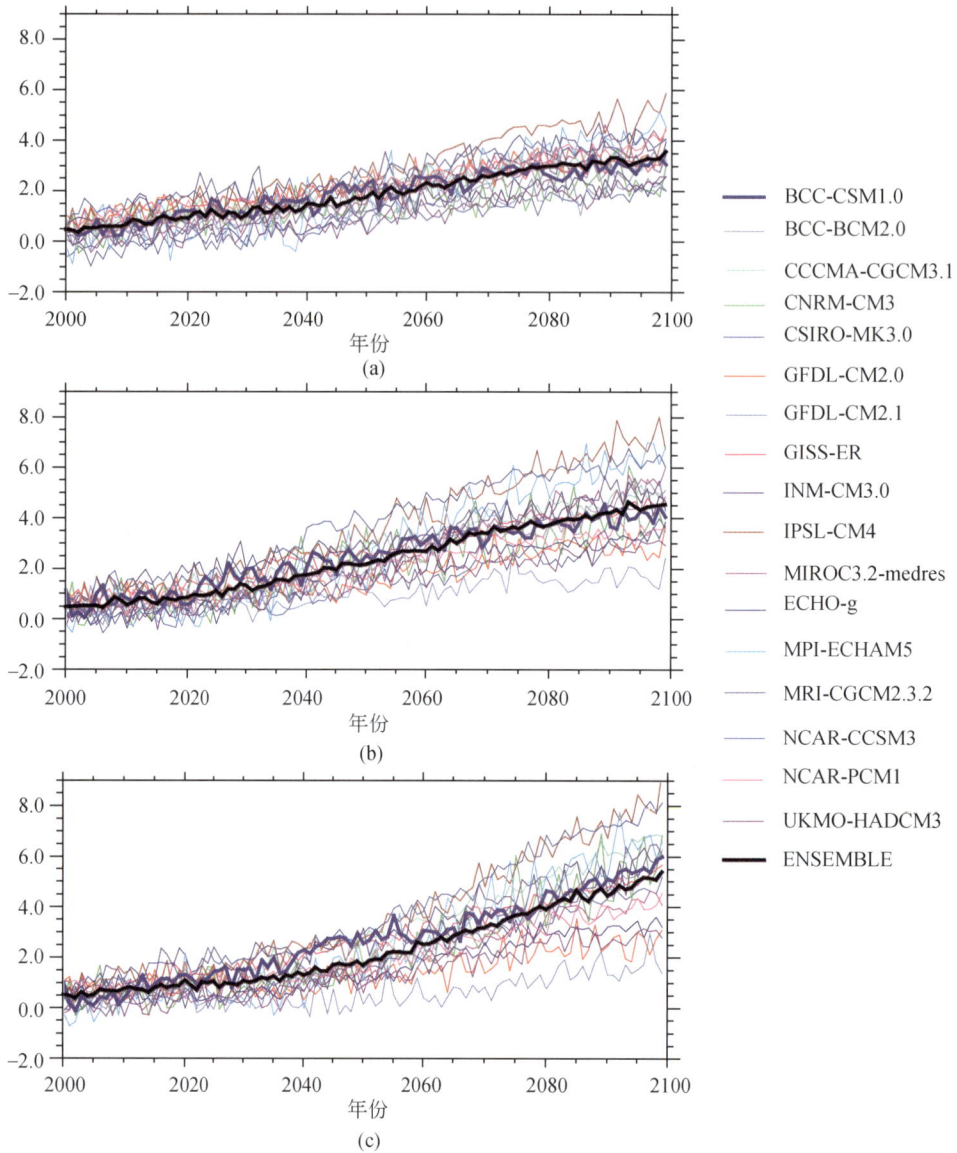

图 9.7　多个耦合模式模拟的 B1（a）、A1B（b）和 A2（c）排放情景下 21 世纪全球年平均降水相对于
1980～1990 年平均的变化百分率（引自辛晓歌，周天军，宇如聪，2008）

同期表面最高温度，冬季和夏季地面温度的季节内变化范围减小。根据海气耦合气候模式结
果（姜大膀，王会军，2005），指出如果 21 世纪温室效应在 20 世纪后期的基础上进一步加
剧，东亚夏季风系统可能会受此影响而趋于增强。根据 IPCC A2 和 B2 排放情景预估结果
（Jiang，2008），分析了中国大陆潜在植被的变化趋势，表明在全球持续变暖背景下，21 世
纪 50 年代中国中东部潜在植被的地理分布带整体上大规模向北迁移，西部地区变化范围相
对较小；35°N 以南的植被变化，主要源于地表气温变化，以北的变化则是温度、降水和
CO_2 浓度共同作用的结果。

　　根据最新的 IPCC AR4 的 22 个耦合模式的结果，可以来讨论中国区域降水模式预估结
果的不确定性问题。图 9.8（a）所示，在 A1B 情景下，全国年平均降水显著增加，中心位

于青藏高原南部及云贵高原，以及长江中下游地区。但上述降水变化趋势并非全年一致（李博等，2010）。夏季降水［图 9.8（d）］在除塔里木盆地西部等个别地区外，都表现为一致的增加趋势，而冬季［图 9.8（g）］青藏高原南部和华南部分地区降水减少，其他地区降水则增多。

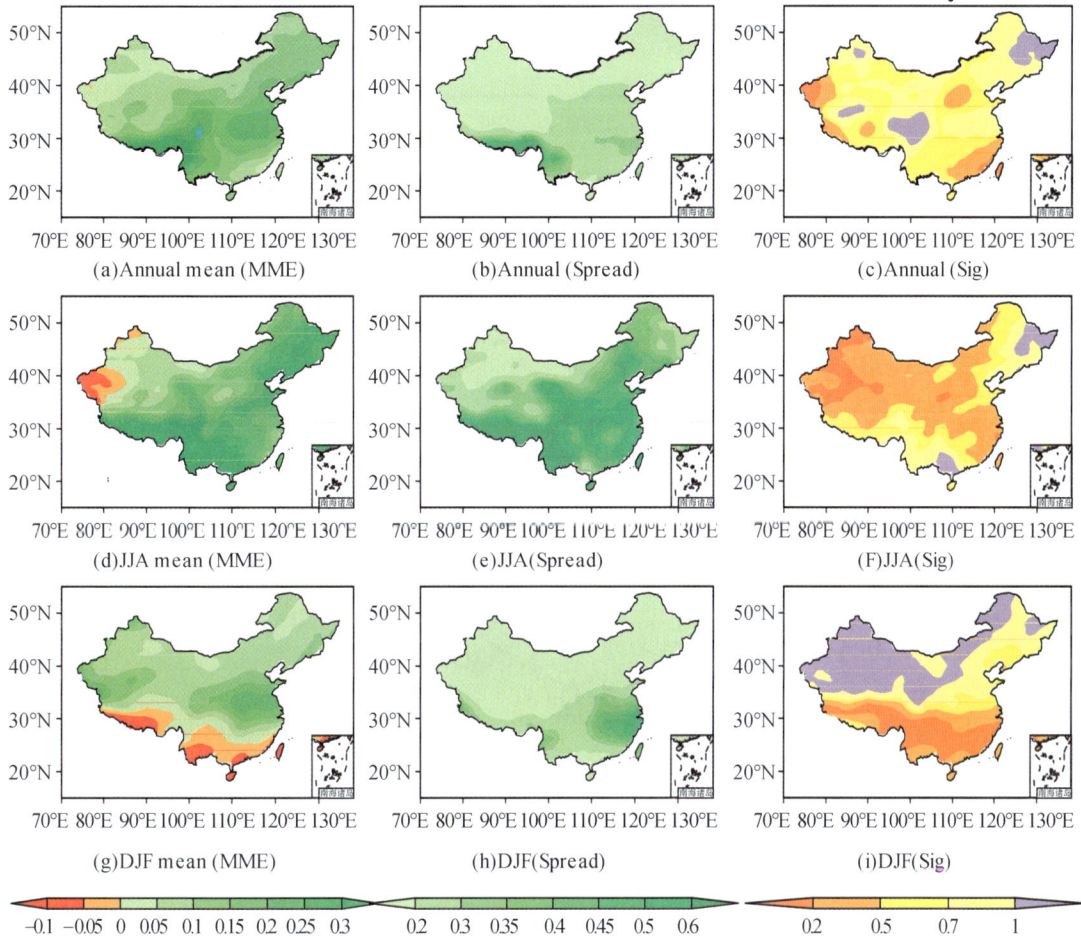

图 9.8　多模式集合模拟的中国 2040～2059 年平均与 1990～1999 年平均之差的年平均（第一行）、夏季平均（第二行）、冬季平均（第三行）降水率变化（第一列，单位：mm/d）和模式间的离差（第二列，单位：mm/d），以及降水率变化绝对值与模式间离差之比（第三列）（李博等，2010）

至于地表气温的相应变化，如图 9.9 所示，在 B1、A1B 和 A2 三种情景下，各模式均一致地模拟出中国年平均气温呈线性增加趋势，且增温程度随着排放情景的增高而增大。到 21 世纪末，多模式集合平均模拟的中国年平均温度在 B1、A1B 和 A2 情景下相对于 1980～1999 年将分别增加约 2.5℃、3.8℃ 和 4.6℃，比全球平均增温幅度要大。对多模式集合平均的 2020 年、2050 年左右和 2070 年左右年平均气温变化的地理分布表明（Ding et al.，2007），2020 年时 B1 情景整个中国的增暖在 1.2～1.8℃，东北地区和西部增温最大；A1B 情景下，增温幅度在 1.0～1.5℃，最大增温区在华北、西北和东北北部；A2 情景下，增温幅度在 0.6～1.8℃。2050 年时，温度的增温幅度加大，比 2020 年增加将近一倍，最大的增温地区仍然是华北、西北和东北。

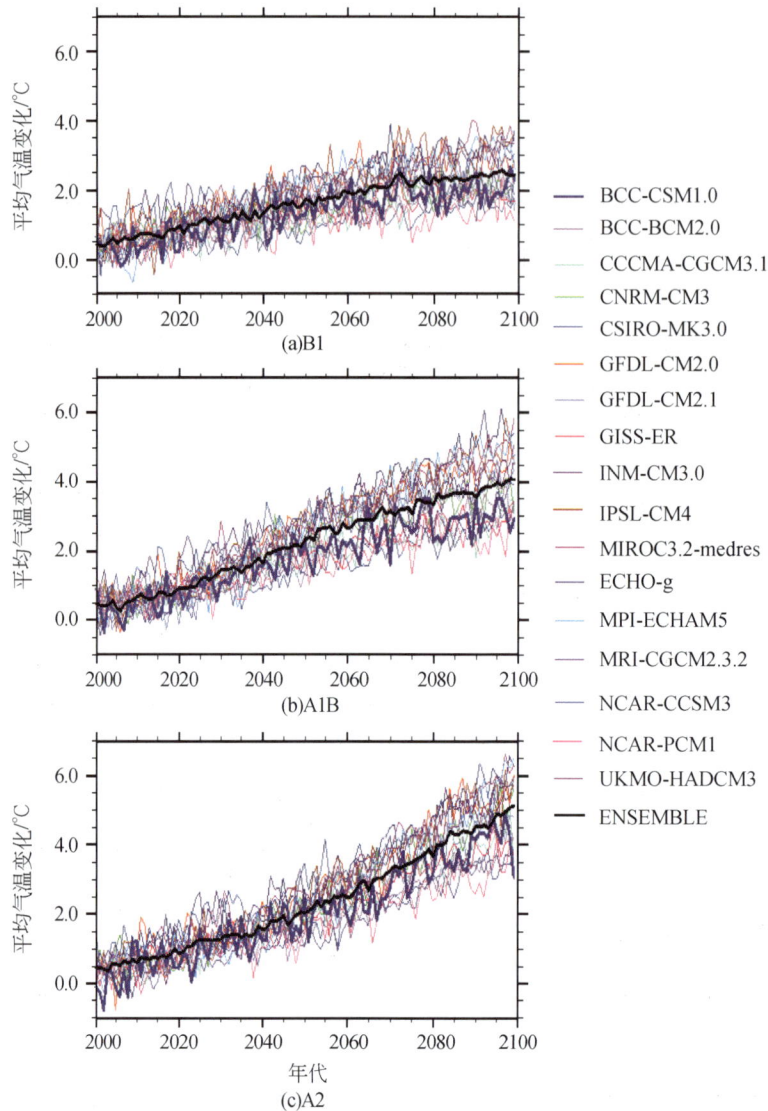

图 9.9　IPCC AR4 模式和 BCC-CSM1.0.1 模式模拟的 B1、A1B 和 A2 情景下 21 世纪中国
区域平均地表气温变化趋势（相对于 1980～1999 年）

如图 9.10（d）、9.10（g）所示，冬季增温要强于夏季。增温中心位于东北地区和青藏高原地区。在夏季的高原西侧、冬季的东北、西北和青藏高原，模式间的离差最大，模式模拟的不确定性最大。注意无论是年平均、夏季平均还是冬季平均，多模式集合的全国温度变化与模式离差之比都大于 1，这意味着多模式集合预估的未来温度变化信号要大于各模式结果间的离差，"信号"大于"噪声"，模式的预估结果可信度较高。因此，利用当前的全球海气耦合模式对区域尺度的未来温度变化进行预估，结果可信度较之降水要大。

除了气候平均态的变化之外，极端气候指标的变化，也是一个众所关注的问题。为了克服结果对模式的依赖性，从参加 IPCC AR4 CO_2 加倍试验的 15 个耦合模式的多模式集合平均以及不同模式间的离差分布结果表明[①]（周天军等，2008），如图 9.11 所示，在未来 CO_2

---

① 李红梅.2007.近四十年中国盛夏降水和温度特性的观测和模拟分析.中国科学院研究生院硕士学位论文

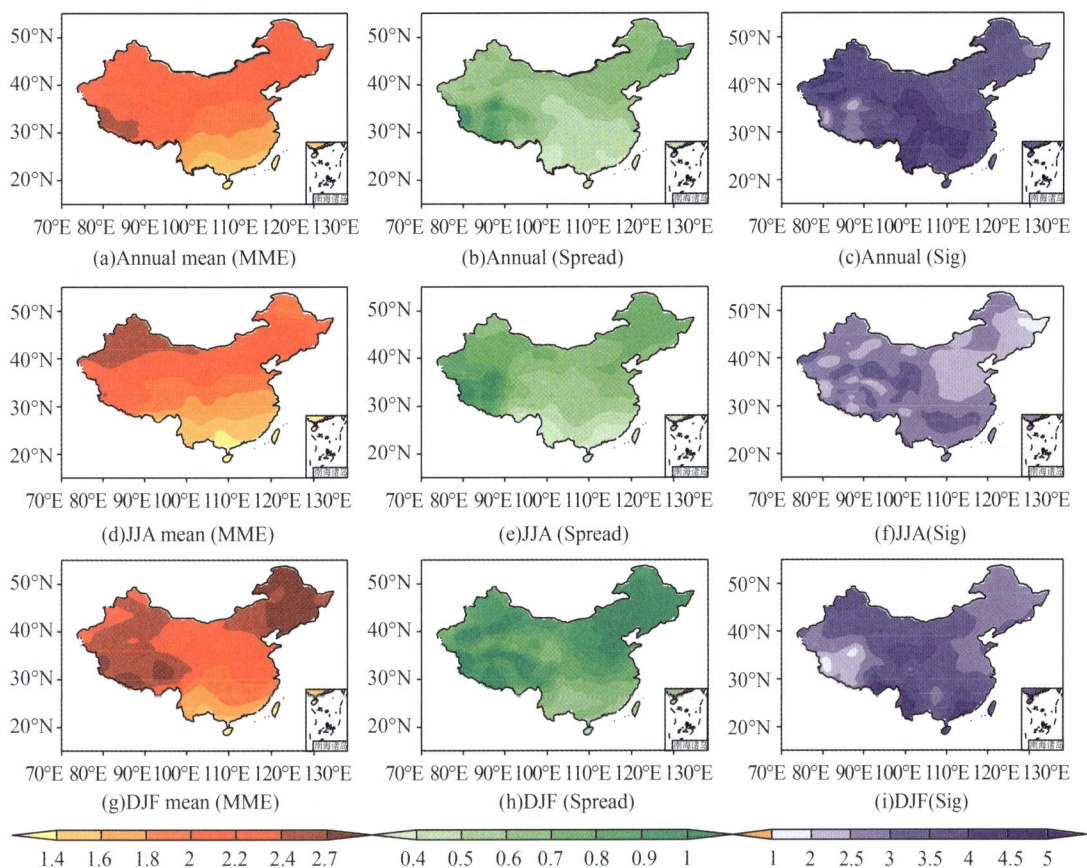

图 9.10 多模式集合模拟的中国 2040～2059 年平均与 1990～1999 年平均之差的年平均（第一行）、夏季平均（第二行）、冬季平均（第三行）表面温度变化（第一列，单位：℃）和模式间的离差（第二列，单位：℃），以及表面温度变化绝对值与模式间离差之比（第三列）（李博等，2010）

加倍情景下，除西北和中国东部小块区域外，全国大部分地区夏季总降水量将增加，其中以青藏高原和东北地区为增加大值区。模式模拟的各极端降水指标变化分布形式与总降水量变化较一致，均表现为增大，但西北地区的减小区域比总降水量小得多，极端降水主要表现为全国一致的增加，也以青藏高原地区的增加值最大。模式模拟的总降水量和极端降水指标离差大值区位于青藏高原地区。

对于极端温度的变化，如图 9.12 所示，模式集合平均结果表明 CO_2 加倍后，寒夜和寒昼发生天数将减少，比较而言，根据日最低温度统计得到的寒夜比根据日最高温度统计得到的寒昼减少幅度大；而暖夜和暖昼发生天数将增加，且由北向南呈递增分布。同样，根据日最低温度统计得到的暖夜，比根据日最高温度统计得到的暖昼的增加幅度要大。这反映日最低温度的增大幅度比日最高温度大。模式间离差大值区位于青藏高原地区。

9.4.3 全球海平面的预估

图 9.13 是利用 16 个来自 CMIP3 的耦合模式 IPCC AR4 A1B 情景试验预估的 21 世纪海平面高度变化（李博等，2010）。参照 IPCC AR4 的做法，这里给出的是各个格点上的海平

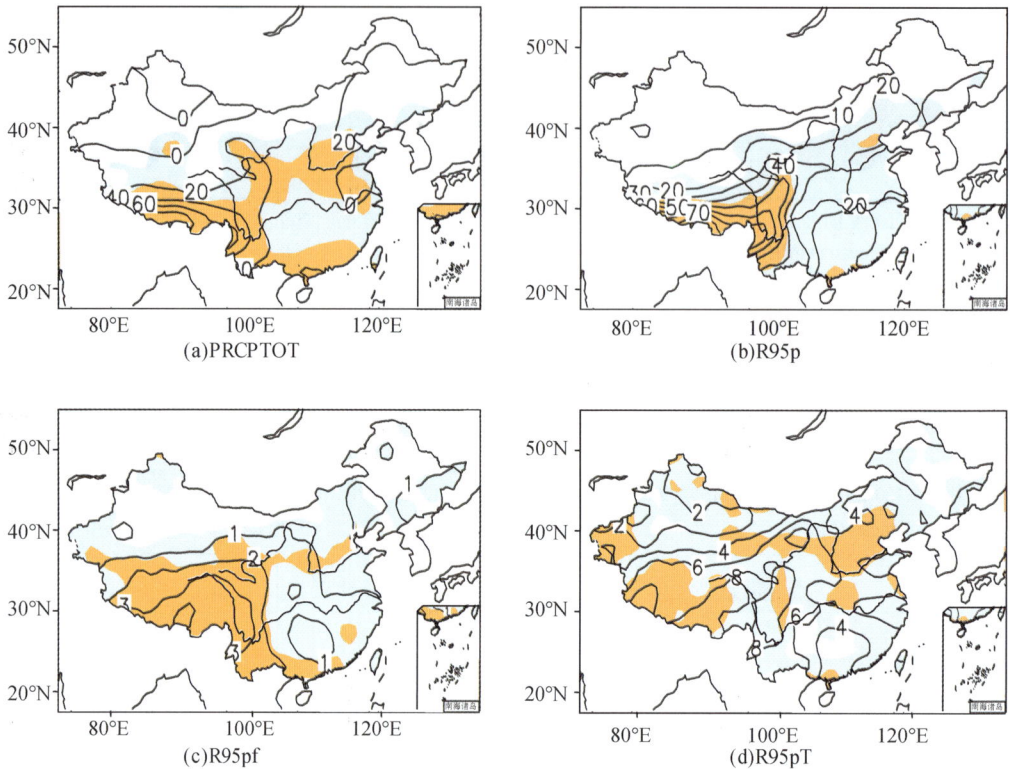

图 9.11　多模式集合平均模拟的 CO_2 加倍后盛夏各降水特性指标变化（等值线）和相应的模式
结果离差（阴影）（引自周天军等，2008）

（a）总降水量（单位：mm），其中浅色和深色阴影分别表示大于 30mm 和 50mm；（b）极端降水量（单位：mm），其中浅色和深色阴影分别表示大于 20mm 和 40mm；（c）极端降水频率（单位：%），其中浅色和深色阴影分别表示大于 1% 和 2%；（d）极端降水量占总降水量百分比（单位：%），其中浅色和深色阴影分别表示大于 5% 和 7%

面高度局地变化值相对于全球平均海平面高度变化值的差。可以看出，在距平值大于零的地区，表示海平面的升高幅度要大于全球平均情况。除鄂霍次克海、白令海东部和北美洲沿岸的狭长海区外，北太平洋大部分海区海平面高度的变化高于全球平均值，其中以黑潮延伸体海区升高最多。在南太平洋，由南美洲西岸向西北延伸至赤道的广大海区内，海平面高度的变化低于全球平均值，由澳洲东岸向东南延伸至南美洲南端的海区内，海平面高度的变化高于全球平均值。在大西洋，湾流以南、北大西洋北部、南大西洋东部位于 30°S 左右的纬向狭长海区的海平面高度变化低于全球平均值，其余海区海平面变化均高于全球平均。在印度洋，海平面高度变化则几乎为全海区一致的高于全球平均值。北冰洋的海平面高度升高最大，可高于全球平均 0.2m 以上，在南半球高纬度海区，30°S～50°S 的纬向带状海区海平面高度变化高于全球平均值，50°S 以南的南大洋海平面高度变化小于全球平均值，这一南北梯度极大值区与南极绕极流的位置相对应。

在全球变暖的背景下，海平面高度并非是全球一致的升高。根据地转关系，海平面的梯度决定着海洋的表层地转流。在图 9.13 中，黑潮延伸体海区海平面高度南北梯度增大，湾流海区海平面高度的南北梯度减小，南极绕极流海区海平面高度的南北梯度减小（以向北为正），这些特征预示着：到 21 世纪末，海洋中可能会出现比 20 世纪末更强的黑潮延伸体、

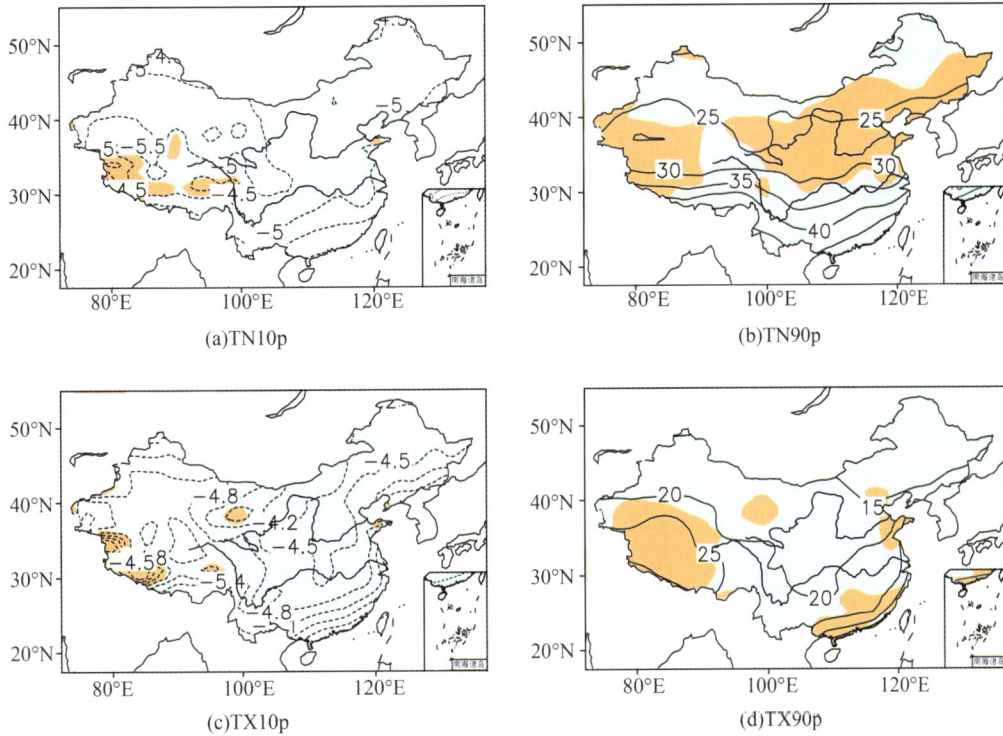

(a)TN10p   (b)TN90p

(c)TX10p   (d)TX90p

图 9.12 多模式集合平均模拟的 CO_2 加倍后极端温度发生天数变化（等值线）和
相应的各模式结果离差（阴影）（单位：day）（引自周天军等，2008）

（a）寒夜（TN10p）；（b）暖夜（TN90p）；（c）寒昼（TX10p）；（d）暖昼（TX90p）。其中（a）和（c）中浅色和深色
阴影分别表示变化大于 1 和 2 天，（b）和（d）中则分别表示变化大于 6 和 12 天

比 20 世纪末更弱的湾流，以及比 20 世纪末更强的南极绕极流。

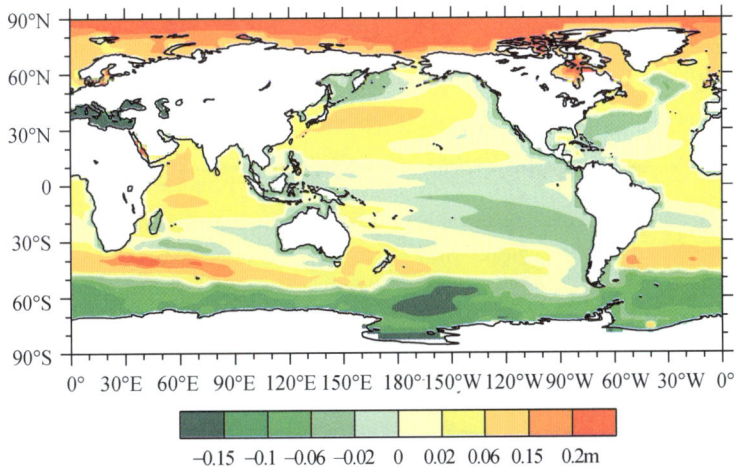

图 9.13 A1B 情景下多模式集合模拟的 21 世纪海平面高度变化（以 2080～2099 年平均与
1980～1999 年平均海平面高度之差表示）与全球平均海平面高度变化之差（李博等，2010）

在年代际及百年际时间尺度上，影响海平面高度变化的因子主要有海水温度变化、盐度
变化、陆地水体变化及地球物理过程等。其中陆地水体的变化主要是由山岳冰川及极地冰盖

的消融引起的（吴涛等，2006）。IPCC AR4 报告中详细比较了 17 个模式模拟的 A1B、A2 及 B1 三种不同温室气体排放情景下由热膨胀引起的全球平均海平面高度变化。结果显示，相对于 1980～1999 年的全球平均海平面高度，A1B 和 A2 情景下 21 世纪由热膨胀引起的全球平均海平面将升高 0～0.4m，升高幅度相当（IPCC，2007a-c）。

从 16 个耦合模式对 A1B 情景下 21 世纪由上述四种因子引起的全球平均海平面高度变化的模拟分析结果来看，如图 9.14 所示，16 个耦合模式模拟的 2010～2098 年全球平均海平面高度变化幅度不同，其中 5 个模式模拟的全球平均海平面高度对全球增暖响应较为敏感，在 2010 年至 21 世纪末呈现明显的上升趋势，至 2098 年将比 20 世纪末高出 0.15～0.45 m［图 9.14（a）］。其他 11 个模式模拟的全球平均海平面高度对全球增暖的响应并不敏感，全球平均海平面高度在 2010～2098 年变化不明显，波动范围小于 1cm［图 9.14（b）］。随积分时间增加，模式间的离差增大。不同模式对全球增暖的响应强度不同，也体现了模式对未来海平面高度变化预估的不确定性。

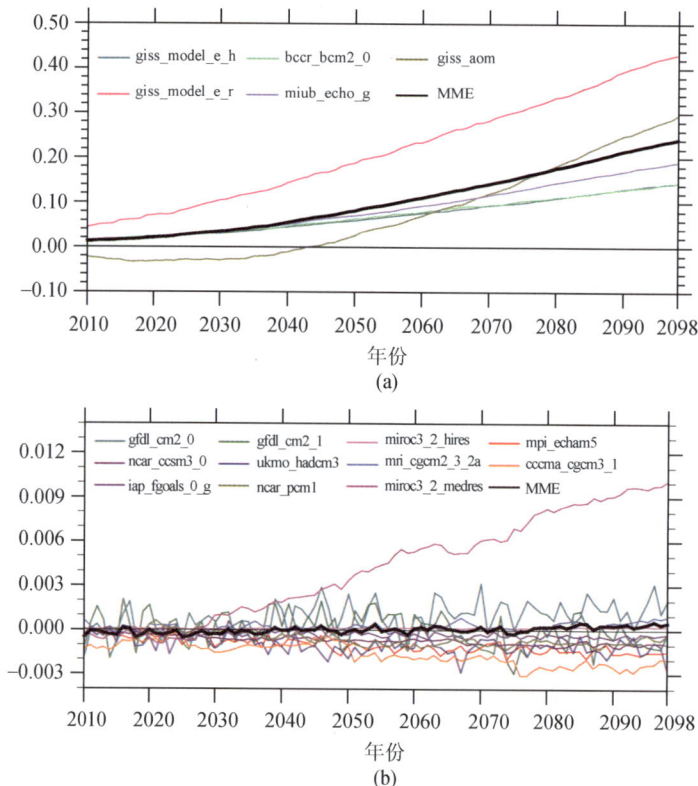

图 9.14　A1B 情景试验模拟的 21 世纪全球平均海平面高度与 20C3M 模拟的
1980～1999 年平均全球海平面高度之差（单位：m）（李博等，2010）
（a）海平面高度变化对全球增暖敏感的模式结果；（b）海平面高度变化对全球增暖不敏感的模式结果

需要指出的是，不确定性是目前气候模式预估结果的显著特点，多模式比较是减小模式预估结果不确定性的一个手段。此外，模式对未来海平面高度变化的预估能力，与模式对过去海平面高度变化的能力是有一定联系的。为提高模式对海平面高度变化的预估能力，有必要提高模式对过去海平面高度变化以及其他气候变化的再现能力。

9.5　不确定性分析

9.5.1　模式参数化的不确定性

地球系统模式是一个极其复杂的开放式系统，涉及地球系统不同时间、空间尺度的相互作用，需要大气科学、海洋学、地球物理、化学、生态学及数学和计算科学等多学科的交叉融合。模式物理、化学、生物过程的不完善，如云、气溶胶、辐射、植被、地球生物化学等，都会导致地球系统模式的不确定性。目前模式中最不确定的过程有：

（1）气溶胶－云－辐射的耦合。气溶胶可以作为云的凝结核，影响形成云滴的大小、云反射率、云的寿命以及降雨。此效应被称为气溶胶的间接效应，是 IPCC AR4 确定的影响气候变化最不确定的人为因子。云的空间尺度变化很大，从几十米到数百千米，导致了气溶胶和云相互影响的复杂化。大气环流模式的空间分辨率通常为数百千米，需利用次网格参数化的方法来模拟从气溶胶到云和降水的转化过程。另外，气溶胶间接气候效应的研究目前大多只考虑气溶胶对水状云形成的影响，对冰状云影响的研究还有很大的不足。到目前为止，模拟气溶胶的间接气候效应时大多还未能考虑大气中所有主要的气溶胶成分，而且在由气溶胶到云滴和降雨的参数化方案上还有很大的不确定性。

（2）生态系统对气候变化的响应与反馈。国际上对陆地碳汇模拟上的不确定性分析以及耦合气候模式对陆地生物圈响应的综合模拟能力评估等做了大量工作（Cox et al.，2000；Friedlingstein et al.，2006）。虽然现在的动态植被模式已基本能模拟目前植被的类型与分布，但由于目前对生物地球化学机理的理解水平以及观测数据的欠缺，在对数十年或百年尺度的模拟上还有很大不确定性。生态系统的不确定性也会影响模拟的水汽能量交换、植被挥发性有机碳（VOC）排放和生态系统碳氮源汇的模拟。

9.5.2　气溶胶气候效应的不确定性

导致气溶胶气候影响不确定的主要原因有：①气溶胶的生命周期很短（从几天到几周），因此它们在时间和空间上的分布都很不均匀；②大气中气溶胶的含量决定于其前体物和本身的排放、大气中化学反应以及气象过程，但所有这些过程都会随气候变化而改变，引起复杂的反馈机制；③气溶胶混合状态分为内混合（每一个气溶胶颗粒含多种气溶胶成分）与外混合（各类气溶胶颗粒独立存在）两种方式，而不同混合方式的光学特性不同；④气溶胶气候效应依赖于颗粒大小和垂直分布；⑤与气溶胶直接气候效应相比，间接气候效应的模拟具有更大的不确定性。

气溶胶气候效应的不确定性可从国际国内模式估算的中国区域大气顶端气溶胶辐射强迫值的量级清楚地看出（Chang，Liao，2009），即使是对同一气溶胶成分来说，模拟出的辐射强迫值可以相差数倍，这样的辐射强迫差别会导致模拟出的气溶胶气候效应有很大差异。此外，即使在同一模式中，考虑单一气溶胶成分或不同类气溶胶的混合模拟出的气候变化也有很大差别（Chang et al.，2009）。为减少模拟出的气溶胶气候变化的不确定性，需要利用地表、飞机和卫星观测的气溶胶浓度、光学参数、云微物理特征以及辐射通量等，验证和逐步完善气溶胶气候效应的模拟。

9.5.3　模式中云辐射强迫模拟的不确定性

IPCC AR4 指出，参加国际耦合模式比较计划 CMIP3 的 20 余个模式的气候敏感度在 2℃～5℃之间，而云辐射反馈的不确定性被认为是导致上述模式偏差的主要原因。

作为一个例子，图 9.15 给出了国际卫星气候云计划（ISCCP）观测与 BCC-AGCM2.0.1、GAMIL 和 SAMIL 三个大气环流模式模拟的年平均净云辐射强迫（NetCRF）的空间分布，可见三个模式均能合理再现 NetCRF 的空间分布型，但是除个别区域外模式模拟的 NetCRF 较之 ISCCP 存在显著差异，且以副热带海洋差异最为显著。此外，三个模式对 NetCRF 的模拟能力各异，其中 BCC-AGCM 模拟的北太平洋大部分区域的 NetCRF 与 ISCCP 接近，IAP GAMIL 中热带西太平洋及北太平洋的部分地区 NetCRF 与 ISCCP 较为接近，而 IAP SAMIL 模拟的 NetCRF 在全球大部分区域都显著偏强。

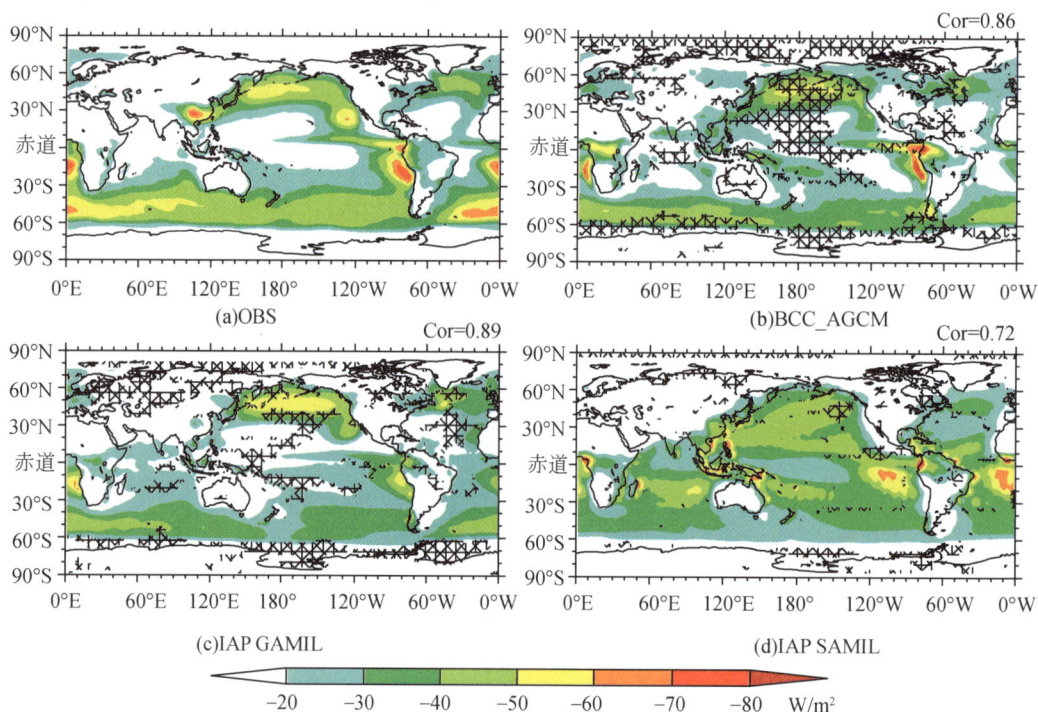

图 9.15　年平均净云辐射强迫（NetCRF）的空间分布

（a）～（d）分别为 ISCCP、BCC_AGCM、IAP GAMIL 和 IAP SAMIL 的结果；（b）～（d）中斜杠表示模式与 ISCCP 平均值的差异未通过 1%信度检验的区域，右上角的数字表示模式与 ISCCP 的空间相关系数。

9.5.4　模式预估结果的不确定性

尽管多模式平均表现出对降水的模拟接近观测，但是许多模式就其单个模式的结果来看存在较大误差，尤其是在热带地区，通常误差的大小接近观测的气候平均值。尽管这些误差一部分是源于耦合模式中海表温度的误差，但是只有大气模式也表现出了类似的较大误差（Slingo et al.，2003）。这可能是引起模式间结果缺乏一致性的一个因素，甚至影响到预估的未来热带部分地区区域降水变化的信号。

　　尽管模式对降水总量的模拟较好，但是不能再现降水频率和强度的空间分布，大部分模式高估了 1~10mm/d 小雨出现的频率，降水强度的空间分布与观测普遍较一致，相反却低估了 >10mm/d 的强降水的强度，出现降水的频率与观测较为一致。大部分模式模拟的大部分陆地地区雨日比观测偏多，湿润地区尤为明显（Sun，Solomon，Dai，2006）。

　　气候模式对过去气候变化历史的再现能力，是衡量它对未来预估结果可靠性的一个重要标尺。诸多证据表明，无论是大气环流模式，还是海气耦合模式，尽管它们对全球、半球和大陆尺度的气候变化有较强的模拟能力，但是其对区域尺度过去气候变化的再现能力，实际上非常有限，或许这是有必要发展区域气候模式的原因之一。关于全球海气耦合模式对过去气候变化的模拟能力，尽管就全球、半球乃至洋盆尺度平均而言，给定实际的温室气体和气溶胶等外强迫，耦合模式能够较为合理地再现 20 世纪的实际气温变化，但是在变暖趋势的区域分布特征上，模拟结果与观测具有较大差距（Zhou，Yu，2006）。

第十章　中国区域气候变化预估

提　　要

本章总结了近年来区域气候模式在中国区域气候变化预估方面的进展，给出了在 A2 温室气体排放情景下 21 世纪末中国区域的气候预估。对模式的评估和检验表明，区域模式较全球模式的模拟有较大改进，特别是在季风降水方面。区域模式的预估结果表明，21 世纪末中国冬、夏季和年平均气温将分别上升 3.6℃、3.8℃和 3.5℃，降水的变化分别为 11.1%、−2.1%和 4.2%，高温炎热以及极端降水事件将增加，南方冬季部分地区强降雪事件增多、冻雨分布有所改变，中国大部分地方积雪日数和积雪面积将减少。未来中国沿海海平面都呈现上升趋势，但上升幅度存在区域差异。对不同区域模式模拟的结果进行了比较，讨论了目前区域气候预估中存在的问题和不确定性。

10.1　区域气候模式的评估

在进行气候变化预估模拟时，全球海-气耦合模式由于其复杂性和需要多世纪时间尺度的长期积分，因此对计算机资源的要求很大，所取分辨率一般较低，如参与 IPCC AR4 的全球模式分辨率一般在 125～400km 间（参见第九章表 9.1）。如要在更小尺度的区域和局地进行气候变化情景预估，有两种解决方案：一是发展更高分辨率的全球模式；另一即采用降尺度法。由于提高全球模式的空间分辨率需要的计算量很大，降尺度方法成为更为可选的方法。

目前主要有两种降尺度法：一种是统计降尺度法，另一种是动力降尺度法。其中统计降尺度方法通过在大尺度模式结果与观测资料（如环流与地面变量）之间建立联系，得到降尺度结果。这种方法的计算量小，可以得到非常小尺度上的信息，还可以得到一些区域气候模式不能直接输出的变量。但统计降尺度法对观测资料的需求较大，如需要足够长的时间序列以调试和验证模型，在没有当代观测的地方较难进行未来气候变化的预估等。这个方法存在的主要问题，包括根据当代观测建立的关系在未来气候中的适用性，不能有效提供区域级反馈，此外在某些情况下得到的变量之间的协调性不够等。由于方法本身的特点，统计降尺度在中国的应用一般都针对特定地区进行，如华北（范丽军，符淙斌，陈德亮，2007）、黄河上中游（刘绿柳，姜彤，原峰，2008）和青海湖流域（刘吉峰，李世杰，丁裕国，2008）等，仅个别研究有全国范围的分析（Jiang，Zhao，Fan，2008）。总体来说在中国区域统计降尺度工作已逐渐展开，但从所使用的全球模式结果、关注的地区、使用的模型等各个方面都存在差异和不同，也缺乏互相之间的比较，和动力降尺度结果之间的比较也有待开展。

动力降尺度一般使用区域气候模式进行。它需要观测或者低分辨率全球模式结果作为运行所需的初始和侧边界驱动条件。动力降尺度可以捕捉到较小尺度的非线性作用，所提供的气候变量之间具有协调性。其缺点主要是计算量大，另外所使用的物理参数化方案在用于未来气候模拟时，超出了其设计范围，当然这也是全球模式存在的问题。

10.1.1　近年来主要进展

区域气候模式最早于 1980 年代末由 Giorgi 等提出和发展而来（Giorgi et al.，1990，1993a，b)，在气候及气候变化研究中有着非常广泛的应用，它一般由有限区域的中尺度天气模式发展而来，部分则起源于使用格点方法的全球模式。近年来，随着计算方法和计算机技术的快速发展，在区域气候模式方面，国际上逐渐由以前使用 50km 以上水平分辨率、进行数月至数年积分，发展到目前使用 20km 或更高分辨率来进行多年代际时间尺度的模拟和气候变化预估（Christensen，Hewitson，2007）。中国地处东亚季风区，具有复杂的地形和下垫面特征，使得全球模式对这一区域的模拟经常出现较大偏差，其中最突出的是在中国中西部产生虚假降水中心，这种偏差在 IPCC AR4 全球模式模拟中也普遍存在（Xu，Giorgi，Gao，2010）。研究表明，这主要是由于全球模式的分辨率不足引起的，数值模式需要较高分辨率，才能对中国地区大尺度季风降水分布有较好的描述（Gao et al.，2006b）。气候变化影响评估研究对模式分辨率提出了越来越高的需求。如欧洲的阿尔卑斯山地区在低分辨率的气候变化模拟中，整个山区降水都将增加，但在高分辨率情况下，则能看到降水变化在南北两侧相反（Gao et al.，2006a），这类研究结果可对气候变化的影响、适应和政策研究提供更可靠的参考依据。

近年来区域气候模式在中国区域的应用及发展方面也取得很大进展，如第一次《气候变化国家评估报告》时，模式的分辨率为 60km，模拟时间为 5 年，而后模拟时间开始达到连续 10 年以上，出现了多个年代际长度的气候变化模拟，水平分辨率达到 20km 左右的气候预估也已逐渐开展（Fu et al.，2005；许吟隆等，2005；Zhang Y. et al.，2006）。在各区域气候模式中，RegCM3（Giorgi et al.，1990，1993a，b；Pal et al.，2007）是使用较多和较成熟的一个，此模式在中国区域被广泛应用于当代气候模拟、植被改变和气溶胶的气候效应试验以及气候变化的预估。近年 RegCM3（本章下文中简称为区域模式）单向嵌套 NCAR/NASA 的 FvGCM 全球模式（本章下文中简称为全球模式）结果，进行了东亚区域 20km 高分辨率的气候变化模拟（Gao et al.，2008；高学杰，石英，Giorgi，2010。简称 FvGCM-RegCM 模拟）。所进行的模拟试验分为两个时间段，一为使用实际温室气体浓度的当代从 1961 年 1 月 1 日～1990 年 12 月 31 日的积分（即参考试验 RF），另一为 21 世纪末的 2071 年 1 月 1 日～2100 年 12 月 31 日在 IPCC SRES A2 温室气体排放情景下的试验（A2 试验）。注意到 SRES A2 是一个温室气体排放量较高的情景，至 2100 年 CO_2 浓度达到 850 ppm（参见第一章），同时受篇幅限制，本章的讨论主要针对全国进行，除个别情况外，未进行详细的分地区（如东北、华北等）分析。

10.1.2　平均气温模拟能力

气温对地形有较强的依赖关系，区域模式对地形更准确的描述使得它能够更好地模拟气温的空间分布。图 10.1 给出 FvGCM-RegCM 模拟中，全球和区域两个模式对中国区域年平均气温的模拟及与观测（Xu et al.，2009）的对比。从图中可以看到，两个模式对气温空间分布的模拟均较好。模拟的气温在中国东部地形平坦区受纬度影响明显，北冷南暖，在西部受地形影响显著，在高度变化较大的地区，气温也表现出明显差异。

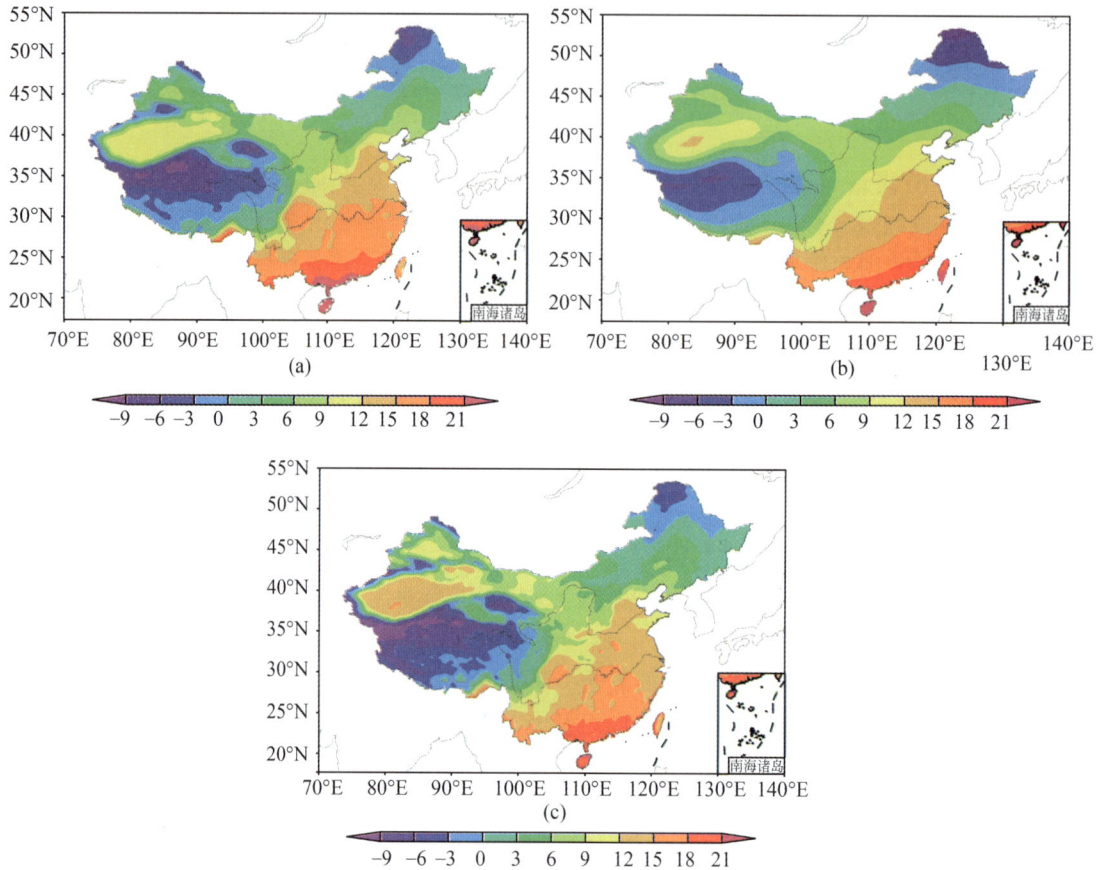

图 10.1   中国地区当代年平均气温（单位：℃）（引自高学杰，石英，Giorgi，2010）
（a）观测；（b）全球模式的模拟；（c）区域模式的模拟

与观测相比［图 10.1（a）］，全球模式模拟［图 10.1（b）］的不足主要有：等值线比较平滑，不能反映由小地形引起的气温波动和梯度变化，如祁连山附近的低值区等；其次中国东南部等值线分布呈现东北—西南走向，而观测中更近于东—西走向。此外的一个主要不足是模式模拟的气温在大部分地区都较观测偏低，存在一个明显的冷偏差，偏差值在部分地区可以达到−2℃～−3℃或更大。相对于全球模式，区域模式模拟的气温空间分布［图 10.1（c）］更加复杂和符合实际情况，中国东南部等值线也更接近于观测的东—西走向。区域模式对西北地区准噶尔、柴达木盆地的高温中心和昆仑山南侧低温带及天山、祁连山等较小尺度地形引起的低温区也有较好模拟。但也注意到区域模式模拟的主要误差，同样为普遍存在的冷偏差，数值一般在−1℃左右。

10.1.3   平均降水模拟能力

FvGCM-RegCM 中两个模式模拟的中国区域内降水与观测（Xie P. et al.，2007）在空间分布上的相关系数在表 10.1 中给出（高学杰，石英，Giorgi，2010）。区域模式模拟的降水与观测的相关系数除冬季低于全球模式外，其他季节均高于全球模式，特别是夏季，由全球模式的 0.58 提高到 0.71。

表 10.1　全球和区域模式模拟与观测的季和年平均降水相关系数

	冬	春	夏	秋	年平均
FvGCM	0.71	0.57	0.58	0.57	0.69
RegCM3	0.56	0.68	0.71	0.61	0.75

中国位于东亚季风区，季风降水占年平均降水的很大比例。观测、全球和区域模式模拟的季风期降水（5～9 月）分布参见图 10.2。可以看到全球模式的模拟和观测之间存在较大差异，其模拟的降水量高值中心（＞2000mm）位于青藏高原东侧，模拟的雨带从该中心延伸到中国东部，数值在 750～1000mm 之间。观测中则相反，大于 1000mm 的降水中心位于中国南部、东南沿海及青藏高原东侧部分地区。与上述结果中类似的虚假降水中心在较低分辨率的全球模式模拟中经常出现（Gao et al.，2001；Zhou，Li，2002；Xu et al.，2010）。全球模式对东北部分地区降水也模拟的偏多，此外可以看到，青藏高原南麓的雨带在观测中位于喜马拉雅山以南，但全球模式由于较平滑的地形，降水向高原内部延伸了很多。

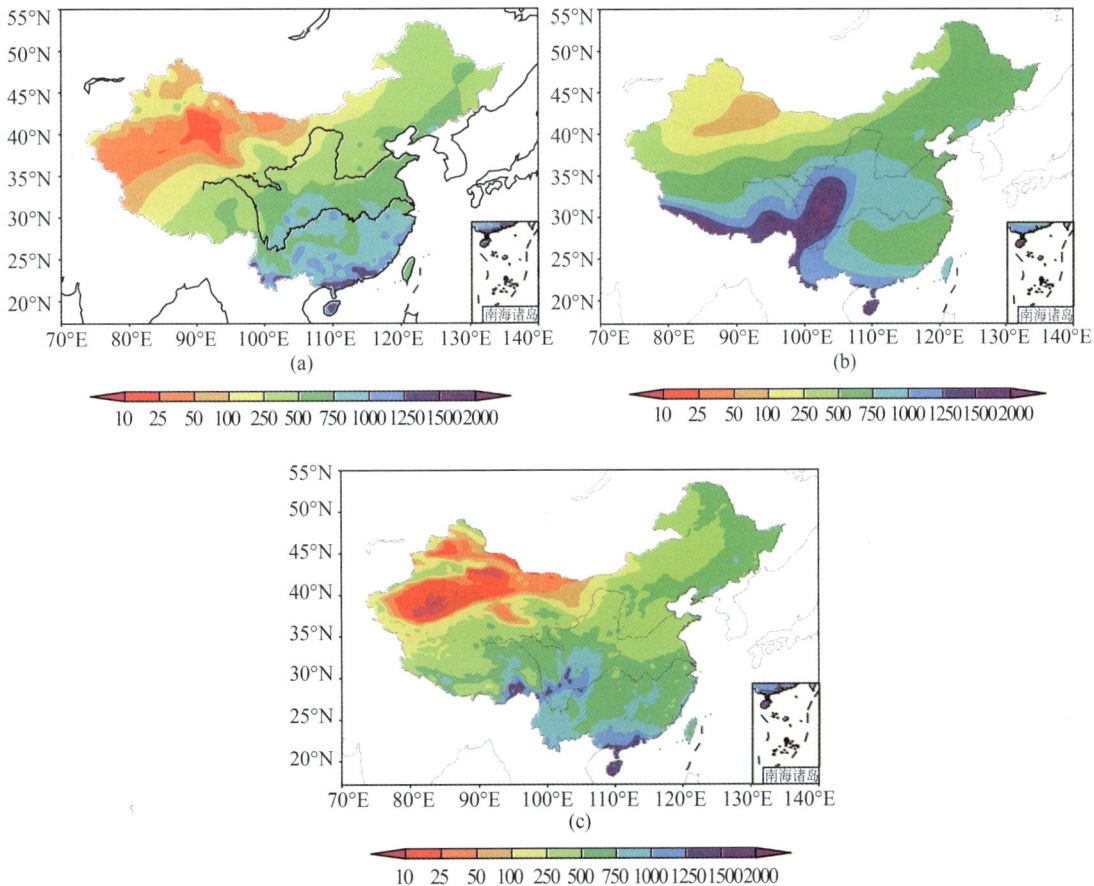

图 10.2　中国地区当代 5～9 月平均降水分布（单位：mm）（根据 Gao et al.，2008 改绘）
(a) 观测；(b) 全球模式的模拟；(c) 区域模式的模拟

相比全球模式，区域模式的模拟有了较大改进。高原东侧的降水中心值、中国北部降水减少至与观测更接近，主要降水中心位于中国南部沿海，尽管模拟的数值有些偏低。区域模式的高分辨率，抑制了降水由喜马拉雅山南坡向高原内部的不合理延伸。区域模式对于一些山脉处的降水高值中心也有较好模拟，如西北的天山和祁连山等。另外区域模式对于如祁连山和邻近的柴达木盆地降水高、低值的对比等也有较好模拟。与观测相比，区域模式对长江以南地区的降水模拟偏少，这个问题在此模式以往的一些模拟中也存在（如张冬峰等，2005），其原因一方面在于所使用的全球模式驱动场的误差，另一方面也与这个区域模式对极端降水的模拟能力不足有关（参见 10.1.4 节）。

10.1.4　极端事件模拟能力

1. 高温炎热事件

研究表明，在 FvGCM 的驱动下，RegCM3 对于大于 25℃ 的暖日（Frich et al.，2002）这一极端事件指标的模拟较好（Xu et al.，2009），此外与其他模拟一致，模式对平均日最高气温的模拟也较好（Gao et al.，2002；石英和高学杰，2008）。为更进一步检验区域模式对高温事件的模拟能力，使用日最高气温大于等于 35℃ 的天数（T35D）这一常用和直观的指标，以华北地区（34°~43°N，110°~124°E）夏半年的 4~9 月为例，将 RegCM3 的模拟与观测进行了对比（石英等，2010a）。结果发现，模拟得到的 T35D 明显较观测偏多，在华北平原上可以偏大 20 天~40 天，较观测值大了近 1 倍。

这主要是由于区域模式对日最高气温分布频率的模拟误差产生的。如图 10.3 所示，图中的黑色和蓝色曲线，给出了区域平均的观测及模式模拟的当代（RF）日最高气温频率分布，可以看到两者在气温低值端的分布相似，频率分布峰值处的气温也接近（在 24℃~27℃ 之间），但模拟的出现频率在峰值处偏少，在气温高值端偏多，使得 T35D 较观测偏多，如在观测中，区域平均的日最高气温大于 36℃ 以上的天数为 0，但模拟值仍有 4 天。FvGCM-RegCM 模拟中的这种误差，在另一个区域气候模式 PRECIS 的模拟中也有所表现（许吟隆等，2005）。

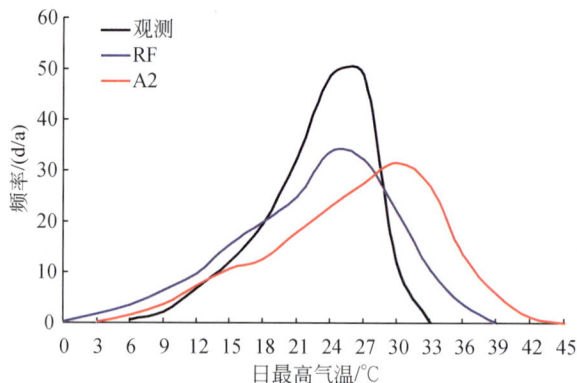

图 10.3　区域模式模拟的华北地区当代和 21 世纪末 4~9 月日最高气温频率分布

（引自石英等，2010a）

2. 极端降水

使用 3 个指标描述不同强度的降水极端事件，检验了在 FvGCM-RegCM 模拟中区域模式对这些事件的模拟能力（石英等，2010b），分别为多年平均的降水在 1～10mm 之间的日数 RR1，10～20mm 之间的日数 RR10 和 20mm 以上的日数 RR20，可以将它们分别视为小雨、中雨和大雨事件的日数。在图 10.4（a）～（f）中给出了观测及区域模式模拟的 RR1、RR10 和 RR20 分布。如图 10.4（a）所示，观测的 RR1 中心偏于区域的西南侧，包括四川、

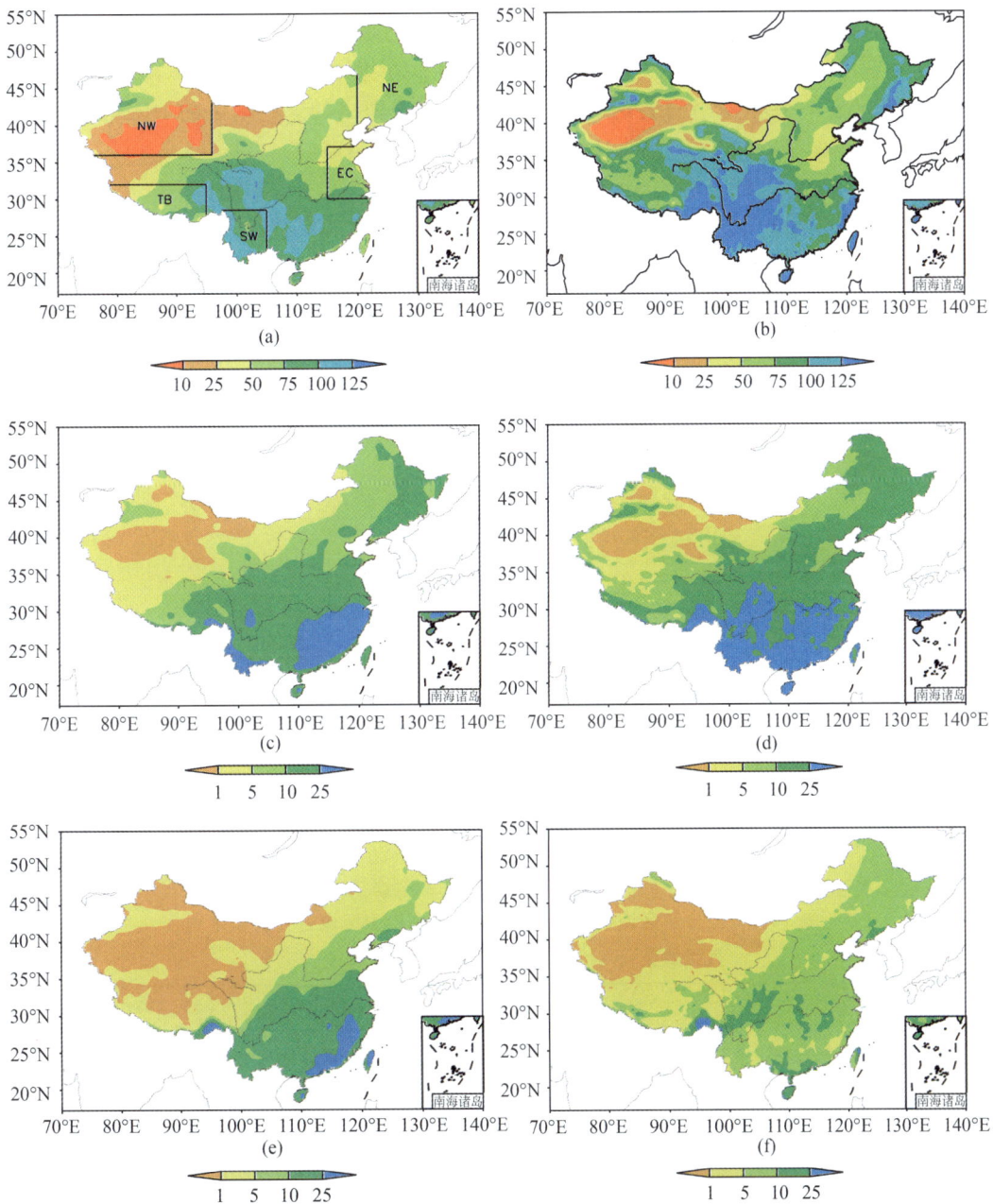

图 10.4　观测和模拟的 RR1（a，b）、RR10（c，d）和 RR20（e，f）分布
（单位：d/a）（引自石英等，2010b）
分幅 a 中的方框，为划分的几个子区域：NE——东北，EC——黄淮江淮地区，NW——西北，
SW——西南，TB——青藏高原

云南、广西、贵州等地，区域模式模拟出的 RR1 中心［图 10.4（b）］与观测类似也总体偏于这个地区，但模式模拟的 RR1 除西北及东部部分地区外，几乎在整个区域上较观测偏多，偏多较大的地方在 50 天以上，包括青藏高原东部和北部地区。

由图 10.4（c），（d）的对比可以看到，相对于 RR1 特别是下文中的 RR20，模式对 RR10 的分布型及量级均有较好的模拟。同时注意到由于分辨率较高，模式对一些高山地区（如西北的天山、祁连山等）相对四周较高的 RR10 值有较好描述。模式对 RR20 的模拟与观测相比，在中国南方差别较大［图 10.4（e），（f）］，观测的长江流域及以南地区的数值一般都在 10 天以上，在东南沿海会达到 25 天以上，但模拟出的这些地区的 RR20，一般在 5 天～10 天之间，只有个别地方达到 10 天以上，低估了 50% 左右。

无论是在再分析资料还是全球模式的驱动下，RegCM3 模拟的中国区域降水，都出现在南方地区较观测偏少的误差，在一定程度上这可能是由于模式对强降水事件的模拟能力偏弱引起的。研究表明，数值模式一般都倾向于模拟出更多的小雨日数，而低估大雨日数，虽然高分辨率的模式会对此有所改进，但上述 20km 分辨率的模拟仍然保留了这种特征。未来一方面需要进行更高分辨率的模拟，另一方面模式在物理过程等方面也需要进行相应改进，如引入云可分辨模式（cloud-resolving model）（Randall et al.，2007）等，从而使得模式能够更好的模拟中国当代气候和预估未来气候。

10.2　区域气候模式预估中国气候变化情景

10.2.1　平均气温变化

首先在表 10.2 中给出 FvGCM-RegCM 模拟中全球和区域模式预估的 A2 情景下 21 世纪末期中国区域各月和年平均气温相对于 1961～1990 年的变化（高学杰，石英，Giorgi，2010）。由表中可以看到，无论全球还是区域模式，所预估出的未来各月气温均为增加，年平均增加值接近，分别为 3.7℃ 和 3.5℃，但在年内各月增温有所不同。全球模式预估的冬季增温特别是在 1、2 月份最明显，区域模式预估的增温除冬季外，在夏季也很明显。

表 10.2　全球和区域模式预估的 21 世纪末中国区域各月及年平均
气温的变化（相对于 1961～1990 年，单位：℃）

	1	2	3	4	5	6	7	8	9	10	11	12	年平均
FvGCM	4.3	4.1	3.9	3.1	3.1	3.1	3.6	4.1	4.0	3.4	3.0	3.9	3.7
RegCM	3.5	3.5	3.4	3.0	3.1	3.3	3.8	4.2	3.7	3.3	3.2	3.8	3.5

图 10.5 给出全球和区域模式预估的冬、夏季气温变化。对比图 10.5（a），（b）可以看到，冬季两个模式预估的气温变化分布比较一致，均为北方升温大于南方，在东北最大。但区域模式的预估除提供了更多细节信息外，预估的升温幅度与全球模式则有较大不同，特别是在东北、西北和青藏高原西北部，增温幅度较全球模式小很多。其原因可能与两个模式在这些地区当代气候预估中对气温的冷暖偏差、降水的偏多偏少有所不同，从而导致当代积雪覆盖不同，最终在未来相应的冰雪-气温反馈不同有一定关系。冬季全球

和区域模式预估的中国区域平均升温分别为 4.1℃ 和 3.6℃。相对于冬季升温南北梯度较大的特点，夏季两模式预估的升温 [图 10.5 (c)，(d)] 分布均呈现为东部低、西部高，但在华北西部至内蒙古一带及青藏高原部分地区，区域模式的升温要远大于全球模式，这与其预估的此季节降水减少较多有一定关系（见 10.2.2 节）。两个模式预估的夏季平均升温分别为 3.6℃ 和 3.8℃。

PRECIS 的预估结果（许吟隆等，2006）同样表明未来中国年平均气温普遍升高，且升高值的整体分布也为北方大于南方，但数值和 FvCGM-RegCM 有一定差异；同时 PRECIS 也预估出了夏季气温有较大增加。需注意到在最近几十年的观测资料中，中国地区的升温特点为冬季较夏季有更大的升温，但预估出现的未来气温增加中，全球模式在冬季较夏季仅偏高 0.5℃，而区域模式夏季升温还略高于冬季。其形成原因除气溶胶对当代气候的影响外，可能随着温室气体浓度增加，未来气温变化会出现新的特点，同时这也反映出了气候变化预估中存在的不确定性。

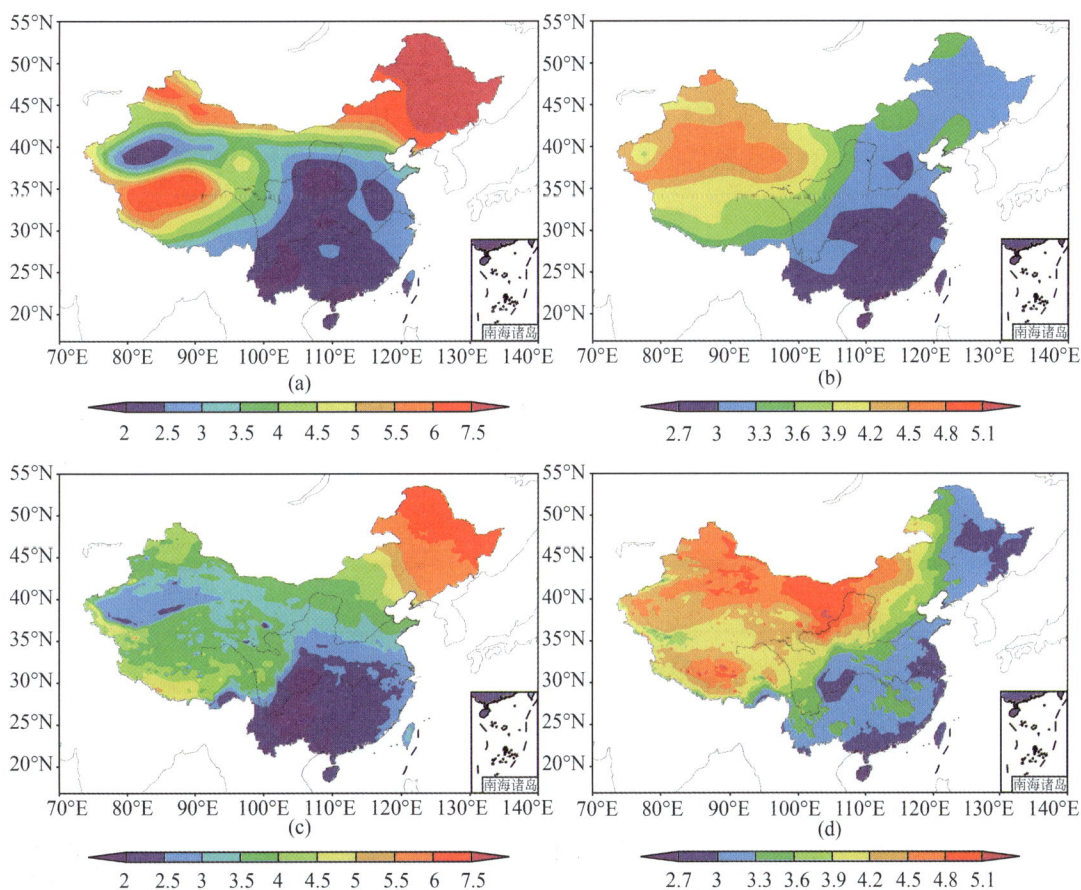

图 10.5 中国地区 21 世纪末气温的变化（相对于 1961～1990 年；单位：℃）

（引自高学杰，石英，Giorgi，2010）

（a）全球模式预估的冬季变化；（b）全球模式预估的夏季变化；（c）区域模式预估的冬季变化；
（d）区域模式预估的夏季变化

10.2.2　平均降水变化

表 10.3 给出 FvGCM-RegCM 中，两个模式预估的 A2 情景下 21 世纪末期各月和年平均降水变化（高学杰，石英，Giorgi，2010）。全球模式预估的降水将在各月增加，年平均增加值为 11.3%，增加百分率最多的是冬季的 12 月份，最少的为夏季的 6 月份，总体来看，降水增加在秋、冬季较为明显。区域模式预估的降水总趋势也是增加的，但幅度要小，年平均增加值为 5.5%。增加最大的时段为 9 月至 12 月，其中 12 月份的增加比例是全年最高的，另一增加较多的时段为春季的 3、4 月份，但夏季 3 个月降水将减少。

表 10.3　全球和区域模式预估的 21 世纪末中国区域各月及年平均降水的变化

（相对于 1961～1990 年，单位：%）

	1	2	3	4	5	6	7	8	9	10	11	12	年平均
FvGCM	21.0	8.9	12.6	9.7	8.5	5.6	11.2	7.0	16.6	26.4	21.3	31.9	11.3
RegCM	5.6	8.7	10.1	13.5	8.0	−1.0	−4.3	−0.6	10.1	21.7	18.4	23.6	4.2

图 10.6 给出两个模式预估的冬、夏季降水变化分布。从图中可以看到，除区域模式提供更多的局地信息外，两模式预估的冬季降水变化［图 10.6（a），（c）］分布大致相同，均

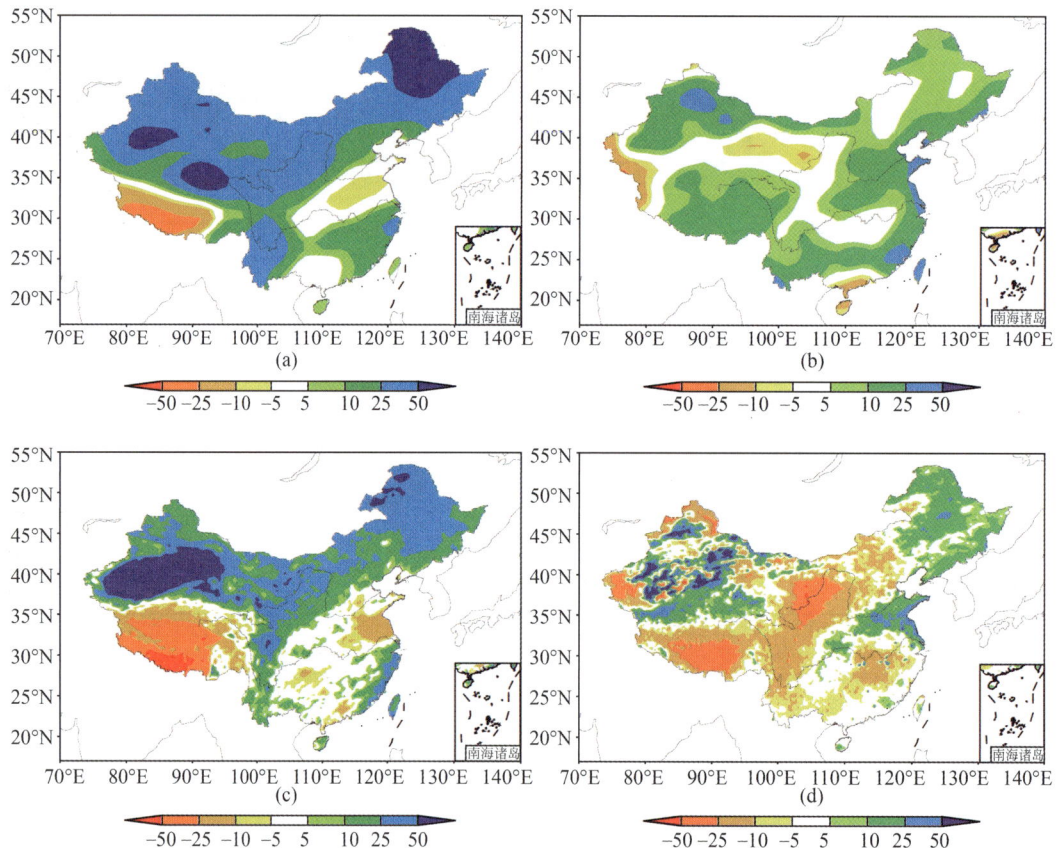

图 10.6　中国地区 21 世纪末降水的变化（相对于 1961～1990 年；单位：%）（引自高学杰，石英，Giorgi，2010）

（a）全球模式预估的冬季变化；（b）全球模式预估的夏季变化；（c）区域模式预估的冬季变化；

（d）区域模式预估的夏季变化

为北方及东南沿海增加，自山东半岛向西南方向至四川、贵州一带为减小或变化不大，青藏高原西南部降水有较大减少，但区域模式所预估的减少范围和强度更大一些。全球和区域模式预估的冬季降水增加值，分别为 17.7% 和 11.1%。

　　夏季两模式的结果表现出较大不同 [图 10.6 (b)，(d)]。全球模式预估的降水虽然也存在减少的地方，但总体来说以增加为主，区域平均的增加值为 8.0%；区域模式的预估则为在大部分地区减少，特别是在黄河中上游、青藏高原以及江南等地，最多减少 25% 以上，但黄淮地区降水有较大增加。区域模式预估的东北、西北地区降水和全球模式一致，以增加为主，中国区域的平均变化为减少 2.1%。两模式所预估的夏季降水变化不同，主要是由于模式分辨率不同，从而使预估产生的地形强迫对流场和水汽输送的影响不同引起的（Gao et al.，2008）。

　　两模式对年平均降水变化的预估相应出现一定差异。全球模式的预估以增加为主，区域模式的预估则在东北、西北和黄淮地区增加，其他地方的变化不大或为减少，其中减少的大值区为青藏高原及云南等地 [参见下文图 10.8 (a)]。

　　FvGCM-RegCM 和 PRECIS（许吟隆等，2006）预估的中国降水变化表现出较大差别。PRECIS 给出的冬季降水变化，为长江以南减少以北增加，而 FvGCM-RegCM 结果中，南方在东南沿海降水将增加；FvGCM-RegCM 中青藏高原降水的明显较少在 PRECIS 中也没有出现。夏季，FvGCM-RegCM 预估出黄淮地区降水的明显增加，而 PRECIS 结果中这一地区降水为减少，但中国中部从河套开始到西南地区，两个模式都预估出了降水的减少。注意到在 FvGCM-RegCM 和 PRECIS 的预估结果中，都没有出现未来中国东部夏季降水将由现在的"南涝北旱"，转变为"北涝南旱"的现象。上述两个预估产生差别的原因，除区域模式本身不同外，还与全球模式驱动场的不同（RegCM3 和 PRECIS 分别使用 FvGCM 和 HadAM3P）、使用的温室气体排放情景不同（分别为 A2 和 B2）、使用的分辨率（分别为约 50km 和 20km）不同等有关。未来需进行在相同条件下的不同区域模式预估，以更好地了解其中的不确定性。

10.2.3　极端事件变化

1. 高温炎热事件

　　FvGCM-RegCM 中区域模式模拟的 21 世纪末华北地区 4～9 月间日最高气温的频率分布如图 10.3 中的红色曲线所示 [石英等，2010 (a)]。其变化特点为相对于 RF，整个分布曲线特别是峰值向气温高端移动，对应高温日数增加。如 36℃ 以上的天数将由现在的 4 d/a 增加到未来的 20 d/a，而日最高气温在 25℃ 以下的天数则将由现在的 90 d/a 左右减少为 60 d/a 左右。

　　图 10.7 (a)，(b) 给出 T35D 的观测以及根据"扰动法"（即将模式模拟得到的变化叠加到观测上）计算得到的未来分布，可以看到整个区域内的高温日数都将明显增加，其中南部和西部增加较多，北部及沿海较少。在当代气候中，区域西部和北部及山东半岛等地，T35D 在 1 d/a 以下，但未来将普遍增加到 15 d/a 左右。区域平均的 T35D 在当代和未来分别为 4 d/a 和 18 d/a。

　　T35D 是一个很常用和直观的指标，但它没有考虑相对湿度对人体炎热感觉的影响。因此进一步分析了一个包含相对湿度作用的炎热指数（HI），在 35℃（95°F）及以上天数

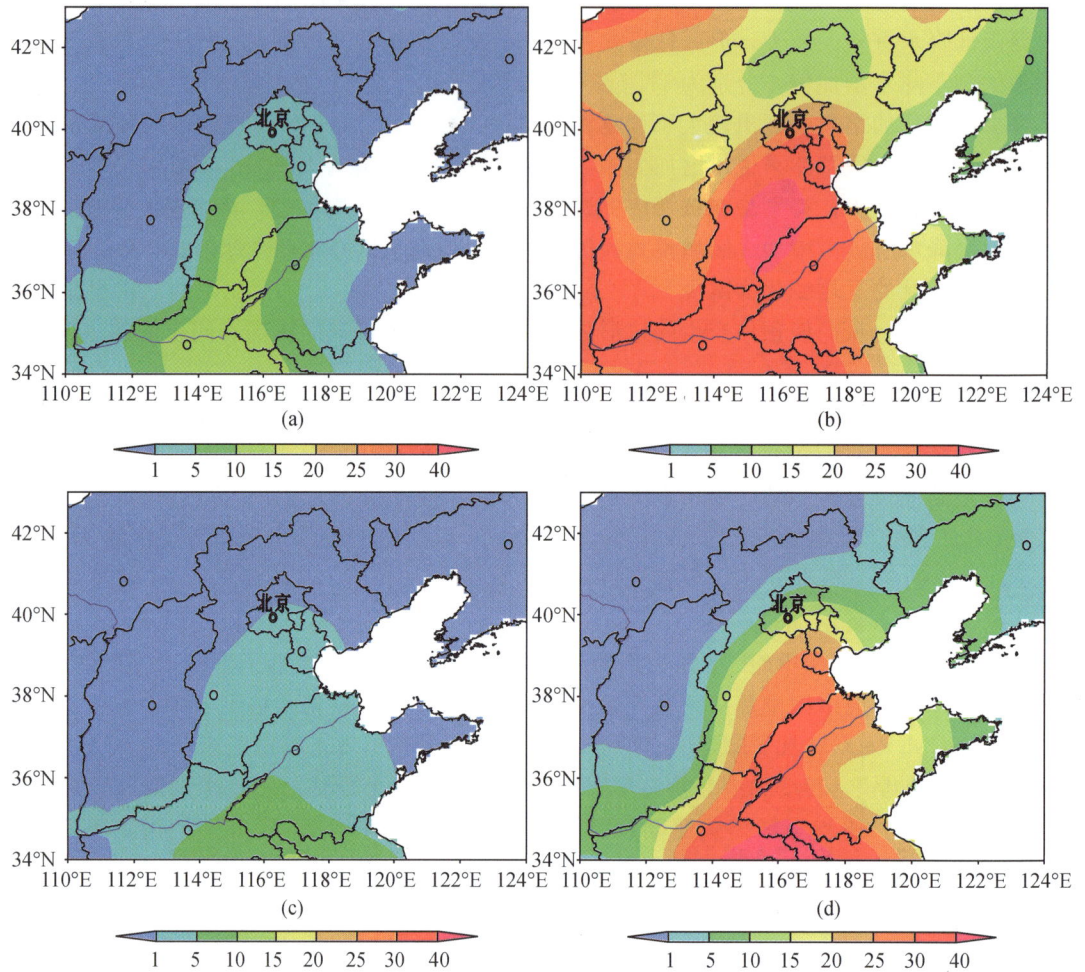

图 10.7　华北地区 4～9 月 T35D 和 HI35D 的观测及对 21 世纪末的预估（单位：d/a）

（引自石英等，2010a）

(a) 当代 T35D；(b) 未来 T35D；(c) 当代 HI35D；(d) 未来 HI35D

（HI35D）的变化。HI 的计算公式如下（Steadman，1984）：

$$HI = -42.379 + (2.049\,015\,23 \times T) + (10.143\,331\,27 \times RH)$$
$$- (0.224\,755\,41 \times T \times RH) - (6.837\,83 \times 10^{-3} \times T^2) - (5.481\,717 \times 10^{-2} \times RH^2)$$
$$+ (1.228\,74 \times 10^{-3} \times T^2 \times RH) + (8.528\,2 \times 10^{-4} \times T \times RH^2) - (1.99 \times 10^{-6} \times T^2 \times RH^2)$$

其中，T 为 2m 处的气温（℉），RH 为 2m 处的相对湿度（%）。

由图 10.7 (c)，(d) 看到，未来 HI35D 的发生次数，在区域中的平原地带类似于 T35D，将有较大增加，但和 T35D 在区域内普遍增加不同，山西北部至河北东北部和内蒙古地区，HI35D 的数值保持在 1 d/a 以下。区域平均的 HI35D 在当代和未来分别为 3 d/a 和 7 d/a。PRECIS 的预估，同样也给出未来高温事件增加的结果，如在 B2 情景下，中国区域平均的 21 世纪末最高气温在 35℃ 以上的事件，将由当代的占总频率的 3%，增加到 4.5%（许吟隆等，2005）。

2. 极端降水

图 10.8 给出年平均降水及 10.1.4 节所述 RR1、RR10 和 RR20 的变化。RR1 变化的主要特点为在西北地势较低的地方如塔克拉玛干沙漠、准格尔和柴达木盆地等有一定增加，此外内蒙古沿国境地区 RR1 也将增加［图 10.8（b）］。中国其他大部分地区以减少或变化不大为主，青藏高原中部是减少的大值区，减少值一般在 10% 以上。由图 10.8（c）看到，相对于 RR1 以减少为主，RR10 增加的地区明显变多，特别是在东部。增加和减少最多的地方和 RR1 类似，分别为西北和青藏高原地区。RR20 的变化［图 10.8（d）］，进一步表现为在中国区域的普遍增加，大部分地方的增加值都在 10% 以上，少部分地区包括青藏高原中部及云南西半部与四川交界处等 RR20 为减少，而无论增加还是减少的幅度，RR20 都较 RR1 和 RR10 要大。PRECIS 同样预估出中国区域未来大雨日数将大范围增加（Zhang Y. et al.，2006）。

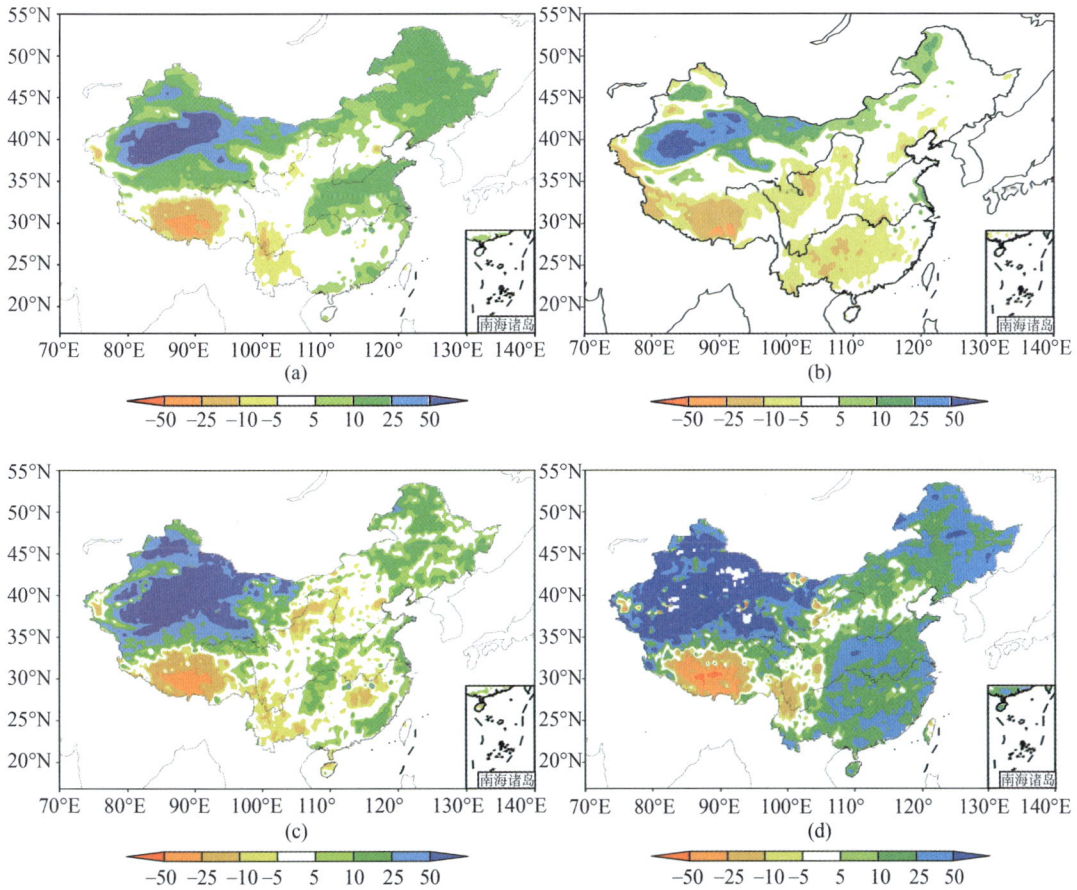

图 10.8 中国区域 21 世纪末年平均降水（a）及 RR1（b）、RR10（c）和 RR20（d）的变化
（相对于 1961～1990 年，单位:%）（引自石英等，2010b）

表 10.4 给出如图 10.4（a）所示 5 个典型子区域和中国平均降水的变化，及对应于 RR1、RR10、RR20 三类降水变化值对总降水量变化贡献的百分比。由表中可以看到，各个子区域各等级降水的变化数值及其对降水量变化的贡献各有不同。其中东北和东部两个地区

降水增加的贡献主要来自于 RR20，西北降水增加中各等级雨量的贡献接近，都在三分之一左右。西南子区域平均降水为略有减少，其中四分之三来源于 RR1 的减少，其余的四分之一基本来源于 RR10。青藏高原地区降水减少同样起作用最大的是 RR1，占一半以上，RR10 和 RR20 分别占约 30％和 15％。全国平均降水为一个较小的增加，注意到各等级降水贡献中，RR1 为负，RR10 和 RR20 为正，即在这个降水增加过程中，小雨事件起的是减少降水的作用，降水增加主要源于中雨特别是大雨事件的贡献。如果认为 RR1 和 RR10 的贡献正负相抵，降水增多则基本来源于 RR20 的增加。

表 10.4　不同子区域 21 世纪末降水的变化（相对于 1961～1990 年）及各类降水的贡献（单位:％）

	平均降水	RR1	RR10	RR20
东北 NE	12.3	6.8	18.6	75.7
东部 EA	10.6	1.8	11.0	87.9
西北 NW	15.6	35.8	40.3	27.4
西南 SW	−5.5	75.7	23.9	2.4
青藏高原 TB	−11.9	53.1	32.2	14.9
中国 China	4.2	−26.1	23.0	109.2

3. 未来我国南方低温雨雪冰冻灾害的变化

2008 年 1 月中下旬至 2 月上旬，中国南方地区发生了历史罕见的大范围低温雨雪冰冻灾害天气，对当地交通运输、能源和电力供应、农业、生态以及社会生活造成了严重的影响和损失。对 FvGCM-RegCM 预估中此类冷事件的未来变化进行了分析（宋瑞艳等，2008）。一般来说，气候变化对气温频率分布（PDF）的影响结果，可以表现为平均值增加、方差增加，以及两者同时增加。其中，如果方差增加，则会引起高温和低温事件同时变多（Folland et al.，2001）。分析表明，未来中国南方地区日平均气温出现频率的变化型，为整个分布曲线向气温高端移动，即以平均值的增加为主，并没有出现由于方差增大而导致的冷事件增加的情况（图略）。

预估中未来雪日以减少为主，但平均降雪量在江西南部、广东东部以及福建西部部分地区出现了增加现象，在日最大降雪量的变化中，可以看到区域中部东北－西南向有一个减少的地区，而以江西南部为中心出现了一个较大的增加区，增加幅度最大可以达到 25mm［图 10.9（a）］。这一地区日最大降雪量的增加会导致地面最大积雪量以及连续最大积雪日数的增加。从图 10.9（b）可以看到，在未来全球变暖背景下，湖南至贵州东部地区冻雨的发生频率将会减少，而贵州西部经云南东北部至四川盆地西部及以北到四川、陕西和甘肃三省交界处（沿青藏高原东麓地区），将有较大增加，冻雨表现出一定的向更高山地转移的倾向。此外在云南的西南部和浙江的山地等处，冻雨发生频率也将有所增加。

10.2.4　积　雪　变　化

积雪日数、积雪量、积雪开始和结束时间，是积雪过程中关注的几个主要指标。在 FvGCM-RegCM 预估中，区域模式对这些变量的空间分布一般均有较好的预估能力，但预

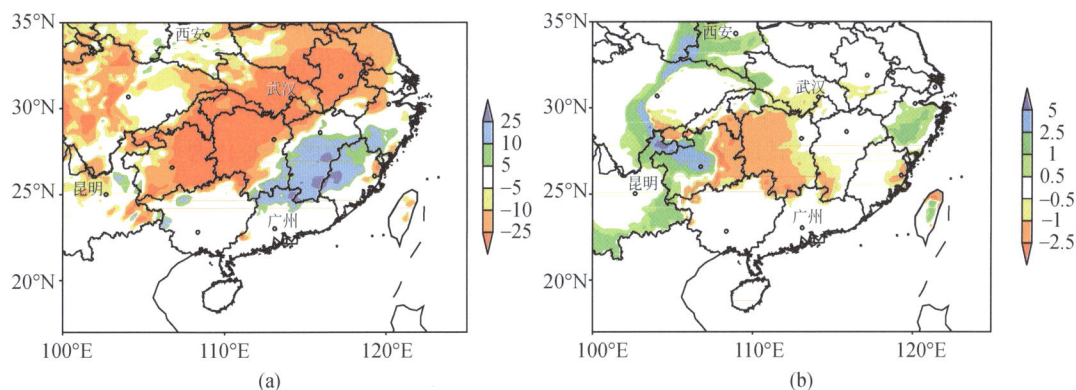

图 10.9　中国南方 21 世纪末日最大降雪（a）（单位：mm 水当量）以及冻雨日数的变化
（相对于 1961～1990 年，单位：d/a）（引自宋瑞艳等，2008）

估的积雪日数和积雪量偏多，积雪开始时间偏早，结束日期偏晚［石英等，2010（c）］。

图 10.10（a）、（b）分别给出 21 世纪末（2071～2100 年）在 A2 温室气体排放情景下，区域模式预估的年平均积雪日数和积雪量变化。由图 10.10（a）首先可以看到，降雪日数在中国大部分地区将减少，青藏高原东部、南部是减少的大值区，减少值在 50 天以上，这与模式预估此区域的相对较大升温和降水显著减少有关（高学杰，石英，Giorgi，2010）。同时在塔里木盆地及中国南方部分地区（江西和福建西部等）出现较小的增加，其中南方地区更多的结果可参见上文 10.2.3 节，表现出在全球变暖背景下，虽然在绝大部分地区的积雪将减少，但个别地区积雪将会出现增加现象。稳定积雪区（积雪日数大于 60 天的区域，参见第五章）面积未来将有所减少，减少百分比为 10.3％。年平均积雪量的变化［图 10.10（b）］与积雪日数的变化总体上表现一致，但在不同地区也存在差异。如西北塔里木盆地及南方江西、福建部分积雪日数有较小增加的地区，积雪量则基本变化不大，而在内蒙古东北的呼伦贝尔和新疆东部等积雪日数减少的地区平均积雪量增加。

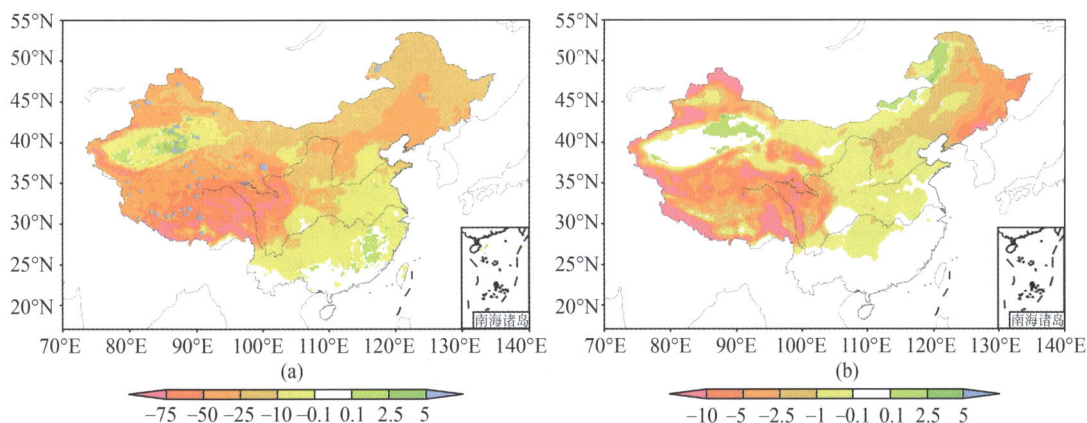

图 10.10　区域模式预估的 21 世纪末年平均积雪日数（a，单位：d/a）和积雪量
（b，单位：mm 水当量）的变化（相对于 1961～1990 年；引自石英等，2010c）

对积雪开始和结束时间的分析表明（图略），与一般对于全球变暖背景下积雪变化的认识相同，未来积雪开始时间在大部分地区都将推迟，其中北方推迟时间相对较少，大都在 20 天以下；同时和上述大的趋势相反，预估结果中，在河北东部、西北南部和南方部分地

区积雪开始时间将有所提前，提前的天数在 10 天左右。积雪结束时间表现为大部分地区将提前 5 天～30 天，而西北塔里木盆地部分地区、江淮及南方部分地区积雪结束时间则将推后 10 天左右。一般来说在全球变暖背景下，由于冷季的缩短，未来降雪和积雪将趋于减少，初始积雪日期推迟，结束日期提前。降雪和积雪的变化是气温和降水变化两者综合的结果，在未来一些变暖不是足够大的地方，环流改变和气温升高引起的大气湿度增加，可能会导致一些相反方向的变化，这种情况在世界其他地区的模式预估中也有发现（Christensen et al.，2007），值得加以关注和进行更深入的研究。

10.2.5　海平面变化

近年来，不少专家对中国沿海海平面变化趋势进行了预估研究，其方法主要有气候模型预估、公式拟合预估和以理论海平面上升值叠加区域地面沉降速率进行的预估等。由于海平面变化与气温密切相关，所以可以依据气温的升高趋势，用模型来预估海平面上升趋势（Bindoff et al.，2007）。根据中国科学家建立和发展的全球和区域气候模式的预估结果，21 世纪中国气候将继续明显变暖，到 2020 年中国的气温平均上升 1.3℃～2.1℃，到 2030 年将可能升温 1.5℃～2.8℃，2050 年将升温 2.3℃～3.3℃，到 2100 年升温将达到 3.9℃～6.0℃（秦大河等，2005）。利用公式拟合预估方法，当气温上升 3.0℃时，黄河三角洲、长江三角洲和珠江三角洲海平面在 2050 年将分别上升 102.9cm、90.3cm 和 57.6cm，2100 年将可能分别上升 188.7cm、165.6cm 和 105.7cm（郑文振，1999）。

许多研究人员以 IPCC 评估报告的预估值为基础，以理论海平面上升值叠加区域地面沉降速率预估未来海平面变化。对河口三角洲地区的相对海平面上升预估表明，到 2050 年上海市沿海最佳预估值在 50cm 左右，长江三角洲北部沿海约 45cm，苏北滨海平原和杭州湾北岸在 25cm～30cm 之间（施雅风，2000），珠江三角洲在 2030 年可能上升幅度为 22cm～33cm（黄镇国，谢先德，2000）。还有学者讨论多种影响因素对海平面变化的作用，提出某一地区沿海海平面高度，应等于温室效应引起的全球海平面上升的高度、全新世地壳垂直形变引起的相对海面变化、区域性地面沉降引起的相对海平面上升值和区域性海平面趋势性变化的综合累加，认为中国沿海海平面平均上升值 2030 年为 6cm～25cm，2050 年为 13cm～50cm（张锦文，王喜亭，王惠，2001），珠江口部分岸段相对海平面将可能上升 30cm（时小军，陈特固，余克服，2008）。表 10.5 综合了多个预估结果，其中不同地区上升幅度差异很大，上升幅度最大的为长江三角洲和珠江三角洲；最大的地方在 2050 年可以达到 1m；此外不同作者给出的数值也有一定差别，表现出海平面预估中的不确定性。

表 10.5　中国沿海未来海平面变化的预估（单位：cm）

	2030 年	2050 年	相对年份	作者和文献
中国沿海	38.4～60.2	57.6～102.9	1990	郑文振等（1999）
中国沿海	6～25	13～50	2000	张锦文（2001）
长三角地区	22～38	37～61	1990	刘杜鹃等（2005）
长三角地区	31～68		未给出	沈明洁等（2002）

续表

	2030 年	2050 年	相对年份	作者和文献
长三角地区	16～34	25～51	1990	施雅风等（2000）
珠江口地区	22～33	50	1990	黄镇国等（2000），时小军等（2008）
江苏沿海	4.2～32.4	7.2～57.0	2000	王艳红等（2004）
辽河三角洲	9.5～13.1	16.2～22.5	1980	栾维新等（2004）

　　根据 2008 年《中国海平面公报》所给出的相对于 2008 年的统计预估结果，未来 30 年中国沿海海平面将继续上升（表 10.6 和表 10.7）。但各海区的海平面变化有一定差异，东海最大为 87～140mm，渤海 68～120mm，黄海 89～130mm，南海 73～130mm。全海域未来 30 年海平面上升将达到 80～130mm。沿海各省市（自治区、直辖市）未来 30 年海平面上升也有所不同，其中天津、上海、广东沿海地区海平面的"涨幅"最大，预计分别将达到 76～150mm、98～150mm 和 78～150mm。

表 10.6　中国各海区未来 30 年海平面变化预估（相对于 2008 年，单位：mm）

（引自 2008 年《中国海平面公报》）

海区	预估数值
渤海	68～120
黄海	89～130
东海	87～140
南海	73～130
全海域	80～130

表 10.7　中国沿海各省市未来 30 年海平面变化预估（相对于 2008 年，单位：mm）

（引自 2008 年《中国海平面公报》）

地区	预估数值
辽宁	78～120
河北	66～110
天津	76～150
山东	89～140
江苏	77～130
上海	98～150
浙江	96～140
福建	68～110
广东	78～150
广西	70～110
海南	80～130

10.3　区域预估中的不确定性

　　气候模式建立在公认的物理原理基础上，能够模拟出当代的气候，并且能够再现过去的气候和气候变化特点，是进行气候变化预估的首要工具，可以得到较可靠的预估结果，但其中也存在着不确定性。

　　具体到区域气候模式，和全球气候模式类似，在进行气候变化预估时，其不确定性首先来源于未来温室气体排放情景，包括温室气体排放量估算方法、政策因素、技术进步和新能源开发等方面的不确定性，其次是气候模式发展水平限制引起的对气候系统描述的误差，以及模式和气候系统的内部变率等（第九章）。在区域尺度上，气候变化预估的不确定性则更大，一些在全球模式中有时可以被忽略的因素，如土地利用和植被改变（第二章）、气溶胶强迫（第二、八、九章）等，都会对区域和局地尺度气候产生很大影响，而目前气候模式对这些强迫的模拟结果之间差别很大。区域模式降尺度结果的可靠性，很大程度上取决于全球模式提供的侧边界场的可靠性，全球模式对大的环流模拟产生的偏差，会被引入到区域模式的模拟，在某些情况下还会被放大。此外目前观测资料的局限性，也在区域模式的检验和发展中增加了不确定性，如当前区域气候模式的水平分辨率在向15～20km及更高发展，而现有观测站点的密度及格点化资料的空间分辨率都较难满足评估这些模拟的需要。

　　在使用区域模式进行中国气候变化预估方面，现在存在的主要问题是完成的模拟比较少，并且采用的全球模式驱动场、排放情景以及分辨率等都存在较大差异，难以进行相互之间的比较并给出未来的变化范围，与此同时，模拟一般进行的是当代1961～1990和未来2071～2100年时段，未来20～50年时间段空缺。此外与统计降尺度方法间的比较也进行得很少，在对现有的区域模式结果分析方面的工作也有待进一步深入，如缺乏对未来热带气旋和台风活动变化的分析等。

　　类似于全球模式的多模式比较计划（如AMIP和CMIP系列等），使用多区域气候模式进行气候变化模拟集合，是减少预估中不确定性的重要方面（Giorgi，Mearns，2003；Xu，Giorgi，Gao，2010）。这类比较计划在世界许多地区都有所开展，如欧洲的PRUDENCE和ENSEMBLES，北美的NARCAP，南美的CREAS以及北极地区的ARCMIP等。亚洲地区所进行的区域模式比较计划RMIP在第1和第2阶段，以检验模式的模拟能力为主（Fu et al.，2005），现已开始第3阶段气候变化的预估模拟。目前国际相关领域正在开展的CORDEX试验计划，将使用动力和统计的方法，在全球各陆地范围进行气候变化的降尺度预估。争取和组织更多的模式进行东亚区域的模拟，最终进行多模式的比较集合，对于加深中国未来气候变化的理解将起到有益推动作用。

CORDEX 计划

　　COordinated Regional climate Downscaling EXperiment 的简称，最早源于Giorgi等（2008）提出的Hyper-Matrix Framework计划。CORDEX提议通过在全球各大陆运行区域气候模式、在岛屿等使用统计降尺度方法，为世界各地的气候变化影响评估和适应提供气候变化预估结果，并为IPCC AR5服务（Giorgi，Coln，Ghassem，2009）。

　　为鼓励发展中国家人员的参加，模式的水平分辨率一般设定为 50 km。在不同区域首先使用欧洲中期天气预报（ECMWF）中心新制作的中等分辨率再分析资料（ERA-Interim），进行模式对当代气候模拟能力的检验，模拟的时段为 1989～2008 年。随后进行 CMIP5 全球气候模式驱动下的未来试验，使用的温室气体排放情景为 RCP 4.5 W/m² 和 8.5 W/m²，积分时段在有可能的情况下为 1951～2100 年，计算条件不能满足的，则运行以下时段：1980～2010、2040～2070、2010～2040 和 2070～2100 年，模式的初始化时间为 2 年。

　　CORDEX 计划中还将探讨区域气候变化中与不同的全球模式驱动、不同的温室气体排放情景、自然变率，以及不同的降尺度方法等相关的不确定性。

第 二 部 分

气候变化的影响与适应

摘　　要

本部分总结了中国面临的主要气候问题以及环境和生态问题的现状和发展趋势，概括了未来气候变化对中国主要领域的可能影响，并提出了中国气候变化影响、脆弱性和适应的评估范围以及评估的不确定性来源。在气候持续变暖情况下，中国将面临干旱、洪涝、热带气旋与热带风暴、沙尘暴、寒潮与冻害，以及高温和热浪等气候问题，生态和环境形势将十分严峻。因此，深入评估气候变化对敏感领域和敏感部门的影响，是采取有效适应措施的前提。

一、气候变化的影响评估

已经发生的气候变化对中国环境、生态系统和经济部门产生了广泛的影响，中国科学家应用统计与模型模拟的方法，对已经发生的气候变化影响进行了大量的研究，但由于交织着社会因素的综合作用，分离出单纯源于气候变化的影响还比较困难。目前，中国科学家通过应用高分辨率区域气候模式产生的未来气候变化情景，扩大影响评估的研究领域，进行适应案例分析，尝试在典型脆弱区域进行适应技术示范研究。今后需要加强可应用于影响评估的气候情景数据和社会经济数据的构建和模型工具的开发、进行气候变化影响的风险分析、减小气候变化的不利影响、降低影响和适应评估的不确定性、开发多要素集成的综合影响评估系统方面的工作，并根据中国各区域不同的特点和复杂性开展适应行动实践，以更好地应对气候变化，促进社会经济的可持续发展。

二、气候变化对各领域的影响

水文循环作为气候系统的重要组成部分，全球气候变化将对中国水资源的时空分布产生一定的影响。进入 21 世纪以来，水资源问题正日益影响全球的环境与经济发展。中国水资源时空分布不均，洪涝干旱灾害频繁发生，气候变化与变异将对中国区域水资源产生重要影响。在全球气候变暖背景下，中国主要江河降水、水面蒸发变化及实测径流量发生了不同程度的变化，总体来看，北方河流如海河、黄河、辽河等江河的实测径流量减少较为明显；气候变化和以水利工程、水土保持等为代表的人类活动是中国实测径流量变化的主要原因，气候变化对黄河流域实测径流量变化的贡献率接近 40%。径流对降水的敏感性远大于对气温的敏感性；相同变化幅度时，径流对降水增加比对减少敏感；气候过渡区的径流敏感性小于干旱区，湿润地区最弱。未来气候变化将可能进一步增加中国洪涝和干旱灾害发生的几率，进一步加剧中国北旱南涝的状况；特别是海河、黄河流域所面临的水资源短缺，以及浙闽地区、长江中下游和珠江流域的洪涝难以从气候变化的角度得以缓解。

气候变化对中国的生态系统与生物多样性产生了可以辨识的影响。评估结果显示：树种分布发生变化、林线上升、森林物候提前、森林生产力和碳吸收增加、林火和病虫害加剧等；草地退化加剧、草地物候提前、草地生产力随降水变化而有地域差异；内陆湿地面积萎缩，功能下降；气候变化加重荒漠生态系统的脆弱形势。气候变化还影响到动物、植物和微生物多样性与栖息地，以及生态系统及景观多样性，某些物种的退化、灭绝可能与气候变化有关。预计未来的气候变化将继续对中国陆地自然生态系统和生物多样性产生影响，并且具有使自然地理地带向北推移的趋势。而且气候变化还将由于影响生境，进而影响到珍稀濒危动植物的生存。

气候变化影响大洋环流和季风的变化，通过黑潮和东亚季风的变化影响中国近海和海岸带环境。近几十年来，中国近海海水温度明显升高、海平面持续上升、近岸海域赤潮灾害加剧、珊瑚礁和红树林生态系统退化、生物多样性减少等；风暴潮的发生频率、强度和灾害增加，海岸侵蚀和咸潮入侵等海岸带灾害加重，并显著影响沿岸湿地生态系统。预计未来的气候变化将继续对中国近海和海岸带的环境与生态产生影响，并使中国海洋生物地理分布发生变化。

气候变化对农业的影响是多方面的。研究表明，农业动植物对气象要素变化更为敏感，在极端气象条件下显得更加脆弱；气候变化引起的天气气候极端事件增多会对农业产生不利影响，北方干旱常态化、南方干旱扩大化，极端高温和极端低温危害均呈上升态势，与气象条件密切相关的农林业病虫害种类和世代增加、危害范围扩大、造成损失加重、防治成本增加；气候变暖导致南方水稻品种逐渐向北方扩展，冬小麦种植北界北移西扩。未来气候变化情景下我国农业生产方式、农业布局将发生改变，国家粮食安全将受更大威胁，对农业水资源、土地资源、气候资源、生物资源的约束更加严酷，气象灾害和生物灾害对农业生产的危害更加严重。为此，提出了调整作物布局、发展现代生物与高新技术、调整农业管理措施、改善农业基础设施与条件的适应技术、措施和对策。

气候变化对能源活动的影响包括直接影响和间接影响。气候变化除了会对采暖降温等能源消费及对水电风电等能源产出产生直接影响外，还会对能源活动产生重大的间接影响，即对化石能源消费和生产形成巨大制约。因此，在能源领域，适应气候变化除了适应气候条件改变对能源消费和能源生产造成的不利影响以外，更要克服和突破气候变化对化石能源消费和生产的严重制约。

本部分选取在中国社会发展和经济建设中具有重大意义和对气候变化影响

极具敏感性的代表性重大工程，包括：①沿海核电工程；②三峡工程；③南水北调工程；④山地灾害防护工程；⑤公路铁路等寒区工程；⑥沙漠化防治与水土保持工程；⑦内陆河流域综合治理工程；⑧退耕退牧还林还草工程。系统评估气候变化对重大工程的影响，评估影响的时空范围和程度，提出重大工程适应气候变化的对策措施。评估选取的重大工程分布范围大，从中国东南沿海至西北内陆；从局部的重点工程到区域性大面积的骨干重大工程；从中国的湿润气候区到干旱荒漠区。八个重大工程无论从空间上、区域上，还是从气候类型上，几乎涵盖了中国陆地国土范围。

气候变化通过改变全球水文和物质循环现状，导致极值事件的强度和频次增加。这将造成工程设计所依据的历史数据理论函数关系发生改变，进而影响重大工程的设计、运行管理和建筑材料寿命等。同时，区域性大面积大中型重大工程的建设对区域气候也可能产生一定的反馈作用。

气候变化可以对工业部门产生直接的影响，包括影响生产效率、质量和安全等，同时承担温室气体减排义务也会制约工业的生产；航空、航海及路面运输系统的安全也会受气候变化和极端天气气候事件的影响，交通系统的重新规划和设计时要考虑气候变化的影响，以减轻未来气候变化对交通基础设施的不利影响；气候变化在中国引起高温热浪、极端天气事件等频发，不仅直接影响人体健康，而且也会使传染性疾病的患病风险增加。

三、气候变化对各地区的影响

由于中国地域辽阔，气候多样，不同区域的地理环境、气候特征、经济发展水平等差异显著，气候变化对各区域影响的重点也有所不同。气候变化对我国七大区域的影响程度不同，重点领域不同，越是生态环境脆弱的地区受影响越是显著。

华北地区近 50 年年均气温呈明显上升趋势，增温率为 0.22℃/10a，降水呈逐年代减少趋势，气候暖干化趋势明显，加剧了水资源紧张态势，引起浅层地下水位不断下降。气候变暖使得热量增加从而影响该地区的农业产量及布局。

东北地区近 50 年年平均气温上升速率为 0.3℃/10a，年降水量呈略减少趋势，减少速率为 15mm/10a，降水减少，蒸发增加引起东北西部特别是吉林省中西部地区干旱趋势加重，土地向沙漠化和盐渍化发展，而农作物由于积温增加，种植面积扩大，粮食生产由于受降水影响而波动增大。

华东地区 1961～2005 年平均气温上升速率为 0.21℃/10a，降水量没有明显的变化趋势。气候变暖常伴随热浪发生频率及强度的增加，导致心血管、脑血管及呼吸系统等疾病的发病率和病死率增加，夏季持续高温使用电量不断增长，上海夏季日最高温度每增加 1℃，日用电量增加 367kW·h，严重影响区域能源安全。进入 20 世纪 80 年代以来，华东地区洪涝灾害日趋加重，发生频率逐渐增多。

华中地区 1961～2005 年平均气温上升速率为 0.12℃/10a，年降水量变化趋势不明显，但降水量的空间分布变化明显。气候变化引起该地区洪涝灾害加剧，湿地面积不断减小。另外，气候变化还使得该地区适宜于钉螺和血吸虫生长的时间在过去几十年中有不同程度的延长，血吸虫病爆发几率增大。

华南地区近 50 年平均气温的增温速率为 0.16℃/10a，而年平均降水没有明显增加或减少趋势。气候变化使得登陆华南热带气旋个数减少，强度增大，登陆时间偏早，移动路径复杂。南海海平面加速上升，近 30 年南海海平面平均上升速率为 2.6mm/a。气候变化特别是长期的人为破坏还引起华南地区红树林和珊瑚礁生态系统严重退化。气候变化伴随大规模城市化叠加作用，使得珠三角城市群灾害加剧，用水安全风险加大。

20 世纪后 40 年西南地区川西高原、云贵高原的增温趋势明显，与全球气候变暖一致，而四川盆地气温存在明显的下降趋势，降水表现为降雨日数的逐步减少。气候变化引起干旱、洪涝灾害频次增多，程度加重，山地灾害的发生呈现出点多、面广、规模大、成灾快、暴发频率高、延续时间长等特点，该地区山地灾害占全国同类灾害的 30% 以上。气候变化还造成西南地区生物多样性减少、生态系统退化、岩溶石漠化呈现加剧的趋势。

西北地区年和各季平均增温率都比全国平均要高，近 50 年区域年平均气温变化幅度达 0.37℃/10a，降水量时空分布不均。气候变化对西北地区的水资源造成严重影响，约 82% 的冰川处于退缩状态，自 20 世纪 60 年代到 21 世纪初的近 50 年冰川面积减少 4.5%，地下水资源总体呈减少趋势，一些地区土地沙漠化问题突出。气候变暖还影响西北地区农牧业发展，近 50 年的气候变暖虽然使绿洲灌溉区农作物的气候产量提高了大约 10%～20%，但使雨养旱作农业区作物气候产量减少了 10%～20%。

四、适应气候变化的战略和行动

以气候变暖为标志的全球气候变化已经，并将继续对环境、生态和社会经济系统产生重大影响。基于现有的气候变化科学认识，温度升高已经不可避免，必须采取适应措施以缓解气候变化的影响。因此，适应气候变化具有全球性，事关人类经济社会的可持续发展。当前，尽管在气候变暖的幅度、原因和区域分布，及未来气候变化的预估及气候变化的影响评估等方面仍存在不确定性，但针对全球变暖采取稳健的适应政策已成为国际社会的共识。

国家层面的适应气候变化的方法与行动主要着重于从国家发展战略、气候变化影响与适应的监测评估、适应气候变化的资金导向、技术开发与应用、公众应对气候变化意识提高以及气候变化领域的国际合作与交流方面。

　　而气候与环境的高度混杂性和不稳定性使得中国在制定适应气候变化的方法与实施方案时需要有针对性地考虑不同区域的环境与特点，采取因地制宜的适应行动。

　　东北地区：着重于调整农业结构与种植制度，选育抗逆性强的新品种；加强水利基础设施的建设、发展节水农业；做好土地荒漠化区划工作，因地制宜地进行防治。华北地区：着重于调整作物种植结构，发展特色农业、灌溉节水农业、生态农业；加强水资源合理开发、高效利用和综合管理；加强华北地区气候、生态环境动态监测和评估。华东地区：着重于加强沿海海洋生态系统、海域和海岸线保护工作；强化应对海平面升高的适应性对策；需大力提高本区台风和风暴潮的监测和预警能力。华中地区：着重于植树造林，封山育林，营造绿色水库，建立和恢复良好的生态环境；科学水资源调度，完善防洪体系；因地制宜地调整农业种植结构，及时选育并更新适应气候变暖的优良品种。华南地区：着重于提升防御极端气象及其衍生和次生灾害的能力；开发一批海岸带、城市群、农业、水资源等领域气候变化风险防范、规避和适应技术措施；优化产业结构，加快产业升级，减少能源资源消耗。西南地区：着重于加强山地灾害综合治理；加强以农田水利建设为重点的农业基础设施建设；加强气候变化及其影响的监测和预报。西北地区：着重于实施水资源优化配置、节约和保护；生态环境保护和建设；调整农业种植结构；加强气候变化及其影响的监测和预报。

第十一章　气候与环境变化对中国影响的综合分析

提　要

本章综述了 IPCC 第四次评估报告中气候变化对全球各领域产生的主要影响，总结了中国面临的主要气候问题以及环境与生态问题的现状和发展趋势，概括了未来气候变化对中国主要领域的可能影响。在气候持续变暖的情况下，中国将面临干旱、洪涝、热带气旋与热带风暴、沙尘暴、寒潮与冻害，以及高温和热浪等气候问题，生态和环境形势将十分严峻。因此，深入评估气候变化对敏感领域和敏感部门的影响，是采取有效适应措施的前提。

11.1　IPCC 第四次评估报告关于影响、脆弱性和适应性的主要结论

政府间气候变化专门委员会（Intergovernmental Panel on Climate Change，IPCC）于 2007 年 4 月发布了第四次评估报告（AR4），其中《气候变化 2007：综合报告》和第二工作组报告《影响、适应和脆弱性》总结了全世界 2001～2006 年关于气候变化影响、适应和脆弱性的研究成果。由于 IPCC 评估报告经过全世界上千名同行专家和各国政府的评审以及 IPCC 全会批准，其主要结论代表着当前世界对气候变化相关问题的主流科学认识。

第四次评估报告认为：世界气候系统变暖已毋庸置疑，许多自然系统正受到区域气候变化，特别是温度升高的影响；1970 年以来，人为变暖可能已在全球尺度上对许多自然和生物系统观测到的变化产生了可辨别的影响；虽然由于适应和非气候驱动因子作用，许多影响尚难以辨别，但是区域气候变化对自然和人类环境的其他影响也正在出现（IPCC，2007a-c）。由于变暖趋势已不可避免，某些大尺度气候事件可能造成很大影响（尤其是在 21 世纪之后），这些影响造成的成本将因全球温度升高随时间增长（IPCC，2007a-c）。贫困、不公平、粮食安全、经济全球化、区域冲突等其他方面的压力加剧了气候变化影响的脆弱性（IPCC，2007a-c）。

11.1.1　观测到的主要影响

对所有大陆和大部分海洋的观测证据表明，气候变化已在多方面对各类自然系统造成了影响（IPCC，2007a-c）。

自然系统：冰川湖泊范围扩大、数量增加；多年冻土区地面的不稳定性增大，山区岩崩

增多；南北两极部分生态系统发生变化。

水文系统：许多主要靠冰雪融化来水的河流，径流量和早春最大溢流量增加；很多地区的湖水和河水温度升高，湖泊和河流的热力结构和水质受到影响。

陆地生物系统：树叶发芽、鸟类迁徙和产蛋等春季特有现象出现时间提前；动植物物种的地理分布朝两极和高海拔地区推移。

海洋和淡水生物系统：高纬海洋中藻类、浮游生物和鱼类的地理分布迁移；高纬和高山湖泊中藻类和浮游动物增加；河流中鱼类的地理分布发生变化并提早迁徙。

11.1.2　预估的影响

第四次评估报告还预估了本世纪气候变化对下列各方面的主要影响（IPCC，2007a-c）。

淡水资源：本世纪中期以前，高纬和部分热带潮湿地区的年平均河流径流量和可用水量将增加 10%～40%，而一些中纬和热带干燥地区的平均河流径流量和可用水量将减少 10%～30%。冰川和积雪储水量下降，将减少靠山区融水供给地区的可用水量，从而影响世界上 1/6 以上人口。

生态系统：许多生态系统将不能适应气候变化以及其他全球变化因素（如土地利用变化、污染、资源过度开采）的综合影响。如果全球平均温度增幅超过 1.5℃～2.5℃，20%～30%的被评估动植物物种面临的灭绝风险将增大，生态系统结构和功能、物种的生态相互作用、物种的地理范围等方面会出现重大变化，并在生物多样性、水和粮食供应等方面产生不良后果。

粮食、纤维和林业产品：从全球平均看，增温 1℃～3℃时，农业生产潜力还会增加，但超过这一范围农业生产潜力则会降低；商业木材产量将因温度升高而增长。干旱和洪涝发生频率增加将对局地农作物产量产生负面影响，影响低纬度地区居民的生计。持续变暖将影响某些特殊鱼类的分布和产量，从而影响渔业产出。

海岸带系统和低洼地区：气候变化和海平面上升将加剧海岸带侵蚀，给盐沼和红树林的海岸带湿地施加负面影响。升温使珊瑚更为脆弱且适应能力低下，海表温度升高 1℃～3℃，会导致珊瑚白化和大范围死亡。

工业、人居环境和社会：气候变化越剧烈，其净影响就越趋向于负面。其中最脆弱地区包括海岸带和江河泛洪平原地区、经济与气候敏感性资源联系密切的地区、极端天气事件易发地区，特别是城市化快速发展地区。气候变化还会通过社会和经济领域的复杂联系蔓延到其他地区和部门。

人类健康：气候变化可能影响几百万人的健康状况，例如营养不良及营养失调增加，热浪、洪水、热带风暴、火灾和干旱导致的死亡、疾病和伤害增加，腹泻疾病增加，与气候变化相关的地面臭氧（O_3）浓度增高导致心肺疾病发病率增加，某些传染病传播媒介的空间分布发生改变等。虽然气候变暖也会产生一些健康效益，但是这些效益可能不足以抵消全球温度增加对健康带来的负面影响。

中国作为全球系统的一个重要组成部分，也将不可避免地面临全球气候变化给淡水资源，生态系统，粮食、纤维和林业产品，海岸带和低洼地区，工业、人居环境和社会，以及人类健康各方面带来的影响。

11.2　中国面临的主要气候与环境问题及其影响

11.2.1　中国面临的主要气候问题与影响

在气候持续变暖情况下，中国所面临的主要气候问题有干旱、洪涝、热带气旋与热带风暴、沙尘暴、寒潮与冻害，以及高温和热浪。

1. 干旱

干旱是中国面临的最主要气候问题之一。近40～50年，中国干旱地区和干旱强度都呈现增加趋势，问题日益凸显；其中，北方主要农业区干旱面积一直上升、夏秋两季干旱日益严重，华北、华东北部干旱面积扩大尤其迅速，形势尤其严峻；2010年初南方六省发生了严重的干旱，人畜饮水困难，给社会经济带来巨大损失（马柱国等，2007；秦大河，2009）。气候暖干化增加了干热风发生次数，给黄淮海流域及河西走廊地区农业带来巨大危害（邓振镛等，2009）。

2. 暴雨和洪涝灾害

20世纪以来，中国暴雨极端事件出现频率上升、强度增大，尤以华南和江南地区最为明显（刘九夫，张建云，关铁生，2008）。目前，中国的洪涝灾害主要集中在长江、淮河流域以及东南沿海等地区，全国约40%的人口、35%的耕地和60%的工农业产值长期受到洪水威胁（冷传明，杨爱荣，2004）。

3. 热带气旋

中国是世界上受热带气旋影响最严重的国家之一，1949～2007年平均每年登陆中国的热带气旋9个，最少年份4个（1982年），最多年份16个（1952年）。期间，达台风及以上等级年均3个，最多年份为9个（1961年），最少年份0个（1950年和1998年）；登陆热带气旋直接正面袭击经过地区，给生命财产带来重大损失（王小玲，任福民，2008；郭超等，2009）。

4. 沙尘和沙尘暴

沙尘天气以及沙尘暴频发是北方地区，尤其是西北地区的严重天气灾害。对全国365个站沙尘暴资料的统计分析表明，1958～2007年，中国每年发生沙尘暴平均1944站时，其中最高值出现在1958年（5158站时），最低值出现在1997年（369站时）。总体上以1985年为界，中国沙尘暴前多后少，减少趋势明显（王存忠，牛生杰，王兰宁，2009）。

5. 寒潮和强冷空气

寒潮和强冷空气是中国秋冬春三季易发生的灾害性天气，它往往带来剧烈降温和大风天气，有时还伴有雨雪和冻雨，形成冻害。1951～2004年，全国和区域性寒潮（统称为总寒潮次数）共发生371次，平均每年7次，其中全国性寒潮104次，平均每年发生约2次（王遵娅，丁一汇，2006）。2008年年初南方数省发生严重冰冻雨雪灾害，损失巨大。

6. 高温和热浪

全球气候变暖引发夏季持续高温和热浪频发，成为中国面临的主要气象灾害之一。1956～2006 年，中国平均气温线性增加，全国 50 年日最高气温除青藏高原地区外均大于35℃，其中 50 年日最高气温极大值＞40℃的地区主要分布在塔里木盆地、吐鲁番盆地、华北东部、黄淮地区和长江中游地区；新疆吐鲁番盆地平均高温日数高达 94.4 天，江南大部分地区也在 20 天以上（高荣，董文杰，韦志刚，2008）。

11.2.2　中国面临的主要生态和环境问题及其影响

在全球气候持续变暖和中国区域气候环境变化作用下，中国的生态和环境形势十分严峻。目前，中国面临的最主要生态和环境问题包括：

1. 土地荒漠化

土地荒漠化是中国目前面临的最为严重的环境问题之一。2004 年，中国荒漠化面积263.6 万 km^2，占国土面积的 27.5%。虽然气候暖干化可能导致土地荒漠化蔓延，但是由于近年来治理投入不断增加，中国荒漠化形势得到了有效的遏制。

2. 水土流失

中国是世界上水土流失最为严重的国家之一，全国水土流失总面积 356 万 km^2。气候变化改变温度和降雨分布，将加剧中国的水土流失状况。

3. 草地退化

中国草地是世界陆地生态系统中退化最严重的地区之一。受气候变化和人类活动的双重影响，目前中国草地仍以每年 200 万 hm^2 的速度退化（韩永伟，高吉喜，2005）。

4. 水资源短缺

中国水资源供需矛盾十分突出。气候变化将导致中国水资源年内和年际分配严重不均，大部分地区降水量将更加集中在夏秋汛期，洪涝干旱灾害将日益频繁（史正涛，刘新有，彭海英，2008）。

5. 水环境污染

中国的水环境污染形势十分严峻。而气温升高将增加各行业用水需求及相应污水排放，给水环境带来进一步的压力（史正涛，刘新有，彭海英，2008）。

6. 森林覆盖率不高

中国的森林覆盖率与世界平均水平相比存在很大差距，人工林面积居世界首位，但是质量差、产量低；由于森林资源分布极不均衡，中国森林的生态效益有待提高。

7. 湿地退化

中国现有 100hm^2 以上的湿地面积 3848 万 hm^2，近 40% 具有全球意义的湿地正受到气候变化中度或重度威胁（安娜，高乃云，刘长娥，2008）。

11.2.3　未来气候变化对中国的主要影响

第一次《气候变化国家评估报告》的结论表明：气候变化已经对中国的农牧业生产、水资源、森林和草地生态系统、沿海等方面造成了重要影响，且这些影响以负面为主（林而达等，2007）。近期的相关研究则表明，气候变化将对中国以下领域造成更深刻影响：

1. 对农牧业的影响

农业是气候变化最敏感的领域之一。虽然气候变化可能增加中国多熟种植制度，但是由于温度升高会加大土壤水分蒸散量，热量资源可能因水资源匮乏而无法得到充分利用；气候变化还将通过影响饲料作物产量等各种方式影响放牧牲畜的生产能力（居辉，许吟隆，熊伟，2007）。另外，气候变化会加剧病虫害、降低化肥利用率、减少耕地面积，大大增加农业生产的脆弱性和不稳定性（肖风劲等，2006；居辉，许吟隆，熊伟，2007）。

2. 对水文水资源的影响

气候变化将在数量和时空分布上改变水文水资源状况。在全球气候变暖背景下，主要江河降水、水面蒸发发生了不同程度的变化，北方河流如海河、黄河、辽河等江河的实测径流量减少较为明显（任国玉，郭军，2006）。径流对降水的敏感性远大于对气温的敏感性，气候过渡区的径流敏感性小于干旱区，湿润地区最弱（张建云，王国庆，2007）。未来气候变化将可能进一步增加中国洪涝和干旱灾害发生的概率；海河、黄河流域所面临的水资源短缺问题，以及浙闽地区、长江中下游和珠江流域的洪涝问题难以从气候变化的角度得以缓解（张建云等，2007）。

3. 对海岸带环境的影响

气候变化不但引发海平面上升，而且会导致风暴潮、海浪、潮波运动等引起海洋灾害强度和频度逐步提高，加剧海岸低地淹没、河口咸潮入侵和海岸侵蚀的风险，破坏海岸滩涂湿地、红树林和珊瑚礁等生态群[①]。

4. 对陆地生态系统的影响

气候变化会导致陆地生态系统结构、功能和类型的显著变化，例如改变物种组成和分布、群落结构和演替过程，改变物候，影响森林植被的生长期和生产力，加速荒漠化、湿地萎缩和草场退化，增加濒危物种等等（潘愉德等，2001；王馥堂等，2003；张明军，周立华，2004；吴建国，吕佳佳，2009）。

5. 对人类社会经济系统的影响

气候变化影响人居的舒适性、能源供给和工业生产，将对城市基础设施和经济建设提出

[①]　国家海洋局 . 2009. 中国海平面公报
　　国家海洋局 . 2009. 中国海洋灾害公报

新要求（廖赤眉，严志强，2002；马丽，方修琦，2006）。另外，气候变化通过影响生态系统和环境、食物及营养供给、饮用水安全等各方面，影响疾病的分布和发病，威胁人类健康（雷金蓉，2004；马丽，方修琦，2006）。

第十二章　影响与适应研究基础框架概述

提　要

已发生的气候变化对中国环境、生态系统和经济部门产生了广泛的影响，中国科学家应用统计与模型模拟的方法，对此进行了大量的研究，但由于交织着社会因素的综合作用，分离出单纯源于气候变化的影响还比较困难。本章综述了近年来中国在气候变化影响评估与适应方面的主要工作进展，应用全球气候模式以及统计方法构建了气候变化情景、未来气候变化影响评估的工具模型和方法，对气候变化脆弱性和风险分析、适应对策的评估及适应活动，以及不确定性的描述等进行了比较系统的总结。

IPCC 2007 年发布的第四次评估报告（AR4）影响和适应分卷，总结了自 IPCC 第三次评估报告（TAR，2001 年）以来在气候变化影响、适应和脆弱性（CCIAV）评估方面的进展，主要有以下内容：

（1）自 TAR 以来，由于地区和部门决策需要，促进了 CCIAV 实施方式和方法的改进，研究数量也明显增加。决策者参与 CCIAV 评估，成为重要的组成要素；

（2）CCIAV 评估中引入了风险管理的理念，研究中对未来的描述包含了减缓情景、大尺度异常和概率特征；

（3）标准的气候情景驱动方法广泛应用（在 AR4 大部分的评估中采用），同时也包含了当前和未来适应气候变率和变化能力的评估、社会脆弱性、多重压力和在可持续发展背景下的适应；

（4）IPCC《排放情景特别报告》（SRES）中的情景被广泛应用到量化评估中，明确非气候因子可强烈地改变气候变化的影响水平，情景信息的空间分辨率大幅提高。

在 2007 年中国首次发布的《气候变化国家评估报告》中，基于中国在气候变化影响评估方面的研究进展，对社会经济情景的构建和应用、气候变化影响评估的方法和工具，以及影响评估的不确定性进行了总结。自第一次《气候变化国家评估报告》发布以来，气候变化的影响与适应评估取得了长足的进展，主要表现在以下方面：

（1）研究领域的扩大：由原来评估的农业、水资源、生态系统和海岸带领域扩展到人体健康、林业、草地畜牧业、荒漠化、生物多样性和自然保护区等领域；

（2）高分辨率（水平格距几十公里）SRES 情景的广泛应用；

（3）适应的案例研究取得了显著进展，确定了实施适应行动的一些关键步骤和评估手段，并以宁夏为例开展了适应实践的尝试，将适应气候变化纳入区域发展规划中；

（4）在中国典型脆弱区域进行农业、水资源、生态系统、沿海地带等适应技术示范研究。

12.1　气候变化影响的监测和分析认定

气候变化的影响可分为气候因子与非气候因子的影响。由于观测到的各系统和行业对气候变化的响应受诸多因子影响，因此评估单纯源于气候变化的影响还相对比较困难。目前中国对于气候变化产生的影响已经做了很多分析工作，研究领域涉及水资源、农业生产、生态系统、环境和人体健康等方面。已有研究多基于气象数据，采用趋势对比分析、相关性分析、统计模型、统计软件分析等数理统计手段和建立、利用模型，分析气候变化对各方面产生的影响（表12.1）。

表 12.1　气候变化影响的监测和分析研究例证

研究方法	开展工作	研究人员	发表年份
对比分析	分析西北地区 171 个地面测站 1961~2003 年气候要素变化状况，并讨论了西北农业生产随之发生的变化。	刘德祥，董安详，陆登荣	2005
	利用 Thornthwaite Memoriae 模型估算福州市 1971~2004 年间的植物气候生产力状况，并结合年均气温、降水量、风速和相对湿度的年际变化，探讨植物气候生产力的变化原因。	马治国，陈惠，陈家金	2009
	利用 1950~2005 年间的逐月资料，分析检验黄河中游三个分区间年径流量的历史变化趋势，并评估了不同分区间河川径流量对气候变化的响应。	张建云，王国庆，贺瑞敏等	2009
水分-温度影响函数评价	将水分-温度影响函数评价的东北地区阔叶红松林分布区生态气候适应性与气候变化状况比较。	吴正方	2003
灰色系统 GM（1，1）分解模型	利用 1973 年前的山西柳林泉泉水流量建立气候变化条件下灰色系统模型，将该模型外推所获得的 1974~2005 年泉水流量与同期实测流量进行比较。	郝永红，王玮，王国卿等	2009
环境政策综合气候模型（EPIC）	基于 EPIC 模型，模拟了中国北方 80 个典型站点的春小麦和冬小麦 1961~2005 年间的生长过程，分析了各气候要素对产量波动的影响。	王志强，方伟华，何飞等	2008
可变下渗能力（VIC）分布式水文模型	全国分 2064 个网格，建立植被和土壤参数库，独立输出每个网格上 1980~1990 年的日径流深，构建气候变化对中国径流影响评估模型的框架。	苏凤阁，谢正辉	2003
集总式降水径流模型（SIM-HYD）	根据三川河流域天然时期模型参数和 1970 年后的气象资料，计算该流域人类活动影响期间的天然径流量，并以此为基准分析人类活动和气候变化对后期径流量的影响。	王国庆，贺瑞敏，李亚曼等	2008

虽然在气候变化影响评估方面取得了不少成果，但由于气候变化的影响受到其他因素的共同作用，要单独分离讨论还相当困难，目前的影响认定方法相对薄弱，多基于统计分析气候要素与某些指示性指标的相关性，因此认定途径还有待于进一步扩展和提高。

12.2　气候变化情景的构建与应用

12.2.1　GCM 气候变化情景的构建与应用

目前世界各国已发展了多个全球气候系统模式，在 IPCC 第四次评估报告中采用了 20 多个模式，其中包含中国发展的两个 GCM：北京气候中心的 BCC-CM1 和中国科学院大气物理研究所的 IAP_FGOALS1.0。中国科技工作者近年来基于国内外应用 GCM 构建的 CO_2 倍增情景以及温室气体浓度渐进递增假设下的气候情景数据，评估了气候变化对中国农业、水资源、自然生态系统、能源利用等领域的影响以及区域海平面上升对沿海地区的影响，提出并讨论了若干适应气候变化的对策和措施。

由于 GCM 模拟结果的时空分辨率相对较粗，不能满足影响和适应研究的需求，须要借助天气发生器、统计分析、内插等方法进行降尺度处理，区域气候模式（RCM）是一种有效的动力降尺度方法。此外，近年来稳定情景已越来越受到国际上气候变化研究者的关注，基于稳定情景的影响评估已在多个国家开展，但中国目前尚未有此类工作结果发布，这方面的工作需要加强。

12.2.2　RCM 气候变化情景的构建与应用

经过区域气候模式动力降尺度的气候情景，现在已广泛地应用于农业、生态系统、水资源等的气候变化影响评估中。中国科学家应用的 RCM 主要包括中国气象局国家气候中心气候区域模型（RegCM-NCC）、中国科学院大气物理研究所的区域环境系统集成模型（RIEMS），以及中国农业科学院农业环境与可持续发展研究所从英国 Hadley 气候中心引进的区域气候模式 PRECIS 系统。

目前利用 RCM 构建中国区域高分辨率气候情景存在的主要问题是：RCM 数量少，目前主要是 PRECIS 系统和 RegCM 系列；RCM 降尺度分析的 GCM 数量少，目前主要是利用全球气候模式 HadCM3 单向驱动 PRECIS（许吟隆等，2007）、RegCM3 连接全球环流模式 FVGCM（高学杰，2007）；对情景数据的订正方法还不完善，现在主要利用的还是差值和比值订正法。未来应该应用多个 RCM 降尺度分析多个 GCM 的结果，加强情景数据订正方法的研究，获得更多可以应用于未来气候变化影响评估的数据集，然后将影响评估模型与 RCM 产生的气候情景连接，评估未来气候变化对农业、生态系统、水资源等领域的影响（姚凤梅等，2007；熊伟等，2008；吴绍洪等，2007）。

12.3　未来气候变化影响评估

12.3.1　气候情景和社会经济情景

自中国第一次《气候变化国家评估报告》发布以来，针对国内气候变化影响、适应性、脆弱性评估研究的需要，社会经济情景预估工作在研究尺度、类型、方法等方面都取得了一定的进展。在国家层次和地区层次上开发了多个社会经济情景指标，除了常用指标，如人口、经济指标外，还开发了农业土地利用情景、水资源利用情景，以及未来流域洪水风险管理预估所需的商业资产和居民家庭资产评估情景。从情景类型而言，基于 IPCC SRES 描述的情景，开发了 A2、B2 和国家或地方规划方案等三种社会经济情景；从研究方法而言，采用了降尺度方法把全球情景降尺度到国家、地方尺度，以及其他经济计量学、统计学和抽样调查等方法。

目前中国社会经济情景开发中存在的主要问题包括：在情景假设中，需要开发出一套完整的与全球情景对应的中国社会经济情景；在情景分析的方法上，需要做不确定性分析，为决策制定者提供某种未来情景的结果以及发生这种结果的可能性；在开发地区层次的情景时，为了突出各地区的差异性，如人口增长率等，而不单纯仅应用线性降尺度方法；在社会经济情景的特征化指标中，随着气候变化研究对象、范围的不断深入和推广，社会情景范围也需要增加，如构建对经济增长、碳排放起着重要影响的技术进步情景等。

12.3.2　气候变化影响评估模型

1. 统计模型

利用统计模型研究气候变化对各个领域的影响已经开展了诸多工作，方法也较为成熟，并且得出了一些结论。在研究气候变化对人体健康影响方面，中国科学家构建了全国不同地区血吸虫病气候-传播统计模型（SDT），计算各地钉螺和日本血吸虫年有效积温（ET），并应用 GIS 等技术比较分析 ET/SDT 比值的时空分布（周晓农等，2004）。

气候变化对不同环境的影响评估采用的方法和工具不同，如对土壤环境的评价主要采用统计方法，而对生物多样性评估主要应用气候要素适应性的方法。目前相关研究分析了气候变化对大气环境、水环境和土壤环境的胁迫效应，阐述了气候变化对生态系统和人体健康的影响，并概述了气候变化对不同介质环境以及对生态系统与人体健康影响研究的进展等（周启星，2007）。另有学者利用经验统计方法解集 GCM 网格逐月的降水和温度数据，评估黄土高原王东沟流域 2010～2039 年土壤水分平衡的可能变化（李志，刘文兆，张勋昌，2007）。

2. 经验/半经验模型和机理模型

通过经验模型和机理模型来研究和分析气候变化对农业、生态系统等领域影响的方法已经较为成熟，其中气候变化对农业的影响评估研究比较深入。农业产量和生长模型 CERES 和马铃薯模型 SUBSTOR 在国内都得到了广泛的验证和使用（孙芳等，2008；胡亚南等，2008；居辉等，2008）。21 世纪开始，研究人员利用遥感信息、典型流域水文资料和 PRE-CIS 区域气候模式情景，采用 VIC 水文模型，结合社会经济情景，分析模拟了未来不同气候情景下水资源的供需变化，进行了气候变化对中国水资源影响的适应性评估（张建云等，2009）。另有学者采用新安江月分布式水文模型，结合未来降水和气温情景模拟结果，对过去淮河流域的径流进行模拟检验并对未来 2011～2040 年的径流影响进行评估（高歌，陈德亮，徐影，2008）。

评估气候变化对生态系统生物量和生产力的影响一般采用经验模型和机理模型，如应用生物地球化学模型（CEVSA、CENTURY）研究了气候变化对生态系统的影响，分析中国生态环境的敏感性和脆弱性（李克让等，2005）；利用大气植被相互作用模式模拟了内蒙古半干旱草原的净初级生产力和生物量；以干燥度指数及 A1、A2、B1 和 B2 气候变化情景研究了气候变化对中国干旱区分布及其范围的潜在影响（吴建国，2009）。

3. 综合模型

气候变化综合评估模型是以气候变化系统物理特性为基础，在假设若干输入条件的前提下进行有关计算的模型，其要素主要包括人类活动、大气成分、气候和海平面、陆地生态系统。它在评价气候变化政策、集合现有认知及描述不确定性、进行可比较的风险分析以及指导科学研究等方面发挥着重要的作用，但目前国内利用它的研究较少。

12.3.3 脆弱性分析和风险分析

在 IPCC 第三次评估报告《气候变化 2001：影响、适应能力和脆弱性》中分别给出了气候变化的敏感性、适应性和脆弱性定义，并同时指出，脆弱性是系统内的气候变率特征、幅度和变化速率及其敏感性和适应能力的函数（IPCC，2001a-d）。脆弱性是对系统弱点的总称，脆弱性识别是风险分析中最重要的一个环节。

目前气候变化的脆弱性评价研究对人类社会特征的关注相对较多，如人口增加、土地利用方式的改变以及社会经济发展的水平等因素，而对气候变化影响评估中的风险分析比较欠缺，这方面的研究需要完善和加强。目前有限的研究可以作为今后发展的基础，如对中国北方干旱地区——黑河流域的农田水利系统和生态系统进行的研究，采用了干旱指标和气候变化造成的风险指标，预估了未来干旱的风险（殷永元，王桂新，2004 年）。另有研究也指出热量条件改善的同时也使作物稳产的气候风险性增加，热量资源的提高也可能会因水资源的匮乏而无法得到充分利用，所以气候变化的适应需要技术、政策、资金等的支持和投入，需要多领域的综合评估。

12.4 适应分类与适应对策评估

12.4.1 适应的分类

"适应"是指通过对系统加以调整以降低其气候风险脆弱性，提高其气候变化应对能力的相关活动（IPCC，2007a-c）。目前，中国适应气候变化的研究正处于发展阶段，研究主要集中在农业、自然生态系统和水资源方面，其他部门和系统的适应研究正在开展并有待加强，如人体健康、沿海地区的适应等。依据现有的适应认识，一些组织或政府机构正在制定区域或部门的气候变化适应行动和适应战略。

农业对气候变化敏感，对人为因素依赖程度较大，农业适应主要依靠人为有计划的调整。对于未来的农业影响和适应认识，多采用模型方法来分析，模拟作物在气候变化背景下可能的产量变化趋势、作物种植模式和种植界线的变化，探讨可能采用的适应措施（熊伟等，2008；居辉等，2008；张建平，赵艳霞，2007），但是对于具体措施的适应方法和经济成本的研究仍然比较薄弱，适应效果的综合分析也仍处于发展阶段，有待于加强和提高。

由于气候变化会造成生态系统退化甚至物种灭绝，气象灾害也会加剧环境恶化程度，对生态平衡造成严重危害，对此很多研究都探讨并提出了生态系统适应气候变化的对策（李克让等，2005），但是目前的适应对策多停留在适应战略和对策等软性建议上，还缺乏对适应措施的实践应用及效果评价，今后需要给予关注。

水资源适应对策主要有两个目标：一个是促进中国水资源的可持续开发与利用，另一个是增强水资源系统的适应能力和降低水资源系统对气候变化的脆弱性。目前已有一些研究评估了水资源的气候变化脆弱性并提出适应对策（夏军等，2008），这些适应对策从节水技术、用水制度、水资源开发等方面进行了讨论，为水资源可持续利用提供了参考依据。

12.4.2　适应对策评估

适应对策评估在不同的系统或者领域所选择的评价指标不同，但内容大致相似，既可以根据气候等自然因子选取，也可以根据经济、生态等效益因子选取。国际适应对策评价多采用最小因子权重分析方法（Yohe，Tol，2002），即根据不同适应决定因子对总体适应能力的潜在贡献，从中找寻出潜在贡献最小的因子，潜在贡献最小的因子决定了总体适应能力的大小，适应性对策的优劣等级分类也可使用此方法。中国西部地区气候变化影响和适应综合评价研究中，采用多标准决策（MCDM）技术作为适应性评估工具，从而确定适应对策的权重并对适应性措施进行优先排序（殷永元，王桂新，2004）。此外，由于适应对策评价具有多层次、多团体参与的特性，因此多标准评价工具也是比较适合的分析技术，是评估适应对策的有效途径之一。其他主要方法和工具还包括环境评估和管理决策支持系统（TEAM）、目标规划（GP）、模糊模式识别（FPR）、神经网络技术（ANN）以及多层次分析技术等。

中国学者曾采用高分辨率的区域气候模式、社会经济情景、ANN 和 GIS 相结合的方法，综合敏感性和适应能力两个方面的指标，定量分析了宁夏农业对气候变化的脆弱性，较之以往的定性研究或以敏感性为基础的指标分析法有了较大改进（唐为安，2007）。目前农业领域根据适应实践经验，已提炼形成了气候变化适应行动实施框架，主要包括气候风险评估、区域发展和适应目标、选择适应对策、适应对策优先排序、适应措施实施、适应监测和评估等内容，框架形成了一个系统完整的适应实施流程，这个过程是连续的，在循环中不断地深化，并随着气候变化的新认识形成更新的适应性行动思路，为适应决策提供支撑。当然，适应过程的每一步都要加强能力建设，以保证整个实施过程获得符合实际需求和要求的结果。

目前中国适应性评价的研究工作还处于发展阶段，研究方法和工具日趋完善和成熟，但在适应技术和对策的定量评估方面则有待加强，今后应综合气候情景和社会经济情景对适应效果进行评估，以期更加合理的评价适应的综合效果，为政府决策提供更为科学的依据。

12.5　评估的不确定性

由于研究手段和技术的局限，目前气候变化影响评估的方法和结果还存在一定的不确定性，其中包括气候情景预估的不确定性、各领域影响评估模式的不确定性、社会经济情景的不确定性、适应对策评估的不确定性等方面。

12.5.1　气候情景预估

气候情景预估是评估未来气候变化影响的基础。在情景预估中，不确定性来源主要有未来温室气体排放，气候模式和非气候情景假设的不确定性。其中温室气体排放的不确定性主要是由于非气候情景的影响，因为非气候情景不能完全准确地描述未来社会经济、环境、土地利用等的变化。气候模式的不确定性主要来源于模式考虑的气候影响因子和参数化过程的不确定。当然，气候模式自身存在的一些缺陷也限制了预测能力，造成预估存在很大不确定性。

中国科学家目前使用的气候情景主要围绕着 SRES 下的两种接近中国国情的 A2，B2 情景开展工作。目前中国对其他情景（例如：A1，B1，A1F，A1T 等）的应用还不是很多，未来的世界具有多种可能性，只对一两种情景进行应用和评估还不能实现对未来情景的准确判断。因此，应该加强对多种气候情景的应用，进一步完善 A1，B1 两个情景的降尺度分析和影响评估工作，以提高预估的客观性；采用多个 GCM 模式驱动单个 RCM 模式的方法以获得多模式不同排放方案的集合估计值，以降低由于 GCM 模拟误差产生的不确定性；采用GCM 应用集合预报技术降低因气候的自然波动引起的气候情景预估的不确定性；用单个GCM 模式驱动多个 RCM 模式的方法获得不同的气候情景，并进行比较，从而减小 RCM 情景的不确定性，提高模式对未来的预估能力。

12.5.2　各领域影响评估

在气候变化的大背景条件下，各个领域进行影响评估的方法大都是利用气候模式与各领域不同模型连接整合。2002 年中国从英国 Hadley 气候中心引进的区域气候模式 PRECIS 已被广泛地应用于中国农业、水资源、自然生态系统的影响评估中，各领域应用方式各有不同。农业领域主要把美国农业技术推广决策支持系统（DSSAT）的系列作物模型与区域气候模式 PRECIS 模型连接，对区域未来作物产量、种植方式变化进行了预测；水资源领域主要是把可变下渗能力模型（VIC）与 PRECIS 对接，模拟了中国各流域的径流变化情况，并评估了未来气候变化对水资源的影响；自然生态系统领域主要利用区域气候模式（PRECIS）结合生态系统机理模型（CEVSA），以植被为研究对象，用与气候条件相匹配的生态系统的变化来评价气候条件的改变对生态系统脆弱性的影响。目前农业、水资源、自然生态系统的模拟和影响评估工作的不足之处主要在于模拟模式比较单一，使得模拟的结果没有可比性，今后应采用不同的模型进行评估，从而相互弥补单一模型自身的不足之处。在一些其他领域，比如人体健康和林业等领域，模拟和评估工作开展得不多，今后需要加强。

第十三章 气候变化对陆地水文水资源的影响和适应

提　要

　　21 世纪以来，水资源问题正日益影响全球的环境与经济发展，探讨气候变化和人类活动影响下的水资源及其相关科学问题，成为全球共同关注和各国政府的重要议题之一。中国水资源时空分布不均，洪涝干旱灾害频繁发生，气候变化与变异将进一步对中国区域水资源产生重要影响。2007 年第一次国家评估报告发表后，气候变化对水资源领域的研究取得了一定的进展，本报告在第一次国家评估报告的基础上，深入、系统地评估了气候变暖对中国水资源的影响，并对第一次国家评估报告中没有系统评估的相关内容以及之后得到的一些新的认识进行了补充。

13.1　水资源系统对气候变化的敏感性

　　水文要素对气候变化的敏感性是指流域的径流、蒸发及土壤水等对假定的气候变化情景响应的程度。在相同的气候变化情景下，响应的程度愈大，水文要素愈敏感；反之则不敏感。敏感性研究可提供气候变化影响的重要信息，对于揭示不同流域水文要素响应气候变化的机理和差异有一定的作用。

　　中国幅员辽阔，南北气候差异大，水资源对气候变化的响应具有明显的区域性。据气候、地理及水文特点，以位于不同气候区域的典型流域为代表，系统评价了水资源系统对气候变化的敏感性。选用的代表性流域包括：

　　(1) 西北内陆高寒山区：伊犁河上游

　　(2) 华北干旱半干旱区：黄河中游

　　(3) 华南湿润气候区：东江

　　(4) 气候南北过渡区：淮河上游

13.1.1　西北内陆河高寒山区：伊犁河上游

　　在西北干旱区的内陆河流域，由于区内若干庞大山系对水汽的拦截作用使得山区降水丰沛，冰川和积雪发育，成为径流形成区，而山前干旱的平原和盆地则是径流散失区。由于产流机制的不同，西北内陆河高寒山区径流对气候变化的响应异于无融雪径流或融雪径流较少流域径流的响应。

　　天山伊犁河是中国西北地区的一条重要河流，按其高度和产流特性，可分成海拔在

3000m 以上的冰川区、多年冻土区和季节冻土区三个子流域。用冰川径流模型，分析了伊犁河上游冰川径流对气候变化的敏感性（叶柏生，赖祖铭，施雅风，1996）。图 13.1 给出了伊犁河上游地区降水、气温和径流的变化关系，图中的每条曲线分别代表在温度变化固定的情况下，降水的变化与径流的变化关系。

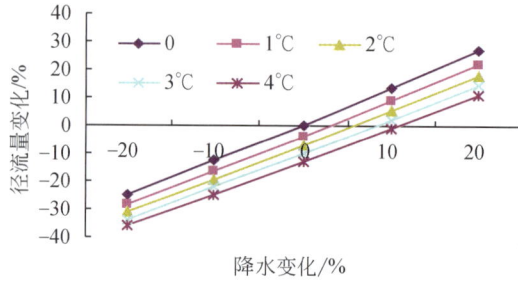

图 13.1　伊犁河流域上游区降水、气温与融雪径流变化关系（叶柏生，赖祖铭，施雅风，1996）

研究结果表明：流域径流变化主要取决于降水的变化，气温的影响次之。在非冰川区，降水增加 10% 即可抵消气温升高 4℃ 对径流产生的负面影响；全流域径流对气候变化的反应比非冰川区径流变化要强烈；背景气温越高，径流对降水的敏感性越强，背景降水量越小，径流对气温的敏感性越大；由于气温升高导致流域内冰川大量减少，使冰川对年径流的调节作用减小而引起年径流变差系数随气温升高而加大；气温升高对高寒区径流的年内分配有极大影响。随着气温的升高，春季径流将明显增加，而其他季节的径流减少，尤其夏季减少最多。径流的这种年内变化表现在径流的峰值提前，且峰值降低，造成春季径流增加。

13.1.2　华北干旱半干旱区：黄河中游

黄河中游处于大陆性季风气候区，气候干旱少雨，多年平均年降水量为 520mm，受地形等因素的影响，降水量的时空分布极不均匀，其地区分布总体由东南向西北递减，汛期 6～9 月的降水量占全年降水量的 70% 左右。由于受季风等因素的影响，中游地区蒸发强度较大，多年平均蒸发能力为 1284.7mm，为黄河流域蒸发强度较大的地区。用分布式水量平衡模型分析了黄河中游及各区径流对气候变化的敏感性（张建云等，2009），表 13.1 给出了不同气候情景下黄河中游径流量的变化。

表 13.1　不同气候情景下黄河中游径流量的变化（单位：亿 m^3）（张建云等，2009）

降水变化	气温变化						
	−3℃	−2℃	−1℃	0℃	1℃	2℃	3℃
−30%	−24.8	−27.7	−30.2	−32.5	−34.7	−36.5	−38.1
−20%	−13.1	−17.0	−20.2	−23.1	−25.6	−27.9	−29.9
−10%	1.0	−4.3	−8.5	−12.3	−15.6	−18.3	−20.7
0	17.7	10.7	4.9	0.0	−4.0	−7.5	−10.5
10%	36.1	27.7	20.5	14.2	8.8	4.6	1.1
20%	57.3	46.3	37.6	30.2	23.7	18.2	13.6
30%	80.6	67.5	56.7	47.4	40.0	33.5	27.9

由表 13.1 可以看出：①降水不变的情况下，气温下降比气温升高对径流的影响大，黄河中游径流量每升高 1℃ 将减少 9.6 亿 m³（4.0%），每降低 1℃ 将增加 11.6 亿 m³（4.9%）。②降水增加相同幅度比减少相同幅度对径流的影响显著，在气温不变的情况下，降水减少 10%，径流量将减少 29.2 亿 m³（12.3%）；若降水增加 10%，径流量将增加 33.8 亿 m³（14.2%）。

13.1.3　气候南北过渡区：淮河上游

淮河流域是中国七大江河之一，位于东亚季风区，地处中国东部，介于长江和黄河之间，位于 111°55′～122°45′E，30°55′～38°20′N，面积 33 万 km²。介于长江和黄河之间，淮河流域地处中国南北气候的过渡带，具有四季分明、气候温和、夏季湿热、冬季干冷、春季天气多变和秋高气爽的特点。利用淮河上游息县以上的水文气象资料，用 0.25°×0.25° 网格的分布式 VIC 模型，采用假定的气候情景分析了淮河上游水资源系统对气候变化的敏感性（图 13.2）。

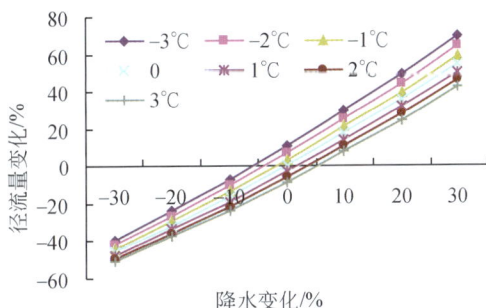

图 13.2　淮河上游河川径流量对气候变化的敏感性

淮河流域多年平均降水量 875mm，降水年内分配不均，淮河上游和淮南山区，雨季集中在 5～9 月，其他地区集中在 6～9 月。6～9 月为淮河流域的汛期，多年平均汛期降水 400～900mm，占全年总量的 50%～75%。降水集中程度自南往北递增。河川径流对降水变化比较敏感，由图 13.2 可以看出，在气温不变的情况下，降水每增加 10%，河川径流量约增加 17.3% 左右；在降水不变的情况下如果气温升高 1℃，径流量减少约 3%。

13.1.4　华南湿润气候区：东江流域

东江流域位于中国南方地区，地跨广东、江西两省，是珠江流域第三大水系，发源于江西寻乌县桠髻岭，干流全长 562km。河口以上流域面积 34 144km²。东江流域属亚热带季风气候，四季不甚分明，年平均气温为 20.4℃，年均降雨量为 1500～2400mm。南部受南海、西太平洋水汽以及西南、东南季风和台风的影响，海洋性气候特征明显，北部影响较弱。

用分布式水量平衡模型对东江流域模拟了假定的气候情景下流域水资源对气候变化的敏感性（图 13.3）。可以看出，径流对气温变化不敏感，气温升高 1℃～3℃，径流量仅减少 3%～9%，而降水变化 10%，径流量变化约 14%。

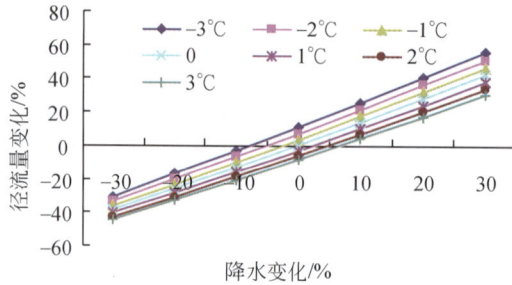

图 13.3　东江流域河川径流量对气候变化的敏感性

13.1.5　不同气候区河川径流量对气候变化的敏感性对比

由于水文和气候条件的差异，不同气候区水文对气候变化的响应存在一定差异，基于天然水文过程模拟，系统分析了不同气候区域水资源对气候变化的敏感性，对比分析结果，不难得出以下几点结论：

（1）径流对降水的敏感性大于对气温的敏感性；

（2）相同变化幅度时，径流对降水增加比对减少敏感；

（3）气候过渡区的径流敏感性小于干旱区，湿润地区最弱；

（4）气温升高使得冰川对年径流的调节作用减小，可以明显增加春季径流，减少其他季节径流。

河川径流量由地面径流、地下径流、融雪径流等多重成分组成，不同径流成分对气候变化的敏感性也存在差异。另外，河川径流是气候变化与下垫面变化综合作用的结果，有目的的人类活动可以在一定程度上影响水资源系统对气候变化的敏感性。以黄河中游 4 个存在不同程度人类活动的典型支流为对象，分析水资源系统对气候变化敏感性的结果表明（王国庆，王云璋，2000）：①地面径流量对气候变化的响应最为敏感；②由有目的的人类活动如水土保持工程或者水利工程修建可以在一定程度上降低水资源系统的敏感性和脆弱性，提高区域适应气候变化的能力。气候变化不仅影响水资源总量，而且对极端水文事件影响明显，限于未来气候以及流域下垫面变化的不确定性，目前该方面的分析相对缺乏。

13.2　观测到的直接和间接影响

13.2.1　主要江河流域的降水变化

中国降水的地区分布十分不均，从东南向西北方向递减。多年平均降水量约 650mm，降水深等值线大体上呈东北－西南走向，400mm 降水深等值线始自东北大兴安岭西侧，终止于中尼边境西端，由东北至西南斜贯中国全境。总体来看，20 世纪 50 年代以来，中国西部内陆河降水增加较为明显，南部河流呈弱增加趋势，华北地区及东北地区的江河降水具有减少趋势（张建云等，2007）。

1. 长江流域

20世纪50年代以来长江流域各气象站降水量的变化趋势的分析结果显示，流域内大部分站点的年降水量变化趋势并不显著，流域平均年降水量略有增加。在154个雨量站中，有39个站的年降水量具有显著变化趋势，其中，呈显著增加的23个站点主要位于长江流域东南部和西南部；呈现显著减少的16个站点主要集中在四川盆地及其周边（许继军等，2006）。

2. 黄河流域

20世纪50年代以来，黄河流域的77个国家气象站中有65个气象台站的年降水量呈现下降趋势，其中，4月、7月和10月对年降水下降趋势贡献较大。在空间分布上，黄河上游北纬35°以南地区除7～9月外其余月份降水呈现增长趋势，流域内其他地区降水则呈减少趋势（Xu et al.，2007）。

3. 海河流域

海河流域38个气象站1956～2006年近50年降水量总的呈现下降趋势（翟劭燚等，2009）。在1954～1964年、1973～1979年、1994～1996年汛期以多洪涝或偏涝为主要特征。而在1965～1979年、1980～1993年、1997～2005年期间，汛期降水则为正常或以少雨干旱为其主要特征（徐志龙，曹阳，杨敏，2009）。

4. 珠江流域

珠江流域64个气象站点除秋季降水量呈减小趋势外，其他三季降水量和年降水量均呈现出增加趋势，四个季度线性变化率依次分别为0.50mm/a、1.44mm/a、−1.51mm/a和0.53mm/a。珠江流域降水年代际变化不明显，20世纪60年代到80年代以偏少为主，90年代以偏多为主，2000年以来又以偏少为主（刘绿柳，姜彤，原峰，2009）。

5. 松花江和辽河流域

松花江流域和辽河流域的107站资料分析表明：从20世纪50年代到60年代中期，松花江流域和辽河流域处于多雨期；60年代后期到80年代初期，松花江流域和辽河流域均是少雨占优势；从80年代初期到90年代中后期，松花江流域处于多雨期，而辽河流域降水处于波动状态，表明辽河流域处于多、少雨交替阶段；从90年代后期开始，两个流域都进入了少雨期（李想，李维京，赵振国，2005）。

6. 淮河流域

淮河流域自20世纪50年代以来，淮河流域降水总体呈现减少趋势，年降水量倾向率，以25.5mm/10a的速率减少。20世纪50～80年代降水逐年代减少，但90年代呈现增多趋势。从各季节降水来看，春季和秋季淮河流域降水减小趋势不明显；夏季则显著减少；冬季有不显著的增加趋势（陈峪等，2005）。

7. 西南诸河流域

西南诸河流域20世纪50～80年代降水逐年代减少，90年代以来呈现增多趋势。从各季节来看，春季和秋季西南诸河流域降水呈弱增加趋势；夏季则减少较显著；冬季呈弱减小趋势（陈峪等，2005）。

8. 东南诸河流域

20世纪50年代以来，东南诸河流域各年代降水量基本呈增加趋势，以20世纪60和70年代降水最少，而90年代为各年代中最多。从各季节来看，春季和冬季流域降水增加趋势不明显；夏季则显著增加；秋季有不显著的减少趋势（陈峪等，2005）。

9. 西北内陆河流域

阿克苏河流域自20世纪60年代以来年降水量呈缓慢增加趋势，从年代际来看，20世纪70年代为干旱年代，其后以13.21mm/10a的速度递增，90年代降水达到最大（高惠芸等，2008）。

塔里木河源区降水在20世纪80年代中期发生了跳跃式的突变，且自该时期以来降水均保持较高的增长趋势，除和田河区外，各区的降水增加幅度基本上都超过了10%（陈亚宁等，2008）。

石羊河流域自20世纪60年代以来年降水量总体上呈增多趋势，上、中、下游的平均线性增长率分别为1.4mm/10a、2.1mm/10a和2.6mm/10a（李玲萍，杨永龙，钱莉，2008）。

13.2.2 流域水面蒸发变化

水面蒸发量（近似用E601型蒸发器观测值代替）是表征一个地区蒸发能力的参数。一般而言，中国西部地区多年平均年水面蒸发量普遍高于东部地区，平原区一般高于山丘区。全国多年平均年水面蒸发量最低值出现在黑龙江东北部，为500mm左右；最高值出现在内蒙古西北部，达2600mm。中国水面蒸发量年际变化及其地区差异较降水量变化小，总体上北方地区变幅和地区差异大于南方地区。

表 13.2   1956~2000 年全国十大流域平均蒸发量气候变化速率（单位：mm/10a）

流域	冬	春	夏	秋	年
长江区	−3.5	−6.9	−17.9	−7.4	−37.5*
黄河区	−1.5	−9.7	−12.4	−2.0	−21.1
海河区	−2.3	−26.2*	−18.7*	−7.2	−51.7*
淮河区	−5.3	−11.0	−28.7*	−10.2	−54.9
珠江区	−5.9	−14.3	−6.0	−5.1	−35.9
辽河区	3.5	−15.8*	−3.4	−0.6	−16.6
松花江区	1.3	−2.0	−2.6	0.7	−0.9
西北诸河区	−0.2	−13.6*	−23.2*	−8.0*	−38.2*
东南诸河区	−3.4	1.6	−10.7	−7.3	−19.8
西南诸河区	−1.7	−6.8	−4.8	−4.3	−22.8*
全国	−1.6	−9.5*	−13.7*	−5.6*	−30.7*

注：表中带"*"的表示通过 α=0.01 的信度检验。

表 13.2 给出了中国十大流域水面蒸发的线性变率，可以看出：中国长江、海河、淮河、珠江以及西北诸河流域的年平均水面蒸发量均明显减少，其中，海河和淮河流域减少尤为显著。黄河和辽河流域减少也较明显，但松花江和西南诸河流域未见明显变化。长江、淮河流域夏季减少速率最大，珠江、辽河以春季减少为主，海河、西北诸河流域春、夏两季都显著减少，黄河、东南诸河、西南诸河等流域四季均有轻度减少，松花江流域四季变化趋势都不明显（任国玉，郭军，2006）。

1. 长江流域

长江流域年平均蒸发量为 1413.6mm，20 世纪 50 年代和 60 年代为历史最高时段，70年代起迅速下降，80 年代初转至平均值以下，而后在均值附近振荡，并有微弱的上升趋势。20 世纪 50 年代以来的线性变化速率为 −37.5mm/10a。

2. 黄河流域

年平均蒸发量为 1689.3mm，20 世纪 60 年代和 70 年代变化趋势不明显，80 年代初转为均值以下，并继续下降到 90 年代初的水平，而后呈现较明显的上升趋势。20 世纪 50 年代以来的线性变化速率为 −21.1mm/10a。

3. 海河流域

年平均蒸发量为 1754.5mm，春、夏季占全年总量的 70％以上。20 世纪 60 年代变化趋势不明显，70 年代初迅速下降，80 年代初降到均值以下，并继续呈微弱减少趋势。20 世纪 50 年代以来的线性变化速率为 −51.7mm/10a。

4. 淮河流域

年平均蒸发量为 1509.9mm，20 世纪 60 年代起蒸发量迅速下降，80 年代初转为均值以下，80 年代中期达到历史最低值。20 世纪 50 年代以来的变化速率为 −54.9mm/10a，为全国各流域之最。

5. 珠江流域

年平均蒸发量为 1615.6mm，20 世纪 60 年代起蒸发量迅速下降，80 年代初达均值以下，90 年代初迅速下降到历史的最低点。20 世纪 50 年代以来的变化速率为 −35.9mm/10a。

6. 辽河流域

年平均蒸发量为 1604.9mm，辽河流域蒸发量以春季为最显著，夏季无明显变化。20世纪 60 年代起年蒸发量迅速下降，70 年代初到 80 年代中期在均值附近波动，80 年代中期开始迅速下降到历史的最低点，90 年代有较明显的上升趋势。20 世纪 50 年代以来的变化速率为 −16.6mm/10a。

7. 松花江流域

年平均蒸发量为 1281.0mm，春、夏季蒸发量占全年总量的 70％以上。1956～2000年的变化速率仅为 −0.9mm/10a。松花江流域是全国唯一的年蒸发量减少不明显的大河流域。

8. 西北诸河流域

年平均蒸发量为2275.3mm，20世纪50年代以来的年蒸发量变化速率为—38.2mm/10a，蒸发量的减少主要发生在春、夏两季，西北诸河流域年蒸发量持续减少。

9. 东南诸河流域

年平均蒸发量为1381.8mm，呈不显著下降趋势，20世纪50年代以来的变化速率为—19.8mm/10a。1980年前后两个时期分别为较显著的减少和增加趋势，变化速率分别为—32.9mm/10a和59.7mm/10a。

10. 西南诸河流域

年平均蒸发量为1381.8mm，各季蒸发量均呈较弱的下降趋势。年蒸发量下降趋势显著，20世纪50年代以来的变化速率为—22.8mm/10a。

13.2.3 中国水资源的变化

1. 过去100多年来江河径流的变化

在过去100多年，中国主要河流径流多呈减少趋势（表13.3）（叶柏生等，2008），其中降水减少较为明显的黄河流域实测径流量减少最大，长江流域减少较小。需要指出的是，黄河流域和长江流域径流的减少均受气候变化的控制，同时，也受到人类活动的影响（Tang et al.，2008）。

表 13.3 中国主要河流控制站不同时段年径流线性变化趋势对比

（单位:%/10a）（叶柏生等，2008）

控制站	1870～2000 年		1930～2000 年		1950～2000 年	
梧州	—1.81	**	—2.63	*	—1.17	
宜昌	—0.68	**	—0.99		—1.19	
三门峡	—4.05	**	—7.61	**	—11.65	**
哈尔滨	4.10	**	—1.39		—3.80	

* 信度超过95%，** 信度超过99%。

2. 过去50年来的江河径流变化

20世纪50年代以来，中国水文循环发生了较明显的变化（表13.4）（张建云等，2007），中国主要河流的年径流存在显著的区域差异，这种差异主要表现在年代际以及多年变化趋势上（Ding et al.，2007；Xu et al.，2008）。

表 13.4　全国大江大河重点控制站多年径流量统计

流域	站名	多年平均径流量/(m³/s)			1981～2008 年相对于不同阶段的变化/%	
		1950～2008 年	1950～1979 年	1980～2008 年	1950～2008 年	1950～1979 年
长江流域	宜昌	13600	13800	13500	−1.1	−2.2
	汉口	22400	22400	22500	0.2	0.5
	大通	28300	28100	28600	0.9	1.8
黄河流域	唐乃亥	625	638	617	−1.2	−3.2
	花园口	1220	1460	957	−21.4	−34.4
	利津	988	1360	604	−38.9	−55.6
淮河流域	王家坝	300	280	319	6.4	13.9
	吴家渡	874	878	870	−0.5	−1.0
海河流域	观台	29.6	48.9	10.3	−65.3	−79.0
	石匣里	15.2	24.7	5.30	−65.1	−78.5
	响水堡	11.0	16.5	5.60	−48.6	−65.8
	下会	8.15	11.2	6.18	−24.1	−44.5
	张家坟	16.6	25.0	9.12	−45.1	−63.5
松辽流域	铁岭	100	116	77.4	−22.6	−33.3
	江桥	648	647	649	0.1	0.2
	哈尔滨	1300	1360	1250	−4.1	−8.2
珠江及闽江流域	梧州	6580	6680	6490	−1.4	−2.8
	石角	1320	1320	1310	−0.4	−0.9
	竹岐	1680	1700	1670	−0.7	−1.4
新疆总径流		2830	2760	2880	1.8	4.3

　　从长期变化趋势看，中国东部六大江河的实测径流量以呈下降趋势为主。由于长江中下游、淮河上游和嫩江在 20 世纪 90 年代多次发生大洪水，故其在 80 年代以后多年平均径流量呈增加趋势。海河、黄河实测径流量下降明显，辽河、松花江减小幅度次之，而淮河、珠江、长江等则呈现不同程度的小幅变化（张建云等，2007），特别是黄河和海河流域径流减少达一半以上，研究显示黄河出海口站径流较少，有一半以上是由于水利工程为代表的人类活动的结果（Tang et al.，2008），这表明干旱或半干旱地区径流对人类活动和气候变化更为敏感。中国西部的塔里木河源流区、新疆地区总径流和雅鲁藏布江径流表现出增加趋势（Ding et al.，2007；张东启，效存德，秦大河，2009）。

　　需要指出的是，上述的江河径流是指江河的实测径流，并非是经过还原计算后的流域水资源量。因此，还需要对引起变化的成因进行深入的分析。

3. 江河径流变化的区域差异

　　通过对中国西部 1956～2000 年降水和主要河流径流变化的对比分析表明，黄河上游径流与新疆北部和青藏高原南部雅鲁藏布江流域径流呈显著的反相关关系（图 13.4）。中国西部降水变化大体上以青藏高原唐古拉山和天山为界，表现出南北一致，中部（西部的喀喇昆仑山除外）相反，即从南到北呈现出"干—湿—干"或"湿—干—湿"的区域变化差异；在河流径流上表现为北部伊犁河流域和南部雅鲁藏布江流域径流变化的一致性，而与黄河上游径流变化呈反位相变化；同时，新疆和黄河径流的反位相变化表现在年代际上，而黄河和雅鲁藏布江径流变化表现在年际变化上。过去 50 年气候变暖，喜马拉雅山冰川消融增大，冰湖溃决造成的洪水灾害增加（张东启，效存德，秦大河，2009）。黄河上游径流的变化与西北太平洋季风指数的变化比较一致，这表明黄河上游径流变化受到较强的东亚季风的影响；新疆总径流与西北太平洋季风指数和西风指数分别存在显著的正、负相关关系（Ding et al.，2007）。结合中国主要河流径流的减少趋势和西伯利亚径流的增加趋势，有必要关注更大范围内降水和径流变化的区域差异和驱动因素的探讨，这将有助于预测全球变暖条件下未来中国水资源的变化趋势。

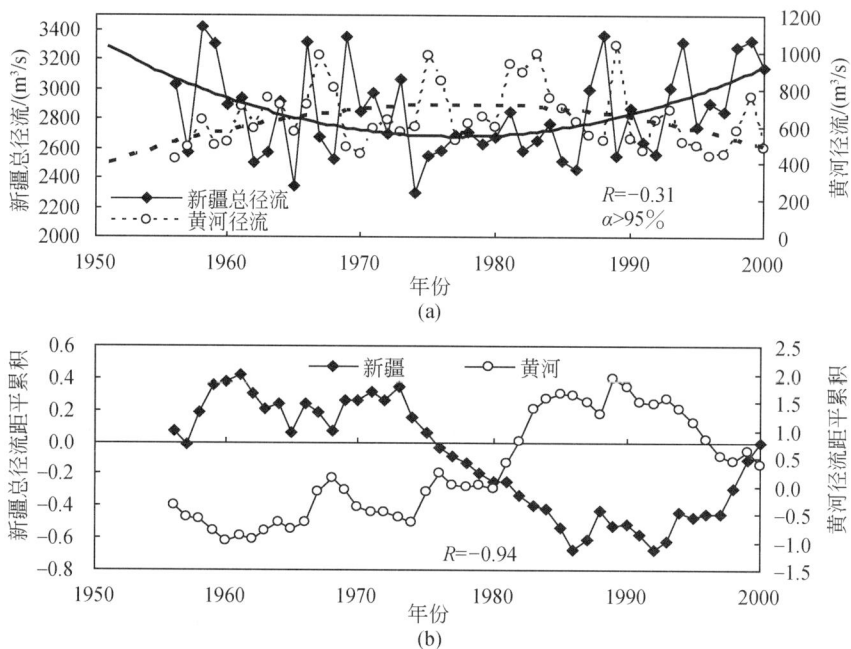

图 13.4　1956～2000 年黄河上游唐乃亥站和新疆河流 （a） 年径流和 （b）
距平累积曲线（Ding et al.，2007）

4. 主要江河水环境质量的变化情势

根据全国水资源综合规划调查结果，846 个水质站自 20 世纪 90 年代以来的水质变化趋势显示：全国约 2/3 的测站地表水质量无明显变化趋势；约 1/4 的测站水质呈恶化态势；约 1/10 的测站，水质状况有明显改善。水质状况恶化的百分比大于改善百分比，因此全国水资源质量总体在下降，水环境污染呈加重态势。就水资源分区而言，辽河区水质有改善势头，其他水资源一级区呈恶化趋势，其中松花江区和东南诸河区最为明显，上述水质变化主要还是工农业生产活动和城市化等人类活动的结果，这一影响已经远远超过气候变化对河流水质的影响。

13.2.4　气候变化对实测河川径流量变化的贡献

水文循环是气候系统中的重要组成部分，其中河川径流受气候因素的影响是非常直接和显著的。除此之外，河川径流变化还受人类活动等方面的影响。人类活动使流域下垫面发生变化，如农林垦殖、森林砍伐、水库大坝兴建、水土保持生态工程、灌溉系统运用、城市化等改变天然径流和蒸发的时空分布及地下含水层的补给条件，导致水文循环的变化，进而影响到河川径流的丰枯。虽然人类活动的范围是局部的，但是影响强度在某些地区却非常显著。值得说明的是，这里所指的人类活动主要指引起下垫面改变的有意识的人为活动，不含温室气体排放效应，并且假定这种人类活动与气候要素变化相互独立。

以黄河中游降水、径流的历史变化为基础，基于对天然时期水文过程的模拟，对气候变化和人类活动对黄河中游河川径流的影响进行了定量评价（表 13.5）。结果表明：①20世纪 70 年代以来，黄河中游实测径流量较基准值有不同程度的减小，其中 90 年代减少最多，实测径流量不足基准值的一半；②气候变化和以水利工程为代表的人类活动对径流量的绝对影响量呈现良好的一致性，在 20 世纪 90 年代，气候变化和人类活动对径流量的影响程度最为明显；③就 1970～2000 年的平均情况而言，人类活动是黄河中游径流量减少的主要因素，气候变化因素对径流变化的影响约为 30%～40%（张建云，王国庆，2007）。

表 13.5　气候变化和人类活动对黄河中游径流量的影响

起止年份	实测值 /亿 m³	计算值 /亿 m³	总减少量 /亿 m³	气候因素		人类因素	
				亿 m³	%	亿 m³	%
基准值	237.5						
1970～1979	148.5	198.5	89.0	39.0	44	50.0	56
1980～1989	172.7	217.6	64.8	19.9	30	44.9	69
1990～2000	95.3	181.1	142.2	56.4	39	85.8	60
1970～2000	138.8	199.5	98.7	38.0	38	60.6	61

人类活动和气候变化对河川径流的影响具有显著的区域性，与流域内的气候条件、人类活动强度有关系。图 13.5 给出了气候变化对黄河中游典型流域 1970 年之后年径流量的影响，可以看出：除孤山川、清涧河和伊洛河的相对影响量较大外，其他河流气候变化的影响相对量均为 30%～40%，因此，人类活动导致的下垫面变化和经济社会的发展是黄河中游河川径流减少的主要原因（王国庆，张建云，贺瑞敏，2006；Wang et al.，2008）。

自 20 世纪 80 年代后潮白河流域入库径流的减少愈来愈突出。研究结果表明，使潮河入库径流减少的气候变化影响贡献 34%，人类活动的影响贡献占 66%；在白河流域气候变化的影响贡献 30%，而下垫面的土地利用等人类活动影响占 70%。总的看来，使入库径流变化的人类活动影响占主要部分，约 70%。另外，气候变化影响也占到了 30%，是不容忽视的一个重要方面（Wang，Xia，Chen，2009）。

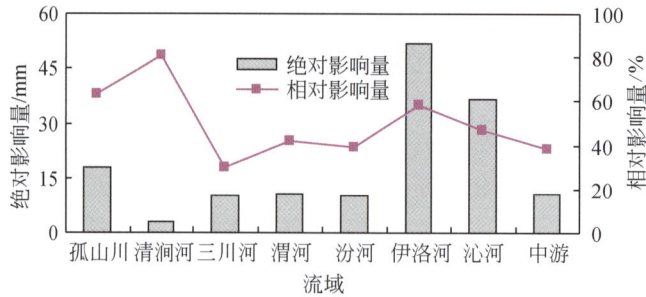

图 13.5　气候变化对黄河中游典型流域年径流量变化的影响（王国庆，张建云，贺瑞敏，2006；
张建云，王国庆等，2007）

13.3　气候变化对未来水文水资源的可能影响

13.3.1　气候变化对中国未来地表水资源的可能影响

当前，对气候系统自然演变和人为因素强迫下的响应机理尚缺乏充分认识，对主要江河径流量的预估还存在着较大的不确定性，但仍开展了一些预估研究。

利用径流对降水变化响应的敏感程度或弹性系数结合全球气候模式的模拟结果，预计21 世纪中期和后期，在人类活动引起的全球气候继续变暖情况下，长江、黄河、松花江和珠江 4 条河流的径流量都呈增加趋势，松花江和珠江可能增加 5%～10%，长江和黄河增幅略小，可能不到 5%。在黄河河源区，降水变化对径流量的影响较大，气温影响相对较小；而未来黄河源区的降水量可能增加（任国玉等，2008）。

以三种排放情景（A1B、A2、B1）下气候模式输出结果作为径流模型的输入，对长江流域径流量进行模拟计算，结果显示未来 10～30 年长江流域径流量将以减小为主，2060 年以后将转变为显著增大的变化趋势。其中，中高等排放情景下（A1B 和 A2）气候变化对长江流域径流量的影响程度要较低排放情景（B1）更为明显（黄艳，杨文发，陈力，2009）。

根据 SRES 情景下的未来可能气候变化，采用 VIC 模型模拟了四种气候情景下径流量的可能变化（张建云等，2007）。结果表明：全国除宁夏、吉林和海南省径流减少明显，陕西省略减少及四川省基本不变外，其余各省多年平均径流深均有不同程度的增加，且南方地区以福建省为最大，北方地区以新疆为最大。在 A1、A2 情景下，全国未来百年多年平均径流深分别较基准年（1961～1990 年）增多约 9.7%（+52mm）和 9%（+46mm）；在 B1、B2 情景下，径流深增加幅度略小，分别为 7.5%（+40mm）和 8%（+46mm）。

就季节分配而言，北方地区春季（即 3～5 月份）、春夏之交（即 6 月份）径流深呈增加趋势，其中 5 月份增幅最大；夏季（7～8 月份）以及秋、冬季节（9～12 月份）径流深呈减少趋势，其中 12 月份减幅最大；而南方地区春季、夏季径流深呈增加趋势，其中 8 月份增幅最大，秋、冬季呈减少趋势，特别是 1～2 月份减少显著。此外，A1 情景较其他情景相比，全国径流深增加或减少的幅度最大。在上述气候变化四种情景下，2011～2040 年全国平均径流深较基准时段（1961～1990 年）增加基本相当，约为 7%，2041～2070 年增加7%～9%，2071～2100 年增加为 8%～14%。

未来东北、华北地区夏季增温幅度较大而降水量和径流深呈减少趋势，其中东北地区夏季减少明显，这些地区夏季高温少雨日可能增多，将出现暖干化趋势；西北地区的新疆西南部（塔河流域）以冬、春季降水量和春、夏季径流深增加为主，可能出现湿化趋势，西北其他地区降水量和径流深变化不明显，可能维持暖干现状；华东地区北部主要以山东半岛春季降水量和径流深增加为主，华东北部其他地区降水量和径流深变化不明显，可能维持现状；华东地区南部、华中、华南、西南等南方地区夏季降水量和径流深均呈增加趋势，特别是华东南部增加显著，这些地区夏季洪涝将加重；而南方地区冬季气温增幅较明显而降水量和径流深呈减少趋势，特别是华南地区减少显著，这些地区冬季干旱将加重。

值得强调的是，水资源变化主要依赖于气候变化。由于当前对气候变化预估仍存在较大的不确定性，因此对未来水资源变化预估也存在较大不确定性。具体而言：①气候变化的不确定性带入到水文模型的输入项，直接造成预估结果的不确定性；②中国气候年代际转型出现的时间和强度存在不确定性。在东部主要表现为雨带的年代际南北向带状转移，在西部主要是季风和西风带强度和配置变化；③西部内陆干旱区河流极大地依赖于冰雪融水，其水资源变化预估还受制于冰冻圈（冰川、冻土、积雪）变化的不确定性；④未来人类活动，尤其是对水资源开发利用的强度存在不确定性，也会影响到对江河径流总量及其时空变化的预估。

总的看来，气候变化将可能进一步增加中国洪涝和干旱灾害发生的概率，海河、黄河流域所面临的水资源短缺问题以及浙闽地区、长江中下游和珠江流域的洪涝问题难以从气候变化的角度得以缓解，这将给水资源的管理提出更加严峻的挑战。

13.3.2 中国水资源对气候变化影响的脆弱性

人均水资源量即人均年拥有水资源量反映水资源可持续利用的脆弱度。对一个国家或地区，可按人均年拥有淡水资源量的多少来衡量其水资源的紧缺程度：富水线（人均年拥有淡水量 $1700m^3$），最低需求线或基本需求线（人均年拥有淡水量 $1000m^3$），绝对缺水线（人均年拥有淡水量 $500m^3$）（钱正英，张光斗，2001）。由于淡水资源量的计算较为复杂，为简化起见，按人均年径流量的多少来衡量其水资源的紧缺程度。另外，为充分反映区域社会经济情况、产业结构的布局，以及水利工程设施等诸多因素的影响，并兼顾生态环境需水考虑的需要，选用缺水率作为水资源脆弱性评价的另外一个重要指标。缺水率定义为：区域缺水量需水量的百分比。依据中国水资源、人口发展、区域生态等实际状况，将区域水资源紧缺度分为严重缺水、重度缺水、轻度缺水和不缺水四个等级，并给出了定量的衡量标准（表13.6）（张建云等，2007），如果区域人均年径流量低于 $500m^3$，或者区域缺水率超过 5%，则可为认为该区域属于严重缺水。

表 13.6 水资源脆弱性评价指标（张建云等，2007）

水资源紧缺程度	人均年径流量/m^3	缺水率
严重缺水	<500	$>5\%$
重度缺水	$500\sim1000$	$3\%\sim5\%$
轻度缺水	$1000\sim1700$	$1\%\sim3\%$
不缺水	>1700	$<1\%$

评价结果表明：考虑气候变化，加之人口增加和社会经济发展，未来 50～100 年，全国人均水资源紧张的形势较基准年不容乐观，根据 B2 情景下 2050 年前后中国的人均水资源量及缺水率的分布，在 2050 年前后中国有 8 个省区市严重缺水，有 6 个省区市重度缺水，有 4 个省区市轻度缺水，不缺水省区市减少为 13 个。

但需要指出的是，看似不缺水的省份，实际上却存在着水资源短缺的问题，比如西北地区的内蒙古、青海、新疆等省区地处中国干旱地带，多年径流深均远远小于 150mm，自然生态环境很脆弱，属于生态环境严重缺水的地区；南方华东南部沿海地区以及华南沿海的浙江、广东等省是中国经济发展的前沿，人口和水土资源比例失衡导致水环境污染，海岸生态问题严重，属于水质型缺水的地区；西南地区的重庆、四川、贵州、云南、西藏尽管地处中国降水相对充沛、水能资源最丰沛的地区，但同时也是中国地形地貌最为复杂的地区，自然环境脆弱，地质灾害频发，基础设施薄弱，水资源开发利用程度低下，属于工程型缺水地区。未来 50～100 年，内蒙古、新疆、甘肃、宁夏 4 省区在 2050 年缺水率达 4%～7%，属于重度～严重缺水；2100 年除新疆略有所减缓外，内蒙古、甘肃、宁夏 3 省区呈加重趋势，缺水率增至 6%～8%，属于严重缺水。

13.4　解决水资源供需矛盾的适应对策

13.4.1　气候变化对水资源管理的影响及应对思路

气候变化对水资源管理的影响突出表现在以下五个方面：

（1）气候变化可能导致区域水资源加速演变，要求在基础研究层面提高影响评价的科学性，并在流域规划和运行管理中适度考虑气候变化的影响。

（2）气候变化可能导致水资源供需矛盾更加尖锐，要求更加合理配置包括不同水源在内的水资源，增强对水资源的时空调配能力，完善水资源调度系统，保障合理用水需求的供给。

（3）气候变化可能引起经济社会和生态环境用水需求的增加，要求进一步强化水资源需求管理及其利用效率管理。

（4）气候变化可能导致水环境保护难度加大，要求实施更为严格的水资源管理，加强污水的排放控制与处理回用。

（5）气候变化可能导致极端事件频率增加，强度增大，使得目前现有的一些水利工程的设计标准可能难以满足未来气候变化条件下防洪抗旱的需要。因此，要求水资源管理进一步加强特殊情景下的应急机制建设、提高应急管理能力和风险管理水平。

应对气候变化应遵循资源的切实保护和有效利用以及推进应对能力建设的总体思路和原则，具体包括：

（1）科学评估气候变化的影响：深入分析发现气候变化对水资源影响的事实，科学评估气候变化的可能影响，充分认识气候变化及其影响的不确定性，水资源管理要应对最不利的形势，努力提高水资源安全的保障程度。

（2）采取主动适应的策略，实现趋利避害：自觉履行水资源管理的公共职责，主动适应气候变化影响，加强水资源的需求管理和高效利用，强化水资源保护和水生态修复，增强水资源调配和管理能力，趋利避害，将气候变暖的负面效应降到最低限度，并充分利用和发挥气候变化的正面效应。

（3）以资源承载力为约束，加强水资源综合管理：加强气候变化对水资源影响的评估研究，强化供水管理、需水管理、用水管理和排水管理，努力维护水循环的经济社会和生态环境服务功能。

（4）广泛寻求合作，实施共同应对：气候变化对水资源管理影响十分广泛，要加强与相关部门合作，促进信息共享，建立协同机制，共同应对气候变化带来的水资源挑战。

13.4.2　应对气候变化的水资源适应性对策

应对气候变化下的水资源适应对策研究是中国应对气候变化的重要需求，它包括了适应能力和应对方式两个方面。在全球变暖背景下，水资源量将会发生改变，可能会影响水资源的可持续利用，同时，极端水文事件可能会增多，从而造成更大的经济损失。从水资源科学管理角度出发，应对气候变化包括应对气候趋势性缓变和应对极端气候情景两个方面。

在应对气候趋势性变化方面，需要着重从以下几个方面考虑：

（1）适应气候变化，转变水资源管理思路：充分认识和主动适应气候变化的影响，推进水资源管理思路和理念转变，科学评估气候变化对于水资源演变影响，搞好流域和区域水资源优化配置，提高对水资源时空调控能力。

（2）将气候变化影响纳入到水资源评价和规划范畴：充分认识气候对流域水资源演变的重要和不可逆的影响，定量评估气候变化对水循环的综合影响，提高气候变化对水资源评价的科学性，同时将气候变化影响纳入到水资源规划的范畴中，在流域水资源规划和运行管理中适度考虑气候的影响，充分考虑未来气候变化的趋势及其可能的影响，增强规划的针对性和适应性。

（3）加强需水管理，全面建设节水型社会：实施以供定用的水资源平衡策略，在加强区域需水宏观演变规律和不同行业需水过程和特征分析的基础上，加强各行业需水和用水管理，加大水的重复利用和循环利用，全力推进节水型社会建设。

（4）实施最严格的水资源保护，维护可再生能力：充分考虑气候变化对水生态和环境影响，以水功能区管理和基本生态用水保障为重点，加强水源涵养工程建设，建立健全水资源战略储备体系，大中城市应根据条件考虑特殊情景下的应急水源地建设。

（5）强化非常规水源利用，实现多种水源综合配置：建立城市和农村的水循环利用体系，充分利用河道湖泊等调节条件，将城市再生水用于农业灌溉；充分利用现代径流预报和调度技术，加大洪水资源利用；注重城市地区地下水涵养，雨水利用和补给地下水。完善多种水源的统一配置和调度系统。

在应对极端天气事件方面，需要注重以下措施：

（1）加强应急预案编制和应急机制建设：加强预警预报系统建设，完善应急管理法律和规范，建立和完善针对突发灾害的应急机制、体制，加强应急预案编制，建设应急管理系统，加强应急预案编制工作的规划与落实。

（2）加速国家水资源管理信息系统建设：在进一步完善自然水循环的监测和评估的同时，大力加强对社会水循环取水、输水、用水和排水的监测，建立和完善水循环监测与评估体系，大力推进国家水资源管理信息系统建设，为水资源管理提供可靠的信息和决策支持。

（3）针对重点地区和重点问题开展专项研究，为有效应对气候变化提供科技支撑：对于黄淮海、西北干旱区等水资源条件较差、对气候变化敏感的重点地区应开展重点研究，针对气候变化可能导致的水资源时空分布变化、供需关系变化、水生态水环境恶化等重点问题应开展专项研究，以全面准确地掌握气候变化对中国水资源的影响，有针对性地制定应对对策。

同时，加强基础设施建设，提高设计标准，增进水资源调配能力；健全法规和制度体系，实施严格的水资源管理和洪水管理是应对常态和非常态气候变化都必须加强的重要内容。

不同区域水文水资源情势不同，面临的水资源问题也存在差异，适应对策的重点也应不同。因此，宜针对中国不同流域的实际情况和未来可能面临的水资源问题，提出具有区域特点和具体可行的适应对策。

13.5 研究差距和优先适应领域

13.5.1 研 究 差 距

目前，在研究方法和研究成果上尚需要进一步加强和改进的包括以下方面：

（1）气候模式与水文模型的嵌套应用问题，一是模型的匹配性，即尺度转化方法和技术；二是流域的资源环境数据不能满足水文模型对数据需求。

（2）此前研究重点主要集中在气候变化对流域径流平均变化的影响，而气候变化对水文极端事件的响应、对水质的影响、对农业灌溉的影响和对供水系统的可靠性、恢复性和脆弱性的影响等研究相对较为薄弱，缺乏对流域未来水资源持续利用的实际指导意义。

（3）在预测方法方面主要存在两点不足：首先是精度问题。陆面降水与径流过程都存在很强的次网格不均匀性，而大多数 GCMs 都假定气候模型网格内植被和土壤在水平方向上是均匀的，对水文和陆地表面过程参数定量较简单。其次是不确定性问题。由于缺乏对水文物理过程和大气系统内部变化等的深刻认识，气候情景的生成、水文模型的结构及其与 GCMs 在不同时空尺度上的聚集和解集等不确定性因素导致预测结果的可信度降低。

因此，应给出更高时空分辨率的区域气候情景，提高水文模型在非固定气候状况下的精确陆面参数，提高预测的可靠性。在研究内容上要加强研究气候变化对流域极端水文事件影响和气候变化引起的流域水资源变化对不同部门的综合影响及其响应对策。

13.5.2 优先适应领域

1. 考虑气候变化影响的流域综合规划

结合目前已经面临和未来可能面临的极端天气事件，在流域综合规划的修编过程中，要系统分析全球气候变暖和高强度人类活动导致的流域下垫面改变，充分考虑气候变化对流域洪水、干旱、水资源、生态与环境以及河流情势的影响，认真研究流域在全球变暖背景下所面临的重大水问题，提出流域应对气候变化的措施和政策。

2. 加强信息观测网络建设，抓紧应急预案编制和应急机制建设

加强地表和地下水资源观测网络建设，加强预警预报系统建设，完善应急管理法律和规

范，建立和完善针对突发灾害的应急机制、体制，加强应急预案编制，建设应急管理系统，加强应急预案的编制工作的规划与落实。

3. 加强应对气候变化适应对策的基础科学研究

适应对策的基础工作是对气候变化影响的科学评估。鉴于目前气候情景、评价模式等评估过程中存在的不确定性和研究的薄弱环节，开展持续性的气候变化影响评估是未来研究适应对策的长期基础工作。

4. 开展适应成本和效益分析，为加强适应气候变化的国际合作提供支撑

结合气候变化下水资源变化研究成果以及中国七大流域中长期治理规划，基于水文模型模拟、国民经济发展规划、水利工程措施和非工程措施，给出各流域应对气候变化下洪水、干旱、水资源短缺等适应措施，为加强适应气候变化的国际合作提供支撑。

以全球变暖为主要特征的气候变化已经是不争的事实，水资源是气候变化影响最直接和最重要的领域。然而，限于目前的科技水平，关于气候变化对水资源的影响评估尚具有较大的不确定性。因此，在加强气候变化适应与减缓的同时，更需要加强气候变化及其影响的基础研究。

第十四章 气候变化对陆地生态系统和生物多样性的影响和适应

提 要

气候变化对中国的生态系统与生物多样性产生了可以辨识的影响，如：温度带有北移趋势，物候期提前；林带下限上升；部分草原产量和质量都有所下降；局部湿地面积减少，功能下降；荒漠生态系统的脆弱性加重；物种分布将改变等。2007 年第一次国家评估报告发表后，本领域的研究内容和方法都有了新进展和新认识，并进一步完善了适应对策。本章在第一次国家评估报告的基础上，系统地评估了气候变化对森林、草地、湿地、荒漠生态系统及物种和生态系统多样性的影响。

14.1 观测到的影响

14.1.1 森林生态系统

气候变化使森林分布出现空间转移、群落恢复速度降低。黑龙江省 1961～2003 年间因气候变化使兴安落叶松、云杉、冷杉和红杉等树种分布范围发生了北移（刘丹等，2007）。

气候变化使一些地区林线海拔升高。如气候变暖使岳桦苔原过渡带变宽，岳桦向苔原侵入程度加剧（周晓峰等，2002）。山西五台山的高山草甸和林线过渡带一些植物种向上爬升的趋势与同期气温升高密切相关（戴君虎等，2005）。

受温度上升影响，中国整体上木本植物春季物候期提前，空间差异明显。东北、华北及长江下游等地区物候期提前，西南东部，长江中游等地区物候期推迟，物候期随纬度变化的幅度减小。20 世纪 80 年代以后春季平均温度上升 0.5℃，春季物候期平均提前 2 天；春季平均温度上升 1℃，春季物候期平均提前 3.5 天（郑景云，葛全胜，郝志新，2002）。

20 世纪 80 年代初至 90 年代末，中国森林净初级生产力（NPP）整体上增加，空间差异明显。增加幅度最大的是东北的针阔叶混交林，达到 4.22 gC/(m² · a)，增加最小的是寒温带落叶针叶林，仅为 1.40 gC/(m² · a)（表 14.1）。基于 BIOME（生物群区）模型，1961～2000 年天山雪岭云杉 NPP 增加，主要是受降水量增加的影响（Sang，Su，2009）。应用生物地球化学模型（CEVSA）研究表明，20 世纪 80 年代前主要由于森林采伐和占用林地，中国森林生态系统是一个弱的碳源；至 20 世纪 90 年代，由于大面积的人工造林、封山育林和实施天然林保护等，森林转变为一个碳汇（陶波，曹明奎，李克让，2006）。1981～2002 年期间东北的森林起着碳汇的作用（赵俊芳，延晓东，贾根锁，2008）。

表 14.1　1982～1999 年中国不同森林生态系统 NPP 的变化（Fang，Piao，Field，2003）

植被类型	总面积 /(10⁶hm²)	NPP 均值 /(gC/m²)	变异系数 /%	趋势 /(gC/(m²·a))	R	P	增长率 /%
常绿阔叶林	27.99	418.3	8.4	3.51	0.53	0.023	0.86
落叶阔叶林	22.93	244.6	7.1	2.24	0.69	0.002	0.78
针阔混交林	3.36	296.0	11.0	4.22	0.69	0.002	0.90
常绿针叶林	57.94	245.5	9.2	2.78	0.65	0.003	1.00
落叶针叶林	12.19	285.3	13.1	1.40	0.20	0.427	0.71

　　气候变化加剧了森林火灾发生的频度和强度，表现在干旱和高温事件增加，森林可燃物积累增多，防火期延长，早春火和夏季森林火灾多发，林火发生范围扩大等。近年来，大兴安岭林区暖干化趋势明显，特别是频繁的夏季持续高温干旱，使夏季森林火灾频发（赵凤君等，2009）。

　　气候变化使森林病虫害加重。如 1972～2002 年，广东潮安县年均温度上升 1℃多，过去一般以 3 代幼虫越冬的松毛虫近年来却出现 3、4 代幼虫重叠越冬的现象。松材线虫危害扩展至南方 11 省市，该虫 1998 年爆发成灾与 1997 年春季异常干旱有关（张真，王鸿斌，孔祥波，2005；王鸿斌等，2007）。

　　极端大气气候事件增加威胁到森林生态系统安全。如 2008 年 1～2 月，南方 16 个省市大面积遭受百年不遇的雨雪冰冻灾害，使森林植物受到直接破坏、生态系统结构发生改变、功能效益降低，演替方向改变，危及生态系统健康（薛建辉，胡海波，2008）。

14.1.2　草地生态系统

　　草地生态系统受到气候变化的影响明显。江河源区从 20 世纪 60 年代以来呈暖干化趋势，草地和湿地呈现区域性衰退，出现草甸演化为荒漠、高寒沼泽化草甸演变为高寒草原和草甸化牧场的现象（严作良等，2003）。1961～2006 年来青海省共和塔拉滩草原的气候变化呈现暖干化、大风和沙尘暴日数减少的趋势，使草原荒漠化进程加快（郭连云，熊联胜，王万满，2008）。

　　1985～2005 年甘肃省玛曲县亚高山草甸类草地主要禾本科优势牧草垂穗披碱草开花期提前 10～14 天，成熟期提前 20～24 天（姚玉壁，张秀云，段永良，2008）。1985～1993 年，内蒙古锡林郭勒典型草原的优势种羊草展叶期在温度每升高 1℃提前 4 天以上（李荣平，周广胜，王玉辉，2006）。1985～2002 年，内蒙古克氏针茅草原整体呈现返青期推后其他物候期提前的趋势（张峰，周广胜，王玉辉，2008）。

　　青海同德县自 20 世纪 60 年代以来气温上升、积温增加、生长季延长、年降水量减少，对该地区的高山早熟禾和垂穗披碱草的发育期进程的观测发现，20 世纪末以来近 10 余年，草地牧草产量持续下降（郭连云，熊联胜，王万满，2008）。1982～2003 年内蒙古草地生长季的 NPP 呈波动中增加趋势；草地 NPP 受降雨量的影响明显（李刚，周磊，王道龙，2008）。1954～2004 年，位于北方典型农牧交错区域的盐池县气温呈明显上升趋势，年降水量略呈增加趋势，使草地气候生产力呈增加趋势（苏占胜，陈晓光，黄峰，2007）。1961～2005 年在大兴安岭中部地区，气温与降水量增加，草地生产力增加（杨泽龙，杜文旭，侯琼，2008）。1961～2006 年三江源区兴海县年平均气温上升，年降水量呈弱增加趋势，草地气候生产力呈增加趋势（郭连云，熊联胜，王万满，2008）。

14.1.3　内陆湿地生态系统

内陆湿地萎缩和功能下降逐步显现。20 世纪 60 年代以来，白洋淀湿地最高水位由 11.58 m 下降到 6.82 m，干淀频次增加，最大水面面积和水量减小（刘春兰，谢高地，肖玉，2007）。内蒙古呼伦湖湿地近 45 年来呈现出暖干化趋势，使呼伦湖水域面积减小和水位下降（赵慧颖等，2008）。

青藏高原湖泊普遍出现萎缩、咸化状态，许多大中型湖泊水位下降，许多小型湖泊逐渐消失（鲁安新等，2005）。1971～2000 年地处黄河上游的若尔盖湿地表现出气温升高、降水量减少、蒸发量增大的暖干化趋势，使该地区地表径流量减少、湿地面积大幅减少、沼泽旱化、湖泊萎缩（郭洁，李国平，2007）。

西部高原一些湖泊的扩大可能是冰川融解的结果，如 20 世纪 90 年代以来祁连山哈拉湖面积增加，2002 年新疆内陆和高山湖泊面积显著增加（郭铌等，2003）；1970～2000 年期间纳木错湖湖面面积增加（吴艳红等，2007）；2001～2006 年黄河源区湖泊群面积增大与数量增多（李林等，2008）等，均与气候变化相关。

湿地萎缩使植被退化和生态恶化。东北三江平原湿地资源减少，小叶樟苔草已经向中部扩展，毛果苔草等深水群落面积缩减（刘振乾等，2001）。呼伦湖湿地生态系统水资源短缺，呼伦湖湿地周边地区生态环境恶化，周边沙漠化面积超过 100km²。到 1997 年草场的退化面积占可利用草场总面积的 30% 以上，1974 年以来植被盖度降低 15%～25%（赵慧颖，乌力吉，郝文俊，2008）。20 世纪 60 年代以来，白洋淀湿地生物多样性急剧减少，人类开发和利用水资源等活动加剧了湿地退化（刘春兰，谢高地，肖玉，2007）。

14.1.4　荒漠生态系统

气候变化使荒漠有扩大之势。内蒙古毛乌素地区自 20 世纪 50 年代以来沙质荒漠化面积扩展，主要是降水量减少和干旱增加所致（那平山，王玉魁，满都拉，1997），也有研究认为风的变化是主因（Wang X et al.，2005）。1961～2006 年柴达木盆地气温呈上升趋势，降水量略有增加趋势，但降水量变化地区差异大；气候增暖、大风多、蒸发强烈是土地荒漠化主要因素之一（王发科等，2007）。

新疆古尔班通古特沙漠区自 1969 年以来气温呈现上升趋势，1975～1992 年之间流动沙区面积扩大了 3060km²，并且在人类活动沙漠南缘地区和人类活动极少的乌仑古河以南及 3 个泉北部等多处都产生了流动沙化（魏文寿，2000）。1951～2000 年来西北干旱区气温升高，降水量增加，除北疆蒸发量减少外，其他区蒸发量都在增加，尤其南疆增加最大，使塔克拉玛干沙漠、河西走廊沙漠区和柴达木沙漠区干旱危害加剧、沙漠化加速。北疆气温升高，降水量增加，而蒸发量减少，使古尔班通古特沙漠区沙漠化进程减缓；气候和地表径流量变化利于准噶尔盆地和塔里木盆地的土地沙漠化逆转，使河西走廊和柴达木盆地的土地沙漠化发展迅速（任朝霞，杨达源，2008）。

中国荒漠生态系统植被覆盖度极低，近几十年以来年植被指数（NDVI）变化不明显，

季节性和空间差异明显。例如内蒙古阿拉善东部地区 NDVI 略有增加，中部和西部地区则
呈下降趋势；在春、秋、冬季，左旗 NDVI 略有增加，而右旗和额济纳旗 NDVI 变化不大
或呈下降趋势；夏季 NDVI 均呈下降趋势；阿拉善地区荒漠植被 NDVI 变化受温度影响较
小，受降水影响较大，且有滞后效应；在阿拉善东部地区和中部地区，降水量与植被指数存
在明显的相关性（张凯，司建华，王润元，2008）。

14.1.5　生物多样性

中国有种子植物 30467 种、蕨类植物 2285 种，两栖类 346 种、爬行类 327 种、鱼类
3235 种、鸟类 1246 种、哺乳类 549 种、蜘蛛 3101 种，具备所有生态系统类型，有丰富的
遗传多样性，有 17 个全球意义生物多样性关键地区（中国生物多样性国情研究报告编写组，
1998）。与全球情况类似，20 世纪气候变化对中国生物多样性产生了一定影响。

气候变化使生物物候改变。如，气候变化使青海大杜鹃自然物候提早，始鸣期提前、绝
鸣期推迟，始鸣期和绝鸣期间隔日数延长（祁如英等，2008）。气候变化使植物春季物候
（芽萌动期、展叶期、始花期）提前地区集中在东北、华北以及长江下游，38 种木本植物和
6 种草本植物变化显著；秦岭以南、西南东部、长江中游等地区有春季物候推迟现象（袁婧
薇，倪健，2007）。

气候变化使物种分布和迁移改变。如，气候变化使亚洲盘羊适宜分布在有限区域；绿孔
雀历史上分布于湖南、湖北、四川、广东、广西和云南，由于气候变化和人类活动影响，目
前仅分布于云南西部、中部和南部；梅花鹿在 20 世纪 30 年代广泛分布在东部，由于人类活
动和气候变化，目前分布范围缩小（文焕然，文榕生，2006；《气候变化国家评估报告》编
写委员会，2007）；斑嘴鸭在 20 世纪 90 年代前在渤海是夏候鸟，冬季气候变暖使其成为留
鸟，灰鹤迁徙路径也发生改变（孙全辉，张正旺，2000）。

气候变化使物种丰富度和多样性改变，使一些物种在原栖息地消失。青藏高原东部青海
湖地区气候呈现暖干化趋势，气候变化和人类活动的影响使青海湖地区物种组成和分布改
变，尤其近年来青海湖地区气候变化明显，鸟类分布有很大变化，与上世纪中期相比，豆雁、
灰头鹀、白头鹀、鹌鹑、白背矶鸫和文须雀等 26 种鸟从湖区消失（马瑞俊，蒋志刚，
2006）。青海湖湖周曾有北山羊和藏野驴、豹猫、猞猁分布，目前已消失，藏野驴、野牦牛、
藏羚在此绝迹；普氏原羚曾分布于内蒙古、青海和甘肃等地区，由于气候变化和人类活动影
响，现仅分布于青海湖地区（马瑞俊，蒋志刚，2006）。气候变化和人类活动影响，使荒漠
区一些动植物（新疆虎、蒙古野马、高鼻羚羊、新疆大头鱼、盐桦和三叶草）野外绝灭（中
国生物多样性国情报告，1998）。气候变化影响下内蒙古典型草原、羌塘盆地、青藏公路
124 道班、若尔盖、青南高原植物群落建群种的重要值下降（袁婧薇，倪健，2007）。

气候变化使有害生物（包括本土和外来物种）分布范围改变，危害加剧。例如，气候变
暖使一些本土病虫及有害鼠类的范围增加、危害加剧，使外来的凤眼莲（徐汝梅，叶万辉，
2003）、加拿大一枝黄花（吴春霞，刘玲，2008）和紫茎泽兰等入侵范围扩大。

气候变化引起物种栖息地退化。如呼伦贝尔沙地气候暖干化，流沙面积增加，植被盖度
下降，对栖息物种造成威胁（赵慧颖，2007）；环青海湖区 1976 年来年均气温和四季气温上
升，年与季节降水量自 90 年代减少，湖泊水位下降，荒漠化加剧，栖息地质量下降（李林
等，2008）。

气候变化使群落结构和景观多样性改变。如气候变暖使新疆准噶尔盆地南缘天然梭梭群落初萌植物幼苗大量死亡、种群年龄结构普遍呈现衰退、结构多样性改变（黄培档，李启剑，袁勤芬，2008）；云南西北部灌木入侵到高山草甸中，使群落结构多样性改变（Moseley，2006）。气候变化使西南喀斯特地区（蒙吉军，王钧，2007）景观多样性改变。

14.2　预计的可能影响

14.2.1　森林生态系统的可能影响

受气候变化影响，未来中国森林植被和物种分布将发生迁移。未来东北森林垂直分布带有上移趋势；若降水量也增加，大兴安岭森林群落中温带针阔混交林树种的比例增加，如红松、水曲柳等（程肖侠，延晓冬，2008）；落叶针叶林面积大幅减少，甚至可能移出中国境内；温带落叶阔叶林面积扩大，较南的森林类型取代较北类型；高寒草甸可能被稀树草原和常绿针叶林取代，森林总面积增加（潘愉德等，2001；赵茂盛等，2002）。气候增暖使林火频率增加，影响森林的树种组成和结构（程肖侠，延晓冬，2007）。不考虑 CO_2 的肥效，森林 NPP 可能减少；反之则会增加，但随时间递减（表 14.2）。

表 14.2　不同气候变化情景对森林生态系统的影响

情景、条件	生态系统	影响结果	研究者
GCMs 预测中国 2030 年	红松	面积将增加 3.4%，黑龙江省西北部面积有所增加；辽宁省西南部有所减少	Xu，Yan，2001
HadCM2；CO_2 浓度每年增加 0.5%～1%	红松	减少 12.1%～44.9%	Xu，Yan，2001
HadCM2 SUL 方案	兴安落叶松、白桦、冷杉和云杉	覆盖率下降	
	长白落叶松、红松和蒙古栎	覆盖率增长	冷文芳等，2006
	山杨	基本不变	
CGCM1 方案	红松	覆盖率下降	
气候变化和 CO_2 浓度倍增	中国森林	生产力增加 12%～35% 之间	方精云，2000
不考虑 CO_2 施肥效应	2009～2100 年中国森林	NPP 将减少，可能由目前的碳汇变为碳源	Ju et al.，2007
考虑 CO_2 施肥效应	森林	NPP 增加，碳吸收能力增加，但施肥效应随时间递减	
温度增加	东北主要针叶树种	生物量下降	程肖侠，延晓冬，2008
温度和降水都增加		总生物量增加	
降雨增加（20%）和气温增加（3℃）	东北森林	NPP 和 NEP 增加幅度最大	赵俊芳，延晓东，贾根锁，2008

总体而言，未来气候变化下植物生长期极有可能延长，加上大气 CO_2 浓度增加形成的"施肥效应"，会使得森林生态系统的生产力增加。但温度升高导致夏季干旱，以及干旱引发

的火灾等可能会使森林生态系统生产力下降。

14.2.2　草地生态系统的可能影响

　　未来北方草原区可能发生的暖干化将导致各干旱地区的草原类型向湿润区推进，即目前的各草原界线将会东移（王馥堂等，2003）。青藏高原、天山、祁连山等高山牧场温度升高，各草原的界线也会相应上移 $380\sim600\mathrm{m}$。对青藏高原来说，高山草原面积会明显减少，高山草甸/灌丛面积略有增加，温带草原增幅较大，面积可能由 8.3 万 $\mathrm{km^2}$ 增至 25.4 万 $\mathrm{km^2}$，而温带灌丛/草甸的面积也由 13.9 万 $\mathrm{km^2}$ 增至 31.6 万 $\mathrm{km^2}$（Ni，2000）。不同气候变化情景对草地生态系统的影响见表 14.3。

表 14.3　不同气候变化情景对草地生态系统的影响

生态系统	情景、条件	影响结果	研究者
青藏高原植被带	未来气候、CO_2 浓度变化	植被带向西北方向推移	Ni，2000
草地	未来气候变化	北方型山地草原面积减少，温带地区少量荒漠可能转化为温带草原，高寒草原和草甸分别向北方和温带草原演变，冻原植被演变成温带山地草原	赵义海，柴琦，2005
西部草地	未来气候变化	西部草原略有退缩，被灌丛取代，高寒草甸分布略有缩小	潘愉德等，2001；赵茂盛等，2002
宁夏中部草原	未来气候变化	优质牧草所占比例下降，特别是豆科牧草，植被群落结构可能发生变化	施新民等，2008
中纬度半干旱草地	温度增高 2℃	年 NPP 减少约 24%，地上生物量减少 30%，地下生物量减少 15% 左右	季劲钧，黄玫，刘青，2005
	温度增高 2℃，降水量增加 50%	年 NPP 增加 37%，地上生物量将改变近 30%，地下生物量增加 15% 左右	
青藏高原河源区多年冻土区典型高寒草地	未来 10a 气温增加 0.44℃，降水量不变	高寒草甸和草原地上生物量分别递减 2.7% 和 2.4%	王根绪等，2007
	气温增加 2.2℃，降水量不变	高寒草甸和草原地上生物量分别减少 6.8% 和 4.6%	
锡林河流域典型草原	温度增加	NPP 平均下降 14.2%	董明伟，喻梅，2008
	降水增加	NPP 平均增加 13.2%	
各类草原	平均气温增加 2℃，年均降水增加 20%；年均增温 4℃，年均降水增加 20%	不计空间迁移，减产，荒漠草原减产最多，达 17.1%；计空间迁移，各草地类型生产力减产约三成	牛建明，2001
锡林河流域典型草原	最低最高温度增加、降水不变；最低最高温度增加、降水增加	NPP 呈下降趋势	董明伟，喻梅，2008
宁夏中部干草原	到 2050 年中国西部地区升温 1.2℃~2.2℃，降水增加 15%，气候变暖变湿	草场总产和主要优质牧草产量都呈增加趋势	施新民等，2008

续表

生态系统	情景、条件	影响结果	研究者
青藏高原 11 种植物	CO_2 倍增	净第一性生产力显著增加	Ni,2000
盐池草地	气温升高 1℃～2℃，降水量增加 10%～20%	气候生产力将增加 10%～20%	苏占胜，陈晓光，黄峰，2007
三江源区兴海草地	暖湿型年份	平均增产幅度为 2%～4%	郭连云，吴让，汪青春等，2008
	冷干型年份	平均减产幅度为 3%～7%	
	多个全球气候模型（GCM）预测未来降水量会减少	可能使羊草地上净初级生产力降低	
内蒙古锡林河流域羊草草原	如果：CO_2 浓度倍增，温度升高 2℃，降水保持不变或增加 10%～20%；CO_2 浓度保持不变，温度升高 2℃，降水增加 20%	地上净初级生产力可能升高	袁飞，韩兴国，葛剑平，2008
	CO_2 浓度不变、升温 2℃、降水增加 20%	地上净初级生产力增加	
	CO_2 浓度不变其他情景	地上净初级生产力减少，减幅 2.01%～45.56%	

14.2.3　内陆湿地面积减少、功能退化

　　未来气候变化将影响内陆湿地功能。在青藏高原三江源地区，到 2100 年气温上升 3℃，降水不变，长江源区的冰川面积将减少约 60% 以上；考虑降水增加，冰川面积则将会减少约 40% 左右，冰川融水的比重也将会由现在的占河流总径流的 25% 下降到 18%；同时，草地和湿地蒸发量加大，许多湖泊将会退缩和干涸，沼泽地退化等（沈永平等，2002）。三江平原湿地将缘于气候区域暖干化而使资源减少、抗干扰能力减弱、生物多样性减少、濒危物种增加、自然退化加快、大面积沼泽湿地演变为草甸湿地（刘振乾，刘红玉，吕宪国，2001）。未来气候变化对半干旱地区青海湖、岱海和呼伦湖及其流域的影响显著，在气候变化 75% 概率情景下，湖泊水量将有累计 30%～45% 的变化（于革等，2006）。

14.2.4　荒漠生态系统的可能影响

　　未来气候暖干化将进一步增加荒漠化发生的可能性和潜在危险，使荒漠生态系统分布范围扩展；但在局部地区降水增多，则将有利于荒漠化土地的逆转。
　　荒漠分布范围将向西部和高海拔地区扩展（张明军，周立华，2004）。气候变化还使荒漠生态系统的功能退化、生物多样性降低。气候变化对荒漠生态系统的结构和功能的影响复杂。

14.2.5 生物多样性的可能影响

未来气候变化将对中国生物多样性产生更深刻的影响，包括对物种分布范围、多样性和丰富度、栖息地、生态系统及景观多样性、有害生物及遗传多样性等都将有一定的影响。

未来气候变化将使物种分布范围改变和多样性降低。如气候变化将对大熊猫、滇金丝猴和白唇鹿等分布产生极大影响，使分布区破碎化。另外，气候变化将使植物分布范围改变，如目前已分析过的35种植物物种中，29种分布范围将可能减少（马尾松、云南松、油松、珙桐、秃杉、白桦、冷杉、云杉、华北落叶松、紫果云杉、杉木、峨眉栲、元江栲、高山栲、瓦山栲、包石栎、滇石栎、乌冈栎、巴东栎、刺叶栎、匙叶栎、滇青冈、曼青冈、黄毛青冈、云南樟、宜昌润楠、山楠、桢楠和银木荷）；4种分布范围将增加（红松、长白落叶松、蒙古栎和青冈）；山杨分布不变，兴安落叶松分布将消失（吕佳佳，吴建国，2009）。

未来气候变化将使物种优势度改变。如中国东部样带中温度升高1℃后，高位芽植物比例增加，地面芽和地下芽植物比例下降（彭少麟，赵平，任海，2002）；温度增加5℃，降水变化不大情景下，高山岳桦林中云杉、冷杉和落叶松优势度将增加（郝占庆等，2001）。未来50年气候变暖和CO_2浓度倍增情景下，黑龙江宜春地区的红松阔叶林中落叶松、山杨和白桦优势度将降低（陈雄文，王凤友，2000）。

未来气候变化将影响害虫、疾病和杂草等入侵种分布。如气候变暖将扩大凤眼莲适合区，将造成一些地区虫害和病害传播范围扩大，虫口密度增加，蛾和蝗虫更活跃（徐汝梅，叶万辉，2003）。同时，气候变化将改变病虫害地理分布（陈泮勤，1996）。

未来气候变化将使物种栖息地质量退化。随着气候变化，土地荒漠化和水土流失增加，使物种栖息地退化和破碎化加剧。气候变化使青藏高原土壤冻蚀、西北风蚀和黄土高原水土流失增加，荒漠化和次生盐碱化危害加重，使栖息地退化（吴建国，吕佳佳，2009）。

未来气候变化使植被分布格局改变，降低一些区域的景观多样性。如到2100年全球平均温度升高1℃～3.5℃情景下可能使中国森林植被带北移；温带落叶阔叶林面积将扩大，华北和东北辽河流域可能草原化，西部沙漠和草原略有退缩，被草原和灌丛取代，高寒草甸分布缩小，将被热带稀树草原和常绿针叶林取代（赵茂盛等，2002）；平均温度升高2℃～4℃，年降水量增加9%～20%情景下，内蒙古草原植被面积减少，南部界限将大幅度北移（牛建明，2001）。这些影响将改变区域生态系统和景观的多样性。

总之，未来气候变化将对中国生物多样性产生更深刻的影响。另外，未来气候变化将与其他的干扰一起对中国的生物多样性带来威胁。

中国生物多样性对气候变化影响的脆弱性主要包括：气候变化下物种分布范围缩小、破碎化和目前栖息地散失，物种多样性和丰富度降低，有害生物范围扩大、危害增加，物种脆弱性增加、灭绝速率加快，水源和食物短缺，栖息地退化和破碎化，生态系统及景观多样性下降，植被群落逆向演替，生态系统关键种改变，遗传资源散失等。

14.2.6 未来陆地生态系统的脆弱性

采用IPCC《排放情景特别报告》（SRES）设计的B2情景下中国区域21世纪的气候情景（许吟隆等，2005），对中国自然生态系统在未来气候变化背景下的脆弱评价表明：气候变化对中国生态系统存在较为严重的影响，近期、中期、远期对生态系统的影响呈发展趋势

（图 14.1）。以温度上升为特征的气候变化将对中国的自然生态系统产生较为严重的影响，但在某些地区，特别是较为寒冷的地区，初期的升温对自然生态系统的温度和热量状况有益，从而使得东北地区近期的受损程度下降。然而，随着气候的持续升温，其他气候因子也将出现变化，包括潜在蒸发增加，从而可能引起自然生态系统生境退化，导致全国性的自然生态系统退化（吴绍洪等，2007）。

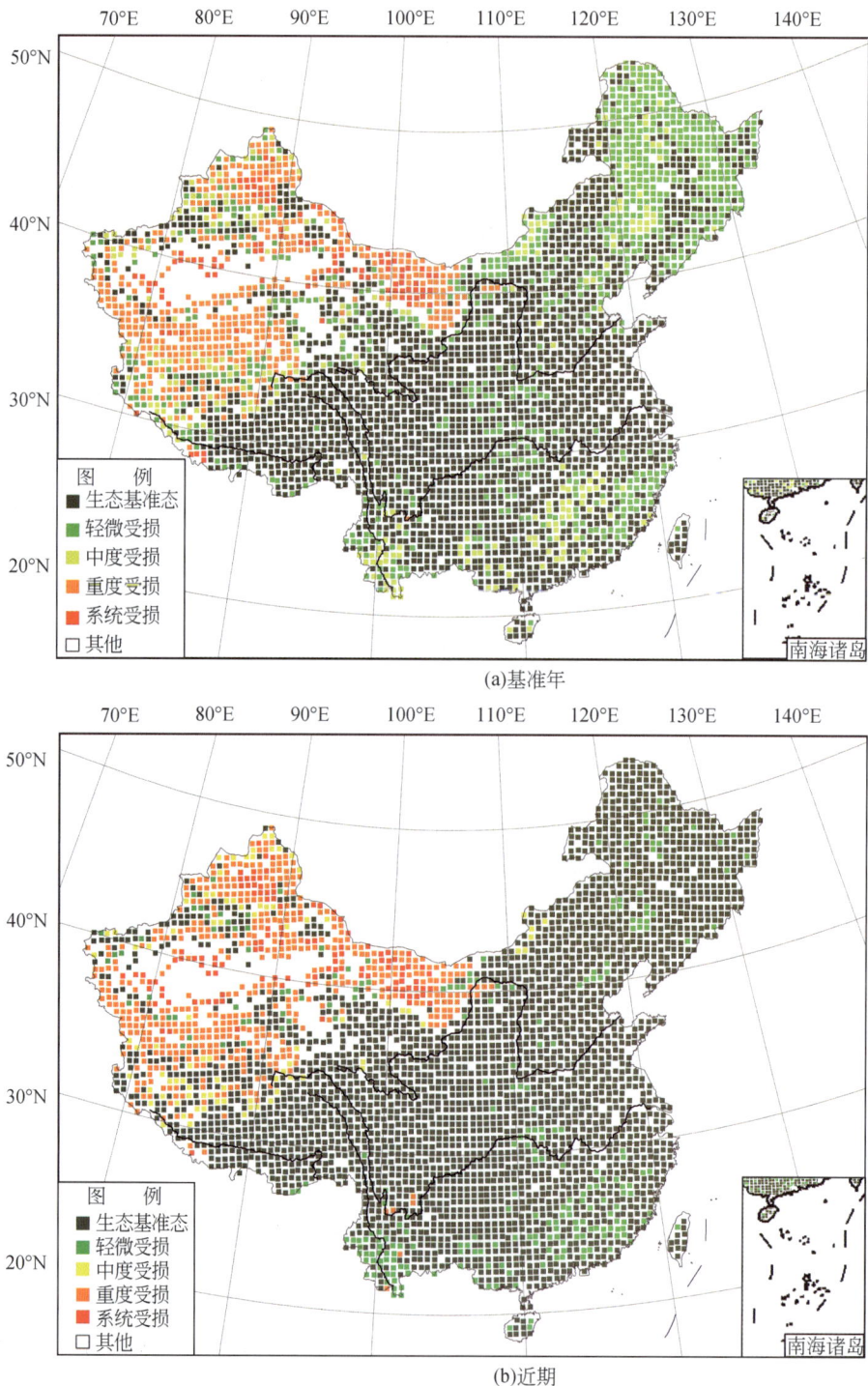

图　例
- 生态基准态
- 轻微受损
- 中度受损
- 重度受损
- 系统受损
- 其他

南海诸岛

(a)基准年

图　例
- 生态基准态
- 轻微受损
- 中度受损
- 重度受损
- 系统受损
- 其他

南海诸岛

(b)近期

(c)中期

(d)远期

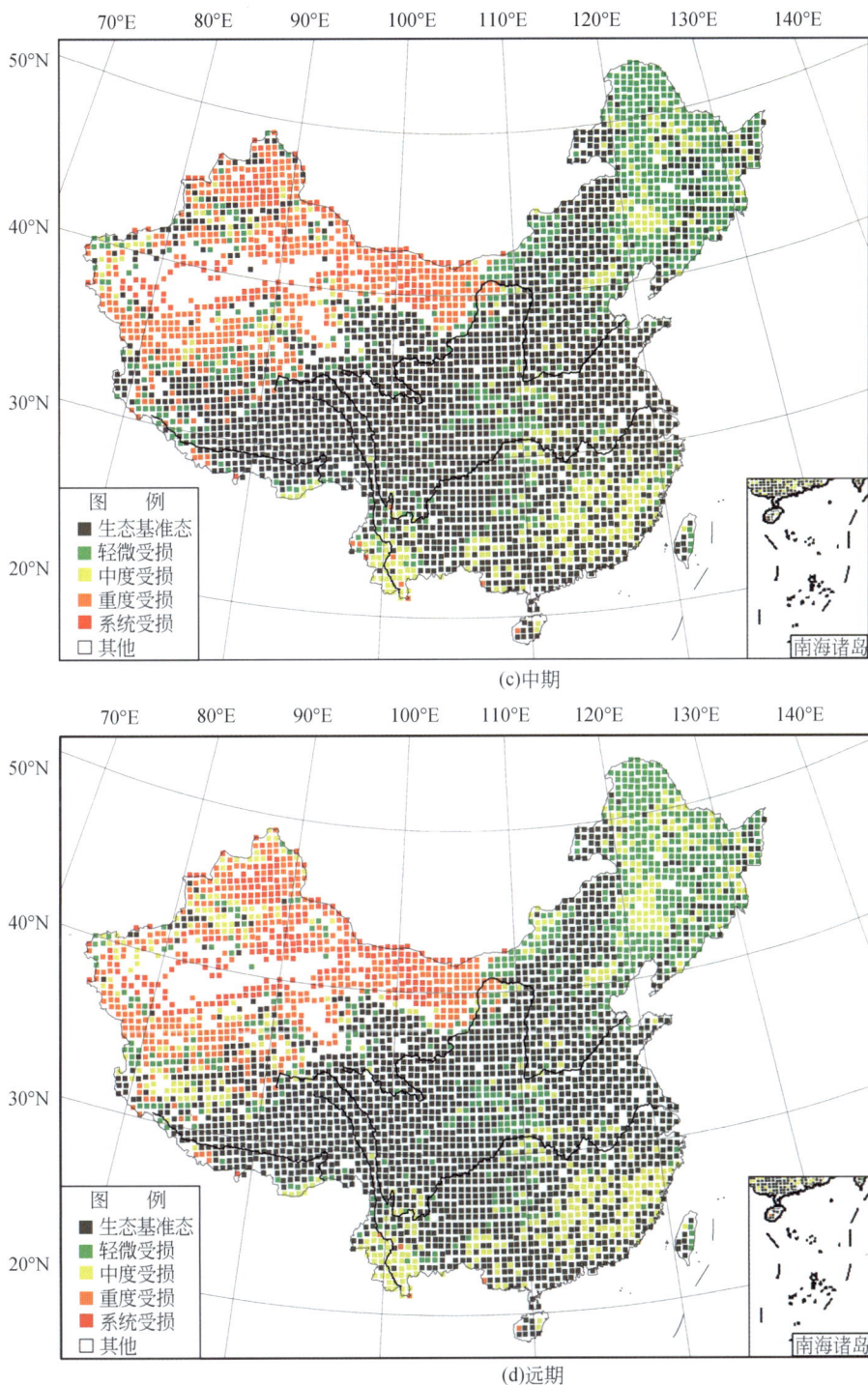

图 14.1　中国生态系统脆弱性时空分布（吴绍洪等，2007）

　　采用 IPCC SRES A2 气候情景进行的预测模拟表明，到 21 世纪末中国不脆弱的生态系统比例将减少 22% 左右，高度脆弱和极度脆弱的生态系统所占的比例较当前气候条件下分别减少 1.3% 和 0.4%；高度脆弱和极度脆弱的陆地生态系统主要分布在内蒙古、东北和西北等地区的生态过渡带上及荒漠—草地生态系统中，华南及西南大部分地区的生态系统脆弱性将随气候变化而有所增加，而华北及东北地区则有所减小（於琍等，2008）。

按照增温程度研究不同区域中国生态系统状况结果显示：增温1℃，全国NPP减少，相对基准年减少－2.67％。对大多数区域来说，NPP减少，减少最多的是热带，为－17.26％，最少的是暖温带，为－1.77％。而在青藏、温带和华北半干旱区，NPP增加，分别为5.72％，2.18％和4.18％；长江以南的亚热带中部地区NPP也略有增加。无论增减，大部分地区变化幅度不大，NPP变化绝对值基本小于50 gC/（m² · a）。增温2℃，全国NPP相对基准年减少－11.00％。大部分地区NPP为减少，仅青藏继续保持增加，约7.27％，热带地区的减少最显著，达－28.17％。温带地区和北方半干旱地区发生转型，NPP由相对基准年增加转为减少，温带地区的减少程度与亚热带地区接近，达－16.80％。增温3℃和4℃，全国NPP分别相对基准年减少－13.43％和－16.32％。各区域NPP变化状况与增温2℃相似，没有发生转型，而是变化程度上有所加剧。青藏地区NPP继续增加热带地区和西北干旱区减少幅度最强，分别达－34.89％和－39.50％（Wu et al.，2010）。

14.3　适应对策

适应气候变化、减少气候变化对陆地生态系统的不利影响、增强陆地生态系统自适应能力，是保障生态安全、促进人与自然和谐发展的需求，直接关系到人类社会的可持续发展，同时也是自然系统自身可持续发展能力的需求。

14.3.1　未来气候变化背景下自然生态系统自适应背景

陆地生态系统是一个可自调控系统，对气候变化具有一定的适应能力。陆地生态系统自适应能力首先与生态系统的结构和功能有关。一般生态系统的生物多样性越多，系统种类越丰富，结构越复杂，生产力越高，系统越稳定，抗干扰的自适应恢复能力越强，反之亦然。同时，适应能力还与社会经济的基础条件和人类的影响有关。

生态系统的自适应能力是有限的。如果未来气候变化幅度过大、胁迫时间过长，或短期的干扰过强，超出了生态系统本身的调节和修复能力，生态系统的结构、功能和稳定性就会遭到破坏，造成生态系统自身不能适应气候变化，进而发生不可逆转的演替。因此，虽然陆地生态系统对气候变化具有一定的自适应能力，但仍需要采取一定的人为保护措施。

14.3.2　生态系统与生物多样性的适应技术措施

1. 森林生态系统

森林生态系统适应的技术措施主要包括：植树造林、提高森林覆盖率，扩大封山育林面积，科学经营管理人工林，提高森林火灾、病虫害的预防和控制能力等。

根据气候变化情况，采取针对性适应措施，推进宜林荒山荒地造林，实施天然林保护、退耕还林、京津风沙源治理、速生丰产用材林、防护林体系建设工程和建设生物质能源林基地，加快扩大森林面积、提高森林覆盖率和生产力。

加强现有林经营管理，确保稳定高效地发挥森林生态效益。加大森林火灾、病虫害防控力度，严防外来有害生物入侵。制定和实施全国森林防火、病虫害防治的中长期规划；加强相关基础设施建设和专业队伍建设，加强相关监测、预警、分级响应体系工作。合理控制森林资源消耗，打击乱砍滥伐和非法征占林地和湿地行为，切实保护好森林系统和生物多样性，减少林业排放。积极强化林业生产中的适应性管理措施，充分发挥林业在应对气候变化国家战略中的作用（国家林业局，2009）。

2. 草地生态系统

草地生态系统适应的技术措施主要包括：草场封育，调整草场放牧方式和时间，在有条件的地方增加草原灌溉和人工草场，合理利用草场资源等。

根据气候变化对不同地区牧草返青期、黄枯期、生长期的影响，调整放牧方式和时间。草地在春季返青期较为敏感，在该期间应停止放牧，对牧草返青推后的地区，合理推迟放牧时间，促进牧草正常返青生长。在牧草产量下降明显地区，适当减少放牧程度，或通过灌溉和补种增加产草量，有效控制草原的载畜量，以草定畜，保持畜草平衡，逐步实施草地分类经营分期放牧及草地休闲利用。这是草地生态系统积极适应气候变化，保障系统健康可持续发展的有效措施。

3. 湿地生态系统

扩大湿地恢复和保护，打击占用湿地的行为。优化水坝、水闸等水利工程调度机制，科学管理湿地生态系统，加强湿地生态治理和污染控制，提高抵御气候变化风险的能力。

解决湿地生态补偿和退化湿地的生态补水问题，开展湿地污染物控制，实施退耕（养）还泽（滩）项目，提高湿地生态系统质量。通过试点，逐步解决并实施湿地生态效益补偿制度，建立湿地保护长效机制。根据湿地类型、退化原因和程度等，开展湿地植被恢复工作（国家林业局，2009）。

加强现有湿地自然保护区建设，按照《全国湿地保护工程规划（2004～2030年）》及《全国湿地保护工程实施规划（2005～2010）》要求，完善湿地保护基础设施建设。加强对滨海湿地、沼泽湿地、泥炭等湿地类型的保护，发展湿地公园，逐步遏制湿地面积萎缩和功能退化趋势，形成湿地自然保护网络和较为完整的湿地保护与管理体系（国家林业局，2009）。

4. 荒漠生态系统

荒漠生态系统适应气候变化需要从保护荒漠资源、防治荒漠化、合理利用水资源、保护生物多样性和灾害防治等方面进行。加强生物治理技术推广应用，加大工程治理荒漠化力度，化学治理技术的开发和应用，建立健全荒漠化土地综合整治与管理体系。大力发展沙产业，为防沙治沙积累资金。

针对分布在大江大河源头，且遭受人为破坏严重的半乔木、灌木、半灌木和垫状小半灌木荒漠生态系统，建立沙化土地封育保护区，实行封禁保护。禁止一切破坏植被的生产建设活动，确实保护沙区植被和荒漠生态系统（国家林业局，2009）。

5. 生物多样性

系统监测生物多样性对气候变化响应，评估脆弱性：监测物种、栖息地和气候变化相关因子，建立生物多样性适应气候变化预警监测体系，系统评估气候变化对生物多样性的影响，确定脆弱性，提高国家生物多样性保护适应气候变化的整体能力。

　　加强物种就地保护，建立濒危物种繁育基地，扩大濒危种群数量：针对气候变化对物种局地影响脆弱性增加，开展物种就地保护，增强物种在原分布区适应能力。加强珍稀濒危物种繁育工作，扩大珍稀濒危物种种群数量，开展物种驯化，增加自然适应能力。

　　开发物种遗传保护技术，进行物种迁地保护：针对气候变化将引起一些物种濒临灭绝风险，开展遗传保护技术研究，建立物种遗传保护对策，增强濒临灭绝物种适应能力。针对气候变化将使物种适应新栖息地，开展物种迁地保护，帮助物种适应气候变化不利影响。

　　增强控制有害生物能力，帮助物种迁移，增加物种自然适应能力：针对气候变化将对有害生物产生极大影响，加强有害生物控制。消除物种迁移的障碍，增强物种适应能力。

　　保护、恢复和重建物种栖息地及生境，加大生物多样性关键区保护：针对气候变化对物种栖息地的不利影响，进一步保护、恢复和重建退化与散失栖息地。在生物多样性热点区和关键区，进行集成性适应保护。

　　建立自然保护区网络和物种迁移走廊，扩大非保护区型保护地范围：在自然保护区管理目标和战略中考虑适应气候变化，考虑动植物长距离迁徙，减少对自然保护区和物种威胁；扩大非保护区型保护地范围，增加生物多样性弹性，提高适应能力。

　　针对气候变化将增加灾害发生频率和强度，建立生物多样性保护防御灾害体系。针对生物多样性受到环境污染、土地利用活动和气候变化的共同影响，加强生物多样性保护力度，减少其他不利影响，增强适应能力。

　　加强国际合作交流，提高相关国际公约履约能力：中国是1992年通过《联合国气候变化公约》和《生物多样性公约》、1994年通过《联合国防治荒漠化公约》和1971年通过《国际重要湿地公约》等国际公约的缔约方，增强公约履行能力将提高生物多样性适应气候变化能力。

14.3.3　其他有利于适应的措施

1. 选择气候变化适宜物种，优化配置群落，提高生态系统稳定性

　　物种是组成群落的最基本成分，选择对气候变化适应性较强的优良品种，提高物种在气候适应和迁移过程中的竞争和对变化环境的适应性。在不破坏或尽量少破坏草场原有植被的基础上，补播、移栽适应性强的优质牧草，增加物种的丰富度，提高群落结构的复杂程度，增加群落多样性。发展完善适宜种培育和引进技术、科学论证外来物种引进。

2. 加强退化生态系统的恢复与重建

　　退化生态系统更易受气候变化影响。通过种植适应性较强的先锋物种，人工启动演替，配置优化结构的群落，逐步恢复植被。根据可恢复性与重要性，可优先开展退化严重和重度脆弱的生态系统的恢复与重建示范项目，遏制生态恶化的趋势，研究不同类型陆地生态系统的适应模式，并进行全国性的推广应用。

3. 建立健全国家陆地生态系统综合监测体系

　　根据中国陆地生态系统的空间分布特征，结合气候变化影响程度，针对典型和脆弱生态系统，建立定位观测站，加强陆地生态系统定位站的规划和建设，逐步完善国家陆地生态系统综合监测体系，建立由各级政府、科研组织和社会公众共同参与的陆地生态系统响应气候变化信息网,为未来气候变化风险预警提供基础。

4. 建立预案应对极端气候事件风险

加快构建中国陆地生态系统对极端气候事件风险的应急预案体系和响应机制,进一步完善应急预案的启动机制,强化极端气候事件的应急处理能力。

5. 不断完善相关法律管理体系

中国先后颁布了涉及陆地生态系统的《环境保护法(1989年)》、《野生动物保护法(2004年)》、《森林法(1998年)》、《防沙治沙法(2001)》以及《自然保护区条例(1994年)》、《野生植物保护条例(1997年)》等一系列法律法规,形成了较为完善的法律管理体系。中国建立了生物多样性履约协调机制和生物物种资源保护部际联席会议制度,制定实施了《中国生物多样性保护行动计划(1994年)》、《全国生态环境保护规划纲要(2007年)》、《全国生物物种资源保护与利用规划纲要(2007年)》、《全国湿地保护工程实施规划(2005~2010年)》、《全国林地保护规划纲要(2010~2020年)》、《全国防沙治沙规划(2005~2010年)》等,有利于陆地生态系统适应气候变化。

6. 进行宣传教育

通过各种形式,广泛深入宣传陆地生态系统对气候变化的脆弱性,宣传适应气候变化的重大意义,提高认识。

14.4 研究差距和优先适应措施

14.4.1 与研究需求的差异

1. 陆地自然生态系统

目前中国有关气候变化对森林生态系统影响的研究,还不够系统。这方面的研究以宏观尺度为主,研究的不确定性还较高。研究结果未能区分人为活动和气候变化的影响。对典型脆弱森林生态系统的研究也不够深入,对未来气候变化影响的预测模型和工具有待改进。

林火与气候变化的研究只有一些定性描述,还没有国家级火险等级预报系统。气候变化对森林害虫影响的研究仅限于一些现象的记录和统计分析。在影响机制、未来影响的预测、系统敏感性、脆弱性和适应性方面有待加强。

在自然生态系统对气候变化的响应、脆弱性和适应性研究尚与国际水平存在较大差距。生态系统脆弱性评价工具、方法、指标和标准还远不完善。在研究方法上,主要以观测试验、野外调查和模型模拟为主,在数据模型融合、生态系统自身的适应性、脆弱性机理分析与定量评价方面尚显不足。

加强对青藏高原、三江源地区、西南和东北地区等全球变化重点区域的研究。发展综合多学科、多领域的跨尺度观测、模拟与综合评估。目前国内基于生态系统过程模型的气候变化影响、敏感性、脆弱性与适应性研究还相对较少,缺少在区域尺度上能同时反映生态系统和社会经济发展对气候变化响应的综合集成模型。

2. 生物多样性

已观测到气候变化对生物多样性影响，但不完全归因于气候变化单方面影响，对其他因素需要进行检测。已观测到气候变化对生物多样性影响方面还十分有限，大部分现象还只能说气候变化是影响因素之一，更多方面需要监测评估。模拟分析气候变化影响，采用均以增温和降水组合情景较多，需要高时空分辨率情景应用。分析气候变化对物种影响趋势中，涉及物种种类还十分有限，对物种多样性和丰富度方面分析很少，也没有开展气候变化对有害生物影响方面分析。虽然提出了生物多样性适应气候变化的一些人为对策，还没有形成系统定量化研究，缺少广泛的试验研究。

14.4.2　优先适应措施

在有关法律法规中增加和强化与适应气候变化相关条款，为提高自然生态系统和生物多样性保护适应气候变化能力提供法制保障。加强自然生态系统保护，强化自然生态系统的自然保护区、定位观测站，针对气候变化影响的识别和归因监测，完善国家陆地生态系统保护网络和综合监测体系。加大林业生态工程建设力度，提高工程质量；加强森林可持续经营和资源保护；发展森林和草原火灾与病虫害预报预警体系建设；将适应气候变化纳入地方发展规划，促进区域可持续发展。

建立生物多样性对气候变化的响应监测指标体系和方法；评估气候变化对生物多样性影响，确定对气候变化脆弱的物种和关键区域。在生物多样性热点区和典型自然保护区开展脆弱物种适应气候变化就地保护；开展物种迁地保护，建立物种迁移通道，帮助物种迁移。在生态脆弱区恢复退化栖息地，建立自然保护区网络和非保护区适应管理对策。

第十五章　气候变化对近海和海岸带
环境的影响和适应

提　　要

全球变暖、海平面上升造成中国海岸侵蚀、海水入侵沿海低地，同时对滨海湿地、红树林和珊瑚礁生态系统等也有影响，本章基于中国沿海海平面变化、地面垂直升降、海洋水文和环境生态、潮滩湿地、海岸侵蚀、土地盐渍化、咸潮入侵等长期动态监测结果，研究了海平面上升对海洋工程标准的影响，建立了中国近海和海岸带影响的预警系统、近海和海岸带环境与生态系统影响评估体系以及应对气候变化的中国海岸带综合管理体系，以探寻海岸带可持续发展的有效对策和措施。

15.1　对气候变化的敏感性和脆弱性

海岸带是陆海相互作用的地带，也是岩石圈、水圈、生物圈和大气圈相互作用最强烈的地带。1995年国际生物圈计划提出了海岸带的新含义，其上限向陆是200m等高线，向海是大陆架的边坡，差不多是−200m等深线。而书中的近海则是指渤海、黄海、东海和南海区域。因此海岸带与近海既相对独立，又相互重叠。

除港、澳、台外的沿海8个省、1个自治区和2个直辖市组成的沿海地区面积约占全国的16.8%，人口却占全国的近42%；2008年实现海洋生产总值29662亿，占全国国内生产总值的9.87%（中国海洋统计年鉴编委会，2009）。由于海岸带环境与生态系统已受到人类活动较严重的影响，处在较为脆弱的状态。因此，在气候变化加剧的背景下，海岸带环境与生态系统在原本就脆弱的基础上，更加严峻，成为当前人们关注的一个焦点问题。

全球气候变暖与海平面上升是气候变化的重要特征。IPCC第四次评估报告（IPCC，2007）指出，过去百年来（1906~2005年），全球气温平均上升了0.74℃（最佳估计范围为0.56℃~0.92℃）。受全球变暖的影响，近30年来，中国沿海气温、海温均呈明显上升趋势，上升幅度分别为1.1℃和0.9℃[①]。

1977~2009年的近30年来，中国沿海海平面总体呈波动上升趋势，平均上升速率为0.26cm/a，高于全球海平面平均上升速率。中国沿海海平面变化具有明显的区域特征，天津沿岸上升最快，上升幅度达19.6cm，上海次之为11.5cm，辽宁、山东和浙江上升均在10.0cm左右，福建、广东较低为5.0~6.0cm，上升率的沿岸空间分布总体上表现为北快、南缓[②]。

[①]　国家海洋局.2008.中国海平面公报
[②]　国家海洋局.2007.中国海平面公报
　　国家海洋局.2009.中国海平面公报

气候变暖加剧了热带风暴的频次和强度，加上中国沿海海平面的快速上升，使中国沿海强热带风暴造成的经济损失加剧。1989～2008 年的 20 年间，风暴灾害频次增加，造成的损失也在波动增加，随着经济的快速发展，同样强度的热带风暴所造成的经济损失会更大（表 15.1）。该数值受海平面上升、海堤以及海岸带综合管理的显著影响，同时由于全国 GDP 的快速增长，风暴灾害占全国 GDP 的年平均比率在波动下降。

表 15.1   近 20 年来中国近海和沿岸台风风暴潮发生情况和灾害[①]

年份	1989	1990	1991	1992	1993	1994	1995	1996	1997	1998	1999
风暴潮频次	10	4	3	3	5	11	10	6	4	7	5
死亡人数/人	522	298	146	231	132	1248	33	644	220	146	758
经济损失/亿元	54	41	23	102	84	193	100	290	308	20	52

年份	2000	2001	2002	2003	2004	2005	2006	2007	2008	2009	
风暴潮频次	8	6	8	10	19	11	9	13	11	10	
死亡人数/人	79	401	124	128	140	371	492	161	152	95	
经济损失/亿元	121	100	66	80	54	332	218	88	206	100	

海平面上升，对海岸带的环境和生态也有重要影响。表现在风暴潮加剧、洪涝威胁加大、海岸侵蚀加重、海水入侵、土壤盐渍化、咸潮入侵加重，滨海湿地生态系统退化等。在海平面上升规律分析和长期趋势变化预测的基础上，根据近岸陆地高程分布、海岸防护建筑物等级、风暴潮强度等多种因素的综合评估，中国海岸带可划分为下辽河平原、华北平原、华东平原、韩江平原、珠江三角洲平原、广西滨海平原、海南北部平原和台湾滨海平原等 8 个主要脆弱区，其中海河平原三角洲、黄河三角洲、苏北平原和长江三角洲、珠江三角洲是 4 个最重要的脆弱区（杜碧兰，1997）。

15.2   观测的对近海和海岸带环境的影响

海平面上升分为由气候变暖引起的全球海平面上升和区域性相对海平面上升。前者是由于全球温室效应使气温升高，海水增温引起的水体热膨胀和冰川融化所致，这种变化通常称为绝对海平面变化；区域性海平面上升，除由海水质量、体积变化引起的绝对海平面上升外，还包括由于沿海地区地壳构造下降、地面下沉和河口径流引起的水位趋势性抬升所致的海平面上升，这种变化通常称为相对海平面上升。

受全球变暖及海平面上升的影响，中国近海和海岸带环境呈现出对气候变化的高度敏感性和脆弱性。气候变化及海平面上升对中国近海和海岸带造成的主要影响有近海海洋环境变异、风暴潮加剧、洪涝威胁加大、海岸侵蚀、海水入侵、土壤盐渍化加重和海洋环境要素异常变化等。

15.2.1   对近海海洋环境的影响

1. 对潮波和风暴潮灾害的影响

海平面上升对中国渤、黄、东海的潮波传播有显著的影响，分潮同位相线沿逆时针方向

---

①   国家海洋局.1989～2009 年．中国海洋灾害公报

发生偏转，分潮无潮点位置由岸边向海洋内部偏移（于宜法，刘兰，郭明克，2007）。海平面上升对福建沿海和浙江沿海的 M_2 分潮振幅影响最大，苏北沿海也有较大变化。1975～1997 年间连云港海平面上升速率为 0.4cm/a，上升了 9cm，M_2 分潮振幅增大了 12cm（左军成，陈宗镛，戚建华，1997）。

海平面上升使得各种特征潮位相应增高，水深增大，波浪作用增强，加剧了风暴潮灾害。海平面上升使得沿海风暴潮出现的频率和强度明显增加，一旦风暴潮冲决海堤，再叠加异常的风暴增水，沿海低地平原都将在风暴潮的影响之下。中国沿海台风风暴潮在 1971～1990 年期间要比 1951～1970 年期间出现的次数和成灾次数均增加了 28%（施雅风，1996）。

2. 对海水温度和盐度的影响

从 20 世纪 70 年代末迄今，全球和中国的气温出现加速上升的趋势，热带中、东太平洋有较强的升温（黄荣辉，徐予红，周连童，1998），南北半球温差减弱导致亚非季风从 20 世纪 80 年代起减弱，东亚冬季和夏季风都有明显的减弱（蔡榕硕，陈际龙，黄荣辉，2006）。

东亚季风引起的气温、降水和径流变化是影响中国近海海洋环境中海水温度和盐度的重要因子（Chen et al.，2009），如东亚季风是影响长江口 SST 年际变化的重要因素（周晓英等，2005）。20 世纪 70 年代中后期以来，中国近海无论是冬季或是夏季均升温，升温幅度冬季大于夏季，近海大于邻近海；并且最大升温区位于台湾海峡到长江口的附近海域。相对于 1976 年以前，这个海域在 1976 年之后冬季约升温 1.4℃，夏季约上升了 0.5℃，升温幅度明显大于热带、副热带西太平洋。20 世纪 90 年代至今中国近海各海区的增暖最为明显（图 15.1）（蔡榕硕，陈际龙，黄荣辉，2006；张秀芝，裘越芳，吴迅英，2005）；这与东亚季风、西太平洋副热带高压和海温的变化有密切关系（方国洪等，2002；蔡榕硕，张启龙，齐庆华，2009）。与此同时，受东亚季风、降水和大陆径流等多种气候因素变化的影响，中国近海海水盐度有明显变化，尤其是渤海海水表层盐度的持续升高（方国洪等，2002）。而海水盐度的变化与外海洋流和热带太平洋 El Niño 的循环关系明显。

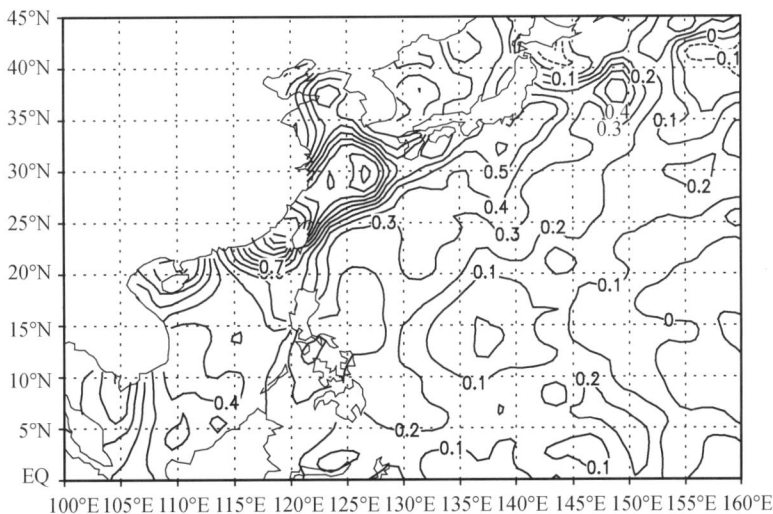

图 15.1　1977～2000 年期间中国近海冬季海表温度距平分布（单位：℃）

（蔡榕硕，陈际龙，黄荣辉，2006）

3. 对海洋酸化的影响

工业革命以来，人类排放了大量 CO_2，大约有 48% 为海洋所吸收，使得海水碳酸盐化学平衡发生变化，表层海水的 pH 从 8.3 降低到 8.1[1]，在全球 CO_2 持续排放的背景下，海洋面临着酸化的威胁。这种变化将破坏海洋中生命系统赖以生存的自然环境，因此，海洋酸性增加的问题已引起广泛关注。

15.2.2　对海岸带的影响

1. 对工程水位计算的影响

海平面长期变化对工程水位的计算有显著影响，考虑到天文潮和风暴增水相关及不相关两种情况，中国沿岸的两种校核水位最大差异可达 30cm 以上，在个别站位可达到 80cm 以上 （Zuo et al.，2001）。

2. 海洋灾害

全球气候变暖不仅引起海平面上升，而且也会导致风暴潮、台风浪等海洋灾害强度和频度的逐步提高。根据《中国海洋灾害公报》统计，1989～2009 年间，中国沿海发生风暴潮平均每年 8.45 次，近年来整体呈现出发生频率增加的趋势。风暴潮灾害造成的损失占海洋灾害损失的绝大部分。1989～2007 年的近 20 年来，中国沿海地区遭受的海洋灾害损失巨大，直接经济损失累计达 2326 亿元，有一半年份的经济损失超过 100 亿元 （左书华，李蓓，2008），风暴潮灾害造成的经济损失最少年份 1998 年为 20 亿，最多年份 2005 年达 332 亿。由此可见，风暴潮灾害不仅居海洋灾害之首，而且已成为威胁中国沿海经济发展最严重的自然灾害之一 （表 15.1）。

3. 沿海滩涂与湿地变化

海平面上升对沿岸地区最直接的影响是最大高潮时淹没范围扩大。海岸带地区，尤其是河口三角洲平原地区，陆地高程普遍较低，海平面的微小上升将导致大片陆地淹没。

新中国成立以来，先后兴起了三次大的围海造地高潮，1950 年以来大规模开发滩涂资源总面积约为 119 万 hm^2，加上城乡占用滩涂约 100 万 hm^2，两者合计全国滩涂面积已经丧失约 50%。在围垦的条件下，珠江口滩涂面积（珠基－2m 以浅）大致保持在 5 万 hm^2 左右。1949～1996 年间，珠江河口的滩涂自然增长率为 630hm^2/a，与围垦速率相比，除1984～1988 年年均围垦面积 900hm^2 外，自然增长速率都比围垦速率大（黄镇国，张伟强，2004）。

总体来看，受海平面上升和围垦的共同影响，目前全国滩涂面积以每年平均约 2 万 hm^2 的速率减少，但这一数字仍小于滩涂的自然增长速率。

4. 海岸侵蚀

据统计，中国侵蚀岸线总长度 3708km，约占全国大陆岸线总长度的 20%，其中砂质及淤泥质海岸的侵蚀长度，分别占全国砂质及淤泥质海岸总长度的 53% 和 14%[2]。

---

① The Royal Society. 2005. Ocean acidification due to increasing atmospheric carbon dioxide. Policy document 12/05 June 2005，http：//www.royalsoc.ac.uk/

② 国家海洋局．2009. 中国海洋灾害公报

20 世纪 50 年代以来海岸侵蚀日渐明显，20 世纪 70 年代末期以来侵蚀程度加剧。20 世纪 80 年代以来海岸线的迁移方向出现了逆向变化，多数砂岸、泥岸或珊瑚礁海岸由淤进或稳定转为侵蚀，导致岸线后退。20 世纪 80 年代末以来，中国海岸侵蚀总体上处于稳定状态，但局部岸段侵蚀严重，侵蚀速率各处差异较大（左书华，李蓓，2008）。2003～2006 年期间，除少数岸段侵蚀速度趋于减缓或稳定外，多数岸段海岸侵蚀范围和强度仍在不断增大。

砂质或泥质海岸侵蚀的主要原因是来沙量减少和水动力变化引起，在全球变暖和海平面上升的背景下，近岸海洋动力过程发生变异，导致侵蚀加重；同时由于地形空间分布的原因，海平面上升导致岸线变化，从而直接导致海岸侵蚀现象的发生。

5. 海水入侵和土壤盐渍化

中国沿海地区海水入侵普遍出现在 20 世纪 70 年代后期及 80 年代初期之后，到 80 年代末，中国沿海地区城市海水入侵面积总计超过 900km^2。中国海水入侵以黄渤海沿岸大城市为最。最早发生海水入侵的大连市，在 34 年的时间里入侵面积达 223.5km^2，年均入侵速度为 6.6km^2/a。山东莱州湾地区是中国海水入侵灾害最严重的地区之一，该地区 1976～1979 年海水入侵速度是 46m/a，1987～1988 年为 404.5m/a，莱州市是发生海水入侵面积最大的城市，入侵面积为 260.0km^2，年均入侵速度高达 4.8km^2/a（黄磊，郭占荣，2008）。20 世纪 80 年代以来，渤海、黄海沿岸不同程度地出现了海水入侵加剧现象，其中以山东省莱州湾沿岸最为突出，1989 年海水入侵面积为 627.3km^2，1995 年发展到 974.6km^2，目前已接近 1000km^2（刘贤赵，2006）。

沿海地区由于过量开采地下水，地下水位不断下降，低于海平面，使海水回流下渗至地下水，导致地下水中氯离子（Cl$^-$）含量增高，不仅地下水水质日趋恶化，而且造成地表大面积土壤盐渍化（丁玲，李碧英，张树深，2003）。福建省 5 个沿海区市 2007 年监测结果表明，受人类开发活动影响的海水入侵，严重入侵区域氯度最高达 5629.00 mg/L，矿化度最高达 33.16 g/L（宋希坤等，2008）。

目前，中国东部沿海海水入侵速率最高达 490m/a（左书华，李蓓，2008）。黄海沿岸主要为轻度入侵区，海水入侵距离一般在距岸 10km 以内，东海和南海滨海地区海水入侵和盐渍化范围小。渤海和黄海部分滨海平原地区土壤盐渍化类型和范围受枯水期和丰水期水位季节变化的影响较大。

海水入侵强度受海平面高度变化与地下水水位高度变化的共同制约。由于沿海地区经济的快速发展，抽取地下水导致的地下水水位降低，是海水入侵的主要原因。而在大河三角洲地区，由于地势平缓，海平面上升也是海水入侵加剧的重要因素。

6. 河口咸潮入侵

河口咸潮水入侵的加剧是气候变化的直接结果，它不仅使淡水资源进一步紧缺，而且会造成沿海土地盐渍化的加重。河流径流量变化和海平面上升是导致河口盐水入侵的主要因素。海平面上升使河口盐水楔上溯，加大了海水入侵强度，使入海河口附近河水的盐度增高，这一现象在大江大河三角洲附近尤为明显。

珠江口最近十年是历史上咸潮入侵最为严重的时期，每年的 10 月份开始，径流量减少，而该季节的海平面是一年中的最高值，海水沿河上溯，加重了由于径流减少引起的咸潮入侵强度。2006 年汛期 10 月大潮期间，长江口外海高盐水上溯北支强度大、倒灌南支严重，其中底层一直存在较高盐度的盐水楔，并导致观测期间陈行水库、宝钢水库河段不存在淡水资源（戴志军等，2008）。

15.2.3 对生物多样性的影响

1. 海温升高对生物多样性的影响

气候波动对海洋生物的丰度和地理分布有明显的影响，尤其是海水升温对海洋生物生态的影响，海洋生态系统对海气相互作用在长时间尺度上有明显的响应。

近几十年来，中国近海区域增暖明显，特别是从长江口到台湾海峡海域的显著升温（蔡榕硕，陈际龙，黄荣辉，2006），使得中国近海海洋生物的地理分布发生变化。1992 年以来，台湾海峡渔获物组成中暖温性鱼种比例下降了 10%～20%，暖水性鱼种比例则同比升高（张学敏等，2005）。长江口和东海区的浮游动物暖水种类丰度增加，暖温性种类下降（李云，徐兆礼，高倩，2009）。

温度因素（主要为最冷月气温、最冷月水温和霜冻频率等）对中国红树林树种组成和群落结构的纬度分布都具有宏观调控作用。温度太高不利其叶的形成和光合作用，温度的累积作用会有相当大的影响（卢昌义等，1995）。同时，由海南岛向北，随着纬度增高，红树林分布面积及树种均显著降低，嗜热性树种消失，耐寒性树种占优势，树高降低，林相也由乔木变为灌林（张乔民，2001）。

受海温上升等因素的影响，中国热带海域出现珊瑚白化和死亡的现象。2000 年以来开展的珊瑚礁状况普查表明，中国南部和东南沿海均发现了不同程度的珊瑚白化和死亡现象（《气候变化国家评估报告》编写委员会，2007），南海北部湾涠洲岛珊瑚礁白化严重。珊瑚礁白化可能是海温上升与人类活动影响等综合作用的产物（余克服等，2004）。

近几十年来，除了人为因素之外，气候变暖和海温上升对中国近海的海洋生物生态有明显的影响，中国近海的海洋生物特别是鱼类出现物种北移、红树林人工栽培范围北扩和热带海域珊瑚白化等现象。

2. 赤潮的发生及其对生物多样性的影响

近三十年来，赤潮已经成为中国沿海地区主要的海洋生态灾害之一（吕颂辉，齐雨藻，2005）。赤潮发生的规模不断扩大，且日益频繁，仅在 1991～1992 年就发生了 78 次。20 世纪最强的一次 El Niño 期间，1997 年 11 月中旬至 12 月底发生了从福建泉州湾至广东汕尾数千平方公里海域的棕囊藻赤潮[①]。2008 年 5～7 月黄海中部局部海区浒苔大范围迅速增殖，形成绿潮，对社会经济活动和生态环境带来严重影响（张苏平等，2009）。

赤潮的发生对海洋生物多样性造成了较大的影响。此外，有害赤潮发生时能降低微型浮游动物的种群数量和群落多样性指数。有害赤潮会影响浮游动物的摄食方式，有害赤潮对浮游动物多样性直至对海洋生态系统的结构与功能都有明显的影响。

---

① 黄长江 .1998. 中国东南沿海 Phaeocystis 赤潮大规模发生的生态学特征及其与全球气候变化的关系 . 中国科学技术协会青年科学家论坛第 29 次活动（生物圈与全球气候变化），34

3. 海平面上升对生物多样性的影响

随着全球气候变暖、海平面上升，海岸带环境和生态面临多种威胁，湿地面临淹没和侵蚀加剧、生物栖息地退化与消失、生物多样性降低等。海平面上升使山东沿岸的海水入侵和土壤盐渍化灾害较为严重，莱州湾南侧海水入侵最远距离达 45km，沿岸环境与生态受到严重影响。近 10 年来，由于海平面上升和人为破坏等原因，广西的红树林面积减少了 10%。江苏拥有中国最广阔的滨海湿地资源，分布着 4 处重要的国家级海洋自然保护区和特别保护区，海平面上升将侵蚀湿地，导致湿地植被退化，珍稀濒危鸟类栖息地丧失，降低生物多样性[①]。

15.3　预计的可能影响

15.3.1　未来海平面升高对海岸带的可能影响

预计未来 30 年，中国沿海海平面将继续上升。全海域 2030 年比 2009 年上升 80～130mm，同时存在显著的区域差异。与 2009 年比，渤海升高 68～118mm，黄海升高 82～126mm，东海升高 86～138mm，南海升高 73～127mm。天津、上海、广东沿海海平面的"涨幅"最大，分别将达到 76～145mm、98～148mm 和 83～149mm[②]。2050 年珠江口绝对海平面将上升 90～210mm，若考虑地面沉降，相对海平面可能上升 300～500mm（时小军，陈特固，余克服，2008）。21 世纪海平面将加速上升，对近海与海岸带环境和生态的影响将进一步加剧。

1. 对工程水位的影响

未来海平面上升直接导致风暴潮的初始基面提高，使出现同样风暴潮位所需的增水值减少，从而使得风暴极值水位的重现期缩短，风暴潮极值增水漫溢海堤的概率增加。一般情况下，100 年一遇与 50 年一遇校核水位只相差 40cm 左右，因此，如果海平面上升 20～30cm，其对工程水位的计算影响很大。由于相对海平面上升，至 2050 年，珠江三角洲、渤海西岸 50 年一遇的风暴潮极值水位将分别缩短为 20 年一遇和 5 年一遇，长江三角洲百年一遇的高潮位将缩短为 10 年一遇（杨桂山，2000）。在海平面上升 100cm 后，胶州湾附近海域的设计水位将上升 107.6cm（Du et al.，2005）。

2. 对低地和沿海滩涂的可能影响

海平面上升可加剧海岸低地的淹没。三角洲地区是中国低地的主要组成部分，也是主要的气候变化和海平面上升脆弱区。海平面上升 30cm 和 65cm，在无设防、历史最高潮位的情况下中国沿海脆弱区淹没的面积分别占全国的 0.81% 和 0.92%。在现有设防和历史最高潮位的情况下，淹没的面积分别占全国的 0.23% 和 0.56%（杜碧兰，1997）。基于杜碧兰（1997）、田素珍等（1997）和王芳、田素珍（2000）的分析结果，海平面上升 30cm、50cm 和 80cm 后叠加当地的历史最高潮位中国沿岸主要脆弱区淹没的面积如表 15.2。

---

① 国家海洋局.2007.中国海平面公报
② 国家海洋局.2009.中国海平面公报

表 15.2　中国主要脆弱区在海平面上升 30cm、50cm 和 80cm 情况下叠加历史最高潮位淹没的面积（单位：km²）（杜碧兰，1997；田素珍，杜碧兰，禹军，1997；王芳，田素珍，2000）

主要海岸低地	设防情况	上升 30cm	上升 50cm	上升 80cm
珠江三角洲	无设防	5546	5787	6214
	现有设防	1152	2467	4767
长江三角洲和 江苏沿岸	无设防	54 547	56 899	59 788
	现有设防	898	15 951	37 891
渤莱湾沿岸	无设防	21 254	22 312	24 102
	现有设防	21 010	22 204	24 098
总面积	无设防	81 347	84 998	90 103
	现有设防	23 060	40 622	66 757

假设未来海平面上升 30cm，按照历史最高潮位淹没面积计算，在无防潮工程设施情况下，珠江三角洲沿岸地区淹没面积将达 5546km²；在现有防潮设施情况下，淹没面积将为 1152km²。

运用地面沉降与绝对海面变化叠加法和潮位记录法，预测未来 30 年、50 年和 100 年江苏沿海海平面将分别上升 30cm、53cm 和 137cm。在此基础上海平面上升引起的江苏沿海潮滩损失以江苏中部沿海及岸外沙洲最为明显，潮滩面积损失分别达 199km²、290km² 和 698km²；废黄河三角洲次之，分别为 167km²、282km² 和 592km²；长江三角洲最少，分别为 30km²、45km² 和 100km²（李加林等，2006）。

中国沿海和近岸地区正面临气候变化、海平面上升和人类活动造成的泥沙减少和加速围垦的压力，这将使滩涂增速减小，甚至出现侵蚀。未来中国滨海湿地面临着海平面上升、河流泥沙量减少、围垦加速等各种压力。

3. 河口咸潮入侵的可能影响

河口咸潮入侵距离与河流径流量有明显的关系。长江口的大通站月均流量小于 12 000m³/s 时，两者呈指数关系，流量从 7000m³/s 减至 6000m³/s 时，吴淞水厂的月均卤度将增加 220×10^{-6}。河流流域盆地的极端干旱事件是流量急剧减小的直接原因，21 世纪随着气候变暖，极端干旱事件会增强（许吟隆，薛峰，林一骅，2003），在相同的潮汐特性下，将会导致更严重的河口盐水入侵。

一定径流量下，海平面上升将增大咸潮入侵的距离。长江口区域大通流量小于 11 000 m³/s、海平面上升 50cm 与流量为 13 000 m³/s、海平面上升 80cm 时海水入侵的距离相近，100 mg/L 等氯度线将上溯 6～11km（沈焕庭，茅志昌，朱建荣，2003）。当海平面上升 100cm，口门内盐水入侵增强，表层等盐度线在北岸比海平面上升 50cm 时上移了 8km；底层等盐度线上移了 11km（胡松等，2003）。

当海平面升高 40～100cm 时，珠江各口门盐水入侵距离的增值为 1～3km，最大可达 5.0km（黄镇国，谢先德，2000）。

4. 海岸侵蚀的可能影响

气候变暖，强热带风暴和强温带气旋影响的加强，海平面加速上升，河流入海沙量减少，中国各三角洲未来还会受到强烈侵蚀，甚至可能大幅度衰退，其中黄河三角洲可能正面临这样的危险（三峡泥沙课题组，2002）。

20 世纪 70 年代以来的近 30 年来，长江口前沿潮滩淤涨速率总体呈下降趋势，根本原因是气候变化，径流减少，河流入海泥沙减少。而海平面的上升将使破波带向岸迁移，将加速潮滩的侵蚀（杨世伦，朱骏，李鹏，2005）。

5. 海岸防护的可能影响

中国沿海岸线约有 12 000km 海堤，海堤高度大都由历史最高潮位、相应重现期的风浪爬高和安全超高三项参数相加得到，而这些参数均未考虑使用年限内海平面的可能上升值。随着海平面的不断上升，现有堤防设施的防御能力将逐渐下降（雷瑞波等，2008）。

海平面上升后，天津滨海新区沿岸在平均大潮潮位下，现有堤防保持 100% 达标率；在历史最高潮位下，堤防达标率只有 50%；而在百年一遇潮位下，堤防达标率仅为 40%。以 2030 年海平面上升预测值和百年一遇高潮位为基准，在分别考虑现有堤防和不考虑堤防的情况下，海平面上升对沿海土地面积的影响比例分别为 19.1% 和 36.4%；对人口数量的影响比例分别为 10.7% 和 47.8%；对 GDP 的影响比例分别为 20.1% 和 39.2%[①]。

15.3.2　未来气候变化对海洋环境与生态的可能影响

1. 对海水温度和盐度的可能影响

20 世纪 70 年代后期开始迄今华北地区发生了持续严重干旱，造成此地区水资源严重缺乏（黄荣辉等，2006），在当前气候变化背景下，渤海海水盐度仍有可能继续升高。中国夏季的降水格局有准 70 年的振荡周期，据此推测，大约在 2010 年前后长江流域将趋向干旱，华北地区将趋向于多雨（钱维宏，2008），但是在 2040 年之前的情况并不稳定（丁一汇，2008）。这表明中国大陆降水的分布格局和大陆径流的变化存在不确定性。因此，未来东亚季风及降水的变化趋势是影响中国近海海水温度、盐度变化的重要气候因素。

2. 海水升温对生物多样性的可能影响

气候变化对海洋环境的影响将引起海洋生物多样性的变化。海水升温将通过许多方面影响海洋生物的多样性。首先，会造成物理环境的变化，影响生物的生存环境；其次，海水升温会使海水中溶解氧减少，影响海洋生物的新陈代谢、生长季节长度、死亡率和种群结构等，从而影响物种的生存与分布。

温度升高 2℃后，红树林分布区可能会向北扩展，分布北界由现在的福建省福鼎县到达浙江省嵊县附近，群落物种也会增加（陈小勇，林鹏，1999）。中国海洋鱼类的分布有明显的地带性特征，水温上升会对中国海洋鱼类的洄游路线、距离和地点产生重要影响，暖水性和冷水性物种分布地带均发生变化。因此，海温的上升将影响中国海洋生物的地理分布和物种组成。

---

① 国家海洋局.2009.中国海平面公报

3. 赤潮灾害对生物多样性的可能影响

近几十年来,赤潮的发生有明显的气候影响特征。而赤潮发生时,赤潮生物异常增殖,成为优势种,将抑制作为饵料的有益藻类,导致海洋中浮游植物种类组成及丰度发生改变,并影响到以有益藻类为食的浮游动物等初级消费者的群落结构。赤潮生物的有害物质也会对浮游动物构成威胁,并通过食物链的传递而影响到整个海洋生态系统,造成鱼、虾等生物资源的减少,而水母则数量增多(周名江,朱明远,2006)。

赤潮藻种明显受海水温度变化的影响,温度升高会使赤潮频发,气候变暖可能会导致重要赤潮藻种的演替,新纪录和有毒的赤潮增多。因此,未来气候继续变暖的背景下,赤潮发生的频率会增加,从而可能加剧对海洋生物多样性的危害。

4. 海平面上升对生物多样性的可能影响

海平面上升具有累积性和渐变性特点,随着全球变暖的加剧,海平面上升将通过淹没海岸低地、海岸侵蚀、河口盐水入侵和土壤盐渍化等方式影响近海和海岸带生态系统,破坏生态平衡,特别是对于红树林、珊瑚礁、河口和湿地生态系统的影响,从而威胁其生物多样性。

海平面上升对位于近岸的典型生态系统——红树林和珊瑚礁的影响巨大。海平面上升导致的潮水浸淹频率升高和波浪作用加强将使红树林退化、死亡或难以自然更新(张乔民,2001)。

未来 30 年中国沿岸海平面将持续上升,2039 年比 2009 年将升高 80~130mm,尤其是大江河口地区最为显著[①]。因此,未来 30 年海平面上升对大江河口地区和沿海低地潮滩生态系统的结构和空间分布的影响将越来越显著,对红树林和珊瑚礁生态系统的影响也将越来越显著。

5. 海洋酸化对生物多样性的可能影响

大气中 CO_2 浓度的升高将导致海洋进一步酸化,预计会对海洋壳体生物及其寄生物种产生负面影响(IPCC,2007a-c)。从 1880~2002 年,南中国南沙附近海域表层海水中 $CaCO_3$ 的各种矿物饱和度下降了约 16%,据估计到 2100 年饱和度将进一步下降至 43% 左右。未来南沙海域海水中 CO_2 浓度的增加,将加剧海水酸化,南沙海域珊瑚礁的平均钙化速率在 2100 年将有较大程度的减少。如果未来大气 CO_2 浓度继续保持目前的上升趋势,南沙海域珊瑚礁可能会停止生长,甚至某些造礁生物面临灭绝的危险(张远辉,陈立奇,2006),从而可能对珊瑚礁海洋生物多样性造成致命的影响。

15.4 适应对策与措施

由于沿海地区快速的经济发展和土地资源的稀缺,适应和防护都将是应对气候变化和海平面上升的有效方法。提高海岸防护建筑物的设计标准和实行海岸带综合管理是两项有效的适应措施。

---

① 国家海洋局.2009.中国海平面公报

15.4.1 加强对海平面上升及影响的监测和预警

中国沿海各地海平面上升速度不同，制定适应对策措施必须建立在对沿海海平面变化、地面垂直升降，以及海洋水文、湿滩湿地、海岸侵蚀、土地盐渍化、咸潮入侵等动态长期监测基础上，建立中国近海和海岸带影响的预警系统，开展近海和海岸带环境与生态系统影响评估体系的研究。

15.4.2 将海平面变化纳入沿海工程设防标准

中国沿海有约 2/3 的海岸线虽然建有海堤和防护带，但防潮设施的标准普遍较低，在气候变化尤其是海平面上升的背景下，防潮设施的设计标准变得更低。在海平面上升的背景下，今后防潮设施建设的重点主要应该包括：一是提高设施的设计标准；二是加高加固现有的防护设施。兴建海岸防护工程，发展海岸防护林，有效防御海岸侵蚀、风暴潮、洪涝等灾害的袭击。

在海平面上升预测的基础上，参考长江、珠江和黄河三角洲加高加固每公里海堤的工程费用（黄镇国，谢先德，2000），2020 年时年均工程费将为沿海地区 GDP 总和的0.0081%～0.010%。若到 2030 年千年一遇标准的海堤提高至全国总长度的 10%，百年一遇者增至 40%，50 年一遇者增至 50%，则 2030 年时年均工程费将占沿海地区 GDP 总和的 0.0034%～0.0040%。这两种情况下，海堤建设费用与 GDP 比值均远低于 IPCC 第四次报告认为的合理上限。

15.4.3 海岸带综合管理

制定海岸带和海洋开发利用与治理保护的总体规划和功能区划，是实施科学保护和合理开发相结合的重要措施（张宏声，2003），是实施海岸带综合管理的重要步骤和重要手段。在气候变化特别是海平面上升的背景下，需要对已有的海岸带和海洋规划进行调整，以适应气候变化的需求。

海岸带综合管理是对可持续开发利用海岸带和海洋资源做出合理决策的过程。海岸带综合管理应从国家的海洋权益、海洋资源、海洋环境的整体利益出发，通过方针、政策、法规、区划、规划的制定和实施，以及组织协调，综合平衡有关产业部门和沿海地区在开发利用海洋中的关系，克服由于一系列非协调性的海岸带开发活动造成的资源、环境与生态退化，保障海岸带的可持续利用，以达到保护其生物多样性，维护海洋权益，合理开发海洋资源，保护海洋环境，促进海洋经济持续、稳定、协调发展的目的。

在气候变化的情景下，目前的海岸带综合管理法规必须做出修订和完善，以应对海平面上升的长远威胁。

15.5 研究差距和优先适应措施

15.5.1 与研究需求的差距

气候变化和海平面上升对中国近海和海岸带环境影响的基础性研究和应用基础研究已取

得一系列有益成果，但系统的研究相对较少，独立和零散的研究较多。针对气候变化对近海海洋动力环境、海洋生态系统，以及滨海湿地、珊瑚礁和红树林等海岸带环境影响的连续监测和变化规律的研究有待进一步加强；对于海平面上升对海洋动力环境的影响、对海岸侵蚀和入侵、咸潮入侵影响的机理研究以及对海洋生态系统恢复影响的研究有待进一步深入系统地开展；对海岸带综合管理的方法和技术研究也需要从系统的角度出发，充分考虑气候变化和海平面上升的影响，制定更加完善的综合管理体系。

气候变化对海岸带影响研究的不确定性主要来自：①对未来海平面变化趋势的预测。海平面上升预测的不确定性主要是源于对大洋温盐结构、陆地冰川（尤其是格陵兰冰原、南极冰原）等观测的不完整性以及对沿岸地壳垂直升降观测的不确定性。②海平面上升对海岸带影响预测的不确定性主要来源于对地表沉降认识的不确定性以及沿岸各种人文社会和经济环境包括海堤等资料的不完整。

15.5.2   优先适应措施

开展气候变化对中国近海海洋动力环境和生态系统影响机理的研究；加强气候变化对中国近海海平面变化机制和预测的研究；研究海平面上升对海洋与海岸工程标准的影响；提高中国沿海设施的防护标准和防护能力，加强海岸带海洋灾害的预测和预警系统的建设；开发海洋生态系统的保护与恢复技术；开展海岸带综合管理的方法和技术的深入研究，建立可应对气候变化的中国海岸带综合管理体系。

正如 IPCC 第四次评估报告指出的一样，在观测到的气候变化的资料和文献方面还存在着显著的区域不平衡，特别是发展中国家明显缺乏资料和文献。今后相当长的时期内仍需持续开展气候变化对中国近海海平面变化、海水温度与盐度及生物多样性影响的长期观测研究，包括中国近海碳通量的源汇格局和酸化影响的观测研究，以及海平面上升对海岸侵蚀、咸潮入侵、红树林和珊瑚礁及其生态系统影响的长期观测。

第十六章 气候变化对农业的影响和适应

提 要

气候变化对农业的影响涉及农业生产的方方面面，既包括农业生产条件、生产环境、生产技术、农业自然资源、农业自然灾害（生物灾害和非生物灾害），也包括气候变化对农业的影响过程、影响机制、农业适应气候变化的技术、政策，农业布局的调整。同时还涉及气候变化对农业生产利弊分析、气候变化引起的农业脆弱性、敏感性等。2007年第一次国家评估报告发表后，气候变化对农业领域的研究在研究结果的定量化、适应效果的评估等方面取得了一定的进展。本章在第一次国家评估报告的基础上，进一步评估了气候变暖对中国农业的影响和适应，并对第一次国家评估报告中没有系统评估的相关内容以及之后得到的一些新的认识进行了补充。

16.1 农业对气候变化的敏感性和脆弱性

研究表明，无论是种植业还是养殖业，在长期的栽培和驯养过程中，各种农作物和家禽家畜对环境条件，特别是对温度和湿度的适应能力已经远低于野生动植物，农业动植物对气象要素变化更为敏感，在极端气象条件下显得更加脆弱。

农业生产对气候变化影响的脆弱性意义重大，其最终目的是为国家宏观调控农业可持续发展，保障人民食品的安全供给和生活水平的不断提高，为国民经济发展的规划决策，诸如安排生态环境建设和农业投资的重点以及粮食安全和贸易等提供背景资料和科学参考。

农业生产与气候的关系是非常密切的，任何程度的气候变化都会给农业生产及其相关过程带来或利或弊、或潜在的或显著的影响。农业生产的稳定发展受到气候变化的严重制约，是对气候变化最为敏感的领域之一。据研究（王馥棠等，2003），气候变化导致的升温将使中国未来的种植熟制发生很大的变化，大部分两熟制地区将会被不同组合的三熟制所替代，两熟制地区将北移至目前一熟制地区的中部，而三熟制的北界将从目前的长江流域北移至黄河流域；到2050年一熟制面积可能减少23.1%，三熟制面积增加22.4%，两熟制面积增加0.7%。全国大部分地区的粮食作物将呈减产趋势，3种主要农作物平均将减产5%~10%。这些研究普遍表明，中国的农业生产对气候变化的响应是十分敏感的。

气候变化对农业的影响会由于作物种类、种植地区以及区域经济发展和环境治理等条件的不同而不同。中国西北干旱—半干旱地区，虽然光热资源十分丰富，但粮食生产常因降水及水资源不足而大幅度波动减产，气候变化引起的敏感性在这些本来生态环境比较脆弱的地区表现得更加突出，如新疆和甘肃河西走廊的绿洲农业区（邓振镛，2007；2008），由于气候变暖引起的冰雪融化、蒸腾增加，土壤水分减少，绿洲农业区域又进一步缩小，农作物生产力明显下降的趋势。

农业生产的气候脆弱性问题，即气候变化对农业生产的可能影响及农业生产对气候变化的可能响应问题，主要涉及农业生产过程对各种气候因素变化反应的敏感性以及当地社会经济、环境和农业生产条件对气候变化的适应程度。也就是说，农业生产的气候脆弱性是指某地区农业生产过程对各气候敏感因素变化的可能反应，以及当地社会经济-生态环境对气候变化可能适应的综合响应程度。

对一个地区的农业生产来说，脆弱性大是指其受到气候变化负面影响的可能性比其他地区相对要大，即更容易受到气候变化负面影响的侵害。这就是说，脆弱性问题更关心的是可能受到侵害的结果而非原因，所以更注重采取什么样的适应对策和措施以减缓或消除气候变化可能引起的潜在危害。显然，一个对气候变化比较敏感而其适应性较差的农业生产系统，其脆弱性就比较大，容易遭受气候变化的负面影响。

中国农业生产受气象或气候灾害影响风险大，很多地区经济欠发达、农业投入不足，对气候变化的适应能力不强，更容易遭受气象灾害和气候变化的不利影响。但随着社会经济的稳步发展和环境治理的不断改善，并适时地采取各种有力的适应对策和措施，则农业生产对气候变化的脆弱性有可能得以逐步降低。

16.2　观测到的影响

16.2.1　对作物产量和品质的影响

气候变化引起的天气气候极端事件增多会对农业产生不利影响。20 世纪 80 年代以来，气候变暖已使春季作物物候期提前，作物生长期延长；北方降水变化不大，可利用的有效水资源相对减少，干旱受灾面积扩大；南方洪涝加重，致使作物产量起伏波动加大，粮食生产不稳定性增加。由于不同地区的气候变化趋势不尽相同，因此气候变暖对中国各地区农业生产的影响也不尽相同：有些地区是正效应，而有些地区是负效应。

评估和统计研究表明（刘颖杰，林而达，2007；Tao et al.，2008），气候变暖对东北地区粮食生产有正面的影响，这是因为冷湿地区温度升高后，一方面农作物的生长期延长，有利于引进晚熟高产玉米、大豆品种和选种冬小麦、水稻等高产作物，另一方面，影响作物生长成熟的低温冷害和霜冻明显减轻；据估算，东北粮食总产量 20 世纪 90 年代比 20 世纪 80 年代初以前约增加了 1 倍，与 20 世纪 80 年代相比较，20 世纪 90 年代的气候变暖对黑龙江水稻单产增产的贡献率为 23.2%～28.8%（方修琦等，2004），对松嫩平原玉米增产的贡献率约为 26.8%（王宗明等，2007）。在华北、西北和西南地区，气候变暖对粮食生产却有一定的抑制影响，因为干旱半干旱地区温度升高使冬小麦生长发育加快，生长期缩短，作物可利用的有效水资源相对减少，致使作物的总干重和穗重减少，从而对粮食生产产生负面影响。但气候变暖对华东和中南地区粮食产量的影响并不明显。

气候变化引起的降水量和季节性降水分布的变化对作物的影响也很明显，如干旱和降水的发生直接影响和终止农业生产进程，导致一些作物受灾减产或绝收。虽然气候变暖后水分蒸发量加大，降水量也相应增加，但我国降水的有效性区域差异明显。在我国北方地区，由于温度的升高，积雪融化提前，夏季干旱较为明显，北方干旱和半干旱情景更为严重，沙漠化趋势进一步增加（叶柏生等，2006）。自 20 世纪 80 年代以来，黄土高原土壤湿度下降、华北地区有暖干化趋势，导致北方地区农业可用水量减少（陈少勇，董安详，2008）。同时，与降水相关的极端气候事件变化表现出明显的区域性，如近 50 年（1951～1998 年）来长江中下游和东南丘陵地区夏季暴雨日数增多较明显，西北地区强降水事件频率有所增加，中国西北东部、华北大部和东北南部干旱面积呈增加趋势。

此外，大气中 CO_2 浓度增加增强了作物的光合作用，使根系吸收更多的矿物元素，有利于提高作物产品的质量。例如水果中的糖、柠檬酸、比黏度等均有所提高。另一方面，温度增高促进作物的生长发育，提早成熟，从而影响作物灌浆和籽粒饱满，造成作物籽粒化学组分发生改变，降低作物营养物质的含量；还由于植株中含碳量增加，含氮量相对降低，蛋白质也会降低，最终导致农作物品质的下降。

16.2.2　对种植制度的影响

总体上看，过去 20 多年来的气候变暖已显示出其对中国作物种植熟制有显著影响：不仅适宜作物种植和多熟种植的北界已明显北移；全国的复种指数呈上升趋势，由 1985 年的 143％增加到 2001 年的 163.8％。其中青藏高原、西北、西南、华东和华南地区丘陵山地的复种指数增加幅度较大（张强，邓振镛，赵映东，2008）；主要作物的种植结构和品种布局也发生了明显变化：南方的水稻品种逐渐向北方扩展，冬小麦种植北界北移西扩。气候变暖使农作物春季物候期提前，生长期延长，生长期内热量充足，这在一定程度上，对粮食生产的发展是有利的；但在华北、西北和西南地区，由于农作物对温度升高的适应性较差，虽然热量充分，而受有效水资源不足的限制，气候变暖对粮食生产和相应的种植熟制的影响并不十分显著。

另一方面，由于不同地区气候变暖的程度和趋势不同，对种植业及其种植制度的影响也不尽相同。双季稻栽培已经由 28°N 北移至 30°N，麦稻两熟从长江流域延伸到长城以南的平原地区，东北地区（云雅如等，2007），喜温喜湿的水稻播种面积大幅度增加，其种植北界已移至大约 52°N 的呼玛等地区；玉米晚熟品种的种植面积也已从平原地区逐渐向北扩展到大兴安岭和伊春地区，向北推移了约 4 个纬度。黑龙江省粮食作物的种植结构发生了很大变化，总体上，已从主要以小麦和玉米为主变化为以玉米和水稻为主。

此外，气候变暖还使西北地区农作物的种植结构发生了较大的改变：21 世纪与 20 世纪 60 年代相比，东部冬小麦种植北界向北扩展了 50～100km，向西延伸明显，种植分布也从海拔 1800～1900m 上升到 2000～2100m，种植面积扩大了 10％～20％；喜热作物棉花适宜种植区的海拔升高了 100m 左右；复种作物适宜种植区的海拔高度升高了约 200m，相应的种植面积明显扩大（邓振镛等，2007）。在西藏地区，玉米种植的海拔高度逐渐提高，目前较早熟的品种在海拔 3840m 的地方已可种植（任国玉，2007）。

16.2.3　对农业气象灾害和病虫害的影响

中国每年因各种气象灾害造成的农作物受灾面积达 5000 万 hm^2，受重大气象灾害影响的人口达 4 亿人次，造成的经济损失平均达 2000 多亿元人民币，相当于国内生产总值的 1％～3％。2007 年是中国创纪录的暖年，特大干旱、登陆台风和超强台风强度明显提高。2008 年初，中国长江中下游至江南地区发生了历史罕见的低温雨雪冰冻灾害，灾害发生区域的最大连续低温日数、最大连续降雪量和最大连续冰冻日数均为 1951 年以来历年冬季的最大值，综合各种指标统计其强度为百年一遇（王遵娅等，2008）。

气候变化导致中国干旱灾害加重。20 世纪 50 年代以来，中国农业干旱受灾、成灾面积逐年增加，见表 16.1。每年因旱灾损失粮食 250 亿～300 亿 kg，占自然灾害损失总量的 60%。

表 16.1　中国农作物旱灾成灾面积年代平均值

（《中国水旱灾害公报》编委会，2006）　　　　　　　（单位：万 hm²）

时间	1950 年代	1960 年代	1970 年代	1980 年代	1990 年代	2000～2006 年
成灾面积	531.7	800.4	853.9	1129.4	1384.2	1241.3

气候变化导致北方地区旱灾严重加剧，近 50 年来北方主要农业干旱范围有明显扩大趋势，干旱周期明显缩短，干旱出现频率显著增加（李茂松，李森，李育慧，2003）。大部分大气环流模型模拟结果也表明，随着温度的升高，中国北方地区在 21 世纪的大部分时期仍将呈现干旱化的趋势（IPCC，2007a-c）。中国学者研究也表明，2010 年之前，华北部分地区的干旱化趋势仍将持续，局部地区甚至还可能加剧（Guo et al.，2005）。与北方干旱特征相比，南方季节性干旱出现频率呈增加、危害程度加重的趋势（李茂松，李森，李育慧，2003）。

气候变化亦导致中国洪涝灾害加剧。20 世纪 50 年代以来，中国洪涝灾害成灾面积呈逐年增加趋势（见表 16.2），20 世纪 90 年代为 50 年中洪涝高发的 10 年。洪涝灾害对粮食生产的危害仅次于旱灾居第二位，因洪涝灾害年平均损失粮食占总量的 25%。

表 16.2　中国农作物洪涝灾害成灾面积年代平均值

（《中国水旱灾害公报》编委会，2006）　　　　　　　（单位：万 hm²）

时间	1950 年代	1960 年代	1970 年代	1980 年代	1990 年代	2000～2006 年
成灾面积	430.3	525.9	287.6	558.8	859.3	770.1

大多数研究结果表明（翟盘茂，章国村，2004），由于气候变化引起的极端降水事件而诱发的旱涝灾害，从总体上呈现水旱灾害交替，旱灾日益加剧，北方干旱常态化、南方干旱扩大化的趋势，水旱灾害呈现发生频率加快、危害程度加重、影响范围扩大、因灾损失增加的态势。

中国每年因冷害损失稻谷约 30 亿～50 亿 kg。低温冷害时间变化趋势分析表明：东北三省 20 世纪 60 年代末至 70 年代中期发生较为频繁，灾害程度较重；20 世纪 80 年代后气温明显升高，低温冷害出现频次明显减少。气候变暖背景下东北和华北的霜冻害和冻害也时有发生，如 20 世纪 90 年代吉林的中部的较严重的初霜冻、松辽平原的初霜冻造成大田作物受害致死；1998 年、2004 年、2008 年，河南省均发生大范围的越冬冻害，冬小麦越冬冻害有加重的趋势。华南寒害发生频率增加，华南 20 世纪 90 年代以来严重冬季寒害发生了 5 次，占 20 世纪 50 年代以来严重寒害次数的 62.5%。热害在江苏、浙江、湖北、湖南、江西和四川等省时有发生，使稻谷减产 10%～18%。

受气候变化的影响，一些与气象条件密切相关的农林生物灾害的发生也随之变化。严重危害中国农作物的稻瘟病、水稻白叶枯病，水稻纹枯病、胡麻叶斑病、恶苗病、鞘腐病、绵腐病、黄萎病、普通矮缩病、黑条病、赤枯病等 11 种与气象条件密切的病害随着气候变化，其发生发展、危害范围、侵染途径等均发生了不同程度的变化。一是北方的小麦条锈病，2001～2005 年连续 5 年大流行，最高年份发病面积 560 万 hm^2；二是南方的稻瘟病，2004～2007 年连续 4 年大流行，最高年发病面积 580 万 hm^2（夏敬源，2008）。

20 世纪 50～70 年代，全国每年发生面积 333.3 万 hm^2 以上的农业有害生物种类只有 10 余种，20 世纪 80 年代为 14 种，90 年代为 18 种，2000～2004 年，平均每年 30 多种。据统计，全国重大农业生物灾害发生面积由 1949 年的 0.12 亿 hm^2 次上升到 2006 年的 4.60 亿 hm^2 次，近 5 年年均发生面积超过 4.2 亿 hm^2。无论是水稻、小麦、玉米、大豆等主要粮食作物，还是蔬菜、果树等园艺作物的生物灾害都呈加重态势（夏敬源，2008）。

危害各种农作物的蝗虫、水稻螟虫、黏虫、稻飞虱、稻纵卷叶螟、小麦吸浆虫、蚜虫、红蜘蛛类、草地螟、棉铃虫等发生频率和强度也随气候变化而变化。湖南省 20 世纪 80 年代到 90 年代初多旱，90 年代则洪涝频繁，降水空间分布不均更加突出，前涝（3～7 月）后旱（7～11 月）、北涝（湘北洪涝）南旱（湘南干旱）以及旱涝同年的特点更加明显，导致病虫越冬基数大，特别是大片荒地裸露，造成适宜蝗虫等多种害虫生长的面积急剧扩大，有利于蝗虫等害虫孳生和越冬（李一平，2004）。中国农区飞蝗连续多年暴发，年最高发生 3800 万亩次（王爱娥，2006）。中国农业因病、虫、草害造成的损失目前大约为农业总产值的 20%～25%。

受气候变化影响，近年来广东省冬春气温普遍偏高，积温增加，雨量偏少，冬季和早春气温偏高，雨量偏少年份，水稻螟虫二化螟耐寒性较三化螟弱，因此利于二化螟的越冬、生长发育和繁殖，二化螟在广东省的发生呈逐渐上升趋势，在粤北和粤东部分地区甚至成为了当地水稻主要钻蛀性螟虫种类（钟宝玉，2007）。气温升高、降水偏少，对病虫草鼠害成熟发育及越冬存活较为有利。黑龙江省北安市大豆食心虫、地下害虫、农田鼠害、农田杂草等主要病虫草鼠有效越冬基数偏高（赵珊珊，杨雪梅，2008）。近年来，全国各类重大迁飞性害虫此起彼伏，相继爆发。北方农区飞蝗 1995～2004 年连续 10 年暴发。草地螟 1998～2004 年连续 7 年大发生。2005～2007 年，当北方农区飞蝗、草地螟爆发态势有所趋缓时，南方的稻飞虱、稻丛卷叶螟连续大发生，年均发生面积分别均超过 2666.7 万和 2000 万 hm^2 次（夏敬源，2008）。

16.3 预计的可能影响

预计的可能影响主要是指对未来 30～50 年乃至更长时间的预估，由于很难定量地评估未来农业技术进步程度，因此以下结论是在不考虑技术进步因素下得出的。预计的结果表明，气候变化将影响农业的生产方式、布局，加大农业成本投入，对中国的粮食安全将造成一定的影响。

16.3.1 对农业生产影响

气候变暖，区域热量条件的改变，使中国长期形成的农业生产格局和种植模式受到冲击，特别是目前纬度较低的地区，但也为中高纬度和高原区发展多熟种植制度带来了可能（邓可洪，居辉，熊伟，2006）。研究表明，未来气候变化将改变现存的种植制度，到 2050 年几乎所有地方的农业种植制度将发生较大变化（王馥棠，2002）。中高纬度地区，温度的升高可以延长作物生长季、减少作物冷害，使作物向更高纬度扩展，农业种植面积将扩大。全球变暖可使作物带向极地移动，年平均温度每增加 1℃，北半球中纬度的作物带将在水平方向北移 150～200km，垂直方向上移 150～200m。在品种和生产水平不变的前提下，温度上升 1.4℃，降水增加 4.2%，中国一熟种制面积可由当前的 62.3% 下降为 39.2%，二熟种制由 24.2% 变为 24.9%，三熟种制由 13.5% 提高到 35.9%。两熟制北移到目前一熟制地区的中部，目前大部分的两熟制地区将被不同组合的三熟制取代，三熟制地区的北界由长江流域北移到黄河流域（张厚瑄，2000）。21 世纪末，全球平均气温上升 4℃ 左右，在有水分保障的前提下，中国单季稻面积还可以向北扩展 50 万 hm^2，双季稻面积最大可扩展 620 万 hm^2（Xiong et al.，2009）。

CO_2 增高使植物含氮量下降，引起害虫采食量增大，以满足其对蛋白质的生理需求，农作物的改变和复种指数的增加可能更有利于害虫和病原物的传播和危害（吴志祥，周兆德，2004）。此外，气温升高对农作物害虫的繁殖、越冬、迁飞等习性产生明显影响，改变昆虫、寄主植物和天敌之间原有的物候同步性，打破原有的生态系统平衡，使病虫害的治理难度加大，环境危害增加，从而增加了农药、除草剂的施用量和资金投入，农业生产的损失进一步加重。

气候变化将增加极端异常事件的发生，导致洪涝、干旱灾害的频次和强度增加，有研究认为极端气候事件（洪水、干旱、极端高温和低温冷害等）对未来农业生产的影响更大（Mirza，2003），将造成中国农业大幅度减产和粮食稳产风险的增大。模拟研究表明，气候变化情景下，作物产量的年际变率将高于基准气候情景，低产概率和产量波动风险上升（熊伟等，2008）。

此外，诸如土壤等因素也会受到气候变化的影响，气候变暖，土壤有机质分解加快，化肥释放周期缩短，在 15℃～28℃ 条件下，气温每升高 1℃ 能被植物直接吸收利用的速效氮量增加约 4%，释放期将缩短 3.6 天。气温增加 2℃ 或 4℃，氮素每次施用量需增加 8% 或 16% 左右。因此，要想保持原有肥效，每次的施肥量将增加。施肥量的增加不仅使农民投入增加，而且其挥发、分解、淋溶流失的增加对土壤和环境也十分有害。模拟研究也表明，由于气温升高导致的灌溉量和施肥量的上升以及玉米产量的下降，未来中国主要玉米产区的玉米种植净收益均将呈下降趋势（熊伟等，2008）。为了减少负面影响，改善农业生产环境，未来将提高灌溉成本，同时土壤改良和水土保持的费用也将增大，因此未来气候变暖后，将提高农业成本。

粮食安全不仅是关系国计民生的大问题，而且关系到世界的和平与稳定。研究指出（Xiong et al，2007），如果不考虑任何适应，全球温度升高 2.5℃ 左右将会导致中国主要粮食作物产量的普遍下降。但 CO_2 的肥效作用可以有效地抵消 4℃ 以内的升温危害，使部分粮食作物产量保持一定程度的增加。如果考虑到未来的技术进步，2050 年之前，人均粮食占有量的变化取决于人口规模和 CO_2 的肥效作用。如果按照目前的人口增长速率，CO_2 肥效作用可以完全体现的粮食生产只能保证社会发展所需的基本口粮需求（300kg/(a·人)）；如果选择减半的人口增长速率，CO_2 肥效作用完全体现的粮食生产可以满足社会持续发展所需的粮食需求（400kg/(a·人)）（图 16.1，熊伟等，2005）。再考虑其他适应措施（如：农业投入等），蔡承智，梁颖，李啸浪（2008）认为，2030 年作物总产潜力完全能够确保粮食总需求，不会存在粮食安全问题。但未来粮食安全还取决于其他多种因素，如水资源、土地利用变化。考虑了气候变化、农业用水减少和农业耕地面积下降等多种因素后，在 2050 年之前，不考虑 CO_2 肥效则粮食生产最大可下降 20%，而考虑 CO_2 肥效粮食生产则最大下降 5%（Xiong，Lin，Ju，2009）。因此，加快适应进程、充分利用 CO_2 浓度升高带来的增产作用可能是解决未来粮食安全问题的有效途径之一。

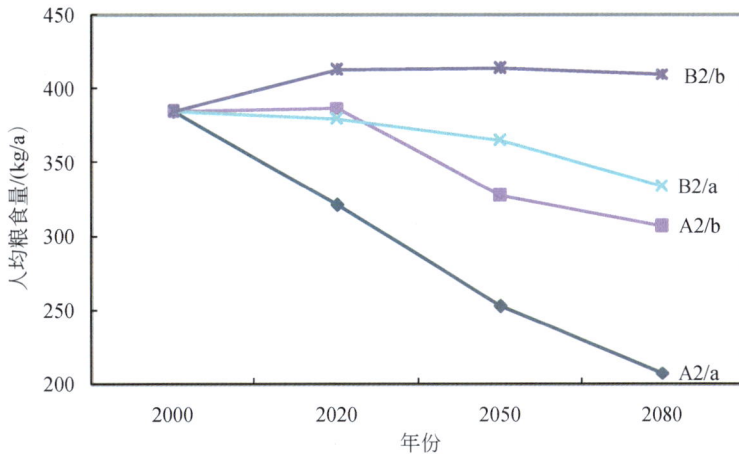

图 16.1　不同社会经济发展和温室气体排放情景下未来中国各个时段人均粮食供给量变化
（A2：当前发展情景；B2：可持续发展情景；a：无 CO_2 肥效作用；b：有 CO_2 肥效作用）（熊伟等，2005）

16.3.2　对农业自然资源的影响

当大气中 CO_2 浓度含量增加、气候变暖时，用以反映地区农事季节热量条件的热量资源——积温将普遍增加。热量条件趋于变好，致使作物的生长季得以延长，无霜期也将得以延长。北方夏季低温冷害减轻，南方高温热害则有可能加重，热量资源的变化对各个地区将会产生不同的影响。

气候变化将加剧农用水资源的不稳定性与供需矛盾。气候变暖对农业灌溉用水的影响，远远大于对工业用水和生活用水的影响，尤其是在降水趋于减少或蒸发的增加大于降水增加的地区。据研究，气温每上升 1℃，如不考虑由于 CO_2 浓度增加而使作物用水效率提高因素，仅因需水量增加，农业灌溉用水量将增加 6%～10%（秦大河，2007）。土壤水分是农用水资源的重要组成部分。中国土壤水分空间分布存在明显的地域差异，一般与降水量分布具有良好对应关系。温度升高使作物需水量加大，土壤水分的蒸发量也将增大，作物可利用水资源量会减少。热量资源增加的潜在有利因素可能会由于水资源的匮乏而无法得到充分利用。

气候变化在影响作物可利用水资源的同时也在影响着土地资源，气候变暖加快了土壤有机质分解和氮的流失，造成土壤地力下降；伴随气候变暖的蒸发加剧，导致北方一些地区土壤盐渍化和沙化；长江以南亚热带丘陵和低丘地带将面临红壤砂化，优质土地变得贫瘠；干旱区土壤风蚀严重和荒漠化，沙尘暴现象频繁发生，埋没农田和草场。

16.3.3　对农业气象灾害和病虫害的影响

人类活动排放的温室气体引起的气候变化，包括气候平均态变化和极端事件的变化。基于两者的叠加效应，农业气象灾害和病虫害发生的时空规律性及程度也发生相应变化，并得到人们越来越多的关注。

农业气象灾害：中国未来气候变暖趋势将进一步加剧，区域性干旱灾害可能加剧，洪涝灾害存在加重的可能，而低温冷害很可能呈减轻趋势（翟盘茂，章国村，2004）。长江流域和淮河流域为中国重要的粮食主产区，洪涝发生频率和危害程度均呈加剧态势。在全球变暖背景下，发生100年一遇和20年一遇洪水的可能性增大。提升区域抗灾能力，是维护区域内粮食高产稳产的关键。

气候变暖导致农业生产高温灾害加剧、低温灾害损失加重。如低温冷害、寒害、霜冻、冻害以及高温热害对水稻、小麦和玉米等作物均造成显著影响。在全球气候持续变暖的大背景下，低温灾害的发生频率在不同区域将有增有减，但强度都将增大，导致农业损失显著增加（夏敬源，2008）。

农作物病虫害：气候变暖导致一些农业病虫基数增加、越冬死亡率降低，部分虫害首次出现期、迁飞期及种群高发期提前，一些病虫害的生长季节延长，繁殖代数增加，一年中危害时间延长，作物受害进一步加重。气候变暖会加剧病虫害的流行和杂草蔓延，扩大部分病虫害的地理分布，造成病虫害越界限北移。目前在中国北方地区出现一些以前没有或是较少的病虫害，尤其是春、秋发生的种类、数量、面积较过去增加。降水异常也有利于作物病虫害区域灾变。总之，随着全球气候变化，农林作物病虫害发生有加重的趋势。

16.3.4　其他影响

为了减少气候变化对农业的负面影响，化肥、农药的施用量将相应增加（居辉等，2008）。未被作物利用的过量肥料，尤其是氮肥，通过淋溶或径流进入水体可以引起水体富营养化。氮氧化物是光化学反应的重要起始反应物，在一定条件下，能形成光化学烟雾污染，同时也是形成酸雨的重要原因之一。所以气候变暖引起的氮肥施用量增加不仅仅影响农业的成本投入，还会造成不可低估的环境问题。

未来气候变化影响农业生产，也间接影响农产品价格和贸易活动。据联合国亚太经济社会委员会和粮农组织的研究数据显示（FAO，2008），世界主要粮食价格自2005年来已上涨80%，2007年农作物产品的价格涨幅达30年来的最高点，粮食安全问题已成为一个不容忽视的挑战，引起世界各国的重视和警惕。造成这种局面的原因之一是全球粮食总产量因严重自然灾害而降低。近年来，受气候变化的影响，全球气候异常，极端天气事件增加，灾害频繁而严重。反常的炎热导致美国农业蒙受损失，牲畜出栏率降低；百年一遇的酷旱沉重打击了澳大利亚的农业和粮食生产；恶劣的气候酿成欧洲小麦主产区的灾难性损失。频繁和严重的自然灾害给世界粮食生产造成巨大损失。引人瞩目的是，近年来世界粮食主要出口国减产量更多。未来农业生产能力将直接影响粮食贸易。

近年来随着人类对气候变化以及能源危机认识的不断加深，替代性生物清洁能源备受青睐。开发利用生物质能不但能缓解日益严峻的能源危机，同时减少温室气体排放。中国充分利用农业废弃物，如农作物秸秆、畜禽粪便开发生物能源，近年来取得了良好成效，同时利用山坡地发展木本油料进而转化为生物柴油，并显著改善了环境。农作物秸秆也是丰富的生物能源的重要原料之一，而气候变化影响着作为生物质能原料来源的农作物的发展，也将影响到生物能源产业的研发、推广和应用。

16.4　适应技术与措施

16.4.1　国家适应技术和措施

适应技术和措施是一项现实、紧迫的任务，在减缓气候变化不利影响方面有重要作用。开展农田生态环境建设，有意识地调整农业种植制度，推广生态农业管理模式，加强水分管理等都是适应气候变化的积极行动，可以提高农业生产对气候变化不利影响的抵御能力，增强适应能力，最大限度地减少损失和实现潜在的效益。

1. 坚持可持续发展道路政策，加强法律法规的制定和实施

未来坚持可持续发展道路是应对气候变化的重要措施之一（居辉等，2008）。中国政府一直把实现可持续发展作为一个重大战略，把控制人口、节约资源、保护环境放到重要位置，率先制定和组织实施《中国 21 世纪议程》（1992），即适合国情的可持续发展战略。在农业生产上逐步建立健全以《中华人民共和国农业法》（2003）、《中华人民共和国草原法》（2003）、《中华人民共和国土地管理法》（1999）等若干法律为基础的、各种行政法规相配合的，能够改善农业生产力和增加农业生态系统碳储量的法律法规体系。

2. 加强农业集约化程度高的地区生态农业建设，促进气候变化的适应和减缓相结合

生态农业模式和技术对减缓气候变化具有积极的作用，主要体现在通过提高能源效率、节约能源、发展可再生能源、加强生态保护和建设、大力开展植树造林等措施，控制温室气体排放，增加农田土壤碳贮存。例如：北京市大兴区留民营村的种养加复合生态农业模式（图 16.2）就是在充分利用区位优势的基础上，在北京的巨大市场需求带动下，大力发展有机农庄，开展规模化有机种植养殖，将种植业、养殖业和农产品加工业有机结合，以沼气池为纽带，促进废弃物循环利用，从而达到整个系统的良性循环，物质高效利用，产品附加值不断增加，使生态效益、经济效益和社会效益实现了统一。

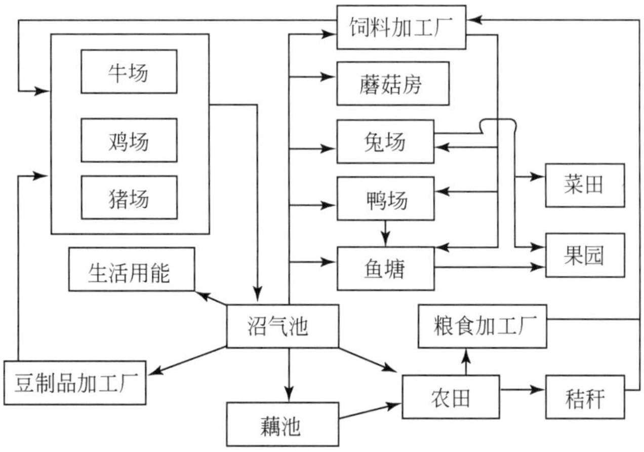

图 16.2　留民营村生态农业模式中物质能量循环利用示意图（李文华，2003）

3. 继续加强农业基础设施建设，不断提高农业对气候变化的应变能力和抗灾减灾水平

加强农田基本建设，改进现有基础设施，加强水土保持、小流域治理等生态环境保护工程建设，因地制宜发展各种微水工程，建设或改建一批中小型水库及一批大型蓄水工程，调剂季节性或年际间降水余缺，提高农业应变能力，以建设高产稳产农田。

4. 调整农业结构和种植制度，适应气候变暖

应分析未来光、热、水资源重新分配和农业气象灾害的新格局，改进作物品种布局，调整种植制度，发展多熟制，提高复种指数。强化优势农产品的规模化种植带，突出高产、稳产，扩大经济作物和饲料作物的种植，促进种植业结构向粮食作物-饲料作物-经济作物三元结构的转变。

5. 选育抗逆品种，采用稳产增产技术

加强包括生物技术在内的新技术的研究和开发，力求在光合作用、生物固氮、生物技术、抗御逆境、设施农业和精准农业等方面取得重大进展和突破，有计划地培育和选用抗旱、抗涝、抗高温和低温等抗逆品种和产量潜力高、品质优良、综合抗性突出和适应性广的优良动植物新品种；开发节水灌溉、高效用水和可持续的肥料使用等技术，加强防灾、抗灾、稳产、增产的管理措施，及预防可能加重的农业病虫害，降低农业生产成本。

6. 发展农村多元化农业

从中国的实际情况出发，结合农民致富与区域产业发展的实际需求，考虑整体战略布局与走向，建立与林业、园艺、畜牧业、水产业和农场加工业整合为一体的复合系统，特别强调农林牧副渔大系统的结构优化和"接口"强化，注重从物质能量的多层次利用与废弃物循环再生等角度，构建农业生态良性循环体系，发展多种经营模式、多种生产类型、多层次、多元化的农业经济结构（李文华，2003）。

16.4.2 区域适应技术和措施

中国地域辽阔，各地自然条件、资源基础、经济与社会发展水平差异较大，气候变化对不同地区和不同种类作物的产量影响不同，因此应充分吸收中国传统农业精华，结合现代科学技术，以多种生态模式、生态工程和丰富多彩的技术类型装备农业生产，使各区域都能扬长避短，充分发挥地区优势，因地制宜，发展具有鲜明地域特色的生态农业模式。

东北：气候变暖或降水的增多为东北农业发展提供了机遇，特别是农作物复种有了可能，如冬麦的引进（纪瑞鹏，班显秀，张淑杰，2003），水稻种植面积的扩大等，但气候极端事件的发生频率也可能会增加，如干旱、洪涝、低温冷害和霜冻都可能会给新的农业种植模式提出挑战，要抓住机遇，稳妥地推进新作物新品种扩种的步伐。

华北：华北是南水北调的受水区，干旱化依然是未来农业生产的主要限制因素，需依法管理现有和调入水资源，打破过去分散化管理体制，建立以区域、流域和水文地质单元为单位的高度协调的水资源管理系统，强化执法监督，规范人们的水事活动，保护水资源和水环境。同时沙漠化防治任务更加繁重，做好退耕还林（草）、植被恢复和建设工作；改良沙漠化防治和治理林草品种，培育和选用抗旱新品种；调整沙漠化防治体系结构和布局，防沙治沙与产业相结合，减轻环境压力。

西北：受气候变化的影响，西北地区脆弱的生态系统在人类开发活动影响下，导致河流下游断流、天然绿洲退化及土地荒漠化等问题发生，造成缺水和干旱成为影响西北地区可持续发展的最突出问题。为适应气候变化的影响要建设渠道防渗工程以减少蒸发，同时要改变传统的灌溉方式，实行节水灌溉，建立以节水为中心的灌区农业优化体系；根据生态治理区的水资源条件，采取宜林则林、宜荒则荒、宜草则草的原则，按保护、恢复的顺序逐步科学治理生态，使西北草原和绿洲农业迎接气候变化的新挑战。

华东：处于大江大河下游，地势平坦，濒临东海，如果遇到特大的洪涝灾害对农业造成的经济损失将是巨大的。气候变化可能增加农业生产涝灾及海水上升的风险，因此要加大江河、湖泊和海塘等防灾减灾工程建设的力度，根据未来气候变化对工程的可能影响，充分考虑应对气候变化影响的有关措施，增加抵御洪涝灾害、海岸侵蚀等灾害的能力。进一步加强旱涝灾害预警工程建设，提升对极端天气气候监测预警能力。

华中：严重的干旱和洪涝随气候变化日趋加重，极大地危害了本区的农业和经济发展，要加大防洪抗旱减灾工作的力度，加强工程蓄水行洪能力，充分发挥水利工程的抗旱防涝作用，科学调度抗旱水源。

华南：气候变暖将导致部分地区的极端高温事件增多，为减少高温事件对农业生产的危害，要适应调整农业管理方式和方法，如播种日期；同时加强抗高温品种的引进及热带作物的北移。为增强适应海平面上升影响的能力，要提高基础防潮设施的标准和防潮能力，减少海平面上升对农业生产的危害。

西南：西南是气候灾害和山地灾害频发地区。气候变化，特别是极端气候事件的变化会加剧泥石流、滑坡和水土流失的发生和程度，过度的农业开发会进一步加剧各种地质灾害的风险。因此，为适应这些变化，要继续加强退耕还林还草建设，提高农民在气候变化下的防灾和水土保持意识，加快和提高水土保持各项治理工程的进度、质量。要充分利用好西藏可能增加的水资源，保护好西藏天然草地。

16.4.3　适应气候变化的重点对策

调整作物布局。为适应气候变化对农业的可能影响，需要分析未来光、温、水资源分配和农业气象灾害的新格局，改进作物品种布局，有计划地培育和选用抗旱、抗涝、抗高温等抗逆品种，采用防灾抗灾、稳产增产的技术措施及预防可能加重的农业病虫害。气候变暖和生长期延长对中国北方粮食生产可能有利，因而要充分利用这一契机，科学地调整种植制度，逐渐从粮食作物—经济作物的二元结构向粮食作物—经济作物—饲料作物的三元结构的转变，发展复合经营体系，降低农业对气候的脆弱性，促进农业稳产、高产、高效（《中国气候变化国别研究》组，2000）。

发展现代生物与高新技术。面对 21 世纪人口、资源、环境、食物问题和气候变化的挑战，有必要加强光合作用、生物固氮、生物技术、抗御逆境、设施农业和精准农业等高新技术的开发和研究，以强化农业生产系统适应气候变化的能力。为减少气候变化对农作物的不利影响，选育优良品种是重要的适应性对策。通过体细胞无性繁殖变异技术、体细胞胚胎形成技术、原生质融合技术、DNA 重组技术等生物技术，快速有效地培育出抗逆性强、高产优质的作物新品种，是一条非常重要的农业对气候变化的适应性途径。

调整农业管理措施。有效利用水资源、控制水土流失、增加灌溉和施肥、防治病虫害、推广生态农业技术等，是调整农业管理措施，以提高农业生态系统的适应气候变化能力的主要对策。另外，还需要提高治理盐碱沙荒、水土流失等的综合技术，以逐步改中低产田为高产田。同时研究推广以自动化、智能化为基础的精准耕作技术，是实现农业的现代化管理，降低农业生产成本，提高土地利用率和产出率的重要途径。

改善农业基础设施与条件。减少气候变化对农业的不利影响，必须不断提高农业生态系统对气候变化的应变能力和抗灾减灾水平。气候变化会使北方干旱和半干旱区降水趋于更不稳定或更加干旱，这些地区适应性对策的一个重要方面是以改土治水为中心，加强农田基本建设，改善农业生态与环境，建设高产稳产农田，不断提高对气候变化的应变能力和抗灾减灾水平。具体的措施包括更新改造老化农业灌排工程设施，扩大灌溉面积；发展节水农业、科学灌溉，提高农业用水效率。另外，利用信息技术，开发自动化、智能化的农业生产技术，强化综合防治自然灾害的工程设施建设，可为提高农业对气候变化的适应能力和防御灾害能力提供保障。

16.5 研究差距和优先领域

16.5.1 研究的差距

为了积极应对气候变化对中国农业产生的不利影响，强化农业防灾减灾的科技支撑，不断增强国家粮食安全、农业生态安全和农业可持续发展的基础。目前，中国在气候变化对农业影响的研究领域仍然存在 4 个方面的差距：①对未来气候变化和影响的认识以及研究手段的不够完善，气候变化对农业影响的评估中尚存在诸多的不确定。②多因素（如：温度、CO_2 浓度、水资源、土地等）的气候变化对粮食生产能力的影响综合评估研究缺乏。③ 对温度和 CO_2 浓度对产量的共同影响效果、极端气候事件的频率和强度定量估计、农业病虫害加重的程度、农业脆弱性和敏感性的评估、粮食安全问题研究等等缺乏定量评估。④缺乏对各项可行的农业生产适应措施的评估研究。

16.5.2 优先领域

气候变化已经影响中国的农业生产，今后还将继续影响未来的农业发展。加大相关研究力度，能帮助缓解未来气候变化对农业的不利影响。

今后优先研究的领域包括：①加强气候变化对粮食安全影响研究力度，为保障未来中国粮食安全提供参考依据。②加强考虑多因素的综合评估研究工作，农业生产不仅受气候环境变化的影响，还受到诸多社会因素，如未来的水土资源利用格局、社会结构和消费习惯以及科学技术发展水平等的影响。未来农业生产的发展状况是多种因素共同作用的结果，开展综合评估工作是非常重要的，为全面了解未来农业的发展状况提供参考依据。③加强农业适应对策和措施的研究，定量地评估各项可行的适应措施在缓解气候变化不利影响中的作用。④加强气候变化对农户生计影响以及农业成本效益的研究，为提高农户应对气候变化的能力提供理论依据。⑤建立、发展、完善一套科学的评估方法和手段，降低研究中的不确定性。

　　今后优先适应的领域包括：①因地制宜地选择和执行可持续发展的农业模式。农业可持续发展道路的选择和执行，与未来农业生产发展和粮食安全等问题息息相关，2003年农业部推荐并推广十大典型生态农业模式及配套技术，如：北方"四位二体"生态模式、南方"猪—沼—果"生态模式、平原农林牧复合生态模式、设施生态农业模式、观光生态农业模式等，都成为今后建立和发展的重点工程，为各地农业可持续发展提供参考。②增强农业生产的防灾、抗灾能力，增加农业生产的稳定性。加大农业监测站网建设，增加监测覆盖度，加强暴雨、洪水、旱情等方面预测、预报和预警设施建设，提高预报的准确率和时效性（如：针对南方作物品种的北移西扩，加强中短期的天气预报，加强冷、热害的防灾工作），为农业减灾备灾提供必要的前提条件，降低农业生产风险。与此同时，继续加强农业各项基础设施建设，尤其是农田水利基础设施建设，提高防洪、抗旱、供水能力及农业应变能力。③在气候适宜和其他条件满足地区调整农业结构和种植制度，适应气候变暖。如：东北地区目前中国冬麦北移无疑既是气候变化下的适应措施，同时也考虑了生态条件的种植结构调整，是气候变化适应和生态农业部分特征的结合范例。今后应继续采用冬麦北移，但还需要进一步配套相应的保护性技术和措施，以降低沈阳及辽宁大部地区冬麦安全越冬的风险。④各级政府加大关注"三农"问题的力度。由于农村基础设施落后、农业环境恶化、农业生产经营分散、生产率低、耕地和水资源匮乏等问题，加之气候变化引起的极端天气气候事件增多，"三农"问题将变得更加复杂。破解这些难题还需要各级政府加大资金投入力度，加强农村技术服务体系建设，帮助农民加强自身能力建设，发展多种经营模式，建立农民长期稳定的增产增收途径。

第十七章 气候变化对能源活动的
影响和适应

提 要

能源活动是指为了满足生产和生活的能源需求所进行的各种活动，包括能源资源开采、加工转换、能源消费等行为和过程。气候变化对能源活动的影响，既有直接影响（如对采暖降温等能源消费及对水电风电等能源产出的影响等），又有间接影响（如对化石能源消费和生产形成巨大制约等）。2007 年第一次国家评估报告中，气候变化对能源活动的影响评估比较简单。本章根据相关领域的研究成果，扩展了评估内容，对气候变化、对能源活动各种影响进行了比较系统的评估，并对能源领域适应气候变化的措施作了探讨。

17.1 能源活动对气候变化的敏感性

气候变化对能源活动、包括从生产到消费的各个环节都会产生影响。由于各行业或部门本身对气候的敏感性不同、其能源活动形式和能源活动强度不同，因而气候变化对其能源活动的影响也不同。能源活动可划分为能源消费和能源供应两类，气候变化对这两类活动的影响方式和影响程度大不相同。

17.1.1 能 源 需 求

人类活动的能源消费有相当一部分用于建立和维持较为适宜的人工环境（温度、湿度、光线、通风得到控制的空间），以提高人的舒适程度或生产效率。现代社会中几乎所有行业的活动都在一定的人工环境里进行，不同行业和部门对人工环境的要求和依赖程度不同，气候变化对其能源消费的影响也不同；地理位置和自然环境不同的地区，全球气候变化造成的局部气候改变不同，气候变化对能源消费的影响也不同。对长期气温变化与能源消费的实证研究（Bigano，Bosello，Marano，2006）表明：1978～2000 年，国际经济合作组织（OECD）国家和少数非 OECD 国家的居民生活及服务业的能源消费总体上随着年平均气温升高而下降，工业部门的能源消费则基本不受气温变化的影响。世界不同纬度的 31 个国家1978～2000 年气温变化与居民能源消费证实气温变化与采暖和制冷的能源消费之间不存在线性和连续关系，不同国家的不同季节，气温变化将会对不同品种的能源消费产生不同影响（De Cian，Lanzi，Roson，2007）。

中国是世界上同纬度冬季最冷的国家，夏季则是除沙漠以外世界上同纬度最热的国家，冬冷夏热的气候特点造成中国采暖降温的能源需求相对较高。采暖和降温的能源消费在中国服务业和居民生活的能源消费中所占比重较大，造成服务业和居民生活的能源消费对气候变化相对比较敏感。从直观来看，20世纪80年代以来，中国大部地区呈现出增暖趋势，北方地区冬季增暖明显，采暖度日数减少。特别是1987年以后出现了持续若干年的冬暖，采暖度日数的减少更为明显。理论上，冬暖可使采暖能源需求降低；实际上，人口分布变化、采暖方式变化、建筑物结构和质量，及人们对室内温度的要求变化对采暖的能源消费的影响更加重要。

随着消费水平不断提高，空调的电力消费占中国电力消费的比例不断提高。据估计，在经济比较发达和夏季比较炎热的珠江三角洲地区、长江三角洲和北京地区，空调负荷占夏季高峰电力负荷的三分之一以上。2002~2004年，重庆电网的空调负荷占电网最大负荷比重从40.8%提高到45.8%（吕迎春，2007）。空调负荷的能源消费（主要是电力消费）对气温变化极其敏感，夏季高温日的空调负荷电力消费将显著增加。然而，气候变化是一个长期过程，短期内的平均气温升高幅度相对较小，因此对空调负荷能源消费的直接影响也比较有限。除气温变化外，空调负荷的能源消费最主要还是受其他因素的影响，包括人对环境温度的要求、采用的空调方式及空调技术、建筑物结构和隔热水平及通风条件、城市热岛效应等等。

从长期来看，提高建筑物质量和保温标准、采用先进的建筑物节能技术等等，可以降低采暖和空调的能源消费对天气变化的敏感性，包括对气温自然波动的敏感性和对气候变化的敏感性。

中国种植业和养殖业的生产活动受天气（气温和降水）的影响较大，种植业和养殖业的能源消费对气候变化也相对比较敏感，其敏感度取决于气候变化对气象条件的改变程度。

由于气候变化是长期的过程，对气象条件的改变是缓慢的，即使在能源消费对天气变化敏感度高的部门，短期内气候变化对能源消费产生的直接影响也将比较有限。从长期来看，气候变化不仅会造成气象条件改变而改变能源需求，更主要的是应对气候变化的措施将对能源需求产生重大影响。为了应对气候变化，各国将调整能源政策，推动节能技术发展及节能措施普及，改变能源生产和供应方式，人们的发展观念和消费行为也会发生改变，导致经济社会各部门的能源需求发生较大改变。

17.1.2 能源供应

目前，水电、风电、生物质能源等可再生能源在中国能源结构中约占8%。水电、风电、生物质能源的生产受天气的影响较大，因而对气候变化比较敏感。气候变化造成降水改变，气温升高使冰川加速融化，将改变河流的径流量，影响水电发电。气候变化也会引起一些地区气温、风速和土壤含水条件改变，对风电和生物质能源的生产造成影响。

化石能源生产和加工转换，受天气条件的直接影响相对较小。极端天气事件有时对化石能源生产、转换和运输的某些基础设施造成损坏，导致化石能源供应暂时受阻或中断。强风、暴雨、雷电等会对水库、电力供应和油气供应设施形成安全威胁。2008年1月中国南方发生的低温冰冻灾害，致使一些地区的电力供应设施受到严重破坏，造成大面积停电。但这仍不足以得出化石能源供应系统对气候变化比较敏感的结论，一是极端天气事件的发生在多大程度上应归咎于气候变化一般很难断定；二是极端天气事件对能源供应的影响一般是局部和短暂的，并且可以通过提高能源基础设施的设计建设标准而降低。

化石能源生产是受气候变化影响最大的领域，主要影响是间接影响。为了减少温室气排放，未来全球化石能源消费将受到制约，这是气候变化对化石能源供应和消费的最重要影响，也是全球气候变化谈判中最为敏感的议题。中国能源供应高度依赖煤炭资源，限制化石燃料消费将对中国的能源发展构成重大挑战。

17.2 观测到的影响

17.2.1 度日的冬夏季气温变化

1961～2007 年全国年平均气温总体呈现显著增加趋势，对各地区的采暖和降温需求产生了一定影响。采暖和降温需求通常用度日表示，分为取暖度日（Heating Degree Days）和降温度日（Cooling Degree Days）。采暖度日数是指一段时间（月、季或年）日平均温度低于某一基础温度（中国以 5℃ 为采暖的基础温度）的累积度数。采暖度日数大代表采暖需求大。降温度日数是指一段时间（月、季或年）日平均温度高于某一基础温度的累积度数，降温度日数大，表示降温需求大。

近 40 多年来，北方采暖区冬季总体呈现偏暖趋势，平均采暖度日数明显下降（图 17.1），特别是 1987 年以来，这种减少趋势更加明显。冬季偏暖有利于降低取暖需求，减少采暖耗能。

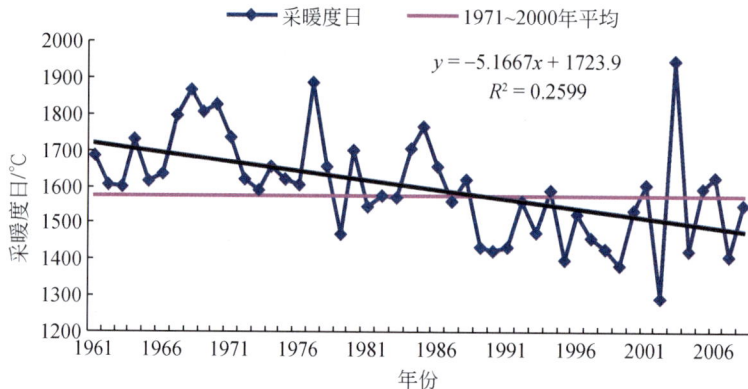

$$y = -5.1667x + 1723.9$$
$$R^2 = 0.2599$$

图 17.1 1961～2008 年北方采暖度日总量变化曲线（冬季采暖季）（国家气候中心，2009）

20 世纪 60～80 年代，整个南方地区的夏季降温度日数出现了几次比较明显的波动，90 年代以来趋于接近均值（图 17.2）。夏季降温度日数的年际波动很大，大约每两年就有一年

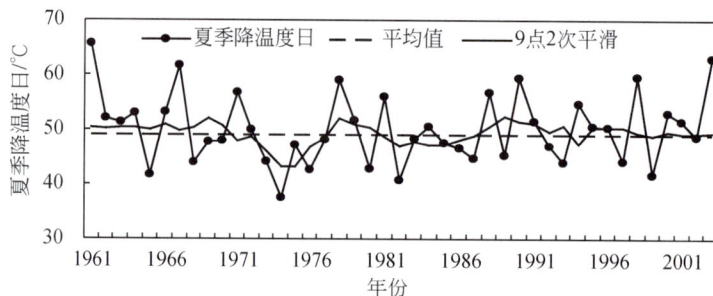

图 17.2 南方地区夏季降温度日历年变化图（陈峪，叶殿秀，2005）

降温度日变化幅度超过平均值的 10%，每 4 年中有一年波动大于 15%，使夏季降温的能源消费有很大的不确定性。夏季降温度日变化存在明显的区域性特征，华南区夏季降温度日呈现增加的趋势（图 17.3（b）），特别是 6 月和 8 月增加趋势明显；而长江和西南区夏季降温度日为不太显著的减少趋势。

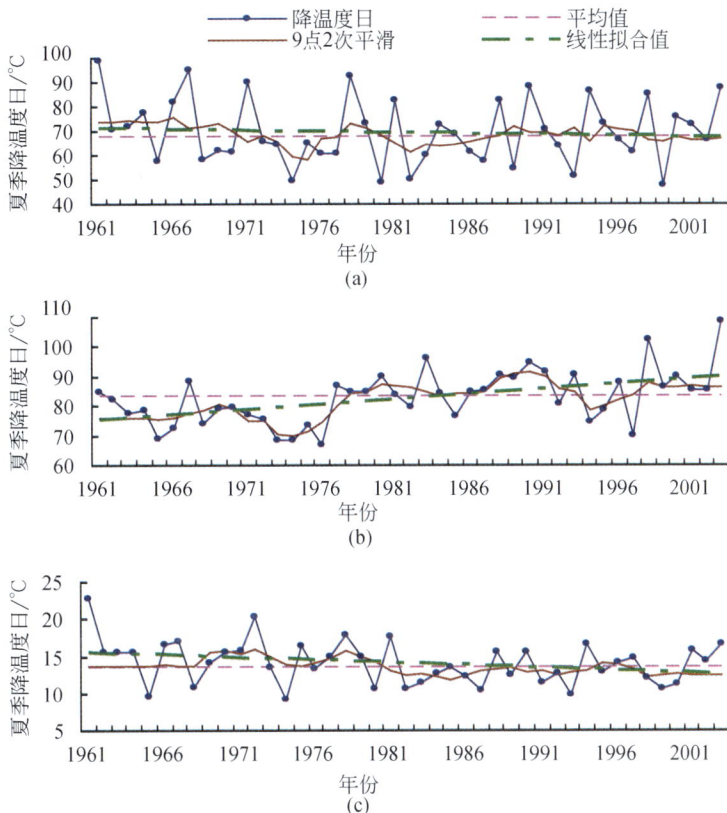

图 17.3　南方区域夏季降温度日历年变化图
（a）长江区；（b）华南区；（c）西南区（张海东，孙照渤，2008）

17.2.2　对冬季取暖的影响

中国北方采暖区空间跨度大，地理范围大约为 35°～55°N、75°～135°E 之间的地区，各地气候差异比较明显，气温变化对不同地区采暖需求的影响不同。总体上，采暖需求变化随纬度增加而减少。在 40°N 以北地区，采暖需求变率在 10% 以下；35°～40°N 地区，采暖需求变率在 10%～20%；35°N 以南的采暖区，采暖需求变率可超过 20%，温暖地区的采暖需求对温度的变化更为敏感。相同纬度下，东部的采暖需求变率大于西部。

极端冷冬年份，采暖需求增加最多可达 50%，增加最少的为 16%。40°N 以北地区，采暖需求变率一般不超过平均需求量的 30%；40°N 以南地区，采暖需求变率大都在 30% 以上，如济南为 46%，西安为 50%。在极端暖冬年份，采暖需求变率一般大于极端冷冬年份，采暖需求最少可减少 20%，最多可减少 69%。各地最冷、最暖年份的采暖能耗差相当明显，最少的相差 36%，最大的可相差 1 倍以上，一般为 40%～80%（陈峪，黄朝迎，2000）。

与 1980 年以前时段相比，1980 年代中期以来中国集中取暖区和过渡取暖区的界线明显北移，尤其 110°E 以东地区北移最大达 2 个纬距（陈莉等，2006）。中国《取暖通风与空气调节设计规范》规定，设计计算用取暖期天数应按累年日平均温度稳定低于或等于取暖室外临界温度的总日数确定。其中取暖室外临界温度的选取，一般民用建筑和工业建筑宜采用 5℃。按这个标准，全国大部地区取暖期缩短 5～10 天，尤其长江至珠江流域、东北中部及内蒙古东部部分地区、云南四川交界处，取暖期缩短 10～15 天。

17.2.3　对夏季降温的影响

降温度日和电力消耗之间高度相关。位于秦岭淮河以南的南方城市的降温耗能与平均气温的相关系数一般高于秦岭淮河以北的北方城市，即温度变化对南方降温耗能的影响更为显著（陈峪，叶殿秀，2005）。随气温升高，温度对降温耗能的影响程度将增加。

气温升高 1℃，不同城市降温耗能的增加幅度总体上是北方大于南方。6 月，南方城市气温升高 1℃ 降温耗能变化量一般为 30%～70%，北方城市多在 40%～120% 之间；7 月，南方多数城市不超过 30%，北方一般为 30%～95%；8 月，南方城市一般在 35% 以下，北方大多为 40%～80%。夏季平均温度相对较低的地区，降温耗能对温度变化较为敏感，而夏季平均温度较高的地区气温升高对降温耗能的影响相对要小些。

温度升高 1℃，对长江、华南和西南区所产生的影响亦有差别。西南区 6 月、7 月、8 月 3 个月降温耗能变率均较大，分别为 45.4%、44.5% 和 51.8%；长江区 6 月达 50.8%，7 月仅为 26.7%；华南区各月相差不大，为 28%～32%。温度升高对西南区降温耗能影响较大，对华南和长江区相对要小。盛夏期间温度变化引起的降温耗能波动不大。

17.2.4　对城市电力负荷的影响

1961～2008 年，中国夏季高温日数总体有所增加，但趋势性不显著。2000 年以来，全国平均高温日数均多于常年值，其中 2006 年是 1961 年以来最多的年份。对于一些大城市，由于气候变化和城市热岛效应的共同作用，夏季升温相当明显（图 17.4），电力负荷随气温的敏感性呈上升趋势。

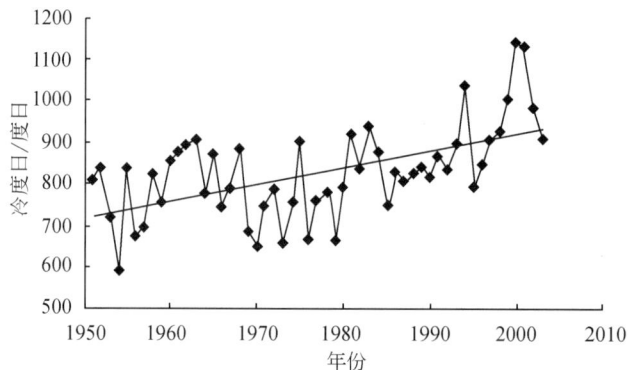

图 17.4　1951～2004 年北京采暖度日的变化趋势（谢庄等，2007）

随着经济发展和人民生活水平提高，人们对生活、工作环境的温度舒适程度的要求不断提高，冬季取暖和夏季制冷逐渐普及，气温变化对电力负荷的影响也越来越显著，气象因子已成为中国电力负荷水平的最重要影响因素。不同电网覆盖地区的气候条件不同，经济结构和发展水平不同，电网负荷受气象因子的影响也不尽相同。

夏季降温的能源消费主要是电力消费，气温对电力负荷水平和特性的影响在夏季表现得更加突出，最高负荷与温度因子的变化趋势基本一致。湖北省的相关研究表明，最高气温超过 30℃时，最高气温每升高 1℃，全省最高负荷增加 400 MW；最高气温超过 36℃时，最高气温每升高 1℃，全省最高负荷增加 580 MW 以上（胡江林等，2002）。

17.2.5　对水电和风电的影响

中国拥有丰富的水能资源，可开发的水电容量约占世界总量的 13.22%。水力发电对气候变化比较敏感，极端的气候事件，尤其是干旱对水电的影响非常大。

对中国长江流域、黄河流域、淮河流域、海河流域和松辽流域、珠江及闽江流域的 19 个重点控制水文站近 50 年的实测径流的分析表明：与 20 世纪 80 年代以前相比，黄河、海河、珠江及闽江流域各控制站均呈现减少趋势，其中海河流域减少最为明显。各江河不同河段的径流量减少幅度差异很大，如黄河流域上游径流变化小，下游受强烈人类活动和气候变化影响，径流减少十分明显。长江、淮河和松辽流域，20 世纪 90 年代下游多次发生洪水，呈现径流增加的趋势（张建云等，2008）。

20 世纪 70 年代末期，华北和西北东部发生了转折性的干湿变化，干旱呈显著增加的趋势。河北潘家口、岗南、黄壁庄、王快和西大洋的 5 座大型水库的入库径流呈现明显减少趋势。黄河上游龙羊峡，自 1986 年 10 月下闸蓄水以来，由于连续多年枯水，年平均来水量 178.3 亿 m³，仅为坝址水文系列平均来水量的 88%，造成龙羊峡水库电站建成后长期处于低水位运行，实际年发电量与设计值差距甚远。

东北地区近 20 多年来的干旱化趋势也十分明显。如内蒙古察尔森水库，1998 年之后因水库上游多年气候干旱少雨，上游河道流量减少甚至断流。1999～2007 年，水库上游平均年来水量仅为 2.52 亿 m³，远远低于设计值 8.3 亿 m³，严重影响了水库灌溉、发电效益的发挥。尤其是 2003 年和 2008 年，水库已无法正常为下游灌区供水，水库的渔业生产和发电效益都受到严重影响。

2003 年，南方发生严重的夏秋旱，南方地区部分大江大河来水锐减，7、8 月份，湘江、赣江比历年同期明显偏少，江西抚河、福建闽江等大中河流的一些河段出现历史最低水位和最小流量。湖南省柘溪、五强溪、双牌水库水位下降，水力发电严重不足，从 7 月 23 日开始全省性拉闸限电。11 月，湘江长沙水文站出现 1910 年有实测记录以来最低水位（25.25m），赣江南昌水文站出现新的历史最低水位（15.00m），漓江桂林水文站、柳江柳州水文站分别出现有记录以来最低水位。2003 年年底，南方 8 省区（湖南、江西、浙江、福建、海南、广东、广西、贵州）151 座大型水库蓄水总量 543 亿 m³，比多年同期平均值少 10%，水电发电量减少，造成电网缺电。

2006 年夏季，四川东部和重庆发生历史罕见持续高温干旱，岷江、沱江、涪江、嘉陵江等主要江河出现了"汛期枯水"，长江重庆段达到了百年一遇的最枯水位。重庆市 2/3 的溪河断流，275 座水库水位处于死水位，1100 多万人和上千万头牲畜饮水困难，水力发电减少了 120 万 kW。

气候变化将改变风力分布，对风力发电产生影响。风的能量与风速的三次方成比例，有研究认为，风力 10％的峰值变化能使可获得的风能产生 30％的变化。1956～2004 年，除西部个别地区外，全国大部分地区平均风速明显减小，1996～2005 年比 1956～1965 年减小 1％～3％，华北北部以及以北地区和东南沿海地区风速减小显著，主导风向的平均风速每 10 年减小 0.3 m/s（江滢，罗勇，赵宗慈，2008）。平均风速下降将减少风力发电机的发电量。此外，风力发电机的发电出力与空气密度有很大关系，气温变化±10 ℃可使空气密度变化 ±4％，气温升高将使空气密度下降，造成同样风速下风力发电机的发电出力下降。从另一角度看，寒冷地区的气温升高也会改善风力发电机的运行条件，有助于降低风力发电机的运行维护成本。

17.3 预计可能的影响

17.3.1 对化石能源消费的限制

目前化石能源在全球能源结构中占 80％，是全球温室气体的最主要的排放源。能源消费增长将不可避免地导致温室气体排放进一步增长。根据 IPCC 第四次评估报告，2004 年全球 6 种温室气体排放总量约为 490 亿 t CO_2 当量，比 1990 年增长了 24％；温室气体排放总量中，CO_2 占 79.6％，CH_4 排放占 14.3％，N_2O 占 7.9％，其他占 1.1％。减缓全球气候变化的首先就要减少温室气体排放，化石能源消费必然将受到限制。

根据 IPCC 第四次评估报告，要把全球升温控制在 3℃以内，全球温室气体稳定浓度需要控制在 450～550ppmv CO_2 当量。2050 年全球温室气体排放需在 1990 年的排放水平上降低至少 50％，即全球温室气体排放总量应不超过 200 亿 t CO_2 当量。按照这一目标，2050 年全球人均温室气体排放量需要从 2004 年的 7.68t CO_2 当量（6 种温室气体）降低到 2t CO_2 当量左右。

由于资源禀赋的限制，中国是世界上少数几个能源以煤为主的国家之一。2005 年，煤炭占中国一次能源消费的 68.9％，比全球平均水平高 41 个百分点。据估算，2005 年中国人均能源消费为 1.84tce，为世界平均水平的 71.3％；能源消费的 CO_2 排放量为人均 4.16 吨，为世界平均水平的 94％。未来二十年，中国要继续完成工业化的任务，能源需求还将增长，以煤为主的能源结构难以发生根本的改变，全球温室气体减排目标将对中国的能源消费总量和结构形成严重限制，增加中国能源供应成本。

17.3.2 对国际能源贸易的影响

2007 年，石油占全球能源消费总量的 35.6％，天然气占 23.8％，国际石油贸易量占全球石油消费量的 64.3％，天然气国际贸易量占全球天然气消费量的 26.6％，OECD 国家是最主要的石油和天然气进口国。出于对能源安全和气候变化的双重考虑，欧盟国家等希望发展可再生能源来减少对进口石油的依赖。气候变化可促进可再生能源加速发展，抑制发达国家的石油进口增长。

气候变化对国际天然气贸易将产生更加明显的影响。气候变化促进了用天然气替代煤炭和石油，将增加全球天然气的需求和贸易量。2008 年，全球天然气消费量比 2000 年增长了 24.49％，全球天然气贸易量比 2002 年增长了 39.98％。随着全球天然气需求迅速增加，资源分布不均、地缘政治格局对国际天然气的影响将不断加深。

随着经济发展和城镇化水平提高，中国的天然气的需求正在迅速增加，中国的天然气供应将会更多地依赖国际天然气市场。气候变化问题将可能导致中国从国际市场获得天然气资源时需要付出更高的代价。

17.3.3　对水电的影响

据预测，在全球气候变暖背景下，中国主要大型水库上游流域未来 50 年的降水总体上可能呈现增加的趋势，但某些地区也可能会出现阶段性的减少。2031～2040 年，南方地区的大部分水库上游流域 10 年降水量可能出现明显地减少趋势[①]，水库发电出力将受到影响。2040 年以后，降水量可能持续明显增加，到 21 世纪末可能增加 8％～10％，其中降水增加幅度华北地区最大，东北、西北地区次之，华南地区最小，华北地区水资源严重不足的状况将有望得到改善。

气候变化将改变降水的时间和地域分布，强降水事件频次可能增加。未来中国降水日数将增加，北方地区增加显著，南方也将增多；21 世纪后期中国东部大雨和暴雨等强降水事件发生频率可能明显上升（丁一汇，2008）。极端强降水事件的发生频率和强度增加，将使水库安全运行风险加大。

另有研究认为：近 50 年来长江流域水资源量无明显变化趋势，未来气候变化对其影响也不大。在 IPCC 第四次评估报告的三种情景（SRES-A2，A1B，B1）下，长江流域年降水量在 21 世纪前 50 年变化趋势不显著，但前 40 年降雨量略减少；极端严重的洪灾、冰雪灾害及干旱事件可能增加（徐明，冯德超，2009）。

需指出的是，对未来全球变暖背景下中国降水变化趋势的预测还存在不确定性，需进行更加深入的研究。

17.3.4　典型城市电力负荷的影响分析

天气和气候对电力消费具有显著影响。北京最大电力负荷与日平均气温之间的关系呈 U 型（图 17.5）（吴向阳，张海东，2008），U 型的谷底大约在 20℃左右，气温低于 20℃时，气温越低电力需求越大；气温高于 20℃时，则气温越高，对电力的需求也越大。电力需求对高温和低温的敏感程度不同。当气温为 25℃时，气温上升 1℃，电力负荷增加 3.7％，当气温为 30℃时，上升 1℃，电力负荷会增加 5.7％，而当气温低于 10℃ 时，降低 1℃，电力负荷只增加 1％～1.8％，主要原因是冬天的供暖有多种燃料供选择，而夏天降温基本只能使用电力。

武汉日电力负荷与日平均气温之间的关系也为 U 型（图 17.6）（李兰等，2008），谷底同样在 20℃左右。因武汉冬天比北京温暖而夏季比北京热，因而冬季电力需求随气温的变化幅度小于北京，夏季电力需求随着气温的变化幅度则大于北京（洪国平等，2006）。平均气温在

[①]　高歌，陈峪，2008. 中国水库上游流域的气候变化分析及其影响评估研究报告. 国家气候中心

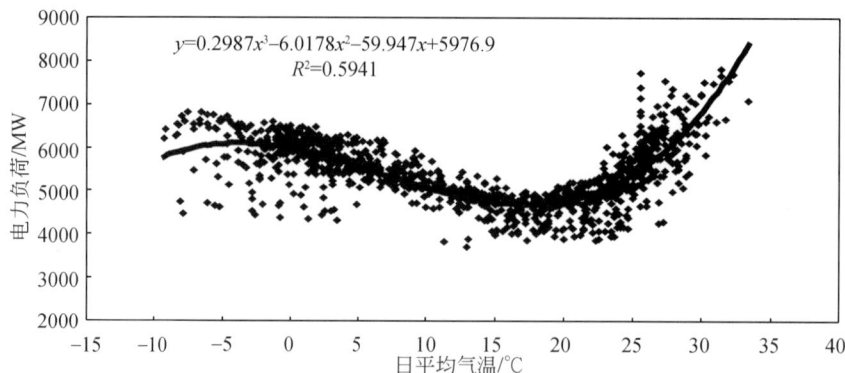

图 17.5　2002～2004 年北京市最大电力负荷与日平均气温散点图

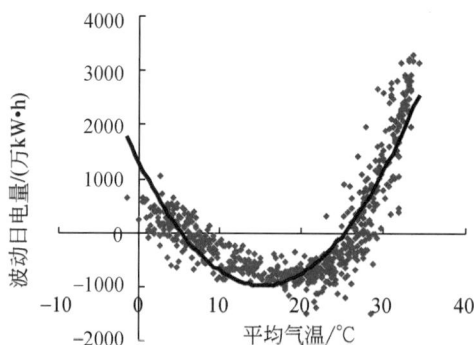

图 17.6　2005～2006 年武汉市日电量波动与日平均气温的关系

27℃～30℃时，平均气温每增加 1℃，日最大用电负荷约增加 130 MW，用电量增加约 299 万 kW·h；平均气温在 31℃～35℃时，平均气温每增加 1℃，日最大用电负荷约增加 170 MW，用电量约增加 392 万 kW·h；当气温超过 36℃时，最高气温每增加 1℃，日用电量增加约 458 万 kW·h。冬季日最低气温在 5℃以下时，每下降 1℃，用电量增加约 58 万 kW·h。

据研究，中国平均地表气温 2030 年可能比现在升高 1℃左右，2050 年可能升高 1.4℃～1.8℃，其中北方地区增温大于南方地区，西部地区大于东部地区[1]。气候变化将对夏季降温的电力需求产生较大的影响。

17.4　能源领域适应对策

为了克服气候变化对中国能源发展造成的不利影响，中国需要在能源领域采取全面的应对措施，除了要适应气候变化对能源活动造成的直接不利影响以外，更要适应和突破气候变化对中国能源消费和能源生产的制约。在能源领域，适应气候变化的重点包括：强化节能，减少经济发展对能源消费增长的依赖；调整能源结构和发展先进技术，降低化石能源消费；提高能源基础设施建设标准，增强能源供应系统对极端天气事件的抵御能力；改进建筑物保温性能，降低不利天气条件造成的建筑物用能增加。

[1]　许崇海，徐影等，2008. 气候变化业务产品说明手册 _ Version1.0、2.0，2009 年，国家气候中心

17.4.1 强化节能

为了适应温室气体排放限制对能源发展的制约，加强节能和提高能源使用效率、减少化石能源消费是优先选择。广义的节能和提高能源效率涵盖三个方面：

首先是技术节能，通过技术措施提高用能设备或工艺过程的能源利用效率，降低能源损耗和能源需求。节能技术措施包括：采用能效高的先进工艺和设备，例如用高效节能灯替换白炽灯可以提高光电转换效率 2～4 倍；把生产过程排放的废热、废气重新回收利用等等。

二是系统节能，通过改变和优化用能系统的设计减少整个系统的能源需求。比如小排量汽车，发动机本身的能源效率可能不如某些大排量汽车高，但汽车整体的能源消耗比较低。节能建筑是系统节能的重要方面。采用高效隔热材料、低散热玻璃等材料提高建筑物保温性能，可以大幅度降低建筑物总体的采暖和制冷能源需求，也能减少室内热舒适性对天气变化的敏感性。

除了传统意义的节能和提高能效，改变经济增长模式，推行宏观节能和能效提高对中国也尤为重要。中国迫切需要扭转工业发展重型化的趋势，加快高技术产业和高附加值产业的发展，降低经济发展对能源需求增长的依赖。

强化节能和提高能效需要全面的公众参与。应全面提高公众的节能意识，倡导理性和适度消费，摒弃奢华浪费，才能真正促进经济社会以高效和低能耗的方式发展。

17.4.2 能源结构调整

能源供应结构调整是克服气候变化对能源消费限制的重要对策。能源结构调整的重点是加快非化石能源的发展。2009 年 9 月 22 日，国家主席胡锦涛联合国气候变化峰会上宣布：争取到 2020 年非化石能源占一次能源消费比重达到 15% 左右，比 2008 年增加 6 个百分点。在可预见的未来，可再生能源发展还难以满足能源需求的增长，中国能源结构调整必须实行多元化战略。

核电的温室气体排放接近于零，是目前大规模替代化石燃料的最可行技术。2008 年，中国核电装机容量为 907.8 万 kW，占中国电力总装机的比例为 1.3%，远远低于经济发达的国家和地区（欧盟平均为 17.6%，美国为 9.8%，日本为 18%，韩国为 26%）。核电在全球发电总量中的份额为 16%，法国、日本、美国的核电发电量占全国发电量的比例分别为 76.8%，27.5% 和 19.4%，欧盟平均为 35%，而中国核电发电量占全国发电总量的比例不到 2%。随着中国核电技术水平和装备制造能力的提高，加快核电发展将成为中国能源结构调整和温室气体减排的最有效措施，2020 年中国核电装机容量有望达到 8000 万 kW。

中国水电资源技术可开发的量大约 5.4 亿 kW，经济可开发量 4 亿 kW 左右。2009 年已开发水电资源占经济可开发容量的 43%，远低于美国 82%、日本 84% 的水电开发程度，水电开发在中国还有较大的发展潜力。应该在科学论证、系统规划、妥善处理好生态环境保护和移民安置的前提下，加快中国的水电开发建设。通过西电东送，在全国范围内实现电力资源优化配置，促进水电在中国能源结构调整和温室气体减排中发挥充分的作用。

为减少能源消费的温室气体排放，新能源和可再生能源正在成为全球范围内发展最快的新型产业。中国颁布了《可再生能源法》和《可再生能源发展规划》，制定了可再生能源发电的电价优惠价格政策等,为中国可再生能源发展创造了良好的政策环境。2008 年,中国风电装机容量超过了 1200 万 kW,居世界第四位。未来十几年,国家将在甘肃、内蒙古、河北、江苏等地建设若干千万千瓦级的风电基地。在积极发展风电的同时,还需要因地制宜、推动生物质能和太阳能等其他可再生能源的发展。

17.4.3　发展先进技术

要从根本上解决气候变化制约下的能源发展问题,必须依靠科技进步。在核能技术方面,需要加快高温气冷堆、快中子增殖堆、受控核聚变的研究进程。在新能源和可再生能源利用方面,需要进一步加强对大容量风力发电机组、生物质能源的高效生产技术、生物质燃料的高效转换和利用技术、高效太阳能热利用、太阳能光伏发电、太阳能光化学转换技术和材料、太阳能利用和建筑一体化等技术的研发。在天然气水合物、海洋能利用等方面,也需要在基础研究和技术开发方面争取尽早取得实质性突破。

在中国,能源供应还将在较长时间内继续依赖煤炭,研究发展煤炭高效利用技术、特别是先进的高效燃煤发电技术,对中国降低能源消费的温室气体排放具有极其重要的作用,研究和发展低能耗和低成本的碳分离和碳储存技术,对中国克服温室气体排放的限制也具有重要的意义。

17.4.4　优化采暖降温方式

根据气候变化,合理确定被动和主动取暖和降温的时段,在保证人体舒适的前提下,合理使用能源。如按照气象条件计算,西安 1993~2002 年 10 年间冬季供暖的平均供暖日数为 103 天,比规定的供暖期从 11 月 15 日到次年 3 月 15 日的 121 天少 18 天,如果进行合理调整可减少能源消耗约 14%。

建筑物能源消费在中国能源总消费中的比例在持续上升,建筑物节能是中国强化节能的重要方面。建筑主体节能要求在保证舒适、健康的室内热环境基础上,采取有效的节能措施改善建筑的热工性能,在设计和建造时尽量考虑利用自然界的阳光、气温、风等条件改善建筑物室内热舒适性,将能够减少主动采暖和降温的能源消耗,降低建筑全年能耗,最大限度地减少建筑对能源的需求。

开发可再生的新能源,包括太阳能、风能、水能、生物能、地热等无污染型的清洁能源,加大可再生能源在建筑能源系统中应用的比例,并且注意提高效率,要尽可能节约不可再生能源(煤、石油、天然气)。

17.4.5　加强能源基础设施建设

气候变化可能使极端天气事件的作用强度和频率增加,威胁水库、输电系统等能源基础设施的安全及可靠运行,能源领域适应气候变化的一个重要方面是防止能源基础设施受到极端气候事件的损害。

根据气候变化及极端气候事件的强度变化趋势,评估不同地区能源基础设施可能受到的潜在影响,能源基础设施规划、选址时尽量避开易受影响的位置,新建能源基础设施应采用较高的设计标准并确保建设的工程质量，对已有的能源基础设施要加强维护，同时要制定能源基础设施应对极端气候事件的对策方案，以提高能源基础设施抵御极端气候事件的能力，降低极端气候事件可能造成的影响。

17.4.6 加强气象预报和气候信息服务

加强气象预报、极端气候事件预报预警及气候信息服务，增强能源系统对天气变化的适应能力。较准确的中长期天气和降水趋势预报，将有助于合理安排水库调度，增加水力发电的效益；准确的短期天气预报将提高电网风电发电能力和电网负荷需求的预测准确性，有助于优化电力生产调度，使风电等可再生能源资源得到充分利用。及时准确的极端气候事件的预测预警，将有助于能源部门提前采取有效应对措施，防止气候灾害对能源基础设施造成损害，以保障在极端气候事件发生时仍然能够安全可靠地向社会提供源源不断的动力。

17.5 研究差距与优先适应领域

采暖和降温的能源消费随着季节变化呈现周期性波动，对天气变化比较敏感。但中国目前的能源消费统计以年度为周期，对采暖和降温的能源消费没有系统的统计，很难支持对这一领域扩展全面的研究。另外，气候变化不同于天气变化，是一个长周期的缓慢过程，对能源消费的直接影响短期内难以明确地观测到，迄今缺少有效的观测结果支持深入的科学分析。随着人们生活水平的不断提高，采暖和降温的能源消费占能源总消费的比例在不断增加。由于采暖和降温的能源需求对天气比较敏感，因此受气候变化的影响也会相对比较明显，应该作为适应的优先领域，急需加强相关统计和研究。

预测气候变化对未来中国水电、风电及能源供需的影响非常困难，国内的相关研究极少，缺少可靠的研究成果，应加强这方面的研究。未来太阳能在能源中的比例将上升，太阳能对气候变化的敏感性也需要加强研究。

气候变化对能源的间接影响十分广泛，几乎涉及能源消费及能源生产的各个方面，不仅与适应气候变化有关，更与减缓气候变化有着非常密切的关系，因而需要能源领域采取全面措施加以应对。

第十八章 气候变化对重大工程的影响和适应

提　要

2007 年第一次气候变化国家评估报告对气候变化对三峡工程、南水北调工程、青藏铁路，以及林业工程的影响进行了初步讨论。本章在第一次气候变化国家评估报告的基础上，选取了对中国社会发展和经济建设具有重大意义和对气候变化影响极具敏感代表性的重大工程，包括沿海核电工程、三峡工程、南水北调工程、山地灾害防护工程、公路铁路等寒区工程、沙漠化防治与水土保持工程、内陆河流域综合治理工程和退耕退牧还林工程，系统地评估气候变化对重大工程的影响，评估了影响的时间与空间范围和程度，提出重大工程适应气候变化的对策措施。

气候变化改变全球水文和物质循环现状，很可能使极值事件的强度和频次增加。气候变化的后果将造成工程设计所依据历史数据的理论函数关系发生改变（Milly et al. 2008），进而影响重大工程的设计、运行管理和建筑材料寿命等，同时，区域性大面积的骨干重大工程的修建对区域气候可能产生一定的反馈作用。本章选取 8 个（见图 18.1）在中国社会发展

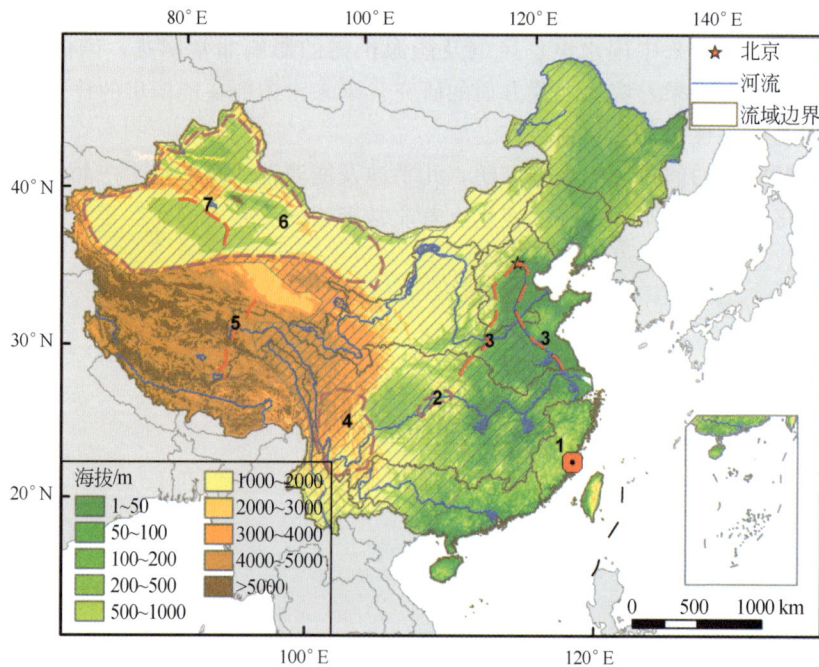

图 18.1　重大工程地理分布示意图

1. 沿海核电工程；2. 三峡工程；3. 南水北调工程；4. 山地灾害防护工程；5. 公路铁路等寒区工程；

6. 沙漠化防治与水土保持工程；7. 内陆河流域综合治理工程；8. ▨ 退耕退牧还林工程

和经济建设具有重大意义和对气候变化影响极具敏感的代表性重大工程，评估气候变化的影响，提出适应气候变化应对措施。

18.1　沿海核电工程

核电又称原子能发电，是利用核燃料在原子核反应堆中起裂变反应产生的热能将水加热成蒸汽，推动汽轮发电机组发电，从而将原子能转化为电能的过程，是一种高效的清洁能源。世界上有核电国家的统计资料表明，虽然核电站的投资高于燃煤电厂，但由于核燃料成本显著地低于燃煤成本，使得核电站的总发电成本低于燃煤电厂。核电又是经济的能源。世界上已探明的铀储量约 490 万吨，钍储量约 275 万吨。这些裂变燃料足够使用到聚变能时代。

中国现有浙江秦山、广东大亚湾、江苏田湾 3 个核电基地，均位于中国的沿海地区。在内地也有规划建立核电站。现已建成 11 台核电机组投入商业运行，总装机容量 870 万 kW，年发电量 692 亿 kW·h，占中国总发电量的 2% 左右。根据中国核电发展规划，到 2020 年核电装机容量将达到 4000 万 kW，占全国发电总装机容量的 4%，占总发电量的 6%（中国国家发展和改革委员会，2007）；到 2050 年总装机容量 1 亿 kW，是目前核电总装机容量的 10 倍以上。中国的核电建设和营运业绩良好，核电站废物严格遵照国家标准，实际排放的放射性物质的量远低于国家标准许可限值（中国国家发展和改革委员会，2007），不会对人民生活和工农业生产产生有害影响。核电站的三废治理设施与主体工程同时设计、同时施工、同时投产，其原则是尽量回收，把排放量减至最小，核电厂的固体废物完全不向环境排放，放射性液体废物转化为固体也不排放；气体废物经过滞留衰变和吸附，过滤后向高空排放。

18.1.1　气候变化对工程安全的影响

近 30 年来中国沿海海平面上升了 9.2 cm，高于全球平均状况[①]。随着温室气体排放量的持续增加，海平面有加速上升的趋势。

中国沿海的海平面整体上呈波动上升趋势，自 20 世纪 70 年代以来中国沿海海平面总体上升了 9 cm，1970 年以来平均上升速率为 2.6mm/a，高于全球平均水平[①]。其中，天津沿岸上升最快，为 20 cm；上海次之，为 12 cm；辽宁、山东、浙江都超过了 10 cm；福建、广东较低，为 5～6 cm。总体趋势为"北高南低"，天津沿岸和长江三角洲地区上升较快，福建和广东沿岸上升较缓（Chen et al.，2008）。

随着全球气候变暖与海平面上升，极端洪水位提高、风暴潮强度日益增大，对沿海核电工程的设计和防护，以及安全运行产生了重要影响。海平面上升将使中国沿海核电工程设计水位明显升高。总体而言，未来中国沿海海平面上升对沿海核电工程的影响是不均匀的，呈南大北小的趋势，浙江、福建、海南沿岸较为显著，工程设计标准将提高 15～25cm；黄、渤海沿岸较小为 10～18cm。海平面上升使沿海核电工程的现有设计标准进一步降低（Chen et al.，2008）。

---

① 国家海洋局.2009.中国海平面公报

同时，全球变暖造成中国沿岸海水温度的上升。1970年以来，中国沿海气温和海温均呈明显上升趋势，上升幅度分别为 1.1℃ 和 0.9℃；但上升趋势的季节差异明显，冬季升幅最大，春秋季次之，夏季最小。冬季气温和海温均为年最低，但长期升幅最大，分别为 1.8℃ 和 1.4℃，占总升温的 41% 和 39%；夏季气温和海温均为年最高，但长期升幅最小，分别为 0.4℃ 和 0.3℃，仅占总升温的 9% 和 8%[①]。

受区域性的气温升高和核电工程温排水共同影响，将导致与水环境升温有关的生态灾难增加，从而对核电工程附近的生态环境安全造成显著影响。例如，高温使得美国一些核电站排放口附近水域生物消失。台湾核二电厂排放口附近海域出现秘雕鱼（畸形鱼）。这些异常现象在气候变暖后，排放口水域将可能会出现更多。核电站周边环境安全是今后核电站温排水设计中必须注意和严格防范的重要问题。

未来中国沿海海平面上升和海温上升趋势还可能进一步加剧，与 2000 年相比，据预估，2050 年中国沿海海平面和海温分别上升 13～22 cm 和 0.8℃。预计到 21 世纪末中国沿海平均海平面将比 21 世纪初上升 30～60 cm，海温将升高 1.8℃，高于全球海平面的上升速度。特别是一些河口三角洲地区，相对海平面上升较为明显（Chen et al.，2008）。沿海核电工程的运行安全及环境安全，是未来核电工程必须重视的问题。

18.1.2　适应气候变化对策措施

海平面上升是一种海洋灾害，这种长期的作用将对沿海核电工程产生严重影响，同时气候异常变化又加剧了各种海洋灾害的强度。针对沿海核电工程建设投资大、运营周期长的特征，需采取有效的适应性措施以减少气候变化的不利影响，以保障沿海核电工程的安全和可持续发展。

1. 在充分科学论证的基础上，完善核电工程设计标准

气候变化的后果将造成工程设计所依据的历史数据理论函数假定关系发生改变（Milly et al.，2008）。在核电站建设上，应完善核电工程设计标准，在现有要素分析的基础上，充分考虑海平面上升因素，保障工程的安全，适应气候变化。

2. 加强核能有效利用技术

核电是安全、经济、干净的能源，与火电站相比，更有利于保护环境。国家发展和改革委员会 2007 年提出，在应对气候变暖、控制温室气体排放的背景下，应积极调整能源政策，节能减排，大力发展清洁能源，将核电作为一种重点发展的高清洁能源，以解决未来的电力需求。

目前核技术能够有效利用的核能只有三分之一，而三分之二的能量将随同温排水进入自然水体，因此进入水体的热量巨大。提高核能利用效率，通过新技术和方法，减少核电站温排水带去的能量。随着国家对海洋环境保护的重视和公众对热排放关注度的提高，核电工程建设的标准会更加严格，工程投入费用必然增加，通过新技术的采用，提高核能利用效率，是气候变化下核电工程面对的问题。

---

① 国家海洋局．2009．中国海平面公报

3. 核电工程环评与设计需考虑未来由于气候变化的影响造成的海温变化

气候变化下的温度的升高将扩大排放口混合区的面积，受影响的水域范围将扩大。一般情况下，在局部海区，如果有比该海区正常水温高 4℃ 以上的热废水常年注入时，就会产生热污染的问题。沿海核电站温排水的温度一般高于环境受纳水体温度 6℃～11℃。大量的温排水入海，局部海区就可能产生热污染。

沿海核电工程的取排水方案和环境评价应重点考虑近年来海水温度的变化状况，同时兼顾未来海温的变化趋势，充分考虑气候变暖对核电工程和周边工程的影响；尤其要考虑气候变暖，核电排水对沿海海域温度的综合影响。

18.2　三峡工程

三峡工程全称为长江三峡水利枢纽工程，位于湖北省宜昌的西陵峡三斗坪。三峡水库总库容 393 亿 m³，水库调洪可消减洪峰流量达每秒 2.7 万～3.3 万 m³，能有效控制长江上游洪水，使荆江河段防洪标准提高到 100 年一遇，保护长江中下游荆江地区 1500 万人口以及 2300 万亩土地，是世界上防洪效益最为显著的水利工程。三峡工程完工后年发电量可达 1000 亿 kW·h，将对华东、华中和华南地区的经济发展和减少环境污染起到重大的作用。

18.2.1　气候变化对库区水资源的影响

三峡库区包含了长江流域因三峡水电站修建而被淹没的湖北省所辖宜昌县等 4 县及重庆市共 20 个县区。三峡大坝（宜昌站）控制流域范围为长江上游，流域的水资源变化特性、旱涝特征直接决定了长江三峡的天然来水，进而影响其发电效益及运行安全。气候变化对三峡库区水资源的影响，主要讨论对三峡库区水资源、以及形成三峡来水的三峡以上流域水资源的影响。

三峡库区 1961～2007 年平均气温呈升温趋势，近期三峡库区年平均气温存在明显上升趋势，且变幅明显增大。三峡库区蓄水后，2004 年、2005 年的气温基本正常，2006 年受大气环流异常影响，库区平均气温异常偏高，为 1961 年以来最暖的一年（张强等，2007）。随着三峡水库水面面积扩大，冬季对库区周边有水体增温效应，夏季有降温效应，但总体以增温为主。三峡库区年平均降水量为 1163mm，20 世纪 70 年代中期降水量偏少；70 年代中后期到 80 年代中期为相对湿润期，其后，降水量处于偏少阶段。通过对观测资料的统计分析，尚未发现三峡水库蓄水后周边地区降水量的明显变化，近几年降水较常年偏少趋势与西南地区的降水变化基本一致，体现出降水年代际变化特征（陈鲜艳等，2009）。

长江上游 1960～1992 年平均气温为 12.1℃，呈现平稳且非常微弱的减小特征；而 1992 年后，气温迅速升高，多年平均气温上升到 12.62℃。1960～2007 年长江上游多年平均降水量为 939.0mm，年平均降水量缓慢下降，平均减小 2.7mm/10a。长江上游金沙江流域大部地区降水量增加，四川盆地西部地区，减小趋势非常显著。与降水特征相对应，长江上游径流量变化也呈波动减小的特征。宜昌站年径流量呈下降趋势，降幅略高于降水，年最大洪峰流量呈现波动性（Jiang，Su，Hartmann，2007）。

18.2.2　气候变化对工程运行安全的影响

极端天气气候事件渐趋频繁且相互交替发生，将有可能迫使水利工程偏离正常的设计运行条件。在相对恶劣的环境运行，从不同的侧面为工程的正常蓄水、调度运行、及发电造成压力，而坝体周边环境相对快速的交替变化，也将对大型水利工程的自身安全带来更严峻的挑战。

1960～2004 年间，长江上游年极端降水量呈微弱下降趋势，日最大降水有不断上升的趋势，1980 年以后上升趋势最为显著（Su，Jiang，Jin，2006）。自 1990 年以来，长江上游与中下游的极端降水呈现出向 6 月份集中的共同趋势，表明流域产生遭遇性洪水的可能性正在增大，三峡工程的防洪压力进一步加大。受到长江上游水利工程拦沙、降雨条件变化、水土保持措施、人类活动以及河道泥沙冲淤和河道采砂等因素的影响，三峡上游来水来沙较 80 年代以前发生了明显的变化，输沙量有明显减少趋势（戴会超，王玲玲，蒋定国，2007）。

近年来，长江三峡库区极端气候事件趋强趋多，水安全与水资源问题日益严峻。尤其在 2006～2008 年间，长江流域经历了一系列极端天气气候事件。2006 年，四川出现 1951 年以来最严重伏旱。2007 年 2 月 27 日，长江重庆主城段水位降至零水位以下 0.74m，为 1892 年有水文记录以来的最低水位。2009 年冬季到 2010 年春季，西南地区发生百年一遇的特大旱灾。2010 年 3 月 21 日，长江重庆段寸滩水位降至 159.47 米；嘉陵江重庆段北碚水位降至 173.47 米。与此同时，长江上游洪涝灾害亦非常严重。2007 年 7 月 2 日以来，四川东部持续强降雨，嘉陵江支流渠江发生超保证水位洪水。7 月 16 日午后开始，重庆市发生百年一遇特大暴雨，引发了严重的山洪、滑坡和泥石流灾害。

未来气候变化预估表明，长江上游汛期洪涝、干旱等极端事件发生的频率将增加。未来气候变化情景下，当 CO_2 加倍时，三峡水库以上地区春季和冬季月降水量有明显增加，以春季最为显著，平均增加 20% 左右。由于长江上游强降水的增加，三峡库区突发的泥石流、滑坡等地质灾害发生概率可能增大，对长江三峡水库管理、大坝安全以及防洪和抗洪等产生不利影响；长江上游枯水期的干旱，将对三峡水库的蓄水、发电、航运以及水环境造成影响（曾小凡等，2007；刘波等，2008）。

18.2.3　适应气候变化的对策措施

针对三峡工程来水来沙特征，以及未来气候变化条件下降水量和径流量的可能变化特征，为减小三峡水库运行风险，除了加强坝体与库区监测和维护，也需要应用优化的调度模型，以减少人为失误，还应建立长江流域水库调度网，通过系统调节减小三峡水库运行期可能出现的枯水期发电不足和汛期防洪的风险（周建军，林秉南，张仁，2002）。

三峡库区在建坝蓄水以前一直是崩塌、滑坡等地质灾害的多发区，而随着极端强降水事件频率的增多，这一安全隐患也随之有所加剧。为解决这个问题，国家投入大量防治专项资金对库区地质灾害进行了有效治理。随着治理项目的有效进行，地质灾害发生频率得到有效控制。156m 水位蓄水以来，三峡库区没有发生重大地质灾害和因灾造成的重大人员伤亡事件。关于 175m 水位蓄水对三峡库区地质灾害的影响以及相应的适应措施，鉴于研究文献缺乏，暂不做评估。

通过对三峡库区生态环境的严格保护，恢复库区生态环境自身对气候变化与人类活动的适应性能力。

18.3　南水北调工程

南水北调工程是为解决中国华北和西北地区严重水资源短缺，保障区域社会经济可持续发展而实施的一项远距离跨流域水资源调配工程。工程分东线、中线和西线三条线路。其中，东线工程从长江下游扬州江都抽引长江水，利用京杭大运河以及与其平行的河道逐级提水北送，直达天津；中线工程从长江支流汉江上游的丹江口水库引水，跨越长江、淮河、黄河和海河四大河流，沿京广铁路北上至北京和天津；西线工程从长江上游的通天河、雅砻江和大渡河引水，向西北和华北部分地区输水。由于西线尚在论证和准备之中，本节仅包括东线和中线。

18.3.1　工程区的气候变化

1. 供水区的气候变化

自 1991 年以来，位于南水北调中线和东线供水区的长江流域全流域年平均气温表现为显著的升温趋势。根据长江流域 146 个气象站点 1960～2005 年的逐年气温资料分析结果，自 1991 年以来全流域都为升温趋势，其中长江流域中下游地区和金沙江流域是升温幅度最大的地区。1960～2005 年长江流域中下游地区的年平均气温呈明显增加趋势。自 1961 年以来，长江全流域的年降水量变化趋势不明显，但存在着区域差异。长江流域源头和中下游地区降水量呈现增加趋势，其他地区则减少，而且极端降水事件的空间分布亦存在异质性，其频率和强度从西北部向东南部逐渐升高。根据 ECHAM5/MPI-OM 模式对长江流域预估表明，全流域气温将持续升高，尤其 7～8 月升温趋势明显，年平均温度升高最大幅度为 2.6℃。全流域 7 月降水将增加，8 月降水有减少趋势，未来夏季降水更加集中，不仅会增加洪涝灾害的发生概率，也有可能导致旱灾的发生（曾小凡等，2007）。

2. 受水区的气候变化

最近 55 年（1951～2005 年）华北地区呈现一个暖而降水少的变化趋势，年平均气温呈现升高趋势，增温率为 0.35℃/10a，平均年降水量呈下降趋势，线性递减率为 14.2mm/10a（马柱国，2007）。华北是中国大陆冬季增温最显著、增温幅度最大的地区，到 2030 年华北地区冬季的增温幅度相对多年平均（1961～1990 年）上升 2.5℃左右。2030 年前，夏季由于华北地区处于明显的水汽辐合区，偏南气流较强，大气中的可降水量增加，使得中国内陆的降水格局也会发生相应变化，呈现出南少北多的分布形态，华北地区夏季降水会明显增多，南方地区降水则有所减少（柳艳香等，2007）。

18.3.2　气候变化对工程的影响

1. 气候变化对于南水北调工程可调水量的影响

1）气候变化对南水北调中线工程可调水量的影响

汉江流域气温升高 1℃，流域蒸发将增加 5%，若 CO_2 气体浓度加倍，按 7 个 GCMs 模型的气候变化情景，汉江流域多年平均气温约增加 0.9℃，降水增加 1.6%，丹江口以上地区多年平均径流量将减少 3.0%，土壤含水量减少 0.7%，丹江口水库可调水量减少 2.2%～3.5%。气候变化对汉江流域水文水资源及南水北调中线可调水量的影响较小。部分气候模式分析表明，2021～2050 年的年径流量将增加 10%，大于 2051～2080 年的增量 2%；而另外部分气候模式结果更为乐观，2051～2080 年的增量为 15%，大于 2021～2050 年的 10%（陈德亮，高歌，2003）。

中线调水还涉及气候变化对南北水系丰枯遭遇频率的影响问题。从近 70 年南北水系丰枯遭遇的情况看，自 1927～1997 年，海河有 16 年是丰水和特丰水年，不需外调水，有 18 年是平水年或平偏丰，需要的调水量有限，有 37 年是枯水年乃至特枯水年；汉江有 25 年是丰水、平水或至少是平水稍枯，汉江有 12 年是枯水甚至特枯，无法按北方需水要求调出相应的水量。如果南北同枯的年份增加，对中线调水将十分不利。

2）气候变化对南水北调东线工程可调水量的影响

东线工程供水区水量丰富。长江大通站多年平均径流量超过 9000 亿 m³，且 1950～2005 年间每 10 年增加了 0.48%。未来 30 年东线工程区气候将变暖，降水没有显著变化，A2 情景下可能略有增加，A1B 情景下可能略有减少（徐影等，2005）。未来 30 年降水量将转变为增大趋势，但趋势均不显著；未来 50 年及以后长江流域年降水量将呈显著增大趋势。在 3 种排放情景下（A1B、A2 或 B1），长江流域径流变化趋势基本一致，即未来 10～30 年径流量将以减小为主，2060 年以后将转变为显著增大的变化趋势（刘波等，2008）。

由此可见，气候变化对南水北调东线、中线可调水量的影响不大；对东线水质可能有不利影响；对中线南北同枯遭遇频率以及对调水工程可能的影响值得关注。

2. 气候变化对于华北地区地表径流的影响

1950～2005 年海河和黄河实测流量下降明显。其中，海河流域漳河观台站的 10 年递减率达到 20.0%。整个海河流域自 1980 年以来的径流量与 1980 年以前相比减少了 40%～70%。以河北省为例，从 20 世纪 50 年代至 90 年代地表径流平均每 10 年减少 19.4 亿 m³。直至 21 世纪初，全国降水变化的空间分布形势基本上是"南多北少"，松花江、辽河、海河和黄河流域处于少雨期。在不考虑人类活动影响，即在自然气候变化情况下，松花江流域和淮河流域的少雨期可能将维持 5～10 年，而辽河、海河和黄河流域的少雨期可能要维持 10～15 年。2015 年以后，随着降水变化趋势的转折，北方大部地区降水可能趋于增加（任国玉等，2008）。降水、温度和蒸发量的变化对水资源的变化有着直接或间接的影响。地表温度升高 1℃，潮白河流域年径流减少 12%。模型模拟结果显示，尽管华北地区在 2050 年甚至 2100 年降水量都将增加，但由于气温升高幅度大，蒸发量的加大，使得径流的增加不显著，甚至有减少的可能（陈宜瑜，2005）。至 2030 年完全由气候变化产生的缺水量由平水年到特枯水年：京津唐地区为 −1.6 亿～−14.3 亿 m³，淮河为 −4.4 亿～−35.4 亿 m³，黄河为 −1.9 亿～−121.2 亿 m³。如果考虑社会经济发展带来的缺水量，将大大加剧海滦河流域、京津唐地区、黄河流域及淮河流域的水资源短缺。

气候变化不会缓解华北地区的缺水形势，南水北调工程对于区域水资源的配置作用将更加凸显。

18.3.3　适应气候变化对策措施

1. 气候变化引起的极端气象和水文事件发生的强度和频率变化，需要适当提高南水北调关键工程的设计标准

气候变化背景下，极端水文和气象事件发生的频率、频次有增加趋势，南水北调工程应充分考虑这一变化趋势，适当提高工程的设计标准。需要考虑以下一些问题：①气候变化引起流域降雨和径流的变化，影响流域的设计暴雨和设计洪水，需要适当的提高水利工程防洪的设计标准；②气候变化将可能加剧干旱发生的频率、范围和程度，进而影响到水利工程的供水保证率；③暴雨强度和暴雨次数的增加，可能引发地质灾害的发生和加大泥沙冲淤对水利工程安全和寿命的影响；④气候变化将可能加大极端水文气候事件发生的频次和强度，对已建工程的运行规则和规程需要作相应的必要调整，以保障水利工程的安全。

2. 气候变化引起的区域水资源时间和空间差异增大，应统一规划，统筹调度与科学管理，发挥南水北调工程的最大效益

气候变化背景下，整个南水北调工程区包括海河、黄河、淮河和长江流域在内的四个地区之间降水的时间与空间场可能会发生变化，会遭遇水源区无水可调和受水区水无人用的风险。对此要重视水情时空信息的监测和预报，及早编制各种应对预案。对于受水区来说，要大力开发水资源潜力，争取多节水、少调水，杜绝出现大调水、大浪费的现象；对于供水区来说，必须高度重视对水源区的生态环境保护，通过治理点源污染，减少进库区的污染负荷；加强库区上游水土综合治理，控制面源污染，将清洁干净的水输往受水区。

在全国层面上做到东、中、西三线要实行统筹调度、统一管理。要做到调水、用水、治污、环保一手抓，既不能影响国家整体利益，也不能对水源区的生态环境造成重大破坏。

18.4　山地灾害防护工程

18.4.1　山地灾害区域分布与治理

中国是一个山地大国，山地面积约占陆地国土总面积的 70%。复杂的地质背景、齐全的地貌类型、多变的气候条件，以及人类经济活动等多种因素共同作用的结果，使中国成为以滑坡、泥石流为主山地灾害最严重的国家之一。中国山地灾害发生的重点在西部，而西南又成为西部的重灾区（唐邦兴，2000）。

西南地区处于中国东部季风区与青藏高寒区的交接地带，低纬度高海拔的共同作用形成该区冷热殊异的气候区域并存，而且在大尺度区域分异基础上形成了千差万别的局地气候，尤其是泥石流形成条件中权重约占 30% 的雨强、暴雨频率及雨量等因子，成为泥石流发展过程中活跃而持久的因素。降水强度大的暴雨中心区，往往也是泥石流、滑坡发育和分布的集中地带。在气候及多种因素影响下，仅西南地区就孕育了 47 万余处山地灾害点，其中泥石流近万处，崩塌滑坡达 46 万余处。

山地灾害治理是根据不同灾害类型采取一定措施、减轻或消除对被防护对象危害而实施的一项对策，中国已治理了数以万计的山地灾害点。随着科学的进步和工农业生产的需要，山地灾害已从单一的简易工程防治,发展到采用现代科学技术开展全面的综合治理。四川省西昌市的黑沙河、云南省东川市大桥河,就是中国最早实施泥石流综合治理的成功典型(康志成,2004);四川省大凉山的铁西滑坡、重庆市的鸡扒子滑坡等,已成为滑坡防治的示范工程。

泥石流防治的工程措施主要有拦沙坝、格栅坝、停淤场,以及排导工程和沟坡整治工程等,同时与生态措施和保障措施配套使用;滑坡防治中的抗滑工程有抗滑桩、抗滑墙、预应力锚固、拦沙坝,以及最新推出的柔性框架石笼成套防护技术(王全才等,2009)等。中国泥石流防治的特点及发展趋势主要表现在:①趋向于与资源开发相结合;②防治工程结构的多样化、轻型化与实用化;③由局部点上的治理转入面上的推广;④进一步趋向于综合治理;⑤防治工程设计趋于规范化和标准化(唐邦兴,2000);滑坡的防灾目前仍是强化临时型的躲避机制和灾程型、混合型的抵御机制,并已注重灾因型抵御机制的研究。

经过多年的科学积累,中国已经总结并建立了一套较完善的山地灾害基础理论研究体系和综合防灾减灾体系,取得显著的社会效益、经济效益、生态效益和防灾效益。

18.4.2   气候变化对山地灾害形成的影响

气候变化对山地灾害形成的影响主要是通过泥石流和滑坡等山地灾害体中的水体,山地灾害体的环境空气温度和土壤温度等环境要素,影响山地灾害的发生、发展和变化。

由降雨和冰雪融化构成的水体,是泥石流物质的重要组成部分,不但为泥石流的形成提供了水体成分和动力条件,而且是泥石流形成的主要因素。资料分析表明,诱发泥石流的日降雨量临界值高者为 100~300mm,低者为 25~50mm,一小时降雨量的临界值高者为 50~60mm,低者为 20~30mm。较为典型的是 2008 年 9 月 23 日,四川省北川县 24 小时降雨量达 173.8mm,最大小时雨强 61mm,引起魏家沟上游大面积的滑坡与崩塌,进而使泥石流突然爆发,导致 24 人死亡、失踪(唐川,铁永波,2009);降水也是滑坡的触发因素之一(康志成,2004)。2007 年 7 月 6 日,四川省达县青宁乡 24 小时集中降雨量超过 150mm,从而触发了 2400 万 m³ 的特大型滑坡,550 户住所和 2200 多人受灾(乔建平等,2008)。泥石流的最大冲击力、容重、最大流速、峰值流量等,是泥石流防治工程设计时的必备参数,水体是确定这些参数的重要因子。

在高海拔地区,连续高温或突然增温,会发生以冰川、冰雪融水和冰湖溃决为水源的泥石流,雨量超过临界值的局地暴雨、强降雨,以及极端天气过程和泥石流发生的频率、规模及强度成良好的正相关。

气温和地温的变幅越大,岩石表层热胀冷缩的不均衡性就越大,周而复始的结果,加剧了岩石结构和强度的削弱与破坏,并逐渐破裂、剥落和风化成碎屑物质,为泥石流的形成储备了丰富的松散堆积物(中国科学院成都山地灾害与环境研究所,1989;康志成,2004)。干湿反复交替、冷热反复交替和冻融交替,都是触发滑坡的直接因素。松散堆积物的体积越大,爆发泥石流的概率和规模也就越大(唐川,铁永波,2009)。

18.4.3   适应气候变化对策措施

到 2050 年,西南地区气温在不同的排放情景下分别增高 0.8℃～1.2℃ 和 1.5℃～2.0℃;降水量增加为 2%～25% 和 -10%～30%(秦大河,2002)。全球气候变暖使西南地区向湿暖气候类型发展，从而逐渐改变区域冰雪融水、降水量和降水时空分布格局及地表径流，也增加了降水极端异常事件发生的概率，不可避免地会导致大规模和超大规模山地灾害发生，同时也对山地灾害治理工程的安全构成严重威胁。

在气候变化的背景下，中国山地灾害继续恶化的局面将难以逆转，反而会呈现出山地灾害活动性增强、规模增大、发生频次增高、活动范围扩展、损失更为严重的发展态势。为此，亟须采取适应气候变化的应对措施：

（1）提升气候变化的监测水平，尤其加强滑坡、泥石流等多发区气象灾害的监测和预报，深入开展气候变化与山地灾害形成机理的研究。

（2）建立完善的山地灾害监测预报网络和预报机制；完善山地灾害危险性评估及灾害风险的区划、评估、控制和风险管理决策支持系统。

（3）加强山地灾害防治工程运行过程中的监测与管理；在强降雨高发易发区，应根据山地灾害的规模和工程的保护对象，根据极端事件发生的新特点，适当提高防治工程的设计标准。

18.5　公路铁路等寒区工程

高原寒区开展了大量寒区工程建设，如公路、铁路、水利、矿山、输油管线和输电线路等工程，以及拟建中的南水北调西线工程等，各类工程均受到广布的季节冻土和多年冻土的影响。气候和环境变化必然引起冻土发生显著变化，从而导致各类工程发生冻融破坏，影响寒区工程稳定性。

18.5.1　气候变化对工程的影响

近年来，青藏高原冻土环境正在显著地响应着气候变化。1995～2007 年间，多年冻土活动层厚度增加了 33～153cm（Wu，Zhang，2010）。1996～2006 年 6m 深多年冻土年平均温度升高了 0.12℃～0.67℃，平均升高了 0.43℃（Wu，Zhang，2008）。80 年代以来季节冻结深度平均减少了 22cm（Zhao et al.，2004）。多年冻土分布下界北界向南退 0.5～1.0km，南界向北退 1～2km，下界高度升高 50～70m。如果气温年增温率为 0.02℃/a，2050 年青藏高原多年冻土面积约比现在缩小 8.8%，2100 年减少 13.4%。如果气温年增温率为 0.052℃/a，2050 年多年冻土面积减少 13.5%，2100 年后减少 46%，年平均地温高于 −2℃的多年冻土将退化成为季节冻土（南卓铜，李述训，程国栋，2004）。

1. 冻土变化对公路工程的影响

工程作用和气候变化影响下冻土较大变化会引起路基融化下沉变形。青藏公路病害率约为 31.7%，其中融化下沉破坏占 80%，冻胀破坏占 20%。然而，由于工程热扰动极大地放大了冻土变化，使工程状态下冻土变化对气候变化影响不敏感。气候变化对低温冻土的热影响要达到工程作用下的热状态至少需要 50 年的时间，而气候变化对高温冻土影响要达到工程作用下热状态仅需 20 年左右。因此，高温冻土受气候变化和工程的双重作用，路基融化下沉变形也主要发生在高温高含冰量冻土路段，约占融化下沉变形的 70% 以上。如果 2050 年气温升高 1℃，多年冻土区大致有 10% 左右的路段路基稳定性会受到较大影响，位于高温极不稳定冻土区，河谷地和岛状冻土区。如果 2050 年气温升高 2℃，约有 125km 多年冻土退化为季节冻土，高温极不稳定冻土增加了约 57km。不稳定路段数量增加诱发大量的工程病害。为了应对气候变化影响，青藏公路采取了制冷阻热、减少辐射、增强对流、综合治理的设计思路，综合应用了有效的工程技术措施防治冻土路基的融化下沉破坏，有力地确保路基稳定性（汪双杰等，2008）。

2. 冻土变化对青藏铁路工程的影响

气候变化和工程作用改变了多年冻土热状态，使得多年冻土工程分区发生了转化，工程性质和路基稳定性发生了较大变化。多年冻土退化和温度升高导致了多年冻土上限附近地下冰发生融化，进一步会引起诸如热融滑塌、融冻泥流、热融湖塘等灾害的发育，对青藏铁路工程将产生较大影响（吴青柏，程国栋，马巍，2003）。同时产生大量地下水出露，斜坡上在冬季易形成诸如冰锥、冻胀丘、冰幔等发育，严重威胁青藏铁路的安全运营（Niu et al.，2008）。气温升高引起冻土工程性质会向着不利于工程稳定性的方向发展。如果 2050 年后气温升高 2.0℃，高温极不稳定多年冻土将全部退化为季节冻土区；高温不稳定冻土将转为极不稳定冻土。如果 2050 年气温升高 2.6℃，在 2030 年左右，高温极不稳定冻土转为季节冻土；2050 年后部分高温不稳定冻土转为季节冻土（吴青柏等，2003）。然而，实际上多年冻土变化要远滞后于气温变化，缓慢的多年冻土变化过程不会造成突发性破坏，工程处理上可以赢得一定的时间。通过加强主动保护多年冻土工程措施，如通风路基、块石路基、热棒等工程措施，能够保证多年冻土变化情况下路基处于稳定状态，路基在未来 50 年甚至 100 年的气候变化背景下也基本可以保证多年冻土不会处于大幅度的退化过程，确保路基稳定（赖远明等，2003）。

3. 冻土对南水北调西线工程的影响

南水北调西线工程调水区位于青藏高原东北部，主要分布不连续多年冻土区、岛状多年冻土区和深季节冻土区，冻土工程问题相当复杂。季节冻土的冻胀和多年冻土融化下沉是南水北调西线调水工程中两大突出问题（童长江，吴青柏，张森琦，2004）。在季节冻土区，气候变化虽造成了土体冻结深度减小，渠系构筑物的冻胀略有减弱，但渠道冻胀及其引发的渗漏仍然存在。由于春季冻融过程中季节冻结层处于相对饱和状态，易产生融冻泥流等灾害，威胁斜坡稳定性。在多年冻土区，水工构筑物对多年冻土产生强烈的热扰动作用，导致多年冻土上限变化和温度升高等，引起水工构筑物发生融化下沉破坏。同时水工构筑物会引起上限附近地下冰融化，冻融引起的边坡不稳定问题是不容忽视的。迄今为止，对南水北调西线工程的冻土环境认识还较为肤浅，研究深度难以满足这样大型水利建设工程的要求。气候变化是南水北调西线工程中值得重视的科学问题，且与冻土环境、生态环境、水文水资源关系密切（童长江等，2004）。因此，南水北调西线工程在未来建设过程中会有大量工程建设问题和科学问题要研究。

18.5.2 适应气候变化对策措施

1. 公路稳定性与保护对策

在气候和工程作用下冻土较大的变化对寒区公路工程稳定性产生较大影响。因此，公路工程稳定性的保护对策关键就是保护冻土环境，确保工程稳定性的对策就是保证多年冻土向着有利于冻土热稳定性方向发展。低温多年冻土在确保路基高度的情况下处于热稳定状态，对高温、高含冰量多年冻土来说，需采取冷却路基的工程措施确保冻土的热稳定性，如块石路基结构、通风管路基、路基边坡遮阳板措施、热棒等。

2. 铁路工程路基冻土环境保护对策

铁路建设中须考虑气候变化和工程影响的长期作用，通过调控传导、对流和辐射，积极地冷却路基，有效地降低多年冻土的温度，确保多年冻土热稳定性（程国栋，2003）。青藏铁路多年冻土区采取的块石路基、块碎石护坡、热棒加保温材料等工程措施能够较好地适应气候变化和工程作用的热影响，可以在多年冻土区铁路路基建设中广泛应用。同时，工程建设应保护寒区冻土环境和生态环境，有效地降低因冻土环境和生态环境变化给工程带来的影响。

3. 寒区其他工程稳定性防御对策

季节冻土区其他线性工程，如输油管线工程、输变电线路工程等，应考虑土体冻胀对工程的影响，采取的工程措施主要以防冻胀为主（陈肖柏等，2006）。由于气候变化导致的季节冻结深度减小和冻结过程时间的缩短，一方面对寒区工程的稳定性来说是有利的，但同时由于降水增加导致了浅层地基土水分增加，加大对寒区工程稳定性影响。因此，需要综合考虑防御措施以适应气候变化的影响。多年冻土区工程设计不但应考虑气候变化对工程稳定性影响，而且应考虑生态环境和冻土环境退化的影响，加强寒区生态环境和冻土环境保护。

18.6　沙漠化防治及水土保持

18.6.1　水土流失与现代沙漠化土地分布

1. 水土流失与沙漠化现状

1985 年、1995 年和 2000 年全国水土流失面积分别为 367.03 万、355.56 万和 356.92 万 km²。总体上，全国水土流失呈现面积减少、强度降低的趋势。15 年间，水土流失面积共减少 10.11 万 km²，减少幅度为 2.8%。其中，1985 年、1995 年和 2000 年，全国水蚀面积分别为 179.42 万 km²、164.88 万 km² 和 161.22 万 km²，总体上，全国水蚀变化呈现面积减少、强度降低的趋势。同时，1985 年、1995 年和 2000 年，全国风成沙漠、戈壁、风蚀地和沙漠化土地面积分别为 187.61 万 km²、190.67 万 km² 和 195.70 万 km²，总体上，全国沙漠和沙漠化土地变化呈现面积增加、强度升高的趋势。15 年间，风蚀沙漠化面积共增加 8.09 万 km²，增幅 4.3%，平均每年增加 0.54 万 km²（朱震达，1997；王涛等，2003）。

沙漠化是荒漠化的一种类型，指干旱、半干旱和半湿润干旱地区，由于气候变异和不合理的人类活动所导致的，以风沙活动为主要标志的土地退化过程。中国呈片状的沙漠化土地集中分布在北方 11 省区的 168 个县旗（市）。按沙漠化的成因和过程特征分为三个区域（王涛等，2003）：

（1）北方草原南带旱作农业区。从吉林白城市向西南，大致沿 300～450mm 降雨量线延伸到宁夏盐池县，区域范围大致相当于中国农业区划的内蒙古及长城沿线。该区沙漠化由近一百多年的过度开垦活动引起，包括坡地开垦，对灌木和草被的樵采和放牧采食。沙漠化特征表现为耕垄积沙，耕地粗化、砾质化；耕地间草地吹扬灌丛沙堆发展，出现片状流沙；坡坎风水两相交替侵蚀形成的劣地（雅丹雏形）等。经过近20年的治理，尤其是提倡集约经营基本农田和实行"退耕还林还草"政策，近10年，农牧交错旱农地区的土地沙漠化出现区域性的逆转。

（2）北方草原传统牧区。以呼伦贝尔、锡林郭勒、乌兰察布草原为中心的干草原或草甸草原地区。沙漠化由草原超载过牧，草场严重退化引起。上世纪70年代以后迅速发展，成为最严重的地区。主要表现为沙质草地（地质历史形成的沙地）沙丘吹蚀活化、草地粗化、灌丛发展，直到出现片状流沙。以井、泉为中心的流沙与沙砾地为主的沙漠化圈是区域沙漠化发展的特点。草原是当前中国沙漠化发展的重点地区，需要有力的政策和措施。

（3）干旱区绿洲外围和内陆河下游。主要因为上游绿洲的过度扩张和滥用水资源，人为地改变了绿洲外围和内陆河下游的水源，水资源匮乏所引发。主要表现绿洲边缘固定半固定沙丘活化，绿洲—沙漠过渡带消失，沙漠扩张，侵吞绿洲。目前，绿洲沙漠化正处在上升趋势，要引起特别重视。

2. 沙漠化土地的变化

中国于20世纪70年代后期、80年代末和2000年，有关部门对土地沙漠化进行了三次全面的监测。

20世纪50年代初，中国北方有沙漠化土地29.6万 km²，70年代中后期扩展到34.6万 km²，每年扩大1560 km²。以农牧交错区滥垦引起的沙丘活化和地间灌丛沙堆发展最为严重。到80年代中后期，中国的沙漠化土地发展到36.8万 km²，每年扩大2100km²。这一时期仍以旱农地区的沙漠化为主，即以农田内部的沙漠化为主（朱震达，1997）。2000年，中国北方沙漠化土地发展到38.57万 km²。到20世纪末，北方沙漠化的发展速度为每年2460km²（王涛等，2003）。

2000年，北方地区的沙漠化分布中以轻度和潜在的沙漠化土地面积最大，约13.93万 km²，占沙漠化土地面积的36.1%；中度沙漠化土地面积次之，约9.977万 km²，占沙漠化土地面积的25.9%；重度沙漠化土地7.909万 km²，分别占沙漠化土地总面积的20.5%和全部监测面积的3%；严重沙漠化土地面积61 756万 km²，分别占沙漠化土地总面积的17.5%和全部监测面积的3.1%。与1988年监测的结果相比较，到2000年沙漠化土地总面积增加了4.674万 km²，总面积为38.569万 km²，年平均增长3595 km²。同时，出现了科尔沁、毛乌素沙地等区域性逆转的典型区域（王涛等，2003）。由于潜在、轻度以及中度沙漠化土地占了沙漠化土地总面积的60%以上，沙漠化仍然处在初始阶段，只要政策对路，方法得当，北方沙漠化是可以抑制的。近年农牧交错区域沙漠化的大片逆转就是例证（张鸿文等，2009）。

18.6.2 气候变化对水土流失及土地沙漠化的影响

干旱地区的气候特点除降水量少外，还表现为降水的年际变率大、季节性分布不均匀、暴雨集中。在气候变化背景下，沙漠化地区气候，尤其是干旱区特殊的降雨时空分布特征发生变化。这种变化表现为，北方东部地区降水年变率增加30%～40%，而西部大多增加

40%以上，甚至超过50%。降水的季节分配愈来愈不均匀，春旱时间加长，春旱接连夏旱的情况时有发生，降水主要集中在夏季的7～9月，约占全年的60%～80%。而降水又往往集中在少数几次降水过程中。局部极端干旱地区有时连续一年甚至几年没有降水。近50年来，中国北方大部分地区气温明显增高，而降水量明显减少，呈现暖干化现象。部分地区出现相反的趋势。同时，表现为降水更加集中，灾害性天气（旱灾和暴雨等）增多。气候干燥化加剧，为沙漠化的扩展提供了重要的环境条件（王涛等，2003）。

风沙天气是干旱地区灾害天气现象一种，同时，风沙活动又是土地沙漠化的指征。中蒙、中俄、中哈边界地区年风沙日达75～150d/a以上。风大时，在植被稀疏的流沙区和开垦的农田上形成沙尘和沙暴。西北地区全年平均风速为3.3～3.5m/s，春季平均风速达4.0～6.0m/s，8级以上大风日数为20～80d，全年起沙风出现天数为200～300d。

大风加上裸露疏松地面是形成包括沙尘暴在内的风沙天气的必要条件。中国北方自1980年以来，沙尘暴发生的较少，21世纪之初开始频繁发生，2000年、2004年、2006年和2010年出现威胁北京的沙尘天气与当时沙漠化迅速发展，尤其是草原牧区沙漠化，北方旱作农田的沙漠化治理尚在初始阶段有直接的关系（张鸿文等，2009）。

18.6.3　适应气候变化对策措施

1. 水土流失治理工程

（1）以小流域为单元的综合治理。在小流域治理中，以小流域为单元，把气候变化的信息纳入到小流域治理规划中，实行山、水、田、林、路的全面规划，综合治理；对工程措施、农业技术措施和林草措施进行优化配置，形成综合防治体系。以可持续发展为目的，治理与开发相结合，治理与治穷致富相结合；突出生态效益，重视经济效益和社会效益。

（2）实行城市水土保持试点工程。应考虑结合应对气候变化省级方案的实施，通过广泛宣传，成立机构，制定法规，建设水土保持示范工程，有效地防治城市水土流失，提高城市环境质量。

（3）将应对气候变化方案与大江河的水土保持重点治理工程相结合。自1983年开始建立了七大流域水土保持重点工程体系，先后在25片水土流失严重地区的50万km²范围内开展了以小流域为单元的规模化治理。1983～1995年为一、二期工程，共完成治理面积33 196 km²，1996年进入三期治理工程，探索气候变化和市场经济条件下的水土保持工程建设。

（4）中国八大片治理工程。全国八大片治理工程，包括无定河、皇甫川、三川河、永定河、柳河、葛洲坝库区、定西县、兴国县，总面积79 719km²，应开展重点治理。对已经确定的重点治理范围，应进行集中连片的集约化、规模化治理，建立高标准、高质量、高效益的示范工程；这是中国最早开展的国家级水土保持重点治理项目。

（5）长江上游水土保持重点防治工程。为了减轻长江中下游的洪涝灾害和水土流失，同时服务于三峡工程建设的需要，1988年经国务院批准设立长江上游水土保持重点防治工程。自1989年开始，选定水土流失严重的金沙江下游和毕节地区、陇南及陕南地区、嘉陵江中下游地区、三峡库区等四片为首批重点防治区，总面积30.4万km²。

（6）"三北"防护林带防风治沙工程。"三北"防护林系为中国防风固沙最宏伟的工程，有绿色长城之称。该工程东起黑龙江宾县，西至新疆乌孜别里山口，东西长约7000 km，南北宽 400～1700 km，包括东北、华北、西北（简称"三北"）12 个省（区市），466 个县，总面积 395 万 km²。该区域百年来沙漠化土地扩展了 5 万多 km²，也是黄河粗泥沙重要来源地。截止 2000 年"三北"防护林工程已经实施三期，在前三期工程建设中，以扩大森林植被、防沙治沙、保持水土、保护农田为根本任务，共营造防风固沙林 476 万 hm²，使工程区内 20％的沙化土地得到初步治理；营造牧防林 37 万 hm²，使 1000 多万 hm² 的沙化、盐渍化和严重退化的牧场得到保护和恢复，毛乌素、科尔沁两大沙地林木覆盖率分别达到 15％和 20％以上；营造水土保持林和水源涵养林 663 万 hm²，黄土高原 40％的水土流失面积得到初步治理；营造农田防护林 213 万 hm²，64％的农田实现林网化，2130 万 hm² 农田得到有效保护。四期工程于 2001 年启动，主要任务是在有效保护好工程区内现有 2787 万 hm² 森林资源的基础上，在 10 年内完成造林 950 万 hm²，工程建设区内的森林覆盖率净增 1.84 个百分点，建成一批比较完备的区域性防护林体系。三北防护林工程在发挥显著生态效益的同时，也促进了建设区域的经济发展和农民脱贫致富，取得了显著经济效益。把这项宏伟工程的实施与应对气候变化方案相结合，既服务于生态环境保护的需求，又符合中国减缓气候变化碳减排的需要（吴庆标等，2008）。

（7）20 世纪末，我国北方出现沙尘暴天气回潮趋势，2000 年 12 月和 2001 年北京出现近百年罕见的风沙天气。京津风沙源治理工程 2001 年启动，主要解决京津及周边地区风沙危害问题。建设范围包括北京、天津、河北、山西和内蒙古的 75 个县（旗、市）。通过实施营林造林、退耕还林还草、草地保护和治理、小流域综合治理、水源及节水设施建设等，对沙化草原、浑善达克沙地、农牧交错地带沙化土地和燕山丘陵山地水源保护区沙地进行重点治理。治理总任务为 222 292 万亩，投资 558 亿元。截止 2010 年 8 月，工程建设累计完成退耕还林和造林 9002 万亩，草地治理 1.3 亿亩，小流域综合治理 1.18 万 km²，生态移民 17 万多人。工程区森林覆盖率提高到 15％。北京周围生态环境得到明显改善，风沙天气明显减少。

2. 适应气候变化的水土保持和防治沙漠化策略

新中国成立以来，应对水土流失和沙漠化的策略进入全面发展、综合治理阶段。1950～2000 年，中国累计治理水土流失面积 86 万 km²、沙漠化土地 10 多万 km²，其中修建基本农田 1300 万 km²，营造水土保持林和防沙治沙林 4300 万 km²，经济林和果树林 470 万 km²，种草 430 万 km²，建成数百万座小型水利水保工程和大量防沙治沙工程。黄河中游地区经过多年的连续治理，每年减少入黄泥沙 3 亿 t，农牧交错区的沙漠化出现区域性逆转。水土流失地区群众的温饱问题基本解决，生态效益和经济效益均比较显著。形成了中国特色的水土保持和沙漠化防治方略，成绩斐然，被联合国环境规划署列为全球学习的榜样。

（1）依法治理。在加强水土保持和防沙治沙生态建设的同时，依法行政，不断完善水土保持和防沙治沙法律法规体系和监督执法体系。强化执法监督，增强防治水土流失和沙漠化的自觉性，有效地控制人为造成新的水土流失和土地沙漠化，更加有效地搞好水土流失预防工作。

（2）科学规划，综合治理。实行以小流域为单元的山、水、田、林、路统一规划，综合运用工程、生物和农业技术三大措施，有效控制水土流失，合理利用水土资源，促进人口资源与环境协调发展。实行分区治理，按照人与自然和谐相处的要求，依靠生态的自我修复能力，加强封育保护，大力调整农牧业生产方式，促进大范围的生态环境改善。

（3）加强水土保持和防沙治沙科学研究，促进科技进步。

（4）建立生态补偿机制，保护生态环境、解决区域之间或经济社会主体之间利益均衡问题。

（5）加大资金投入力度，提高投资效益，减少风险。

18.7　内陆河流域综合治理工程

中国内陆河流域治理工程包括山区水库、防渗渠道、平原水库除险加固、节水灌溉、防洪堤坝等。立足于流域水资源的合理利用，通过全流域节水来量化工程指标，统筹考虑源流与干流、上游与下游、工程措施和非工程措施，强化流域水资源优化管理，是内陆河流域适应和减缓气候变化的主要策略。

18.7.1　气候变化对工程的影响

1. 气候变化对跨流域调水工程的影响

气候变化对河川径流的影响涉及调水系统功能与结构的稳定性问题。近 50 年来，中国内陆河流域年平均气温上升 0.2℃/10a；1960～2000 年，内陆河流域的冰川物质平衡主要呈负平衡，如帕米尔和昆仑山的冰川年物质平衡约为 $-150\mathrm{mm}$，天山南坡流域在 $-300\mathrm{mm}$。年均气温变化 1℃，冰川物质平衡变化约 300mm，引起的河流径流变化在台兰河可达 10%（沈永平等，2003）。

1960～2004 年，塔里木河流域年均气温呈波动上升趋势，平均上升约 0.3℃，其中阿克苏河、叶尔羌河、和田河流域的年平均气温分别升高了 0.3℃、0.6℃、0.3℃（陈亚宁，徐宗学，2004）。阿克苏河、叶尔羌河、和田河年均径流量与降水量和年均温度的相关系数分别为：0.07、−0.261、−0.333 和 0.317、0.199、−0.06，径流量与温度之间的相关性要大于与降水的相关性（傅丽昕等，2008）。1960～2004 年来径流量增长的最主要因素是温度；气温升高引起的山区冰川积雪融水是径流的重要补给。

1956～2006 年，阿克苏河流域径流量呈显著的增加趋势（王国亚等，2008）。这种趋势能够持续多久，取决于未来的气候变化及流域上游冰川融雪过程。随着气温升高，冰川萎缩，冰川产流区范围将缩小，使得冰川融水对河川径流的调节作用减弱。气候变化引起的流域径流总量变化影响跨流域调水工程的设计与建设。跨流域调水工程应依据在不同年际、不同源流径流量的变化，优化与调整干流上、中、下游区水量泄放比例。

2. 气候变化对山区水利枢纽工程的影响

1）气候变化对水库大坝设计标准的影响

气候变化将可能加大极端水文气候事件发生的频次和强度，引发超标准洪水，进而影响水利工程运行规程的设计和编制。气候变化将加剧旱灾发生的频率、范围和程度，影响到水利工程的供水保证率；暴雨强度和暴雨次数的增加，可能引发地质灾害的发生。

2）气候变化对水库安全运行的影响

在大型水利工程的运行管理中，要重视水情信息的监测和预报，加强防洪抗旱应急预案的编制和执行，对已建工程的运行规则和规程需要作相应的必要调整，以保障水利工程的安全。

3）极端天气对水库大坝工程本身安全的影响

气候变化将可能导致更多的不利工况出现，如突发性持续干旱、高温低水位、低温高水位、高温高水位或低温低水位等，这些不利工况对混凝土坝，特别是拱坝的安全影响更加突出，气候变化对水工程自身安全的影响主要体现在水利工程的服役环境将显著恶化，故应加强水库大坝本身安全建设与预警研究。

3. 气候变化对平原水库除险加固的影响

根据估算，新疆平原水库的年蒸发量为 26.1 亿 m^3，蒸发损失量超过水库总库容的 40％，大大降低了水库的有效利用率。随着温度升高，平原水库的蒸发损失将增大。

18.7.2　未来气候变化可能的影响与风险

在 2050 年前，中国西北地区气温可能上升 1.9～2.3℃，由此导致冰川面积较目前可能减少 27％（陈亚宁，徐宗学，2004；吴素芬等，2003）。在现有气候条件不变的情况下，天山 1 号冰川在 2320 年左右存留的面积与体积将大大减少，仅仅只能维持现有规模（2006 年）的 16％与 7％。研究表明，新疆乌鲁木齐 1 号冰川的面积与体积将在未来 35～55 年间缩小一半，相应冰川融水的年径流量预计在未来 40～60 年间将减少到目前量值的一半，预计未来 100～160 年内，1 号冰川将完全消失，将造成其下游的绿洲水资源供应不可逆转的水危机（秦大河，2002）。

塔里木河源区未来气候升温 0.5℃时，5 条源流出山后水文站年径流量增多 5％；升高 1.0℃时，增多 10％；升高 1.5℃时，增多 15％；升高 2.0℃时，增多 19％，即多 35 亿 m^3。气温增加 2℃，降水增加 10％～30％，年径流量增加（吴素芬等，2003）。

18.7.3　适应气候变化对策措施

中国西北内陆河流域受气候变化的不利影响，面临着严重的水资源问题，并由此引发一系列的农业、林业和生态环境问题。中国的内陆河流域综合治理工程适应气候变化应遵循下列措施：

（1）增强水资源调控能力，通过修建山区水库代替部分平原水库，实现地表水—地下水联合调度，适应气候变化对水资源配置造成的影响。以叶尔羌河流域下坂地水库为例：修建下坂地水库可替代下游灌区 16 座平原水库，消除洪水灾害，减少了平原水库的水量蒸发、渗漏损失（彭穗萍，2002）。

（2）加强内陆河流域的水资源适应性管理，实现水资源的可持续利用。适应气候变化，要充分利用现有水利工程和灌溉工程体系，全面实施灌区水资源的科学管理、优化配置，确保灌区农业经济持续、稳步、健康发展。

（3）调整农业种植结构，发展节水农业。适应气候变化，适当调整种植业结构，根本改变农业用水结构。应提高林牧业的比重，适当降低种植业的比重，在种植业方面调整粮食与棉花等经济作物的比例，大力发展节水灌溉技术。

（4）继续加强天气和气象灾害预警预报，建立预报、监测和监控网络综合体系，提高适应气候变化和防灾减灾能力。

18.8　退耕还林工程

18.8.1　工程及其效应

退耕还林工程是以恢复林草植被、防止水土流失和土地沙化、退化为目标的一项重大生态环境建设工程。它的实施对象几乎包括了中国所有生态重要区域和生态脆弱区域，涉及中国 25 个省（区、市）和新疆生产建设兵团的 2279 个县、1.24 亿农民（李育材，2009）。

针对中国山地丘陵占国土面积 70%，过度毁林开垦，陡坡耕种，森林面积减少，土壤涵养水源和保持水土功能降低，导致的水土流失不断加剧、风沙灾害日趋严重、环境恶化的现状，为防止造成水土流失严重，沙化、盐碱化、石漠化严重，农作物产量低而不稳的坡耕地、沙化耕地。退耕还林工程提出有计划、有步骤地停止耕种，因地制宜地造林种草，建立以森林植被为主体，林草结合的国土生态安全体系，实现国土生态建设超常规发展的重大生态建设工程。

为了恢复植被、改善生态与环境建设，在建国后就有断断续续的、规模大小不等多类型的退耕还林措施（彭珂珊，王继军，2004），如 1989 年延安市开始在部分村镇实施退耕还林，逐步摸索出"退耕还林，林果致富"的整体发展模式。全国性、大规模的退耕还林工程则是在 1999 年开始实施时。先在四川、陕西、甘肃三省启动退耕还林试点，取得了初步成效。在试点基础上，2002 年启动全国范围内的退耕还林工程，是新中国历史上投资规模最大、实施范围最广、建设面积最大的生态建设工程。1999~2008 年，全国累计实施退耕还林工程任务 2700 万 hm²，退耕地造林 900 万 hm²，荒山荒地造林 1600 万 hm²，封山育林200 万 hm²（李育材，2009）。2008~2009 年工程建设任务除造林外，还包括基本农田建设、农村能源建设、生态移民、后续产业发展、补植补造等任务（祝列克，2009）。从退耕还林工程实施以来的效果看，工程的影响远远超出林草种植、植被建设领域，工程实施对实施地区的经济发展、农业生产经营活动和农民的生活方式都产生了重大而深远的影响。工程的实施，对降低水土流失，减轻风沙危害，增加林草植被覆盖，构建中国绿色生态屏障，维护中华民族的生存根基，增强粮食的持续供给能力，增加工程项目区农民的收入具有意义。

18.8.2　气候变化和区域气候条件对工程的影响

受立地条件以及社会经济条件，特别是气候条件的制约以及气候变化的影响，退耕还林工程在不同区域以不同的建设模式实施。

长江上中游及南方地区：针对人均耕地少、山高坡陡、降雨丰富、水热条件好、适生树种多、植被恢复快等主要特点，退耕还林建设主要以建设高标准农田和发展经济林和竹产业以及食用菌、花卉等林下产业。对 25° 以上的坡耕地全部还生态林，造封相结合，乔灌草相搭配，针阔叶相混交，还林后进行封山管护，充分发挥生态效益。

黄河上中游及北方地区：针对人均坡耕地多、坡度较缓、降雨量少、气候干旱、降水保证率低、适生树种少、植被恢复慢的特点，工程实施主要以在平坝和缓坡；在立地条件较好的缓坡地，在保证整体生态效益的前提下，人均建设适销对路的名特优新经济林，使群众增

收致富；并适当发展一些薪炭林，进行科学经营，解决当地群众的烧柴问题；对其他坡耕地
全部还生态林，种植耐干旱易成活的树草种，乔灌草相结合，针阔叶相混交，并应用抗旱造
林种草技术，促进苗木成活。还林后实行封山管护，还草后实行围栏封育，形成稳定高效的
生态群落，以解决改善生态环境、实现可持续发展。

自退耕还林工程实施以来，迄今为止尚未见到有关气候变化对该工程直接影响的观测报
道。但在气候变化背景下，极端干旱、冰冻等气象灾害呈增强态势。此类气象灾害事件已对
退耕还林工程的成效与效益的发挥等产生了影响。如：增大了该工程实施的成本、提高了退
耕林地抚育管理的难度，减缓了工程实施地的植被恢复速度。另一方面，由于浓度不断攀升
的大气二氧化碳所带来的"施肥效应"，有利于树木的生长；并将更多的光合产物分配到地
下，有利于退耕地的土壤有机质积累和肥力提升。在北方由于变暖导致的生长季变长，给树
木的生长也带来有利影响。但气候变化对退耕还林树木的综合影响，随时间和地点的变化而
不同，需要开展深入的研究。

18.8.3　适应气候变化的对策措施

退耕还林工程的实施加快了国土绿化进程，增加了林草植被覆盖，工程区的森林覆盖率
平均提高了3个多百分点（张鸿文等，2009）。除提高森林覆盖率外，退耕还林工程的实施
还对如下方面体现生态及气候效应：

（1）退耕还林工程对实施区域的植被恢复过程中群落的发生、发育等产生了重要影响。
利用卫星资料，对1998～2005年陕西省的植被变化研究表明：通过实施退耕还林工程，陕
西省北部地区的植被覆盖显著增加（Zhou，Rompaey，Wang，2009）。退耕后生物演替由
一年生、单优群丛向多种群、多年生群落方向发展（曾辉，袁春良，胡振全，2007）。

（2）退耕还林的实施具有影响径流和土壤水分的效应。退耕还林工程建设增加了植被盖
度，将天然降雨较多地保留在土壤中，减少了洪水的频度和强度与流域水土流失。中国科学
院安塞站径流观测表明，退耕还林可使流域内洪峰流量、洪水流量和水土流失总量分别减少
64％、65％和72％（温仲明等，2002）。

（3）退耕还林的实施增加了植被覆盖以及改变地面与大气相互作用与物质交换而对局地
气候变化产生影响，如降低高温时期的近地表层空气温度、提高空气湿度和土壤含水量等
（姜艳等，2007）。但对区域气候的影响却存在着明显争议。模拟结果表明：西部植被增加，
不仅地面温度会降低，而且有利于黄河中游地区季风加强，夏季雨带会北移、降雨量增加、
流域径流量增加。对该模式中的原边界层参数化方案用湍流动能闭合（TKE）方法代替后，
发现尽管退耕还林后北方草原植被增加能使气候变得温和，但植树区外围的降水会减少，易
使新栽树林由外向内退化，难以大面积形成森林。特别需要指出的是：目前尚未见到退耕还
林工程对未来气候变化的适应和气候变化对此工程建设影响的直接研究报道，应尽快开展专
项评估，以巩固工程建设成效，增强退耕还林植被对气候变化的适应性。

（4）退耕还林工程的实施对吸收大气 CO_2 具有积极作用。退耕还林工程所营造的林木在成
林后，木材蓄积量将达10亿多 m^3，可吸收 CO_2 18.3亿t，对缓解大气 CO_2 的温室效应有贡献。

要加强退耕还林工程建设对气候变化的适应性，退耕还林工程的植被建设应注重耐干
旱、耐瘠薄、生态幅宽、抗逆性强的造林树种或草种的选用和培育，以及在退耕还林工程实
施中注重乔灌草结合，建设结构复合的植被体系（祝列克，2009）。

第十九章　气候变化对工业、交通、人居和健康的影响和适应

提　　要

气候变化对工业、交通、人居生活和健康等方面的影响也越来越受到广泛的关注。第一次国家评估报告显示，气候变化通过增加疾病发生和传播的机会危害人类健康。本章在第一次国家评估报告的基础上，通过对现有文献的分析，综合评估了全球气候变化对工业与交通部门、人居生活，以及人体健康的影响；对各个部门和领域已采取的适应措施进行了分析与评估。

19.1　工业与交通部门

气候变化是世界各国共同面临的挑战，IPCC 第四次评估报告第二工作组报告指出，在一些温带和极地地区，气候变化对工业影响是正面的，而对其他大部分地区则是负面的。总体而言，气候变化越剧烈，负面影响就越大。在交通系统方面，气候变化会对交通的规划、设计建造和维护方面产生重大的影响。在第一次气候变化国家评估报告中没有涉及气候变化对工业与交通部门以及人居生活的影响与适应。

19.1.1　对工业与交通部门已有的影响

1. 气候变化对工业部门的影响

气候变化对工业部门生产的影响包括两方面，一方面是气候变化及极端天气气候事件对工业生产的直接影响，另一方面是承担温室气体减排义务对工业生产的制约（李昊天，2008）。

气候变化尤其是极端气候天气事件（如极端气温、强风、暴雨、高湿、冰雪等）可以影响工业部门的生产效率和质量，增加能源消耗。此外，气候变化还会影响工业部门的生产安全，强降水事件导致的山体滑坡、泥石流等地质灾害给矿山企业的生产安全带来严重威胁（吴海涛，2006）。极端天气还会损坏企业基础设施，增加工业企业生产成本。电力行业的设备运行和维护受到恶劣天气影响的概率日益增大，极端天气气候事件会给电网基础设施带来很大损害，从而在很大程度上增加其可靠运行的难度（埃森哲公司，2008）。主要在室内进行生产的工业部门（如纺织业、印刷业、电子业等）也会受到气候变化的影响，这些部门的生产过程对温度、湿度有严格的要求，有些精密实验室和工厂要求严格的温度和湿度条件，甚至要恒温恒湿，气候变化可能会对这些生产条件产生较大的影响。

气候变化和极端天气气候事件所引发的气象灾害事件的频发会对大中型工程项目建设产生较大的影响，未来的气候变化可能导致长江流域的上游降水增加，从而会引发三峡库区泥石流、滑坡等地质灾害现象发生。然而，气候变化对工业部门的影响也会有有利的一面，比如，随着气候变暖，夏季会刺激啤酒、冷饮等轻工业的发展，增加这些行业的经济效益。此外，随着应对气候变化行动的进一步深入也加大了开发新能源和可再生能源的力度（陈宜瑜等，2005）。

2. 气候变化对交通部门的影响

气候变化的影响是多方面的，在交通部门，气候变化对交通系统的规划、设计建造和维护等方面都有重大的影响。目前的交通系统设计和建造是在区域范围的气象背景和气候条件下进行的，是基于历史的气象要素（如气温和降雨数据）而做出的影响预估，存在很大的不确定性。另外，基于当前气候条件设计的基础设施可能会受到未来气候变化和极端天气气候事件的影响，造成巨大的损失。

航空航海及路面运输系统的安全也会受到暴雨、暴雪、大风、低能见度、高温、雷暴等天气现象的影响，如暴雨和洪水会使道路积水，地面打滑，还可能冲垮路基，导致交通事故的发生，低能见度天气也会影响航空航海的安全。另外，随着温度的升高青藏高原冻土的空间格局将发生变化，从而影响青藏铁路路基的稳定性和安全（房建宏，2008）。

极端天气气候事件对交通系统基础设施的影响是巨大的，比如强降水导致公路路面潮湿、积水，使铁路上堑坡坍塌、滑坡落石、掩盖铁轨；洪水、滑坡、泥石流、雪崩等灾害冲毁路基、桥梁、涵洞、公路挡墙，甚至冲坏铁路，破坏通信设施等；雷暴可能危及铁路通信信号，使铁路运作系统处于瘫痪；大雾使能见度低，车速受限，交通容量减小；大雪使路滑难行，刹车失灵（黄雪松，丘平珠，唐炳丽，2003）。滨海地区湿地的消失和退化减少了交通设施保护的缓冲区，增加了气候变化影响的危害。

气候变化对水上运输的影响主要表现在极端天气事件对水上航运的影响，台风可以影响航速、航向，使船舶产生漂移，产生安全隐患；台风造成的巨浪会引起船舶的剧烈摇摆和垂直运动，甚至掀翻船舶；大雾使海面上能见度降低，影响视程，易使船只搁浅、触礁或发生相撞事故。气候变化造成的海平面上升使河流泥沙口滞留位置上溯，增加内河运输的成本；极端天气会造成内地河流严重干旱，低的水位致使河流船只无法正常航运，严重影响内陆河的水上交通。

气候变化对航空的影响主要表现在地面风、低云、降水、雷暴以及低能见度等气象要素对航空的影响（罗台福，胡迪，2007）。大雾使能见度降低，不符合飞机起飞的要求，延误航班，滞留旅客，增加航空运输的成本；遮蔽机场的云过低，易造成飞机与地面障碍物相撞，发生飞行事故；侧风的作用会增加飞机起、降的难度，增加飞机滑行出跑道的危险；云中强烈湍流和阵性垂直气流造成飞机强烈颠簸，使飞机偏离航向，不能保持飞行高度，飞机操作性能恶化；飞机易遭雷击，干扰无线电通信；冰雹、龙卷风会对飞机造成损害；高温导致部分零部件迅速老化和失效，增加飞机养护费用（刘宝霞，张威，李想，2005）。

然而，并非所有的气候变化影响都是不利的，比如海洋运输可能从不断开放的通向北极的海上航运中获利，随着北极冰雪的消融，可以开辟新的更直接的航道，可以节省时间和成本，在寒冷的地区，气温的上升可以减少控制冰雪的花费，改善居民陆上运输或水运的条件。

19.1.2　已采取的适应措施

随着气候变化，极端天气气候事件的发生频次可能会越来越多，强度和影响也越来越大，为了适应气候变化，交通部门采取了大量的相应适应措施，包括强化沿海地区交通运输应对海平面上升的防护对策，采取陆地河流与水库调水、以淡压咸等适应措施，应对河口海水倒灌和咸潮上溯，提高沿海城市和重大工程设施的防护标准，提高港口码头设计标高，调整排水口的底高，进行公路安全防汛，积极应对极端天气，确保公路安全畅通，完善公路应急预案，加强公路和铁路的安全养护，加强极端天气监测和预警能力，尤其是洪水、飓风、风暴潮等，完善基础设施，最大程度减小极端天气带来的损失；海事系统建成了全球海上遇险与安全监管系统，实现了水上监管和搜救海空立体化，制定了《国家海上搜救应急预案》和《水路交通突发公共事件应急预案》等，健全完善了应急反应体系，加强船员、船舶和船公司"三准入"管理，严格执行船舶技术和船龄标准，继续实施船舶强制报废制度，加快老旧客船淘汰步伐（王海潮，2007）；航空部门在进行机场基础设施建设时考虑未来可能发生的极端天气，提高机场基础设施适应未来气候变化的能力，加强飞机部件的安全养护，准确预测航线的气象条件，降低飞机飞行的危险性，加强空中交通管理等。

19.1.3　未来可能的影响与措施

未来的气候变化趋势将会对中国工业部门和交通部门产生巨大的影响。未来极端天气气候事件发生频次的增加将进一步威胁到工业部门多个行业的安全，如煤炭的采掘业、石油的勘探业等。随着中国经济的发展，资源和能源的需求将进一步加大，能源消耗所导致的温室气体排放依然会继续增多，来自国际社会的减排压力将迫使中国工业企业承担更大的减排义务，使中国工业部门的相关产品在国际竞争上处于劣势，影响中国工业部门的发展；随着气候变化的影响，青藏高原的升温可能导致多年冻土空间分布格局将发生较大变化，影响青藏高原铁路冻土区的地基稳定性[①]，未来几十年内，全国的平均降雨量将会增加，但降雨量分布不均，预示由强降雨引起的洪涝，泥石流等灾害可能会更加频繁，这对公路交通基础设施会造成较大的破坏，灾害性天气增加交通事故发生的频率，在东南沿海地区，台风、飓风等极端天气将会毁坏道路，海平面的上升，将会淹没沿海低洼公路；青藏高原和天山冰川的退缩速度增加，对以这些冰川融水为主要来源的河川径流将产生较大影响；干旱范围的扩大使干旱区的河流水位降低，甚至出现断流的现象，增加内河运输的成本；台风等极端天气的发生会增加海运的危险，增加海岸侵蚀，使港口功能减弱；大雾等极端天气的发生降低能见度，延误航班，滞留旅客，增加航空运输成本，雷暴容易击中飞机，破坏通讯，强降雨、降雪、大风也会毁坏机场基础设施。

为了应对气候变化所产生的不利影响，必须采取一定的措施来适应未来气候变化，以减少气候变化带来的损失。在工业部门需要提高石油、煤炭、钢铁和水泥等工业行业生产的安全标准，加速淘汰高耗能落后工艺，节约能源，改变能源结构，大力发展可再生能源，提高能源利用效率，把节能降耗、污染物控制和温室气体减排放在突出的位置上；交通部门应加

---

① 中华人民共和国国务院新闻办公室.2008.中国应对气候变化的政策与行动.http://www.gov.cn/zwgk/2008-10/29/content_1134378.htm

强对极端天气气候事件的监测和预警能力建设，建立相应的极端天气灾害及其次生灾害应急机制，积极完善预警管理机制，建立相应的气候与气候变化综合观测系统。加强对各类极端天气事件发生规律和发展趋势的研究（许艳等，2008），编制城市防洪排涝和应对极端天气气候事件的规划，提高城市防洪工程设计规范的标准。考虑区域未来气候变化，综合应用最新的科学知识进行交通系统的重新规划和设计，努力使交通基础设施不受或少受未来气候变化的不利影响。在重大工程的设计、建设和运行中也要考虑气候变化的因素，相应制定新的标准，适应未来气候变化的影响。

19.2　人居生活

气候变化对人居生活的影响既有直接的，也有间接的，有局地的，也有区域的，有的影响甚至是突变性和灾难性的（雷金蓉，2004）。气候变化通过引起极端天气气候事件、导致自然环境变化、影响社会经济系统进而影响人居生活。

19.2.1　对人居生活已有的影响

1. 水资源日益短缺

气候变化对城市生活用水量的影响主要表现在随着气候变化导致气温的升高，引起用于增湿、降温和洗浴等提高舒适度的城市生活用水量明显增加。研究发现西安市 1988~2007 年人均生活日用水量与年均气温距平有较好的对应关系，年平均气温每增加 1℃，人均年生活用水量将增加 1.095m^3（张华丽等，2009）。

2. 医疗保健支出的增长

气候变化影响居民健康，特别是在城市，随着气候变化和城市热岛效应的影响，可能导致城市生态系统出现紊乱现象，致使生物病因疾病（如疟疾、血吸虫病、鼠疫、霍乱等一系列疾病）的地理流行特点发生重要的变化，流行范围扩大或转移。过去已经基本灭绝的传染病（如结核病等）在新的条件下有重新流行的趋势，而且不断出现新的传染病，威胁着人类的健康（齐君，杨林生，王五一，2008）。

高温、热浪还直接影响人们的心理和情绪，容易使人疲劳、烦躁和发怒，各类事故相对增多。2003 年 7 月北京高温期间交通事故相对平时明显增多，北京急救中心统计资料显示，交通事故增加与天气炎热等天气现象有很大关系。2003 年北京夏季出现高温事件，由于闷热和湿度高等原因，造成与此相关的心脑血管疾病门诊人数相对平时增加三成（王雪臣，王守荣，2004）。因此，医疗保健的支出也会增加。

3. 农户生计的影响

在不同的地区，气候变化对农户生计的影响是不一样的。利用宁夏的气候数据、入户调查数据，将农户生计内容引入到气候变化影响模式的研究中，结果表明宁夏中部干旱带和南部雨养山区的农户生计受气候变化的影响较大，对于气候变化的影响更为脆弱，主要表现为气候变化可以影响当地农户饮用水和灌溉水的获得、粮食产量、作物种类和面积、外出打工人数、农民收入、买水开支、粮食价格等，造成当地农民生活困难。研究发现，宁夏北部灌区受到气候变化的影响相对较小，仅农作物病虫害一项受到气候变化的影响较大[①]。

4. 时令旅游的影响

气候变化对时令旅游业也有较大的影响，研究表明，北京地区未来的气候变化有利于北京市植物园桃花节持续日数的延长，增加游客观赏时间。然而，北京市植物园桃花节响应气候变化的滞后性，使得气候波动容易引起时令旅游产品的不稳定，这不利于时令旅游的经济效益和社会效益（马丽，方修琦，2006）。

5. 居民生活身心健康的影响

气候变化会对居民身心健康造成不利影响，医学研究表明，环境温度与人体的生理活动密切相关。环境温度高于28℃时，人们就会有不舒适感；温度再高就易导致烦躁、中暑、精神紊乱；气温高于34℃，并伴有频繁的热浪冲击，还可引发一系列疾病，特别是使心脏、恶性肿瘤和呼吸系统疾病的发病率上升，死亡率明显增加。高温还可加快光化学反应的速率，从而增加了大气中有毒有害物质的浓度，进一步损害人体健康（刘宗发，邹进泰，余宏平，2006）。气温高、气压低时，人的大脑组织和心肌对温度和湿度等气象要素非常敏感，容易出现头晕、急躁、易激动等现象，从而可能导致一些心理问题的发生。极端高温对人体健康的影响在不同区域有所不同，对城市的影响比对郊区和农村要大得多，值得一提的是，一些"健康"人群，尤其是运动员、军人、救援人员等同样会受极端高温的影响而发生心血管系统疾病（钱颖骏等，2010）。

19.2.2　已采取的适应措施

城市居民生活用水、城市绿化和灌溉等用水对气候变化最为敏感。在制定城市化发展建设规划时，必须将本地区的水资源承载能力以及气候变化对水资源承载能力的影响加以认真研究。如，2004年西安市在要求城市生活用水方面，在近5年内（2004～2009年），人均年用水量控制在74.82583～82.12513m³，节水器具推广率达到60%～80%。如把温度因子也计算在内，那么在近5年内，西安城市人均年用水量应控制在75.92～83.22m³（张华丽，董婕，延军平等，2009）。

19.2.3　未来可能的影响与措施

未来气候变化对中国西南旅游资源将产生一定的影响。夏季气温无明显变化，而冬季气温呈明显升高趋势，气温舒适度提高，适宜旅游时间的延长，意味着旅游旺盛期的延长，可能成为该区旅游业经济的增长点。气候变化导致的极端天气事件频发和传染性疾病的传播也将使人们对外出旅游产生恐惧心理，从而减少人们对旅游的心理需求。适应措施应提高旅游场所和设施的安度，建立旅游安全应急救援机制（杨伶俐等，2006）。

以干旱为主的西北缺水型城市，随着气候变化的影响，可能出现暴雨频繁，滑坡、泥石流等地质灾害频繁发生，适应措施需要建设和储备大量的防洪设施和救灾防灾设施。过去建

---

① 武艳娟.2008.气候变化对宁夏农户生计的影响（硕士学位论文）.北京：中国农业科学院

立起来的城市防灾减灾等应急系统也就必须随着气候变化而进行相应的调整和补充完善，有的还可能需要重新进行设计（王雪臣，王守荣，2004）。

预测表明，2030 年、2050 年、2100 年，辽宁—天津海域的海平面将分别上升 11～12cm、19～21cm 和 57～63cm。海平面上升将加剧沿海地区风暴潮等灾害现象的破坏程度，加大对沿海城市的洪涝威胁，减弱港口功能；同时，也可能扩大海水入侵陆地的范围，产生盐水入侵内河，使淡水河水质变咸、盐度增高，从而导致水质污染而影响生产、生活用水以及土壤盐渍化破坏食物生产系统，构成对健康的极大威胁；加剧对海岸的侵蚀，淹没滩涂和湿地，同时造成沿海城市市政排污工程的排污能力降低，可使人群传染病发病率增加，对健康构成潜在的威胁（齐君，杨林生，王五一，2008）。

19.3　人体健康

第一次气候变化国家评估报告评估了气候变化对人体健康的影响和适应对策。评估范围包括气候变化对心血管疾病和极端天气气候事件对健康的直接影响，以及气候对传染病和空气污染对健康的间接影响两个方面。得出了疫区扩大和北移的预测，提出了以人为本、加强预防等五大适应对策。

气候变化导致局地气候和天气的剧烈变化可以对人体健康产生多方面的影响。因气候变化引起的高温热浪、极端天气等，直接影响人类的健康和生命安全（陈凯先等，2008）。分析气候变化对人体健康的影响是一个较为复杂的系统研究过程，气候变化可能对人群、病原体以及生物媒介的传播等多个环节产生直接和间接的影响（杨坤等，2010）。从世界卫生组织（WHO）于 2009 年公布的气候变化与人体健康有关的 10 个事实（表 19.1）中可以看出，气候变化对人体健康的影响是明显的，也是多方面的。

表 19.1　气候变化和人体健康的 10 个事实[①]

分类	序号	健康影响
健康影响	1	在过去 50 年期间，人类活动——尤其是燃烧矿物燃料，释放了大量 CO_2 及其他温室气体，足以影响全球气候。大气层的 CO_2 浓度比工业时代之前增加了 30％以上，使更多的热量停留在大气下层。所造成的全球气候变化带来一系列健康风险，包括从极端高温造成死亡到传染病规律改变
	2	从热带到南北极，气候和天气对人类生活具有强大的直接和间接影响。极端天气，例如暴雨、洪水和 2005 年 8 月席卷美国新奥尔良的卡特里娜飓风等事件，危及健康并破坏财产和生计。在 20 世纪 90 年代，与天气相关的自然灾害在全球范围造成约 60 万人死亡，其中约 95％发生在贫穷国家
	3	强烈的短期天气波动也可严重影响健康，会造成中暑或体温过低，并产生可增加心脏病和呼吸道疾病死亡率的各种反应。2003 年夏季西欧创纪录的高温使死亡人数达到高峰，比往年同期多 7 万例以上
	4	在极热的天气中，花粉及其他过敏原的水平也较高。这可引起哮喘，而目前有 3 亿人罹患哮喘。气温升高将增加这方面的负担
	5	海平面上升是全球变暖的另一个结果，增加了沿海地区水灾的危险，并可迫使人群流离失所。现在，世界人口的半数以上居住在离海岸 60km 以内的地区。水灾可直接造成伤害和死亡，并可增加感染水源性和病媒传播疾病的风险。人群流离失所可加剧紧张局势并可能造成冲突

① WHO. 2009. http：//www.who.int/features/factfiles/climate _ change/zh/index.html

续表

分类	序号	健康影响
健康影响	6	更多变的降雨模式很可能会危及淡水的供应。全球缺水已经影响到每 10 个人中的 4 个。缺水和水质量低下可危及健康和卫生。这会使每年造成约 220 万人死亡的腹泻风险，沙眼（可导致盲症的一种眼部感染）及其他疾病的风险升高
	7	缺水迫使人们长距离运水并在家中蓄水，这可增加家庭水污染的危险，引起疾病并为蚊虫提供繁殖场所，而蚊虫是疟疾、登革热及其他令人备受折磨的疾病的传播媒介
	8	气候条件影响通过水和蚊虫等病媒传播的疾病。对气候敏感的疾病是全球最主要的杀手之一。仅腹泻、疟疾和蛋白能量营养不良，2004 年在全球造成超过 300 万例死亡，其中三分之一以上的死亡发生在非洲
	9	营养不良每年造成约 350 万例死亡，原因是缺少维持生命所需的足够营养并因此不能抵御疟疾、腹泻和呼吸道疾病等传染病。地球气温升高和更多变的降雨预计将使许多热带发展中地区的作物产量下降，而这些地区的食品安全情况已经很糟
适应性措施	10	采取步骤减少温室气体排放或减轻气候变化对健康的影响，也可有其他方面的积极健康效果。例如，促进增加使用公共交通和主动活动——例如用自行车或步行替代私人汽车，可减少 CO_2 排放并改善大众健康。这些方法不仅可避免交通伤害，而且可减少空气污染及相关的呼吸道和心血管疾病，并提高身体活动水平，从而降低整体死亡率

19.3.1 对人体健康已有的影响

1. 高温热浪

气候变化对人类健康最直接的影响是极端高温产生的热效应，未来的气候变化情景表明这一效应将变得更加频繁、更加广泛。随着全球气候变化，夏季高温日数会明显增多，高温热浪的频率和强度随之增加，特别是伴随而来的高湿度和高浓度空气污染事件的增加，进一步加剧了夏季极端高温对人类健康的影响和危害，导致相关疾病的发病率增加和死亡率的升高（李永红，陈晓东，林萍，2005）。2006 年 7 月，中国陕西南部、四川东部、重庆等地出现持续高温天气，重庆綦江最高气温高达 44.5℃，导致中暑、腹泻人数明显增多，因高温中暑的原因，重庆市至少死亡 9 人，至 8 月中旬，中暑人数达 2 万余人，是典型的极端天气和气候对人体健康影响事件。极端高温也对心血管、脑血管和呼吸系统疾病患者极为不利，炎热的天气会使人体的体温调节系统处于"超负荷"状态，对一般病人来说，会使其原已受损的系统、组织、器官负荷增加，功能不济，加重病情，甚至死亡。

2. 其他极端天气

极端事件除直接造成人员伤亡外，还可通过损毁住所、人口迁移、水源污染、粮食减产（导致饥饿和营养不良）等损坏健康服务设施来间接影响健康（钱颖骏等，2010）。研究表明，极端天气事件对人体健康的影响可分为短期、中期及长期的影响。短期影响主要为：由于极端天气事件引起的大量人员伤亡，如 2008 年年初，中国遭受了一场前所未有的突发冰雪灾害，气温骤降，有资料表明在暴风雪后的第 5、6 天骨折和伤害达到了高峰。中期影响主要为：饮用或接触污染水源引起的疾病传播，如霍乱、甲肝、螺旋体病等。如调查1996～1999年洪灾区和非灾区人群各类疾病发病情况，结果显示洪灾区人群1996年、1998年急性传染病发病率分别为863.181/10万和736.591/10万，均高于非灾区年均发病率；但灾后一年的发病率与非灾区无差异，循环系统、神经系统、消化系统疾病、损伤与中毒等8大类慢性非传染病的患病率灾区高于非灾区（李硕颀等，2004）。长期影响主要是由于极端天气事件造成的经济困难和生命财产损失而导致的精神压抑等。

3. 空气污染

气候变化可能对空气污染产生影响，在扩散条件变坏的地区会使空气质量下降，加重空气污染对大气环境和人体健康的影响，特别是对人体呼吸道疾病产生重要影响。中国北方地区的沙尘暴天气发生时，大量的工业污染随着沙尘粒子传输到下游地区，严重影响这些地区的环境质量和人体健康，所造成的危害是触目惊心的（马玉霞，王式功，2005）。由于气候变化的影响，在高温和强阳光天气影响下，所产生臭氧烟雾损伤人的肺部，还会加快大气中化学污染物之间的光化学反应速度，诱发一些疾病，如眼睛炎症、急性上呼吸道疾病、慢性支气管炎、慢性呼吸阻塞疾病、肺气肿和支气管炎哮喘等病（廖赤眉，严志强，2002）。气候变化还致使紫外线辐射增强并由此会引发一些疾病，如强烈阳光下的急性暴露引起红斑和雪盲，长期暴露则与皮肤癌和白内障有关。近年来西藏大部分地区出现的气温升高现象表明，臭氧层稀薄已造成高比例的紫外线照射量增大，加之积雪和岩石对紫外线具有强烈的反射作用，使西藏地区白内障发病率居全国之首（刘扬，孙炜，2002）。

4. 传染性疾病

传染病的传播过程受多种因素影响，包括社会经济、自然生态、气候变化和人体免疫状态等（Weiss，McMichael，2004）。许多传染病的传播媒介、中间宿主、病原体等都对气候条件敏感（Koelle，Pascual，2004），由于受气候变化的影响，可能会导致传染性疾病的流行范围扩大和传播能力增强，甚至会加速某些新发传染病的传播或已经得到控制传染病的复现。

多数虫媒疾病都属温度敏感型传染病，气候变化将引起疾病传播媒介的地理分布范围扩大，从而增加了其潜在危险（如血吸虫病、疟疾、登革热等），在中国东部疾病流行区有向北扩散的趋势（杨国静，杨坤，周晓农，2010）。基于观测到的气候变化事实，实验观测和趋势模拟表明，血吸虫的中间宿主钉螺最北分布带与年最低温0℃线基本吻合，而随着气候变化，0℃线呈北移趋势，而南水北调等大型水利工程的实施，会协同增加钉螺北扩的可能性，加大敏感区域血吸虫病传播的潜在风险（Zhou X. N. et al.，2008）。研究表明2030年血吸虫病潜在分布地区出现了北移（图19.1），主要北移至江苏北部、安徽北部、山东西南部、河北南部等部分地区，而2050年将进一步北移，涉及山东省及河北省，中国西北部的新疆局部地区也为适合血吸虫病潜在传播区域（周晓农等，2004）。疟疾、登革热的分布、传播与温度、降雨量和湿度等环境因素密切相关，气温和降雨量对疟原虫终末宿主蚊虫的繁殖及蚊体内疟原虫的发育产生影响，雨量和湿度则影响蚊虫孳生地的分布。近20年来，原来没有病例发生的中国广东、广西、福建、浙江等地先后爆发了登革热（鲁亮，林华亮，刘起勇，2010）。

气候变化造成自然环境剧烈变化也是不可忽略的，物种的演化可能打破病毒、细菌、寄

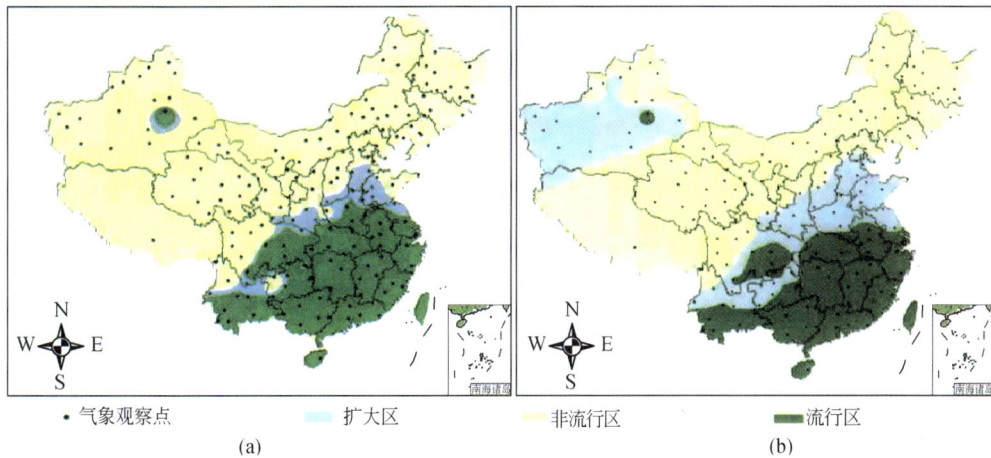

图 19.1　2030 年（a）与 2050 年（b）年中国血吸虫病传播空间分布预测图

生虫和敏感原的现有格局，产生新的变种，如 2003 年春季，相继在中国广东、北京、山西等地爆发的 SARS 疫情，给社会和人体健康及生命带来极大的危害。已有研究表明，平均气温与 SARS 的病例数负相关，表示气温低，病例多；气温日较差与病例数呈负相关，气温差越小则病例多；大部分地区的病例数与风速呈正相关，即风速越大病例数增加（朱科伦等，2004）。研究还发现不同气候带 SARS 的适宜流行季节会有不同，中国大部分地区的 SARS 流行期在春季和秋季，但是北回归线以南地区风险期出现在冬季（王铮等，2004）。禽流感多发生在冬、春季节，在 1 月份、2 月份是一个高峰，夏、秋季则很少发生。研究结果表明，2004 年 1 月中旬至 2 月上旬广州禽流感高发期，天气系统复杂多变，伴随的气象要素的变化剧烈，低温高湿的气候特征，有利于禽流感的发生和传播（范伶俐，2005）。2004 年 2 月中旬以后的气温回升、光照充足则抑制了禽流感的传播。

19.3.2　已采取的适应措施

我国为减缓全球气候变化对人体健康的影响，大力开展气候变化与人类健康的关系研究，建立健全影响公众健康的疾病监测系统，2004 年全国传染病网络直报系统上线运行，全国开始实用疫情及突发公共卫生事件的网络直报系统，截至 2008 年年底止，全国 100% 的疾病预防控制机构、96.9% 的县级及以上医疗机构，82.2% 的乡镇卫生院实现网络直报，成为世界上最大的疾病监测系统。

增加了对公共卫生系统的投资，建立健全突发公共卫生应急机制、疾病预防控制体系和卫生监督执法体系，控制被忽视的热带病和提供初级卫生保健，以及在环境和社会方面改进健康决定因素的行动，包括提供干净的水和环境卫生，提高妇女的福利，确保卫生公平性和对保护特别脆弱人群的卫生安全给予优先考虑。

大力开展了气候变化对人体健康影响的科普宣传与培训。通过电视、广播、报纸和网络等媒体广泛宣传中国气候变化对人体健康影响所面临的现状、形势和挑战，提高社会各界对气候变化对人体健康影响应对工作的重视，促进社会团体、非政府机构、科研与学术单位、企业以及媒体等自觉履行责任和义务，积极为应对气候变化对人体健康影响做出贡献。加强公众的防范意识，动员全民参与。

19.3.3   未来可能的影响与措施

气候变化及其引起的极端天气气候事件增多对人体健康具有重要的影响，且以负面影响为主：①气候变暖对人类健康影响最严重的是导致病原性传染性疾病的传播和复苏，影响疾病的分布和发病。这些疾病的传播媒介和中间宿主的地区分布和数量取决于各种气象因素（温度、湿度、雨量、地表水及风等）和生物因素（植被、宿主种类及寄生虫和人类干预）。②高温热浪频率和强度的增加，导致与暑热相关疾病的发病率和死亡率增加。③水质恶化或引起洪水泛滥进而引起一些水源性疾病，如腹泻、霍乱和痢疾等疾病的传播。④引起生态系统及社会制度变化，食物及营养供给、人口数量增加及经济衰退也成为影响人类健康的重要因素。

为应对将来气候变化对人体健康的影响，适应措施重点应放在以下方面：

(1) 建立和完善气候变化对人体健康影响的监测、预警系统，为社会提供内容丰富、准确、及时、权威的疾病监测、评估、预测、预警。结合极端天气事件与人体健康监测预警网络，对发生的极端天气气候事件所致疾病进行实时监测、分析和评估。

(2) 在受气候变化影响的敏感区域强化综合应对措施。在对气候变化影响评价并建立完善监测预警系统和网络的基础上，开发相关应急预案，特别是针对高温热浪、暴雨洪涝、风暴、沙尘暴、干旱、雾霾等极端天气气候事件，实施相应的预防控制技术和适应技术，降低因气候变化导致的传染病对人类的危害。

(3) 加强气候变化对人体健康影响和适应措施相关科学研究。加强国际和国内多领域、多学科的合作，如：利用国内外气象和气候数据资料，应用地理信息系统技术，集成疫情和其他环境数据库，建设气候变化及其对人体健康影响相关的科学研究基础数据库，从而建立中国气候变化对人体健康影响评价体系，这对中国主要流行病、传染病开展气候风险评估和气候区划研究，确定各季节、各地区传染病防治的重点具有重要的意义。

第二十章 气候变化对区域发展的影响和适应

提　要

由于中国地域辽阔，气候多样，不同区域的地理环境、气候特征、经济发展水平等差异显著，气候变化对各区域影响的重点也有所不同。2007 年第一次气候变化国家评估报告对中国各区域气候变化观测到的影响、未来气候变化的可能影响进行了评估，提出了各区域应对气候变化的战略措施。本章在此基础上，进一步评述了各区域观测到的气候变化事实及其对重点领域的影响，以及各区域的适应气候变化行动和效果，并根据未来气候变化的趋势和可能影响，提出了每个区域适应气候变化的可持续发展对策和建议。

中国按照行政区域可划分为华北、东北、华东、华中、华南、西南、西北 7 大区域，各区域地理、气候特征及气候变化影响的重点领域见表 20.1。

表 20.1　各行政区域环境特征及气候变化影响的重点领域

区域划分	包含省、市、自治区及地区	环境特征	气候变化影响的重点领域
华北	北京、天津、河北、山西、内蒙古	西部和北部为山地丘陵，其余大部分为冲积平原；暖温带半湿润、半干旱大陆性季风气候	水资源、农业
东北	辽宁、吉林、黑龙江	东、北、西三面为中、低山脉环绕，中南部为松辽平原；温带大陆性季风气候	旱涝和夏季低温、粮食生产、生态与环境
华东	山东、江苏、安徽、浙江、福建、江西、上海、台湾	北部以平原为主，南部以山地丘陵为主；以淮河为分界线，以北为温带季风气候，以南为亚热带季风气候	城市人体健康、能源消费、洪涝台风灾害
华中	湖北、湖南、河南	以山地丘陵及丘间盆地为主；北～中亚热带季风湿润气候	洪涝灾害、湿地生态、血吸虫病害
华南	广东、广西、海南、香港、澳门	海域辽阔，海岸线漫长，山地起伏大；热带亚热带季风气候	热带气旋、海平面和海岸带生态系统、珠三角城市群
西南	四川、云南、贵州、西藏、重庆	含青藏高原、云贵高原、横断山区和四川盆地等，地形复杂；包括东部季风区和青藏高寒区	旱涝灾害、山地灾害、生物多样性、石漠化、青藏高原
西北	陕西、甘肃、宁夏、青海、新疆	全区以高原、盆地为主；包括干旱半干旱区、东部季风区和青藏高寒区	水资源、生态环境、农牧业

20.1　气候变化对华北区的影响及对策

20.1.1　华北区域内气候变化影响

1. 华北地区特征

华北地区包括北京市、天津市、河北省、山西省以及内蒙古自治区，地处北半球中纬度。华北地区以盛产小麦、玉米、棉花、油料和蔬菜为主，水资源短缺是制约该地区社会经济发展的主要因子，是资源、人口矛盾比较突出的地区之一。

2. 气候变化的观测事实

20 世纪 60 年代以来，华北地区年均气温呈明显上升趋势，增温率为 $0.22℃/10a$，其中 1 月为 $0.31℃/10a$，7 月为 $0.09℃/10a$。冬季气温升高最明显，主要贡献来自最低气温。华北地区降水时空分布不均、年际变化大，自 20 世纪 50 年代以来呈逐年代减少趋势，50 年代至 70 年代初降水量属于偏多时期，70 年代中期到本世纪初属于偏少时期，90 年代比 50 年代减少 77.4 mm，减少了 11.67%，气候暖干化趋势明显（谭方颖等，2009）。

3. 气候变化的影响

1）对水资源的影响

华北地区由于城市化水平不断提高、人口不断增长、工业规模不断扩大，城市用水量较快增长，1985～1998 年，华北平原所有城市供水总量从 17.8 亿 m^3 增加到 46.2 亿 m^3，年均增长率 7.6%。工业生产用水从 9 亿 m^3 增加到 28 亿 m^3，年均增长率为 9.1%，占城市总用水量的比重从 49.1% 上升为 61.1%，水资源供需矛盾突出。20 世纪 70 年代以来的暖干化，加剧了该地区水资源紧张态势，仅海河流域的地表径流 1980～2000 年就比 1956～1979 年减少了 41%。为了缓解水资源需求压力，该地区大量开采地下水，地下水供水量已占总供水量的 50% 以上，另外由于降水入渗补给量减少，导致地下水位明显下降。20 世纪 60 年代初，太行山山前平原区浅层地下水位在 25～80m 之间，地下水基本保持着天然状态，1984 年山前平原区浅层地下水位普遍下降 5～20m，到 2001 年，又下降了 5～10m（费宇红等，2007）。浅层地下水位下降的同时，分别形成了北京、石家庄、保定、邢台、邯郸、唐山为中心，总面积达 4.1 万 km^2 的浅层地下水漏斗区，其中 1 万 km^2 范围的含水层已经疏干，并逐步形成了以天津、沧州、衡水、廊坊等多个城市为中心的、面积达 5.6 万 km^2 整体连片的深层地下水漏斗区（夏军等，2004）。地下水枯竭直接威胁城市用水安全，引起了严重的地面沉降、海水入侵等问题。

2）对农业的影响

气候变暖使农业气候资源发生变化，热量增加影响农业产量及生产结构和布局。气候变暖使得河北省农业生产地区的热量资源普遍增加，日平均气温稳定通过 10℃ 的 4000℃ · d 积温线，20 世纪 50 年代相比 20 世纪 90 年代明显北移，冬小麦的种植北界也相应向北推移了 30~50km。1961~2005 年华北平原地区≥0℃积温的增加速率为 59.5℃·d/10a，≥10℃积温的增加速率为 21.0℃·d/10a，增加趋势明显（谭方颖等，2009）。冬季气温升高，改善了冬小麦的越冬条件，冬小麦全生育期缩短，干物质积累时间减少，温度升高加大了土壤蒸发，使小麦生长中后期水分亏缺加重，产量下降。

气候变暖尤其冬季气温升高，使越冬病虫卵蛹死亡率降低，病害虫数量上升，出现的范围扩大。据统计，河北省 20 世纪 90 年代≥10℃的初日比前 30 年平均提前 5~10d 左右，蝗虫生长发育速度加快，爆发频率增加，发生规模扩大。20 世纪 90 年代初期发生频率为 1次/3a，90 年代中期 1 次/2a，而 90 年代后期和 21 世纪初东亚飞蝗持续大发生，1998~2002年连续出现 5 年大发生，尤其 1998 年夏蝗和秋蝗连续大发生，出现 50 年来未有的特大蝗灾。

3）对其他方面的影响

华北地区每年旱灾受旱面积基本维持在 530 万 hm² 左右，近几年有增加趋势，每年造成的损失在数百亿元左右。由于缺水引起生态环境恶化，多数中下游河道枯竭断流，土地退化、湿地萎缩十分严重。海河流域内 194 个 667hm² 以上的天然湖泊、洼淀现多已干枯，入海水量已由 20 世纪 50 年代的年均 240 亿 m³ 锐减为 2001 年的 10 亿 m³，造成河口自然生态遭到破坏，河口海洋生物遭到大量灭绝（夏军等，2004）。

气候变化是导致华北地区土地沙漠化的主要自然因素，不合理的土地利用方式和土地利用强度是导致土地沙漠化的主要人为因素（韩邦帅，薛娴，王涛，2008）。虽然局部地区经过十几年的治理有所好转，部分农牧交错区和旱作农业区土地沙漠化面积减少，程度有所减轻，但全局来看发展大于逆转，尤其是近十几年发展速度较以前有明显增加。

20.1.2 适应气候变化的区域对策与评价

1. 水资源短缺适应对策与评价

按照"开源、节流"原则解决水资源短缺问题（王道波，张广录，周晓果，2005）。一是通过增加水资源解决区域缺水。2002 年开始实施的南水北调工程，不仅缓解水资源供需失衡，而且促进区域社会经济的发展。二是节约用水提高水资源的利用效率。目前，各省区市成立了省级和地市级节水机构，加强节水管理工作，在城市节水、农业节水、污水处理与回收利用等方面取得了明显成效（任宪韶，户作亮，曹寅白，2007）。三是先后成立了各流域水利管理委员会，建立了以区域、流域高度协调的水资源管理系统，强化了流域水资源统一管理，进一步规范了流域水事活动，促进了流域水资源合理开发和水资源可持续利用。

2. 农业生产适应对策与评价

维持农业持续高效发展必须走节水道路。目前各省（区）积极推广农业节水、集水技术，采用低成本高效益的喷灌技术，因地制宜在山区、平原修建集雨沟、水窖、塘坝等蓄积水资源，农业节水取得很大成绩，仅河北省"十五"期间发展节水灌溉面积 75.93 万 hm²，累积节水灌溉面积达到 249.13 万 hm²。同时，为适应气候变暖，对作物品种和耕作制度进行了调整，华北地区原以种植强冬性冬小麦品种为主，为稳定和提高产量，目前已被半冬性、弱春性小麦品种所取代（云雅如等，2007）。在复种形式上，由一年一熟改为两年三熟（冀东地区）和一年两熟（冀中南部地区）。通过采取适应气候变化措施，实现了农业可持续发展。

3. 其他方面适应对策与评价

从 1978 年开始实施的三北防护林工程，为华北地区生态建设进入"治理与破坏相持阶段"做出了突出贡献。2000 年在华北北部地区启动京津风沙源治理工程，截至 2008 年，工程实施区的林草植被覆盖度比实施前提高了 12 个百分点以上，工程实施区已由沙尘天气发生发展过程中的强加强区变为弱加强区；水利水保项目累计完成小流域综合治理 8563 km²。工程的实施有效地推动了农村产业结构的调整和发展方式的转变，实现了粮食增产、农业增效、农民增收。工程实施区的农民人均纯收入由 2000 年的 2490 元提高到 2007 年的 4074 元，年均实际增长速度与全国基本持平。另外，华北各地先后采取了防风蚀农业耕作措施，加大"荒山、荒滩、荒坡、荒沟"四荒的治理开发力度，加强对现有森林资源保护和管理，实行多树种造林，采用人工和飞播造林种草等办法建设防风固沙体系。这些措施对生态环境的改善均起到了一定的作用。

20.1.3 未来气候变化趋势、可能影响与对策建议

1. 未来气候变化情景

未来 30 年，华北地区气温整体呈现继续升温趋势，在 B2 情景下（柳艳香等，2007），2001～2030 年冬季气温平均最大增温幅度将比 1977～2000 年平均值偏高 1.1℃以上。2011～2040 年在 B2 情景下（范丽军，符淙斌，陈德亮，2007），冬季（1 月）气温区域平均增暖（1961～2000 年）1.6℃，夏季（7 月）区域平均增暖 0.7℃；未来 30～50 年华北地区的降水总体上增加，但夏季降水有可能减少，降水的变化趋势存在不确定性。

2. 未来气候变化的可能影响

1）对水资源的可能影响

研究表明，到 2050 年，华北地区在冷湿方案条件下可供水量逐年增长，在适中方案条件下可供水量略有减少，在暖干方案条件下可供水量减少幅度较大。气候变暖可能加剧海河流域水资源短缺状况。随着经济和社会的发展，城市需水量将进一步增加，预计到 2030 年，华北平原城市需水量可能达到 136.9 亿 m³；农村由于采取节水灌溉和产业结构调整，需水量可能维持现有水平。

2）对农业生产的可能影响

气候变暖将导致主要粮食作物生产潜力下降、不稳定性增加，冬小麦、玉米品质下降。冬季气温升高，使越冬病虫卵蛹死亡率降低，病害虫数量上升，出现范围扩大，还可能使新的病虫害类型出现，农业因病虫害造成的损失将更为严重。水分不足可能制约热量增加所产生的农业生产效益，如果提高对热量资源增加量的利用将会过分透支水资源，对水资源安全构成威胁。

3）对其他方面的可能影响

华北地区的暖干化趋势是产生生态环境恶化和沙漠化问题的根源，加上人口不断增加，人为不合理的经营活动增多，人为毁草毁林、过度开垦、不合理的耕地利用方式，降低了植被防风固沙、蓄水保土、涵养水源、净化空气和保护生物多样性等生态功能，将会破坏脆弱生态平衡，使土地沙化的潜在风险增大。

3. 未来适应气候变化对策建议

1）加强水资源合理开发利用和管理，建立节水型社会

加强水资源勘查评价，建立科学合理的水资源管理制度。充分开发利用空中水资源，通过价格杠杆和市场机制，进一步提高水资源的价值和利用率。抓好节水项目建设，大力推广高效旱作农业技术，种植节水作物品种。

2）调整产业结构，发展特色经济

根据气候特点，调整作物种植结构，发展特色农业、灌溉农业、生态农业，用好光热水土资源，发展适合华北地区气候特色的名优特色农业，创立具有气候特色的优质农产品品牌。

3）依靠科技进步，加快生态建设

加强生态环境动态监测与评估，根据不同气候水文条件和土地类型，因地制宜进行科学规划，做到农林牧相结合，积极改良退化草场，防止草场超载过牧。对荒坡和丘陵要营造乔、灌、草相结合的绿色覆盖体系。同时规范人类有序活动，使人与自然和谐相处。

20.2 气候变化对东北区的影响及对策

20.2.1 东北区域内气候变化影响

1. 东北地区特征

东北地区包括辽宁省、吉林省、黑龙江省3省，土地面积约79.33万km^2，约占中国国土面积的8.3%，地势起伏较大，是世界少有的三大黑土带之一。

东北地区年平均气温随着纬度和海拔高度的增加而递减，一般变化在$-4.7℃\sim10.7℃$之间，山丘地区年降水量为600～1200mm，中部松辽平原为300～600mm，西部少部分区域为200～300mm。东北地区以大森林、大草原和大湿地为主，比较适合农牧业发展，是中国重要商品粮生产基地，亦是森林面积最大且资源分布最为集中的地区，人均耕地、森林面积和蓄积量均居全国之首。

2. 气候变化的观测事实

近50年（1956～2005年）来，东北地区年平均气温、年平均最高气温、年平均最低气温均呈明显上升趋势，气候趋势倾向率分别为0.3℃/10a、0.2℃/10a、0.4℃/10a。四季的

气温均呈变暖趋势，春、秋、冬季增暖显著，夏季呈略增温趋势。气温自 1988 年以来变暖，最近 20 年为近 50 年来最暖的时期。年降水量呈略减少趋势，减少速率为 15mm/10a（赵春雨，2009）。在降水量减少的同时降水日数也在减少，减少速率为 2d/10a。从年降水量变化的区域分布来看，除黑龙江的漠河略增加以外，其他大部地区都呈减少趋势，尤其黑龙江东部、吉林西部以及辽宁东南部地区减少明显。气温升高、降水减少，东北地区气候变化总体上向暖干化方向发展（廉毅等，2007）。

3. 气候变化的影响

1）对旱涝和夏季低温的影响

气候变化使东北地区降水变率普遍增大。就近几十年而言，较严重的干旱几率要明显高于较重雨涝。东北西部，特别是吉林省中西部地区干旱趋势加重，盐渍化在发展。受全球气候变暖的影响，不仅冬季变暖明显，农业生长季（5～9 月）的平均温度大都自 1980 年以来进入了一个相对暖的阶段，夏季低温冷害的发生频率明显减少。

2）对粮食生产的影响

东北地区粮食生产以玉米、大豆、水稻和春小麦为主。一方面，气候变暖使得农作物生长发育条件得到改善，农作物种植面积扩大，全区耕地面积由 1980 年的 1708 万 hm² 增加到 1996 年遥感调查的 3098.32 万 hm²，增加 81.4%（石淑芹等，2008）。另一方面，由于支农惠农资金和科技的大力投入，使农作物单产和总产显著增长。水稻产量迅速增大，以黑龙江为例，2004 年与 1978 年相比，东北地区玉米产量由 1806 万 t 提高到 3829.2 万 t，大豆产量由 338 万 t 提高到 916 万 t，分别增长了 1.1 倍和 1.7 倍。由于北部降水趋于增加而南部减少，另外受降水年际波动影响，东北地区粮食生产年际波动加大，特别是西部地区玉米关键需水期的伏旱，造成玉米产量的年际波动显著增大。气候变暖使得某些病虫害越冬、流行和发生危害，如二化螟的发生发展已经成为对水稻危害较重的长发性虫害；杂草种类也呈增加趋势，如历史上从未出现过的稗生稻，目前也经常在很多地区造成危害（矫江等，2008）。

3）对生态与环境的影响

根据第五次（1994～1998 年）与第六次（1999～2003 年）全国森林资源清查，辽宁、吉林、黑龙江三省的有林地面积从 2767 万 hm² 增加到 2918 万 hm²，长白山森林区 20 世纪 90 年代比 80 年代植物生物量（NDVI 值的大小）增长显著，2000～2005 年的 NDVI 值较 20 世纪 90 年代有明显增加。森林生态系统碳收支模型模拟结果表明，1981～2002 年间 NEP（净生态系统生产力）总量位于 0.11PgC/a～0.18PgC/a 之间，表明气候变化对东北地区森林碳汇的作用仍较强（赵俊芳，延晓东，贾根锁，2008）。

草地大都位于干旱化明显的东北地区西部。据调查 1995～2003 年牧草地总面积持续减少约 254.05 万 hm²，其中 74.53% 变成未利用地，牧草地的转变最大，表明草地退化和垦殖草地现象很普遍。受气候变化影响，土地荒漠化主要表现为沙漠化和盐渍化土地变异的两个方面，东北地区西部为生态与环境的脆弱带，也是暖干倾向显著区域，土地荒漠化从吉林省西部盐渍化、向海—乌兰图嘎沙带和海丰沙带这三个方面逼近中部的松辽平原产粮区，并以经向扩展为主。20 世纪 50 年代到 80 年代，科尔沁沙地沙漠化呈发展趋势，20 世纪 80 年代中期以后科尔沁沙地南部地区沙化出现逆转，但是北部与呼伦贝尔沙地仍呈发展趋势，松嫩苏打土壤盐渍化有发展加重趋势。同时，三江平原自然湿地面积不断减少，由 1954 年的 353 万 hm² 减少至 2005 年的 81 万 hm²，52 年间自然湿地面积减少了 77.05%（黄妮等，2009）。

20.2.2 适应气候变化的区域对策与评价

1. 粮食生产的适应对策与评价

各省相继开展了各种农业节水技术研究与推广工作。输水系统、田间灌溉、田间农艺、化学、管理、生物改良等节水技术优化组合，形成农业节水技术集成模式，在东北地区的农业节水中产生了显著效果（孟维忠，葛岩，于国年，2007）。此外，水稻旱作即旱稻在东北地区有了一定的种植面积，每年多个适应气候变化品种的种植面积超过了 2 万 hm²。

2000 年以后，以"秸秆还田＋少免耕"为特征的保护性耕作技术在东北地区进行逐步试验和推广，初步显示了减轻土壤侵蚀、提高土壤有机质含量、作物抗旱节水和节本增效的效果。松嫩平原中部平原地区采用了由秸秆覆盖、免耕播种、机械深松和化学除草等核心技术组成的水土保持保护性集成技术（孙传生等，2006），辽西北地区推广了以秸秆覆盖和少耕免耕为主的保护性耕作技术。

对主要粮食作物的种类、品种和布局等进行适应性调整。黑龙江省水稻种植比例显著增加，小麦种植比例明显减少，从以小麦和玉米为主的粮食作物种植结构调整为以玉米和水稻为主（谢立勇，冯永祥，2009）。作为玉米高产中心的松嫩平原南部，由于生长季提前，盛夏热量资源充足，一些中晚熟的品种被选用；并且耐旱、耐涝以及耐盐碱的品种也得到了推广和应用。育种过程中，在以往注重高产和耐低温冷害品种的基础上，增加了适应较高温度或生育期较长的新品种（矫江等，2008）。这些措施不仅减少了气候变化带来的不利影响，而且提高了粮食生产的效益。

2. 生态环境保护和建设对策与评价

20 世纪 50 年代以来开展了以改变坡面微地形、增加地面覆盖、增加土壤入渗为主的三类主要水土保持耕作措施的研究工作，并在各地进行推广应用，对防治坡耕地水土流失、促进作物增产起到了良好的作用（王宝桐，张锋，2008）。松嫩平原盐碱化草原，在盐碱化程度分类的基础上，采用以振动深松为主，施生化土壤改良剂和农艺措施为辅的集成技术对土壤进行改良，可调节土壤水、肥、气、热条件，增大土壤蓄水容量，改善土壤理化指标，使土壤由重度盐碱化变为轻度盐碱化，草原生态环境得到大大改善。

加强了生态—经济型防护林体系的建设，完整的农田林网具有很好的防风保水作用，在林网内可降低风速 20%～30%，生长季增加大气湿度 10.9%～15%，增加土壤湿度 20%～25%，粮食产量平均增加 30% 以上。

开展了人工影响天气的研究与实践，开发空中云水资源，实施人工降雨。辽宁省结合降雨的时空分布特点，春、秋季节人工增雨的重点放在辽西北和辽河平原，夏季人工增雨的重点为辽南一带。2003～2007 年通过开展人工增雨有效增加了降水，对缓解干旱和用水紧张起到了一定作用。

20.2.3　未来气候变化趋势、可能影响与对策建议

1. 未来气候变化情景

在 A2、A1B 和 B1 情景下，21 世纪后期中国东北地区的气温相对于 1980～1999 年的平均气温将可能升高 3.0℃以上，其中北部变暖将可能更多，降水将可能增加，尤以夏季明显。另外，东北地区地面径流量将可能略增加，蒸发将可能增加，土壤湿度将可能减少（赵宗慈，罗勇，2007）。

2. 未来气候变化的可能影响

1）对粮食生产的可能影响

未来气候变暖给东北地区带来更多的热量资源有利于提高作物生产能力，春玉米的生长期在 2011～2070 年会有所缩短，玉米产量总体呈下降趋势，但下降幅度不大。中熟玉米产量变化范围在 −7.4%～−11.4%，平均减产 3.5%（张建平等，2008）。东北平原水稻生产在 2080 年普遍减产。

2）对生态环境的可能影响

东北水资源系统对气候变化非常敏感，气候变暖变干使湖泊水位持续下降，一些湖泊消失。土壤可能进一步退化，黑土区的土壤侵蚀日益严重，坡耕地由于水土流失甚至失去生产能力。冻土南界向北退缩，厚度变薄，造成植被根系层的土壤水分和养分流失，使土壤结构、成分发生变化，寒区优势植物种群退化。

3. 未来适应气候变化对策建议

1）粮食生产适应的对策建议

调整作物种植结构，充分利用气候资源。适当调整玉米播种期，中晚熟改为晚熟品种，改变作物品种类型，选择适合长生长季的晚熟高产品种，减产幅度会大大降低（张建平等，2008）。

调整田间管理措施，减小气候变化的不利影响。调整农业生产管理措施，改进水肥的田间管理，实施保护性耕作，建立病虫害监测网络，建设稳定的适应气候变化农业示范基地，以提高农业生态系统的适应能力。

选育抗逆性强的新品种，增强农作物抵御自然灾害的能力。培育高光效、低呼吸消耗作物品种，即使生育期缩短也能取得高产优质（居辉等，2008）。

加强基础设施建设，提高水资源调蓄能力。加强农田水利基础设施的建设与完善，增加灌溉抗旱的面积比例，提高防御干旱、洪涝的能力，以减小粮食产量的年际波动，这是适应未来气候变化、解决农业用水不足以及水热配合受限问题的必要措施。

2）生态环境适应的政策建议

建立跨省区的东北地区气候变化、生态与环境变化监测、诊断和预警系统工程，依据土地荒漠化的现状、性质和程度，分类治理。在不同治理区设置监测点，加强动态监测，因地制宜

地采取一些修复措施。搞好林区林木培育与保护，加大森林更新力度，尽快恢复森林生态系统。

制定东北地区生态与环境保护规划，合理调配地表水资源，兴修水利设施，用于生态建设与环境治理，包括农牧业发展、城市工业和生活用水，以及补给松辽平原西部地下水等。

20.3　气候变化对华东区的影响及对策

20.3.1　华东区域内气候变化影响

1. 华东地区特征

华东地处 $23°\sim35°N$，$113°\sim121°E$，包括上海市、江苏省、浙江省、安徽省、江西省、福建省、山东省和台湾省。华东地区常年平均气温 $15.0℃\sim19.5℃$，年降水量 $900\sim1700mm$。华东地区是中国经济最发达、城市化进程最迅猛、自然生态环境比较脆弱的区域之一。同时华东地区又处于天气气候复杂多变的副热带季风区，是气象、海洋、环境灾害的高风险地区。气候变化和这些因素交织在一起，使得华东地区经济，特别是城市群经济社会发展面临着多重挑战。

2. 气候变化的观测事实

根据华东地区 1961~2005 年 86 个台站的气候资料分析，年平均气温升温比较明显，趋势倾向率为 $0.21℃/10a$，从 20 世纪 80 年代开始年平均气温上升趋势更加显著，1986~2005 年 20 年平均气温距平为 $0.3℃$，趋势倾向率达到了 $0.57℃/10a$（周伟东等，2009），并且有加快趋势。从区域看，华东地区年平均气温升温率北部高于南部，大城市高于中小城市，尤其是在长江三角洲中部的上海、宁波、杭州、常州、南通等地，年均气温增温速率明显高于其他地区，而相对湿度显著降低，即城市干岛效应突出（史军等，2008）。1959~2005 年期间，城市化对长江三角洲大城市的增温率为 $0.09℃/10a$，对应的增温贡献率为 33.3%（崔林丽等，2008）。华东地区高温酷暑日数（$\geqslant38℃$）以减少趋势为主，但长三角城市群为增加趋势。华东地区高温热浪发生频率在长三角地区、浙江沿海和福建沿海出现明显增多的趋势。

1961~2007 年，华东地区年降水量总体上没有明显的变化趋势（$-0.04mm/a$），但从 20 世纪 80 年代开始，华东地区年降水量有弱的增加趋势（$0.78mm/a$），27 年增加了 21.06mm，且 27 年中有 16 年降水量偏多，并表现出南增北减（山东）的变化趋势。华东大部分地区的年小雨总量及年小雨总日数为减少趋势，但年暴雨降水总量和总日数为增加趋势，其中以江南最为明显（梁萍，何金海，2008）。另外，通过对华东地区 1961~2007 年露点温度分析发现，华东地区在温度升高的同时露点温度降低，出现了"暖干"的趋势。通过分析 1951~2007 年登陆中国台风路径发现，影响华东南部地区的热带气旋有显著增强的趋势，且表现出在粤闽交界海域活动增强的趋势（杨玉华，应明，陈葆德，2009）。

3. 气候变化的影响

1）对城市人体健康影响

华东地区城市化程度高，人口密集，在面临极端天气气候事件增加和大气污染造成空气质量下降的情况下，对人类健康生活所要求的大气环境带来不利影响。华东地区夏季经常受副热带高压天气系统控制，持续性高温天气出现的频率较高，气候变暖常伴随着热浪发生频率及强度的增加，导致某些疾病特别是心血管、脑血管及呼吸系统等疾病的发病率和病死率增加。对1998年和2003年夏季两次超强热浪过程的分析表明，高温是夏季死亡率增加的主要影响因素（谈建国，2008）。全球气候变暖是传染病分布区扩展的重要诱因之一，近年来，血吸虫病在华东地区长江流域江西、安徽、江苏等部分山区呈上升趋势。

2）对能源消费的影响

20世纪80年代以来，上海热岛效应明显，并且保持不断增强的趋势。不断增加的人口规模，不断提高的生活集聚消费水平增加了能源消费。近几年来，华东地区夏季持续高温天气频发，用电量不断增长，最高用电负荷一破再破，屡次刷新历史纪录。根据研究，高温期间（日最高温度大于35℃）上海地区夏季日最高温度每增加1℃，日用电量增加367万kW·h。对江苏省而言，每当夏季平均温度增加1℃时，居民和城市系统用电量的百分比就将分别增加0.32%和0.41%，若温度距平达到2℃以上，则夏季高温将增加1%的社会总用电量（刘健等，2005）。

3）气候变化对洪涝、台风灾害的影响

自20世纪80年代以来，洪涝灾害日趋加重，发生频率逐渐增多，间隔周期逐渐缩短，特别是进入20世纪90年代以后，受灾面积和破坏性越来越大。受台风暴雨及风暴潮的影响，华东地区每年均有人员伤亡和财产损失，并且这种灾害影响有明显增强的趋势，其中对浙江、福建沿海地区的影响最为严重。如2005年麦莎台风登陆浙江后西北行北上，受灾人口就达133.1万，死亡7人，转移安置21.6万人，1.5万间房屋倒塌，农田受灾面积5.69万hm²，直接经济损失13.4亿元。

20.3.2　适应气候变化的区域对策与评价

1. 城市人体健康对策与评价

华东地区各级卫生部门已初步建立了突发公共卫生应急机制、疾病预防控制体系和卫生监督执法体系。通过提供干净的水和环境卫生，提高妇女的福利，确保卫生公平性，对特别脆弱人群的卫生安全给予优先考虑等措施，防范和抵御气候变化引起的各类疾病能力有了较大提高，城市人体健康状况有了较大改善。随着气候持续变暖，加上城市的热岛效应，热浪发生频率及强度还会有所增加，未来如何更加有效地防范高温引起各类疾病的发生，提高人体健康水平还需要进一步重视。

2. 能源消费对策与评价

国家"十一五"规划中明确提出，到2010年全国万元生产总值综合能耗比2005年下降20%左右，华东地区各省紧紧围绕这一约束性指标，加大资金投入，在推进淘汰落后生产能力和节能技改重大项目、强化工作基础、建立长效机制等方面做了大量工作。以上海为例，"十一五"前3年全市单位生产总值综合能耗累计降低了55.61%，2008年完成522项产业结构调整项目，实现节能约130万t标准煤，实施节能技改项目188项，实现年节能约60

万 t 标准煤。另外，各省市还大力推进节能灯及小排量汽车的广泛使用，建筑节能和新材料的开发应用，通过各项节能减排措施的广泛应用，一方面提高了传统能源的使用效率，另外使得新能源的开发利用有了广阔的前景，对于经济发展方式的转变和生态环境状况的改善将起到重要作用。

3. 防洪防台对策与评价

华东地区是中国大中城市密集区域，各省市已经制定了一系列防洪防台灾害防御应急预案，强化突发灾害应急联动机制，从而提高了突发灾害的预警和应急响应能力。上海、江苏和浙江三省市完善了海洋灾害共同防御体系，组建了东海大型浮标监测系统，联合开展海洋环境监测体系建设。沿海区域采取了护坡与护滩相结合、提高设计坡高标准、加高加固海堤工程、建设沿海防护林等防洪防台措施，沿海台风洪涝灾害的防范能力有了较大提高，减轻了灾害引发的人民群众生命和财产损失。各级政府还通过加快科技创新，逐步提高台风、局地强对流天气等灾害性、关键性、转折性重大天气气候事件的预报预测准确率、及时性和精细化程度，加强预警发布能力，发挥了气象工作在城市防灾减灾"测、报、防、抗、救、援"体系中的基础作用。

20.3.3 未来气候变化趋势、可能影响与对策建议

1. 未来气候变化情景

根据 PRECIS 区域气候模式模拟结果，在 B2 排放情景下，华东地区 2071～2100 年的年平均气温和年降水量可分别增加 2.7℃和 9.4%；暴雨和大暴雨日数增加，高温日数增加；2050 年江苏—长江口北部海平面上升 13～56cm；浙江—广东东部上升 2～39cm（秦大河，2005）。各季节平均气温和降水量的预估均值见表 20.2（相对于 1961～1990 年）。

表 20.2　华东地区 2071～2100 年气温和降水量变化预估

项目	春	夏	秋	冬	年
气温（℃）	2.4	2.9	3.0	2.8	2.7
降水（%）	12.0	10.5	−7.7	1.7	9.4

2. 未来气候变化的可能影响

1）对人体健康的可能影响

受气候变化影响较大的虫媒传染病包括疟疾、血吸虫病、登革热和其他虫媒病毒性疾病，在未来气候可能向暖湿变化的情况下，将有助于传染性虫媒繁殖与侵袭力的加强，这类疾病的发病感染率会有所上升。高温日数增加，可能会进一步增加华东地区尤其是城市居民脑卒中（中风）死亡率。未来降水增加，洪涝增多，海平面上升，使近地表的水质因地表污染而下降，食用后易患诸如皮肤病、心血管疾病、肠胃病等各类传染性疾病。

2）对能源消费的可能影响

气候变化可能引起热浪频率和强度的增加，将加剧夏季大中城市空调制冷电力消费的增

长趋势，给保障电力供应带来更大的压力。未来华东地区城市化进程进一步加剧，各大城市的电力需求增长也会随之加速，城市电力供应将会面临巨大压力，尤其是冬季取暖和夏季降温的电力供需形势日益紧张。

3）对洪涝和台风灾害的可能影响

21世纪长江流域增温及降水的增加，径流将有可能明显增多，加上水土流失导致长江中上游地区的河床抬高，在未来台风和梅雨期降水量增加的影响下，华东地区出现百年一遇甚至千年一遇洪水的可能性增大，洪涝、台风及其引发的风暴潮灾害的影响将加剧。海平面上升会使华东沿海地区脆弱性进一步增大，加剧海岸侵蚀，引起江湖水位上升，沿海沿江被围垦的农田将逐步被淹没，蓄洪排涝能力减弱。

3. 未来适应气候变化对策建议

1）建立和完善气候变化对人体健康影响的监测与预警系统

建立气候变化对人体健康影响的监测预警网络，完善各类疾病及突发公共卫生事件的预警和紧急反应系统，建立为公众服务的信息产品制作、发布系统，为社会提供内容丰富、准确、及时、权威的疾病监测、评估、预测、预警信息，并为大众提供各类疾病预防服务产品。

2）调整城市发展方式、产业经济布局和消费方式，扩大城市绿地改善城市热岛效应

在城市发展规划中应当考虑气候变化的影响，合理布局、适当控制中心城市发展规模，围绕中心城市建设一批具有完善服务设施和优美环境的城市新区和卫星城镇，逐步形成大、中、小城市合理布局与分工的城镇体系。改革传统的城市发展模式，改进能源结构和经济产业布局，保留必要的生态保护区，逐步扩大城市绿地面积，加速城乡园林化步伐，改善城市建筑布局，充分利用海陆风，发展城市建筑绿顶工程，缓解城市热岛效应。

3）加强气象灾害（台风、风暴潮等）的区域联合监测预警应急能力

根据突发公共事件总体应急预案，制订区域内联合气象灾害防御应急预案，强化气象灾害多部门跨省市的应急联动机制，增强区域内台风、风暴潮、局地强对流等灾害性、关键性、转折性重大天气气候事件的联合预报预测和预警能力。加强气候变暖背景下气象灾害对经济社会发展和城市安全的影响研究工作，加强突发气象灾害监测、预报、预警能力建设，做到实时监测、准确预报、及时预警、广泛发布。

20.4　气候变化对华中区的影响及对策

20.4.1　华中区域内气候变化影响

1. 华中地区特征

华中地区包括湖北省、湖南省、河南省3省。华中地区气候温和、日照充足、雨量充沛，是全国重要粮食主产区、商品粮输出基地和重要农产品生产加工基地。区内拥有长江、

淮河流域及中国第二大淡水湖洞庭湖。洞庭湖及洪湖是中国的重要湿地，是长江干流重要的调蓄性湖泊，在中部地区发挥着巨大的调蓄洪水和保护生物多样性等特殊生态功能，是中国重要的生态功能保护区之一。

2. 气候变化的观测事实

华中地区1961～2005年年平均气温呈明显上升趋势，上升速率为0.12℃/10a。除夏季气温有微弱的下降趋势（降温速率为−0.11℃/10a）外，冬、春、秋三季气温均有不同程度的升高，其中冬季升温速率最大为0.29℃/10a，春季次之为0.19℃/10a，秋季最小为0.13℃/10a。年平均气温、冬季平均气温在20世纪80年代中期以后呈现明显上升趋势；夏季虽然总体上呈现下降趋势，但1985年以后为比较弱的上升趋势；春季升温主要表现在1990～2005年；而秋季则主要表现在1970～2005年。升温速率的空间分布为中部明显，南北次之，西部不明显。

年降水量变化趋势不明显，但降水量的空间分布变化明显，过去相对干旱的鄂西北、湘西南等地区降水量呈现明显下降趋势，而过去多雨的鄂东南、湘南等地区降水量有增加趋势。不同级别强降水总量自河南向湖南和江西逐渐增大，日数自北向南逐渐增多，雨强以河南西部、湖北西北部和湖南南部部分地区为低值区，以湖北东部至江西北部的长江中下游一线以及湖南西北部局部地区为高值区。各级别强降水总量在1993年发生突变，有一定的增多趋势；日数均在20世纪80年代末、90年代初发生突变；雨强自1994年开始增强，进入21世纪后这种趋势不明显，加强、减弱现象交替出现（陈波，史瑞琴，陈正洪，2010）。

3. 气候变化的影响

1）对洪涝灾害的影响

洪涝灾害加剧。湖南省自1951年以来发生的8次大范围严重洪涝灾害中有7次出现在20世纪90年代之后（《湖南省气象志》编纂委员会，2008），湖北省洪涝受灾面积近30年以209.19万hm²/10a上升。1998年长江流域百年不遇的特大洪涝灾害，仅湖北省直接经济损失就超过500亿元；2002年华中地区洪涝受灾面积和成灾面积位列全国各区之首，直接经济损失占全国洪涝灾害损失的32%；2003年淮河流域特大洪水，王家坝两次开闸泄洪；2006年受第4号热带风暴"碧利斯"影响，湖南、江西南部因暴雨引发山洪、山体滑坡等次生气象灾害，造成700多万人受灾，直接经济损失78亿元；2007年8月18日～19日台风"圣帕"肆虐南方7省（区），湘东南、赣西南降水量达200～400mm，浙江、福建、湖南、江西、广东、广西、湖北等7省（区）共1142.3万人受灾，死亡51人，直接经济损失102.6亿元。

2）对湿地生态的影响

湿地面积减小。由于自然及人为原因，有千湖之称的湖北省，湖泊水面由20世纪60年代初的8300 km²减少到2300 km²以下，全省0.5 km²以上湖泊由1962年的1066个减少到309个，湿地面积减少40%（黄世宽，熊汉锋，2008）。曾经是中国第一大淡水湖泊的洞庭湖，20世纪30年代最大水域面积曾有近5000km²，到20世纪70年代减少到只有2960km²，80年代至今虽减少速度放缓，但在枯水季节时水域面积仍不足1000km²。湖泊、河流水位的变化，严重影响到湿地现有水面与洲滩的分布、构成、结构，导致野生动植物种类和数量的急剧减少。洞庭湖曾被誉为"候鸟天堂"，孕育了丰富的野生动植物资源，如华南虎、扬子鳄、麋鹿、大天鹅、白鳍豚等陆生和水生野生动物在洞庭湖都曾分布，现在该地已基本灭绝（曹小玉等，2008），鸟类数量也大为减少，珍贵鸟类已很难见到。

3）对血吸虫病害的影响

血吸虫病害呈上升趋势。气候变暖使得适宜于钉螺和血吸虫生长的时期在过去几十年中有不同程度的延长，缩短了钉螺和血吸虫完成孳分转换的周期，导致其密度增加。洪涝灾害增多致使血吸虫病爆发几率增大，钉螺的孳生面积随洪水迅速蔓延，因抗洪抢险、生产自救、圩堤溃破等因素使接触疫水人数显著增加。进入本世纪后，血吸虫病在中国长江流域的湖南、湖北等省的部分山区呈上升趋势，其中位于鄱阳湖、洞庭湖及长江中下游流域的湖南、湖北、江西、安徽等省的血吸虫病人数占全国总病人数的 85% 左右（Zhou et al.，2007）。

20.4.2 适应气候变化的区域对策与评价

1. 防灾减灾对策与评价

建成了由多部新一代天气雷达、闪电定位监测站及几乎覆盖每个乡镇的自动气象监测站，构成了较为完善的中小尺度天气立体监测网，近年来灾害性天气监测能力及预报预测准确率明显提高，防灾减灾能力有了较大改善。各级政府科学应对洪水策略成效显著，湖南"给洪水以出路，与洪水和谐相处"的治洪对策已见成效，2003 年湖南成功实施澧南垸主动分蓄洪，实现了由控制洪水向管理洪水转变的第一步，大大减少了人员伤亡；2004 年湖南"7·18"暴雨洪水期间，五强溪水库增加发电量 1.6 亿 kW·h，柘溪水库增加发电量 1.2 亿 kW·h，较好地利用了暴雨资源，产生了良好的经济和社会效益。

2. 湿地生态保护和建设对策与评价

2006 年中国国务院批准实施全国湿地保护工程，截至 2008 年，通过平垸行洪、退田还湖等措施，鄱阳湖、洞庭湖及长江干流行蓄洪水面积增加了 29 万 hm^2，增加蓄洪容积约 130 亿 m^3；洞庭湖区域扩大湿地面积 8 万 hm^2，增强了洞庭湖蓄洪调洪的生态功能。平垸行洪、退田还湖对洞庭湖湿地的减少有一定的缓解作用，使一部分原来围垦的农业用地转化为湿地，但围湖造田现象仍在一定区域内时有发生，天然湿地整体上仍处于退化状态，湿地生态保护和建设的任务仍然艰巨（张怀清等，2009）。

湖北省出台了《洪湖湿地自然保护区管理办法》、《洪湖湿地生态建设综合规划》；2004年陆续启动了国家林业局洪湖湿地保护与恢复示范工程等；2005 年和 2006 年，湖北省投入专项资金，推动解决洪湖湿地围网拆除、渔民安置和富余职工安置等问题。通过各项政策措施的有力实施，洪湖水质明显改善，植被覆盖率明显提高，鱼种、鸟类的种群及数量明显增加，部分水域水质已经由四到五类恢复至二到三类。2007 年 1 月的观测结果显示，来洪湖越冬的候鸟种类已经由"拆围"前的 20 种左右增加到近 50 种，数量增至 30 万只。

3. 血吸虫病害防治对策与评价

2005 年以来，湖北省累计投入项目资金 45 亿元，在血吸虫病重疫区实施"整县推进、综合治理"，防病治病效果明显，截止 2009 年，血吸虫病人下降近四成。"整县推进、综合治理"通过一建三改、三格式无害化厕所、以机代牛、土地整理、通村公路等项目的实施，改善了农村卫生环境条件，起到了防病治病的效果。1992 年湖南省启动林业血吸虫病害防治项目以来，在洞庭湖有螺滩地大面积发展血防林，对抑制湖区滩地钉螺密度，控制血吸虫病的发生和流行均起到了良好效果。据血防部门对岳阳君山 4 年生杨树内钉螺螺情的监测表明，林内活螺框出现率、活螺密度、感染螺密度分别比造林前降低 92.9%、96.3% 和 94.4%。

20.4.3 未来气候变化趋势、可能影响与对策建议

1. 未来气候变化情景

在 SRES A1B 情景下，相对于 1980～1999 年，华中地区本世纪前期（2011～2040 年）的温度增加幅度可能为 1.0℃左右；21 世纪中期（2041～2060 年）温度增幅将达到 1.6℃。区域年平均降水量 21 世纪前期（2011～2040 年）降水呈弱减少趋势，减幅在 -3%～0 之间；从 21 世纪中期到后期（2041～2080 年），降水变为增加趋势，增幅在 3%～6% 之间。

2. 未来气候变化的可能影响

1）对气象灾害的可能影响

高温热浪天气可能增多，强度增强。旱、涝灾害随着降水的不均匀性增加可能趋多趋强，前 40 年涝旱交替，后 60 年全区极端洪涝灾害出现频率明显增大。

2）对湿地生态的可能影响

气温升高将使得湿地蒸发量增加，易导致旱季部分湿地干涸而引起湿地面积缩小，湿地及物种栖息地"岛屿化"和"片段化"程度加重；降水的不均匀性变化将加大河流径流量的变化（郭华等，2006），由此引发湖泊蓄水量和水位的较大变化，湿地面积变化加剧，湿地生态环境承载力下降；极端气象灾害频发使湿地生态系统遭遇干旱、洪水、冰冻等灾害的可能性加大。以上结果可能导致湿地物种资源减少，生物多样性降低。

3）对血吸虫病害的可能影响

气温升高、洪涝灾害增多、湿地面积变化加剧，使得血吸虫病害传播、爆发及流行的几率增大。在气候适宜于血吸虫病害传播的区域开展"退田还湖、平垸行洪、移民建镇"后，可引起江湖洲滩地区的血吸虫病流行程度加重（张建波，田琪，2005）。

3. 未来适应气候变化对策建议

1）加强洪涝灾害防治能力建设

整合、统筹华中地区气象、农业、林业、水利、电力、环保、地震、国土资源、民航等

部门的观测站网资源，逐步形成气象灾害综合观测体系。建立健全预警机制、处置机制、信息机制、领导机制、评估机制、保障机制、善后机制、社会参与机制等应急机制系统，形成政府主导、部门联动、社会参与的气象灾害综合风险防范模式，增强极端气象灾害防御能力（祝燕德等，2009）。牢固坚持"给洪水以出路，与洪水和谐相处"的防洪理念，加强分蓄洪区运用和管理，对于依山而建的城市，在周围山体上修建立体湿地，以增加水资源，减少雨水冲刷造成的面源污染。

2）加强湿地生态保护

根据湿地分布设立跨省、地级市的"湿地管理委员会"，对湖区湿地的防洪、移民、生态环境保护、退田还湖等工作进行全面的协调与指导。建立三峡水库科学调度决策支持体系，降低洞庭湖区枯水季节缺水加重的风险。开展湿地资源清查，加强湿地生物物种、野生动物栖息地以及湿地生态、水文监测，积极开展湿地生态系统对极端天气气候事件的响应研究，为湿地生态保护提供决策依据。

3）加强血吸虫病害防控体系建设

加强血吸虫病的动态监测、预报预警和疫区灭螺力度，消除血吸虫病传播隐患。加强对南水北调工程中的中线工程所涉及的相关问题研究，如南北水系丰枯频率及水质监测与控制、血吸虫病向北扩展可能性等问题的研究，为血吸虫病害的有效防控提供科技支撑。

20.5　气候变化对华南区的影响及对策

20.5.1　华南区域内气候变化影响

1. 华南地区特征

华南地区包括广东省、广西壮族自治区、海南省、香港特别行政区和澳门特别行政区。全区土地总面积 45.3 万 km^2，约占中国土地总面积的 4.7%。中国第一大外海南海不仅是南海季风发生地和热带气旋重要发源地，而且石油、天然气、鱼类等资源丰富。中国第三大河流珠江贯穿中国南部 8 省（区）。中国三大东西走向山脉之一的南岭是中国南亚热带与中亚热带的气候分界线。华南人口集中，经济发展迅速但又极不平衡，珠三角城市群已成为中国乃至世界上最活跃的经济中心区域。

2. 气候变化的观测事实

华南年平均气温自 20 世纪 80 年代后期开始振荡上升，20 世纪 90 年代后期以来，升温更加显著。近 50 年华南平均气温的增温速率为 0.16℃/10a。从地域分布看，香港、澳门、广东是主要增温区域，增温速率在 0.3℃/10a 以上，海南 0.27℃/10a，而广西和广东北部地区增温速率较小，在 0.14℃/10a 以下。从季节分布看，冬季平均气温的上升趋势最为明显，增温速率达 0.27℃/10a；秋季次之，增温速率为 0.18℃/10a；春夏季最小，增温速率分别为 0.12℃/10a 和 0.10℃/10a。50 年来，华南年平均、前汛期、后汛期降水均没有明显增加或减少的趋势（广东省气候变化评估报告编制课题组，2007）。

3. 气候变化的影响

1）对登陆华南热带气旋的影响

登陆华南热带气旋个数减少，强度增大，登陆时间偏早，移动路径复杂。1949～2006年，登陆华南的热带气旋个数有显著减少的趋势，但中心气压呈下降、平均风力呈增加趋势（胡娅敏，宋丽莉，刘爱君，2008）。2008年4月19日登陆广东的台风"浣熊"，比常年热带气旋初次登陆时间提早了60多天。2006年5月18日登陆广东的台风"珍珠"，在南海呈历史罕见的90度大拐弯，路径奇特。台风带来狂风、暴雨，引发巨浪和严重的风暴潮，广东沿海遭受强风暴潮影响的频率最近10年比以前增加了1.5倍（张俊香，黄崇福，刘旭拢，2008）。

2）对南海海平面和海岸带生态系统的影响

南海海平面加速上升。根据2008年中国海平面公报，近30年来，南海海平面平均上升速率为2.6mm/a。而1993～2006年，南海海平面平均上升速率为3.9 mm/a（时小军，陈特固，余克服，2008），表明近十多年来，南海海平面与全球一样正加速上升，而且上升速率略高于全球平均。

红树林和珊瑚礁生态系统严重退化。20世纪50年代，分布在广东、广西、海南三省滨海滩涂的红树林面积曾达4万hm²以上，由于气候变化特别是长期的人为破坏，红树林面积锐减，至1997年已下降到1.4万hm²。红树林分布中心区的海南东寨港已有49％红树林被围垦毁灭。目前，大部分红树林为次生林，高大的原始林很少。海南省1988年有红树植物37种，目前已不到27种。有些红树林，如海南海桑、红榄李、银叶树等已处于濒危状态，角果木已在整个广西沿岸消失（韩秋影等，2006）。华南大陆沿岸分布着大量的岸礁，由于气候变化，尤其是人类活动的影响，珊瑚礁受到了严重破坏。20世纪50年代以来，海南岛沿岸珊瑚礁破坏率达80％。海南三亚鹿回头81种造礁石珊瑚中，30种已经区域性灭绝。广西涠洲岛1987年有珊瑚21属45种，到2001年只有14属16种（韩秋影等，2006）。根据2008年中国海洋环境质量公报，在海南、广东、广西等海域，均发现了不同程度的珊瑚白化和死亡现象。

3）对珠三角城市群的影响

气候变化和大规模城市化叠加作用，使珠三角城市群热岛效应、高温热浪、强降水、干旱、内涝等灾害加剧，人居环境恶化，用水安全风险加大。近年来，珠三角城市群均表现为热中心，热岛强度呈逐年增强的趋势，≥35℃的高温日数均在30天以上。2004年6月底至7月初的高温热浪，导致广州市39人因高温中暑死亡。2002～2004年，华南遭遇50年来罕见的连年干旱，仅广州市就有100多座大小水库停止发电用水（王广伦，杜尧东，罗晓东，2005）。珠三角城市群不仅降水强度逐渐加大，而且降水量也明显多于周边地区（黎伟标等，2009），从而加剧了城市内涝。受气候变暖、海平面上升、降水不均、流域干旱等的影响，珠江口咸潮呈加剧之势，近20年来珠三角地区曾发生过5次严重咸潮，其中3次发生在最近5年，咸潮成为威胁珠三角城市群用水安全的"心腹大患"（胥加仕，罗承平，2005）。

20.5.2　适应气候变化的区域对策与评价

1. 防御台风对策与评价

20 世纪 90 年代以来，华南各省（区）实施了各项防台风责任制，建立了统一指挥、部门分工合作的防台风应急机制，军民协作联防的抢险救灾机制，以防为主、防避结合的应急预案体系；加快修订完善海堤建设规划和分步实施计划，加强基础设施建设，初步建立了台风监测、预报、预警和防御指引体系；强化科学调度，防台减灾与抗旱蓄水并重（邓玉梅，董增川，2008）。以上技术和措施的实施，提高了华南防御台风的综合能力，促进了由被动、盲目的承受台风灾害，向主动、有针对性防御的转变，大大降低了台风灾害损失占 GDP 的比重，尤其是有效避免了台风人员伤亡，台风造成的人员伤亡从 20 世纪 50 年代平均一次数百人，减少到目前平均一次几十人，甚至几人，防御台风工作取得巨大成效。

2. 海岸带环境保护与资源利用对策与评价

华南三省制定了海洋环境保护条例、海域使用管理条例、渔业管理条例等相关法规；初步建立了海洋立体监测网体系，风暴潮、赤潮等海洋灾害预测预报技术不断提高；初步建立了海洋灾害应急预案体系和响应机制；开展了海洋环境调查；不断强化海洋生态保护与修复工作；开展了红树林引种和造林对比试验，大力开展人工营造红树林，造林成活率大幅度提高；开展有力的宣传教育与培训，强化公众的环境保护意识和资源忧患意识。目前，华南共建立国家级红树林湿地类型自然保护区 5 个，珊瑚礁国家级自然保护区 2 个，红树林面积已达 26 000hm² 以上。据中国海洋环境状况公报，近几年南海大部分海域珊瑚种类和分布状况良好，受破坏程度相对较小，珊瑚礁生态有不同程度的恢复。红树林和珊瑚礁在防风护岸防蚀、净化水体、保护生物多样性、渔业生产、生态旅游等方面发挥着显著的生态、社会和经济效益。

3. 珠三角城市群管理对策与评价

广东省制订了加快城乡水利防灾减灾工程建设的意见、突发气象灾害预警信息发布规定、防汛防旱防风工作若干规定等法规，初步建立了城市群气象灾害监测、预报、预警体系，启动了防灾减灾应急平台建设。2008 年年底，国务院审议通过并正式批复实施《珠江三角洲地区改革发展规划纲要》，支持珠三角率先探索经济发展方式转变。为应对城市群热岛效应，广东省加大了珠三角地区产业和劳动力"双转移"的实施力度，鼓励商业、办公楼、宾馆等在建筑物中采用中央空调，提高城市绿地覆盖率。加强了咸潮研究、监测、预报预警机制建设，采取珠江流域水量统一调度，以淡压咸；加强河道采砂管理和节约用水，提高水的利用效率等措施。防灾减灾措施的实施，有效化解了咸潮危害，在保障珠三角经济社会发展、防灾减灾决策、公众福祉安康中发挥了重要作用。

20.5.3　未来气候变化趋势、可能影响与对策建议

1. 未来气候变化情景

在 B2 情景下，与 1961～1990 年的 30 年平均相比，到 2020 年全区年平均地表气温可能

增暖 0.8℃，2050 年可能增暖 1.7℃，2100 年可能增暖 3.0℃。相应地，2020 年、2050 年、2100 年全区年平均降水量可能增加 3％、5％和 8％，而降水量的时空差异将变得更大。

2. 未来气候变化的可能影响

1）对台风的可能影响

由于气候变暖，海温升高，水分蒸发增加，水蒸气凝结释放出的热量给台风提供了更多的能量，导致台风强度增强，台风最大风速增加，破坏性更强，移动路径异常，风暴潮等次生灾害可能更加严重，防御难度加大（广东省气候变化评估报告编制课题组，2007）。

2）对海岸带环境与资源的可能影响

根据《2008 年中国海平面公报》，未来 30 年，南海海平面将比 2008 年升高 73～130mm。海平面升高的影响主要表现在以下方面：①抬升风暴潮位。对一些重要工程如大亚湾核电站、琼州海峡跨海工程、港珠澳大桥、海堤等的影响不可低估；②淹没低地。《2009 年中国海平面公报》显示，2009 年广东沿海海平面比常年高 91mm，预计未来 30 年，广东沿海海平面将比 2009 年升高 83～149mm，从而造成该地区部分低地被淹没；③加剧海岸侵蚀和海水入侵，使海滩和湿地受损，目前已存在的水质将更加恶化；④对某些海洋生物种群造成威胁，阻碍鱼类的正常洄游，影响种群正常生长。海水温度升高以及 CO_2 浓度增加，将导致沿岸红树林、珊瑚礁的破坏（广东省气候变化评估报告编制课题组，2007）。

3）对珠三角城市群的可能影响

未来气候变暖会造成干旱频次和强度的增加以及水质的变化，一方面导致城市供水资源的减少，另一方面高温天气导致城市群需水量的增加，使城市供水更加紧张。对气候变化敏感的传染性疾病，如心血管病、疟疾、登革热和中暑等疾病发生的程度和范围将有所增加。城市电力供需矛盾加剧。珠江口及沿海城镇将面临海平面升高的直接威胁（广东省气候变化评估报告编制课题组，2007）。

3. 未来适应气候变化对策建议

1）提升防御台风及其次生灾害的能力

加强海堤、水库、闸坝等防台风工程体系建设。完善以卫星、雷达、地面自动气象站等为主的台风监测、预报、预警体系和能力建设。建立分级、分部门、分行业的防台风预案体系，推行预案进镇入村。建立政府领导、气象预警、部门分工、社会联动的防台应急机制。提高民众的防台减灾意识，普及灾害自救和互救方法。

2）加强华南海岸带生态环境保护

制定华南海域管理条例和实施细则，完善华南海岸带综合管理制度、综合决策和协调机制，建设并完善红树林、珊瑚礁保护的法制体系。开展华南红树林、珊瑚礁资源的调查、评价和监测。实施红树林、珊瑚礁保护专项行动计划，加快建设珊瑚礁、红树林等海洋自然保护区。加强华南沿海红树林的栽培、移种和恢复技术，近海珊瑚礁生态系统以及沿海湿地的保护和恢复技术的研发。大力营建海防林，发展热带林业及热带亚热带经济林木。强化公众对红树林、珊瑚礁的保护意识和资源忧患意识。

3）提高华南地区尤其是珠三角城市群适应气候变化的能力

将适应气候变化纳入各省经济建设和社会发展长远规划。强化珠三角地区一体化综合防灾体系建设和气候可行性论证工作，尽快实施"珠江三角洲中小尺度气象灾害监测预警工程"项目建设。加快推进水利基础设施建设，提高流域水资源调配能力。强化水资源保护、水污染治理和节水型社会建设。加强咸潮监测、预警和防御技术研究。建立珠江流域生态补偿机制，协调上下游的利益和关系。发展热带和亚热带林业及经济林木和水果业。

20.6　气候变化对西南区的影响及对策

20.6.1　西南区域内气候变化影响

1. 西南地区特征

西南地区包括四川省、云南省、贵州省、重庆市及西藏自治区共三省一市一区，是世界上地形最复杂的区域之一。特殊的地理环境形成了独特的气候特点，低纬度、高海拔的共同作用使本区冷热殊异的气候区域并存，山高谷深形成了千差万别的局地气候。复杂的地形条件，独特的气候条件和人为因素的影响，使得西南地区的气候变化具有其独特性。

2. 气候变化的观测事实

近50年来西南地区气候变化表现出地域、程度和时间上的差异性。川西高原、云贵高原的增温趋势明显，与全球气候变暖一致；而四川盆地20世纪80年代气温偏低，与全球气候变暖不同步。20世纪90年代后期西南地区开始进入显著的增温阶段，2001～2005年，重庆地区气温平均值高出多年平均值0.4℃，超过了这一时段全球和全国的增温速度；云南5个最暖年份均出现在1998年以后，2006年气温与1961年相比，上升了0.8℃，与最低的1971年相比，上升了1.4℃（程建刚，解明恩，2008）。

西南地区降雨日数呈减少趋势。云南的小雨和中雨频率减少最为明显，大雨频率变化较小，而暴雨和大暴雨频率有所上升（程建刚，解明恩，2008）。20世纪90年代以来，重庆降水量变化不明显，但降水日数呈显著减少趋势，特别是小雨和中雨日数减少明显，大雨和暴雨日数变化趋势不明显。

3. 气候变化的影响

1）对旱涝灾害的影响

干旱、洪涝灾害频次增多，程度加重。1951～1999年，贵州干旱洪涝灾害呈现加重的趋势。进入21世纪后，云南降水呈减少态势，高温干旱由过去2～3年一遇变为1～2年一遇，2003～2007年连续5年分别发生了严重的冬春连旱、初夏干旱和盛夏干旱（程建刚，解明恩，2008）。2006年7～8月川渝地区出现严重的高温干旱天气，四川省农作物因伏旱受灾206.67万 hm²，造成农业经济损失79.6亿元。重庆37个区县为特大干旱，受灾人口突破2100万人，农作物受旱面积131.99万 hm²，全市因特大旱灾造成的直接经济损失达91.18亿元（海香，李强，任明明，2008）。2009 年入秋以来，云南大部、贵州大部、川西高原南部等地区出现了持续性严重干旱，截止 2010 年 2 月 25 日，仅云南全省就有 1379.7 万人不同程度受灾，596.9 万人、359.4 万头大牲畜饮水困难，331 万人因旱灾造成生活困难。

2007 年 7 月重庆西部特大暴雨引发了 20 多个区县 66 起较大规模的山体滑坡、危岩崩塌等地质灾害，重庆主城区形成大范围的洪水渍涝，部分郊县成"泽国"，致使 37 人死亡，14 人失踪，直接经济损失达 21.42 亿元。

2）对山地灾害的影响

西南山区崩塌、滑坡、泥石流等突发性山地灾害占全国同类灾害的 30％以上，呈现出点多、面广、规模大、成灾快、暴发频率高、延续时间长等特点（孙清元，郑万模，倪化勇，2007）。该区泥石流和滑坡发生的频率与强降雨过程基本一致，泥石流、滑坡出现的区域也基本上和强降雨覆盖的区域一致（崔鹏，2008）。20 世纪 50 年代以来，随着强降水发生频次的增加，西南山地灾害的波动周期缩短，成灾频次和损失增多，1994～2004 年间，西南地区山地灾害呈现出增加的趋势（孙清元，郑万模，倪化勇，2007）。2000 年以来，四川省平均每年发生灾害性滑坡和泥石流近 300 次，危害村庄 100 多个，造成大量农田被毁和人员伤亡（崔鹏，2008）。

3）对生物多样性的影响

西南地区是目前世界上气候类型多样性、物种多样性和生态多样性最为典型和最为集中的区域之一，气候变化改变了植被的组成、结构及生物量，使森林分布格局发生变化，生物多样性减少。在云南西北部的干旱河谷地区，因气候变暖而引起冰川退缩，灌木种类入侵到高山草甸，林线海拔升高，大约每 10 年上移 8.5m（Moseley，2006）。在石漠化山区，区域植物种属减少，群落结构趋于简单化，甚至发生变异，森林覆盖率不及 10％，且多为旱生植物群落，如藤本刺灌木丛、旱生性禾本灌草丛和肉质多浆灌丛。

4）对石漠化的影响

岩溶石漠化面积逐年扩大。据统计，中国西南碳酸盐岩岩层出露地区，到 20 世纪 90 年代末，基岩裸露程度高于 30％的岩溶石漠化面积已经达到了 105 063.2km²，占碳酸盐岩岩层出露地区面积的 25.06％（单洋天，2009）。

水土流失导致石漠化加剧。从 1989～2002 年的考察数据来看，考察区内水土流失总面积虽然呈下降趋势，但下降的地区主要发生在非石漠化地区。在岩溶石漠化区，由于治理力度小，水土流失面积虽然变化不大，但由于大部分岩溶区土层薄，有的甚至无土可流，因此，每流失一点土壤就会导致耕地面积的丧失和石漠化的加剧（蒋忠诚等，2008）。

20.6.2　适应气候变化的区域对策与评价

1. 防灾减灾对策与评价

经过多年努力，基本形成了政府主管、部门分工合作、社会广泛参与的工作模式。各级政府采取了加强防灾基础设施建设，制定地质灾害、山洪灾害及高温、干旱、冰雹、雪灾等单灾种防灾规划和应急预案，加强灾害监测预警系统建设，建立分级灾害紧急响应机制等，防抗救结合，有效提高了西南地区的防灾减灾能力。

各省市及相关部门大力开展了山地灾害调查与评价，加强工程防治与监测，出台了防治规划。三峡水库区针对地处农村的 1216 个崩塌滑坡建立了群测群防监测网，提前启动了三期 1939 处崩塌滑坡群测群防监测点建设，组建了一支 3900 人的群测群防队伍，库区工程治理、搬迁避让、监测预警、地质安全评价等信息网络管理初步实现，对三峡库区的移民迁建、经济发展及构建和谐社会等起到了重要作用（季伟峰，胡时友，宋军，2007）。

2. 生态环境保护和建设对策与评价

各省市全面推进天然林资源保护、退耕还林、防护林体系建设、野生动植物保护和自然保护区建设，努力构筑长江上游重要生态屏障，水土流失和石漠化治理取得初步成效，局部地区生态环境状况得到改善。

到 2006 年，贵州省人工造林保存面积达 185.40 万 hm²，森林覆盖率从 1990 年的 18.33% 增加到 2006 年的 39.93%，森林蓄水能力达 21.1 亿 m³，长江、珠江上游生态屏障框架初步形成。四川省自 1999 年启动退耕还林工程以来，到 2008 年年底，累计完成退耕还林计划任务 185.16 万 hm²，森林覆盖率由退耕前的 23.4% 提高到 31.27%。重庆市大力开展水土流失综合治理，初步治理水土流失面积 2612.67 km²，2007 年全市森林覆盖率 32%，比 2001 年提高了 9 个百分点。在生物多样性保护方面，截至 2009 年，四川省已建成 124 个自然保护区，其中国家级自然保护区 17 个，省级自然保护区 49 个，近 9 成的野生动植物种得到了及时保护。

3. 其他领域适应对策与评价

各省市大力推广应用节约型的耕作、播种、施肥、施药、灌溉与旱作节水农业、集约生态养殖、沼气综合利用、户用高效炉灶、秸秆综合利用、农机与渔船节能等节约型技术。加强了生物质能、太阳能、风能等新型可再生能源的开发利用，使优质清洁能源比重有所提高。2006 年 6 月，云南省林业厅在《林木生物质能源——生物柴油原料林发展规划》中提出，2006～2015 年将新营造原料林 66.67 万 hm²，使全省林木生物质能源产业规划总规模达到 100 万 hm²，形成年产近 200 万 t 生物柴油原料、产值超过 30 亿元的林木生物质能源产业。截至 2007 年 9 月底，全省已完成提炼生物柴油的优良树种原料膏桐林面积 5.75 万 hm²。通过积极推进农村沼气池建设，贵州已建沼气池 120 万口。

20.6.3　未来气候变化趋势、可能影响与对策建议

1. 未来气候变化情景

根据 PRECIS 模式预测（许吟隆等，2005），在 SRES B2 情景下预计到 2080 年，西南地区年平均气温可能上升 2.9℃（相对于气候基准时段 1961～1990 年），其中以夏季和冬季的增温更为显著，为 3.1℃；年降水量可能增多 9% 左右，各季节增幅相当。

2. 未来气候变化的可能影响

1）对气象灾害的可能影响

未来 50 年，在西南湿润区，干旱与洪涝灾害并存，未来气候变化可能使这种情况加剧，

特别是极端事件发生频次和强度的增加，罕见的洪涝灾害或特大暴雨的出现，容易引发严重的次生灾害。另外，积雪有增加趋势，山区雪灾加剧（秦大河，2002）。

2）对山地灾害的可能影响

未来50年西南地区山地灾害会加剧，2010年及2028年前后以及2050年后，崩塌、滑坡、泥石流活动将进入特别活跃期，2050年的经济损失将达到20世纪80年代的8倍。西南地区的四川和重庆，人为加速侵蚀率比自然侵蚀率高15～18倍，因此，这些地区至少从20世纪初开始，人类活动已成为土壤水蚀加剧的主要因素。如果这种趋势任其发展，未来50年西南地区水土流失将进一步加剧。

3）对生物多样性的可能影响

通过对2020～2050年大熊猫栖息地温度降水变化的情景模拟，大熊猫栖息地在2050年前西北部地区温度、降水增加明显，大熊猫适宜区向西北方向转移。

气候变暖一方面使得作物种植高度上升、作物熟期缩短，低坝河谷地区"冬暖"将更加突出，对生产龙眼、荔枝等南亚热带水果有利，高海拔地区热量条件将有所改善，总体复种指数将有所提高；另一方面作物病虫害的发生的趋势将加重，一些农业气象灾害将会更加突出（高阳华等，2008）。

3. 未来适应气候变化对策建议

1）加强应急体系建设

逐步建立完善统一指挥、结构合理、反应灵敏、运转高效、保障有力、符合实际的省、地、县三级应急体系，提高应急管理综合能力，满足极端天气气候事件及突发公共事件监测预警、应急处置和恢复重建的需要。

2）加强山地灾害综合治理

开展灾害普查，建立灾害信息共享平台。重视基础研究，研发减灾技术，规范减灾行为。健全灾害监测体系，提高灾害监测预警精度。加大对重点灾害的治理力度，建立不同类型的灾害治理模式。进行灾害风险分析，加强灾害风险管理（崔鹏，2008）。

3）加强自然保护区的建设，维持生物多样性

制定规划，明确主管部门，理顺管理体制，加强队伍建设，提高人员素质。加强自然资源保护立法，合理开发利用自然资源。加强宣传教育，提高群众参与意识。深入开展自然保护区科学研究，做好生物多样性保护基础工作。

20.6.4　气候变化对青藏高原的影响及适应对策

1. 已观测到的事实

根据1961～2006年中国地面观测气温和降水资料，青藏高原地区年和四季地表气温均呈显著增加趋势，年平均气温变化趋势为0.24℃/10a，冬季的增暖趋势更为明显，其次是

秋季,春夏相对较小。青藏高原地区年降水量没有检测到显著的变化趋势,冬春降水量显著增加,而夏季降水有微弱的减少,秋季降水显著减少(丁一汇,张莉,2008)。

气候变化使得高原雪线上升,冰川退缩。研究表明青藏高原冬春积雪日数在 20 世纪 80 年代是增加的,在 20 世纪 90 年代呈减少趋势。20 世纪 90 年代以后冰川退缩幅度急剧增加,导致冰川融水补给的河流径流量大增。2004 年和 2006 年对青藏高原西南部野外考察结果表明,喜马拉雅山脉西段的纳木那尼冰川正在强烈萎缩,冰川末端在 1976~2006 年平均退缩速度为 5m/a 左右,2004~2006 年后退缩速度达到 7.8m/a,表现出近期加速后退态势(姚檀栋等,2007)。

随着气温的升高,冻土层退化变薄。对 1995~2004 年青藏高原多年冻土温度监测的资料分析发现,高原多年冻土温度呈现上升趋势。1983~2006 年黄河源区冻土年平均冻结厚度与冻结日数变化表明,黄河源区冻土呈现出显著的退化趋势,这与整个青海高原冻土退化的变化趋势一致,而 2001 年以来,冻土的退化仍保持这一态势,且冻结日数的缩短趋势更为明显。在高原干旱、半干旱牧业区,气候变暖加剧草地水分的散失,牧草的生长发育受阻,产草量下降,同时,优良牧草在草场中的比例下降,杂类草的数量和比例上升,草场朝不良方向演替,呈现退化趋势(张钛仁,颜亮东,张峰,2007)。

2. 未来的变化趋势及可能影响

根据 IPCC 提供的气候模式模拟结果显示,只考虑温室气体增加的情况下,到 2050 年青藏高原地区年平均气温将增加 2~2.5℃;考虑硫化物气溶胶的共同影响后,年平均气温增加 1~2℃,其中以冬季的增暖最为显著。降水的变化较为复杂,总体来说 21 世纪前 50 年青藏高原的大部分地区降水为增加趋势(徐影,赵宗慈,李栋梁,2005)。

在未来气候变暖的情景下,到本世纪中期(2030~2049 年),在青藏高原年均气温上升 2.22℃ 的情况下,高原多年冻土面积将减少 87.26 万 km²,退化率达到 31.82%。随着高原多年冻土不断退化,冻土活动层增加,可能对青藏高原基础设施及工程稳定性产生很大的危害,有关部门要高度关注。

如果未来 10a 气温增加 0.44℃,在降水量不变的情况下,高寒草甸和高寒草原地上生物量分别递减 2.7% 和 2.4%,如果同期降水量小幅度增加 8mm,则地上生物量可基本保持现状水平略有减少;若气温增加 2.2℃,在降水量不变的情况下,高寒草甸和高寒草原地上生物量年平均分别减少达 6.8% 和 4.6%,如果同期降水量增加 12mm,高寒草甸地上生物量可基本维持现状水平略有增加,而高寒草原地上生物量则递增 5.2%。高寒草原植被地上生物量对气候增暖的响应幅度显著小于高寒草甸,而对降水增加的响应程度大于高寒草甸(王根绪等,2007)。

3. 适应对策

加强农牧业基础设施建设,推进农牧业结构调整,遏制和扭转草地退化进程,加强新技术的研发和推广。加强冰川、内陆湖泊及危险冰湖等的监测,加强续建新建防洪工程、水土流失和生态环境建设工程的实施力度,实行用水总量控制和定额管理相结合制度,完善水资源管理,合理开发利用水资源,建设节约型社会。加强青藏高原生态安全屏障保护和建设,进一步加强天然林、野生动植物资源、湿地资源以及林业生态系统的保护,继续推进禁牧、休牧、划区轮牧和草场补播和鼠害治理等防止草地退化措施,加强国家级和省、区、市级自然保护区的规范化建设。出台和实施应对气候变化相关的法律法规，为提高森林和其他自然生态系统适应气候变化能力提供法制化保障。

建立完善的地质灾害监测、预警、评估、应对服务系统，提高防灾减灾能力；加强冰川、湖泊等自然风光旅游区的环境监测，建立和完善重要旅游区气候与灾害预报预警系统；加强人工影响天气工作，科学开发利用空中云水资源。

20.7　气候变化对西北区的影响及对策

20.7.1　西北区域内气候变化影响

1. 西北地区特征

西北地区包括陕西省、甘肃省、宁夏回族自治区、青海省、新疆维吾尔自治区五省区。受全球气候变化和人类活动的共同影响，20 世纪后期西北地区干旱等自然灾害频发，冰川退缩、冻土退化、江河来水量减少、土地荒漠化等水资源和生态环境问题加剧，已成为影响西北地区社会经济可持续发展的最突出问题。

2. 气候变化的观测事实

根据西北地区 135 站 1960～2005 年逐月资料分析，该区年和各季节气温变化表现为一致的增温趋势，近 50 年来区域整体年平均气温的变化幅度达 0.37℃/10a，冬季增温可达 0.56℃/10a。无论是年或四季平均的增温率，西北地区都比全国平均值高（王劲松，费晓玲，魏锋，2008）。西北地区在 1986 年发生了一次明显的气候跃变，但要比全国气候跃变晚 6～8 年。气候变暖后极暖和极冷日数都在显著增加。

西北地区降水量时空分布不均，其中新疆大部、祁连山区和河西走廊中西段等地区降水量明显增加，青海东部、甘肃河东、宁夏、陕西的降水量明显减少（赵传燕等，2008）。大部分地区年降水日数减少，大降水日数增多，暴雨次数增多，降水频率分布呈现向大降水增加的变化趋势（陈晓光等，2008）。

3. 气候变化的影响

1）对水资源的影响

受气候变暖的影响，西北地区约 82% 的冰川处于退缩状态，自 20 世纪 60 年代到本世纪初的近 50 年以来，冰川面积减少了 4.5%。其中，伊犁河流域、准噶尔盆地等冰川萎缩最明显，萎缩比例在 18% 以上，祁连山、阿尼玛卿山、澜沧江等地区在 10% 以上（中国冰川资源及其变化调查项目组，2008）。西北地区内陆河多以冰雪融水补给为主，受气候变暖影响其径流量大多呈现出增多趋势。从 1958～2004 年，叶尔羌河和阿克苏河的年径流量均呈增加趋势，其中阿克苏河的年径流量增加了 10.9%。外流河则多以冰雪融水和雨水混合补给或以雨水补给为主，受流域气温升高影响，部分河流出现径流量减少趋势。如 1955～2005 年黄河源区年平均流量总体上明显减少，气候变化导致流量的减少量占流量总减少量的 70%。

气候变化对西北地区湖泊的影响更显著。20 世纪 80 年代中期以后到 21 世纪初，新疆境内湖泊出现了较为普遍的扩张现象，艾丁湖、赛里木湖、玛纳斯湖等均先后出现明显的水位上升、水域扩大现象（丁永建等，2006）。但是 2004 年以后，由于艾比湖地区降水减少，气温持续偏高、湖面持续退缩的迹象已逐渐显现（李永生，武鹏飞，2008）。青海湖水位于 1961～2003 年总体呈下降趋势，2004 年以后止跌回升。西北地区的地下水资源总体呈减少趋势，特别是平原地区地下水位持续降低，各大盆地存在区域性地下水位下降，一些地区土地沙漠化等问题突出。

2）对生态环境的影响

西北地区生态环境脆弱，气候变化及人类不合理的资源开发等原因使得该地区植被退化、土地荒漠化等问题严重。通过分析归一化植被指数（NDVI），近 22 年来西北地区森林植被覆盖区多呈下降趋势，草原植被区为上升趋势，雨养农业区变化不明显，灌溉植被区呈显著上升趋势。22 年间西北地区植被面积增加了 20.5% 左右，主要分布在新疆和河西走廊绿洲、黄河沿岸灌区以及青海草原区；植被减少地区面积为 4.77%，主要分布在西北东部。

西北地区土地沙化总体上实现了从扩展到缩减的历史性转变，沙进人退的局面初步得到遏制。但局部地区受人口增加，水资源不合理利用及气候变化等的影响，土地荒漠化程度仍在加重。如石羊河流域由于人口的迅速增长，造成了土地利用类型的面积发生明显变化，其中草地面积由 1994 年的 3476.75km² 下降为 2005 年的 2615.58 km²，荒漠面积相应增加（张晓东等，2008）。

3）对农牧业的影响

气候变暖使春播作物播种期提早，使喜热、喜温作物的生长发育速度加快，营养生长阶段提前，全生育期延长，使越冬作物播种期推迟，初春提前返青，全生育期缩短。大多数农作物的适宜种植面积有所扩大，病虫害加重。气候变暖的综合效应使作物品种的熟性由早熟向中晚熟发展，多熟制向北推移，复种指数提高，但旱作农业区很大程度上受到了水分条件的制约。近 50 年的气候变暖虽然使绿洲灌溉区农作物的气候产量提高了大约 10%～20%，但使雨养旱作农业区作物气候产量减少了 10%～20% 左右（张强，邓振镛，赵映东，2008）。

1987 年以来，西北地区的西部牧区由于气温升高，降水量增加，牧区草场产草量和质量增加；东部牧区由于降水量减少，干旱频发，草场产草量和质量下降。冬春季气温升高，雪灾减少，对牲畜越冬有利，牲畜死损率明显下降。如甘南玛曲牧区，牲畜死损率从 20 世纪 70 年代的 15% 下降到了 21 世纪初的 5% 左右，幼畜成活率从 20 世纪 70 年代的 70% 上升到了 21 世纪初的 90% 左右。

20.7.2　适应气候变化的区域对策与评价

1. 水资源管理对策与评价

西北地区陆续开展了农村饮水安全工程、水土保持工程、甘肃引洮工程、大型灌区节水改造工程、牧区水利试点项目及黄河、塔里木河、黑河、渭河、石羊河等流域综合治理项目，大力发展节水灌溉技术和集雨工程，取得了巨大的社会和经济效益。甘肃省 1995 年以来共建成集雨水窖（池、塘）297 万眼（处），蓄水能力达到 8173 万 m³，解决了 253 万人的饮水困难。新疆积极发展高效节水灌溉工程，2008 年实现高效节水灌溉面积 100 万 hm²，高效节水面积占到总灌溉面积的 20%。

各省区都在加快节水型社会建设，制定了有关节水型社会建设的规划、纲要等法规性文件，大力推进水资源的利用从粗放型向集约型转变，大力推进水资源的优化配置和可持续利用。银川、西宁、乌鲁木齐、张掖、敦煌、宝鸡等正在建设节水型社会示范区，水资源的综合利用取得了显著效果。

各省区大力开发利用空中水资源，人工增雨也由过去的单纯抗旱向抗旱、增蓄、生态恢复治理、水资源开发综合利用转变。但是水资源短缺矛盾依然突出，干旱半干旱区缺水形势依然严峻。

2. 生态环境保护和建设对策与评价

中国实施的天然林资源保护、退耕还林、退牧还草、"三北"防护林体系建设、野生动植物保护及自然保护区建设、湿地保护与恢复等一系列重大工程，对恢复西北地区植被，遏止土地荒漠化发展，防止水土流失等起到了重要作用。如三江源生态保护和建设工程实施的封山育林、退牧还草、移民搬迁、人工增雨、鼠害防治等措施，使项目区生态退化趋势得到遏制，水源涵养功能初步恢复，扎陵湖面积净增加 43.21km²，草地生态系统变好，面积净增加 182.75km²，荒漠化面积净减少 200.84km²。甘肃省到 2008 年年底已完成退耕还林建设任务 174.55 万 hm²。宁夏实施生态移民工程，整村搬迁，截至 2005 年，集中安置 9.4 万人，减轻了当地人口对生态环境的压力。西北地区的生态保护与建设工作取得了初步成效，但是由于气候变化导致的局部地区生态环境建设难度加大，部分地区滥牧、滥垦、滥挖现象还没有得到根本遏制，人民群众生态保护意识还需要进一步加强。

3. 农业技术对策与评价

各省区积极主动适应气候变化，充分利用气候资源，大力调整种植业结构，发展现代农业、设施农业。新疆大面积种植棉花，已成为全国乃至世界最大的棉花种植基地，种植面积、总产量和单产产量连续十几年都保持全国第一。2009 年棉花种植面积达 134.33 万 hm²左右，占全国总产量的 38%。陕西省苹果和猕猴桃生产优势明显，2009 年苹果面积达到 56.47 万 hm²，产量占到全国的 1/3 和世界总产量的 1/8；猕猴桃面积达到 3.87 万 hm²，总产量占世界总量近 1/3。甘肃省大力发展农业节水灌溉，截至 2006 年发展集雨节灌面积 36.07 万 hm²，发展节水灌溉面积 80.8 万 hm²，兴修梯田 190.07 万 hm²，有效缓解了干旱区农民的生计问题。宁夏在中部干旱带种植耗水量少、喜高温的压砂西瓜，2006 年种植 4.67 万 hm²，压砂瓜的收入占瓜农家庭总收入的 83%。截至 2009 年，宁夏设施农业的累计种植面积达 5.16 万 hm²，成为"冬菜北上、夏菜南下"的西北内陆蔬菜重点生产区域。但是总的来看，农业受天气气候的影响还很大，抵御自然灾害的能力还不够，生产力水平还需要进一步提高。

20.7.3　未来气候变化趋势、可能影响与对策建议

1. 未来气候变化情景

根据文献（翟建青等，2009）及有关研究结果，预计到 2030 年西北地区年平均气温升

高 0.8℃～2.1℃，新疆大部和青藏高原中东部地区增温幅度较大，西北大部分地区的年降水量增加幅度为 0～8％；到 2050 年西北地区年平均气温继续上升，内陆河流域的干旱频率更加频繁。也有文献指出（赵传燕等，2008），未来 30 年青藏高原降水量将减少，其中青海省减少的幅度比较大。因此青藏高原和西北内陆河流域的未来降水量预测存在着不确定性。

2. 未来气候变化的可能影响

1）对水资源的可能影响

未来 50 年西北地区的冰川面积将继续减少，冰川融水总量处于增加趋势，天山北麓与河西走廊最大融水径流预计出现在 21 世纪初，柴达木盆地内陆河流冰川融水高峰期预计出现在 2030～2050 年。大多数湖泊可能有所扩张，水位可能稍有上升，但升幅不大。

2）对西北典型生态系统的可能影响

半干旱地区潜在荒漠化趋势增大，高山草地面积减少，单位生产力最大可能增加13％～23％（林而达等，2006）。高寒地区温带荒漠、高寒草原面积将出现较大缩减，而冷温带落叶针叶林、温带灌草混交区、温带草原区面积将出现增加趋势。受未来温度带北界北移影响，森林生产力呈现不同程度的增加，主要造林树种将北移和上移，林火灾害的发生频率增高，森林主要病虫害传播范围将扩大、程度加重。

3）对农牧业的可能影响

农作物种植区域将向北和向高海拔区推进，有利于喜温农作物的生长，但马铃薯、春小麦等主要农作物会减产。农牧业生产的布局和结构将出现变化，种植制度和作物品种将发生改变，农业生产的不稳定性增加。未来降水量或冰雪融水增加、气温上升，意味着草地生产力和载畜量将会增加，对高寒牧区的影响会更明显。

3. 未来适应气候变化对策建议

1）加强水资源管理，提高水资源利用效率

提高全社会的节水意识，建设节水型社会。大力推广集雨工程、节水工程，提高水资源循环利用率，降低农业灌溉用水量。加强河流水资源管理，加快水权水市场制度建设，将高耗水行业用水权转让给高效益行业，实现水资源优化配置。因地制宜，因时制宜，大力开发空中水资源，提高洪水资源化利用水平。

2）加强生态系统管理，维护国家生态安全

加快西北地区生态系统本底调查，建立生态环境监测评价体系，因地制宜，加大生态保护与建设力度，实施好退耕还林、退牧还草、防护林建设、生物防沙治沙等工程。加强生态系统管理，实现经济、社会和环境的多元惠益以及人与自然的和谐。

3）加强农牧业技术研发，增强适应气候变化的能力

做好农牧业精细化气候区划，动态分析和评估气候变化对草畜业、种植业的影响，加强适应性研究，依靠科技进步，大力发展设施农业、节水农业、生态农业，加强病虫害防治体

系和人工影响天气作业体系建设，最大限度降低各类自然灾害的损失。

20.8　区域可持续发展对气候变化的适应措施

20.8.1　区域可持续发展的内涵与可持续发展框架

21 世纪人类的发展观出现了重大转折，都不约而同地把可持续发展写进了国家发展战略。区域可持续发展是全球可持续发展的基础。区域可持续发展是不危害和削弱其他区域的发展，区域内的自然与社会复合系统通过人类活动的自我调控，向更加和谐、更加互补和更加均衡的目标靠近（厉以宁，2008；王祖伟，2004；潘玉君，张谦舵，华红莲，2007）。

中国实施可持续发展战略的指导思想是：坚持以人为本，以人与自然和谐为主线，以经济发展为核心，以提高人民群众生活质量为根本出发点，以科技和体制创新为突破口，坚持不懈地全面推进经济社会与人口、资源和生态环境的协调，不断提高中国的综合国力和竞争力，为实现第三步战略目标奠定坚实的基础。中国 21 世纪初可持续发展的总体目标是：可持续发展能力不断增强，经济结构调整取得显著成效，人口总量得到有效控制，生态环境明显改善，资源利用率显著提高，促进人与自然的和谐，推动整个社会走上生产发展、生活富裕、生态良好的文明发展道路（中国科学院可持续发展研究组，2000）。

20.8.2　区域可持续发展战略与国民经济、社会发展规划

气候变化适应对策的制定和实施要考虑经济发展模式。科学发展观就是要转变经济增长方式和发展模式。世界各国的发展历史和趋势表明，人均商品能源消费和经济发展水平有明显相关关系。在目前的技术水平和消费方式下，达到工业化国家的发展水平就意味着人均能源消费必然达到较高的水平。世界上目前尚没有既有较高的人均 GDP 水平又能保持很低人均能源消费量的先例。因此，研究不同发展模式下的气候变化适应战略，对引导适应技术的开发和促进发展模式的转变具有积极作用。

在国家宏观调控过程中，要深化对气候变化与可持续发展关系的认识，将气候变化的政策和措施纳入可持续发展战略。在国家和地方的社会经济发展规划中，要体现应对气候变化的内容，保证气候变化的政策措施的实施和目标的实现。将应对气候变化纳入地方或区域科学发展规划之中，将适应对策与其他政策有机结合（《气候变化国家评估报告》编写委员会，2007）。

尽管气候变化的方向得到肯定，但区域性的细节、发生时间仍有不确定性。加强气候变化影响的研究，丰富气候变化影响知识十分必要。需要丰富关于适应选择更具体的信息和技术，需要加强脆弱性和适应技术评价。在适应技术的决策过程中，需要考虑社会经济因素，应将适应作为可持续发展的一部分，纳入各地的国民经济发展规划和计划。

在西部大开发、东北老工业基地改造、环渤海经济圈、珠江三角洲和长江三角洲的发展规划中，以及生态建设与环境保护、能源开发利用、城市基础设施建设与管理、农村发展、产业政策制定、宏观经济管理手段选择、环境与能源标准的制定等方面都应充分考虑气候变化的因素。

20.8.3   区域可持续发展与应对气候变化策略

在全球控制温室气体浓度目标选择上，要正确把握和全面权衡适应、减缓和发展三者之间的关系。《气候变化框架公约》的最终目标是：稳定大气中温室气体浓度，使自然生态系统自然地适应气候变化，确保粮食生产免受威胁，并使经济能够可持续发展。温室气体浓度控制目标的选择本质上是"公平发展"问题，是对气候变化适应、减缓和发展三者之间关系的权衡。由于各国所处自然环境和条件不同，经济和社会发展的阶段和特点不同，各自利益的取向不同，因此所关注的侧重面也不同。欧盟等发达国家已具有较高的经济发展水平、人均能源消费水平和技术创新能力，有条件实施温室气体的减排，并能在国际减排行动中提升自身的竞争优势，因此更侧重于强调减少温室气体排放。

发展中国家自然生态脆弱，抵御自然灾害能力差，适应气候变化则是当务之急。除气候变化可能引发的灾害外，发展中国家还面临贫困、卫生、教育及其他自然灾害等同样急迫的问题和现实威胁，这些都只能在发展中逐步解决。因此，只有发展才能更好地适应和抵御气候变化的影响，才能更有效地发展和实施减缓温室气体排放的先进技术和对策，增强应对气候变化的能力。

根据国家可持续发展战略和经济社会发展规划，以及国家应对气候变化战略的要求，将区域可持续发展战略和经济社会发展规划与应对气候变化战略相结合，重点是增强区域应对气候变化的综合能力。气候变化的影响与其适应和减缓行动都既具有紧迫性，又具有超长期性，其对策也具有广泛性、综合性以及与国家既定战略和政策一致性等特点。应对气候变化可以做到"一个结合"、"两方面推进"。一个结合，即将应对气候变化战略与国家可持续发展战略和科技创新战略相结合，并将其作为国民经济和社会发展总体规划中的重要组成部分。两方面推进，即与国家重大生态建设工程、节能工程和能源产业技术升级工程相结合，推进能源、农林业等领域的技术创新，加强适应和减缓气候变化的能力建设；与国家能源、环境等领域法律、法规和政策体系建设相结合，推进国家和地方应对气候变化法律政策体系和管理机制的建设，增强国家和地方的综合应对能力。

适应措施对推进中国可持续发展战略的实施、增强适应能力和减轻气候变化的脆弱性具有十分重要的作用。适应技术的成本—效益分析将促进适应技术的决策、开发和应用。增强适应能力是促进可持续发展的基础，具体措施可以概括为：改进资源利用，调整经济结构；减轻贫困；改进教育信息化；加强基础设施建设；注重当地积累的经验；增强机构能力，提高机构效率（马世铭，林而达，2003）。

20.8.4   区域可持续发展模式与适应气候变化措施的选择

《中国应对气候变化国家方案》要求，建立健全应对气候变化的管理体系、协调机制和专门机构，建立地方气候变化专家队伍，根据各地区在地理环境、气候条件、经济发展水平等方面的具体情况，因地制宜地制定应对气候变化的相关政策措施，建立与气候变化相关的统计和监测体系，组织和协调本地区应对气候变化的行动。

为推动《中国应对气候变化国家方案》的实施，各级政府机构进一步完善产业政策、财税政策、信贷政策和投资政策，充分发挥价格杠杆的作用，形成有利于减缓温室气体排放的体制机制，增加应对气候变化工作的财政投入。完善有利于减缓和适应气候变化的相关法规，依法推进应对气候变化工作。

自主创新是开发适应气候变化技术和措施的关键。各区域应该根据国家中长期科学和技术发展规划纲要提出科技工作的指导方针，制定本区域中长期科学和技术发展规划纲要，将区域可持续发展模式与适应气候变化措施相联系，明确依靠自主创新提出适应气候变化的对策与技术。

在国家进一步加大适应气候变化、提高适应能力的资金投入的同时，区域也应建立应对气候变化的相对稳定的资金渠道。逐步加大政府在应对气候变化方面的必要投入，包括管理部门的事业费、宣传教育费用、科研经费等，大幅度提高其资金保障程度和稳定性，提高对投入资金使用的管理水平和投入资金的使用效果。

拓展多种资金筹集渠道，利用多种融资手段为应对气候变化融资，调动政府、企业、社会，包括私营、个体、外资等投资的积极性，实现投资主体多元化、融资方式多元化，尽快形成政府、企业、社会相结合的多元化投资格局。除了保证国内政府稳定的资金投入外，吸引国际组织、国际金融机构等各种国外资金的投入，通过国际间的磋商和对话，寻求有效的国际合作机制，保证现有发展援助资金，同时寻求新的、额外的资金。鼓励私人部门包括国内私人部门和国外私人部门的积极参与。

第三部分

减缓气候变化的
社会经济影响评价

摘　要

《联合国气候变化框架公约》(以下简称《公约》)要求附件一所列缔约方到2000年将其温室气体人为排放回复到1990年水平,《京都议定书》则明确规定附件一缔约方在2008～2012年的承诺期内应使其温室气体的全部排放量在1990年的水平上至少减少5％;但迄今为止,主要发达国家在履行《京都议定书》减排目标方面进展缓慢,尤其是在控制化石燃料二氧化碳排放方面实质性进展十分有限。

中国作为发展中大国,处于工业化、城市化快速发展阶段,温室气体排放总量大、增长快。控制温室气体排放对经济持续增长、人民生活水平提高和技术创新构成严峻的挑战。另一方面,控制温室气体排放也是中国促进发展方式转变、促进先进能源技术创新、实现低碳发展的重要机遇。本着对全球负责的精神和推进可持续发展战略的要求,中国坚持在可持续发展框架下应对气候变化,在国际上坚持《公约》原则,积极推进全球应对气候变化进程的同时,在国内站在"生态文明"的新高度,坚持节约资源、保护环境的基本国策,把转变经济发展方式、实现低碳发展作为应对气候变化战略的核心内容,把减缓温室气体排放与国内可持续发展战略相结合,为全球应对气候变化做出积极贡献。

采用自下而上的方法,从技术特征、经济性、发展潜力、推广障碍几个方面,对未来在中国节能减排中贡献大的能源转换技术,如先进高效燃煤发电技术、煤基多联产技术、碳捕集和封存技术、核电技术、水电技术、风电技术、太阳能发电、生物质能发电技术和生物燃料技术,进行了评估,并给出了促进这些技术发展和应用的政策建议。与2005年相比,到2020年中国能源供应部门主要能源减排技术的CO_2减排潜力可达到18亿t左右。从减排潜力和减排成本两个方面看,在2005～2020年期间,中国能源供应部门优先发展和推广的CO_2减排技术是超(超)临界发电技术、水电、核能和陆上风电,这4类技术不仅减排潜力大而且减排成本较低。

针对从目前至2020年和2030年中国能源终端利用部门减排CO_2的技术潜力和成本认识的主要进展和不确定性,评估结果表明,减少CO_2排放的技术和实践一直在不断发展,其中许多技术集中在工业、交通运输和建筑等能源终端利用部门。这些部门是中国目前和未来减缓碳排放增长的主要部门。2020年中国能源终端利用部门减排CO_2的技术减排潜力约22亿t,其中工业、交通运输和建筑部门分别占46％、28％和26％。2030年中国能源终端利用部门减排CO_2的技术减排潜力约38亿t,其中工业、交通运输和建筑部门分别占45％、30％

和 25%。要实现这些技术的减排潜力，关键在于能源效率提高和减排成本降低的速度，以及技术推广的力度。此外，还需要付出克服经济、社会、行为和（或）体制上的种种障碍的巨大努力。

工业过程排放温室气体相对比较复杂，涉及温室气体种类较多，包括 CO_2、N_2O 以及含氟类气体。排放领域较多，排放状况、减排技术差异大，对环境、经济和社会的影响也比较复杂。经综合分析各工业过程上下游产业和技术发展现状及趋势，以及相关国际国内政策，预计到 2020 年，中国工业生产过程温室气体相对减排潜力约为 2.39 亿～5.43 亿 t CO_2 当量。将这些减排潜力变为现实，需要国际社会与中国政府共同努力，联手为减缓全球气候变化做出贡献。

评估的内容还包括减少农业温室气体排放、增加农田、草地、湿地和森林生态系统碳汇的技术措施、减排增汇的潜力等。减缓稻田甲烷排放的技术措施涉及间歇灌溉、肥料管理、选择高产低 CH_4 排放速率的水稻品种以及使用稻田甲烷抑制剂，间歇灌溉可以减少稻田 CH_4 排放 30%～40%，相对于使用厩肥而言，堆肥和沼渣可以减少 40%～60% 的 CH_4 排放；减缓农田 N_2O 排放的技术措施包括精准施肥、选用肥料品种、改善施肥方式和使用硝化抑制剂等；施用有机肥、秸秆还田与免耕等能够增加农田土壤碳储量 0.47～0.96 t/(hm^2·a)；秸秆综合利用和发展能源作物也是农业领域减排增汇的主要措施，秸秆青贮、氨化每年可减少动物肠道甲烷排放约 17 万 t，能源作物的减排潜力为 0.66 亿 t CO_2。发展户用沼气池和推动规模化养殖企业发展大中型沼气工程处理动物粪便，是减少粪便温室气体排放和能源替代的有效措施。到 2015 年底，全国户用沼气可减排 0.78 亿～1.2 亿 t CO_2，2015 年沼气工程可减排 268 万 t CO_2。

植树造林、减少毁林、森林管理、封山育林等活动增加森林碳汇。林业活动碳吸收汇主要来自林木生长碳吸收，土壤仅占总碳源汇量的 10% 左右。如果选取 2000 年作为基年，2010～2030 年植树造林、减少毁林、森林管理、封山育林的净碳汇吸收量为 4.17 亿～6.10 亿 t CO_2/a。

未来温室气体排放的关键因子取决于中国未来社会经济以及能源与环境发展的目标，具体因素包括经济增长、人口与城市化水平、产业结构、能源技术水平、能源结构、国际贸易与内涵排放等。中国未来的能源与二氧化碳排放会随着经济的增长而适度地增加。未来能源与二氧化碳排放情景具有不确定性。中国还处于快速工业化阶段、经济增长率高，未来能源与二氧化碳排放情景的不确定性要大大高于发达国家。经济增长的不确定性是影响未来中国能源消费与碳排放不确定性最关键的因素，GDP 能源强度或 GDP 二氧化碳强度的不确定性要远低于能源或二氧化碳排放的不确定性，用 GDP 二氧化碳强度而不是以限控二氧化碳排放量设定减排目标更为合理。中国为实现 2020 年 GDP 二氧化碳排放强度比 2005 年下降 40%～45% 的自主减排目标，2010～2020 年需要新增投资 10 万亿元左右，其中节能、新能源与可再生能源发展各需新增投资约 5 万亿元。显然，中国减缓二氧化碳排放的战略思路与对策需要考虑上述关键因子。

　　中国发展低碳经济，不仅是应对全球气候变化的要求，也是中国落实科学发展观、实践可持续发展的必然选择。中国在能源供应、终端利用、生产过程、土地利用等方面，通过整合可持续发展的政策措施，可以积极有效地向低碳经济转型。当然，低碳经济需要投入，需要一定的成本，需要改变不可持续的生活方式。尽管中国当前的发展阶段不可能在短期内实现绝对的低碳化，但从长远看，发展低碳经济与中国的可持续发展是协同一致的。全面参与国际合作，调动全社会力量，必将加速中国的低碳化进程。

第二十一章 应对气候变化的国际进程
及中国面临的挑战和机遇

提 要

《联合国气候变化框架公约》确定了应对气候变化的目标和原则,《京都议定书》规定了发达国家的量化减排义务。2009 年的哥本哈根会议取得了阶段性成果,在一些重要问题上达成了共识。2010 年年底的坎昆会议达成了《坎昆协议》,确认了双轨谈判的框架,是"巴厘路线图"谈判的阶段性成果。

中国作为发展中大国,处于工业化、城市化快速发展阶段,温室气体排放总量大、增长快。中国坚持在可持续发展框架下应对气候变化,在国际上积极推进全球应对气候变化进程,在国内坚持节约资源、保护环境的基本国策,把转变经济发展方式、实现低碳发展作为应对气候变化战略的核心内容,把减缓温室气体排放与国内可持续发展战略相结合,为全球应对气候变化做出积极贡献。

21.1 应对气候变化的国际进程和形势

为合作应对气候变化,国际社会先后通过了《联合国气候变化框架公约》及其《京都议定书》[1],奠定了国际社会应对气候变化的基本法律框架。《公约》于 1992 年通过,1994 年生效,确立了发达国家与发展中国家在应对气候变化方面"共同但有区别的责任"原则,要求发达国家率先采取减排行动,并向发展中国家提供应对气候变化所需的资金、技术与能力建设支持,帮助发展中国家提高应对气候变化的能力;《京都议定书》于 1997 年通过,2005年生效,为附件一国家(包括主要经合组织国家和前东欧国家)确定了量化的温室气体减排指标,并确立了清洁发展机制、联合履约和排放贸易的京都三机制,进一步体现了《公约》下"共同但有区别的责任"原则。

自《公约》和《京都议定书》生效以来,气候变化问题受到越来越多的关注。政府间气候变化专家委员会(IPCC)于 2007 年发布了第四次评估报告,最新的科学证据表明"气候变化已经是毋庸置疑的事实"。在第四次评估报告发布的背景下,应对气候变化的国际进程进入了一个新的阶段。

21.1.1 气候公约下国际谈判的进展

2005 年在蒙特利尔举行的《联合国气候变化框架公约》第十一次缔约方会议是《京都

---

① United Nations Climate Change Secretariat. 2008. 京都议定书 [EB] . http：//www. unfccc. int/

议定书》生效后的第一次缔约方会议，会议启动了"不限名额特设工作组"谈判确定发达国家 2012 年后的温室气体减排目标问题，以保证《京都议定书》第一承诺期和后续承诺期的连续和衔接。会议也决定就加强《公约》的实施以进行应对气候变化长期合作开展非正式对话。

2007 年年底《联合国气候变化框架公约》第十三次缔约方大会通过了"巴厘路线图"，确立了双轨谈判的进程。一方面是在《京都议定书》下的谈判，讨论确定附件一国家 2012 年后后续承诺期的量化减排指标；另一方面是在《公约》下的谈判，围绕减缓、适应、资金和技术 4 个要素讨论通过长期合作行动加强公约全面、有效、持续的实施，其中的焦点问题是讨论全球有关气候变化的共同愿景，未签订京都议定书的发达国家的承诺及可比性问题，以及发展中国家如何开展国内适当的减缓行动问题。两者都要在 2009 年年底哥本哈根气候大会上达成最终结果（苏伟，吕学都，孙国顺，2008）。

由于《京都议定书》只涉及 2008~2012 年第一承诺期的减排安排，因此附件一国家如何在 2012 年后进一步承担温室气体减排义务的问题在京都议定书生效后逐渐被提上国际议事日程。2005 年年底，在加拿大蒙特利尔举行的《京都议定书》第一次缔约方大会上根据《京都议定书》的第三条第九款，启动了附件一国家 2012 年后温室气体减排指标的谈判，并设立了相应的"特设工作组"。该特设工作组到 2010 年 12 月为止已经举行了 15 次会议，但是由于各方意见分歧，谈判进展十分缓慢，目前各方对附件一国家作为整体承担的进一步减排目标尚未达成一致。

在《公约》轨道下的谈判主要围绕如何加强公约全面、有效、可持续的实施展开，主要包括长期合作的共同愿景，减缓、适应、技术和资金等主要议题。在《京都议定书》轨道下的谈判主要围绕 2012 年后附件一国家如何进一步承担温室气体减排义务等议题展开。

2008 年 12 月，气候变化公约第十四次缔约方会议在波兰波兹南举行。各方在会上对两个特设工作组各主要议题提出了更为系统和清晰的谈判主张和方案。发达国家和发展中国家继续就若干问题进行了激烈交锋。

2009 年 12 月气候变化公约第十五次缔约方会议在丹麦哥本哈根举行，194 个国家派代表与会，119 位国家元首和政府首脑参加了会议。经过密集的谈判，长期合作行动和京都议定书的两个特设工作组主席均根据各方意见和谈判已经取得的进展提出了主席案文。会议的另一大成果是形成了《哥本哈根协议》，该协议体现了各方积极的政治意愿。尽管《哥本哈根协议》没有在所有缔约方中达成一致，但是哥本哈根会议在《公约》和《京都议定书》两个工作组谈判均取得了进展，明确了双轨谈判的架构，在发达国家强制减排、发展中国家采取自主行动应对气候变化上取得了新的进展，在长期目标、资金和行动透明度等问题上达成了重要共识。哥本哈根会议坚持了《联合国气候变化框架公约》和《京都议定书》的双轨制谈判，在巴厘路线图的谈判中取得了阶段性的成果，为最终按巴厘路线图达成成果奠定了基础。

2010 年 12 月气候变化框架公约第十六次缔约方会议在墨西哥的坎昆举行。会议形成了《坎昆协议》，《坎昆协议》确认了在《公约》和《京都议定书》下继续双轨谈判的框架，锁定了《哥本哈根协议》中的政治共识，在资金、技术、透明度等问题上取得了若干进展，是在巴厘路线图谈判中的阶段性成果。

21.1.2   其他双边和多边进程

2005 年后，八国集团多次讨论气候变化问题。2005 年 1 月达沃斯世界经济论坛设立 G8 气候变化圆桌会议。2005 年 7 月在英国苏格兰佩思郡鹰谷举行的八国集团首脑峰会讨论全球经济发展及气候变化两大议题，发表了有关气候变化的两个文件：《气候变化、能源及可持续发展》和《格伦伊格尔斯行动计划：气候变化、清洁能源及可持续发展》。

2007 年在德国举行的八国集团首脑会议再次讨论气候政策，发表了以"世界经济的增长与责任"为题的联合声明。声明指出，八国"将认真地考虑欧盟、加拿大和日本提出的到 2050 年全球温室气体排放至少减少 50％的提议"，八国首脑"邀请主要排放经济体和我们共同努力。为在 2009 年以前达成一项新的全球减排框架协议，全球温室气体排放经济大国应在 2008 年年底前，就各自为全球协议作出的具体贡献取得共识"。

2008 年 7 月八国集团峰会、八国集团同发展中领导人对话会议在日本北海道举行。八国集团峰会宣言包括气候变化问题。宣言指出，八国"将与《联合国气候变化框架公约》所有缔约国共同实现 2050 年之前将全球温室气体排放量最少减少一半的目标。并将在该框架公约下的谈判中，与缔约国共同展开讨论，以求得采纳"。除长期目标外，八国集团还将分别宣布中期总量目标和采取行业减排方法。发展中五国领导人的政治声明也包含了气候变化问题。五国敦促发达国家根据《京都议定书》和相应量化减排目标在 2012 年后率先进行"有雄心"的绝对减排，2020 年在 1990 年的基础上减至少 25％～40％，2050 年减排 80％～95％。五国承诺将采取所有合理的国内减缓和适应措施支持可持续发展。

除 G8 峰会之外，由美国发起的"主要经济体能源安全与气候变化会议"（Major Economies Forum，MEF）是另外一个讨论气候变化的重要多边进程。参加会议的是 17 个世界主要经济体、联合国、欧盟和国际能源组织的代表。到 2010 年 11 月，主要经济体能源安全与气候变化会议已经举行了 9 次，在相互间沟通思想、增强理解和互信方面起到了一定作用。

中美战略与经济对话主要讨论两国共同感兴趣和关切的双边和全球战略性问题，气候变化问题也是中美战略与经济对话下的一个主要议题。2009 年 7 月，在第一次中美战略与经济对话中，中美双方签署了《加强气候变化及能源和环境合作谅解备忘录》，该备忘录将指导中美双方在节能减排、低碳经济和应对气候变化方面的长期合作。双方同意建立中美气候变化政策对话与合作机制，并商定进一步加强政策对话，通过气候变化方面的合作促进两国关系的全面发展。

21.1.3   当前世界主要国家的态度

欧盟在气候变化问题上一直比较积极，2007 年 3 月，欧洲理事会提出了一项能源和气候一体化决议，该决议在欧盟气候和能源政策方面具有里程碑意义，其核心内容是"20-20-20"行动，即承诺到 2020 年将欧盟温室气体排放量在 1990 年基础上减少 20％，若能达成新的国际气候协议，欧盟则将承诺减少 30％；设定可再生能源在总能源消费中的比例提高到 20％的约束性目标；将能源效率提高 20％。2008 年 1 月 23 日，欧盟委员会提出了"气候行动和可再生能源一揽子计划"的新立法建议，也被称为"欧盟气候变化扩展政策"。2008 年 12 月 12 日，欧盟首脑会议通过了一揽子计划；12 月 17 日，欧盟议会正式批准这项计划。

日本 2005 年的温室气体排放总量比 1990 年增加了 7.8%，实现减排 6% 的京都目标十分困难。严峻的履约形势使得日本政府从原来的积极减排姿态上大幅度后退。根据 2010 年日本政府提交给联合国气候变化框架公约秘书处的文件，日本 2020 年温室气体减排的目标是比 1990 年减少 25%，包含了国内碳汇和海外购买。

奥巴马政府上台后，美国加快了国内立法应对气候变化的步骤，提出了通过发展新能源技术和建立碳交易市场实现二氧化碳减排的"低碳路径"。2009 年 5 月，清洁能源和安全 2454 号法案在众议院获得通过，并于当年 9 月提交参议院审议。2010 年 1 月，美国气候变化特使在给联合国气候变化框架公约执行秘书的信中提出美国到 2020 年温室气体排放比 2005 年下降 17% 的减排目标，与预期的能源和气候法律一致。到 2010 年 11 月 15 日，美国参议院还没有对清洁能源和安全 2454 号法案表决。

表 21.1 中列出了目前部分主要发达国家自行提出的减排目标。大部分发达国家为其减排指标预设了前提条件，例如要求发展中大国承担更多的减排义务、全球要达成公平的减排协议等。发达国家目前提出的减排目标远达不到 IPCC 第四次评估报告提出的 25%~40% 的范围，也远低于发展中国家提出的比 1990 年至少减排 40% 的要求。

表 21.1　部分发达国家自行提出的减排目标（UNFCCC，2010a）

国家或地区	2020 年相对基年减排	基年	是否包括 LULUCF	是否包括灵活机制
澳大利亚	−5%~−15%，或−25%（有附件条件）	2000	是	是
白俄罗斯	−5%~−10%	1990	未决定	是
加拿大	−17%（有附件条件）	2005	未决定	未决定
克罗地亚	−5%	1990	是	是
欧盟	−20%，或−30%（有附件条件）	1990	−20%不包括 −30%包括	是
冰岛	−30%（有附件条件）	1990	是	是
日本	−25%（有附件条件）	1990	未决定	未决定
列支敦士登	−20%，或−30%（有附件条件）	1990	否	是
摩纳哥	−30%	1990	否	是
新西兰	−10%~−20%（有附件条件）	1990	是	是
挪威	−30%~−40%（有附件条件）	1990	是	是
俄罗斯	−15%~−25%（有附件条件）	1990	未决定	未决定
美国	−17%（有附件条件）	2005	是	是

在发展中国家，中国于 2007 年 6 月率先发布了应对气候变化国家方案，随后印度、巴西、南非和墨西哥等其他发展中国家也发布了各自的气候变化国家方案。其中印度的气候变化国家方案围绕八个主要任务展开，涉及减缓、适应和能力建设等不同领域。2008 年 7 月和 12 月巴西和南非分别发布了各自的"气候变化国家方案"和"长期减缓情景"。墨西哥于 2009 年 5 月向公众发布了气候变化方案的征求意见稿，提出墨西哥将从 2012 年开始绝对减排，2050 年比 2000 年水平降低 50%，并准备在国内设立碳市场。2009 年 9 月 22 日，胡锦涛主席出席了在美国纽约举行的联合国气候变化峰会，并发表了题为"携手应对气候变化

挑战"的重要讲话，提出了中国将进一步把应对气候变化纳入经济社会发展规划，并提出了具体措施和目标。

在哥本哈根会议之前，为了推动会议取得积极成果，各发展中国家纷纷宣布了各自的减排行动和相应的行动目标。中国政府宣布，到 2020 年中国单位国内生产总值二氧化碳排放比 2005 年下降 40％～45％，作为约束性指标纳入国民经济和社会发展中长期规划，并制定相应的国内统计、监测、考核办法。12 月 1 日墨西哥承诺到 2012 年减少 6％～7％的温室气体排放，并在得到国际援助的情况下到 2050 年将温室气体排放量消减一半。12 月 2 日新加坡宣布到 2020 年减少温室气体排放 16％。12 月 3 日，印度政府宣布到 2020 年 GDP 的碳强度在 2005 年的基础上降低 25％。截至 2010 年 2 月 23 日，共有 32 个发展中国家向公约秘书处提交了自愿的减排行动及其目标，表 21.2 列出了部分发展中国家的减排行动目标。

表 21.2　部分发展中国家的减排行动及行动目标（UNFCCC，2010b）

国家	行动目标
中国	2020 年单位 GDP 碳强度比 2005 年降低 40％～45％
印度	2020 年单位 GDP 碳强度比 2005 年降低 20％～25％
巴西	2020 年比 BAU 偏离 36.1％～38.9％
印度尼西亚	2020 年比 BAU 偏离 26％
墨西哥	2020 年比 BAU 偏离 30％
新加坡	2020 年比 BAU 偏离 16％
南非	2020 年比 BAU 偏离 34％，2025 年比 BAU 偏离 42％
韩国	2020 年比 BAU 偏离 30％
哥斯达黎加	2021 年达到碳中性
马尔代夫	2020 年达到碳中性

21.2　中国在应对气候变化领域面临的挑战与机遇

中国基本国情和发展阶段的特征，决定了中国二氧化碳排放总量大、增长快的趋势短期内难以根本改变，在应对气候变化领域面临艰巨任务和严峻挑战，同时应对气候变化也会对中国转变经济发展方式、推进技术创新带来新的机遇。

21.2.1　中国应对气候变化面临的挑战

全球应对气候变化的核心问题是控制温室气体排放，其中主要是控制能源消费的二氧化碳排放。很多发达国家以"主要排放国"、"新兴经济体"和"先进发展中国家"等种种名称，力图将中国纳入到量化减排的轨道中去。虽然中国近年来 GDP 单位能耗持续下降，但是由于经济增长仍然维持在较高水平，中国未来一定时期内二氧化碳排放较快增长的态势不会得到根本扭转。

中国经济增长面临控制温室气体排放的严峻挑战。虽然中国在人均二氧化碳排放和人均历史累积排放远远低于主要发达国家，但是近年来能源活动的二氧化碳排放量增加速度较快，1990～2005 年的年均增长率为 5.4%（何建坤，苏明山，2009）。目前，中国温室气体排放总量较大，伴随着经济持续增长，今后一段时期内中国 CO_2 排放仍会继续增长。今后，限控二氧化碳排放增长有可能成为中国经济发展的硬约束。中国需要全面协调发展与减排之间的关系，探索低碳发展的新型现代化道路（何建坤，刘滨，王宇，2007）。这种低碳发展的现代化道路在世界大国的发展历史上尚无先例。

居民生产水平提高面临控制温室气体排放的巨大压力。1990～2007 年，中国居民生活能耗年均增长很快，例如北京市居民生活能耗年均增长高于同期全市能耗年均增长率 2 个百分点。尽管经过多年的节能和应对气候变化宣传教育，公众节能和气候变化意识有所提高，但未来随着生活水平的提高，居民生活能耗必将持续增长，而居民绿色低碳的消费习惯在短期内也无法形成，因此，控制温室气体排放将对中国居民生活水平提高提出重大挑战。

中国面临能源技术创新的挑战。从 1990 年到 2005 年，中国单位 GDP 二氧化碳强度下降 47%，2009 年中国单位 GDP 能耗又比 2005 年下降了 15.6%。到 2010 年年底，中国基本实现了单位 GDP 能耗比 2005 年下降 20% 的既定目标。很多成本有效的、成熟的节能、新能源和可再生能源技术已经得到推广应用，一些行之有效的管理方法也已经得到采纳。今后控制温室气体排放将需要采用成本较高的、不太成熟的技术，需要采用创新性的管理措施，这对于中国是一个挑战。

21.2.2　应对气候变化带来的发展机遇

气候变化对中国而言既是挑战也是机遇。气候变化及其带来的对人类社会的负面影响，需要国际社会共同应对。在国际社会共同应对气候变化问题的大背景下，通过转变经济发展方式，积极发展低碳技术，可为中国在未来碳排放约束下的可持续发展打下坚实的基础。

1. 应对气候变化对中国转变经济发展方式、实现科学发展提供了新的机遇

在全球应对气候变化形势的推动下，世界范围内正在经历一场经济社会发展模式的转变和产业结构的升级，发展低碳经济已成为世界的潮流。向低碳经济转型的重要标志是大幅度降低单位 GDP 二氧化碳排放强度，其本质上是提高大气中温室气体有限容量的利用效率。我国改革开放以来，单位 GDP 二氧化碳排放强度下降的速度远高于发达国家和世界平均水平，但 2005 年我国单位 GDP 二氧化碳排放强度（按汇率计算，2000 年不变价）仍是世界平均水平的 3.6 倍。造成我国单位 GDP 二氧化碳排放强度高的原因比较复杂：一是技术水平和能源效率较低，我国主要耗能工业产品的能源单耗比世界先进水平高 30% 左右；二是我国产业结构中工业特别是高耗能产业比重过大，产品增加值率低，以及经济全球化进程中高耗能、资源型产品向中国转移；三是能源品种构成中煤炭比重过大，单位能源消费的二氧化碳排放比发达国家高出 1/4 以上。同时，还有汇率比价、自然条件等方面的因素。其中结构性的因素大于技术效率的因素。不论在提高能源利用的技术效率和经济产出效益方面，还是在提升国际产业价值链分工中地位方面，我国要达到目前发达国家的水平，还需要较长时期的努力，是一个逐渐改善的过程，面临着艰巨的任务（何建坤，刘滨，王宇，2007）。

中国当前贯彻落实科学发展观，大力推进节能降耗，提高能源效率，发展低碳能源技术，改善能源结构，加速国民经济产业的战略性调整，大力发展高新技术产业和现代化服务业，努力促进产品在国际价值链分工中向高端发展，可使单位 GDP 的碳排放强度大幅下降，

实现 2020 年比 2005 年下降 40%～45%目标（何建坤，苏明山，2009），实现比发达国家更为节约资源和相对较少碳排放的现代化路径。

应对气候变化引发的世界经济和社会变革也有利于促进中国经济发展方式的转变。当前世界范围内低碳经济的发展趋势和相应先进低碳技术的迅猛发展也将创造有利于中国转变发展方式的国际环境，推进中国产业结构的优化升级。

2. 应对气候变化，实现低碳发展为中国走新型工业化道路创造了发展机遇

中国正处于快速工业化和城市化的进程之中，经济的快速发展和生活水平的迅速改善带来了能源和排放的持续增长，能源资源保障和能源安全已经成为中国经济社会发展的主要制约因素。为解决这一系列的矛盾，中国需要走出一条不同于已有工业化国家的发展之路，也即从"高排放"的发展轨道上偏离，以较低的能源消耗、温室气体排放支持较快的经济发展，在保护气候的同时实现经济发展，走出一条在碳排放约束下的工业化发展之路（何建坤等，2010）。

3. 应对气候变化对我国促进低碳技术创新，提升国际技术竞争力提供了重要机遇

全球应对气候变化的紧迫形势，对低碳技术需求强劲，推动了低碳技术的创新和产业化发展，主要包括节能和能效技术，如超低能耗建筑、新能源与电动汽车、余热利用、清洁煤利用技术等；新能源技术，如风电和光伏发电技术、生物燃料、先进核能、氢能技术等，此外还有 CO_2 捕集和封存技术（CCS）等。

大规模低碳基础设施建设意味着新能源和能效领域大量的新增投资，已经成为新的经济增长点。低碳能源和智能电网将成为两大战略性新兴产业。新能源和能效技术也已经成为世界技术创新的前沿领域和国际技术竞争的热点。当前全球新能源和能效技术快速发展的趋势，使我国企业也面临实现自主技术创新，发展具有自主知识产权关键技术新兴产业的难得机遇。

"十一五"以来，国家为激励低碳技术创新采取了有力的法律和政策支持手段。我国重新修改了《节能法》和《可再生能源法》，加大了技术研发投入，对节能和新能源产业发展制定了一系列经济激励措施。加强和完善了国家应对气候变化的法律法规和政策体系及管理机制的建设，这将为企业的低碳技术创新营造良好的制度环境、政策环境和市场环境，顺应世界技术变革的潮流，提升企业的自主创新能力和国际竞争力。大力加强低碳技术创新和产业化发展，努力建设以低碳排放为特征的产业体系，促进经济社会与资源环境的协调发展，是我国当前应对气候变化，实现低碳发展的核心内容和重要抓手。

21.3　中国应对气候变化的思路与对策

气候变化问题在发展中产生，也需要在发展中解决。在可持续发展框架下应对气候变化是发展中国家应对气候变化的根本途径。解决气候变化问题需要处理好经济增长、社会发展和保护环境三者的关系，以保障经济社会发展为核心，以增强可持续发展能力为目标，以优化能源结构、加强生态保护为重点，以科技进步为支撑，不断提高中国减缓和适应气候变化的能力。中国要把应对气候变化作为一项长期的重要战略任务。在可持续发展框架下，把应对气候变化作为节约能源、优化能源结构，转变经济增长方式和社会消费方式，加强环境保护和生态建设的新的重要驱动力，促进中国人口、资源、环境与经济和社会的协调发展。

21.3.1　在《公约》原则下积极推进全球应对气候变化进程

气候变化危及人类的生存和发展，是对世界各国的共同挑战，应对气候变化，也需要世界各国的共同努力。《公约》和《京都议定书》奠定了应对气候变化国际合作的法律基础，所确定的"共同但有区别责任"的原则和"可持续发展"的原则反映了各国经济发展水平、历史责任、当前人均排放的差异，凝聚了国际社会的共识，是目前最具权威性、普遍性、全面性的国际框架。应该坚定不移地维护《公约》及其《京都议定书》作为应对气候变化国际合作的核心机制和主渠道地位。

胡锦涛主席于 2009 年 9 月 22 日在联合国气候变化峰会开幕式上发表题为"携手应对气候变化挑战"的重要讲话，阐述了中国在应对气候变化问题上的原则立场。胡主席强调："应对气候变化，涉及全球共同利益，更关乎广大发展中国家发展利益和人民福祉。在应对气候变化过程中，必须充分考虑发展中国家的发展阶段和基本需求。发展中国家历史排放少、人均排放低，目前受发展水平所限，缺少资金和技术，缺乏应对气候变化能力和手段，在经济全球化进程中处于国际产业链低端，承担着大量转移排放。当前，发展中国家的首要任务仍是发展经济、消除贫困、改善民生。国际社会应该重视发展中国家特别是小岛屿国家、最不发达国家、内陆国家、非洲国家的困难处境，倾听发展中国家声音，尊重发展中国家诉求，把应对气候变化和促进发展中国家发展、提高发展中国家发展内在动力和可持续发展能力紧密结合起来。"

中国积极倡导并努力推进应对气候变化的国际新机制，即在可持续发展框架下，依照共同但有区别责任的原则，区别不同国家的实际情况和发展需求，全面协调发展、适应和减缓之间的关系，建立一个有利于解决各国发展所关切的问题、促进技术创新和技术转让、鼓励各国和各界广泛参与的长效和灵活的国际合作机制（潘家华，2008；丁仲礼，段晓男，葛全胜等，2009；国务院发展研究中心，2009；何建坤，苏明山，2009）。这既有利于世界特别是发展中国家的和平发展，又有利于全球和各国生态环境的改善。

21.3.2　应对气候变化战略与可持续发展战略相结合，努力实现低碳发展

中国经济持续发展不断增长的能源需求与全球减缓温室气体排放之间形成了尖锐矛盾，协调经济发展与保护气候之间关系的途径只能是推进技术创新，发展低碳能源技术，提高能源效率，优化能源结构，转变经济增长方式，走低碳发展道路。这是我国应对气候变化的核心内容。

1. 将应对气候变化战略与国家可持续发展战略和经济社会发展规划相结合

增强国家应对气候变化的综合能力、核心技术创新能力及相应法律政策体系的建设将对国家未来的国际竞争力产生重大影响。气候变化的影响与其适应和减缓行动都既具有紧迫性，又具有超长期性，其对策也具有广泛性、综合性以及与国家既定战略和政策一致性等特点。应对气候变化的目标和行动符合国家节约资源、保护环境的基本国策。在当前应对气候变化日益紧迫的形势下，要积极实施应对气候变化的战略和对策，可以做到"一个结合"、

"两方面推进"。

一个结合：将应对气候变化战略与国家可持续发展战略和科技创新战略相结合，并将其作为国民经济和社会发展总体规划中的重要组成部分。

两方面推进：①与国家重大生态建设工程、节能工程和能源产业技术升级工程相结合，适应与减缓并重，推进能源、农林业等领域的技术创新以及资源节约和经济增长模式的转变，增强适应和减缓气候变化的能力建设；②与国家能源、环境等领域法律、法规和政策体系建设相结合，将应对气候变化的法律政策体系建设纳入国家节约资源、保护环境、促进可持续发展的法律政策体系之中，推进国家应对气候变化法律政策体系和管理机制的建设，增强国家的综合应对能力（《气候变化国家评估报告》编委会，2007）。

2. 确立未来减缓温室气体排放目标和行动方案，为全球应对气候变化做出积极贡献

《公约》中要求所有缔约方均应制定、执行、公布并随时更新减缓和适应气候变化的国家计划或方案。根据《公约》的规定和我国气候变化领域的形势，我国已经发布并开始实施《中国应对气候变化国家方案》（以下简称《国家方案》），这是我国在气候变化领域对国际社会的一项政策宣示。《国家方案》的发布和实施，有利于提高各级政府和公众对应对全球气候变化紧迫性和重要性的认识，促进应对气候变化的能力建设。同时结合"十一五"规划纲要，推动省级应对气候变化方案的制定工作，落实《国家方案》的目标和政策措施。目前我国已有20多个省、区、市制定了省级应对气候变化行动方案。

2009年国务院又做出了关于2020年控制温室气体排放自主行动目标的决定，这是我国统筹国内可持续发展与应对气候变化所做出的战略选择，将为全球应对气候变化做出积极的贡献。

3. 积极实施减缓温室气体排放政策，加速减排关键技术的研发和产业化步伐

当前中国加大了应对气候变化的对策与政策的实施力度，积极促进向低碳发展的转型。主要领域有：加快国民经济产业结构的战略性调整，加速高新技术产业和现代服务业的发展，转变经济增长方式，提高产品的增加值率；实施"节能优先"的能源战略，提高能源转换和利用效率，把节能降耗作为经济工作中的突出重点；积极发展可再生能源技术和先进核能技术，发展低碳和无碳能源，优化能源结构，降低能源消费的CO_2排放；加强森林保护、植树造林和土地的合理利用，增加碳吸收汇；加强相关法律、法规和政策体系建设，为促进低碳技术的创新和产业化发展提供制度保障（何建坤，刘滨，王宇，2007）。

4. 发展绿色经济，实现低碳发展，促进应对气候变化和国内可持续发展的共赢

中国经济发展越来越受到国内资源保障和环境容量的制约。中国贯彻落实科学发展观，坚持节约资源、保护环境的基本国策，努力建设资源节约型和环境友好型社会，大力推进节能减排，这与减缓碳排放、保护全球气候的目标一致，政策相通，具有协同效应。发展绿色经济，实现低碳发展，推进先进能源技术创新，逐步建立以新能源和可再生能源为主体的可持续能源体系，既是应对气候变化的根本战略选择，也是国内可持续发展的内在需求（何建坤，苏明山，2009），两者要密切结合，统筹部署，实现国内可持续发展与保护全球气候的双赢。

第二十二章　世界与中国减缓温室气体排放的形势

提　要

迄今为止，主要发达国家在履行《京都议定书》减排目标方面进展缓慢，尤其是在控制化石燃料二氧化碳排放方面并没有取得实质性进展；究其原因，主要是美国等一些国家缺乏承担减排义务的责任感和在其国内采取实质性减排行动的紧迫感。

中国目前正处于工业化、城镇化和国际化快速发展阶段，能源消费和温室气体排放增长都比较快。作为发展中国家，本着对全球负责的精神和推进可持续发展战略的要求，中国已经通过推进经济结构调整、努力提高能源效率、节约能源、积极开发利用可再生能源、大力开展植树造林以及实行计划生育等方面的政策和措施，为减缓全球温室气体排放的增长作出了积极的贡献。

22.1　全球温室气体排放概况

22.1.1　全球温室气体排放概况

《京都议定书》中规定的温室气体有：二氧化碳、甲烷、氧化亚氮、氢氟碳化物、全氟化碳和六氟化硫。二氧化碳是最主要的温室气体，主要来自化石燃料燃烧、工业生产过程、土地利用变化和林业。根据政府间气候变化专门委员会第四次评估报告，2004 年全球《京都议定书》所列的 6 种温室气体排放量约为 490 亿 t 二氧化碳当量，其中二氧化碳占76.8%，甲烷排放占 14.3%，氧化亚氮占 7.9%，其他占 1.1%。6 种温室气体的排放总量比 1990 年增加了约 24%，比 1970 年增加了约 70%，其中二氧化碳排放比 1970 年增加了80%。在全部温室气体排放中，能源生产、工业、交通运输、民用和商业部门的排放占2/3。根据《联合国气候变化框架公约》秘书处的汇编材料，2006 年公约附件一国家的人均温室气体排放为 16.1t 二氧化碳当量，是非附件一国家人均排放水平的近 4 倍。

占世界少数人口的发达国家，其二氧化碳排放量远超过占人口绝大多数的发展中国家。由于各国在经济发展阶段和水平存在着巨大的差别，世界各国的能源消费和二氧化碳排放也存在着相当大的差别。根据国际能源机构 2009 年统计，2007 年，全球国内生产总值（GDP）总量按 2000 年不变价计算为 39.49 万亿美元（当年汇率），人口占全球人口 19.2%的附件一缔约方国家，其 GDP 占全球 GDP 总量的 74.2%，一次能源供应量占全球的50.1%，能源消费二氧化碳排放量占全球能源消费二氧化碳排放总量的 49.2%。其中公约附件二缔约方（为附件一缔约方中的发达国家），人口只占全球的 13.5%，其一次能源供应占全球的 39.9%，能源消费的二氧化碳排放占全球能源消费二氧化碳排放总量的 39.0%。

主要国家的能源活动二氧化碳排放量在全球排放总量中占有重要位置。根据 2009 年国际能源机构的统计，2007 年全球能源消费二氧化碳排放居前 10 位的中国、美国、俄罗斯、印度、日本、德国、加拿大、英国、韩国和伊朗，其人口约占全球的 50.1％，GDP 约占全球的 65.3％，二氧化碳排放占全球的 64.9％。

发展中国家的人均能源活动二氧化碳排放量远低于发达国家的水平。根据国际能源机构 2009 年的统计，2007 年全球人均二氧化碳排放量为 4.38t，其中附件一缔约方国家平均为 11.21t，而非附件一缔约方则只有 2.56t，仅为附件一缔约方的 22.8％。2007 年附件二发达国家缔约方人均能源活动的二氧化碳排放量为 12.64t，其中北美发达国家缔约方人均排放量则高达 18.93t，超出附件二发达国家缔约方平均水平的 50％左右。

22.1.2　世界主要国家集团的二氧化碳历史累计排放

发达国家在其发展过程中大量消费能源是造成目前大气中二氧化碳浓度迅速升高的主要原因。根据美国橡树岭国家实验室二氧化碳信息分析中心，从 1751～2006 年，全球化石燃料燃烧和水泥生产的二氧化碳排放量累计达到 3290 亿 t。

在 1751～1860 年的 100 多年里，人为二氧化碳排放基本上是由发达国家产生的。在 1861～1950 年的 90 年间里，发达国家的二氧化碳排放占了全球二氧化碳累计排放的 95％。直到 1950 年以后，发展中国家二氧化碳排放的比例才开始增长。从 1951～2000 年，占全球人口 80％的发展中国家的二氧化碳累计排放量仅占这一期间全球排放总量的 27％，而人口不到全球人口 20％的发达国家仍然是全球最主要的二氧化碳排放者。从工业革命开始至 2000 年，发达国家的二氧化碳累计排放量占全世界累计排放总量的 79％。

1900～2005 年，发达国家的人均二氧化碳累积排放是发展中国家的 12 倍；1990 年发达国家的当年人均排放量是发展中国家的 7.4 倍；在公约签署 13 年之后的 2005 年，发达国家的年人均排放量仍高达发展中国家的 4.8 倍。包括中国在内的世界上大多数发展中国家，2000 年的人均二氧化碳排放量还比不上发达国家在 1951 年到 2000 年期间的人均二氧化碳排放增长量。根据政府间气候变化专门委员会第四次评估报告的有关结论，2000 年以来，发达国家的人均二氧化碳排放仍然在继续增长，2004 年 OECD 国家的人均二氧化碳排放比 2000 年增加了 0.16t，欧盟国家的人均二氧化碳排放比 2000 年增加了 0.4t 以上。发达国家的高人均排放过多占用了发展中国家的人均排放空间，也给发展中国家的未来社会经济发展带来了巨大的挑战。

22.2　发达国家减排温室气体情况

22.2.1　附件一国家整体减排目标履行情况

《联合国气候变化框架公约》明确了"历史上和目前全球温室气体排放的最大部分源自发达国家"，"各缔约方应当在公平的基础上，并根据它们共同但有区别的责任和各自的能力，为人类当代和后代的利益保护气候系统。因此，发达国家缔约方应当率先对付气候变化及其不利影响"。《联合国气候变化框架公约》要求发达国家到 2000 年，个别地或共同地使二氧化碳等温室气体的人为排放恢复到 1990 年的水平。1997 年 12 月在日本京都召开的公约第三次缔约方会议通过了《京都议定书》，规定了发达国家在 2008～2012 年期间，将其温室气体排放量在 1990 年的排放水平上至少减少 5% 的义务。

迄今为止，主要发达国家在履行《京都议定书》减排目标方面进展缓慢。根据《联合国气候变化框架公约》秘书处 2009 年 11 月有关附件一缔约方温室气体清单的汇编材料，从 1990 年到 2007 年，所有附件一缔约方不包括土地利用变化和林业的温室气体排放量总体比 1990 年下降了 3.9%，具体见图 22.1，这主要是由于其中的经济转型国家因经济下滑、排放量大幅下降 37% 所致，包括俄罗斯下降 33.9%，部分抵消了其他一些发达国家排放量的

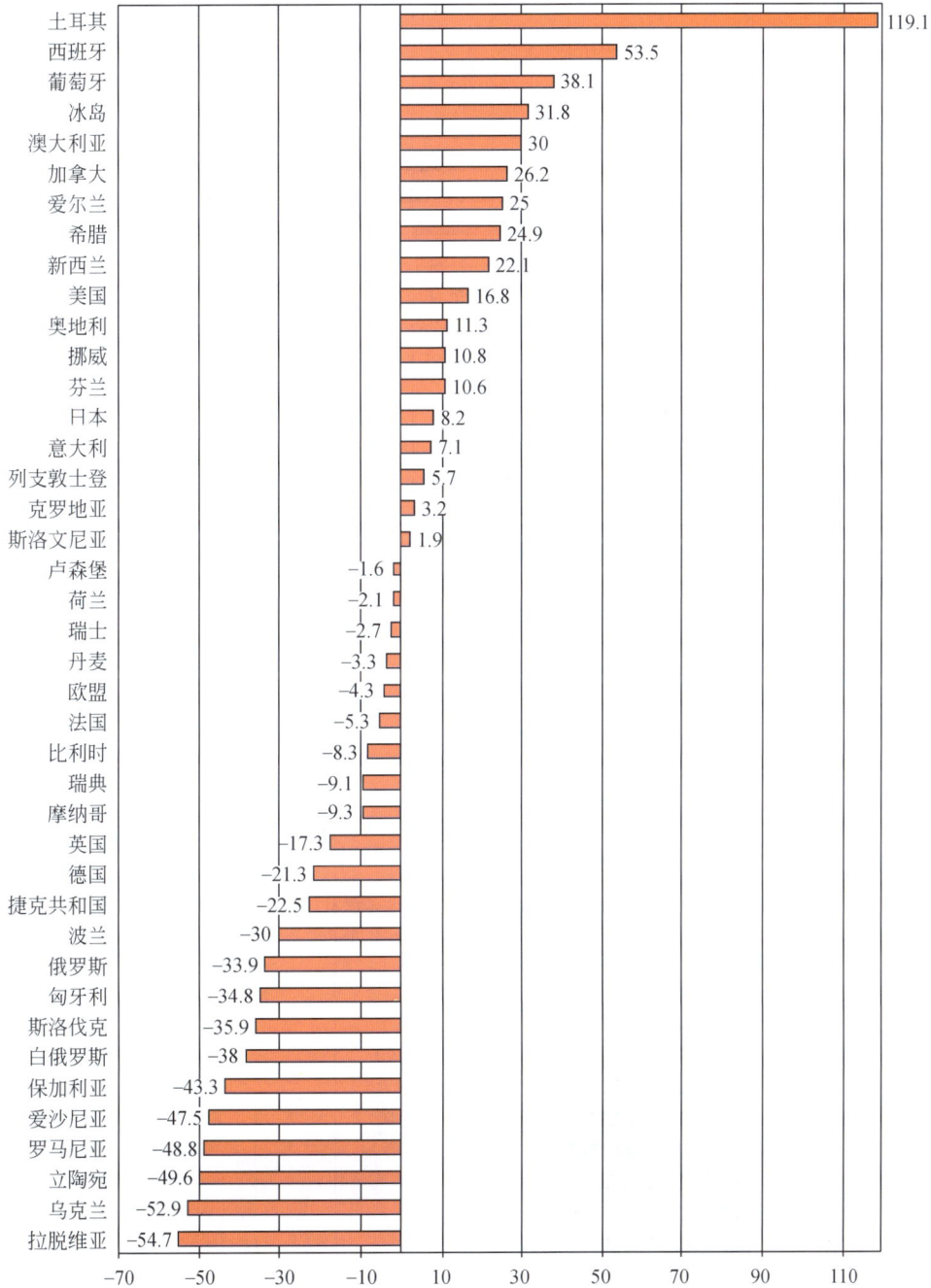

国家	变化（%）
土耳其	119.1
西班牙	53.5
葡萄牙	38.1
冰岛	31.8
澳大利亚	30
加拿大	26.2
爱尔兰	25
希腊	24.9
新西兰	22.1
美国	16.8
奥地利	11.3
挪威	10.8
芬兰	10.6
日本	8.2
意大利	7.1
列支敦士登	5.7
克罗地亚	3.2
斯洛文尼亚	1.9
卢森堡	-1.6
荷兰	-2.1
瑞士	-2.7
丹麦	-3.3
欧盟	-4.3
法国	-5.3
比利时	-8.3
瑞典	-9.1
摩纳哥	-9.3
英国	-17.3
德国	-21.3
捷克共和国	-22.5
波兰	-30
俄罗斯	-33.9
匈牙利	-34.8
斯洛伐克	-35.9
白俄罗斯	-38
保加利亚	-43.3
爱沙尼亚	-47.5
罗马尼亚	-48.8
立陶宛	-49.6
乌克兰	-52.9
拉脱维亚	-54.7

图 22.1 附件一缔约方 2007 年温室气体排放量相比于 1990 年的变化（%）

注：不包括土地利用变化和林业

持续上升。但是非经济转型国家缔约方的温室气体排放量则从 1990 年的 129 亿 t 二氧化碳当量上升到 2007 年的 147 亿 t，增加了 11.2%。就附件一缔约方能源活动温室气体排放而言，2007 年运输部门的温室气体排放量比 1990 年大幅增加 17.9%，能源工业的温室气体排放量也比 1990 年增加了 5.6%，由此也造成二氧化碳在附件一缔约方温室气体排放总量中所占的比重由 1990 的 80%，上升到 2007 年 82.8%，具体见图 22.2。而从附件一缔约方 2000～2007 年

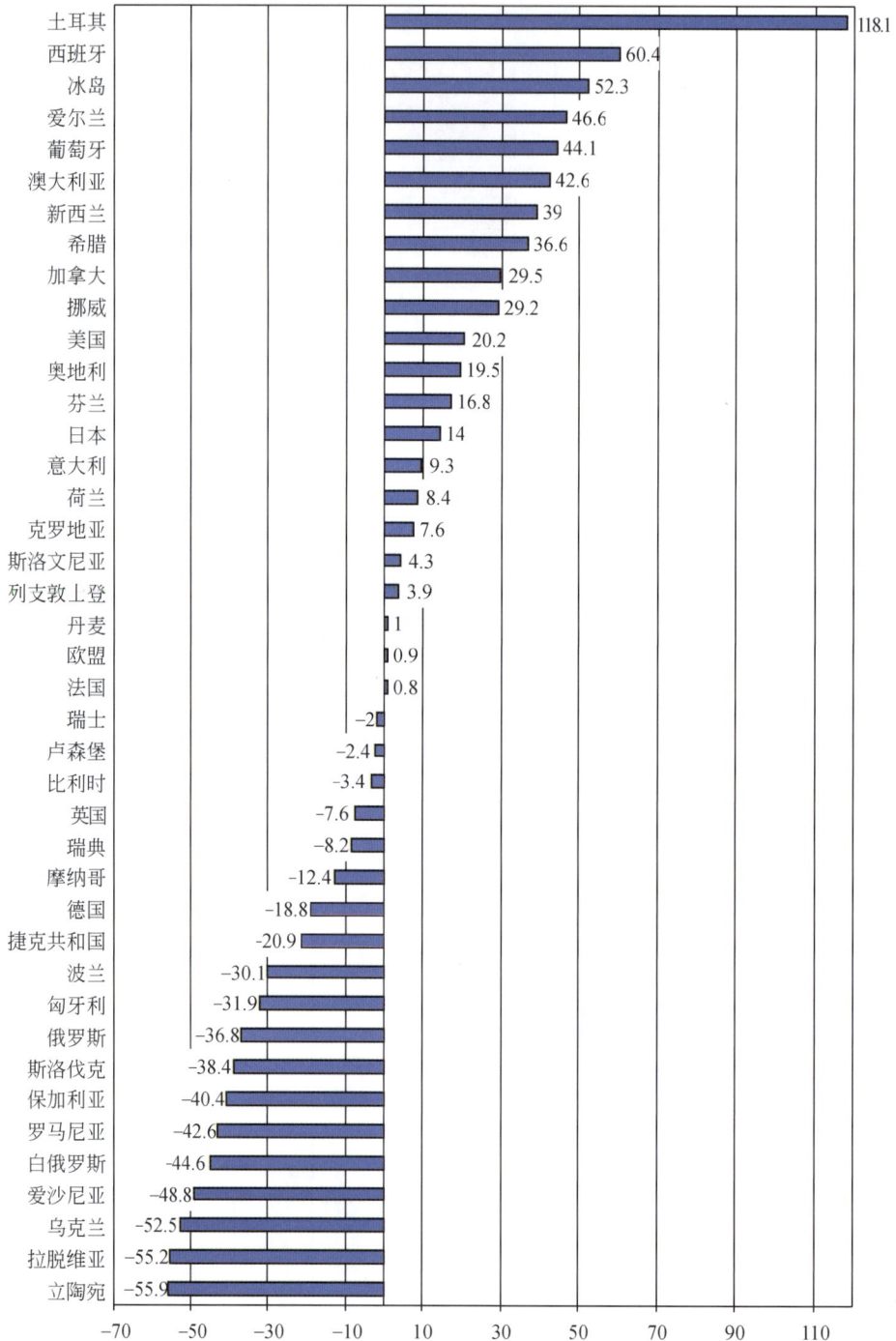

图 22.2 附件一缔约方 2007 年二氧化碳排放量相比于 1990 年的变化（%）

注：不包括土地利用变化和林业

的整体排放情景看，不降反升，增加了 3.1％，其中二氧化碳排放量增加了 4.3％。

目前发达国家减缓温室气体排放进展缓慢，究其原因主要是美国、澳大利亚等国家，缺乏承担减排义务的责任感和在其国内采取实质性减排行动的紧迫感。而其他一些发达国家则由于在境内温室气体减排进展有限，都希望利用"清洁发展机制"在发展中国家获得减排额度，以减少履行《京都议定书》规定的温室气体减排义务的压力。

22.2.2　主要发达国家国别减排目标履行情况

欧盟在温室气体减排方面取得了一定的进展。根据《联合国气候变化框架公约》秘书处 2009 年 11 月有关附件一缔约方温室气体清单的汇编材料，2007 年欧盟 15 国的温室气体排放量为 40.52 亿 t 二氧化碳当量，比 1990 年的 42.33 亿 t 约降低了 4.3％（表 22.1）。欧盟的温室气体排放总量虽呈下降趋势，但距离其京都减排 8％的目标还有相当距离。欧盟温室气体排放控制主要有以下几个特点：一是欧盟 15 国的温室气体排放总量的下降主要来自于德国和英国的减排贡献。由于德国和英国 1990 年的温室气体排放量占了整个欧盟排放总量的 47％。从 1990 年到 2007 年，德国的温室气体排放量降低了 21.3％，已达到其在欧盟内部承担的减排 21％的目标，英国的排放量也降低了 17.3％，已经超过了其 12.5％的目标。可见除了德国和英国以外，大多数欧盟成员国还需要付出很大努力才有可能实现其减排任务。二是欧盟 15 国非二氧化碳温室气体排放量的大幅下降，掩盖了二氧化碳排放量不降反升的事实。从 1990 年到 2007 年，欧盟的二氧化碳排放量从 33.60 亿 t 增加到 33.91 亿 t，上升了 0.9％。二氧化碳排放量在温室气体排放量总量中所占的份额也由 1990 年的 79.38％上升到 2007 年的 83.69％。而同期其他温室气体排放量都有明显降低，甲烷排放降低了 30.2％，氧化亚氮排放降低了 24.6％，从中也可以看出，即使欧盟这样的缔约方，对于减少二氧化碳排放也没有行之有效的措施。三是欧盟 15 国能源活动的二氧化碳排放仍处于增长之中，主要是由于交通部门排放量的大幅增加。从分部门二氧化碳排放看，2007 年欧盟 15 国能源活动的排放量比 1990 年增长了 0.79％，其中交通部门排放增加了 23.65％，能源工业增加了 4.91％，可见交通部门的增排极大地抵消了制造业等第二产业及其他部门的减排努力，控制交通部门的二氧化碳排放已经成为欧盟内部采取实质性减排行动的关键。

表 22.1　附件一缔约方温室气体排放总量变化情况

缔约方	CO₂ 当量/万 t			1990~2000 年变化/％	1990~2007 年变化/％
	1990	2000	2007		
澳大利亚	41 621	49 486	54 118	18.9	30.0
加拿大	59 179	71 710	74 704	21.2	26.2
欧盟	423 290	410 764	405 196	−3.0	−4.3
法国	56 550	56 058	53 577	−0.9	−5.3
德国	121 521	100 816	95 611	−17.0	−21.3
日本	126 966	13 460	137 426	6.0	8.2
俄罗斯	331 933	203 043	219 282	−38.8	−33.9
英国	77 416	67 714	64 027	−12.5	−17.3
美国	608 450	697 518	710 716	14.6	16.8
附件一合计	1 884 797	1 756 030	1 811 210	−6.8	−3.9

资料来源：2009 年《联合国气候变化框架公约》秘书处汇编材料，不包括土地利用变化和林业

美国的温室气体排放不降反升。根据《联合国气候变化框架公约》秘书处 2009 年 11 月有关附件一缔约方温室气体清单的汇编材料，2007 年美国二氧化碳等 6 种温室气体的总排放量为 71.07 亿 t 二氧化碳当量，比 1990 年 60.84 亿 t 增加了 16.8%。在 2007 年温室气体排放总量中，二氧化碳排放量为 60.94 亿 t，约占温室气体总排放量的 85.75%，比 1990 年的 83.3% 上升了近三个百分点，二氧化碳排放量也比 1990 年 50.69 亿 t 增加了 20.2%。美国的温室气体排放量有以下几个主要特点：一是美国的温室气体排放量在附件一缔约方中占有重要位置。美国温室气体排放量占附件一所有缔约方温室气体排放总量的比重已由 1990 年的 32.28% 上升到 2007 年的 39.24%，远高于欧盟 15 国 2007 年的 22.37%，也高于欧盟 27 国 2007 年的 27.9% 左右，从这些数据足以看出美国在发达国家温室气体减排中的重要性。二是美国能源活动排放的温室气体基本趋于稳定。尽管从 1990 年到 2007 年，美国能源活动产生的温室气体排放量由 51.94 亿 t 二氧化碳当量增加到 61.7 亿 t，增幅达到 18.8%。但从 2000 年以来，美国能源活动产生的温室气体排放量出现稳定甚至下降的趋势，2000 年美国能源活动引起的温室气体排放量为 60.6 亿 t，到 2005 年缓慢上升到 61.7 亿 t，到 2007 年又基本回落到 2005 年的水平。三是美国的二氧化碳排放主要来自能源工业和交通运输。2007 年美国电力等能源工业部门的二氧化碳排放量占到全国能源活动二氧化碳排放总量的 40.8%，位居首位，其次是交通部门的 31.5%。从 1990 年到 2007 年，能源工业和交通部门不仅是美国二氧化碳排放量最大的两个部门，并且其 17 年间的排放量分别增长了 32.81% 和 29.76%。这表明美国的温室气体排放控制应该着重关注电力生产与交通运输。

日本在温室气体减排方面尚没有取得进展。根据《联合国气候变化框架公约》秘书处 2009 年 11 月有关附件一缔约方温室气体清单的汇编材料，2007 年的温室气体排放总量为 13.74 亿 t 二氧化碳当量，与 1990 年的 12.70 亿 t 相比增加了 8.2%，与《京都议定书》规定的减少 6% 目标相比不降反升。从 1990 年到 2007 年，日本的二氧化碳排放量也由 11.43 亿 t 上升到 13.04 亿 t，增加了 14%。2007 年日本各部门的温室气体排放贡献率分别为：能源 90.56%、工业生产过程 5.73%、农业 1.93%、废弃物 1.76%。

加拿大和澳大利亚的温室气体排放量继续大幅增加。根据《联合国气候变化框架公约》秘书处 2009 年 11 月有关附件一缔约方温室气体清单的汇编材料，加拿大 2007 年的温室气体排放总量为 7.47 亿 t 二氧化碳当量，与 1990 年的 5.92 亿 t 相比大幅增加了 26.2%，与《京都议定书》规定的减少 6% 目标相比不降反升。从 1990 年到 2007 年，加拿大的二氧化碳排放量也由 4.56 亿 t 上升到 5.90 亿 t，增加了 29.5%。澳大利亚 2007 年的温室气体排放总量为 5.41 亿 t 二氧化碳当量，与 1990 年的 4.16 亿 t 相比大幅增加了 30%，与《京都议定书》规定的只允许增加 8% 的目标相比差距甚远。从 1990 年到 2007 年，澳大利亚的二氧化碳排放量也由 2.78 亿 t 上升到 3.96 亿 t，增幅高达 42.6%。

俄罗斯由于转型造成温室气体排放大幅下降。根据《联合国气候变化框架公约》秘书处 2009 年 11 月有关附件一缔约方温室气体清单的汇编材料，俄罗斯 2007 年的温室气体排放总量为 21.93 亿 t 二氧化碳当量，与 1990 年的 33.19 亿 t 相比大幅下降了 33.9%，与《京都议定书》规定的稳定目标相比效果显著。从 1990 年到 2007 年，俄罗斯的二氧化碳排放量也由 24.99 亿 t 下降到 15.80 亿 t，下降了 36.8%。从 2000 年到 2007 年，俄罗斯的温室气体和二氧化碳排放量双双呈现上升趋势，分别增长了 8.0% 和 7.4%。

22.3　中国减缓温室气体排放的努力与成效

22.3.1　中国减缓温室气体排放的努力

根据《联合国气候变化框架公约》和《京都议定书》的规定，作为发展中国家，中国没有减少或限制温室气体排放的义务。但是，本着对全球环境负责的精神和推进可持续发展战略的要求，中国成立了以国务院总理温家宝为组长的国家应对气候变化领导小组，在研究制订国家应对气候变化的重大战略、方针和对策，统一部署应对气候变化工作，协调解决应对气候变化工作中的重大问题等方面开展了大量工作。在过去的 20 多年里，中国已经通过调整经济结构、提高能源效率和节约能源、开发利用水电和其他可再生能源等、大力开展植树造林以及坚持计划生育等方面的政策和措施，为减缓全球温室气体排放的增长速度作出了巨大的努力。

一是通过调整经济结构、推进技术进步，提高了能源利用效率。从 20 世纪 80 年代后期开始，中国政府更加注重经济增长方式的转变和经济结构的调整，将降低资源和能源消耗、推进清洁生产、防治工业污染作为中国产业政策的重要组成部分。通过实施一系列产业政策，加快第三产业发展，调整第二产业内部结构，使产业结构发生了显著变化。1990 年中国三次产业的产值构成为 26.9：41.3：31.8，2008 年为 10.7：47.5：41.8，第一产业的比重持续下降，第三产业有了很大发展，尤其是电信、旅游、金融等行业，尽管第二产业的比重有所上升，但产业内部结构发生了明显变化，机械、信息、电子等行业的迅速发展提高了高附加值产品的比重，这种产业结构的变化带来了较大的节能效益。1991～2008 年中国以年均 6.2% 的能源消费增长速度支持了国民经济年均 10.6% 的增长速度，能源消费弹性系数约为 0.58。20 世纪 80 年代以来，中国政府制定了"开发与节约并重、近期把节约放在优先地位"的方针，确立了节能在能源发展中的战略地位。通过实施《中华人民共和国节约能源法》及相关法规，制定节能专项规划，制定和实施鼓励节能的技术、经济、财税和管理政策，制定和实施能源效率标准与标识，鼓励节能技术的研究、开发、示范与推广，引进和吸收先进节能技术，建立和推行节能新机制，加强节能重点工程建设等政策和措施，有力地促进了节能工作的开展。中国万元 GDP 能耗由 1990 年的 2.68tce 下降到 2005 年的 1.43tce（以 2000 年可比价计算），年均降低 4.1%。按环比法计算，1991～2005 年的 15 年间，通过经济结构调整和提高能源利用效率，中国累计节约和少用能源约 8 亿 tce。如按照中国 1994 年每吨标准煤排放二氧化碳 2.277t 计算，相当于减少约 18 亿 t 的二氧化碳排放。

二是通过发展低碳能源和可再生能源，改善了能源结构。通过国家政策引导和资金投入，加强了水能、核能、石油、天然气和煤层气的开发和利用，支持在农村、边远地区和条件适宜地区开发利用生物质能、太阳能、地热、风能等新型可再生能源，使优质清洁能源比重有所提高。在中国一次能源消费构成中，煤炭所占的比重由 1990 年 76.2% 下降到 2008 年的 68.7%，而石油、天然气、水电等所占的比重分别由 1990 年的 16.6%、2.1% 和 5.1%，上升到 2008 年的 18.7%、3.8% 和 8.9%。截至 2008 年年底，中国水电装机容量达到 1.72 亿 kW，年发电量 5633 亿 kW·h，占到发电总量的 16.3%，水电装机和发电量多年居世界第一位。风电规模连续三年成倍增长，截至 2008 年年底，风电装机总量达到 1217 万 kW，跃居世界第四位，仅 2008 年就新增装机容量 614 万 kW，位列全球第二。太阳能光伏产业快速发展，到 2008 年年底，累计光伏发电容量 15 万 kW，其中 55% 为独立光伏发电系统；太阳能热水器集热面积累计达到 1.25 亿 m^2，占世界太阳能热水器总使用量的 60% 以上，多年位居世界第一位。生物质能开发也有较大的进展，户用沼气用户达到 3050 多万户，沼气年利用量达到 120 亿 m^3，建成大型畜禽养殖场沼气工程和工业有机废水沼气工程 2500 处，年产沼气约 20 亿 m^3，全国生物质发电装机容量约为 315 万 kW。

三是通过大力开展植树造林，加强了生态建设和保护。改革开放以来，随着中国重点林业生态工程的实施，植树造林取得了巨大成绩。据第七次全国森林资源清查，中国人工造林保存面积达到 0.62 亿 hm^2，蓄积量 19.61 亿 m^3，人工林面积居世界第一。全国森林面积达到 1.95 亿 hm^2，森林覆盖率为 20.36%，森林蓄积量 137.21 亿 m^3。除植树造林以外，中国还积极实施天然林保护、退耕还林还草、草原建设和管理、自然保护区建设等生态建设与保护政策，进一步增强了林业作为温室气体吸收汇的能力。与此同时，中国城市绿化工作也得到了较快发展，2008 年中国城市园林绿地面积达到 175 万 hm^2，建成区绿化覆盖率为 37.4%，人均公园绿地面积 9.7 m^2，这部分绿地对吸收大气二氧化碳也起到了一定的作用。据专家估算，1980～2005 年中国造林活动累计净吸收约 30.6 亿 t 二氧化碳，森林管理累计净吸收 16.2 亿 t 二氧化碳，减少毁林排放 4.3 亿 t 二氧化碳。

四是实施计划生育政策，有效控制了人口增长。自 20 世纪 70 年代以来，中国政府一直把实行计划生育作为基本国策，使人口增长过快的势头得到有效控制。根据联合国的资料，中国的生育率不仅明显低于其他发展中国家，也低于世界平均水平。2005 年中国人口出生率为 12.40‰，自然增长率为 5.89‰，分别比 1990 年低了 8.66 和 8.50 个千分点，进入世界低生育水平国家行列。中国在经济不发达的情况下，用较短的时间实现了人口再生产类型从高出生、低死亡、高增长到低出生、低死亡、低增长的历史性转变，走完了一些发达国家数十年乃至上百年才走完的路。通过计划生育，到 2005 年中国累计少出生 3 亿多人口，按照国际能源机构统计的全球人均排放水平估算，仅 2005 年一年就相当于减少二氧化碳排放约 13 亿吨，这是中国对缓解世界人口增长和控制温室气体排放做出的重大贡献[①]。

22.3.2　中国控制温室气体排放的目标与成效

2007 年 6 月，中国政府发布的《中国应对气候变化国家方案》，明确提出到 2010 年中国将在控制温室气体排放方面取得明显成效，相关目标主要包括以下几个方面：一是通过加快转变经济发展方式，强化能源节约和高效利用的政策导向，加大依法实施节能管理的力度，加快节能技术开发、示范和推广，充分发挥以市场为基础的节能新机制，提高全社会的节能意识，加快建设资源节约型社会，努力减缓温室气体排放，到 2010 年实现单位国内生产总值能源消耗比 2005 年降低 20% 左右，相应减缓二氧化碳排放；二是通过大力发展可再生能源，积极推进核电建设，加快煤层气开发利用等措施，优化能源消费结构，到 2010 年力争使可再生能源开发利用总量（包括大水电）在一次能源消费结构中的比重提高到 10% 左右，煤层气抽采量达到 100 亿 m^3；三是通过强化冶金、建材、化工等产业政策，发展循环经济，提高资源利用率，加强氧化亚氮排放治理等措施，控制工业生产过程的温室气体排放。到 2010 年，力争使工业生产过程的氧化亚氮排放稳定在 2005 年的水平；四是通过继续

---

① 国家发展和改革委员会 . 2007. 中国应对气候变化国家方案

推广低排放的高产水稻品种和半旱式栽培技术，采用科学灌溉和测土配方施肥技术，研究开发优良反刍动物品种技术和规模化饲养管理技术等措施，加强对动物粪便、废水和固体废弃物的管理，加大沼气利用力度，努力控制甲烷排放；五是通过继续实施植树造林、退耕还林还草、天然林资源保护、农田基本建设等重点工程和政策措施，到 2010 年，力争森林覆盖率达到 20％，实现年碳汇数量比 2005 年增加约 0.5 亿 t 二氧化碳。

经过全社会的共同努力，中国在控制温室气体排放方面取得了积极的进展。从 2006～2009 年，中国单位国内生产总值能源消耗累计下降 15.6％，相当于减少二氧化碳排放 9 亿多吨。2008 年中国可再生能源开发利用总量（包括大水电）约为 2.5 亿 tce，约占一次能源消费总量的 8.9％，煤层气抽采量约为 55 亿 m^3。尽管近三年中国己二酸等工业品产量继续增加，但生产过程中的氧化亚氮排放治理水平进一步提高，排放量基本处于稳定状态；森林覆盖率已达到 20.36％，提前两年实现"十一五"规划目标。

同时在清洁发展机制项目开发方面也取得了明显的成效。中国重视清洁发展机制在促进本国可持续发展中的积极作用，通过国际合作等方式，开展了清洁发展机制方面的系统研究，进行了大量的能力建设活动，完善了相关的国内制度，制定和颁布了《清洁发展机制项目运行管理办法》。截至 2009 年年底，中国在联合国已经成功注册的清洁发展机制合作项目达到 722 个，这些项目预期的年减排量约为 2 亿 t 二氧化碳当量。

第二十三章　能源供应部门减排技术与潜力

提　　要

本章采用自下而上的方法，从技术特征、经济性、发展潜力、推广障碍几个方面，对未来在中国节能减排中贡献大的能源转换技术，如先进高效燃煤发电技术、煤基多联产技术、碳捕集和封存技术、核电技术、水电技术、风电技术、太阳能发电、生物质能发电技术和生物燃料技术，进行了评估，并给出了促进这些技术发展和应用的政策建议。与 2005 年相比，到 2020 年中国能源供应部门主要能源减排技术的二氧化碳减排潜力可达到 18 亿 t 左右。从减排潜力和减排成本两个方面看，在 2005 年至 2020 年期间，中国能源供应部门优先发展和推广的二氧化碳减排技术是超（超）临界发电技术、水电、核能和陆上风电，这 4 类技术不仅减排潜力大而且减排成本较低。

23.1　洁净煤转化技术

洁净煤技术（Clean Coal Technology）是指从煤炭开采到利用的全过程中，旨在减少污染物排放与提高利用效率的生产、加工、转化、燃烧及污染控制等新技术体系，主要包括煤炭的洁净生产技术、洁净加工技术、高效洁净转化技术、高效洁净燃烧与发电技术和燃煤污染排放治理技术等。本节将重点对几种主要的洁净煤转化技术进行评估，它们是超临界（Super Critical，SC）和超超临界发电技术（Ultra Super Critical，USC）、循环流化床技术（Circulating Fluidized Bed，CFB）、整体煤气化联合循环技术（Integrated Gasification Combined Cycle，IGCC）和煤气化多联产系统。这些洁净煤转化技术是中国"十二五"和"十三五"期间节能减碳优先发展和推广的技术。

23.1.1　超临界和超超临界发电技术

超临界和超超临界火电机组经过几十年的发展，已经是成熟的先进发电技术。这些技术在发达国家中广泛应用，取得了显著的节能和减少污染排放的效果，并且正进一步向更高参数的方向发展。2004 年后，中国超（超）临界火电机组设备逐步实现国产化，进入了大规模应用阶段。到 2006 年 2 月，中国已有 32 台超临界机组相继投产，安装在 14 个电厂；2007 年，华能玉环电厂、华电邹县电厂、国电泰州电厂等共 7 台百万千瓦超（超）临界机组又相继投运。根据国家电监会公布的全国最大 30 家电力企业统计数据，2008 年 60 万 kW 及以上火电机组 17960 万 kW，占全部火电设备总容量的 39.43%，其中新建项目近 70% 都是 60 万 kW 及以上的大型超（超）临界机组。截至 2009 年 3 月，中国已投产 100 万 kW 超超临界机组 15 台，在建项目达到 60 台，拟建项目超过 120 台机组。

• 技术特点：通过不断提高蒸汽参数（温度和压力）和改进热力循环来提高机组热效率。现役超（超）临界机组发电效率可 39%～45%，明显高于常规亚临界机组（表 23.1）。

• 经济性：已具备与亚临界机组竞争的能力。国际上超临界电厂的总发电成本比亚临界机组低 13%～16%；经济上已有竞争力（表 23.1）。

• 发展潜力：中国"十二五"和"十三五"建设大容量燃煤机组的主力技术。

• 推广障碍：耐高温材料的寿命和成本；缺乏长期运行考核和经验积累。

• 政策建议：重点推广并加大在材料和机组设计方面的研发投入，积累设计运行经验，进一步降低成本和增强运行可靠性和经济性，通过项目核准、节能调度等政策措施不断提高超(超)临界机组在中国煤电装机总量中的比例，促进中国燃煤发电技术进步和效率的不断提高，为中国电力部门节能减排做出更大的贡献。

表 23.1　燃煤发电技术技术性能与经济性比较

技术名称	目前的效率水平（发电效率/%）	经济性［单位 kW 投资/(美元/kW)］
常规亚临界燃煤发电	32～39	510～560
超临界和超超临界燃煤发电	39～45	500～550
整体煤气化联合循环（IGCC）	40～47	1000～1300

23.1.2　循环流化床技术

循环流化床燃烧系统一般由给料系统、燃烧室、分离装置、循环物料回送装置等组成。燃料和脱硫剂在循环床燃烧室的下部给入，燃烧用的空气分为一次风和二次风，一次风从布风板下部送入，二次风从燃烧室中部送入。循环流化床运行风速一般为 5～8m/s，使炉内产生强烈的扰动。循环流化床的主要优点是燃料适用性广、效率高、负荷调节范围大，燃烧过程中直接脱硫，对于中国大量劣质燃料的使用价值极大。循环流化床技术在国际上已为成熟技术，已发展到高参数大型电站锅炉。国内以中小容量自主技术占据主导，国产 300MW 技术也已经投入运行，目前中国正在开展 600MW 超临界循环流化床机组技术研制。

• 技术特点：流态化燃烧方式，环保性能优越，尤其脱硫效果好，可燃用其他炉型不能燃用的劣质燃料。中国每年产生大量的可用于燃烧发电的劣质燃料，如矸石、中煤、煤泥等，其含有低品位热值折合 1.03 亿 t 标准煤。另外，现有的煤矸石等堆放已成为一个不可忽视的污染源。因此，对于矿区发电、煤矸石综合利用、燃用含矸量较高的原煤等，循环流化床技术的应用推广价值极大。

• 经济性：在国内目前的环保政策环境下，循环流化床技术的成本略高于常规煤粉锅炉。

• 发展潜力：循环流化床技术在以下领域具有广阔的应用市场前景：①对热电联产和现有的小机组进行环保改造；②煤矸石和洗中煤发电的资源综合利用；③与超临界技术相结合，作为新建机组的后备技术选择之一。

• 发展障碍：开发超临界参数和超大型锅炉尚存在技术和经济问题需要克服。另外，也存在政策和制度方面障碍，如火电厂环保监管力度不足、劣质燃料的使用缺乏优惠政策等。

• 政策建议：加大研发投入，解决循环流化床技术设备"大型化"难题以及国外专利封锁；提高火电厂的环保标准和加大执法力度，提高电厂污染物排放报告、检测和核查能力，对燃用劣质燃料给予更加明确的经济激励政策。

23.1.3　整体煤气化联合循环技术

整体煤气化联合循环（IGCC）是把煤气化和燃气-蒸汽联合循环发电系统有机集成的一种洁净煤发电技术。该类发电技术的常规污染物，如硫化物、氮氧化物等，排放低，效率提高潜力大，因此也有利于 CO_2 排放的控制。在 IGCC 系统中，煤经过气化产生煤气（合成气），经净化处理的煤气燃烧后驱动燃气透平发电，利用高温排气在余热锅炉中产生蒸汽驱动蒸汽轮机发电。为了制备并净化煤气，IGCC 中还配置了空气分离设备（用于制氧供气化用，简称空分设备）和煤气除尘、脱硫设备。对采用空气作为气化介质的 IGCC 系统一般不设置空分设备。这种发电系统也可以采用石油焦和生物质等作为燃料。IGCC 技术，国外已进入了 250～300MW 大容量机组的商业示范阶段；国内经过多年研究论证后，也在进行示范。

• 技术特点：集成了煤气化和燃气-蒸汽联合循环技术，是公认的最高效、最清洁的煤炭清洁利用技术之一。IGCC 技术机组发电效率可 40%～47%，明显高于常规亚临界机组（表 23.1）。同时燃料的适应性也较强，可以用煤炭、石油焦、渣油、生物质以及城市固体垃圾作为发电燃料。

• 经济性：当前 IGCC 技术的投资成本仍远高于常规火电技术和超临界机组（表 23.1），通过进一步的技术研发和示范，下一代 IGCC 的发电成本有望与超临界电站发电成本基本相当。

• 发展潜力：IGCC 发电系统距离真正意义上商业化运行还有较长的时间，但它是中国中长期实现煤炭综合高效清洁利用的最优技术选择之一，而且在与 CO_2 捕集和封存技术结合方面较煤粉炉发电技术有效率和经济优势。

• 发展障碍：IGCC 发电系统初始投资成本高，系统运行可靠性还有待于进一步工程检验。中国目前尚未完全掌握 IGCC 系统的核心技术，特别是尚未掌握燃用低热值富氢燃料的燃气轮机的设计和制造技术。

• 政策建议：国家加大对 IGCC 系统核心技术和系统集成技术的研发投入；积极开展国际合作，出台一系列经济激励政策，如优惠长期卖电协议等，推进 IGCC 技术示范，积累必要经验；出台必要的标准和政策，开展 IGCC 系统 CO_2 捕集和封存示范和与 CO_2 石油强化开采结合的示范。

23.1.4　煤气化多联产系统

煤基多联产系统是指以煤为原料，以煤气化为龙头，所产生的合成气一方面用于燃气轮机组成的联合循环发电，同时制取甲醇、醋酸、二甲醚及合成氨等高附加值化工产品，还可以制取燃料电池原料氢，从而可以实现煤气化、发电、化工一体化的高效能源化工系统。煤气化多联产系统可以实现煤炭资源的高效综合开发利用，因而是煤炭资源开发利用的一种新的技术模式和产业发展模式。中国已有小规模示范项目，如上海吴泾焦化厂的甲醇、电、城市煤气三联供工程和山东兖矿集团的煤、化工、电多联产示范工程。煤气化多联产技术既可以促进煤炭可持续利用，又可以做到煤炭对石油的替代，对中国而言它是一种战略性能源技术，已被列入国家科技战略规划。"十一五"期间，中国已有多个煤气化发电和多联产项目列入科学技术部 863 计划。

• 技术特点：煤气化多联产的实质是实现煤炭资源价值梯级利用和追求煤炭资源利用效率的最大化。煤气化多联产系统的热效率高，热、电、甲醇、合成气四联供系统与分供情况相比，煤炭消耗量有可能降低 23%；系统污染排放水平接近天然气联合循环，可满足最严格的环保要求；可以生产清洁液体燃料，缓解石油进口压力和城市污染；为低效率损失捕集 CO_2 提供了可能。

• 经济性：与 IGCC 相比，经济上具有竞争力，发电成本接近带脱硫脱硝装置的燃煤蒸汽电站。热、电、甲醇、合成气四联供与热、电、甲醇、合成气分供的情况相比，工程投资可降低 38%。

• 发展潜力：多联产系统是未来洁净煤技术发展的主要方向之一，并且与氢能利用、控制 CO_2 排放的长目标一致，在煤炭资源相对丰富的中国具有良好的发展前景。

• 发展障碍：多联产系统是技术密集、资金密集和高风险的技术，系统建设必须具有一定规模才有效益；目前中国各行业分割和垄断仍然十分严重，系统集成在体制上有很大的障碍；中国还没有经过长期运行考验多联产系统，缺乏对系统运行的效益和风险的认识。

• 政策建议：加大系统核心技术和系统集成技术方面的研发投入，进一步扩大煤气化多联产系统示范，进一步识别系统运行的效益和风险；进一步认识体制障碍的本质，出台必要的政策措施，为多联产系统的大规模推广提供有力的环境。

23.2 二氧化碳捕集和封存技术

CO_2 捕集和封存（CCS）是指将 CO_2 从工业或其他的排放源处分离出来，通过某种运输方式运输到某个地点，将 CO_2 注入地下储层中进行封存，并使封存的 CO_2 被长期与大气相分离的过程。CO_2 排放源有很多种，包括化石燃料发电、天然气提炼厂、乙醇厂等。目前考虑实施 CO_2 捕集的 CO_2 排放源主要是那些排放量巨大，或是排放的 CO_2 浓度很高的排放源。捕集后的 CO_2 气体一般被压缩到超临界状态，而后通过合适的运输方式运输至合适的地点进行埋存。CO_2 的运输方式有很多种，包括管道运输、罐车运输、船舶运输等；用于 CO_2 地质封存的地层包括盐水层、油气层和煤层等。如果要大规模地减少 CO_2 排放同时又允许煤炭在满足全世界能源需求中发挥重要的作用，CCS 是促使这种景象发生的一种关键技术[1]。

到目前为止，世界上还没有任何商业运行的电厂实施全规模的 CCS。中国在 CCS 方面的工作起步较晚，直到最近几年学术界和工业界才开始关注 CCS 并进行相关的研究和示范工作，但进展很快。中国科技部分别于 2006 年和 2008 年设立了两项国家研究计划，分别对二氧化碳提高石油采收率（enhance oil recovery，EOR）和 CCS 关键技术的研究提供支持。目前中国对先进燃煤发电技术、二氧化碳捕获技术、二氧化碳 EOR 等方面的研究都在有序开展中。

---

① Massachusetts Institute of Technology. 2007. The Future of Coal Options for a Carbon-Constrained World

23.2.1   煤粉电厂燃烧后 CO_2 捕集技术

燃煤电厂是中国 CO_2 排放量最大的部门，也是未来中国大规模减少 CO_2 排放的最重要部门。中国拥有巨大的煤粉锅炉发电装机存量，而短期新建电厂仍然是常规煤粉锅炉电厂，因此常规煤粉锅炉电厂的燃烧后烟气 CO_2 捕集技术对中国具有重要的意义。中国华能集团北京热电厂在 2008 年 9 月建成中国第一套燃煤机组燃烧后烟气脱碳示范装置，年 CO_2 生产能力为 3000t。

• 技术特点：燃煤电厂采用的 CO_2 捕集技术是燃烧后捕集技术，从电厂排气中回收 CO_2，无需对动力发电系统本身作太多改造，几乎可以适用于所有类型电厂。煤粉电厂 CO_2 安装捕集装置后，发电效率在原有基础上降低 8%～13%（表 23.2）。

• 经济性：燃煤电厂安装 CO_2 捕集装置后，燃烧后烟气捕集将会使煤粉电厂的发电成本显著上升，升幅达到 70%～90%。

• 发展潜力：华能集团在上海石洞口第二电厂建设的年 CO_2 捕集量高达 12 万 t 燃烧后脱碳示范装置已经于 2009 年 12 月投产，这是全世界规模最大的 CO_2 燃煤电厂燃烧后脱碳装置。在"十二五"和"十三五"期间，中国会有若干个燃煤电厂安装燃烧后 CO_2 捕集技术示范装置。从长期看，燃煤电厂燃烧后 CO_2 捕集技术在中国有较大市场推广空间。

• 推广障碍：技术缺乏长期运行考核和经验积累；能耗高、成本高；国家缺乏 CO_2 捕集、运输和封存的标准和政策法规。

• 政策建议：加大国家对煤电厂燃烧后 CO_2 捕集技术研发和示范投入，尽快研究制订 CO_2 捕集、运输和封存的标准和政策法规。

表 23.2   发电领域 CO_2 捕集技术效率损失与捕集成本

技术名称	效率损失/%（原有基础上降低）	成本/（美元/t）（单位 CO_2 捕集成本）
燃烧后捕集技术	8～13	29～51
燃烧前捕集技术	7～10	13～37
富氧燃烧技术	10～12	21～50

资料来源：Jin et al.，2008

23.2.2   IGCC 电厂燃烧前 CO_2 捕集技术

在未来新建电厂技术选中，IGCC 应该是一个重要的选项。IGCC 电厂的 CO_2 分离技术与煤粉电厂的 CO_2 分离技术是不同的，CO_2 并不是在燃料充分燃烧之后排放的烟气中脱除，而是在燃料充分燃烧之前实现 CO_2 的脱除。

• 技术特点：IGCC 电厂的 CO_2 分离是在燃烧过程前进行的，燃料气尚未被氮气稀释，待分离合成气中的 CO_2 浓度可以达到 20%～60%。IGCC 电厂安装 CO_2 捕集装置后，发电效率在原有基础上降低 7%～10%，低于煤粉电厂安装 CO_2 捕集装置造成的发电效率损失（表 23.2）。

• 经济性：IGCC 电厂 CO_2 安装捕集装置后，系统总投资增加 20% 左右，单位装机投资增加 40%～50%；发电成本上升 40% 左右；CO_2 捕集成本 13～37 美元/t。

• 发展潜力：中国正在天津建设第一座 IGCC 燃煤示范电站，预计 2010 年之前建成，并在 2020 年前将其改造成能够进行集制氢、氢气燃机和氢燃料电池发电循环，以及 CO_2 捕集封存于一身的近零排放燃煤电站。

• 推广障碍：IGCC 电厂 CO_2 捕集也要降低电厂效率，电厂的投资和运行成本都有比较大的提高；国家缺乏 CO_2 捕集、运输和封存的标准和政策法规，也没有经济激励政策。

• 政策建议：国家加大对煤电厂燃烧前 CO_2 捕集技术研发投入，为 IGCC 电厂 CO_2 捕集示范提高必要的技术、制度和经济支持，尽快研究制定 CO_2 捕集、运输和封存的标准和政策法规。

23.2.3 化工-动力多联产系统 CO_2 捕集技术

能源利用过程与 CO_2 分离过程并非相互独立，其间存在密切的联系：燃料所含有的化学能作功能力有近 1/3 在燃烧过程中损失，也就是说，燃料燃烧过程中的化学能的有效利用是动力系统性能提高的最大潜力所在，寻找新的化学能转化与释放方式实现燃料化学能的梯级利用是未来先进能源系统的核心问题。同时，燃料的燃烧过程也是 CO_2 产生的根源。因此，CO_2 捕集技术的核心科技问题在于如何有机地将能量利用过程与 CO_2 捕集过程结合在一起，以燃烧过程为突破口，实现源头节能减排，开拓低能耗甚至是"零能耗"的 CO_2 捕集的革新技术，化工-动力多联产系统就是这样革新技术（Jin et al.，2008）。

• 技术特点：不以转化率为单一功能目标，通过化工动力的有机耦合，既可避免片面强调完全转化带来的高能耗，在到达"拐点"之前完成化工转化，又能以燃料化学能梯级利用潜力为驱动力，从源头捕集 CO_2，实现低能耗温室气体减排。安装捕集 CO_2 装置后，系统的热效率折合成发电效率仍可达到 45% 以上，效率损失低于 IGCC 系统。

• 经济性：CO_2 捕集成本可以降低到 6 美元/t，显著低于煤粉锅炉电厂和 IGCC 电厂的 CO_2 捕集成本。

• 发展潜力：多联产系统是未来洁净煤技术发展的主要方向之一，特别是在氢能利用和控制 CO_2 排放方面具有转换效率和成本的双重优势，从长远看，多联产 CO_2 捕集技术在煤炭资源相对丰富的中国具有很大的发展潜力（加上中国特色，应首先发展此类 CCS）。

• 发展障碍：多联产系统本身推广的障碍，如高资金投入、高风险和行业分割集成化困难障碍，也有 CSS 技术推广的一般性障碍。目前国内外尚没有实际工程运行经验可供参考。

• 政策建议：国家加大对多联产系统 CO_2 捕集技术研发投入，为多联产系统 CO_2 捕集示范提高必要的技术、制度和经济支持，尽快研究制定 CO_2 捕集、运输和封存的标准和政策法规。

23.2.4 富氧燃烧 CO_2 捕集技术

常规煤粉锅炉燃烧后 CO_2 捕集技术的高能耗和高成本，很大程度上是由于当使用空气作为氧化剂时，燃烧后烟气中 CO_2 体积浓度较低（仅为 12%～15%，烟气中含有大量氮气），使得分离装置占地大、能耗大、物耗大而导致的。富氧燃烧就是针对这一问题而提出的一种新型的 CO_2 捕集技术，试图通过改用纯氧燃烧来实现低能耗、低成本的 CO_2 捕集。国内外均将富氧燃烧视为重要的 CO_2 捕集技术，积极开展了研发示范方面的探索。但由于富氧燃烧需添设能耗大、成本高的空分装置，以及其他一些新型设备，目前在国内外尚处于技术研发示范的早期阶段。

- 技术特点：在化石燃料电厂中，以氧气和部分循环烟气的混合气体替代空气作为氧化剂，烟气中主要含 CO_2 和水，冷凝后 CO_2 体积浓度可达到 85% 以上。富氧燃烧大大减少了尾部烟气 CO_2 分离的能耗、物耗和装置占地，但由于需添设能耗大、成本高的空分装置，以及其他一些新型的设备，目前在技术经济性方面的优势尚难以显现。初步估计，超（超）临界电厂使用富氧燃烧 CO_2 捕集后，发电效率在原有基础上会降低 8%～12%。

- 经济性：燃煤电厂使用富氧燃烧 CO_2 捕集技术后，发电成本同样会显著上升，升幅约 30%～50%。理论上，相对于燃烧前、燃烧后捕集，在经济性上具有一些优势。

- 发展潜力：国内一些研究机构，例如华中科技大学、华东理工大学、清华大学等，已各自建立了富氧燃烧 CO_2 捕集的小规模（数十到数百千瓦）技术试验、示范装置。在"十二五"和"十三五"期间，应加强科技研发投入，并争取推进燃煤电厂使用富氧燃烧 CO_2 捕集技术的中试装置建设和小规模工业示范，解决技术方面的问题和验证其能效和经济性。从长期看，技术成熟后在中国市场推广空间较大。

- 推广障碍：技术问题尚未完全解决，一些新型设备尚有待研究，缺乏工程经验。空分装置的高能耗和高成本问题亟待解决，国家层面缺乏 CO_2 捕集、运输和封存的标准和政策法规。

- 政策建议：加大国家对燃煤电厂富氧燃烧 CO_2 捕集技术的研发和示范投入，尽快推进中试和小规模工业示范，研究制定 CO_2 捕集、运输和封存的标准和政策法规。

23.3 非化石能源技术

23.3.1 核电技术

核电技术包括核聚变发电技术和核裂变发电技术。核聚变发电技术目前处于研发阶段，估计在 2050 年前无法投入商业应用，核裂变发电技术的发展大致可划分为四代（表 23.3）。采用第一代核电技术的核电站现已基本关闭，第二代核电技术是当前运行核电站的主力技术，第三代和第四代核电技术是先进核能技术，是未来核电发展主要技术。截至 2008 年年底，中国已建成 11 台核电机组投入商业运行，总装机容量 8587MW，年发电量 653 亿 kW·h，占中国总发电量的 2.2% 左右，远低于世界核电平均占发电总量 15% 的水平。截至 2009 年年底，中国在建核电机组 21 台，总装机容量为 2257 万 kW，超过全世界在建核电规模的 1/3。

- 技术特点：核电是一种可以大规模替代化石能源的发电技术，而且也是一种几乎不会产生任何污染（SO_2、NO_X、烟尘和 CO_2）的清洁能源。中国通过多年的引进、消化、吸收，已经掌握了自主的二代改进型核电技术，也是目前核电建设所采用的主要技术。目前，中国还分别从美国、法国引进了 AP1000 和 EPR 等第三代先进核电技术，消化吸收这一先进技术后，中国新建核电站的安全性和铀资源利用率都有望得到较大的提高。

- 经济性：核电的初始投资高，运行成本低，设计寿命长。在核电发电成本中，初始投资占 50%～60%，燃料成本占 20%～30%。第二代和第三代核电厂初始投资在 2000 美元/kW 左右，投资回收期 10～15 年。

- 发展潜力：到 2020 年中国建成核电装机容量在 7000 万～8000 万 kW，在建装机

3000 万 kW，届时总装机将超过 1 亿 kW。

· 推广障碍：初始投资高，第三代核电技术消化吸收还没完成，装备制造体系尚不健全，缺乏核电大发展所需的人才。

· 政策建议：加快第三代核电技术消化吸收进程，2020 年以前开发出具有自主知识产权的第三代核电技术，建成自主创新技术平台，形成装备制造体系和技术标准体系。

表 23.3　核电技术发展阶段及特征

项目	第一代	第二代	第三代	第四代
技术特征	早期原型堆，现已基本关闭	商用动力堆在役主力：LWR、CANDU、VER 等	先进轻水堆：ABWR、System80＋、AP600、AP1000 等	未来核能复兴主要技术：超临界水冷堆、超高温气冷堆、气冷快中子堆、铅冷快中子堆、钠冷快中子堆、熔盐增殖堆等
发展阶段	20 世纪 50 年代末至 60 年代初	20 世纪 60 年代至 70 年代初	20 世纪 80 年代开始，90 年代末投入市场	刚刚开始，2035 年左右投入市场

23.3.2　水电技术

水能资源是中国最重要的可再生能源资源之一。根据 2003 年全国水能资源复查成果，全国水能资源技术可开发装机容量为 5.42 亿 kW，年发电量 2.47 万亿 kW·h；经济可开发装机容量为 4 亿 kW，年发电量 1.75 万亿 kW·h。水能资源分布广泛，从地域上看主要分布在西部地区，约 70% 在西南地区，并主要集中在长江、金沙江、雅砻江、大渡河、乌江、红水河、澜沧江、黄河和怒江等大江大河的干流上，总装机容量约占全国经济可开发量的 60%，具有集中开发和规模外送的良好条件。截至 2009 年年底，中国水电装机容量已达 1.83 亿 kW。

· 技术特点：水电站可以划分为大型和小型两类，各国划分的标准不同，一般以 10～30MW 为界限。小型水电站通常为河床式水电站，由于它很少对河流产生干扰，因此具有环境友好的优点，通常为乡村人口供电。大型水电站比较复杂，通常会对河流下游产生影响，如淹没有价值的生态系统和需要人口迁移。无论是大水电还是小水电都是技术成熟的能源技术。

· 经济性：在 OECD 国家，新建大型水电系统的资本成本为 2400 美元/kW，运行成本为 3～4 美分/(kW·h)；在发展中国家，水电的投资成本不高于 1000 美元/kW，小水电的运行成本通常为 2～6 美分/(kW·h)。在中国，大水电发电成本平均在 0.15～0.20 元/(kW·h) 左右，小水电发电成本平均在 0.21～0.24 元/(kW·h) 左右。

· 发展潜力：到 2020 年水电装机容量可达到 2.9 亿～3.5 亿 kW，除川、滇、藏外，其他地区水电资源基本开发完毕或已经达到较高开发水平。

· 发展障碍：小水电开发几乎不对生态环境产生任何影响，也不存在移民问题，故争议不大，开发利用的障碍主要是上网电价形成机制问题、电站维护和管理问题；大水电开发近来争议较多，主要是生态环境保护问题、水电开发移民问题和国际合作开发中利益冲突问题，这些争议近来影响到了中央政府对大中型水电开发项目的审批进程。

·政策建议：研究解决小水电开发中的电力上网和电价形成机制，为小水电的健康和持续发展创造必要的政策环境和市场条件；加强对大中水电开发的科学论证工作，不断提高政府决策的科学性和效率。

23.3.3　风电技术

中国幅员辽阔，风能资源丰富，风能资源总的技术可开发量 28.6 亿 kW。考虑到实际可利用的土地面积等因素，可利用的陆地上风能储量约 800GW（8 亿 kW），近海可利用的风能储量有 150GW，共计约 950GW。如果陆上风电年上网电量按等效满负荷 2000h 计，则每年可提供 1.6 万亿 kW·h 的电量，近海风电年上网电量按等效满负荷 2500h 计，每年可提供 3750 亿 kW·h 的电量，合计约 2 万亿 kW·h 的电量，相当于 2004 年全国用电量。自1986 年建设山东荣成第一个示范风电场至今，经过 20 多年的努力，风电场装机规模不断扩大。特别是"十五"和"十一五"期间，中国风电发展提速，总装机容量从 2005 年的 126 万 kW 增长到 2010 年年底的 4470 万 kW，年增长率超过 100%（图 23.1）。

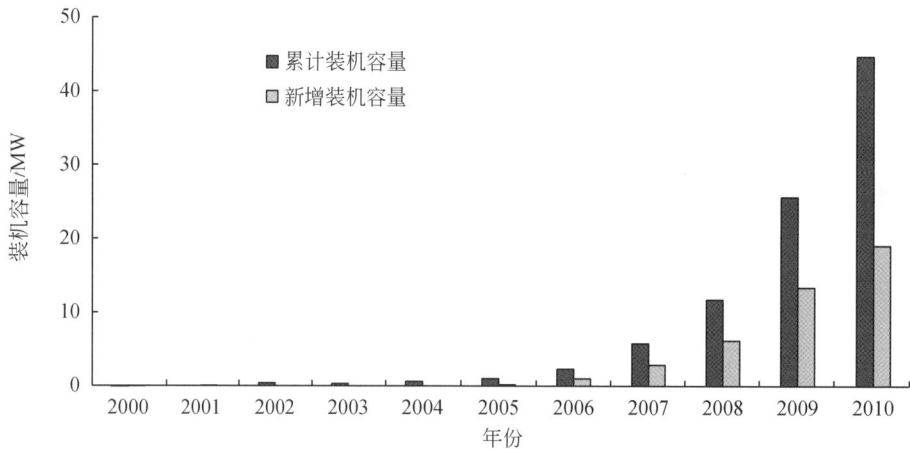

图 23.1　中国风电装机容量

·技术特点：中国企业已经基本掌握兆瓦级风电机组织造技术，主要零部件能够国内制造，2MW 到 3MW 容量机组的多种样机也陆续研制出来。2008 年中国风电整机制造企业超过 70 家，产能达到 3500 万 kW。

·经济性：风电机组价格为 5500~7500 元/kW，风电场建设投资为 9000~11000 元/kW，年等效满负荷小时数 2000~2800，上网电价 0.5~0.6 元/(kW·h)。中国政府把风电上网标杆电价按地市级行政边界分 4 个等级：0.51 元/(kW·h)、0.54 元/(kW·h)、0.58元/(kW·h) 和 0.61 元/(kW·h)。在成本方面，根据世界风能理事会最近对风力发电的成本下降进行的研究表明，风力发电成本的下降中 60% 依赖于规模化发展，40% 依赖于技术进步，随着规模的增加，未来中国风电成本有进一步下降的空间。

·发展潜力：中国政府制定了 6 个省区 7 个 10GW 级风电基地规划，到 2020 年中国并网风电总装机容量可发展到 1.5 亿 kW。

·发展障碍：近几年中国本地风电机制造能力有了突破性进展，已经完全有能力为中国风电发展提供高质量、低成本的风电装备，最近国家又出台了风电上网标杆电价，原来制约中国风电发展的设备和价格约束已基本消除。但是近年来中国风电装机容量增加迅猛，而很多风电场的位置都在新疆、甘肃、宁夏、内蒙古、河北、东北等地的电网的末梢，当地电力负荷需求小，大规模风电并网的送出、销纳和保持电网稳定运行演变成为中国风电发展的新瓶颈（Zhang X. L. et al.，2009；王仲颖等，2009）。在宏观风能资源评估方面需要提高准确性，开展经济可开发储量的评估工作。

• 政策建议：统筹风电和电网发展规划，加快抽水蓄能电站建设，建立健全风电场接入电网技术标准和规范体系，加快电网的智能化建设，改进电网之间的联结和远距离输电能力，为风电的大规模可持续开发提供必要的技术和市场条件。

23.3.4　太阳能光伏发电技术

中国幅员广大，太阳能较丰富的区域（年日照时数在 2200 小时以上，年辐射量超过 50 亿 J/m^2）占国土面积的 2/3 以上。中国太阳能总辐射量分布具有西高东低的特点，西藏、青海、新疆、甘肃、内蒙古南部、陕西和山西北部、河北、山东、辽宁、吉林西部、云南中部和西南部、广东东南部、福建东南部、海南东部和西部，以及台湾省的西南部等广大地区的太阳辐射能量较大，尤其是青藏高原地区太阳能资源最为丰富。

近几年，中国光伏产业在世界光伏市场的拉动下发展迅速。2006 年中国太阳能电池的产量为 460MWp，占世界总产量的 17%，居世界第三；2007 年，光伏电池产量首次超过德国和日本，居世界第一位。2008 年产量继续提高，年底已达到 2500MWp。图 23.2 给出了 2000～2007 年中国太阳能电池产量的历年变化情况。相比于国外光伏产业的迅猛发展，国内光伏市场发展步伐缓慢。2007 年光伏系统安装量约 20MWp，只占当年太阳能电池生产量的 1.84%，98% 以上产品需要出口（图 23.3）。到 2008 年年底，中国累计光伏发电容量为 200MWp，其中 40% 为独立光伏发电系统。聚光太阳能发电技术在中国处在研究示范阶段。

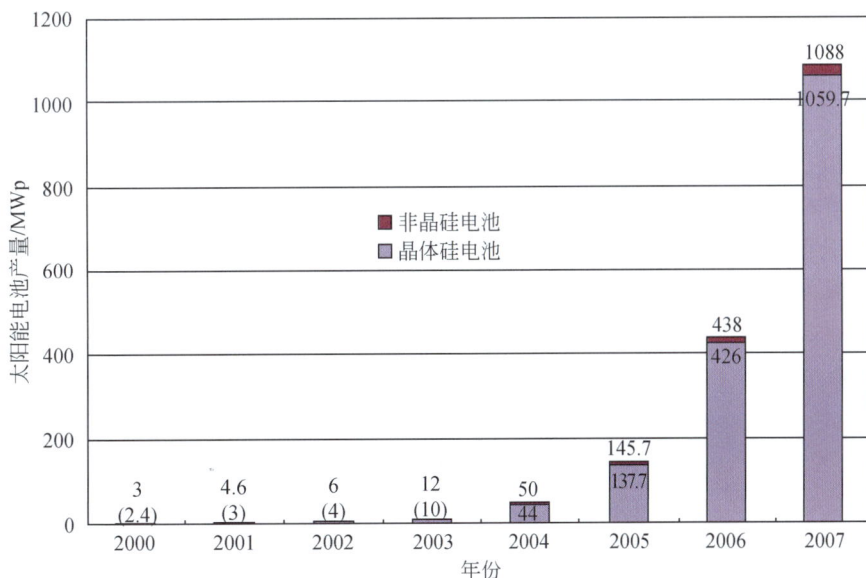

图 23.2　中国太阳能电池产量

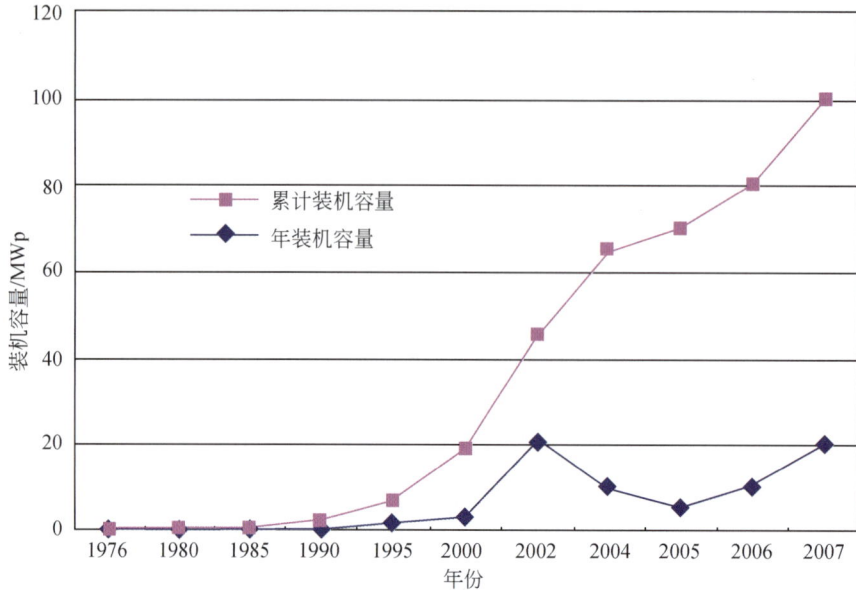

图 23.3　中国光伏系统的年装机容量和累计装机容量

• 技术特点：太阳能光伏发电系统中的晶体硅技术已基本成熟，占据着绝对的市场份额。目前，90％以上的太阳能光伏模块都是以晶体硅为原料基础，此技术的主体地位可持续到 2020 年，与此同时其转换效率有一定的改进空间。单晶硅和多晶硅技术是晶体硅技术中已趋于成熟的两个重要路径，其中单晶硅技术效率（达到 15％，有望提高到 25％～28％）比多晶硅高，但相应成本也较高。薄膜技术是近期开发的新技术，其优点在于可以用较少的原材料获得更高的自动控制性能和资源生产效率，同时可以实现光伏电池与建筑物的结合，其缺点在于发电效率较低及缺乏示范经验。用全寿命期评价的方法测算，在中国不同地区光伏发电的能量回收期有所不同，能量回收期范围为 2.8～5.1 年[①]。

• 经济成本：并网光伏系统的发电成本包括光伏电池、并网逆变器、配电测量及电缆、设备运输、安装调试等项，同时与当地的太阳辐射强度、系统寿命和折现率有关。2008 年年底，中国并网光伏系统的总成本约为 30～50 元/Wp，其中光伏电池成本约占系统总成本的 66％左右（王仲颖等，2009）。到 2015～2020 年，中国光伏系统的发电成本有可能下降到 0.9～1.8 元/(kW·h)。

• 发展潜力：2020 年以前，在大中型城市推广屋顶光伏系统，并建设一定规模的大型示范并网太阳能电站，太阳能发电装机规模有达到 2000 万 kWp。

• 发展障碍：系统关键技术有待于新的突破，发电成本高。

• 政策建议：加大系统核心技术研发，加快推进太阳能发电示范项目建设，积累必要经验，提高系统的经济性；研究制定并网光伏发电的标杆电价。

23.3.5　生物质发电技术

生物质发电是现代生物质能利用技术中最成熟和发展规模最大的领域，到 2005 年年底，

[①]　吴抒.2009.我国光伏产业的能源、环境与经济效益评估.清华大学硕士学位论文

全世界生物质发电总装机容量约为 5000 万 kW，主要集中在北欧和美国。从原材料来源划分，生物质发电包括农林剩余物生物质发电、城市垃圾发电和沼气发电等。2008 年年底，中国的生物质发电装机容量约为 300 万 kW，其中蔗渣发电约 170 万 kW、垃圾发电约 100 万 kW，其余为稻壳等农林废弃物气化发电和沼气发电等。

- 技术特点：生物质发电通常采用直接燃烧发电、混烧发电和气化发电等技术路径。国外生物质发电系统的主要技术特征如表 23.4 所示。中国推广的生物质直燃发电核心技术是从国外引进的，存在成本高和原料适应性差等问题；中国具有本地化的生物质气化发电技术，其成本远低于国外同类系统；生物质混燃发电是生物质规模化利用的重要技术手段，但目前由于没有相关的上网电价政策和规范，应用示范规模较小；迄今为止，中国几乎所有大城市的垃圾焚烧设施仍然是采用引进的关键技术和设备，建设、运行成本高，对垃圾的适应性方面存在一些问题。除此之外，在中国生物质发电还包括畜禽养殖场和工业有机废水沼气发电。

- 经济性：国外不同生物质发电技术的投资成本见表 23.4。生物质混烧发电的成本要比纯生物质发电低，在美国生物质混烧发电的成本约为 5 美分/(kW·h)。目前国内运行的直燃生物质电厂的发电成本在 0.70～0.80 元/(kW·h)；自主开发的小型生物质气化电厂的发电成本在 0.40～0.50 元/(kW·h)；城市垃圾焚烧电厂发电成本在 0.70～0.80 元/(kW·h)。国家对生物质发电实行煤电标杆电价外加 0.25 元/(kW·h) 补贴的上网电价政策。

- 发展潜力：中国《可再生能源中长期发展规划》规划到 2020 年生物质能发电装机达到 3000 万 kW，其中农林废弃物发电 2200 万 kW，垃圾发电 200 万 kW，沼气发电 400 万 kW。

表 23.4　生物质发电典型技术特征

转化类型	典型容量	净效率	投资成本
直接燃烧发电	10～100MW	20%～40%	1975～3085 美元/kW
CHP	0.1～1MW	60%～90%全部	3333～4320 美元/kW
	1～50MW	80%～100%全部	3085～3700 美元/kW
混合燃烧	5～100MW（现有）>100MW（新厂）	30%～40%	123～1235 美元/kW+电厂成本
垃圾填埋气	<200kW～2MW	10%～15%电	
BIGCC 发电	5～10MW（示范）30～200MW（未来）	40%～50%	4320～6170 美元/kW 1235～2740 美元/kW

资料来源：IEA. 2008. Energy Technology Perspectives：Scenarios & Strategics to 2050

- 发展障碍：生物质直燃发电技术本地化进程缓慢，初始投资高，原料收集成本高，0.25 元/(kW·h) 的价格补贴不能保证项目投资获得正常的回报，项目运行风险大；缺乏适合本地需要的城市垃圾焚烧发电技术，初始投资高，涉及的利益相关方多，各方利益关系尚待理顺；畜禽养殖场和工业有机废水沼气发电存在上网难的问题，发电成本也较高；生物质气化发电技术已实现了初步产业化，但存在系统效率偏低、焦油尚未充分资源化、内燃机单机规模系统必须具有一定规模才有效益；各行业分割和垄断仍然十分严重，集成化困难；缺乏长期运行考核和经验积累。

• 政策建议：进一步支持不同类别生物质发电技术的研发和示范，理顺不同类别生物质发电技术的上网定价机制，加大对城市垃圾焚烧发电、畜禽养殖场沼气发电、工业有机废水沼气发电的支持力度，促进生物质发电产业健康有序的发展。

23.3.6　生物燃料技术

中国是人口众多的农业国家，生物质能在中国的能源结构中占有相当重要的地位。自"十五"计划以来，国家出台了系列石油替代的激励政策，生物液体燃料得到了快速发展。从 2001 年开始，国家批准在全国建立 4 个以消化陈化粮为主要目标的燃料乙醇企业，初始生产能力为 102 万 t。目前，全国燃料乙醇生产企业有 5 家，产能约 192.3 万 t，混有燃料乙醇的乙醇汽油（E10）已经在全国 10 个省推广使用，采用木薯为原料的燃料乙醇生产能力达到 20 万 t。2007 年全国已建成的万吨级生物柴油生产企业大约 20 家，年产量约为 30 万 t。新建数万亩甜高粱示范基地和大规模生物能源林基地，另外建有四家采用水解发酵法生产纤维素乙醇的示范项目为中国进一步发展生物液体燃料拓宽了资源基础。

为推动车用乙醇汽油试点工作，国家对生产销售陈化粮燃料乙醇和车用乙醇汽油实行了一系列的政策优惠，包括免征用于调配车用乙醇汽油的变性燃料乙醇的 5% 的消费税；定点企业生产调配车用乙醇汽油所用变性燃料乙醇的增值税实行先征后返；定点企业生产变性燃料乙醇所使用的陈化粮享受陈化粮补贴政策；变性燃料乙醇生产和变性燃料乙醇在调配、销售过程中发生的亏损，由国家财政对生产企业进行定额补贴等。2006 年 12 月，针对一些地区存在产业过热和盲目发展的状况，国家发展和改革委员会和财政部颁布"关于加强生物燃料乙醇项目建设管理，促进产业健康发展的通知"，进一步严格了生物液体燃料的项目管理与核准。截至目前，国家发展和改革委员会仅新批准了三个生物柴油产业化示范项目。

• 技术特点：根据原料和技术转化路径的不同，生物液体燃料可以划分为三代技术。第一代生物燃料以糖类、淀粉类、油脂类作物或动物脂肪为原料，主要采用传统的转化技术，如发酵和酯交换法来生产燃料乙醇或生物柴油。第二代生物燃料以农作物秸秆或林业废弃物等纤维素为主要原料。新的原料，如藻类，仍然处于技术研发阶段，通常称为第三代生物燃料。中国已有部分企业开始对这一技术路线进行探索。从全生命周期评价看，作为交通替代燃料，第二代生物燃料的能源消耗和 CO_2 排放都要明显小于传统汽油和柴油（Ou et al.，2009），如图 23.4 所示。

• 经济成本：第一代生物燃料生产成本构成中，原料成本所占比重较大，一般在 60%～85% 之间，原料价格的波动对生物燃料成本影响较大，因此原料成本是影响生物燃料发展的关键因素之一。同时，副产品是一项不容忽视的收益来源，副产品收益的高低将在一定程度上影响生物燃料的净生产成本，从而直接影响生产企业的盈利能力。第二代生物燃料的生产成本相对较高。IEA[①]（2008）对生物燃料的成本进行了估计（表 23.5），认为如果以一个较为乐观的学习曲线来估计，纤维素乙醇和生物合成柴油的生产成本都将在 2010 年后有大幅降低，在 2030 年时达到一个相对稳定水平，约 0.6 美元/L 汽油当量。如果以一个较为悲观的学习曲线来估计的话，生产成本下降的速度较慢，直到 2050 年生产成本仍然在 0.65～0.7 美元/L 汽油当量之间。

---

① IEA. 2008. Energy Technology Perspectives：Scenarios & Strategies to 2050

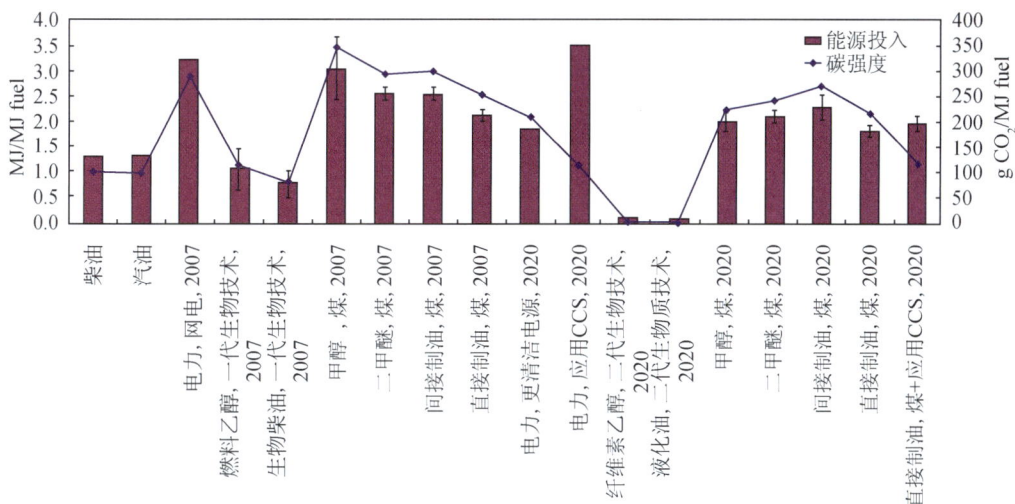

图 23.4　制取与利用 1MJ 燃料的全生命周期化石能耗与碳排放强度对比

• 发展潜力：第一代燃料乙醇和生物柴油技术产生革命性技术变迁的可能性不大，国际上仍然在期待第二代生物燃料技术的突破性技术创新（radical innovation），第二代技术的规模化发展将始于 2020～2030 年期间，可以预期在更为长远的时间跨度内，它将作为重要的替代燃料发挥作用。中国《国家中长期科学和技术发展规划纲要（2006～2020 年）》确定的生物质燃料发展目标是：到 2010 年，生物液体燃料达到 200 万 t；到 2020 年，生物液体燃料达到 1000 万 t。从目前的实践看，实现这一目标具有很大的挑战性。

表 23.5　第二代生物燃料技术生产成本

第二代生物燃料技术	假设	生产成本/(元/t)[①]		
		2010 年	2020 年	2030 年
纤维素乙醇（生物化学法）[②]	乐观估计	6806	5105	4934
	悲观估计	6806	5955	5785
BTL 合成柴油[③]	乐观估计	10000	6500	6000
	悲观估计	10000	8000	7800

①1 美元＝8 元（2005 年价格）；②1L 纤维素乙醇相当于 0.84L 汽油当量；③1L 合成柴油相当于 1L 汽油当量。
资料来源：IEA. 2008. Energy Technology Perspectives：Scenarios & Strategics to 2050

• 推广障碍：在未来的 10～20 年内，原料成本将始终是困扰第一代生物燃料技术在中国规模化发展的主要问题；第二代生物燃料技术许多关键技术问题尚待突破。

• 政策建议：加大第二代生物燃料许多关键技术研发；扩大第一代非粮生物燃料原料种植和生物燃料生产整体配套试点示范；进一步完善生物燃料进入市场的标准、规范和政策。

23.4　结论与总结

在对主要能源转换技术分别评估基础上，利用自下而上的 CO_2 减排潜力-减排成本评估模型，以 2005 年为基年，以 2020 年为目标年，对主要能源转换技术在 2005 年至 2020 年期间的减排潜力和减排成本进行了测算，结果如图 23.5 所示。与 2005 年相比，到 2020 年中国能源供应部门主要能源减排技术的 CO_2 减排潜力可达到 18 亿 t CO_2 左右。

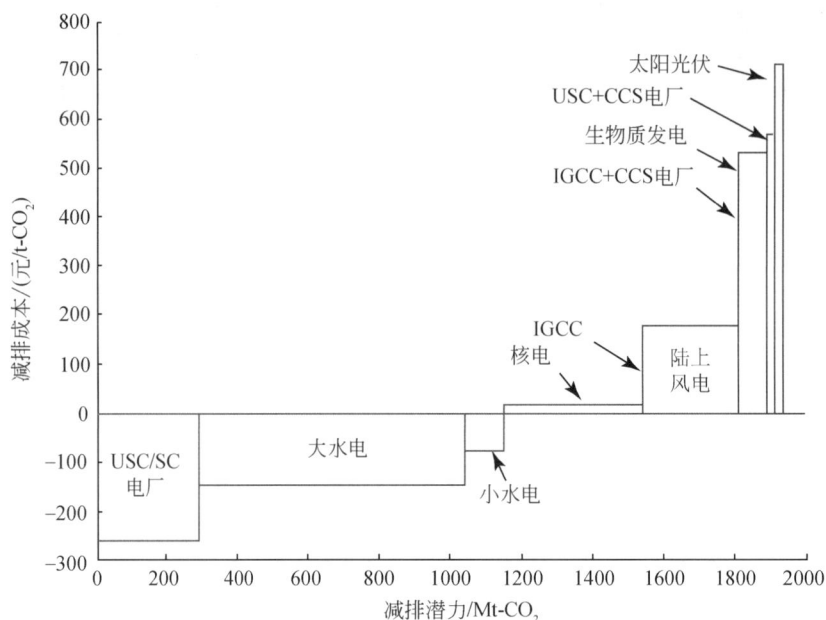

图 23.5　2020 年主要能源转换技术的减排潜力与成本

（1）大力发展洁净煤转化技术。在 2005～2020 年期间，超（超）临界发电技术不仅发电效率高，而且已成为无悔的 CO_2 减排技术，应该成为此期间新建燃煤电厂的主流技术，形成新增 CO_2 减排能力 2.5 亿 t 左右；循环流化床技术在此期间也具有很好的应用前景，尽管不是无悔的 CO_2 减排技术，但减排成本相对较低，应积极鼓励其发展；IGCC 和多联产系统在中长期具有很好地应用前景，在"十二五"和"十三五"期间，加大系统核心技术和系统集成技术方面的研发投入，扩大系统示范，进一步识别系统运行的效益和风险。

（2）合理开发水电。在 2005～2020 年期间，水电技术为无悔的 CO_2 减排技术。在高度注重生态环境保护和移民、征地等社会问题的情况下，加快大中型水电开发利用进程，积极发展小水电，争取到 2020 年水电装机容量达到 2.9 亿～3.5 亿 kW，新增 CO_2 减排潜力 8 亿 t以上。

（3）超常规发展核电。在 2005～2020 年期间，核电技术虽然不是无悔的 CO_2 减排技术，但减排成本低。应该利用国内外两个市场解决铀矿供应问题，通过对第三代技术的消化吸收，提高中国规模化制造、安装、建设能力，到 2020 年核电装机容量达到 7000 万～8000万 kW，新增 CO_2 减排潜力 4 亿 t 左右。

（4）大力开发风电。加强风电资源的勘探开发，促进机组大型化和在海上应用，解决风电并网问题，鼓励风、光互补发电和分散式供电，争取 2020 年陆上风电装机容量达到 1.2亿 kW 左右，新增 CO_2 减排潜力 2.5 亿 t 左右。

（5）加快太阳光伏发电产业化。加强技术研发和开拓下游市场，进行商业化示范和推广，解决太阳能光伏发电两头在外的问题，2020 年装机容量达到 2000 万 kWp，新增 CO_2 减排潜力 2000 万 t。

（6）适度发展生物发电。在生物质资源富集地区推广生物质发电，鼓励发展煤、生物质共燃发电，加大对城市垃圾焚烧发电、畜禽养殖场沼气发电、工业有机废水沼气发电的支持力度，2020 年装机容量达到 3000 万 kW，新增 CO_2 减排潜力 7500 万 t。

（7）加强碳捕集和封存技术和第二代生物燃料的研发和示范。在 2020 年以前，碳捕集和封存技术和第二代生物燃料在中国 CO_2 排放控制中的作用有限，但需要加大对它们研发和示范的支持力度，为它们在 2020 年以后的产业化大规模应用提供必要技术准备和运行经验。

第二十四章　中国能源终端利用部门
减排技术与潜力

提　要

工业、交通运输和建筑部门是中国目前和未来减缓碳排放增长的主要部门。2020年中国能源终端利用部门减排 CO_2 的技术减排潜力约22亿t，其中工业、交通运输和建筑部门分别占46%、28%和26%。2030年中国能源终端利用部门减排 CO_2 的技术减排潜力约38亿t，其中工业、交通运输和建筑部门分别占45%、30%和25%。持续推广应用先进、高效、低碳排放和成本有效的 CO_2 捕集和封存技术与传统技术相比，存在较大的 CO_2 减排潜力。但在现实中，要实现这些技术的减排潜力，除了取决于其能源效率提高和减排成本降低的速度以及技术推广的力度以外，还需要付出克服经济、社会、行为和（或）体制上的种种障碍的巨大努力。

根据中国能源统计年鉴对能源终端利用部门的分类，同时考虑到 IEA 能源统计手册和 IPCC 历次评估报告对能源终端利用部门的定义和分类，本评估报告将中国能源终端利用部门划分为工业、交通运输和建筑三大部门。其中建筑部门包括居民、商业、服务业和公共用建筑。2007 年中国能源终端利用部门能源消费量 18.35 亿 tce（电热当量计算法），占一次能源消费量的 72.5%。能源消费结构以煤炭为主，占 44%，石油及其制品占 27%，电力和热力占 25%，天然气仅占 4%。能源终端利用部门消费结构以工业为主，占 57%，交通运输和建筑用能分别占 14.8% 和 24.9%，农业占 3.3%（国家统计局，2008）。

IPCC 第四次评估报告预估 2030 年之前全球在工业、交通和建筑部门有很多能够实现商业化的关键减缓技术。例如，2030 年用于轻型车辆的能效方案的总减缓潜力约为 7亿～8 亿 t CO_2 当量，其成本低于 100 美元/t CO_2。如果使用当前的高级生物燃料，在 2030 年将额外减少排放 6 亿～15 亿 t CO_2 当量，其成本低于 25 美元/t CO_2。

对全球交通运输行业总的 CO_2 减缓潜力和成本的估算结果为，100 美元/t CO_2 当量的碳价，提高轻型车辆和飞机的能效并用生物燃料代替传统的化石燃料的总经济潜力约为 1600～2550 Mt CO_2。这是对全球交通运输行业减缓潜力做出的一个低估。

一项对全球建筑领域碳减排的研究表明，就成本效益和潜在的节能而言，高能效照明技术是几乎所有国家建筑物 GHG 减排措施中最有前景的措施之一。到 2020 年，在全世界采用最低生命周期成本照明系统能减少排放约 760Mt CO_2，平均成本为一160 美元/t CO_2。

在能源密集型工业的行业评估以及其他企业的综合评估中，对 2030 年的减缓潜力和成本估算结果表明，在 B2 情景下成本低于 20 美元/t CO_2，减缓潜力约为 1.1Gt CO_2 当量；

成本低于 50 美元/t CO_2，约为 3.5Gt CO_2 当量；成本低于 100 美元/t CO_2 当量，约为 4Gt CO_2 当量/a。减缓潜力最大的是在钢铁业、水泥业和造纸业，以及对非 CO_2 气体的控制，大部分潜力可在低于 50 美元/t CO_2 当量实现。应用碳捕获和封存(CCS)技术会带来更大的潜力，虽然成本较高。在接近 2030 年的后期，能效的进一步提高以及 CCS 及非 GHG 流程技术的应用将会有相当大的潜力。

　　本章将主要针对从目前至 2020 年和 2030 年中国能源终端利用部门（工业、交通、建筑等部门）CO_2 减排技术的减排潜力和成本进行评估。

24.1　工业部门减排技术与潜力

24.1.1　能源利用技术现状及发展趋势

　　以工业为主的第二产业是中国改革开放以来经济社会发展的持续推动力。"十五"以来，中国进入工业化中期阶段，工业对国民经济的贡献率（工业增加值增量与 GDP 增量之比）和拉动率（GDP 增长速度与工业贡献率之积）基本上占 50% 左右（中国统计年鉴，2007）。1978～2008 年，全国 GDP、工业、第一产业和第三产业增加值年均增长速度分别为 9.5%、11.2%、4.4% 和 10.4%，其中工业增长速度遥遥领先。

　　由于主要工业品产量持续翻番，中国已成为名副其实的工业生产大国，主要工业产品产量均居世界前列。2008 年，中国的粗钢、煤炭、水泥、化肥、棉布、电视机等产品产量均居世界首位，其中钢产量由 2000 年 1.29 亿 t 增加到 2008 年的 5 亿 t；水泥产量从 2000 年的 5.97 亿 t 增长到 2008 年的 14 亿 t；农用化肥产量从 2000 年的 3186 万 t 增至 2008 年的 6012 万 t。短短几年内，上述高耗能产品均翻了一番多，钢铁、水泥等产品产量已达到或接近世界各国（除中国以外）产量的总和。

　　由于重化工业的快速发展，导致中国工业终端用能部门能源消费量持续增长。2007 年能源消费量 12.7 亿 tce（电热当量计算法），占终端能源消费总量的 69%。其中，钢铁、水泥、石油化工、有色金属等高耗能行业的能源消费量占工业终端用能部门能源消费总量的 65% 以上（能源统计年鉴，2008）。

　　20 世纪 90 年代以来，中国通过实施各项节能政策与技术措施，取得了显著的节能效果。一些高效节能技术的普及率大幅度提高。例如，2006 年与 2000 年相比，钢铁行业干熄焦技术普及率由 6% 提高到 40%；高炉炉顶煤气压差发电（TRT）技术普及率由 50% 提高到 95%；电解铝大型预焙槽技术产量所占比重由 52% 提高到 80%；水泥新型干法工艺产量所占比重由 12% 提高到 50%。与此同时，2005 年以来中国高能效设备的规模迅速扩大，在钢铁和建材行业表现尤为突出。

　　能源节约不仅对国民经济增长的贡献明显增大，也对减缓温室气体的排放做出了贡献。然而，与国民经济发展需要和国际先进水平相比，中国无论是 GDP 能源强度、主要耗能产品单位能耗、主要耗能设备能源利用效率等均有不同程度的差距，节能和提高能源效率的潜力仍然很大。

　　2007 年中国的钢铁、水泥、合成氨、炼油、乙烯等行业主要产品单位能耗平均比国际先进水平（世界领先水平的国家的平均值）高约 21%，其中，大中型钢铁企业吨钢可比能耗高 9.5%，水泥综合能耗高 24.4%，大型以天然气为原料的合成氨综合能耗高 55.3%，原油加工综合能耗高 50.7%，乙烯综合能耗高 56.4%（国家发展和改革委员会能源研究所课题组，2009）。尽管影响能源效率和单位产品能耗水平的因素很多且非常复杂，诸如能源结构和质量、企业规模、原料路线、装备技术水平、节能技术普及率、资源回收利用率等，但分析数据显示中国主要工业产品能耗与国际先进水平相比仍存在很大的差距（表 24.1），节能潜力和节能难度均不容忽视，也说明工业部门是中国实现节能和减缓 CO_2 排放的优先和重点领域（胡秀莲等，2007）。

表 24.1   主要高耗能产品能耗及国际比较

项目	中国				国际先进	2007 年差距	
	2000 年	2005 年	2006 年	2007 年		能耗	+%
煤炭生产电耗/(kW·h/t)	30.9	26.7	24.4	24.0	17.0	7	41.2
火电发电煤耗/[Gce/(kW·h)]	363	343	342	333	299	34	11.4
火电供电煤耗/[Gce/(kW·h)]	392	370	367	356	312	44	14.1
钢可比能耗/(kgce/t)（大中型企业）	784	714	676	668	610	58	9.5
电解铝交流电耗/(kW·h/t)	15480	14680	14671	14488	14100	388	2.8
铜冶炼综合能耗/(kgce/t)	1277	780	729	610	500	110	22.0
水泥综合能耗/(kgce/t)	181	167	161	158	127	31	24.4
平板玻璃综合能耗/(kgce/重量箱)	25	22	19	17	15	2	13.3
原油加工综合能耗/(kgce/t)	118	114	112	110	73	37	50.7
乙烯综合能耗/(kgce/t)	1125	1073	1013	984	629	355	56.4
合成氨综合能耗/(kgce/t)	1699	1650	1581	1553	1000	553	55.3
烧碱综合能耗/(kgce/t)	1435	1297	1248	1203	910	293	32.2
纯碱综合能耗/(kgce/t)	406	396	370	363	310	53	17.1
电石电耗/(kW·h/t)		3450		3418	3030	388	12.8
纸和纸板综合能耗/(kgce/t)	1540	1380	1290		640	650	115.6

资料来源：2050 中国能源和碳排放研究课题组.2009

国家发展和改革委员会能源研究所课题组（2009）对中国未来工业化发展的主要驱动因素及其发展路径进行了详尽的分析，认为中国从目前到 21 世纪中叶为实现"三步走"的社会经济发展战略目标，GDP 将保持持续快速增长。随着工业化进程加快，2020 年之前工业增长速度将高于 GDP 增长速度，持续到 2030 年以后开始缓慢下降，届时工业增加值占 GDP 的比重将维持在 47% 左右。由于人均收入的增长，居民消费结构将升级，居民对居住面积、汽车，道路等基础设施建设需求呈旺盛增长趋势，外加国际贸易的需求都将对未来中国钢铁、水泥等产品的服务量需求和工业部门的能源需求量产生影响。

报告显示，到 2020～2030 年中国工业部门的钢铁、水泥、玻璃、合成氨等主要高耗能产品产量将达到峰值，由于能源效率提高、技术进步、产业和产品结构变化、能源消费结构优化以及其他行业的迅速发展等因素的影响，工业部门的能源需求量将由 2005 年的 11.7 亿

tce 增加到 2020 年的 21 亿 tce 和 2030 年的 24 亿 tce。钢铁、建筑材料、有色金属和化学工业等高耗能行业的能源需求量占工业部门能源需求量的比重由 2005 年的 63% 下降到 2020 年的 53% 和 2030 年的 48%。

2007 年中国工业终端用能部门矿物燃料燃烧排放 CO_2 约 30 亿 t，占全国 CO_2 排放总量的 51%，因此，工业终端用能部门是中国减缓 CO_2 排放的优先和重点领域。在未来的几十年中，工业部门通过持续的推广应用技术先进、节能减排效果好、节能减排潜力大、碳减排成本低、推广普及空间大、具有持续竞争力的碳减排技术和成本有效的 CO_2 捕集和封存技术对中国实现 CO_2 减缓排放目标至关重要。

24.1.2 关键减排技术评价和选择

1. 钢铁工业

钢铁工业是中国国民经济各行业中耗能最多的行业之一。近十年来，钢铁工业能源消费量占全国总能源消费总量的比重一直在 12%~15%，单位增加值能耗是工业部门平均水平的 3 倍以上。2008 年中国 5 亿 t 钢产量中，88.05% 为转炉钢，11.93% 为电炉钢，0.02% 为其他工艺钢。同时，钢铁行业也是主要的温室气体排放源之一。

2000 年以来，通过大力推广应用干法熄焦技术、煤调湿技术、高炉炉顶煤气压差发电技术、炼钢转炉煤气回收利用采用干法除尘技术、转炉余热蒸汽发电技术、燃气-蒸汽联合循环发电技术、高炉喷煤技术、连铸坯热送热装和直接轧制技术、高效蓄热式加热炉技术等，致使中国钢铁企业吨钢综合能耗从 2000 年的 906kgce/吨钢下降到 2007 年的 740kgce/吨钢，吨钢 CO_2 排放强度从 2000 年的 2.2t CO_2/吨钢下降到 2007 年的 1.8t CO_2/吨钢。中国上海宝山钢铁公司转炉炼钢已实现了负能炼钢，达到了国际先进水平。

未来几十年，如果中国钢铁工业的技术装备，继续走现代化、大型化和高效化发展道路，新建企业普遍采用先进的节能技术；现有企业继续推广普及新型高炉、高炉炉顶煤气压差发电技术（TRT）、大型先进焦炉、高炉喷煤技术、先进的干熄焦技术、120t 以上的直流/交流电弧炉、连铸连扎、铁水热装热送、先进转炉（富氧、负压、转炉气回收）、新型加热炉和炉外精炼等工艺和技术；所有企业全部普及焦炉气、高炉气和转炉气回收应用技术以及厂内联合循环发电等技术；推广应用直接还原和熔融还原等节能和减排 CO_2 的新型技术，以及 CO_2 捕集和封存技术，到 2030 年左右中国钢铁工业的整体技术和能源效率水平有望成为届时世界领先水平，吨钢综合能耗将从 2007 年的 740kgce/吨钢持续下降到 2020 年的 650kgce/吨钢和 2030 年的 564kgce/吨钢，吨钢 CO_2 排放强度从 2007 年的 1.8t CO_2/吨钢下降到 2020 年的 1.5t CO_2/吨钢和 2030 年的 1.3t CO_2/吨钢（国家发展和改革委员会能源研究所课题组，2009）。

因此，上述技术既是中国钢铁工业目前和未来的节能技术，也是关键的 CO_2 减排技术。

2. 化学工业

化学工业是对能源依赖度很高的工业，能源既是燃料、动力，又是生产原料，做原料的能源占 45% 左右。2007 年，中国化学工业消耗各种能源 1.9 亿 tce。氮肥、烧碱、纯碱、无机盐、橡胶加工等行业的能源消耗占近 70%。

中国先后引进大型合成氨装置 30 多套，虽经多次改造，吨氨能耗目前平均水平仍比国外先进水平高近 30%。生产每吨氨的节能潜力约 280kgce。随着中国天然气产量的提高，调整原料结构，增加重油和天然气为原料制合成氨的比重，与煤焦为原料制合成氨的能耗相比每吨氨可少用 600kg 标准煤（赵家荣，2009）。

烧碱生产应用先进的离子膜技术取代石墨阳极隔膜法技术可节能 30% 以上。目前，日本和美国已基本实现了烧碱生产技术离子膜化，中国 2007 年应用离子膜技术生产的烧碱占其总产量的比重仅 40% 左右。中国新建烧碱企业全部应用离子膜技术，同时提高离子膜生产线的平均规模；现有企业通过改造，将 1/3 的普通隔膜电解槽改为离子膜电解槽，同时采用整流、变电和蒸发新技术，可使每吨烧碱的平均综合能耗降低 400kg 标准煤，同时，还可减少大量的"三废"排放。

2007 年中国氨碱法生产吨纯碱能耗 340kg 标准煤，比国际先进水平高出 20%。中国联碱法大型工厂的能耗已接近世界先进水平，个别企业生产吨纯碱的能耗已低于 196kg 标准煤，达到了世界先进水平。改造氨碱法生产工艺，推广应用先进的联碱法生产工艺可实现较大的节能减排潜力。

国内每生产 1t 电石平均电耗比国外先进水平高 6.8%～13%。若将年产 1000 万 t 电石生产能力的设备改用大型密闭电石炉技术，生产每吨电石的电耗可下降 200kW·h；采用中空电极技术，利用石灰粉和焦炭粉，生产每吨电石可节电 100kW·h；炉气回收综合利用，每吨电石可产炉气 400 标准立方米，热值 2800～3000 千卡/标准立方米，相当于 0.17tce（赵家荣，2009）。

化学工业通过老厂改造可推广应用 CO_2 捕集和封存技术。

3. 水泥工业

水泥工业 CO_2 排放包括化石燃料燃烧的排放和碳酸钙等分解的排放。碳酸钙等分解的排放属于工业生产过程的排放，主要是在生产水泥熟料的过程中产生的。水泥工业化石燃料燃烧的 CO_2 排放水平取决于水泥生产企业所使用的燃料的种类和技术水平。

2007 年中国生产水泥 13.6 亿 t，消耗能源 1.43 亿 tce，能源消费结构以煤炭为主，2007 年中国生产吨水泥综合能耗比国际先进水平高出 25% 左右。

目前，中国日产 8000t 以上新型干法水泥生产线的吨水泥综合能耗为 98kgce，已经接近国际先进水平。而近年来新增水泥产量主要来自日产 6000t 的新型干法工艺，吨水泥熟料综合能耗大多在 110kgce，因此，对该工艺的烧成系统和粉磨系统进行节能改造、对废弃物进行处置和利用，应用高效纯低温余热发电技术等，可使吨水泥能耗下降 10% 左右。

粉磨设备主要应用于生料制备、煤粉制备和水泥粉磨等环节，其电量消耗占水泥生产综合电耗的 62%～68%。推广应用高效笼式选粉机更替离心式选粉机、应用循环预粉磨、生料磨应用辊式磨等综合技术措施，可使粉磨设备节电 30%～40%。

另外，新建水泥企业推广应用先进的干法窑外分解窑技术、可燃废弃物在水泥行业的应用技术和中低温余热发电、电机拖动系统变频调速节能改造等技术，均可大幅度的降低生产吨水泥的综合能耗和 CO_2 排放。重新设计或改造水泥窑时，可以考虑使用物理吸附剂捕获石灰石煅烧释放的废气中的 CO_2；使用氧气替代水泥窑中的空气，进而可产生纯 CO_2 废气。

4. 玻璃行业

推广应用浮法工艺玻璃生产技术及设备，如熔化技术、成形技术和生产优质低耗浮法玻璃的软件技术及设备等。发展日熔化量 500t 以上的大型优质浮法玻璃生产线，改造现有技术水平较低的平板玻璃生产线，推广现代化节能窑炉。采用强化窑炉全保温技术，减少燃料消耗。减少废气排放量和火焰空间的热强度，延长窑炉使用寿命。采用先进的熔窑设计技术，优化窑炉结构，合理选用熔窑耐火材料，采用先进的窑炉控制设备和热工控制系统。采用富氧、全氧燃烧技术，减少废气的排放量。采用电辅助加热、玻璃液鼓泡等技术，提高玻璃的熔化率，改善玻璃液熔化质量，降低单位热耗。推广在重油中加入乳化剂或纳米添加剂等添加剂技术。发展玻璃熔窑中低温余热利用及发电。

通过以上各项措施，可使中国浮法玻璃生产平均每重箱油耗比目前约降低 15%，与目前发达国家的平均水平相当。

5. 砖瓦行业

在今后 10～15 年内，国内企业通过节能技术改造，发展内燃砖、空心砖、混凝土砌块、加气混凝土制品等，使节能利废产品的市场占有率能提高到 50%～60%，烧结普通砖减少至 40%～45%。充分利用工业废渣，包括建筑垃圾和城市生活垃圾，特别是废渣中残余热量的二次利用。加强优质节能型产品的开发、生产和推广，推行使用节能型装备，实现清洁化生产工艺和循环经济模式。有 50% 以上的企业使用窑炉余热人工干燥工艺技术，预计行业单位产品煤耗可降低 25%～35%，单位产品电耗可降低 15%～25%。

6. 造纸工业

采用新型蒸煮、余热回收、热电联产以及废纸利用技术，同时还要考虑污染物减排；化学制浆采用连续蒸煮或低能耗间歇蒸煮，发展高得率制浆技术和低能耗机械制浆技术；高效废纸脱墨技术；多段逆流洗涤、全封闭热筛选、中高浓漂白技术和设备；造纸机采用新型脱水器材、真空系统优化设计和运行、宽压区压榨、全封闭式汽罩、热泵、热回收技术等；制浆、造纸工艺过程及管理系统计算机控制技术。提高木浆比重，扩大废纸回收利用，合理利用非木纤维。

7. 有色金属工业

推广先进的铜闪速熔炼工艺，加快淘汰和改造鼓风炉、反射炉、电炉等传统铜熔炼工艺。发展大型氧化铝生产预焙电解槽工艺。目前，中国电解铝工业已淘汰了所有落后的自焙槽工艺，全部采用先进的大型预焙槽工艺，200KA、300KA 级大型预焙槽将成为中国电解铝生产的主力槽型，160KA 以上大型预焙槽技术占电解铝生产能力的 80% 以上。

8. 其他工业部门的主要减排技术

其他工业部门减排技术主要如高效变频节能电机、高效燃煤锅炉和窑炉、高效工业照明、热电联产和管理节能等技术。

24.1.3　关键减排技术的潜力和成本

1. 温室气体减排潜力

对于减缓成本和潜力的估算取决于有关未来社会经济增长、技术变化和消费模式的假设。特别是对有关技术推广的驱动因素、长期的技术性能和成本改进潜力的假设具有很大的不确定性。在气候变化背景下，潜力是指随着时间的推移能够实现，但尚未实现的减缓量或适应量。技术潜力是指通过实施一项经过示范的技术或做法能够实现 GHG 减排或提高能效的量[①]。

国家发展和改革委员会能源研究所课题组（2009）分析了中国工业部门 2005～2050 年主要高耗能产品需求的发展趋势、关键减排技术普及率，估算了关键减排技术在技术意义上的碳减排潜力。

研究表明，工业部门碳排放增长的主要趋动力来自伴随工业化和城市化进程的几大行业的产品产量扩张。主要如钢铁、水泥、乙烯、有色金属等产品产量均在 2020～2030 年达到峰值。评估结果显示，2020 年中国工业部门减排 CO_2 的技术潜力近 10 亿 t，其中钢铁、石化和水泥三大高排放行业的减排潜力占工业部门减排潜力的 37% 左右。2030 年中国工业部门减排 CO_2 的技术潜力约 17 亿 t，其中钢铁、石化和水泥三大高排放行业的减排潜力占工业部门减排潜力的 33% 左右。

工业部门实现碳减排潜力的主要动力来自能源效率的持续提升、新工艺新技术的推广应用与普及、副产品和废弃物的回收利用、原料和燃料替代以及 CO_2 捕获和封存技术（CCS）的应用。2020 年中国工业部门近 10 亿 t CO_2 减排潜力中，提高能源效率的减排潜力占 63%；新工艺新技术的推广应用与普及、副产品和废弃物的回收利用、原料和燃料替代的减排潜力占 34%；CO_2 捕获和封存技术（CCS）应用的减排潜力占 3%。2030 年中国工业部门约 17 亿 t CO_2 减排潜力中，提高能源效率的减排潜力占 60%；新工艺新技术的推广应用与普及、副产品和废弃物的回收利用、原料和燃料替代的减排潜力占 34%；CO_2 捕集和封存技术（CCS）应用的减排潜力占 6%。

2. 关键减排技术的成本分析

应用 IPAC-AIM/能源技术模型，通过实施征收碳税的政策，对主要耗能部门的碳减缓排放成本进行分析的结果显示，在相同的减排成本下，工业部门的累计减排量最大，说明在工业部门存在大量的潜在减排技术，这些技术需要通过各种措施才可以实现减排。模型分析结果还表明，到 2030 年工业部门技术减排潜力为 15 亿 t CO_2，其中约 49% 的潜力减排成本为负（即节约）或零（胡秀莲等，2007）。

根据国家发展和改革委员会能源研究所与考麦肯锡的研究结果，评估了中国工业部门 2020 年和 2030 年重点行业关键减排技术在技术意义上的 CO_2 减排潜力和成本。其中技术减排率是指某项技术的相对减排潜力，即表示某项减排技术实施后与实施前相比减排 CO_2 的程度。评估结果显示，2020 年中国工业部门 CO_2 技术减排潜力 9.6 亿 t，其中约 47% 的技术减排潜力的减排成本为负成本。在比较乐观的假设条件下，2020 年部分工业部门主要减排技术的减排成本曲线见图 24.1。2030 年中国工业部门 CO_2 技术减排潜力 16.2 亿 t，主要减排技术的减排潜力及其减排成本见表 24.2。

---

① IPCC. 2008. 气候变化 2007：减缓气候变化. IPCC 第四次评估报告第三工作组报告

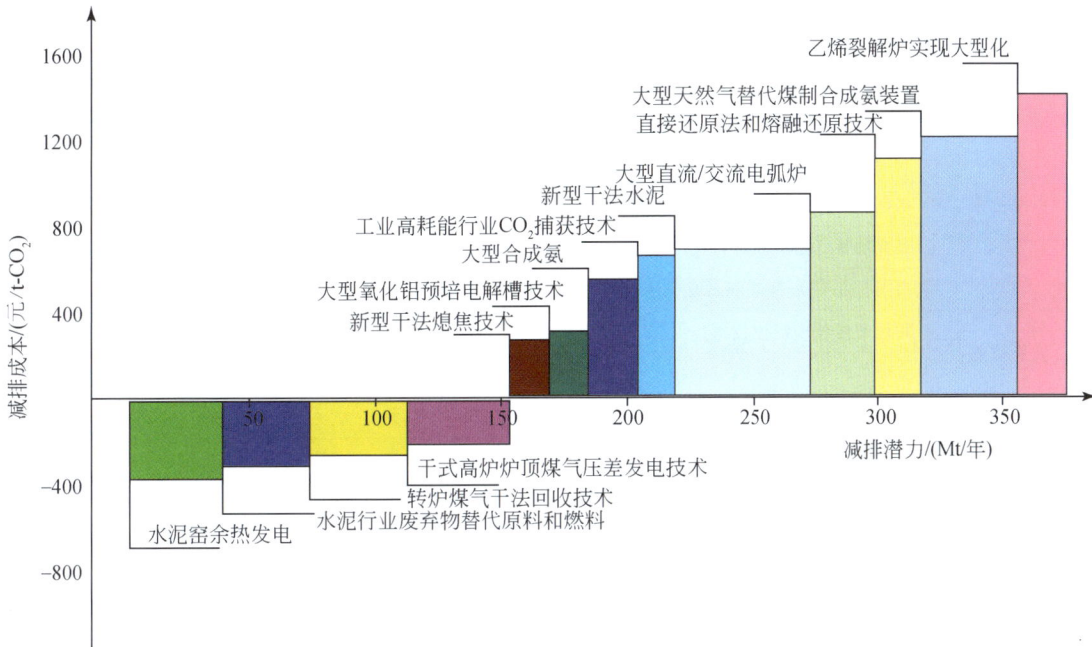

图 24.1 中国 2020 年部分工业部门主要减排技术的减排成本曲线

表 24.2 2030 年工业部门主要减排技术的 CO_2 减排潜力及成本

工业行业	主要减排技术措施	技术减排率	2030 年	
			减排潜力 /Mt	平均减排成本 /(元/t)
钢铁行业	新型干法熄焦技术	20%～35%	15.5	260～500
	煤调湿技术	15%～30%	41.5	−200～1000
	高炉喷煤技术			
	干式高炉炉顶煤气压差发电技术			
	蓄热式加热炉技术	20%～50%	14	−600～1000
	燃气-蒸汽联合循环发电技术			
	直接还原法和熔融还原技术	50%～60%	19	800～1200
	钢铁行业 CO_2 捕集技术	5%～15%	9	650～1000
石油化工	烧碱先进离子膜技术	20%～40%	30	480～1000
	硫酸工业低温热能回收利用技术	15%～20%	20	−350～500
	大型密闭电石炉	10%～20%	22	600～1000
	大型天然气替代煤制合成氨装置	20%～30%	40	810～1200
	乙烯裂解炉实现大型化	20%～40%	15	900～1500
	回收利用烟气余热和低温热能	10%～30%	30	−300～100
	石化行业 CO_2 捕集和封存技术	5%～10%	14	650～1000

续表

工业行业	主要减排技术措施	技术减排率	2030 年	
			减排潜力 /Mt	平均减排成本 /(元/t)
水泥行业	高效笼式选粉机和循环预粉磨技术	5%～15%	43	−200～0
	新型干法水泥生产线	20%～50%	65	650～900
	水泥窑余热发电	30%～60%	38	−360～400
	废弃物替代原料和燃料			
	水泥行业 CO_2 捕集和封存技术	10%～15%	9	650～1000
玻璃行业	高效节能玻璃窑炉技术	20%～50%	25	200～600
	玻璃熔炉中低温余热发电技术	20%～35%	10	−360～200
有色金属行业	大型氧化铝顶培电解槽技术	10%～40%	16	300～800
	冶炼烟气余热发电	15%～30%	10	−250～300
造纸行业	造纸行业的新型连续蒸煮技术	15%～45%	80	−200～400
	热电联产和余热利用技术			
各行业的通用技术	高效燃煤工业锅炉	10%～45%	591.5	−200～100
	高效变频节能电动机			
	废弃物回收利用			
	热电联产	20%～30%	360.5	−160～300
	高效工业照明			
	余热、余能回收利用			

24.1.4　减排技术推广应用的主要障碍和对策

1. 工业部门实施减排技术的障碍

（1）经济方面的障碍。主要表现为缺少资金和低利率的融资渠道，缺乏促进减排技术普及和推广的激励政策，以克服较高的碳减排技术的初始投资和燃料价格变化的影响等。这些障碍可能会不同程度地限制更先进的减排技术的研究、开发、示范与推广，限制了先进技术的引进、消化吸收、国产化和创新发展，限制了适应性技术和先进技术的贸易和转让。

（2）技术方面的障碍。主要表现为新技术的开发和创新能力以及获得新技术的能力有限。缺乏技术引进和促进技术普及和推广的机制，缺乏长远的技术发展战略，致使有些先进技术引进后不能及时的安排一批后续项目，影响了技术的消化吸收和国产化进程。由于缺乏技术信息，影响了对适用性和先进技术的选择，致使决策滞后。

（3）社会方面的障碍。主要表现为缺少公众意识，公众对气候变化及相关知识缺乏了解，对温室气体减排技术缺乏认识和关心不够。人们受教育的程度、不同的价值观念和生活习惯也将对减排技术的普及和推广产生影响（胡秀莲等，2007）。

（4）管理/体制方面的障碍。主要表现为缺乏信息、缺少实施碳减排技术的规划和管理机制，缺乏各项行之有效的标准、政策和法规，市场机制不完善，技术和能源价格不能反映环境成本和社会成本等。

2. 工业部门实施减排技术的政策措施

1）提高能源效率，促进技术进步和创新是实现部门技术减排的核心手段

通过提高中国工业部门的能源效率、利用先进技术和低碳排放技术，可以较低成本实现相当大部分的技术减排潜力。

技术创新是世界范围内应对气候变化的核心手段，当前能源生产与消费领域的先进技术已成为高新技术研发和高新技术产业国际竞争的战略重点。有关政府部门应加强对技术创新和研发的投入，积极跟踪和研究新一代能源技术和减排技术，以保证不断提高中国的国际竞争力，为未来发展争取更大的空间。

2）实施有利于节能和减缓碳排放的激励政策

最具典型的政策如征收能源税、碳税、环境税、自愿协议、减少对化石燃料的补贴、税收减免/优惠、政府补贴/资助、绿色电力、基金、标准和标识、宣传/教育等。短期内征收碳税对中国宏观经济影响较大，长期来看征收碳税对中国宏观经济影响会逐渐减少。另外，节能标准和标识的制定与实施具有明显的节能和减排效果，应扩大涉及的范围和产品。

3）大力加强国际合作，利用国际合作机制实现碳减缓排放

能源领域高新技术的研究和技术转移是提高能源效率、改善能源结构的关键。在加大自主研发和产业化力度的同时，应加强在能源等领域的国际合作，引进先进技术和设备，积极参加双边和多边的国际合作计划，尽快缩小与国际先进水平的差距。积极参与并推进《联合国气候变化框架公约》下的技术转让和国际合作，引进资金和技术。积极开展与发达国家的CDM（清洁发展机制）项目合作。

24.2　交通部门减排技术与潜力

中国经济的增长、城市化进程的加快及机动车保有量的迅猛增长，导致交通运输需求的迅速增加。过去二十几年间（1986～2008年），中国人均客运周转量从463.2人公里增加到1746.74人公里，年增长率6.5%。人均货运周转量也从1905.7吨公里增长到8305.8吨公里，年增长率为7.3%，具体见图24.2～图24.5。2007年，交通运输、仓储和邮政业消耗能源20643.4万tce，占全国终端能源消费量的7.8%。交通运输业虽然不是国民经济行业中能源消费最多的领域，但却成为能源消费特别是石油消费增长最快的领域。在交通运输的能源消耗构成中，道路交通工具所消耗的车用燃油是主体（主要是汽油和柴油），约占整个交通运输行业能源消费总量的近70%（按当量计）。据测算，全国汽油消费量的90%以上和柴油消费量的50%左右被各种道路交通工具所消耗。交通部门的能源利用技术不断发展会对交通部门能源效率提高，能耗相对减少，部门排放减少带来显著的成效。

24.2.1　能源利用技术现状和发展趋势

交通运输部门包括铁路、道路、水运、民用航空和管道5种运输方式，所用能源包括石油制品、电力、燃气、煤炭和一些替代燃料。其能源利用主要取决以下因素。

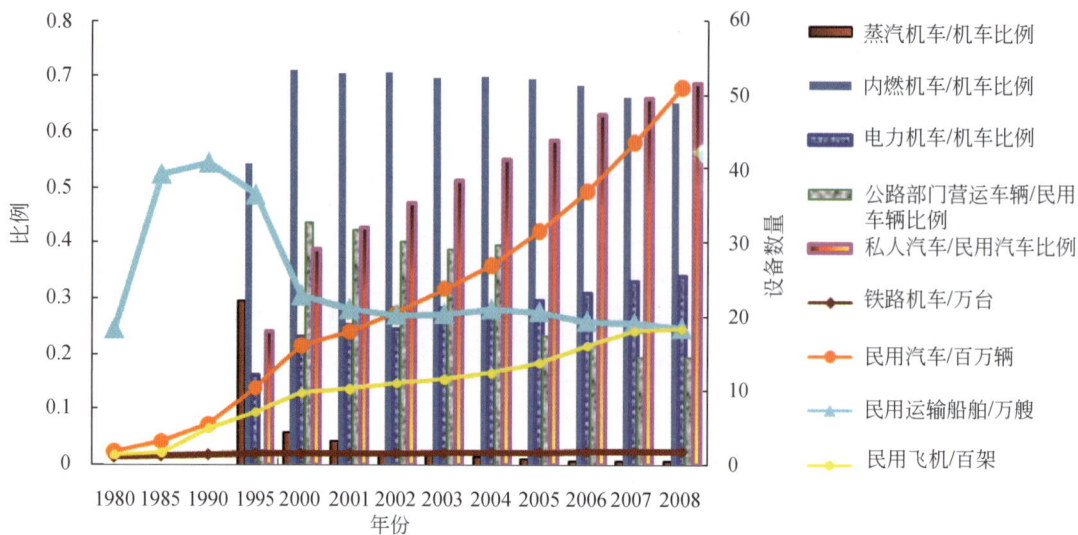

图 24.2　各年年末交通运输设备拥有量（1980～2008 年）

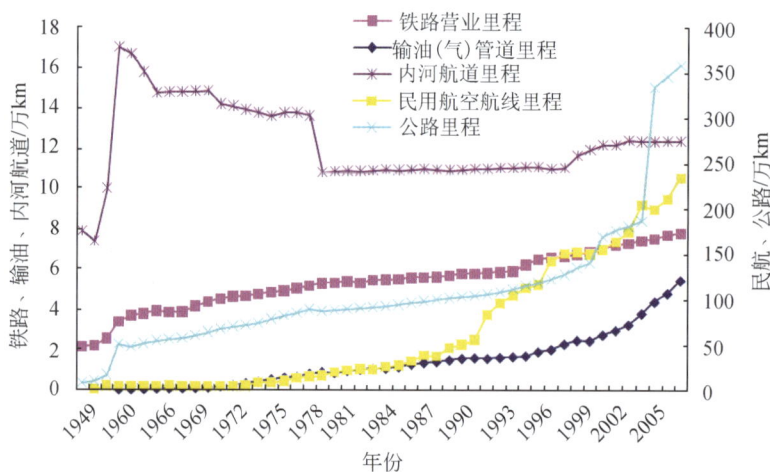

图 24.3　各年年末运输线路（1949～2008 年）

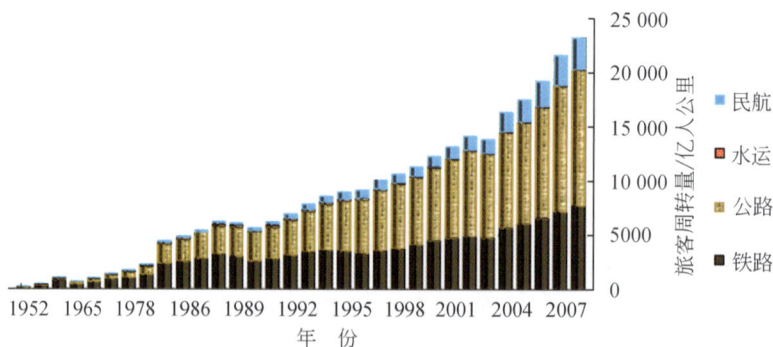

图 24.4　全社会客运周转量（1952～2008 年）

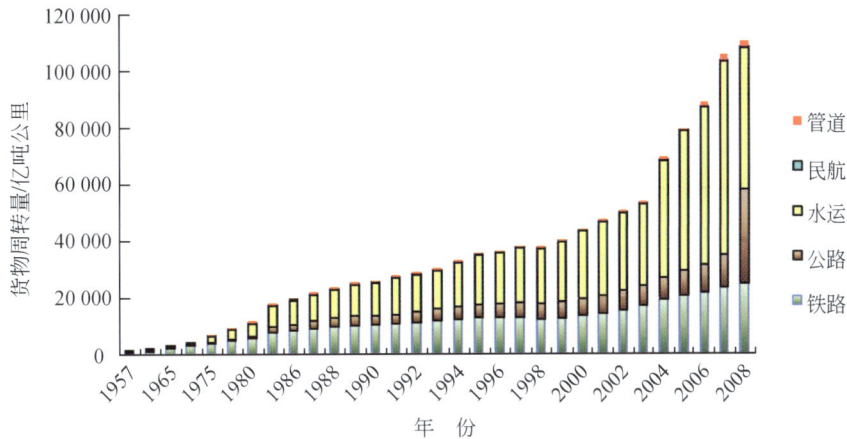

图 24.5　全社会货物周转量（1957～2008 年）

活动水平：取决个人收入及生活方式影响出行情况和经济发展对物流运输需求的水平。

耗能水平：取决于各种交通运输方式选择、燃料组合及效率的构成。

- 方式的选择（例如：铁路、公路、轮船、飞行器等）；
- 燃料组合（每种方式中使用的燃料形式和结构）；
- 能源效率（包括不同方式的燃料效率，影响效率的相关因素）。

当前不同交通运输方式的技术和耗能类型如下。

铁路交通：主要是铁路机车，目前有蒸汽机车、内燃机车和电力机车三种类型，分别采用煤炭、燃油（主要是柴油）、电力作为驱动能源，磁悬浮列车也采用电力作为驱动能源，可归于电力机车类型。中国目前三种耗能类型的铁路机车都存在，但主要是内燃机车和电力机车。

道路交通：主要是机动车，包括各种能源驱动的道路机动车，如各种类型的汽车、电车、拖拉机、摩托车、助力车等，使用的能源类型包括汽油、柴油、电力、压缩天然气、液化石油气、燃料电池、甲醇、乙醇等。目前在中国，汽油和柴油仍然是主要驱动燃料，汽油车和柴油车占机动车的绝大部分。在一些城市公共汽车和出租汽车使用压缩天然气、液化石油气。在吉林省、河南省等地区开始推广使用乙醇汽油作为机动车燃料，混合动力、电动和燃料电池车也在不断推出。

水路交通：主要是包括各种在内河、湖泊、远近洋运输的船舶以及港口装卸作业设施（不同类型的能源作为动力源）等，能源类型主要有柴油、重油、汽油、电力等。

民用航空：主要是各种民用飞行器，以航空煤油为燃料。

管道运输：主要是管道输送动力设施，消耗燃油、电力、原油、天然气等能源。

如前所述，中国能源统计及中国能源平衡表只统计交通部门运营车辆用油量，未统计其他部门和私人车辆的能源消费量，口径修正后全国交通运输能源消费量见表 24.3。2007 年，交通运输部门汽油消费量占汽油总消费量的 92.7%，柴油占 71.8%。

1. 铁路

截至 2008 年末，全国铁路营业里程达到 7.97 万 km，铁路承担全国旅客运输量和客运周转量的 5.1% 和 33.53%，承担全国货物运输量和货运周转量的 13% 和 22.8%。铁路单位运输量能源消耗水平从 1990 年的 160.6kgce/万换算吨公里下降到 2007 年的 98.4kgce/万换算吨公里，综合单耗呈明显下降，究其原因主要是铁路牵引动力结构发生根本性变化，1990年铁路牵引 80％以上采用蒸汽机车，使用能源 87％为煤炭，现在几乎全部采用内燃和电力机车牵引，使用能源 97％以上为柴油和电力（国家统计局，2009）。

表 24.3　中国分品种交通运输能源消费量

项目	1990 年	1995 年	2000 年	2005 年	2007 年
石油制品/Mt	32.39	52.85	84.08	141.36	158.92
其中：汽油	18.43	28.25	34.15	50.73	51.16
柴油	10.95	19.82	36.07	64.43	82.56
煤油	0.93	2.50	5.36	8.82	11.30
燃料油	2.08	2.28	8.50	16.11	13.90
电力/TWh	10.48	14.99	19.60	43.03	53.19
天然气/Mm³	190.0	160.0	580.0	1643.0	1689.0
煤炭/Mt	10.58	9.77	8.15	8.15	6.88
交通总计/Mtce	56.51	86.41	132.11	212.72	273.2
终端消费总计/Mtce	679	899	956	1552	1835

注：表中终端消费总计数据来源于《中国能源统计年鉴2008》，中国统计出版社，2009。

其他资料来源：王庆一，2008。

2. 公路

随着社会经济持续快速增长，公路基础设施条件不断改善，对公路运输的需求持续增长。从 1952～2008 年，公路运输承担客运量和客运周转量占全部运输总量的比重大幅上升，分别从 18.6％和 9％上升到 93.5％和 53.8％，公路运输承担货运量和货运周转量占全部运输总量的比重分别从 41.8％和 1.9％上升到 74.1％和 29.8％。同时，城市化进程的加快也使道路交通需求呈现快速增长态势，表现为私人机动交通工具拥有量激增。从 1980～2008年，全国民用汽车保有量从 178.3 万辆增加到 5099.6 万辆，增长 28.6 倍，其中私人汽车拥有量从 1995 年 249.96 万辆增加到 2008 年 3501.4 万辆，增长近 14 倍。公路交通在综合运输体系中发挥了主导作用（国家统计局，2009）。

"十五"期间全国新增公路里程 27 万 km，新增高速公路 2.5 万 km，新增高速公路里程超过了 2000 年前的总和。到 2008 年年底，全国公路总里程达到 373.02 万 km，公路通车里程和公路网密度比 1978 年增长了 3 倍多。2008 年新建通车里程已达 6433km，而日本全国的高速公路还不到 8000km。

交通部规划研究院关于高速公路建设绩效的研究表明：里程占公路总里程 2％的高速公路承担了约 20％的行驶量；公路客货平均运距 55～65km，而高速公路平均运距达到 400～450km，大约是普通公路的 7～8 倍；高速公路比普通公路节约时间 50％以上；运输成本降低 30％左右，增强了综合运输通道的运力和运量，优化了运输结构，与其他运输方式形成互补和良性竞争，全面提升了综合运输体系的效率和服务质量，经济效益显著。高速公路建设的投资乘数平均为 1.3～1.5，即每 1 元投入可直接增加当期 GDP 1.3～1.5 元；与普通双车道公路相比，在提供相同的通行能力条件下，高速公路的土地占用量仅为双车道公路的 50％～66％，可集约利用土地；高速公路的事故率比普通公路降低 40％；汽车废气排放量

仅为双车道公路的 $1/3 \sim 1/2$。

3. 水运

水路运输主要为通过各种运输船舶承担货物或旅客运输活动，分为内河（包括运河、湖泊）运输、近洋/沿海运输和远洋运输。目前水运特别是远近洋货物运输量占较大比重。2008 年全国水运客运量和客运周转量分别占全社会客运量和客运周转量的 1.03％ 和 0.26％，货运量和货运周转量分别占全社会货运量和货运周转量的 11.4％ 和 45.6％。水运行业能源消耗为注册运输船舶燃油消耗，主要燃料类型为燃料油与柴油。运输综合单耗呈明显下降趋势，主要原因是远洋运输船舶向大型化、专业化方向发展。此外，在不断加大老旧船舶淘汰力度的同时，制造技术得到了不同程度的提高，从而整体上提高了能源利用效率。

4. 民航

民用航空运输在五种运输方式中发展速度最快。1952～2008 年，民航完成的客运量和客运周转量分别从 2 万人和 0.24 亿人公里增长到 19251 万人和 2882.8 亿人公里，占相应总量的比重分别从 0.008％ 和 0.1％ 增加到 0.67％ 和 12.4％。各种民用航空器是主要能源消耗工具，燃料类型为航空煤油。据统计，完成等量的换算周转量，民航消耗的能源是铁路的 11 倍。民航运输能源单耗水平下降主要原因是机队结构优化和航线运营组织结构的优化带来运输效率的提高。

5. 管道

管道是输送原油、成品油和天然气的主要运输方式之一。管道具有不占用土地资源、运输安全、全天候、无污染、运输量大等优势。天然气和油品的巨大需求将推动管道工业迅速发展和技术进步。截至 2008 年年底中国已建成天然气长输管道 3.2 万 km，原油管道为 2.19km，成品油管道为 1.2km。中国管道建设大体可以分为三个阶段。第一个阶段为起步阶段（1963～1995 年）。该阶段管道建设的特点是管径小，大多数管道口径在 529mm 以下。第二阶段为发展阶段（1996～2006 年），进入了一个快速发展期，中国建设了总长度约 2.5 万 km 的长距离、高压力、大口径输气管道，该阶段以陕京管道和西气东输管道为代表。第三阶段为超越阶段（2007 年至今）。以西气东输二线的规划、建设为标志，输气管道建设将在高钢级、大口径、高压力方面引领世界潮流。

24.2.2　关键减排技术的评价和选择

为促进交通运输系统的节能减排工作，交通运输部目前初步确定了行业节能减排的目标：力争到 2010 年，初步形成交通运输节能减排战略规划体系、法规标准体系、统计监测考核体系、政策支持体系和监督管理体系，交通运输行业能源利用效率有效提高；到 2020 年，力争在结构性节能减排和技术性节能减排两个方面取得显著效果，形成交通运输节能减排的长效机制（梅娟等，2008）。

1. 铁路交通关键减排技术

铁路交通关键技术包括：内燃机节油技术、铁路电气化技术和摆式列车的高速铁路技术。近年来，国外发展了一种综合铁路货运与公路货运优势的新型运输方式，即车载车方式，载重卡车直接开上铁路平板货车，组成一列铁路货物列车，载运到目的地车站，卡车再行使到货主单位的运输方式称为背驮运输。公路拖挂货车也可以采用同样的方式运送到目的地。高速列车是当代磁悬浮、直线驱动、低温超导、电力电子、计算机控制与信息技术等高新技术发展与综合的产物。

2. 道路交通关键减排技术

推进中国道路交通的关键减排技术包括车辆、燃料和道路各方面的技术，以及推动减排的"车-燃料一体化"进程，包括：

汽车技术，高效汽油机、柴油机技术；高效载重汽车及发动机技术；轿车、轻型车的柴油化技术；整车轻量化技术；均质压燃发动机技术；非活塞式内燃机技术；先进高效的传动系统技术；机油添加剂及燃油添加剂技术。

改进油气燃料质量技术和推进替代技术和替代燃料。包括替代燃料汽车、混合动力汽车、纯电动汽车、燃料电池汽车技术。

3. 水运交通关键减排技术

水运交通关键减排技术包括：改善航道条件；实现船舶大型化、规范化；推广使用标准化船型；减小船舶阻力，提高推进效率和动力装置效率等。

4. 民航交通关键减排技术

民航交通关键减排技术包括：推广先进的节油技术；采用尖端技术增加推力并提升燃油效率的航空发动机，减少排放；采用齿轮驱动涡扇发动机等新型发动机技术和工艺技术；新型航空材料研发。

5. 管道运输关键减排技术

管道运输关键减排技术包括管道建设采用高钢级、大口径、高压力技术。

24.2.3 关键减排技术的减排潜力和成本

各种运输方式完成等量的换算周转量所消耗的能源，在公路、铁路、民航三种运输方式的比较中，民航最多，公路次之，铁路最少，它们的单位运输量平均能耗之比约为11∶8∶1。针对交通运输业能源消费情况及特点和选择成本低，潜力大的减排技术，交通行业将可能取得一定的减排成果。

1. 推进电气化铁路技术

铁路是比较节约能源的方式。电力牵引相对于内燃牵引单位运量能耗低、功率特性优、环保效果佳。按照《中长期铁路网规划》，到2010年，铁路网营业里程达到8.5万km左右，电气化里程3.5万km，复线3.5万km，电力机车牵引比重达到80%以上，实现铁路电气化率45%以电代油1200万t，铁路牵引成品油消耗量将比"十五"末期下降90万t。"十一五"末铁路单位运输收入能耗将比"十五"末降低20%，由2005年的1.14tce/万元，下降到 0.91tce/万元。"中长期铁路网规划调整"表明，2020 年全国铁路营业里程规划目标为 12 万 km 以上，客运专线为 1.6 万 km，电化率 60%，主要繁忙干线实现客货分线，形成布局合理、结构清晰、功能完善、衔接顺畅的铁路网络，运输能力满足国民经济和社会发展需要，主要技术装备达到或接近国际先进水平。

2. 促进替代燃料和电动车等技术

电动汽车是以车载电源为动力，由于电力可以从多种能源包括清洁能源获得，可为实现"节约石油"战略提供途径。电动汽车还可以充分利用晚间用电低谷时充电，使发电设备得到充分利用，提高其经济效益并平稳电力系统负荷。对于公路运输，电动汽车能耗较燃油汽车低 30%~50%，尽管电动汽车尚未能商业化，但技术正日趋成熟。2020 年汽车保有量预计将超过 1.5 亿辆，将具有一定减排潜力。

3. 发展交通运输中的节油技术

通过严格执行交通运输工具淘汰制度，加快淘汰老旧汽车、船舶等。加快高油耗客、货车船退出交通市场，力争到 2013 年年底前实现全部营运车辆达到燃料消耗量限值标准。把节能环保型和清洁能源交通工具列入政府采购清单，新购公务车应优先购买节能环保型汽车和清洁能源汽车。另外通过大力发展公共交通，加快建设快速公交和轨道交通，科学设置公交优先车道（路）和优先通行信号系统，提高公共交通运营效率。改善燃料经济性、促使燃料来源多元化以及改进基础设施。

内燃机技术，例如可变阀门调解装置、直燃喷射装置等先进燃烧装置，都为减少燃料消耗提供了巨大的机遇。轻质材料、高效轮胎和高效能车载设备节约了更多的燃料。如果涉及发动机、传动装置和整车技术的所有技术手段都得到应用，到 2050 年车辆的燃料经济性提高 40%（吕安涛等，2003）。通常提高车辆性能和提供新配置的技术胜于燃料节约。引入燃料标准是促进改善目前燃料经济性的车辆技术的发展和利用以及教育消费者最有效的动力。

上述技术仅仅是铁路和道路交通主要减排关键技术，图 24.6 给出了交通运输部门关键

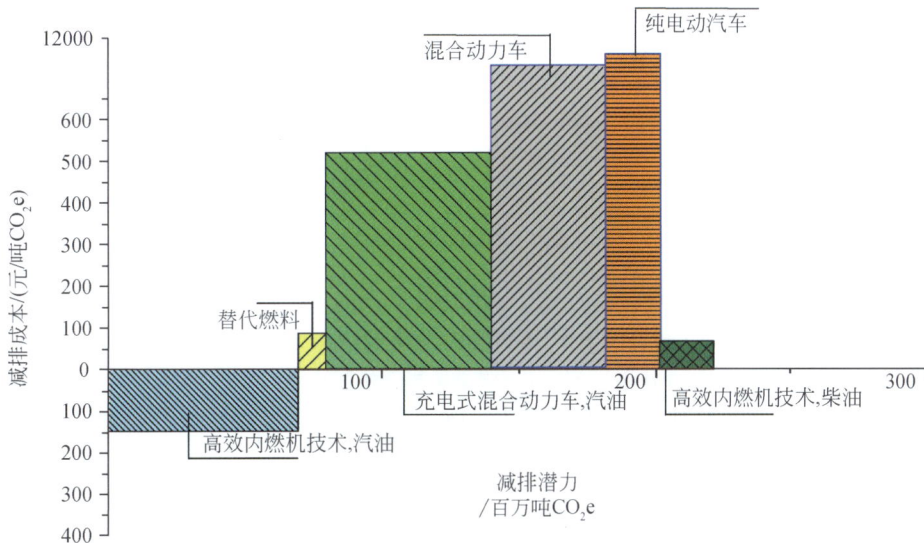

图 24.6　交通运输部门关键减排技术 2020 年减排成本曲线

减排技术 2020 年减排成本曲线。减排潜力和成本都具有很大的不确定性，取决于多种因素，包括经济结构、能源结构、能源价格、各种技术的混搭程度和各种政策法规推行的力度和时机。表 24.4 给出了描述交通部门各种主要减排技术情况和未来的碳减排潜力。

表 24.4　交通部门主要减排技术的碳减排潜力

部门	关键减排技术	减排潜力和成本	技术减排率/%	减排潜力（2030 年，亿 tCO$_2$）
铁路	内燃机节油技术	车载微机控制及故障诊断、交流传动、径向转向架、电子燃油喷射装置，新的燃烧过程和高精密喷射技术的优化、涡轮增压、发动机的小型化以及废气再循环和废气处理的研发，将使油耗进一步降低 25%～30%	20～25	0.80～1.0
	铁路电气化技术	蒸汽机车的终端能源利用效率一般在 6%～9%，内燃机车的终端能源利用效率达 25%～26%，电力机车的能源利用效率达 30%～32%，调整电力机车比例，提高减排潜力	5～8	
	摆式列车的高速铁路技术	时速 300km 的摆式列车的单位人公里能耗只有小汽车的 1/2（乘坐 4 人）与 1/5（乘坐 1.5 人），只有飞机的 1/5～1/4	20～25	
	背驮列车	最佳运输距离为 500km～1200km，具有减低运输成本，减轻交通拥挤和环境污染等多重作用		
公路	提高车辆的燃料经济性（发动机和其他部件）	车辆燃料经济性的改善来自多项技术的革新，包括发动机、传动装置、轻质化、气动性能、辅机系统、空调和轮胎等多个方面。可以在没有减排激励的环境下实现成本竞争力。这将使一辆中型柴油机的百公里油耗达到 2.9L，二氧化碳排放量每公里在 99g 以下，得益于燃油消耗的降低，额外增加的成本将在 3～5 年内收回	20～40	9.0～10.3
	混合动力车辆	混合动力汽车能量利用率由传统汽车的 50%～60% 提高到 90% 左右，节油率可达 20%～40%，尾气污染也减少近一半。全混合动力车辆比传统城市车辆的效率高 25%～30%；"温和"和"轻"混合动力车辆效率要低一些，但仍比传统车辆高 5%～20%；预计 2010 年年底上市，2050 年前在中型卡车和公交车中得到较大发展。全混合动力汽油车的成本比传统轻型汽油车辆高 3000 美元；温和混合动力车辆成本高 2000 美元，轻混合动力为 500～1000 美元	15～30	
	电动汽车	纯电动汽车以车载电源（高能蓄电池）为动力，动能来源广泛，可以实现低排放和低噪音，即使把所耗电量换算为发电厂的排放，除硫和微粒外，其他污染物排放量显著减少，且有利于污染物的集中处理。车辆一次充电续驶里程最高达到 300km 以上（燃油汽车一次加油续驶里程为 400～500km），最高时速达 200km/h，快速充电需要 20min 左右	15～30	
	燃料电池汽车	以氢气、甲醇等为燃料，通过化学反应产生电流。不存在续驶里程短的问题，但需要用少量电池或超级电容器来提高加速性能。氢气为燃料，排放物为水；甲醇为燃料，排放物中有少量二氧化碳。具有高效、无污染或低污染的特点	30～40	

续表

部门	关键减排技术	减排潜力和成本	技术减排率/%	减排潜力（2030年，亿 tCO₂）
公路	玉米和甘蔗乙醇	甘蔗乙醇，可以降低90%的二氧化碳排放；玉米乙醇的二氧化碳减排的估计差别较大；美国玉米乙醇的减排额度最大为13%。乙醇生产成本因地区而异。巴西的甘蔗乙醇成本为0.3美元/L汽油当量；美国生产的玉米乙醇成本为0.6美元/L；欧洲的小麦乙醇成本达到0.70~0.75美元/L	10~13	9.0~10.3
	木质纤维素乙醇	木质纤维素乙醇对减排的贡献幅度达到70%以上。纤维素乙醇还缓解了燃料与粮食之间的土地之争。成本略低于1美元/L汽油当量，约为化石汽油成本（60美元/桶）的两倍。通过量产可以将成本降低到0.45~0.50美元/L的水平	70~80	
	生物柴油	传统生物柴油（从植物油或动物脂肪中生产）比传统柴油降低40%~60%的二氧化碳排放。目前生物柴油生产成本（0.7~1.2美元/L柴油当量）远高于化石柴油的成本；从餐馆的废弃油中获取生物柴油可以达到与化石柴油相当的成本水平；费-托生产工艺还不具有经济性；其他诸如加热水解液化工艺虽然取得进展，却仍处于研发阶段	20~30	
水运	船舶大型化和规范化	推广使用标准化船型；减小船舶阻力		0.50~0.55
	提高推进效率和动力装置效率			
航空	先进的节油技术		5~10	0.10~0.14
	航空发动机尖端技术	增加推力并提升燃油效率，以减少排放，齿轮驱动涡扇发动机等新型发动机技术，发动机工艺技术		
	新材料			
管道		采用高钢级、大口径、高压力技术		—

24.2.4　减排技术推广应用的主要障碍和对策

1. 交通发展不协调矛盾突出

与快速发展的交通基础设施相比，管理水平和服务质量有待加强，运输的效率不能很快提高，受资金、理念、环境等的制约和影响，由于养护不到位，交通基础设施达不到应有的使用寿命和服务质量，不可能更协调发展达到节能减排的效果。

开发综合交通运输系统，通过推进交通运输行业的结构调整，建设节能型综合运输体系，形成更加合理的交通基础设施网络，是促进行业整体能耗的降低最具有潜力的举措。

另外通过推动实施交通节能规划，大力发展城市公交的电气化以及轨道交通，缓解交通运输压力，提高能效、节约石油、减少城市空气污染，更好地促进交通运输行业用能结构的优化，形成节能减排长效机制。

2. 交通设施建设成本增长过快

建设成本不断增加。20 世纪 80 年代沈阳至大连高速公路每公里造价仅 600 万元，90 年代初建设的济南至青岛高速公路也不过 2000 万元左右，而现在高速公路建设每公里一般都在 5000 万～6000 万元，地形条件复杂地区则高达 8000 万元以上。交通部门技术改造和减排措施推广受能源、土地、环境资源等外部因素制约越来越大。

3. 公路网总体技术标准偏低

高速公路尚未成网，难以发挥规模效益和节能减排作用；公路总体标准依然偏低，边远地区通村路建设任务相当艰巨，一般国省干线改造投入不足，路网总体抗灾能力较弱。制定相应标准和管理规章是保证公路网在交通运输中节能减排的重要方面。

4. 燃料经济性只是选择交通工具标准之一，应充分考虑综合措施

汽车产业的全球化表明，在燃料效率方面的改进通常被其他发展趋势所抵消，例如更大而强劲的发动机等。这一进程非常缓慢而且困难重重。而自愿性措施和规章机制都有助于改善燃料效率。另一个可能的解决方案是将车辆减排纳入排放贸易框架，通过降低燃料碳强度，或改善车辆效率来减排。

通过降低小排量乘用车消费税税率，提高大排量乘用车消费税税率，进一步扩大不同排量汽车消费税税率差距，以鼓励公众使用低油耗节能环保型汽车和清洁能源汽车。另外通过完善汽车燃油经济性标准，调整油价等，适时提高并严格执行乘用车和轻型商用车燃料消耗量限值标准，建立并实施强制性汽车燃料消耗量申报、公告、标识制度（全国汽车标准化技术委员会，2008）。

5. 替代技术研发成本高、市场开发难

替代技术如混合动力车、电动车的最大障碍在于高成本，而且其成本降低的前景并不明朗，主要取决于电池技术的发展。需要加大研发力度明确发展方向，集中财力物力来提高产品性能降低成本，并刺激消费者对产品的需求。如果要使全混合动力车辆全面推广，需要一定的资金补贴，以弥补其成本增量的一部分。替代技术缺乏标准和限额、市场税收规则等。

6. 替代燃料面临技术和物流方面的双重挑战

生物质原料虽然资源丰富但是受到可用农业土地和作为粮食需求的限制，运输存在物流障碍。运输方式还限制了燃料转化设备的规模，从而限制了成本降低的空间。如果将牧场或林场作为生产生物燃料的原料产地，将导致森林退化而释放更多的碳。在评价生产替代燃料的过程中，必须考虑降低全生命周期能源消费和温室气体排放量。使用替代燃料还需要专门的基础设施、大量资金，因此在制定规划时必须优先考虑配套设施规模和推行标准。

由于存在许多技术和成本障碍，需要加大研发力度，克服替代燃料生产和使用车辆面临的经济和技术问题。综合考虑研发和基础设施投入，相关利益方的博弈结果并紧密结合国家在能源安全、气候变化和二氧化碳减排方面的政策，各种替代燃料和技术才能发挥自身的最大潜力。

24.3 建筑部门减排技术与潜力

24.3.1 能源利用技术现状及发展趋势

中国建筑部门的总体规模十分庞大，过去十几年间中国建筑部门每年的新增建筑面积均在 16 亿～20 亿 m² 左右。到 2005 年全国既有建筑面积约为 420 亿 m²，位居世界第一。

建筑能耗包括采暖耗能、制冷耗能、照明耗能、家用电器耗能及其他耗能等几个方面。相比发达国家，中国建筑部门目前的用能水平还比较低，2005 年中国人均建筑能耗仅为 0.3tce 左右，不到美国的 1/10。尽管如此，中国建筑能源服务水平上升迅速，能耗量不断攀升。按建设部的统计，2005 年建筑部门能耗超过了 6 亿 tce，占中国总能源消费的比例已经达到了 28%，比 20 世纪 80 年代提高了 18 个百分点。如果考虑中国建筑部门的直接和间接耗能，可能会占到中国全社会总能耗的 46%（刘吉勋，2008）。在所有的建筑耗能中，采暖和空调能耗是最大组成部分，约占全部能耗的 50%～60%，其余能耗主要来自于各种电器和照明用电。图 24.7 显示了 2005 年中国建筑部门的能耗构成。

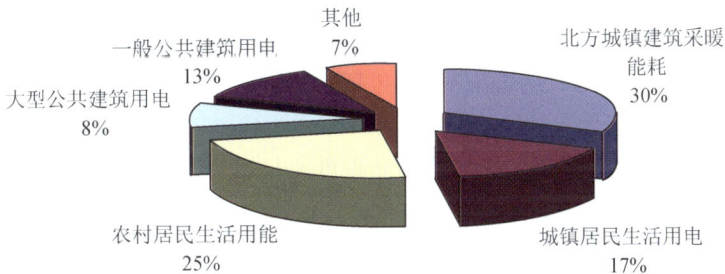

图 24.7 2005 年中国建筑用能构成（国家发展和改革委员会能源研究所课题组，2009）

过去的十几年间，在相关政策的推动下，中国建筑部门的节能工作进展明显。一些高效用能技术和设备不断涌现，普及率不断上升；可再生能源在建筑中规模化应用势头逐步显现，应用面积不断扩大；越来越多的新建建筑达到节能建筑标准。截至 2006 年年底，中国各地建设项目在设计阶段执行节能设计标准的比例为 95.7%，施工阶段执行节能设计标准的比例为 53.8%，全国共建成节能建筑面积为 10.6 亿 m²，占全国城镇既有建筑面积比例为 7%。全国城镇太阳能光热应用建筑面积为 2.3 亿 m²，浅层地能热泵技术应用建筑面积达到 2650 万 m²。

但是，相比发达国家，中国建筑物的能源利用总体效率还比较低，包括建筑物的隔热水平、采暖锅炉的运行效率、空调等用电设备的能源利用效率都存在不小的差距，全国既有建筑中约 90% 还普遍存在着能耗较高的问题。从技术水平看，建筑部门的能源利用技术是先进和落后并存，而后者的比例要远高于前者。正是因为如此，建筑部门应用各种节能技术的潜力很大，未来随着建筑部门节能力度的不断加强，各种节能技术和可再生能源利用的普及率和市场占有率会不断上升。

24.3.2　关键减排技术评价及选择

建筑部门关键的减排技术大致可以分为 7 类。

1. 建筑围护结构节能技术

在整个建筑物的热损失中，围护结构传热的热损失占 70%～80%，因此，提高围护结构的保温和隔热水平对于减少建筑物的热损失、提高建筑物整体的能源利用效率非常关键。中国目前的单位建筑面积能耗高于发达国家数倍，其主要表现之一即为建筑保温状况上的差距（许志中，曹双梅，郭红，2004）。中国外墙和窗户的导热系数为发达国家的 3～4 倍，屋顶为 2.5～5.5 倍，门窗空气渗透率要高出 3～6 倍，平均的保温隔热水平为北欧等同纬度发达地区的 1/2 到 1/3（屈宏乐，2008；唐曙光，2007）。

建筑围护结构节能技术主要包括建筑物墙体、门窗及其他围护结构的节能技术。

墙体的热耗量占总热耗量的 1/3 左右，加强墙体节能包括两个方面：一是墙体材料本身的节能；二是采用保温材料。外墙外保温技术是中国目前主要推广的墙体节能技术之一，其在冬季比较寒冷地区的节能效果可以达到 50%～65%，但由于造价较高，还未实现大范围推广。相变蓄热材料技术是目前比较先进的墙体节能技术，也是未来发展的方向。

门窗热损失在建筑热围护结构总耗热量中所占比例约为 1/4，另外门窗的空气渗透还占到建筑热损失的约 20%（许志中，曹双梅，郭红，2004）。门窗节能的主要技术包括：窗体镀膜技术、高效节能玻璃、多层门窗、门窗密封强化技术等。门窗节能效果非常明显，如采用双层玻璃可以比单层玻璃节能 40%～60%。

其他围护结构节能技术包括：屋顶节能技术及建筑遮阳技术。通过这些技术，可以使建筑物的空调电耗降低约 10%～40%，且对于商业建筑效果更为明显。

2. 供热系统节能技术

采暖耗能在中国建筑能耗中所占比例非常高，尤其是北方地区的采暖能耗，占中国北方地区建筑能耗的 50% 以上，占全国建筑能耗的 1/3 还多（耿瑞涛，2008）。中国在过去多年来一直采用传统的自备锅炉供热模式，到现在仍有很多地区在采用，是导致中国供热系统能效较低的主要原因之一。

供热系统主要的节能技术包括：提高区域集中供热比例，采用大型高效率锅炉，以及将燃煤锅炉转变为燃气锅炉；扩大区域热电联供和热电冷联供的规模；改善供热计量体系和供热价格机制，减少供热需求；提高供热管网的热效率，减少供热输送中的热损失。

供热系统节能技术对提高中国建筑部门总体能效非常关键，是中国目前建筑节能的重点。其中，前两种技术由于具有较好的节能效果和经济效益，已经得到了较为广泛的应用，如热电联产技术的应用已趋成熟，发电量占总发电量的 11% 以上。供热计量体系和供热机制的完善同样重要，通过按供热量进行收费，可以实现节能 20%～30%。但目前来说，一是计量设施的安装和改造初始投资过高；二是供热价格的改革还面临体制和机制上的障碍，使其应用受到限制，仅在少数地区进行了试点。

3. 供冷系统节能技术

供冷能耗在建筑能耗中的比例很高，尤其在一些夏季炎热的大中型城市比例会更高。在国内一些大城市，空调能耗已经占到了全市用电量的 1/3，且峰谷耗电差还在不断加大。供冷系统主要节能技术包括空调蓄能技术、空调系统变频控制技术、空调余热回收技术、太阳能空调技术等。

中国供冷系统当前的能源利用效率还相对较低，主要的几种先进技术的应用比例也比较低，其中，像空调蓄能、变频空调等技术是国家重点推广的节能技术措施，未来随着相应设备价格的降低，它们的市场比例会加速上升，可实现节能 20%～50%（杨西伟等，2007）。另外两种技术目前尚处于研发阶段，设备还在开发中且成本较高，因此市场潜力还较为有限。

4. 照明节能技术

2008 年中国照明用电量占总用电量的 12% 左右，但目前主要仍以低效照明为主。照明系统的节能技术主要包括：通过先进的照明设计、管理和智能控制，降低照明需求；采用更高效照明灯具替代传统照明灯具，如采用紧凑型荧光灯（CFLs）或更为节能的发光二极管（LED）替代白炽灯等。

采用高效照明灯具是中国目前建筑节能改造中的一项重要内容，它不仅节能，还往往具有更长的使用寿命，从全寿命周期看具有更高的经济收益。研究显示（徐先勇，方厚辉，张国强，2007），高效节能照明灯具相比白炽灯具可以实现节电率 40%～70%，照明质量提高 1～3 倍，使用寿命延长 1 倍。未来在相关政策推动下，高效照明灯具的市场拥有率会不断提高。

5. 节能电器及电子设备技术

随着中国居民生活水平的提高，不管是在民用建筑还是商用建筑中，各种电器和电子设备的使用量和使用强度都在不断上升。受此影响，未来各种电器和电子设备的耗电量会不断攀升，成为建筑能耗中不可忽视的一部分。

与发达国家相比，中国电器和电子设备中相当一部分的能效水平仍然较低，节能潜力较大。目前各种家用电器和电子设备的更新换代速度较快，新型电器和电子设备的节能效果更好，长期看具有更高的经济收益和更大的市场空间。另外，中国政府已经出台的一些相关政策措施如电器能效标准、电器节能标识等，也极大地促进了节能电器和电子设备的使用。

6. 可再生能源利用技术

建筑中的可再生能源利用技术主要包括：太阳能光热和光电技术、地源热泵技术和地热能利用技术等。

中国建筑部门中应用最为广泛的可再生能源技术是太阳能热利用技术。中国是目前世界上太阳能热利用产量最大、使用量最多、发展潜力最大的市场，特别是太阳能热水器，已经成为当前太阳能热利用中技术最成熟、最具市场竞争力、应用最广泛、产业化发展最快的产品，2007 年全国的太阳能热水器累计使用量接近 1.3 亿 m^2。另外，太阳能热利用技术在建筑供热方面的贡献也越来越大，特别是在农村地区和一些偏远地区，已经具备相当大的市场份额，未来有望成为建筑部门能够规模化应用的、主要的可再生能源技术之一。其他一些太阳能利用技术包括被动式太阳房、太阳能光热制冷技术等，目前应用范围还较为局限。太阳能光电技术目前由于技术不够完善和投资成本较高，还无法得到推广应用。

地源热泵技术是当前世界上最先进的供热制冷技术，可实现节能30%～70%，运行费用比传统空调低30%～40%，是中国建筑部门应用较好的另外一种可再生能源技术。近几年地源热泵在中国发展非常迅速，2007年应用面积已经达到了7000万 m^2。但该技术的初始投资成本依然偏高，在一定程度上延缓了该技术的推广。

地热利用技术是另外一种经济性较好的可再生能源利用技术，且利用方式较为简单，在中国某些地热资源丰富地区已经得到了很好的应用，未来的发展前景也相当乐观。

7. 新建建筑节能设计技术

中国每年的新建建筑规模巨大，因此，在新建建筑中实施节能设计和节能标准所带来的减排效果十分显著。现在建筑领域已经有很多与此相关的设计理念，如绿色建筑、低碳建筑、被动房屋、节能建筑等。

中国在新建建筑节能设计方面有着积极的行动，如对于新建建筑要求实施更严格的节能标准，但相比发达国家，在建筑节能整体化设计方面还较为落后。因此，新建建筑的节能化设计对中国来说是一个循序渐进的过程，短期内以推行节能建筑设计为主，并逐步向被动房屋设计过渡，长期向绿色建筑和低碳建筑设计的方向发展。

24.3.3   关键减排技术的减排潜力和成本

建筑部门的技术减排潜力十分巨大。根据国内外相关研究机构的研究结果判断（Mckinsey，2009；国家发展和改革委员会能源研究所课题组，2009），到2020年，如果建筑部门的减排技术全部得以实施，CO_2 减排潜力可达到5.7亿 t；到2030年，CO_2 减排潜力将有望达到9.5亿 t（表24.5）。

表 24.5   建筑部门主要减排技术到 2020 年和 2030 年的碳减排潜力

减排技术类型	技术减排率	绝对减排潜力/亿 tCO_2	
		2020 年	2030 年
建筑围护结构节能	40%～60%	1.6	2
采暖系统节能	20%～35%	1.0	1.4
供冷系统节能	25%～30%	0.4	0.5
照明节能	70%～90%	1.1	1.4
节能电器	15%～30%	0.3	0.6
可再生能源利用	30%～70%	0.2	0.2
新建建筑节能设计	20%～75%	1.1	3.4

在各类减排技术当中，相对减排潜力最大的是节能照明技术，可以比传统照明减排70%～90%的温室气体，另外如可再生能源利用技术、新建节能建筑以及建筑围护结构节能技术也可以实现较高的减排潜力。从绝对减排潜力看，建筑围护结构节能技术、采暖系统节

能技术、节能照明技术的减排量较高。新建建筑节能设计的减排潜力也很大，但短期看主要来自于新建节能建筑，而被动房屋设计、绿色建筑等的节能潜力将在更长的时期发挥作用。

从各种减排技术的减排成本看，到 2030 年，一些技术有可能在负成本或零成本的条件下实现减排，如供热系统节能技术、供冷系统节能技术、节能照明技术、节能电器以及可再生能源利用技术等，其中减排成本最低的技术是节能照明和节能电器（包括节能空调）。对于建筑围护结构节能来说，由于建筑类型的不同、建筑所处气候区域的不同以及技术要求的节能强度不同，减排成本的变化范围很大，从负成本到很高的正成本，平均为正成本。对于新建建筑节能设计来说，约有 40％的部分可以负成本实现减排。对于仅满足节能建筑标准的新建建筑来说，其减排成本相对较低，尤其对于北方采暖区来说基本为负值，但对于被动房屋、绿色建筑等来说，由于节能和减排要求较高，减排成本在未来一段时期仍会维持正值。国家发展和改革委员会能源研究所与麦肯锡对于中国建筑部门主要减排技术碳减排成本的分析结果见表 24.6。

表 24.6　中国建筑部门主要减排技术的碳减排成本

减排技术类型	减排成本描述	减排成本/(元/tCO₂)
建筑围护结构节能	围护结构改造的减排成本随区域和建筑类型的不同变化很大，最低的减排成本可能会低至−1000 元/t CO₂，高的减排成本可能会达到上百元甚至几千元。另外，节能改造的方式也会在很大程度上影响减排成本的高低，仅仅是增加节能材料的成本往往会较低，但如设计建筑物围护结构的更新和替换，成本会成倍增加	−130～200
采暖系统节能	单从经济成本看，该类技术措施在大部分情况下减排成本为负值，低的可达到负的几百元或上千元，但如果考虑政策和机制改革成本，其减排成本也可能成为正成本	−120～120
供冷系统节能	通常可以以负成本实现减排，其范围在−500 元/t CO₂ 到−200 元/t CO₂ 之间	−500～−200
照明节能	节能照明设备的寿命更长，因此为明显的负成本，可以低至负的上千元/t CO₂，但由于初期投资相对较大，需要政策支持	−1300～−1000
节能电器	具有良好的节能收益，因此可以实现零成本或负成本，具体取决于节能强度的大小	−1000～0
可再生能源利用	一般情况下初始投资高，回收期长，因此减排成本可能为正。但对于其中应用较为广泛的技术如太阳能热水器，由于生产规模较大和制造材料成本的下降，已经可以实现负成本，甚至是很低的负成本	−1000～100
新建建筑节能化设计	减排成本有负有正，根据建筑所处气候区域的不同和要达到的节能程度的不同而不同。在北方地区新建节能建筑的减排成本会较低，在节能强度要求中等的情况下基本为负值。节能强度要求更高的设计方式如被动房屋设计、绿色建筑的减排成本会很高，可能会高达几千元/t CO₂	−100～2000

综合上述分析，估算得出 2020 年中国建筑部门主要减排技术的减排成本曲线（图 24.8），即各种技术在不同减排成本下的减排潜力。但是，在该曲线中，减排成本仅是技术

减排成本，如考虑技术实施时所面临的政策成本和社会成本等其他隐形成本，则减排成本会有不同程度上升，有的甚至是大幅度上升。

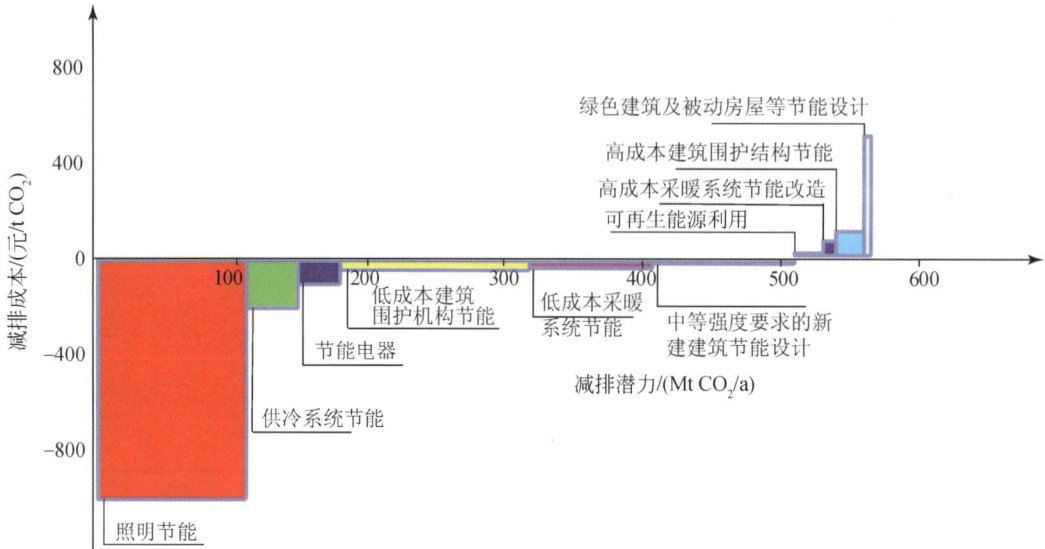

图 24.8   2020 年中国建筑部门主要减排技术的减排成本曲线

24.3.4   减排技术推广应用的主要障碍和对策

尽管建筑部门存在巨大的减排潜力，但在推广应用减排技术方面仍存在很多障碍，主要包括：

（1）大部分减排技术虽然从全寿命期看具有负的减排成本，并会在经济、节能、环境等多个方面产生良好的收益，但这些减排技术的改造或应用往往具有较高的初始投资，因此，如果没有合适的政策支持或融资手段，建筑商或使用者会倾向于选择投资成本较低的传统技术。

（2）目前在建筑部门还缺乏有效地基于市场的激励机制，导致先进减排技术难以被采纳。建筑部门减排技术的应用涉及很多利益主体，在很多情况下，技术实施的投资方和获益方分别是不同的主体，而对于技术实施后的收益又没有明确的共享机制，因此，在确定是否选择先进的、但投资成本相对较高的减排技术时，投资方往往缺乏主动性和积极行动，而使用方因为没有决定权，也无法影响技术的选择取向。

（3）建筑部门的节能标准还远落后于发达国家，且很多标准还停留在设计阶段，对于标准的实施和执行还缺乏监督以及相应的奖惩机制，这使得一些高耗能、高排放的技术仍占据较高的市场份额，而先进减排技术的市场空间受到挤压。

（4）建筑部门先进减排技术的推广应用不仅涉及技术本身，还需要好的配套机制、政策、技术、机构等的支持，但中国在这方面还存在很多问题，例如供热体制不合理、能源价格机制不完善、建筑技术水平和材料性能还有待提高、建筑设计和施工机构在节能减排技术方面的能力不足等，这些都会对先进减排技术的应用产生限制。

（5）虽然中国政府对建筑节能的重视力度越来越大，但与建筑能耗和排放技术相关的各种利益主体对于建筑节能和减排的意识还不强，在先进减排技术的研发和应用方面的能力也与发达国家有不小差距，这一方面会对先进减排技术的使用产生抑制，另一方面也阻碍了技术成本降低的进程。

因此，为了促进先进减排技术在建筑部门的推广应用，建议在以下方面加大努力：

（1）在建筑节能政策的设定和执行方面改变思路，为减排技术的使用创造良好的政策环境。要建立更为科学的建筑能效评价指标体系和建筑节能标准体系，强化相关建筑节能标准的制定和监督；强化对新建建筑和新增用能设备的节能执行力度，促进各种先进减排技术真正发挥其减排效力。

（2）通过合理的价格机制和财政政策对减排技术进行经济激励，包括改善能源价格体系、推广按供热/冷计量收费机制、推行"阶梯能源价格体系"、加大对建筑节能技术及减排技术的财政补贴力度和税收优惠力度和范围等。

（3）建立促进建筑节能减排的市场融资机制，培育相应的市场主体。这包括：通过建立合理的市场融资机制和培育相应的融资机构；理顺各种相关利益主体间的利益关系；研究基于市场的长效融资方案并推动相应机构的建立，如推动节能服务模式，通过 CDM 项目和"节能量交易机制"等获得更多的资金来源。

（4）加强对先进建筑减排技术和新型节能材料的研发和示范，努力提高先进减排技术、设备和材料的生产使用规模和国产化程度，促进这些技术成本的进一步降低。

（5）加强完善建筑节能队伍的建立和对节能减排的宣传。这包括：加强建筑节能执法队伍的能力建设；支持中介机构开展建筑节能政策研究、技术推广、宣传培训等公益性活动；加强对建筑节能服务市场的培育等。

第二十五章　中国工业生产过程中的
减排技术与潜力

提　要

本章分析了主要工业生产过程中目前的排放现状、可以或可能采取的减排技术、减排政策，并综合分析未来可能影响这些领域温室气体减排潜力的上下游产业发展状况、技术发展状况和国际国内政策。在此基础上，根据不同的情景假设，预计到 2020 年中国工业生产过程温室气体相对减排潜力约为 2.39 亿～5.43 亿 t CO_2 当量。但是如何实现上述减排潜力是非常复杂的经济、技术和社会问题，依赖于各个工业领域的技术进步以及相应的分解或者捕获技术的发展。为发掘这些减排潜力，除了中国政府和中国社会采取措施作出努力之外，国际合作、国际援助和国际技术转移是克服障碍的必不可少的重要推动力。

25.1　工业生产过程中二氧化碳的减排技术与潜力

工业生产中通常同时存在两种二氧化碳排放源：一种是化石燃料的燃烧；另一种则是工业生产过程中存在的一些物理变化过程和化学变化过程所导致的二氧化碳排放。本章的工业生产过程中的二氧化碳排放量指的是后一种排放来源，前者在第二十四章评估。例如，石灰窑燃料燃烧产生的排放属于能源活动的排放，石灰石分解产生的排放属于工业生产过程的排放。

初步估算，2007 年水泥、石灰、钢铁和电石生产过程的二氧化碳排放约为 7 亿 t CO_2 当量，预计到 2020 年这四种工业生产过程通过技术改进带来的温室气体相对减排潜力约为 0.2 亿 t CO_2 当量。

25.1.1　概　况

工业生产过程的二氧化碳排放主要发生在水泥、石灰、钢铁和电石生产过程。

水泥生产过程的二氧化碳排放发生在熟料生产过程中。生产熟料时，以碳酸钙为主要成分（$CaCO_3$）的石灰石被加热煅烧成石灰（CaO），同时放出二氧化碳。根据《中华人民共和国气候变化初始国家信息通报》（以下简称《初始国家信息通报》）的估计，1994 年中国水泥生产过程的二氧化碳排放量为 1.58 亿 t[1]。随着水泥熟料产量较快增加，中国水泥生产

---

① 中华人民共和国气候变化初始国家信息通报．2001

过程的二氧化碳排放量呈明显的增加趋势。研究表明，2000 年中国水泥工业的二氧化碳排放量约为 2 亿 t（毛玉如，方梦祥，马国维，2004）。如果以 2007 年全国水泥熟料总产量为活动水平量，采用 IPCC 排放因子缺省值进行估算，2007 年中国水泥生产过程的二氧化碳排放量约为 5 亿 t。

石灰生产过程中，石灰石在煅烧过程中热分解成氧化钙和二氧化碳。在生产含镁生石灰时，白云石在煅烧过程中热分解成含镁生石灰和二氧化碳。按照石灰使用情况，石灰分为建筑石灰，冶金石灰和化工石灰。根据中国第一次信息通报工业生产过程清单编制的做法，钢铁生产过程二氧化碳排放包括了石灰石在烧结机、平炉、转炉、电炉、高炉、铁合金炉等设备直接消耗的石灰石矿石所导致的排放，石灰生产过程的排放不含这部分排放。根据《初始国家信息通报》的估计，1994 年中国石灰生产过程的二氧化碳排放量为 0.94 亿 t。十多年来，中国石灰产量增加不太明显，石灰生产过程中的二氧化碳排放量增加也不太明显。初步估计，2007 年石灰生产过程的二氧化碳排放量约为 1 亿 t。

钢铁生产过程中温室气体排放主要有两个来源：溶剂高温分解和炼钢降碳过程。作为溶剂，石灰石和白云石中的碳酸镁和碳酸钙组分在高温发生分解反应会排放二氧化碳。溶剂消耗排放二氧化碳的设备主要有烧结机、平炉、转炉、电炉、高炉、铁合金炉等（国家气候变化对策协调小组办公室，国家发展和改革委员会能源研究所课题组，2007）。炼钢降碳过程指的是，氧化剂把生铁或粗钢中过多的碳和其他杂质氧化成二氧化碳或炉渣的过程。

电石的生产工艺一般包括两个步骤：石灰石经过煅烧生产石灰；石灰和碳素原料（焦炭、无烟煤、石油焦等）经反应生产电石。由于电石生产要求石灰的活性比较高，中国的电石生产企业一般都自己生产石灰。

与水泥和石灰相比，钢铁生产过程和电石生产过程的二氧化碳排放量不大。根据《初始国家信息通报》的估计，1994 年中国钢铁生产过程和电石生产过程的二氧化碳排放量共为 0.3 亿 t。根据钢铁生产和电石生产的产量变化和原料变化进行初步测算，2007 年中国钢铁生产过程和电石生产过程的二氧化碳排放量共约为 1 亿 t。

25.1.2　减排技术和潜力

把水泥、石灰、钢铁和电石工业二氧化碳排放的研究工作与这些工业的能源活动的二氧化碳排放结合在一起研究（何宏涛，袁文献，2005；汪澜，2006），这对于企业了解自身的减排潜力是有益；但是，从国家层面上看，单独对工业过程减排技术进行分析是有益的。一些研究不仅研究工业过程的技术改进的潜力，也从全寿命周期的角度，探讨减排的途径（张春霞等，2007）。本章只评估技术改进和相应的潜力。

（1）原料替代技术。此技术可在水泥生产中采用。应用范围比较广的技术是利用电石渣替代石灰石生产熟料，从而减少二氧化碳排放（崔素萍，刘伟，2008；闫琨，周康根，2008；UNFCCC，2008a）。电石渣是工业生产聚氯乙烯、聚乙烯醇、乙炔气等产品过程中，电石（CaC_2）水解后产生的废渣，主要成分为 $Ca(OH)_2$。利用电石渣生产熟料已经得到工业应用，一些企业也已经申请了 CDM 项目（UNFCCC，2008a）。1994～2005 年中国电石产量（阎三忠，2007；国家气候变化对策协调小组办公室，国家发展和改革委员会能源研究所，2007）年均增长率为 11.1%；2005 年以来中国实施了节能减排措施，调控了电石产能，电石产量的增长速度有所放缓。假设 2005～2020 年电石年均增长率为 1994～2005 年的一半，即 5.55%，那么中国到 2020 年电石产量将约为 0.2 亿 t。按 2005 年电石渣产量（闫琨，周康根，2008）与电石产量的比例关系 1∶1.12 测算，2020 年电石渣产生量将约为 0.22 亿 t。如果这些电石渣全部被利用来生产熟料，可以少排放约 0.13 亿 t 二氧化碳。

（2）改进生产工艺过程。在水泥生产中，采用高炉渣和粉煤灰等作为添加混合材料生产水泥能够减排二氧化碳排放。应用范围比较广的是利用高炉渣作为添加混合材料生产水泥，减少部分熟料用量，从而减少二氧化碳排放（崔素萍，刘伟，2008）。目前这项技术已经得到工业应用，一些企业也已经申请了 CDM 项目（UNFCCC，2008b）。1994~2005 年中国钢铁产量（《中国钢铁工业年鉴》编辑委员会，1995；石洪卫，2007）增长较快；2005 年以来中国实施了节能减排措施，调控了钢铁产能，钢铁产量的增长速度有所放缓。如果 2020 年钢铁产量维持在 2005 年的水平，即中国到 2020 年钢铁产量约为 7 亿 t，按照 1984 年钢铁产量（冶金工业部《中国钢铁工业年鉴》编辑委员会，1986）与高炉渣产量（黄润禅，1985）的比例关系测算，2020 年高炉渣资源将为 1.8 亿 t 左右。假设 2020 年比 2005 年新增加的高炉渣中的 10% 用于按高掺高炉渣技术生产水泥，按增加 1t 高炉渣减排 $0.61tCO_2$ 估计（UNFCCC，2008b），那么，采用该技术带来的减排量约为 0.11 亿 t 二氧化碳。

（3）废旧资源利用。此技术可在钢铁生产中采用。在钢铁生产中，通过使用更多的废钢资源，能够降低铁钢比（单亦和，2001），有利于减少溶剂高温分解和炼钢降碳过程的二氧化碳排放。如果 2020 年炼钢过程使用废钢的比重比 2005 年提高 5%，预计到 2020 年废钢将多使用 200 万 t，可能的减排潜力是 29 万 t 二氧化碳。

（4）碳捕集和利用。此技术主要在冶金石灰生产和电石石灰生产中采用（吴照合，2005）。回收石灰生产过程中的二氧化碳，把这些二氧化碳用于制干冰、食品饮料、化工原料，实现循环使用是可行的（张凯博，2007），并已经得到工业应用。宝钢采用变压吸附法回收 1 万 t 纯度 99.99% 的液态二氧化碳。上钢五厂利用 BV 法回收液态二氧化碳。该厂以石灰窑窑顶排放出来的含 35% 二氧化碳的窑气为原料，经除尘和洗涤后，将废气中的二氧化碳分离出来，并压缩成液体装瓶，得到高纯度的食品级的二氧化碳气体（杨晓东，张玲，2003）。

25.1.3 促进减排的政策

把工业生产过程二氧化碳排放控制纳入国家二氧化碳排放目标中。为更好地推进工业生产过程二氧化碳排放工作，需要研究如何把工业生产过程的二氧化碳排放纳入国家 2020 年控制二氧化碳排放目标中；研究如何把推进节能工作与推进工业生产过程二氧化碳排放控制工作结合起来；研究如何把二氧化碳回收和利用列入资源综合利用项目，以享受国家鼓励政策。

在推进循环经济工作的进程中，更加积极主动地把降低工业生产过程二氧化碳排放工作结合进来。《循环经济促进法》和相应的配套政策的实施对于企业控制工业生产过程的二氧化碳是有帮助的（国家发展和改革委员会，2006a、b；国家发展和改革委员会，2008），但目前多数企业还没有积极主动地把减低工业生产过程的二氧化碳排放作为循环经济的一个重要组成部分。为更好地推进工业生产过程二氧化碳控制工作，应鼓励试点地区探讨把降低工业生产过程二氧化碳排放纳入循环经济规划之中；鼓励水泥、石灰、钢铁、电石企业按照可持续发展和循环经济理念组织生产，优化产业链，减少工艺过程的二氧化碳排放；鼓励企业开展二氧化碳回收和利用的研究和试点。

制定配套标准，促进原料替代技术的采纳。为鼓励采用超细粉磨技术，磨制出矿渣、粉煤灰、沸石岩、硅灰以及石灰石等活性细掺料，以替代大量的熟料，需要制定相应的标准，以保证添加混合材料生产水泥产品质量（朱松丽，2000）。目前，添加混合材料比例较高的水泥产品进入市场存在障碍，需要加快研究并制定高添加比例水泥质量标准。

25.2　工业过程中氧化亚氮（N_2O）的减排技术与潜力

中国工业生产过程中的氧化亚氮主要有三大来源：硝酸生产过程、己二酸生产过程和己内酰胺生产过程。

此次评估结果表明，2005 年中国硝酸生产、己二酸生产工业过程 N_2O 排放量约为 0.17 亿～0.29 亿 t CO_2 当量。到 2020 年中国工业生产过程 N_2O 可能的减排潜力约为 1.23 亿～1.76 亿 t CO_2 当量。

25.2.1　硝酸生产过程

1. 硝酸生产现状及预测

浓硝酸（HNO_3 98.2%）是无机化学工业三大强酸之一，在化工、涂料工业、石化工业、钢铁工业、电子工业、核工业、医药和农药制造业有广泛的应用。

生产硝酸（HNO_3）时，作为氨气（NH_3）高温催化氧化的副产品，会生成氧化亚氮（N_2O）。N_2O 排放量受燃烧条件（压力、温度）、催化剂成分和老化程度（使用时间）及氧化炉的设计因素的影响。

目前，硝酸生产过程是大气中 N_2O 的重要来源，也是化学工业中 N_2O 排放的主要来源（IPCC，2006）。

2001～2007 年，中国硝酸产量（除特别说明外，产量均以 100% 浓硝酸计）年平均增长率达到 15%，2008 年度由于金融危机导致需求不足，出现 8.52% 的负增长，产量下降为 183.76 万 t（中国化工信息网，2009）。随着经济恢复，由于下游需求旺盛，在未来的 2～3 年内，中国浓硝酸供给仍将会以每年约 10% 的速度增长，远远高于下游产业的发展速度（卢暄等，2007）。由于缺乏 2010 年后的数据支持，根据 2001～2008 年的硝酸产量数据线性外推，并结合考虑届时可能出现的产能过剩，可以预测中国浓硝酸的产量年增长率应该小于 10%，则中国 2020 年的硝酸产量应该不超过 576.72 万 t。

2. 硝酸生产过程 N_2O 减排技术

1）硝酸生产过程中排放 N_2O 处理技术概述

现有的 N_2O 催化分解方式归纳起来有一级处理法、二级处理法和三级处理法 3 种方式。

（1）一级处理法：通过对氨氧化炉的铂金网进行改良来抑制 N_2O 的产生。由于 N_2O 的分解率较低，在 20%～40% 之间，尚处于试验阶段，未投入商业化运营，所以几乎没有实际应用。

（2）二级处理法：在现有的氨氧化炉铂金网的下方直接安装 N_2O 分解催化剂，只选择

N_2O 针对性分解，分解率为 $80\%\sim90\%$（$2N_2O=2N_2+O_2$），又称高温选择性催化还原法。

（3）三级处理法：又称尾气处理法或非选择性催化还原法。在尾气进入透平膨胀机前增加一个 N_2O 分解设备，内装催化剂，通过 $450℃$ 以上的高温实现 N_2O 的分解，N_2O 的分解率能够达到 80% 以上，同时也可以去除其他氮氧化物，具有多重环境效益。在其基本流程中，需要在尾气排放出口增加一个高温分解装置来分解 N_2O。

二级和三级处理法对 N_2O 的去除率差不多，但是三级法需要碳氢化合物来做催化剂和加热 N_2O 尾气，运行费用较高，此外，专门的催化剂和设施也比较昂贵，还需要占用一定的空间。

在以上的 3 种方法中，实现工业化的只有后两种 N_2O 分解方法，这两种方法在生产实际运用中各有优缺点，具体比较参见表 25.1。

表 25.1　分解 N_2O 的两种处理方法比较

方式	主要设备	优点	缺点	催化剂归属
二级处理法	1. 催化剂：需要温度 $800℃\sim900℃$； 2. 催化剂筐	1. 设备简单，初期投资比较便宜； 2. 不需要外加燃料，降低运行成本； 3. 除了更换催化剂以外，基本不需要进行维修工作	1. 在紧接铂网下方安装，所以必须要求装置停车； 2. 如果在氨氧化炉内没有设置催化剂筐的空间时，需要对氧化炉进行改造	催化剂一般是租用的，在租赁期满时换成一批新的。失活的催化剂可以返回厂家再生
三级处理法	1. 催化剂：需要温度 $450℃$； 2. 催化剂塔； 3. 还原剂 NH_3 的供应装置； 4. 尾气加热和冷却设备	1. 尾气在吸收单元之后处理，可以在不影响硝酸生产的情况下，开关路线； 2. 在减排 N_2O 的同时减排 NO_x； 3. 催化剂使用寿命很长	1. 需要增尾气加热设备，投资费用高； 2. 需要还原剂，运行费用增高； 3. 由于尾气温度、流量均发生变化，对后面的设备要采取相应的措施	催化剂必须购买

在目前 CDM 理事会批准的方法学中有两项适用于硝酸生产中副产的 N_2O 分解，他们分别是：AM0028 硝酸厂尾气中 N_2O 催化分解——三级处理法；AM0034 硝酸生产中在氨燃烧室内 N_2O 催化分解——二级处理法。

2）硝酸生产过程中排放 N_2O 处理技术障碍分析

目前的研究得到的 N_2O 分解催化剂大致可以分作稀土氧化物及相关氧化物、复合金属氧化物、沸石、水滑石热分解产物四类；催化剂分解 N_2O 的活性与催化剂的物化特性密切相关。金属离子交换的沸石以及水滑石热分解产物催化剂具有较高的催化分解 N_2O 的活性。

从目前国内外实验室范围的研究情况来看，N_2O 催化分解反应条件大致为：N_2O（3000ppm），余气为 N_2 或 He，空速 $2000\sim4000$ m/h。这与实际工业应用上的情况（N_2O：10%；H_2O：1%）还有一段距离。尤其是在有水蒸气存在的情况下，催化剂的高温活性下降明显，如 Cu-ZSM-5 等，这直接影响了相关催化剂的商业应用。此外，贵金属负载型催化材料的成本也在一定程度上限制了其实际推广。

3. 硝酸生产过程 N₂O 排放现状及预测

硝酸的生产工艺，按照压力的不同可以分为低压、中压和高压法。不同的生产工艺，其 N_2O 排放量也有很大差异。表 25.2 是不同硝酸生产工艺的缺省因子（IPCC，2006）。

表 25.2　不同硝酸生产工艺 N₂O 排放因子

硝酸生产的缺省因子	
生产工艺种类	N₂O 排放因子（100%浓硝酸计算）
低压法	5kgN₂O/t 硝酸±10%
中压法	7kgN₂O/t 硝酸±20%
高压法	9kgN₂O/t 硝酸±40%

从上表可得出，硝酸生产中 N_2O 排放因子为：4.5～12.6 kgN₂O/t 硝酸。

2005 年中国硝酸产量 161.44 万 t（中国化工信息网，2009），但是由于一部分硝酸作为更大生产过程的中间产品而被直接用于下游生产，未作为成品包括在国家统计之中，国家统计数据往往低估产量，全国统计通常只覆盖总产量的 50%～70%（IPCC，2006）。因此，2005 年中国实际的硝酸产量应是 232 万～324 万 t。由此估算 2005 年中国由于硝酸生产导致的 N_2O 排放大约 0.03 亿～0.12 亿 t CO_2 当量。

2008 年中国商品硝酸产量为 183.76 万 t（中国化工信息网，2009），实际产量应该在 262.51 万～367.52 万 t，则由于硝酸生产导致的 N_2O 排放约为 0.04 亿～0.15 亿 t CO_2 当量。根据线性外推预测 2020 年中国商品硝酸产量 576.72 万 t，按照 IPCC 提供的 50%～70% 的覆盖率推算，中国实际硝酸产量应该在 824 万～1153 万 t 之间。结合 IPCC 提供的排放因子计算，2020 年中国硝酸生产导致的 N_2O 排放量约为 0.12 亿～0.45 亿 t CO_2 当量。随着硝酸生产工艺技术进步，假设未来排放因子可以降低到 2.25～6.30kg N_2O/t 硝酸，则中国硝酸生产过程 N_2O 排放量可以降低 50% 左右，约为 0.06 亿～0.23 亿 t CO_2 当量。如果对所有硝酸生产过程中排放的 N_2O 采取二级或二级处理法进行分解，则至少可以去除 80%～90% 的 N_2O，2020 年中国硝酸生产过程 N_2O 排放量约为 0.006 亿～0.046 亿 t CO_2 当量。

因此，在考虑硝酸生产技术进步和采取 N_2O 分解技术的情况下，在 2020 年，中国硝酸生产过程 N_2O 排放可能的减排潜力为 0.11 亿～0.40 亿 t CO_2 当量。

25.2.2　己二酸生产过程

1. 己二酸生产现状及预测

己二酸是一种重要的有机二元酸，主要用于制造尼龙 66 纤维和尼龙 66 树脂、聚氨酯泡沫塑料。在有机合成工业中，为己二腈、己二胺的基础原料，同时还可用于生产润滑剂、增塑剂己二酸二辛酯，也可用于医药等方面。

目前，工业上生产己二酸主要有 3 条工艺路线，即环己烷法、环己醇法以及丁二烯羰基法。其中以环己烷空气氧化法，经过环己酮和环己醇生产己二酸最为重要，目前该路线占全球总生产能力的 93%。因为该路线可以利用廉价的苯催化加氢生成环己烷作原料。后者经空气氧化生成环己酮和和环己醇（即 KA 油），再经硝酸氧化合成己二酸。N_2O 作为己二酸生产的副产品存在。

2005 年中国己二酸产量为 17 万 t，只占国内需求量的 54%，还有 46% 的己二酸依靠进口解决（熊昭霞，汪家铭，2010）。2006 年以后，全球己二酸需求量增加，市场价格大幅上升，使国内产能迅速扩张。2008 年，中国拥有 50 万 t 的己二酸生产能力，实际年产量为 28 万 t（熊昭霞，汪家铭，2010），自给率达到 63.3%。

中国己二酸最大的下游需求是聚氨酯行业，约占总消费量的 63.2%，尼龙 66 盐约占 33.8%，其他领域约占 3%。近年来，随着国内鞋底料和聚氨酯浆料市场迅速发展，聚氨酯工业发展迅速，预计中国聚氨酯对己二酸的需求将保持年均 15% 的增长速度。第二大需要来源尼龙行业对己二酸的潜在需求也十分巨大，预计未来几年尼龙 66 盐对己二酸需求的年均增长率将保持 12% 左右。己二酸在其他行业主要是用于生产环保型永久性增塑剂，预计未来几年将保持年均 10% 的增长速度（中国化工信息网，2006）。

中国未来 5 年内对己二酸的需求至少会保持在 10%～15% 的年增长率（中国橡胶塑料制品网，2008），预计 2012 年中国己二酸产量将达到约 64.0 万 t，届时，中国己二酸的自给率可达到 90% 以上，基本上结束己二酸需要大量进口的历史，并且将出现供应过剩（21 世纪塑料产业链网，2009）。考虑到 2012 年后可能出现的产能过剩，中国己二酸产量增长应当趋缓，届时己二酸产量的年增长率应该不超过 10%，则到 2020 年，中国己二酸年产量最高应不超过 129 万 t。

2. 己二酸生产过程 N_2O 处理技术

1）己二酸生产中 N_2O 处理技术概述

目前己二酸生产中 N_2O 处理技术共有以下四种：

催化分解：建立一个分解车间，温度在 400℃～800℃，使用催化剂分解尾气中的 N_2O，生成 N_2 和 O_2。不需要天然气和蒸汽，运行费用较低，N_2O 去除率可达 95% 以上；

热氧化分解：热分解与催化分解率相同，但设备投资较大，需要高温运行，成本较高；反应原理是 N_2O 在天然气的作用下，分解成 CO_2、H_2O 和 N_2；

N_2O 回收利用。可以作为苯酚分解原料。国内目前还没有在运营的此类工厂。另一种用途是作为原料生产硝酸。这种用途对已有的己二酸生产线有影响，投资较大。

国内已有的己二酸-N_2O 分解 CDM 项目均采用了催化分解技术，如辽阳石化和神马化工 CDM 项目。

2）己二酸生产过程排放 N_2O 处理技术障碍分析

目前己二酸生产过程排放 N_2O 处理技术供应商都是国外公司，如 Asahi（热氧化分解）、BASF（催化分解）、Bayer（低火焰燃烧器）、DuPont（催化分解、低火焰燃烧器）、Rhone-Poulenc（热氧化分解、催化分解）和 Solutia（苯酚生产）（Shimizu et al.，2000）。中国目前还缺乏相应的处理技术，因此技术转让的障碍是这个领域 N_2O 减排的亟待突破的瓶颈。

3. 己二酸生产过程 N_2O 排放总量估算

己二酸是由环己酮/环己醇混合物制造的二羧酸，放入催化剂由硝酸氧化形成己二酸。

生成氧化亚氮（N_2O）作为硝酸氧化阶段意外的副产品。

2005 年中国己二酸产量为 17 万 t（萧楠，2006），按照 IPCC 提供的己二酸生产 N_2O 排放系数 300kgN_2O/t 己二酸±10%（IPCC，2006），N_2O 的 GWP 取 310，可以计算出 2005 年中国己二酸生产过程 N_2O 排放量约为 0.14 亿～0.17 亿 t CO_2 当量。

2008 年中国己二酸产量为 28 万 t（熊昭霞，汪家铭，2010），同样可计算出 2008 年度中国己二酸生产过程 N_2O 排放量约为 0.23 亿～0.29 亿 t CO_2 当量。按照前面对中国 2020 年己二酸产量（129 万 t）的预测，结合 IPCC 提供的己二酸生产中 N_2O 的排放系数 300 kgN_2O/t 己二酸±10% 进行估算，如果没有采取其他减排措施，则 2020 年中国己二酸生产过程中排放 N_2O 约为 1.15 亿～1.40 亿 t CO_2 当量。随着生产工艺进步，假设己二酸生产过程 N_2O 排放系数可以降低到 150 kgN_2O/t 己二酸±10%，则 2020 年中国己二酸生产过程排放 N_2O 约为 0.57 亿～0.70 亿 t CO_2 当量。如果对中国所有的己二酸生产过程排放 N_2O 采取催化分解措施，至少可以减少 95% 的排放量，则 2020 年中国己二酸生产过程排放 N_2O 约为 0.03 亿～0.04 亿 t CO_2 当量。

因此，在己二酸生产技术进步和采取 N_2O 分解技术的情况下，到 2020 年中国己二酸生产过程排放 N_2O 可能的减排潜力约为 1.12 亿～1.36 亿 t CO_2 当量。

25.2.3　己内酰胺生产过程

除硝酸和己二酸这两大排放 N_2O 的工业过程外，中国另一个主要工业生产排放 N_2O 过程是己内酰胺生产。己内酰胺（$C_6H_{11}NO$）的几乎全部年产量都被用作尼龙-6 纤维和塑料的单体，包括地毯生产使用的大量纤维。

1. 己内酰胺生产过程 N_2O 产生环节

己内酰胺由苯产生，苯氢化生成环己胺，然后经氧化生成环己醇（$C_6H_{10}O$），从环己醇中产生己内酰胺是典型工艺（Raschig 过程）。生产己内酰胺时，会在氨气氧化过程导致氧化亚氮（N_2O）的排放。

2. 己内酰胺生产过程 N_2O 排放总量估计

中国己内酰胺产能约为 46 万 t，自从 2003 年以来产能已经完全释放，年产量保持着 34 万 t 左右（中国化工信息中心，2009）。由于己内酰胺生产工艺复杂，短期内产量不会增加，缺口主要依赖进口解决。按照 IPCC（2006）提供的缺省值 9.0kgN_2O/t 己内酰胺±40% 进行计算，中国 2008 年己内酰胺生产过程排放的 N_2O 总量约为 0.18 万～0.43 万 t，折合二氧化碳当量为 57 万～133 万 t。受技术发展局限，如没有重大技术突破，预计到 2020 年己内酰胺产量不会有大幅变化，保持在 34 万 t 左右，排放量亦不会有大的变化。

3. 己内酰胺生产过程 N_2O 处理技术

中国目前没有己内酰胺生产过程 N_2O 处理项目，因此其处理技术和处理成本只能参考国外的项目做一个简单的估算。在泰国有一个己内酰胺生产过程 N_2O 分解 CDM 项目（UNFCCC，2009），该项目采用类似硝酸生产过程 N_2O 分解三级处理法，因此，可以估算该工业过程排放 N_2O 处理成本与硝酸生产过程 N_2O 处理成本相似。

25.3　工业生产过程中含氟气体的减排潜力

对于工业生产过程中含氟气体的减排技术与潜力评估在中国尚属首次，虽然目前含氟气体占全部温室气体的比重并不大，但是这些气体普遍具有极高的全球变暖潜值（global warming potential，GWP），为 CO_2 的几百甚至上万倍。除少量作为工业过程副产物排放外，该类气体大多具有商业用途，其消费量和排放量将随着经济的发展迅速增长，在全部温室气体中所占的比重预期将日益增大。根据本次评估结果，2005 年工业过程含氟气体的排放量约为 0.93 亿～2.82 亿 $t\,CO_2$ 当量；在理想的技术、资金支持下，到 2020 年，中国工业过程含氟气体的相对减排潜力约为 0.96 亿～3.46 亿 $t\,CO_2$ 当量。本章节尚没有包括因淘汰《关于消耗臭氧层物质的蒙特利尔议定书》控制的氯氟烃（HCFCs）采用氢氟碳化物（HFCs）和全氟化碳（PFCs）作为替代品的减排潜力；一定时期内该类温室气体排放量将随着 HCFCs 淘汰快速增长。

25.3.1　铝生产过程

铝生产过程是最大的 CF_4 和 C_2F_6 排放源。在原铝熔炼过程中，当还原槽电解液中的氧化铝浓度很低时，则会由于阳极效应而产生该类排放，其中 CF_4 是主要排放物，C_2F_6 的排放量相当于 CF_4 的 1/10。

中国是全世界最大的原铝生产国，2002～2007 年，中国电解铝行业发展迅速，电解铝产量由 2000 年的 279 万 t 增加到 2007 年的 1234 万 t（国家统计局，2008），年平均增长率达到 23.7%，在世界电解铝产量中所占的比例由 2001 年的 14% 迅速上升至 2007 年的 33%。在经历了 2007 年的扩建高峰之后，中国电解铝行业产能趋于饱和，铝厂的扩建速度放缓。考虑到中国电解铝行业的消费主要为国内需求，铝需求量最大的行业分别为建筑、交通运输和电力；2007 年这三个行业占国内原铝需求总量的 72%；由于上述三个行业的长期稳定发展趋势，中国电解铝行业未来有望保持稳定增长。

电解铝生产中排放 CF_4 和 C_2F_6 的研究受到国内企业和研究机构的重视。通常电解铝厂生产过程中产出氟化物（以 F 计）强度约为 16～18 kg-F/t-Al，IPCC 2006 基准线（IPCC，2006）中按照槽技术类型给出了 CF_4 和 C_2F_6 的缺省排放因子，其范围分别为 0.4～1.6 kg-CF_4/t-Al 和 0.03～0.4 kg-C_2F_6/t-Al。依据《铝工业污染物排放标准》（《铝工业污染物排放标准》编制组，2007），中国电解铝行业执行 0.909 kg/t-Al 的氟排放控制标准。综合考虑 IPCC 的缺省排放因子以及中国的行业标准，中国电解铝行业的排放因子预计为 0.4～0.96 kg-CF_4/t-Al 和 0.03～0.10 kg-C_2F_6/t-Al。按照上述范围估算，中国 2005 年电解铝过程中 CF_4 和 C_2F_6 排放量分别约为 3100～7500t 和 230～780t，排放总量折合约为 0.22 亿～0.56 亿 $t\,CO_2$ 当量。

根据 2000～2007 年间中国电解铝的产量数据（国家统计局，2008）进行外推，可估算中国未来电解铝的产量。在现有技术下，预计 2020 年中国电解铝过程排放的 CF_4 和 C_2F_6 的量将分别达到 10500～25300t 和 790～2600t，排放总量折合约为 0.76 亿～1.89 亿 $t\,CO_2$ 当量。参考国外电解铝厂废气排放标准（《铝工业污染物排放标准》编制组，2007）以及 IPCC 2006 基准线（IPCC，2006）中的排放因子范围，假设未来通过技术转让等措施，中国电解铝行业的排放因子可能全部达到 IPCC 缺省因子的下限值，即 0.4 kg-CF_4/t-Al 和 0.03 kg-C_2F_6/t-Al 的排放水平，则 2020 年电解铝行业 CF_4 和 C_2F_6 的减排潜力预计可达 1.13 亿 t CO_2 当量。

影响铝生产过程中 CF_4、C_2F_6 排放量的因素包括生产过程中氟化盐的单耗、操作工艺水平和烟气净化水平等。因此可以从操作工艺、设备使用、烟气控制等方面采取措施，以降低氟化盐消耗及减少氟化物的排放。

1）采取适当的电解生产工艺

首先从源头上减少含氟污染物的产生量（马进德，周海，赵振明，2007）。
- 保持适当的电解温度
- 稳定电解质分子比
- 控制阳极效应系数
- 减少原料的含水量
- 使用新型氟化盐（使用冰晶石、一氧化铝混合料调整电解质时，可减少因蒸发损失的 50％ 的氟化物，使用高分子比冰晶石，因其自身的低挥发性，可减少氟化盐的散失）

2）提高效率

辅以高效率的集尘系统、净化设备及操作工艺，提高净化效率，进一步减少含氟污染物排放。目前铝电解烟气的干法净化法就是吸附净化法作为氟化氢的吸附剂有工业氧化铝、氧化钙、碳酸钙等（洪斌，2006），但对于净化铝电解中的含氟烟气，用工业氧化铝作吸附剂则是合理的选择。

25.3.2　镁生产过程

镁生产过程中，铸造车间采用 SF_6 作为保护气来防止高温熔化态的镁被氧化，通常所有用作保护气的 SF_6 最终都将排放到大气中。金属镁主要用于铝合金、钢铁脱硫、球墨铸铁、金属还原、化工、压铸等方面。目前，发达国家已将金属镁广泛应用于飞机、汽车、电脑、家用电器、通讯器材等领域。20 世纪 90 年代以来，中国镁工业快速发展，中国镁的产量由 2000 年的 14.2 万 t 增长到 2007 年的 62.5 万 t（中国有色金属工业协会，2008），中国已成为世界上最大的原镁生产国和出口国。

镁生产过程中，SF_6 的排放可能来自各个工序，包括原镁生产、压铸、重力浇注和再加工（二次生产）等过程；关于镁冶炼过程中 SF_6 的排放因子研究十分有限，IPCC 优良做法指南（IPCC，2000a，b）中并没有给出缺省排放因子，但报告中提到根据行业普查的结果显示 SF_6 排放因子范围为 0.1~10 kg/t-Mg，而 IPCC 报告（IPCC，2006）中更新了的镁行业 SF_6 排放强度为 1 kg/t-Mg。综上所述，本评估报告假设中国该行业 SF_6 排放因子范围为 0.1~1 kg/t-Mg，估算 2005 年中国镁生产过程中 SF_6 的排放量约为 45~450t，折合约为 0.01 亿~0.11 亿 t CO_2 当量。

根据 2000~2007 年间中国金属镁的产量数据（国家统计局，2008）进行线性外推，可以估算中国未来的镁产量将持续增加。基线情景下，2020 年中国镁生产过程中所排放的 SF_6 将达到约 0.03 亿~0.33 亿 t CO_2 当量。假设通过技术转让等支持提高工艺水平以及开展管理控制措施等，未来镁冶炼过程中，SF_6 的排放强度可以全部降到 IPCC 优良做法指南（IPCC，2000a，b）中的排放下限 0.1 kg/t-Mg，则 2020 年中国镁生产过程 SF_6 的减排潜力最高可达到约 0.3 亿 tCO_2 当量。

减少镁生产过程中 SF_6 的排放量的途径包括：减少 SF_6 的消耗量，采用合理工艺减少排放，分解排放到大气的 SF_6，以及使用替代品等。

1. 采用合理的防护性气体混合比

镁熔炼中通过试验指出，扩散到大气中的 SF_6 有 30％可以分解，而 SF_6 所能分解百分比的高低，则取决于操作条件（王益志，2002）。

在熔体温度为 650℃～705℃时采用：空气＋0.04％SF_6；空气＋0.2％SF_6 或 75％空气＋25％CO_2＋0.2％SF_6；

在熔体温度为 705℃～760℃时采用：50％空气＋50％CO_2＋0.3％SF_6。

2. 改进工艺操作

采取合理的工艺操作，通过密封炉子来减少泄露；

顶盖与坩埚之间采用耐火纤维密封垫；

炉盖只宜用移动式、不宜用铰链式开启方法；

炉子顶盖宜采用至少为 10mm 厚度的钢板制作并带有加强筋；

炉子操作的窗口也尽可能具有密封性；

采用双移动门，防止加料时外界空气窜入。

3. 开展替代品研究

探索 SF_6 的替代品已成为镁合金熔炼研究迫切需要解决的问题。

近年来，国内外在这一方面已经开展了积极的研究工作，初步的研究结果表明，SO_2、CO_2、Ar、BF3、二氟甲烷、二氟乙烷、六个碳原子的全氟化酮和 HFC-134a 等物质都有替代 SF_6 的可能（陈虎魁等，2008）。就替代品对镁及其合金熔体的保护问题的研究仅限于保护效果和保护工艺的研究，而对其在高温熔体表面的分解行为以及与镁及其合金熔体作用后排放气体的成分尚未见到报道。

25.3.3　电力设备生产与使用

六氟化硫（SF_6）被用于电力传输和分配设备中电绝缘、电弧猝熄和电流断路；电力设备中的 SF_6 大部分用于高压气体绝缘开关（GIS）和断路器，还有一些用于高压气体绝缘传输线和其他设备。电力设备的 SF_6 排放是全球最大的 SF_6 排放源类别。

迄今为止，全球每年生产 SF_6 气体中，约有一半以上用于电力工业；而在电力工业中，高压开关设备约消费 80％以上，主要是用在 126～252 kV 的高压、330～800 kV 的超高压领域，特别是 126 kV～252 kV～550 kV 的断路器（GCB）、SF_6 封闭组合电器（GIS）、充气柜（C-GIS）、SF_6 气体绝缘管道母线（GIL）等。

电力设备中 SF_6 气体的排放贯穿了电力设备的整个生命周期过程（制造过程、安装阶段、使用阶段和清理阶段），SF_6 气体可以通过电力输变电设备新产品耐压试验、容量开断试验、出厂试验、设备转移、运输、安装、运行、设备检修等过程排放至大气中。目前还没有关于中国电力设备生产和使用排放量的公开文献。美国对 1998～2002 年期间加工生产和安装在高压断路器中的 SF_6 气体的泄漏率进行了调查。结果表明 10% 的断路器可能存在泄漏，73% 的泄露发生在气体装置中，21% 的泄露是由于套管的破旧和损坏，6% 是由于气体容器泄露（牛虎明，2007）。电力设备生产和使用过程中 SF_6 的减排措施可从以下 3 个方面考虑。

1. 提高产品设计水平

（1）应尽量不用或减少 SF_6 气体的使用量，通过改变产品结构，减少充气隔；

（2）在保证产品性能的前提下，降低充气压力，既有利于密封，还可能减少漏气点；

（3）改进密封结构及采用新材料、新工艺、减少 SF_6 气体的泄露；

（4）推进电器设备的小型化，缩小电器设备的体积，以减少 SF_6 气体的使用量。

2. 开发新的工艺技术，减少 SF_6 的使用并开展回收

（1）开发低气压的 SF_6 开关设备和 SF_6 混合气体的电器设备；

（2）在设备制造和设备检修期间采用先进的 SF_6 气体回收装置，通过各种过滤器的回收，以去除 SF_6 气体中的水分、油分、尘埃、分解生成物等成分，实现 SF_6 气体再生利用；

（3）在中压（12～40.5kV）领域，采用非 SF_6 电器和真空开关设备，在高压（40.5～252kV）领域到特高压（800～1100kV）领域，大力发展真空断路器（VCB）。

3. 使用替代技术

（1）$c\text{-}C_4F_8$ 气体无毒，无臭氧破坏能力，其 GWP 仅是 SF_6 的 36%，而且是强电负性气体，在均匀电场下是 SF_6 气体的 1.3 倍，因此 $c\text{-}C_4F_8$ 有可能替代 SF_6 及其混合气体（张刘春等，2008）；

（2）$c\text{-}C_4F_8$ 仍然是温室气体，更理想的替代气体是纯 N_2 气体；但要使纯 N_2 气体的绝缘强度与纯 SF_6 气体的绝缘强度等同，须将纯 N_2 气体的压力提高到纯 SF_6 气体的 3～4 倍，因此，从安全角度考虑，需要提高电器设备的容器刚度、强度。

25.3.4　半导体生产过程

半导体工业的生产过程中会排放碳氟化合物（CF_4、C_2F_6、C_3F_8、$c\text{-}C_4F_8$、CHF_3）、三氟化氮（NF_3）和六氟化硫（SF_6），这些气体合称碳氟化合物（FCs），主要用于半导体生产的两个重要阶段：等离子蚀刻薄膜和清洗化学蒸汽沉积法（CVD）工具室。此外生产过程中也有一部分碳氟化合物转变为 CF_4。

依据中国半导体工业协会的调查，2004～2007 年，上述物质采购量快速增长；该行业 2007 年采购的上述 FCs 物质总量约为 630t，相应排放量不到 0.01 亿 tCO_2 当量。

不同的半导体类型工艺、不同的工艺装置品牌及所实施的不同的大气减排技术，都将产生不同的 FCs 排放量。半导体厂减排 FCs 可从两方面着手：一是减少使用排放，包括管路末端污染设施改善、空气污染防治设备及技术更新，以及将现有处理方式由过滤回收改为燃烧式，以有效降低污染排放量；二是寻找合适的替代品，取代高温室效应的 FCs。

1. 程序最适化/替代加工（减少使用和排放）

通过改进 CVD 成膜工序，即改进气体流量和清洗时间，可以使用更少的气体来清除腔内残渣。

2. 替代化学品（减少或去除排放）

现场制氟技术，能够应对 CVD 工艺腔室清洗未来将面临的所有挑战（索比太阳能，2009）。相比三氟化氮和其他含氟气体，氟气较弱的键离解能使工艺在较低温度下进行更快更节约成本的清洗，同时减少了清洗工艺过程的碳足迹。而产能的增加和设备成本的降低也可激励客户进行改进。目前的趋势是在 CVD 和薄膜行业广泛采用现场制氟。

在半导体制造工艺中减少 PFC 散发的方法。该半导体制造工艺包括一组子工艺，每个子工艺产生至少一种 PFC，该方法包括以下步骤：将由各个子工艺产生的 PFC 排放至公共管线以形成混合的排出气流；用分立的 PFC 消除系统处理来自各个子工艺的混合排出气流；混合经处理的排出气流以形成混合的经处理的气流，湿洗混合的经处理的气流。

3. 捕集/回收/净化（回收和再利用）

在 PFCs 用量特别高的情况下，捕集/回收应是减少 CVD 排放最适当的方法。

SF_6 的回收和回充，在现场实际工作应用中比较普遍。

SF_6 回收气体的净化处理技术主要包括：一是对水分、低氟化合物和矿物油等采用物理吸附；二是对 SF_6 气体中的空气和 CF_4 等分离，目前主要采用物理液化分离、深冷固化分离等技术（苏镇西，2008）。

25.3.5　氯氟烃生产过程

一氯二氟代甲烷（HCFC-22 或 $CHClF_2$）生产过程中会生成副产物三氟甲烷（HFC-23 或 CHF_3）排入大气。HFC-23 安全无毒，但其 GWP 值极高，是二氧化碳的 1.17 万倍。通常生产 HCFC-22 过程产生的 HFC-23 约相当于 HCFC-22 产量的 1%～4%（IPCC，2000a，b），相对生产 HCFC-22 的旧装置而言，新装置具有较好的控制能力，HFC-23 的比重可以降低到 2% 以下的水平。

目前 HFC-23 作为产品使用价值不高，可以用作制冷剂和灭火剂，市场使用量很少（潘绍忠，王绍勤，2005），其在中国的排放主要源自 HCFC-22 生产过程中的无意排放。

2007 年中国 HCFC-22 产量已经达到 40 万 t 的水平。根据 UNFCCC 关于中国 HFC-23CDM 项目的统计资料，中国 HCFC-22 生产过程中 HFC-23 的产率范围为 1.64%～3%，按此计算，2005 年 HFC-23 产出量约为 0.6 亿～1.1 亿 t CO_2 当量，HFC-23 的排放量非常显著。

中国生产的 HCFC-22 主要用作国内 ODS 消费用途、原料用途以及出口（其中包括原料和 ODS 用途）。根据中国的履行《蒙特利尔议定书》淘汰时间表可以预测未来国内 ODS 用途的生产需求；原料用途消费不属于公约控制范畴，因此根据 2000 年至今的原料消费增长情况线性外推，可以预测未来国内原料用途的生产需求；出口部分大多为 ODS 用途，因此根据公约控制时间表进行预测。不考虑 CDM 项目所焚烧的 HFC-23，按照 1.64%～3% 的产率进行计算，则 2020 年中国 HCFC-22 生产过程所排放 HFC-23 将达到 1.1 亿~1.9 亿 t CO_2 当量。假设随着技术的进步，未来 HFC-23 副产物的产率可以降低至 1.5%，则 2020 年中国 HFC-23 副产物的减排潜力约为 0.09 亿~0.97 亿 t CO_2 当量。同时考虑到通过末端治理等措施，对 HFC-23 进行捕获和清除，可以从 HCFC-22 生产中减少 90% 以上的 HFC-23 排放（IPCC，2005），因此到 2020 年中国 HFC-23 副产物的减排潜力最大可达 0.96 亿~1.83 亿 t CO_2 当量。

由于市场力量或国家政策所导致的 HCFC-22 生产的减少，或者在设备设计和施工方面的改进，都可能减少 HFC-23 的排放。

1）优化设备设计和生产过程

优化设备设计和生产过程，对 HFC-23 的捕获和清除，通过热氧化对 HFC-23 进行捕获和清除是一种非常有效的减排选择，清除率可达 99% 以上，但必须考虑热氧化设备的"停机时间"对排放的影响（IPCC，2005）。

2）控制 HCFC-22 的生产和使用

为了满足《蒙特利尔议定书》对于 ODS 物质的管理控制要求，中国即将开始冻结并逐步淘汰 HCFC-22 的生产和使用，而这也将导致其副产品 HFC-23 的减排。按照 2007 年国际社会加速淘汰 HCFCs 协议，中国作为 ODS 用途的 HCFCs 减排目标为（生产和消费分别计算）：基线水平为 2009 和 2010 年的年平均水平，2013 年冻结在基准水平，2015 年在基准水平上分别削减 10%，2020 年在基准水平上削减 35%，2025 年在基准水平上削减 67.5%，2030 年在基准水平上削减 97.5%，保留基准水平的 2.5% 仅限用于维修领域的需求，2040 年实现完全淘汰。

另外，通过《京都议定书》下的 CDM 项目，也可以减少中国 HFC-23 的排放量。

25.3.6　汽车空调行业 HFC-134a（CFCs 替代品）的减排潜力

1994 年以前，CFC-12 被广泛应用于汽车空调领域。但是根据《蒙特利尔议定书》的履约要求，中国于 1994 年开始逐步淘汰 CFC-12 在汽车空调领域的应用，并在 2001 年年底，禁止新生产的汽车空调中使用 CFC-12。国内生产商逐步转向使用 HFC-134a 作为汽车空调的制冷剂，中国 HFC-134a 的消费量从 1995 年的 1358 t 增加到 2003 年的 5758 t[①]。目前，HFC-134a 已经占据了中国汽车空调制冷剂的市场。

近几年来，中国汽车产销一直保持着快速增长的势头，根据国家统计局公布的进度数据，2007 年中国的汽车产量达到 888 万辆（国家统计局，2008）。随着中国汽车工业及汽车空调市场的持续增长，HFC-134a 制冷剂的需求量和排放量也将随之保持增长。

空调汽车对 HFC-134a 的需求主要包括新生产空调汽车的初次填充以及在用车辆维修过程中的再次填灌；而汽车空调 HFC-134a 的排放则持续存在于汽车的整个生命周期，主要包括新生产汽车的初次填充泄漏、运行排放和清理排放，其中运行排放还包括了事故排放以及维修过程的人为操作排放等（IPCC，2000a，b）。

---

① 北京大学环境科学中心．2003．中国制冷维修行业 CFCs 的淘汰战略

北京大学胡建信等（2009）选择 2005 年为基线年，根据不同车型的排放因子，估算 2005 年中国汽车空调 HFC-134a 制冷剂的排放量约为 0.095 亿 tCO_2 当量。参考该研究对空调汽车产量预测的假设，在基线情景下，假定各车型制冷剂的使用及排放情况同 2005 年，则 2020 年中国汽车空调 HFC-134a 的排放量将达到 6.29 万 t，折合约 0.8 亿 t CO_2 当量。综合考虑未来由于制冷剂替代、人工操作、技术进步以及政府政策引导等可能减少 HFC-134a 需求量及排放量的各方面因素，2020 年中国汽车空调 HFC-134a 的减排潜力将达到约 0.2 亿 t CO_2 当量。

未来可能降低汽车空调行业 HFC-134a 的需求量和排放量的因素主要包括以下几方面（胡建信等，2009）：

（1）非 HFC-134a 制冷工质替代：欧盟从 2011 年推动二氧化碳等替代技术将可能影响中国汽车空调制冷剂的市场，非 HFC-134a 制冷工质（混合制冷剂、二氧化碳等）具有更低的 GWP 值，将来可以用于新生产的客车的空调系统中，从而减少汽车空调行业 HFC-134a 的需求量及排放量。

（2）熟练操作：随着维修工人技能的提高，工人的熟练操作可以减少 HFC-134a 的维修使用量。

（3）技术进步：随着技术的进步，汽车空调系统制冷剂的运行泄漏将减少，相应的 HFC-134a 的需求量也将减少。

（4）管理 HFC-134a 排放的政府政策：基于环境保护的目的以及《京都议定书》的要求，政府可以通过颁布相应的法规，要求回收并循环使用 HFC-134a，从而减少 HFC-134a 的需求量及排放量。

第二十六章　中国农业、林业和其他土地利用减排增汇技术与潜力

提　要

减缓稻田甲烷排放的技术措施包括间歇灌溉、肥料管理、选择高产低 CH_4 排放速率的水稻品种以及使用稻田甲烷抑制剂，间歇灌溉可以减少稻田甲烷排放 30%～40%，相对于使用厩肥而言，堆肥和沼渣可以减少 40%～60% 的 CH_4 排放。减缓农田 N_2O 排放的技术措施包括精准施肥、选用肥料品种、改善施肥方式和使用硝化抑制剂等；施用有机肥、秸秆还田与免耕等能够增加农田土壤碳储量 0.47～0.96 tC/(hm² · a)。秸秆青贮、氨化每年可减少 CH_4 动物肠道甲烷排放约 17 万 t，能源作物的减排潜力为 0.66 亿 t CO_2。到 2015 年底，全国户用沼气可减排 0.78 亿～1.2 亿 t CO_2/a，2015 年沼气工程可减排 268 万 t CO_2。

林业活动碳吸收汇主要来自林木生长碳吸收，土壤仅占总碳源汇量的 10% 左右。相对于 2000 年，2010～2030 年植树造林、减少毁林、森林管理、封山育林的净碳汇吸收量为 4.17 亿～6.10 亿 t CO_2/a。

农业生产活动是温室气体（GHG）主要排放源之一，主要包括稻田甲烷（CH_4）排放、施肥造成的氧化亚氮（N_2O）排放、动物肠道发酵 CH_4 排放以及动物粪便处理 CH_4 和 N_2O 排放。2005 年全球农业源温室气体排放总量为 51 亿～61 亿 t CO_2 当量，占人为 GHG 排放的 10%～12%。农业源 CH_4 排放量为 33 亿 t CO_2 当量，N_2O 排放量为 28 亿 t CO_2 当量，分别占全球这两种温室气体排放总量的 50% 和 60%（Smith et al.，2007）。由于农业迅速发展、施肥量增加和畜牧业的发展，农业源温室气体排放量增加迅速，1990～2005 年间 CH_4 和 N_2O 排放量增加了近 17%。随着人口的增长和对粮食需求的相应增加，预计未来农业源温室气体排放将会继续增加。如果不考虑政策的变化，到 2030 年，预估农业源 N_2O 和 CH_4 排放将分别增加 35%～60% 和 60%（Smith et al.，2007）。农田和草地生态系统中的碳主要储存在土壤中，其土壤碳储量分别占全球土壤碳储量的 6% 和 28%（IPCC，2000a，b）。管理措施和土地利用变化对农田和草地土壤碳储量影响明显，农田管理、放牧草地管理和农田转变为草地等措施在 2010 和 2040 年将增加全球土壤碳储量 4.00 亿 tC/a 和 8.14 亿 tC/a（IPCC，2000a，b）。减缓农业源温室气体排放和增加农业土壤碳储量的技术主要包括改善农田管理、草地管理、恢复退化土地、改善动物饲养方式和管理技术措施、动物粪便替代化石燃料等，这些技术都可以在一定程度上减少农业源温室气体排放量。到 2030 年全球农业技术减排潜力每年达 55 亿～60 亿 t CO_2 当量，增加土壤碳汇占农业技术减排潜力的 89%（Smith et al.，2007）。

全球森林覆盖面积为 39.52 亿 hm²，约占全球陆地面积的 30%。全球森林生物量碳储量达 2827 亿 t C，其森林植被的碳储量约占全球植被的 77%，森林土壤的碳储量约占全球土壤的 39%（IPCC，2000a，b）。增加林业碳吸收汇的技术措施包括：控制毁林或扩大森林面积；保持或增加单位面积森林碳密度；保持或增加区域碳密度；提高林产品碳储量；促进能源密集型产品生产和化石燃料的替代（Nabuurs et al.，2007）。见效最快和成本最低的措施是减少毁林或森林退化、森林防火、减少森林采伐剩余物的焚烧等。从长远来看，可持续的森林管理策略将会产生最大的持续减排增汇效益。1995～2050 年，全球造林和再造林活动累积碳汇潜力为 600 亿～870 亿 t C，平均每年碳汇潜力为 11 亿～16 亿 t C/a。IPCC 估算，未来 40 年，除造林和再造林以外的其他人为活动的碳吸收汇潜力为 25 亿 t C/a，这些估算仅包括了碳储量的变化，未包括因增加使用生物质能或林产品而减少的 CO_2 排放量。热带地区的毁林、温带和寒温带部分地区的森林恢复仍是决定森林作为 CO_2 源/汇的主要因素。20 世纪 90 年代，毁林速度平均为 1310 万 hm²/a，毁林造成的排放估计约为 58 亿 t CO_2/a。2000～2005 年，由于造林、景观恢复以及森林的自然恢复，森林面积净减少量为 730 万 hm²/a，减少最大的地区位于南美、非洲和东南亚。寒温带和温带不断扩大的森林面积及累积木质生物量抵消了由于热带毁林所造成碳损失。基于大气传输模式反演的自上而下方法估计 20 世纪 90 年代陆地净碳汇约为 95 亿 tCO_2（Nabuurs et al.，2007）。

26.1 中国农业减排增汇措施及潜力

2007 年，中国耕地面积 1.22 亿 hm²，农作物总播种面积 1.54 亿 hm²，其中粮食作物播种面积 1.056 亿 hm²，粮食总产量 5.02 亿 t；水稻播种面积 2890 万 hm²，占粮食播种面积的 27.3%（《中国农业年鉴》编辑委员会，2008），占全球水稻种植面积的 18.8%。2007 年中国的化肥施用量 5110 万 t，其中氮肥用量 2300 万 t（折纯量）。2007 年大牲畜年末存栏 1.23 亿头（只），牛、猪、羊的存栏数量分别为 1.06 亿、4.40 亿和 2.86 亿头（只）（《中国农业年鉴》编辑委员会，2008），年末存栏量占全球存栏量的 8.4%、50.7% 和 15.5%。由于中国水稻种植面积、单位面积施肥量和施肥总量以及动物饲养量在全球占有相当大的比例，且农业管理较为粗放，因此技术减排潜力相对较高。

26.1.1 农田减排措施和潜力

1. 减少稻田 CH₄ 排放的措施和潜力

1）水分管理

水分状况是影响稻田 CH₄ 产生与排放的决定因子。改变稻田的水分管理可以抑制产 CH₄ 菌的活动，是有效的减排措施。对目前国内有关稻田 CH₄ 排放研究的 70 余篇论文、350 个不同水分管理的稻田 CH₄ 排放试验数据分析，结果表明，相对于水稻生长期持续淹灌，烤田、间歇灌溉和湿润灌溉分别可以减少稻田 CH₄ 排放 45%、59% 和 83%（图 26.1），烤田和间歇灌溉能增加 N_2O 排放 12％和 140％（图 26.2）。但考虑到不同水分管理条件下 CH_4 和 N_2O 的排放量以及这两种温室气体增温潜势，晒田和间歇灌溉能够明显减少稻田温室气体排放。

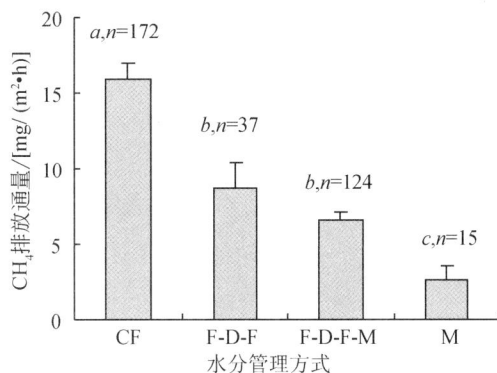

图 26.1　不同水分管理对稻田 CH_4 排放通量的影响（平均值＋标准误）

CF、F-D-F、F-D-F-M 和 M 分别为淹水灌溉、烤田、烤田＋间歇灌溉和湿润灌溉；n 为试验数目；
a，b，c 表示差异显著性，相同字母表示差异不显著（$p > 0.05$），不同字母表示差异显著（$p < 0.05$）

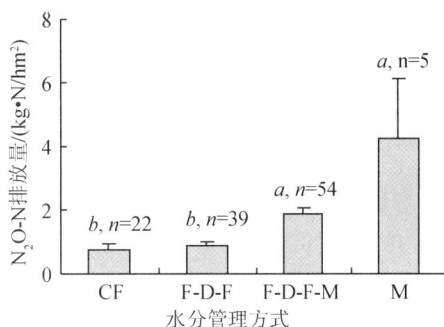

图 26.2　不同水分管理对稻田 N_2O 排放通量的影响

CF、F-D-F、F-D-F-M 和 M 分别为淹水灌溉、烤田、烤田＋间歇灌溉和湿润灌溉；n 为试验数目；
a，b 表示差异显著性，相同字母表示差异不显著（$p > 0.05$），不同字母表示差异显著（$p < 0.05$）

2）施肥管理

根据对已有试验结果的分析表明：相对于厩肥、绿肥和秸秆还田，不施肥和只施化肥可以减少 50％～66％的 CH_4 排放，施堆肥或沼渣可以减少 45％～62％的 CH_4 排放（图 26.3）。施用沼渣被认为是即能增加水稻产量，又能减排的措施，但施用未经干燥、堆腐处理的有机肥则会增加稻田 CH_4 的排放（李晶，王明星，陈德章，1998）。水稻移栽前的秸秆直接还田能极大地促进 CH_4 排放，但如果稻田休闲期将秸秆还田，则极大地减少 CH_4 排放。不同化肥种类对稻田 CH_4 排放影响也不尽相同。施用含硫的肥料可以降低稻田 CH_4 排放，特别是在 CH_4 排放通量高的分蘖期和孕穗期，降低 CH_4 排放的作用更明显（陈宗良等,1994）。从收集到的已发表论文结果可以看出，碳铵施用有可能降低稻田 CH_4 排放（表26.1）。尿素含氮量高，施用方便，是稻田普遍施用的氮肥。尽管其他一些常规肥料具备减排作用，但短期内不可能改变中国稻田以尿素为主要氮肥的局面，因此改变化肥种类，降低

稻田 CH_4 排放存在很大的局限性。

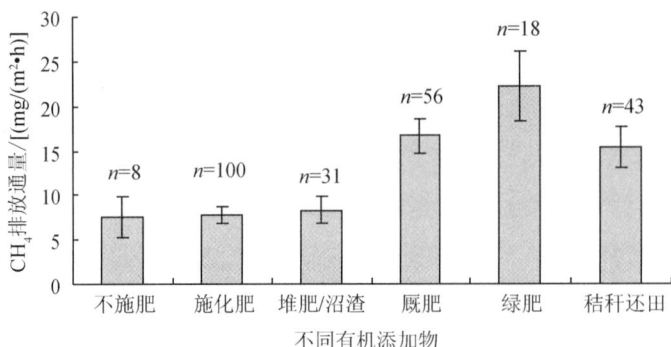

图 26.3　不同肥料管理对稻田 CH_4 排放通量的影响（平均值＋标准误，n 为试验数据个数）

表 26.1　不同化肥施用对稻田 CH_4 排放的影响

项目	尿素	复合肥和尿素	碳铵和尿素	硫酸铵	碳铵
平均排放通量 /[mg/(m² · h)]	12.97	13.16	6.81	13.82	2.58
标准误	1.12	2.41	1.84	3.38	0.59
试验数目	137	30	26	18	12

3）选择高产低 CH_4 排放的水稻品种

选择高产低排放的水稻品种也是减少稻田 CH_4 排放的另一途径。不同水稻品种在相同的土壤条件和水分条件下 CH_4 排放差异显著，6 个水稻品种 CH_4 排放相差 1%～46%（Sudip et al.，1999）。种植杂交稻 CH_4 排放量低于常规稻，且杂交水稻的单位面积产量比常规稻高 30%（李晶，王明星，陈德章，1998）。

4）稻田 CH_4 抑制剂的研制和使用

稻田 CH_4 抑制剂不仅能抑制稻田 CH_4 排放，还能通过把有机质转化成腐殖质，减少 CH_4 形成的基质，增加稻田的肥力和水稻的产量（李晶，王明星，陈德章，1998）。另有研究表明，农药型 CH_4 抑制剂和肥料型抑制剂对水稻田 CH_4 排放有抑制效果并能减轻病虫害，而且对水稻有增产作用，这两种抑制剂可降低稻田 CH_4 排放 9%～15%（汪永钦等，1994）。其中农药型 CH_4 抑制剂是一种广谱灭菌和表面活性剂，适用于容易发生病虫害的地区；肥料型 CH_4 抑制剂能促使土壤有机质分解腐殖酸，减少 CH_4 的生成（王明星，李晶，郑循华，1998）。CH_4 排放抑制剂的技术研发目前处于研究阶段，尚未得到推广应用。

2. 减少农田 N_2O 排放的措施和潜力

（1）精准施肥。提高氮肥利用率、避免过量施肥是减少农田 N_2O 排放的重要措施。中国水稻、小麦的氮肥利用率仅为 28%～41%。通过土壤或植物诊断确定合适的氮肥用量、根据作物不同生育时期的需肥特点分次施肥可明显提高氮肥利用率，从而减少农田 N_2O 排放。

（2）选用合适的氮肥品种。不同的氮肥品种对 N_2O 排放量的影响不同。缓释肥料中的氮可逐渐释放出来，有利于作物吸收，同时能减少氮素损失和生物固定。施用长效碳酸氢铵和缓释尿素比施普通尿素和碳酸氢铵的农田 N_2O 排放量低（黄国宏等，1998）。

（3）肥料深施或混施，可以减少径流、氨挥发和反硝化损失，从而减少 N_2O 的间接排放。

（4）使用硝化抑制剂。硝化抑制剂可以抑制硝化速率，减缓铵态氮向硝态氮的转化，从而减少氮素的反硝化损失和 N_2O 的产生。双氰胺（DCD）对紫色土、黄壤、灰潮土等 3 种土壤的 N_2O 释放有明显抑制作用（傅涛等，2001）。脲酶抑制剂氢醌（HQ）、硝化抑制剂双氰胺（DCD）及两者的组合（HQ＋DCD）能抑制稻田土壤 N_2O 的排放（周礼恺等，1999）。

26.1.2　中国农田土壤固碳措施和潜力

土壤有机碳储量受到气候、植被、土壤以及人类活动等多种因素的影响。农田碳库尤其是表层土壤碳库受人类活动影响尤为严重。据研究，农田土壤有机碳损失量的 60%～70% 可通过采用合理的耕作和管理措施被重新固定。

1. 中国农田土壤碳变化

国内外学者针对中国农田土壤碳储量及其变化开展了大量研究，但由于采用的估算方法不同而得出了相反的结果。利用 DNDC 模型模拟得出 1998 年中国农田土壤碳储量降低 0.79 亿 t C（邱建军等，2002）。根据文献调研结果（涵盖了不同地区 6 万多个土壤样品的测定结果），发现近 20 年来占 53%～59% 耕地面积的土壤有机碳含量呈增长趋势，而 30%～31% 呈下降趋势，4%～6% 基本持平。近 20 年中国农田土壤表土有机碳储量增加了 3.11 亿～4.01 亿 t C（黄耀，孙文娟，2006）。利用第二次土壤普查资料估算中国农田碳储量增加速率为 2361 万 t C/a（Xie Z. et al.，2007）。潘根兴等利用收集的土壤有机碳监测数据（1099 个），估算得出 1982～2006 年全国农田土壤有机碳平均年增长幅度达 0.69±1.86%，水稻土有机碳增加的幅度高于旱地土壤。在区域格局上表现为华北、华东、西北增长明显，而西南、华南和东北地区增长不明显（潘根兴，2008；Pan et al.，2010）。

2. 农业管理措施对土壤有机碳的影响

施肥主要通过两条途径影响土壤有机质含量及动态：一是提高农作物生物产量，增加土壤中残茬和根的输入；二是影响土壤微生物的数量和活性，影响有机质生物降解过程（杨景成等，2003）。施有机肥能提高土壤有机碳含量的观点已经普遍被接受，尤以化肥有机肥配施更为显著（周斌，乔木，王周琼，2007）。秸秆还田也是土壤有机碳含量提高的重要物质来源。土壤有机碳储量的增加与秸秆还田的数量、耕作制度以及秸秆还田方式等条件有关。

通过对中国期刊网、维普科技期刊网两大中文数据库和 ScienceDirect，SpringerLink 等外文数据库的检索，获得了中国农田管理对 SOC 影响方面的相关文献。选择文献标准如下：①农田管理措施为施化肥、施有机肥、化肥有机肥配施、秸秆还田、免耕和对照。其中施肥量为常规量，秸秆还田以全量还田为主，部分配合补施化肥，免耕配合施常量化肥，对照是只种作物不施肥料；②试验为长期定位试验；③试验为田间试验；④土样采自表层土壤；

⑤试验时段的起止年份清楚；⑥试验时段的各管理措施下 SOC 的初始值和变化值明确。

对收集到的研究结果进行 Meta 分析，结果表明施化肥、施有机肥、化肥有机肥配施、秸秆还田和免耕 5 种管理措施在全国尺度上均能使土壤有机碳增加。配施条件下土壤有机碳的增加量最大，达到 0.71～0.96 t/(hm² · a)，免耕措施使土壤有机碳储量增加 0.49～0.96 t/(hm² · a)，施有机肥的土壤有机碳储量增加 0.52～0.71 t/(hm² · a)，秸秆还田为 0.47～0.62 t/(hm² · a)，施化肥能使土壤有机碳增加 0.13～0.18 t/(hm² · a)，但在东北地区由于土壤有机碳初始值较高，即使是施化肥土壤有机碳也降低。不施肥则造成土壤有机碳降低，降低的幅度为 0.03～0.11 t/(hm² · a)。根据农田有机肥施用和秸秆还田面积，估计中国农田年固碳潜力约为 0.7 亿 tCO_2。

26.1.3　草地土壤固碳措施和潜力

中国草地碳储量约为 440.9 亿 t C，约占世界草地生态系统碳储量的 8%（Ni，2002）。中国草地土壤碳储量约占全国土壤碳储量的 49%。草地碳主要储存在土壤中，且集中于 0～20cm 的表层土壤中。从草地类型上分析，高寒草甸、高寒草原和温性草原的碳储量最大，这三类草地占全国草地总碳储量的 51%。

人类活动对草地生态系统碳源/汇影响得到了各国学者的广泛关注，中国草地年均碳汇 700 万 t C（方精云，郭兆迪，朴世龙等，2007）。青藏高原草地混播、松耙单播、翻耕单播等措施的土壤有机碳含量分别比原生植被土壤有机碳减少 29.5%、31% 和 51%（王文颖，王启基，王刚，2006）。草地开垦成农田是影响草地生态系统碳储存最重要的人类活动之一。与放牧草地相比，开垦 3 年、5 年、7 年和 20 年后，耕作层土壤有机碳、全氮和全磷的含量随着开垦年限的增加而下降，尤其有机碳含量分别下降 38.1%、47.9%、50.5% 和 52.7%（文海燕，赵哈林，傅华，2005）；天然草地被开垦后会造成土壤碳储量的严重下降，损失的碳占原土壤碳储量的 30%～50%；内蒙古草甸草原植被下的黑钙土不同层次有机碳因农垦损失 34%～38%，损失主要发生在 0～35cm 土层深度（王艳芬，陈佐忠，Tieszen，1998）。放牧是影响草地生态系统土壤有机碳含量的另一主要因素。过度放牧将会加速土壤的呼吸作用，造成土壤有机碳的损失。家畜的采食不仅显著降低了初级生产固定的碳积累，也显著加速了凋落物的分解速率，进而影响有机质的积累。随着放牧强度的增加，土壤有机碳损失逐渐增加（裴海昆，2004；王玉辉，2002）。40 年的过度放牧使内蒙古锡林河流域羊草草原表层土壤（0～20cm）碳储量降低了 12.4%（李凌浩，1998）。

围栏措施有效降低了草地的人为干扰和牲畜践踏，使植被盖度和植物多样性得到了较快的恢复。随着大量凋落物的归还及植被对风蚀物和降尘的截获，土壤细颗粒物质增加，进而增加了土壤有机碳量（苏永中，赵哈林，文海燕，2002；苏永中，赵哈林，2003；赵哈林，大黑俊哉，周瑞莲，2008）。草地补播是在不破坏或少破坏原有植被的情况下，播种一些适应当地自然条件、有价值的优良牧草，以增加草群中优良牧草种类成分和草地的覆盖度，达到提高草地生产力和改善土壤质量的目的。由于草地补播可显著提高地上生物量，为草地土壤有机碳提供了大量的地上碳源，因此草地补播成为了退化草地进行人工改良的重要措施之一（文海燕，赵哈林，傅华，2005）。利用 Meta 分析方法分析了不同管理措施对不同草地类型土壤有机碳变化的影响，得出过度放牧条件下土壤有机碳的年减少量最大，达到 2.34 t/(hm² · a)，重牧为 1.52 t/(hm² · a)，轻牧为 0.54 t/(hm² · a)。而补播措施草地土

壤有机碳的年增加量最大，达到 0.90 t/(hm²·a)。围栏、禁牧两种管理措施次之，分别为
0.48 t/(hm²·a) 和 0.19 t/(hm²·a)（石峰等，2009）。草地转变成农田，有机碳减少率在
年均降雨量 200～500mm 的地区最大；中、重、过牧三种放牧强度下有机碳减少率在 0～
20cm 土层中最大。围栏管理下土壤有机碳在试验前 10 年期间的土壤有机碳增长速率为10～
20 年期间平均值的 2.6 倍。

26.1.4　养殖业减排措施和潜力

中国将沼气技术作为发展高产优质高效农业和生态农业的重要措施之一加以推广。从
1990 年到 2006 年，户用沼气池数量增加了 6 倍，大中型沼气工程增加了近 8 倍。2007 年农
业部先后发布了"农业生物质能产业发展规划（2007～2015 年）"和"全国农村沼气工程建
设规划（2006～2010 年）"。2006～2010 年，全国新建农村户用沼气 1800 万户左右，规模化
养殖场中新建大中型沼气工程 4000 处。到 2010 年年底，全国户用沼气总数将达到 4000 万
户，年生产沼气 155 亿 m³，全国规模化养殖场大中型沼气工程总数将达到 4700 处；到 2015
年，农村户用沼气总数将达到 6000 万户，年生产沼气 233 亿 m³，建成规模化养殖场、养殖
小区沼气工程 8000 处，年产沼气 6.7 亿 m³。

户用沼气池可以从两个方面减少温室气体排放：一是改变农村猪粪便及污水管理方式，
减少农户猪粪便及污水的 CH_4 排放；二是利用沼气池产生的沼气替代农户炊事用燃煤，进
一步减少 CO_2 排放。每口沼气池每年可减少化石燃料燃烧排放 1.2～1.5tCO_2，同时，通过
改变传统的粪便管理方式可减少 0.1～0.5tCO_2。截至 2007 年年底，中国户用沼气池数量达
2623 万口，减排总量可达 3400 万～5200 万 t CO_2/a。到 2010 年底，全国户用沼气可减排
4200 万～8000 万 t CO_2/a。到 2015 年年底，全国户用沼气可减排 0.78 亿～1.20 亿 t
CO_2/a。

由于规模化养殖的迅速发展和国家发展沼气相关政策的支撑，利用大中型沼气池处理养
殖场粪便得到快速发展。在 2001～2007 年，大中型沼气工程的年产沼气量由 2001 年的
0.34 亿 m³ 增加到 2007 年的 3.56 亿 m³。2007 年大中型沼气工程年产沼气可替代煤炭 71 万 t，
减排量约为 142 万 t CO_2，2015 年大中型沼气工程可减排 268 万 t CO_2。

26.1.5　其他活动的减排措施和潜力

1. 农作物秸秆养畜

从 1992 年起，在全国实施秸秆养牛示范项目，这一项目的实施从以下几个方面可以减
少温室气体的排放：①可以节约大量粮食，降低对土地的掠夺使用，减少土壤 CO_2 的排放；
②发展秸秆养牛，减少了秸秆在田间的燃烧量，从而减少秸秆田间燃烧造成的 CH_4、N_2O
和 CO_2 排放；③作物秸秆过腹还田可以增加土壤肥力和有机质含量，减少化肥用量，从而
降低了农业生产成本和土壤 N_2O 的排放；④氨化秸秆养牛，提高了动物饲料的消化率，提
高了动物的日增重，使生产单位动物产品所排放的 CH_4 量减少。推广处理秸秆养畜，可减
少单个牛羊反刍动物的 CH_4 排放 5%～10%。据统计，2007 年畜牧业利用秸秆饲料资源已
达 2.23 亿 t，约占中国秸秆资源总量的 1/3，其中青贮秸秆 1.79 亿 t（鲜重），氨化（含微

贮）秸秆 5300 万 t，每年约减少 CH_4 排放 17 万 t，折合减少 350 万 t CO_2 当量。

2. 作物秸秆能源化利用

秸秆的主要能源化利用方式为直接燃烧、气化和固化成型等。截至 2005 年年底，全国已建设了秸秆集中供气站 539 处；全国生物质发电装机容量约为 200 万 kW，其中甘蔗渣发电约 170 万 kW。目前，由国家核准生物质规模化发电项目近 50 处，总装机 1500MW。依据"全国农业和农村经济发展第十一个五年规划"，到 2010 年，全国将建成 400 个左右秸秆固化成型燃料应用示范点，秸秆固化成型燃料年利用量可达到 100 万 t；建成 1000 处左右秸秆气化集中供气站，年产秸秆燃气 3.65 亿 m^3。到 2015 年，秸秆固化成型燃料年利用量可达到 2000 万 t，建成 2000 处左右秸秆气化集中供气站，年产秸秆燃气 7.3 亿 m^3。

3. 能源作物

目前，中国以陈化粮为原料生产燃料乙醇的示范工程年生产能力达 102 万 t。在非粮食能源作物方面，中国已培育出"醇甜系列"杂交甜高粱品种，并建成了产业化示范基地；培育并引进多个亩产超过 3t 的优良木薯品种；培育了一批能源甘蔗新品系和糖能兼用甘蔗品种，建成了高新技术产业化示范基地，而且筛选出适合甘蔗清汁发酵的菌株和活性干酵母菌株。中国已具备利用菜籽油、棉籽油、乌桕油、木油、茶油和地沟油等原料年产 10 万 t 生物柴油的生产能力。中国有大量不适于粮食生产但可种植高抗逆性能源作物的荒山、荒坡和盐碱地等边际性土地，选择适合不同生长条件的品种进行培育和繁殖，可获得高产能源作物，并大规模转化为燃料乙醇和生物柴油等液体燃料。表 26.2 为不同能源作物生产燃料乙醇的潜力和可能替代的标准煤数量及减排潜力。

表 26.2 发展能源作物的减排潜力估算

作物品种	燃料乙醇/万 t	替代标准煤/万 t	减排潜力/万 t CO_2
甘蔗	200	285	649
甜高粱	350	500	1139
木薯	1000	1430	3256
甘薯	250	357	813
油菜	250（生物柴油）	350	797
总计			6654

26.2 林业减排增汇技术及潜力

森林一方面通过光合作用吸收并固定大气 CO_2，是大气 CO_2 的吸收汇、储存库和缓冲器。森林与大气 CO_2 之间的年碳交换量高达陆地生态系统年交换量的 90%（Winjum et al.，1993）。另一方面森林的破坏是大气 CO_2 的排放源，毁林特别是热带地区的毁林占全球温室气体排放量约 17%，是大气中 CO_2 的第二大排放源（Nabuurs et al.，2007）。因此，通过林业活动增强陆地碳吸收汇、减少碳排放，是大气 CO_2 减排增汇的重要措施。

26.2.1 中国林业活动历史、现状与未来趋势

中国自建国之初便开始进行较大规模的植树造林活动，根据中国历年林业统计资料，1949～1952 年全国造林面积达 72.7 万 hm²。20 世纪 50 年代中后期造林面积迅速扩大，1960 年达到 400 万 hm² 左右，1949～1977 年的近 30 年间，累计造林面积约 5500 万 hm²，年均近 200 万 hm²。1978 年改革开放以来的 30 年间，中国造林规模进一步扩大，年平均造林面积 530 万 hm²，其中年均人工造林面积 460 万 hm²，飞播造林面积 70 万 hm²。此外，近 20 年来，封山育林面积维持在 2800 万 hm² 左右。根据中国每 5 年一次的森林资源清查结果，随着中国森林保护力度逐渐加大，年均有林地转化（有林地转化为无林地）面积从第 2～3 次森林资源清查的年均 334 万 hm²，下降到第 3～4 次的年均 220.76 万 hm²、第 4～5 次的年均 196.35 万 hm² 和第 5～6 次的年均 207.91 万 hm²，有林地转化面积呈递减趋势。[①]

由于开展了大规模的植树造林和森林管护，根据中国每 5 年一次的森林资源清查结果，中国森林面积从 20 世纪 80 年代初的 1.15 亿 hm²，增加到目前的 1.95 亿 hm²，活立木蓄积量从 102.6 亿 m³ 增加到 149.1 亿 m³。人工林保存面积从 0.22 亿 hm² 增加到 0.62 亿 hm²，人工林蓄积量从 2.73 亿 m³ 增加到 19.61 亿 m³，人工乔木林单位面积蓄积量从 21.5 m³/hm² 提高到 49.01 m³/hm²。

根据中国可持续发展林业战略研究项目组（2002），中国未来林业建设分为三个阶段，各阶段目标如表 26.3。结合中国历次森林资源清查获得的有林地转化面积，预测中国有林地转化面积将进一步降低，到 2010、2020 和 2030 年将分别降低到 141 万 hm²/a、121 万 hm²/a 和 108 万 hm²/a，毁林面积也将相应降低。

表 26.3 中国未来林业建设各阶段目标

年份	累计净增森林面积/万 hm²	森林覆盖率/%	全国自然保护区面积/亿 hm²	累计治理荒漠化土地面积/万 hm²	70%城市的林木绿化率/%
2010	3668	20.36	1.55	2200	30%
2020	4000	23.4	1.61	4200	35%

假定人工造林成林时间为 4 年，飞播造林和封山育林为 6 年（中国可持续发展林业战略研究项目组，2002），人工造林成林率 70%，飞播造林为 20% 和封山育林为 25%。按假定的成林时间、成效率和估计的有林地转化面积，要达到上述 2020 年的目标，2010～2017 和 2018～2020 年年均人工造林面积分别为 640 万 hm² 和 300 万 hm²，2010～2015 和 2016～2020 年均飞播造林面积分别为 58 万 hm² 和 27 万 hm²。未来年均新封山育林面积 175 万 hm²。通过提高林地生产力、加强森林管理等措施，到 2010 和 2030 年森林单位面积蓄积量可分别提高到 84.2 m³/hm² 和 94.8 m³/hm²（中国可持续发展林业战略研究项目组，2002）。2009 年年底，中国政府向世界承诺，到 2020 年，中国森林面积在 2005 年的基础上净增 4000 万 hm²，森林蓄积净增 13 亿 m³。

---

① 自 20 世纪 70 年代以来，中国开展了七次森林资源连续清查，分别是：第 1 次：1973～1976 年；第 2 次：1977～1981 年；第 3 次：1984～1988 年；第 4 次：1989～1993 年；第 5 次：1994～1998 年；第 6 次：1999～2003 年；第 7 次：2004～2008 年

26.2.2　中国林业碳源汇历史与现状评估

由于数据源、估计对象和方法上的差异，对中国森林生态系统碳储量的估计有较大差异，但总趋势是：20 世纪 80 年代以前呈降低趋势，以后呈增加趋势。基于国家森林资源清查的估算，21 世纪初全国森林生态系统碳储量约 940 亿～980 亿 t CO_2，其中土壤碳储量约 730 亿 t CO_2、生物量约 180 亿～220 亿 t CO_2、枯落物约 30 亿 t CO_2（FAO，2001，2006；Fang et al.，2001；吴庆标等，2008；王效科，冯宗炜，欧阳志云，2001；刘国华，傅伯杰，方精云，2000；周玉荣，于振良，赵士洞，2000；Goodale et al.，2002；Zhang，Xu，2003；Xie Z. et al，2007）。根据国家林业局公布的第 7 次森林资源清查结果，目前中国森林植被碳储量达 286 亿 t CO_2。从地域分异看，中国西南地区（包括四川、云南、广西和贵州）的森林植被碳储量大约占全国的 28％～35％，东北地区（包括黑龙江、吉林和辽宁）占全国的 24％～31％。20 世纪 80 年代初实施的"三北"防护林工程，使西北和华北地区森林碳储量显著增加（Fang et al，2001）。

基于国家连续森林资源清查对中国森林植被碳源汇的估计表明，中国森林植被在 20 世纪 50～70 年代表现为 CO_2 排放源，以后逆转为增加趋势（Fang et al.，2001）。在 20 世纪 70 年代中后期（第 1～2 次森林资源清查），不同的科学家得出结论相反。20 世纪 80 年代前期和中期（第 2～3 次清查期间）到 90 年代后期至 21 世纪初（第 5～6 次清查期间）中国森林植被一直表现为碳吸收汇，且森林碳汇量总体呈增加趋势（表 26.4）。

表 26.4　中国森林植被中碳源汇趋势

时段	排放源/汇/（万 t CO_2/a）	参考文献
20 世纪 50～70 年代	8300	Fang et al.，2001
20 世纪 70 年代中后期（第 1～2 次森林资源清查）	4400	Fang et al.，2001
	−6600	Pan et al.，2004
20 世纪 80 年代前期和中期（第 2～3 次清查期间）	−3700～−8100	Fang et al.，2001；2007；Pan et al.，2004；吴庆标等，2008
20 世纪 80 年代至 90 年代前期（第 3～4 次清查期间）	−13 200～−34 800	Fang et al.，2001，2007；Pan et al.，2004；吴庆标等，2008
20 世纪 90 年代后期至 21 世纪初（第 5～6 次清查期间）	−37 400～−61 600	Fang et al.，2001，2007；Pan et al.，2004；吴庆标等，2008

注：排放为＋，吸收为−。

上述估计不包括经济林和竹林。中国竹林一直表现为碳吸收汇，其大小在 20 世纪 50～80 年代约为 2000 万 t CO_2/a，90 年代中前期约为 4100 万 t CO_2/a，90 年代后期至 21 世纪初约为 6100 万 t CO_2/a（Chen et al.，2009）。中国初始国家信息通报的估计表明，1994 年中国林分净吸收 2.13 亿 t CO_2/a，经济林和竹林分别净吸收 6000 万 t CO_2/a 和 2400 万 t CO_2/a。因此，综合林分、经济林和竹林，中国森林植被在 20 世纪 80 年代和 90 年代的净碳吸收量分别为 2.16 亿 t CO_2/a 和 4.58 亿 t CO_2/a，21 世纪初达 6.69 亿 t CO_2/a。根据第 7 次森林资源清查结果初步估计，近几年森林植被碳吸收量有所降低，约 4.95 亿 t CO_2/a。森林土壤碳储量变化具有很大的不确定性，个别估计值在 20 世纪 80～90 年代介于

1500 万～4300 万 t CO_2/a（Piao et al.，2008；Xie Z. et al.，2007）。

26.2.3　未来中国林业活动碳源汇潜力

中国的林业活动引起的碳源汇包括造林、封山育林和森林管理的碳吸收和毁林引起的碳排放。根据国家"十一五"科技支撑计划的研究结果，2020 年前中国造林年碳储量变化呈迅速增加趋势，2020 年以后稳定在约 3.70 亿 t CO_2/a 以下。以 2000 年为基年，2010、2020 和 2030 年造林碳吸收量分别约为 2.39 亿 t CO_2/a、3.64 亿 t CO_2/a 和 3.63 亿 t CO_2/a（表26.5）。在造林形成的碳吸收汇中，生物量增加占 70% 左右，土壤碳储量增加占 30% 左右。造林碳吸收主要以人工造林为主，约占造林总碳吸收量的 90%，飞播造林占 10%。按林种分，防护林造林为主要碳吸收汇，它是其他林种造林总碳吸收汇的近两倍，其次为用材林、经济林、竹林和薪炭林造林。

以 2000 年为基年，森林管理活动碳吸收汇呈缓慢增加趋势（表 26.5）；毁林活动造成大量的 CO_2 排放，但通过加大森林保护力度，未来中国毁林碳排放呈降低趋势，毁林造成的 CO_2 排放由 2010 年的 1.19 亿 tCO_2/a 减少到 2020 年的 0.84 亿 tCO_2/a 和 2030 年的 0.66 亿 tCO_2/a。封山育林是中国特有的森林植被恢复方式，2010～2030 年中国封山育林碳吸收汇不断增加，其中生物量储量增加约占 70%，土壤碳储量增加约占 30%。

综合中国造林、毁林、封山育林以及森林管理的生物量和土壤碳计量结果，中国林业活动总体表现为碳吸收汇，且从基年（2000 年）到 2020 年左右，林业活动碳汇呈快速增加趋势，2020 年后增长速度明显减缓（表 26.5），其中生物量储量增加约占 90% 左右。

表 26.5　林业活动减排增汇现状与潜力（单位：亿 t CO_2/a）

项目	2010 年	2020 年	2030 年
植树造林碳汇	−2.39	−3.64	−3.63
毁林排放	+1.19	+0.84	+0.66
森林管理碳汇	−2.69	−2.64	−2.67
封山育林碳汇	−0.28	−0.41	−0.46
总计（碳汇）	4.17	5.85	6.10

注：排放为+，吸收为−。

26.3　湿地保护与固碳减排

26.3.1　湿地碳库现状

根据《国际湿地公约》定义，湿地是指天然的或人工的，永久的或暂时的沼泽地、泥炭地、水域地带，带有静止的或流动的淡水、半咸水及咸水水体，包括低潮时水深不超过 6m 的海域，它在维护陆地生态系统和生物多样性、保护陆地水资源、吸纳环境污染物和缓冲气候及水灾害等方面具有重大的生态服务价值（陈宜瑜，1995）。湿地是陆地生态系统的重要碳库之一，中国天然湿地的土壤总碳储量达 80 亿～100 亿 t C，约占全国土壤碳库的 10%（张旭辉，李典友，潘根兴，2008）。

26.3.2　湿地资源保护与增汇减排

根据 IPCC 的最新估计，土地利用变化导致的全球湿地土壤的 CO_2 温室气体排放已占全球总排放的 1/10。占全球湿地总面积 6% 的东南亚热带森林泥炭湿地土壤碳库为 420 亿 tC，而因湿地退化每年排放的 CO_2 达 514 万 t，占全球湿地总 CO_2 排放的 8%～10%，成为十分突出的温室气体源（Wetlands International，2009）。

在全球气候变化和强烈人为利用干扰下，中国湿地资源总体上处于快速的萎缩状态（表 26.6）。自 20 世纪中期以来，受到气候变化的影响，随着升温和干旱的加剧，华北、东北和青藏高原湿地不断萎缩，盐化、旱化和沙化威胁着湿地的生存。据统计，中国 50% 的滨海滩涂湿地已不复存在；约 40% 的湿地面临着严重退化的危险（《中国湿地百科全书》编辑委员会，2009），特别是东北三江平原沼泽湿地、若尔盖高寒草甸湿地和三江源区草甸沼泽湿地，因围垦、过牧和气候变化的影响，湿地退化和碳库损失规模巨大。河湖淡水湿地退化后的表土碳库损失 40%～60%，泥炭沼泽湿地高达 70%～90%（曾从盛等，2008；刘育红等，2009；田应兵等，2003；张文菊等，2005；王丽丽等，2009）。东北三江平原沼泽泥炭湿地因围垦而损失的土壤碳达 2.2 亿 t（刘子刚，张坤民，2005）。估计过去 50 年间，中国湿地资源萎缩而造成的 CO_2 排放总量约为 55 亿 t（张旭辉，李典友，潘根兴，2008），这相当于现有湿地总碳储量的 1/7～1/6。

表 26.6　中国湿地资源退化损失态势

湿地和区域	时间	减少面积/万 hm^2	文献
东北三江平原沼泽湿地	1949～1994 年	386（围垦）	刘子刚，张坤民，2005
若尔盖高寒草甸湿地	1950～2003 年	20（过牧、排水退化）	田应兵，熊明彪，熊晓山等，2003
三江源区草甸湿地	1986～2000 年	24（退化）	刘育红，李希来，李长慧等，2009
长江中下游河湖湿地	1950～2000 年	76～130（围垦）	姜加虎，黄群，孙占东，2006
沿海滩涂湿地	1950～2005 年	120（未包括建设占用约 1.0）	秦大河，陈宜瑜，李学勇，2005

26.3.3　湿地碳汇潜力

自然和管理保护下的湿地是具有高净碳汇的陆地生态系统。中国各湖泊湿地的年固碳量介于 0.03～1.2 tC/(hm^2·a)，沼泽湿地的年固碳量介于 0.25～4.4 t/(hm^2·a)（段晓男等，2008），湖泊湿地和沼泽湿地的年碳汇量介于 600 万～7000 万 t。根据对长江口崇明东滩湿地的研究，新形成的芦苇湿地固碳能力达 1.11～2.41 kg/(m^2·a)（梅雪英，张修峰，2008）。中国尚有大面积淤泥质滩涂没有充分利用，同时每年新增淤泥质滩涂成陆面积达 2.7 万～3.4 万 hm^2（秦大河等，2005）。如果利用滩涂的 1/5 新造芦苇湿地，则可在几年内每年新增碳汇 1200 万～1700 万 t。

当前，中国政府已将湿地保护列为生态安全的重要国策。至 2008 年，中国共建成各类湿地自然保护区 550 余处，天然湿地保护面积已达 1795 万 hm^2，占中国湿地总面积的 49.6%。中国 2003 年批准了《全国湿地保护工程规划》。到 2030 年，中国将完成湿地生态治理恢复 140 万 hm²，建成 53 个国家湿地保护与合理利用示范区，全国湿地保护区达到 713 个，国际重要湿地达到 80 个，90％以上天然湿地得到有效保护。2005 年，国务院批准并启动实施了《全国湿地保护工程实施规划（2005～2010 年）》[①]。因此，未来中国湿地碳库损失趋势有望得到遏制，不但可以减少湿地利用不当引起的约 1.1 亿 t CO_2/a 的排放，而且因湿地生态系统的恢复和增强，适当发展湿地能源作物，可进一步提高湿地减排增汇潜力。在社会各界采取切实措施做好湿地保护工作的情景下，湿地保护和恢复将在中国固碳减排和可持续发展中发挥极其重要的作用。

26.4　农林业减排增汇措施的障碍与对策

26.4.1　实施的障碍

农业源温室气体排放在中国温室气体排放总量中占有相当大的比例，且在未来相当长时间内还将呈现增长趋势。尽管中国政府积极采取措施，在很大程度上减少了农业活动温室气体排放并增加了土壤碳储量，但进一步减缓农业源温室气体排放增加的速度，中国还面临 4 个方面的困难。

（1）在保证农业发展的同时，减少温室气体排放。随着人口的增加和农牧业的发展，畜产品消费和化肥使用量需求必将呈现持续增长的趋势，在没有重大技术突破的情况下，未来中国农业源温室气体排放量将继续增加。

（2）温室气体的排放涉及农业生产活动的各个环节和所有农户，推广良好的管理措施和减排技术难度大、见效慢。

（3）减排成本相对高、投入大。在农业生产成本相对较高、农民收入较低的情况下，减排相对成本高，农民难以承受减少温室气体排放带来的额外经济负担。

（4）农业领域温室气体排放量相对较大，技术仍处于产业化发展初期，严重缺乏具有自主知识产权的核心技术，科研资金投入少，自主开发能力弱，直接影响了减排技术的研发与推广。

中国造林再造林成林率不高。根据全国森林资源清查得到的有林地转化面积、有林地面积净增量以及清查期的人工造林、飞播造林和封山育林面积的比较结果表明，中国人工造林、飞播造林和封山育林的成林率约为 70％、20％和 25％。未来中国实现林业活动的碳汇潜力还面临 4 个方面的挑战。

（1）按上述造林成林率推算，要实现中国制定的 2020 年林业发展目标，2010～2017 年年均人工造林面积须达 640 万 hm²，远远超过中国自 20 世纪 90 年代以来的平均水平（450 万 hm² 左右），这是一个非常巨大的挑战。

（2）中国年均毁林面积（有林地转化为非林业用地和苗圃地）从 20 世纪 80 年代末 90 年代初的约 40 万 hm²，增加到 21 世纪初的约 79 万 hm²。抵消了中国约 1/4 的人工植树造林效益。

（3）可持续森林管理面临挑战。目前集体林和个体所属林木的单位面积蓄积量分别为

---

① 国家林业局湿地保护管理中心 . 2007. 全国湿地保护工程实施规划（2005-2010 年）. http：//www. shidi. org/sf _ 234BA5FBA6964C9296E74F89D5A2859C _ 151 _ shidi. html

$51.72 \mathrm{~m}^3/\mathrm{hm}^2$ 和 $41.29 \mathrm{~m}^3/\mathrm{hm}^2$，在天然林分中，集体林和个体所属林木每公顷蓄积量分别为 $57.67 \mathrm{~m}^3/\mathrm{hm}^2$ 和 $38.90 \mathrm{~m}^3/\mathrm{hm}^2$。如何提高个体林的森林管理水平，是未来中国提高林业碳汇潜力面临的挑战。

（4）此外，还面临着对农业和林业减排增汇基础研究不足，农林业碳循环过程的理论和认识有待提高等问题。

26.4.2　减排增汇的对策

1. 减少农业源温室气体排放和增加土壤碳汇的对策

（1）加强农田和草原保护建设，增加碳汇。继续实施沃土工程，推广秸秆还田、精准耕作技术和少免耕等保护性耕作措施，提高改善农田管理水平，防止农田退化、提高农田地力等级，增加农田土壤碳储量，增强农田的生态保护功能。加快建立草原生态补偿机制，进一步落实草畜平衡、禁牧休牧轮牧、基本草原保护等制度，以草定畜，控制草原载畜量，改变超载过牧现象，避免草场退化；继续实施退牧还草、风沙源治理等生态建设工程，恢复草原植被，提高草原覆盖度；保护草原生态安全，增加碳汇。

（2）走中国特色生物质能源发展道路，逐步形成保护环境的低碳型新农村发展模式。抓好秸秆综合利用工作，积极推广秸秆气化、固化等综合利用技术，引导农民高效利用秸秆资源。优先在粮食主产区等生物质能资源较丰富地区，建立生物质固体成型燃料加工厂，建设和改造以秸秆为燃料的发电厂和中小型锅炉；利用荒山、荒坡、盐碱地等非耕地资源，适度发展非粮能源作物。抓好农村沼气建设，提高 CH_4 回收利用率，减少温室气体排放。

（3）大力推进农业生产和农村生活节能，减少二氧化碳排放。推进省柴灶、节能炕和节煤炉的升级换代。在农村和小城镇住户推广太阳能热水器、太阳房和太阳灶；推进农业机械节能，大力发展节油、节电、节煤等农业机械和渔业机械技术及设备，完善标准，强化检测，加快高能耗机械的报废和更新换代，降低农业装备能耗。切实做好畜禽养殖节能，改进畜禽舍设计，采用新材料、新技术发展装配式畜禽舍，充分利用太阳能和地热资源调节畜禽舍温度，在北方地区建设节能型畜禽舍，降低加温和保温能耗，实现温室气体减排。

（4）深入开展农业清洁生产，减少 CH_4 和 N_2O 排放。扩大测土配方施肥项目的实施范围和规模，开发推广环保型肥料关键技术，加快实施沃土工程，加强耕地质量建设，支持有机肥积造和水肥一体化设施建设，鼓励农民发展绿肥、秸秆还田和施用农家肥，全面提升地力，减少农田 N_2O 排放，提高土壤碳储量。选育低排放的高产水稻品种，采用科学的稻田灌溉技术，研究和发展微生物技术等，有效降低稻田 CH_4 排放强度；开发优良反刍动物品种技术，推广规模化饲养管理和环保饲料技术，降低畜产品的 CH_4 排放强度。

2. 林业减排增汇对策

（1）继续推进宜林荒山荒地造林绿化，加快沙化土地治理步伐。继续大力推进全民义务植树运动。通过实施天然林保护、退耕还林、京津风沙源治理、速生丰产用材林基地建设、生物质能源林基地、防护林体系和平原林业建设等工程，扩大森林面积，提高森林覆盖率，进一步增强中国森林碳汇能力。加强科学造林，提高人工林的适应性和稳定性。

（2）制定和实施《全国林业生物质能源发展规划》，加快建立林业生物质能源林基地。积极开发生物质能高效转化发电技术、定向热解气化技术和液化油提炼技术，逐步形成从原料培育、加工生产、市场销售、科技开发的"林能一体化"格局。

（3）全面实施全国森林可持续经营工程，积极推广森林可持续经营指南和相关技术标准。继续扩大封山育林面积，科学开展低产低效林改造。通过可持续经营，提高单位面积林地的生产力，提高中国森林蓄积量和碳储量。

（4）加强和改进森林资源采伐管理和林地征占用管理，采取有力措施，加大执法力度，逐步建立起权责明确、行为规范、监督有效、保障有力的林业行政执法体制，充分发挥各级林业主管部门及其林政稽查队、木材检查站、林业工作站以及广大护林队伍的作用，切实保护好天然林、湿地、野生动植物、沙生植物、红树林、原生植被等资源，有效保护生物多样性，促进自然生态恢复。

（5）进一步提高森林火灾防控能力。采取综合措施，全面提升森林火灾综合防控水平，最大限度地减少森林火灾发生次数，控制火灾影响范围；大力加强森林消防专业队伍建设，加快生物防火隔离带建设步伐，提高火灾应急处置能力；加强火险预报，建立森林火险预警体系和分级响应机制；加大对森林防火新技术、新装备的研发引进力度，增强扑救森林大火的能力。

（6）进一步提高森林病虫害防控、野生动物疫源疫病监测防控工作能力。进一步加强和完善应急管理，加强对重要外来林业有害生物和有重要影响的本土病虫种类的除治；全面加强森林病虫害监测预警工作，加强对1000个国家级中心测报点建设和管理；加强与国家气象主管部门的合作，增强监测预报的科学性、时效性和准确性。

（7）大力开发林业生物质材料，以可自然再生的木资源，最大限度地替代化石原料。加强木材高效循环利用，发展木材保护、废弃木材回收利用技术，积极拓宽木材应用范围。

第二十七章　中国减缓温室 气体排放的宏观评价

提　要

　　本章分析了影响未来碳排放增长的关键因素，阐述了未来能源与碳排放情景的不确定性，指出：中国还处在工业化阶段，未来能源消费与碳排放情景的不确定性要大大高于发达国家；经济增长的不确定性是影响未来中国能源消费与碳排放不确定性最关键的因素，GDP能源强度或GDP碳强度的不确定性要远低于能源或碳排放的不确定性，用GDP碳强度而不是以限控碳排放量设定减排目标更为合理。分析了中国为实现2020年GDP碳排放强度比2005年下降40%~45%的自主减排目标，2010~2020年需要新增投资10万亿元左右，其中节能、新能源与可再生能源发展各需新增投资约5万亿元。最后，提出了中国减缓碳排放的战略思路与对策。

27.1　中国未来社会经济发展的目标

27.1.1　总体发展目标

　　中共十五大第一次明确提出到21世纪中叶，跨度达50年的新"三步走"的发展战略：到21世纪的第一个10年，实现国民生产总值比2000年翻一番，使人民的小康生活更加富裕，形成比较完善的社会主义市场经济体制；再经过10年的努力，到建党100周年时，使国民经济更加发展，各项制度更加完善；到新中国成立100周年时，基本上实现现代化，建成富强、民主、文明的社会主义国家。

　　中共十六大明确提出了"全面建设小康社会"。"我们要在本世纪头20年，集中力量，全面建设惠及十几亿人口的更高水平的小康社会，使经济更加发展、民主更加健全、科教更加进步、文化更加繁荣、社会更加和谐、人民生活更加殷实。经过这个阶段的建设，再继续奋斗几十年，到本世纪中叶基本实现现代化，把中国建设成为富强民主文明的社会主义国家。"

　　中共十七大在此基础上提出"全面建设小康社会"新的更高要求。"增强发展协调性，努力实现经济又好又快发展。转变经济发展方式取得重大进展，在优化结构、提高效益、降低消耗、保护环境的基础上，实现人均国内生产总值到2020年比2000年翻两番"。党代会报告中首次提到"生态文明"理念，报告并把以建设节约能源资源和保护生态环境的产业结构、增长方式、消费模式为核心的生态文明作为小康社会目标的新要求。

27.1.2　社会经济发展目标

1. 社会经济宏观发展目标

中国经济发展水平较低，发展任务艰巨，发展仍然是中国的第一要务。据国际货币基金组织统计，2007 年中国人均国内生产总值为 2461 美元，在 181 个国家和地区中位居第 106 位，仍为中下收入国家。中国区域经济发展不均衡，城乡居民之间的收入差距较大。中国仍然被贫困所困扰，目前全国农村没有解决温饱的贫困人口 1479 万人，刚刚越过温饱线但还不稳定的低收入人口有 3000 多万人。因此，发展经济和改善人民生活水平是中国当前面临的紧迫任务，经济增长还是中国未来发展的首要目标。

邓小平在其"三步走"战略中提出 2050 年人均国民生产总值达到中等发达国家水平，在此基础上，中共多次党代会对经济发展目标进行了描述，2010 年实现国民生产总值比 2000 年翻一番（中共十五大）；在优化结构和提高效益的基础上，国内生产总值到 2020 年力争比 2000 年翻两番（中共十六大）；在优化结构、提高效益、降低消耗、保护环境的基础上，实现人均国内生产总值到 2020 年比 2000 年翻两番。《中华人民共和国国民经济和社会发展第十一个五年规划纲要》（以下简称"十一五"规划）明确提出国内生产总值年均增长 7.5%，实现 2010 年人均国内生产总值比 2000 年翻一番的发展目标。而 2000 年到 2008 年的年均 GDP 增长速度达到了 10.2%，明显快于国家规划，2010 年的经济发展目标会提前实现。

2. 产业结构优化目标

改革开放以来，中国三次产业结构渐趋合理，三次产业结构由 1978 年的 28.1：48.2：23.7 转变为 2007 年的 11.3：48.6：40.1，总体符合产业发展的一般规律。自 2002 年以后，由于中国处于重化工业发展阶段，第二产业发展迅速。

2005 年 11 月《促进产业结构调整暂行规定》提出了产业结构调整的目标：推进产业结构优化升级，促进一、二、三产业健康协调发展，逐步形成农业为基础、高新技术产业为先导、基础产业和制造业为支撑、服务业全面发展的产业格局，坚持节约发展、清洁发展、安全发展，实现可持续发展。"十一五"规划提出产业结构优化升级，产业、产品和企业组织结构更趋合理，服务业增加值占国内生产总值比重和就业人员占全社会就业人员比重分别提高 3 个和 4 个百分点。随后 2007 年 3 月《国务院关于加快发展服务业的若干意见》进一步提出了服务业发展的主要目标是：到 2020 年，基本实现经济结构向以服务经济为主的转变，服务业增加值占国内生产总值的比重超过 50%，服务业结构显著优化，就业容量显著增加，公共服务均等化程度显著提高，市场竞争力显著增强，总体发展水平基本与全面建设小康社会的要求相适应。

积极应对全球金融危机，2009 年国务院制定了十大产业振兴规划，按照保增长、扩内需、调结构的总体要求，以控制总量、淘汰落后产能、加强技术改造、推进企业重组为重点，推动产业结构调整和优化升级；大力发展循环经济，提高资源保障能力，促进十大产业可持续发展。力争十大产业到 2011 年步入良性发展轨道，产业结构进一步优化，增长方式明显转变，技术创新能力显著提高，为实现产业可持续发展奠定基础。

3. 转变经济增长方式和消费模式

1) 大力推进两型社会建设

中共十六届五中全会明确提出了"建设资源节约型、环境友好型社会"，并首次把建设资源节约型和环境友好型社会确定为国民经济与社会发展中长期规划的一项战略任务。党的十七大明确指出："必须把建设资源节约型、环境友好型社会放在工业化、现代化发展战略的突出位置"。

为建设低投入、高产出，低消耗、少排放，能循环、可持续的国民经济体系和资源节约型、环境友好型社会，"十一五"规划提出：发展循环经济，坚持开发节约并重、节约优先，按照减量化、再利用、资源化的原则，在资源开采、生产消耗、废物产生、消费等环节，逐步建立全社会的资源循环利用体系；保护修复自然生态；加大环境保护力度，到 2010 年城市污水处理率不低于 70%，到 2010 年城市生活垃圾无害化处理率不低于 60%；强化资源管理，实行有限开发、有序开发、有偿开发；合理利用海洋和气候资源。

"十一五"规划要求资源利用效率显著提高：单位国内生产总值能源消耗降低 20% 左右，单位工业增加值用水量降低 30%，农业灌溉用水有效利用系数提高到 0.5，工业固体废物综合利用率提高到 60%。要求可持续发展能力增强：全国总人口控制在 13.60 亿；耕地保有量保持 1.2 亿 hm²，淡水、能源和重要矿产资源保障水平提高；生态环境恶化趋势基本遏制，主要污染物排放总量减少 10%，森林覆盖率达到 20%，控制温室气体排放取得成效。

2) 积极探索低碳发展

走低碳发展道路，既是应对全球气候变化的根本途径，也是国内可持续发展的内在需求。有利于突破中国经济发展过程中资源和环境瓶颈性约束，走新型工业化道路；有利于顺应世界经济社会变革的潮流，形成完善的促进可持续发展的政策机制和制度保障体系。2007年 9 月 8 日，胡锦涛主席在亚太经合组织（APEC）第 15 次领导人会议上，明确提出要"发展低碳经济"。

中国"十一五"期间发布了《应对气候变化国家方案》，以科学发展观为指导，坚持节约资源和保护环境的基本国策，将低碳发展作为协调发展和保护气候的根本途径。以转变经济发展方式、降低 GDP 碳排放强度为核心，以提高中国在全球应对气候变化形势下的国际核心竞争力和可持续发展能力为目标，以技术创新和制度创新为动力，以管理体制、政策机制、社会观念等支撑体系的建设为保障，形成政府引导、市场驱动、公众参与的高效机制，逐步建立起与中国国情相适应的低碳发展模式，在应对全球气候变化、减缓碳排放的同时，增强中国的综合竞争实力。

2009 年 8 月国务院召开的常务会议决定发展绿色经济，促进低碳特色的产业发展。将应对气候变化纳入国民经济和社会发展规划，把控制温室气体排放和适应气候变化目标作为各级政府制定中长期发展战略和规划的重要依据。大力发展绿色经济，培育以低碳排放为特征的新的经济增长点，加快建设以低碳排放为特征的工业、建筑、交通体系。

胡主席在 2009 年 9 月 22 日的联合国气候变化峰会上提出，加强节能、提高能效工作，争取到 2020 年单位国内生产总值二氧化碳排放比 2005 年有显著下降；大力发展可再生能源和核能，争取到 2020 年非化石能源占一次能源消费比重达到 15% 左右；大力增加森林碳汇，争取到 2020 年森林面积比 2005 年增加 4000 万 hm^2，森林蓄积量比 2005 年增加 13 亿 m^3；大力发展绿色经济，积极发展低碳经济和循环经济，研发和推广气候友好技术。在哥本哈根会议前夕，中国政府宣布了到 2020 年单位国内生产总值二氧化碳排放比 2005 年下降 40%～45% 的自主减排目标。该目标将作为约束性指标纳入国家中长期规划，并建立相应的国内统计、监测、考核体系。

4. 城市化发展

1）促进城乡统筹发展

2000～2007 年，中国城镇化率每年提高 1.2%，2007 年城镇化比例达到 45%。"十一五"规划要求城乡区域发展趋向协调；社会主义新农村建设取得明显成效，城镇化率提高到 47%；各具特色的区域发展格局初步形成，城乡、区域间公共服务、人均收入和生活水平差距扩大的趋势得到遏制。城乡统筹发展将成为中国未来经济发展的主要驱动力。

2）促进资源性城市可持续发展

中国资源型城市在发展过程中积累了许多矛盾和问题，主要是经济结构失衡、失业和贫困人口较多、接续替代产业发展乏力、生态环境破坏严重、维护社会稳定压力较大等。因此，为加大对资源型城市尤其是资源枯竭城市可持续发展的支持力度，尽快建立有利于资源型城市可持续发展的体制机制，出台了《国务院关于促进资源型城市可持续发展的若干意见》，工作目标是：2010 年前，资源枯竭城市存在的突出矛盾和问题得到基本解决，大多数资源型城市基本建立资源开发补偿机制和衰退产业援助机制，经济社会可持续发展能力显著增强。2015 年前，在全国范围内普遍建立健全资源开发补偿机制和衰退产业援助机制，使资源型城市经济社会步入可持续发展轨道。

5. 科技支撑

中国科技发展水平较低，自主创新能力弱，企业核心竞争力不强。同发达国家相比，中国科学技术总体水平还有较大差距，主要表现为：关键技术自给率低，发明专利数量少；在一些地区特别是中西部农村，技术水平仍比较落后；科学研究质量不够高，优秀拔尖人才比较匮乏；同时，科技投入不足，体制机制还存在不少弊端。

2006 年 2 月颁布的《国家中长期科学和技术发展规划纲要（2006～2020 年）》（以下简称《科技纲要》），确立了今后 15 年科技工作的指导方针是：自主创新，重点跨越，支撑发展，引领未来。到 2020 年，中国科学技术发展的总体目标是：自主创新能力显著增强，科技促进经济社会发展和保障国家安全的能力显著增强，为全面建设小康社会提供强有力的支撑；基础科学和前沿技术研究综合实力显著增强，取得一批在世界具有重大影响的科学技术成果，进入创新型国家行列，为在 21 世纪中叶成为世界科技强国奠定基础。到 2020 年，中国科技进步对经济增长的贡献率要提高到 60% 左右，研发投入占 GDP 比重要提高到 2.5%。未来国家创新体系的建设将以企业为核心，"建立以企业为主体、市场为导向、产学研相结合的技术创新体系，形成自主创新的基本体制架构。"

《科技纲要》要求把握科技发展的战略重点，即把发展能源、水资源和环境保护技术放在优先位置，下决心解决制约经济社会发展的重大瓶颈问题。经过 15 年的努力，在中国能源与环境领域科学技术的若干重要方面实现以下目标：能源开发、节能技术和清洁能源技术取得突破，促进能源结构优化，主要工业产品单位能耗指标达到或接近世界先进水平。在重点行业和重点城市建立循环经济的技术发展模式，为建设资源节约型和环境友好型社会提供科技支持。

27.1.3　能源和环境发展目标

随着中国经济的较快发展和工业化、城镇化进程的加快，能源需求不断增长，构建稳定、经济、清洁、安全的能源供应体系面临着重大挑战，突出表现为：一是资源约束突出、能源效率偏低。中国优质能源资源相对不足，制约了供应能力的提高；能源资源分布不均，也增加了持续稳定供应的难度；经济增长方式粗放、能源结构不合理、能源利用技术装备水平低和管理水平相对落后，导致单位国内生产总值能耗和主要耗能产品能耗高于主要能源消费国家平均水平，进一步加剧了能源供需矛盾。单纯依靠增加能源供应，难以满足持续增长的消费需求。二是能源消费以煤为主，环境压力加大。"十五"期间，中国煤炭消费量从2000年的13.2亿t增至2005年的21.7亿t，2008年进一步增至27.4亿t，以煤为主的能源结构在未来相当长时期内难以改变。相对落后的煤炭生产方式和消费方式，加大了环境保护的压力。

1. 坚持节约发展、清洁发展和安全发展能源战略

中国能源发展坚持节约发展、清洁发展和安全发展。坚持节约优先、立足国内、多元发展、依靠科技、保护环境、加强国际互利合作，努力构筑稳定、经济、清洁、安全的能源供应体系，以能源的可持续发展支持经济社会的可持续发展。

"十一五"规划明确提出，到2010年，单位国内生产总值能源消耗比2005年降低20%左右，主要污染物排放总量减少10%。为实现经济社会发展目标，中国能源发展"十一五"（2006~2010年）目标是：到"十一五"末期，能源供应基本满足国民经济和社会发展需求，能源节约取得明显成效，能源效率得到明显提高，结构进一步优化，技术取得实质进步，经济效益和市场竞争力显著提高，与社会主义市场经济体制相适应的能源宏观调控、市场监管、法律法规、预警应急体系和机制得到逐步完善，能源与经济、社会、环境协调发展。

1) 全面推进能源节约

20世纪80年代初，通过贯彻"开发与节约并举，把节约放在首位"的方针，到20世纪末实现了经济增长翻两番、能源消费增长翻一番的目标。为继续深入推进能源节约，中国政府进一步提出把节约资源作为基本国策，发布了《国务院关于加强节能工作的决定》。

2004年11月出台《节能中长期专项规划》，制定了四类具体指标：①宏观节能量指标，到2010年每万元GDP（1990年不变价，下同）能耗由2002年的2.68tce下降到2.25tce，2003~2010年年均节能率为2.2%；2020年每万元GDP能耗下降到1.54tce，2003~2020年年均节能率为3%。②主要产品单位能耗指标：2010年总体达到或接近20世纪90年代初期国际先进水平，其中大中型企业达到本世纪初国际先进水平；2020年达到或接近国际先进水平。③主要耗能设备能效指标：2010年新增主要耗能设备能源效率达到或接近国际先进水平，部分汽车、电动机、家用电器达到国际领先水平。④宏观管理目标：2010年初步建立与社会主义市场经济体制相适应的比较完善的节能法规标准体系、政策支持体系、监督管理体系、技术服务体系。

2007年5月出台《节能减排综合性工作方案》，该方案规定到2010年，万元国内生产总值能耗由2005年的1.22tce下降到1tce以下，降低20％左右；单位工业增加值用水量降低30％。"十一五"期间，主要污染物排放总量减少10％，到2010年，二氧化硫排放量由2005年的2549万t减少到2295万t，化学需氧量（COD）由1414万t减少到1273万t；全国设市城市污水处理率不低于70％，工业固体废物综合利用率达到60％以上。

2）大力开发清洁能源

目前，中国已经成为世界第二大能源生产国，具备了较强的能源生产供应基础。在全面建设小康社会的过程中，中国将首先立足于国内能源资源，着重优化能源结构，大力开发清洁能源，努力提高供应能力。

2007年11月出台了《国家核电发展专题规划（2005～2020年）》，该规划提出中国核电发展目标是：到2020年，核电运行装机容量争取达到4000万kW，并有1800万kW在建项目结转到2020年以后续建。核电占全部电力装机容量的比重从现在的不到2％提高到4％，核电年发电量达到2600亿～2800亿kW·h。按照当前核电发展的状况以及未来对核电发展的需求，到2020年核电装机容量可能达到5％左右，发电量达到8％左右，装机容量将超过7000万kW。

2007年8月发布了《可再生能源中长期发展规划》，提出提高可再生能源在能源消费中的比重，可再生能源占总能源消费量在2010年达到10％，2020年要达到15％左右；解决偏远地区无电人口用电问题和农村生活燃料短缺问题，推行有机废弃物的能源化利用；推进可再生能源技术的产业化发展，到2010年，基本实现以国内制造设备为主的装备能力。到2020年，形成以自有知识产权为主的国内可再生能源装备能力。

2. 加大环境保护力度

中国按照全面落实科学发展观、构建社会主义和谐社会的要求，坚持环境保护基本国策，在发展中解决环境问题。

2005年12月出台《国务院关于落实科学发展观加强环境保护的决定》，提出到2010年，重点地区和城市的环境质量得到改善，生态环境恶化趋势基本遏制。主要污染物的排放总量得到有效控制，重点行业污染物排放强度明显下降，重点城市空气质量、城市集中饮用水水源和农村饮水水质、全国地表水水质和近岸海域海水水质有所好转，草原退化趋势有所控制，水土流失治理和生态修复面积有所增加，矿山环境明显改善，地下水超采及污染趋势减缓，重点生态功能保护区、自然保护区等的生态功能基本稳定，村镇环境质量有所改善，确保核与辐射环境安全。到2020年，环境质量和生态状况明显改善。

2007年11月制定《国家环境保护"十一五"规划》，要求实现主要污染物排放总量控制目标，把防治污染作为重中之重，加快结构调整，加大污染治理力度，确保到2010年二氧化硫、化学需氧量比2005年削减10％。

在哥本哈根会议前夕，中国政府宣布了相对的二氧化碳减排目标，即到2020年单位国内生产总值二氧化碳排放比2005年下降40％～45％。该目标将作为约束性指标纳入中长期规划，并制定相应的国内统计、监测、考核办法。

27.1.4　未来经济发展展望

中国连续 30 年的高经济发展速度，是国内外各界都没有预料到的。今后能源需求和温室气体排放预测的难点仍然是中国经济增长速度和结构的不确定性上。迄今为止，国际机构对中国经济是否能够再保持几十年的高速度仍然抱怀疑态度。而国内目前对经济增长速度则有较高的期望值。但对如何实现高速度，现在的看法有不少分歧。前两年，主张中国进入重化发展阶段而且仍然要继续维持重化阶段的占主流。但国际金融和经济危机带来的市场变化，使更多的人认识到调整结构、转变发展方式的重要性。

实现长期较快经济增长是中国经济社会发展的基本需要，"基本实现现代化"和"到本世纪中叶人均国民生产总值达到中等发达国家水平"是"三步走"战略的具体目标。中央多次重申发展是硬道理。实现较快发展已经成为全国上下共同的愿望和力争的目标。中国多家研究机构的研究表明到 21 世纪中叶时中国人均 GDP 可达到 2 万美元左右（2005 年价），GDP 总量达到 250 万亿元人民币左右（2005 年价），大约是 2005 年的 15 倍左右。

保持中国人口政策基本不变，使 2030 年前年均人口自然增长率在 4.5‰左右，2030 年后人口自然增长率将出现零增长甚至负增长，2040～2050 年的年均人口自然增长率在 －2.5‰左右。在这种趋势下，中国人口峰值有可能控制在 15 亿以内，峰值年份在 2030～2040 年间，2050 年的人口规模有可能降至 14 亿左右。

城市化在中国未来经济社会发展中具有举足轻重的作用，随着经济发展和社会进步，农村劳动力将逐渐向城镇转移，已成为经济社会发展规律。根据中国人口大国的特征，考虑到农业生产需要的农业人口以及城市化进程，多数研究认为 2030 年中国城市化率有可能在 61%～70%，2050 年应该在 70%～80%。

加快产业结构调整，2030 年中国二产比重可由 2005 年的 47.7%下降到 43%左右，三产由 40%上升到 53%左右；到 2050 年，二产比重进一步下降到 33%左右，三产提升到 64%左右。在工业结构中，高能耗原材料行业产量增长速度明显下降，2020 年前增长速度显著下降，2020～2030 年进入饱和期。未来高能耗产业增加值的增长速度明显低于其他产业，高能耗产业的增加值将主要来自质量提高、品种增加，而不是产品数量的比例上升。

27.2　未来碳排放趋势分析

27.2.1　影响碳排放关键因素分析

影响 CO_2 排放的因素有很多，包括人口增长、经济发展、产业结构变化、科技进步以及能源结构的调整、能源转换与利用效率提高以及能源需求管理政策等。一个国家或地区与能源活动相关的二氧化碳可通过下式将其与主要影响因素关联起来：

$$C = \left(\frac{C}{FEC}\right) \times \left(\frac{FEC}{TEC}\right) \times \left(\frac{TEC}{GDP}\right) \times \left(\frac{GDP}{POP}\right) \times POP$$

其中，C 为 CO_2 排放量；FEC 为含碳的化石燃料消费量；TEC 为总一次能源消费量，GDP 为国内生产总值；POP 为人口。C/FEC 为化石燃料的 CO_2 排放系数，取决于煤炭、石油和天然气在化石燃料中的结构。FEC/TEC 为化石燃料在总能源消费中的比例，取决于新能源和可再生能源的开发利用情况。TEC/GDP 即是单位 GDP 能源强度，单位 GDP 能源强度取决于生产方式与消费模式以及能源技术水平，具体地，产业结构与产品结构、城市化水平与基础设施建设、人均住宅面积需求、交通周转量与出行方式、能源供应与需求技术水平、国际贸易与内涵能源等都是影响单位 GDP 能源强度的主要因素。GDP/POP 为人均国内生产总值，是衡量经济发展的指标。

现将几个关键的影响因素分析如下。

1. 经济增长

从世界范围看，人均 GDP 达 1 万～1.5 万美元以前，人均 CO_2 排放量增长较快，其后增长变缓，具体见图 27.1。在诸多的因素中，不论过去、现在以及未来 10～20 年经济增长都是影响中国 CO_2 排放最重要的因素。2000～2007 年中国年均经济增长率高达 10%，CO_2 排放量由 2000 年的 31 亿 t 迅速增长到了 2007 年的 60 亿 t。未来 10 年年均 GDP 增长率可能在 8% 左右，2020 年人均 GDP 还低于 1 万美元，届时相应的能源消费与 CO_2 排放还将需要持续的增长。

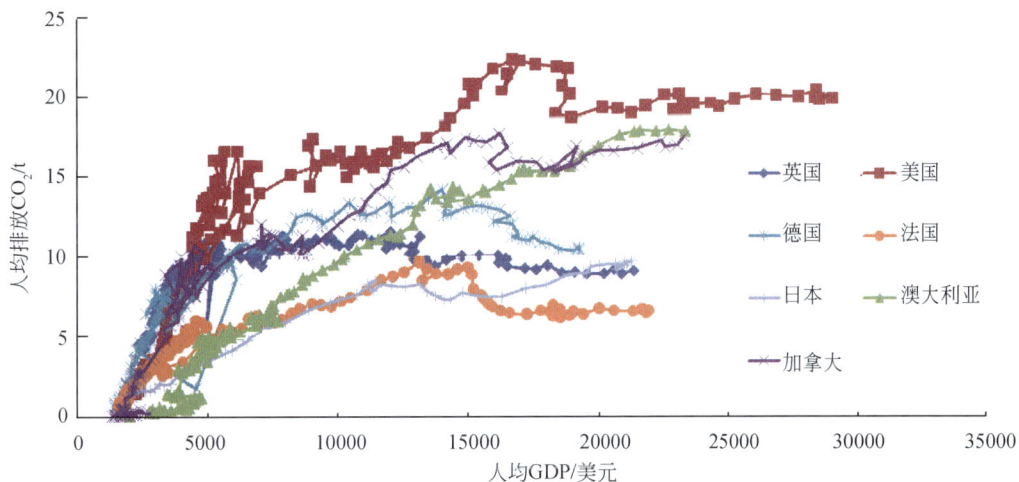

图 27.1 人均碳排放随人均 GDP 变化趋势

2. 人口与城市化水平

人口规模是影响未来能源消费与二氧化碳排放的关键因素之一。中国人口从 1978 年的 9.62 亿增长到 2005 年的 13.08 亿，预计未来人口还将缓慢持续增长，2020 年达到 14.4 亿左右，2030～2040 年间人口将可能达到高峰 14.7 亿左右。

城市化率由 1978 年的 17.92% 增长到 2005 年的 43%、2007 年的 45%。从 2000～2007 年平均每年城市化率提高 1.2 个百分点。虽然城市化水平有了显著的提高，但与发达国家相比，还有很大差距，当前美国、英国、日本等发达国家的城市化率都大于 70%。因此未来中国城市化率还将进一步大幅提高，有望提前实现到 2020 年城市化率超过 50% 的目标。

城市化水平的提高将使得更多的人从农村迁移到城市，到 2020 年从农村迁移到城市的人口将新增 2 亿左右。而当前城市居民的人均生活用能量比农村居民高出 1 倍左右，即使按照当前的人均生活用能量估计，到 2020 年也将新增 0.3 亿 tce 左右的生活用能消费量。

更重要的是，城市化水平的提高带来大规模城市基础设施的建设。从 2000～2007 年，平均每年城市化率增加 1.2 个百分点左右,公路里程从 103 万 km 增长到了 358 万 km,高速公路里程从 0.05 万 km 快速增长到了 5.4 万 km,铁路电气化里程从 0.7 万 km 增长到了 2.4 万 km,民航航线里程从 51 万 km 增长到了 234 万 km,年均增长速度分别高达 7.6%、31.7%、7.6%、9.4%。城镇新建住宅面积也从 1990 年的 1.7 亿 km² 快速增长到了 2008 年的 7.6 亿 km²(国家统计局,2009)。大规模的城市基础设施建设,需要消耗大量的钢铁、水泥等高耗能工业产品,从而增加大量的能源消费与二氧化碳排放。从 2000~2008 年,钢铁的产量从 1.29 亿 t 增加到了 5 亿 t,平均每年增加 0.5 亿 t 左右;水泥产量从 6 亿 t 增加到了 14 亿 t,平均每年增加 1 亿 t 左右。2020 年钢铁与水泥的产量将可能分别需要达到 7 亿 t、20 亿 t 左右。即使按照当前国际先进的能耗水平估计,2020 年钢铁与水泥的能源消费量也将分别超过 4 亿 tce、2.5 亿 tce。

3. 居民生活水平

随着经济与居民收入水平的提高,居民生活水平不断提高,居民耐用消费品数量迅速提高,居民的消费结构由"衣"、"食"为主向"住"、"行"为主转变。从 1990 年到 2008 年,人均收入由 2913 元(2000 年不变价)增长到了 17073 元(2000 年不变价)。2008 年,城镇居民平均每户拥有 1 台空调、1.3 台彩色电视机、0.95 台洗衣机、0.95 台冰箱、0.8 台淋浴热水器、0.6 台电脑;农村居民平均每户拥有 0.1 台空调、1 台彩色电视机、0.5 台洗衣机、0.3 台冰箱、0.05 台电脑;0.5 辆摩托车。城镇居民人均住房面积由 1990 年的 13.7m² 增加到了 2007 年的 27.1m²,农村居民也由 1990 年的 17.8m² 增加到了 2008 年的 32.4 m²。城镇居民每百户家用汽车拥有量从 2000 年的 0.5 辆增长到了 2008 年的 8.83 辆(国家统计局,2009)。大部分发达国家的人均住宅面积要高于中国,例如日本在 30 m² 左右,德国在 40 m² 左右,法国在 35 m² 左右,美国在 60 m² 左右。中国的人均汽车拥有量更远远低于发达国家,美国每百人汽车拥有量在 80 辆左右,日本与欧盟 15 国也都在 58 辆左右。未来随着经济的发展和居民生活水平的提高,中国居民人均家电保有量、汽车保有量、人均住宅面积将进一步增长。

4. 产业结构

中国正处于工业化中期,第二产业的比重偏大,在 49% 左右,第三产业的比重仅 40% 左右,而英国、美国第三产业的比重在 75% 左右。此外,近年来重化工化的发展使工业内重工业的比重不断增加,高达 70% 左右。而第二产业的能耗强度要大大高于第三产业,重工业的平均能耗强度是轻工业能源强度的 2 倍多。党的十七大提出了加快转变经济发展方式的战略任务,强调促进经济增长的方式将由主要依靠投资、出口拉动向依靠消费、投资、出口协调拉动转变,由主要依靠第二产业带动向依靠第一、第二、第三产业协同带动转变,因此未来第三产业的比重将不断提高,第二产业比重以及第二产业内重工业比重将有所降低,高附加值产品的比重也将不断提高,这些将促进未来单位 GDP 能源强度与单位 GDP 二氧化碳排放强度的不断下降。

5. 能源技术水平

通过大力推广先进能源技术、加强回收利用余热废气、淘汰落后产能等措施,中国能源利用效率不断提高。例如,火电发电煤耗由 2000 年的 363gce/(kW·h)下降到 2007 年的

333gce/(kW·h)，大中型企业吨钢可比能耗由 2000 年的 784kgce/t 下降到 2007 年的 668kgce/t，水泥综合能耗由 2000 年的 181kgce/t 下降到 2007 年的 158kgce/t。但与国际先进水平相比，中国高耗能产品的能耗平均还高出 20% 左右，其中火电发电煤耗高 11%，大中型企业吨钢可比能耗高 9.5%，水泥综合能耗高 24%。未来通过加强节能、促进先进技术的研发、示范、推广与技术转移，进一步淘汰落后产能、提高高耗能行业市场准入标准、提高耗能行业的节能环保准入门槛等措施将不断提供能源技术的利用效率，降低能源消费量与二氧化碳排放量。

6. 能源结构

中国多煤、少油、贫气的能源资源禀赋决定了长期以来其以煤为主的能源消费结构。2007 年，中国煤、石油、气、新能源与可再生能源在一次能源消费中的比重分别为 69.5%、19.7%、3.5%、7.3%。而全球一次能源消费结构中煤炭的比重不到 30%，而油、气的比重在 60% 左右。这使得中国单位能源消费的二氧化碳排放远远高于世界平均水平。通过大力发展新能源与可再生能源，2020 年新能源与可再生能源在一次能源消费中的比重将达到 15%，届时可减少二氧化碳排放 18 亿 t 左右，比 2005 年新增减少二氧化碳排放 14 亿 t 左右。

7. 国际贸易与内涵能源

近年来，中国能源消费与二氧化碳排放的快速增长，不仅是因为旺盛的国内消费需求和较高的固定资产投资，快速增长的外贸出口和不断扩大的外贸顺差也是重要的驱动因素，这与中国进出口贸易的快速发展和中国作为"世界加工厂"的贸易地位有关。中国进口产品的贸易额高于出口产品的贸易额，2007 年中国外贸顺差高达 2500 多亿美元。同时由于中国在国际产业分工体系中仍处于相对低端，中国单位出口贸易额的能源消耗要高于从发达国家的进口，而且中国以煤为主的能源消费结构的特点使得出口产品的单位出口贸易额的二氧化碳排放更高于从发达国家的进口产品，因此中国是内涵能源与内涵排放的净出口大国。国内外相关机构对中国的内涵能源与内涵排放进行了测算，由于采用的方法与数据的差异，不同机构的测算结果有较大差异，但大部分研究都表明中国近年来内涵能源与内涵排放快速增长。

Glen，Edgar（2008）利用 CGE 模型及 GTAP6（2001）数据库，利用全球 87 个国家的投入产出表及相关贸易、能源、CO_2 排放强度等数据，计算得到中国 2001 年净出口内涵排放为 5.86 亿 t CO_2。Wang，Watson[1] 采用 IEA 公布的中国及中国主要进口贸易国的 CO_2 排放强度，估算出 2004 年中国净进出口内涵排放为 11 亿 tCO_2。利用中国 1997 年，2002 年及 2005 年的投入产出表，考虑了国产化系数，计算得到中国 2002、2005 出口内涵排放分别为 7.6 亿 tCO_2、16.7 亿 tCO_2（Christophe et al.，2008）。陈迎，潘家华，谢来辉（2008）通过引入国产化系数区分国内中间投入与进口中间投入，选取中国 32 个主要贸易伙伴国的单位 GDP 能耗强度计算进口内涵排放，指出中国出口内涵排放从 2001 年的 7.4 亿 tCO_2 增长到 2006 年的 24.6 亿 t CO_2；净出口内涵排放从 5 亿 t CO_2 增长到 16.6 亿 t CO_2。姚愉芳，齐舒畅（2008）利用中国 2005 年非竞争投入产出表，区分了进口中间投入及国内中间投入，计算得到 2005 年中国出口内涵排放为 14.6 亿 tCO_2，净出口内涵排放为 6.6 亿

---

① Wang T，Watson J. 2007. Who owns China's carbon emissions? http：//tyndall.webapp1.uea.ac.uk/publications/briefing _ notes/bn23.pdf tCO$_2$。顾阿伦等（2010）利用中国 2002、2005 年及 2007 年的投入产出表，重点考虑了占中国进出口贸易总额近半的加工贸易，进口加工贸易的内涵能源不计为中国进口产品的内涵能源，对于再加工后的出口加工贸易只计算其在中国境内对其进行再加工、运输过程中所消耗的能源；在计算进口内涵能源时，采用中国近年来最大进口国——日本的投入产出表，再通过中国五大进口国的 GDP 排放强度对结果作以调整，计算结果表明，2002、2005、2007 年，中国出口内涵排放分别为 4.8 亿 tCO$_2$、14.2 亿 tCO$_2$、16.4 亿 tCO$_2$，净出口内涵排放分别为 2.4 亿 tCO$_2$、8.7 亿 tCO$_2$、8.9 亿 tCO$_2$，占中国能源活动二氧化碳排放的比重分别为 7%、16.5%、14.8%。

　　贸易产品出口的内涵能源与内涵排放问题已经引起中国政府的高度重视，中国政府采取调整出口退税、关税等措施，抑制"两高一资"（高耗能、高排放、资源型）产品出口，降低了出口产品内涵能源与内涵排放的增长速度。转变出口产品结构，改变以煤为主的能源结构，提升产业结构向高端发展还需要较长时期的努力过程，中国还将在较长时期内承担较多的转移排放。

27.2.2　未来碳排放情景的不确定性分析

　　情景不是对未来的预测或预报，而是建立在科学推测的基础上，有一定可信度地对未来各种环境、社会及经济状况的一种定性或定量的描述。IPCC 第四次评估报告将情景定义为"对未来如何发展的一种合理的、常常是简化了的描述，它基于连贯的且内部一致的关于重要驱动因子及其相互关系的一组假设"。在气候变化评估中，一般要设立未来气候变化情景及未来人口、社会、经济情景，利用模型方法，对一系列未来世界可能的发展状况以及诸多因素之间的相互作用关系进行定量的描述和研究，这一过程称为"情景分析"。模型方法与结构的不同、对能源系统抽象与简化的不同、关键影响因素或驱动因子的不确定性、数据的可得性、客观性与准确性、技术进步的复杂性与不确定性等，使得未来能源消费与二氧化碳排放情景有很大的不确定性。不同驱动因子不确定性的叠加使得未来能源消费与二氧化碳排放情景的不确定性不断扩大，如图 27.2 所示。

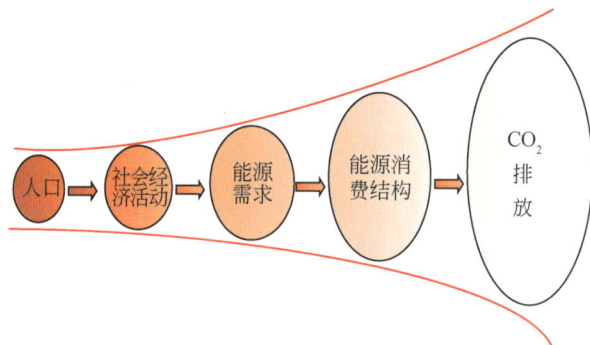

图 27.2　情景的不确定性

　　国内外不同研究机构对中国未来的能源与二氧化碳排放情景都进行了研究。这些研究的成果表明由于中国还处在工业化阶段，经济快速增长，未来能源与二氧化碳排放情景的不确定性要大大高于发达国家。图 27.3 比较了国际能源署过去近 10 来对中国以及欧盟与非附件一国家未来二氧化碳排放基准情景的研究结果，2020 年中国二氧化碳排放在 50 多亿 t 到近

100 亿 t 之间，而对欧盟不同时期研究得到的二氧化碳排放基准情景相差不超过 1 亿 t。经济增长的不确定性是影响未来中国能源消费与碳排放不确定性最关键的因素，虽然不同基准情景能源消费差距在正负 23% 之间，但单位 GDP 能源强度的差距可下降到 ±13% 之间，具体见图 27.4，图中的数据来源于美国能源部能源信息署不同年份的预测。

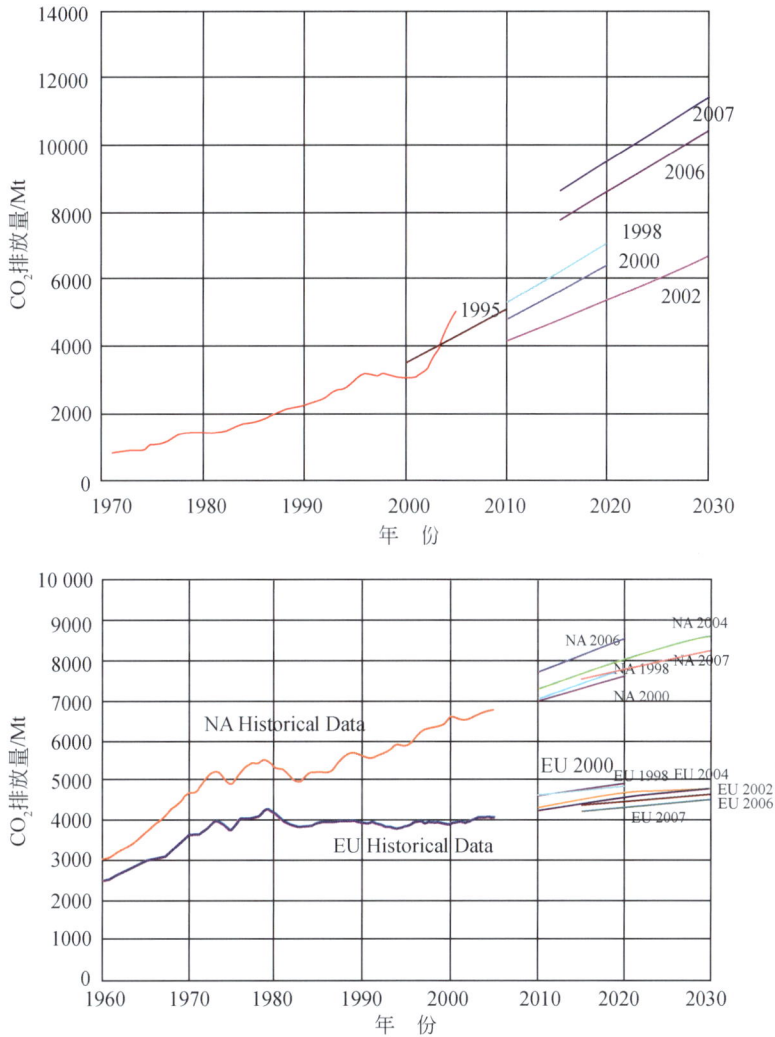

图 27.3 二氧化碳排放情景不确定性比较

27.2.3 40%～45% 碳排放强度下降目标分析

改革开放以来，中国逐渐改变了以工业为主导和优先发展重工业的发展方式，重视改善人民群众的生活和满足社会消费，使轻、纺工业有了迅速发展，重工业比重持续下降，1978～1999 年重工业在工业总产值中比重由 56.6% 下降到 50.8%，工业增加值在国内生产总值中比重也由 44.1% 下降到 40.0%。相应国内生产总值能源强度有了较大幅度下降，产业结构调整导致的节能的贡献率远大于提高技术效率产生的节能。从图 27.5 可以看出虽然中国二氧化碳排放持续增长，但是二氧化碳排放强度在 1980～2002 年之间下降了近 70%，年均下降率达到 5% 左右。

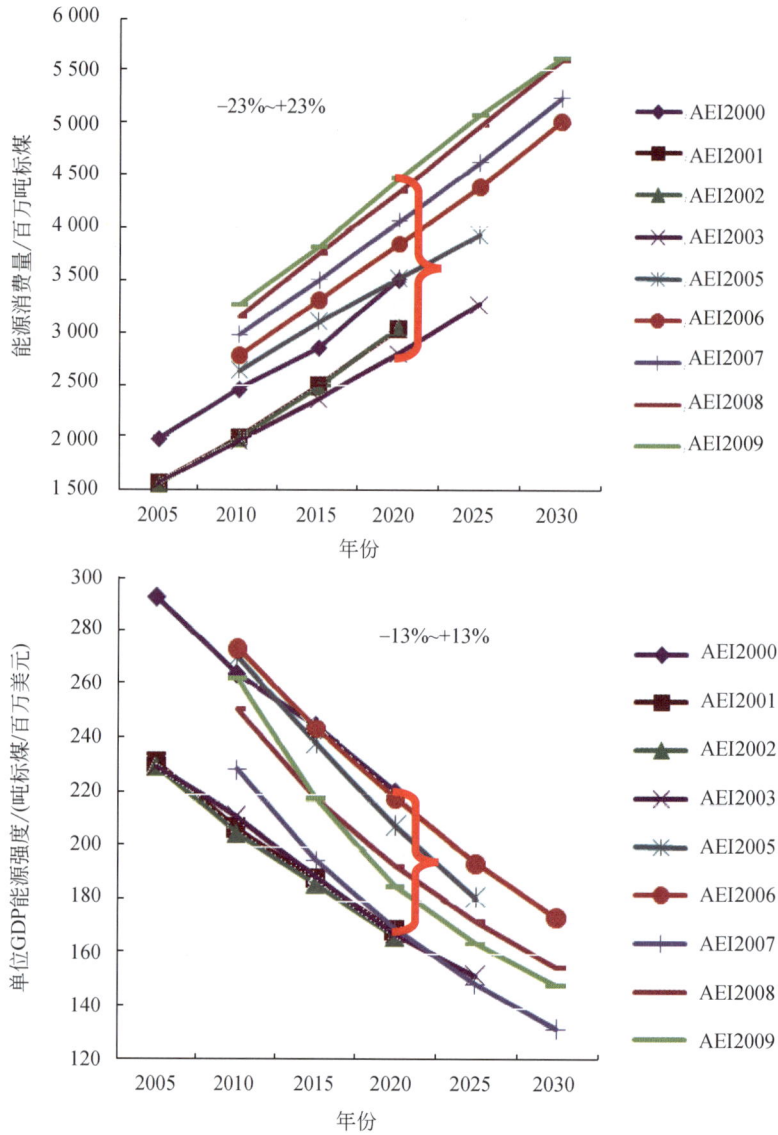

图 27.4　能源消费与单位 GDP 能源强度的不确定性比较

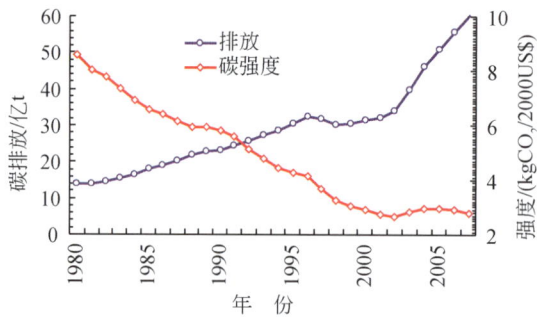

图 27.5　中国二氧化碳排放与碳排放变化的历史趋势

　　但进入 21 世纪以来，中国进入重化工业快速发展的阶段，第二产业尤其是重化工业快速发展。2005 年工业增加值的比重从 1999 年的 40％又回升到 42.2％，重工业在工业总产值中的比重比 1999 年也提高了 18 个百分点，上升至 68.9％。尽管能源转换和利用效率仍不断提高，高耗能产品能源单耗不断下降，但工业特别是高耗能产业的快速发展，使"十五"期间国内生产总值的能源强度又呈上升趋势，这反映了工业化发展阶段的普遍规律。世界发达国家在工业化发展阶段的普遍特点是能源消费弹性大于 1，能源消费的增长速度高于国内生产总值的增长速度，并持续到工业化基本完成。例如日本从 1960～1974 年，其国内生产总值能源强度增长了 23％，韩国从 1971～1999 年，国内生产总值的能源强度增长了 45％，都体现了工业化阶段国内生产总值能源强度呈上升趋势的特点和规律。中国当前仍处于工业化的中级阶段，"十五"期间国内生产总值能源强度上升趋势即代表了中国目前发展阶段的"通常基准情景"。"十一五"期间，中国提出了单位 GDP 能源强度下降 20％左右的目标，并通过采取强有力的政策和措施，取得了显著的成效。例如中国 2006～2009 年上半年，3 年半淘汰单机容量 10 万 kW 以下小火电机组 5400 多万 kW，相当于英国总装机容量的 70％。对风电装机和光伏发电装机分别给予 600 元/kW 和 20 元/Wp 的补贴，实行上网优惠电价，可再生能源供应量 2008 年比 2005 年增长 50％以上，年均增长约 15％。对企业节能给予 200 元/tce～250 元/tce 的奖励等。在"十一五"期间，中国为实现国内生产总值强度下降 20％左右目标的附加投资将超过 1 万亿元。据汇丰银行统计，在政府应对金融危机的投入中用于绿色投资比例中国占 34％，仅次于韩国居世界第二。"十一五"期间 GDP 能源强度下降目标是中国实现 2020 年 GDP 碳排放强度比 2005 年下降 40％～45％自主减排目标的重要阶段性目标。2005～2009 年，中国的 GDP 能源强度下降了 15.6％，有望实现"十一五"期间 GDP 能源强度下降 20％左右的目标，从而为实现 2020 年碳排放强度目标打下了坚实的基础。

　　虽然"十一五"以来中国二氧化碳排放强度呈下降趋势，但与发达国家相比，当前中国国内生产总值的碳强度依然较高。2005 年中国国内生产总值的碳强度仍约为附件一国家平均水平的 5 倍，这与中国的国情与发展阶段的特征密切相关。主要原因有：第一，中国产业结构中第二产业的比重高，约为 50％，第三产业比重仅为 40％，而发达国家第二产业的比重不足 30％，第三产业比重则达 70％以上，第二产业单位增加值的能耗要远高于第三产业。第二，制造业产品的增加值率低。据测算，中国制造业产品增加率比发达国家低 20％，低端产品比例高，单位增加值能耗高。第三，中国能源转换和利用技术效率较低。主要高耗能产品的单位能耗较发达国家高 15％～30％，能源转换和利用效率比发达国家低 20％以上。第四，中国能源消费品种构成的高排放特征突出。一次能源结构以煤为主，约占 70％，而发达国家则以油、气为主，煤炭比重仅约为 20％，而且核能、水能等非化石能源的比重也比较高，中国单位能源消费的二氧化碳排放因子比发达国家高出 30％左右。在上述导致中国国内生产总值碳强度高于发达国家的诸因素中，技术上的差距远小于体现发展阶段特征的结构性因素。因此，这既表明中国在提高碳排放的经济产出效益方面具有较大潜力，也表明中国在国内生产总值碳强度指标方面达到发达国家水平需要在相当长的历史时期内不懈努力。这与中国缩小同发达国家发展水平差距是一样的，是一项长期而艰巨的任务。

　　实现 2020 年 GDP 碳排放强度下降 40％～45％的目标，一方面仍需要强化节能，包括加强技术进步、提高能源转化和利用效率的技术节能，也包括转变发展方式、调整产业结构、推进产业升级、提高产品增加值率的结构节能；另一方面是大力发展核能、水电、风电、太阳能等新能源和可再生能源，优化能源结构，降低单位能源消费的碳排放因子，在保障能源供给的同时，降低二氧化碳排放。

进一步强化节能降耗，是实现 GDP 碳排放强度下降目标的根本措施。从节能途径看，"十五"前结构节能约占 2/3，技术节能约占 1/3。"十一五"期间，技术节能发挥了主导性作用，结构节能的作用不够明显。在未来"十二五"、"十三五"期间，结构节能仍需发挥重要作用。从节能领域看，工业部门仍将发挥主要作用，工业节能（包括结构与技术节能）的贡献率仍将大于 50%，其余的节能潜力将主要通过建筑和交通部门来实现。为进一步强化节能降耗，需要坚持节能优先战略，加快构建节能型生产与消费体系，推进工业、建筑和交通节能，提高能源综合利用效率。继续实施节能目标责任考核，充分发挥差别电价、资源性产品价格改革等市场机制作用；继续抓好重点用能单位节能降耗工作，用通过资源协议、能效对标、能源合同管理等手段逐步推进中小企业节能工作；继续依法淘汰电力、煤炭等重点行业落后产能的同时，通过强化安全、环保、能耗、质量等指标，进一步抬高高耗能行业的准入门槛；进一步强化新建建筑执行能耗限额标准，建立并完善大型公共建筑节能运行监管体系；严格执行并适时提高乘用车、轻型商用车燃料消耗量限值标准，加快推进新能源汽车产业化进程。

中国制定了到 2020 年非化石能源比重由 2005 年的 7% 提高到 15% 的目标，将主要依靠核能和水电等清洁电力的大力发展。实现此目标，届时非化石能源消费量应该达到 7 亿 tce 左右，是 2005 年的 4.4 倍。按照目前初步规划，到 2020 年中国非水能可再生能源达到 2 亿 tce 左右，其中风电、太阳能和生物质能发电装机容量分别达到 150GW、20GW、30GW，发电量合计折标煤约 1.3 亿 t。要实现非化石能源比重目标，需要加快核电建设，确保到 2020 年实现 70GW 以上装机目标，力争达到 80GW，占届时电力总装机容量的 5% 左右。2009 年年底，中国水电装机容量已达到 197GW，水电开发程度 40% 左右。积极发展水电，力争到 2020 年，水电装机容量达到 300GW 以上，全国 13 大水电基地规划中的水电工程全部开工建设，并将开发重点逐渐向金沙江、澜沧江和怒江上游等转移。

为实现 2020 年非化石能源发展目标，若单位千瓦的风电、生物质能发电、太阳能发电、核电的投资分别按照 8000 元、12000 元、30000 元、12000 元估计，新能源与可再生能源发电需要新增投资 4 万亿元左右。其他生物质车用燃料等需要新增投资 1 万亿元左右。实现 2020 年非化石能源发展目标共需要新增投资 5 万亿元左右。

到 2020 年实现非化石能源比重达 15% 的目标，单位能源消费量的二氧化碳排放将比 2005 年下降 10% 以上，对实现 GDP 碳强度下降的贡献率将逐渐增大。单位 GDP 能源强度下降 40%，即可实现 GDP 碳强度下降 45% 的目标。为实现该目标，在 2009 年 GDP 能源强度比 2005 年下降 15.6% 的基础上，"十二五"、"十三五"期间仍需保持较高的下降幅度。若 2010～2020 年 GDP 年均增速按照 8% 计算，则可估算出 2010～2020 年节能量需约达 17 亿 tce。形成 1tce 的节能潜力需要投资 3000 元左右，按此计算，2010～2020 年需要新增投资 5 万亿元左右以实现 2020 年 GDP 能源强度比 2005 年下降 40%。

实现 2020 年 GDP 二氧化碳排放强度比 2005 年下降 45%，未来 10 年共需新增投资约 10 万亿元。若 2010～2020 年 GDP 年均增速高于 8%，则需要更大的新增投资。

27.2.4 未来能源发展与二氧化碳减排展望

中国政府提出 2020 年 GDP 二氧化碳排放强度将在 2005 年水平上下降 40%～45%，2020 年非化石能源在一次能源中的比重达到 15%。按此目标，2020 年 GDP 能源强度需要在 2005 年水平上下降 35%～40% 左右。按照 GDP 二氧化碳排放强度下降 45% 计算，如果 2010～2020 中国 GDP 年均增长率维持在 8% 的水平，届时中国一次能源消费量将在 47 亿 tce 左右，化石能源的二氧化碳排放量将在 95 亿 t 左右；如果 GDP 年均增长率降低 1%，届时一次能源消费量将降低 4 亿 tce 左右，二氧化碳排放量将降低 9 亿 t 左右，具体见图 27.6。

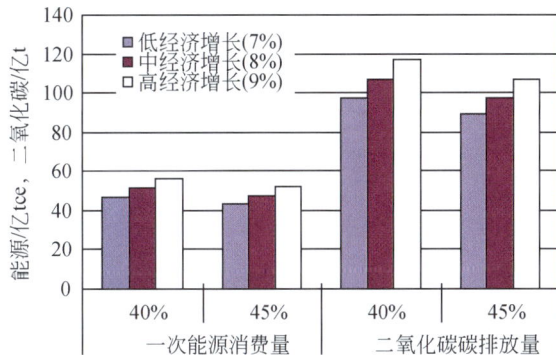

图 27.6 40%～45% 减排目标下一次能源消费与碳排放分析

2020 年以后随着中国建设小康社会的实现，能源需求的增长速度趋缓，2030 年中国人均 GDP 将达 1 万美元（2005 年价）左右，快速工业化阶段基本完成，国民经济趋于内涵式增长，其后能源消费年增长率有可能下降到 2% 左右，与目前发达国家相当，能源转换和利用效率以及技术水平总体上可达当时国际先进水平。届时可再生能源、核能等低碳能源技术已有较完整的工业基础和产业规模，可再生能源和核能的比重到 2030 年将达 20%～25%，单位能源消费的 CO_2 排放因子可比 2005 年下降约 20%。在 2030 年之后，继续较大幅度降低 GDP 碳强度的同时，努力实现二氧化碳排放的总量控制，使煤炭消费量尽快达到峰值，新增能源需求主要依靠发展新能源和可再生能源满足。通过进一步优化能源结构和进一步应用煤炭利用的低碳清洁化技术，包括二氧化碳捕集和封存技术，使 CO_2 排放尽快达到峰值并逐渐下降，争取 2050 年的排放量比峰值有明显下降。

27.3 促进减缓碳排放的战略思路与对策

中国快速工业化、城市化过程中能源消费和相应二氧化碳排放的较快增长趋势，与世界减排温室气体、保护全球气候目标形成越来越尖锐的矛盾，推进技术创新，发展低碳能源技术，提高能源效率，优化能源结构，转变经济发展方式和社会消费方式，走低碳发展的道路，是中国协调经济发展和保护气候之间关系的根本途径。

当前，中国经济发展越来越受到国内资源保障和环境容量的制约。中国贯彻落实科学发展观，坚持节约资源、保护环境的基本国策，努力建设资源节约型和环境友好型社会，大力推进节能减排，这与减缓碳排放，保护全球气候的目标一致，政策相通，具有协同效应。发展低碳经济，推进先进能源技术创新，逐步建立以新能源和可再生能源为主体的可持续能源体系，既是应对气候变化的根本战略选择，也是国内可持续发展的内在需求。

控制减少温室气体排放、应对气候变化对中国既是挑战，也是促进中国转变发展方式，实现可持续发展的重要机遇。因此，中国要顺应世界应对气候变化引发的以低碳为主要特征的经济社会变革潮流，全面提升中国的低碳发展竞争能力。把应对气候变化、减缓碳排放作为国家一项重要战略，统一认识，超前部署。把发展低碳经济与国内已开展的"循环经济"、"生态经济"、"绿色经济"的理念、政策和试点相结合，突出以"低碳"为主要特征的生态文明建设。把环境友好型社会建设的内涵从单纯国内环境保护扩展到全球环境友好或全球气候友好，把实现低碳发展、减缓碳排放作为重要战略目标，纳入国民经济和社会发展规划及地方规划，促进全球保护气候与国内可持续发展的双赢（何建坤，滕飞，刘滨，2009；He et al.，2009a，b）。

关于具体地促进减缓碳排放的对策，第一次评估报告以后的研究在原来研究成果的基础上逐步凝练为以下 10 个方面（《气候变化国家评估报告》编写委员会，2007；何建坤，滕飞，刘滨，2009；He et al.，2009a，b）。

1. 转变经济发展方式，推动产业结构优化升级

转变经济发展方式，对产业结构进行战略性调整，是应对气候变化减少温室气体排放的根本途径。长期以来，经济增长方式粗放、高耗能产业比重过高使得中国经济发展与环境资源的矛盾日趋尖锐，能源消费的产出效益低。要改变这样的状况，必须坚持全面协调可持续发展，加快转变经济发展方式、调整产业结构和工业内部结构，努力形成"低投入、低消耗、低排放、高效率"的经济发展方式，建设资源节约型、环境友好型社会，实现速度和结构质量效益相统一、经济发展与人口资源环境相协调。

通过扩大国内需求特别是消费需求，将经济增长过度依赖投资和出口转变为经济增长由消费、投资、出口协调拉动的格局；发展现代产业体系，积极发展高新技术产业和服务业，推动产业结构的优化升级，促进经济增长由主要依靠第二产业带动向依靠第一、第二、第三产业协同带动转变；加快构建节能型产业体系，严格限制高耗能、高耗材、高耗水产业发展，加快淘汰落后产能，将主要依靠增加物质资源消耗的经济增长模式，转变为主要依靠科技进步、劳动者素质提高、管理创新的可持续经济增长模式。

2. 大力发展绿色经济、循环经济、生态经济，加快转变生产模式和消费模式

促进循环经济的发展，提高资源利用效率，减少废物的产生和排放。按照"减量化、再利用、资源化"原则和走新型工业化道路的要求，形成有利于节约资源、保护环境的生产模式和消费模式，在满足未来经济社会发展对工业产品基本需求的同时，最大限度地减少在生产和使用过程中产生的二氧化碳等温室气体排放。

进一步推进清洁生产，从源头减少废物的产生，实现由末端治理向污染预防和生产全过程控制转变，建成大批符合循环经济发展要求的典型企业，大幅度提高消耗每吨能源、铁矿石、有色金属、非金属矿等重要资源的产出效益，降低每万元 GDP 能耗，提高工业固体废物综合利用率；推进绿色消费，大力倡导有利于节约资源和保护环境的消费方式，充分发挥政府的引导作用，构建政府绿色采购制度，引导和规范消费行为，实现消费水平适度增长和

消费结构的合理化，形成注重节约资源、保护环境消费方式；引导完善再生资源回收利用体系，控制城市生活垃圾增长率，建设一批符合循环经济发展要求的工业（农业）园区和资源节约型、环境友好型城市。

3. 大力推进节约能源，提高能源利用效率

实施"节能优先"的能源政策，对能源生产、输送、加工、转换、到最终利用的全过程实行节能管理。当前中国处于工业化阶段，经济快速发展，新增工业生产能力、新增建筑面积、新增车辆保有量的规模都急剧增加，这对采用新的节能技术、新的节能标准和节能规范提供了难得的机遇。选择能耗大且节能潜力大的重点行业如电力、高耗能工业（钢铁、水泥、铝、合成氨等）、交通、建筑业，强化节能技术开发和推广，提高主要耗能设备能源效率，调整产品结构，加快技术改造，提高管理水平，降低单位产值的能源消耗。

同时，加快建设节能技术服务体系。推行合同能源管理，克服节能新技术推广的市场障碍，促进节能产业化，为企业实施节能改造提供诊断、设计、融资、改造、运行、管理一条龙服务。建立节能投资担保机制，促进节能技术服务体系的发展。推行节能自愿协议，最大限度地调动企业和行业协会的节能积极性。

4. 发展新能源与可再生能源，优化能源结构

积极推进能源结构调整，促进能源供应的多元化发展。以降低成本、提高效率、因地制宜、多样化利用为发展思路，发展可再生能源的规模化利用技术，重点突破可再生能源发电技术、太阳能建筑一体化技术以及生物质液化、气化技术，积极研发太阳能光伏发电技术。进一步完善相关的法律法规，制定扶持可再生能源发展的政策，建立可再生能源发展专项资金，支持资源评价与调查、技术研发、试点示范工程建设和农村可再生能源开发利用。争取到 2020 年，水电、风电、太阳能、生物质能等可再生能源发电装机达 5 亿 kW 左右。

积极发展核电，推进核电体制改革和机制创新，努力建立以市场为导向的核电发展机制；加强核电设备研发和制造能力，提高引进消化吸收及再创新能力；加强核电运行与技术服务体系建设，加快人才培训；实施促进核电发展的税收优惠和投资优惠政策；完善核电安全保障体系，加快法律法规建设。争取到 2020 年，核电装机超过 7000 万 kW。

加强煤炭清洁高效利用技术的研发和推广，提高煤炭利用效率，积极研发和示范与清洁高效发电技术相结合的二氧化碳捕集与封存技术，争取 2020 年之后可实现商业化推广应用。

5. 优化土地利用方式，增强碳汇能力

土地利用方式的变化是人为温室气体排放的主要来源之一。中国应对气候变化，必须要通过多项措施优化土地利用方式，提升农林业固碳能力。改善农业生产力，增加农业生态系统碳储量。保护农田、草原建设，严格控制在生态环境脆弱的地区开垦土地。强化高集约化程度地区的生态农业建设，大力加强耕地质量建设，科学施用化肥，引导增施有机肥，全面提升地力，减少农田氧化亚氮排放。进一步加大技术开发和推广利用力度，有效降低稻田和畜产品的甲烷排放强度；大力推广秸秆还田和少（免）耕技术，增加农田土壤碳储存。

进一步推动植树造林工作的开发，继续推进天然林资源保护、退耕还林还草、京津风沙源治理、防护林体系、野生动植物保护及自然保护区建设等林业重点生态建设工程，提高森林覆盖率，增加林业碳汇。到 2020 年，实现新增森林面积 4000 万 hm²，森林蓄积量增加 13

亿 m³ 的目标。

6. 加速科技进步，增强自主创新能力

科技创新是中国在可持续发展框架下减缓温室气体排放的关键对策。无论是提高能源转换效率和利用效率，减少能源消费，还是开发和利用可再生能源，优化能源结构，都有赖于先进能源技术的研发和推广。技术创新和技术转让是全球应对气候变化的基础和支撑，反过来，全球应对气候变化行动也将成为推动能源等领域技术创新的重要驱动力，而掌握其核心技术也必将有助于提升国家的综合竞争能力。因此，中国要加强气候变化相关科技工作的宏观管理与协调，进一步强化对气候变化相关科技工作的支持力度，加强气候变化科技资源的整合，鼓励和支持气候变化科技领域的创新；推进中国气候变化重点领域的科学研究与技术开发工作；加强气候变化科技领域的人才队伍建设，进一步营造鼓励创新的环境，努力造就世界一流科学家和科技领军人才，注重培养一线的创新人才；加大对气候变化相关科技工作的资金投入，建立了相对稳定的政府资金渠道，并多渠道筹措资金，吸引社会资金投入气候变化的科技研发领域。总之，中国要充分依靠科技进步，加大研发力度，科学应对气候变化，通过加强自主创新能力，提升引进技术消化吸收和再创新能力，增强发展后劲。

7. 加强应对气候变化相关的法律、法规和政策措施的制定

进一步强化应对气候变化相关的法律政策的建设，为增强中国应对气候变化的能力提供法律保障。大力加强能源立法工作，建立健全能源法律体系，促进中国能源发展战略的实施，促进能源结构的优化，减缓由能源生产和转换过程产生的温室气体排放。制定国家中长期能源战略，并尽快制定和完善中国能源的总体规划以及煤炭、电力、油气、核电、可再生能源、石油储备等专项规划，提高中国能源的可持续供应能力。全面落实《中华人民共和国可再生能源法》。制定相关配套法规和政策，制定国家和地方可再生能源发展专项规划，明确发展目标，将可再生能源发展作为建设资源节约型和环境友好型社会的考核指标，并通过法律等途径引导和激励国内外各类经济主体参与开发利用可再生能源，促进能源的清洁发展。

健全节能法规和标准，并制定和修订相关配套法规，进一步强化清洁、低碳能源开发和利用的鼓励政策。建立严格的节能管理制度，进一步完善工业行业能效标准和规范，加强节能监督检查，健全强制淘汰能耗高、工艺落后的技术和设备的制度，完善能效市场准入制度。加强对重点用能单位能源利用状况，以及产品能效标准、建筑节能设计标准和行业设计规范执行情况的检查。大力推动节能产品认证和能效标识管理制度的实施，运用市场机制，鼓励和引导用户和消费者购买节能型产品。

加强农林业法律法规的制定和实施，加快制定农田、草原建设规划，以及天然林的保护条例，加强监督机制，保障农林业碳汇的增加。

8. 加强宣传教育，提高公众意识，倡导全民参与

加强相关的宣传、教育和培训工作。发挥政府的推动作用，宣传中国应对气候变化的各项方针政策；利用多种大众传播媒介和现代信息技术，对社会各阶层公众进行气候变化方面的宣传活动；将气候变化普及与教育纳入各级各类教育中，举办各种专题培训和科普学术研讨会；鼓励和倡导可持续的生活方式，提高公众参与可持续发展的科学文化素质和应对气候

变化的意识，促进社会消费模式的转变。

建立激励机制，鼓励公众参与。全民参与是应对气候变化实现节能减排的社会基础。建立公众和企业界参与的激励机制，发挥企业参与和公众监督的作用。完善气候变化信息发布的渠道和制度，拓宽公众参与和监督渠道，充分发挥新闻媒介的舆论监督和导向作用。增加有关气候变化决策的透明度，促进气候变化领域管理的科学化和民主化。积极发挥民间社会团体和非政府组织的作用，促进广大公众和社会各界参与减缓全球气候变化的行动。

9. 大力加强国际合作与交流

广泛开展节能减排国际科技合作。加强与外国政府、国际组织、国外研究机构开展应对气候变化领域的合作研究，积极参与并推进《联合国气候变化框架公约》框架下的技术转让，推进国内自主技术创新，引进气候变化观测监测和温室气体减排等方面的先进技术和设备，并大力推动其应用与推广，尽快缩小与国际先进水平的差距，增强中国应对气候变化的能力。

积极参加双边和多边的国际合作计划，与有关国际组织和国家建立减排合作机制。继续加强和推进与发达国家的 CDM 项目合作，在为国际温室气体减排作出贡献的同时，促进中国的可持续发展。不断拓宽国际合作的领域和范围，积极引进国外的先进管理经验，加强气候变化领域的人力资源建设和开发，促进气候变化公众意识方面的国际合作交流，提升气候变化信息服务的能力，全面加强中国应对气候变化的能力建设。

10. 完善并加强应对气候变化战略的管理和协调机制

实施应对气候变化战略是一项长期艰巨的任务，又涉及国民经济和社会发展的各个领域，需要综合规划和强有力的组织协调。加强应对全球气候变化工作的领导，进一步完善多部门参与的决策协调机制，形成与未来应对气候变化工作相适应的、高效的组织机构和管理体系。建立地方应对气候变化的管理体系、协调机制和专门机构，建立地方气候变化专家队伍，根据各地区在地理环境、气候条件、经济发展水平等方面的具体情况，因地制宜地制定应对气候变化的相关政策措施，建立与气候变化相关的统计和监测体系，组织和协调本地区应对气候变化的行动。同时加强中央政府与地方政府的协调，促进相关政策措施的顺利实施。加强相关配套的机制建设，建立企业、公众广泛参与应对气候变化的行动机制，充分发挥价格杠杆的作用，形成有利于减缓温室气体排放的体制。

减缓气候变化对策的实施是一项社会系统工程，涉及国民经济和社会发展的各个领域，需要各部门协调配合和全民共同参与才能完成。应对气候变化减缓碳排放对于中国挑战与机遇并存：一方面它将对中国实现未来的经济和社会发展目标带来巨大的压力；另一方面也将成为中国从根本上转变经济发展方式，形成健康消费模式、促进能源等领域技术创新的重要驱动力。在当前全球应对气候变化的形式下，中国要积极适应国际政治、经济和贸易格局变动的趋势，将减缓气候变化对策纳入国家可持续发展战略之中，将经济发展与能源节约、环境保护、控制温室气体排放有机结合起来，不断提高应对气候变化的能力，促进经济和社会的全面、协调和可持续发展。

第二十八章　中国低碳发展之路

提　要

中国发展低碳经济,不仅是应对全球气候变化的要求,也是中国落实科学发展观实践可持续发展的必然选择。中国在能源供应、终端利用、生产过程、土地利用等方面,通过整合可持续发展的政策措施,可以积极有效地向低碳经济转型。当然,低碳经济需要投入,需要一定的成本,需要改变不可持续的生活方式。尽管中国当前的发展阶段不可能在短期内实现绝对的低碳化,但从长远看,发展低碳经济与中国的可持续发展是协同一致的。全面参与国际合作,调动全社会力量,必将加速中国的低碳化进程。

28.1　低碳经济的发展趋势与选择

中国社会经济的发展还会带来温室气体排放的进一步增加,与国际应对气候变化要求中国减缓温室气体排放的压力形成矛盾冲突,但是,中国节能减排和践行可持续发展具有很大的温室气体减排潜力,与中国参与国际合作共同应对气候变化有着明显的一致性。走低碳发展之路,发挥协同效应,逐步化解矛盾,是中国的必然选择。

28.1.1　低碳发展是应对气候变化的必然选择

应对气候变化的核心是减缓温室气体的排放和增加适应气候变化的能力,其中二氧化碳减排又是核心中的重点(IPCC,2007a-c)。成功的气候变化行动至少能够满足两方面的需求:一方面,有效遏制全球碳排放量的增加速度和幅度,并且将全球平均气温的升温幅度控制在社会、经济和生态系统免受威胁并能够可持续发展的范围之内;另一方面,在减缓全球气候变暖的同时,全球经济能够持续增长。低碳发展就是要改变基于化石燃料的发展模式,推动能效技术、可再生能源技术和温室气体减排技术的开发,逐步构建低碳排放的技术体系和经济系统,最终切断经济发展与碳排放之间的联系。因而,低碳发展是一个过程,与经济发展阶段密切关联。作为发展中国家,中国发展低碳经济,并不是要立即走向零碳,而是要不断提高碳生产率,减少单位产出的碳排放量,推进社会进步和生活品质的不断改善(潘家华,2009)。

探索低碳发展道路和发展低碳经济,有其内在驱动因素。其直接诱因是气候变化问题的紧迫性以及传统能源供应体系的不可持续性和安全压力,背后深层次因素是发达国家能源基础设施的更新换代、技术竞争以及政治外交等方面的战略需求。与此同时,尽管低碳发展已成为国际潮流,但成功实现低碳转型仍需跨越一系列政治、技术、市场、体制上的障碍,存在不确定性。

　　低碳发展与减缓气候变化具有协同效果。从 1992 年《联合国气候变化框架公约》到 1997 年的京都议定书，以及巴厘岛路线图（2007 年）、波兹南会议（2008 年）和哥本哈根会议（2009 年）为 2012 年以后的应对气候变化机制铺路，国际气候制度的谈判进程尽管艰难缓慢但却一直在向前推进。发展低碳经济有利于各国减轻应对气候变化带来的成本负担以及竞争力下降的担忧，推进国际气候政治谈判和应对气候变化。

　　低碳发展与能源供应安全具有协同效果。当前世界经济的发展模式严重依赖石油、煤炭等化石燃料。2007 年，全球能源供应中，石油、煤炭、天然气等化石燃料占据了 88%[1][2]。世界主要能源消费地区的能源供应高度依赖其他地区，受到政治因素的干扰，极大凸显了能源供应的脆弱性。从长期看，保障能源供应安全和应对高油价的挑战，必须节能增效和开发替代能源，摆脱对化石能源的高度依赖，这与低碳发展是完全一致的。中国未来 25 年内能源基础设施的投资将达 3.7 万亿美元，为能源结构调整提供了有利契机（中国科学院可持续发展战略研究组，2009）。这为整体煤气化联合循环（IGCC）、超（超）临界、大型流化床等先进发电技术提供了市场机会，可以避免锁定效应。

　　低碳发展与技术进步具有协同效果。低碳技术群涉及电力、文通、建筑、冶金、化工、石化等部门以及在可再生能源及新能源、煤的清洁高效利用、油气资源和煤层气的勘探开发、二氧化碳捕获和埋存等新技术。这些技术的研发和市场化进程的加快既有利于技术进步，也有利低碳发展。

　　因此，低碳发展是中国应对气候变化的必然选择。

28.1.2　低碳经济发展的国际趋势

　　2003 年英国政府提出了低碳经济概念和低碳能源技术发展战略，期望通过建立一个目标明确而稳定的长期政策框架，促进整个经济向低碳转型[3]。英国通过气候变化立法、制定低碳规划、征收气候变化税等途径，大力发展风能、生物质能等可再生能源、重新审视核能、推动低碳/零碳建筑、建设低碳城市和低碳社区，取得了积极进展。

　　欧盟各国领导人于 2007 年初通过了欧盟委员会提出的一揽子能源计划，期望充分利用其在能效、可再生能源等低碳技术领域的领先优势，从而带动欧盟经济向高能效、低排放的方向转型，并以此引领全球进入"低碳时代"，创建低碳未来。与此同时，欧盟国家利用其在可再生能源和温室气体减排技术等方面的优势，积极推动应对气候变化和温室气体减排的国际合作，力图通过技术转让为欧盟企业进入发展中国家能源环保市场创造条件（杨丹辉，2008）。

　　日本于 2008 年通过《建设低碳社会行动计划》，公布了一系列近期措施和远景目标，包括制定和推行碳排放交易制度、提高能效标准、降低燃料电池系统和太阳能发电成本、在 2020 年前实现二氧化碳捕集和埋存技术（CCS）的商业应用等。日本建设低碳社会注重应对气候变化与国家能源战略的协同效应。为此，日本将制定《能源环境技术革新方案》，规

---

①　BP. 2009. Statistical Review of World Energy
②　IMF. 2008. World Economic Outlook Database
③　DTI. 2003. Energy White Paper: Creating a Low Carbon Economy

划一系列能源环境领域内低碳技术开发和推广的时间表，并且明确长期探索温室气体零排放的划时代技术。

美国政府也致力于推动低碳经济的发展。基于在清洁能源技术方面长期积累的优势，美国持续关注新一代清洁能源技术方面的研发与创新，提供资金开发燃煤发电的碳捕获和埋存技术，并鼓励可再生能源、核能以及先进电池技术的应用，通过减少对石油的依赖确保国家能源安全和经济发展。奥巴马宣称，发展清洁新能源技术已经不是在保护环境和刺激经济中做出抉择，而是在繁荣与衰退中选择取舍。随着美国政府对温室气体减排和发展低碳经济的战略性思考的进一步深入，美国国内应对气候变化的政治意愿已经出现极大的转变，并且将会成为其未来经济社会发展的重大战略性因素。

28.2 低碳经济转型与中国的可持续发展

28.2.1 低碳转型的主要途径

消费和生产是决定各国碳排放的驱动因素。发达国家主要是后工业化时代的消费型社会所带动的碳排放，而发展中国家主要是生产投资和基础设施投入带动的资本存量累积的碳排放。发达国家已经实现了高人文发展的目标，而发展中国家必须实现低碳转型和人文发展的双重目标，这必将增加发展中国家实现低碳转型的难度。对于中国来讲，实现经济转型主要有四大途径。

调整产业结构促进低碳转型。受发展阶段制约，产业必然有其特定的结构比例。在农业社会，农业绝对是大头；在劳动力密集或资本密集的工业化阶段，工业肯定是主导。发达国家进入后工业化社会，通过产业和产品升级，向发展中国家转移高能耗产业，加速了低碳经济转型进程。英国和美国当前的第三产业比重超过 77%，高能耗的制造业只占 1/5，单位GDP 的碳排放显然要比工业比重高的时期大幅度降低。中国现阶段只能以资本密集型的投资为主体，以保证高增长和资产的积累；尽管高端服务业的发展需要资产积累到一定阶段，但大力发展常规服务业、调整工业内部结构和产品结构，是低碳经济建设的重要途径。

推动技术进步促进低碳转型。技术进步能够从不同角度推动低碳化的进程，包括节能、提高能效、碳捕集合封存、高效管理技术等。一般所说的低碳技术主要针对电力、交通、建筑、冶金、化工、石化、汽车等重点能耗部门，既包括对现有技术的应用，近期可商业化的技术，也包括远期可能应用的技术。

调整能源结构促进低碳转型。少用含碳量高的能源，碳排放必然下降。然而，调整能源结构同样也受到几个因素的制约。第一，受资源禀赋的制约。就含碳的化石能源看，少用煤，多用石油和天然气，可以减少碳排放，但受自然资源禀赋制约。由于中国"富煤少油贫气"，尽管中国从 20 世纪 80 年代就开始努力降低煤炭的比例，投资开发利用了大量水电、核能和其他可再生能源，但由于能源消费总量不断攀升，化石能源在一次能源供给中的比例不仅没有下降，反而有所上升。第二，受资金、技术的制约。调整能源结构，发展太阳能、核能等可再生能源、新能源，需要巨额投资。第三，受到收入水平的制约。然而，发展低碳经济，就是要突破各种约束，发展低碳和无碳能源，保障能源供给，降低碳排放。

发展碳汇产业，促进低碳转型。大量植树造林，发展碳汇，吸收二氧化碳，减少大气温室气体含量，也是低碳经济建设的一个重要方面。然而，中国的耕地资源和水资源相对来说并不算很丰富。能够种树的面积、能够用来浇树的水资源量将不断趋紧。中国当前的森林覆盖率已经达到 20.36%，森林蓄积量也在不断增加，使得林业碳汇的总量得以不断提高。但是，进一步增加森林面积，难度将越来越大，成本会越来越高。尽管如此，森林碳汇和种植业管理对于减少温室气体总量，意义重大，是中国低碳经济建设不可或缺的重要内容。

养成良好的生活方式促进低碳转型。消费是低碳发展的内在动力。一切社会经济活动最终都要体现为现实或未来的消费活动，因而一切能源消耗及其排放在根本上都是受到全社会各种消费活动的驱动。例如，对 1997 年美国家庭部门的分析表明，消费需求导致的直接与间接排放占到美国当年总排放的 80% 以上，其中，因制冷、供暖、炊事、燃料等直接生活能源消耗只占各种间接能耗（包括家用电器、汽车、房屋、家用电器等生活设施生产过程和生命周期的内涵能源）的一半左右（庄贵阳，2008）；对欧盟 11 国的分析表明，20 世纪 90 年代欧盟各国的居民直接能源消费在总能耗的比重约为 34%～64%。消费模式和行为习惯对于排放的影响不可小估。例如，美国和英国等欧盟国家人均 GDP 均超过 3 万美元，生活水平和质量大致相当，但由于在生活方式上存在较大差异，使得美国的人均碳排放超过欧盟人均水平的一倍（Bin，Dowlatabadi，2005）。

28.2.2　低碳转型的阶段特性

低碳经济与人类社会发展的阶段密切相关（Kinzig，Kammen，1998；Parka，Heob，2007）。农业社会经济发展水平低，少有商品能源的消费，因而碳排放几乎可以忽略，例如埃塞俄比亚 2007 年人均化石能源消费二氧化碳排放只有 0.08t，不足世界平均水平的 1/50（IEA，2009）。尽管社会产出并不高，但相对于无穷小的碳排放，表现出的碳生产力非常高。但这并不是我们所理想的低碳经济状态。到工业化的初期阶段，劳动力比较密集，商品能源的消费大幅提高，碳生产力相对于农业社会下降了很多，经济走向高碳。今天的中国正处在资本密集型工业化阶段，能源密集度高的基础设施、居民住房和高耗能的耐用消费品如汽车的生产和消费增长快、规模大。因而碳排放强度居高不下，相对来说碳生产力不高，而且碳排放的绝对量较大并在不断增长，显然不是低碳经济。只有到了更高级的知识密集型工业化阶段，国民经济结构中服务业的比重超过第二产业（工业），人文发展水平、碳生产力处于较高水平，才进入低碳经济的形态。

在总量上看，社会经济发展需要经历一个从高碳向低碳的转型过程。实际上，单位产品或服务的碳需求则在不断下降。例如中国吨钢综合能耗，在 20 世纪 90 年代初需要 1.3～1.4tce，2008 年则降到 0.7tce 以内。又如建筑节能[①]，以北京为例，20 世纪 70 年代前，多数民用建筑采用木制窗户，密封性能差；80 年代多改为钢制窗户，90 年代进一步改为密封性能更好的铝合金门窗。进入 21 世纪，民用建筑采用双层玻璃的断桥铝门窗，房屋墙体增加保温层，建筑节能水平大幅提高。发电（OECD/IEA，2008）技术方面，20 世纪 90 年代中期，发 1 度电需要 400g 标准煤；进入 21 世纪，中国发电煤耗整体下降至每度大约 350g 标准煤，超超临界发电机组降至 290g 标准煤。可持续发展需要物质财富的积累。由于碳生产力不断提高，单位物质财富的积累实际上已经低碳化。增加森林碳汇，不仅仅是减少了大气中的温室气体含量，从而使经济低碳化；而且，森林保持水土，涵养水源，增加生物多样

---

① UNCSD. 2007. Indicators of Sustainable Development：Guidelines and Methodologies

性，改善生态环境。

经济的低碳化也促进着发展的可持续。可持续发展实际上也要求经济走向低碳。因而，低碳经济与可持续发展从长远看，是相容的，互为促进。低碳化与可持续性的战略相容性，并不意味着两者在短期不存在一定的冲突性（Pachauri，Spreng，2002），但这种潜在的冲突都是表面的，暂时的。

经济的绝对低碳似乎与贫困有着某种联系。最贫穷、最不发达的国家碳生产力都很高。工业基础薄弱，交通困难，消费水平低下，当然是低碳状态。而发达国家人均碳排放量高，似乎高排放才有高生活质量。其实，这只是一种表面现象，在较高人文发展水平情况下也可以是低碳的。以零碳的核能为主的法国的碳排放，人均比发达国家的平均水平低一半；北欧国家绝大部分主要依靠可再生能源，如丹麦的风电，挪威、瑞典的水电。发展低碳经济并不是要走向贫困，而是要在保护环境和气候的前提下走向富裕。

从图 28.1 可见，德国、英国、法国等发达国家人均碳排放与收入水平呈现一定的环境库兹涅兹倒 "U" 形曲线关系。美国、加拿大、日本等发达国家人均碳排放与收入水平的关系没有出现明显转折，但也没有明显上升的趋势。而对于中国、巴西、南非等发展中国家，人均碳排放均处于倒 "U" 形曲线的上升阶段。但这并不表明，中国必然要步美国、发达国家的后尘，通过高排放实现高收入。鉴于中国人口众多资源匮乏的国情，我们甚至不能走欧洲、日本的老路，而是要尽快实现低碳转型，创新低碳增长之路，提高收入水平，保障能源安全，促进可持续发展。

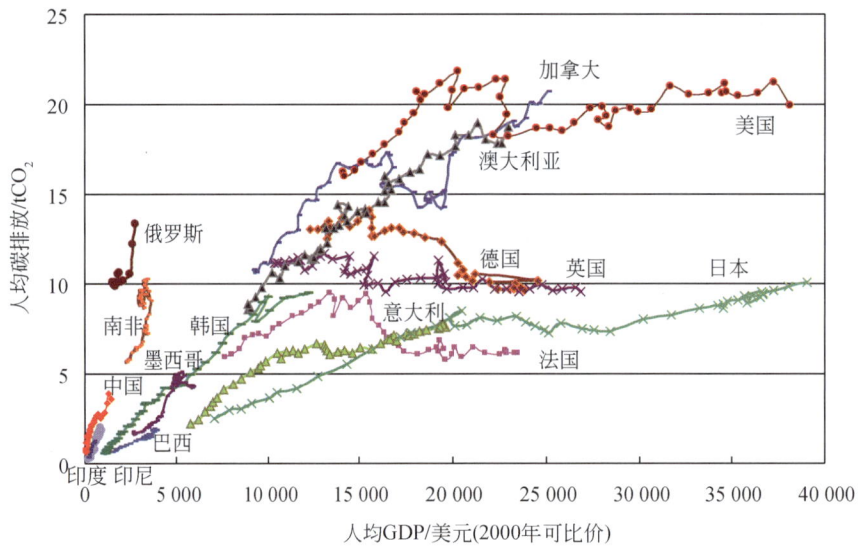

图 28.1　16 个主要经济体人均碳排放与人均 GDP 比较（1960～2005 年）

28.2.3　低碳促进可持续发展

中国实施低碳发展有助于实现可持续发展。

控制高碳排放产业的发展是发展低碳经济的重要措施，这一措施也将促进可持续发展。发展低碳经济与高耗能、高排放的重工业有一定冲突。中国现在所处的发展阶段还必须要有一些相对高能耗、高排放的产业和产品来保障经济运行、保障生活质量。但是，通过系统优化设计能够减少一段时间内重化工、钢铁行业的累计温室气体排放，使得这些高耗能产业优化发展路径，实现低碳发展和可持续发展。

避免奢侈浪费和攀比消费是发展低碳经济的重要措施，这一措施也将促进可持续发展。发展低碳经济与消费是冲突的。世界经验表明，消费水平与经济的低碳化并不是冲突的。在低碳经济状态下，便利的交通、舒适的房屋是可以得到保证的。例如欧洲当前已经出现的无主动供暖的超低排放建筑，太阳能汽车、电动汽车、生物燃料汽车等。此外，低碳的公共交通，比高碳的私人交通，生活品质可以更高。中国已经借鉴了这些经验，并已经付诸实施。例如从北京到天津，乘坐公共交通只要半个小时，省时省钱，既是低碳出行方式，也是消费者的理性选择。这些低碳发展措施的实施也促进可持续发展。

低碳经济竞争有助于企业形成长远规划的能力，从而促进企业的可持续发展。发展低碳经济要用先进技术、低碳能源，或许成本太高，不利于经济发展。不采用低碳技术，可能减少当前的成本，但在将来，产品、产业甚至整个经济就可能没有竞争力，从而被排斥出世界经济的主流。从现实竞争力来看，欧洲、美国一些产品采用"碳标识"，标明产品生命周期的碳排放，帮助消费者有意识地选择低碳产品。如果产品碳含量比较高，消费者不买，就失去了市场。除此之外，还有环境成本问题。化石能源除了排放二氧化碳，还可能造成二氧化硫、粉尘、氮氧化合物、重金属等污染；相比之下，可再生能源的环境负荷非常低。综合考虑长远战略、现实竞争力、环境成本等因素，发展低碳经济就不是高成本，而是具有竞争力的低成本。

28.3 中国低碳发展的主要对策

28.3.1 融入可持续发展战略，探索中国特色的低碳道路

中国 CO_2 排放总量大，增长快，在国际社会面临越来越大的减排压力，全球实现控制温室气体浓度的目标，对中国现代化道路提出了严峻的挑战；围绕"气候外交"，中、印等新兴发展中大国需要应对的形势将日益复杂；中国应该把应对气候变化战略与国家可持续发展战略和经济社会发展规划相结合，增强国家应对气候变化的综合能力（何建坤，刘滨，王宇，2007）。并且确立未来减缓温室气体排放目标和行动方案，为全球应对气候变化做出积极贡献；同时积极实施减缓温室气体排放的对策和政策，加速减排关键技术的研发和产业化步伐。

低碳经济道路是全球也是中国的必然选择。全球气候变化是当今世界以及今后长时期内人类所面临的最严峻的环境与发展挑战，同时也是最复杂的综合科学研究领域。应对全球气候变化，探索中国特色的低碳道路，既是学术研究的热点，又富有极大的挑战性。全球变暖已经成为不争的事实，发展低碳经济已经逐步成为各国应对气候变化的共识，探索低碳发展之路无疑是人类发展的重要选择（中国科学院可持续发展战略研究组，2009）。

中国特色低碳道路的战略取向包括以下几个方面（中国科学院可持续发展战略研究组，2009；张坤民，2008；中国环境与发展国际合作委员会低碳经济课题组，2008；王毅，2008；何建坤，李伟，刘滨，2009）：一是把低碳发展战略与国家可持续发展战略和经济社会规划相结合，增强国家应对气候变化的综合能力，把低碳经济作为建设资源节约型、环境友好型社会和创新型国家的重点内容，并将发展低碳经济作为走低碳道路的主要载体，纳入可持续工业化和可持续城镇化的具体实践中。二是实施积极的低碳发展策略，加速关键的低

碳技术的研发和产业化步伐。三是权衡经济发展与气候保护、近期和远期目标，处理好利用战略机遇期实现重化工业阶段的跨越与低碳转型的关系。四是加强部门、地区间的合作，吸引各利益相关方的广泛参与，发挥社会各方面的积极性，特别是通过新的国际合作模式和体制创新，共同促进生产模式、消费模式和全球资产配置方式的转变。五是积极参与国际气候体制谈判和低碳规则的制定，为中国的工业化进程争取更大的发展空间。

28.3.2　金融与气候危机的双重应对

应对金融危机是一个阶段性的短期任务，而应对气候变化则是一个长期任务，一个是紧迫的危机，一个是长远的危机，必须同时应对这两个危机。国际国内经济形势的恶化将会对各国应对气候变化的政治意愿产生不利影响，并将可能影响整个国际谈判的进程。欧美各国正经历着一场潜在的经济衰退，促进经济复苏和确保就业将会成为各国近期的当务之急。全球流动性的紧缺势必影响到极度依赖金融体系的能源产业的发展，尤其是可再生能源和温室气体减排领域。

温家宝总理在2008年11月7日在应对气候变化技术开发与转让高级别研讨会上的讲话时指出："全球金融危机加剧蔓延，世界经济增长明显放缓，对各国经济发展和人民生活带来严重挑战。在这样的形势下，我们应对气候变化的决心绝不能动摇，行动绝不能松懈"。气候变化问题在短期通常让位于金融危机。但是必须在处理经济危机的同时处理气候变化的问题，这样才能够在2010年和2011年继续看到经济增长，而不至于在2011年之后使得全球气候受到非常严重的影响。为发展全球低碳经济架起桥梁，这样才能够有效应对全球经济的衰退。德国发展研究院认为，与其全世界范围内实施大规模投入的经济刺激计划，以便保存老传统工业结构，不如进行全球合作，推出刺激经济一揽子计划，通过变革，推动低碳经济的发展。世界自然基金会的一份报告指出，各国的经济刺激计划应该要包括更多的应对气候变化得成分（Höhne et al.，2009）。汇丰银行的一份报告指出（图28.2），主要发达国家的经济刺激计划与应对气候变化结合得比较好（Robins，Clover，Singh，2009）。经济危机迟早会度过的，但是全球变暖的危机将在很长时间内跟我们在一起[①]。

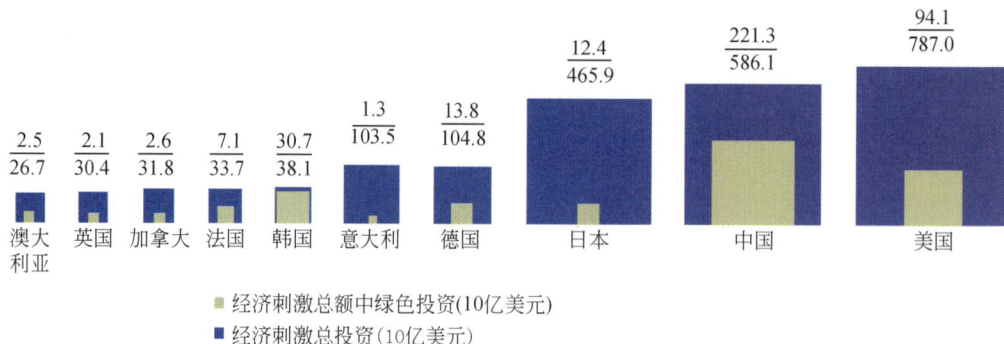

图28.2　各国通过绿色投资应对金融危机

资料来源：Robins，Clover，Singh.，2009

---

① 刘劼，陈雍容.2009.海内外经济学家认为应对金融危机和气候危机不可偏废.news.xinhuanet.com/newscenter/2009-03/23/content_11058500，htm

金融危机对全球碳市场也造成了一定的影响,碳价格出现波动,碳排放信用额度市场增幅已开始放缓,自愿性碳市场受到较大冲击,碳市场的金融创新速度减慢,而其金融危机也改变了碳市场参与者的格局,一些参与者退出了这个市场(何建坤,李伟,刘滨,2009)。

28.3.3 促进低碳技术创新体系、市场体系建设

发展低碳经济,最主要的是两点:经济发展模式和社会消费模式向低碳方向转变;发展低碳技术(何建坤,2009)。

第一,应对气候变化,发展低碳经济,核心是低碳技术的创新体系的建设。发达国家在UNFCCC框架下有责任和义务向发展中国家转移低碳技术,中国不仅要通过新的与气候相关的国际合作机制引进、消化、吸收国外的先进技术,更重要的是,通过参与制定行业的能效与碳强度的标准、标杆,开展自愿或强制性标杆管理,使重点行业、领域的低碳技术、设备和产品达到国际先进水平(中国科学院可持续发展战略研究组,2009),为低碳转型和增长方式转变提供强有力的技术支撑。

第二,加快低碳技术市场体系培育,扫清低碳技术发展的障碍。美国国务卿希拉里·克林顿2009年4月27日在华盛顿世界主要经济体能源环境峰会上呼吁各国对低碳技术征收零关税,扫除低碳技术在世界范围内的市场流动的障碍,以促进低碳技术在世界范围内的推广。

中国建立的控制温室气体排放和减缓气候变化的技术开发体系包括但不限于:节能和提高能效技术、可再生能源和新能源技术、煤的清洁高效开发利用技术、油气资源和煤层气勘探和清洁高效开发利用技术、先进核能技术、二氧化碳捕集和封存技术、生物固碳和其他固碳工程技术、农业和土地利用方式控制温室气体排放技术。

低碳技术将成为未来国家核心竞争力的一个标志。很多无碳、低碳能源技术已经或将具有商业前景,有着各自的应用范围和优势,但将来哪一种能够成为主流技术,关键看谁能够率先突破。对于中国来说这里面也存在着机遇,如果我们在一些研发上抢先突破,就具备了最核心的竞争力。中国现在的整体技术水平和发达国家有一定差距,在低碳技术的创新和竞争中,有可能争取到发展机会,如果走出中国式低碳道路来,不仅顺应人类社会发展的趋势,而且也将解决自身发展的难题——能源资源和国内环境的制约所带来的发展瓶颈问题(何建坤,2009)。

28.3.4 引导低碳消费,建设低碳社会

低碳发展不仅仅是政治、经济和技术的发展问题,也是社会发展问题,要求建立低碳社会,个人实践低碳生活方式,从而扭转人类活动对自然资源和环境消耗不断增加的线性不可持续发展模式,把人类活动的资源、环境影响控制在维持系统平衡的界限内。对奢侈和浪费性的消费需要采取经济措施,遏制非必要的需求,同时对不利的环境影响进行补偿(潘家华,陈迎,2009)。

低碳消费要求政府、个人、企业等全社会的积极行动。发达国家的许多企业都制定了减排目标。就是在国际上没有承诺应有减排义务的美国,不少企业为提升企业形象和竞争力,制定严格的排放标准,采取措施减少二氧化碳排放;市场上也出现了鼓励低碳生产的趋势。

例如沃尔玛公司，在采购链中要求对产品进行碳标识，促进企业低碳生产，引导低碳消费。改变消费方式，富裕人群的选择具有导向性。中国当前的富裕人群比例虽然不高，但数量不小，如果富人都在瞄准美国人原来的生活方式——大房子、大汽车、过分调节温度，必然是高排放。发展低碳经济需要通过政策宣传引导消费观念的转变，让民众的消费方式向低碳消费、适度消费的方向发展（何建坤，2009）。

从提高公众意识的角度看，揭示商品的内涵能源并结合提高公众意识的宣传教育活动，还有助于改变人们的生活方式，建设节约型社会。只节约直接能源是远远不够的，节能的概念应该推广到节约内涵能源，因为任何商品，如粮食、纸张、衣服、电器、清洁的水等等，其生产加工过程都要消耗能源。一般而言，产品加工链越长，加工过程越复杂，其内涵能源就越多。倡导可持续的消费方式，每一个人从身边小事做起，避免冲动消费、过度消费、奢侈消费和铺张浪费，都可以为节约能源、保护环境做出自己的贡献（陈迎，潘家华，谢来辉，2008）。

28.3.5　加强国际低碳技术和经济合作

有效的国际低碳技术转让机制是国际合作和经验借鉴的最重要内容。由于在全球应对气候变化、发展低碳经济的过程中，大规模、高效率的国际低碳技术转让对于发展中国家克服技术的"锁定效应"有着重要作用，所以 UNFCCC 明确了技术开发与转让的必要性和紧迫性。中国政府明确提出建立有效的技术合作机制，清除技术合作中存在的障碍，建立国际技术合作基金，确保发展中国家买得起、用得上先进的环境友好型技术。《气候公约》框架下的技术转让，关键在于发达国家政府减少和消除技术转让障碍，对研发中的应对气候变化的关键技术，依靠国际社会的合力，尽快取得突破性进展，并为世界各国所共享。

总之，中国发展低碳经济，不仅是应对全球气候变化的要求，也是中国落实科学发展观实践可持续发展的必然选择。中国在能源供应、终端利用、生产过程、土地利用等方面，通过整合可持续发展的政策措施，可以积极有效地向低碳经济转型。当然，低碳经济需要投入，需要一定的成本，需要改变不可持续的生活方式；而且，中国当前的发展阶段，也不可能在短期内实现绝对的低碳化。但从长远看，发展低碳经济与中国的可持续发展是协同一致的。全面参与国际合作，调动全社会力量，必将加速中国的低碳化进程。

第 四 部 分

全球气候变化
有关评估方法的分析

摘　　要

《第二次气候变化国家评估报告》第四部分对全球气候变化有关评估方法进行了分析，主要涉及以下几个核心和焦点科学问题评估方法的分析：全球与中国温度变化的评估方法分析，全球和区域碳收支的评估方法分析，人为气候变化与自然气候变率评估分析，气候变化阈值的科学分析，温室气体减排路径和责任分担方法分析，以及有关低碳经济和可持续发展的评估分析。

一、全球与中国温度变化的评估方法分析

虽然定量重建全球（特别是北半球）和大范围的历史温度变化为客观认识20世纪全球增暖提供了重要科学基础，但现有的千年历史温度变化重建方法及数据，尚不足以准确判定20世纪气候增暖在过去千年中的历史地位。尽管全球和中国近百年地表平均温度序列尚存在不确定性，但至今为止科学界对近百年全球增暖及其相关评估结果的认识较少存在争议；然而，目前的分析方法并没有完全消除城市化在区域尺度上对季节与年际气候变化记录的影响。

二、全球和区域碳收支的评估方法分析

理解全球气候变化的过程机制，预测未来的变化趋势，需要细致地刻画全球和区域各种碳库的变化、定量评估各碳库之间的碳交换通量及其平衡关系。分析表明，目前对全球碳收支各个分量评估的不确定性以大气碳储量变化为最小，其变异系数为 2.4%；其次是通过化石燃料燃烧和水泥工业排放量，其变异系数为 4.2%；海洋-大气 CO_2 净交换量的变异系数为 22.7%；不确定性最大的是对陆地-大气 CO_2 净交换量的评估，其变异系数高达 66.7%。我国陆地土壤碳库储量约为 102.96 Pg C，各种植被碳库储量为 15.97 Pg C，两者合计的总碳储量约为 118.93 Pg C。中国森林植被的碳储量大致变化在 3.3～6.2 Pg C 范围内，碳密度大致变化在 3.2～5.7 kg C/m^2 范围内。20世纪70年代中期以来，我国的植树造林和林业管理、草地保护、农作制度改革和保护性耕作等措施发挥了重要的固碳功能，但是各种方法评估的结果仍然存在较大不确定性。

三、人为气候变化与自然气候变率评估分析

自第一次气候变化国家评估报告以来，对于全球和中国变暖的人为气候变

化与自然气候变率的贡献的检测和评估有了一定的进展。多种评估结果表明，近50年全球和中国的变暖，人类活动的贡献可能是明显的。但是仍然面临许多亟待解决的重要问题：20世纪中国的变暖在近千年是否为最暖的百年，近50年全球和中国的变暖速率以及极端天气气候事件发生频率和强度是否超过古气候和历史时期的自然气候变率，近百年和近50年中国变暖中人类活动效应和气温的自然准周期性和年代际变率如何区分，中国降水强度和频率以及各种极端气候事件变化是否有人类活动的信号，以及自然外强迫和气候系统内部相互作用以及人类活动的区分、检测和归因分析等。目前，中国学者对上述问题所作的研究较少，尚难得出明确的结论，存在较大的不确定性，特别是对未来短期10～20年和长期（百年或更长）气候变化的预测和预估，需要同时考虑自然的和人类的联合作用以及全球气候系统内部的相互作用，因而更存在极大的不确定性，今后需要做更深入的分析和研究。

四、气候变化阈值的科学分析

《联合国气候变化框架公约》的最终目标是把大气中温室气体的浓度稳定在一定水平上，以防止对气候系统产生危险的人类干扰。如何确定危险的人类干扰，涉及价值判断等政治决策相关问题，而科学能够为此提供信息化决策，即主要提出关键脆弱性判据，这是确定气候变化阈值的前提和条件。科学的结果和论断在决定阈值过程中是一个基础和依据。

目前用于确定气候变化阈值的方法有三种，其中最重要的是目标法，也称反演法。这个方法是先从影响研究入手确定影响阈值，重点关注有害影响的程度和范围，然后以不超过此阈值为前提向前推算因果关系的源头，确定温室气体排放应该控制在何种程度，进而再反推排放情景和浓度稳定水平。

部分欧盟科学家根据自身的研究提出2℃可作为气候变化危险水平的阈值，但政府间气候变化专门委员会（IPCC）第四次评估报告并未明确气候变化的阈值，尤其是在区域气候变化问题上，有关阈值的分析结果具有很大的不确定性。这是由于在区域尺度上气候变化预估的不确定性比全球尺度更大，且关系到区域内适应行动的实施。对于中国地区而言，是否存在阈值，如果存在阈值，何时能达到，这是一个需要进一步研究的重要问题。

五、温室气体减排责任分担方法分析

温室气体减排是减缓气候变化的重要技术途径，需要世界各国共同努力，承担相应的减排责任和义务。确定温室气体减排各国责任的分担方案需要遵循公平和共同但有区别的责任，充分考虑发展中国家的具体需要和特殊情况，预防，促进可持续发展以及国际合作与开放经济体系的原则。针对温室气体减排责任分担的方法学问题，基于历史和人际公平原则，有研究提出把人均历史累积排放贡献率作为一个新的温室气体减排责任分担指标，以更加真实地反映各国在整个工业化发展过程中的温室气体累积排放，能够最大限度地保障所有人的地球公共资源利用、生存和公平发展。通常情况下，各国的能源消费和温室气体排放量都是基于生产侧而不是消费侧的统计，但是从消费侧来观察，商品的进口国在消费进口产品时，也相当于间接地消费了生产这些产品的能源，导致温室气体的排放，所以在分担温室气体减排责任时，需要考虑国别间的"温室气体排放转移"问题，即需要从商品的生产侧和消费侧来综合分析。

六、低碳经济和可持续发展的评估分析

随着应对全球气候变化进程的不断深入，特别是在全球面临经济危机之后，低碳经济已成为全球的研究热点。主要从研究方法方面对低碳经济和可持续发展进行了综合评述，重点分析了减缓和适应气候变化的经济成本核算方法，评估了低碳经济发展路径及其效果评估的方法学、评价了发展中国家应对气候变化和可持续发展的关系。迄今的研究中，减缓成本核算在贴现率选择、市场效率的认识，以及技术进步复杂性的认识等方面存在不足，适应成本核算方面缺乏针对多部门成本的评估，且这两类经济成本分析都存在着风险与不确定性。低碳经济常用碳生产率及其年增长率作为衡量指标，可是关于发展路径的研究在相关假设、成本估计、技术进步、深度减排目标实现的可能性等方面还存在很多问题。关于权衡适应与减缓两者关系的研究较少，对发展中国家的研究重点在于评价气候变化的脆弱性，很少考虑发展中国家与发达国家之间的差异。尽管可持续发展与应对气候变化两者之间存在着概念上的高度一致性，但相关研究所给出的经验相当有限；在全球长期的减排目标下，发展中国家要把发展低碳经济作为协调国内可持续发展与保护全球气候的根本途径。

第二十九章 全球与中国温度变化的评估方法分析

提 要

本章主要评述了现有全球（特别是北半球）和中国历史温度变化重建结果中涉及的代用资料和方法的不确定性，以及全球和中国近百年地表平均温度序列的不确定性问题。结果表明，定量重建全球（特别是北半球）和大范围的历史温度变化，为客观看待20世纪全球气候的增暖提供了重要的科学基础，但现有的千年历史温度变化重建方法和数据，尚不足以准确判定20世纪的气候增暖在过去千年中的历史地位；目前科学界针对近100年全球地表温度变化观测和评估结果的争论相对较少，IPCC第四次评估报告也将近100年全球地表温度升高的相关评估结论归为"确凿的发现"，但应注意到，至少在区域尺度上，无论是季节还是年际尺度的气候变化或变率，都不能忽略城市化的影响。

29.1 千年温度变化

地球气候存在着从年际、年代际、百年际直至亿年际等多种不同时间尺度的变化过程，各种时间尺度的变化过程相互叠加，形成了多种变化方式（如准周期变化、趋势变化、突变等）和不同变幅特征。要揭示气候变化（特别是气候的长期变化）过程和规律，必须在"将今论古"的基础上，利用代用资料进行古气候变化重建。用于重建古气候变化的代用资料包括文献记载和自然档案两大类，其中文献记载主要包含天气及气候状况、自然灾异（特别是气象水文灾害）、自然物候现象及气候变化影响等；自然档案主要包含树木年轮、极地和高山冰芯、古地层（特别是黄土、古土壤及古沙丘）、洞穴石笋、湖泊沉积物、珊瑚、海洋沉积物等年龄（龚高法等，1983；Bradley，1999）。不同类型的代用资料具有不同的时间分辨率，包含气候信息的时间长度也不同，只有时间分辨率较高的代用资料，如文献记载、树木年轮、冰芯、洞穴石笋、珊瑚、湖泊沉积物等，才可用于千年时段的历史气候变化重建。随着各种代用资料的定年、气候学意义诊断以及气候要素的重建和校准等技术和方法的不断改进，气候变化重建结果的准确性、定量化水平、时空覆盖度也显著提高，全球（特别是北半球）尺度及大范围的千年历史温度变化得以定量重建，为深入认识气候变化的特征、历史过程和20世纪全球气候增暖的背景提供了重要的科学基础（Jones et al.，2009）。

29.1.1 影响千年历史气候变化重建结果不确定性的主要因素

与仪器观测记录相比，代用资料往往混杂着多种气候和非气候的信息，资料本身也可能存在规范性和连续性方面的问题，需要经过鉴别、诊断、提取，才能从中辨识出所需的气候变化信息，进而重建古气候变化。影响古气候重建结果不确定性的因素主要源于以下三个方面。

1. 定年的准确性

从目前各种代用资料的定年方法上看，历史文献采用历法换算方法定年，除因个别原始记载描述模糊和"错记"外，可以完全做到定年的准确。树木年轮采用"交叉定年"方法，在保证大样本量的前提下，从技术上也能完全做到定年的准确。冰芯主要利用季节性参数（如 $\delta^{18}O$、Cl^-、Na^+、Ca^{2+} 等盐离子浓度，SO_4^{2-}、NO_3^- 等酸根离子浓度，微粒含量）的变化特征计数，结合参考层位的放射性物质异常、强火山喷发遗留在冰芯气泡中的 SO_2 含量等特征定年，这种方法的定年精度相对较高，时间分辨率一般可控制在 10 年之内，时段长度一般限于过去数千年以内；对于更长时段的冰芯，一般都只能采用理论模型（如理论冰流动模型）、放射性同位素（如 ^{210}Pb、^{32}Si、^{10}Be 等）、与其他记录相比较等方法进行定年，时间分辨率相对较低，一般为数十年至百年。洞穴石笋通常采用微层计数和放射性同位素 ICP-MS 铀系方法定年，其中的微层计数误差相对较小，但仅适用于千年之内；而同位素测年在千年时段上则有 3~5 年的误差（谭明，侯居峙，程海，2002）。珊瑚目前也多利用放射性同位素 ICP-MS 铀系方法定年，在千年之内的定年误差一般为 3~5 年。湖泊沉积物一般采用纹泥计数法或根据放射性 ^{14}C 或其他放射性物质异常测定参考层位，采用沉积速率模型推断年代，其中纹泥计数法一般误差较小，但仅适用于少量沉积纹层清晰的湖泊；放射性 ^{14}C 的年代测定，一般有数十至百年左右的误差（Bradley，1999）。

2. 代用资料的气候学意义诊断

不同于对气候系统的直接仪器观测，代用资料的气候指示意义，只能通过已知的与各种气候要素之间的物理联系，并结合统计分析进行诊断，因此，利用代用资料指示气候变化有多种局限性。首先，不同代用资料的气候含义可能明显不同。如就温度变化而言，树轮可能主要反映生长季节的温度变化，冰芯、石笋及湖沼沉积物等代用资料中的 $\delta^{18}O$ 记录，反映的是降水集中季节的温度信息，而冰冻、霜雪等气象水文物候则主要反映寒冷季节的温度信息。在一般意义上，不同季节的温度变化并没有必然的物理联系，只是在较长时间尺度的趋势和波动变化上可能存在高度相关性而已。其次，同一种代用资料可能反映的是多种气候要素变化的信息，在不同时段所反映的主要影响因子可能不同，有时也可能反映多种气候要素的综合变化，如洞穴石笋、树轮、山地冰芯、孢粉等代用资料；而历史文献等少数代用资料有时也受记录者和使用者的主观认识限制。第三，不同代用资料的时间分辨率不同，如历史文献记载、年轮、冰芯、石笋等时间分辨率一般可以达到年，而湖沼沉积物一般最高只能达到数十年。第四，代用资料的区域代表性问题，即在给定的时间尺度下，若要重建某个区域的历史时期气候变化，一般需要采集足够的样本量，且空间分布相对均匀，但因各种条件限制，这些需求往往难以得到完全满足。第五，古气候变化重建的根本原理是"将今论古"，即以现代气候要素与代用指标的关系来推测过去，但这种关系的稳定性在自然环境的演变过程中往往很难得以充分保证，特别是在进行气候变化序列定量重建时，一般都需要采用相关关系或主观经验认知，进行某种信息之间的转换，但这种转换关系往往会随着地区、季节、时间分辨率的不同而变化。所有这些因素，都会导致原信息在一定程度上的失真（von

Storch et al.，2004；Bürger，2007)。此外，提取代用资料中的气候信息，往往还受到其他非气候信息的干扰。

3. 定量重建导致的方差缩减

自然代用资料中的气候信息，常用一些生物学或理化指标进行量化，并通过比较这些指标与校准时段气候要素的数量关系（如回归方程）指示气候变化。但不论在单点还是在区域古气候变化的重建上，这种数量关系的方差解释量无法达到100％，在重建过程中通常都会缩减重建结果的方差，减小变幅（Bürger，2007)。特别是在大区域古气候变化重建时，依据的资料多为单站的代用指标序列，这些序列往往在本身的重建过程中就存在一定程度的方差缩减，而再经过二次重建造成方差缩减后，最终的方差缩减幅度往往会非常大。以现有的北半球过去千年温度变化综合重建为例，不论研究者使用何种重建方法，所有研究结果都可能低估了历史气候的真实变化幅度，其中低频变化和趋势变化的变幅，通常会被低估20％～50％，因此，很多重建结果（尽管可能使用相同或基本相同的代用资料）仅在低频变化的形式上基本一致，而在变幅上相差很远（Christiansen，Schmith，Thejll，2009)。

29.1.2　千年历史温度变化不同重建结果的差异比较

自20世纪90年代初起，已有许多研究利用全球范围的各种代用资料，重建了全球过去数百年的温度变化序列（Bradley，Jones，1993)；至今世界数据中心古气候网（WDC for Paleoclimatology)[①] 已收录的全球或北半球温度重建序列有20余个，这些序列的长度一般为500～2000年。由于大范围温度重建对代用指标及其指示季节、空间分辨率及重建方法的选择极为敏感（Rutherford et al.，2005)，即使不同研究者使用相同或部分相同的原始证据，其研究结果往往也会存在差异。虽然大多数研究结果在过去千年温度的多年代尺度低频变化形式上具有较高的相似性，但其波动幅度相差极大。如政府间气候变化专门委员会（IPCC）第四次评估报告引用的11条北半球过去千年温度变化重建曲线（IPCC，2007a-c)，从波动幅度上看，温度变幅最大者与最小者相差超过0.5℃，达各序列方差的1倍以上；从同一时间点的温度估算结果来看，在1900年以前，最大者与最小者之间通常相差1.0℃左右，约相当于各序列方差的2倍，在相差幅度最大的时间点，温度估算值的差异甚至达到了2.0℃，相当于各序列方差的4倍左右（图29.1)。

虽然中国千年历史温度变化不同的重建结果之间的差异相对全球或北半球较小，但类似的分歧仍然存在。对比分析基于历史文献重建的中国过去500～1000年温度变化序列的结果表明：在10年分辨率水平上，同一区域内不同序列间虽然分别有37.7％和20.6％的时段温度估算值是一致（即各序列的温度估算值在时点温度估算值的1倍均方误之内）或基本一致的（即各序列的温度估算值在时点温度估算值的2倍均方误之内)，但也有37.5％的时段温度估算值是不一致的，更有4.2％的时段估算值完全相反；在30年分辨率水平上，不同序列间的一致性相对较高，其中达到一致或基本一致的时段分别占73.6％和10.5％，不一致和完全相反的时段分别占15.5％和0.4％（郑景云，葛全胜，方修琦等，2007)。进一步通过比较中国不同区域之间的温度变化（如王绍武，闻新宇，罗勇等，2007；初子莹，任国

[①]　世界数据中心古气候网．WDC for Paleoclimatology，http：//www.ncdc.noaa.gov/paleo/recons.html

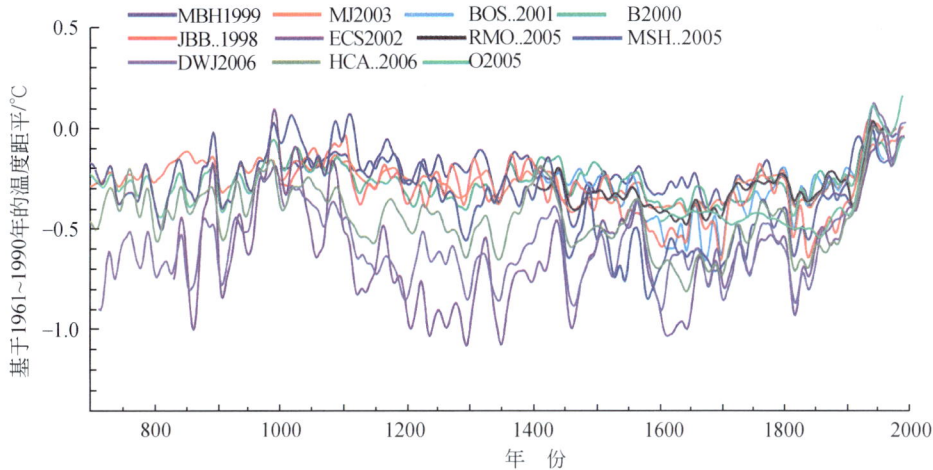

图 29.1　采用多种代用资料重建的过去 1300 年北半球温度变化
（相对于 1961～1990 年均值）（IPCC，2007a-c）

玉，邵雪梅等，2005；方修琦，葛全胜，郑景云，2004；Tan et al.，2003；Ge，zheng，Fang et al.，2003；Yang et al.，2002；张德二，1980）可见，虽然在百年尺度上，不同序列间的波动过程存在较高的相似性（Ge et al.，2008a，b），但其差异（特别是温度变化幅度的差异）程度到底有多大，因与区域间的固有温度变率大小有关，尚无法判断。

29.1.3　对 20 世纪气候增暖的历史地位争议

20 世纪的全球增暖是否已经超出过去千年气候变化的最大变率问题，是当今科学界、乃至社会各界所关注的焦点之一，因为它是科学辨识人类活动对 20 世纪全球增暖贡献的主要依据之一，而且对于未来气候变化趋势的预估也有重要的参考价值。然而，由于气候变化是多时空尺度相互交织的复杂问题，笼统地讲 20 世纪全球增暖已超出、或未超出过去千年气候变化的最大变率，这在科学上是不严谨的，同时这一问题还涉及基础资料的时空尺度和分辨率以及分析处理方法等条件。虽然最近 20 年来，许多学者分别从全球、半球或区域尺度给出了各种推论，但有关科学争论依然存在。

就全球与北半球近 2000 年气候变化而言，有研究根据建立的北半球近 1000 年温度变化代用序列，得到了 "20 世纪后期的升温在过去 1000 年中是空前的，1990 年代是过去 1000 年最暖的 10 年，1998 年是过去 1000 年最暖年份" 的结论，并认为这一结论具有中高可信度（moderately high levels of confidence）（Mann，Jones，1999）。该结论也被 IPCC 第三次评估报告（IPCC，2001a-d）引用，还作为一个主要的科学评估结论；随后，其又分别建立了全球与南、北半球过去 1800 年温度变化代用序列，并认为 20 世纪是过去 1800 年全球最暖的 100 年（Mann，Jones，2003）。但也有不少研究结果并不支持上述结论，认为 20 世纪后期的温暖程度与中世纪暖期的最暖时段相当（Esper Cook，Schweingruber，2002），20 世纪的温暖时段在公元 1000～1100 年也同样存在，整个 20 世纪的温暖程度也只与 11 世纪相当（Moberg et al.，2005）。还有研究分析了世界上 130 个地区（地点）的长度超过千年的温度变化代用序列，并逐一判断 "20 世纪在过去 1000 年中是否最暖，或 20 世纪中的某个时段是否最暖"，其结果显示，绝大多数序列给出的结果是否定的，由此认为，20 世纪既可能不是过去 1000 年以来全球最暖的世纪，也可能不是过去 1000 年以来唯一的极端异常时段（Soon，Baliunas，2003）。

在较为全面地评估了有关成果（特别是最新成果）的基础上，美国科学院国家咨询委员会发布的《近两千年地面温度的重建》评估报告（National Research Council of the National Academies，2006）和 IPCC 发布的第四次评估报告（IPCC，2007a-c），又分别针对该问题提出了看法。前者认为，尽管从现有的重建结果看，全球有许多地区（但不是全部）过去 25 年的平均温度要高于公元 900 年以来的任何时段，但重建结果的可信度很低（less confidence），且并未覆盖所有地区，而由于资料缺乏、空间覆盖度低以及重建方法的不确定性等因素，全球或半球公元 900 年以前的温度重建结果可信度非常低（very little confidence），只有"20 世纪最后数十年的全球平均温度为过去 400 年来最高"的认识才具有高可信度（a high level of confidence），即 20 世纪最后数十年的全球平均温度仅为过去 400 年以来最暖。而后者的 IPCC 第四次评估报告认为，20 世纪后半叶北半球平均温度很可能（90％以上可能性）比近 500 年中任何一个 50 年时段的平均温度都高，且可能（66％～90％可能性）至少在最近 1300 年中是最高的。这一结果也被最近再次更新的全球和北半球历史时期温度变化序列（Mann et al.，2008）所确认。但应注意到，IPCC 第四次报告也指出，北半球历史时期温度的变率比 IPCC 第三次评估报告提出的要大，尤其是在 12 世纪到 14 世纪、17 世纪和 19 世纪这些偏冷的时期。

就中国区域近 2000 年气候变化而言，在中国 20 世纪增暖是否已超出过去 1000 年气候变化的最大变率问题上，不同学者的看法也存在一定分歧，但总体上看还是基本一致的。从利用文献记录重建的中国东部过去 2000 年冬半年气温变化看，20 世纪暖期（1920 年代～1990 年代）的冬半年气温虽然略高于整个宋元暖期（930 年代～1310 年代），但仍低于宋元暖期中的 930 年代～1100 年代和 1200 年代～1310 年代两个温暖时段，也低于隋—盛唐暖期（570 年代～770 年代）；1981～2000 年冬半年气温仅列过去 2000 年间最暖 20 年的第 3 位，分别低于 1230 年代～1250 年代和 1260 年代～1280 年代两个时段；1990 年代冬半年气温也仅与已知的历史上最暖的十年（1060 年代）极为接近。因而，不论是从世纪尺度还是年代际尺度上看，20 世纪中国东部地区的温暖程度，都未显著超出过去 2000 年曾经出现过的最高水平，只是与历史上曾经出现过的最暖期相当。此外，从中国东部的升温速率看，20 世纪暖期的升温速率超过了明清冷期中由冷谷向暖峰转换的百年最大升温率，也超过了宋元暖期前期的百年最大升温率，说明 20 世纪暖期的升温过程确实极为迅速（Ge，zheng，Fang，2003）。然而也有研究综合分析全国 10 个区的冰芯、石笋、树轮、泥炭、湖泊沉积、孢粉、史料等各种代用证据却显示：中国 20 世纪是近千年来最暖的一个世纪，1990 年代全国平均气温也是近千年来最高的，其中西部 10 世纪到 13 世纪虽然也存在暖期，但温暖程度并不明显，因而使该地区 20 世纪的温暖程度比较显著；而东部 20 世纪的温暖程度则与近千年来最暖的百年相当（王绍武，闻新宇，罗勇等，2007）。

总之，用于古气候重建的代用证据可能会受到局地温度和其他因子（如降水）的共同影响。重建指标通常只代表特定的季节而非全年，且距今时间越长，代用资料的空间覆盖范围越小，不确定性也随之越大，因而上述的这些认识存在着较大的不确定性。因此，目前的研究尚不足以准确判定 20 世纪气候增暖在过去千年中的历史地位。

29.2　近一百年地表温度变化

人类利用仪器直接观测环境气候要素变化有数百年历史，近 100 年来已在观测项目、观测仪器、空间覆盖、多层观测、质量控制等诸多方面取得了长足的进步，观测数据也在气候系统研究领域得到了广泛应用。但限于观测时限、环境变化、仪器更替、统计手段等多方面因素，有关近 100 年全球或区域尺度地表温度变化的研究结论依然存在不确定性。此外，在城市化过程对地表温度观测结果的影响方面，不同的研究结果也存在着较大差别。

29.2.1　地表温度变化资料的均一性

有关近 100 年全球和区域气候变化，特别是地表（含陆地表面和海洋表层）温度变化的观测分析结果，在当前气候系统研究领域中出现的争议相对较小，IPCC 第四次评估报告也将近 100 年全球地表温度升高的相关评估结论归为"确凿的发现"。即便如此，在观测资料的来源、属性以及观测站点的沿革等方面，依然存在着需要进一步解决的问题。

对气候及其变化事实的认识主要基于两方面的资料：一是来源于常规观测以及卫星遥感、飞机和船舶的直接或定期观测；二是来源于国际地球物理年（IGY）、世界气候研究计划（WCRP）和国际地圈－生物圈计划（IGBP）等气候和环境领域各类科学实验和计划设定的集中观测。这些长期积累下来的观测资料在用于气候变化研究时，会带入因观测仪器改变而产生的系统偏差，进而影响气候变化相关研究结果，而观测台站的迁移和观测规范的改变也同样会带来系统偏差（王绍武，2001）。为监测气候系统和评估气候影响，世界气象组织（WMO）、联合国教科文组织（UNESCO）的政府间海洋委员会（IOC）、联合国环境规划署（UNEP）和国际科学理事会（ICSU）于 1992 年联合建立了全球气候观测系统（GCOS），以向科学界广泛提供观测资料。为了保证资料的可用性，WMO 要求其成员在提供 GCOS 系统的地面观测资料的同时，也要提供台站的历史沿革信息。

气象台站历史沿革是指有关台站的机构、人员、站址及观测任务、方法、仪器等变动情况的记录，它包含了影响气候资料序列均一性的重要信息（吴增祥，2005）。站址迁移对观测数据均一性的影响很大，尤其是对极端气温、雨量、风速等气象要素。以中国为例，许多气象台站都有过一次或多次迁站记录。有的台站虽然没有迁移，但其观测环境发生了很大变化，或被城镇和集市所包围，或被林立的高层建筑物所覆盖。据统计，1949 年后全国约有 80% 的地面基准站，在被确定为基准站之前曾迁移过站址，约有 70% 的地面基本站有过一次以上的迁站记录。

台站环境、观测仪器和安装高度、裸露程度，对观测记录的均一性也有较大的影响，其中观测仪器类型及其安装高度的变动，对风速气候资料序列的非均一性影响不容忽视。观测方法的变动，集中反映在观测规范的变动上。以中国为例，1949 年以来地面气象观测规范曾作过多次修改，重大变动有 5 次（表 29.1），在气温、湿度、风向风速、降水等主要气象要素的观测中，观测仪器、仪器安装高度、观测时制、计算方法上都有变化。如温度表的高度在 1953 年以前为 1.5 m，1954～1960 年改为 2.0 m，1961 年以后又改为 1.5 m。风速仪器在 1953 年以前大部分台站使用的是风向风速器，1954 年后改为维尔德风压器，1966 年后又陆续更换为 EL 型电接风向风速计等等。此外，测站误差、取样误差和偏移误差，也会对观测和分析结果的精度产生影响。

表 29.1　气象台站观测仪器变更情况（吴增祥，2005）

规范名称	气象测报简要	气象观测暂行规范（地面部分）	地面气象观测规范（1）	地面气象观测规范（2）	地面气象观测规范（3）
开始执行时间	1951-01-01	1954-01-01	1962-01-01	1980-01-01	2004-01-01
观测时制时间和次数	东经 120°、105° 和 90° 三个时区标准时，乙种站以上：24 次为原则；丙种站：至少 8 次；测候站：06h、14h 和 21h 共 3 次	地方平均太阳时，气象站（台）：01h、07h、13h 和 19h 共 4 次；气候站：07h、13h 和 19h 共 3 次	北京时，气象站（台）：02h、08h、14h 和 20h 共 4 次；气候站：08h、14h 和 20h 共 3 次（1960-07-01 开始执行）	北京时，基准站：24 次；基本站：02h、08h、14h 和 20h 共 4 次；一般站：08h、14h 和 20h 共 3 次	人工观测：同前；自动观测：逐时正点数据采样
观测场地	场地大小至少 9×6 m²	25×25 m²	25×25 m²；20×16 m²（条件限制时）	25×25 m²；20×16 m²（条件限制时）	25×25 m²；20×16 m²（条件限制时，但高山、海岛、无人站不受此限）
观测仪器	不统一	以苏式为主	以国产为主，1966 年以后维尔德风压器陆续更换为 EL 型电接风向风速计	新增翻斗式遥测雨量计、百叶箱通风干湿表、E-601 型蒸发器，20 世纪 90 年代增加 EN 型系列测风数据处理仪	新增自动观测仪器，如铂电阻温度传感器、风杯风速传感器
仪器安置高度	风速感应器：平地高 10 m 以上，有障碍物时超出障碍物 6 m 以上；雨量器：0.7 m；小型蒸发器：0.3 m；温度表：1.5 m	风速感应器：平地高 10～12 m，有障碍物时超出障碍物 6 m；雨量器：2 m；小型蒸发器：0.7 m；温度表：2 m	风速感应器：平地高 10～12 m；雨量器：0.7 m；小型蒸发器：0.7 m；温度表：1.5 m（从 1961-01-01 开始执行）	同前	明确各种仪器安装要求

　　就海洋观测资料而言，同样存在着非均一性问题。无论是长期天气预报、短期气候预测，还是其他气候变化领域研究，对海洋观测资料（尤其是全球海洋温、盐、流的立体剖面资料）都有极大的依赖性。在过去几十年中，热带海洋和全球大气实验（TOGA）、世界海洋环流实验（WOCE）、全球海洋观测试验（ARGO）等计划的成功实施，显示出了海洋在海－气耦合系统中的关键作用，而海洋观测同化资料（SODA）、综合海洋－大气资料集（COADS）和 ARGO 海洋浮标观测资料集等海洋观测资料数据集的研发、推广和应用，极大地促进了气候变化领域的相关研究。但限于海洋观测技术和资金投入，在观测时间长度和

空间覆盖面问题上，海洋观测资料依然严重不足。

目前大范围的海洋观测主要以 XBT 测温仪为主，辅以少量锚锭浮标（如 ATLAS）。利用这些观测设备采集的资料，无论是观测要素（XBT 仅能测量海温），还是空间分辨率（受志愿船航线和锚碇浮标分布密度限制）和测量精度等方面，均远不能满足气候研究的需求。而且对海洋垂直剖面上的温度、盐度和海流情况，也相对知之甚少。因此，目前在海－气耦合模式中，对初始场的确定和海洋环流模式（OGCM）中相关参数（尤其是次表层、斜温层和深层）的选取，都是基于有限观测资料的一种物理推断，故存在着很大的随意性和不确定性。

船舶观测已经为中国积累了 100 多年的观测资料，它提供船舶航行过程中观测的海面温度、海面气温、海平面气压、风、海冰等一系列海气交换变量，其主要不足是观测集中在主要航线上，同时资料质量受观测条件影响较大（王绍武，2001）。另外，中国及周边国家已经在中国附近边缘海域开展过很多大型科学研究计划和海洋资源环境调查，获取了大量高精度的海洋温度、盐度等观测资料，有关部门也掌握着一些固定断面的长达数十年的连续观测资料。但由于条件所限，这些资料尚未在气候变化领域相关工作中得到深度挖掘和广泛应用。

29.2.2　地表温度变化评估方法及不确定性

1. 全球地表平均温度序列的建立方法及不确定性

在 20 世纪 50 年代到 90 年代，许多学者一直致力于全球或半球尺度温度变化研究（Willett，1950；Mitchell，1961；Borzenkova，Vinnikov，Spirina et al.，1976；Jones et al.，1982，1986a，1986b；Hansen，Lebedeff，1987；Vinnikov，Groisman，Lugina，1990），他们分别利用当时能够获得的观测资料，建立了全球或北半球地表温度变化序列。不同作者建立序列的方法也有所不同，其中以插值平均方法和面积加权平均方法最为普遍。目前，英国东安格利亚大学气候研究小组（CRU）、美国国家气候数据中心（NCDC）、美国太空总署下属戈达德太空研究所（NASA GISS）等几家机构，定期发布全球地表平均温度变化序列。IPCC 第四次评估报告基于多家机构和专家给出的观测数据和序列（图 29.2），得到 1906～2005 年全球地表平均温度升高了 0.74±0.18℃的评估结果。

多家研究机构研制序列的方法也不尽相同，给出的全球地表平均温度的长期变化趋势和波动总体上比较一致，但各序列之间的变幅存在一定差异。CRUTEM3 序列（Jones，Moberg，2003）采用 CRU 制作的 5°×5°格点数据集，其中包括全球 5159 个站点资料，而1961～1990 年均值数据则利用 4167 个站点的数据计算，与其之前的序列（Jones，1994）相比，CRUTEM3 序列增加了站点数量，而且许多站点进行了均一化处理，因此所建立的序列比其前一版本相对更加可靠。CRUTEM3 序列的建立方法是将站点资料基于 1961～1990年资料平均，如果在此期间出现资料缺测，则选择邻近的气象站或者基于 1950～1970 年及1951～1980 年的资料求平均，之后将站点资料采用统计方法插值到 5°×5°格点，进而采用面积加权平均方法得到半球或者全球温度序列。

GISS 序列（Hansen et al.，2001）的建立方法为，将同一个地点的多条记录结合成一条序列，之后再插值到 2°×2°格点。数据长度至少要求 20 年，格点序列减去 1951～1980 年的平均温度作为距平序列。NCDC（Smith，Reynolds，2005；Smith et al.，2005）序列建

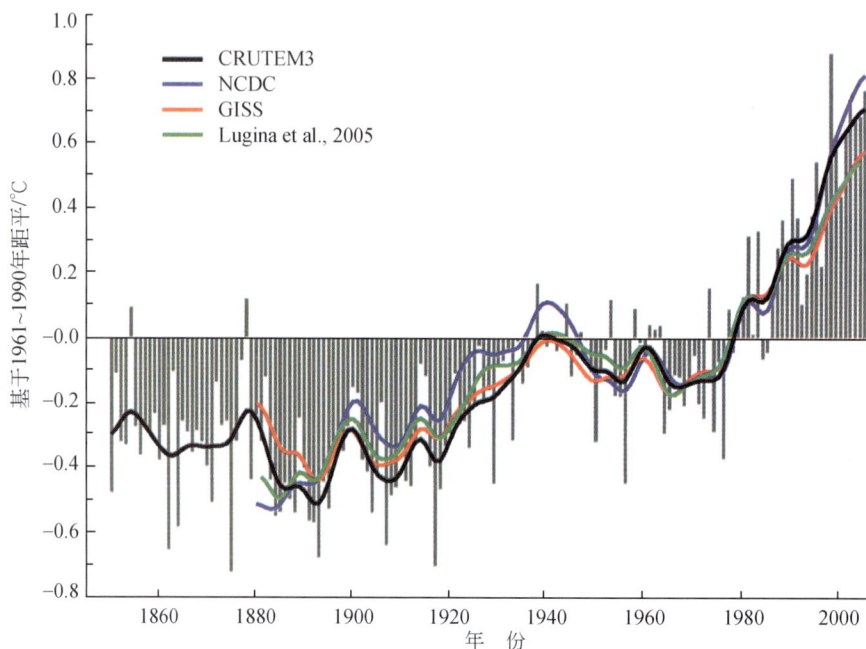

图 29.2 1850~2005 年全球地表平均温度距平序列（相对于 1961~1990 年均值）（IPCC，2007a-c）

立方法为，根据 NOAA 国家气候数据中心的海洋和陆地表面气温资料，建立陆地表面气温序列和海洋表面气温序列，通过面积加权平均方法建立全球气温序列。Lugina 序列则是采用了北半球 384 个站点资料，南半球 265 个站点资料，通过加权平均得到的（Lugina et al.，2006）。

上述几个序列产生差异的原因还包括资料空间平均方法的不同。CRUTEM 3 序列的北、南半球权重分别为 0.68 和 0.32；NCDC 为网格点距平资料面积加权平均；GISS 资料为在 90°N~23.6°N、23.6°N~23.6°S 和 23.6°S~90°S 三个带状区域权重分别为 0.3、0.4 和 0.3；Lugina 序列的北、南半球权重分别为 0.54 和 0.46，且不包含 60°S 以南区域。在 CRUTEM3 和 NCDC 序列中，最近几年温度偏高，可能主要是因为北半球温度在平均序列中所占的权重相对较大造成的。

近 100 年全球地表平均温度变化的不确定性来源，还包括测站误差、取样误差、观测站点的覆盖不均匀等方面（Brohan et al.，2006）。在 20 世纪 40 年代以前，由于仪器观测的空间覆盖面极不均衡，使温度序列对该时段全球气候的代表性具有很大的不确定性，特别是在南、北半球的高纬度地区；海洋观测结果的不确定性也要大于陆地地区。从总体上看，全球和半球平均温度序列存在的不确定性较小，并且不确定性的存在并不能否认 20 世纪全球温度升高的事实。

2. 中国地表平均气温序列的建立方法及不确定性

近 100 年中国区域的气候变化，一直是中国学者长期关注的问题。20 世纪 50 年代以来，中国学者开始分别利用部分站点的长时间观测资料，分析 20 世纪的温度变化（涂长望，1959；竺可桢，1973）。20 世纪 80 年代以来，由于仪器观测资料不断增多，更多学者针对 20 世纪中国区域的温度变化进行了研究，采用的资料和分析方法也存在差异（张先恭等，

1982；屠其璞，1984；王绍武等，1990；1998；2002；唐国利等，1992；2005；施能，陈家其，屠其璞，1995；林学椿，于淑秋，唐国利，1995）。

　　不同作者根据当时能够获取的仪器观测数据，采用不同的分析数据和途径，对中国地区近100年气温变化进行了分析（表29.2），分析结果特别是近100年中国地表气温的增温速率有明显的不同。虽然在20世纪后半叶多数序列的分析结果一致性很高，但由于20世纪前半叶的资料较少，在空间分布上还存在"东多西少"的情况，且不同结果所用资料，在是否经严格的质量控制、是否对资料进行非均一性校正、资料在空间上的覆盖是否完备、资料对地区气候是否具有足够的代表性等方面还存在着较大差异（唐国利，2006），这些差异可能是造成近100年中国区域地表气温变化分析结果不一致的主要原因。

表 29.2　中国平均气温序列（改自唐国利，王绍武，丁一汇等，2009）

文献来源	资料概况	测站数量	序列建立方法	序列起始年
张先恭等（1982）	气温等级	137	将全国划分为7个区，先求各区的平均气温等级，再平均得到每5年平均的全国气温等级序列	1910
王绍武（1990）	1880～1910年，用哈尔滨、北京、上海、广州站平均气温；1911年以后用气温等级	137	将全国7个区的气温等级平均，然后转换为气温距平得到全国平均气温序列	1880
唐国利等（1992）	月平均气温	716	算术平均	1921
林学椿等（1995）	月平均气温	711	将全国分为10个区，求出各区距平序列后再平均得到全国平均序列	1873
王绍武等（1998）	用平均气温、气温等级，在早期缺资料地区用冰芯、树轮和史料等代用资料插补	50	将全国划分为10个区，每个区选5个代表站，先求各区平均序列，再按面积加权得到全国平均序列	1880
唐国利等（2005）	由最高、最低气温求算平均气温	616	按5°×5°网格区面积加权，得到全国平均序列	1905
唐国利（2006）	重新订正和插补资料，并补充部分测站后选取1950年前后均有资料且分布均匀的站点；由最高、最低气温表示平均气温	291	按5°×5°网格区面积加权，得到全国平均序列	1873

　　就中国区域而言，20世纪早期观测资料的匮乏以及东部和西部观测站网布局的不均匀，是构成近100年中国区域温度变化不确定性的主要原因。自1951年起，气温测站的空间分布范围迅速扩大，不但迅速恢复并提高了东部地区的台站密度，也在极度缺乏资料的西部地区开始大量建立新的气象站，仅1951年就在新疆建立了至少8个以上气象站（图29.3）；到1954年，在全国台站密度进一步提高的同时，新疆大部和青藏高原东南部也基本有气象站覆盖；到1959年，除青藏高原中西部外，全国大部分地区已有气象站覆盖，气象台站的空间分布也相对合理和均匀。

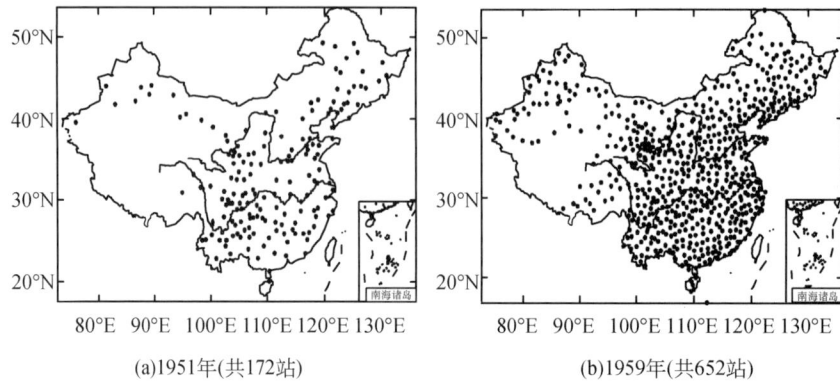

(a)1951年(共172站)   (b)1959年(共652站)

图 29.3   1951 年以后中国气温测站的空间分布（唐国利，2006）

3. 城市化对局地气温观测结果的影响

一般意义上，城市化过程对局地气候观测结果的影响主要表现在三个方面：一是在城市化进程中，城市或城镇的新建和扩张，都会改变城市下垫面，从而影响到城市覆盖区域的"热容量"，进而对局地甚至区域气候产生影响，这种影响一般称为城市"热岛效应"；二是城市的扩张会不可避免地改变原有气候观测台站的周边环境，从而影响观测地点对周边地区气候的代表性；三是城市温室气体、气溶胶，以及污染物的"排放"，与城市郊区或农村有很大差别，特别是气溶胶和污染物，会直接影响局地气候。

IPCC 第四次评估报告认为，就半球和大陆尺度而言，城市化和土地利用变化对全球温度记录的影响可以忽略，其中 1900 年以来城市化和土地利用变化在陆地上的影响不到 0.006℃/10a，而对海洋的影响为零（IPCC，2007a-c）。还有研究对原苏联、中国东部、澳大利亚东部以及美国的城市站和农村站的平均气温变化进行了比较，分析结果认为，城市化对这些地区地表平均气温变化的影响很小（Jones et al.，1990，2008）。另有研究认为，全球地表平均温度的升高，很可能（90%以上可能性）不是城市化进程的加快所引起的（Parker，2006），不过城市热岛效应会影响到降水、云和温度日较差（IPCC，2007a-c）。

但 IPCC 有关城市化的基本评估结论，并不代表城市化在局地或区域尺度上同样不明显。目前针对中国城市化进程对局地气候影响的研究一般都表明，中国城市气候效应（城市热岛效应等）都在不断增强，特别是在中国东部的所谓超大城市及邻近地区，如北京、上海等地。更有研究认为，由于中国东部经济的快速发展和城市化进程的不断加快，几乎整个东部地区都被认为是一个巨大的城市群，所造成的城市化影响具有较大的空间尺度。而西部地区城市化进程不像东部地区那样明显，同时观测台站数量以及长时间（达到百年长度）观测资料匮乏，所得到的研究结果数量偏少。

从现有的城市化对局地或区域气候影响的研究结果来看，中国东部部分省份的城市化进程，对国家基准站和基本站观测到的气温变化趋势的影响比较明显，据初步估计，这种影响可能在整个东部地区都不同程度地存在。有研究采用中国短期气候预测业务中常用的 160 站年和季气温资料，对 1951～1989 年中国区域的气温变化和城市化影响程度进行了分析，结果表明，城市化对增温的贡献率高达 83%（赵宗慈，1991）。还有的研究是根据人口资料和台站位置，将华北地区 282 个观测站分为乡村站、四种类型城市站以及国家基准站和基本站，用经过均一性检验和订正的平均气温资料，讨论热岛效应对各类台站地面气温趋势的影响，发现 1961～2000 年期间大城市站受到的城市化影响最大，国家基准站和基本站受城市化影响也很显著；40 年间热岛效应引起的国家基准站和基本站年平均气温的升高速率为 0.11℃/10a，对增温的贡献达到 38%；在对华北地区 1961～2000 年根据国家基准站和基本站资料建立的区域年平均气温序列进行订正后，气温变化的线性趋势由 0.29℃/10a 降低为 0.18℃/10a（周雅清，任国玉，2005）。还有研究综合采用各种资料信息，筛选出地面气温参考站，并根据参考站资料对国家基准站和基本站观测的年和季节平均气温变化趋势进行了评估，评估结果表明，1961～2004 年国家基准站和基本站网全国年平均城市化增温贡献率为 27%。从区域角度看，江淮流域地区国家基准站和基本站年平均城市热岛增温贡献率最大，达到 55%，其后依次为东北、青藏高原、华南和西北等地区（张爱英等，2010）。此外，许多模式模拟结果也表明，下垫面改变对区域气候变化具有很大的影响[①]（Gao，Li，Yang，2003；Wang H. et al.，2003）。

虽然对不同地区、不同城市而言，城市化影响的研究结果还存在着一些差异，但总体上几乎都从不同侧面确认，无论是在季节还是在年际尺度上，城市化影响都是无法忽略的。在 2007 年中国发布的《气候变化国家评估报告》中，已经把"城市化对地表气温变化趋势的影响"作为进一步加强的基础研究方向之一，但限于多方面因素，就城市化对局地或区域气候的影响而言，近两年的研究进展依然不足以在更大的空间尺度上，准确估算城市化进程对中国区域近 100 年气候变化特别是气温变化的影响程度。

---

① 李巧萍，2004. 土壤湿度和植被覆盖变化对我国区域气候影响的数值模拟研究. 北京：中国气象科学研究院博士学位论文

第三十章　全球和区域碳收支的评估方法分析

提　　要

由于基础数据不足，在全球和区域各种碳库的变化以及各碳库之间的碳交换通量及其平衡关系的评估过程中，不得不做一些基本假设，而这种基本假设的科学性以及基础数据和估算方法等方面的局限性，都会给全球或区域碳收支评估带来不同程度的不确定性。本章系统分析了现有全球碳收支主要评估方法的不确定性，评价了各种碳库变化和碳收支评估方法在其理论假设、数据代表性、技术和方法学等方面的局限性。目前对全球碳收支各个分量评估的不确定性以大气碳储量变化为最小，以陆地-大气 CO_2 净交换量为最大。中国的植树造林和林业管理、草地保护、农作制度改革和保护性耕作等措施发挥了重要的固碳功能，但各种方法下的评估结果仍存在较大的不确定性。

30.1　全球碳收支评估方法分析

在评估全球尺度的碳收支时，主要考虑大气、海洋和陆地三大碳库的变化，以及三大碳库之间的碳交换通量，已初步绘制了全球的碳循环和碳收支平衡模式图。IPCC报告中的全球碳收支平衡模式图集中了全球科学家的各种研究成果，但是在其所利用的基础数据和估算方法等方面的问题，直接导致了对全球碳收支及其主要组分定量评估结果的很大不确定性。由表30.1可见，相对而言，对全球碳平衡的各个分量评估的不确定性以大气的碳储量变化为最小，其变异系数（标准方差与平均值之比）为2.4％；其次是通过化石燃料燃烧和水泥工业排放量，变异系数为4.2％；海洋-大气 CO_2 净交换量的变异系数为22.7％；不确定性最大的是对陆地-大气 CO_2 净交换量的评估，变异系数高达66.7％。

表 30.1　IPCC 第三和第四次评估报告的全球碳收支（Gt C/a）（IPCC，2007a-c）

项目	1980～1989 年		1990～1999 年		2000～2005 年
	TAR[a]	TAR 修正值[b]	TAR	AR4[c]	AR4
大气 CO_2 增加量	3.3±0.1[d]	3.3±0.1	3.2±0.1	3.2±0.1	4.1±0.1
通过化石燃料燃烧和水泥工业排放 CO_2 量	5.4±0.3	5.4±0.3	6.4±0.4	6.4±0.4	7.2±0.3
海洋-大气 CO_2 净交换量	−1.9±0.6	−1.8±0.8	−1.7±0.5	−2.2±0.4	−2.2±0.5
陆地-大气 CO_2 净交换量	−0.2±0.7	−0.3±0.9	−1.4±0.7	−1.0±0.6	−0.9±0.6

续表

项目	1980~1989 年		1990~1999 年		2000~2005 年
	TAR[a]	TAR 修正值[b]	TAR	AR4[c]	AR4
土地利用变化向大气释放的 CO_2 量	1.7 (0.6~2.5)[e]	1.4 (0.4~2.3)	n. a.[f]	1.6 (0.5~2.7)	n. a.
陆地生态系统固定大气 CO_2 量	−1.9 (−3.8~−0.3)	−1.7 (−3.4~−0.2)	n. a.	−2.6 (−4.3~−0.9)	n. a.

注：a. TAR 为 IPCC 第三次评估报告；b. 考虑海洋热容量的校正值；c. AR4 为 IPCC 第四次评估报告；d. 估算的标准偏差；e. 估算的范围；f. 没有研究资料而空缺。表中数字正值表示向大气排放 CO_2，负值表示从大气中吸收 CO_2。

30.1.1　全球大气中二氧化碳增量的估算

利用 Mauna Loa 和 South Pole 站点的观测资料研究发现（IPCC，2007a-c），2000~2005 年大气中的 CO_2 以每年 4.1±0.1 Gt C 的速度在增加，远高于 20 世纪 90 年代的全球大气 CO_2 储量增加的速率（3.2±0.1 Gt C），这一结果被 AR4 所采用。由此可见，IPCC 对大气 CO_2 储量的评估结论主要是依据全球监测网络（GMD）中的 Mauna Loa 和 South Pole 两个监测站的观测数据进行的，并且认为这两个站点的 CO_2 浓度观测精度极高，同时也认为因为 CO_2 在大气中混合很快，所以这两个站的观测数据在全球尺度上具有充分的代表性，进而推断目前对大气碳库变化的评估结果也是十分可靠的。但是，将利用全球 CO_2 监测网的全部观测数据计算得到的全球大气 CO_2 年平均浓度及其年增量与同期 Mauna Loa 和 South Pole 的观测数据进行比较时发现，虽然这两个站的年平均 CO_2 浓度与全球平均 CO_2 浓度高度相关（$R^2 \geqslant 0.9996$），但其多年平均 CO_2 浓度与全球平均值仍相差 0.56 ppm/a；如果按月平均浓度计算，其多年平均差异可达 1.02 ppm/月；若按照大气 CO_2 浓度的年增量来比较，全球 CO_2 监测网的年增量比两个站平均的年增量高 0.16 ppm/a，其误差高达 9.6%。可见目前仅利用这两个站的 CO_2 浓度和年增量来计算全球大气 CO_2 浓度和碳库增量还是会存在较大的偏差（图 30.1）。

30.1.2　化石燃料燃烧和水泥工业生产的二氧化碳排放量评估

化石燃料燃烧和水泥工业生产的 CO_2 排放量是依据世界各国的石油和煤矿消耗量、水泥生产量及其产品等级等统计数据进行估算的（Marland，Boden，Andres et al.，2006；IPCC，2007a-c）。然而，这种评估方法来自于两方面的不确定性，必须给以充分的关注，即各国统计数据的真实性和各种排放因子在国别间的异质性。现在对缺乏基础统计和研究数据的发展中国家的化石燃料燃烧和水泥工业生产的 CO_2 排放量进行评估时，通常采用国际上缺省的排放因子来替代，这就会产生较大的误差。例如，按照 IPCC 推荐的方法计算中国 2006 年的水泥生产排放 CO_2 为 4.3 亿 t，可是荷兰环境评估局按国际排放因子的平均值（0.5 t CO_2/t 水泥）计算的结果就高估了 1.2 亿 t（Raupach，Marland，Ciais et al.，2007），这是由于忽视了中国水泥的平均辅料含量远远高于国际平均值这一事实所造成的。

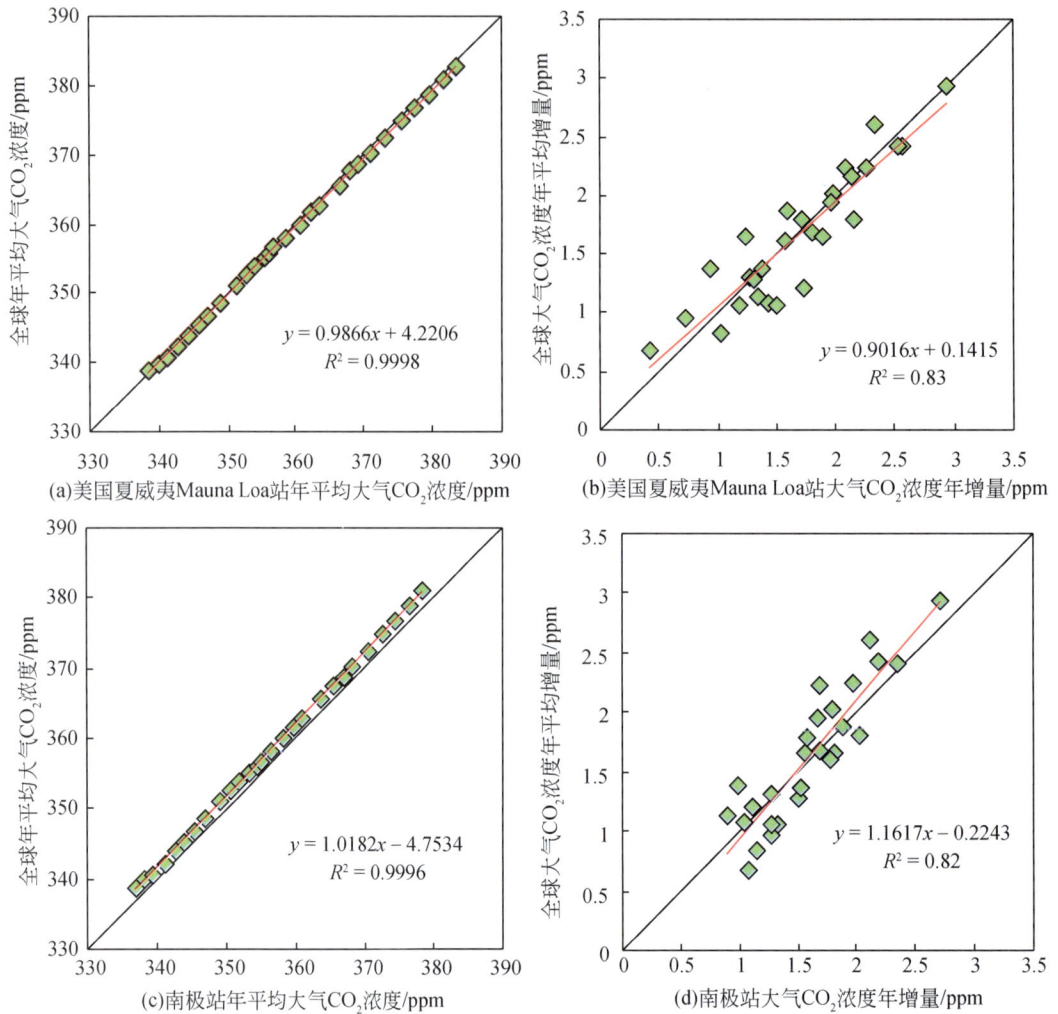

图 30.1　全球与美国夏威夷 Mauna Loa 站年平均大气 CO_2 浓度（a）及大气 CO_2 浓度年增量（b）的比较；全球与南极站年平均大气 CO_2 浓度（c）及大气 CO_2 浓度年增量（d）的比较（注：黑线为 1∶1 线，红线为回归趋势线）

全球年平均值和全球年增量是指全球年平均的大气 CO_2 浓度及其每年的浓度增加量。全球平均值是根据全球 CO_2 监测网的数据计算的。计算过程是首先建立每个站的观测值与时间的关系，然后再建立各个站与纬度的关系，这样就可以得到全球空间上的 CO_2 浓度平均值；在时间上每年等间隔地分为 48 个时段，对每个时段计算全球的平均值

30.1.3　海洋与大气间的 CO_2 交换量评估

IPCC 报告中的海洋与大气的 CO_2 交换量是基于海洋的观测数据和海洋环流模型（Manning，Keeling，2006；Mikaloff，Gruber，Jacobson et al.，2006）估算的，集成了 7 种方法的研究结果。迄今为止，尽管人们确信海洋是人为 CO_2 的一个巨大碳汇，但对其精确数值及其未来变化趋势仍有较大的争议，海洋与大气间 CO_2 交换量的评估仍存在诸多不确定性。例如，基于观测方法估计的 CO_2 交换量是根据海-气间的气体交换系数、CO_2 气体

溶解度与海-气间 CO_2 分压差的关系方程计算得到的，所以观测的 CO_2 气体溶解度、海-气间 CO_2 分压差等资料的准确性和时空代表性，特别是海-气交换速率计算方案的合理性，都会在很大程度上影响海洋的 CO_2 碳源/汇功能评价。

目前已有多种海-气交换速率的计算方案，不同计算方案在相同风速下的计算结果可能产生百分之几十的差异。近年来 Wanninkhof（1992）的海-气交换速率计算方案已经逐步取得国际上的公认，但该计算方案与大多计算方案一样，都是把影响海-气交换的所有因素简单归结为风速，实际上，在相同风速下的波浪状态（波龄、波高）可能十分不同，海-气交换速率也相差很大，因此采用这种简化方案来评估海洋的碳源/汇强度必然会带来较大的不确定性。

海洋碳循环模式的研究已有 40 多年的历史，包括简单描述海洋混合和水流的箱模式、基于海洋动力学的环流模式等。在特定时空尺度下如果是对主控过程充分理解、合理描述（模拟），那么模型模拟的结果与基于观测的估算结果相比可能会更为合理。但是，目前能够在区域尺度上成功模拟海洋碳化学过程的模型还不多，各种模式间存在着较大的差别。这些差别主要源于不同模式采用了不同的分辨率、不同的数值解法以及不同的物理过程处理方法等（徐永福，浦一芬，赵亮，2005）。

30.1.4　陆地与大气间的 CO_2 净吸收量评估

从物理概念上看，陆地与大气间的 CO_2 净吸收量是由土地利用变化向大气释放的 CO_2 量与陆地固定大气 CO_2 量两个分量平衡的结果。可是，由于对这两个分量的精确评价十分困难，因此现在所采用的陆地 CO_2 净吸收量是由以下两种评估方法综合集成的结果。其一是利用大气反演模型，通过大气中的 CO_2 浓度变化并结合陆地与海洋交换过程中的 O_2/N_2 或 C^{13} 的观测值，来反演计算陆地 CO_2 净吸收量，即所谓的自上而下（Top-down）评估方法（Gurney et al.，2002）。这种方法依赖于大气 CO_2 和 O_2 测量值，在很大程度上受到年际间 CO_2 浓度升高的影响（Houghton，2003a）。其二是将化石燃料燃烧和水泥工业生产过程中的排放量减去海洋的吸收量，再减去大气中 CO_2 增量，其剩余量被认定为陆地与大气间的 CO_2 净吸收量。可是这种方法包含了所有计算其他碳平衡组分的误差，可以认为采用这种评估方法所得到的陆地与大气间的 CO_2 净吸收量是不确定性最大的分量。

30.2　土地利用变化对陆地碳源和碳汇影响的评价方法分析

土地利用/覆盖类型是决定陆地生态系统碳存储的关键因素，土地利用/覆盖形式由一种类型转换为另一种类型会伴随着大量的植被和土壤碳存储的变化（Foley，DeFries，Asner et al.，2005；Bolin，Sukumar，2000）。就土地利用变化对陆地生态系统碳收支的影响而言，目前主要关注的是林地、草地和耕地之间的相互转换（刘纪远等，2004；Penman et al.，2000；Denman et al.，2007）。

全球土地利用变化引起的陆地与大气间的碳交换量是根据土地类型的历史数据和半经验排放常数估算得到的，"簿记模型"（bookkeeping model）（Houghton，1999）是目前被最为广泛应用的统计方法。IPCC 第三次评估报告也采用了这一方法的估算结果，认为 20 世纪 80 年代因土地利用方式的改变，全球陆地已向大气中排放了 1.7 Gt C/a。后来，在新的观测资料基础上又更新了 80 年代的估算值（Houghton，2003b），使其数值提高到了 2.0±0.8 Gt C/a，并且进一步估算了 90 年代的排放量为 2.2±0.8 Gt C/a。然而，一些学者（DeFries et al.，2002；Achard，Eva，Mayaux et al.，2004）也利用"簿记模型"，并借助于遥感资料进行空间尺度推演，所得到的 CO_2 排放量则低于 Houghton 的估算。IPCC 第四次评估报告将这些研究结果的平均值作为 20 世纪 90 年代土地利用方式改变向大气中释放的 CO_2 量，而对于 2000～2005 年的土地利用变化引起的 CO_2 排放量，因为还没有相关研究工作而空缺。

30.2.1　土地利用变化评估方法及其局限性

土地利用变化包括两个不同层次的含义。其一是指由于人类活动以及自然环境的影响使得土地覆盖类型发生的变化。例如，林草垦殖转为农田以及农田转换为城镇建设用地等。其二是指虽然土地覆盖类型未发生明显改变，但是其中的植被群落或者土地利用强度发生了变化，包括森林的次生化、草地退化以及农田耕作制度和产量的变化等。

时间序列的对比分析是最直观而易于理解的评估不同空间尺度上土地利用变化的主要方法。通过对同一空间区域内不同时间序列的土地利用状况的差异分析，就可以获得研究区域在这一时间段内的土地利用变化结果（Ellis，Pontius，2007）。在卫星遥感数据非常丰富的近几十年，采用这一方法对于从景观到全球尺度的土地利用变化评价结果都具有较高的可信度（唐俊梅，张树文，2002），可以分析国家和区域尺度的土地利用变化特征和空间分布规律。关于 20 世纪 80 年代之前的土地利用变化状况，现在还是更多地依赖于历史的土地利用清查数据以及文献记述（葛全胜等，2008）。但是，此类信息源不仅缺乏足够的时间连续性，而且在不同区域的可获得性也差异巨大。这种关于土地利用状况直接记述信息的缺乏，使得时间序列对比分析方法难以在更长的时间跨度和空间范围内广泛应用。

模型是研究土地利用变化的主要方法。但模型在空间尺度、应用目标以及过程机制方面都有很大差别。统计模型采用多元统计方法，分析各个候选驱动因子对土地利用变化的贡献，找出在某个区域或环境条件下引起土地利用变化的主要驱动因素（Houghton，Hackler，2003）。这类模型通常简化了驱动土地利用变化因素的复杂性，突出了主要驱动力的作用，从而使其易于应用，但也正是因为这种过度的简化，导致了模型难以体现各种驱动因子之间的相互作用关系，模型的普适性不足、预测性不强。土地利用变化是多种自然因素和人类活动共同作用的结果，基于过程描述的动态变化模型能够对引起土地利用变化的各要素之间相互作用进行模拟（Burniaux，Lee，2003），可以体现出多种因素对土地利用变化的综合贡献。但是，由于各种模型的侧重点不同，过程模型之间的差别也非常明显。例如，关注长期自然因素变化对土地利用影响的动态植被模型（Sitch，Smith，Prentice，2003；Hickler et al.，2006），会明显有别于关注人类活动作用对城市扩张（史培军、陈晋、潘耀忠等，2000）和森林和草地影响（Tanaka，Nishii，1997）等模拟的有关模型。以目前的各种模型为基础，依据不同研究目标，实现多个过程模型的综合集成有助于实现对过去土地利用变化的模拟和未来变化的预测（Sands，Leimbach，2003）。

30.2.2 土地利用变化的数据获取方法

在遥感数据广泛应用之前，土地利用清查和专项研究统计等方法是获得土地利用状况信息的主要手段，并在此基础上形成了多种不同比例尺的土地利用图和各种统计数据。由于数据来源和土地利用调查的目的不同，其土地利用分类系统和统计口径也差别较大，在用于土地利用变化研究时，不同分类系统、统计口径、空间比例尺精度等数据的融合、集成会造成一定程度的数据精度损失。

目前的土地利用数据的主要来源之一是各种卫星和航空遥感数据。通过对不同空间分辨率和波段组合遥感数据的解译和分类处理，能够获得区域以至全球范围内的土地覆盖和土地利用状况信息。对遥感影像数据的解译分类可以是依据专业人员知识的人工解译方法，通常可以达到80%～90%的定性分类精度，比较适合于小区域内的土地利用分类判别。而对于区域或全球尺度而言，人工解译的成本较高，更多的是采用基于计算机判别算法的监督分类或非监督分类方法。自动分类算法需要考虑的不仅仅是遥感影像数据，更需要数字化地面模型、气温、降水甚至是土地利用数据本身作为辅助数据，其分类精度往往比人工解译低。在实际的工作中，定量遥感影像解译与基于资源清查资料的结果有可能会截然不同，其主要原因还在于它们所采用的分类系统和分类标准的差异。

30.2.3 土地利用类型转换对碳源和碳汇影响的评价

土地利用类型转换对植被和土壤碳库具有极其重要的影响。有研究表明，林地和草地转变为农田后的20～30年内可使土壤有机碳损失20%～50%。在转换的最初几年，土壤有机碳损失最快，其后逐步减缓，到20～25年左右达到相对稳定状态。对全球文献数据的meta分析结果表明：林地和草地转变为农田分别使土壤有机碳减少42%（样本数 $n=37$）和59%（$n=97$），林地转变为草地可增加土壤有机碳8%（$n=170$），农田转变为草地和次生林分别增加土壤有机碳19%（$n=76$）和53%（$n=9$）（Guo, Gifford, 2002）。对大量文献数据分析表明，退耕还林可使土壤有机碳大幅度提高，年平均固碳速率为33.8 g C/m^2，可持续50～100年（Post, Kwon, 2000），但也有研究表明退耕还林初期可能促进土壤有机碳矿化（白雪爽等，2008）。

一些研究表明，退耕还林、造林和再造林可增加植被碳汇，幼年林植被的固碳速率低于成年林，其最大固碳速率随气候和植被类型而变化（Fang, Chen, Peng et al., 2001；Potter, Klooster, Hiatt et al., 2007）。北方针叶林、温带森林植被的最大固碳速率分别在树龄71～120和11～30年（Pregitzer, Euskirchen, 2004）。也有研究指出，即便是200年的森林，其植被年均固碳能力也可达到2.46±0.8 t C/hm^2（Luyssaert et al., 2008）。对华南森林的观测结果表明，树龄大于400年的森林土壤仍具有较高的碳积累能力，年均为0.61 t C/hm^2（Zhou G. Y. et al., 2006）。

近几十年来，中国大力推广植树造林，森林覆盖率大幅度提高，1999～2003年的森林覆盖率为18.21%，比1994～1998年提高了1.66个百分点。根据遥感监测结果，20世纪80年代末至90年代末的10年间，退耕还林、还草面积为127万 hm^2（田光进，庄大方，刘明亮，2003）。利用森林资源清查资料的分析结果表明，20世纪80年代初至21世纪初中国森林面积约增加 2000 万 hm^2，年均增加植被碳储量 75.26±34.7 Tg（1Tg＝100 万 t）和土壤碳 4.0±4.1 Tg（Piao et al.，2009）。

30.3 陆地生态系统固定大气二氧化碳量区域评估方法分析

全球陆地生态系统吸收 CO_2 量是通过全球碳平衡方程的残差方法估算得到的，其基本理论假设是物质的守恒定律，即

$$化石燃料燃烧和水泥工业生产的 CO_2 排放量＝全球大气中的 CO_2 增量$$
$$＋海洋的 CO_2 净吸收量$$
$$＋陆地的 CO_2 净吸收量 \qquad (30.1)$$

同时，

$$陆地的 CO_2 净吸收量＝土地利用变化引起的陆地 CO_2 排放量$$
$$＋陆地生态系统的剩余碳汇 \qquad (30.2)$$

由此得到

$$陆地生态系统剩余碳汇＝化石燃料燃烧和水泥工业生产的 CO_2 排放量$$
$$－土地利用变化引起的陆地 CO_2 排放量$$
$$－（全球大气中 CO_2 增量＋海洋的 CO_2 交换量）\qquad (30.3)$$

根据上述全球碳平衡方程，20 世纪 80 年代全球陆地生态系统剩余碳汇大约为 －1.7（－3.4～－0.2）Pg C，20 世纪 90 年代大约为 －2.6（－4.3～－0.9）Pg C，通常将其定义为陆地生态系统的碳汇，是生态系统光合作用碳固定与呼吸作用碳排放的差值（即生态系统 CO_2 净交换量）。但是，由于目前还不知道这些碳汇去向地球的何处、还没有得到地面观测数据的认证，所以被称为"失踪碳汇"。

基于上述基本碳平衡方程所建立的陆地生态系统碳汇能力评价方法，是在假设其他碳循环通量成分估算相当准确的前提之下，而事实上并非如此，无论对哪一分量的估计还都存在着极大的不确定性，尤其是在土地利用对陆地碳汇影响的评价方面。因此，近年来的很多研究都企图从陆地碳汇的实测途径来确定陆地生态系统固碳能力，以验证和评估陆地生态系统碳汇功能。目前用于估算陆地生态系统固碳能力的方法多种多样，这些技术途径各自具有其独特的优势，同时也都存在着方法论方面的局限性和评估精度的不确定性。

30.3.1 区域尺度陆地碳收支评估方法及其不确定性

当前，植物生物量和土壤碳储量清单调查、生态系统通量观测、卫星遥感、大气 CO_2 浓度反演以及生态系统模型等方法，被广泛应用于生态系统和区域碳收支评估研究。可是各种方法的局限性都会不同程度地导致陆地碳收支结果的不确定性。

1. 基于生物量和土壤碳储量清单调查的区域碳收支评估

利用长期的和高密度的植物生物量和土壤碳储量清查资料，来评价区域生态系统的碳库及碳通量，评价区域甚至全球范围碳的收支是一种可行的技术途径。这种方法的优点是所有基础数据均为实测值，存在较大的可信度，现在很多区域生态系统碳收支大多是采用这种方法估计得到（Goulden et al.，1996；Fan et al.，1999；Piao et al.，2009）。但是，这种方

法评估结果的可信程度极大地受到观测样点的空间分布密度、各种生态系统观测数据的代表性，以及生态系统类型分布空间信息的精确程度等方面的限制。

2. 基于生态系统通量观测结果的区域碳收支评估

涡度相关通量观测是一种小尺度观测方法，其结果本身只代表特定生态系统碳收支特征，如果在没有足够的观测密度条件下，盲目地将站点的观测结果直接外推到区域尺度，必然会导致较大的不确定性（于贵瑞，孙晓敏，2006）。生态系统碳通量观测更大的科学意义在于它可以为生态过程机理模型和遥感模型的构建、参数确定和结果校正提供原始科学数据，将涡度相关观测数据与生态系统模型以及遥感模型相结合是评估区域碳收支有效的技术途径（Li et al.，2006；米娜，于贵瑞，温学发等，2008）。

3. 利用大气 CO_2 浓度反演方法的区域碳收支评估

大气 CO_2 浓度反演方法基于大气 CO_2 梯度和大气传输模型评估陆地-大气间净 CO_2 交换量，常被用来检验清单-卫星遥感结合法计算的结果。虽然在区域尺度上，大气反演估计的碳通量精度较粗，具有很大的不确定性，但由于它能够独立地提供陆地碳源/汇的估计结果，因此也是评价区域碳收支的重要技术途径。在区域上，由于大气 CO_2 浓度观测网络的站点极其缺之（全球仅分为 10～15 个陆区）（Chen et al.，2008；Piao et al.，2009），由此所带来的误差是不可避免的。同时，大气 CO_2 反演法评估的结果也对大气传输模型误差和化石燃料释放 CO_2 估计偏差反应较为敏感（Gurney et al.，2005；Stephens et al.，2007）。此外，利用大气 CO_2 浓度反演的方法忽略了许多重要的碳循环过程和重要的生态系统（如湿地和城市生态系统），因此单一使用大气反演方法对陆地碳收支开展评估的风险是极大的。

4. 基于生态系统过程模型和遥感模型的区域碳收支评估

从用于陆地碳收支评价的模型结构和驱动变量的数据来源来看，现在用于区域碳收支评估的主要模型可以分为生态过程机理模型和卫星遥感模型两大类。生态过程机理模型在精细的空间尺度参数化方案和空间化植被和环境数据支撑下，能够模拟生态系统碳循环的空间格局（Zhou G. S. et al.，2008；Huang，Yu，Zhang，2009），但由于被评估区域的各个网格点内参数的获取，以及模型尺度转换等困难，导致了现有的多数生态过程机理模型在评价区域碳收支时都存在着较大的不确定性（Wang S. et al.，2007；Mu et al.，2008；Ji et al.，2008）。卫星遥感模型是以遥感资料（NDVI、fPAR）为驱动变量，以 GIS 的植被或空间化的环境数据库为支撑，通常模型的参数少，可实现对生态系统碳收支的动态监测（Piao et al.，2009）。但是大多数遥感模型还缺乏明确的生理生态机制，不能清楚地解释区域碳收支变化机制（Yang et al.，2008）。

30.3.2 陆地生态系统碳库和通量测定方法及其不确定性

陆地碳循环观测和测定方法主要包括土壤和植被碳库测定，土壤与大气，以及植被与大气间的碳交换通量的测定等，随着科学技术的发展，其观测技术也在不断进步。但是，任何观测技术都有其时间和空间尺度的局限性，是制约区域碳收支评估精度的重要因素。

1. 土壤和植被碳库的生态学测定

目前，国内外的研究者对陆地碳库的研究主要是采用传统的土壤和植被有机碳储量生态学测定方法，其主要数据资源是定期或不定期的土壤普查、森林和草地资源清查等数据。这种研究方法需要充分代表各种生态系统类型的调查样点和高精度的土地利用和土地覆被空间图，但是要满足这方面的需求也是极其困难的。森林资源清查的数据主要是木材材积量，需要借助生物量换算因子（BEF）等方法才能将其转换为森林植被生物量，进而通过计算不同时段森林植被生物量变化才能估算出年均固碳量。其实这种方法在清查资料的可靠性、生物量换算因子方法的科学性、特别是观测数据的区域代表性等方面还都存在着多种误差。更为突出的问题是无论森林还是草地的地下生物量测定都是极其困难的，虽然可以将不同草地或森林的地上和地下生物量的比值作为经验性常数来推测地下生物量，但是这种经验常数确定的本身就已存在很大的不确定性，如果再将其应用于区域碳收支估计，则所带来的误差会更大。

2. 陆地-大气间的碳交换通量箱式方法测定

各种类型的箱式测定方法是最早用于土壤与大气之间的 CO_2 交换通量的野外测定方法，也有许多学者以增大观测箱高度的方式，来测定低矮植被与大气间的 CO_2 交换量，当采用暗箱时主要是测定土壤或植被的呼吸，当采用透明箱时，则测定的是生态系统与大气间的 CO_2 交换量。这类观测方法和实验装置的发展，为研究生态系统碳收支提供了重要工具，也得到了广泛的应用。可是这种方法的局限性也十分突出，其测定结果的不确定性主要包括：①观测样点的代表性，即少量的几个观测箱的数据能否代表整个生态系统；②观测箱的安置会改变生态系统自然气体交换过程；③观测箱内与自然条件之间的环境差异会影响测定结果。特别需要指出的是，在夏季晴朗的白天，观测箱内特别是透明箱的温度会比自然条件下高出几度，这种影响如果不能被排除，其观测值将会严重地背离真实值，导致对 CO_2 通量的错误估计。

3. 陆地-大气间的碳交换通量涡度相关技术测定

由于涡度相关技术能够直接连续测定特定生态系统与大气间的碳交换通量，已在全球范围内得到广泛应用，成为研究森林、草地等植被与大气 CO_2 交换量的最直接而有效的观测方法。涡度相关法同其他任何观测技术一样也有其自身的局限性，当自然条件无法满足涡度相关技术要求时就会带来观测误差（于贵瑞，孙晓敏，2006）。造成观测误差的主要原因包括：①由传感器物理属性的局限性引起的高频或低频湍流信号丢失；②坐标系选择不恰当造成的长期碳收支的系统低估；③夜间湍流混合不均匀引起呼吸通量的低估等。在复杂地形、大气不稳定条件等非理想观测条件下，通量观测结果的不确定性主要是来自通量贡献区、重力波、平流和空气动力学等方面的影响。此外，在通量数据的后处理过程中，各种数据校正和插补方法的选择也会对生态系统碳收支的估算造成误差和不确定性。

4. 观测数据的区域性盲点和多源数据的整合性

准确估算陆地生态系统碳收支在很大程度上依赖于观测数据的有效性和代表性。为此，全球尺度多种观测网络正在开展从叶片、群落、生态系统、景观乃至全球的多尺度碳循环过程及其通量的综合观测，但是其观测数据仍然不能有效地满足全球变化和碳循环科学研究的需要。陆地生态系统通量观测网络仍然存在着区域上的很多盲点（于贵瑞，孙晓敏，2008）。这些盲点往往分布在偏远的高原、山地林区、荒漠地带、偏远的湿地等区域，而这些区域正是重要的陆地碳汇或碳源区域。

30.4 海洋碳收支评估方法分析

海洋是地球重要的碳库之一，是全球碳循环系统的至关重要的子系统。海洋碳收支的评估方法有多种，主要包括 ^{14}C 示踪法、O_2 法、$^{13}C/^{12}C$ 比值法、海气界面 CO_2 分压差法和微气象法等。各种方法基于不同原理和基本假设，在评估海洋碳收支过程中也具有不同的局限性。

30.4.1 海洋碳库和通量测定方法及其不确定性

海洋是一个巨大的碳库，其碳储量约为 38 000 Gt，比大气高 50 倍，比生物圈高 20 倍，主要是以碳酸盐和碳酸氢盐形式存在。一般海水中 T_{CO_2} 约为 2 mmol/kg，比溶解有机碳含量高出一个数量级，比颗粒有机碳也高得多（Zhang et al.，2000）。海洋碳库研究可以通过直接观测方法来实现，但总碱度测定的滴定法和指示剂分光光度法都存在一定问题，主要是因为海水总碱度变化相对于总量来说太小；溶解有机碳（DOC）测定中不可避免会存在不完全氧化等问题；颗粒有机碳（POC）测定最初的方式是通过瓶装水样过滤或用泵现场过滤后对滤膜进行分析，但是膜对 DOC 吸收会造成一定的误差。海洋碳库评估不确定性的另一方面的主要来源为观测资料的不均匀性极其有限的时空代表性。有些海域如南大洋十分重要，但由于采样密度不足，使得区域插值和外推造成的不确定性很大。

海洋 CO_2 源汇最直接的研究方法是测定界面通量，但其直接测量比较困难，目前一般情况下采用的是间接测定法。该方法是通过气体交换速率、CO_2 气体溶解度和海-气间 CO_2 分压（p_{CO_2}）差来计算界面的 CO_2 通量，其不确定性主要来源于传输速率的误差、p_{CO_2} 测量中的热力学常数误差、数据密度和时空代表性以及风速时空变异性等（Wanninkhof，1992）。气体交换速率常数难以准确量化主要是因为几个主要的影响因素难以进行估算，而且目前关于它们之间相对重要性的讨论也没有满意的答案。一般认为，风速是影响气体交换速率常数的主导因素（Frankignoulle et al.，1996），可是目前的多个 CO_2 交换系数量化模型，因各自的研究出发点不同，所涉及的物理机制也各不相同。总体来看，间接法测定界面 CO_2 通量的不确定性主要来源于三个方面（高众勇、陈立奇、王伟强，2001）：其一是气泡传递的气体迁移对 Schmidt 常数的依赖性；其二是间接法没有考虑到溶解碳组分的化学反应，这种反应可以有效地增强 CO_2 气体交换的扩散速率；其三是间接法通常用一天或更长时间的平均期，难以解决气体交换系数每日的差异问题。此外，近年来直接测量海-气间 CO_2 通量的微气象学法迅速发展，并得到广泛应用（Jacobs et al.，1999），但是该方法依然存在来自不同方面的不确定性。

30.4.2 海洋碳收支的估算结果及其不确定性来源

近几十年来，许多科学计划对全球碳循环作了比较深入和全面的研究。据估算，海洋可从大气吸收人为排放 CO_2 总量的 30%，约为 20 亿 t C/a（Battle，Bender，Tans et al.，2000）。虽然不同方法得到的全球海洋吸收人为 CO_2 的量级都在 20 亿 t C/a（表 30.2），但不同方法得到的年际变化差异很大[①]。

表 30.2　全球海洋碳收支的研究结果

海洋碳吸收/(Gt C/a)	研究方法	参考文献
2.2	δ^{13}C 深度积分	Quay，Tilbrook，Wong，1992
1.9	扩散箱式模式	Broecker，Peng，1993
2.05	三维模式	金心，石广玉，2000
2.2	海气界面 CO_2 分压差法	Takahashi，Sutherland，Sweeney et al.，2002
1.8±0.4	原生物分析方法	Gloor，Gruber，Sarmiento et al.，2003
1.5±0.6	δ^{13}C 示踪法	Quay，Sonnerup，Westby et al.，2003
1.64~1.73	L30T63 模式	Xu，Li，2009

海洋的碳源/汇功能是不断变化的，现在对海洋碳收支的估算还具有相当程度的不确定性，主要是由于对海-气间气体交换和海洋内部循环机制的不了解，以及各种计算模式对海洋碳循环过程机理的处理方法和相关海洋参数测定方法的不同等方面原因引起的。例如，飓风对 CO_2 海-气交换影响显著，而 ENSO 等气候异常事件会影响飓风发生的频率，由此影响的全球海洋吸收大气 CO_2 通量的年际变化可能高达 ±0.9 Gt C/a（Bates，2002）。此外，模型研究得到的海洋吸收人为 CO_2 的汇区分布与 Δp_{CO_2} 方法给出的还有出入，因为两种方法针对的对象不同，后者综合反映的是自然过程与人为 CO_2 过程叠加效果。

最近基于原生物分析方法得出的全球海洋吸收的人为源 CO_2 通量纬向分布结果表明，南大洋吸收的人为源 CO_2 比较少（Gloor，Gruber，Sarmiento et al.，2003），与 Δp_{CO_2} 方法的结果不同，这可能是由于南大洋 p_{CO_2} 调查数据稀少，在数据外推中误差偏大。原生物示踪法分析人为 CO_2 需要以观测期间水团不发生显著改变作为前提（Peng et al.，1998），这在实际应用中会受到多方面不确定性的制约。

大气观测研究法过滤掉了大部分小尺度波动，与全球变化的时间和空间尺度比较匹配，具有优势，但该方法只是间接地推算海洋碳汇，其结果必须与实测数据比对。模型研究的基础是对海洋碳循环机制的深入理解，其优势在于便于预测，但其本质上也是由数据驱动的，也需要丰富的海洋学观测资料的支持。对于特定海区而言，Δp_{CO_2} 方法可以作为认识其海-气 CO_2 交换及源/汇地位的基础，可是 Δp_{CO_2} 方法估计海-气交换的准确性受气体传输模式、风速变异性、有限数据的插补等多方面因素的制约（Takahashi et al.，1997），忽略表皮效应也可能导致 CO_2 通量偏低估计 0.7 Gt C/a（Robertson，Watson，1992）。

30.4.3　海洋碳收支研究的区域变异性及其缺失

许多国际大型研究计划对全球碳循环的研究表明，海洋总体上为大气 CO_2 的汇，但局

---

① 翟惟东.2003.南海北部与珠江河口水域 CO_2 通量及其调控因子.厦门：厦门大学博士学位论文

部可能表现为大气 CO_2 的源。就全球的海-气界面 CO_2 通量而言，海洋碳源/汇格局存在较大的区域变异性，南大洋是全球最重要的 CO_2 汇区之一，赤道海区则主要表现为大气 CO_2 的源（Takahashi et al.，2002）。然而大陆架边缘海的物理与生物地球化学过程远比大洋复杂，其碳循环过程研究难度更大，因而当前关于大陆架和大陆坡海域的各项通量都还不确定（Fasham，Balino，Bowles，2001），这也是全球碳循环研究中最薄弱的环节。很多学者提出，高生产力的大陆架边缘海很有可能是"失踪碳汇"的去处，同时也有许多研究表明大陆架边缘海是大气 CO_2 的汇，然而很多研究者则认为大陆架边缘海并不总是大气 CO_2 的汇。目前的研究工作主要集中在生物作用比较强的中、高纬度的大陆架边缘海，因而仅仅基于这些区域的研究结果得出全球大陆架边缘海海-气交换的结论是并不完全和可靠的。目前对大陆架边缘海在全球碳循环作用的认识和了解还非常有限，还缺乏系统性的观测与研究工作（Liu，Iseki，Chao，2000）。

30.5 中国区域的碳库及其碳收支评估结果分析

中国地处北半球中高纬度地区，幅员辽阔，自然条件复杂，跨越多个气候带，陆地生态系统类型多样，具有地域特色，是全球陆地碳循环研究的重点地区之一，因而研究中国的碳循环过程具有非常重要的全球意义。从 20 世纪 80 年代中后期开始，中国就开始了生态系统碳循环研究工作，在许多领域都取得了可喜进展，对中国区域的碳库及其碳收支也给出了初步的评估结果，但是这些评估结果还存在着极大的不确定性，还存在着许多科学研究的薄弱环节，面临着许多亟待解决的科学问题。

30.5.1 中国区域的碳库评估结果及其不确定性

关于中国区域的土壤和植被碳库研究已开展了大量的工作（于贵瑞，2003），这里对不同研究者的研究结果进行统计分析，得到了中国区域的各植被类型的植被碳密度、土壤碳密度、植被碳储量、土壤碳储量和总储量（表 30.3）。由表 30.3 可见，中国各种土地利用类型下的全国土壤碳库储量为 102.96 Pg C、植被碳库储量为 15.97 Pg C，总碳储量约为 118.93 Pg C。

表 30.3 中国不同类型生态系统植被和土壤的碳库储量

生态系统类型	面积/万 km²	植被碳密度/(Mg C/hm²)	土壤碳密度/(Mg C/hm²)	植被碳库储量/Pg C	土壤碳库储量/Pg C	总碳储量/Pg C
森林	142.80	52.28±12.62	156.18±33.29	7.46	22.30	29.76
草地	331.00	7.61±4.29	129.92±16.52	2.52	43.00	45.52
灌丛	178.00	18.37±23.86	78.81±48.14	3.27	14.03	17.30
农田	108.00	18.48±18.12	103.53±23.77	2.00	11.18	13.18
荒漠	128.24	3.71±5.14	61.47±43.52	0.48	7.88	8.36
湿地	11.00	22.20±5.68	415.10±413.19	0.24	4.57	4.81
总计	899.04	—	—	15.97	102.96	118.93

30.5.2 森林的碳蓄积及其碳汇功能

植被碳储量和碳密度的评估主要是基于植被资源清查资料的统计方法和基于模型模拟分析两种技术途径。自 20 世纪 90 年代以来,不同学者利用中国的 6 次森林清查资料,采用不同统计方法对中国的森林植被碳储量开展了较多的评估工作,但是其结果之间具有较大的差异。其中,利用第四次清查资料计算森林碳储量的结果差异最为显著,最大和最小的估算值竟相差近一倍以上,相对误差高达 0.82 Pg C。总体来看,各种方法评估的中国森林植被碳储量大致变化在 3.3~6.2 Pg C 范围内,碳密度大致变化在 3.2~5.7 kg C/m^2 范围内。

30.5.3 中国区域碳收支评估结果及其不确定性

中国的海洋面积很大,但关于海洋 CO_2 汇/源的空间分布及其总体的碳吸收能力研究工作还很少。部分研究表明,中国的渤海、黄海和东海表现为大气 CO_2 的汇,而南海则表现为 CO_2 的源,例如,有的研究结果认为中国东海每年吸收的碳通量可达 $0.19 \times 10^{-3} \sim 3.0 \times 10^{-3}$ Pg C/a(Song,2009)。但是,关于中国近海碳源/汇强度的评估结果因研究者及所采用的研究方法的不同,其研究结果存在着较大差异。

中国陆地生态系统碳循环过程及其区域碳收支评估的研究工作比较丰富,综合各种研究方法的评估结果可以认为中国陆地生态系统是一个重要的大气碳汇,在区域碳平衡中发挥了重要作用,可是在各种方法评估结果之间,仍存在着较大的不确定性。利用森林资源清查资料并结合模型算法研究发现,由于人工造林和再造林工程,20 世纪 70 年代中期至 90 年代末,中国人工林共固定了 0.45 Pg C(Fang et al.,2001),1980~2000 年间中国各种森林、草地和灌草丛的年均总碳汇分别为 0.075 Pg C、0.007 Pg C 和 0.014~0.024 Pg C。该时段的中国陆地生态系统植被和土壤碳汇总量相当于同期中国工业 CO_2 排放量的 20.8%~26.8%(方精云,郭兆迪,朴世龙等,2007)。利用生态过程模型评估结果表明,1980~2000 年中国陆地生态系统的年均碳汇强度为 0.215 Pg C,占全球陆地总吸收量的 9.15%,相当于 1994 年中国 CO_2 排放量的 28%,同期中国 CO_2 排放总量(36.5 亿 t CO_2 当量)的 21%(陈泮勤,王效科,王礼茂,2008)。利用综合多种方法的集成性评估认为,1980~2000 年中国陆地生态系统每年净吸收大气 CO_2 的变异范围为 0.19~0.26 Pg C(Piao et al.,2009)。

基于中国陆地生态系统通量观测研究网络(ChinaFLUX)的连续观测,初步量化了中国典型陆地生态系统碳汇源状况(Yu et al.,2006;于贵瑞,孙晓敏,2008)。研究表明,中国青藏高原高寒草甸与高寒灌丛草甸具有一定的碳汇功能;高寒草原化草甸和北方温带草原生态系统大多处于碳平衡状态,年净碳交换量受降水的影响导致较大的年际间波动,在湿润的年份为弱的碳汇,而在干旱年份极易转变为碳源;中国东部亚热带天然林与人工林、温带森林生态系统都具有明显的碳汇功能,碳汇强度受温度和水分条件的限制由南向北降低(Yu G. R. et al.,2008)。研究还发现中国亚热带老龄林的土壤仍具有较强的碳汇功能(Zhou G. Y. et al.,2006),而基于通量观测的结果也证实了中国亚热带及温带老龄林的碳汇作用(Yu G. R. et al.,2008)。

　　总体来看，对于中国区域的碳收支综合评估而言，现有的碳循环过程和通量观测数据、区域性的生态要素空间化基础数据、碳循环过程机理的知识以及碳收支评估方法学等方面的工作基础还十分薄弱，目前的科学数据和研究成果还难以支持中国区域碳收支的精确评估，特别是对风蚀和土壤侵蚀的碳流失、海洋碳收支分量的评价更为困难，需要不断增强科学研究、不断改进和完善中国区域碳收支综合评估的技术和方法。

第三十一章 人为气候变化
与自然气候变率评估分析

提 要

多种评估结果表明，近50年全球和中国的变暖，人类活动的贡献可能是明显的。但仍然面临许多亟待解决的重要问题：近50年全球和中国的变暖速率以及极端天气气候事件发生频率和强度是否超过历史时期的自然气候变率，近100年和近50年中国变暖过程中如何区分人类活动效应和气温的自然准周期性和年代际变率，中国降水强度和频率以及各种极端天气气候事件变化是否存在人类活动信号，自然外强迫和气候系统内部相互作用以及人类活动的区分、检测和归因分析等，从现有研究中尚难得出明确结论。对未来短期10～20年和长期（百年或更长）气候变化的预测和预估，需要同时考虑自然的和人类的联合作用以及全球气候系统内部的相互作用，因而存在极大的不确定性。

31.1 现代气候变暖的历史透视的评估

在气候变化的归因研究中，迫切需要认识长时间尺度自然气候变化的规律，以及从长期自然变化的角度看近现代气候变暖是否已经明显反常。但是，由于代用气候资料本身的局限性，目前对于古气候变化的规律以及现代气候变暖的历史地位等尚存在较多的问题。

31.1.1 近万年的气候暖期

目前还没有可信的全新世期间全球平均表层温度变化序列。但大量研究表明，在全新世初到距今3000年前的不同阶段，世界许多地区经历了不同程度的相对温暖气候时期（IPCC，2007a-c）。但由于代用资料稀缺、时间分辨率不足、年代测定误差大等原因，现在还无法评价全新世北半球或全球年平均气温变化特征，也难以将全新世早中期的气温变化与现代气候变暖进行比较。

中国学者对中国陆地区域最近1万多年的地面气温变化进行了长期研究。这些研究大多使用花粉和冰芯等代用资料，重建了全新世中国全国和各个区域地面气温变化曲线。还有些研究指出，全新世期间中国夏季风和降水也发生了明显变化（张兰生，方修琦，任国玉，2000；王绍武，龚道溢，2000；秦大河等，2005；Wang，Li，2007）。重建的历史气候变化特征揭示，中国最近100多年平均地面气候变暖还不到1.0℃，似乎还处于世纪到千年尺度自然变化的范围之内，没有超出全新世中期的温暖程度（王绍武等，2005）。

有关全新世气温和降水变化的重建还存在较大不确定性。与其他大陆地区一样，中国陆地区域全新世古气候重建主要依据花粉资料，而在中国东部这样的人类活动历史久远、影响强烈的地区，根据花粉资料重建单点气候序列还是困难的，一些乔木和草本种类花粉的变化已经不能被用于指示气候变化。据此，最近5000年来乔木花粉的大量减少和草本种类花粉的增加可能并不表明气候变冷变干（Ren，2000；Ren et al.，2002）。例如，对于全新世中期中国气候是否比现今还要温暖湿润、最近5000年来气候是否经历了变冷变干的过程等问题，还需要今后深入研究。

全新世晚期特别是最近1000年左右的气候变化情况，对于认识现代气候变化的历史地位更具有实际意义。最近10余年发表了若干1000年左右的北半球或全球气温序列。这些序列之间存在很大的差异。其中一些研究表明，20世纪的平均温度高于以前的任何时期，而另一些气温序列则显示出明显的"中世纪温暖期"和"小冰期"特征，指出20世纪的平均温度没有明显超出"中世纪温暖期"（Esper et al.，2002；2008；Moberg et al.，2005；IPCC，2007a-c）。因此，与IPCC TAR不同，AR4并没有给出近1000年全球或北半球平均气温变化的明确结论，只提出"20世纪的平均气温很可能是最近600年最高的"。这一结论本身没问题，但它却避开了"中世纪温暖期"，至少说明当前的研究还不能支持IPCC TAR得到的有关20世纪增暖为史无前例的结论。

相比于全球和半球研究，中国区域的研究更多地倾向于认为"中世纪温暖期"和"小冰期"的特征比较明显，特别是东部地区尤其突出（王绍武，蔡静宁，朱锦红等，2002；Yang et al.，2002；Ge et al.，2003，2007；Tan et al.，2003；初子莹，任国玉，邵雪梅等，2005）。尽管某些表征历史局地温度变化的单点重建资料表明，20世纪在近1000年可能是最暖的百年（刘晓宏，秦大河，邵雪梅，2004），但对东部地区根据历史文献记录的研究表明，中世纪暖期可能更暖（张德二，1993；满志敏，张修桂，1993；Wang et al，2002；Ge，zheng，Fang et al.，2003；初子莹等，2005），"小冰期"的寒冷程度也比北半球其他地区更强（Wang，Li，2007）。

由此可见，20世纪全球和中国的气候很可能是在近600年内最暖的百年，但是否为近1000年内最暖期还有很多争议。中国的一些区域性研究表明，"中世纪暖期"可能比20世纪更暖（初子莹，任国玉，邵雪梅等，2005）。导致最近1000年左右地表气温变化研究不确定性的主要原因包括：①高质量长时间全球和半球气温序列太少，还不足以用来可靠地评价大尺度"中世纪暖期"的气候特征（Esper，Frank，2008）；②一些高分辨率代用气候资料对于气候要素的指示意义仍不是十分清楚，其与气候要素之间的关系在时间和空间上具有不稳定性；③被广泛采用的树轮资料具有诸多局限性，其中包括在去趋势或生长量订正过程中，难以保留年代际到世纪尺度的变化信号，难以反映对年平均气温变化贡献更大的冬季气温变化，在一定程度上受到大气中CO_2的"施肥效应"等因素的影响（任国玉，1996）；④古气候重建序列无法完全捕捉实际气温变化的范围，重建的序列方差明显比实测数据的方差要小。

此外，各种大尺度的温度序列重建采用的是不同的方法，这些方法在原始资料序列处理上差异明显。例如，有的做了尺度转换，而另一些没有；有的在做与仪器观测资料进行校准前已经做了过滤，有的则没有；有的采用了较长的校准时期，有的则只采用其中的一段时间作为校准期，等等。不同的温度序列重建方法，本身都可以引起明显的全球或北半球平均温度重建结果的差异[①]（Esper et al.，2008）。

---

① von Storch H，do Zorita E. 2007. Assessment of three temperature reconstruction methods in the virtual reality of a climate simulation. Personal communication

31.1.2 气候驱动因子的历史变化

引起过去的世纪到 1000 年尺度气候变化的自然因子主要有太阳辐射、火山活动和海洋洋流。人为土地利用变化也可能对长期区域性气候变化产生一定影响。本节主要讨论太阳辐射和火山活动的可能影响。

太阳辐射变化是历史气候变化检测和成因研究中的一个热点问题，一般采用太阳黑子数量指示太阳活动强度。目前较可靠的太阳黑子数量（及其据此重建的太阳输出辐射资料）序列长度可达 400 年左右（Lean，Rind，2009）。图 31.1 给出了 1749~2009 年观测期间（近261 年）太阳黑子数（Wolf 公式）变化[①]（Jager，2005）。许多研究计算与分析太阳黑子数的多少与全球和区域气候变化如气温和降水等的关系，但是存在较大的分歧。

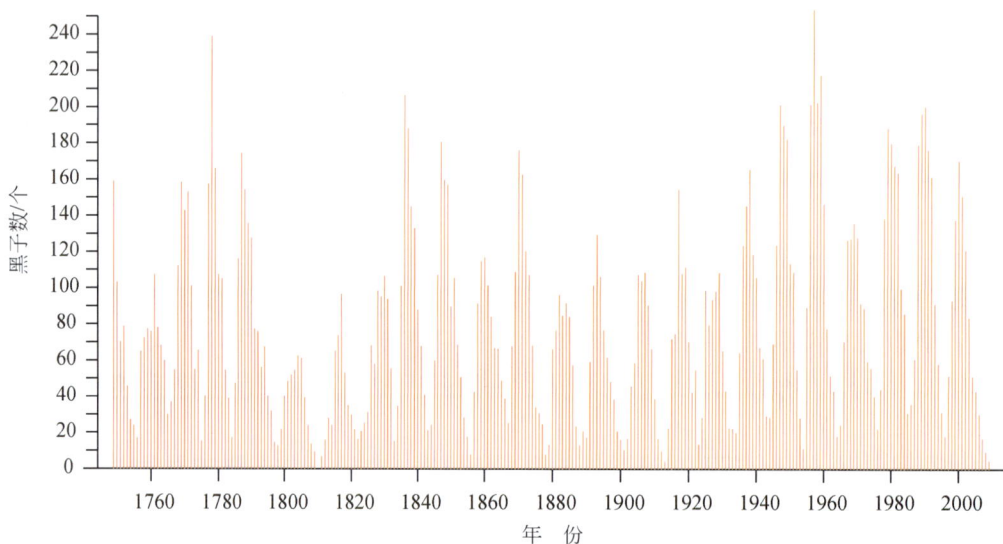

图 31.1 1749~2009 年期间（近 261 年）太阳黑子数变化

(Jager，2005；瑞士苏黎世天文台网，2010)

近 1 万年的气候变化主要是地球轨道参数变化驱动的结果，大气中温室气体浓度、北半球冰盖反射率和陆地植被的反馈作用也可能具有不同程度的影响。由于全新世期间气候重建结果的可靠性还有待提高，因此目前讨论中国近 1 万年气候变化的原因和机制，条件还不够成熟。

地球轨道参数改变对于近 1000 年气候变化影响很小，但太阳输出辐射变化可能是引起最近历史时期年代到世纪尺度气候变化的重要因子。一般认为，近 400 年甚至近 1000 年太阳输出辐射的变化可能是造成北半球"中世纪暖期"和"小冰期"气候波动的主要原因，但火山活动和土地利用等人类活动也有一定影响（Briffa，Jones，Schweingruber et al.，1998；Lean，Rind，2009）。在 1645~1715 年期间的太阳活动"蒙德尔"（Maunder）极小期，北半球许多地区的气候也成为"小冰期"里最寒冷阶段（王绍武等，2005a，b）。

总体上看，目前对于太阳活动在年代到世纪尺度气候变化中的作用还没有很好理解（赵

---

① WOLF 太阳黑子指数来源（瑞士苏黎世天文台）. 2010. http://www.ngdc.noaa.gov/stp/SOLAR/SSN/ssn.html

宗慈等，2005）。造成这种局面的原因是多方面的，其中气候系统内部的反馈作用可能是比较大的因素，它在很大程度上会模糊太阳影响的信号（Rind，2002）。

连续的强火山喷发可能对年代际以上尺度的气候变化产生影响（IPCC，2007a-c），火山活动也可能对公元 10 世纪以来的温度变化产生一定影响（李晓东，王绍武，1994；方修琦，葛全胜，郑景云，2004）。例如，"中世纪暖期"火山活动是比较弱的，而"小冰期"阶段火山活动则相对较强。因此，除了太阳输出辐射变化，火山活动对于近 1000 年气候变化的影响也不能忽略。目前的困难是，冰芯、沉积物或历史文献中的火山喷发记录常常不连续、不完整，火山喷发的时间、强度和地点难以准确决定，而火山活动的大范围气候效应与其喷发的地点、季节、类型和强度等具有很大关系。因此，利用目前获得的历史火山活动记录，还难以确切估计其对大尺度气候影响的性质和程度。

综上所述，对古气候和历史气候变率的认识表明，尚未有足够证据证实，近 50 年气候变暖和极端气候事件发生频率和强度已经超过古气候和历史时期的气候自然变率。IPCC AR4 报告给出的用多种代用资料重建的 1000 年气温变化没有出现"中世纪暖期"，多个气候模式的 1000 年模拟出现"中世纪暖期"，但是"小冰期"并不明显。因此，观测的 20 世纪后 50 年的变暖可能是近 1000 年全球最暖的 50 年的结论，还有待更多的证据来证实。造成古气候和历史气候时期气候变化的原因是复杂的，目前的科学研究水平尚不能给出确切的认识。

31.2　自然气候变率在百年时间尺度气候变化作用的评估

近 100 年（1901～2000 年）和近 50 年（1951～2000 年）的全球、北半球和中国的变暖虽然是不争的事实，但是其原因是否只是人类活动，或只是气候的自然变率，还是两者共同造成的，仍具有较大的争论。图 31.2 分别给出自 1880 年到 2008 年观测到的北半球和中国

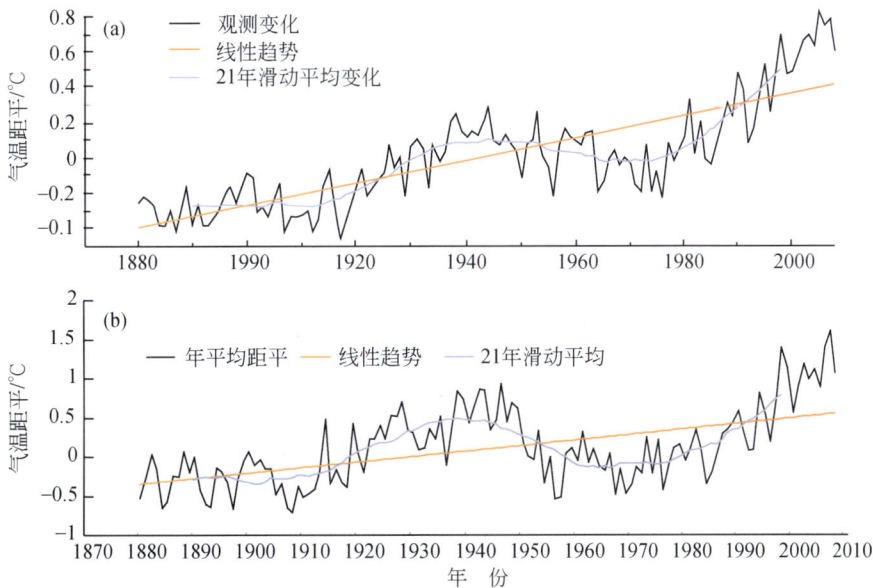

图 31.2　观测 1880～2008 年北半球（a）（Latif et al.，2009）和
中国（b）（赵宗慈，王绍武，罗勇等，2009b）年平均气温距平变化
（b）图根据龚道溢和王绍武提供观测中国气温资料计算绘制

年平均气温距平变化、线性趋势和 21 年滑动平均变化。从图中明显注意到，观测到的北半球和中国近百余年（1880～2008 年）的气温变化除了有明显变暖趋势外，还有明显的年代际变率和准周期性振动，后者则与气候系统内部变率以及外强迫（如太阳活动与火山活动的变化）有明显联系，因此气候的自然变率不容忽视，而许多评估中忽略了这个重要特征。

31.2.1　太阳活动对近百年气候变暖贡献评估

根据 IPCC AR4 计算的 1750～2005 年全球平均辐射强迫，认为太阳辐射对气候增暖的贡献小于人为强迫贡献。说明与温室气体的贡献相比，太阳辐射对增暖的贡献是很小的。但是，太阳活动还应该包括太阳黑子活动、太阳风、磁场、银河宇宙射线和紫外辐射等，在目前的研究中都没有考虑或很少考虑这些因素的贡献。因此 IPCC AR4 关于太阳活动对近 100 年气候变暖贡献的可信度"低"（low）。另一方面，从 10 个研究组给出的蒙德尔极小到目前太阳辐射极小相应的辐射强迫增加值的不同，说明计算的太阳辐射强迫的差异是很大的，可信度也是低的（IPCC，2007a-c）。

关于太阳活动对近 100 年气候变化的影响，主要分为由总的太阳辐照度变化引起的直接影响和在平流层由紫外线辐射变化引起的间接影响。目前有 4 个独立的空间仪器直接测量太阳总辐照度，但是所有的这些观测时间都比较短，最长的是从 1984 年开始的地球辐射收支卫星资料。图 31.3 是根据不同的观测资料得到的结果，在一种资料序列中总太阳辐照度有 0.04% 的增加，但是目前人们更多的认为这是因为观测不确定性造成的，而不是太阳本身的变化；在另一组资料序列中，连续两个周期最低值的差只有 0.01% 的增加，这比观测的不确定性 ±0.026% 还小（IPCC，2007a-c）。由于用仪器观测太阳总辐照度的时间比较短，所以人们基本上认为从现有的太阳辐照度观测资料来看，并未表现出长期的变化趋势。

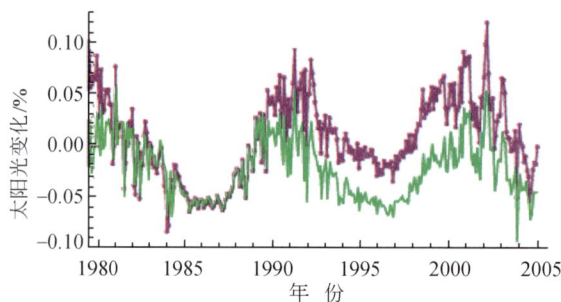

图 31.3　两套资料计算月太阳总辐照度随时间变化百分率（IPCC，2007a-c）

对于估算的 1750 年以来由于太阳输出量的变化造成的直接辐射强迫变化，利用地磁、宇宙射线或恒星的代用资料进行的重建，和利用磁通量爆发、输送和积累的模拟，结果差异很大，因此在 IPCC AR4 中评价对此认识程度为"低（low）"。基于这一结果，以前人们在用数值模式讨论太阳活动等自然外力对气候影响时，似乎都过高地估计了太阳活动引起的辐射外力对气候变暖的影响。

太阳变率对臭氧层等的间接影响目前的了解仅限于平均状态，对于它们的响应机制和具体的空间分布及强度变化并不清楚。关于太阳活动对云量的间接影响，有很多研究工作，但是多是停留在理论解释和分析上，一些研究之间所得到的结论是矛盾的（Usoskin et al.，2004）。因此到目前为止，关于太阳活动引起的宇宙射线变化对气候的影响仍然是有争论的。这是因为在研究中对于过去几十年资料的可靠性、太阳活动正反位相的确定和对于高中低云的分离都存在不确定性。

太阳活动存在准周期性变化，是否对全球、北半球和中国观测到的近100年的准周期性振动和年代际变率（图31.2）有贡献？早期的一些研究注意到，自19世纪后期到20世纪80年代，太阳黑子数的11年周期与观测的全球年平均气温变化存在一定的联系。但是近期的一些研究则发现，观测到的20世纪90年代到21世纪初期的明显变暖，与太阳黑子11年周期没有关系（IPCC，2007a-c）。有关太阳活动与气候变化的关系及其机制尚研究得不多，存在认识的空白，需要更多地研究太阳活动对气候变化的贡献。

还需提出的是，地面和卫星观测的太阳辐射与云量之间的统计关系在近30年内是不稳定的。例如，观测的1970～1990年地面接收的太阳辐射有减少（变暗）的趋势，蒸发皿给出的蒸发有减少趋势，云量有增加趋势，似乎看上去是对应的。但是，自1983年7月开始的国际卫星云气候项目（ISCCP）计算的全球平均总云量从1983年到1987年增加2%，其后的1987年到2001年减少4%。虽然在ISCCP、ERBS（地球辐射平衡卫星）、SAGEII（平流层气溶胶和气体试验II）和表面观测共四组资料所测得到的1990年代结果比1980年代高云量减少的结论大体一致，但是在年代际趋势上依然有许多不确定性，反映在不同的时段、不同的区域和不同的高度（IPCC，2007a-c）。

31.2.2 火山活动对近百年气候变暖贡献评估

一次火山活动对气候的影响时间大约是2～3年，关于近100年来火山活动对气候变冷作用是肯定的。例如，1950年到1970年的全球冷却，一个比较主要的原因就是频繁的火山活动所致（Wang，Li，2007）。目前许多研究集中在火山活动对气候及其变化的影响机理方面，但是对于它们的影响机制目前还是没有全面、系统和明确的认识。关于火山爆发资料的构建也存在明显不同，图31.4给出了两组火山爆发总可见光厚度随时间的变化（IPCC，2007a-c）。从图中可以看到，两组资料在20世纪的后50年相差20%～30%，而在19世纪末到20世纪初则相差50%，可见关于火山爆发资料的构建存在较大的不确定性。再如，较可信的观测资料是1991年的皮纳图博（Mt. Pinatubo）火山的较强烈喷发，第一组计算得到它产生的辐射强迫大约为$-3 W/m^2$，而另一组计算结果则比第一组要大20%～30%。

对于1980年以前的资料，其可信度是比较低的，这是因为火山爆发带有偶然性，并且时间非常短，要对它作准确的估算是比较困难的。如对气溶胶尺度参数的估算、气溶胶光学特征的计算等，还存在很大的不确定性。关于火山活动对近100年气候的冷却作用，从定量上来说还存在很大的不确定性。此外，对火山活动的未来预估更是困难的问题。

火山活动在气候变暖中的作用是不容忽视的。正如图31.2给出的，气温变化具有年代际变率和准周期性的特点，20世纪20年代到40年代的暖期可能与同期的火山活动不活跃有明显的联系（图31.4）。应该注意到，20世纪后期的火山活动处于活跃期（图31.4），但是同期却是明显的增暖期（图31.2），虽然火山活动活跃期对应的气温应该较低，但是其增暖却明显，表明可能是人类排放的增加对增暖起了重要作用。

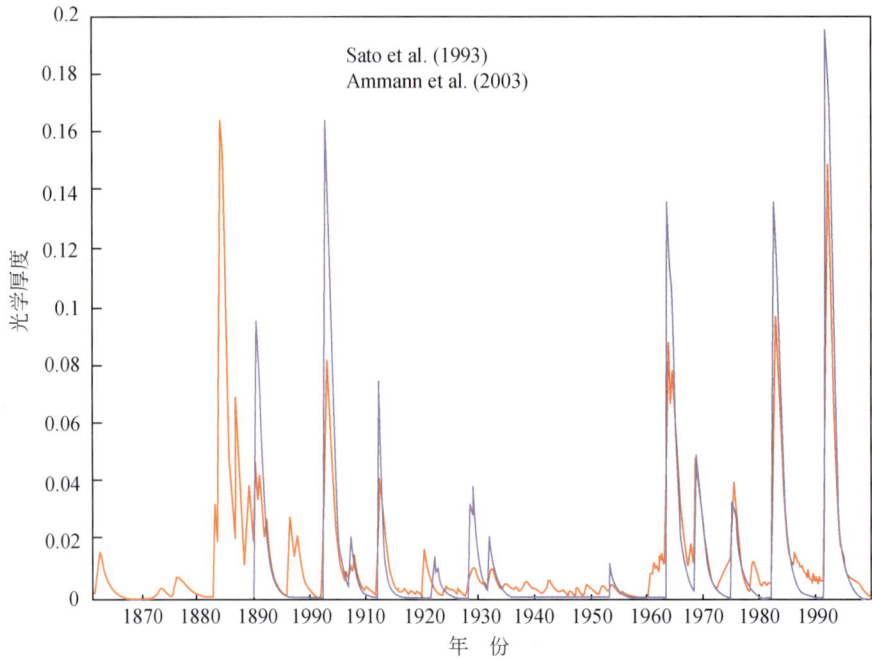

图 31.4　两套资料火山爆发总可见光厚度随时间变化（IPCC，2007a-c）

31.2.3　年代际气候变率和海气相互作用对气候变暖贡献评估

影响 100 年时间尺度地球气候系统变化的另一个因素是气候系统内部各圈层的相互作用，特别是海气相互作用及年代际气候变率、气候的年代际变率与海气相互作用有非常密切的关系，但是目前人们还并不清楚高频大气运动是如何通过海气相互作用减低为低频的气候变率的（江志红，屠其璞，2001）。随着观测数据时间序列的增长，从近 100 年的各种观测资料中研究发现了不少全球和中国关于气候的年代际变率。其中反映海气相互作用的几年和几十年的年代际气候变率，如北大西洋经向翻转环流、北大西洋涛动、厄尔尼诺－南方涛动、太平洋年代际振动和大西洋年代际振动（图 31.5）等海洋及海气相互作用现象，以及与全球和区域气候变化的联系都是非常重要的，但是对其作用机理和机制尚不清晰（IPCC，2007a-c）。

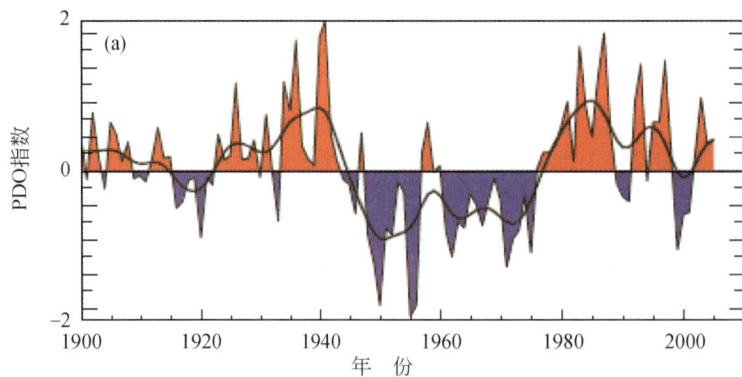

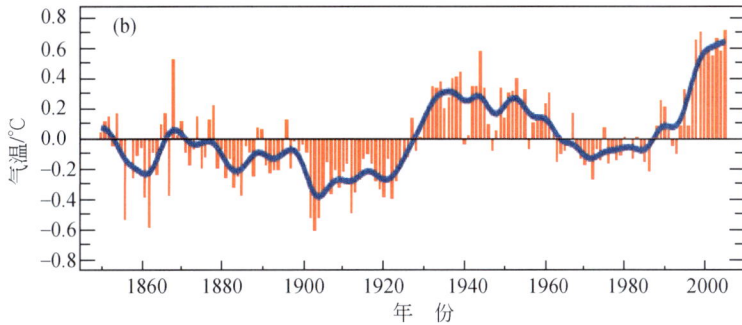

图 31.5

（a）1901～2004 年太平洋年代际振动指数随时间的变化，即太平洋 20°N 以北海面温度 EOF 第一分量的时间序
列（光滑黑线为 10 年变化）；（b）1850～2005 年大西洋年代际振动指数随时间的变化，大西洋 30°N～65°N 海面
温度年距平随时间变化（光滑蓝线为 10 年变化）（相对于 1961～1990 年）（IPCC，2007a-c）

对于这些年代际变率及海气相互作用在近 100 年全球气候变化中的作用，从资料诊断、模式模拟和动力学探讨等方面都做了大量研究。从动力学角度来研究，由于研究者的视角和侧重点不一样，得到的结果有很大的差别。从资料诊断方面来研究，由于器测资料长度有限，给年代际信号的识别和提取带来一定的困难。从全球气候模式方面来研究，由于模式的分辨率和有的物理过程表达不准确等原因，得到的结果也存在很大的不确定性。另外，这些海气相互作用现象虽然有各自的周期，但是它们又是互相联系的，它们对气候的影响大部分是以区域性为主，目前对于这些海气相互作用现象的形成机制、影响及相互联系还不是十分清楚，而如图 31.2 中反映的气候年代际变率和准周期性振动是各种海气相互作用现象共同影响互相叠加的结果，因此使得研究更加复杂化。到目前为止，对于气候年代际变率及海气相互作用在近 100 年全球气候变化中的作用，认识还是非常有限的，还需要进行更深入的研究。

综上所述，由于对于太阳活动认识的提高，在重建的太阳活动资料序列中的变化增量，IPCC 的 AR4 比 TAR 中减少了一半以上，这意味着近 100 年来太阳活动对于气候的变暖贡献不如原来认为的那么大。另外对于太阳变率对气候的间接影响，仍有很多不确定性，AR4评估对太阳活动的科学认识为"低"。对于火山活动对气候的影响，目前比较确定的认识是火山爆发产生的气溶胶使气候变冷，但是对于火山喷发资料序列的构建及对气候的影响，在定量评价方面还存在很大的不确定性，因此 AR4 中对火山喷发事件的科学认识评价为"低"。海气相互作用是气候年代际变率的一个重要原因及表现方面，由于观测资料的不确定性和有些物理机制尚不清楚，因此对于气候年代际变率及海气相互作用在近 100 年全球气候变化中的作用还需要作更深入的研究。

31.3　人类活动对百年时间尺度气候变暖贡献评估

目前对人类活动气候效应的评估方法主要用气候模式考虑人类排放温室气体和人为气溶胶等的增加，以及土地利用的变化，因此需要评估模式的可靠性以及涉及各种情景的气候变化与观测的实际变化做评估。

31.3.1 近 50 年人类活动对气候变暖的影响

1. 人类活动与近 50 年变暖趋势的关系

IPCC 第四次评估报告归因检测全球变暖重要结论源自根据指纹法得到的，利用 23 个全球气候模式（比第三次评估报告的模式几乎增加一倍），所有模拟结果与观测的 20 世纪后 50 年气温增暖趋势一致，从而将可信度提高到"很可能"（大于 90%）的信度。需要指出的是，以气候模式的数量多，尚不足以作为提高得出正确结论概率的主要依据。因为，①目前存在的全球气候模式的原理和框架大体一致，只是在一些参数化过程和分辨率上有所差异，因此，再多的气候模式也都会是得到类似的结论，因此不能因为模式的数量增加了，就认为是提高了所得结论的可信度。②目前的气候模式虽然较过去有了很大的发展，但是仍然存在极大的不确定性是众所周知的，如对云和气溶胶过程的认识，对海洋温盐环流和经向翻转环流的认识，对海冰动力学的认识，对陆地生物圈反馈的认识等，都限制了气候模式模拟结果的准确性，并且带来不同模式的模拟结果有很大的差异。③气候模式模拟与观测到的全球年平均气温变化之间的相关系数都低于 0.80，表明对增暖的幅度和各个年的特点难于模拟。

再以多模式模拟中国气温为例。近些年来的检测和归因分析和研究，利用了中国和国外大约 20 余个全球气候模式，分别考虑各种人类活动情景或全强迫，模拟近 100 年（1900～1999 年）和近 50 年（1950～1999 年）中国年平均气温距平的变化（相对于 1961～1990 年平均）（赵宗慈等，2005，2008；Zhou，Yu，2006；Wang，Li，2007）。分析得到：①近 50 年 2/3 模式与观测的相关系数低于 0.50，近 100 年几乎所有模式与观测的相关系数都低于 0.50，由此说明存在明显的不确定性；②近 50 年变暖的线性趋势与观测对比，只有 16% 模式接近观测的变暖趋势；近 100 年气温变暖的模拟，只有不足 5% 的模式接近观测，表明变暖趋势模拟的差距较大；③不确定性来自自然和人类强迫设计与实际变化的不一致性，例如城市化影响和"加热气溶胶"如黑碳效应考虑不够；④气候变化归因分析的核心方法是指纹法，但是需要指出的是，即使模拟与观测的变化趋势一致，也并没有从相互作用的过程与机制方面从根本上来解释造成变暖趋势的原因（赵宗慈等，2009b）。

此外，气候模式考虑各种人类排放情景对 20 世纪后 50 年极端最高和最低温度的模拟也存在类似的不确定性。

2. 大气温度垂直分布的模拟评估

IPCC AR4 报告认为气候变暖不仅表现在表面气温，而且广泛的表现在大气对流层变暖和海洋上层变暖等多方面，但是这仍然还存在一些疑点。利用四个全球气候模式考虑内外强迫模拟 1958～1999 年全球纬向平均大气温度变化线性趋势垂直分布，与对应的观测对比，注意到在热带和副热带对流层中低层大范围地区，模式模拟出了虚假的更明显的变暖趋势，其变暖程度高于近地面层，但是实际上并没有观测到这个现象。观测表明，北半球仍然是表面变暖最明显，而在赤道和热带有略降冷趋势（Karl et al.，2006）。在各种强迫中，由于温室气体的效应在所有强迫中造成温度变化的线性趋势最大，从而起了决定性作用。虽然提出，如果再增加考虑黑碳气溶胶和有机碳气溶胶的作用，可以部分抵消温室气体造成对流层中层的虚假的过暖中心（IPCC，2007a-c），但是由于温室气体效应估算值过大，因此仍然存在虚假暖中心。

31.3.2　近百年的气温准周期性振动

用 IPCC AR4 的 19 个全球气候模式在考虑自然和人类全强迫时，只能模拟出近 100 年的明显增暖趋势，却模拟不出全球和北半球年平均气温的多年代际振动特点（图 31.2）。例如，1940 年前后模拟的是负距平，正好与观测正距平相反，而 1990 年代后期的明显变暖程度也模拟的不够（表 31.1）。由此表明，气候模式虽然考虑了各种强迫（主要是人类活动），但是并不能模拟出 100 年时间尺度全球和北半球气温变化的准周期性振动和年代际变率（Zhou，Yu，2006）。

表 31.1　观测和 19 个全球气候模式考虑全强迫模拟全球 4 个时段气温距平平均值（℃）

（相对于 1961～1990 年）（根据 Zhou，Yu，2006 资料计算）

项目	1910 年前后	1940 年前后	1970 年前后	1990 年前后
观测	−0.46	+0.10	−0.10	+0.45
19 模式全强迫	−0.40	−0.20	−0.06	+0.35

再以中国为例，气候模式考虑各种强迫模拟中国年平均气温变化的明显问题是：①气候模式考虑各种强迫没有模拟出百年尺度中国气温变化的准周期性振动，即没有模拟出冷/暖/冷/暖相间的变化特征（图 31.2，表 31.2），只是模拟从冷到暖的变暖趋势；②绝大多数模式考虑多种强迫没有模拟出 1920 年代到 1940 年代的明显暖期，大多模拟该时段还处在冷期；③大部分模式考虑各种强迫没有模拟出 1980～2008 年的明显变暖程度。这就表明，中国近 100 年的气温变化存在交错复杂的自然和人类相互作用和反馈过程，而目前的气候模式考虑各种强迫，尚不能反映出这些复杂的过程，如小冰期后的回暖期，中国气温的自然准60 年周期，对变暖贡献大约 25% 的城市化热岛效应，地面接收太阳辐射变暗和变明的特征以及阴雨和云对气温的影响等（王绍武等，2005a，b；王永光等，2005；Singer，Avery，2007；Wang，Li，2007；Ren et al.，2008；Jones et al.，2008；Streets et al.，2008；申彦波，赵宗慈，石广玉，2008；赵宗慈，王绍武，罗勇等，2009b；Zhao et al.，2009）。

表 31.2　观测和 7 个全球气候模式考虑 4 种强迫模拟中国 4 个时段气温距平平均值变化趋势

（相对于 1961～1990 年）（赵宗慈，王绍武，罗勇等，2009b）

项目	1900～1919	1920～1949	1950～1970	1980～2008
观测	−0.24/0.05	0.43/0.19	−0.10/−0.15	0.58/0.52
控制试验	−0.09/−0.06	−0.06/−0.08	−0.02/0.08	0.01/−0.03
只有温室气体	−0.84/0.26	−0.51/0.10	−0.42/0.03	0.74/0.48
温室气体＋气溶胶	−0.03/−0.09	0.06/−0.01	−0.02/−0.25	0.64/0.45
A2（高排放）	−0.19/0.06	0.03/0.06	−0.15/−0.07	0.36/0.27
B2（中等排放）	−0.03/0.01	0.17/0.05	−0.10/−0.11	0.36/0.31
上述 4 个试验平均	−0.27/0.06	−0.06/0.05	−0.17/−0.10	0.53/0.38

注：表中数据：4 个时段气温距平平均值为左边数据，单位为℃；变化趋势为右边数据，单位为℃/10a。

31.3.3　气候现象和极端天气气候事件

近些年的一些研究表明，除了全球变暖、海平面上升和冰雪冻土加速融化与人类活动有密切联系之外，降水强度、环流与一些气候现象和极端事件变化（如温带气旋活动路径、旱涝）等可能也反映出人类活动的信号，但是尚存在明显的不确定性（IPCC，2007a-c）。

1. 东亚冬季风减弱的评估

观测和少量全球或区域气候模式考虑人类排放增加的模拟研究一致表明，近几十年东亚冬季风有减弱的趋势，其中与冬季风密切联系的冬季西伯利亚高压强度明显减弱，并且预估表明这一特征到 21 世纪将可能继续延续（Wang，Li，2007；石英，高学杰，2008）。与东亚冬季风减弱有密切联系的是，观测的冬季中国寒潮日数减少（王遵娅，丁一汇，2006），观测与 16 个全球气候模式考虑人类排放增加模拟中国最低温度明显变暖（Wang，Li，2007），同时观测和 20 个全球气候模式考虑人类和自然强迫模拟冬季和春季中国风速减弱，特别是强风和大风日数减少（Jiang Zhihong et al.，2008；Jiang Ying et al.，2010）。这些特征都可能表明，近几十年人类排放增加全球变暖，可能是造成东亚冬季风减弱的原因之一。但是另有一些研究表明，东亚冬季风的变化存在自然的周期性变化和年代际变率（Wang，Li，2007），即冬季风持续几十年强然后转为持续几十年弱。因此，有待进一步区分人类活动作用和自然年代际变率。

2. 东亚夏季风变化的评估

观测到近几十年东亚夏季风减弱，相应中国夏季雨带位置 20 世纪后 30 年多南涝北旱分布，多数的研究认为是自然的准周期性和多年代际变率的特征，也有些研究认为人类活动特别是人类排放气溶胶增加也可能有一定影响（Zhao et al.，2005）。近些年的模拟研究，用了 7 个全球气候模式考虑人类排放增加，模拟近几十年东亚夏季风的变化，模拟结果有变强，有变弱，或无趋势。因此，难以说明近几十年东亚夏季风的减弱一定是人类排放增加造成的（姜大膀，王会军，2005；Wang，Li，2007）。但是用 10 多个全球气候模式考虑人类排放情景，对于 21 世纪的预估研究表明，东亚夏季风将可能增强，因而在东亚季风区产生更多的降水（姜大膀，王会军，2005；Kitoh et al.，2006；Wang，Li，2007）。

3. 极端天气气候事件变化的评估

多气候模式考虑人类活动的模拟与观测的西北太平洋热带气旋与台风活动的频率和强度，中国大洪涝以及严重干旱的频率与强度的对比检验，对于观测到的近 50 年西北太平洋编号台风数有明显减少趋势，长江流域的大洪涝以及华北等地区的持续严重干旱等，尚难以区分是人类活动的信号还是自然的准周期性变化和年代际变率（龚道溢，韩晖，2004；Zhao et al.，2005；黄荣辉等，2006；Wang，Li，2007；赵宗慈，罗勇，高学杰等，2007；Liu Kambiu（廖截标），范代读，2008；任福民等，2008；黄勇等，2008；张增信等，2008）。

31.4　评估自然和人类联合强迫的气候变化预估

31.4.1　气温预估不确定性的贡献分析

最新的研究考虑利用 15 个全球气候模式做未来全球和区域年平均气温变化预估的不确

定性贡献主要来自三个方面，即气候系统内部变率（简称内部变率）、气候模式和未来人类活动情景（简称情景），三者在预估的不同时段所占不确定性的比例是不一样的。例如，2010 年代全球气温变化预估值的不确定性主要来自气候模式，大约占 65％，情景大约占 2％，内部变率约占 33％；又如，2090 年代全球气温变化预估值的不确定性则主要来自未来人类活动情景，大约占 81％，气候模式约占 17％，内部变率约占 2％（图 31.6）。区域温度预估值的不确定性与全球有所不同。以中国为例，例如在 2010 年代区域温度预估值的不确定性主要来自气候模式，大约占 48％，和内部变率约占 42％，情景只占约 10％。到 2090 年代，则不确定性主要来自情景，约占 70％，其次是气候模式，约占 25％，内部变率只占 5％。不同区域略有差异，但是总体是一致的（Pirani，Meehl，Bony，2009；赵宗慈等，2009b）。由此提出，气候模式的不确定性是重要的，特别在 21 世纪前几十年的气温变化预测和区域尺度的预测方面。另一方面，从几十年后的预估看，不同的未来情景造成明显的不确定性。

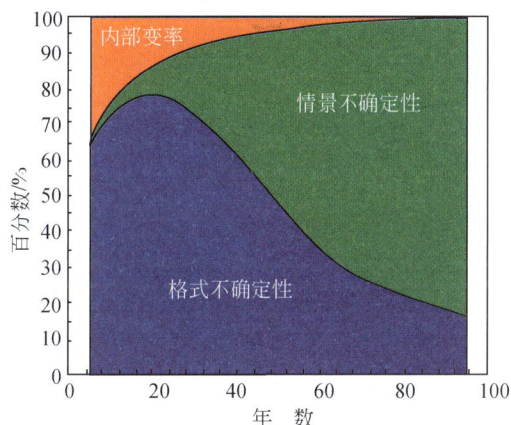

图 31.6　评估 IPCC AR4 预估的 21 世纪全球年平均气温变化的不确定性贡献百分数
（Pirani，Meehl，Bony，2009）
蓝色表示模式不确定性；绿色表示情景不确定性；
橘色表示气候系统内部变率；横坐标是自 2000 年以后的年数

尚需指出的是，以上的研究没有考虑外强迫如太阳活动和火山活动对气温变化预估的不确定性，如果再加入这些不确定性贡献，则将更加大不确定性源。

31.4.2　1990～2008 年气候变化预测的检验

IPCC 前三次评估报告利用气候模式做人类活动各种情景（图 31.7）对未来全球年平均气温变化的预估一般开始在 1990 年，到 2008 年已经做了 19 年的预测。IPCC 第四次评估报告用改进后的气候模式考虑人类活动高、中和低排放的三种情景（图 31.7），从 2000 年开始做预测，到 2008 年也已经做了 9 年预测，因此可以将预测结果与观测值进行对比，进一步评估气候模式考虑人类活动情景的预测能力。观测到 21 世纪以来温室气体排放继续增加（图 31.7），全球和中国年平均气温预测与观测的对比检验表明（图 31.8 和图 31.9）：①气候模式考虑多种人类活动情景，可以预测出 1990～2008 年（或 2000～2008 年）全球和中国年平均气温增暖总趋势。②虽然人类排放继续增加，但是自 2003 年到 2008 年观测的全球年平均气温增暖幅度有减小的趋势，所有气候模式考虑人类强迫都没有预测出增暖幅度减小的趋势，尚难以确定这 5 年是否自然强迫起了一定作用，或人类强迫的增暖值预测过大，或对人为排放气溶胶的降冷作用估计不足。③没有预测出全球和中国个别年的明显偏暖和增暖幅度小的特点，自然的气候变化和城市化以及"变暗/变明"在这些年可能起了明显的作用。

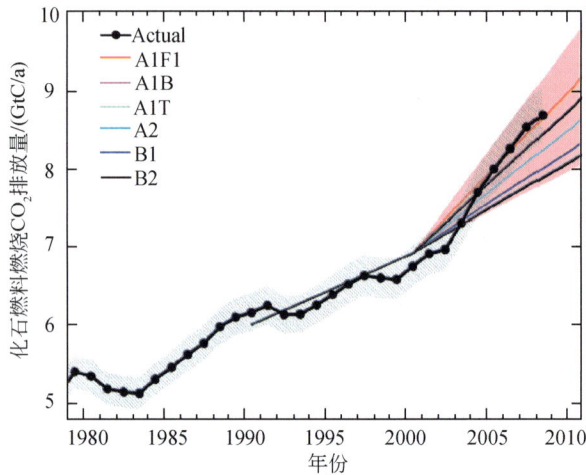

图 31.7　观测到的来自化石燃料燃烧和水泥产物 CO_2 排放量（图中粗黑加实心圆线）
与 IPCC SRES 排放情景（图中其他颜色线）的对比（Allison et al.，2009）

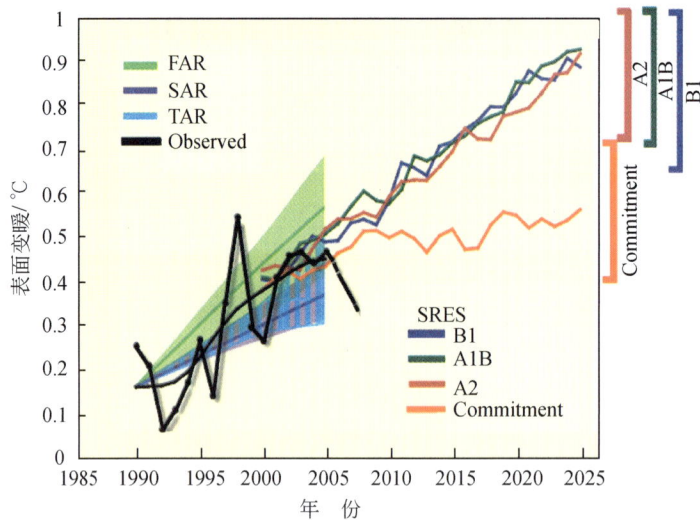

图 31.8　1990～2025 年多个气候模式考虑多种人类排放情景预测全球年平均气温距平变化
（相对于 1961～1990 年）（在 IPCC，2007a-c 图基础上发展）
粗黑折线是观测值，黑线是观测 10 年平均值，绿色范围是 IPCC 第一次评估报告 FAR 预测值，紫色范围是
IPCC 第二次评估报告 SAR 预测值，浅蓝色范围是 IPCC 第三次评估报告 TAR 预测值，红色，绿色，深蓝以
及橙色粗线是 IPCC 第四次评估报告 AR4 分别考虑 SRES A2，A1B，B1，以及定常排放情景预测值

因此，从气候模式考虑人类强迫预测的 19 年（或 9 年）全球和中国年平均气温变化与观测对比检测证实结果来看，影响气温变化的因素不仅是人类强迫（其中可能对人为排放温

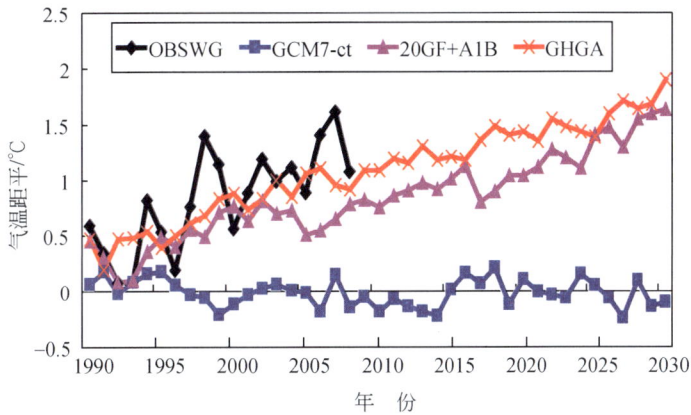

图31.9 多个气候模式和不同辐射强迫与人类排放方案多集成预估的1990～2030年中国年平均气温
距平变化（相对于1961～1990年）

1990～2008年观测值用粗黑线表示（龚道溢，王绍武，王永光提供），粗红线是多模式在第一、第二和第三次评估
报告考虑人类排放各种情景（GHGA）的集成平均预估，粗粉线是多模式考虑所有辐射强迫模拟1990～1999年，
然后考虑SRES A1B预估2000～2030年，粗蓝线是多模式控制试验预估（其中20GF见Zhou，Yu，2006；20个模
式计算结果由周天军提供；SRES A1B见江志红等，2008；13个模式计算结果由江志红提供；GHGA是7个模式分
别考虑4种人类排放方案GG，GS，SRES A2和B2的集成平均；GCM7-ct是7个模式的控制试验集成平均，见赵
宗慈等，2008；2009b）

室气体增暖作用估计过高，对人为气溶胶制冷估计过低），必然还存在自然强迫的作用和气
候系统内部的相互作用。此外，人类强迫的设计也可能存在一定问题。

31.4.3 自然和人类联合强迫预测的气候变化

对未来10～20年全球和中国气温变化的预估研究，绝大多数是分别预估人类活动造成
的气温变化和自然原因造成的气温变化（汤懋苍，柳艳香，冯松，2002；高晓清等，2002，
王永光等，2005；王绍武等，2005；许吟隆，张勇，林骅，2006；IPCC，2007a-c；Wang，
Li，2007；Ding et al.，2007；赵宗慈等，2008；Jiang et al.，2008；石英，高学杰，
2008）。其存在的主要问题是：①气候模式应用到未来预测中，存在较大的不确定性；②未
来人类活动情景是多种假设，具有较大的不确定性；③未来的气候变化不单独是人类强迫或
自然强迫，是复杂的联合反馈。

一些未来10～20年（2010～2030年）的预测联合考虑自然和人类强迫，做出试探性的
研究。即利用统计方法计算自然强迫（太阳活动和火山活动）造成的全球年平均气温的变
化，再利用全球气候模式考虑人类活动计算全球和中国年平均气温的变化，然后联合计算全
球和中国年平均气温变化。表31.3给出利用这类估算预测的中国年平均气温变化，其中人
类活动的平均效应是取IPCC第二次和第三次评估报告的7个全球气候模式，考虑4种人类
排放情景预测的1990～2030年中国年平均气温变化（表中简称人类平均1），和人类平均1
与IPCC第四次评估报告的13个全球气候模式考虑A2、A1B和B1共三种人类排放情景预
测的2000～2030年的温度的平均变化（简称人类平均2）。估算未来太阳活动和火山活动的
联合效应继续使气温变冷，但是其负气温距平值明显小于人类活动增暖的正距平值，因此总
效果是继续增暖。该表中同时给出了已经出现的1990年和2000年的观测值以及2008年的

观测值，预测值大体接近观测值，说明预测必须同时考虑自然和人为的强迫。

表 31.3　考虑自然变化和人类活动预测中国年平均气温距平变化（℃）

（相对于 1961～1990 年的变化）（赵宗慈等，2009a）

项目	1990 年	2000 年	2010 年	2020 年	2030 年
太阳活动	−0.10	−0.19	−0.25	−0.16	−0.10
火山活动	−0.11	−0.16	−0.10	−0.11	−0.18
自然变化	−0.21	−0.35	−0.35	−0.27	−0.28
人类平均 1	0.46	0.88	1.09	1.43	1.90
人类平均 2	0.46	0.83	0.99	1.28	1.71
自然与人类综合 1	0.25	0.53	0.74	1.16	1.62
自然与人类综合 2	0.25	0.48	0.64	1.01	1.43
观测实况[①]	0.59	0.56	1.07（2008）		

①龚道溢提供。

最近利用从 20 世纪观测资料建立的多元回归模型，预报全球年平均气温。影响因子包括自然强迫，如太阳活动和火山活动，气候系统内部海气相互作用如 ENSO，以及人类强迫（包括温室气体和人为气溶胶）。对 2001～2005 年预测和观测温度距平可以做对比检验。观测数据表明，这 5 年的增暖为 0.56℃，而预测的同期增暖为 0.53℃，说明模型考虑了足够的内外部影响因子，具有较好的模拟和预报效果（Lean，Rind，2009）。

目前，自然和人类联合强迫对未来 10～20 年（2010～2030 年）气温变化的预测只是尝试性的，存在许多问题：①自然和人类强迫的联合只是简单的线性叠加，没有考虑两者之间的非线性相互作用；②对自然和人类强迫与气候系统各圈层的复杂过程考虑不够，尤其是年代际的自然内部变率与气候变暖趋势间的相互作用；③用气候模式作气候预测存在极大不确定性；④未来 10～20 年自然强迫如太阳活动和火山活动的预测是极其困难的；⑤未来 10～20 年人类活动多种情景都是人为的设计，与实际的人类活动有极大差别。

综上所述，由于未来自然强迫的预估是极其困难的，对人类活动情景的预估与真实排放相差甚远，再加上气候模式的不确定性，因此对全球未来 10～20 年气温变化的预测的可信度是低的，对降水变化的预测可信度更低，对未来极端气候事件变化的预测可信度更差，尤其对区域尺度如中国的未来气候变化的预测可信度是很低的，尚需做大量的研究工作来减小这些不确定性因素。

第三十二章 气候变化阈值的科学分析

提　要

如何确定危险的人类干扰涉及价值判断问题，科学能够为此提供关键脆弱性判据。目前用于确定气候变化阈值的最重要的方法是目标法，该方法从影响研究入手确定影响阈值，重点关注有害影响的程度和范围，然后以不超过此阈值为前提，向前推算因果关系的源头，最后确定温室气体排放应该如何。欧盟科学家根据其自身的研究，提出 2℃可作为气候变化危险水平的阈值，但 IPCC 第四次评估报告并未明确给出气候变化的阈值，尤其是对区域气候变化而言尚具有很大的不确定性，这是由于在区域尺度上的气候变化预估不确定性比全球尺度更大，并且由于区域适应行动的实施也会明显提高阈值水平。因而对于中国地区是否存在阈值，如果有，何时能达到，尚需进一步研究。

32.1　气候变化阈值提出的原因

《联合国气候变化框架公约》第二条指出，公约以及任何相关的法律条文的最终目的都是把大气中温室气体的浓度稳定在一定水平上，以防止对气候系统产生危险的人类干扰，使生态系统有足够的时间自然地适应气候变化，确保粮食生产不受威胁，经济得到可持续发展。

首先，为了能够帮助决策者客观决定什么是温室气体的危险浓度水平，重点应考虑以下问题：温室气体浓度的增加与气候变化造成的危害及不可逆损失是否有因果关系？用常规的观测和集成方法能否确定温室气体浓度与整体危害的关系？这包括：所有温室气体增加水平都是负影响吗？如果有负影响，将呈线性或指数增强吗？有没有拐点？温室气体浓度与整体影响的关系是否有地区差异？大范围极端事件的发生与温室气体浓度增加的关系如何？

利用实际观测和综合评价的方法，虽不能提供阈值的直接证据，但可以更好地了解实际发生的温室气体变化与危害的关系。它们可以作为一种依据或证据验证模式预测的结果，即观测到的影响是否与模型预测的一致，能否告诉我们系统的潜在脆弱性。另外，还可以让决策者们了解，综合评价模型结果能否回答公约第二条的问题。

下一个问题是：如何确定危险的人类干扰？这涉及价值判断问题；但科学能够为此提供信息化决策，即主要提出关键脆弱性判据。因而关键脆弱性是确定气候变化阈值的前提和条件。这就是说，危险水平的决定不能只根据科学的结果与论断，它还涉及由科学知识状况获取的其他一些判断，最后，还决定于政治决策。但科学的结果和论断在决定阈值过程中是一个基础和依据。不同立场的价值标准差异是巨大的。即便如此，依然有一些基本原则可以遵守，即所有人应有的公平的权利，要考虑后代人的需求，即可持续发展的要求。当然，科学成果可以提供确定危险水平的基础，但要通过确定一种确切的临界值的方法来定义危险水平，其合理性还难以定论。因而，实际上很难得到所有或大多数国家赞同的阈值水平。

因此可以认为，什么是危险水平？这是只能分析而不能简单回答的问题，因为答案不可避免地包含有不同的价值判断，如欧盟提出的2℃作为气候变化危险水平能否被国际社会正式接受，最终还要由气候公约缔约方大会决定。

气候变化导致了地球物理、生物和社会−经济系统的改变。这中改变可以是有益的或有害的，并且其产生的有益和有害程度，不但决定于其影响的强度、范围、持续时间，而且也决定于系统本身对气候变化胁迫的敏感程度，以及承受与回复力。从适应和减缓气候变化的观点出发，关注的重点是气候变化的有害影响，专门研究这些系统对有害影响的敏感程度和不能应对程度的问题，也就是气候变化的脆弱性。其中具有严重或不可逆后果的气候变化影响又特别受到人们的重视，这就是所谓关键脆弱性问题。因而确定气候变化阈值，首先是根据气候变化影响的综合研究确定关键脆弱性。为此需要提出确定关键脆弱性的判据。因而分析关键脆弱性是确定气候变化阈值的前提和条件。

32.2　关键脆弱性的判据与阈值

32.2.1　关键脆弱性的定义和判据

关键脆弱性与许多气候敏感系统有关（IPCC，2007a-c），包括粮食供应、基础设施、健康、水资源、沿岸系统、生态系统、全球地球化学循环、冰盖以及海洋和大气环流模态。其判据有7个方面：①影响的量值；②影响的时间；③影响的持续性和可逆性；④影响与脆弱性发生的可能性与估算的信度；⑤适应的潜力；⑥影响和脆弱性的分布状况；⑦处于风险中的系统的重要程度。

上述判据是考虑了以下5个普遍关注的方面而得到的，即：①独特和受威胁系统的风险；②极端天气事件的风险；③影响和脆弱性分布；④总体影响；⑤大尺度奇异点（如突变）的风险。

由上述脆弱性判据可以知道，气候变化的影响分析是基础，但适应可以减缓不利影响的程度与脆弱性，因而也可能改变阈值的水平。

32.2.2　关键脆弱性的识别和评估

根据IPCC(2007a-c)的评估，关于气候变化脆弱性主要得到了以下结论：

（1）一些观测到的关键影响至少部分可归因于人类造成的气候变化，其中包括人死亡率的增加、冰川消退与极端事件频率和强度增加。

（2）相对于1990～2000年水平全球平均温度变化增加到2℃，将加剧现在的关键影响，并且还可引发其他新的不利影响。如在许多低纬国家或地区粮食安全将会降低。但同时也应指出，即使达到2℃，某些系统如全球农业生产率，也可能受益。

（3）如果全球平均温度上升2℃～4℃，则会使各种尺度的关键影响数量不断增加，如生物多样性大范围丧失，全球农业生产率减少，格陵兰和西南极冰盖大范围融化。

（4）如果全球平均温度上升到4℃以上，将导致脆弱性显著增加，超过了许多系统的适应能力。

（5）根据观测的气候变率和变化，已经处于高风险的地区，由于未来预测的气候变化和破坏性极端事件强度和频率增加的进一步作用，更可能受到有害的影响。

如何度量影响是一个关键性问题。目前采用一些不同的度量方法：温室气体排放稳定水平；大气温室气体浓度水平；全球平均温度和海平面升高的变化；区域气候变量的变化；极端事件强度和频率的变化。因而这说明，由于采取变量影响参数不同，可能给关键脆弱性与阈值的确定带来不同的结果。

32.2.3　气候突变和不可逆变化

当系统通过非线性过程超过了由一种状态变成另一种状态（如亚洲季风的突变或西南极冰盖的解体）的系统性阈值，可引起大范围地区具有危险状况的后果；但平稳和逐渐的气候变化一旦超过某一临界点也可导致不可承受的破坏。如海平面上升。这种常态影响的阈值可以是全球性的，也可以是区域性的。另一方面，翻转点（tipping points）也与关键脆弱性或阈值密切有关（Lenton，2008）。理论、模式和古气候重建肯定了气候系统的变化能够是突然的与大范围的事实。气候突变是发生在气候系统受到较强的强迫通过某阈值后，启动气候系统以向新的气候态过渡。更一般的定义是，气候系统的某种决定性量的渐变（如辐射平衡、陆面属性等）能引起结构不同的响应（图 32.1）。一种纯线性系统的响应与强迫是成正比例的，在强迫建立的时候，一种新的平衡被达到，它从结构上是相似的，但不一定接近原来状态。但如果系统包含一个以上的平衡状态，则有可能过渡到结构不同的状况。在通过一个翻转点（分岔点）时，系统的演变不再受强迫的时间尺度所控制，而由其内部动力学所决定，它或者比强迫快得多，或者慢得多。只是前一种情况被称作气候突变，但后者具有同样的重要性。对一个气候变量的长期演变，必须区分可逆与不可逆的变化。气候意外事件的概念通常指气候系统的部分突然过渡和一时或永久性过渡到一新的不同状态。

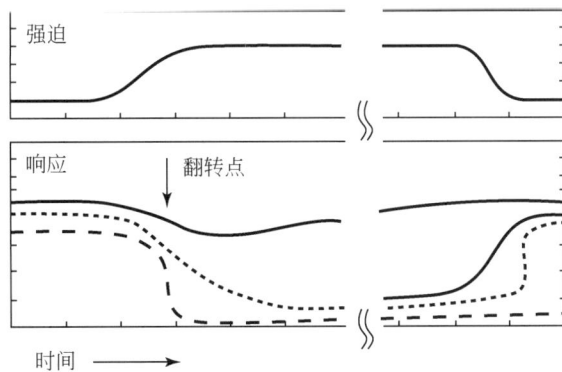

图 32.1　气候变量对强迫的各种响应的概略示意图（IPCC，2007a-c）

图 32.1 是一个气候系统变量对各种强迫的概略示意图。上图的左边部分说明强迫达到一个新的稳定水平，后来又以很长的时间尺度接近原始的水平（右部）。气候系统的响应能够使平滑的（下图实线），或通过一翻转点引起向一结构不同的状态过渡（下图虚线），也可以是快速的（长虚线），也可以是渐变的（短虚线）。但在这种情况下它通常受气候

系统内部动力学而不是受强迫支配。长期的行为（下图右边部分）也显示不同的可能性，变化可能是不可逆的（虚实线），系统处于一种不同的稳定态，也可以是可逆的（实线或短虚线），这时强迫又回到其原始值。在后面的情况下，过渡又可能是渐变的或突变的。一个例子是大西洋温盐环流（MOC）对辐射强迫逐渐变化的响应过程。从格陵兰冰芯、北大西洋与其他海区的海洋沉积物以及其他许多古气候的资料显示，局地温度、风系和水循环能在几年时间内发生迅速的变化。据世界不同地点记录的结果比较表明，过去曾发生过半球到全球范围的重大变化，这导致不稳定古气候的观念，这个过程中可经历突然变化的阶段。目前的重要问题是，大气中温室气体浓度的不断增长是否可以构成足够强的扰动以触发气候系统的突然变化。这种对气候系统的干扰可能被认为是危险的，因为它会带来重大的全球后果。

所谓"突然"和"重大"有明确的定义。"突然"是表达了下述意义：所发生的变化比引起变化的扰动要快得多。换言之，气候响应是非线性的。"重大"气候变化是指超过了现代自然变率的变化，并且其空间范围从几千千米到全球。在局地到区域尺度，突然变化是自然气候变率的一个共同特征。其中，独立的、短生命期的事件一般更适当地被称作极端事件，它们是不被考虑为"突然"气候变化，后者只考虑演变快速且持续几年到几十年的相当大尺度的变化。例如，东太平洋海表温度 1970 年代中期的变化或拉布拉多海上层 1000 m 盐分减少是造成局地到区域影响结果的例子（IPCC，2007a-c）。但他们不同于下面重点讨论的大尺度、长时期事件。

有研究表明，全球有 9 个系统已接近或达到翻转点（Lenton et al.，2008）：北极海冰，格陵兰冰盖，西南极冰盖，大西洋温盐环流，ENSO，印度季风，撒哈拉/萨赫勒与西非季风，亚马孙雨林，北半球森林。但根据 IPCC（2007a-c）的分析，主要有 6 个系统接近翻转点。以下将重点说明一些大尺度、长时期气候突变的例子。

1. 大西洋经向翻转环流（温盐环流 MOC）和其他海洋环流的变化

古气候研究中最确定的气候突变型是与海洋环流变化有关的突变型。从 TAR（2001）以来大多数模式研究表明，在以后 100 年 MOC 将减弱以响应全球变暖，并且这种减弱的范围因模式而有差异。到 2100 年在 SRES 排放情景强迫下，没有一个 AOGCM 模拟显示突变。但某些长期的模拟给出，如果强迫大，则能发生 MOC 的完全中止。中等复杂的模式表明，MOC 的阈值可能是存在的，但它依赖于模式中的增暖值和速率。很少一些 AOGCM 长期的模拟得到 MOC 的完全关闭，且可能是不可逆的。但无论是简化模式或 AOGCM 都一致得到，由全球变暖引起的 MOC 可能的完全关闭将用几十年到一个世纪的时间。并无直接的模式证明，MOC 会在几十年内崩溃以响应全球变暖。但有少数研究确实显示出 MOC 快变的可能性，但现在对其过程很不了解。如格陵兰冰芯记录的末次冰期的冷事件是在几世纪到几千年发展的，反之也曾存在不少很快速的增暖，如 Dansgard-Oeschger 事件，或快速冷却事件，它们在几十年或更短的时间内演变，它们最可能与海洋对流地点纬度的迅速变化和 MOC 的强度变化有关。

随着 MOC 的减弱，副热带和中纬度的经向热通量也减少，这对大气环流有大尺度影响。结果北大西洋洋面的增暖进行得更慢，纵使到 21 世纪末，如 MOC 出现强度减弱，在北大西洋周围地区也观测不到任何变冷现象。这是因为它被首先引起海洋响应的更强的辐射强迫所补偿。

在高纬度，模式模拟的是海洋经向热通量的增加，其原因是由于北极翻转环流增加和低纬度的暖水平流作用，这导致北极的大西洋地区海冰不断减少。

现在对启动冰期的过程的了解表明，MOC 的减弱或崩溃以响应全球变暖，不可能启动冰期的到来。MOC 的关闭实际上主要表示墨西哥湾流的关闭或崩溃。该湾流是由风驱动的西北太平洋的水平海流。其北支在格陵兰—挪威—冰岛海区转化为深层水，因而可为这些海区和邻近陆地提供大量热量。它受到这些海区表层水密度变化的强烈影响，这支洋流构成了海盆尺度沿大西洋西边界建立的 MOC 的北端。前面已经指出，模式模拟结果一致表明，如果北大西洋表层水密度由于增暖或盐分减少，MOC 强度减弱，因此释放给这些地区的热量也减少。盐分的持续和明显地减少可能会诱发强度更加明显减少和热量释放的大量降低。这种变化曾发生在过去气候变化中（如新仙女木事件）。

现在的问题是，增长的人类活动对大气的影响是否会构成对 MOC 足够强的扰动，以致可能诱发这种变化。大气中温室气体的增加导致增暖和水圈的加强，后者使北大西洋表层水盐分减少，因为降水的增加可使邻近地区河流有更多的淡水径流流入海洋。增暖也使陆地积冰融化，增加更多的淡水，进一步减低海洋表层水的盐度。以上两种作用都会减少表层水密度（为驱动 MOC，表层水必须密度大，且足够重，以能够下沉），以导致 MOC 在 21 世纪减弱。这种减弱与增暖是同步一致进行的。但无一个模式模拟出 21 世纪有突然减弱或完全的关闭。值得指出，模式结果之间离散很大，有的模式到 21 世纪末实际上无任何响应，有的模式减弱达 50％以上。这种模式间结果的差异是由于这些模式中大气和海洋反馈的差异所致。

MOC 的未来长期演变也存在着不确定性。许多模式表明，一旦气候稳定下来，MOC 可以恢复。但有些模式存在着 MOC 的阈值，当强迫足够强和足够长时这个阈值将被超越。以后表现出 MOC 的逐渐减弱，即使气候达到稳定，减弱仍会继续。在现阶段不可能对这种过程发生的可能性作出定量估计。尽管如此，纵使这种过程可能发生，欧洲将仍然会经历增暖，因为由增加的温室气体引起的辐射强迫会超过 MOC 减弱引起的冷却作用。有人提出，由于 MOC 关闭而触发的冰河期到来的灾难性情景纯粹是一种推测，没有任何一种气候模式得到这种结果。事实上导致冰河期到来的过程已有很好的了解，可以确信地排除这种 MOC 带来灾难性后果的情景。不管 MOC 的长期演变如何，模式模拟的结果一致得到，增暖和所造成的盐分减少将明显地减少拉布拉多海在以后几十年深层和中层水量，这将改变北大西洋中层水团的特征，并最终可影响深层水，但对这种变化的长期效应尚不清楚。

2. 北极海冰

北极海冰对全球变暖响应很敏感，预测表明，到 21 世纪末海冰将几乎完全消失。气候系统中的许多正反馈加速海冰的变化。冰—反照率反馈使未冻结的海水在夏季接收到更多的太阳热量。通过暖水平流增加向北极的海洋热输送，更强的环流以后进一步减少冰盖。在 9 月可观测到海冰覆盖的最低值。模式模拟表明，9 月的冰盖由于全球变暖而大量减少，一般是随变暖的时间尺度演变，由于持续增暖，夏末大量海冰的消失变成永久性的。

3. 冰川和冰盖

冰川和冰盖对温度和降水的变化敏感。过去 20 年观测表明，它们的体积在减少，1993～2003 年减少率是 0.77±0.22 mm/a 海平面当量，而 1961～1998 年平均减少率为 (0.5±0.18) mm/a 海平面当量。因而已经发生了迅速的变化，并通过冰川缩小和冰川周边区新暴露的陆面之地面能量平衡引起的正反馈机制而得到增强。在以后几十年，冰川可能加速损失。根据不同地区 11 条冰川的模拟，到 2050 年预测这些冰川体积损失达 60%，美洲的冰川区也受到影响。7 个 GCM CO_2 加倍试验模拟表明，由于高度平衡线增加，许多冰川将完全消失。这些冰体的消失速度比潜在的需几个世纪的冰川重建时间要快得多，在某些地区可能是不可逆的。

4. 格陵兰与西南极冰盖

突然气候变化的另外例子，是格陵兰冰盖的迅速解体与西南极冰盖的突然崩塌。模式模拟和观测表明，北半球高纬的增暖加速了格陵兰冰盖的融化，由于水圈循环加强的而造成的增多的积雪不能补偿这种融化带来的冰量损失。结果格陵兰冰盖在未来几世纪可能大大缩小。此外，研究还表明，存在着一个临界温度阈值，超过这个阈值南极冰盖可预期完全消失。但整个格陵兰冰盖的完全融化是一个缓慢的过程，将用几个世纪的时间完成，其结果是使全球海平面上升约 7 m。这个阈值为年平均增暖 1.9℃～4.6℃。

纵使温度以后会降低，格陵兰冰盖的减小在较小的尺度上可能是不可逆的，这是因为无冰的格陵兰气候可能会更暖，使冰难以积累，但这个结果与模式有关。其中涉及的正反馈是：一旦冰盖变薄，累积区温度变得更高，融化增加将引起更多的降水以雨的形式而不是雪的形式降落。显露的无冰陆面的反照率更低，这又引起局地气候变暖增加。地面融冰可能加速径流。

西南极冰盖（WAIS）的崩溃被认为是全球变暖另一潜在的响应，目前已引起新的关注，这包括完全崩溃后可引起海平面上升 5 m 左右。在 WAIS Amundsen 海部分的冰流在加速，这个信号向上游传播的快速性，以及 Larsen B 冰架崩溃后流入该区的冰川的加速都引起了人们的关注。冰架的存在可能使冰盖得以稳定，至少在区域尺度上。这是由于冰盖前缘的冰架可以支撑冰流的下滑，但目前尚不清楚，一旦对这种较小范围冰盖的支撑作用减弱或消失，是否会启动一场大范围众多冰流的发生，以后再导致整个西南极冰盖的失稳。这种失稳是由冰架底部暖洋面引起的融化或表层的融化造成的冰架减弱或崩溃而发生的 WAIS 失稳。并通过根基线的后撤继续进行下去。目前冰盖模式只是开始模拟这种小尺度动力过程，它涉及与冰川床和冰盖周边海洋的复杂相互作用。因而，现代冰盖模式尚不能定量地给出这种事件发生的时间或可能性。

5. 植被覆盖

过去经常发生植被覆盖及其组成部分不可逆的比较迅速的变化。最突出的例子是4000～6000 年前撒哈拉地区的沙漠化。其原因被认为是植物群落相对于温度和降水的变化，一旦临界水平被超过，某些物种在其生态系统内部将丧失竞争力。接近植被边界的地区将具有特别大而迅速的变化，这是由于全球变暖会引起这些边界发生缓慢的迁移。气候模式对未来的模拟表明，南美的干暖化将导致亚马孙森林的不断减少。虽然在 21 世纪是连续演变的，但这种变化和最终的消失可能是不可逆的。

可能发生的"气候意外"之一是土壤在全球碳循环中的作用。随着 CO_2 浓度增加，从全球平均看，土壤作为碳汇累积起碳，这是由于陆地生物圈能加速增长。但是约到 2050 年，模式模拟表明，通过呼吸作用增加而释放以前积累的碳可使土壤变成碳源。呼吸作用增加是由于温度和降水增加引起。这代表了使大气 CO_2 增加的一种正反馈过程。各模式的反馈符号是一致的，只是强度有不确定性。但是这种呼吸的增加是由更为暖湿的气候引起。由中等程度的汇转变为强大气碳源是相当迅速的，20 年内可以发生，但是开始或爆发的时间是不肯定的。模式比较揭示，一旦这种过程开始，呼吸的增加，即使在 CO_2 水平保持不变情况下也会继续下去。十分清楚，陆地生物圈与物理气候系统之间的反馈机制是存在的，它能定性和定量地改变对辐射强迫增加的响应。

6. 大气和海-气状况

天气型和状况的变化能够是自发发生的突然的过程。这是由气—冰—海洋系统中的动力相互作用造成，或由缓慢外强迫作用超过系统阈值的一种显示。这种突变表现在热带太平洋 SST 中，如 ENSO 有更多的正位相，也表现在平流层极地涡旋，格陵兰海深对流的关闭和拉布拉多海海水突然的淡化中（盐度变化特别快，34.87 psu 等盐度线从季节面在 2 年内向上突破到 1600 m，并从 1973 年后未再恢复）。

在未加强迫的长期模拟中，发现格陵兰以南地区出现几十年的异常低温（到平均值以下 10 个标准差），它是由持续性的风引起，它改变了海洋的层结，阻止了对流，以此减少了从海洋向大气的热输送。其他模拟表明，缓慢增加的辐射强迫能够引起格陵兰—冰岛—挪威海对流活动的变化，从而影响格陵兰和西欧的大气环流。这种变化在几年内发生，表明系统已超过了阈值。

极地变率（NAO、AO 与 AAO）状况的多模式分析揭示，模拟的 21 世纪趋势影响 AO 与 AAO，将来会出现更多的纬向环流。由大气环流（诸如 NAO）变化引起的温度变化在某些地区（如北欧）能超过长期的全球变暖，而变暖又是引起这种年代际状态改变的原因。因而人类活动引起的强迫与系统的气候内部变率可能有一定的相互作用，这是近年来提出的人类产生的气候变化下的自然变率及其相互作用问题。

32.3　气候变化阈值的确定方法及其不确定性

从温室气体减排的角度，即需要减排多少才能避免潜在的关键脆弱性或危险的人类干扰气候系统，这涉及减排量、时间、路径、气候敏感性与海洋与陆地的碳循环等一系列问题。因而确定阈值的问题首先是一个十分复杂的科学问题。在从科学上确定阈值之后，如何转变成减排目标与行动又涉及社会、经济、道德等一系列问题，即所谓价值判断问题。因而不论采取何种方法，阈值的确定都包涵很大的不确定性。目前有三种方法用于确定气候变化的阈值。

32.3.1　目　标　法

确定避免超过危险水平预定目标的战略，也称反演法。这个方法是先从影响研究入手确定影响阈值，重点关注有害影响的程度和范围。然后以不超过此阈值为前提向前推算因果关系的源头，最后确定温室气体排放应该如何变化。所以这是从气候影响反推温室气体排放，即反推排放情景和浓度稳定水平。图32.2表明，如果未来升温达到2℃阈值，CO_2当量浓度主要在450～550 ppm，其概率在60%～90%。在这种情况下，将会对气候产生显著的影响，特别是对一些脆弱系统和地区（图32.3）。图32.4给出了在不同平衡温度下，对排放量的要求，每年排放不能超过250亿t CO_2。

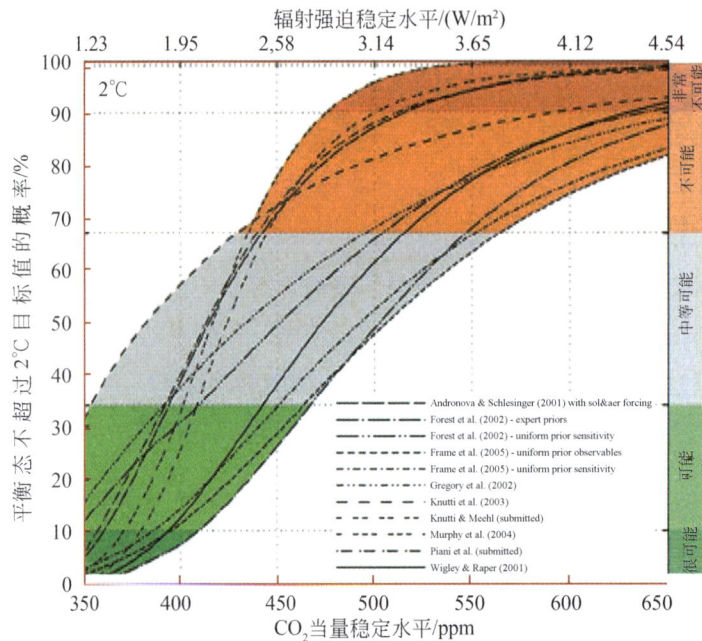

图32.2 CO_2当量稳定水平及其与升温2℃概率的关系（相对于1750年）（IPCC，2007a-c）

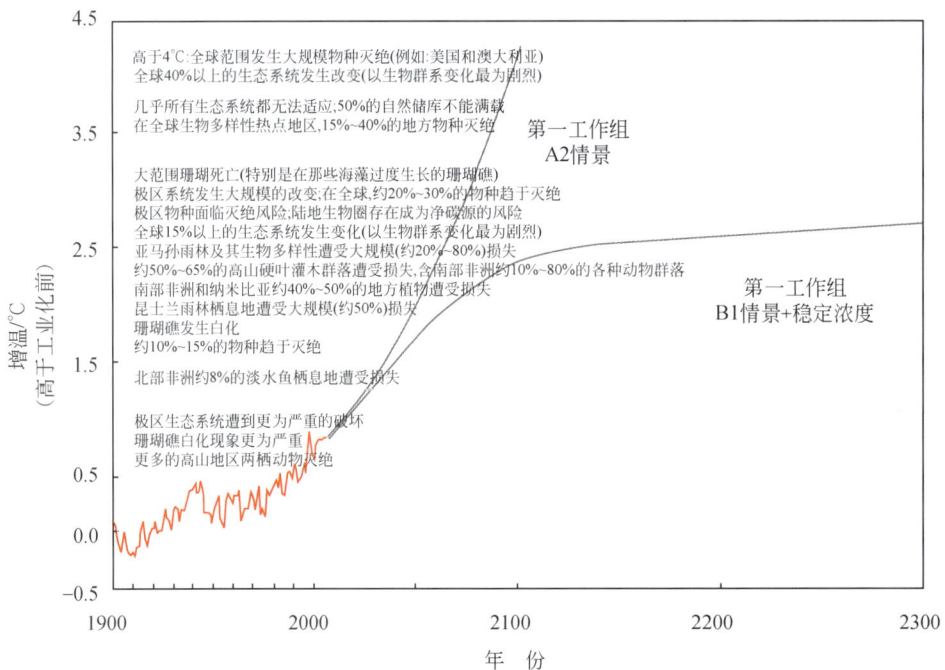

图32.3   未来温度上升与关键气候影响的关系（IPCC，2007a-c）

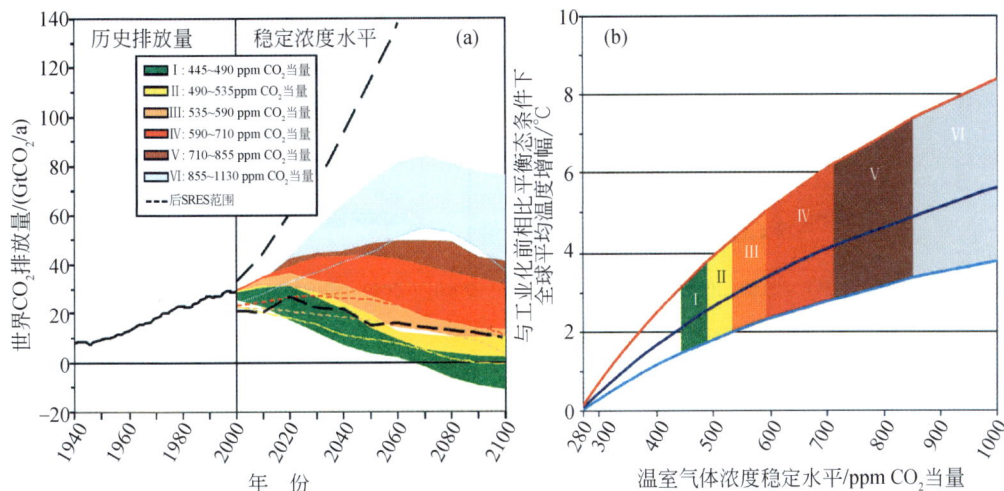

图 32.4　不同稳定水平下 CO_2 排放和平衡温度增加（IPCC，2007a-c）

（a）CO_2 排放与稳定水平的关系；（b）稳定水平与平衡温度的关系

IPCC 给出了第三次评估报告（TAR）之后 6 种温室气体大气浓度水平下的未来减排量以及排放达到峰值的时间。第一类和第二类稳定水平是目前国际社会最为关注的，如果大气中温室气体浓度稳定在 445~535 ppmv，则到 2050 年的减排量应为 −30％~−85％，平均至少在 −50％ 左右，这种情况下，峰值年应在 2015~2020 年之前达到，升温在 2.0℃~2.8℃。IPCC AR4 并未明确给出气候变化的阈值是 2℃，但其第一类和第二类稳定水平十分接近 2℃ 阈值。由此得到的 2050 年全球长期减排目标和峰值年也被哥本哈根会议参考。

32.3.2　确定性和概率分析

确定性是根据不确定参数的最优猜值计算得到一个结果；而本概率分析是直接考虑耦合社会-自然系统的关键不确定性，它用概率分布描述一个或多个参数，最后给出的是在什么排放条件下，达到阈值的可能性如何变化。图 32.5 说明了排放浓度和 21 世纪全球平均温度的关系。其中图 32.5f 说明了 21 世纪最高温度对 2000~2049 年累积温室气体排放的关系。如果累积排放达到 3500 Gt CO_2 当量，温度将可能上升 3℃~8℃，这个排放量是燃烧地球所有存储的化石燃料的累积排放总量。如果未来保证升温最高到 2℃，那么在未来 50 年中历史累积排放总量不能超过 1500 Gt CO_2 当量。图 32.6 给出了超过 2℃ 的概率，在 1000 Gt CO_2 的情况下，其超过 2℃ 的概率为 10％~42％，即达到 2℃ 的概率是低的。在 1750~2500 年总累积排放造成最高升温情况下，1000 Gt CO_2 历史累积排放对应 2℃ 的升温。500 年的最高升温可能达到 4℃~5℃。

欧盟国家的研究称（Schneider et al.，2007；Allen et al.，2009；Meinshausen et al.，2009），100 多个国家已接受了全球增温 2℃ 的极限值。最近用上述概率法得到的结果表明，到 2050 年如排放减半，超过 2℃ 概率仅为 12％~45％。如果全球与排放在 2020 年仍比 2000 年水平高 25％，则有 53％~87％ 的概率超过 2℃。如果历史累积排放（2000~2049 年）限制在 1000 Gt CO_2，则有 10％~42％ 概率超过 2℃。

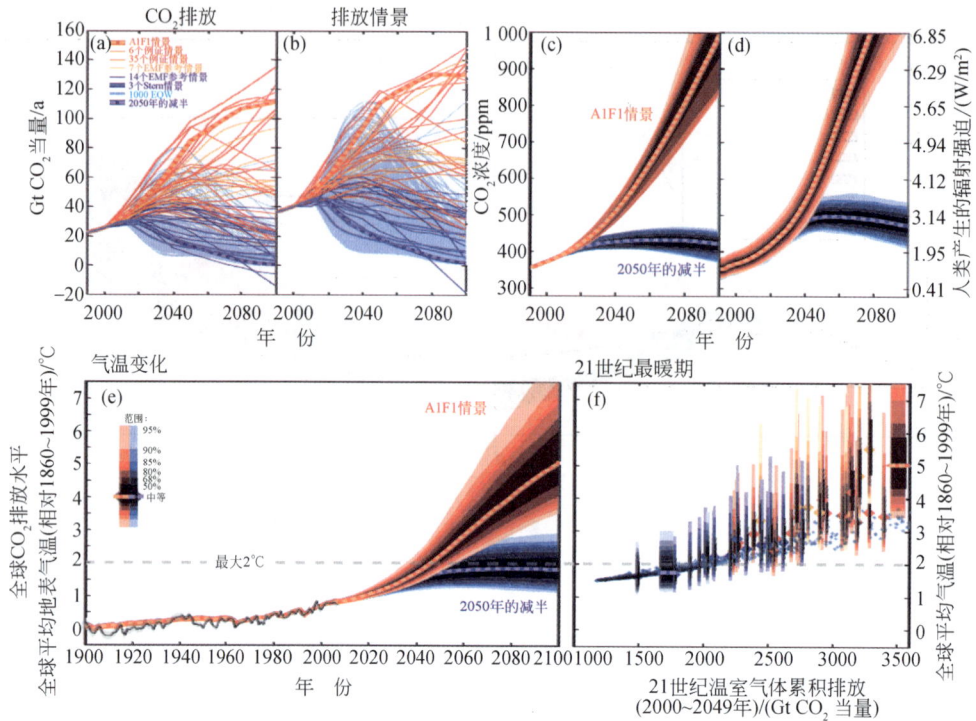

图 32.5　排放浓度和 21 世纪全球平均温度 （Meinshausen et al.，2009）

（a）IPCC SRES 化石 CO_2 排放；（b）京都议定书下 GHS 预测；（c）中值预测和不确定性；

d）总人类产生的辐射强迫；（e）全球地表空气温度；（f）21 世纪最高温度对 2000～2049 年累积 GHS 排放

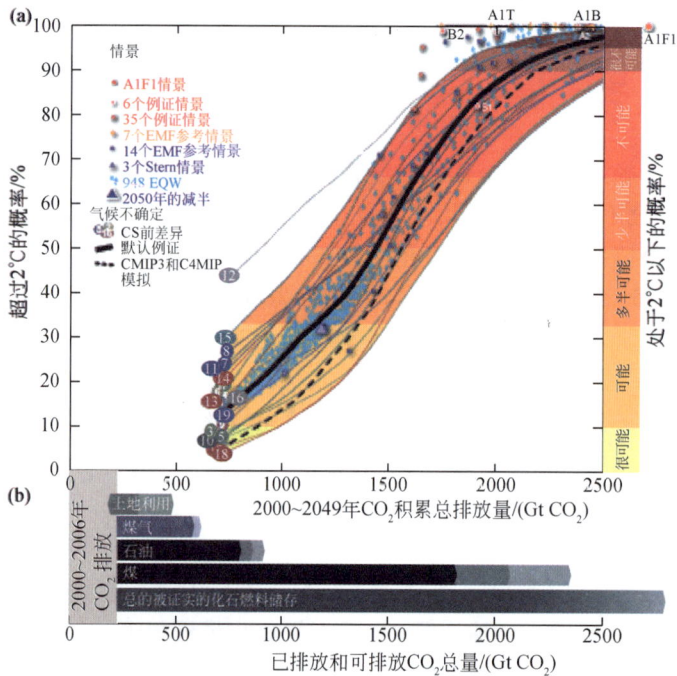

图 32.6　超过 2℃增温的概率 （对 21 世纪上半叶排放的 CO_2）（Meinshausen et al.，2009）

（a）超过 2℃的各情景概率；（b）2000～2006 年总 CO_2 排放及其在

2006～2049 年间燃烧化石燃料储存以及土地利用活动产生的总 CO_2 排放

因而历史累积排放总量目前被一些欧盟科学家用作确定全球 2℃ 变暖阈值的另一种方法。他们认为这可能是发展中国家能接受的一种阈值科学计算方法。因为发展中国家倾向于强调历史累积排放。但根据初步估算，10000 亿 t CO_2 中至今已用去了 3000 亿 t，剩下的 7000 亿 t 以目前排放速度，20～30 年后即可达到，大致也在 2040 前后达到 2℃。

32.3.3　优化方法与非优化方法

优化方法是根据预设目标确定推荐战略以使花费最小，而非优化方法并不要求这样的目标函数。根据 Stern 的估算（IPCC，2007a-c），为达到最小花费，越早减排，经济成本越低，减缓效果越好（图 32.7）。

如 2030 年把全球温室气体浓度控制在 490～710 ppm，则全球 GDP 损失在 3% 以下，若 2050 年把全球温室气体稳定在 490 ppm（对应于全球平均温度上升 2℃）以下，全球宏观经济减排成本占全球 GDP 的 5.5%。

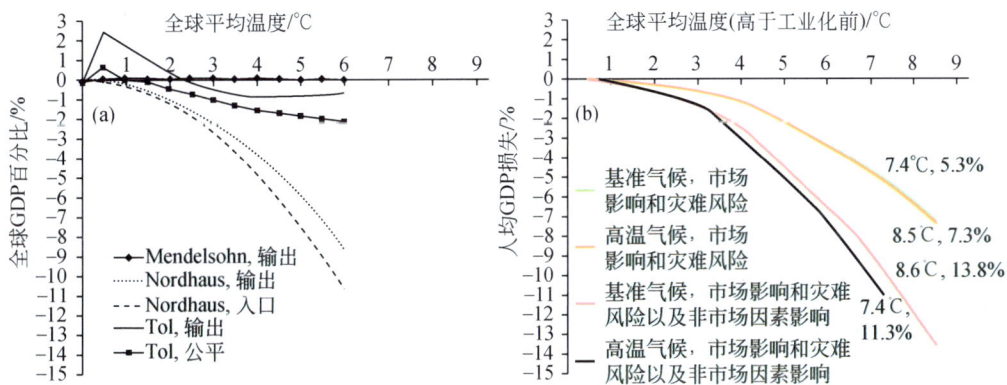

图 32.7　气候变暖不同温度情况下全球 GDP 的损失估计（IPCC，2007a-c）

（a）全球 GDP 损失；（b）人均 GDP 损失

由于气候系统的惯性，真正稳定大气浓度水平要到 21 世纪末以后才能实现。已有的研究仅仅涉及温度、降水等全球平均状况或典型地区变化的影响，很难与不同温室气体浓度水平联系起来，虽然有些研究，已经从影响倒推出浓度水平和排放，但不确定性较大。另一方面，造成全球或区域气候变化的温室气体浓度可能是一个范围，因此确定公约第二条目标的危险水平是很困难的。

现在进行阈值的集成研究，选择全球平均温度作为研究目标是因为考虑了 GCM 的尺度和主要输出参数，另一个理由是容易评价。当然，也可以用海平面升高作为衡量标准。如果是这样，很可能会有不同的阈值。

因而，现在还不能把几种指标或参数结合成一个关键的参数，而只能有大约的指标而不能有绝对的阈值。因此在考虑结论时要认识到以下几点：

（1）结论中有些适应对策的潜力还没完全考虑，如果考虑适应，会有不同结果。

（2）基准情况的变化，如经济增长、新技术的发展等在大部分影响研究中还没考虑。

（3）大部分研究是评价稳定气候的影响，而对变率影响的研究很有限。

已有观测还不能说明很多不利影响归因于气候变化，但可以得到继续变暖会造成明显的持续危害。目前可以得出的结论是：全球平均气温变暖 1℃～2℃ 就会对独特有价值的系统产生不利影响；综合来看，变暖 2℃～3℃ 开始有净危害，3℃～4℃ 可有持续的负面危害发生；小岛国、非洲和南亚可能在变暖 1℃～2℃ 即产生净的不利影响。虽然确定何种气候变化水平能够触发大范围不连续事件发生的信度很低，但我们仍可初步得到：独特系统和某些地区出现不利影响的升温范围是 2℃～3℃ 到 5℃，此时综合影响不利；3℃～5℃ 以上，大范围不连续极端事件可持续发生。

IPCC AR4 关于临界阈值的主要结论主要有：平均温度增加 1℃～3℃，粮食生产潜力会增加，但如果超过这一范围，则会降低；如果温度升高超过约 2℃～3℃，很可能所有区域都将会减少净效益，增加净损失；如果变暖 4℃，全球平均损失可达国内生产总值（GDP）的 1%～5%。但这些结果主要来自发达国家或欧洲与北美地区的研究，对于非洲、拉丁美洲与亚洲的研究尚不足，因而上述结果包含相当的不确定性。

32.4　中国地区阈值的确定及其影响分析

中国学者自"十五"计划以来，也开展了"气候变化对中国主要脆弱领域的影响及综合评估研究"，并取得了阶段性成果。熊伟等（Xiong, Lin, Ju, 2007）对农业影响的研究表明：利用区域气候模式和作物模型相连接的方法，在 50 km×50 km 的网格尺度上模拟了 IPCC SRES A2（中-高温室气体排放方案）和 B2（中-低温室气体排放方案）情景下 2020 年代、2050 年代和 2080 年代中国三种主要粮食作物（水稻、小麦和玉米）的单产变化，结合两种情景下的人口和社会经济发展状况，以及未来农业技术进步和国际贸易，分析了两种气候变化情景下，气候变化对中国农业影响的温度阈值和粮食安全。初步研究结果表明：如果不考虑 CO_2 的直接肥效作用，气候变化对农业生产影响的温度阈值将发生在 2℃～2.5℃ 左右，如果考虑 CO_2 的直接肥效作用，目前由气候模式预测的升温幅度（0.9℃～3.9℃）将不会对中国的粮食生产造成负面影响，不存在阈值问题。考虑了农业技术进步和国际贸易的因素后，忽略 CO_2 肥效作用，A2 情景下未来社会发展的基本粮食供给（人均粮食占有量 300 kg）将有可能得不到保证，B2 情景下未来社会发展的基本粮食供应将可能不存在问题，但社会可持续发展的粮食需求（人均粮食占有量 400 kg）将无法得到完全满足；但考虑 CO_2 的肥效作用后，A2 和 B2 情景下，未来社会发展的基本粮食安全将可以保障，而 B2 情景下的粮食供给可以满足社会可持续发展的粮食需求。吴绍洪等（2005）用 CEVSA 模型和基于人工神经网络模型对中国生态系统模拟结果显示，到 2080 年代，在 A2 和 B2 情景下，中国的生态系统基本处于基准态、轻度和中度不适应状态，仅 A2 情景下（中国大约升温 3.9℃），对华东地区自然生态系统有明显不利影响。范代读等（2005）分析了中国海岸系统响应气候变化的复杂性，认为海岸系统与气候变化之间并不是简单的线性关系，因此目前尚难以确定海岸生态系统的气候变化阈值。

林而达、李迎春、马占云等（2009）最近分析了国内外针对中国的气候变化影响研究的结果，其综合结果汇总于表 32.1。

事实上，针对中国的不同全球平均升温强度对各领域和各地区的影响研究还很不充分，温度与浓度关系的分析更显不足。这些都是今后需要进一步加强的。

表 32.1 不同稳定浓度下的全球平均温度变化及其对中国的影响

RCP	RCP3		RCP4.5	
SRES	B2（A1B）		A2	
2050 年后全球平均升温	2℃	2.5℃	3℃	3.6℃
生态	南海珊瑚加剧白化，影响海洋生物多样性	东北适于森林生长的区域将大幅度减少；西北青藏生态脆弱性明显加重；大熊猫适宜地明显减少；净生态系统生产力 NEP 在 2050 年达到顶峰后下降	东北、华北、华南、西南轻度中度脆弱面积明显扩展，西北青藏生态脆弱性有好转；江南生态系统出现中度脆弱，开始出现生态演替；吉林辽宁生态系统开始转变为碳源	中国干旱区扩大 30%；大面积生态演替
农业	农业灾害增多，对主产区不利影响增加；东北水稻增产	小麦、玉米的单产分别下降 11%、14%，灌溉能够缓解单产的下降；灌溉水稻单产下降 4%；人均粮食生产接近 400kg/a	小麦、玉米的单产分别下降 20%、23%，灌溉能够缓解单产的下降；灌溉水稻单产下降 12%；人均粮食生产 330kg/a，适应仍可抵消减产	农业灾害更多，适应成本明显加大
水资源	中纬度温度升高 1℃，灌溉需水将增加 6%～10%	黄河、松花江径流增加 11%～24%，长江珠江增加 5%～13%；北方 14 省市重度以上缺水，新增加 4 省	松黄长珠径流增加比 B2 下少一半，虽然降水增加，但西部缺水 100 亿 m³，缺水 4%～7%，西北人均减少 20%～40%；加剧北旱南涝现状	

　　必须指出，虽然有研究基于目前的耦合气候模式的情景模拟预估结果，分析了中国区域达到某一升温界限值的时间和地区差异（姜大膀，张颖，孙建奇，2009），但此类研究结果具有很大的不确定性（王会军，曾庆存，张学洪，1992）。实际上，目前气候模式即便是对全球平均的气候变化的预估都仍然存在很大的不确定性，对于区域尺度上的气候变化预估不确定性就更大。另外，利用碳循环模式得到的排放与浓度关系也有明显的不确定性。这也是需要特别注意的。它们都是需要在未来研究工作中予以特别重视的关键科学问题。

第三十三章　温室气体减排责任
分担方法分析

提　要

温室气体减排是减缓气候变化的重要技术途径，确定温室气体各国减排责任的分担方案，需要遵循公平和共同但有区别的责任等原则。本章主要讨论了温室气体减排责任分担的方法学问题。基于历史和人际公平原则的人均历史累积排放贡献率作为一个新的温室气体减排责任分担指标，能够更加真实地反映各国在整个工业化发展过程中的温室气体累积排放，能够最大限度地保障所有人在地球的公共资源利用、生存和公平发展。各国能源消费和温室气体排放量一般是基于生产侧的统计，但是从消费侧来观察，商品的进口国在消费进口产品时也相当于间接地消费了生产这些产品的能源、排放温室气体，所以在分担温室气体减排责任时需要考虑国别间的"温室气体排放转移"问题。

减缓气候变暖的重要手段之一就是减少温室气体排放，而如何有效地减少温室气体排放，这就涉及温室气体的减排责任分担问题。减排责任分担是国际外交环境谈判的核心内容，是实现温室气体减排的重要保障手段，其主要思路为"自下而上"和"自上而下"两种方法。目前国际和国内学者对此都有许多研究。本节在分析评估几个主要分担方法的基础上，给出责任分担指标选择的评估结果，并介绍中国学者提出的人均历史累积排放及其贡献率概念，以及生产和消费侧概念，提出在计算碳排放权时必须考虑这两个方面的因素。

33.1　减排责任分担的方法学评估

温室气体减排责任分担问题是国际气候制度的核心要素。为体现《联合国气候变化框架公约》所规定的共同但有区别责任的原则，同时有利于实现公约稳定大气中温室气体浓度的最终目标。自启动国际气候谈判以来，国际上已经提出了许多不同方案，新的方案仍层出不穷。政府间气候变化专门委员会（IPCC）的第四次评估报告（AR4）全面总结了全球气候制度的基本要素，以及温室气体减排责任分担的不同方法和思路。概括而言，全球减排责任分担大致有"自上而下"和"自下而上"两种不同思路。

33.1.1　"自下而上"的分担方法

现有"京都模式"采用的是"自下而上"的方法，基于某一时间点（以 1990 年为基年）的排放状况，各国根据自身情况确定其减排目标，并通过国际谈判达成协议。《京都议定书》规定了 2008～2012 年发达国家和转轨经济国家的减排义务。未来如果将京都模式扩展到发展中国家（Gupta，Bhandari，1999），考虑到发展中国家的发展需求和排放量的增长，则需要以未来某一时间点（例如 2020 年）的基准情景（BAU）作为排放基线。

从减排责任分担方法学角度看，简单延用京都模式具有明显的缺陷。首先，京都模式不适用发展中国家。因为发展中国家往往经济波动较大，未来排放的基准线很难确定，基于 BAU 确定减排目标操作性不强。其次，难以实现全球长期减排目标。

为了克服未来经济的较大波动性，另一种"自下而上"的方法是将未来能源消费或排放与经济增长相结合，采用能源强度或排放强度指标（Chung，2005）。该方法在发达国家和发展中国家制定国内节能减排目标时都被普遍采用。例如，2002 年美国提出 10 年内能源强度下降 18%。2005 年中国"十一五"规划中提出到 2010 年在 2005 年基础上将能源强度下降 20%。"自下而上"方法的优点是，各国可以根据自身情况通过国际协商确定减排目标，具有很大的灵活性。但这一方法通常是短期目标，缺乏与全球长期减排目标之间的联系，所以无法保证全球长期目标的实现，在方法学上也具有明显的缺陷。

33.1.2 "自上而下"的分担方法

温室气体减排责任分担的多数方案采用了"自上而下"的方法，即以某种形式考虑了全球长期目标，自上而下的将减排责任分配到不同的国家或地区。根据分担方法的不同特点，这里选择一些具有重要国际影响力的方法评价如下。

英国全球公共资源研究所（GCI）提出的"紧缩趋同"（C&C）方案（GCI，2005），是基于人均排放强调趋同思想的代表。首先，设定未来某一时点（如 2050 年）人均排放的长期目标。例如，斯特恩在国际气候制度基本要素的设计中提出，为了实现全球升温不超过 2度目标，各国 2050 年人均排放都不应超过 2 t（Stern，2007），设想发达国家与发展中国家从现实出发，逐步趋同于设定的人均排放目标，从而在未来某个时点上实现人均排放的平等分配。为了给发展中国家提供更大的灵活性，Höhne 等在此基础上衍生出了"共同但有区别的趋同"分担方法，使发达国家先趋同，而发展中国家允许推迟一定时期后再趋同。这类方案从公平角度看，仅仅实现了趋同点上的公平，而默认了历史、现实以及未来相当长时期内实现趋同过程中的不公平。虽然符合发达国家占用全球温室气体排放容量完成工业化进程后向低碳经济回归的发展规律，但对于仍处于工业化发展阶段中的发展中国家的排放空间构成严重制约。在这样条件下要完成工业化进程，必然要付出更大的代价，花费更长的时间。

《巴西案文》是基于历史排放强调历史责任的代表方案[1]（Brazil，1997）。因为温室气体在大气中的停留时间比较长，今天的全球气候变化主要是发达国家自工业革命以来 200 多年间温室气体排放的累积效应造成的。因此，在考虑现实排放责任的同时，应采用累积历史排放，而不是当年排放以追溯历史责任，才能更好地体现公平原则。根据《巴西案文》的分担方法，通过对累计历史排放的计算可以得到各国减排责任分担的相对份额。对应任何全球长期目标下所需要的减排量，就可以计算出各国需要减排的量，结合各国现实排放，从而确定各国的减排目标。原来的《巴西案文》只针对附件Ⅰ国家，后来发达国家学者将这一方案扩展到包括发展中国家在内的全球范围。但是，这种基于历史责任的减排义务分担方法，只

---

① UNFCCC. 2002. "Scientific and Methodological Assessment of Contributions to Climate Change，Report of the expert meeting." Document number FCCC/SBSTA/2002/INF. 14；

考虑国家的排放总量，而没有考虑人均排放；只强调污染者要为历史排放付费，而没有考虑处于不同发展阶段的各国未来发展的现实需求。从公平角度看也存在偏颇。

2007 年，瑞典斯德哥尔摩环境研究所（SEI）学者提出的温室气候发展权（GDR）框架，综合考虑了人均原则和历史责任，对维护发展中国家权益有可取之处。该方案认为只有富人才能够承担责任，并有能力减排，可能通过设置发展阈值来保障低于发展阈值的穷人的发展需求。通过该方法的计算可以得到超过发展阈值的人口的总能力（经购买力平价调整的GDP）和总责任（累计历史排放）两个指标，经加权得到各国减排责任分担的相对份额，再对实现全球升温不超过 2℃目标所需要的全球减排量进行减排责任分配。但是，该方法只考虑各国排放的历史责任，没有考虑未来排放需求。此外，国际社会还对发展阈值的假设，累计历史排放的计算，以及所需统计数据的来源等问题也存在着争议。

33.1.3　中国学者提出的减排责任分担方法

1. 基于人均累积排放的分担方法

该方法是在《巴西案文》基础上发展而来的，加入了人均的因素，更客观地体现了历史责任和人际公平原则。中国学者基于人均历史累积排放的思想从多个角度对这一指标进行了研究。最早的研究工作，基于《巴西案文》的理论思想提出了人均历史累积排放量的概念（任国玉，徐影，罗勇，2002），简单地用 1990 年的人口数去除历史累积排放量就得到了各国 CO_2 人均历史累积排放量；后来的研究以此为基础更进一步提出了人均历史累积排放贡献率的概念（胡国权等，2005），以此来描述人均历史累积排放引起全球气候变化（全球平均温度、海平面等的变化）大小，并用气候模式进行了计算。这一概念更好地描述了人均累积排放与全球气候变化的因果联系，更具有科学性和直观性。中国学者以人均历史累积排放为基础，应用产权理论和外部性理论，建立了一个界定各国历史排放权和未来排放权的理论框架（国务院发展研究中心课题组，2009）。另有研究论证了"人均累计排放指标"最能体现"共同而有区别的责任"原则和公平正义准则，设定 2050 年前将大气 CO_2 浓度控制在 470 ppmv 的目标，接着以 1900 年为时间起点，对各国过去（1900～2005 年）的人均累计排放量、应得排放配额以及今后（2006～2050 年）的排放配额做了逐年计算（丁仲礼等，2009a）。

2. 碳预算方案

"碳预算方案"是一个兼顾公平原则和全球长期减排目标的综合性国际气候制度框架（潘家华，陈迎，2009）。第一，它以满足全球长期减排目标（例如 2050 年在 2005 年基础上全球减排 50%）的一段时期内（例如 1900～2050 年）全球累积排放量来确定全球的碳预算。第二，根据人均原则，依据基年（例如 2005 年）的人口数量确定统一的年人均碳预算标准，并进行各国碳预算的初始分配。第三，为了反映各国具体国情，根据各国气候、地理和能源资源的自然因素进行各国的碳预算调整。尽管对调整的方法可能会引起一些争议，但相对于各国人均碳排放的差异，其调整的幅度是有限的。第四，为了保持全球碳预算的总体平衡，并保障包括生活在发达国家的所有人的未来基本需要，这就需要在一国内部实施历史向未来的碳预算跨期转移，以及在国家之间实现欠发达国家向发达国家的跨国碳预算转移支付。最后，为了实施碳预算方案，还建立了排放贸易的国际碳市场机制、惩罚性累进碳税的国际资金机制、遵约机制等国际机制及其相关方案的设计。碳预算方案依据了人文发展的理论，从全球能普遍认同的公平理念出发，强调国际气候制度设计应保障优先满足人的基本需求，以遏制奢侈浪费、促进低碳发展。该方案同时可以满足公平分担减排义务和保护全球气候的双重目标（潘家华，2008）。

33.2　人均历史累积排放及其对气候变化的贡献

国际上现有的减排责任分担指标体系，主要是基于国家温室气体总排放量和人均排放量两个指标，以此量化各国的温室气体减排责任。由于发达国家大多已经进入了工业化后期，完成了社会资本存量的积累，对能源消耗的需求趋于稳定，因此发达国家从自身利益考虑力推国家排放总量指标或行业减排指标。发展中国家则从人际公平的角度提出了人均排放的概念，强调发展中国家仍然处于工业化进程之中，基本需要尚未得到满足，因此规定减排义务必须综合考虑各国的历史责任、现实发展阶段和未来发展需求。

目前看来，无论是国家排放总量，还是人均排放量两个指标，都不同程度地忽略了气候变化的"历史责任"这一重要问题。因此，人均历史累积排放作为一个兼顾公平性与历史责任的新概念得以提出。人均历史累积排放深化了人均排放概念，弥补了人均排放指标在量化历史责任方面的不足，更加真实地反映了各国在整个工业化发展阶段所消耗的资源和能源，能够在最大程度上保障所有人在地球公共资源利用、生存和发展方面获得公平发展的机会。

33.2.1　人均排放与经济社会发展的关系

人均排放量能够体现各国经济社会发展水平。随着社会经济的发展，各国一般会经历一个从低收入、低碳排放阶段，到高收入、高碳排放阶段，最后发展到高收入、低碳排放阶段的过程。由于能源结构、消费方式、政策等的差异，不同国家的碳排放水平也具有较大差异。

研究表明，人均排放与人均收入水平存在显著的关联。根据人均排放与人均 GDP 水平世界主要国家可划分为三组，分别大致对应当前国际气候变化谈判中的三大主要利益集团：①伞形集团国家：人均排放 15～20 t 的发达工业国，主要是美、加、澳等资源丰富、地广人稀的国家，良好的资源禀赋使其得以维持着较高的人均排放水平；②欧盟等国家：人均排放 10～12 t 的发达工业国，人均 GDP 在 15 000～30 000 美元，主要是欧盟国家、日本等资源较少、人口较为密集的国家；③发展中国家：人均排放在 8 t 以下的非附件 I 国家，绝大多数仍处于工业化的初期和中期，人均 GDP 在 200～5000 美元，平均排放约 2.4 t（见第三部分图 10.1）。

33.2.2　人均历史累积排放

基于世界资源研究所 CAIT 数据库，选择了 EIA 和 POLES 两个不同的预测情景，计算了上述国家的人均历史累积排放（表 33.1）。

1850～2004 年，全球人均历史累积排放二氧化碳 173.5 t。其中，中国人均历史累积排放 68.9 t，仅为世界平均水平的一半左右，在 16 国中仅占 1%，在全球排名第 92 位。对于不同时期的历史累积排放，以 1850 年、1900 年和 1960 年作为不同起始年，分别计算了 16 国的人均历史累积排放量。计算结果表明，各国所占的比重差异不大。

表 33.1　1850～2030 年 16 个国家及全球人均历史累积排放量

国别	人均历史累积及排名 (t CO$_2$)		人均累积 (EIA 低排放情景)		人均累积 (POLES 较高排放情景)	
	1850～2004	1900～2004	1850～2030	1900～2030	1850～2030	1900～2030
全球	173.5	167.4	348.84	342.74	356.01	349.9
中国	68.9 (92)	68.9 (92)	253.6	253.6	241.2	241.2
印度	23.3 (122)	23.2 (122)	217.2	217.1	366.5	366.4
南非	286.3 (43)	285.6 (43)	—	—	—	—
墨西哥	112.3 (78)	112.3 (77)	287.0	287.0	297.8	297.8
巴西	49.7 (99)	49.7 (99)	132.0	132.0	176.2	176.2
印度尼西亚	28.4 (118)	28.3 (118)	—	—	—	—
韩国	187.3 (60)	187.3 (60)	545.3	545.3	627.7	627.7
澳大利亚	598.0 (17)	593.7 (15)	1253.7	1249.4	—	—
美国	1105.4 (3)	1071.9 (2)	1828.8	1795.3	1830.6	1797.1
英国	1134.9 (2)	921.9 (3)	—	—	1424.4	1211.4
俄罗斯	626.6 (15)	623.5 (13)	972.7	969.6	—	—
日本	334.2 (36)	334.2 (36)	776.9	776.9	738.2	738.2
意大利	307.5 (41)	303.3 (41)	—	—	535.3	531.1
德国	962.8 (6)	892.3 (6)	—	—	1266.4	1195.9
法国	525.0 (23)	471.2 (24)	—	—	749.1	695.3
加拿大	748.1 (9)	739.9 (9)	1395.2	1387.0	1315.8	1307.6

注：括号内数字表示排名数。

33.2.3　人均历史累积排放对全球气候变化的贡献

国际上通常通过计算温室气体历史累积排放对气候变化的贡献率来说明各国的排放历史责任问题。在人均历史累积排放的基础上，对"人均历史累积排放贡献率"进行了计算分析，即基于《巴西案文》科学框架和方法学计算分析了人均历史累积排放对全球气候变化（全球平均温度上升、海平面上升等）的贡献率（胡国权等，2009）。

以中国、美国、日本、印度、加拿大等 13 国（G8+5 国家）为例。计算结果表明，发达国家的人均历史累积排放贡献率要远远高于发展中国家。从 1850～2004 年，中国的历史累积排放贡献占这 13 个国家的 10.8%，仅次于美国的 39.0%；但是中国的人均历史累积排放贡献率仅为 1%，远远低于美国（21.3%）、加拿大（16.0%）和英国（16.4%）等发达国家（图 33.1）。

由表 33.2 可见，不同的历史累积排放贡献率起止时间对计算结果有影响，但基本不会影响各国的总体排名次序。对于起始时间的不同选择，不同点在于是更多地考虑历史责任还是更多地考虑现实责任以及未来责任；对于终止时间的不同选择，要考虑到长生命期温室气体的长期效应。温室气体一旦排放到大气中，在其生命期内将对大气温室气体浓度升高、辐射强迫增强、全球地表温度升高和海平面上升发挥作用。即使不再继续排放，大气中现有的温室气体仍会对温度和海平面升高产生影响。为了考虑这些效应，可以选择排放终止以后的某一时间点来评估其贡献。对于 1750 年、1850 年、1900 年和 1950 年四个起始年来看（表 33.2），美国、加拿大、英国、德国、俄罗斯的人均历史累积排放贡献率最大，中国、巴西和印度最小。

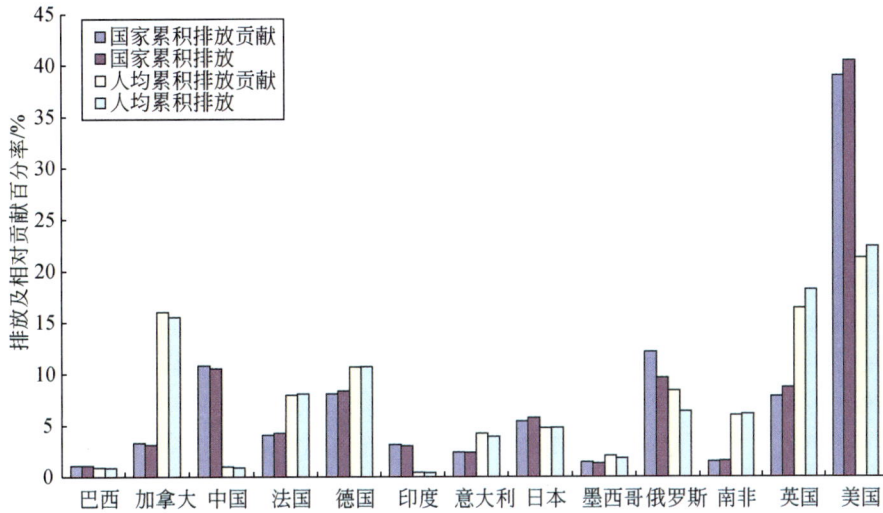

图 33.1 1850~2004 年 13 个国家人均历史累积排放与国家历史累积排放对全球变化
贡献率的对比图（不包括土地利用变化）（胡国权等，2009）

表 33.2 不同时期 13 个国家历史累积排放和人均历史累积排放贡献率（%）对比（不含土地利用变化）

项　　目	巴西	加拿大	中国	法国	德国	印度	意大利	日本	墨西哥	俄罗斯	南非	英国	美国
1750~2004 年国家累积	1.0	3.2	10.5	4.2	8.2	3.0	2.4	5.3	1.4	11.8	1.4	8.6	39.0
1750~2004 年人均累积	0.8	16.1	0.8	6.9	9.5	0.3	3.4	3.8	1.6	6.6	4.7	18.1	27.3
1850~2004 年国家累积	1.1	3.3	10.8	4.1	8.1	3.1	2.4	5.4	1.4	12.1	1.5	7.8	39.0
1850~2004 年人均累积	0.9	16.0	1.0	8.0	10.7	0.4	4.2	4.7	2.0	8.4	6.0	16.4	21.3
1900~2004 年国家累积	1.1	3.4	11.2	3.8	7.8	3.2	2.4	5.6	1.5	12.6	1.5	6.8	39.0
1900~2004 年人均累积	1.0	16.7	1.1	7.9	10.7	0.4	4.6	5.3	2.3	9.4	6.7	13.5	20.5
1950~2004 年国家累积	1.3	3.4	13.0	3.5	7.4	3.5	2.6	6.1	1.7	14.1	1.6	5.3	36.6
1950~2004 年人均累积	1.1	16.4	1.4	7.7	10.9	0.5	5.5	6.1	2.7	11.7	6.5	10.9	18.5
1950~2050 年国家累积	2.8	2.6	26.9	2.1	4.3	12.3	2.1	4.6	2.7	9.9	2.5	2.9	24.3
1950~2050 年人均累积	1.1	16.4	1.4	7.7	10.9	0.5	5.5	6.1	2.7	11.7	6.5	10.9	18.5

33.3　生产侧与消费侧方法的差异

　　大多数的能源消费和温室气体排放数据都是基于生产侧而不是消费侧的统计。在开放经济条件下，出口国生产出口产品的能源消耗和排放都计入出口国名下。实际上，从消费侧观察，进口国在消费进口产品的同时，相当于间接消费了生产这些产品所消耗的能源，并导致相应的温室气体排放。近年来，从消费侧研究消费行为引起的能源消费和环境影响受到学术界的重视，对内涵能源和内涵排放的研究不断增多。

33.3.1 内涵能源和排放

所谓"内涵能源"（embodied energy 或 embedded energy），是指产品上游加工、制造、运输等全过程所消耗的总能源。显然，内涵能源要大于产品在最终加工环节消耗的直接能源。外贸进出口商品的内涵能源问题长期以来在传统国际贸易研究中一直被忽略。但近年来，随着国际贸易的迅猛发展，能源安全问题和气候变化受到国际社会的普遍关注，内涵能源问题逐渐受到重视。

中国作为发展中大国，外贸进出口发展十分迅猛，中国外贸进出口商品的内涵能源和排放问题备受关注。对 1997～2003 年中美贸易中内涵能源问题的研究认为，美国从中国进口的商品如果在美国生产的话，美国的温室气体排放要增长 3%～6%。中国生产用于出口美国的产品排放的温室气体大约占中国目前总排放量的 7%～14%（Shui，Harriss，2006）。中国 2002 年出口内涵能源占当年能源总消费的 21%，2004 年占 27%。外贸出口的快速增长是拉动中国能源需求增长的重要原因，出口与国内消费的内涵能源比例已趋接近（Kahrl，Roland-Holst，2007）。

对此中国学者也开展了一定的研究工作。如估算了 1990 年中国进出口产品的内涵能源分别占全国总排放量的 18.4% 和 16.4%，认为进出口大概相抵（徐玉高，吴宗鑫，1998）；2004 年中国进口石油和天然气中 23% 和 37% 用于生产出口产品，相当于能源再出口（李众敏，何帆 2006）；2005 年中国出口能源产品 0.88 亿 t 标煤，通过产品出口的内涵能源为 0.90 亿 t 标煤，二者之和占当年总能源消费的 8%（周丽等，2006）。还有研究从内涵能源的概念出发，应用基于投入产出表的能源分析方法改进了建模方法，定量研究了 2002～2006 年中国外贸进出口商品中的内涵能源问题。研究结果表明，尽管中国自 1993 年以来成为石油净进口国，但通过外贸商品进出口，中国是内涵能源的净出口大国。2002 年，内涵能源出口总量约为 4.1 亿 t 标煤，扣除内涵能源进口 1.7 亿 t 标煤，内涵能源净出口达 2.4 亿 t 标煤，约占当年中国一次能源消费总量的 16%，内涵排放净出口 1.5 亿 t 碳。随着中国外贸进出口的快速增长，在不考虑部门投入产出结构性变化的条件下，2006 年内涵能源净出口约为 6.3 亿 t 标煤，比 2002 年增长 162%。参见图 33.2。

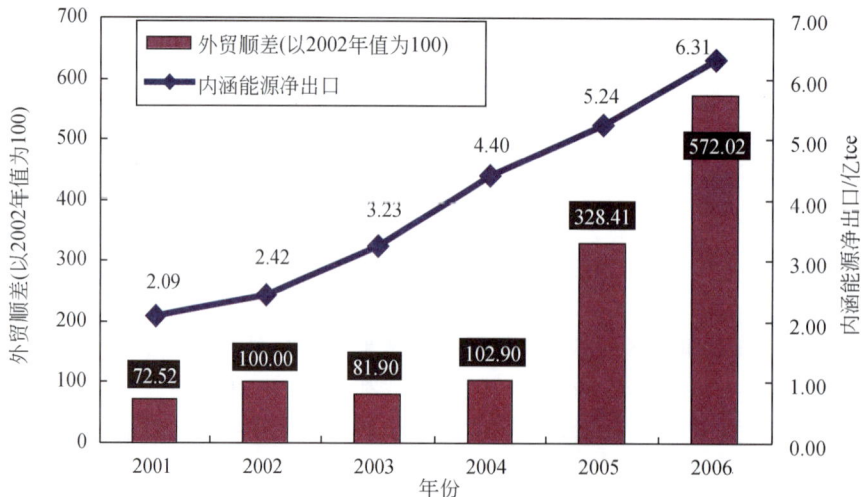

图 33.2 外贸进出口内涵能源净值（陈迎，潘家华，谢来辉，2008）

33.3.2　消费侧方法的政策含义

尽管进出口产品的内涵能源和排放测算方法仍不完善，存在较大的争议，但从国际制度视角看，要在长期使用的现有基于生产侧方法的统计体系的基础上向消费侧方法转变也是非常困难的，但消费侧方法的研究和计算结果仍是非常有意义的，因为它从另一个侧面揭示出许多有用的信息，具有丰富的政策含义。

首先，能够对中国能源和排放的快速增长做出一定的合理解释。据测算结果表明，中国净出口内涵能源从 2002 年的 2.4 亿 t 标煤增长到 2006 年的 6.3 亿 t 标煤，占当年一次能源消费的比例从 16％ 上升到 25.7％。无论是绝对值还是增长速度，外贸进出口背后的内涵能源都是非常惊人的，印证了中国在国际贸易中作为"世界加工厂"的独特地位，证明了外贸出口是拉动中国能源和排放快速增长不容忽视的重要因素。

其次，能源环境利益与贸易利益之间存在权衡取舍的关系。发达国家从中国进口商品替代本国生产，实际上减少了自身的能源需求和排放，是主要的受益方。测算结果表明，2002 年美日两国就占中国净出口内涵能源的 50％。欧洲学者也指出，欧盟消费造成全球的污染，但某些国家对此并不以为然，为了保护本国制造产品的竞争力，欧盟、美国等纷纷将气候变化与贸易挂钩，提出推行国际碳税或边界调节税的设想。

最后，从提高公众意识的角度看，揭示商品的内涵能源并结合提高公众意识的宣传教育活动，还有助于改变人们的生活方式，建设节约型社会。因为节能只节约直接能源是远远不够的，节能的概念应该推广到节约内涵能源，因为任何商品，如粮食、纸张、衣服、电器、清洁水等等，其生产加工过程都要消耗能源。一般而言，产品加工链越长，加工过程越复杂，其内涵能源就越多。倡导可持续的消费方式，每一个人从身边小事做起，避免冲动消费、过度消费、奢侈消费和铺张浪费，都可以为节约能源、保护环境做出自己的贡献。

第三十四章 低碳经济和可持续发展的评估分析

提 要

本章主要从研究方法方面对低碳经济和可持续发展进行综合评述。目前，减缓成本核算在贴现率选择、市场效率的认识，以及技术进步复杂性的认识等方面存在不足，适应成本核算也缺乏针对多部门成本的评估，且这两类经济成本分析都存在着风险与不确定性。低碳经济常用碳生产率及其年增长率作为衡量指标，可是关于发展路径的研究在相关假设、成本估计、技术进步、深度减排目标实现的可能性等方面还存在很多问题。关于权衡减缓与适应两者关系的研究较少，对发展中国家的研究重点在于评价气候变化的脆弱性，很少考虑发展中国家与发达国家之间的差异。尽管可持续发展与应对气候变化两者之间存在着概念上的高度一致性，但相关研究所给出的经验相当有限。

34.1 减缓和适应气候变化的经济成本分析

减缓和适应气候变化需要人类付出各种努力和行动，需要足够的资金投入，因此，减缓和适应气候变化成本分析是气候变化经济学的核心研究内容。其研究重点主要包括减缓成本核算、适应成本核算、风险与不确定性等重要内容。其研究目的是从项目、技术、部门和宏观经济等层面，研究全球视野与不同地域特色相结合的评估方法体系。

34.1.1 减缓经济成本分析

温室气体减排的经济成本核算方法，包括自下而上方法和自上而下方法（何建坤、柴麒敏，2008），进一步细分为通过项目、技术、部门、宏观经济等层面度量减缓成本，并在不同的地理边界开展成本研究，主要的核算方法及其实用性、缺陷如表 34.1 所示。

表 34.1　温室气体减缓经济成本核算的主要方法学

项目	适用领域	主要方法	代表模型	缺陷
项目分析	"单个"投资活动	成本效益分析及生命周期分析	—	不确定性、成本与效益难以量化和货币化、贴现率选择
技术分析	特定技术，不同部门	成本效果分析、学习曲线	—	贴现率选择、技术参数的可获得性
单部门分析	所有技术，特定部门	工程经济法	LEAP 模型、减排成本曲线	忽略不同技术间的相互关系，无优化

续表

项目	适用领域	主要方法	代表模型	缺陷
多部门分析	所有技术，所有部门	部分均衡模型，能源、农林业及交通部门实施的技术仿真模型，系统优化	MARKAL 模型、MESSAGE 模型	假设过于严格；数据的可获得性差；伪优化；技术进步的复杂性；系统间反馈作用；国家和区域的差异
自上而下	整体经济，多方案	宏观计量经济模型、投入产出模型、可计算一般均衡（CGE）模型等	CGE 模型	理性假设；动态属性没有适当解决；技术组合的表达；关键参数的可获得性差；模型欠稳定性

1. 项目级的"自下而上"分析法

项目分析法只考虑"单个"投资活动的成本，并认为对计划范围以外的市场和价格不会产生重大的间接经济影响，重点核算采用某种特定的技术设备、基础设施、需求侧规范、技术标准等经济活动的成本，主要采用成本效益分析法及生命周期分析法。

2. 技术级的"自下而上"分析法

技术分析法关注特定的温室气体减排技术在不同计划和部门中的应用成本。基于技术进步进行评价，考虑技术属性尤其是技术扩散和成熟过程中的学习曲线，在工艺过程中应用技术经济分析方法来比较不同技术成本，根据其固定成本和运行成本来评价其节能和减排潜力，同时评价其未来发展趋势。常用的方法学包括成本效果分析及学习曲线分析方法。

其优势在于：①利用物理量代替了货币化的效益指标，从而解决了长期贴现问题，以及成本与效益发生不同时的问题，并在一定程度上避开了气候变化中的不确定性；②对策评价可操作性强，只要在多项目中选择出能实现给定温室气体减排水平的成本最低的技术，就可给出评价结果。但也存两方面的问题：①增量成本依然要求用货币化的价值量进行计算，这就无法回避因贴现率的选择所导致的成本核算的较大不确定性；②减排技术本身的参数选择应当是综合性的、有代表性的，参数的可获得性以及不同专家对参数选择的差异性，也会导致成本核算较大的不确定性。

3. 单部门的"自下而上"分析法

单部门分析法主要应用于单个部门或行业，并在考虑一些对策的情况下评价技术的减缓作用及成本。可采取简单的工程经济法以计算各技术的影响，或采用部分均衡模型以对整个产业部门的技术进行排列，计算每种技术的单位成本并排序，从而指出最好的可获得技术与目前所用技术间的"效率差距"。经典的计算模型有瑞典斯德哥尔摩环境研究所开发的LEAP 模型（LEAP，2001）和麦肯锡的成本曲线[①]（McKinsey，2009）。但是，这种方法的缺陷在于忽略或没有系统分析不同技术间的相互关系，无优化思路，而是完全由模型操作者根据方案设定技术选择路线进行情景分析。

---

① 麦肯锡. 2009. 中国的绿色革命：实现能源与环境可持续发展的技术选择

4. 多部门的"自下而上"综合分析法

多部门分析法是更为综合的、基于详细技术描述的自下而上法，是根据从直接的减排技术成本的严格计算到其他一些决策因素的顺序排序。这些决策因素包括观察到的市场对技术接收、需求减少而导致的福利损失以及贸易变化带来的收益和损失（何建坤，柴麒敏，2008）。该方法学框架包括各种部分均衡模型，以及能源、农林业及交通部门实施的技术仿真模型。该方法以能源生产和能源消费过程中所使用的技术为基础，通过系统内各环节的流量投入产出的均衡分析进行详细的描述和仿真，并以能源和工业生产方式为主进行供需预测及环境影响分析。模型中各种政策分析功能的最终结果都是通过技术路线选择来体现的，在完美市场假设下根据能源系统总成本最小化来选择技术路线。

目前较著名的有以 IEA 为核心开发的 MARKAL 模型（Goldstein，1991）和 IIASA 开发的 MESSAGE 模型（Messner，Strubegger，1995），这是当前对全球和国家、地区层面的减排成本和效果综合分析评价研究中最为广泛采用的分析方法和手段。但也存在以下局限：①完全信息和严格理性的假设。在成本最小和可行性约束下严格理性决策，这在实际上几乎是不可能的。②客观数据的可获得性。仅用关键技术或虚拟技术来代替其他技术的作用，对于真实系统运行的模拟往往过于简化，特别是针对发展中国家的适用能源技术数据库更加缺乏。③伪优化的可能性。所有动态线性规划方法的求解结果，往往是只采用少数几种甚至一种终端技术以满足一种终端需求，这需要添加约束条件。但是添加过多约束将使得技术优化模型蜕化成为核算模型。④技术进步的复杂性。几乎所有的情景都假设在 21 世纪内将会发生技术和结构上的变革，模型基于历史数据或参照通用技术发展的轨迹而得学习曲线的系数，其有效应用只局限在少数技术中，而且往往人为判断的作用较大（Weyant，2004；Leon，Weyant，Edmonds，2006）。⑤系统间反馈作用的影响。模型不考虑能源部门和其他部门的关系，只关注能源系统内部细节，忽视了价格变化对技术成本的影响，从而缺乏对一般经济和非技术市场要素的反馈作用（Wilson，Swisher，1993）。⑥国家和区域的差异。评估方法忽视了经济发展的需要、资源禀赋以及减缓能力在不同国家和区域间的差异，没有充分考虑公平性问题，以及技术转让和相关贸易的壁垒。

总之，采用多部门分析法的综合研究表明，总的温室气体减排成本比按分技术严格计算的成本高。通过优化框架，将优化的对策与优化的基线相比，从而给出比较容易解释的结果。但是，这些模型很少能根据现实中非优化的情况来校准模型中基年的情况，而是含蓄地假设一个基准线，因此无法对负成本潜力提供任何信息。

5. 自上而下分析法

自上而下法则是将宏观经济参数与其结构对接，从整体经济的角度评估各减缓方案的成本，使用全球一致的框架和减缓方案的综合信息，并考虑宏观经济反馈和市场反馈（何建坤等，2008）。以经济学模型为出发点，以能源价格、经济弹性为主要的经济指数，给出宏观经济变化引起的能源系统供求关系变化，能够较好地描述国民经济各部门相互作用，以及资源和经济之间的关系，主要适用于宏观经济分析和能源政策规划方面的研究。常用模型主要包括宏观计量经济模型、投入产出模型、可计算一般均衡（CGE）模型等。

CGE 模型逐渐发展成为该领域的主流分析工具之一，许多国家都开发了自己的 CGE 模型用于本国和世界的环境及温室气体减排问题研究（Bhattacharyya，1996）。但这类模型也存在以下诸多局限和可能的偏误。①微观经济学的理性假设。需求和供给条件建立在消费者和生产者分别寻求福利或利润最大化的假设基础之上，假设家庭和企业最终都会有效率地对任何政策变化做出响应，这一假设同样回避了现实的情况。②比较静态分析。CGE 模型反映的是各种均衡状态，不能给出由一个状态调整到另一均衡状态的具体过程。③技术组合的表达。对资源生产和利用技术描述比较抽象，资源消耗、温室气体排放变化原因不够清晰，不能模拟能源系统内重大技术进步。④关键参数的可获得性。CGE 模型中关键的替代弹性和效率等参数需要外生，这使得分析结果受人为影响较大（Wene，1996），其可靠性受到计量经济学家们的质疑（Harrison et al.，1993）。⑤模型的稳定性。一些研究还表明，模型的稳定性普遍不理想，受基准年（Roberts，1994）、参数、函数形式（McKitrick，1998）等因素的影响较大。

总之，"自上而下"的模型一般假定市场是透明和完善的，信息是对称的，各项减缓措施的实施不存在障碍，对于激励减排的碳税等财税政策，市场均能自动响应并迅速反馈，而且碳排放贸易得以普遍存在，且无交易成本。模型所给出减排经济成本是在完全市场下基于经济成本和效益的最优值，是理想值，模型核算的减缓经济成本可能低估。

6. 全球减缓成本主要研究结果的评估

图 34.1 和表 34.2 给出了关于减缓成本的主要研究。鉴于成本估算中的不确定性和未知性，减缓成本的范围区间为全球 GDP 的 0.2%～2%，或每年 1800 亿～12 000 亿美元（2030年）。该估算范围主要取决于方法学以及温室气体浓度的稳定目标是否设置为 450 ppm 或 550 ppm。在这些研究中，BAU 情景中的成本都相对较高，甚至全球 GDP 损失可能高达 20%。

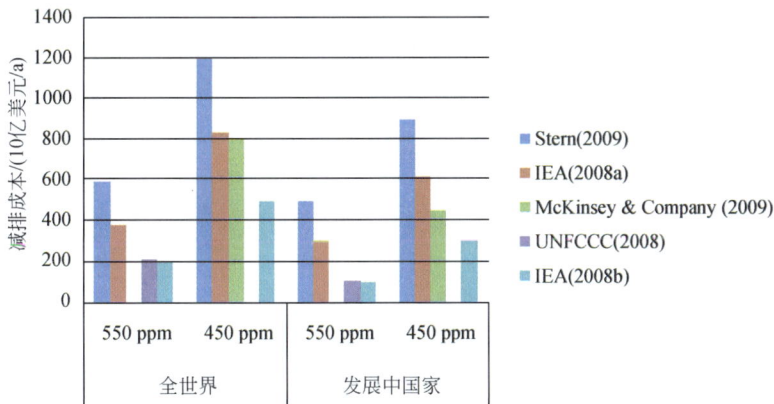

图 34.1 主要研究机构的减排成本估计

表 34.2 全球减缓成本的主要研究

研究	估计（GDP 的占比）	估计（美元）	主要特性
IPCC (2007a-c)	0.2%～0.6%（GDP 损失的中值）；0.6%～3%（GDP 损失估计的最小值与最大值）	—	①在朝向假定长期稳定水准下，估计最低成本轨迹在 2030 年的全球宏观经济成本；②稳定水准较低则意味着 GDP 损失较高
Stern (2006；2009)	年度投资成本：GDP 的 1%，修订后上调为 2%；不作为的成本：到 2050 年 GDP 损失 5%～20%	①450 ppm：12 000 亿/a ②550 ppm：6000 亿/a	①将减缓的投资成本与不作为的成本进行比较，以评估应对气候变化行动的成本效益；②在同一个模型中将以前的一些研究加总，但并没有给出新的估计；③方法学和模型假设遭到批评

续表

研究	估计（GDP 的占比）	估计（美元）	主要特性
Vattenfall[①]	2030 年 GDP 损失 0.6%～1.4%	—	在对减缓的一组政策和干预措施进行成本效益评估时，方法学更为精确
McKinsey (2009)	年度投资成本：占 2030 年 GDP 的 1.3%	①450 ppm：6800 亿/a	①将减排潜力与成本按经济部门和地理区域进行分解；②针对不同的核心参数，进行敏感性分析；③提出不同的减排机遇，并评估各自可能的贡献

减缓成本的研究结论体现一定的规律性。自下而上法，由于假设总能找到最有效的技术，以低于现有状况的成本提供所需能源服务，因此计算而得的减排成本一般很低，甚至是负成本，对减排经济影响的估计相对乐观。根据自上而下模型得出的减排成本的一般规律也是相似的，如果考虑到减缓温室气体排放所带来的减排的溢出效应，减排成本还会进一步降低。为此，发达国家应用这一概念极力说服发展中国家尽早参与全球减排行动。但目前在全球减缓成本的核算中还存在一些问题，主要表现为：

1) 贴现率的选择与代际公平性

气候变化影响及减排政策具有长期属性，因此气候变化政策的成本分析要涉及不同时刻经济流的比较，而贴现率的选择反映了研究者对于代际公平性的认识。根据 IPCC 第二次评估报告（SAR），设定贴现率的方法主要有指令性方法和描述性方法，其中后者是常用的方法。参见表 34.3。

表 34.3　气候领域关于贴现率的主要研究

研究者	ρ	批评意见	α	批评意见
Nordhaus (1994)	3%	$\rho=3\%$ 不合理（Delong，2006）	1	α 太低，不能得到合情合理的储蓄率（Dasgupta，2007）
Cline (1992)	0	（1）ρ 太小，不能得到合情合理的储蓄率[②]	1.5	
Stern (2006)	0.1%	（2）ρ 和 α 并不独立，若给定 $\alpha=1$，若要与 Ramsey 优化增长模式保持一致，则 ρ 必须要取大值[③]；（3）ρ 要取高值，能够与市场观察值匹配[③]；	1	
Dasgupta (2007)	0	（4）ρ 太小，不能反映保险领域中的风险厌恶（Gollier，Christian，Richard，2005）	[2，4]，风险厌恶和规避不均等	Dasgupta 有关 α 的分析忽略了技术进步，这意味着更低的储蓄率（Delong，2006；Dietz，2007）

资料来源：Pedro Conceição，Yanchun Zhang and Romina Bandura（2007）

---

① Vattenfall A B. 2007. Global mapping of greenhouse gas：abatement opportunities up to 2030. Available at http：//www. vattenfall. com/www/ccc/ccc/577730downl/index. jsp

② Weitzman，Martin L. 2007. The Stern Review of the Economics of Climate Change：Book Review for JEL. Harvard University，Cambridge，Mass. http：//www. economics. harvard. edu/faculty/Weitzman/papers/JELSternReport. pdf

③ Nordhaus William D. 2006. The "Stern Review" on the Economics of Climate Change. NBER Working Paper 12741. National Bureau of Economic Research，Cambridge，Mass

指令性（伦理学）方法设定的贴现率也称为社会贴现率，是纯时间偏好率和对未来较高人均收入导致福利增加率的总和，分别表示为纯现值偏好率 ρ 以及反应改变消费的边际效应弹性 α，同时还与人均 GDP 的增长率 g 相关。如下面的公式所示

$$r = \rho + \alpha g$$

ρ 与 α 的选择形成了激进派与渐进派的观点之争。渐进派主要由经济学家所组成，其代表人物为美国的诺德豪斯（Nordhaus），认为标准储蓄与投资模型中的近零贴现率的纯时间偏好与所观测到的市场行为不一致，因此基于市场的观察，取 $\rho=2\%$ 或 3%，$\alpha=1$，或者取 $\rho=0.1\%$，$\alpha=2.25$（Nordhaus，1994；Nordhaus，2000）。激进派主要由环境主义支持者所组成，代表人物为英国的斯特恩（Stern），认为不得歧视下一代，一个大的、正的时间贴现率在伦理上是不正确的、不道德的，不能贴现后代的福利，必须基于在某些灾难事件下人类可能灭亡的概率推导，因此，其主张 $\rho=0.1\%$，$\alpha=1$（Ramsey，Frank，1928；Stern，2007）。而一般的经济学家估计 ρ 的范围在 $4\%\sim10\%$。

ρ 与 α 的选择将影响到气候变化的决策。由图 34.2 可见，DICE-2007 模型分别为诺德豪斯和斯特恩相关主张的验证结果。在模型中，前者采用贴现率每年 1.5%，消费弹性 2；后者主张贴现率为每年 0.1%，消费弹性为 1。模拟结果表明，后者在其报告中给出的过低的时间贴现率导致减排成本急剧上升，为了有效处理将来产生的损害，这就需要近期内深度减排，例如 2015 年全球平均减排过半（Stern，2007）。上述关于贴现率的不同选择也造成了二者在减排决策的观点差异。后者主张稳定大气中温室气体浓度为 550 ppm，在未来 100 年内平均温度上升控制在 $2^{\circ}\mathrm{C}$，并且稳定在 $+3^{\circ}\mathrm{C}$，因此，需要立即减少温室气体排放 3%；而前者则主张稳定大气中温室气体浓度在 600 ppm，在未来 100 年内平均温度上升控制在 $3^{\circ}\mathrm{C}$，并且继续缓慢上升，因此，20 年后再开始显著的温室气体减排。

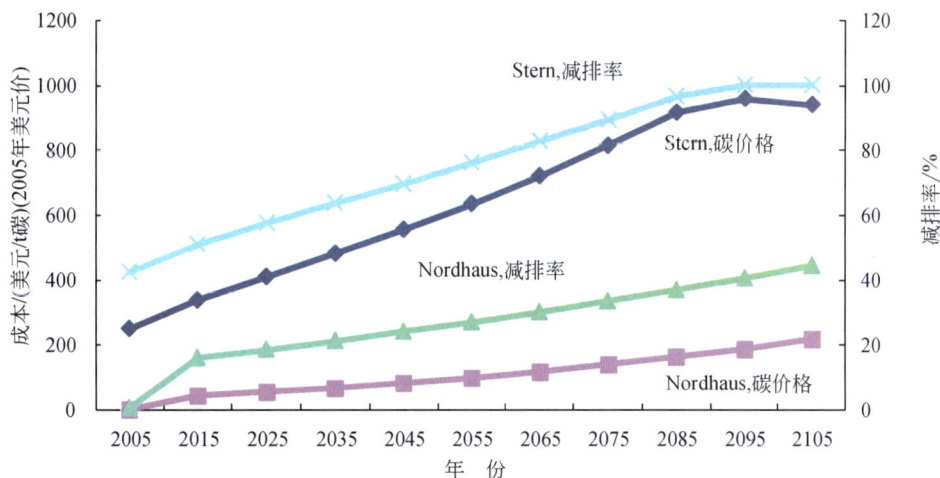

图 34.2　贴现率对减缓决策的影响（Nordhaus，2007）

2）市场效率的认识与"无悔"措施的选择

气候变化减排政策的成本依赖于市场效率，而市场假设及基准情景的确定与政策的实际执行成本又是密切相关的。实际上，市场和公共部门行动经常展现出失真和不完整性。许多项目或部门层面的减排成本研究已经确定了以负成本实施温室气体减排的潜力，即"无悔选

择"，但通常都没有包括既定政策战略下的外部成本和执行成本。

现实世界要复杂得多，不仅处于不同经济发展阶段的国家的市场化程度差异很大，而且各项政策的实施和新技术的推广都存在诸多非经济因素的障碍。特别对发展中国家而言，市场经济不完善，缺乏完善的政策法律体系和激励机制，企业竞争力低，经济体系比较脆弱，发展过程中面临的问题多，社会矛盾复杂，其经济政策往往需要在多个目标间权衡，而实施过程中又会受到各种因素的制约，过急和过激的宏观调控政策可能超出经济体系的承受能力。终端能源价格的上涨也会使低收入家庭的状况进一步恶化，从而影响社会的公平和稳定。推进减排的宏观政策需要综合的研究并实施各项配套政策，也需要较长时期的渐进过程。模型中的假设条件对发展中国家现实情况的适用性可能本身就存在较多的问题。

因此，在经济成本核算的研究中要明确考虑对改变现有规章制度、能力建设、信息、培训教育及其他政策落实过程中所做出的努力需要付出的实施成本。原则上，减排研究应包括对市场改革时的实施需求进行全面评估，包括建立法律体系、税收和补贴改革及制度，以及人才能力的努力。

3) 技术进步的复杂性

技术进步的复杂性是减缓成本研究中的技术难点。目前的主要研究中对技术进步的复杂性都表现出认识不足。

(1) 对技术进步的渐进规律认识不足。发展中国家经济水平低，相当多的技术领域与发达国家有几十年的差距，与发达国家的先进技术比较，尽管其减排潜力巨大，但需要相当长的历史时期才能缩小这种技术差距。中国自 1980 年到 2005 年，能源系统效率提高了 10 个百分点左右，能源效率提高的速度在世界范围内也是罕见的，但距世界先进水平仍低约 10 个百分点，主要高耗能工业产品的能源单耗比发达国家仍高 30％ 左右，达到发达国家目前的水平仍需要相当长时间的努力（《气候变化国家评估报告》编委会，2007）。

(2) 对发展中国家的技术水平现状认识不足。发达国家的技术水平高于发展中国家，并且先进技术的普及率较高，因此可能以较低的成本减排。而发展中国家由于资源匮乏、技术水平落后、可用的先进技术极为有限，因此很难以低成本实现减排目标。有研究估计，减排成本仅占 GDP 的 1％（Stern，2007），但该项研究是以发达国家的先进技术普及为基础，没有充分考虑到发展中国家受先进技术有限的约束。

(3) 对发展中国家技术引进与升级的障碍认识不足。当前发展中国家普遍自主创新能力不足，而发达国家对发展中国家的技术转移存在着极大的障碍，发达国家没有采取切实的措施，履行《气候变化公约》中向发展中国家无偿或优惠提供技术的义务，而仍将商业利益放在首位，过度的知识产权保护和过高的技术使用费用，使发展中国家在技术升级上面临诸多困难。发展中国家如果不能优惠和便利的得到先进技术，其低效率、高排放的能源利用状况将难以很快改变。

(4) 对发达国家引进技术的适用性认识不足。发达国家的部分技术引进也存在水土不服。以风电技术为例，目前中国引进的发电机组大都采取欧洲标准，这些标准主要是建立在欧洲环境和风况基础上的。但是中国的气候、地理、风况等条件与欧洲有很大的不同，这就产生了欧洲风电技术进入中国后出现了"水土不服"的质量问题，导致技术成本增高[①]。

---

① 张希良，周剑，霍沫霖，2009. 工作论文"促进风电技术转移的国际合作建议"

34.1.2 适应经济成本分析

与众多减缓成本核算的方法学比较，适应成本核算就相对缺乏。由于气候变化适应措施种类繁多且各异，因此很难核算适应气候变化的全球成本。目前大多数适应成本的分析都仅仅适用于部门和区域，以有限的地区研究案例为基础，进行简单外推获得的结果（UNFCCC，2007）。研究表明，许多适应气候变化的措施是低成本的或高效益的，甚至部分通用的适应措施还具有社会和环境外部性。但是由于缺乏针对多部门的全球适应气候变化成本的评估，因此这些研究方法过于简单，结果的不确定性较大。适应成本核算共有四种方法（表34.4）。

表 34.4 适应经济成本核算的主要方法学

方法	适用领域	主要方法	优点	缺点
完全自下而上法	具体措施的适应成本	部分信息来自《国家适应行动方案》和国家信息通报，直接引用或推算	基于确定的适应方案，且因地而异采取不同的核算方法	信息不够全面和彻底
自下而上的外推法	发展中国家区域的适应成本	采用人口、收入和土地等因子，从《国家适应行动方案》中的适应成本估算值外推	以官方估计值作为外推的基准	全面性不够；不能反映更多发展中国家的需求；仅关注"紧急"需求
部门分析法	农林渔业，自然生态系统，基础设施	基于部门分析的现有支出值，运用经验法则可估算气候变化适应所需额外成本	类似于敏感性分析，能够给出适应成本的数量级	额外成本假设相关的不确定性，不能反映适应需求的真实状况或变异
自上而下的定量分析	水资源、海岸线资源和人类健康	模型估计适应需求。成本规则统一，也可根据人均收入差异进行调整	不同国家之间的差异能够反映出不同的状况与需求	不够全面，适应成本估计偏低；假设不同可能导致不同数量级的成本估计值

1. 完全自下而上法

完全自下而上法是一种最简单的方法，主要估计具体适应措施的成本。目前部分信息来自各国提交的《国家适应行动方案》（NAPs）和国家信息通报，直接引用或推算成本数据。该法的优势在于其根据国家已确定的适应方案进行核算，且能够根据不同的国家（甚至国家内不同区域）采取不同的成本核算方法。缺点是该法所需的信息还远远不够全面和彻底，因此不可能在合理的时间与资源约束下由下至上进行全面的适应成本核算。

2. 自下而上的外推法

一些研究（Raworth，2007）采用人口、收入和土地三个因子，从《国家适应行动方案》中的适应成本估算值外推发展中国家的适应成本。其优势是采用官方估计值作为外推的基准。但其缺陷主要有：①目前已成报告的《国家适应行动方案》较少，因此，不能确定方案中所涉及的适应是否全面。②《国家适应行动方案》仅仅针对于《联合国气候变化框架公约》（1992）下的49个最不发达国家，有可能不能反映更多发展中国家的需求。③《国家适应行动方案》仅仅关注于"紧急"需求，而不是所有的适应需求。

3. 部门分析法

部门分析法主要用于农林渔业、自然生态系统及基础设施，基于所分析部门的全球支出值，运用经验法则以估算为满足开发需求和气候变化适应所需的额外成本。该法的优势在于其类似于敏感性分析，能够给出适应成本的数量级。缺陷是存在着与额外成本假设相关的不确定性，该假设可能是经验值，也可能是广泛的、具有代表性的具体适应研究的样本，也可能是基于一定知识的猜测，但可能无法反映适应需求的真实状况或变异。

4. 自上而下的定量分析

自上而下法主要用于水资源、海岸线资源和人类健康的分析，运用模型以估计生物物理影响和适应需求，包括水供应或海防的基础设施。采用统一的成本规则估计成本，也可能根据人均收入的差异进行调整。例如，海岸带适应成本核算常用的分析工具是动态交互脆弱分析（DIVA），采用统一规则分析有限的几套适应方案，从而能够有效解释地区和区域之间关于受威胁地区的价值差异。

该法的优势是不同国家之间的差异能够反映出不同的状况与需求，能够给出总成本的粗略估计，但不能反映出特定地点的差异。而且，自上而下法可能不够全面。例如，用于估计水资源部门的需求的模型仅仅考虑水供应，而没有考虑水质、防洪、管网或水处理系统；模型也是相当费时、昂贵的，这导致适应成本估计偏低。最终，采用不同的假设可能导致不同数量级的成本估计值。水供应和海岸资源的分析考虑了与经济增长、人口增长相关的投资与资金，但健康分析并没有考虑这两个因素。

5. 适应成本主要研究结果的评估

适应的成本估计不菲。联合国气候变化秘书处估计，发展中国家在 2030 年将需要 280 亿～670 亿美元来适应气候变化，等于全球投资资金流的 0.2％～0.8％，或者仅是预估的 2030 年全球 GDP 的 0.06％～0.21％[①]。世界银行假定银行投资组合中的气候敏感部分所占份额需要额外新增 5％～20％以适应气候变化，发展中国家为了适应预计的气候变化所需增加的费用将可能达到每年 100 亿～400 亿美元[②]。此外，《斯特恩报告：气候变化经济学》估计，若不采取行动减缓气候变化，总损失费用将相当于每年全球国内生产总值损失至少 5％的金额，大部分发展中国家将承受更多的损失（Stern，2007）。然而，要精确地估计各种适应情景之下的成本，有许多困难与限制因素。

（1）适应能力的差异。估计适应成本的关键是适应能力，而适应能力存在差异性：一方面各社会自行适应气候变化的能力是不同的；另一方面，适应能力是动态的，并受到经济和自然资源、社会网络、权利、机构、政府和技术等因素的影响。

（2）难以确定适应需求的边界。大部分适应措施的实施不仅是为了适应气候变化，若将

---

① UNFCCC. 2007. Report on the analysis of existing and potential investment and financial flows relevant to the development of an effective and appropriate international response to climate change. Dialogue on Long-term Cooperative Action to Address Climate Change by Enhancing Implementation of the Convention. Fourth Workshop. Vienna，27 - 31 August 2007

② World Bank. 2006. Clean Energy and Development：Towards an Investment Framework. Washington，D. C：World Bank. Available at：< http：//siteresources. worldbank. org/Devcommint/Documentation/20890696/DC2006- 0002 （E） - CleanEnergy. pdf>

气候变化纳入评价体系，适应的好处就更多。因此，适应需求并不取决于不同气候变化情景下的特定温室气体浓度水平。

（3）现有估算方法含有不确定性。现有的信息对于使用完整的"自下而上法"还相当不详尽、不完整，只能估计世界范围内特定的适应成本；其他方法中预立的假设可能导致估计结果的差异相当大。

（4）存在适应欠缺。许多地方的资产的设计与活动都不足以适应当前气候，适应欠缺的存在及规模，可从洪水、干旱、热带气旋与其他风暴等极端天气事件带来的不断增加的损失中显示出来，这些损失在过去的 50 年间一直呈现快速增长。

34.1.3　气候变化的经济风险与不确定性评估

气候变化的风险来自两方面：一是不减缓或减缓不力所导致的灾难性气候变化的损失；二是减缓成本超出社会承载能力。减排激进派代表人物斯特恩的研究强调，如果人类社会不采取积极的应对行动，将会耗费更多的经济成本。据估计，如果不采取行动，气候变化的总代价和风险将相当于每年至少损失全球 GDP 的 5%；如果考虑到更广泛的风险和影响，其估计的损失将上升到 GDP 的 20% 或者更多。相比之下，采取行动的代价（也就是减少温室气体排放以避免遭受气候变化最恶劣影响的行动）"可以控制在每年全球 GDP 的 1% 左右"（Stern，2007）。减排渐进派代表人物诺德豪斯的研究指出，斯特恩的研究采用近零贴现率，这就导致了非常高的初始碳价和非常急剧的深度减排，气候政策轨迹的斜坡变平。例如，斯特恩所估计的在不受碳约束下的社会成本是每吨碳 350 美元（2005 年美元价），该价格是诺德豪斯在 DICE 模型模拟结果的 10 倍（Nordhaus，2007）。同样，其他的研究使用全球变暖经济学的另一个校正模型，发现斯特恩的假定抬高了气候变化损害的现值的 8~16 倍。

1. 风险评估的主要方法学

当前风险评估采用的是风险管理领域已经建立的一些科学方法，包括专家评判法、科学实验和模拟、概率和统计理论、成本效益理论和决策分析，以及贝叶斯和蒙特卡罗方法等。这些传统方法虽然已经为风险决策提供了一定基础，但是它们都是基于两个基本参数——可能发生的事件（危害或结果）及与其联系的概率（可能性）来表达的（Byrd，Cothern，2000），只适用于那些发生概率可以根据历史数据或是严密模型推导出来的（Stirling，2007）、"严格"意义上的风险，对于气候变化风险这种具有不同确定程度和复杂程度的系统性风险，不考虑风险信息的可获取性、确定程度和争议程度，直接采用这种简约式的、"严格"的风险评估方法，是不合理的、不科学的、甚至是具有误导性的（Stirling，2007）。因此，针对这些问题，亟须区分出哪些风险可以用传统方法评估，哪些风险需要采用另外的方法。

现有的模式忽视了许多可能的影响。一些研究者针对预测气候变化及其影响中的不确定性开发了一个"风险矩阵"（图 34.3）。由该矩阵可知，现有模式在捕捉潜在的重要影响方面还存在局限性[①]。绝大部分研究都集中在矩阵图的左上方，也就是都集中在最易于理解而

---

① Watkiss P，et al. 2005. Methodological Approaches for Using Social Cost of Carbon Estimates in Policy Assessment，Final Report，Culham：AEA Technology Environment

破坏性影响又最小的那一部分（如"Mendelsohn"模式预测的结果）。相反，由于矩阵图右下方的影响充满了科学的不确定性，因此它们没有被纳入综合评估模型（IAM）中。

斯特恩研究组采用了三套评估方法评估气候变化经济影响。第一套评估方法仅包括了气候蠕变对经济市场领域的影响，即不考虑灾害性事件的可能性。第二套评估方法涉及了增温情况下灾害性气候影响的风险。图34.3描述了气候蠕变对经济市场的影响范围，而且越加不确定。第三套评估方法关注了市场影响、灾害风险以及对人体健康和环境的非市场影响。综合这些因素构成了一个2×3情景矩阵，如图34.4。例如，依据基准气候情景，并且只考虑气候蠕变对市场的影响，会得到最低的成本评估。

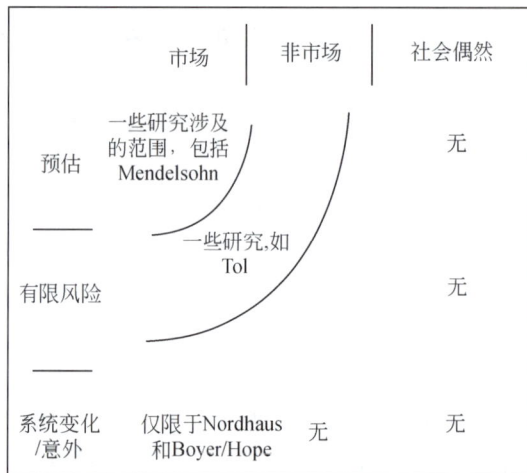

图34.3 风险矩阵

图34.4 2×3情景矩阵

综合评估模型（IAM）从温室气体排放到气候变化对社会经济影响的角度，模拟了人类社会引发气候变化的过程，是目前预测气候变化的总成本和风险中最为主流的模型。其常用成本利益均衡、边际价格变化、未来收入贴现等来衡量，试图发现"优化的"气候政策，优化之一就是长期人类福利最大化。该模型计算取决于一些未知的或有争议的定量，包括人类福利的定量度量、全部现有的与预期的气候破坏的物质量和货币价值、未来利益与目前利益的相对值等。

综合评估模型的类型有一般均衡模型、部分均衡模型、仿真模型和成本最小化模型。不同的模型结构采用了不同的方法给出了气候与发展政策的选项。①一般均衡模型最为复杂，由极其详尽的气候模型与错综复杂的经济模型融合在一起，但由于通常假设投资回报递减，这就严重限制了模型中内生的技术变化的运用。②部分均衡模型以一个不失一般性的价格回避了投资收益递增的问题，但在某些情况下，经济模型过分详尽导致了伪精确度，例如，在几十个界别分组预测长期的经济增长路径。③仿真模型非常适合代表不确定参数，也适合于开发结论来自于一些著名的未来排放情景的综合评估模型，但是由于在气候与经济动态性二者之间缺乏反馈，使得其政策效力有限。④成本最小化模型适合解决人类福利无需货币量化的政策问题，但现有的成本最小化模型可能会导致伪精确度，这与一般性和局部性均衡模型类似。

2. 不确定性评估

对减缓潜力评估方法的信度的评估是决策者对评估结果取信的重要的关注点。不确定性是对于某一未知变量的表述，不确定性源于对已知或可知事物的信息的缺乏或认识不统一。主要来源有许多，如从数据的定量化误差到概念或术语定义的含糊，或对人类行为的不确定预估。评估模型的结构和技术（如近似计算、程序缺陷等）上的缺陷也是导致结果不确定性的原因（Klauer，Brown，2004）。在此姑且不讨论排放量对大气中温室气体浓度、温升，以及引起自然生态变化之间影响的不确定性，只就人类活动（如能源开发和利用）对温室气体排放的影响这一模型模拟过程中的不确定性而言，未来各种相关因素不确定性的叠加将使最终结果的不确定性范围不断扩大（图 34.5）。

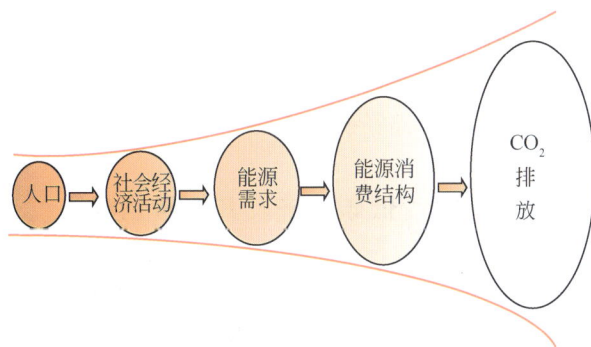

图 34.5　不确定性因素的放大

目前主流的评价模型不确定性的方法有十数种，包括不确定性矩阵、敏感性分析、情景分析、概率分析、多维不确定性评价（NUSAP）分析、逆建模、误差传递公式等。根据不确定性来源、性质和分类所构建的不确定性矩阵表明，目前 IPCC 报告中仅涵盖了极为有限的内容。在减缓潜力评估中，在知道部分结果但不知道其可能性（概率）的情况下，情景分析是较为重要的一种方法，是基于对未来不同假设条件下的分析方法，但缺乏对潜在假设的检验。同时，假设亦不能涵盖现实的各个方面，尤其很多方面很难定量地表述（Brown，2004；Walker et al.，2003）。概率分析能得出输出结果的概率分布和期望结果，但需要事先给出所有输入数据和参数的概率分布和关系，一般情况下这些数据同样是很难获得的。目前，MESSAGE 模型对于技术和资源成本的不确定性分析即是假设其符合对数正态分布（Gritsevskyi Nakicenovic，2000）。

IPCC 报告中使用了二维尺度处理不确定性概念（图 34.6），该尺度基于工作组的作者对文献中某个特定研究结果的认同程度所做出的专家评判（一致性程度），以及在 IPCC 规则下，符合研究结果的独立研究的数量和质量（证据量）。虽然在评估报告中几乎都采用了"一致性高，证据量充分"、"一致性高，证据量中等"的结果，以及少数"一致性中等，证据量中等"、"一致性中等，证据量有限"的结果，但这只反映了模型模拟结果的频率，并非量化的不确定性概率。而研究结果之间存在互相参照和影响的因素，因此该定性定义对于不确定性本身无法做出合理的解释。

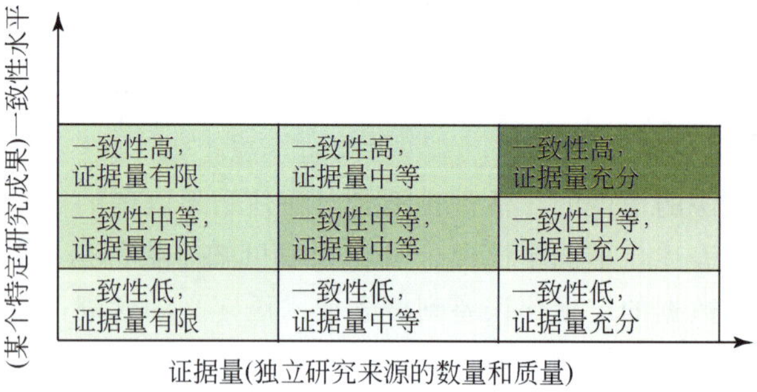

图 34.6　IPCC 第四次评估报告（2007a-c）中关于不确定性的定性定义

34.2　低碳经济发展路径及其效果评估

低碳经济是以能源高效利用和清洁开发为基础，以低能耗、低污染、低排放为基本特征的经济发展模式。大力发展低碳经济是协调保护全球气候变化与发展经济的应对之策。低碳经济的研究应当重点把握衡量指标、路径研究及其效果评估。

34.2.1　低碳经济及其衡量指标

目前对于低碳经济，并没有一个明确的界定。低碳经济衡量指标的研究系统性不足，现有研究主要围绕碳生产率（或碳强度）而展开，无法系统认识低碳经济系统创新的整体特征。

1. 碳生产率

碳生产率的概念始于 1993 年（Kaya，Yokobori，1999）。碳生产率定义为一段时期内国内生产总值（GDP）与同期 CO_2 排放量之比，等于单位 GDP CO_2 排放强度的倒数，反映了单位 CO_2 排放所生产的经济效益。碳生产率可以作为衡量低碳经济的指标之一，其高低反映单位 CO_2 排放产生的经济效益的大小。因此，发展低碳经济意味着碳生产率水平的提高，即每单位碳当量的排放所产出的 GDP 总量必须有明显的增长。

对低碳经济内涵的全面理解，必须结合对历史发展阶段的判断以及地域差异的识别。低碳发展是实现未来低碳经济社会形态的途径（周剑，刘滨，何建坤，2009）。发展中国家对于低碳经济的认识更应该强调发展过程和途径，通过低碳能源技术的开发和经济发展方式的转变，减缓由于经济快速增长新增能源需求所引起的碳排放增长，以相对较低的碳排放水平,实现未来可持续发展的目标。所以,仅有碳生产率还不足以表征发展碳排放对持续增长下的发展中国家的所做出的应对气候变化的努力,故此,可用碳生产率的年增长率(公式见下)作为衡量低碳经济发展的指标之一,它可反映一个国家应对气候变化减排的努力和成效(He,Deng,Su,2009b)。近几年,很多研究者关注 CO_2 总排放量控制与碳生产率的关系。有些研究基于碳生产率和其他方面分析的基础上提出了解决全球应对气候变化走出困境的建议(Blair and the Climate Group,2008)。另外还有研究者研究了到 2050 年为实现 CO_2 排放量比 2005 年减少 50% 的目标所需要的碳生产率提高的倍数,指出"目前的全球碳生产率水平大约为每单位 CO_2 当量排放可产出 740 美元的 GDP。为了满足经济的增长保持在目前每年 3.1% 的增长水平以及排放量每年减少 20Gt 这两个目标,碳生产率在 2050 年前必须增长 10 倍,以达到每单位 CO_2 当量排放量可产出 7300 美元的 GDP 产值"(Beinhocker et al.,2008)。

未来保证经济发展和减排 CO_2 政策目标实现,关键在于提高碳生产率,即单位碳排放所产出的 GDP 数值(美元/kg CO_2)(He,Deng,Su,2009b),用 r_c 表示。以 β_g 表示 GDP 的年增长率,β_c 表示碳排放的年下降率,可以推导

$$r_c = \frac{1}{1-\beta_c}(\beta_g+\beta_c)$$

由于 β_c 一般较小(<5%),可近似描述为

$$r_c \approx \beta_g + \beta_c$$

即:同时满足 GDP 年增长率 β_g 和 CO_2 排放年下降率 β_c 情况下,碳生产率的年增长率需为两者之和。其经济学含义为,以提高碳生产率的途径减少 CO_2 排放,碳生产率的年增长率首先要抵消 GDP 增长所引起的 CO_2 排放量的增长,然后再降低现有的 CO_2 排放水平。

对中国等快速工业化国家,GDP 年增长率较高,实现碳减排必须要有较高的碳生产率的提高速度。根据上式,如果保持 CO_2 排放量的零增长或负增长的条件应是

$$r_c \geqslant \beta_g$$

即碳生产率提高速度必须大于 GDP 的增长速度,才有可能实现 CO_2 绝对减排。由以上经济学含义可见,发展中国家和发达国家由于所处发展阶段不同,在应对气候变化中所遇到的问题、难点、重点和措施也不同。新兴发展中国家处于工业化、城市化高速发展阶段,GDP 以较快速度增长,提高碳生产率主要是抵消或减缓经济快速增长新增能源需求的 CO_2 排放,其措施主要是转变经济发展方式,加强技术创新,走低碳经济发展道路;发达国家在目前高经济发展水平和高人均能源消费水平下,GDP 增长缓慢,提高碳生产率主要是降低当前高的 CO_2 排放水平,其措施主要是改变奢侈型消费模式,在保障高经济和社会发展水平下,大幅度降低 CO_2 排放。

2. 提高碳生产率途径的因素分解

转变经济发展方式、提高能效、发展低碳能源技术是提高碳生产率的主要途径(何建坤、苏明山,2009)。根据碳生产率定义,有

$$p_c = \frac{1}{I_{gc}I_{ec}} = \frac{\rho}{I_u I_{ec}}$$

其中:$I_{gc}=I_u/\rho$ 为单位 GDP 的能源强度;I_u 为单位 GDP 的终端有用能需求;ρ 为能源系统效率;I_{ec} 为单位能源消费的 CO_2 排放因子。令 λ、μ、ν 分别表示单位 GDP 有用能需求的年

下降率、能源效率的年提高率和单位能源消费的 CO_2 排放因子的年下降率，则有

$$p_c(1+\gamma) = \frac{\rho(1+\mu)}{I_u(1-\lambda)I_{ec}(1-\nu)}$$

即有：

$$\gamma = \frac{\lambda+\mu+\nu-\lambda\nu}{1-\lambda-\nu+\lambda\nu}$$

在 $\lambda \ll 1$，$\nu \ll 1$ 情况下，分母进行幂数级展开，省略二阶小量，即有

$$\gamma = \lambda+\mu+\nu \quad (\lambda \ll 1, \nu \ll 1)$$

即碳生产率的年增长率可近似表述为单位 GDP 有用能需求的年下降率，能源效率的年提高率以及单位能源消费的碳排放因子的年下降率之和。上式即反映了对碳生产率提高的贡献因素分解，其右端的第一项反映经济结构调整、增加值率提高等结构节能的贡献，第二项反映能源技术效率改进的贡献，第三项反映了能源结构优化的贡献。在此需要指出，上述分析中尚未考虑碳捕捉及埋存（CCS）。

2005～2020 年期间，中国如果实现 GDP 的 CO_2 强度下降 45%，实现 2020 年非化石能源比重达 15% 的目标，碳生产率年增长率应达 4.1%；单位能源消费的 CO_2 排放因子将从 0.63 kg C/kg C E 下降到 0.55 kg C/kg C E，年下降率将为 0.9%，对碳生产率提高的贡献率即为 22%；能源系统效率据估算 2005 年约为 35%，2020 年可提高到 41%，年提高率为 1.1%，对碳生产率提高的贡献率将是 27%。由此可粗略计算产业结构调整、产品增加值提高等结构节能导致有用能需求年下降率为 2.1%，对碳生产率提高的贡献率将达 51%。由此可见，影响中国未来碳生产率平均年增长率的首要因素仍在于经济发展模式和社会消费模式的转变。因此，必须继续积极调整产业结构，大力发展高新技术产业和现代服务业，提高产品的增加值率，有效降低单位 GDP 的能源服务需求，大幅度地实现结构性节能。

34.2.2　低碳经济发展路径研究的主要方法学评估

低碳经济发展路径的研究主要关注低碳经济转型的路径选择及效果评估，理论支撑是转型理论，试图通过研究去认识社会内部主要技术与社会的变迁过程。迄今的主要研究方法有趋势驱动法、技术可行性法和模型研究法。

1. 趋势驱动法

又称为直觉逻辑法（Bradfield et al.，2005），通过假设以继续、强化目前明显的趋势，从而得到一些高层次的趋势，并基于这些互动趋势构造未来的低碳情景。一般而言，基于广义的分类体系以识别这些高层次趋势。分类体系主要包括消费、环保、国际化、分区，有时以"2×2 矩阵"表示。

国际研究早期和目前的发展中国家一般采用趋势驱动法来研究低碳经济路线图。目前，中国各研究机构在关于 2050 年能源和温室气体排放多方案研究中，主要采用的是趋势驱动法和模型研究法二者相结合的方法（姜克隽等，2008；中国科学院可持续发展战略研究组，2009；国家能源局，2009[①]；清华大学，2008[②]），综合考虑社会经济发展、能源资源、用能

[①]　国家能源局 . 2009. 国家能源战略研究综合报告

[②]　清华大学 . 2008. 国家发展与改革委员会"气候变化对策项目"——全球气候变化框架公约下未来减排机制问题研究

技术、环境制约、消费行为等多方面因素，综合分析未来中国能源与温室气体排放的情景。

国内研究指出，中国特色低碳道路的战略取向包括四个主要方面：一是以降低能源消费强度和碳排放强度，努力减少 CO_2 排放的增长率，实现碳排放与经济增长的逐步脱钩的战略；二是在资源环境绩效的前提下，抓住战略机遇期，利用目前国内外相对较好的资源能源条件加速完成重工业化任务；三是选择重点行业特别是清洁煤发电和煤炭多联产等，提高这些行业在节能减排和低碳技术与产品方面的国际竞争力，在煤炭洁净利用等相关领域达到全球领先水平；四是积极参与国际气候体制谈判和低碳规则制定，为中国的工业化进程争取更大的发展空间（中国科学院可持续发展战略研究组，2009；付允等，2008）。

2. 技术可行性法

技术可行性法又称为倒影法，最初出现于 1980 年代的文献中，主要用以识别趋向更为激进未来的路径（Robinson，1990）。例如"软能源路径"（Amory Lovins，1977），大致方法是首先描述预期未来，然后追溯实现预期未来的所有要素。2000 年开始，较多研究采用该法研究低碳能源路径，特别是针对在一个时间点前如何实现量化的减排目标展开研究更为便利，主要或部分对能源系统进行技术可行性分析，在实现碳排放减排目标的同时满足能源需求。

技术可行性法主要关注实现碳减排目标的低碳转型需要和在约束条件下能源供应中的技术识别的需要，即假定未来的能源需求水准，然后提出具有物理及技术能力的未来技术清单，外生给定碳约束，该法可运用于整个或部分能源系统。

发达国家现阶段主要采用技术可行性法和模型法来研究低碳经济路线图。因为英国的低碳经济政策中始终贯穿着长期理念和深度减排目标，故大多数研究都参考了英国的研究。环境污染皇家委员会（RCEP，2000）的研究中最早提出"2050 年减排 60%"，《能源白皮书 2003》（2003）就采用了该目标。随后的气候研究者开始讨论"2050 年减排 80%"是否更为合适，2008 年的《英国气候变化法》就采纳了该目标。

根据研究范围，技术可行性研究法可在整个系统、技术规范与需求侧三个层面展开详尽研究。

（1）基于"整个"能源系统以检验长期 CO_2 减排，不过系统的边界可能有所不同。英国环境污染皇家委员会的《能源—变化的气候》最早采用该方法展开路径研究，并基于为实现全球大气浓度稳定在 550ppm 英国所做出贡献以及全球"紧缩与趋同"原则，提出了到 2050 年英国碳排放至少减少 60% 的目标。该项研究给出了一些路径选择。例如，"若维持高需求且核电站未建好，则 CCS 至关重要"，"若核电及 CCS 都无法接受，则实现目标必须大幅度减少需求"。Tyndall 中心《基于未来气候意识，英国能源脱碳》指出，为实现英国 2050 年 60% 减排目标，可考虑的途径有需求侧的行为变化和能效改善，以及能源供应侧的技术进步，不过该系统边界包括国际航空（Anderson et al.，2005）。

（2）基于技术规范的可行性研究法。采用高度的技术规范约束，明确地摒弃某些技术，从而检验碳排放减排的技术可行性。英国政府在 2006 年对能源政策评价，其中有 4 项研究都是研究核电对电力部门脱碳的前景。

（3）基于需求侧的技术可行性研究法。明确考虑需求侧的变化潜力，从而进行技术可行性研究。

倒影法能够详尽地描述技术发展和社会趋势，也能够给出一般性的政策趋势。但也存在不足：①无法充分反映发展。与现状无直接联系，因此无法显示政策、机制以及现在明显的趋势如何进化为所预期的，相关描述类似于假设清单，与假设有关的目前行动缺乏战略力。②没有反映政策的动态迭代性。关键因素并不必然给出对某项政策的取舍，现实中的政策与关键因素之间是动态的、相互迭代的关系，某一个关键因素可能改变或改善一项强政策，且该因素的变化可能导致随后在政治上更可行的、更强的政策。③没有反映出技术的可接受程度。整个系统中的技术是中性的，路线图中的技术矩阵是研究者的假定，并不是关于某项特定技术可接受程度的价值判断。④没有考虑到社会与政治的可接受程度。有些研究虽给出了文化或社会改变的假设，但一般都是未来能源服务需求降低的相反假设，且这些仅仅停留于假设，并没有深入研究这些趋势如何变为现实。特别是，外生直接作用于技术能源系统，从而造成技术目标的不现实的必然性，这也削弱了实现目标的社会与政治的变化程度。

3. 模型研究法

模型研究法类似于技术可行性研究法，都能够描述满足一定能源服务需求的能源系统供应矩阵，且整个系统都面临着碳约束。但模型法的计算能力更强，且部分研究还采用了优化模型，在给定约束和给定输入下，寻求系统范围内的最低成本的优化路径，不过这种优化过程也产生了不确定性。

2003 年英国《能源白皮书》运用 MARKAL 模型提供了低碳技术路径的细节（BERR，2003）。在 2007 年的《能源白皮书》（BERR，2007）和《气候变化法（草案）》（DEFRA，2007）的管制影响下评估报告对 MARKAL 进行强化，并引入了一般均衡，建立了 MARKAL-Macro 模型，在原有低碳技术路径之外还另外提供宏观经济的研究视角和集合行为响应。这些研究中，首先是在减排部门中寻求资源与基础设施的权衡、技术与行为响应的权衡，认为发电部门在脱碳过程中起到了早期和关键的作用，交通转型和建筑物节能措施推广也起到重要作用；并且认为需要长期的高 CO_2 价格信号以促进激进的能源系统脱碳目标，即减排 80% 时的碳价为 200 英镑/t CO_2，GDP 损失成本也相当于 1%～3%（Stern，2007）。

英国能源研究中心在《2050 年能源》的研究中，采用了 MARKAL 弹性需求模型，包含整个能源系统的技术细节，并增加了针对价格变化详尽的行为响应，以及宏观经济的GDP 损失[①]。该项研究依据"减碳与安全供应"的 2×2 矩阵来设计低碳路径，然后进一步探讨不同变量下的该系统的额外要求。主要变量有：行为生活方式的驾驶者、全球能源市场、技术变化、减碳的激进程度，以及受环境影响的发电能力限制等。

三种方法各有优势之处（表 34.5）。①趋势研究法能够更为详尽地推断未来社会与文化经验，其旨在提供具有丰富想象力的未来路线图，在各种不同的未来路径中，人们如何生活，如何与其他人相互作用，如何与技术相互作用。②根据各种可能的技术规范标准，技术可行性研究法可高度控制能源系统的理论操控程度，常被用于作为能源系统理论可信度的"试验场"，在某些情形中还可以探索能源子系统中的特别技术细节。③模型研究法将技术细节综合到资源可获取性及权衡数据、全球贸易和相互作用，乃至更广泛的经济领域中。

---

① UKERC. 2009. Energy 2050. UK Energy Research Centre，London

表 34.5　主要方法学

方法	优势	劣势
趋势驱动法	社会驱动力，全球政治动态性，难以量化的文化变迁	缺乏技术细节和行为者描述，政策影响高层次趋势的作用不清楚
技术可行性法	系统或部门的技术细节，系统特别是在专门部门层级	缺乏行为者描述，缺乏政策，政治动态性过于简化，过分强调减排目标的确定性
模型研究法	系统范围内的技术细节，经济的相互作用，资源的可获取性及权衡，微观和/或宏观的经济产出	缺乏文化、行为社会、政治动态性，缺乏行为者描述和政策，过分强调减排目标的确定性

　　三种方法也都存在不足：①技术可行性研究和模型研究都面临着经常用于现实动态世界中外生约束的相关性的问题。②三种方法都存在主要技术变化的定位问题，即低碳经济转型必须包含迭代与共同演进过程中的一贯的、令人信服的主要技术变化。除此之外，还必须包含政治与社会的变化，而这些变化或者被忽视，或者被抽象为难以理解的高层次趋势。③不能设定转型。例如清楚界定系统行为者中所必需的行动和动机，主要关注技术系统明显的自动组合，或受外来推动组合，该外力一旦抽象到高层次趋势将难以莫测。因此，针对这 3 种可能目标，难以提出政策建议。

4. 主要研究及其结果评估

　　日本环境研究院对日本长期深度减排（减排 70%）进行了可行性研究（Fujino et al.，2008），提出日本实现 2050 年减排 70% 目标的情景 A（积极的、快速变化的、技术导向的社会，人均 GDP 年均增长率为 2%）和情景 B（平稳的、缓慢的、自然导向的社会，人均 GDP 年均增长率为 1%）（图 34.7）。研究认为，实现低碳社会主要有三方面战略要素：结构转型以降低能源服务需求，开发利用能效技术，供应侧能源脱碳。情景 A 表明关键的脱碳路径选项是需求侧的能效方案（包括工业、住宅与商业、交通部门的能效电器）和传统能源向低碳能源的燃料转换（主要指核电与氢能），2050 年的宏观经济成本是 0.83%～0.90% GDP。情景 B 中的低碳路径是在需求侧采用低碳能源（生物质能和太阳能）将大幅度减排，对应 2050 年成本是 0.96%～1.06% GDP。

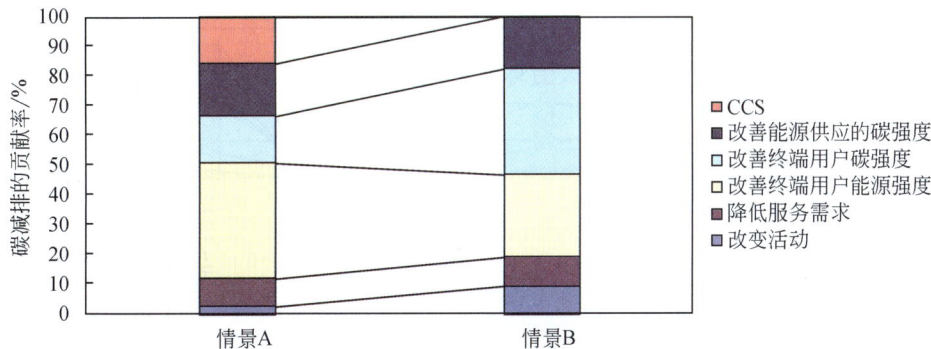

图 34.7　日本实现深度减排的两种情景

　　英国能源研究中心（2009）在其《低碳经济路径：能源系统建模》中以 MARKAL（MED）模型为核心，基于英国气候保护委员会提出的近期目标与远期目标，总共建立了 7

个低碳路径①，其相关的排放路径见图 34.8。

由图 34.8 可见，①截至 2035～2050 年，发电部门脱碳仍然是最为重要的途径，其次才考虑在家庭与交通部门中推广电力的使用。若要实现 CAM 情景 2050 年的 80％的减排目标，相对 REF（参考基准），电力部门必须减排 93％。②2050 年，因为家庭的排放预算急剧下降，因此 CAM（激进）情景与 CSAM（超级激进）情景下需要加大服务部门及上游产业的脱碳力度。③2035 年，家庭及交通部门需要更为努力，以实现 CSAM 中较高的、尽早的减排目标，相对 REF 情景，各自减排 67％和 47％。④CSAM 中，终端用户的排放量最低，减排目标最为激进，即 90％；而 CFH（弱愿望）情景中，2035 年前对电力部门脱碳（对工业和服务部门有限脱碳），然后在后期进一步对电力部门脱碳，从而实现温和的减排目标（40％）。

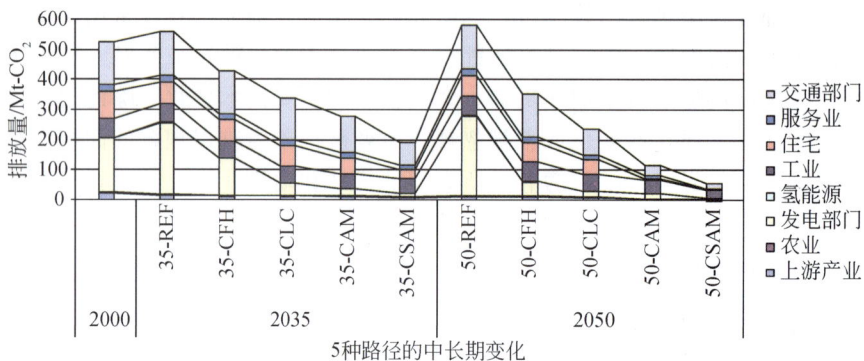

图 34.8　2000 年、2035 年与 2050 年英国的部门 CO_2 排放（标明横坐标）

实现 80％减排约束可采取 CAM（激进）、CEA（早行动）、CCP（最低成本路径）和 CCSP（社会优化最低成本路径）四种路径，相应的部门排放如图 34.9 所示。除了针对电力部门的尽早脱碳外，还存在一些例外情形：①CEA 和 CCSP 中，考虑到 2030 年及以后还不具备最低成本的零碳发电技术，因此强调对交通部门尽早脱碳。②2050 年，脱碳工作开始从电力部门向终端用户部门，特别是向家庭与交通部门转移。CCP 中需要加强工业与服务部门的脱碳。到 2050 年，CCP 中的所有终端用户部门的排放量最低。

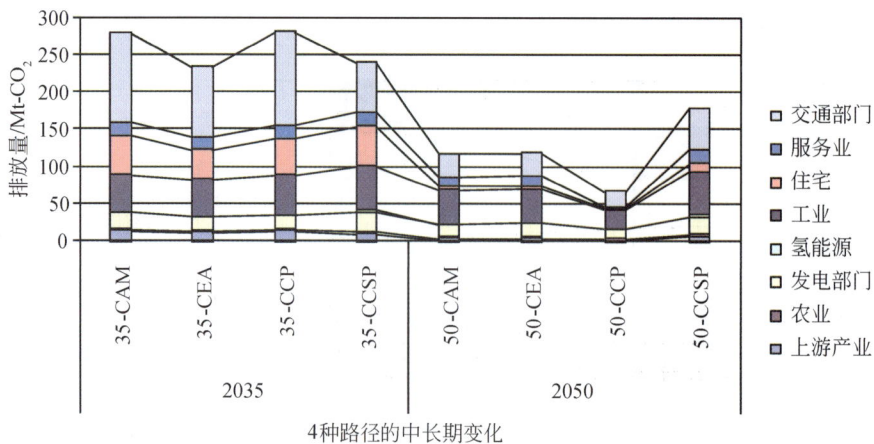

图 34.9　2035 年与 2050 年英国的部门 CO_2 排放：80％减排目标

① UKERC. 2009. Energy 2050. UK Energy Research Centre，London

　　低碳经济是基于系统创新的革命，将会对社会经济发展带来巨大冲击，发展模式、生产方式、消费方式的变革都是前所未有的，其变革的程度及其影响很难预估，且 2008 年下半年开始席卷全球的经济危机也对低碳经济实现路径带来一定的不确定性（周剑，何建坤，张希良，2009）。正因为如此，目前国际有关低碳经济发展路径的相关研究还存在一些问题：

　　(1) 化石能源价格假设的不确定性。英国的研究中[①]，对未来化石能源价格假设如图 34.10 所示，并基于该假设构造全资源成本曲线。但化石能源价格波动本身就不确定，再加上国际性投机资金对大宗商品的快速流入或流出，这进一步加大了化石能源价格所带来的不确定性。

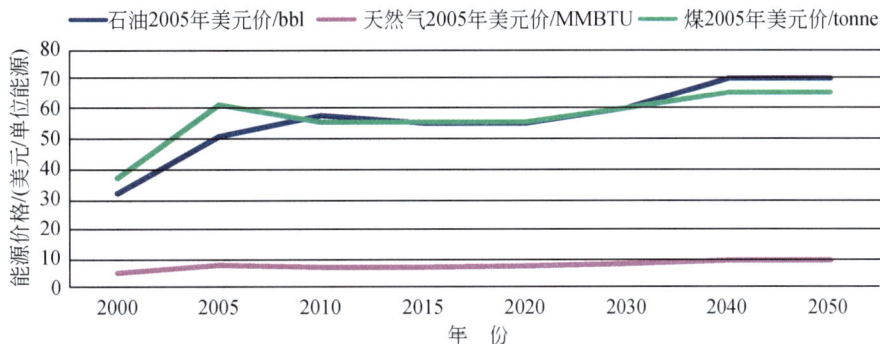

图 34.10　UKERC 关于未来化石能源价格的假设

　　(2) 能源市场的假设存在不确定性。MARKAL 采用的成本优化思路意味着能源市场趋于完善，但却忽视了影响决策的障碍和非经济因素，所得结果不确定性大，即若没有另外的约束下，该研究将高估采用较多名义上的具有成本效益的能效技术。

　　(3) 成本估计存在较大的不确定性。目前还难以估算发展低碳经济需要付出的全部成本，它远非只计算采用低碳技术需要支付的直接成本那么简单。例如，英国能源研究中心提出的 7 个低碳路径对经济的影响范围较为广泛，随着减排目标趋向严格，成本也急剧上升，从而有可能带来较大的不确定性。2050 年的 CO_2 边际成本范围为 20～300 £/t CO_2，在最为极端的减排情景中，边际成本升为 360 £/t CO_2。

　　(4) 技术进步存在不确定性。英国能源研究中心的研究中假定技术变化的轨迹维持恒定，这造成了其任何优化技术组合（CCS，核能与风能）中关键技术因素存在很大的不确定性。一方面，不同路径中清洁能源的成本差异性非常之大，2030～2050 年离岸风电的投资边际成本为 56～260 \$/kWe 安装机组，相差 4 倍，而核电的边际投资成本相差更大，超出百倍，核电成本范围为 2～218 \$/kWe 安装机组。另一方面，由于假定技术变化"冻结"，这就难以捕捉先进技术更大突破的可能性，例如太阳能利用技术。

　　(5) 生活消费方式转变的不确定性。发达国家在经济发展过程中存在着明显的"路径依赖"，一般多在工业化、城市化加速发展阶段，并且一旦形成固定的发展模式和消费方式，再行改变的代价非常之大。MARKAL MED 模型在研究生活消费方式转变时，其目标函数是生产者与消费者综合剩余最大化，然后寻求最优方案。由此可见，鉴于价格弹性、基准情形中的参考价以及模型数据库中所含替代技术的多寡程度的影响，生活消费模式转变的研究

---

　　① UKERC. 2009. Energy 2050. UK Energy Research Centre，London

也存在较大的不确定性。

（6）制度和保障体系适应的执行力度的不确定性。国际研究认为，减碳的政策框架应当包含碳定价、技术政策及行为变化障碍的消除共 3 要素。研究中的政策不确定性主要来自短期和长期中不同部门对碳价变化的行为差异程度（Stern，2007），因此，需要用第二与第三政策要素来弥补。但英国的 MED 模型中仅仅简单假设价格响应的各种弹性（该弹性数据由文献获得），而实践中弹性大小极其不确定，且也不清楚弹性是否随时间变化保持恒定。

（7）发达国家的中长期减排目标的实现存在不确定性。有研究认为，英国《气候变化法》采取倒推法，从减排目标开始，然后考虑如何实现目标，但没有考虑到该目标所内含的现实的或合情合理的脱碳速率。例如，2022 年近期目标与 2050 年远期目标所要求的脱碳速率要高于 4% 或 5%，这都远远高于目前任何大型经济体的实际情况，因此，英国没有能力实现其雄心勃勃的近期目标与远期目标（Roger Pielke，2009）。

中国也开始对中国低碳路径展开研究。通过研究发现，选择合理的生产方式和消费模式、优化生产结构和服务方式、加快技术研发、建设高效清洁低碳的能源供应体系，将会取得明显的节能减排效果（图 34.11）[①]。与当前节能减排政策下的参考情景相比，2050 年低碳情景的能源需求可降低 21.1%，碳排放降低 30.5%。其中，选择合理的生活方式对减少能源需求的贡献度最大，在预测期内，其贡献度一直保持在 1/3 以上；选择合理的生活方式和建立高效清洁低碳的能源供应体系是减少碳排放的两大贡献者，2035 年以后，清洁高效的能源供应体系对减少碳排放的效果最为显著，其对 2050 年减碳的贡献率接近 30%。

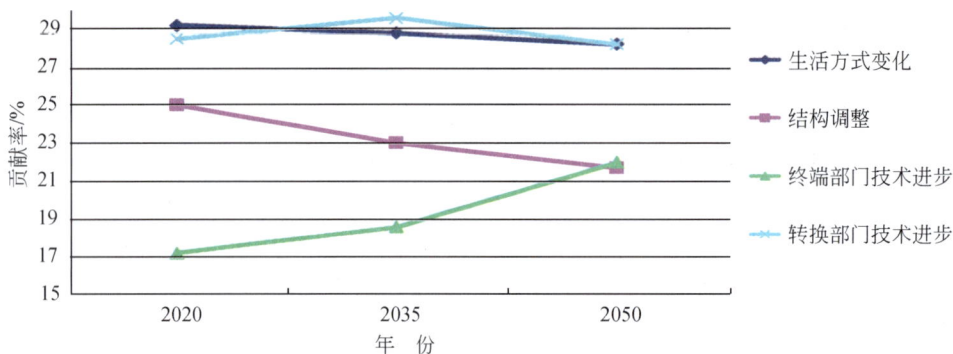

图 34.11　中国各路径对减排的贡献率

当然，中国研究也反映出来一些问题，主要是方法学选择所造成的忽视政策与社会的变化、转型无法确定等问题。另外，对国际较流行的公共管理机制研究欠缺，例如碳税和碳交易机制，作为中国低碳经济综合研究而言，则政策选择较为薄弱。

由于国情和发展阶段的不同，中国发展低碳经济的内涵与发达国家有着实质性差别（何建坤等，2010）。发达国家发展低碳经济，主要目标是在维持和继续提高当前高经济发展水平和社会消费水平下，通过技术创新和经济社会的转型，大幅度降低当前过高的碳排放水平。而中国则强调发展过程和途径，通过低碳能源技术的开发和经济发展方式的转变，减缓由于经济快速增长新增能源需求所引起的碳排放增长，以相对较低的碳排放水平，实现现代化建设的目标。低碳发展将成为中国应对两个全球危机的必然选择，在全球应对气候变化行

① 国家发展与改革委员会能源研究所.2009.中国 2050 年低碳发展之路：能源需求暨碳排放情景分析.2009 年 4 月

动日益紧迫、全球经济复苏尚未确定的形势下，中国应把低碳发展作为推动能源技术创新、转变经济发展方式、协调经济发展与保护全球气候关系的核心战略选择，实现全球应对气候变化与国内可持续发展的双赢（周剑，刘滨，何建坤，2009）。

34.3 发展中国家应对气候变化与可持续发展

应对气候变化的措施，包括减缓和适应，对于气候与影响科学和减缓的新技术，以及应对制度设计方面的研究，以减少不确定性和促进未来的决策。政策的关键问题是如何将长期与短期行动相结合以使成本最小，如何表述减缓、适应和社会准备及面对气候影响的成本。

34.3.1 发展中国家应对气候变化与可持续发展的评估

IPCC 第四次评估报告（2007a-c）指出了可持续发展与气候变化两者之间的关系，存在着概念上高度一致的、各种可能的方法，但迄今相关研究所给出的经验相当有限（高度一致，经验有限）。

1. 应对气候变化与可持续发展的双重关系

IPCC 第二次评估报告（IPCC，2001d）开始关注可持续发展与气候变化之间的关系，其中有学者针对可持续发展提出 3 种分析类别：效率和成本效益；公平与可持续发展；全球可持续性和社会学习（Metz，2002）。第三次评估报告后，一些研究开始从事方法学研究，以评估具体的发展与气候政策选项以及在可持续框架下的选择（Halsnæs，Verhagen，2007；Halsnæs，Shukla，2007；Munasinghe，Swart，2005）。这些研究着重于讨论如何区分自然过程及反馈，人类与社会的相互作用，且该作用能够影响到自然系统、受政策选项影响（Barker，2003），而政策选项既包括气候政策的即时的特别选项，也包含发展路径、气候变化减缓与适应潜力等方面的一般政策。

可持续发展与气候变化之间存在双重关系。一方面，发展的政策机制能够影响温室气体排放，能够约束或便利减排与适应，其间接效应可能为正或负。因此，有研究建议将气候变化减排与适应的观点整合到方针政策中去，这将使发展更具可持续性（Munasinghe，Swart，2005；Halsnæs，Shukla，2007）。另一方面，适应与减缓气候变化也可以作为政策干预的重点，可持续发展可视为间接影响的方面。

气候政策通常着重于部门政策、项目与政策工具，它需要满足适应与减缓目标，但并非必然地同可持续发展的所有经济、社会与环境因素发生强相关。在这种情形下，气候变化政策在实施中可能面临一般发展目标同保护全球环境保护目标的冲突，而且，从长期而言，不考虑经济与社会因素的气候政策将是不可持续的。因此，需要区分气候政策是否作为可持续发展政策的集合要素，还是用于评价应对气候变化潜力的较为特定的减缓与适应政策。然后，在此基础上，需要开发政策以共同应对可持续发展与气候变化。一些国际研究机构基于可持续发展的气候变化政策的潜力开展了这方面的研究（Halsnæs，Verhagen，2007；Baumert et al.，2002；Heller，Shukla，2003）。

2. 发展范式

评估可持续发展与气候变化的理论基础是发展范式，通常采用经济范式方法（分别由两类范式组成）或能力评估法。

（1）应用经济范式。如关于减缓的研究中所用的大量模型。这类研究基于经济理论，通常包括福利或人类福祉中被视为相当重要的目标设定。一些经济范式关注经济的福利功效，假定有效分配资源（如经典经济学），不考虑相对现状的偏移及克服偏移的方法。在分析发展与气候的关系中，该方法将减缓气候变化视为一种努力，将增加最优经济状况的成本。但是也有大量的减缓成本的研究认为，实践中的市场不完善通常也创造了减缓政策的潜力，从而有助于提高能源市场的效率，并因此间接节省了成本，这也使得减缓政策在经济上具有吸引力（IPCC，1996a，b；IPCC，2001a-d）。

（2）制度经济学范式。主要关注市场和其他信息共享机制如何建立经济相互作用的框架。近年来有关发展的研究都关注制度机制在经济体优化利用资源能力的关键作用，在这些研究中，制度机制在广义角度上被视为分配机制核心，也被视为社会结构，从而能够组织市场和其他信息共享（Peet，Hartwick，1999）。

（3）能力评估方法。主要关注能力与人类福祉（Dasgupta，1993）。个人欲实现目标的自由度取决于其在多大程度上动用收入与基本需求（Dasgupta，1993），因此，他建议要研究资源分配，而不仅仅局限于研究产出，要用福利来衡量。人类福祉的基准是获取收入和满足基本需求，个人可用于满足其个人期望，在这种方法中，气候变化政策能够考虑到这些政策能在多大程度上帮助个人获取特别资源及自由。后来的研究者将关注重点从个人转向社会（Lehtonen，2004），认为在设计政策时，需要考虑经济与环境政策对社会的效果，不仅要考虑个人能力，还要考虑社会能力。

3. 可持续发展与气候变化关系的评价框架

目前国际上的一些倡议和决策提供了若干框架，可用以评估可持续发展对气候变化的影响，或反之。但是，这些方法框架及指标体系更多地关注于可持续发展，几乎没有什么研究在上述方法框架及指标体系下度量气候变化。

（1）可持续发展首脑会议[①]的"水、能源、健康、农业与生物多样性"（WHEAB）框架。从气候变化政策评估的角度出发，在WHEAB框架内增加旅游、工业和交通，还考虑了人口、机构以及跨部门的文化价值观，从而广泛地覆盖可持续发展与气候变化的主要关系。另外，气候变化政策还同WSSD所采纳的《千年发展目标》（MDGs）相关联。MDGs是到2015年期间人类发展框架，由9个子目标所组成，包括消除贫困与饥饿、健康、教育、自然资源利用与保护、全球合作伙伴等[②]。

（2）联合国可持续发展委员会（UNCSD）的实现《千年发展目标》的具体计划。在该计划中，明确提出气候变化是一个重要的影响因素，可能导致贫穷现状进一步恶化，更难实现千年发展目标[③]。此外，UNCSD建议，在千年发展目标中增加一些能源目标，这也进一步强化了减缓气候变化与千年发展目标之间的关系。

（3）OECD决定在其常规的国家经济调查中要包含可持续发展评价。此后所进行的第一

---

① WSSD. 2002. Water，energy，health，agriculture and biodiversity. Synthesis of the framework paper of the Working Group on WEHAB. UN WSSD A/conf. 199/L. 4

② UNDP. 2003. Global indicators (Millennium Development Goals)

③ UNCSD. 2005. Investing in development：A practical plan to achieve the millenium development goals. Earthscan London

次调查按 3 个类别来构造评估框架（OECD，2004）。主要有：①改善环境领域：降低温室气体排放量；降低空气污染；降低水污染；可持续利用可再生及不可再生自然资源；废物减量化与改善废弃物管理。②改善发展中国家的生活水准。③确保可持续的退休收入政策。尽管评估包含有"改善发展中国家的生活水准"的评估标准，但该评估几乎没有关注到发展中国家的生活水准改善。

（4）可持续发展与气候变化的技术研究。在该类研究中采用政策评价的可持续发展指标主要是经济、环境、人类及社会等指标，并采用定性与定量的度量方法。常用的工具是"行动影响矩阵"（AIM），常用于识别、确定优先顺序、解决气候与发展的协同与权衡（Munasinghe，Swart，2005）。

34.3.2　发展中国家在全球长期减排目标下的可持续发展

目前国际研究都采取自上而下设定法设定长期温室气体浓度目标或最大温升目标，主要是基于避免影响的协议（Den Elzen，Meinshausen，2005）或基于成本效益分析（Nordhaus，2001）而得。大量的研究者对设置长期目标进行了优劣评论：其中一些学者认为，因为存在政治和技术的困难，所以在任何"危险"水准上都难以达成全球协议（Pershing，Tudela，2003）；而另外的学者相信设置长期目标是可取的，因为其有助于构建承诺和机制，也为行动提供了诱因，能够有利于设置度量实施措施成功与否的标准（Corfee-Morlot，Höhne，2003）。但是相关研究，对发展中国家的利益考虑不足，为保障发展中国家的可持续发展，需要高度重视以下几个问题。

1. 确定全球长期减排目标要保障发展中国家的可持续发展空间

在目前的科学认识上，还不能准确判断危险的临界温升阈值，确定危险的气候变化温升阈值实际上是个价值判断，气候变化的危险与安全之间既无严格界定，又无严格定义。全球长期减排目标的确定需遵照《联合国气候变化框架公约》（1992）中提出的目标，既要保证生态系统自然地适应气候变化，确保粮食生产免受威胁，又要确保经济社会，特别是发展中国家的可持续发展。因此，需要全面衡量气候变化影响、适应、减缓和发展之间的关系，需要权衡不同温升幅度对经济社会和自然生态带来灾难性、不可逆转损失的风险和不同减排目标的经济代价及对可持续发展所必需的空间造成严重制约的风险。不同国家和集团所处的自然环境和经济发展阶段的不同，所关注的优先领域不同，利益取向也不同，因此对控制未来温升水平和确定全球长期减排目标的价值判断也不相同，对选取全球控制温升幅度目标考虑的基本出发点也会有很大差别。发达国家已完成了现代化进程，经济社会趋于内涵式发展，在当前高人均排放水平上可以实现持续下降。而处于工业化、城市化阶段的发展中国家，随经济社会发展和能源需求的增长，相应 CO_2 排放还有一个持续增长的过程，因此发展中国家更关注保障可持续发展所必需的合理排放空间，也更关注全球减排空间的公平性问题。

斯特恩报告（2008）和布莱尔报告（2008）都提出 2050 年全球人均排放 2 t CO_2 当量的目标（图 34.12）。2000 年附件Ⅰ国家人均排放 16.1 t CO_2 当量，非附件Ⅰ发展中国家人均排放 4.2 t CO_2 当量，按 2050 年人均 2 t CO_2 当量控制排放限额，发达国家按人均计算需减排 88%，而发展中国家按人均计算也需减少一半以上。按 21 世纪发展的基准情景分析，到 2050 年发达国家排放仍会增长 40%，而发展中国家将会达 1990 年的 4 倍，实现减排

50％的目标，与基准方案相比，发达国家需减排 90％左右，而发展中国家也需减排 80％。

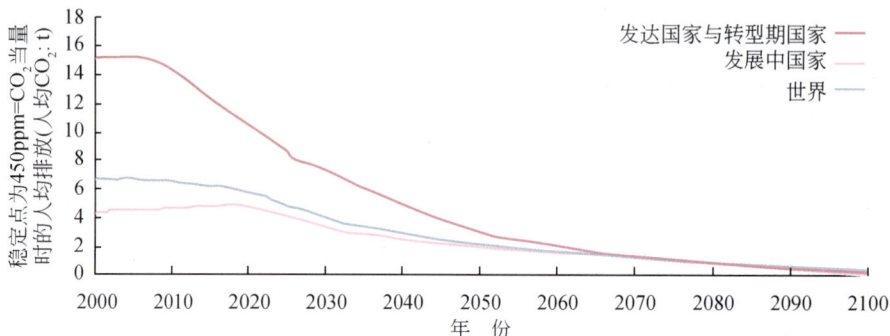

图 34.12　温室气体浓度稳定在 450 ppm CO$_2$ 当量时的人均排放量[①]

(Meinshausen，2007)

政府间气候变化专门委员会的设想方案描述了未来人口增长、经济发展、技术变化及相关的 CO$_2$ 排放量的可能模式。情景 A1 认为快速的经济发展和人口增长依赖于化石燃料（AIF1）、非化石能源（A1T）或两者相结合（A1B）。情景 A2 认为经济增长越慢，则全球化趋势越慢，人口增长速度也会越慢。情景 B1 和 B2 认为通过提高资源利用效率、改进技术（B1）和更多因地制宜的解决措施（B2）进行减排

　　图 34.12 中所给出路径完全忽视了发展中国家可持续发展所必需的排放空间保障。该路径采用了等位数变迁法（Equal Quantile Walk，EQW）对温室气体未来的排放路径进行研究（Meinshausen et al.，2006；Meinshausen，2007），针对某特定区域识别在每一年度的不同温室气体的峰值。但该法也表现出一定的局限性：①仅仅针对排放水准，没有考虑实现这些排放水准的能源系统的含义。②其在研究中采用特定的方法对全球排放在区域分割，即通过在不同时间段进行一系列假设（例如，2050 年全球排放减排），采用上述情景的特性所衍生出来的多种气体和区域的排放水准，没有考虑明确的"排放分配"。EQW 路径仅仅反映了排放情景数据库中所隐含的排放的地域分割，而情景数据库是采用了决定未来排放进化的一系列技术。③图 34.12 中所给出的路径没有反映社会经济发展路径，路径无法反映未来世界的社会经济属性，例如 GDP 增长、生产率、生育率的分布，这恰恰是发展中国家所关心之事项。有学者曾指出："社会经济变量及其替代的未来发展路径不能随意综合，也不是无成本的可相互交换，这是因为变量之间相互影响"（Grubler，Nakicenovic，2001）。

　　发展中国家的可持续发展需要一定的碳排放空间。发展中国家的排放空间已受到严重挤压，不再可能沿袭发达国家以高能源消费为支撑的现代化道路，为保护全球气候，发展中国家必须探索新型低碳发展的途径。但发展中国家也需要得到实现可持续发展的经济和社会发展所必需的资源，其中包括合理的碳排放空间。发展中国家工业化、城市化阶段经济快速增长和大规模基础设施建设，低碳能源技术发展的速度不能完全满足新增能源需求，CO$_2$ 排放仍将适度增长。这也是世界大多数国家实现现代化历程中所呈现的共同的也是不可逾越的规律。

　　发展中国家实现现代化的历史进程远滞后于发达国家。处于不同发展阶段的发展中国家的发展需求不同，在其现代化进程中，其人均碳排放达到峰值的年份也有先有后，不能简单地确立所有国家排放达到峰值的年份，也不能简单地按"紧缩趋同"的原则确定未来某个年

① 联合国开发计划署 .2007. 应对气候变化：分化世界中的人类团结 .2007/2008 年人类发展报告 .USA：New York

份（例如 2050 年），所有国家的人均碳排放都趋同于一个较低水平。在发达国家持续实现大幅度深度减排的情况下，不同的发展中国家在未来不同时期的人均排放可能会高于发达国家，但其未来人均排放的峰值将会低于发达国家的峰值水平，其人均累积排放仍将会远低于发达国家的水平。图 34.13 反映了不同发展阶段国家的人均碳排放轨迹，曲线下的面积即代表了一个国家的人均累积排放量（何建坤，滕飞，刘滨，2009）

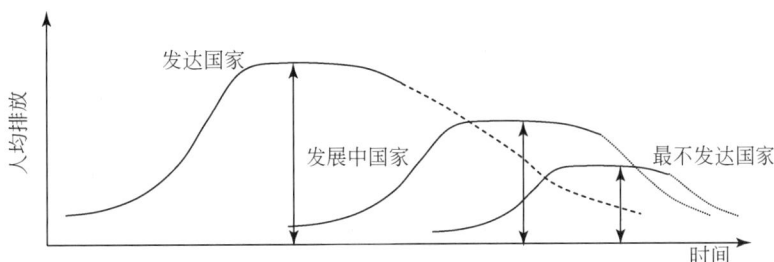

图 34.13 各国人均累积排放的累积趋同路径

发展中国家的低碳发展道路受到排放空间、技术和资金的多重压力，举步维艰，同时面临贫困、饥饿、健康等诸多方面的难题，也越来越受气候变化的负面影响，实现低碳发展面临多方面的挑战，任重而道远。

2. 确定合理的长期目标和排放权分配要坚持公平原则

当前发达国家（附件 I 国家）和发展中国家（非附件 I 国家）的温室气体排放量大体相当，实现全球减排 50% 的目标，即使发达国家减排 80%，发展中国家整体上也要减排 20%，全球长期减排目标实质上为发展中国家规定量化的减限排义务。若考虑未来人口发展，发达国家温室气体排放将由 1990 年的 14 t CO_2 当量/人下降到约 2 t CO_2 当量/人，而发展中国家也将由当前不足 4 t CO_2 当量/人下降到不足 2 t CO_2 当量/人。到 2050 年，按此目标，发展中国家人均排放尚会略低于发达国家，这基本上也是 UNDP（2007）和斯特恩报告（2008）的方案，是基于人均趋同或紧缩趋同的原则。

实现上述全球减排目标对中国和其他发展中国家都将面临严峻的挑战。就化石能源消费的 CO_2 排放而言，全球 1990 年排放量为 210 亿 t，2050 年减半只有 105 亿 t，即使考虑全球排放量要到 2025 年左右才能到峰值并开始下降，全球 2005～2050 年的排放限额也只有约 10 560 亿 t，发达国家即使减排 80%，从 2005～2050 年的累积排放量仍将达 3800 亿 t，人均累积排放量约为 266 t，而给发展中国家留有的排放空间只有 6750 亿 t，人均累积排放量 107 t，不及发达国家的一半。如再考虑历史上的累积排放，从 1751～2050 年，附件 I 国家人均累积排放将为 1220 t，而非附件 I 国家仅为 190 t，只有发达国家水平的 16%，见表 34.6。

表 34.6 全球长期减排目标下的人均累积排放量分析（t CO_2/人）

项　　目	附件 I 国家	非附件 I 国家	世界
1751～2005 年人均累积排放	954	83	332
2005～2050 年人均累积排放	266	107	137
1751～2050 年人均累积排放	1220	190	459

注：根据联合国的人口资料估算确定 2050 年附件 I 国家、非附件 I 国家人口分别为 15 亿、75 亿左右。

发达国家倡导的全球长期减排目标和自身承诺，仍然将极大挤占发展中国家的排放空间，对发展中国家的现代化进程形成严重制约。据 IPCC 报告，未来全球 CO_2 排放的增长主要来自发展中国家，发展中国家的 CO_2 排放到 2050 年将达目前的 4 倍左右，到 2050 年实现全球排放减半目标，给发展中国家留有的 CO_2 排放空间也只有 80 亿 t。发展中国家届时的 CO_2 排放总体上需比届时的排放需求减少 80%。这将严重制约发展中国家的发展空间，阻滞发展中国家的可持续发展。

当前发达国家提出的全球长期减排目标及其涉及的排放权分配方法，完全有悖于中国等发展中国家倡导的基于人均累积排放体现的公平性原则。所谓人均累积排放量是指自工业革命以来，各国每年人均温室气体排放量的累计叠加。由于温室气体在大气中停留时间要持续 100 年以上，因此自工业革命以来的人均累积排放量体现了一个国家的历史责任，也体现了一个国家利用有限大气空间为自身城市化和现代化发展，为国内基础设施建设和社会财富积累所做的贡献。工业革命以来世界经济发展的规律显示，一个国家在实现工业化和现代化的过程中，人均能源和资源的消费累计量均需达到一定水平。因此，一定数量的人均累积碳排放空间是现代化进程中必不可少的。人均累积排放量趋同是基于世界各国的每个公民都有平等享受大气空间资源的权利。把世界各国人均累积排放量趋同作为分配和使用全球有限排放空间的原则体现了各国平等的责任和权利。

3. 发展中国家低碳发展需要发达国家技术、资金和能力建设的有效支持

发展中国家技术水平落后、资金短缺，是当前国内应对气候变化、实现低碳发展的障碍和瓶颈。发达国家切实落实在《联合国气候变化框架公约》中对发展中国家提供资金、转让技术和能力建设的承诺是关键，但发达国家政府对此却一直少有作为。与此同时，国际上的研究，例如《应对气候变化关键要点》（Stern，2008）中，一方面笼统讲实现其减排目标技术上和经济上都是可行的，但对发展中国家最迟到 2020 年后实现绝对减排的技术经济可行性以及实现减排的资金、技术需求和各种障碍未作分析，没有分析和评价这种减排目标对发展中国家的可持续发展的影响。

另一方面，强调建立全球碳贸易市场，以市场机制实现最小成本减排，忽略发达国家政府的国家责任。斯特恩还主张发展中国家积极参与处于过渡期的全球碳市场，即采用以 CDM 为基础的基准线—排放信贷方式（baseline-and-credit），并将基于项目的 CDM 机制扩展为部门整体目标或方案。"资金机制"强调私人部门通过全球碳市场融资和受益，"技术转让"机制则强调知识产权制度和激励技术研发，发展中国家可通过碳贸易市场出售排放信贷获得资金收益。这不符合《联合国气候变化框架公约》规定发达国家向发展中国家提供资金、转让技术和帮助进行能力建设的义务。

UNFCCC[①] 曾估算，若在 2030 年全球温室气体排放量稳定在现有水准，全球在 2030 年将在减缓领域新增投资 2000 亿～2100 亿美元，其中发展中国家的新增投资资金需求占 46%；另外，UNFCCC 认为全球温室气体低排放技术的利用方面所需投资的资金规模翻倍，为每年 600 亿美元。但该研究仅仅对经济部门未来的投资资金需求做出预估，没有考虑资金

---

① UNFCCC. 2007. Report on the analysis of existing and potential investment and financial flows relevant to the development of an effective and appropriate international response to climate change. Dialogue on Long-term Cooperative Action to Address Climate Change by Enhancing Implementation of the Convention. Fourth Workshop. Vienna，27-31 August 2007

的来源，没有预估未来的对外直接投资、国际债务和官方开发援助。

部分学者开始质疑发达国家加强对发展中国家的能力建设援助。有研究认为能力建设更应当关注强化国内相关的能力，包括政策研究和创新的能力、技术与机制变换的管理能力，其认为仅有内容定制的政策工具才有可能在相关国家的特定国内环境中行之有效（Sagar，2000）。近来，有些研究开始质疑能力建设能否来自某个国家的外部，OECD认为有关从外部容易完成能力建设的假定是错误的（IPCC，2007a-c）。这也成为目前国际上发达国家对发展中国家应对气候变化的能力建设不作为或乏力的一种证据支撑。

向发展中国家提供大规模的、长期的资金和技术援助，是发达国家在《联合国气候变化框架公约》下的责任和义务，也是对其过分挤占发展中国家排放空间的补偿。若发达国家不能及时有效地向发展中国家进行大规模技术转让，让发展中国家买得上、用得起先进低碳技术，则发展中国家当前正在建设的基础设施和生产容量仍会采用高排放技术，而且由于"技术锁定"效应，其高排放特征将持续几十年。未来全球长期减排目标越紧迫，全球温室气体排放限额就越小，实际上意味着发达国家对发展中国家排放空间挤占的份额就越大，为发展中国家保留的发展空间就越小，发达国家提供资金和转让技术的责任也就越大。因此，不仅当前发展中国家在可持续发展的优先领域开展适当的减缓行动要得到发达国家技术与资金的支持，而且未来全球长期减排目标的确定，也必须与发达国家为发展中国家的低碳发展提供额外的、充足的、可预期的和可持续的资金和先进适用技术的支持挂钩。所提供的支持必须使发展中国家在排放空间被严重压缩的情况下，走上低碳发展的道路，确保人民生活持续改善，经济社会协调稳定和可持续发展。发达国家为发展中国家的减缓行动提供技术和资金支持，是发达国家在《联合国气候变化框架公约》下的义务，政府应该发挥主导作用，不应以市场和商业行为为借口，推卸发达国家政府的责任。资金来源主要应来自公共财政，要额外并有别于现有海外发展援助（ODA），而且要满足可测量、可报告和可核实的要求。

向发展中国家提供大规模的、长期的资金和技术援助，还是全球经济危机下"绿色复苏"的不可缺少的组成部分。2008年下半年，全球面临着经济危机的冲击，Gore（2007）提出采用"马歇尔计划"的思路来解决全球变暖问题，采用绿色新政以共同解决经济危机与气候危机也呼之欲出[①]（New Economics Foundation，2008；UNEP，2009）。发展中国家G77集团的提案要求发达国家拿出GDP的0.5%～1.0%，支持发展中国家开展适应和减缓气候变化活动和进行能力建设，以保障发展中国家在排放空间被严重压缩、受气候变化负面影响日益严重的情况下，走上以低碳为主要特征的可持续发展的道路。在《哥本哈根协议》（2009）中，发达国家已承诺在2010～2012年提供300亿美元，到2020年每年提供100亿美元，支持发展中国家适应和减缓气候变化。尽管资金数量还远未达到发展中国家的预期，而且资金来源也不是发展中国家所期望的主要来自发达国家的公共财政资金，但毕竟有了一个数量上的承诺。未来有关资金的来源、管理和使用等问题，仍有待于在《联合国气候变化框架公约》谈判中进一步解决。

4. 确定全球长期减排目标要以发达国家率先减排为前提

发达国家历史上和今后相当长时期的高人均排放，已经和继续严重挤占全球的碳排放空

[①] United Nations，Department of Economic and Social Affairs（UN/DESA）. 2009. A global green new deal for sustainable development. UN-DESA Policy Brief，No. 12. Available at http：//www. un. org/esa/policy/policybriefs/index. htm

间。确定附件Ⅰ国家 2012 年后量化的减排承诺，是全球气候变化谈判首要的议程和任务。当前附件Ⅰ国家提出的自身到 2020 年温室气体减排目标总体上只比 1990 年减排 15％左右，且还包含与发展中国家 CDM 合作机制的减排信用，这远不能支撑实现 2050 年全球减半的排放轨迹。美国提出的到 2020 年温室气体排放目标仅比 1990 年减排 4％，这与其实现到 2050 年减排 80％长期目标的排放轨迹相距甚远，而发展中国家要求发达国家 2020 年比 1990 年至少减排 40％。

发达国家具有深度减排的技术、资金和能力，但在中近期减排承诺上没有做出应有努力，而在长期减排目标上拉发展中国家共同承担义务。当前发展中国家要求发达国家中近期进行深度减排。一方面是发达国家要为发展中国家做出低碳发展的表率，证明实现全球控制温升 2℃长期目标下排放轨迹的可行性和发达国家的减排决心；另一方面也是使其尽可能地减少对发展中国家排放空间的进一步挤占。全球长期减排目标能否实现与发达国家中近期能否深度减排密切相关，两者相比，中近期减排更为迫切和重要。

另一方面，从公平原则出发，发达国家当前深度减排是其在《联合国气候变化框架公约》下的义务，是共同但有区别责任的原则的体现，也是为发展中国家的可持续发展留有必要的排放空间。发达国家中近期承诺深度减排，既不能作为迫使发展中国家承担长期减排限额的筹码，也不能作为在贸易问题上设置"气候壁垒"、征收发展中国家出口产品碳税的理由。

全球长期减排目标要保障发展中国家的可持续发展。按照巴厘路线图的要求，发展中国家要"在发达国家可测量、可报告和可核实的技术、资金和能力建设的支持下，在可持续发展框架下开展可测量、可报告和可核实的国内适当减缓行动"，明确表述了发展中国家和发达国家不同的责任和义务。这表明发展中国家国内适当的减缓行动是在自愿基础上的、在可持续发展的优先领域开展的具体行动和项目活动，不同于发达国家承诺总体减排目标的强制性义务。同时，发展中国家减缓行动要在发达国家提供可测量、可报告和可核实的技术、资金和能力建设的支持下进行。巴厘路线图的要求体现了发展中国家在可持续发展框架下应对气候变化的原则，全球气候变化进程应按巴厘路线图的授权，促进《联合国气候变化框架公约》全面有效和持续的实施，并就减缓、适应、技术转让和资金支持方面做出全面安排。不能以确定全球长期减排目标的形式，为发展中国家施加新的、量化的长期减排义务。《联合国气候变化框架公约》明确规定，经济和社会发展及消除贫困更是发展中国家缔约方的首要和压倒一切的优先任务。发展中国家需要在可持续发展的框架下统筹考虑和协调解决所有这些问题。发展中国家适当的减缓行动要与实现发展和减贫的目标相协调。发展中国家只有通过可持续发展，提高经济发展水平和自身的能力，才能有效地应对气候变化（何建坤，滕飞，刘滨，2009）。

由此可见，作为发展中国家而言，当前最为现实的是"自下而上"地采取切实的适应和减缓行动。在全球应对气候变化行动日益紧迫的形势下，中国应把低碳发展作为推动能源技术创新、转变经济发展方式、协调经济发展与保护全球气候关系的核心战略选择，实现全球应对气候变化与国内可持续发展的双赢。

第五部分

中国应对气候变化的政策措施、采取的行动及成效

摘　要

作为负责任的发展中国家，中国在科学发展观的指导下，提出了符合国情的应对气候变化目标，采取了一系列应对气候变化的相关政策和行动，为减缓全球气候变化做出了积极的贡献。2007 年，在《中国应对气候变化国家方案》中，明确提出了到 2010 年，中国的单位 GDP 能耗将比 2005 年下降 20％左右，可再生能源开发利用总量在一次能源供应结构中的比重提高到 10％左右的目标。2009 年，中国政府进一步提出了 2020 年控制温室气体排放行动目标，即到 2020 年单位国内生产总值 CO_2 排放量比 2005 年下降 40％～45％，非化石能源占一次能源消费比重达到 15％左右，森林面积比 2005 年增加 4000 万 hm^2，森林蓄积量比 2005 年增加 13 亿 m^3。这是中国根据国情采取的自主行动，也是中国为全球应对气候变化做出的巨大努力。本部分将对中国应对气候变化的政策措施、采取的行动及取得的成效进行综合评估。

一、中国减缓气候变化的政策与行动

中国在减缓气候变化领域做出了不懈的努力，在节约能源、提高能效、优化能源结构、发展循环经济、减少农村和农业温室气体排放、增强森林碳汇能力等方面采取了一系列富有成效的政策措施，取得了显著的成效。

中国历来重视节约能源和开发利用低碳能源。"十一五"期间，中国首次将单位 GDP 能耗降低率作为约束性指标纳入到国民经济和社会发展规划纲要，制定并采取了一系列符合中国国情的法律、法规、政策、措施和行动。中国的单位 GDP 能耗和主要高耗能产品的综合能耗在此期间持续下降。截至 2009 年年底，中国的单位 GDP 能耗累积下降了 15.6％。中国制定了促进可再生能源和核能发展的相关规划，形成了包括法律、产业、技术和财政等内容的低碳能源发展政策框架，中国低碳能源应用的规模正不断扩大。

中国近年来的循环经济实践为提高资源、能源利用效率、减少污染物排放和控制温室气体排放做出了积极的贡献。伴随着循环经济的大力推进，中国资源产出率稳步提高，单位产品能耗明显降低，废物循环利用水平得到较大提高，污染物排放得到一定程度的控制，形成了一批循环经济的典型企业和产业园区。到 2008 年，中国的工业固体废弃物综合利用率达到 64.9％，近四分之一的钢产量来源于废钢，20％的水泥原料来自于固体废物，三分之一的纸浆原料来自再生资源。

农村清洁能源供给以及减少农业过程温室气体的排放是中国在减缓气候变化领域的一项特色工作。截至 2008 年年底，全国户用沼气达到 3050 万户，年产沼气量达到 120 亿 m^3，相当于减少 CO_2 排放 4900 万 t。同时，通过推广高产水稻品种、水稻间歇灌溉技术、秸秆青贮氨化技术、配方施肥等，有效地减少了 CH_4、N_2O 等温室气体排放。此外，中国还通过实施保护性耕作、加强草原保护与建设等措施，增加了农业土壤碳汇和草原碳汇。

中国通过大力开展植树造林、退耕还林和封山育林等生态建设，有力促进了森林资源的恢复和增长，增强了中国的森林碳汇能力。据估算，1980～2005 年中国造林活动累计净吸收约 30.6 亿 t CO_2，森林管理累计净吸收约 16.2 亿 t CO_2，减少毁林排放约 4.3 亿 t CO_2。

二、中国适应气候变化的政策与行动

中国高度重视气候变化对不同领域和不同地区的影响，坚持以增强防灾减灾能力和适应气候变化能力为目标，从中国国情出发，克服气候条件较差、自然灾害较重、生态环境脆弱、农业人口众多、经济发展水平较低等客观不利因素的制约，在农业、林业、水资源和海岸带管理等领域就适应气候变化方面制定了相关政策，采取了一系列措施，取得了明显效果。

中国制定并开展了以保障粮食生产安全为中心的农业适应气候变化政策和行动，为保障农业的可持续发展奠定了良好的基础。在国家发展改革委、科技部等部门的激励下，中国在加大粮食生产扶持力度、加强农业基础建设、加强科学研究与推广、转变农业生产方式、建设示范项目、农业防灾减灾等方面采取了多种措施，极大地提高了农业适应气候变化的能力。

中国制定并实施了一系列有利于增强林业适应气候变化能力的法律法规，促进了森林和其他自然生态系统的保护。中国制定了促进林业可持续发展的政策框架，建立了具有中国特色的森林资源管护制度。中国加强了林地、林木以及野生动植物资源的保护管理，继续推进天然林保护、野生动植物自然保护区以及湿地保护工程的建设，加强生态脆弱区域、生态系统功能的恢复与重建。中国还积极推进退耕还林工程、"三北"防护林体系建设工程、京津风沙源治理工程、长江流域防护林体系建设工程、海岸防护林体系、农田防护林体系等重大林业生态建设工程，有效提高了这些区域适应气候变化的能力。

中国在完善政策法规、加强水资源管理、加强水利基础设施建设、全面建设节水型社会、核定水域纳污能力以及限制污染物排放总量等方面采取了综合性举措，有力地缓解了水资源供需矛盾，促进了水资源的可持续开发利用，并增强了水资源适应气候变化的能力。

为减少气候变化对中国海岸带以及海洋领域的影响，中国建立健全了相关法律法规，加强了海洋观测，开展了风险评估，完善了极端海洋灾害的预警报和应急响应行动，推进实施了海洋保护区和海洋生态护岸工程，加强了海岸带水资源综合管理，并开展了海洋领域适应气候变化的科技专项行动。

三、提高全社会应对气候变化意识

提高全社会应对气候变化意识是中国应对气候变化政策和行动的重要内容。近些年来，在政府的推动下，中国建立了良好基础，全社会应对气候变化的意识正在逐步提高。

中国重视应对气候变化方面的教育和宣传。在正规教育和非正规教育中都涵盖了应对气候变化的内容，并通过各种渠道的出版物、电视台、主流报纸和网络宣传等普及全社会应对气候变化的知识。不同来源的调查问卷显示，大城市公众的气候变化意识有了明显的提高，但农村地区公众的气候变化意识亟待进一步提高。

为促进应对气候变化的公众参与，相关部门陆续出台了相关法律、政策法规，为广泛的公众参与提供了根本的法律基础和政策保障。气候变化领域科学家与专家团体的崛起和他们在宣传教育中的积极参与、环保社会组织近年来的蓬勃发展，也使全社会应对气候变化的意识得到了明显的提高。

地方各级政府在中央政府的统一部署下，在制定应对气候变化省级方案、完成节能减排硬性指标、创建低碳城市和发展低碳产业等实践活动中，各级决策者和政府机构应对气候变化的意识正在逐步提高。

中国企业应对气候变化意识得到提高，企业的社会责任感得到了加强，并在节能减排工作中取得了显著的成绩；积极利用 CDM 项目开展对外合作，还在自愿碳减排、碳交易、碳中和等方面做出了有益的尝试。

四、气候变化领域国际合作

本着共同但有区别的责任原则，中国一直积极参加应对气候变化的国际合作，为建立一个公平、公正、有效的国际气候制度贡献了自己的力量。

中国长期以来积极支持和参加《联合国气候变化框架公约》（以下简称《公约》）和《京都议定书》（以下简称《议定书》）框架下的活动，努力促进《公约》和《议定书》的有效实施。中国专家积极参与政府间气候变化专门委员会的工作，为相关报告的编写作出了贡献。中国认真履行自身在《公约》和《议定书》下的义务，重视清洁发展机制在帮助《公约》附件Ⅰ国家以较低成本实现减排目标及促进本国可持续发展中的积极作用，通过参与清洁发展机制项目合作为国际温室气体减排做出了积极贡献。

在多边合作方面，中国努力推动气候变化领域国际社会间的交流与互信，促进形成公平、有效的全球应对气候变化机制。在双边方面，与欧盟、印度、巴西、南非、日本、美国、加拿大、英国、澳大利亚等国家和地区建立了气候变化对话与合作机制，并将气候变化作为南南合作的重要内容。

同时，中国积极参与气候变化相关领域国际科技合作计划，并加强与相关国际组织和机构的信息沟通和资源共享。

五、应对气候变化的体制机制建设

加强体制机制建设是中国增强应对气候变化能力的制度保障。中国政府在完善相关法律、成立中央和地方相应的管理机构、建立旨在提高科技能力和推动 CDM 项目合作的体制机制等方面采取了一系列综合性措施，初步建立了应对气候变化的体制机制框架。

在国内层面，中国政府认真贯彻实施《环境保护法》、《节约能源法》、《可再生能源法》等相关法规；在国际层面，1992 年，中国全国人大常委会批准了《联合国应对气候变化框架公约》，2002 年，中国政府核准了《京都议定书》，这些措施有效推动了应对气候变化相关工作。

早在 1990 年，中国政府成立了"国家气候变化协调小组"，1998 年设立了"国家气候变化对策协调小组"，2003 年新一届的"国家气候变化对策协调小组"的成员单位进一步扩大，2007 年成立了由国务院总理担任组长的"国家应对气候变化领导小组"，并在国家发展和改革委员会下设"国家应对气候变化领导小组办公室"，2008 年，国家发展和改革委员会新设"应对气候变化司"，承担国家应对气候变化领导小组有关应对气候变化方面的具体工作。2008 年，除国家发展改革委员会外，外交部、农业部、中国气象局等 7 个部门也各自成立了部门应对气候变化领导小组，并在内部设立了专门的管理机构，其他部门也都在内部明确了管理职责，加强了应对气候变化的指导和管理。在实施清洁发展机制项目合作的过程中，中国在管理办法、机构建设等方面开展了积极的探索，为推进 CDM 项目提供了良好的支撑。

2007 年，中国各地区都结合本地区的实际情况，认真执行和贯彻《应对气候变化国家方案》，在地方的机构改革中，所有的省、区、市都设立或明确了应对气候变化工作的职能职责。省级政府通过编制省级应对气候变化方案，进一步加强了地方应对气候变化的机构与能力建设。

为加强应对气候变化科技工作，中国大力加强科研基础设施建设，鼓励和培育国内优秀科研单位积极开展气候变化研究，打造科技人才队伍，制定科技研发战略重点，在气候变化科技领域取得了显著成绩。

第三十五章　应对气候变化的总体思路

提　要

作为一个发展中国家，中国坚定不移地走可持续发展道路，结合国民经济和社会发展规划，制定了《应对气候变化国家方案》。中国已经将应对气候变化提高到了战略高度，制定了应对气候变化的基本原则和总体目标。中国已经采取了一系列政策和措施，在应对气候变化领域取得了积极成效。本章从应对气候变化的总体框架、总体目标、总体进展三个方面阐述中国应对气候变化的总体思路。

35.1　应对气候变化总体框架

在深刻认识气候变化问题产生的根源及实质的基础上，中国需要在可持续发展框架下，统筹经济社会发展与气候保护，明确应对气候变化在实现国家现代化和建设小康社会进程中的战略地位，逐渐形成符合中国国情、能够实现发展经济、保障民生以及应对气候变化等多重目标的制度安排和战略思路。

35.1.1　科学认识

全球气候变暖已是不争的事实，近百年全球地表平均温度上升了 0.74℃。尽管目前对于全球变暖是否由人为因素造成的研究结论尚存在一定的不确定性，但可以确信最近 50 年的变暖是由于工业革命以来的人类活动引起的。人类活动主要是指化石燃料燃烧和毁林等土地利用变化，这些活动均会导致主要包括 CO_2、CH_4 和 N_2O 等温室气体的排放。全球大气 CO_2 浓度由工业革命前的 280ppm 左右上升到 2005 年的 379ppm，超过了近 65 万年以来的自然变化范围，CH_4 和 N_2O 浓度也超过了近 65 万年以来的最大值（IPCC，2007a-c）。

随着科学界对 CO_2 等温室气体排放与气候变化之间相互关系认识的深化，国际社会要求采取对策以限制或减少 CO_2 等温室气体排放的呼声也越来越高。由于化石燃料燃烧导致了温室气体的大量排放，因此气候变化与能源之间的关系非常密切，气候变化问题已日益成为各国制定国家能源战略的重要影响因素，成为推动世界低碳发展的重要动力。从这个角度来讲，气候变化是环境问题，也是发展问题，但归根到底是发展问题[①]。

中国把应对气候变化作为国家经济社会发展的重大战略，作为落实科学发展观和实现可持续发展的重要内容。应对气候变化需要统筹协调对外争取发展空间、对内逐步实现低碳转

---

① 胡锦涛．携手开创未来，推动合作共赢——在八国集团与中国、印度、巴西、南非、墨西哥王国领导人对话会上的书面讲话．2005 年 7 月 7 日

型的关系，要将应对气候变化作为实现可持续发展战略的长期任务纳入国民经济和社会发展规划，明确战略目标、战略任务和要求（全国人大常委会，2009）。

中国作为负责任的发展中大国，始终坚持在可持续发展框架下积极应对气候变化，努力在加快建设资源节约型、环境友好型社会和建设创新型国家的进程中不断为应对气候变化作出贡献。坚持在可持续发展框架下应对气候变化等原则，既是认真履行《联合国气候变化框架公约》义务的重要体现，也是贯彻落实科学发展观，加强生态文明建设的客观需要。中国通过制定和实施中国应对气候变化国家方案，进一步明确了应对气候变化的指导思想和主要目标，对于指导国内应对气候变化工作，进一步加强应对气候变化能力建设，减缓全球气候变化具有重要意义。

35.1.2　总体考虑

如何在发展经济和改善人民生活的同时，有效应对气候变化，是中国学者、政府部门及立法机构一直在积极探索和努力实践的一个重大问题。

早在 2005 年发布的《中国气候变化国家评估报告》中，就提出要贯彻"科学技术是第一生产力"的指导思想，把技术创新作为在可持续发展框架下减缓温室气体排放的核心手段。

在《中国应对气候变化国家方案》中，明确提出中国应对气候变化的指导思想为：全面贯彻落实科学发展观，推动构建社会主义和谐社会，坚持节约资源和保护环境的基本国策，以控制温室气体排放、增强可持续发展能力为目标，以保障经济发展为核心，以节约能源、优化能源结构、加强生态保护和建设为重点，以科学技术进步为支撑，不断提高应对气候变化的能力，为保护全球气候做出新的贡献。

在 2007 年 6 月 14 日发布的《中国应对气候变化科技专项行动》中，提出要以科学发展观为指导，积极贯彻落实《国家中长期科学和技术发展规划纲要》和《中国应对气候变化国家方案》，充分发挥科学技术在应对气候变化中的基础和先导作用，促进气候变化领域的自主创新与科技进步，依靠科技进步控制温室气体排放，增强中国适应气候变化的能力，为促进经济社会可持续发展、维护国家权益和履行国际义务提供强有力的科技支撑。

2009 年 11 月 25 日，国务院召开常务会议，研究部署应对气候变化工作。会议认为，妥善应对气候变化，事关中国经济社会发展全局和人民群众根本利益，事关各国人民的福祉和长远发展。会议提出，面对气候变化的严峻挑战，我们必须深入贯彻落实科学发展观，采取更加强有力的政策措施与行动，加快转变发展方式，努力控制温室气体排放，建设资源节约型和环境友好型社会。

可见，中国将应对气候变化作为国家经济社会发展的重大战略，逐步将应对气候变化工作与国家繁荣昌盛、人民安居乐业、环境生态良好等事关大局的问题密切结合在一起，这体现了中国国家对气候变化问题的高度重视。

35.1.3　基本原则

基于对气候变化问题的基本认识，结合基本国情及特定发展阶段，中国逐渐形成并明确了应对气候变化的基本原则和立场，坚持这些原则和立场，对于指导国内应对气候变化工作和积极参与国际合作与谈判具有重要意义。在《中国应对气候变化国家方案》中，明确提出中国应对气候变化必须坚持以下六项基本原则：

第一，在可持续发展框架下应对气候变化的原则。这既是国际社会达成的重要共识，也是各缔约方应对气候变化的基本选择。中国政府早在 1994 年就制定和发布了可持续发展战略，1996 年首次将可持续发展作为经济社会发展的重大战略目标，2003 年又制定了《中国 21 世纪初可持续发展行动纲要》。中国将继续根据国家可持续发展战略，积极应对气候变化。

第二，遵循《联合国气候变化框架公约》规定的"共同但有区别的责任"原则。根据这一原则，发达国家应带头减少温室气体排放，并向发展中国家提供资金和技术支持；发展经济、消除贫困是发展中国家压倒一切的首要任务，发展中国家履行公约义务的程度取决于发达国家在这些基本的承诺方面能否切实有效的执行。

第三，减缓与适应并重的原则。减缓和适应是应对气候变化挑战的两个有机组成部分。对于广大发展中国家来说，减缓气候变化是一项长期、艰巨的挑战，而适应气候变化则是一项现实、紧迫的任务。中国将继续在努力控制温室气体排放的同时，加强生态保护以及防灾、减灾等重大基础工程建设，切实提高适应气候变化的能力。

第四，将应对气候变化的政策与其他相关政策有机结合的原则。气候变化涉及经济社会的许多领域，只有将应对气候变化的政策与其他相关政策有机结合起来，才能使这些政策更加有效。中国将努力把减缓和适应气候变化的政策措施纳入到国民经济和社会发展规划中统筹考虑、协调推进。

第五，依靠科技进步和科技创新的原则。科技进步和科技创新是减缓温室气体排放，提高气候变化适应能力的有效途径。中国将充分发挥科技进步在减缓和适应气候变化中的先导性和基础性作用，大力发展新能源、可再生能源技术和节能新技术，促进碳吸收技术和各种适应性技术的发展，加快科技创新和技术引进步伐，为应对气候变化、增强可持续发展能力提供强有力的科技支撑。

第六，积极参与、广泛合作的原则。全球气候变化是国际社会共同面临的重大挑战，尽管各国对气候变化的认识和应对手段尚有不同看法，但通过合作和对话、共同应对气候变化带来的挑战是基本共识。中国将积极参与《联合国气候变化框架公约》谈判和政府间气候变化专门委员会的相关活动，进一步加强气候变化领域的国际合作，积极推进在清洁发展机制、技术转让等方面的合作，与国际社会一道共同应对气候变化带来的挑战。

在 2009 年 5 月发布的《落实巴厘路线图——中国政府关于哥本哈根气候变化会议的立场》文件中，进一步强调坚持公约和议定书基本框架，严格遵循巴厘路线图授权；坚持"共同但有区别的责任"原则；坚持可持续发展原则；减缓、适应、技术转让和资金支持应当同举并重。

在 2009 年 9 月 22 日召开的联合国气候变化峰会开幕式上，胡锦涛主席就国际社会携手应对气候变化提出四点建议：第一，履行各自责任是核心。应根据《联合国气候变化框架公约》及其《京都议定书》的要求，积极落实"巴厘路线图"谈判。第二，实现互利共赢是目标。支持发展中国家应对气候变化，既是发达国家应尽的责任，也符合发达国家长远利益。应努力实现发达国家和发展中国家双赢，实现各国利益和全人类利益共赢。第三，促进共同发展是基础。没有各国共同发展，特别是没有发展中国家发展，应对气候变化就没有广泛而坚实的基础。第四，确保资金技术是关键。发达国家应该担起责任，向发展中国家提供新的、额外的、充足的、可预期的资金支持和技术转让。

35.1.4 战略思路

随着对气候变化问题认识的不断加深，中国应对气候变化的战略思路也逐渐清晰。在《中国气候变化国家评估报告》中提出中国减缓气候变化的总体思路是：在保证中国到 2020 年全面建设小康社会、基本实现工业化以及到本世纪中叶基本实现现代化的社会经济发展目标的前提下，坚持全面、协调、可持续的科学发展观，转变经济增长模式和社会消费模式，建立"资源节约型"和"环境友好型"社会。以技术创新为核心手段，发展并推广先进节能技术，提高能源利用效率；积极发展可再生能源技术和先进核能技术，以及高效、洁净、低碳排放的煤炭利用技术和氢能技术，优化能源结构，减少能源消费的 CO_2 排放；改进土地管理和利用方式，加强森林资源的管理并增加森林覆盖面积，保护生态环境并增加碳吸收汇，走"低碳经济"的发展道路。加强法律法规建设，加强科学普及和信息传播，提高企业和公众的全球环境意识和参与的自觉性，建立减缓气候变化的制度和机制。随着未来经济的持续发展，使 GDP 的碳排放强度较大幅度地持续下降，到本世纪中叶，实现碳排放量的零增长乃至负增长。

中国科学院可持续发展战略研究组 2009 年发表的《中国可持续发展战略研究报告》提出，鉴于国家利益和应对气候变化的需求，中国特色低碳道路的战略取向应包括以下五个方面：一是在可持续发展的框架下，把低碳发展作为建设资源节约型、环境友好型社会和创新型国家的重点内容，纳入到可持续工业化和可持续城镇化的具体实践中；二是把"低碳化"作为国家社会经济发展的战略目标之一，并把相关目标整合到各项规划和政策中去；三是权衡经济发展与气候保护的近期和远期目标，处理好利用战略机遇期实现重化工业阶段的跨越与低碳转型的关系，同时充分考虑碳减排、能源安全、环境保护的协同效应，有效降低减排成本；四是加强部门、地区间的合作，吸引各利益相关方的广泛参与，发挥社会各方面的积极性，特别是通过新的国际合作模式和体制创新，共同促进生产模式、消费模式和全球资源资产配置方式的转变；五是积极参与国际气候体制谈判和低碳规则制定，为中国的工业化进程争取更大的发展空间。

2009 年 11 月 25 日召开的国务院常务会议，明确提出要把应对气候变化作为国家经济社会发展的重大战略，明确应对气候变化工作要立足于推动科学发展，立足于加强生态文明建设，统筹经济发展和保护环境，统筹国内和国际两个大局，统筹现实需要和长远利益。加强对节能、提高能效、洁净煤、可再生能源、先进核能、碳捕集利用与封存等低碳和零碳技术的研发和产业化投入，加快建设以低碳为特征的工业、建筑和交通体系。制定配套的法律法规和标准，完善财政、税收、价格、金融等政策措施，健全管理体系和监督实施机制。加强国际合作，有效引进、消化、吸收国外先进的低碳和气候友好技术，提高中国应对气候变化的能力。增强全社会应对气候变化的意识，加快形成低碳绿色的生活方式和消费模式。

35.2 应对气候变化总体目标

中国应对气候变化的总体目标是：控制温室气体排放取得明显成效，适应气候变化的能力不断增强，气候变化相关的科技与研究水平取得新的进展，公众的气候变化意识得到较大提高，气候变化领域的机构和体制建设得到进一步加强[①]。

---

① 中华人民共和国国务院．2007．中国应对气候变化国家方案

35.2.1　促进可持续发展

在可持续发展框架下应对气候变化不仅是中国应对气候变化的基本原则，也是全球发展中国家应对气候变化的基本原则。气候变化问题是在发展中产生，也需要在发展中得以解决。寻求经济发展和脱离贫困，始终是中国等广大发展中国家的第一要务。

中国人口众多，资源相对不足，环境承载能力弱，在这样的国情下，必须坚持可持续发展来协调经济社会与人口资源环境之间的矛盾。1992 年联合国环境与发展大会后，中国政府发布了《中国 21 世纪议程——中国 21 世纪人口、环境与发展白皮书》。2002 年联合国可持续发展世界首脑会议后，国务院又于 2003 年发布了《中国 21 世纪初可持续发展行动纲要》，提出了中国 21 世纪初可持续发展的总体目标是：可持续发展能力不断增强，经济结构调整取得显著成效，人口总量得到有效控制，环境明显改善，资源利用率显著提高，促进人与自然的和谐，推动整个社会走上生产发展、生活富裕、生态良好的文明发展道路。

多年来，中国政府从国情出发，坚持走出一条科技含量高、经济效益好、资源消耗低、环境污染少、人力资源优势得到充分发挥的新型工业化道路。坚持统筹人与自然的协调发展，将可持续发展战略贯穿于国民经济和社会发展的各个领域，努力处理好经济建设、人口增长与资源利用、生态环境保护的关系，逐步推动整个社会走上生产发展、生活富裕、生态良好的可持续文明发展道路。在人口方面，把实行计划生育，控制人口数量，提高人口素质作为基本国策；在资源开发与利用方面，始终坚持立足国内，开发与节约并举，把节约放在首位的基本方针；在环境保护方面，将环境保护作为一项基本国策，坚持经济社会发展与环境保护、生态建设相统一。

应对气候变化是中国面临的一项新挑战，中国需要在可持续发展框架下解决气候变化问题，也需要在应对气候变化过程中不断摸索实现可持续发展的途径和模式，积累更多的实现可持续发展的经验和优良做法，最终促进中国的全面发展。

35.2.2　减缓温室气体排放

减缓温室气体排放是应对气候变化的重要内容，也是一项长期而艰巨的任务。《中国应对气候变化国家方案》提出到 2010 年中国控制温室气体排放的主要目标为：通过加快转变经济增长方式，强化能源节约和高效利用的政策导向，加大依法实施节能管理的力度，加快节能技术开发、示范和推广，充分发挥以市场为基础的节能新机制，提高全社会的节能意识，加快建设资源节约型社会，努力减缓温室气体排放。到 2010 年，实现单位 GDP 能源消耗比 2005 年降低 20% 左右；通过大力发展可再生能源，积极推进核电建设，加快煤层气开发利用等措施，优化能源消费结构，到 2010 年，力争使可再生能源开发利用总量在一次能源供应结构中的比重提高到 10% 左右。煤层气抽采量达到 100 亿 m^3；通过强化冶金、建材、化工等产业政策，发展循环经济，提高资源利用率，加强 N_2O 排放治理等措施，控制工业生产过程的温室气体排放，到 2010 年，力争使工业生产过程的 N_2O 排放稳定在 2005 年的水平上；通过继续推广低排放的高产水稻品种和半旱式栽培技术，采用科学灌溉技术，研究开发优良反刍动物品种技术和规模化饲养管理技术，加强对动物粪便、废水和固体废弃物的管理，加大沼气利用力度等措施，努力控制 CH_4 排放增长速度；通过继续实施植树造林、退耕还林还草、天然林资源保护、农田基本建设等政策措施和重点工程建设，到 2010 年，努力实现森林覆盖率达到 20%，力争实现碳汇数量比 2005 年增加约 0.5 亿 t CO_2。

胡锦涛主席在 2009 年 9 月 22 日召开的联合国气候变化峰会开幕式上发表的《携手应对气候变化挑战》的讲话中，明确指出中国将进一步把应对气候变化纳入经济社会发展规划，并继续采取强有力的措施。一是加强节能、提高能效工作，争取到 2020 年单位 GDP CO_2 排放比 2005 年有显著下降。二是大力发展可再生能源和核能，争取到 2020 年非化石能源占一次能源消费比重达到 15% 左右。三是大力增加森林碳汇，争取到 2020 年森林面积比 2005 年增加 4000 万 hm^2，森林蓄积量比 2005 年增加 13 亿 m^3。四是大力发展绿色经济，积极发展低碳经济和循环经济，研发和推广气候友好技术。

在 2009 年 11 月 25 日召开的国务院常务会议上，提出到 2020 年中国单位 GDP CO_2 排放比 2005 年下降 40%～45%，作为约束性指标纳入国民经济和社会发展中长期规划，并制定相应的国内统计、监测、考核办法。

可见，中国已经明晰并提出了符合中国国情的减缓温室气体排放的目标，这些目标的提出是中国为全球应对气候变化做出的巨大努力，同时实现这些目标面临着巨大压力和特殊困难，需要付出艰苦卓绝的努力。

35.2.3 增强适应气候变化能力

对于发展中国家来说，适应气候变化是一项现实而又紧迫的任务。《中国应对气候变化国家方案》提出到 2010 年中国增强适应气候变化能力的主要目标为：一是通过加强农田基本建设、调整种植制度、选育抗逆品种、开发生物技术等适应性措施，到 2010 年，力争新增改良草地 2400 万 hm^2，治理退化、沙化和碱化草地 5200 万 hm^2，力争将农业灌溉用水有效利用系数提高到 0.5。二是通过加强天然林资源保护和自然保护区的监管，继续开展生态保护重点工程建设，建立重要生态功能区，促进自然生态恢复等措施，到 2010 年，力争实现 90% 左右的典型森林生态系统和国家重点野生动植物得到有效保护，自然保护区面积占国土总面积的比重达到 16% 左右，治理荒漠化土地面积 2200 万 hm^2。三是通过合理开发和优化配置水资源、完善农田水利基本建设新机制和推行节水等措施，到 2010 年，力争减少水资源系统对气候变化的脆弱性，基本建成大江大河防洪工程体系，提高农田抗旱标准。四是通过加强对海平面变化趋势的科学监测以及对海洋和海岸带生态系统的监管，合理利用海岸线，保护滨海湿地，建设沿海防护林体系，不断加强红树林的保护、恢复、营造和管理能力的建设等措施，到 2010 年左右，力争实现全面恢复和营造红树林区，沿海地区抵御海洋灾害的能力得到明显提高，最大限度地减少海平面上升造成的社会影响和经济损失。

《全国人民代表大会常务委员会关于积极应对气候变化的决议》也强调要增强适应气候变化能力。加强对各类极端天气与气候事件的监测、预警、预报，科学防范和应对极端天气与气候灾害及其衍生灾害。加强农田基础设施建设，推进农业结构调整，提高农业综合生产能力。强化水资源管理，加大综合节水等技术的研发和推广力度。加强海洋和海岸带生态系统监测和保护，提高沿海地区抵御海洋灾害的能力。

增强适应气候变化的能力需要更多地与各地的实际情况密切结合，中国幅员辽阔，地形、地势、土壤以及气候状况复杂，这为适应气候变化带来了严峻的挑战。

35.2.4　促进科学研究与技术开发

科学技术在认识气候变化规律、有效应对气候变化中具有举足轻重的作用。《中国应对气候变化国家方案》提出到 2010 年中国加强科学研究与技术开发的主要目标为：一是通过加强气候变化领域的基础研究，进一步开发和完善研究分析方法，加大对相关专业与管理人才的培养等措施，到 2010 年，力争使气候变化研究部分领域达到国际先进水平，为有效制定应对气候变化战略和政策，积极参与应对气候变化国际合作提供科学依据。二是通过加强自主创新能力，积极推进国际合作与技术转让等措施，到 2010 年，力争在能源开发、节能和清洁能源技术等方面取得进展，农业、林业等适应技术水平得到提高，为有效应对气候变化提供有力的科技支撑。

《中国应对气候变化科技专项行动》明确提出到 2020 年中国气候变化科技工作要实现的六大目标：气候变化领域的自主创新能力大幅度提高；一批具有自主知识产权的控制温室气体排放和减缓气候变化的关键技术取得突破，并在经济社会发展中得到广泛应用；重点行业和典型脆弱区适应气候变化的能力明显增强；参与气候变化合作和制定重大战略与政策的科技支撑能力显著提高；气候变化的学科建设取得重大进展，科研基础条件明显改善，科技人才队伍的水平显著提高；公众的气候变化科学意识显著增强。同时，《中国应对气候变化科技专项行动》还提出了在"十一五"期间国家气候变化科技工作要实现的阶段性目标。

依靠科技进步应对气候变化是全球的共识，中国需要以应对气候变化为契机，促进一批先进的减缓和适应气候变化技术的研发与推广，增强科学技术对减缓和适应气候变化的支撑能力，同时促进中国的自主创新能力，提高科学技术的整体水平。

35.2.5　提高公众意识与加强体制机制建设

提高公众意识，加强应对气候变化体制机制建设是有效应对气候变化的重要内容。《中国应对气候变化国家方案》提出到 2010 年中国提高公众意识与管理水平的目标为：通过利用现代信息传播技术，加强气候变化方面的宣传、教育和培训，鼓励公众参与等措施，到 2010 年，力争基本普及气候变化方面的相关知识，提高全社会的意识，为有效应对气候变化创造良好的社会氛围。通过进一步完善多部门参与的决策协调机制，建立企业、公众广泛参与应对气候变化的行动机制等措施，到 2010 年，建立并形成与未来应对气候变化工作相适应的、高效的组织机构和管理体系。

《全国人民代表大会常务委员会关于积极应对气候变化的决议》也强调要努力提高全社会应对气候变化的参与意识和能力。要加强对全社会尤其是青少年应对气候变化的教育，提高全民对气候变化问题的科学认识，增强企业、公众节约利用资源的自觉意识。坚持勤俭节约，倡导绿色低碳、健康文明的生活方式和消费方式，动员全社会广泛参与到应对气候变化的行动中，营造积极应对气候变化的良好社会氛围，推动整个社会走上生产发展、生活富裕、生态良好的文明发展道路。

35.3 应对气候变化总体进展

自 1992 年《联合国气候变化框架公约》通过以来，中国政府以认真负责的态度，在可持续发展战略的指导下，不断进行研究和探索，并结合中国应对气候变化的初步实践经验，有条不紊地推进应对气候变化工作。

首先，中国把应对气候变化作为可持续发展战略的重要内容。1994 年 3 月，中国政府原则同意《中国 21 世纪议程——中国 21 世纪人口、环境与发展白皮书》，首次提出对温室气体排放实施有效的控制，降低 CO_2 排放增长速度，研究减少 CH_4 和 N_2O 排放的途径，保存和加强温室气体汇；统一协调制定国家温室气体控制行动计划，包括：有利于温室气体控制的能源发展计划和植树造林计划等。

其次，中国从国情出发提出了参与应对气候变化国际合作的立场和主张。1994 年 12 月，国家气候变化协调小组办公室编写了《全球气候变化与中国的努力：国家气候变化行动计划的基础》报告。该报告对国内当时已经开展的有关全球气候变化的活动进行了系统的概括，有助于国际社会全面了解中国在保护全球气候方面所做出的努力，同时也为中国有关部门在开展和参加有关气候变化的活动时提供了参考。1997 年 10 月，国家气候变化协调小组办公室在《中国关于全球气候变化问题的方针与对策》中明确提出坚持中国作为发展中国家的地位，在参与全球气候变化领域的国际活动中应只承诺与中国社会发展阶段与经济发展水平相适应的义务。2009 年 8 月，国务院常务会议强调，作为一个负责任的发展中大国，中国充分认识到应对气候变化的重要性和紧迫性，主张通过切实有效的国际合作，携手努力，共同应对。中国将从国情和实际出发，承担与中国发展阶段、应负责任和实际能力相匹配的国际义务，为应对气候变化做出应有的贡献。

第三，中国将控制温室气体排放逐渐纳入到国民经济和社会发展规划。2005 年 7 月 7 日，中国国家主席胡锦涛在英国苏格兰鹰谷举行的八国集团与中国、印度、巴西、南非、墨西哥五国领导人对话会上的讲话中指出：中国正在着手制定应对气候变化的国家战略，进一步致力于缓解温室气体排放，以同世界各国一道积极应对全球气候变化。2005 年 10 月 11 日，中国共产党第十六届中央委员会第五次全体会议通过了《中共中央关于制定"十一五"规划的建议》，该建议明确提出要"重视控制温室气体排放"。2006 年 3 月 14 日，在第十届全国人民代表大会第四次会议批准的《中华人民共和国国民经济和社会发展第十一个五年规划纲要》，首次提出要努力实现"控制温室气体排放取得成效"。2009 年 8 月 24 日，第十一届全国人民代表大会常务委员会第十次会议在《国务院关于应对气候变化工作情况》的报告中明确提出要把应对气候变化作为中国实现现代化建设"三步走"战略的重要内容，纳入国民经济社会发展规划，把控制温室气体排放和适应气候变化目标作为各级政府制定中长期发展战略和规划的重要依据，落实到地方和行业发展规划中①。

第四，中国制定并实施了应对气候变化国家方案。2007 年 6 月 3 日，中国国务院下发了《关于印发中国应对气候变化国家方案的通知》，要求地方各级人民政府要加强对本地区应对气候变化工作的组织领导，抓紧制定本地区应对气候变化的方案，并认真组织实施。国

---

① 第十一届全国人民代表大会常务委员会第十次会议通过．2009．全国人民代表大会常务委员会关于积极应对气候变化的决议．http://www.npc.gov.cn

家方案把到 2010 年实现单位 GDP 能源消耗比 2005 年末降低 20％左右的目标确立为中国应对气候变化的重要目标，实现这一目标将意味着中国在"十一五"期间节约能源约 6.2 亿 tce，相当于少排放 CO_2 约 15 亿 t。各地方、各部门认真贯彻国家方案的各项要求，加强应对气候变化工作的组织领导，完善工作机制，落实各项政策和措施。截至 2009 年 7 月底，全国 31 个省、自治区、直辖市均已完成省级应对气候变化方案的编制工作，有相当多的省份已进入组织实施阶段。科技、农业、林业和海洋等部门也已制定了应对气候变化部门行动计划[①]。

第五，中国进一步提出了控制温室气体排放的行动目标。2009 年 11 月 25 日，国务院总理温家宝主持召开国务院常务会议，会议决定，到 2020 年中国单位 GDP CO_2 排放比 2005 年下降 40％～45％，作为约束性指标纳入国民经济和社会发展中长期规划。单位 GDP CO_2 排放下降的目标是中国政府本着积极、建设性和对人类社会高度负责的态度，在全面考虑中国国情和发展阶段，社会经济和能源发展趋势，建设资源节约型、环境友好型社会的目标和任务，以及为应对全球气候变化做贡献的基础上，经过反复研究论证制定的，实现这一目标需要付出艰苦卓绝的努力（解振华，2010）。

---

① 解振华 . 2009. 国务院关于应对气候变化工作情况的报告 . http：//www.npc.gov.cn

第三十六章 减缓气候变化的政策与行动

提　要

中国在节约能源、提高能效、优化能源结构、温室气体的协同控制、发展循环经济、减少农村和农业温室气体排放、增强森林碳汇等方面采取了一系列卓有成效的政策与行动，取得了显著的成效。截至 2009 年年底中国的单位 GDP 能耗累积下降了 15.6%。中国形成了包括法律、产业、技术和财政等内容的低碳能源发展政策框架，中国低碳能源应用的规模正不断扩大。到 2008 年，中国的工业固体废弃物综合利用率达到 64.9%，近四分之一的钢产量来源于废钢，20% 的水泥原料来自于固体废物，三分之一的纸浆原料来自再生资源。截至 2008 年年底，全国户用沼气达到 3050 万户，年产沼气量达到 120 亿 m³，相当于减少 CO_2 排放 4900 万 t。1980~2005 年中国造林活动累计净吸收约 30.6 亿 t CO_2，森林管理累计净吸收约 16.2 亿 t CO_2，减少毁林排放约 4.3 亿 t CO_2。

36.1　节能和提高能效

36.1.1　提出约束性的节能目标

2006 年 3 月，第十届人民代表大会第四次会议审议通过的《国民经济和社会发展第十一个五年规划纲要》，将单位 GDP 能源消费量下降率列为"十一五"规划纲要的"约束性"指标之一，提出 2010 年全国单位 GDP 能耗与 2005 年相比降低 20% 左右的节能目标。国务院全面部署节能减排工作，成立了节能减排工作领导小组，温家宝总理亲任组长。国务院印发了《加强节能工作的决定》，温家宝总理多次主持召开国务院常务会议、节能减排工作领导小组会议、全国节能减排工作电视电话会议，对节能减排工作进行了全面部署。2007 年 6 月国务院发布了《节能减排综合性工作方案》，提出了十个方面 45 条政策措施，成为指导节能减排的行动纲领。

36.1.2　采取符合国情的节能政策与措施

为了实现"十一五"节能目标，中国政府采取了一些具有中国特色的节能政策、措施和行动，保证了节能减排工作的顺利开展，这些政策措施主要包括：

第一，建立"一票否决"的节能目标责任制。

为了实现"十一五"节能目标，建立并实施节能目标责任评价考核制度，将"十一五"

节能目标分解落实到各省、自治区、直辖市政府，明确了各地区"十一五"节能目标责任。国务院批转了国家发展改革委员会等部门《节能减排统计监测及考核实施方案和办法》，明确对各地和重点企业能耗及主要污染物减排目标完成情况进行考核，实行严格的问责制。2007年和2008年国家发展和改革委员会联合监察部、社会保障部、国务院国有资产监督管理委员会、建设部、国家统计局等部委，对省级政府和千家重点耗能企业节能目标完成情况进行评价考核。考核结果经国务院审定后，向社会公布，并作为各级政府干部综合考核评价的重要依据，实行"问责"制和"一票否决"制。对考核等级为"完成"和"超额完成"的省级人民政府，给予表彰奖励；对考核等级为"未完成"的省级人民政府，领导干部不得参加年度评奖、授予荣誉称号等，并且国家暂停对该地区新建高耗能项目的核准和审批，同时要求未完成节能减排任务的省级人民政府应向国务院做出书面报告，提出限期整改工作措施。

第二，实施十大节能重点工程。

2004年11月颁布的《节能中长期专项规划》提出了"十一五"节能的重点领域和工程，从2005年开始，国家发展和改革委员会会同有关部门组织了包括100多名相关专家学者的10个工作小组，编制完成了《"十一五"十大重点节能工程实施方案》。2006年，国家发展和改革委员会（环资司）会同有关部门组织编制了《"十一五"十大重点节能工程实施意见》，提出重点实施燃煤锅炉（窑炉）改造、余热余压利用、节约和替代石油、电机系统节能、能量系统优化等十大重点节能工程。重点节能工程的实施将在"十一五"期间实现节能2.4亿tce，对"十一五"单位GDP能耗降低目标的贡献率为40%。"十一五"前三年，安排中央预算内投资35亿元，支持了653个节能项目，可形成3100万tce的节能能力；安排中央财政"以奖代补"奖励资金122亿元，支持了1737个节能改造项目，可形成5200万tce的节能能力。以上两项合计共安排中央资金157亿元，支持了2390个项目，可形成8300万tce的节能能力。

第三，启动"千家企业节能行动"。

2006年4月，国家发展和改革委员会（环资司）会同原国家能源领导小组办公室、国家统计局、质检总局、国资委制定并印发了《关于印发千家企业节能行动实施方案的通知》（发改环资〔2006〕571号），决定在钢铁、有色金属、煤炭、电力、石油石化、化工、建材、纺织、造纸等9个重点耗能行业中年综合能源消费量在18万tce以上的998家企业开展"千家企业节能行动"，该行动的主要目标是大幅度提高能源利用效率，促进主要产品单位能耗达到国内同行业先进水平，部分企业达到国际先进水平或行业领先水平，带动行业节能水平的大幅度提高。预计"十一五"期间千家重点耗能企业节能1亿tce左右。

为加强对千家企业节能工作的指导，完成"十一五"期间实现节能1亿tce的目标，近三年国家主要采取了三项措施：第一，实行目标责任管理。受国务院委托，在2006年全国节能工作会议上，国家发展和改革委员会与30个省、自治区、直辖市人民政府，新疆生产建设兵团和14家中央企业签订了《节能目标责任书》，各省级政府又与千家企业签订了《节能目标责任书》。2007年按照属地管理原则，由各地区节能主管部门开展了"千家企业节能目标责任评价考核"工作，国家发展和改革委员会审核汇总后向社会进行了公告。第二，实施能源审计和能源利用状况报告制度。2006年国家发展和改革委员会要求千家企业开展能源审计和编制节能规划，分五个片区召开会议进行具体部署，千家企业全部按要求完成了能源审计报告并编制了节能规划。2007年，发布了《千家企业能源利用状况公报》。在此基础上，借鉴国际经验，研究制定了《重点用能单位能源利用状况报告制度实施方案》。第三，启动能效水平对标活动。2007 年国家发展改革委印发了《重点耗能企业能效水平对标活动实施方案》，并在全国千家企业节能工作会议上部署实施能效水平对标活动。2008～2009年，在钢铁、化工（烧碱）、水泥三个高耗能行业开展对标试点。据统计，"十一五"前三年，千家企业节能量约为 9000 万 tce。

第四，积极淘汰落后产能，提高行业能效水平。

2007 年 6 月初颁布的《节能减排综合性方案》明确提出了"十一五"期间电力、钢铁、建材、电解铝、铁合金、电石、焦炭、煤炭、平板玻璃及酒精、味精、柠檬酸等行业落后产能的淘汰目标，其中：电力行业"十一五"期间淘汰 5000 万 kW 的小火电机组，钢铁行业淘汰 1 亿 t 落后炼铁生产能力、5500 万 t 落后炼钢能力，水泥行业淘汰 2.5 亿 t 的落后产能，玻璃行业淘汰 3000 万重量箱的落后产能。通过加快淘汰落后生产能力，预计"十一五"期间可实现节能 1.18 亿 tce。

在各方的共同努力下，截至 2009 年 6 月底，全国已累计关停小火电机组 7467 台，总容量达到 5407 万 kW，提前一年完成"十一五"5000 万 kW 的目标。截至 2008 年年底，淘汰落后水泥产能 1.4 亿 t，全部淘汰自焙铝电解产能 105 万 t，淘汰落后炼油能力 1000 万 t 余，淘汰鼓风炉炼铜产能 15 万 t，淘汰造纸落后产能 547 万 t。

第五，加大节能技术和产品推广力度。

开展绿色照明产品补贴活动。为克服节能灯推广的市场障碍，2008 年开始中国政府出台了通过财政补贴方式推广节能灯的办法，对居民用户、大宗用户分别给予 50% 和 30% 的补贴。2008 年推广节能灯 6200 万只，中央财政支出 2.8 亿元，节电 32 亿 kW·h。2009 年推广任务为 1.2 亿只，两年就超额完成"十一五"计划推广 1.5 亿只的目标，中央财政支出约 6 亿元人民币。预计可节电 62 亿 kW·h，减排 CO_2 620 万 t、二氧化硫 6.2 万 t。

开展节能产品惠民工程。2009 年财政部、国家发展和改革委员会发出了《关于开展节能产品惠民工程的通知》（财建［2009］213 号）。由财政部、国家发展和改革委员会组织实施"节能产品惠民工程"，采取财政补贴方式，加快高效节能产品的推广。为加强财政资金管理，国家制定了《高效节能产品推广财政补助资金管理暂行办法》，明确提出中央财政将对能源效率等级为 1 级或 2 级产品的生产企业给予补助，再由生产企业按补助后的价格进行销售，并鼓励有条件的地方安排一定资金支持高效节能产品推广。国家发展和改革委员会、财政部公告了"节能产品惠民工程"高效节能房间空调器推广目录，能效等级为 2 级的房间空调器的补助标准是 300～650 元/台（套），能效等级 1 级的补助标准是 500～850 元/台（套）。据有关部门测算，财政补贴推广高效节能空调，将在 2 年内使中国高效节能房间空调器的市场份额从目前的 5% 左右提高到 30% 以上，拉动消费需求 600 多亿元，节电近 60 亿 kW·h。

鼓励汽车、家电"以旧换新"。在现有老旧汽车报废更新补贴政策基础上，扩大补贴范围，加大补贴力度。对符合一定使用年限要求的中、轻、微型载货车和部分中型载客车，适度提前报废并换购新车的，或者对提前报废污染物排放达不到国Ⅰ标准的汽油车和达不到国Ⅲ标准的柴油车，并换购新车的，按照原则上不高于同型车单辆购置税的金额给予补贴。在北京、上海、天津、江苏、浙江、山东、广东和福州、长沙，开展电视机、电冰箱、洗衣机、空调、电脑等 5 类家电产品"以旧换新"试点。对交售补贴范围内旧家电并购买新家电的消费者，原则上按新家电销售价格的 10% 给予补贴，分品种确定最高补贴额度；对回收补贴范围内旧家电并送到拆解处理企业的运输费用，给予定额补贴。2009 年中央财政将老旧汽车报废更新补贴资金从 10 亿元增加到 50 亿元，同时安排 20 亿元资金用于家电"以旧换新"补贴。

第六，建立节能监察体系。

截至 2008 年 11 月底，全国已经有 23 个省（自治区、直辖市）成立了省级节能监察机构（有的地区称为节能监察中心、有的地区称为节能监察大队、有的地区称为节能监察总队），还有一些地区建立了地级市的节能监察机构。为了加强各级节能监察机构的业务素质和执法能力，政府加大了财政投入力度，用于设备购买、开展培训以及日常运行等工作。近年《节约能源法》执法检查的重点包括：违规建设高耗能项目、违反能源统计制度、违反能效标识制度、违反重点用能单位能源利用状况报告制度、违反计量器具配备和能源计量数据使用制度以及生产、进口、销售和使用国家明令淘汰的用能产品、设备等问题。

此外，中央政府要求各省（区、市）管理节能工作的相关部门对《节约能源法》贯彻实施情况进行检查，并将有关情况汇报国家发展和改革委员会，国家发展和改革委员会再对各地贯彻实施《节约能源法》情况进行抽查，抽查结果作为各地节能评价考核的重要内容。

中央政府组织了节能专项执法检查。近两年，中央政府对 16 个省（自治区、直辖市）清理高耗能行业情况进行了专项检查，严厉查处了违规出台电价、地价、税费等优惠政策的行为。同时，还开展了全国工程质量监督执法检查，建设领域节能专项监督检查，能效标识市场专项检查，以及涵盖电动机、节能灯等 16 类终端用能产品的监督抽查。

第七，完善节能法规和标准。

"十一五"以来，中国政府在立法、经济激励政策、组织机构方面采取了一系列措施，对节能降耗工作进行了全面部署和组织落实。推动出台了新修定的《节约能源法》、《水污染防治法》、《循环经济促进法》、《民用建筑节能条例》及《公共机构节能条例》等法律法规。2007 年以来，国家标准化委员会组织制定并颁布了 46 项与《节约能源法》配套的国家标准（见表 5-1～表 5-4），大部分标准已于 2008 年 6 月 1 日起实施。《节约能源法》配套的 46 项标准包括：22 项高耗能产品单位产品能耗限额标准；5 项交通工具燃料经济性标准；11 项终端用能产品能源效率标准；8 项能源计量、能耗计算、经济运行等节能基础标准。其中新制定国家标准 37 项，修订国家标准 9 项，强制性国家标准 36 项。

实施能效标识制度并不断扩大范围。2005 年 3 月 1 日，《能源效率标识管理办法》开始施行，并发布了《中华人民共和国实行能源效率标识的产品目录（第一批）》，包括家用电冰箱和房间空气调节器。2008 年 1 月 18 日和 2008 年 10 月 17 日公布了《实行能源效率标识的产品目录（第三批）及实施规则》、《实行能源效率标识的产品目录（第四批）》公告（2008 年第 8 号公告、2008 年第 64 号公告）。截至 2008 年 10 月，中国政府共发布了四批能源效率标识的产品目录。

36.1.3　取得显著的节能成效

通过上述政策措施的实施，中国在节能降耗方面取得了显著的成效，为应对气候变化做出了积极的贡献。

首先，中国单位 GDP 能耗持续下降。经初步核算，"十一五"前四年全国单位 GDP 能耗呈逐年降低趋势，累计下降 15.61%（表 36.1）。

表 36.1　"十一五"前四年宏观节能情况

年份	能源消费总量 /万 tce	能源消费 增长率/%	GDP 增长 率/%	单位 GDP 能 耗/tce	能源消费 弹性系数	单位 GDP 能 耗下降率/%
2005	236 123	16.2	11.3	1.276	1.43	
2006	258 813	9.6	12.7	1.241	0.76	2.74
2007	280 661	8.4	14.2	1.179	0.59	5.04
2008	291 608	3.9	9.6	1.118	0.41	5.20
2009	310 000	6.3	8.7	1.093	0.72	2.20

其次，主要高耗能产品单耗持续下降。自"十一五"以来，高耗能行业的优胜劣汰使主要高耗能产品单位综合能耗持续保持下降趋势。与 2005 年相比，2007 年的铜冶炼综合能耗和平板玻璃综合能耗下降幅度超过 20 个百分点；原煤生产电耗下降 10 个百分点；钢、水泥、合成氨、烧碱、纯碱、乙烯等单位产品综合能耗下降 4~6.5 个百分点，原油加工、烧碱、乙烯、合成氨、电解铝等产品的单位综合能耗下降 5~8 个百分点，全国 6000kW 及以上电厂供电煤耗下降 14gce/（kW·h）（表 36.2）。

表 36.2　主要高耗能产品单耗下降幅度

类型	单位	2005 年	2006 年	2007 年	下降幅度/%
煤炭生产电耗	（kW·h）/t	26.7	24.4	24	−10.11
火电发电煤耗	gce/（kW·h）	343	342	333	−2.92
火电供电煤耗	gce/（kW·h）	370	367	356	−3.78
钢可比能耗（大中型）	kgce/t	714	676	668	−6.44
电解铝交流电耗	（kW·h）/t	14 680	14 671	14 488	−1.31
铜冶炼综合能耗	kgce/t	780	729	610	−21.79
水泥综合能耗	kgce/t	167	161	158	−5.39
平板玻璃综合能耗	kgce/重箱	22	19	17	−22.73
原油加工综合能耗	kgce/t	114	112	110	−3.51
乙烯综合能耗	kgce/t	1073	1013	984	−8.29
合成氨综合能耗	kgce/t	1650	1581	1553	−5.88
烧碱综合能耗	kgce/t	1297	1248	1203	−7.25
纯碱综合能耗	kgce/t	396	370	363	−8.33
电石电耗	（kW·h）/t	3450		3418	−0.93
纸和纸板综合能耗	kgce/t	1380	1290		

资料来源：科学技术部发展计划司. 国家重点新产品计划优先发展技术领域（2010 年）.2009

36.2　优化能源结构

36.2.1　大力发展可再生能源

可再生能源包括水能、风能、太阳能、生物质能、地热能和海洋能等，资源潜力大，环境污染低，可永续利用，是有利于人与自然和谐发展的重要能源。发展可再生能源是应对气候变化的重要措施之一。中国很早就重视可再生能源的发展，自20世纪50年代开始，中国结合电力建设、农村能源发展、扶贫等社会需要，大力开发水能资源，发展农村沼气和加快太阳能热利用。但是，除了这几种技术之外，其余大部分可再生能源产品存在着经济性较差、市场发展规模较小、产业基础薄弱等先天性不足，这些因素极大限制了可再生能源的开发。

1. 中国促进可再生能源发展政策的回顾

总体来看，中国促进可再生能源发展的政策体系，主要经历了两个阶段：

一是在《可再生能源法》出台之前，可再生能源的发展主要通过部门规章予以调整，例如，原国家发展计划委员会制定的《新能源基本建设项目管理的暂行规定》（1997年）、国家环境保护总局颁布的《秸秆禁烧和综合利用管理办法》（2003年）等；原国家发展计划委员会、原国家科学技术委员会和原国家经济贸易委员会在1995年共同制定了《1996～2010年新能源和可再生能源发展纲要》，提出了"九五"以至2010年新能源和可再生能源的发展目标、任务以及相应的对策和措施，这些都成为其后中国促进可再生能源发展的重要文件。尽管这些政策对促进局部地区可再生能源的应用起到了一定的作用，但并没有改变可再生能源规模较小的整体局面。

二是以2005年《可再生能源法》的颁布为标志，中国可再生能源开始步入了大发展时期。中国政府为了从根本上解决可再生能源大规模发展所面临的价格、市场准入、产业薄弱等障碍，自2003年6月开始，经过1年半的准备、讨论和反复修改，中国能源领域自《电力法》、《煤炭法》、《节约能源法》之后的第四部法律《可再生能源法》，于2005年2月由十届全国人民代表大会常务委员会十四次会议通过，并于2006年1月1日正式生效。

2. 中国促进可再生能源发展的政策框架

《可再生能源法》是个框架法，其中主要制度的执行有赖于政府各个部门出台详细的实施细则。自2005年法律颁布以来，包括国家发展和改革委员会、财政部、电力监管委员会、建设部、国家标准委员会等相关部门，陆续出台了20多个相关的配套政策，基本建立了中国可再生能源发展的政策框架体系，这包括：

第一，颁布了可再生能源的发展规划。2007年8月颁布《可再生能源发展中长期规划(2020)》，2008年2月出台了着眼近期发展的《可再生能源'十一五'发展规划（2006—2010)》，从而确定了国家可再生能源发展的近、中远期总量目标，指导各级政府以及社会各界发展可再生能源。按照2007年公布的《可再生能源中长期发展规划》，到2010年可再生能源消费占到全部能源消费的10%，到2020年，可再生能源消费的比重提高到15%，同时也对各类新能源和可再生能源技术的发展方向和具体任务提出了明确的规划目标：到2020年，风力发电、生物质发电将分别达到3000万kW，太阳能发电达到180万kW，生物液体燃料1200万t（表36.3）。

值得注意的是，随着可再生能源的快速发展，中国政府正在酝酿大幅提高可再生能源的发展目标，将拟定新的发展目标，如风力发电将大幅提高至1亿kW以上，太阳能发电的目标也大幅度提高，达到千万千瓦的规模。虽然这些目标还未正式颁布，但已经表明中国政府正在将发展可再生能源提高到前所未有的战略发展高度，同时也显示了中国政府对可再生能源在未来能源供应中发挥重要作用的期待。

表 36.3　2007 年颁布的各项非水能可再生能源发展目标

年　份		2010	2020
总体比例	10%	15%	
发电（万 kW）	风电	500	3000
	太阳能	30	180
	生物质	550	3000
生物质固体燃料	（万 t）	100	5000
生物液体燃料	（万 t）	220	1200
沼气	（亿 m³）	190	440
太阳能热水器	（亿 m³）	1.5	3

资料来源：国家发展和改革委员会．2007．中国可再生能源中长期发展规划

　　第二，颁布了若干指导可再生能源产业发展的纲领性政策。2006 年陆续颁布了《可再生能源发电有关管理规定》、《可再生能源发电价格和费用分摊管理试行办法》、《可再生能源产业发展指导目录》及《电网企业全额收购可再生能源电量监管办法》等实施细则。

　　这些管理规定一方面建立了强制要求电网企业接纳可再生能源电力的制度，克服了可再生能源因市场经济性较差而无法参与市场竞争的障碍，一方面根据不同可再生能源发电技术的特点及产业化进程，建立了可再生能源发电的分类电价体系，明确了开发可再生能源项目的合理回报，吸引了社会资金的大量投入。

　　——比如，国家通过推进"风电特许权项目"，给予中标业主 3 万小时的优惠电价，并承诺配套电网的建设，在大规模推进特许权项目的基础上，中国政府逐步确定了不同资源条件下各个区域风力发电的合理价格水平。

　　——对于生物质能发电项目，最初直接给予 0.25 元/（kW·h）的发电补贴，此后，根据实际的运行情况，将秸秆直燃发电的补贴水平提高至 0.35 元/（kW·h）的水平。

　　——对于太阳能风电、地热发电和海洋能等发电项目，由于项目较少，主要按照"一事一议"的原则，确定项目的发电电价。其中，对于大型太阳能发电项目（MW 级规模），在多年示范项目的基础上，于 2009 年正式启动了第一个项目（10MW）的建设，其项目价格通过招标加以确定，标志着中国大规模光伏发电建设的开始。

　　第三，确立了可再生能源成本的全社会分摊机制。2006 年 5 月公布了《可再生能源电价附加收入调配暂行办法》等细则，建立了可再生能源发电成本的全社会费用分摊机制，明确了社会用电的"可再生能源电价附加"的额度、收取的方式及使用用途，极大促进了可再生能源市场的扩大。

　　如对除西藏及农业用电外的所有用电户，征收 0.001 元/（kW·h）（自 2007 年提升至 0.002 元/（kW·h），2009 年又提升至 0.004 元/（kW·h））的可再生能源附加，用于消化可再生能源发电的高成本、配套的电网建设投入以及偏远贫困地区政府建立的非并网可再生能源发电项目的运行费用。自 2006 年 1 月 1 日至 2008 年 6 月 30 日，已累计征收额 37.48 亿元，累计发放给风电业主、生物质发电业主、边远地区太阳能独立电站以及电网企业补贴共计 29.34 亿元。2009 年 12 月，全国人民代表大会常务委员会通过了修改《中华人民共和国可再生能源法》的决定，决定成立可再生能源发展基金，资金来源包括国家财政年度安排

的专项资金和依法征收的可再生能源电价附加收入等。通过这种方式，有效地将可再生能源资源开发的高成本转移至能源消费者。

第四，公布了国家财政支持可再生能源产业发展的指导文件。自 2006 年开始，陆续颁布了若干可再生能源专项资金的管理办法，包括《可再生能源发展专项资金管理暂行办法》、《风力发电设备产业化专项资金管理暂行办法》、《秸秆能源化利用补助资金管理暂行办法》、《太阳能光电建筑应用财政补助资金管理暂行办法》以及《金太阳示范工程财政补助资金管理暂行办法》等一系列用于支持风力发电、生物质能利用以及太阳能利用的可再生能源专项资金实施细则，建立了支持可再生能源技术研发、产业发展、市场应用等各方面的财政投入政策框架，从而吸引了大量资金的投入，间接降低了可再生能源产品的成本，改善了可再生能源产品的市场经济性。

第五，逐步建立了可再生能源的技术规范和标准体系。自 2005 年开始，陆续颁布了《民用建筑太阳能热水系统应用技术规范》、《风电场接入电力系统的技术规定》等一系列可再生能源产品生产、应用、建设安装等相关的技术规范和标准，为规范、引导产业的发展指明了方向。

第六，初步建立了促进可再生能源的税收体系。自 2001 年开始给予风力发电增值税减半、小水电 6%（中国增值税 17%）的优惠，这一政策延续至今。自 2008 年在已建立的增值税、所得税行政条例中，都明确地将包括风电、太阳能发电、生物质能现代化利用列为鼓励、享受优惠税收的范围，如给予可再生能源发电业主所得税前三年免税、后三年减半的优惠，给予从事可再生能源设备制造的企业所得税优惠的措施，这些政策手段有效减轻了可再生能源企业的负担，也间接促进了可再生能源产品成本的降低。

3. 中国可再生能源的应用规模不断扩大

中国政府高度重视可再生能源的开发利用。自 20 世纪 50 年代就开始大力发展水电，特别是改革开放以来，随着国民经济对电力需求的快速增长及电力体制改革的推进，水电开发步伐明显加快。1949 年新中国刚成立时，全国水电装机容量仅 16.3 万 kW；1980 年改革开放初期，水电装机容量 2032 万 kW；此后水电建设快速发展，并通过建设葛洲坝、二滩等大型水电项目，中国水电装机容量 1990 年、2000 年分别达到 3605 万 kW、7935 万 kW。随着中国"西电东送"项目的不断推进，以及三峡等一批特大型水电项目的投产，中国水电装机在 2008 年年底达到了 1.72 亿 kW，累计装机容量位居世界第一，年发电量 5633 亿 kW·h，占全国总电力供应的 16.4%，为中国清洁能源供应、温室气体减排做出了重要贡献。

除了水能利用之外，自 2006 年《可再生能源法》和《可再生能源中长期发展规划》陆续颁布实施后，中国非水能可再生能源产业进入了快速发展的时期。特别是通过采取特许权招标等措施，大力推进风电的规模化发展；以"送电到乡"和解决无电人口生活用电为契机，积极支持太阳能光伏发电的应用，推动了太阳能光伏发电技术的进步；围绕改善农村环境卫生条件和增加农民收入，积极发展农村户用沼气；以市场推动为主，推广普及太阳能热水器；以技术研发和试点示范为先导，积极推动生物质能发电和生物液体燃料的发展。

在强有力的法律及其配套政策的推动下，到 2008 年年底，中国风电装机达到了 1220 万kW，连续三年翻番，成为亚洲第一、世界第四的风电大国，风电也已经开始表现出了规模化发展的势头。太阳能光伏电池生产能力显著提高，年产量已超过 200 万 kW，实际生产能力超过了 300 万 kW，虽然太阳能发电市场还比较小，但目前正在启动大规模光伏的市场，并在即将出台的振兴规划中重新修订了光伏发电目标，显著提高了全国 2020 年光伏发电安装总量。除了太阳能发电，中国太阳能热水器的年生产能力及市场总集热面积都位居世界第一，分别达到 2300 万 m² 和 1.3 亿 m²。此外，生物液体燃料、生物气体燃料和生物质发电等可再生能源利用也都因地制宜的有所发展。

到 2008 年年底，全国可再生能源年利用量总计为 2.5 亿 tce（不包括传统方式利用的生物质能），约占一次能源消费总量的 9%，比 2005 年上升了 2 个百分点，其中水电约为 2 亿 tce，太阳能、风电、现代技术生物质能利用等约 5000 万 tce，约减排近 7 亿 t CO_2，为控制温室气体排放、实现国家应对气候变化的战略目标迈出了坚实的一步。按照当前中国可再生能源的发展形势，2020 年可以提供 6 亿～8 亿 tce 的替代能源，从而减排约 15 亿～20 亿 t CO_2。

36.2.2　积极开发利用清洁的核能

核能是一种安全、清洁、可靠的能源。核电生产过程中很少产生或不产生污染物，每千瓦时核电的含碳气体排放量仅为 2～6g。积极发展核电是调整中国以煤为主的能源消费结构、减少温室气体排放的重要措施之一。

1. 中国的核电发展历程

改革开放以来，中国核电经历了起步和小批量建设两个发展阶段，目前，正在进入规模化、批量化发展的新阶段。

中国核电发展起步于 20 世纪 80 年代中期开工建设的秦山核电站一期，其装机容量 30 万 kW，是中国第一台国产的核电机组，于 1985 年 3 月 20 日开工，1994 年 4 月 1 日正式投入商业运行。秦山核电站的建成标志着中国核工业的发展上了一个新台阶，使中国成为继美、英、法、前苏联、加拿大、瑞典之后世界上第七个能自主设计、自主建造、自主调试和自主运营管理核电厂的国家。

经过近三十年的发展，到 2008 年年底，中国已建了浙江秦山、广东大亚湾和江苏田湾三个核电基地，拥有 11 台运行核电机组，总装机容量达到 907.8 万 kW 的，占全国电力装机总容量的 1.15%。2008 年，中国核电总发电量 684 亿 kW·h，比 2007 年增长 8.8%，约占全国总发电量的 1.99%，约减排 6800 万 t CO_2。

2. 中国的核电产业政策

为了更好地促进核电发展，中国从技术路线、机制体制、财税政策等多个方面，制定相关政策措施。

第一，统一核电发展技术路线，注重核电的安全性和经济性。坚持以我为主，中外合作，以市场换技术，引进国外先进技术，国内统一组织消化吸收，并再创新，实现先进压水堆核电站工程设计、设备制造、工程建设和运营管理的自主化。形成批量化建设中国品牌先进核电站的综合能力，实现核电技术的跨越式发展。

第二，坚持核电自主化政策。实现先进百万千瓦级压水堆核电站的自主设计、自主制造、自主建设和自主运营，全面建立与国际先进水平接轨的建设和运营管理模式，形成比较完整的自主化核电工业体系。

第三，推进核电企业的体制改革和机制创新。逐步推进现有国内技术力量和设备制造企业重组。核电项目建成后要参与市场竞争，上网电价与脱硫煤电相比要具有竞争力。核电发展相关的科研、设计、制造、建设和运营等环节要建立以市场为导向的发展机制。在核燃料供应环节，建立核燃料生产和后处理的专业化公司。

第四，注重标准体系和安全监督工作。逐步建立和完善中国自己的核电设计、设备制造、建造、运行管理标准体系，为批量化发展核电创造条件；在此基础上，依法强化政府核电安全监督工作，加强安全执法和监管。

第五，国家给予符合规定的核电项目和设备制造企业给予税收优惠及投资优惠。核电自主化依托工程建设资金筹措以国内为主，原则上不使用国外商业贷款及出口信贷。国家根据可能，对自主化依托项目建设所需资金，从预算内资金（国债资金）中给予适当支持。支持符合条件的核电企业采用发行企业债券、股票上市等多种方式筹集建设资金。规范核电项目投资行为，对核电项目所需资本金，均以企业自有资金出资，按工程动态投资不少于20％筹集。此外，核电站投入商业运行开始时，在核电发电成本中强制提取、积累核电站退役处理费用。在中央财政设立核电站退役专项基金账户，在各核电站商业运行期内提取。

由于中国的核电仍处于大规模建设的初期，因而还在不断地完善相关政策体系。如正在完善核电安全法律法规，即《原子能法》及配套法规的立法工作；制定和完善有关核电与核燃料工业的科研、开发与建设、核安全等方面的管理办法；健全铀矿资源的勘探和开采的市场准入制度；强化核燃料纯化、转化、浓缩、元件加工、后处理、三废治理、退役服务等领域的生产服务业务的市场准入制度或执业资质制度等。这些工作也都在准备和实施之中。

3. 中国的核电产业发展现状

20世纪90年代以前，中国政府一直强调要"有限"发展核电产业。21世纪以来，由于对能源、电力的需求不断增大，以及对环境排放等要求的提高，核电发展越来越被政府及民间所重视和接受。到2003年，中国政府及业内基本确立了"积极发展核电"的方针，相关部门并依此制定了中国核电中长期发展战略。随着应对气候变化工作重心的不断突出，中国核电发展战略也逐步由积极发展向大力发展转变，2009年2月，在全国能源工作会议上，明确提出"大力发展核电"的方针，中国核电发展政策至此已经完全转型。

在管理方面，目前中国民用核能行业由国家能源局统一归口管理。核燃料归口管理和"中国原子能机构"均划分和设在国家国防科技工业局管理。为了保证安全、可靠的开发核能资源，中国建立较为完善的核安全法规体系，规定了一系列的核行业准入制度，对核电厂营运单位有一系列严格要求，并明确规定核电厂营运单位对所建造和运行的核电厂的安全负有全面、最终的责任。当前只有中国核工业集团公司、中国广东核电集团和中国电力投资集团公司三家拥有核电站建设和运营资质。

在装备方面，中国核电主设备主要由机械制造行业承担生产制造任务，三大动力集团共享核电核岛和常规岛设备市场；2007年，国家核电技术有限公司正式成立，它主要从事第三代核电技术AP1000的引进、消化、吸收研发、转让、应用和推广，通过自主创新，形成自主品牌核电技术；组织国内企业实现技术的公平、有偿共享；承担第三代核电工程建设、技术支持和咨询服务以及国家批准或授权的其他方面的业务。

随着中国核电建设经验的不断积累，目前在土建安装及设备制造方面，已有十余家火电行业的土建、安装企业经国家核安全局审查，获得了其颁发的"核安全设备安装许可证"，但由于这些企业尚未取得核电厂业主的信任和行业壁垒等原因，至今还未能进入核岛土建、安装领域。

当下，从项目建设、自主引进消化吸收、国家重大科技专项，以及核电标准化体系建设等方面，中国正稳步推进核电的发展。

首先，一批新的核电机组正在开工建设，百万千瓦级核电机组设计与设备制造自主化工作全面展开，第三代核电自主化依托项目招标工作成功完成；

第二，首个三代核电技术项目已开始实施，选用美国西屋公司的 AP1000 核电技术，建设浙江三门和山东海阳两个依托项目；

第三，先进压水堆和高温气冷堆核电站列入国家重大科技专项，总体实施方案通过国务院审查，专项具备正式启动实施条件，第一座 20 万 kW 高温气冷堆商用示范电站前期工作已经开始；

第四，正在建立与完善同国际水平接轨的中国核电标准体系，成立了中国核电标准建设协调机构。

4. 中国的核电发展规划

21 世纪以来，中国对核电的发展逐步有了比较统一的认识，制定并公布了核电中长期发展目标。2005 年国务院通过的《核电中长期发展规划》（2005～2020 年），明确核电运行装机容量发展到 2020 年投运 4000 万 kW、在建 1800 万 kW 的规模。到 2009 年初明确提出大力发展核电方针，据此政策，考虑到中国未来电力发展空间以及核电作为重要电源的份额，估计中国核电到 2020 年的发展规模有可能达到建成 6000 万～7000 万 kW、在建 3000 万 kW 的容量。同时，一批内陆核电站项目也将列入规划，打破了原来集中在沿海建设的布局。中国核电产业正在进行跨越式发展，如考虑到 2020 年建成 7000 万 kW，则届时将可能减排 5 亿 t CO_2，这将为优化能源结构、节能减排做出重要贡献。

36.2.3   发展低碳能源面临的问题

虽然中国可再生能源产业的发展呈现出良好的发展势头，但是，总体来看仍处于发展的初期，未来大规模的发展还面临着很多困难和挑战，主要表现在：

第一，可再生能源产品的成本仍然较高。尽管风电、太阳能发电等成本近年来有了明显下降，但与常规能源相比，风电仍要高出 30%～50%，太阳能发电高出 5～6 倍左右。中国制定的可再生能源发电附加尽管已经从最初的 0.001 元/（kW·h）提高到 0.004 元/（kW·h），但仍无法满足可再生能源大规模发展的需要，比如风电达到"亿千瓦"级的规模，太阳能发电达到"千万千瓦"级的规模，这种附加水平必须大幅上调，对于一个发展中国家而言，这将给消费者带来较大的负担。

第二，中国的低碳能源技术水平较低，产业基础较差，有的还没有建立完全。除了小水电、农村沼气、太阳能热水器等技术较成熟外，其余的可再生能源技术在资源评价、设备工艺、总体设计能力等方面均与国外先进水平存在一定差距。核电装备制造业标准化体系尚未建立，设备的原材料国产化能力和配套条件建设不足以及核电技术引进的高成本和技术封锁等问题都直接影响到核电建设的速度。

第三，中国的一些实际情况，加大了开发低碳能源的难度。比如，中国的风能、太阳能等资源富集地区主要集中在西部，而这些地区恰是电网等基础设施薄弱、经济落后、负荷较低的地区。因而，中国大规模开发风能资源，就需要从遥远的西部，经过高压线路输送到经济较为发达的东部、南部地区，距离达到数千千米。这种大规模的电网建设不仅需要高昂的投资，也包含了诸多目前还没有解决的技术问题，如大规模、远距离、高容量的远距离输送，以及为保障电网稳定所必须提供的电网结构调整等。

对于生物质能的开发而言，中国虽然地域广阔，但是农业人口占据多数，而且主要集中在中东部，有限的土地面积限制了生物质能等产业的发展。中国已经确定了"不与人争粮，不与粮争地，不与牲畜争饲料"的生物质能发展原则，这是符合中国实际情况的政策。这也就要求未来生物质能的大规模利用，必须考虑到土地限制、农业发展和农民生产需要等限制因素。

第四，人才存量不足以及后续人才队伍培养已经成为制约中国先进低碳能源产业发展的一个重大瓶颈。现有低碳能源人才总量不足，人才结构也无法满足实际各行业的需要，包括高端的利用技术人才、熟练的操作工人都较为缺乏，特别是人才培养的机制没有建立起来。

总之，中国政府非常重视低碳能源技术的发展，已经制定了较为完善的相关政策框架。但与大多数发展中国家一样，中国发展可再生能源等先进低碳能源技术仍旧面临诸多问题和挑战。为了克服这些障碍，中国政府将继续致力于加大投入，通过政策和市场手段的结合，努力促进技术水平提高和产业进步，从而降低成本，扩大低碳能源的市场应用；但同时，也需要国际社会的共同努力与合作，通过深入合作，加强技术转让，实现低碳能源技术对化石能源实质性的替代，从而有助于减缓全球气候变化的影响。

36.3　防治污染协同减排

近年来，中国采取了一系列重大政策措施，不断加大环境保护工作力度，在国民经济快速增长、人民群众消费水平显著提高的情况下，全国环境质量基本保持稳定，主要污染物排放总量得到控制，工业产品的污染排放强度下降。通过实施管理减排、结构减排和工程减排等三大措施，主要污染物减排工作取得了突破性进展。2010年全国化学需氧量较2005年下降12%左右，二氧化硫排放量下降14%左右，双双超额完成"十一五"规划确定的减排任务。这些实实在在的减排成效，不仅大量减少了常规污染物的排放总量，同时对减少社会经济活动中温室气体排放总量也具有显著的协同效应，为减缓气候变化做出了积极贡献。当然，某些污染物减排措施也会增加温室气体排放，即出现所谓负的协同效应。但总的来看，正的协同效应远远大于负的协同效应，污染减排的协同效应不容忽视。

36.3.1　工业环境污染防治的减排措施及成效

为实现"十一五"规划纲要提出的主要污染物（SO_2 和 COD）排放在2005年的基础上减少10%的目标，中国采取了多方面积极措施，这些措施包括：

第一，关停并转了大批资源能源消耗高、污染排放强度大、经济效益差、污染治理成本高的小企业，通过调整产业政策，淘汰了一批工艺技术落后的生产能力，不断优化产业结构，促进解决工业结构性污染。2008年关停小火电1669万kW，淘汰落后水泥产能5300万t，炼钢产能600万t、炼铁产能1400万t，电石产能104万t，铁合金产能117万t，焦化产能 3054 万 t。在关停并转过程中，注重运用经济手段，促进企业积极性，如北京市研究建立了《北京市鼓励企业退出"三高"、支持发展替代产业资金管理办法》，采用奖励、项目补助等办法，安排 2670 万元鼓励北京市稷山水泥厂等 22 家企业主动退出"高污染、高耗能、高耗水"生产环节，发展替代产业。

第二，实施建设项目环境影响评价制度，从源头上预防环境污染。通过该制度，许多地方根据当地的污染物总量控制计划来确定和优化建设项目，对"两高一资"项目严格把关，否决了一大批高能耗高污染的工业建设项目。同时，全力推进规划环评，推进产业结构优化升级，促进可持续发展。

第三，加强对企业污染防治的监督管理，要求达标排放。

36.3.2　城市环境污染防治的减排措施及成效

在城市污染防治领域，除了那些针对工业污染防治的政策措施得到强化实施之外，机动车尾气污染、生活废水和垃圾的污染防治是重要方面。

在机动车尾气污染治理方面，中国近年来在相关标准政策上取得重要进展。2004 年 7 月 1 日，中国在全国范围内开始实施相当于欧 II 标准的国家机动车污染物排放标准第二阶段限值。2005 年 12 月 30 日起，北京对轻型汽油车和轻型燃气汽车、重型柴油发动机和重型燃气发动机实施相当于欧 III 排放标准的国 III 标准。2006 年中国开始鼓励发展小排量汽车。2008 年 3 月 1 日起实施机动车国 IV 排放标准。各种鼓励措施都是建立在节能环保基础上的。这些政策的实施不但有助于改善城市大气环境质量，同时减少了温室气体的排放。

值得一提的是，北京为了践行"绿色奥运"承诺采取了一系列措施积极改善北京的空气环境质量。2001 年申奥成功以来，北京市在煤烟型污染治理、机动车污染控制、工业污染防治和扬尘控制等方面实施了 160 多项大气污染控制措施，这些措施包括：

第一，调整能源结构，控制烟煤型污染。北京天然气供应量从 2000 年的 10 亿 m^3 增加到 2008 年的 55 亿 m^3。从对煤炭的严重依赖，逐步转向使用更洁净的能源。电力、天然气和油品等优质能源比重从 2000 年的 45.4% 增长到 2008 年的 62% 以上。

第二，不断严格机动车排放标准，大力推行绿色交通。北京市大力开展交通污染源（包括机动车尾气和交通扬尘）颗粒物排放的控制，采取了一系列积极措施。

第三，加快区域工业结构调整，加大工业污染防治力度。加快经济结构和区域发展布局调整，加快淘汰高能耗、高排放、资源性的"两高一资"产业，大力发展新技术产业、现代服务业、生态农业等环境友好型产业，第三产业比重已达 70% 以上。2001 年以来，北京调整搬迁了市区 144 家污染企业，关停了郊区所有水泥立窑、砂石料场合黏土砖厂；北京东南郊的北京化工厂、染料厂以及焦化厂等一批大型化工企业停产；北京四大燃煤电厂（国华、华能、京能、高井）完成脱硫、除尘、脱硝深度处理，污染排放控制达到世界先进水平。

除此之外，为了满足"绿色奥运"的要求，北京周边地区也采取了相应措施。比如天津和河北采取了冶金、电力、建材等重点企业限产、停产措施；山西、内蒙古和山东采取了燃煤电厂减排措施。与此同时，北京市也加大了扬尘控制力度。

上述措施的采取不仅兑现了"绿色奥运"的承诺，而且产生了长远的环境效应，大大减少了北京及周边地区常规污染物排放，并大量减少了温室气体的排放。

在垃圾处理处置方法上，中国从以卫生填埋为主，向卫生填埋与垃圾综合利用相结合的方向转变。中国每年城市生活垃圾产生量在 1.5 亿 t 左右，回收并利用垃圾处理处置中 CH_4 等温室气体是实现协同效应的重要方面。

36.4　发展循环经济

资源和环境问题是中国实现经济社会可持续发展的两大瓶颈，大力发展循环经济，以尽量少的资源消耗和尽可能小的环境代价，实现最大的经济产出和最少的废物排放，是推进中国经济结构战略性调整，转变经济增长方式，建设资源节约型、环境友好型社会的重要途径，也是减少温室气体排放，积极应对气候变化的重要措施。

36.4.1　中国循环经济的内涵与发展历程

关于中国循环经济的内涵，国内说法很多，但《循环经济促进法》对循环经济内涵的界定基本上是一个比较全面、简洁和权威的定义，即"循环经济，是指在生产、流通和消费等过程中进行的减量化、再利用、资源化活动的总称。"直观上讲，循环经济就是将传统经济的"资源—产品—废物"的线性物质流动方式改造为"资源—产品—再生资源"的物质循环方式。从效果上看，循环经济发展模式区别于传统经济发展模式的最直接标志是将传统经济发展模式的"高资源能源投入、高污染排放、低经济产出"（即"两高一低"）转变为"两低一高"（低资源能源投入、低污染排放、高经济产出）。中国的循环经济发展大致经历了三个阶段。第一阶段是从 2000 年左右开始的理念倡导和局部试验时期。第二阶段是全面试点示范阶段，以 2005 年 7 月国务院发布的《关于加快循环经济发展的若干意见》及同年 10 月份由相关部委发布的《关于循环经济试点工作方案》为标志。第三阶段是全面实践阶段，从 2007 年年底开始。

36.4.2　中国循环经济的实践模式

循环经济发展模式指的是应用循环经济理念，改造现有经济发展模式的具体实践和做法，也就是说，应用循环经济理念和原理，对现有生产和消费等活动的产业组织方式进行改造。

循环经济目前在中国尚处于发展阶段，关于循环经济的理论研究和实践模式正在探讨之中。根据中国各地开展循环经济的实践活动，中国循环经济实践模式可归结为小循环（企业层次）、中循环（园区层次）、大循环（城市及社会）和静脉产业这一"3＋1"模式。

企业层次的循环经济一般是通过清洁生产方式，实现企业内部的原料循环利用和能量的梯级利用，提高资源利用效率并减少或不排放污染。企业的循环经济活动有时简称构建"小循环"。

生态工业园区包括新建和对已有各类园区的生态化改造，其核心内容包括：一是在园区内的企业之间搭建生态产业链条；二是建设高效共享的能源、水等公共资源的园区基础设施体系。在产业园区开展的循环经济活动有时简称构建"中循环"。

在社会层面，中国的循环经济实践模式主要表现在两个方面：一是建立回收、再利用和资源化各类废弃物的产业，相当于日本的"静脉产业"①；二是在消费领域，倡导资源能源节约、合理消费和绿色消费，实施政府绿色采购，开展节能和环境标志产品认证，创建绿色社会等。在全社会范围开展的循环经济活动有时简称构建"大循环"。

36.4.3　中国循环经济的政策体系

近年来，中国制定循环经济政策的进程大大加快。总体上，中国循环经济政策体系正在沿着两条途径不断得到建立和完善，初步形成了特有的框架体系：

一是以《循环经济促进法》为龙头形成循环经济专项法律制度和政策，主要包括 6 大类：①综合类，包括国务院发布的《关于加快发展循环经济的若干意见》，《循环经济试点方案》、《循环经济促进法》等；②从 2003 年开始实施并正在不断修改完善的《清洁生产促进法》及其配套政策；③已实施多年并正在不断完善的有关废旧资源综合利用的管理和优惠政策；④评价标准，即有关静脉产业类、行业类和综合类生态工业园区标准，用以评价和规范生态工业园区建设，如 2007 年 6 月发布的《循环经济指标体系》等；⑤循环经济发展和生态工业园区建设标准；⑥国家对循环经济重点项目的专项资金支持政策。

二是将循环经济原则纳入相关法律法规和政策之中，或者称为循环经济相关法律政策。例如，修订后的《节约能源法》强化了节能的法律责任，健全了节能管理制度和标准体系；《固体废物污染环境防治法》修订中体现了循环经济基本原则和要求；修订调整的《资源综合利用目录》中，调整了部分矿产资源的资源税额标准，提高了成品油、大排量汽车、木制一次性筷子、实木地板等产品消费税；国务院发布了关于建立政府强制采购节能产品制度的通知，有关部门发布了环境标志产品政府采购实施意见等。

36.4.4　中国循环经济的实践效果

2002 年，原国家环境保护总局批准辽宁省开展全国首个循环经济建设试点。鞍钢完成了钢铁渣开发利用、转炉煤气全回收、余热和水资源回收利用、粉尘冶金、建筑材料等废物资源化利用项目 40 多项。大连东泰产业废弃物处理有限公司作为环保行业龙头企业，与日本佳能、美国辉瑞等大跨国公司和其他企业进行废物处理合作，对包括工业废弃物、粉煤灰、生活垃圾、中水、废木材、废塑料等采取集中收集、处理和回用，为大连市构建循环型产业生态链奠定了重要支撑。

2005 年和 2007 年国家分两批，选择 192 家单位开展国家循环经济试点示范工作。2005 年 10 月，国家发展和改革委员会等六部联合启动第一批循环经济试点，涉及钢铁、有色、化工、建材等 7 个重点行业的 42 家企业，再生资源回收利用等 4 个重点领域的 17 家单位，国家和省级开发区、重化工业集中区和农业示范区等 13 个产业园区以及 10 个省市，作为第一批国家循环经济试点单位。2007 年，六部门又联合启动了第二批循环经济试点。

2009 年 12 月国务院正式批复了《甘肃省循环经济总体规划》，这是国务院批准实施的第一个地区性循环经济发展规划，标志着循环经济正在更加深入地得以开展。

---

① 日本静脉产业主要包括包装废弃物再利用产业、废旧家电再生利用产业、建筑垃圾再生利用产业、食品再生利用产业、汽车再生利用产业，以及与上述废弃物相关联的回收、运输和再生技术研发等

近年来，中国以循环经济试点工作为契机，把发展循环经济作为调整经济结构、转变发展方式的重要抓手，循环经济从理念变为行动，逐步发展，取得了积极成效，这些成效包括：资源产出率稳步提高，单位产品能耗物耗明显降低，废物循环利用水平取得较大提高，污染物排放得到一定程度的控制，形成了一批循环经济的典型企业和产业园区，为节能减排和减少温室气体排放做出了积极贡献[①]。2007 年，中国能源产出率为 8660 元/tce，同比增长 4.04%；工业固体废弃物综合利用率已达 62.8%，同比增长 2.6%；城市垃圾无害化处理率为 62%，同比增加 4 个百分点；钢产量近四分之一来源于废钢，水泥原料的 20% 来自于固体废物，纸浆产量近三分之一的原料来自再生资源。

36.5　减缓农业和农村温室气体排放

农业是易受气候变化影响的部门之一，同时农业活动也导致了大量的温室气体排放。为贯彻落实中央领导关于气候变化工作的一系列重要指示精神和《中国应对气候变化国家方案》，防御气候变化和极端气候灾害对农业造成的影响，控制农业源温室气体排放，保证农业的可持续发展和粮食安全，中国采取了一系列政策和措施，在减缓农业和农村温室气体排放方面取得积极进展。

36.5.1　发展农村可再生能源

中国高度重视农村沼气发展，出台了一系列与沼气发展相关的法规和政策，把沼气建设作为新农村建设的重要措施进行推进。

在《农业法》、《节约能源法》和《可再生能源法》等一系列国家重要法律法规中，都对沼气发展提出明确规定。《中华人民共和国农业法》第 54 条规定："各级人民政府应当制定农业资源区划、农业环境保护规划和农村可再生能源发展规划。"《中华人民共和国节约能源法》第四条规定："国家鼓励开发、利用新能源和可再生能源"。《中华人民共和国可再生能源法》第十八条规定："国家鼓励和支持农村地区的可再生能源开发利用。县级以上地方人民政府管理能源工作的部门会同有关部门，根据当地经济社会发展、生态保护和卫生综合治理需要等实际情况，制定农村地区可再生能源发展规划，因地制宜地推广应用沼气等生物质资源转化、户用太阳能、小型风能、小型水能等技术。"

2005 年以来多个中央文件，都对沼气发展提出要求。《中共中央国务院关于进一步加强农村工作提高农业综合生产能力若干政策的意见》（中发 [2005] 1 号）要求"加快农村能源建设步伐，继续推进农村沼气建设"（新华社，2005）。《国务院关于做好建设节约型社会近期重点工作的通知》（国发 [2005] 21 号）文件要求"在农村大力发展户用沼气池和大中型畜禽养殖场沼气工程，推广省柴节煤灶"（国务院办公厅，2005）。《中共中央国务院关于推进社会主义新农村建设的若干意见》（中发 [2006] 1 号）指出：要加快农村能源建设步伐，在适宜地区积极推广沼气。大幅度增加农村沼气建设投资规模，有条件的地方，要加快普及户用沼气，支持养殖场建设大中型沼气。以沼气池建设带动农村改圈、改厕、改厨（新华社，2006a）。

为了贯彻国家有关发展沼气的战略，2007 年农业部先后发布了"农业生物质能产业发

---

① 国家发展和改革委员会.2007.全国农村经济社会发展"十一五"规划

展规划（2007～2015 年）"[1] 和"全国农村沼气工程建设规划（2006～2010 年）"[2]，对沼气发展的原则、目标提出了明确要求。坚持"政府引导，农民自愿"的原则推动沼气建设。农村沼气是一项公益性事业，既需要国家在政策、资金和服务等方面给予扶持，又要尊重农民意愿，积极引导和鼓励农民、企业及其他社会组织参与农村沼气建设。

截至 2008 年年底，全国户用沼气达到 3050 万户，产沼气量达到 120 亿 m^3，相当于减排 CO_2 4900 万 t。推广大型沼气工程 2761 处，中型沼气工程 12 864 处，小型沼气工程 23 885 处，年产沼气 5.26 亿 m^3；推广农村太阳能热水器 4758 万 m^2、太阳房 1590 万 m^2、太阳灶 135 万台、小型风力发电机 20 多万台，形成了近 500 万 tce 的节能能力。为了实现农村生活节能，通过推广节能灶炕等减少化石能源消耗，减缓 CO_2 排放，到 2008 年，建成一批秸秆气化、固化示范点，累计推广省柴节煤炉灶 1.85 亿户，由此带来的节能量和温室气体减排量也是可观的。

36.5.2 实施农业和农村节能减排

农业部编制并发布了《农业部关于加强农业和农村节能减排工作意见》，加快构建节约型生产生活方式，提高资源利用效率，开发可再生能源，发展以村庄、农户为单元的循环农业，防治农业面源污染。大力推广节水、节肥、节药、节农膜等资源节约型技术和低能耗机械，促进农业节本增效；大力加强沼气建设，积极推广秸秆气化和固化成型燃料，适度发展能源作物。力争到 2010 年，通过农村生产生活节能和生物质能、太阳能、风能、微水电等开发，新增能源节约和开发能力 5000 万 tce 以上。积极推广节约型农业技术，重点区域化肥利用率提高 3 个百分点，农药利用率提高 3～5 个百分点，农业用水效率提高 5%；淘汰一批高耗能老旧农业机械和渔业船舶；逐步建立一批循环农业示范区，示范区畜禽粪便、生活垃圾和污水、农作物秸秆资源化利用率达到 90% 以上（农业部科技教育司，2007）。

在农业清洁生产方面，农业领域通过推广低排放的高产水稻品种和水稻间歇灌溉技术减少水稻田 CH_4 排放；推广秸秆青贮氨化技术，过腹还田，减少反刍动物 CH_4 排放；通过配方施肥实现节肥和环保双赢。农业部自 2005 年在全国范围内开展测土配方施肥行动，扩大测土配方施肥实施范围，开展鼓励农民增施有机肥、种植绿肥、秸秆还田，到 2008 年有 9 亿亩农田采用了测土配方施肥。这一措施提高科学施肥水平，减少氮肥用量 10% 以上，减少农田 N_2O 排放 2.8 万 t，相当于减排 890 万 t CO_2。

36.5.3 增加农业土壤碳汇

党中央国务院高度重视保护性耕作发展，近些年来多个中央文件都对保护性耕作发展提出要求，《中共中央国务院关于进一步加强农村工作提高农业综合生产能力若干政策的意见》（中发 [2005] 1 号）要求"改革传统耕作方法，发展保护性耕作"（新华社，2005）。《国务院关于做好建设节约型社会近期重点工作的通知》（国发 [2005] 21 号）要求编制实施保护

---

① 农业部 . 2007. "农业生物质能产业发展规划（2007～2015 年）". www. agri. gov. cn/jhgb/ P02008110739784139 4242. doc
② 农业部 . 2006. 全国农村沼气工程建设规划（2006～2010 年）

性耕作规划（国务院办公厅，2005）。《中共中央国务院关于推进社会主义新农村建设的若干意见》（中发［2006］1 号）要求"继续实施保护性耕作示范工程和土壤有机质提升补贴试点"（新华社，2006a）。国家发展和改革委员会《全国农村经济社会发展"十一五"规划》提出："改革耕作方法，发展保护性耕作"（国家发展和改革委员会，2007）。《中共中央国务院关于切实加强农业基础建设进一步促进农业发展农民增收的若干意见》（中发［2008］1 号）要求"继续实施保护性耕作项目"（新华社，2008a）。党的十七届三中全会通过的《中共中央关于推进农村改革发展若干重大问题的决定》中提出，要"鼓励农民开展土壤改良，推广测土配方施肥和保护性耕作，提高耕地质量，大幅度增加高产稳产农田比重"（新华社，2008b）。

农业部和国家发展和改革委员会于 2009 年 8 月联合印发了《保护性耕作工程建设规划（2009～2015 年）》。对保护性耕作发展的原则、目标提出了明确要求，以保障粮食安全、改善生态环境和增加农民收入为目标，以科技创新和技术集成为先导，针对不同区域特点确定中国保护性耕作主导技术模式，规划以机械化措施为主，加强农机农艺结合，以北方一年一熟区为重点，兼顾黄淮海一年两熟区，坚持循序渐进，按照试点、示范、推广的步骤，建设保护性耕作工程区；通过工程建设，基本形成中国保护性耕作支撑服务体系，建成 600 个高标准、高效益保护性耕作工程区，总规模 2000 万亩，占项目县总耕地面积的 3.1%。通过项目建设与辐射带动，新增保护性耕作面积约 1.7 亿亩，占中国北方 15 个相关省（自治区、直辖市）及苏北、皖北总耕地面积的 17%（农业部，国家发展和改革委员会，2009）。

实施保护性耕作增加土壤有机质，有关数据显示，2008 年全国保护性耕作实施面积 4298 万亩，节省用工约 2.1 亿～3.4 亿个，节省灌溉用水 17 亿～25 亿 m^3，新增粮食 56 万～168 万 t，增产率 5%～15%；减少水土流失 4 300 万～8 600 万 t，减少农田扬尘 84 万～168 万 t，减少 CO_2 等温室气体排放量达 166～364 万 t。

36.5.4　增加草原碳汇

国务院《关于加强草原保护与建设的若干意见》（国发［2002］19 号）提出了推行禁牧、休牧、划区轮牧制度（国务院，2002）。2003 年 3 月 1 日开始实施的新《草原法》中又明确提出，对严重退化、沙化、盐碱化的草原和生态脆弱区的草原，实行禁牧、休牧制度。中共中央、国务院发布的《中华人民共和国国民经济和社会发展第十一个五年规划纲要》提出"保护天然草场，建设饲草料基地，发展草地畜牧业，建设节水灌溉饲草基地"（新华社，2006b）；2006 年中共中央 1 号文件《关于推进社会主义新农村建设的若干意见》中明确提出，要"继续推进草地生态建设，继续推进退牧还草"（新华社，2006a）。《国家中长期科学和技术发展规划纲要（2006—2020 年）》中环境和农业的重点发展领域，将生态脆弱区域生态系统功能的恢复重建和农林生态安全列为优先主题（国务院，2006）。2007 年中央 1 号文件《关于积极发展现代农业扎实推进社会主义新农村建设的若干意见》继续明确指出"加快实施退牧还草工程"（新华社，2007）。

根据农业部"退牧还草工程建设十年规划"，"十一五"期间（2006～2010 年），实施退牧还草 10 亿亩，其中：禁牧 4.02 亿亩，休牧 5.78 亿亩，划区轮牧 0.2 亿亩。"十二五"期间（2011～2015 年），实施退牧还草 10 亿亩，其中：禁牧 2.92 亿亩，休牧 6.65 亿亩，划区轮牧 0.43 亿亩[①]。

　　近几年来，农业部采取一系列综合措施，切实加强草原保护建设工作，先后启动实施了天然草原植被恢复与建设、退牧还草、京津风沙源治理、岩溶地区草地治理试点工程等草原保护建设工程项目。棚圈建设、青贮窖、饲草加工机械、饲料粮补助等工程配套措施逐步落实，部分牲畜从完全依赖天然草原放牧转变为舍饲半舍饲圈养，项目县天然草原承载压力逐渐减轻，植被盖度和高度显著增加，草场生产力明显提高，草群结构不断优化，草原生态系统功能逐步恢复，生态环境状况趋于好转。据统计，2003～2007 年五年间，中央财政仅退牧还草工程就安排资金 86 亿元，建设草原围栏 5.19 亿亩。截至 2006 年年底，全国累计种草保留面积超过 4 亿亩，13 亿亩草原实行了禁牧休牧轮牧，草原超载率比上年降低了 2 个百分点[②]。

36.6　增强森林碳汇

　　林业在减缓气候变化过程中具有举足轻重的作用，中国在该领域采取了系列积极的措施，以努力控制和减缓温室气体排放，不断提高适应气候变化能力。

　　2007 年 9 月，胡锦涛主席在 APEC 会议上提出了建立"亚太森林恢复和可持续经营网络"的重要倡议，被国际社会誉为应对气候变化的森林方案，得到了积极响应和高度评价。2009 年 6 月 22 日，首次召开的中央林业工作会议提出，必须把发展林业作为应对全球气候变化的战略选择。温家宝总理在会见与会代表时特别强调："林业在应对气候变化中具有特殊地位。"国家主席胡锦涛 2009 年 9 月 22 日在联合国气候变化峰会开幕式上发表题为《携手应对气候变化挑战》的重要讲话，中国将继续采取强有力的措施应对气候变化，大力增加森林碳汇，争取到 2020 年森林面积比 2005 年增加 4000 万 hm^2，森林蓄积量比 2005 年增加 13 亿 m^3。2009 年 8 月 27 日在《全国人民代表大会常务委员会关于积极应对气候变化的决议》中提出实施重点生态建设工程，增强碳汇能力。继续推进植树造林，积极发展碳汇林业，增强森林碳汇功能。2009 年 11 月 6 日，国家林业局召开新闻发布会，发布了《应对气候变化林业行动计划》。该计划确定了 5 项基本原则、3 个阶段性目标，实施 22 项主要行动，指导各级林业部门开展应对气候变化工作。

　　可见，作为生态环境的重要组成部分，森林在减缓气候变化中的作用日益得到高度重视。

36.6.1　增加森林资源

　　中国森林资源的持续增长，吸收了大量的 CO_2。长期以来，大力开展植树造林、退耕还林和封山育林等政策和措施，有力促进了森林资源的恢复和增长。在全球森林资源减少的大背景下，实现了森林面积和森林蓄积双增长，森林资源质量有所提高，初步形成了以林草植被为主体的国土生态安全体系。

　　据第七次（2004～2008 年）全国森林资源清查结果，全国森林面积 19545.22 万 hm^2，

---

　　① 农业部 . 2006. 退牧还草工程建设十年规划（2006～2015 年）

　　② 农业部 . 2009. 2008 年全国草原监测报告 . http://www.agri.gov.cn/xxgktjxx/

森林覆盖率 20.36%。活立木总蓄积量 149.13 亿 m^3，森林蓄积量 137.21 亿 m^3。除港、澳、台地区外，全国林地面积 30 378.19 万 hm^2，森林面积 19 333.00 万 hm^2，活立木总蓄积量 145.54 亿 m^3，森林蓄积量 133.63 亿 m^3。天然林面积 11 969.25 万 hm^2，天然林蓄积量 114.02 亿 m^3；人工林保存面积 6168.84 万 hm^2，人工林蓄积量 19.61 亿 m^3，人工林面积居世界首位。自全国义务植树活动开展以来，截至 2008 年年底，全国累计 115.2 亿人次参加义务植树，植树 538.5 亿株（回良玉讲话，2009 年 6 月 22 日）。国际社会对此给予了充分肯定。

联合国粮农组织 2005 年发布的全球森林资源评估报告指出，在全球森林资源继续呈减少趋势的情况下，亚太地区森林面积出现了净增长，这主要归功于中国大力植树造林，保持了森林资源持续增长，这在很大程度上抵消了其他地区的森林减少量（FAO，2006）。

此外，中国全面推进集体林权制度改革的重大举措，也为森林资源的增长起到了积极的促进作用。与此同时，中国城市绿化工作也得到了较快发展，也使中国森林资源迅猛增长。2005 年中国城市建成区绿化覆盖面积达到 106 万 hm^2，绿化覆盖率为 33%，城市人均公共绿地 7.9 m^2，这部分绿地对吸收大气 CO_2 也起到了一定的作用。据专家估算，1980～2005 年中国造林活动累计净吸收约 30.6 亿 t CO_2，森林管理累计净吸收 16.2 亿 t CO_2，减少毁林排放 4.3 亿 t CO_2（中国国家发展和改革委员会组织编制，2007）。

36.6.2 推进森林可持续经营和森林保护政策

为全面实施以生态建设为主的林业发展战略，提高森林的储碳潜力，中国积极探索不同地区森林可持续经营管理的模式和途径。

从 2004 年开始，国家林业局先后选择了吉林省汪清林业局、福建省永安市、江西省井冈山市和靖安县、浙江省临安市、甘肃省小陇山林业实验局和辽宁省清原满族自治县 7 处国家级森林可持续经营管理试验示范点。浙江省临安市森林经营管理被联合国粮农组织推荐为"亚太地区森林经营杰出范例"。江西省井冈山市 2008 年被授予"国家生态文明教育基地"。

截至 2009 年底，全国林业系统建立了包括野生动植物、森林、湿地、荒漠等多种类型的自然保护区 2012 处，总面积 1.23 亿 hm^2，约占陆地国土面积的 12.79%（全国绿化委员会办公室，2009）。《国务院办公厅关于进一步加强森林防火工作的通知》（国办发〔2004〕33 号）指出：加强森林防火工作，各级政府要充分认识新形势下做好森林防火工作的重要性和紧迫性，重点做好以下工作：一是健全组织体系，进一步提高森林防火工作的管理水平；二是加强森林消防专业队伍建设，全面提高森林火灾扑救能力；三是加大资金投入和政策扶持，加快森林防火基础设施建设；四是强化监督管理，积极推进依法治火；五是完善森林防火行政首长负责制，建立森林防火工作新机制。

此外，积极促进木材的高效循环利用以及替代能源密集型产品，减排潜力巨大。根据最新研究，利用木材替代钢筋混凝土和钢筋预制板住宅时，则可以减少 CO_2 排放量。按 2004 年的施工面积核算，分别是 1310Mt 和 753Mt。另外，延长木质林产品的使用寿命也可以减少碳排放，因此中国木材工业具有很大的减排潜力（白彦锋等，2009）。

此外，为应对气候变化，中国在推进全球森林可持续经营做了很大的努力。中国政府一贯主张并积极帮助一些发展中国家保护和合理开发森林资源。一方面对东盟及非洲、大洋洲一些木材生产国加强人员培训，帮助这些国家提高森林资源管理者的素质和管理水平；另一方面帮助周边一些国家恢复森林资源，鼓励中国企业在缅甸、老挝、柬埔寨等国家开展造林和毒品替代种植，主要目的是解决当地居民生计问题，减缓和避免原始森林的破坏。同时中国政府也要求中国企业严格按照资源国的法律法规从事森林采伐、更新和加工。同时，积极与这些国家开展森林资源保护培育、野生动植物保护、森林防火及科技交流等全方位合作，促进共同发展。中国政府相继出台了《中国企业境外森林可持续培育指南》和《中国企业境外森林可持续经营利用指南》，引导规范中国企业按照可持续发展的理念培育和利用森林。另一方面，中国加强与有关国家合作打击非法采伐。如与美国和印尼签署了打击木材非法采伐备忘录，建立了打击木材非法采伐与相关贸易双边论坛，积极参加亚洲、欧洲和北亚森林执法与行政管理区域进程，目的就是将中国在森林资源管理方面的有效经验与大家共享，促进全球的森林资源保护和管理。同时，中国还和欧盟、英国、澳大利亚、俄罗斯、日本等打击非法采伐、加强森林保护等领域探讨开展合作，共同为全球森林可持续发展做出努力。

36.6.3　增加林木生物质能源

中国发展能源林的潜力巨大，政府部门积极推进能源林的发展和建设。

国家林业局专门成立了林木生物质能源领导小组，设立了国家林业局林木生物质能源办公室，拟订了《全国能源林建设规划》和《林业生物柴油原料林基地"十一五"建设方案》，确定了一批能源林培育基地，并会同其他相关部委就发展林业生物质能进行财税扶持，实施弹性亏损补贴、原料基地补助、示范补助、税收优惠等四项政策。"十一五"期间，初步规划以柳树、栎类、其他灌木类等速生短轮伐期能源树种为主，培育改造木质能源林规模147.63万 hm²，预计每年可提供总装机容量100万 kW 生物质直燃发电的木质原料。

从 2007 年以来，国家林业局与中国石油天然气集团公司合作的"林油一体化"框架下，指导开展能源林示范基地建设和能源化开发利用示范，建设生物柴油原料林示范基地 13.6 万 hm²[①]。

36.6.4　加强林业执法

为依法保障林业又好又快发展，中国采取了一系列措施和行动，启动和推进了《中华人民共和国森林法》、《自然保护区法》等法律法规的修订和起草工作。我国已初步形成了以《中华人民共和国森林法》、《野生动物保护法》为主体，相关法律、法规、规章为补充的林业法律法规体系。"十一五"时期，林业立法进一步加强，相继制定了《中华人民共和国农民专业合作社法》、《中华人民共和国农村土地承包经营纠纷调解仲裁法》、《中华人民共和国濒危野生动植物进出口管理条例》、《森林防火条例》（修订）等法律法规，以及《省级政府防沙治沙目标责任考核办法》、《开展林木转基因工程活动审批管理办法》、《占用征用林地审核审批规范》、《林木种子质量管理办法》、《林木种质资源管理办法》、《森林资源监督工作管理办法》、《国家林业局产品检验检测机构管理办法》、《林业行政许可听证办法》、《关于严格天然林采伐管理的意见》、《关于规范树木采挖管理有关问题的通知》等部门规章和规范性文件。开展严厉打击破坏森林资源违法犯罪活动，先后组织开展了"林地执法大检查"、"天保二号行动"、"征占林地清理整顿"、"打击破坏森林资源专项行动"、"绿盾"、"飞鹰"等一系

① 王旭辉.2009.我国能源植物储备全面启动《中国能源报》2009 年 9 月 14 日（01）

列严打整治行动,有力打击了各类破坏森林资源违法行为,从而保护了现有森林资源,为提高中国森林碳储量发挥了积极作用。

36.6.5 成立碳汇基金会

单纯依靠政府的力量还远远不能满足中国林业应对气候变化和社会对生态产品的需求。需要构建一个平台,既能增加森林植被和碳汇,应对气候变化、巩固国家生态安全,又能以较低的成本帮助企业志愿减少碳排放,树立良好的公众形象,为企业自身长远发展抢占先机。2010年7月,由中国石油天然气集团公司和嘉汉林业公司发起,经国务院领导批准、民政部登记注册,建立了全国首家以应对气候变化、积累碳汇为主要目的的公募性基金会——中国绿色碳汇基金会。该基金会的前身是2007年7月由国家林业局、中国石油天然气集团公司等共同发起建立的中国绿色碳基金。截至2010年10月,中国绿色碳汇基金会已获得来自中国石油天然气集团公司、中国国电集团公司、山西省潞安集团、山东东营三明林业公司等近千家企业捐资4亿多元人民币,先后在全国十多个省(区)实施碳汇造林近7万hm²。该基金会按照与国际接轨的技术要求开展碳汇造林,使其项目不仅具有严格的额外性,还使当地农户通过参与营造林获得就业机会并增加收入,而捐资企业获得通过规范计量的碳汇(信用指标),记于企业的社会责任账户,在中国碳汇网和中国绿色碳汇基金会网上进行公示。此外,许多个人也积极参与造林增汇减排活动,纷纷捐资到中国绿色碳汇基金会"购买碳汇",以吸收自己日常生活排放的CO_2,"参与碳补偿,消除碳足迹",目前,个人捐款达400多万元。该基金会在全国建立了15片个人捐资碳汇造林点,如北京"八达岭碳汇造林基地"、北京"建院附中碳汇科普林"等。中国绿色碳汇基金会已经建立了从生产、计量、监测、核证、注册等碳汇系列技术标准体系和相关规则,为促进中国林业碳管理和企业自愿减排奠定了基础,并将推动以碳汇为主的中国生态市场发育,为完善和补充国家生态效益补偿基金做出贡献。

36.6.6 重大林业工程效益明显

自20世纪80年代以来,中国政府持续加大了对发展和保护森林资源的力度,先后启动实施了六大林业重点工程。天保工程实施以来累计减少森林资源蓄积消耗4.26亿m³。工程区森林面积净增815.7万公顷,森林蓄积量净增4.6亿m³,对全国森林资源增长的贡献率达43%以上(张志达,2009)。部分地区生态环境明显改善。国家通过实行退耕还林资金和发放退耕粮食补贴,来推动中国的退耕还林工程的发展。据统计,1999~2008年,全国累计实施退耕还林任务2688.3万hm²,其中退耕地造林926.4万hm²,荒山荒地造林1581.9万hm²,封山育林180万hm²。退耕还林工程造林占同期全国六大林业重点工程造林总面积的52%,相当于再造了一个东北、内蒙古国有林区①。退耕还林的工作重点已由大规模推进转移到成果巩固上来,进一步加强补植补造、幼林抚育和林木管护,积极发展后续产业,努力解决退耕农户的长远生计,切实巩固退耕还林工程的成果。从1978年开始的中国三北防护林工程,经过30年的努力,工程累计完成造林保存面积2446.9万hm²,森林覆盖率由工

① 刘刚.2009-8-3.碳汇林在我省露出"小荷尖尖角".山西商报

程建设前的 5.05% 提高到 10.51%（韩乐悟，2009）。京津风沙源治理工程、石漠化综合治理工程累计完成治理面积 860.2 万 hm^2（新华社，2009）。全国沙化面积由 20 世纪末的年均扩展 34.36 万 hm^2 变为目前的年均缩减 12.83 万 hm^2。重点地区速生丰产用材林基地建设工程于 2002 年启动，截至 2009 年底，累计完成速丰林基地建设 10 963 万亩。

通过继续实施植树造林、退耕还林还草、天然林资源保护、农田基本建设等政策措施和重点工程建设，到 2010 年，努力实现森林覆盖率达到 20%，力争实现碳汇数量比 2005 年增加约 0.5 亿 t CO_2（国家发展和改革委员会，2007）。

总之，在《联合国气候变化框架公约》原则下，中国政府将进一步把应对气候变化纳入经济社会发展规划，并继续采取强有力的措施，大力提高森林植被和森林的储碳功能，积极应对气候变化。

第三十七章　适应气候变化的政策与行动

提　要

中国高度重视气候变化对各个领域各个地区的影响，始终坚持以科学发展观为统领，支持以增强防灾减灾能力和适应气候变化能力为目标，从中国国情出发，克服气候条件差、自然灾害较重、生态环境脆弱、农业人口众多、经济发展水平较低等客观不利因素的制约，在农业、林业、水资源、海岸带管理和防灾减灾等适应气候变化方面制定了相关政策，采取了一系列措施，为保障粮食安全，保护森林、国土及海岸带环境，促进经济发展等方面做出了积极贡献，取得了明显效果。

37.1　保障粮食安全

全球性的气候变化正在给世界农业生产带来冲击，干旱、洪涝、高温、冻害等极端气候频发、由于气候变化导致的气候带变迁、水资源短缺、病虫害加重、土壤有机质分解加快、侵蚀和荒漠化加剧等自然灾害正成为影响农业生产的重要制约因素。气候变化导致了中国农业生产不稳定性增加、产量波动性增大、土地生产力下降、生产成本增加、农产品质量降低、畜禽生产和繁殖能力可能受到影响、畜禽疫情发生风险加大，从而影响着国家经济发展和食品安全（蔡运龙，Smit，1996；IPCC，2007a-c；邓可洪，居辉，熊伟，2006）。

中国政府高度重视气候变化对农业的影响，始终坚持以科学发展观为统领，以增强农业防灾减灾能力和适应气候变化能力为目标，从中国国情出发，克服气候条件差、自然灾害较重、生态环境脆弱、农业人口众多、经济发展水平较低等客观不利因素的制约，在农业适应气候变化方面采取了一系列措施，在保障农业生产稳定、提高农产品产量和质量等方面做出了积极努力。

37.1.1　农业适应气候变化的法律和政策

中国政府出台了一系列方针政策，不断完善农业应对气候变化的体制和机制，以满足农业适应气候变化的需要。

自 2004 年至 2010 年，中国连续发布了 7 个"中央一号"文件，分别强调了"三农"工作的核心问题、关键问题和根本问题，抓住了实现农村经济社会又好又快发展的核心，提出了解决"三农"问题的新思路新举措，从而为增强农业适应气候变化能力以及提升农业生产水平提供了政策保障及支持。

中国在 2004 年编制了《中华人民共和国气候变化初始国家信息通报》，2007 年制定了《中国应对气候变化国家方案》，2008 年编制了《中国应对气候变化的政策与行动》，在这些文件中，中国都对增强农业适应气候变化能力给予了高度重视，提出了农业适应气候变化的思想指导和政策引导。《国家中长期科学和技术发展规划纲要》（2006～2020 年）和《中国应对气候变化科技专项行动》等科技发展规划，为开展农业适应气候变化的科学技术研究提供了行动指南。除中央政府制定的系列政策及行动方案外，地方政府也出台了相关政策。截至 2009 年 7 月底，全国 31 个省（自治区、直辖市）完成了省级应对气候变化方案的编制工作，有相当多的省份已进入组织实施阶段。在各省（自治区、直辖市）方案中，均将农业作为适应气候变化的重要领域来抓。

2003 年中国制定了《全国优势农产品区域布局规划（2003～2007 年）》，2006 年发布了《全国粮食生产发展规划（2006～2020 年）》，2007 年发布了《农业部关于实施发展现代农业重点行动的意见》（农发〔2007〕2 号），2008 年制定了《国家粮食安全中长期规划纲要（2008～2020 年）》，2009 编制了《全国新增 1000 亿斤粮食生产能力规划（2009～2020 年）》，这些规划和意见提出了中国粮食发展的重点支持领域及促进中国粮食发展的政策措施，对于提升中国粮食生产适应气候变化能力，降低农业生产的脆弱性及不稳定性具有重要意义。

北方草原畜牧业是受气候变化影响较严重的产业，为适应气候变化对草原的影响，中国正在逐步建立草原生态补偿机制，加紧贯彻落实《全国草原保护利用总体规划》，进一步在草原牧区落实草畜平衡和禁牧、休牧、划区轮牧等草原保护制度。实现恢复天然草原植被，防治草原退化，提高草原生态系统碳储量的目标。

气候变化导致中国自然灾害频发，给农业生产带来严重威胁，中国近年来颁布实施了减灾法、水法、防洪法、水土保持法、防汛条例、抗旱条例、水文条例、蓄滞洪区运用补偿暂行办法等法律法规。制定了《中华人民共和国减灾规划（1998～2010 年）》、《国家综合减灾十一五规划》等一些减灾的专项规划，建立了政府统一领导、部门分工负责、灾害分级管理、属地管理为主的减灾救灾领导体制，并着力完善农业防灾减灾工作机制，包括灾害预警机制、灾情会商及共享机制、信息发布机制、应急响应机制、灾情评估机制、应急物资储备机制、应急社会动员机制等。为减少自然灾害对农业生产造成的危害，增强农业适应气候变化能力起到了积极作用。

为了强化农业领域应对气候变化工作，农业部成立了应对气候变化和节能减排领导小组，指导农业应对气候变化和农业农村节能减排工作。各级地方政府也根据当地实际情况成立了省应对气候变化和节能减排领导小组，健全机构，充实必要的专业人员，提高省级政府应对气候变化的能力。与此同时，中国的科研机构也根据现实需求，加强了农业适应气候变化相关研究机构及研究团队建设。

37.1.2 农业适应气候变化的实践

近年来，中国积极采取措施，在农业可持续发展框架下，开展了一系列增强农业适应气候变化的具体行动。

第一，加大粮食生产扶持力度，提高种植业适应气候变化水平。

现有研究包括 2004 年《中华人民共和国气候变化初始国家信息通报》和 2004 年中英气候变化合作项目《气候变化对中国农业的影响》表明，气候变化对中国粮食生产以负面影响为主，如不采取措施，中国粮食减产将不可避免。为保障粮食安全，增强粮食生产适应气候变化的能力，中国加大了对粮食生产的扶持力度，主要开展的工作包括：积极落实国家有关粮食生产发展规划；加快农业科技推广应用步伐，深入实施科技入户工程；提高粮食产前产后保障水平；调整农业种植结构，发展优质粮食产业工程，加快大型商品粮基地建设；改革耕作制度和种植方式；选育推广抗逆品种，继续组织实施好种子工程；抓紧实施沃土工程，改造中低产田；科学部署国家农业科技创新基地、区域性农业科研中心；加大实施植保工程，加强病虫害防控；加快推进粮食作物全程机械化，完善发展粮食生产机械化的扶持政策，合理开发非耕地资源等。

在中国有关粮食发展政策的正确指引下，中国粮食生产克服了气候变化引起的各种自然灾害等不利影响，已连续 6 年实现了增产，粮食年总产突破了 1 万亿斤，为中国及至世界的粮食安全做出了重要贡献。

第二，加强农业基础建设，稳定农业生产。

增强抵御自然灾害能力，提高农业对气候变化的适应性，加强农业基础建设是关键，近年来中国在农业适应气候变化基础建设方面的主要工作包括：

一是加强中国极端气象灾害监测预报能力建设。近期，中国将建成一批对经济社会具有基础性、全局性、关键性作用的气象灾害防御工程，提高农业应对极端气象灾害的综合监测预警能力、抵御能力和减灾能力，使粮食生产因灾减产的损失减少 10%。

二是加强水利条件基本建设，1996～2006 年，全国新增有效灌溉面积近 1 亿亩，新增节水灌溉面积近 1.5 亿亩。《国家粮食安全中长期规划纲要（2008～2020 年）》提出，通过农田基础设施建设，农业灌溉用水有效利用系数由 2005 年的 0.45 提升到 2010 年的 0.50，2020 年将达到 0.55 以上。实施重点涝区治理，加快完成中部粮食主产区大型排涝泵站更新改造，提高粮食主产区排涝抗灾能力。狠抓小型农田水利建设，抓紧编制和完善县级农田水利建设规划，整体推进农田水利工程建设和管理。加强东北黑土区水土流失综合治理和水利设施建设，稳步提高东北地区水稻综合生产能力。

三是强化耕地质量建设，稳步提高耕地基础地力和持续产出能力。通过大力推进农业综合开发和基本农田整治，加快改造中低产田，建设高产稳产、旱涝保收、节水高效的规范化农田。力争到 2010 年中低产田所占比重降至 60% 左右，到 2020 年中低产田所占比重降到 50% 左右。

四是加强草场保护工程建设，开展草原退牧还草，草场围栏，人工草场建设，加强草原防火基础设施建设，保护和改善草原生态环境。2000 年以来，中央政府投资 100 多亿元，先后组织实施了退牧还草等一系列草原生态保护建设重点工程。在国家重点工程的带动下，各地也不断加大草原保护建设的投入力度。截至 2007 年，全国人工种草保留面积达到 1086 万 hm^2，改良草原 1600 多万公顷，力争到 2010 年治理荒漠化土地面积 2200 万 hm^2[①]。

五是加强畜牧养殖基础设施建设，健全良种繁育体系，推广优良品种。推行畜禽和水产养殖档案管理，加强疫病防控。加强畜禽标准化养殖小区和水产健康养殖示范区建设，加快畜牧水产养殖业的规模化、集约化、标准化和产业化步伐。实施畜禽良种工程和奶牛良种补贴项目，推广舍饲半舍饲养殖。

六是开展水产健康养殖示范场创建活动，启动贝类养殖水域划区工作，推进养殖证制度建设。加强水产良种选育、品种改良工作，推广健康养殖技术。加强重大水生动物疫病和水

---

① 中国科学技术协会 . 2008. 青年专家发布中国草原报告生态形势严峻

产品药物残留监控，加大养殖生产过程抽检力度。

第三，加强科学研究与推广，发挥科技在农业适应气候变化中的作用。

20世纪90年代以来，气候变化成为重要的学科前沿，中国通过各种科技计划对与气候变化相关研究进行了立项和资助。通过野外观测、模型研究、实验室研究、宏观研究以及适应对策研究等手段，中国在植物光、温、水利用、生物固氮、病虫害防治、转基因农业发展、灾害气象预报、设施农业生产气候变化影响模拟与评估（杨修等，2004；刘颖杰，林而达，2007）、气候变化对农产品安全生产的影响、农业温室气体排放监测与清单估算、农业碳循环与碳收支、农田及农村温室气体排放量评估及减排潜力估算、农业适应性调整等多个领域进行了研究，取得了不同程度的进展，为提升农业适应气候变化能力提供了必要的技术支撑。

随着农作物育种由传统育种向杂交育种、细胞工程育种、基因工程育种和航天育种发展，大大提高了中国良种培育和品种更换速度。尤其是通过杂种优势理论的研究开发及其在水稻、玉米、高粱、蔬菜育种上的广泛运用，中国培育出一大批高产、优质、多抗杂交新品种，大大增加了农业适应气候变化的能力。

中国在农业适应气候变化领域的研究基础平台建设也取得了一定突破。中国在部分区域开发建设了模拟CO_2、O_3及温度升高对农业生产影响的FACE（自由大气CO_2富集）系统，OTC（开顶式气室）系统等重大基础实验设施，建立了草地生态、草地灾害及草地植物资源保护等野外试验台站和农业生态实验站等研究平台，研究平台的建立为农业适应气候变化领域的科学研究提供了必要的科技支撑条件。

中国政府还非常注重农业科技的综合推广应用，使科技成果转变为提高农业生产能力，增加适应气候变化的现实生产力。中国提出并实施了农业科技入户工程，把良种良法集成一个整体，统一推进，形成科技合力，包括开展农民科技培训、示范优良品种、集成高产技术、实施专业化病虫害防治、加大测土配方施肥力度、推进机械化生产等多个环节。根据不同新品种，各地还形成了适宜不同区域的农产品高产栽培模式，配套推广了精量半精量播种、水稻集中育秧、玉米晚收小麦晚播、小麦氮肥后移、玉米增密和病虫害综合防治等关键技术，形成了各具特色的高产技术模式。

中国非常重视加强农业适应气候变化方面的国际合作，与联合国开发计划署、欧盟委员会、世界银行、世界自然基金会等国际机构，以及英国、瑞典、德国、加拿大、美国等国家都建立了良好的合作关系。合作项目主要包括：加拿大和中国气候变化合作项目、中德现代农业示范农场项目、中欧政策对话支持项目农业可持续发展及生态补偿政策研究、中英气候变化合作项目气候变化对中国农业影响研究（一期和二期）、中英可持续农业创新协作网、联合国开发计划署、挪威政府和欧盟委员会共同支持的中国省级应对气候变化方案项目等。通过参与这些国际项目，促进了相关科技在农业适应气候变化领域的应用和推广，增强了中国的国际合作能力。

第四，转变农业生产方式，实现农业可持续发展。

党的十七届三中全会明确指出，按照建设生态文明的要求，发展节约型农业、循环农业、生态农业，加强生态环境保护。国务院领导明确指出，21世纪是实现中国农业现代化的关键历史阶段，现代化的农业应该是高效的生态农业。这为发展现代农业指出了方向，对于实现农业增效、农民增收、促进农村经济可持续发展，实现农村低碳经济具有重大的现实意义和深远的历史意义。

中国早在 20 世纪 80 年代便在全国开展研究、示范、推广生态农业工作。2003 年国家在大量实践研究的基础上，开始推广十大典型生态农业模式及配套技术，包括北方"四位一体"、南方"猪沼果"、西北"五配套"生态模式及配套技术、生态渔业模式及配套技术、丘陵山区小流域综合治理模式及配套技术和观光生态农业模式及配套技术等。生态农业的发展使农业更有效地适应气候变化带来的缺水、病虫害、极端天气灾害等不良影响。

2005 年国家在湖南、四川、重庆以及河北等省市启动了农村清洁工程建设试点工作，按照"减量化、资源化、再利用"的循环经济理念，以建设资源节约型、环境友好型新农村为目标，以实施清洁田园、清洁家园、清洁水源为主线，以农村废弃物资源化利用和农业面源污染防控为重点，推广畜禽粪便、生活污水、生活垃圾、秸秆等生产、生活废弃物资源化利用技术，以促进农业、农村生产向低碳经济转型，实现农业可持续发展，增强农业适应气候变化的能力。2009 年已在全国建成了 1000 多个农村清洁工程示范村，总结提出了农村清洁工程五大典型建设模式，规划到 2015 年，在全国 22 万个自然村实施农村清洁工程。使农户清洁能源普及率、生活垃圾和生活污水处理利用率、农作物秸秆资源化利用率达到 90%以上。

生态农业、循环农业和农村清洁工程的开展有效解决了农村环境脏、乱、差问题，将传统"资源—产品—废弃物"的线性生产方式转变为"资源—产品—废弃物—再生资源"的循环生产方式，最大限度地提高资源利用效率，实现经济、生态和社会效益的统一，实现农业向低碳型转变。从而有效提升农业可持续发展能力，提高了农业适应气候变化的能力。

第五，建设示范项目，为农业适应气候变化提供示范样板。

为加强中国农业适应气候变化的能力，中国各级政府都积极采取行动进行试点示范项目建设。

2009 年中国在世界银行的资助下在江苏、山东、河南、河北、安徽等 5 省的 10 个市县首次开展了农业适应气候变化项目试点工作。项目集中于水资源管理和农业综合开发，研究气候变化对农业生产的影响及对策，开展包括建设集雨工程、节水工程、推广农作物新品种及新技术，提高农民、农业技术人员及项目管理人员对气候变化的科学认识，加强对气候变化的适应能力，促进相关适应性措施在农业生产中的广泛使用进行示范。同年中国利用全球环境基金资助实施的"适应气候变化农业开发项目"在宁夏同心县进行了示范研究，其内容包括：开展研究，探索气候变化条件下农业生产方式应做哪些调整，包括不同区域农业种植结构调整、粮食作物生产技术的改进、病虫害综合防治和综合节水技术的改进等，该项目对提高宁夏农业适应气候变化能力起到重要推动作用。

在"十一五"科技攻关项目中，以黑龙江农垦等为示范，探讨中国东北商品粮主要生产区域有效的气候变化适应技术。

第六，开展农业防灾减灾，减少气候变化带来的自然灾害损失。

中国是世界上自然灾害最为严重的国家之一。灾害种类多、发生频率高、分布地域广、造成损失重。伴随着全球气候变化以及中国经济社会快速发展，中国的资源、环境和生态压力加剧，自然灾害风险也进一步加大，农业防灾减灾的任务非常繁重。

为应对自然灾害，中国进行了大规模的减灾工程建设，减少了气候变化带来的农业灾害损失，增强了农业适应气候变化的能力。据统计，40 多年来，中国共修建防洪堤 24.7 万km，大中小型水库 8.4 万多座，建成排灌站 49 万多处。其中对全局具有重要意义的减灾工程有：黄河下游防洪大堤、长江中下游防洪与分洪工程、淮河流域综合防洪工程、长江三峡工程、黄河小浪底工程等重大水利工程。生物灾害防治和牧区防灾基地建设也有新的进展。1949 年以来，按照 2000 年不变价格估算，全国七大江河以及太湖流域防洪减灾的直接经济效益达 3.69 万亿人民币，防洪减淹耕地 1.6 亿 hm^2，平均每年减淹耕地 271 万 hm^2。估算这些地区防洪减免粮食损失 6 亿 t，年均减免粮食损失 1017 万 t[①]。

可见，中国为了增强农业适应气候变化能力，从扶持粮食生产、加强农业基础设施建设、促进科技研发、发展现代农业、建设示范项目以及加强农业防灾减灾建设等方面进行了积极探索和实践，并初步取得了一定成效，这为中国继续提高农业适应气候变化能力奠定了基础。

37.2　保护林业自然生态系统

37.2.1　林业适应气候变化的法律政策

中国制定并实施了一系列有利于增强林业适应气候变化能力的法律和政策措施。这些法律和政策措施包括《森林法》、《野生动物保护法》、《水土保持法》、《防沙治沙法》和《退耕还林条例》、《森林防火条例》、《森林病虫害防治条例》、《自然保护区条例》、《濒危野生动植物进出口管理条例》和《国家湿地公园管理办法》（试行）等，这些法律法规的制定为中国实施全国生态环境建设和保护规划起到了积极的推动作用，有利促进了森林和其他自然生态系统的保护，维护了生态安全，逐渐促进森林资源利用管理更加科学化和法制化。

中国制定了促进林业可持续发展的"四项制度、一个体系"的政策框架。"四项制度"是指：一是建立林业公共财政制度。将林业基本设施建设、生态补偿、行政事业经费，林业行政执法体系等方面的费用纳入各级公共财政预算；二是建立健全林业金融支撑制度。主要是建立健全林权抵押贷款制度和政策性森林保险制度；三是建立健全林木采伐管理制度。简化采伐审批程序，推行采伐限额公示制度，实行林木采伐分类管理；四是建立健全集体林权流转制度。"一个体系"是建立健全林业社会化服务体系。通过建立"四项制度、一个体系"，奠定了支持现代林业发展的长效机制，为增强林业适应气候变化的能力提供了政策保障。

中国一直积极推进林业整体改革。林业改革涉及集体林权、国有林权和森林资源管理体制等方面，改革的目标是建立"产权归属清晰、经营主体落实、责权划分明确、利益保障严格、流转顺畅规范、监管服务到位"的现代林业产权制度，调动社会各方面造林育林的积极性，增加森林资源，提高森林质量，增强林业适应气候变化的能力。

中国建立并实行具有中国特色的森林资源管护制度。中国逐步形成了具有自身特色的森林资源保护管理体制。一是建立了以森林限额采伐、林权登记发证、征占用林地审核审批和森林资源定期清查为主要内容的森林资源管理制度。全国森林凭证采伐率达到 92.4%，征占林地审核率达到 91.2%，林权登记率达到 85%。二是建立了以森林防火、森林病虫害防治为主要内容的森林资源保护制度。成立了国家森林防火指挥部，实行了地方各级人民政府负责制，组建了武警森林部队和专业扑火队伍，制定了扑救应急预案。20 年来，中国森林火灾受害率平均控制在 1‰以下，低于世界同期平均水平。中国森林病虫害防治坚持"预防

---

① 中国国际减灾十年委员会．1998．中华人民共和国减灾计划（1998—2010 年）．

为主、综合防治"的方针，初步形成了以生物防治为基础，生物、仿生和化学防治相结合的森林病虫害防治体系，防治率达到 67%，其中无公害防治率达到 70%。三是建立了森林资源监督制度。中国政府在全国相继设立了 14 个森林资源监督机构，对森林资源保护、利用和管理等情况实施了有效监管。这些制度的形成，减少了人为活动对森林的破坏和干扰，增强了森林抵御自然灾害的能力，提高了森林自然修复能力，保障了森林资源消长的良性循环，增强了森林适应气候变化的能力。四是开展了森林资源监测制度。中国森林资源监测工作，经过几十年的发展，监测队伍不断壮大，监测方法不断改进，监测体系日臻完善，基本形成了以国家森林资源连续清查为主体，二类调查为基础，作业设计调查、资源档案更新和专业调查为辐射的全国森林监测体系。截至 2010 年，完成了 7 次全国森林资源清查和 5 轮森林规划设计调查，全面查清了森林资源现状及动态，为不同时期的林业建设和社会经济发展做出了贡献。

以上法律规划政策的制定和实施，为中国提高林业和生态系统适应能力提供了重要的制度保障。

37.2.2 林业及自然生态系统增强适应能力的实践

为适应气候变化，中国加强了林地、林木、野生动植物资源保护管理，继续推进天然林保护、野生动植物自然保护区、湿地保护工程，加强生态脆弱区域、生态系统功能的恢复与重建。

第一，保护天然林。中国的天然林面积为 1.17 亿 hm^2，占森林总面积的 60%，为加强天然林保护，中国在过去的 10 年时间内投入了 1078 亿元，实施天然林资源保护工程。"天保工程"累计减少森林资源消耗 4.26 亿 m^3，有效地保护了 9837.72 万 hm^2 森林，工程区内净增森林面积 815.7 万 hm^2，净增森林蓄积 4.6 亿 m^3，生物多样性得到有效保护，森林碳汇能力增强，生态状况明显改善。

第二，保护与恢复湿地。中国实施了全国湿地保护工程，2005 年国家编制了《全国湿地保护工程实施规划（2005～2010 年）》，确定了湿地保护、恢复、可持续利用、能力建设等工程建设项目。目前，已审批实施近 200 个项目。全国已建立国家湿地公园 100 处，湿地面积 41.5 万 hm^2；建立 550 多处湿地自然保护区，使 1795 万 hm^2、近 49.6% 的现有自然湿地得到有效保护，增加了湿地生物多样性和碳汇能力。

第三，保护野生动植物。中国在候鸟等野生动物重要聚集分布区域建立了 350 处国家级、550 处省级和 2000 余处市县级监测站，布设监测点和巡查路线近万处。初步建立了野生植物就地保护网络体系，涵盖了 65% 的高等植物种类和 130 多种重点保护的野生植物主要栖息地。积极开展迁地保护和针对珍稀濒危野生植物的拯救繁育，建立起 400 多处野生植物种质资源保育、基因保存中心和 160 多家植物园、树木园，保存了中国植物区系成分植物物种的 60%，上千种珍稀濒危野生植物得到有效保护。减少气候变化对野生动物资源的不利影响，增强了野生动植物适应气候变化的能力。

第四，建设自然保护区。截至 2006 年，中国共建立各类自然保护区 2395 处，覆盖了 15% 以上的陆地国土面积，超过了世界平均水平；建设各类自然保护小区 5 万多处，总面积 150 多万 hm^2。目前，中国已初步形成了类型齐全和功能完备的自然保护区网络体系，有效保护了 90% 的陆地生态系统类型、85% 的野生动物种群和 65% 的高等植物群落，涵盖了

20％的天然优质森林和30％的典型荒漠化地区。

第五，建立国家林业局陆地生态系统定位研究网络。根据中国森林、湿地、荒漠的特点、地理分布区域和生态环境类型及陆地生态系统对气候变化的影响，已建立包含57个生态站点的陆地生态系统定位研究网络，发布了《国家林业局陆地生态系统定位研究网络中长期发展规划（2008～2020年）》，指导生态站加强陆地生态系统与气候变化关系的定位观测研究，并开展森林、荒漠、湿地、生物多样性、林火和森林病虫害等定位观测技术研究，为中国参与国际气候变化战略谈判和履约提供决策依据。

以上政策行动，增强了林业适应气候变化的能力，也促进了林业可持续发展。

37.2.3　林业及自然生态系统增强适应能力的重大工程

为了治理水土流失和土地荒漠化，中国实施了一些重大林业生态建设工程，增加了土壤碳汇量。

第一，实施退耕还林工程。截至2009年底，中国25个省、自治区、直辖市及新疆生产建设兵团累计完成退耕地造林926.4万hm²、荒山荒地造林1625.9万hm²、封山育林213.3万hm²。退耕还林工程实施以来，占国土面积82％的工程区森林覆盖率提高了3个多百分点，有效减轻了水土流失，改善了生态环境。

第二，实施"三北"防护林体系建设工程。1978年启动的"三北"防护林体系建设工程，建设范围涉及中国北方13个省、自治区、直辖市的551个县，规划造林3508.3万hm²，建设期1978～2050年，将历时73年。经过近30年的建设，累计造林保存面积2374万hm²，全部成林后，工程区森林覆盖率可由1977年的5.05％增加到10.51％，森林蓄积量由7.2亿m³增加到10亿m³，取得了重大的阶段性成就。

第三，实施京津风沙源治理工程。国家于2000年启动的京津风沙源治理工程，涉及北京、天津、河北、山西、内蒙古5省、自治区、直辖市的75个县（区、旗），规划治理总面积1960.59万hm²。工程累计完成治理任务1081.25万hm²，实行禁牧面积568.4万hm²，生态移民17.71万人。

第四，实施长江流域防护林体系建设工程。长江流域涉及18个省、自治区、直辖市，总面积约180万km²，占国土面积的18.8％。为恢复长江流域的森林植被，遏制生态恶化的趋势，1989年中国政府启动了长江流域防护林体系建设工程。工程实施以来，共完成营造林832万hm²，治理水土流失6.5万hm²，森林覆盖率净增9.6个百分点。

第五，构筑海岸防护林体系。1991年，中国政府启动了沿海防护林体系建设工程。工程覆盖沿海11个省、自治区、直辖市和221个有海岸线的县。经过10多年的建设，累计完成营造林386.4万hm²，低效防护林改造6.82万hm²，工程区森林覆盖率增加10.6个百分点；新造和更新沿海基干林带7884km，使海岸基干林带达到1.7万多千米；新增农田林网控制面积近50万hm²，农田林网控制率达80％；建立沿海湿地自然保护区90多处，保护区面积达543万hm²。在沿海防护林体系的庇护下，区域内水土流失面积减少108万hm²，土壤侵蚀模数下降25％。

第六，建设农田防护林体系。从1988年到2007年，全国平原地区累计完成造林710万hm²，森林覆盖率从1987年的7.3％提高到现在的15.8％，新营造农田防护林376.8万hm²，农田林网控制率由1987年的59.6％增加到现在的74％，3356万hm²农田得到保护，提高了农田抵御自然灾害的能力。

荒漠化和水土流失地区是中国生态环境最脆弱、受气候变化影响最大的区域，通过治理水土流失和荒漠化，改善了生态环境，增加了植被覆盖率，增强了植被和土壤的碳汇能力，提高这些区域适应气候变化的能力。

37.3　缓解水资源供需矛盾

中国水资源的可持续开发利用面临人口增长、社会经济发展、生态系统用水增加以及气候变化不利影响等多方面的压力。为了提高水资源适应气候变化能力，保证水资源对社会经济发展的持续支撑，就必须采取以水资源可持续利用与管理为准则的适应性对策。

37.3.1　水资源适应气候变化的政策法规

近些年来，中国修订或出台了《中华人民共和国水法》、《防洪法》等法律，颁布了《抗旱条例》、《取水许可和水资源费征收管理条例》等法规，同时针对气候变化对水利的影响，加大了相关法律法规的完善与监管实施力度。全国水利发展"十一五"规划中明确提出要保障和规范水资源管理，促进水资源的可持续开发利用。面对中国基本水情和全球气候变化的严峻形势，中国正致力于全面实施最严格水资源管理制度，建立水资源开发利用总量控制红线，严格实行用水总量控制；建立用水效率控制红线，遏制用水浪费；建立水功能区限制纳污红线，严格控制入河排污总量，促进水资源可持续利用。

37.3.2　加强水利基础设施建设

中国一直高度重视水库、河道堤防和分蓄滞洪区建设，以提高抵御自然灾害的能力。截至 2008 年，全国已建成江河堤防 28.38 万 km，海堤 13 万多千米，海堤标准得到不断提高；已建成各类水库 8.54 万座，总库容 6345 亿 m^3；在长江、黄河、淮河、海河等主要江河开辟了 124 处蓄滞洪区，总面积 3.24 万 km^2，总容积约 1172 亿 m^3。这些水利设施的建设提高了中国应对洪水、干旱等灾害的能力。

为了保障供水能力，中国合理开辟水源的同时，也积极实施必要的跨流域调水工程，实现多流域水资源的优化配置和利用。继续加强黄河、塔里木河、黑河流域水资源统一调度，合理配置流域水资源；继续实施引黄济津、引江济太、珠江压咸补淡等应急补水工程，保证重要城市供水安全，改善生态环境。

中国非常重视水文水质的监测和相关预警工作，不断完善行政区界水文站网和地下水监测站网建设，加强暴雨洪水预测、预报和预警设施建设，以提高预报的准确率和时效性。目前，中国水利部门已建成 1.8 万个基本水文观测站，初步完成了国家防汛抗旱水文气象综合业务系统，国家防汛指挥系统一期工程等服务于中国水利行业的非工程措施的建设，增强了水利应对气候变化的监测、预警能力。

37.3.3 全面建设节水型社会

面对日益紧张的水资源矛盾,中国大力推行节约用水,提高全民节水意识,全面建设节水型社会。目前,中国已经形成了国家、流域和区域等多层面的节水型社会建设规划体系,建立健全了总量控制、定额管理、取水许可、有偿使用、建设项目水资源论证等一系列用水管理制度,陆续开展了张掖、大连、绵阳、西安等82个全国节水型社会建设试点和近200个省级试点,积极探索不同类型地区节水型社会建设模式和运行机制。

通过开展卓有成效的节水行动,全国节水灌溉面积达到3.67亿亩,占农田有效灌溉面积的41.8%,全国农业灌溉水利用系数从改革开放初期的0.35提高到0.475;按2000年可比价计算,万元工业增加值用水量从953m³降至144m³。中国在连续30年保持农业灌溉用水量零增长的情况下,扩大有效灌溉面积1.2亿亩,粮食产量提高近50%。

37.3.4 限制水域污染物排放总量

为了提高水资源适应气候变化能力,在开源节流的同时,还需要加强对河流污染排放的控制。中国不断完善了水功能区管理的各项制度,科学核定水域纳污能力,根据国家节能减排总体目标,研究提出分阶段入河污染物排放总量控制计划,依法向有关部门提出限制排污的意见。严格入河排污口的监督管理,加强省界和重要控制断面的水质监测,强化入河排污总量的监控,及时将有关情况通报各级政府和有关部门。

目前,中国31个省、自治区、直辖市全部完成了水功能区划,并经省级人民政府批准实施。流域管理机构和部分省、自治区、直辖市核定了水域纳污能力,并向环境保护行政主管部门提出了限制排污意见。强化了对水功能区的水质监测,统筹取水许可与入河排污口设置监督管理,完成了七大流域入河排污口普查登记,严格新建、改建和扩大排污口的行政审批,促进了节水减排和水资源保护。

37.3.5 加强科学研究

自20世纪90年代以来,中国开展了气候变化对水资源影响方面的关键技术研究,其研究内容涉及历史气候变化及其影响的事实分析、气候变化影响评价方法、气候变化对水文循环与水资源影响评价、水资源系统脆弱性、适应对策等多个方面。针对中国日益突出的水安全问题,2008年又开展了气候变化和极端气候条件对中国供水安全、防洪安全、水生态安全等方面的影响和对策研究。通过这些课题研究,开发并积累了专业的分析方法,培养了相关专业与管理人才,为提高水资源适应气候变化能力提供了技术支撑。与此同时,中国积极加强试点建设,在实践中不断摸索应对气候变化的有效措施。比如在"十一五"科技攻关项目中,以黑河流域张掖地区为示范,探讨中国西北水资源脆弱区域有效的气候变化适应技术。

2007年中国成立了水利部门应对气候变化研究中心,以尽快开展和加强相关基础科学研究,加大科技对提高水资源适应气候变化的支撑力度,为应对气候变化提供技术服务。

37.4　加强海岸带管理

全球气候变化导致了海平面上升、海洋灾害加剧、海洋生态系统退化以及海洋极端气候事件频繁发生，对中国沿海地区和海洋领域造成了严重影响。近年来，中国建立健全了相关法律法规，相继采取了必要的政策措施和行动，依靠科技支撑，扩大国际合作，建设高水平的海洋领域适应气候变化业务工作体系，在海洋气候观测与预测、海平面上升适应、海洋防灾减灾、海洋生态系统响应与适应等方面逐渐提高了海洋领域适应气候变化的能力。

37.4.1　建立健全法律法规

针对海岸带和近海已经观测到的影响和发展趋势，国家海洋主管部门于 2007 年发布了《关于海洋领域应对气候变化有关工作的意见》，明确指出：充分认识海洋领域应对气候变化的重要意义；明确海洋领域应对气候变化工作的指导思想和基本原则；加大对海洋开发活动的规划和监管力度，提高防范海洋灾害的应对标准；切实提高海洋环境观测预警和监测能力；进一步合理调整全国海洋环境监测任务、站点及布局，将监测工作的重点转向海洋灾害、海洋生态系统和污染监测并重，增加对海平面上升、海水中 CO_2、海水入侵、土壤盐渍化、河口海水倒灌等与气候变化紧密相关要素的监视监测工作，全面掌握气候变化对海洋的影响；全面推进海洋保护区建设管理和海洋生态建设；进一步加强相关领域国际合作，依靠科技创新引领海洋领域应对气候变化工作；完善海洋领域应对气候变化的组织领导、制度建设和公众宣传等。

《中国海洋 21 世纪议程》提出要获取和积累与海洋可持续利用相关的气候变化科学数据、资料和信息，提高海洋服务和保障技术水平。《国家海洋事业发展规划纲要》强调要加强海洋环境的基础调查与测绘、海洋防灾减灾和应对气候变化等基础性工作，发展公益事业，完善海洋公益服务体系，扩大海洋公益服务范围。《全国海洋经济发展规划纲要》指出提高海洋防灾减灾和应对气候变化能力，完善海洋服务体系。《全国海洋观测预报业务体系发展规划纲要（2008～2015）》指出结合海洋领域适应气候变化工作，需要加强海洋观测预报基础能力建设，提高海洋气候观测预报水平，逐步优化工作环境，构建技术先进、运行高效、成本合理、管理规范的海洋观测预报体系。在《无居民海岛保护与利用管理规定》等的基础上，2009 年 12 月又出台了《海岛保护法》，进一步强化了海平面上升对低洼岛礁保护的政策力度。

近年来，中国还出台或重新修订了《海洋环境保护法》等法律法规，加强海洋环境和资源保护，防止海洋环境过度开发，从客观上起到了适应海平面上升、防范海洋灾害、减缓和转化海洋生态系统退化的良好效果。《海洋灾害应急预案》及其《启动标准》和《海洋赤潮信息管理规定》确定了风暴潮、海啸、海浪、海冰、赤潮等海洋灾害的应急响应程序和标准，为极端气候条件下适应海洋灾害行动提供了依据。《渔业法》等通过严格控制渔业养殖和捕捞的时间、海域和作业方式等，保持了中国沿海渔业资源的可持续发展潜力。《自然保护区条例》、《海洋自然保护区管理办法》，针对海岸带、沿海地区和海洋进行海洋生态环境方面的重点保护，一大批国家级和地区级海洋自然保护区相继建立，得到国家和地方法律法规的保护。《全国沿海防护林体系建设工程规划》对中国近些年来的沿海防护林建设具有重要的指导作用。《海洋功能区划管理规定》以及沿海各省份的《省级海洋功能区划审批办法》进一步规范了沿海海洋开发利用的程序，规定了社会、经济、生态发展用海的规模和方式，增强了海岸带可持续发展的适应能力。《海水利用专项规划》等的实施，提高了沿海地区海水利用和海水淡化的能力，为海岸带水资源的综合管理和利用提供了政策保障，从而提高了沿海地区社会经济发展适应气候变化的综合能力。通过《海域使用管理法》，以及与其配套颁布实施的各项法规和制度建设，规范了中国沿海海域使用，有效地减少了海域的违法和违规使用，保护了应对海平面上升的各种海岸防护设施，增强了沿海地区适应气候变化的能力。

37.4.2　加强海洋观测和提高预测能力

海洋观测是进行海洋领域适应气候变化的基础。在中国海岸带和近海领域涉及气候变化影响监测的部门主要有国家海洋局、水利部、气象局、中国科学院、农业部和教育部等。中国投入了大量人力、物力和财力加强海洋气候观测能力建设，并已取得了明显的成绩。

目前，中国已经初步形成了由岸站、浮标、船舶、卫星、飞机、雷达等组成的立体海洋观测网，由卫星、专线和移动通信等组成的海洋观测数据传输网，其中包括海平面上升观测、海洋大气边界层观测以及渤海综合监测系统和海洋气候变化观测系统等与气候变化密切相关的观测系统。

中国在沿岸设置了各种业务化运行的水文气象观测站点和雷达遥测站，所观测到的与气候变化影响有关的要素主要有潮位（水位）、海水温度、盐度、海流、海冰、气象和气候要素等，用于海平面上升、海岸侵蚀等观测，并建有高频地波雷达站、X波段和C波段雷达站等。沿岸站点的观测大都实现了业务化运行，大部分均可达到数据实时通信传输，同时提供实时和延时数据的接收、处理和使用。

在沿海主要通过调查船、志愿船、浮标、潜标等进行近海观测。航空和卫星遥感等观测手段也是海洋气候观测中的重要方式，观测要素主要是海面高度、海水温度、盐度、气象要素等。目前中国沿海已经部署有固定翼飞机和直升机，对海洋突发和极端气候事件进行应急机动调查和观测。

中国沿海和海岸带设有几十个生态监控区，开展业务化的生态监测。2008年，参加全国海洋环境监测任务的部门和单位达160余个，共设各类监测站位9200多个，获得各类海洋环境监测数据近220万组，监控区总面积达几万平方千米。主要生态监测类型包括海湾、河口、滨海湿地、珊瑚礁、红树林和海草床等典型海洋生态系统。监测内容包括气候变化背景下的环境质量、生物群落结构、产卵场功能以及人类开发活动等。

37.4.3　开展风险评估和建设海岸防护设施

海岸防护工程是应对风暴潮、近岸浪和海岸侵蚀等极端海洋灾害的有效工程措施。中国沿海原有的堤防工程大多标准较低，能抵御百年以上洪水或风暴潮灾害的不多。海平面上升将导致堤围防御能力降低，使原设计抗"百年一遇"灾害的工程只能抵御"二十年一遇"的甚至"十年一遇"的灾害。鉴于近年来中国沿海产业结构发生了深刻的变化，经济建设得到很大发展，同样的风暴潮等灾害会带来比以往大许多倍的经济损失，为了确保沿海经济建设和人民生命财产的安全，国家按照经济发展程度，结合地方经济社会发展规划，进行海岸带国土和海域使用、开发前的综合风险评估工作，确定了气候变化和海平面上升背景下的评估科目和要求，根据不同的重点开发内容，采用不同的工程标准，把加高加固沿海和大河口的堤防纳入经济社会发展规划。

近年来，沿海地区针对沿海低洼地区、风暴潮灾害高风险区进行了海平面上升和极端海洋灾害综合风险评估工作，在试点的渤海湾、长江三角洲、珠江三角洲等重大城市群以及河北、山东、浙江、福建等局部重点示范区，根据当地社会经济发展状况，运用遥感、全球定位系统、地理信息系统、网络技术等高新技术和手段，建立海平面上升预测模型和与海平面上升有关的资源、环境、经济和社会影响决策评价系统，开展综合风险评估，确定风险等级，并制定相应的功能区划和建设规划。针对沿海区域海平面上升的不同特点，在上海、广州、天津、青岛、厦门、福州等滨海城市的建设和开发、土地规划利用、海域规划使用、滨海油气开采、海岸和河网的防护、沿岸港口码头、电厂等重大工程及海水养殖和海洋捕捞、种植业、观光旅游业等领域，全面提高防范海平面上升和海洋灾害的标准，如修订城市防护与海岸工程标准、海洋灾害防御工程标准、重要岸段与脆弱区防护设施建设标准，核定警戒潮位和海洋工程设计参数，建设适应的防护设施，为沿海城市发展规划、海洋经济区选划、海洋功能区划、市政防洪能力建设等提供预警和技术保障。

加强海岸带和沿海地区适应气候变化和海平面上升的基础防护能力建设。长江三角洲、珠江三角洲、天津沿海地区地势低平，经济发达，人口密集，如无高标准的海堤保护，这些地区的相当部分土地都将在高潮位的控制之下。沿海地区针对海平面上升，近年来逐年增加对海堤、江堤建设的投资。如上海市的防护大堤从抵御"百年一遇"的灾害提高到"千年一遇"的灾害，天津市滨海新区、浙江省温州市等都建设成高标准的抵御"百年一遇"灾害的防护堤坝，沿海大部分堤防都达到或接近抵御"五十年一遇"灾害的建设标准，中国沿海的海岸防护设施已经得到全面、快速地发展。

37.4.4 极端海洋灾害的预警报和应急响应行动

近年来，在全球气候变化背景下，中国沿海的极端海洋灾害呈上升趋势，沿海地区都加强了风暴潮、海浪、海冰、赤潮等海洋灾害观测预报和应急响应能力建设，通过海洋环境的立体化观测网络，强化海洋灾害的预警报，为沿海重点地区和重大工程应对海洋灾害提供支撑和保障。进一步建立健全海洋灾害应急预案体系和响应机制，全面提高沿海地区防御海洋灾害能力。

完善和提高极端天气条件下的海洋灾害预警报的能力，建设国家、省（自治区、直辖市）、地市、县区四级的海洋灾害预警报服务体系，形成了较完整的海洋灾害观测预报网络。通过海洋环境保障专项工作，加强海洋灾害预警报的业务化流程的能力建设，包括监测数据服务、预警报技术和预警报产品服务等环节，为沿海重点地区和重大工程应对海洋灾害提供支撑和保障。

建设海洋防灾减灾综合决策支持平台，加强视频会商、综合调查、信息技术等现代科技手段在海洋防灾减灾中的综合集成式应用，完善重大海洋灾情的监测、预警、评估、应急救助、灾后恢复重建的指挥体系。

开展海洋灾害对气候变化适应评估的试点工作，建立气候变化影响下的海洋灾害评估示范系统。根据近十年来的《中国海洋灾害公报》统计,针对气候变化所引发的海洋灾害日益加剧的形势,深入研究了多种海洋灾害变化趋势及其对生态、社会的影响,建立了海岸带和近海生态系统对海洋灾害的响应模型,开展气候变化背景下海洋灾害的综合定量风险评估,为沿海地区的防灾减灾提供服务。

进一步建立健全海洋灾害应急预案体系和响应机制,在相关主管部门和业务化单位建立了应急响应的机制和体制,新通过或重新修订了风暴潮、海浪、海啸、海冰和赤潮等海洋灾害的《应急预案》及其启动标准,全面提高沿海地区防御海洋灾害能力。

37.4.5　推进实施海洋保护区和海洋生态护岸工程

1988 年,中国确立了综合管理与分类型管理相结合的新的自然保护区管理体制,确定了选划和管理海洋自然保护区的具体职责。1989 年,选划了昌黎黄金海岸、山口红树林生态、大洲岛海洋生态、三亚珊瑚礁、南麂列岛等五个海洋自然保护区,1990 年被批准为国家级海洋自然保护区。1991 年又批准了天津古海岸与湿地、福建晋江深沪湾古森林两个海洋自然保护区。在这期间,一批地方级海洋自然保护区相继完成选划和批准建立。目前中国已建成国家级海洋自然保护区 19 个,保护面积超过 1000km²,地区级海洋自然保护区 52 个,保护面积超过 1500km²,全国沿海省份几乎都有分布,包括了红树林、珊瑚礁、滨海湿地等植物为主,丹顶鹤、猕猴、海龟等动物为主,以及贝壳堤和古海岸等保护对象。

生物护岸措施:利用海岸生态系统,建设生物护岸工程,可以起到护滩、防浪护堤和促淤等功效。如上海市沿海普遍在潮滩上种植芦苇,并发展成为群落,能有效地减低到达岸边的波浪;江苏省沿海等淤泥质海岸引种互花米草,有效地减轻了滩面的侵蚀;黄河三角洲胜利油田的沿海海域试验性种植互花米草,目前最高处已淤高约 0.5m,总淤积面积近 10 万 m²,达到良好的生物护岸效果。

沿海防护林体系建设:20 世纪 80 年代在辽宁盘锦、山东寿光、江苏、天津等地实施水利工程改良滨海盐碱地的试点工作,获得很大成功。1991 年启动实施了全国沿海防护林体系建设工程,沿海各地从实际出发,加大工作力度,加快建设步伐,沿海防护林体系建设取得了阶段性成果。尤其是 2004 年印度洋海啸发生后,中国对沿海防护林体系工程建设更加重视,在短期内紧急增加大量经费用于沿海防护林建设。到目前为止,中国沿海基干林带初步实现合拢,沿海防护林体系框架基本形成,沿海地区累计完成造林 420 万 km²,新建、加宽加厚和更新基干林带 9384km,其中以海岸基干林带和防风消浪林带为重点。通过沿海防护林体系建设,沿海地区的森林生态系统得到有效恢复,适应能力得到提高。

37.4.6　加强海岸带水资源综合管理

为了预防与治理咸潮、海水入侵和土壤盐渍化等海洋灾害,中国沿海地区提出和采用了各种行动和方法,诸如限制海岸带地下淡水开采量、在海岸带布置井排进行人工回灌、在海岸线附近布置一排抽水井形成抽水槽、沿海岸灌注某种物质形成隔水帷幕等。20 世纪 90 年代,中国遭受海平面上升、地面沉降、海水入侵的城市根据实际情况,采取了行之有效的防治对策,取得了明显成效。例如,上海市采取地下水人工回灌措施,控制沉降效果显著,莱州市和龙口市采取了加强地下水管理、地下水补给工程、农田灌溉节水工程和远距离调水工程等措施，致使海水入侵速度明显减缓，个别地段海水入侵面积不再增加。

加强地下水资源管理：为了预防相对海平面上升可能产生的影响，各地政府积极采取相应的适应对策，如上海、天津等地严格控制地下水开采，目前已有效地减缓了地面沉降；珠江三角洲沿岸各城市通过加高堤防设施和修建防潮闸等措施有效地将因海平面上升造成的风暴潮、咸潮加剧而造成的损失降到了最低。为了防止海水入侵面积继续扩大，沿海城市加强了滨海地区地下水开采的管理，严格执行取水许可证审批制度，通过行政手段减少地下水开采量，将地下水开采量控制在允许开采范围内。

人工补给地下水：地下水允许开采量是有限的，增加地下水补给可以通过拦、蓄降水和地表径流来实现。如修建拦洪闸、渗井、渗渠等工程。在由超采地下水引起地面沉降的沿海地区，如上海市，合理、有限制地利用地下水，并持续进行人工回灌，控制地面沉降。在天津、东营等沿海的石油和天然气开采区，用海水替代地下水，减少或不采用地下水作为注水采油的水源，以缓解地面沉降。这些措施都可以最大限度地减少相对海平面上升带来的各种危害。

地下水防渗帷幕：陆地地下淡水有一部分以地下径流形式输入海洋，1995 年，龙口市采用高压定向喷射灌浆方法，在八里沙河下游和黄水河下游修建了地下水防渗墙，建成了 2 个地下水库，不仅阻止了海水入侵的发展，而且缓解了龙口市部分地区的饮用供水紧张局面。

远距离调水和水道综合治理：目前增加海岸带河川流量，采用了水道疏浚和综合治理等重要措施。如长江三角洲海岸带淡水资源有明显的季节变化，在冬半年，增加海岸带河流的淡水流量，对改善海岸带土壤盐碱状况、企业用水，尤其是人民群众生活用水起到了重要作用。

37.4.7　海洋领域适应气候变化的科技专项行动

国家海洋主管部门近年来全面启动了海洋领域应对气候变化科技专项工作，围绕海洋气候观测与预测能力、海平面上升、海洋灾害预报和评估、海岸带和近海生态系统的响应与适应等四大重点领域深入开展工作，加强重大科技支撑问题研究，广泛开展务实的国际合作。

自 2000 年以来，国家发布了《中国海平面公报》，这是继 20 世纪 90 年代以来，一直发布的《中国海洋灾害公报》和《中国海洋环境质量公报》之后又一个重要的国家海洋公报，有力地指导了应对全球气候变化和海平面上升的工作。在 2005 年以来实施的"中国近海海洋综合调查与评价"科技专项中，专门安排和增加了气候变化、海气边界层、海平面上升的研究任务。国家海洋主管部门还组织实施了海洋领域节能减排和应对气候变化的科技专项行动，并在海洋环境保障等其他科技专项任务中，针对海平面上升、海洋气候要素等进行加密观测能力建设，加强了海洋灾害预警报能力建设，海洋领域应对气候变化的辅助决策支持系统研究。科技部在"973"、"863"和科技支撑计划中，相应地增加了海洋领域适应气候变化的研究内容。通过海洋领域一系列适应气候变化的科技专项行动，建设和完善了海洋领域应对气候变化观测、研究和服务体系，加强了气候变化和海平面上升导致的海洋灾害加剧、海洋生态系统退化等方面的研究力度，此外，沿海地区政府、企事业单位还针对具体要求，研究了海平面上升给城市建设带来的一系列问题，如防洪、排污、排涝、给水、排水、城市交通等，并针对这些问题进行深入的研究，提出相应的科学防治对策。

37.5　增强防灾减灾能力

党中央、国务院高度重视防灾减灾工作，把综合减灾工作作为国民经济社会发展的重要保障和国家公共安全体系建设的核心内容。中国在增强防灾减灾能力，适应气候变化方面所做的工作和成效主要集中在以下两个方面。

37.5.1　管理体制机制和法律法规不断完善

中国在 27 个省（自治区、直辖市、兵团）成立了减灾委员会或救灾综合协调机构，充分发挥了防灾减灾的综合协调职能。修订、出台了《中华人民共和国突发事件应对法》、《中华人民共和国防震减灾法》、《自然灾害救助条例》、《气象灾害防御条例》、《抗旱条例》等法律法规。2008 年以来，中国加强了对气候可行性论证的管理，中国气象局颁布了《气候可行性论证管理办法》，规范气候可行性论证活动，以便合理开发利用气候资源，避免或者减轻规划和建设项目实施后可能受气象灾害、气候变化的影响，或者可能对局地气候产生的影响。

37.5.2　防灾减灾适应气候变化领域的实践

2008 年以来，中国加快气象部门科技创新体系建设，加强气候变化研究，大力提升气象灾害风险评估和应急响应等科技支撑能力。初步建立功能完备的公共气象服务业务平台，完善气候系统观测网，提高气象预警服务信息发布时效，增强全社会应对极端天气气候灾害的预警预报能力和应急保障能力。

第一，自然灾害立体监测预警体系基本形成。气象、地震、水文、地质、海洋、环境、农业、林业等各类灾害监测系统进一步健全，风云三号 A 星、风云二号 E 星河和环境与灾害监测预报小卫星星座 A、B 星成功发射，卫星减灾应用业务系统初具规模。

第二，自然灾害工程防御能力稳步提升。中国逐步实施了防汛抗旱、危房改造等重大工程，进一步提高了大江大河防洪能力，全面实施了中小学校舍安全工程，逐步推进了农村危房改造工程，修订出台了一系列建筑和工程设防规定、标准和规程。

第三，自然灾害应急处置和保障能力大幅提升。初步建立了以应急指挥、应急响应和应急资金、物资拨付等为主要内容的抢险救灾应急体系。基本建立了"纵向到底、横向到边"的应急预案体系，国家自然灾害四级响应制度得到确定。中央和地方救灾物资储备体系进一步完善，基本实现了重大自然灾害发生 24 小时内受灾群众得到基本生活救助，救助标准明显提高。

第四，重视科学技术在防灾减灾领域的支撑作用。中国防灾减灾的科技水平不断提高，近年来实施了一批防灾减灾重大科技项目，相继成立了防灾减灾科研技术机构，逐步形成了科技条件支撑平台，灾害风险评估能力不断得以提高。

第五，重视防灾减灾人才队伍建设和社会参与。中国已将防灾减灾人才队伍建设纳入国家中长期人才发展规划纲要，应急救援队伍体系已初步建立，并全面推进灾害信息员队伍建设。防灾减灾社会动员能力和社会资源整合能力明显提高。国家设立了 5 月 12 日为全国

"防灾减灾日"，防灾减灾宣传教育活动逐步推广，公众防灾减灾意识明显提升。

第六，防灾减灾国际合作与交流不断深化。中国与联合国机构、有关国家和国际组织在防灾减灾领域建立了密切的合作关系，签署了一系列减灾救灾合作协议，积极借鉴国外防灾减灾的好经验，广泛宣传中国防灾减灾的经验和成果，进一步提高了中国在防灾减灾领域的国际影响。

37.6　适应气候变化的成功案例

青藏铁路工程、南水北调工程以及城市冬季供暖方式调整、气象灾害防御等是具有重大区域影响和代表性的适应措施，其中，青藏铁路工程建设中采取的适应未来气候变化的技术措施作为成功案例，已被列入 IPCC 第四次评估报告，产生了较大的国际影响。

37.6.1　青藏铁路工程适应气候变化的工程措施

青藏铁路是拉萨与内地联通的桥梁，对改善内地通往西藏自治区的交通条件、促进西藏自治区的经济发展以及巩固国防具有重要的社会意义。然而，青藏高原作为全球气候变化的重要敏感区，使得青藏铁路的修筑面临着十分严峻的挑战。

在气候转暖、多年冻土退化以及高温、高含冰量的工程背景下，青藏铁路工程考虑 50 年气温升高 1℃ 开展工程设计。为了解决高温、高含冰量路段的冻土路基稳定性问题，青藏铁路工程提出了冷却路基、降低多年冻土温度的设计新思路以及主动保护多年冻土的设计原则，变"保"温为"降"温，以确保多年冻土热稳定性。

青藏铁路工程采取了以下技术措施以适应未来的气候变暖：

——调控热导工程措施：主要通过调控进入路基内部的热量来达到降低路基及其下部土体温度的目的。如热棒措施，主要通过热棒中工质的气-液两相对流将冬季的"冷量"带入至路基下部土体中，降低路基下部土体温度，提高路基的热稳定性。

——调控辐射工程措施：主要通过调控路基边坡太阳辐射减少通过边坡进入路基及其下部土体的热量来达到降低土体温度的目的。如在距离路基边坡一定高度处平行于边坡铺设遮阳板，遮阳板和路基边坡的空间具有较强的通风作用，可有效减少路基边坡的太阳辐射和遮阳板吸收的热量，降低路基下部土体温度，提高路基的热稳定性。

——调控对流工程措施：主要通过调控路基或路基边坡表面或者路基内部的热对流，强化冬季进入路基的热量，达到降低路基及其下部土体温度的目的。

——综合调控措施：联合调控热的传导、辐射和对流的工程措施达到降低土体温度的作用。如青藏铁路为减少坡脚处热扰动，在路基边坡设置了碎石护坡的同时，安装了热棒结构强化坡脚处土体温度的降低幅度。

上述措施的采用，取得了明显的效果。铁路试验段结果表明，块石结构工程措施具有较好的冷却路基、降低多年冻土温度的作用，2005～2008 年，路基下部 1.5m 深度以上土体年平均温度降低了 1℃ 左右，路基下部 5m 深度冻土年平均温度降低了约 0.5℃，10m 深处多年冻土仍处于显著降温状态。数值模拟结果则显示，即便 50 年气温升高 2℃，即在年平均气温大于 −3.5℃ 或天然地表温度大于 −1℃ 的地区，块石路基仍可有效地保证路基下部冻土的热稳定性。

37.6.2   南水北调工程适应气候变化的可能措施

南水北调工程是解决中国北方地区在气候变化条件下水资源严重短缺问题的重大战略举措，是关系中国社会经济可持续发展的特大型基础设施项目，同时也成为适应气候变化的重大措施。

南水北调工程通过西中东三条调水线路从长江上游、中游支流汉江和下游分布引水调至西北和华北，将长江、黄河、淮河和海河四大江河联通，逐步形成"四横三纵、南北调配、东西互济"的水资源优化配置格局，提高特殊干旱情况下相关地区应急供水保障能力。

南水北调经过的黄河、淮河和长江流域降水的时间与空间场差异明显，未来气候变化情景下，各流域降水时空场很可能会发生改变。南水北调将会充分考虑到气候变化以及人类活动的影响，以保证工程沿线地区经济的可持续发展和适应气候变化能力的提高，需要考虑的措施包括：

——充分考虑到气候变化及人类活动对长江入海流量的影响，保证必要的入海流量。确保长江流域的可持续发展和北方水资源短缺问题的改善，妥善解决气候变化条件下中国水资源供需不均衡问题。

——实施南水北调过程中，北方流域应把增强适应能力解决本地区水资源问题的长远立足点放在本流域，要坚持开源节流并重，节水优先，全面落实最严格的水资源管理制度，实行本地水资源、外调水资源和其他水源统一配置、统一调度，加大地下水压采限采，保护水资源与生态环境，建设节水型社会。

——切实重视水污染防治工作。加强沿江城市生态环境建设和污染治理工程，严格执行污染物总量控制和排污许可制度；加强支流污染治理，确保抵达长江口的水质维持在三级水以内。

——加强水资源分配管理，要从国家整体社会、经济与生态环境利益出发，协调好地区之间的利益。加强用水管理，合理利用水资源，加强地下水人工补给，提高地表径流利用率，使区域生态环境逐步向良性循环方向发展。

——南水北调东、中、西三线要实行统筹调度、统一管理，在加强监测的前提下，根据各地不同的水资源供需情况做到调水、用水、治污、环保一手抓，既不影响国家整体利益，也不能对水源区的生态环境造成重大破坏。

37.6.3   城市适应气候变化的措施

随着气候变化和暖冬的出现，中国部分城市开始逐渐由定期供暖转为弹性供暖，提高供暖质量，并节约了能源。通过研究不同地区供暖能耗对气候变化的响应，重新界定我国的供暖区域。根据气候变化调整我国北方地区的供暖方案，包括供暖初日、终日，供暖期长度，以及供暖期内的温度。修订目前《采暖通风与空气调节规范——GBJ19-87》中给出的各城市采暖空调的室外计算温度，保证供暖效果，降低燃料定额和设备投资。

北京从2003年开始发布供暖气象服务信息，根据气温、日照、风力和空气湿度等气象因素，综合计算出需要供暖的量级，对冬季供暖进行指导，达到科学供暖的目的。为此，北京市还建立了由百余个监测点组成的覆盖城市近郊的冬季供暖监测网，为弹性供暖提供数据支持。据中国北方已实行供暖气象指数指导企业供暖的城市经验看，发挥天气预报和供暖气象指数对供暖的指导作用，有明显节能效果。上海市已经建立了针对冬季极端气候时间的早期预警系统，形成联合城市电力、水务、燃气、煤运等部门的早通气、早会商、早处置的城市冬季供暖保障机制，有效保障了全球气候变化背景下上海市水、电、煤供应系统的安全运营。近些年上海市还开展了旧城建筑改造等措施不断改善城市建筑的保温效果，并在2010年新颁布了《上海市建筑节能条例》将民用建筑节能将提升到65％的水平，进一步提高建筑物的热舒适度，减少能源的浪费。

随着气候变化引发的气象灾害，城市灾害预警及防范日益重要。上海开展多灾种早期预警系统适应气候变化防灾减灾系统建设。2008年中国气象局与上海市人民政府联合启动了上海多灾种早期预警系统项目，在政府层面建立多灾种部门联动机制和预警信息制作、发布标准，在社会层面，贯彻"政府主导、基层主体"防灾理念，推动社区防御体系建设，加强灾害性天气预警信号在社会层面的宣传，提高社会各界应用气象预警信号的能力。完善"测、报、防、抗、救、援"城市防灾减灾体系，做到实时监测、准确预报、及时预警、广泛发布，不断深化应急联动机制，全面提高城市的抗风险能力和应急能力。多灾种早期预警系统在2010年上海世博会的使用，标志着上海城市多灾种（气象及次生灾害）早期预警体系已基本形成，为上海市突发公共安全事件应急响应和城市网格化管理提供了有力的体系支撑，世界气象组织已经决定将上海多灾种早期预警系统建设的经验推广到全球适应气候变化能力建设中。北京针对城市承灾体要素特征，对主要气象灾害（暴雨、雷电、大风等）给出了精细化的风险区划，并在高分辨率精细预报系统基础上，建立了北京地区多灾种（暴雨、高低温、冰雹、雷电、雾霾、大风等）风险评估及早期预警系统，该系统为2008年奥运会、2009建国60周年大庆及日常城市应急管理提供了技术支撑。

第三十八章　提高全社会应对气候变化意识

提　　要

　　本章从三个方面评估了中国在提高全社会应对气候变化意识方面所做的工作、取得的成绩和存在的问题：一是教育、宣传与公众意识的提高；二是广泛的公众参与和科学家与专家团体、社会团体的作用；三是地方政府和企业的气候变化意识。中国政府非常重视应对气候变化方面的教育和宣传，大城市公众的气候变化意识有了明显的提高，但农村地区公众的气候变化意识亟待普及和加强。中国的法律法规建设为广泛的公众参与提供了坚实的政策法律基础，气候变化领域科学家与专家团体的崛起和在宣传教育中的积极参与、社会团体近年来的发展更加有力地推动了全社会应对气候变化意识的提高。地方各级决策者和政府机构以及中国企业应对气候变化的意识正在逐步提高。

38.1　教育、宣传与公众意识提高

　　环境意识的概念产生于 20 世纪 60 年代。人类防止污染、保护环境的实践提出要多层次、全方位地解决人与环境关系中出现的问题。于是，环境意识的概念便应运而生。它是对人与环境关系中出现的诸多新问题的一种综合反映。环境意识是一个综合性的概念，它是多层次、全方位对人与环境关系反映的内容体系，包括认识论层次、伦理道德层次、政策法律层次、行为规范和行为策略层次（王民，2000）。综合多位学者的观点（易先良，龚雁梓，1987；杨朝飞，1992；王民，1999；杨莉，戴明忠，窦贻俭，2001），环境意识主要包括以下两个方面的含义，其一是人们对环境的认识水平，包含有感性认识、知识和环境价值观等；其二是指人们保护环境行为的自觉程度，包含有关环境问题的评价与参与保护的意向、参与解决环境问题的行为习惯和有效途径等。而气候变化意识属于广义的环境意识的一部分，是伴随着人们对气候变化问题的认识和人类应对气候变化的努力而产生的。气候变化意识也主要包括两方面的涵义：其一是对气候变化问题的认识水平；其二是应对气候变化的自觉程度。

　　中国政府一直重视气候变化领域的教育、宣传与公众意识的提高。《中国 21 世纪初可持续发展行动纲要》明确提出：积极发展各类教育，提高全民可持续发展意识；强化人力资源开发，提高公众参与可持续发展的科学文化素质。特别是近年来，中国政府加大了气候变化问题的宣传和教育力度，开展多种形式的气候变化知识讲座和报告，举办多期中央及省级决策者气候变化培训班，召开"气候变化与生态环境"等大型研讨会，开通全方位提供气候变化信息的中英文双语政府网站——中国气候变化信息网，取得了较好的效果（国家发展和改革委员会，2008）。2007 年颁布的《中国应对气候变化科技专项行动》提出了六项保障措施，其中第五项就是加强科学普及工作、提高公众的气候变化科学意识。通过大众传播媒介

广泛传播气候变化的科学知识和中国及全球应对气候变化的措施、进展和成果。组织开发和编写系列气候变化科普读物，在中小学和高等学校开展气候变化科普活动和相关教育。把气候变化作为全国科技活动周的重要内容，加强对气候变化的集中培训、宣传和示范引导[①]。

38.1.1　应对气候变化的教育与培训

气候变化教育已经进入中国正规教育体系，成为素质教育的一部分，并且呈现不断加强的趋势。有关温室效应对地球环境的影响与作用，早在20世纪80年代的高中地理教材第二章就作为重点内容讲述，20世纪90年代以及现在的新课程标准，都有专门章节介绍全球变暖、气候变化、臭氧空洞等问题。《高中地理新课程必修（一）》中的第二章第四节的标题即为"全球气候变化"，初中地理课程标准对可再生能源与资源也有专门要求，综合实践课三大主题之一的"可持续发展"也将气候变化问题列入重点学习的内容之一。另外，旨在普及可再生能源知识，帮助中小学生树立可持续发展理念的知识普及性教材《可再生能源》已开始启用，这套教材将在陕西、江苏、天津、北京和上海的中小学试用。人民教育出版社出版的《生物学》八年级上册中也出现了专门介绍气候变化和臭氧层空洞的章节。

在非正规教育的领域也有越来越多有关气候变化的内容，中国举办了各种层次的培训班，编写了有关教材，对各类相关人员进行了培训，对提高公众和政策制定者的气候变化意识起到了积极作用。例如，中国21世纪议程管理中心承办了"气候变化知识培训班"；国家环境保护总局宣教中心通过中加气候变化合作项目组织专家编写了气候变化培训教材，对地方党政领导、地方环保局局长、绿色学校校长和教师、企业代表、记者进行了培训；中国人民大学通过中英气候变化合作项目编写了"省级决策者能力建设培训教材"，先后举办了多期省级决策者培训班等；中国在联合国开发计划署、联合国基金会、挪威、意大利支持下开展的"中国清洁发展机制能力建设项目"中也包括有培训的内容。

中国还开展了多种形式的有关气候变化的知识讲座和报告会。有关单位不定期举办各类气候变化报告会、科普讲座和网上专家讲座等，邀请参加气候变化谈判的政府代表、气候变化研究领域的专家作报告。

38.1.2　应对气候变化的宣传

气候变化知识的宣传是提高全社会应对气候变化意识的重要途径。近年来，各种渠道的气候变化宣传如火如荼，为公众意识的提高起到了不容忽视的作用。

中国已出版大量与气候变化相关的出版物、影视和音像作品，创办了中国气象电视频道，建立了资料信息库，利用大众传媒进行气候变化方面的知识普及。随着气候变化相关研究的开展，中国涌现了一批气候变化研究专家队伍，并出现了大量的气候变化期刊、图书等出版物，如《气候变化研究进展》等期刊和包括学术研究书籍和科普图书在内的出版物，这些出版物不仅进一步带动了中国的气候变化相关研究，也提高了公众的气候变化意识。表38.1是气象出版社近几年与气候变化相关的科普图书。自2007年以来，各大出版社出版的有关气候变化的学术著作也呈显著增长趋势。

[①]　科学技术部等.2007.中国应对气候变化科技专项行动

表 38.1　2007 年以来气象出版社与气候变化相关的科普图书

出版年份	图书名称
2007	气象灾害防护指引——气候变化
2007	21 世纪的气候
2007	气候变化：人类面临的挑战
2008	揭秘气候变化——什么是气候？（1）
2008	揭秘气候变化——什么是气候变化？（2）
2008	揭秘气候变化——谁改变了气候？（3）
2008	揭秘气候变化——全球气候是变暖了还是变冷了？（4）
2008	揭秘气候变化——什么是温室效应？（5）
2008	揭秘气候变化——气候变化如何影响人类？（6）
2008	揭秘气候变化——海平面在升高吗？（7）
2008	揭秘气候变化——当前的气候变化是异常的吗？（8）
2008	揭秘气候变化——气候变化能预测吗？（9）
2008	揭秘气候变化——气候有可能发生重大或突然的变化吗？（10）
2008	气候变化 40 问
2008	呵护气候从点滴做起
2009	气候变化高端访谈
2009	气象灾害丛书——气候变化与灾害

　　2007 年，科技部编制了节能减排科普宣传材料，倡导全体公民积极将节能减排的日常行为付诸行动，《全民节能减排实用手册》选取了百姓生活中衣、食、住、行、用等五个方面的 36 种日常行为，量大面广，贴近百姓生活，具有可操作性，且不降低现有生活水平。为全民节能意识的提高起到了不可忽视的作用（科学技术部社会发展科技司，中国 21 世纪议程管理中心，2007）。

　　中国充分运用电视、广播等媒体进行气候变化方面的宣传。例如：中央人民广播电台在两年内连续播出 100 多期"地球——我们的家"节目，受到社会广泛关注；2006 年始，中国气象局实施"基于电视的气候变化公众教育"项目，拍摄有关气候变化的科学教育电视片百余集，包括"气候变化高端访谈"系列、"古气候探秘"系列、"变化的地球"系列、"极地故事"系列等。同时还针对小学生拍摄制作了科教片"气候变化的秘密"，针对中学生拍摄制作了科教片"破纪录的气候"，让中小学生对气候变化的原因、影响和这个群体能够采取的保护气候环境的措施有一个基本的了解。从 2007 年开始，推出"应对气候变化——中国在行动"年度外宣片，宣传中国在应对气候变化方面的政策、措施和成效。中央电视台等有影响媒体制作并播出了多期气候变化方面的电视节目，包括专家访谈、电视片和电视公益广告等，以让公众了解气候变化并认识到气候变化与日常生活的密切联系。

　　中国的主流平面媒体在宣传气候变化知识、提高公众意识方面做了大量的工作。《科技日报》、《中国环境报》、《中国气象报》等在气候变化方面作了大量的报道；《中国青年报》也开辟了专门的绿刊，定期刊载有关气候变化方面的文章；在"联合国气候变化框架公约"缔约方大会期间以及 G20、G8 等峰会期间，中国各大媒体都对会议情况和气候变化的相关内容进行了跟踪报道。

中国同样重视网络工具在气候变化宣传中的重要性。2002 年 10 月 11 日，国内第一个气候变化官方网站——中国气候变化信息网（www.ccchina.gov.cn）正式开通，网站内容包括国内外动态信息、基础知识、政策法规、《公约》进程、研究成果、减排技术、国家信息通报、统计数据及国际合作等栏目。中国气候变化网（www.ipcc.cma.gov.cn）重点向公众介绍国内外有关气候变化的最新科研成果和发现、政府间气候变化专门委员会组织的有关活动、中国参与政府间气候变化专门委员会活动的情况，以及在国内组织开展的活动情况、气候变化及其影响与对策方面的知识、回答公众关心的热点问题等。国内其他相关网站，如中国能源网（http：// www .china5e.com）、中国环境在线（www.chinaeol.net/zjqh）、全球气候变化对策网（http：//www.ami.ac.cn/climatechange2）、中国全球环境基金（http：//www.gefchina.org.cn）等，也在介绍气候变化方面的信息、普及气候变化基础知识、宣传中国政府在气候变化方面的相关政策及研究成果、促进国际合作与信息交流等方面发挥了积极作用。中国近年来开通了"水利应对气候变化"等一系列宣传网站，对公众进行应对气候变化知识的宣传和教育。中国还利用互联网进行了专家讲座，并组织专家通过网络与公众就气候变化问题进行了网上交流。

近十年来，中国已举办了数次气候变化科学大会；举办了数百个与气候变化相关的国内、国际研讨会；并组织了多期气候变化与环境论坛。中国举办了"气候变化与科技创新国际论坛"，召开了"气候变化与生态环境"、"生物多样性与气候变化"、"技术开发与转让高级别会议"、"2009 中国国际节能减排和新能源科技博览会"、"关注气候变化：挑战、机遇与行动"等大型国际研讨会和论坛。这些活动有的规模大、层次高、范围广，对于提高广大公众气候变化方面的意识起到了推动作用。

中国政府通过多种途径提高公众的环境意识。中国将气候变化方面的宣传纳入到世界环境日、地球日、气象日、臭氧日、植树节等各种重大环境活动之中，开展了形式多样的气候变化宣传活动，以扩大影响，加大宣传力度。利用科普设施（博物馆、科技馆、科普画廊等）进行关于气候变化方面的宣传教育活动。结合居住、生活与气候变化，进行生存教育，开展社区气候变化宣传活动。利用专题片、宣传画等在全国开展警示教育，树立全社会、全民族的环境忧患意识。开展以"依法节能，持续发展"为主题的节能宣传周活动。通过大型展览，典型企业宣传，推进节能科技产品进社区、学校、机关等一系列活动，唤起广大市民的节能意识。组织大学生参加气候变化公益广告设计比赛，支持民间环保组织自然之友在其流动环境宣传教育车——"羚羊车"上增添气候变化的内容，深入到山区和其他偏远地区的中小学和乡镇开展宣传教育。中国政府组织了气候变化进社区、进公交、进学校、进农村等宣传活动，开展了"社区千家家庭碳排放调查及公众教育项目"、"植树造林、参与碳补偿、消除碳足迹"、"气候变化与健康"专项宣传、"气候变化与人类健康科普展览"等一系列大型宣传活动，引导居民应对气候变化、实践低碳生活。

38.1.3　应对气候变化的教育宣传成效

中国在气候变化领域开展的形式多样的宣传、教育，对提高公众意识具有明显的成效，根据 2007 年中国公众环境意识调查公布的结果，可以了解当前中国各种教育宣传手段对提高公众意识的作用和成效。

表 38.2 是 2007 年中国公众环境意识调查有关环保信息来源的统计结果[1]，从表中我们可以看出，从公众接受环境保护知识及信息的渠道看，大众传媒占有较高的比例，收看及收听电视、广播成为首要渠道，占 81.1%，其次是阅读报纸、杂志、图书，占 47.3%。而亲友、同事之间的交谈列第三位，占 21.6%。总体来看，公众从各相关部门及组织所举办的环境保护宣传、教育活动中获得环保知识信息的比例相对较低，其中政府部门的环境保护宣传活动占 13.5%，学校有关环境保护的教育占 10.7%，民间环保组织的宣传活动占 7.1%，单位的普及教育活动占 4.8%。另外，目前中国互联网网民人数已居世界前列，但人们通过浏览互联网主动获取环保知识信息的比例却较低，仅占 9.3%。

表 38.2 中国环境意识调查有关公众环保信息来源的统计结果

信息来源	收听电视、广播	阅读报纸、杂志、图书	亲友、同事之间的交谈	政府部门的环境保护宣传活动	学校有关环境保护的教育	浏览互联网	民间环保组织的宣传活动	单位的普及教育活动	其他
比例/%	81.1	47.3	21.6	13.5	10.7	9.3	7.1	4.8	4.1

但是就不同渠道的传播效果看，虽然大众传媒成为公众接受环境保护知识及信息的最主要渠道，但互联网浏览这一主动接受环保信息的渠道效果最佳，学校及单位的环保宣传效果分列第二、三位，而传统的大众传媒的传播效果因其受众接触该渠道的被动性、随意性较强，实际的传播效果并不突出。2007 年中国公众环境意识调查有关环境知识知晓广度[2]及确切含义认知广度[3]的统计结果得出了上述结论。表 38.3 是不同环境知识信息渠道的知晓广度及确切含义认知广度的比较[1]。

表 38.3 中国环境意识调查有关不同信息渠道的知晓广度及确切含义认知广度的比较

信息来源	浏览互联网	学校环保教育	单位环保教育	阅读报刊图书	政府环保宣传	看（听）电视广播	亲友同事间交谈	民间环保组织宣传	其他
知晓广度（项）	5.59	5.2	4.85	4.7	4.02	3.67	3.55	3.39	0.69
确切含义认知广度（项）	3.82	3.83	3.1	3.19	2.89	2.59	2.41	2.4	1.06

中国环境意识项目的调查结果显示，在使用不同信息渠道的人群中，使用互联网的人在 7 项环境科学知识的知晓广度及确切含义认知广度上，明显高于使用其他渠道的人，其知晓广度平均达到约 5.6 项，确切含义认知广度平均达到约 3.8 项。另外，学校有关环境保护教育也由于其所创设的特殊的环保信息接收条件，而使通过该渠道获得相关信息的人群具有较高的环境科学知识的知晓广度及确切含义认知广度，其中知晓广度平均达到 5.2 项，确切含义认知广度平均也达到约 3.8 项。而大众传媒虽然是人们广泛采用的环保知识接受渠道，但从实际效果看，由于受众在接受过程中的被动性，而使其知晓广度和确切含义认知广度并不

---

① 中国环境意识项目.2007 年全国公众环境意识调查报告.中国社科院社会学研究所.2008 年 4 月 3 日
② 环境知识知晓广度定义为被调查者对该调查中涉及的 7 项环境科学知识，能够知晓的平均项数
③ 确切含义认知广度定义为被调查者对该调查中涉及的 7 项环境科学知识，能够知道其确切含义的平均项数

突出。调查结果表明，以大众传媒为环保信息渠道的人在知晓广度和确切含义认知广度上与以政府部门、单位及民间环保组织的环保宣教活动为环保信息渠道的人并无差别。在各个信息渠道中，通过亲友、同事间的交谈获得环保知识的知晓广度及确切含义认知广度较低，尽管这类人际传播方式对于参与者而言具有一定的主动性，但从根本意义上看，这一渠道并非以获得知识为目的，因此其在环保信息的传播及环保知识的科学含义的学习方面效果较弱。

由以上调查可见，在现阶段，中国政府在应对气候变化有关的公共动员与传播上的首要角色，大众传媒是中国公众接受气候变化有关知识及信息的最主要渠道。但人们对气候变化的认识大体停滞在对气温升高这一现象的感知，关于气候变化问题深层的原因，及其对生活、经济、生态等方面的影响了解不多，有关知识的普及还有待进步提高（齐晔、马丽，2007；田青，方修琦等，2005）。

38.1.4　公众的气候变化意识

科学了解和评价公众气候变化意识状况，分析存在的问题，对制定提高公众气候变化意识的策略和选择可行的实施方案事半功倍。通常，采用问卷调查的方式来了解和评价公众的气候变化意识。2001年7月至2003年5月中国21世纪议程管理中心在国家发展和改革委员会国家气候变化对策协调小组办公室和项目办公室的领导下完成了全国范围的公众气候变化意识的调查工作，并在对调查结果研究分析的基础上撰写了中国公众气候变化意识调查分析报告。中国有关部门组织了全国性的公众气候变化意识问卷调查，范围涉及高校学生、中学生、机关公务人员、工人、农民和社区居民等。调查结果显示，中国公众对气候变化问题了解较少，对人类活动与气候变化的内在联系的认识还不够深刻，在日常生活中保护气候变化的意识还不够强，这些调查为中国政府在气候变化方面的宣传及公众意识提高工作提供了依据。

国家环境保护总局宣教中心和中国社会科学院公共政策研究中心分别在2003年和2004年组织了两次"气候变化的公众意识"调查，是中国迄今为止规模最大最系统的有关气候变化的意识调查活动。其中2003年进行的调查又称为基线调查，主要目的是在"中加气候变化合作项目意识与宣传子项目"开始时能对中国公众的气候变化意识有较准确的了解，从而有的放矢地制定相关的宣传教育战略和设计具体的宣传教育方案；具体说，调查内容涉及中国公众对气候变化的基本知识的了解程度、对气候变化的状况及其原因后果的认识程度、了解与认识气候变化问题的途径、改善气候变化相关活动的参与意愿。

以下内容是上述2004年调查报告的结论。第一，在气候变化问题上，中国公众在基础知识、相关信息和参与意愿上，显示出一种稳步提升的趋势；第二，中国公众对气候变化的原因与后果的认识，逐步从个人经验型转向系统的科学理性型，尽管转换速度不是很快；第三，中国公众对气候变化问题的认识，依然与信息传播的内容、频率和宽度，有很大的关系，电视和报纸的影响力依然占据第一位；第四，相当部分中国公众对气候变化前景还是保持比较悲观的看法，因为他们既看到人类积极干预的作用，也看到一些人为活动（如工业活动）带来的难以避免的消极后果；第五，参与的便利性依然是公众参与相关活动的主要因素之一，组织复杂程度较高的活动，除非与这样的便利性联系在一起，否则无法吸纳更多的公众来持久地参与；第六，中国公众对相关科学知识、国际规定、法律或政策问题等方面的信息需求，是有差异的^①。

近几年来，公众对于气候变化问题的关注度明显加强，特别是在北京等国际性大城市。国际环保社会组织"气候组织"和北京市消费者协会的《气候变化消费者调查》报告显示，超过98％的消费者表示关注气候变化问题，且中国消费者对气候变化的关注程度高于美国和英国消费者，并愿意为应对全球气候变化采取行动，其中有69％的人愿意通过改变生活习惯来应对气候变化，说明应对气候变化意识已经渗入到人们的日常生活和消费中^②。

一项面向中国城市青年的气候变化消费行为与公众理解调查显示，尽管就气候变化是否由人类活动导致（仅59％认同）还没有达成一致意见，但这个群体对气候变化的意识很高。四分之三的受调查者确实相信中国已受到气候变化的影响；同时，超过一半的人相信在其有生之年气候会发生重大变化。同时，调查结果显示，受访者承认个人对应对气候变化负有责任（79％）并鼓励其他人也做出改变（70％）^③。

不同的社会公众群体，其气候变化意识有明显的差距。大学生是未来发展的主力，其对气候变化的意识和态度事关中国应对气候变化的能力建设，对南京农业大学的学生进行的调查显示，学生们对气候变化意识在背景知识、农业与气候变化管理的理解和参与性等3个方面存在明显差异：对农业与气候变化的关系有较清楚的认识；对农业对于减排的作用、化肥和农药的施用与温室气体产生的关系有正确的认知；而在温室效应的基础知识以及减排的参与性方面得分却偏低，因此，大学生的气候变化教育仍需要加强和深入（潘葳楠等，2009）。农村地区在温室气体减排和适应气候变化方面起着举足轻重的作用，农民也是区域气候变化的直接被影响者，其气候变化意识尤其重要。在南京郊区所做的调查显示，关于全球变暖和人类的影响，大部分被调查者持肯定态度，但是只有少数被调查者了解温室气体的产生和排放途径，极少数被调查者了解国际气候变化事务，少数被调查者表示了解国家的应对气候变化行动，相对多的被调查者表达了对气候变化与农业的关心。调查显示，气候变化意识与受教育程度、职业、性别都直接相关。由此可见，在农村地区进行气候变化能力建设迫在眉睫，应伴随一定的经济刺激手段来促进农村地区的气候变化教育、培训和有效的信息传递（Genxing Pan，2007）。

38.2　广泛的公众参与

38.2.1　广泛的公众参与的政策法律基础

科学发展观为促进应对气候变化公众参与提供了很好的政治民主环境。国家应对气候变化和环境保护部门近年来出台的不少政策、法规，为广泛的公众参与提供了根本的政策法律基础。中国的《宪法》从根本上明确了公民在环境保护方面的基本民主权利，《环境保护法》为公众参与应对气候变化提供了原则性的法律依据。

2007年发布的《中国应对气候变化国家方案》明确提出了提高公众意识与管理水平。

① 国家环境保护总局宣教中心.2004.中国社科院公共政策研究中心.气候变化的公众意识追踪调查报告，北京
② 中国天气网.公众参与：减缓气候变化的最终手段，http://www.weather.com.cn/static/html/article/20090909/71307.shtml
③ 中国科技交流中心、英国大使馆文化教育处、搜狐绿色频道、《中国青年报》、《科技日报》，气候变化公众理解与消费行为调查报告，北京

2008 年 6 月在中央政治局第六次集体学习时，胡锦涛总书记将大力提高全社会参与的意识和能力作为当前应对气候变化要重点抓好五个方面的工作之一。2008 年 10 月国务院发布的《中国应对气候变化的政策与行动》白皮书中着重强调了全民参与应对气候变化的重要性，同时为有效应对气候变化，明确提出了增强公众意识与管理水平的目标：通过利用现代信息传播技术和手段，加强气候变化方面的宣传、教育和培训，鼓励公众参与等措施，到 2010 年，力争在全社会基本普及气候变化方面的相关知识，提高全民保护气候意识，为有效应对气候变化创造良好的社会氛围。通过完善多部门参与的决策协调机制，建立企业、公众广泛参与应对气候变化的行动机制等措施，逐步形成与应对气候变化工作相适应的、高效的组织机构和管理体系。

十一届全国人大常委会第十次会议 2009 年 8 月 27 日通过了《全国人大常委会关于积极应对气候变化的决议》（以下简称《决议》）。《决议》中提出要努力提高全社会应对气候变化的参与意识与能力。

表 38.4　保障应对气候变化公众参与的法律法规

时间	法律、法规、条例、政策文件	内　容
1982 年	《宪法》	第二条规定："人民依照法律规定，通过各种途径和形式，管理国家事务，管理经济和文化事业，管理社会事务"
1989 年	《环境保护法》	第六条规定："一切单位和个人都有保护环境的义务，并有权对污染和破坏环境的单位和个人进行检举和控告"。第八条规定："对保护和改善环境有显著成绩的单位和个人，由人民政府给予奖励"
1996 年	《国务院关于环境保护若干问题的决定》	第十条规定："建立公众参与机制，发挥社会团体的作用，鼓励公众参与环境保护工作，检举和揭发各种违反环境保护法律法规的行为"
2004 年	十届人大二次会议《政府工作报告》	"要进一步完善公众参与、专家论证和政府决策相结合的决策机制，保证决策的科学性和正确性。加快建立和完善重大问题集体决策制度、专家咨询制度、社会公示和社会听证制度、决策责任制度。所有重大决策，都要在深入调查研究、广泛听取意见、进行充分论证的基础上，由集体讨论决定。这些要作为政府的一项基本工作制度，长期坚持下去"
2007 年	中国共产党《十七大报告》	在论述"扩大人民民主，保证人民当家做主"时提出，"保障人民的知情权、参与权、表达权、监督权"
2007 年	《中国应对气候变化国家方案》	明确提出了提高应对气候变化公众意识与管理水平
2008 年	《政府信息公开条例》	对中国各级政府信息公开的管理体制和机构、信息公开的范围、公开的方式和程序、监督和保障措施等做了全面的规定
2008 年	《环境信息公开办法（试行）》	对环境信息公开的范围和主体、方式和程序、监督和责任等做出了明确的规定
2008 年	《中国应对气候变化的政策与行动》	着重强调了全民参与的重要性：应对气候变化需要转变传统生产方式和消费方式，需要全社会的广泛参与。中国努力建设资源节约型、环境友好型社会，营造政府引导、企业参加和公众自愿行动的社会氛围，增强企业的社会责任感和公众的全球环境意识
2009 年	《全国人大常委会关于积极应对气候变化的决议》	提出要努力提高全社会应对气候变化的参与意识与能力

38.2.2 科学家和专家团体的崛起

科学家和科学家团体在中国应对气候变化工作的各个环节发挥着积极的作用。2008 年 6 月和 2010 年 2 月，中国中共中央政治局专门邀请专家，安排了两次关于应对气候变化问题的集体学习，听取专家就有关问题的意见和建议。2006 年 8 月中国成立气候变化专家委员会。专家委员会主要就气候变化的相关科学问题及我国应对气候变化的长远战略、重大政策提出咨询意见和建议。2008 年 6 月，该委员会在温家宝总理主持召开的第二次国家应对气候变化领导小组会上，被确定为国家应对气候变化的专家咨询机构。2010 年 9 月，第二届国家气候变化专家委员会成立，新一届专家委员共 31 人，包括气候变化科学、经济、生态、林业、农业、能源、地质、交通、建筑以及国际关系等诸多领域的院士和高级专家。

中国科学家还通过参与中国的《气候变化国家评估报告》、《中国气候与环境演变》等的评估工作，为政府进行应对气候变化的战略部署和决策提供了积极的支持。科学家的意见和建议在各级政府应对气候变化政策的制定过程中发挥着越来越重要的重用。

中国目前从事气候变化研究的部门和机构包括中国气象局、中国科学院、国家发展和改革委员会能源研究所、中国社会科学院、中国农业科学研究院、清华大学、中国人民大学、北京大学、北京师范大学等。近年随着中国应对气候变化工作的深入，各部门都组织力量组建了专门针对气候变化问题的研究机构，包括中国气象局气候变化中心、中国科学院气候变化研究中心、水利部应对气候变化研究中心、中国农业科学院"农业与气候变化研究中心"、中国环境规划院"气候变化与环境政策研究中心"、清华大学低碳能源实验室、北京大学气候变化研究中心等。这些机构覆盖了气候变化科学、影响适应和减缓有关的各个领域。

中国越来越多的学会机构开始关注气候变化问题。中国气象学会、中国科学技术协会、中国地理学会、中国植物学会、中国林学会、中国农学会等通过设立相应的分委员会，极大地推进气候变化影响有关交叉领域的研究活动。一些相关国际组织中国委员会陆续成立，也为中国的气候变化研究和普及做出了积极贡献。世界气候研究计划（WCRP）中国委员会，全球气候观测系统（GCOS）中国委员会、国际地圈生物圈计划中国全国委员会（CNC-IG-BP），国际科学联盟环境问题科学委员会中国委员会、国际全球环境变化人文因素计划中国国家委员会（CNC-IHDP）等。这些国际组织的中国委员会作为学术性机构，推动了中国气候变化科学研究的对外交流与合作，为国家管理机构提供了有效的科学咨询，为中国应对气候变化问题构建了多个与国际接轨的平台（齐晔，马丽，2007）。

中国科学家开始越来越多地参与气候变化的国际学术活动。中国政府推荐的专家参与了政府间气候变化专门委员会（IPCC）四次评估报告的编写。中国科学家还担任了 IPCC 第三、四、五次评估报告第一工作组的联合主席。IPCC 第一次评估报告共有 9 位中国专家成为主要作者、主要作者召集人和编审，第二次有 11 位，第三次有 19 位，第四次有 28 位，第五次有 44 名中国专家入选，占总数的 5.3%。参与 IPCC 历次评估报告的中国作者人数的增加，在一定程度上体现了中国科学家对气候变化问题关注程度和研究水平的提高。但是，在 IPCC 第四次评估报告第一工作组的报告中有 88 篇中国大陆作者的论文被引用，仅占引用总数的 1.41%（曹丽娟，高学杰，2007）。中国科学家的成果在国际气候变化科学领域的展示还有待进一步提高。

科学家和科学家团体在气候变化及其应对知识的普及和传播方面也发挥了积极的作用。

对各类科普和宣传活动，包括科技周、世界气象日、世界环境日等专题活动的参与已经成为科学家社会责任的一部分。

38.2.3　社会团体的作用

国内外的实践表明，环保社会团体因其具有灵活、自愿、公益、非营利和自治的特征，在环境意识提高的活动中发挥着独特的组织、号召和示范作用。近年来，由环保社会团体组织发起的气候变化宣传活动丰富多彩，愈来愈受到广大公众和社会各界的广泛关注。

环保社会团体的出现为公众参与环保搭建起平台，它以其独特优势，吸纳了社会各方面的力量，来自政府、媒体以及其他一些专业领域的人士，纷纷参与进来，为环境保护与应对气候变化事业的发展推波助澜。根据 2008 年中华环保联合会发布的《中国环保民间组织发展状况报告》里的数据，截至 2008 年 10 月，全国共有环保民间组织 3539 家（包括港、澳、台地区）。其中，由政府发起成立的环保民间组织 1309 家，学校环保社团 1382 家，"草根"环保民间组织 508 家，国际环保组织驻中国机构 90 家，港、澳、台 3 地的环保民间组织约有 250 家左右。

社会团体的最大特点之一就是它的民间性和相对于政府的独立性。作为对应于政府与市场之外的第三方，环保社会团体正在解决当前政府无法解决，或无法有效解决的一些环境问题，如自下而上的社会动员、媒体造势等。环保社会团体目前除了进行环境教育，培育公众和青少年环境意识，动员节能减排，倡导环保低碳的生活方式，同时也对一些环境事件加以披露，施加压力。由于环境问题和每个人的切身利益相关，随着公众环境意识增强，环保社会团体进行公众动员容易产生共鸣。

具体来说，环保社会团体在应对气候变化中主要发挥了以下六个方面的作用：

一是大力开展宣传教育活动。据调查，91.2% 的环保民间组织都开展过环保宣传教育活动，如举办讲座、展览、知识竞赛、演讲，发放宣传材料、电子邮件及宣传品，开办网站、刊物等，以提高公众对节能减排、低碳经济的认识和意识。"地球一小时"是世界自然基金会（WWF）应对全球气候变化而发出的一项倡议。2009 年 3 月，承诺参与的中国城市包括北京、上海、南京、大连等 35 个城市。2008 年，美国环保协会（EDF）与环保部宣教中心合作开展了"社区 1000 家庭碳排放调查及公众教育"项目。中国公众的积极参与，折射出公众的气候变化意识普遍提升。

二是引导公众选择低碳生活方式。2007 年中华环保联合会、北京地球村、中国国际民间组织合作促进会等 50 家环保组织共同发起了以倡导低能耗生活方式、消费方式为核心的"节能 20% 公民行动"；2008 年，中华环保联合会还与企业合作举办"绿色家庭环保创意大赛"环保公益活动，评选出对环保事业做出贡献的绿色家庭，倡导家庭选择低碳生活方式；2008 年，地球村以灾后重建为契机，在红十字基金会等公益基金和爱心人士的支持下在四川省彭州通济镇大坪村进行了"乐和家园"的尝试，项目充分借鉴了生态乡村的传统智慧，初步摸索出了一个可持续、低碳、和谐的生态文明乡村模式。

三是主动为政府决策提出建议。环保社会团体根植民众，了解民情，深知民意，几年来，通过深入群众调查研究、走访问卷、召开座谈会、研讨会等多种形式将民众意见和建议反映给各级政府及相关部门，对于政府改善管理、加强执法、推动节能减排等方面提出了一些具有参考价值的意见和建议。

四是推动政府决策的制定和发布。2004 年 6 月，北京地球村、自然基金会等 6 家环保社会团体联合在北京发起"26℃空调节能行动"。2006 年，各级政府部门也纷纷加入到这一行动中来。2007 年 6 月，国务院办公厅正式发出《关于严格执行公共建筑空调温度控制标准的通知》，要求所有公共建筑夏季室内空调温度不得低于 26℃（国务院办公厅，2007）。由此可见，从民间倡议到国家政策出台仅仅用了 3 年时间，在此过程中环保社会团体的合力推动功不可没。

五是为企业提供咨询服务，推进节能减排和低碳技术的推广应用。近年来，环境 NGO（non-government organization，NGO）主动为企业提供咨询服务和技术支持，鼓励企业开发先进的低碳技术，研究和实施低碳生产模式，与企业共同开展环境公益项目，提升企业形象。世界自然基金会（WWF）香港分会于 2008 年初开展了"低碳制造"项目，吸引了众多的参与者。气候组织与中国 21 世纪议程管理中心、中国资源综合利用协会和可再生能源专业委员会三家机构联手，共同发起"低碳技术创新联盟"，以促进低碳技术的创新与应用。

六是开展民间国际交流与合作。中国的环保社会团体参与民间国际交流异常活跃。通过参加国际会议、互访、合作开展项目、网络交流等形式，宣传中国政府的气候变化立场，政策以及取得的成效等。

中国的环保社会团体正在发挥越来越主动的作用，但是在应对气候变化中发挥的作用还十分有限，表现在公众中知名度、认同度不够，对政府的决策影响较弱，对违法者缺少制约能力，在维护公众环境权益上没有起到应有的作用。政府对环保社会团体的扶持、引导和管理还应进一步加强，如进一步完善社会团体组织法人制度、明确环保社会团体参与环保宣传的法律地位、规范行政对环保社会团体的资金支援、加强对环保社会团体的监督管理等。政府应该因势利导，与这些机构进行更多的交流和沟通，联合开展公益行动，为中国应对气候变化贡献更大的力量。

38.3 地方政府和企业

38.3.1 地方政府应对气候变化意识的提高

中国是一个幅员辽阔的国家，各地的经济发展模式、对化石能源的依赖性、气候和生态系统的复杂性等方面各不相同，地方政府应对气候变化意识的提高，对于中国应对气候变化能力的提高，具有重要的作用。

中国政府在应对气候变化中，一直居于主导地位。中国政府主动承担责任，把应对气候变化与实施可持续发展战略结合起来，不断提高应对气候变化能力。中国各级地方政府在中央政府的统一部署下，正在逐渐成为应对气候变化的主导力量。

中国地方各级政府应对气候变化意识的提高主要表现在积极参加各种面向地方决策者的教育培训、积极完成中央政府硬性指标、主动行动积极创建低碳省（城市、县、实验区等）。

首先，地方政府的应对气候变化意识通过参与各种培训项目得到了明显提高。

自 2002 年开始，中国政府通过对外合作等多种形式开展了针对地方政府官员的培训。2007 年以来，有以下几次有代表性的培训。2008 年 5 月，世界银行"适应气候变化农业综合开发项目"，有 6 个省（自治区）的农业部门参加了适应气候变化能力建设，地方政府和公众对气候变化的认识得到了提高；2009 年 3 月至 4 月期间，中日"清洁发展机制项目管理中心与地方政府官员 CDM（Clean Development Mechanism）管理能力建设项目"，有来自 23 个省市自治区的地方政府官员参加了相关的培训，其对气候变化问题的认识水平和管理清洁发展机制项目的能力均得到了提高。

其次，地方政府的应对气候变化意识在制定应对气候变化省级方案、完成节能减排硬性指标的过程中，正在逐步提高。

在国家发展和改革委员会、世界银行、挪威政府、欧盟和联合国开发计划署的资金和技术支持下，中国从 2006 年开始积极探索省级气候变化方案的制订工作，以应对、适应以及减缓气候变化，实现向低碳经济的转变。这些气候变化项目除了帮助地方政府应对气候变化，还将起到扶贫作用，尤其是对中国西部、居民已经受到环境破坏和气候变化的影响的地区，同时，进一步提高了地方官员的气候变化意识。截至 2009 年 12 月底，除港澳台外，中国 32 个省、自治区、直辖市（包括新疆生产建设兵团）已全部完成了应对气候变化方案或行动计划的编制工作，18 个省区颁布了省级应对气候变化方案。

"十一五"期间，中国提出了单位 GDP 能耗降低 20%，主要污染物的排放总量减少 10% 的重要约束性指标（国务院，2007）。全国各省都相继制定了"十一五"节能减排综合性工作方案，将"十一五"节能减排的目标分解落实到各市地和县，以及有关的行业和重点企业。各级地方政府也相继出台了一系列有利于节能减排的政策措施，全社会支持节能减排的社会氛围越来越浓厚。（国务院办公厅，2009）。

最后，地方政府的气候变化意识在主动创建低碳城市、发展低碳经济等实践中，正在逐步提高。

上海、保定、杭州、武汉、珠海、南昌、西宁、贵阳、德州、无锡、厦门等多个城市提出了建设低碳城市的构想，在各省应对气候变化方案的指导下，开展了积极的探索。其中，上海着重发展节能建筑，通过对建筑的能源消耗进行调查、统计和分析，提高建筑能源利用效率，通过进行生态建筑发展的政策研究最终实现降低居民生活碳排放量。2009 年，保定市政府颁布了《保定市政府关于建设低碳城市的意见》，立足于新能源和可再生能源产业发展、新能源的综合应用和节能减排措施，以"中国电谷"和"太阳能之城"计划为依托，探索城市发展的低碳模式。

38.3.2　企业应对气候变化意识的提高

目前针对企业应对气候变化意识的调查不多见，也有报道认为中国企业目前对气候变化问题还缺乏清晰、完整的认识，采取应对气候变化具体行动的能力也有待提高。与国际上的广泛流行相比，碳足迹的概念在中国还没有那么深入人心，公司活动对环境的影响也还没有那么透明。也有研究认为（姜克隽等，2010），中国企业对气候变化和低碳经济的认识起步较晚，大多数中国企业还没有从战略角度来思考低碳发展问题，也没有以全球视野来研究应对气候变化的重要性。但是，在中国温室气体减排问题面临巨大国际压力、欧美等国酝酿碳关税等的国际背景，和节能减排、产业结构升级等的国内背景双重压力下，中国企业正在将应对气候变化纳入企业经营战略和日常管理，企业家的低碳意识正在觉醒。

中国行业协会具有熟悉行业、聚集专家、有丰富管理经验并具有中介性和自律性等特点，在应对气候变化的工作中发挥着得天独厚的作用。众多行业协会，尤其是能源密集型、石油化工行业有关的协会开始意识到全球应对气候变化对本行业的发展的影响。2009 年，中国电力发展促进会成立了应对气候变化专业委员会。各地方电力、畜牧业行业协会也通过参加和组织相关论坛等的方式了解并为企业提供信息。

作为气候变化最重要的利益相关者之一，企业不仅越来越关注气候变化可能带来的政策变化、突发气候事件、企业声誉及法律风险，而且更加关注因气候变化而带来的创新机会，如低碳基础设施的建设和新产业的开发等。

中国企业应对气候变化意识的提高主要体现在以下几个方面：在节能减排工作中取得了显著的成绩，积极利用CDM项目开展对外合作，企业社会责任意识日益提高，低碳产品认证活动对中国企业气候变化意识的促进作用，近年来中国企业在自愿碳减排、碳交易、碳中和等工作中做出了有益的尝试。

首先，中国企业在节能减排工作中取得了显著的成绩。在《可再生能源中长期发展规划》、《节能减排综合性工作方案》，以及《千家企业节能减排行动》、《中国国民经济与社会发展第十一个五年计划》等相关文件中，中国政府逐步明确了政府、企业及社会各界节能减排的具体责任。中国政府不断完善有利于企业节能减排的约束性制度环境，如产业准入政策和各种税费政策等，使企业为适应外部环境而节能减排。同时，政府还通过推行绿色采购制度、提供财政补贴和税收减免政策，引导和刺激企业采取主动性的节能减排活动，从而把握和创造更多的市场机会，实现企业经济效益与社会环境资源效益的双赢。2007年，签署《节能目标责任书》的千家企业共有998家，实现节能量3817万tce。自2006年开展千家企业节能行动，特别是千家企业与各省级人民政府签订节能目标责任书以来，千家企业认真落实科学发展观，对节能工作的重视程度明显提高，管理制度不断完善，节能投入逐步增加，基础工作不断加强，通过开展能源审计、编制节能规划、实施能效水平对标活动、开展重点用能设备检测等，企业节能工作取得明显成效。与此同时，中小企业在进行能效标识认证、发展清洁生产和循环经济等各项工作中，其节能减排也取得了明显的成效。

第二，中国企业通过清洁发展机制等渠道，发展与全球企业的商业合作，拓宽应对气候变化资金渠道，积极引进消化和吸收发达国家向发展中国家转移节能技术和可再生能源技术。截至2009年8月14日，国家发展和改革委员会批准的全部清洁发展机制项目数为2174个，主要集中在新能源与可再生能源、节能和提高能效、CH_4回收利用等领域，中国企业在利用国际合作、引进资金和技术的同时，应对气候变化的意识也得到了显著的提高。

第三，中国企业的社会责任意识正在逐步提高。近年来，越来越多的中国公司开始发布企业社会责任报告（包括企业可持续发展报告、企业公民报告等）。2008年12月，中国企业可持续发展报告资源中心提供了一个开放的企业可持续发展报告的网络信息平台，为需要获取企业可持续发展报告的企业及各利益相关群体提供网上资源库。2008年12月和2009年2月，由环境保护部宣传教育中心、中国环境意识项目和商道纵横联合举办了第一期和第二期企业社会责任报告编制培训班。

第四，低碳产品认证活动有望进一步提升中国企业的气候变化意识。2009年10月，环境保护部与德国进行了"中德低碳产品认证合作项目"的签约。低碳产品认证是以产品为链条，吸引整个社会在生产和消费环节参与到应对气候变化。通过向产品授予低碳标志，从而向社会推进一个以顾客为导向的低碳产品采购和消费模式。以公众的消费选择引导和鼓励企业开发低碳产品技术，向低碳生产模式转变，最终达到减少全球温室气体的效果。环境保护部在参考了国外低碳产品认证发展模式的基础上，已开展低碳产品认证。

我们可以预期，低碳产品认证活动会更好地提升中国企业的气候变化意识，同时，也有助于提升全社会的气候变化意识。

第五，近年来中国企业在自愿碳减排、碳交易、碳中和等工作中做出了有益的尝试。

2009 年 9 月，天津排放权交易所发起"企业自愿减排联合行动"。按照企业"自愿设计规则、自愿确定目标、自愿参与交易"的原则，"企业自愿减排联合行动"将招募 20 家具有行业代表性的大型排放类企业，与天津排放权交易所形成自愿碳减排协议书。此后，愿意参与的企业签署具有法律约束力的自愿碳减排协议书，按照协议规定承诺碳减排目标并参与排放权交易。

2009 年 8 月，中国首笔自愿减排碳交易在北京环境交易所成交。某汽车保险公司出资 27.7 万元，购买了奥运期间北京绿色出行活动产生的 8026t 碳减排指标，用于抵消公司自 2004 年成立以来至 2008 年年底全公司运营过程中产生的碳排放。

2009 年 11 月，国内首笔碳中和交易在天津排放权交易所完成。某包装纸业公司在自愿碳标准登记处注销一笔 6266t 的自愿碳指标，并向卖方支付相应交易对价。

由此可见，中国企业在应对气候变化方面的责任感和紧迫感日益增强，已经有越来越多的中国企业以自身的实际行动实现企业的绿色社会责任，为减少温室气体排放、应对全球气候变化做出了更大的贡献。

第三十九章　加强气候变化领域国际合作

提　要

本章从气候变化领域国际合作的基础和面临的挑战、《公约》及《议定书》下的合作活动、《公约》及《议定书》外的多边和双边合作活动、国际科学合作四个方面阐述了中国气候变化领域国际合作的行动及成效。中国长期以来积极参加《公约》和《议定书》框架下的活动，努力促进《公约》和《议定书》的有效实施。中国专家积极参与IPCC的工作和评估报告的编写。中国通过参与CDM项目合作为国际温室气体减排做出了显著贡献。在多边合作方面，中国努力推动气候变化领域中国际社会的交流与互信。在双边方面，中国与许多国家和地区建立了气候变化对话与合作机制。同时，中国积极参与气候变化相关领域国际科技合作计划，并加强与相关国际组织和机构的信息沟通和资源共享。

39.1　气候变化领域国际合作的基础和面临的挑战

39.1.1　国际合作的基础

自20世纪90年代启动国际气候谈判进程以来，气候变化在国际政治议程中的地位不断攀升。经过十几年艰苦坎坷的谈判历程，国际气候合作已经具备一定的基础。

法律基础和政治共识。国际气候公约谈判进程是一个不断凝聚政治共识，并在此基础上通过了《联合国气候变化框架公约》、《京都议定书》、《巴厘行动计划》等一系列重要法律文件，为国际气候合作奠定法律基础的过程。尽管哥本哈根会议未达成具有法律约束力的国际协议，但《哥本哈根协议》对凝聚各国的政治共识、促进国际合作起到了重要的作用，已经获得全球一百多个国家的支持。2010年12月举行的坎昆会议上达成的《坎昆协议》在气候资金、技术转让、森林保护等问题上都取得了一定成果。除了协助发展中国家应对气候行动的300亿美元快速启动资金和之后的1000亿美元长期基金外，协议还同意建立"绿色气候资金"，并建立相关的委员会制度，成员来自发达和发展中国家，人数相当。建立了新的"坎昆适应框架"，通过增加资金和技术支持帮助发展中国家更好地规划和实施适应项目。各国政府同意依靠技术和资金支持来推动发展中国家遏制毁林和森林退化所致排放量的行动。

技术和经济动因。《京都议定书》引入基于市场的三个灵活机制，旨在通过国际合作减排机制降低全球减排成本。不仅如此，低碳经济已成为世界经济发展的潮流和大趋势，各国都将减缓气候变化定位于提升自身竞争力和占领未来技术制高点的战略高度，并根据自身国情特点进行重点领域、关键技术和政策措施的灵活选择，以寻求减缓气候变化与促进经济发展的双赢。在这个共同目标下，加强国际气候合作，促进低碳技术的开发和利用，分享发展低碳经济的成功经验，对各国产生经济上的动力。此外，2008 年下半年开始金融危机席卷全球，各国纷纷进行经济政策调整，将新能源开发作为刺激经济的新增长点，也为加强国际气候合作，促进全球低碳经济转型提供了契机。

国际气候合作平台。各缔约方基于对气候变化的科学认知和加强国际气候合作的政治意愿，不仅在气候公约下具有开展国际合作的广阔空间，在公约之外也建立了很多国际多边和双边机制作为国际合作的平台。例如：八国集团首脑峰会（G8），20 国集团的部长级会议（G20），以及 2007 年美国倡导召开的 16 国主要经济体能源安全与气候变化会议等，集中了世界主要温室气体的排放大国，对凝聚大国政治意愿，加强国际合作，推动国际谈判进程具有积极的意义。一些地区性合作组织，如亚太经合组织（APEC），2005 年美国主导成立的"亚太清洁发展与气候伙伴计划"（APP）等，也积极推进地区性国际气候合作。中欧、中美等双边合作更是不胜枚举。

除政府间国际气候合作之外，地方政府、企业、社会团体、媒体等层面的国际气候合作也蓬勃展开。例如，2009 年全球许多城市的市长和官员在纽约召开会议，共同促进全球低碳城市发展。钢铁、水泥、航空航海等全球性行业协会，广泛开展行业性的自愿减排行动，以及减排技术研发和应用方面的合作。环保社会团体组成的国际联盟，如气候行动网络（CAN），在促进全球应对气候变化的行动非常活跃。

39.1.2　开展国际气候合作面临的挑战

加强国际合作已经成为全球应对气候变化的基本共识和大趋势，但各缔约方在一系列关键议题上仍面临巨大的分歧，如何促进国际气候合作落实到具体行动上仍面临许多挑战。

减排目标。减排目标是全球气候谈判最核心、最关键的问题。2010 年坎昆会议期间，在是否坚持《京都议定书》及其第二承诺期的问题上，包括中国在内的发展中国家与日本等发达国家之间争论不断。发展中国家认为，率先减排是发达国家承担历史责任的重要表现形式，这也是《京都议定书》最核心的东西。所以，《议定书》及其第二承诺期必须坚持。但日本等发达国家认为，《议定书》只覆盖了占 27% 的全球排放量的国家，而世界最大温室气体排放国美、中两国都没有在《议定书》下承诺减排目标。在此情况下，继续兑现《议定书》第二承诺期有失公平。

共同愿景。共同愿景，特别是全球长期目标，交织着科学、经济、政治、伦理等诸多因素，与减缓、适应、技术和资金等议题都有联系。欧盟一直积极推动控制全球升温不超过 2℃ 目标，IPCC 科学评估报告广泛讨论的是 450ppmv 或 550ppmv 危险浓度水平，IPCC 新排放情景分析采用了的 $3W/m^2$ 或 $4.5W/m^2$ 的稳定情景（林而达，刘颖杰，2008），2008 年八国首脑峰会发表声明，提出 2050 年全球温室气体减半的目标，而英国斯特恩报告提出了更具体的到 2050 年控制人均排放 2tc 的目标（Stern，2006）。《哥本哈根协议》最终就控制全球升温不超过 2℃ 达成政治共识，一些小岛国甚至提出更为激进的 1.5℃ 目标。然而，各国对实现该目标的具体路径、义务分担、资金等问题仍存在巨大分歧。发达国家在哥本哈根会议提出 2050 年全球温室气体排放减半，发达国家减排 80% 的方案，试图规定发展中国家未来排放空间和排放路径，遭到广大发展中国家的反对而未获通过。

减排义务分担。减排义务分担一直是国际气候谈判的焦点。国际上提出了许多减排义务分担的公平准则和分担方法，例如：英国全球公共资源研究所（GCI）的"紧缩趋同"

(C&C) 方案 (GCI, 2005) 主张发达国家与发展中国家从当前不同人均排放出发逐渐趋同，巴西案文 (Brazil, 1997; Pingguelli Rosa Kahn Ribeiro, 2001) 强调历史责任，斯德哥尔摩环境研究所 (SEI) 的"温室气体发展权 (GDR)"[1] 框架区分富人和穷人的不同责任，并通过发展阈值保障穷人发展需求；中国社会科学院、中国科学院、清华大学、国务院发展研究中心和中国气象局气候中心等多家研究机构积极倡导基于人均累积排放的公平理念及排放空间分配方案 (何建坤等，2009；丁仲礼等，2009a&2009b；Hu Guoquan 等，2009)，如碳预算方案 (潘家华，陈迎，2009) 和温室气体排放权分配和账户管理方案 (国务院发展研究中心课题组，2009)，已获得一定的国际认同，德国、印度等国学者也提出了类似思路的方案[2] (TERI, 2009)。哥本哈根会议聚焦 2020 年的中期减排目标，尽管在发达国家的减排承诺和发展中国家减缓行动上取得了一定的进展。然而，发达国家承诺的减排目标相比 1990 年排放水平仅整体减排 11%～17% (IIASA, 2009)，不仅低于 IPCC 报告 25%～40% 的最低标准，更低于发展中国家普遍要求的至少 40% 的目标。

技术转让。技术在全球应对气候变化中扮演关键的角色已经成为各国的共识。但长期以来，国际气候谈判在技术议题上进展非常缓慢，各方分歧很大。发展中国家强调技术转让的界定，不能将技术转让与技术贸易混为一谈，主张建立全球技术基金，依靠非市场的多边公共资金推动技术开发与转让。而发达国家一方面强调利用现有的资金，强调发挥私营部门和市场的作用，从而淡化政府的责任和提供新资金的义务，另一方面强调发展中国家也有责任改善国内不利于技术转让的制度环境，去除阻碍环境友好型技术吸收、消化、利用的主要障碍。

资金问题。资金问题是推进国际气候合作的关键。哥本哈根会议，发达国家承诺2010～2012 年快速启动阶段提供 300 亿美元，以及到 2020 年每年筹集 1000 亿美元的长期目标，但各国资金义务的分配和资金来源等尚未落实。发展中国家强调发达国家政府提供新的、额外的公共资金，希望建立新的资金机制改善资金管理，而发达国家强调发挥私营部门的重要作用，通过政府政策激励引导私人部门投资于有利于减缓和适应气候变化的重点领域。除此之外，各方对应对气候变化所需资金的具体数量、资金的使用和管理也有很大的意见分歧。

适应问题。长期以来，国际气候合作偏重减缓，对适应重视不足。适应的核心是资金问题，重点是信息、基础设施、社会保障和能力建设等方面。国际社会在适应方面的努力仍远远没有达到需要的水平，虽然已经建立了多个专门的多边融资机制，包括最不发达国家基金和特殊气候变化基金，但与巨大的风险和损失相比，能够通过这些机制落实的资金始终非常有限。发达国家不希望再增加资金负担，主张适应基金与现有的发展援助基金 (Overseas Development Assistance, ODA) 相结合，而发展中国家则坚持要建立公约下的有约束力的适应机制，强调适应是气候变化给发展中国家带来的额外的发展成本，需要结合发达国家历史责任的问题来考虑资金机制的来源。

透明度问题。"巴厘路线图"提出可衡量、可报告和可核查 (Measurable, Reportable and Verifiable，MRV) 是国际气候制度的重要机制，不仅指发展中国家的减排行动，也包

---

[1] Greenhouse Development Rights. In: Paul Bear, Tom Athanasiou, Sivan Kartha and Eric Kemp-Benedict. 2008. The Greenhouse Development Rights Framework: the right to development in a climate constrained world, revised second version, Nov. 2008. http://www.ecoequity.org/docs/TheGDRsframework.pdf

[2] WBGU. 2009. Solving the Climate Dilemma: the Carbon Budget Approach

括发达国家提供资金和技术支持的情况。在哥本哈根会议最后时刻，美国将发展中国家国内减缓行动的透明度问题作为提供资金援助的先决条件，要求发展中国家减排行动要接受国际核查和增加透明度。而发展中国家认为国内减缓行动应该主要依靠国内机制进行统计和评估，只有接受国际资金和技术支持的部分才有必要接受国际核查。发达国家在没有明确资金筹集计划的情况下，就将注意力集中到发展中国家，明显有悖于巴厘路线图的要求。哥本哈根协议就透明度问题做出暂时的解释，规定发展中国家需每两年向公约秘书处提供国家信息通报，减缓行动的相关信息可进行国际磋商和分析。

总之，在气候变化领域开展国际合作即存在合作的基础，面临重要的机遇，也受到严重的制约，面临严峻的挑战。

39.2　《公约》及《议定书》下的合作活动

39.2.1　合作减排机制

发达国家和发展中国家在《公约》和《议定书》下的责任和义务不同，不同国家的减排潜力和成本也不相同，各国都应该通过合适的方式为减缓气候变化做出自己应有的贡献。为促进各国之间的减排合作，《公约》和《议定书》均设立了相关的机制，做出了相关的制度安排。

《公约》下的减排合作机制主要是"共同执行活动"（AIJ）。《公约》规定，发达国家缔约方可以同其他缔约方共同执行减缓气候变化的政策和措施，协助其他缔约方为实现本公约的目标作出贡献。根据这一规定，《公约》的第一次缔约方会议决定建立发达国家和发展中国家之间基于自愿基础的 AIJ 试验阶段。AIJ 项目需要满足如下基本要求：获得参与国的批准；带来额外的温室气体减排量；所产生的减排量不得作为任何一方的减排信用额；项目的融资应该额外于发达国家的官方发展援助等。

《议定书》下的减排合作机制包括：联合履行（JI）、清洁发展机制（CDM）和排放贸易（ET），以及共同履行承诺。

JI、CDM 和 ET 均涉及具体的减排指标交易，获得减排指标的附件一缔约方可以使用这些指标履行其在《议定书》下的减排义务。

JI 是附件一国家之间的一种基于项目的合作机制，一个附件一国家提供资金和/或技术，在别的附件一国家实施减排项目，并获得项目产生的减排指标，项目所产生的减排指标从东道国的分配数量中扣除。

CDM 是附件一国家和非附件一国家之间的基于项目的合作机制，附件一国家提供资金和（或）技术，在非附件一国家实施减排项目，并获得项目产生的减排指标。

ET 是附件一国家之间的一种纯粹的排放权贸易，不涉及具体的减排项目。

共同履行承诺指的是，多个发达国家之间签订协议，共同履行其在《议定书》下的减排义务。一旦协定签署国的总排放低于其总的排放限额，则视为各签署国均履行了义务。否则，各国需要根据其签署协议中的规定履行各自的减排义务。其实质类似于一次性交易的排放贸易。

除了《公约》和《议定书》规定的减排合作机制，也存在着自愿碳市场下的减排合作。这种减排合作主要是企业之间的，可以是发达国家企业和发展中国家企业之间的，也可以是发达国家企业之间的，一般不需要相关国家政府的认可。该市场下交易的减排指标一般不能用于《议定书》下的履约目的，多被用于显示企业的社会责任等方面。

AIJ 项目的实施从 1996 年开始启动。到 2009 年 6 月，各缔约方向缔约方会议报告的 AIJ 项目总数为 157 个，共涉及 42 个缔约方，其中 11 个非附件一缔约方，12 个附件一投资国。在经济转轨国家实施的 AIJ 项目共有 86 个，在中国实施的 AIJ 项目共有 4 个。2002 年以来，没有缔约方报告实施了新的 AIJ 项目。这主要是由于 AIJ 项目不能产生减排指标，对于投资者而言，CDM 和 JI 项目远比 AIJ 项目有吸引力。

到 2009 年 12 月底，全球注册成功的 CDM 项目为 2007 个，预计的年减排量约 3.4 亿 t CO_2 当量。在所有注册成功的项目中，项目数量排在前 6 位的国家分别是：中国（35.97%）、印度（23.82%）、巴西（8.27%）、墨西哥（5.98%）、马来西亚（3.89%）、印度尼西亚（2.09%）。其他国家的项目数占 19.98%。从预期的年减排量来看，排在前 10 位的国家分别是：中国（59.15%）、印度（11.85%）、巴西（6.16%）、韩国（4.38%）、墨西哥（2.77%）、马来西亚（1.42%）、智利（1.39%）、阿根廷（1.22%）、尼日利亚（1.22%）、印度尼西亚（1.19%）。其他国家占 9.25%。从项目的区域分布来看，亚太地区的项目占了总数的约 75%，拉丁美洲和加勒比海地区约占 22%，非洲占不到 2%，其他地区占 0.6%。从项目的类型来看，能源领域的项目占 61.0%，废弃物处理 18.3%，燃料的逃逸排放 5.5%，农业 5.0%，制造业 4.9%，化工 2.6%。

JI 项目的实施分两个轨道：东道国进行审查的轨道（轨道一）和 JI 监督委员会进行审定的轨道（轨道二）。在轨道一下实施项目要求东道国满足比较多的条件，包括确定了国内的 JI 联络机构、指定了核准 JI 项目的国家指南和程序、计算和记录了其分配数量，在轨道二下实施项目对东道国则没有计算和记录分配数量的要求。如果东道国满足轨道一的要求，则在其国内开展的项目可以自由选择轨道一或者轨道二，否则就只能选择轨道二。和 CDM 相比，JI 项目的数量要少得多。到 2009 年 12 月底，共有 143 个 JI 项目获得了批准，其中 16 个项目是轨道二下的项目，其余均是轨道一下的项目。JI 项目数量较少的主要原因包括：JI 项目产生的减排量需要从东道国的分配数量中扣除，相关国家政府的态度相对比较谨慎；轨道二的程序相对比较复杂，而且 JI 监督委员会给出的指导意见比较有限，相关审定机构态度谨慎等。

东欧和前苏联国家由于经济下滑，导致排放量减少，因而《议定书》分配给其的排放指标有剩余，这部分剩余不是来自其直接的减排努力，被称为"热空气"。由于 ET 不和具体的项目直接关联，交易风险小，对于买家有很大的吸引力。但是，相关国家顾及形象，一直对于直接购买排放指标持谨慎态度。为了改善排放指标交易的形象，买卖双方设计了所谓的"绿色投资体系"，主要是要求卖方将通过 ET 所获得的资金用于双方商定的特定目的，如节能和可再生能源领域。2009 年 3 月 18 日，日本和乌克兰签署了第一笔绿色投资体系下的 ET 交易，日本从乌克兰购买 3000 万个分配数量指标。一些类似的协议也正在谈判过程中。

自愿市场也处于不断发展过程中，但和《议定书》下的履约市场相比，规模仍然比较有限。2008 年，自愿市场的减排量交易规模为 5400 万 t CO_2 当量，仅为 CDM 和 JI 市场的 13% 左右，由于自愿市场上交易指标的价格较低，其交易额则只有 CDM 和 JI 市场的 6% 左右。自愿市场中尚无统一的认证标准，同时对减排指标的需求也不稳定，限制了该市场的快速发展。

虽然《公约》第 14 次缔约方会议决定继续 AIJ 的试验阶段。但由于这一机制和其他机制相比，缺乏对投资者的激励，因此其未来的生命力将非常有限。在《公约》特设工作组的讨论中，发达国家也希望在《公约》下设立类似于《议定书》下 CDM 等的减排合作市场机制。同时，根据"巴厘行动计划"，发展中国家应在得到技术、资金和能力建设的支持和扶持的前提下，采取国内适当的减缓行动（NAMA），而这些支持和扶持以及 NAMA 应以可衡量、可报告和可核实（MRV）的方式实施。这将是一种全新的减排合作机制，其实施框架尚待进一步确定。

39.2.2 积极参与联合国气候变化国际制度谈判活动

中国作为《联合国气候变化框架公约》缔约方，从 1995 年开始一直积极参与《公约》缔约方大会的谈判。中国成立了由来自国家发展和改革委员会、外交部、财政部、环保部、国家气象局、科技部、中国社会科学院、清华大学、中国科学院等部门的领导和专家组成的谈判代表团，由国家发展和改革委员会和外交部牵头组织协调国内相关的谈判准备活动以及研究工作。中国政府积极参与应对气候变化国际谈判，长期以来，推动建立公平合理的应对气候变化国际制度，为国际社会合作应对气候变化作出了积极贡献。

2009 年 12 月，《联合国气候变化框架公约》第十五次缔约方大会和《京都议定书》第五次缔约方会议在丹麦哥本哈根举行。194 个缔约方派团参会，120 位国家元首和政府首脑参加了会议。会议的主要目标是按照"巴厘路线图"的授权，通过《公约》和《议定书》双轨谈判，就《公约》的全面、有效、持续实施和《京都议定书》第二承诺期发达国家进一步量化减排指标达成有约束力的成果文件。中国积极参加哥本哈根会议谈判，展现了最大的诚意和灵活性，为打破谈判僵局、推动各方达成共识发挥了关键性作用。温家宝总理出席领导人会议，呼吁各方凝聚共识、加强合作，共同推进全球合作应对气候变化进程。会议期间，温家宝总理与各国领导人展开了密集的磋商，推动形成《哥本哈根协议》，凝聚了政治共识，为推动气候变化国际谈判进程做出了突出贡献。哥本哈根会议后，温家宝总理分别致函丹麦首相拉斯穆森和联合国秘书长潘基文，明确表示中方坚持《公约》、《议定书》和"巴厘路线图"授权，积极评价并支持哥本哈根协议。

为坚持公约、议定书的主渠道地位，建设性推动谈判进程，中国于 2010 年 10 月在天津承办了联合国气候变化大会。同时，中国积极开展和参与了多渠道、各层面的国际磋商与交流，加强了与发展中国家的沟通协调和与发达国家的对话。积极参与经济大国能源与气候变化论坛、坎昆会议东道国墨西哥举办的气候变化磋商会、联合国秘书长气候变化融资高级别咨询小组会议、政府间气候变化专门委员会会议和国际民航、国际海事组织会议等系列国际磋商和交流活动。参与和承办"基础四国"气候变化部长级会议，以"基础四国＋"的方式与其他发展中国家协调气候变化谈判立场，共同维护发展中国家利益，推动气候变化国际谈判进程。

中国以多种方式积极推动公约框架下的技术转让。中国政府与联合国于 2008 年 11 月在北京共同举办了"应对气候变化技术开发与转让高级别研讨会"，发表了《应对气候变化技术开发与转让北京宣言》。中国也在公约缔约方会议以及长期合作行动特设工作组下就促进技术转让提出了切实可行而有效的机制建议。

为了有效参与国际气候谈判，统筹应对气候变化的国际和国内工作，中国将国际气候谈判和国内实践科学发展观、节能减排等工作密切结合在一起。

首先,从国际层面上讲,中国在国际气候谈判中坚持可持续发展的原则、共同但有区别的责任原则。

其次,为了促进国际气候制度的建立,中国结合国内实践科学发展观、建设生态文明、建立资源节约型和环境友好型社会等工作积极作出了符合本国国情和经济发展阶段的应对气候变化承诺和努力。

在大力推进国内节能减排的同时,中国发布了《应对气候变化国家方案》、《中国应对气候变化科技专项行动》和《中国应对气候变化的政策与行动》白皮书,提出了中国积极应对气候变化的战略规划和政策安排。

2009 年 11 月 25 日,国务院常务会议决定到 2020 年中国单位 GDP CO_2 排放比 2005 年下降 40%~45%,作为约束性指标纳入国民经济和社会发展中长期规划,并制定相应的国内统计、监测和考核办法。

十七届五中全会决议和全会通过的《十二五规划建议》中明确提出:坚持把建设资源节约型、环境友好型社会作为加快转变经济发展方式的重要着力点。深入贯彻节约资源和保护环境基本国策,节约能源,降低温室气体排放强度,发展循环经济,推广低碳技术,积极应对气候变化,促进经济社会发展与人口资源环境相协调,走可持续发展之路。《十二五规划建议》同时将经济结构战略性调整取得重大进展,经济增长的科技含量提高,单位 GDP 能源消耗和 CO_2 排放大幅下降,作为今后五年经济社会发展的主要目标之一。

这些国内行动的采取向国际社会彰显了中国应对气候变化的承诺和行动,为推动谈判取得进展发挥了重要作用。

39.2.3   编制提交《中华人民共和国气候变化初始国家信息通报》

按照《公约》的要求,所有缔约方应该提供温室气体各种排放源和吸收汇的国家清单,制订、执行、公布国家计划,包括减缓气候变化以及适应气候变化的措施,促进与气候变化有关的教育、培训和提高公众意识等。

中国政府由国家发展和改革委员会负责组织编制《中华人民共和国气候变化初始国家信息通报》,其中包括国家温室气体清单。国家发展和改革委员会组织能源研究所、中国科学院大气物理研究所、中国农业科学院农业气象研究所、中国林业科学院森林生态环境研究所、中国环境科学研究院气候影响中心等研究单位以及相关行业协会的 500 余名专家,经过三年的努力,编制完成了《中华人民共和国气候变化初始国家信息通报》,经国务院批准后已于 2004 年正式提交《公约》缔约方大会。这是中国为履行公约所规定的义务而采取的一项具体行动。

《中华人民共和国气候变化初始国家信息通报》包括"国家基本情况"、"国家温室气体清单"、"气候变化的影响与适应"、"与减缓气候变化相关的政策措施"、"气候系统观测与研究"、"宣传教育与公众意识"、"资金、技术和能力建设方面的需求"等章节。比较全面地反映了中国与气候变化相关的国情以及已采取和拟采取的应对气候变化的政策措施。根据报告,1994 年中国扣除森林碳汇以后的 CO_2 净排放量为 26.66 亿 t(折合约 7.28 亿 t 碳);CH_4 排放总量约为 3429 万 t,N_2O 排放总量约为 85 万 t。

目前,《中华人民共和国第二次气候变化国家信息通报》正在编制过程中,预期在 2012 年正式发布。

39.2.4　开展清洁发展机制合作，促进可持续发展

中国作为《议定书》的发展中国家缔约方，高度重视履行其在《议定书》下的相应义务，积极推动在中国开展 CDM 国际合作，在实施 CDM 合作相关的机构安排、体制建设、科学研究、能力建设等方面付出了巨大努力，取得了显著成就。

机制和体制建设是开展 CDM 活动的基础。中国政府相关部门制定并发布的《清洁发展机制项目运行管理办法》（以下简称《管理办法》），明确了国家发展和改革委员会是中国政府开展 CDM 项目活动的主管机构，成立 CDM 项目管理中心及 CDM 基金管理中心，为中国清洁发展机制项目国际合作的有序开展提供了强有力的机制和体制保障。

除了这些机构和管理办法，中国也加强对国内 CDM 项目的指定经营实体（Designated Operational Entcty，DOE）的建设。中国是 CDM 项目注册减排量和 CERs 签发量大国，在 CDM 项目审定/核查工作中，中国本土 DOE 在了解国内法律法规、行业技术及与项目相关方沟通方面存在着较大优势。同时，本土 DOE 也可以结合中国的具体国情，配合相关行业部门开发更适合国内项目的新方法学，促进更多的 CDM 项目能在联合国注册并获得签发。

能力建设对推动 CDM 项目合作具有积极意义。近年来，中国政府利用图书、报纸、杂志等大众传媒广泛宣传 CDM 的基本知识，针对不同对象开展了各种类型的专题培训班和研讨会，出版了相关书籍和手册，建立了中国 CDM 官方网站（http：//cdm.ccchina.gov.cn），有效提高了公众对气候变化和 CDM 的认识。

中国政府在 CDM 能力建设方面开展了很多国际合作活动。自 2000 年以来，中国政府先后与世界银行、亚洲开发银行、全球环境基金、联合国基金等国际组织以及多个发达国家开展了多边或双边的合作项目，主要内容涉及 CDM 方法学、CDM 开发经济评估、CDM 管理机构安排、CDM 项目开发与运行等方面的能力建设。这些国际合作项目一方面提升了中国政府对 CDM 活动的管理水平，另一方面促进了国内 CDM 项目的开发。除与发达国家开展的国际合作以外，中国还积极与发展中国家开展南南合作，交流并发流程中需要注意的各种问题以及可能遇到的各种难题的解决途径，共享中国开展 CDM 项目合作的经验，以促进非洲国家和亚洲其他国家的 CDM 项目开发。

从 2004 年 11 月中国政府批准第一个 CDM 项目以来，已批准的 CDM 项目数量迅速增加，截至 2010 年 10 月底，中国已经批准了 2732 个 CDM 项目，其中 1003 个项目在 EB（Executive Board，EB）注册成功，预计年减排量 2.3 亿 t CO_2 当量，占全球的 60.8%。其中新能源和可再生能源项目数量占 78.9%，节能和提高能效项目占 8.6%、CH_4 回收利用占 5.7%。

新能源及可再生能源、节能和提高能效、CH_4 回收利用是《中国清洁发展机制项目运行管理办法》中规定的优先领域。从中国目前已经开展的 CDM 项目类型构成看，无论以项目数量还是以年均 CERs 来衡量，绝大多数 CDM 项目都属于这三个领域，这符合中国可持续发展的实际需求。

总之，中国已开展的 CDM 项目合作，一方面帮助发达国家以较低成本完成其在《议定书》下的部分减排指标，另一方面也对国内的可持续发展产生了积极的促进作用，并通过对适应基金的贡献帮助其他发展中国家增强适应气候变化的能力。

39.2.5 中国科学家与各国科学家共同参与 IPCC 相关活动

1988 年 11 月，世界气象组织（WMO）和联合国环境规划署（UNEP）联合建立了政府间气候变化专门委员会（IPCC），其主要任务是为国际社会就气候变化问题提供科学咨询。20 世纪 80 年代有 9 位中国专家参加了 IPCC 第一次评估报告的编写，随着气候变化问题的日益升温以及经济、社会和科技的发展，中国科学家作为发展中国家的科学家代表，参加 IPCC 评估报告的人数有了明显增加。2004 年 4 月，第 31 届 IPCC 主席团会议确定了由全球 460 位专家组成的第四次评估报告编写组，中国共有 28 位专家入选。丁一汇分别于 1992 年和 1997 年担任 IPCC 评估报告第一工作组联合主席，秦大河分别于 2002 年和 2008 年获得连任 IPCC 评估报告第一工作组联合主席。

中国气象局是中国参与 IPCC 活动的授权牵头单位，组织中国科学家参加相关报告的编审和评审，承担办公室日常管理任务，同时也是国家气候委员会的挂靠单位，中国气象局还组织国家气候变化专家委员会为政府的决策提供科学支撑，举办一系列国内外学术会议，支持和协调气候变化科学问题的相关研究活动。

为更好地加强 IPCC 国内协调工作，组织和协调中国科学家参与 IPCC 科学评估报告、特别报告以及技术报告的编写活动，组织各部门专家评审 IPCC 相关报告和材料，及时反馈中国政府的意见和建议，IPCC 中国办公室自 2002 年 10 月开始，定期出版了《气候变化通讯》[①]，不定期发行了《气候变化科学与对策特别评估报告》，编辑了《IPCC 工作简讯》以及与气候变化问题有关的宣传画册，并建立了中国气候变化网（http：//www.ipcc.cma.gov.cn），以促进中国气候决策者、科学家和公众之间的交流，同时，也能够尽快向国际科学界介绍中国科学家在气候变化科研领域的最新科研成果，加强气候变化的国际合作。

为加强 IPCC 国内工作组织协调，2009 年，成立了 IPCC 部门工作联络组，联络组由来自中国气象局、外交部、国家发展和改革委员会等 16 个部门的相关司局的成员组成。

2010 年初，政府间气候变化专门委员会第五次评估报告（IPCC AR5）作者推荐工作启动，中国气象局作为国内组织协调部门，启动相关推荐工作。收到 19 个部（委局）、15 所高校和科研机构推荐以及自荐的 224 位专家信息，经部门工作会议，向 IPCC 推荐中国作者 190 人，最终 44 名中国专家入选，占总数的 5.3%，包括第一工作组 18 人、第二工作组 11 人、第三工作组 15 人。分别来自 20 个部门、科研机构和高校，45 岁以下的科学家占一半。与 IPCC 第四次评估报告的中国作者人数相比，此次入选的中国作者人数增加了六成，所涵盖的领域更广。

39.3 《公约》及《议定书》外的多边、双边及地区合作

近年来一些重要的国际合作会议也开始关注气候变化，如八国集团领导人峰会（G8）、主要经济体能源安全与气候变化会议（MEF）、20 国能源与环境部长会议（G20）、清洁能

---

① 《气候变化通讯》至 2004 年 12 月，共出版了 15 期，包括英文专刊一期，现已更名为《气候变化研究进展》，双月刊，正式刊物，2005 年 5 月正式出版发行了该刊物第一期

源部长会议、亚欧首脑会议、亚太经合组织（APEC）领导人非正式会议、东盟领导人峰会等都就气候变化问题进行了磋商，相应的合作机制也在探讨之中。联合国开发计划署（UNDP）、联合国环境计划署（UNEP）、世界银行、亚洲开发银行、国际能源署（IEA）等多边机构也相继组织了多个多边合作项目。中国也分别同欧盟、美国、澳大利亚、法国、英国、意大利和日本等国家开展了广泛的双边合作。

中国本着"互利共赢、务实有效"的原则积极参加和推动应对气候变化的国际合作，先后与多个国家和地区建立了气候变化对话与合作机制，并将气候变化作为双方合作的重要内容。同时，中国一直在力所能及的范围内，帮助非洲和小岛屿发展中国家提高应对气候变化的能力，在一系列多边和双边合作中，中国发挥了建设性作用。

39.3.1　多　边　合　作

2008 年以来，中国国家主席和国务院总理分别在联合国气候变化峰会、八国集团同发展中国家领导人对话会议、20 国集团峰会、主要经济体能源安全和气候变化论坛领导人会议、亚欧首脑会议等多边场合以及双边交往中，进一步全面阐述了中国对气候变化问题的立场和主张，应该坚持《公约》及其《议定书》的主渠道地位，坚持"共同但有区别的责任"原则，呼吁各国按照"巴厘路线图"的规定积极行动，敦促发达国家明确作出继续率先减排的承诺，在技术、资金、能力建设方面向发展中国家提供可测量、可报告、可核实的支持，并宣布了中国进一步应对气候变化的政策和措施，努力促进国际社会在应对气候变化方面达成共识。

中国积极落实胡锦涛主席在亚太经合组织会议上提出的"亚太森林恢复与可持续管理网络"倡议，承担了该网络的秘书处工作，召开了网络启动会，发布了网络框架文件，网络已经开始正式运行。

39.3.2　南　南　合　作

在立足国内的同时，中国同包括发展中国家在内的国际社会开展广泛合作。在南南合作框架下同各国加强交流、取长补短，并向其他发展中国家提供力所能及的帮助。

在中国气象局及商务部、科技部的支持下，中国气象局培训中心及南京信息工程大学每年都为发展中国家的学员举办大气科学领域的适用性国际培训班和研修班，受到了广大发展中国家气象部门的好评。通过培训班的举办，不仅使培训班学员了解了气候变化这个全球关注的主题的科学及应对政策的问题，还通过介绍中国经济社会和中国气象事业的发展及参观考察，使学员全面了解了中国经济社会的发展，极大地宣传了中国改革开放的成果，帮助学员了解了一个负责任发展中大国的形象。研修班通过发展中国家从事气候变化研究、应对业务与管理的专家和官员的相互交流，搭建了一个合作发展的平台，这是今后学员之间交流合作的基础，是培训班的又一个有益的成果。

为推动其他发展中国家清洁发展机制项目的有效开展，在商务部和科技部的支持下，中国在 2007 年和 2008 年分别举办了非洲和亚洲国家清洁发展机制官员研修班，培训对象包括非洲 17 个国家的环境及气候变化部门的政府官员 30 余人，以及来自亚洲 12 个国家主要从事能源、气候、科技信息、环境事务等领域的政府官员。通过山东、北京和江苏等地 CDM

项目开发实地调研和考察等活动，加强了与发展中国家在气候变化及清洁发展机制领域的实践经验、信息交流和共享、探索合作机制。

科技部充分认识到科技在应对气候变化南南合作中的作用，中国开发的应对气候变化技术具有很强的针对性和实用性，科技应对气候变化南南合作有很大的空间和良好的前景。推进科技应对气候变化南南合作，需要创新思路和方式，需要政府和市场机制的相互配合，加强综合试验示范，以提高项目合作效果的可持续性。同时，南南合作还需要克服各种困难，稳步推进。"十一五"以来，科技部已在减缓和适应气候变化领域对发展中国家开展了大量科技合作项目，为提高发展中国家应对气候变化能力和促进国内技术走出去做出了重要贡献。"十二五"期间，科技部将继续推进气候变化南南合作（科技援外）的有关工作。

39.3.3　双 边 合 作

目前中国在气候变化领域主要开展的双边合作项目主要包括：

第一，中国欧盟气候变化伙伴计划。2005 年 9 月，中国和欧盟发表了《中国和欧盟气候变化联合宣言》，确定中欧将在低碳技术的开发、应用和转让方面加强务实合作，以提高能源效率，促进低碳经济。该计划将 2005 年 3 月启动的中欧清洁煤行动计划和中欧能效和可再生能源行动计划加以合并，提出将加强气候变化包括清洁能源方面的合作与对话，促进可持续发展。在如下重点领域开展合作：①能源效率、节能、新能源和可再生能源；②清洁煤技术、碳捕获和封存技术；③CH_4 回收和利用；④氢能和燃料电池；⑤发电和电力传输；⑥清洁发展机制和其他基于市场的手段；⑦气候变化的影响以及对该变化的适应；⑧能力建设和提高公众意识。

该计划将采取有力措施鼓励低碳技术的开发、应用和推广，并共同确保这些技术成为负担得起的能源选择。中欧双方将探索资金问题，包括私营部门、合资企业、公私伙伴关系的作用以及探索碳融资和出口信贷的潜在作用，并将共同解决技术开发、应用和转让方面的障碍。双方提出到 2020 年，将争取实现以下合作目标：①通过碳捕获和封存，在中国和欧盟开发和示范接近零排放的先进煤炭技术；②显著降低关键能源技术成本并促进其应用和推广。

第二，中美气候变化工作组及气候变化科技合作。2000 年中美双方签订了化石能源技术开发利用合作协议，内容包括在煤气化联合循环、烟气脱硫和 CO_2 封存等方面开展的联合研发和信息交流。2002 年 2 月，中美气候变化工作组成立，旨在促进双方关键政策和科学领域的研究，包括非 CO_2 的温室气体、氢和燃料电池技术与 CO_2 捕获与封存技术。随着合作的深入，合作内容逐渐由信息交流和联合研究，逐步转向开展大型项目。在 2007 年 5 月的第二次"中美战略经济对话"中，双边达成一致，开展以下项目的合作：在中国开展 15 个大型煤矿瓦斯抽采和利用项目；加强激励政策以促进先进清洁煤技术的商业化；推进碳捕获和封存的商业利用。

第四次中美战略经济对话期间，中美双方签署了《中美能源环境十年合作框架》文件，宣布了框架下的第一阶段 5 个合作目标，建立了 5 个工作小组，启动了每个目标下开展实质性合作的行动计划，并就在第五次中美战略经济对话前寻求绿色伙伴关系的概念进行了初步讨论；双方认同能源安全、经济发展及环境保护间的重要关系，并认同探索能源效率、替代能源和新一代技术的重要性。双方也认同确保负责及透明的能源开支和将环境负面影响降到最低点的重要性；双方同意为应对双方的能源安全问题，在共同关心的领域加强与国际能源机构合作，这些领域包括全球能源市场、战略石油储备、能源多样化、能源效率和清洁能源技术。

第五次中美战略经济对话期间，来自中美两国的第一批共七对绿色合作伙伴分别签署了《关于建立绿色合作伙伴关系的意向书》。"绿色合作伙伴计划"是中美能源环境十年合作框架下各地方开展具体合作的一个平台。该计划鼓励中美两国各级地方政府之间、企业之间、学术、研究、管理、培训机构之间，以及其他非政府组织和协会之间自愿结成合作伙伴关系，为中美两国能源安全及经济和环境的可持续发展探索新的合作模式。通过"绿色合作伙伴计划"，中美有关城市或其他合作伙伴之间将依托具体项目开展技术合作、经验交流及能力建设等形式的合作活动。

2009 年 7 月，科技部、国家能源局和美国能源部在北京共同宣布成立中美清洁能源联合研究中心。两国政府成立中美清洁能源联合研究中心，旨在促进中美两国在清洁能源技术领域开展联合研究。联合研究中心首批优先领域包括节能建筑、清洁煤（包括碳捕获与封存）、清洁能源汽车等。2009 年底北京举行的中美会谈发布的《中美联合声明》表示，双方同意在未来五年对中美清洁能源联合研究中心投入至少 1.5 亿美元，并进一步明确指出中美清洁能源联合研究中心将为两国科学家和工程技术人员从事清洁能源联合研发提供便利，并为两国研究人员提供交流平台。

第三，中澳气候变化伙伴计划。中澳气候变化伙伴计划成立于 2003 年，并计划就以下领域展开合作：气候变化政策、气候变化的影响和对该变化的适应、国家间的交流（温室气体排放总量和预测）、技术合作、能力建设和公众意识。前期工作中，澳大利亚将对中国确定其 CO_2 封存潜力提供帮助。

2006 年 10 月，中国和澳大利亚宣布了 11 个合作项目，以减少温室气体排放量，帮助彼此适应气候变化，提高煤矿安全，并提高双方在气候变化方面的专业技能。这些项目将由中澳双方在中国矿区执行，澳大利亚政府提供启动资金。

2008 年 4 月 10 日，中国和澳大利亚两国政府关于进一步密切在气候变化方面合作的联合声明在北京发表。声明表示，中国和澳大利亚高度重视气候变化问题，愿加强合作共同应对气候变化挑战。声明进一步明确了中澳更紧密气候变化合作的初步领域：①更紧密政策对话——中澳双方与其他各方在《公约》第 13 次缔约方会议上共同努力，达成了关于未来应对气候变化国际框架的"巴厘路线图"。双方将在《公约》和《京都议定书》的指导下，继续共同努力推动气候变化谈判和相关国际合作。②扩展中澳气候变化伙伴关系——中澳拥有成功的双边气候变化伙伴关系，这一伙伴关系汇聚了双方工业、科学和相关政府部门的资源和专家。双方重申对已达成的合作项目的承诺，同意进一步扩展务实项目活动，尤其是在能力建设、可再生能源技术、能效、CH_4 回收利用、气候变化和农业、土地利用、土地利用变化和林业、适应气候变化和气候变化科学等方面。③开发清洁能源——中澳将合作开发低排放技术，协助两国在发展经济的同时尽可能减少温室气体排放，并满足两国对清洁发电技术不断增长的需要。

39.4 国际科学合作

中国积极与外国政府、国际组织、国外研究机构开展应对气候变化领域的合作研究，通过充分发挥各方优势，协作攻关，分享国际前沿科技成果，形成互利共赢、技术共享、资源集成的良好格局。中国政府已与 97 个国家签署了 103 个科技合作协定。气候变化正在逐渐成为双边科技合作的优先和重点领域，在清洁发展机制、减缓和适应气候变化的技术、政策和能力建设以及 CO_2 捕集和封存等领域开展了一系列项目合作，取得了一批有意义的成果。

中国积极参与全球环境变化的国际科技合作计划，如地球科学系统联盟（Earth System Science Partnership，ESSP）框架下的世界气候研究计划（WCRP）、国际地圈-生物圈计划（IGBP）、国际全球变化人文因素计划（IHDP）、全球对地观测政府间协调组织（GEO）、全球气候系统观测计划（GCOS）、全球海洋观测系统（GOOS）、国际地转海洋学实时观测阵计划（Array for Real-time Geostrophic Oceanography，ARGO）、国际极地年计划等，开展了具有中国特色又兼具全球意义的全球变化基础研究，并加强与相关国际组织和机构的信息沟通和资源共享。

世界气候研究计划（WCRP）由世界气象组织（WMO）与国际科学联盟理事会（IC-SU）联合主持，同时得到联合国教科文组织的政府间海洋委员会（Intergovernmental Oceanographic Commission，IOC）的支持，以物理气候系统为主要研究对象。此计划在 1970 年代开始酝酿，1980 年代开始执行，是地球科学系统联盟四大计划中最早发起的一个。WCRP 中国委员会成立于 1985 年，在加强国际合作，推动并协调国内各有关单位开展全球变化研究和学术交流活动、促进社会公众环境保护意识的增强、提升中国在国际全球变化研究领域的地位等方面做出了积极贡献，相关的科学研究成果在为国家资源环境管理、生态建设、环境外交以及国家和地区可持续发展战略的制定和实施等方面提供了极有价值的知识储备和科学咨询服务。

国际地圈-生物圈计划（IGBP）是 20 世纪 80 年代，由国际科学联盟理事会（ICSU）发起并组织的重大国际科学计划。IGBP 是超级国际科学计划，该计划旨在提高人类对重大全球变化的预测能力，其科学目标主要集中在研究主导整个地球系统的相互作用的物理、化学和生物学过程，特别着重研究那些时间尺度约为几十年到几百年，对人类活动最为敏感的相互作用过程和重大变化，以及人类活动在这些全球变化中的角色。1987 年中国科学院资源环境科学与技术局向中国科学技术协会申请成立 IGBP 中国委员会，并加入国际 IGBP。IGBP 中国委员会是在中国科协的直接领导下推动和组织中国参加 IGBP 的学术性机构。它的任务是：①代表中国参加 IGBP 的有关活动，促进国际合作交流；②推动并协调国内各有关单位开展全球变化的研究和学术交流活动；③为国家全球变化研究部署，为国家的资源、环境管理和可持续发展战略等提供科学咨询服务；④协助有关部门委托的国内重大项目和国际合作项目论证；⑤加强科普宣传，促进社会公众环境保护意识的增强。

国际全球环境变化人文因素计划（IHDP）是一个跨学科的、非政府的国际科学计划，旨在促进和共同协调研究。它最初由国际社会科学联合会（ISSC）于 1990 年发起，时称"人文因素计划"（HDP）。IHDP 侧重描述、分析和理解全球环境变化中的人文因素，主要研究由人类活动引起的环境变化的起因、变化导致的结果，以及人类对这些变化的响应，尤其侧重研究全球环境变化背景下土地利用/土地覆盖变化、全球环境变化的制度因素、人类安全、可持续性生产、消费系统，以及食物和水的问题、全球碳循环等重大问题。经中国科学技术协会批准，国际全球环境变化人文因素计划中国委员会于 2004 年 8 月成立。中国委员会自成立以来积极参与 IHDP 活动，如参加 IHDP 国家委员会会议、组织编写并向 IHDP 提交中国全球环境变化人文因素研究国家报告等。此外，中国委员会为中国科学家参与

IHDP 核心研究计划提供了平台，IHDP 科学委员会和科学指导委员会均有中国委员。

中国积极参与碳捕集与封存技术方面的国际合作。2003 年开始，中国参加了碳捕集与封存领导人论坛活动。2005 年，中国科技部同欧洲委员会签署了关于利用碳捕集与封存技术（Carbon Capture and Sequestration，CCS）实现煤炭利用近零排放合作（Near Zero Emission Cooperation，NZEC）的谅解备忘录。该合作分三个阶段开展，第一阶段开展能力建设和示范项目的预可行性研究，第二阶段将开展示范工程的可行性研究，第三阶段将在中国建设和运行 CCS 示范工程。2006 年，欧盟的 12 家机构和中国的 8 家单位共同合作，参加欧盟第六框架计划的研究项目"中欧碳捕获与封存合作项目（Cooperation Action within CCSChina-EU，COACH）"的研究。该项目主要研究内容包括：碳捕获技术在燃煤电厂中的应用、中国 CO_2 地质封存潜力、相关法律法规与融资机制等。2008 年，中欧双方启动了"碳捕获和存储监管活动支持"项目（$STRACO_2$ 项目），为欧洲目前正在制定和实施的、用于零排放的碳捕获和存储技术的综合监管框架提供支持，同时为中欧双方在碳捕获和存储方面的合作奠定基础。2007 年，华能集团与澳大利亚联邦科学工艺研究组织达成协议，合作开展燃烧后捕集的研究，在北京高碑店热电厂建设捕集量 3000t/a 的试验示范装置。该示范装置已经成功捕集并提纯出纯度为 99.99％的 CO_2。2008 年 9 月，山西省科技厅与美国怀俄明州地质调查局共同签署了 CO_2 地质封存合作备忘录。2009 年，中国参加了由澳大利亚政府发起成立的全球碳捕集与封存研究院。

第四十章 应对气候变化的体制机制建设

提　　要

　　体制机制建设是中国采取有效的应对气候变化政策与行动的重要内容之一。国家层面应对气候变化的体制机制建设逐步推进和深化，2007 年成立的"国家应对气候变化领导小组"，由国务院总理担任组长，2008 年国家发展和改革委员会新设"应对气候变化司"，承担国家应对气候变化领导小组有关应对气候变化方面的具体工作。中国政府还成立了气候变化专家委员会，在支持政府决策、促进国际合作和开展民间活动方面做了大量工作。中国省级地方政府通过制订省级应对气候变化方案等工作，逐渐设立了应对气候变化专门机构。中国为实施 CDM 项目合作进行了有效的体制建设。为加强应对气候变化科技工作，中国大力加强科研基础设施建设，鼓励和培育国内优秀科研单位积极开展气候变化研究，打造科技人才队伍，制定科技研发战略重点，在气候变化科技领域取得了显著成绩。

40.1　应对气候变化的法制法规建设

　　中国坚定不移地走可持续发展道路，结合国民经济和社会发展规划，制定了《应对气候变化国家方案》，采取了国家应对气候变化的政策和行动，取得了积极成效。

　　中国政府认真贯彻实施《环境保护法》、《节约能源法》、《可再生能源法》、《清洁生产促进法》、《循环经济促进法》、《煤炭法》、《电力法》、《农业法》、《森林法》、《草原法》、《野生动物保护法》、《土地管理法》等法律；制定并实施《建筑节能管理条例》、《自然保护区条例》和《节约用电管理办法》、《节约石油管理办法》等专项或配套法规，有效推动了应对气候变化相关工作。

　　1992 年，全国人大常委会批准《公约》，2002 年，国务院核准《议定书》。中国认真履行《公约》和《议定书》规定的义务，按时提交《中华人民共和国气候变化初始信息通报》，制定并实施《中国应对气候变化国家方案》，积极开展清洁发展机制项目合作。

　　2007 年 6 月，国务院发布了《中国应对气候变化国家方案》，作为中国"十一五"期间应对气候变化的纲领性文件，明确了应对气候变化的指导思想、原则，提出了相关政策措施。国家方案把到 2010 年实现单位 GDP 能源消耗比 2005 年年末降低 20% 左右的目标确立为中国应对气候变化的重要目标，实现这一目标将意味着中国在"十一五"期间节约能源约 6.2 亿 tce，相当于少排放 CO_2 约 15 亿 t。各地方、各部门认真贯彻国家方案的各项要求，加强应对气候变化工作的组织领导，完善工作机制，落实各项政策和措施。截至 2009 年 7 月底，全国 31 个省、自治区、直辖市均已完成省级应对气候变化方案的编制工作，有相当多的省份已进入组织实施阶段。科技、农业、林业和海洋等部门也已制定了应对气候变化部门行动计划。

2008 年 10 月，国务院发布了《中国应对气候变化的政策与行动》，进一步明确了应对气候变化的战略和目标，以及减缓和适应的具体政策行动，2009 年和 2010 年分别发布了《中国应对气候变化的政策与行动》的进展报告。

40.2　国家应对气候变化的体制机制安排

早在 1990 年 2 月，国务院专门成立了"国家气候变化协调小组"，协调小组办公室设在原国家气象局。1998 年，在中央国家机关机构改革过程中，设立了"国家气候变化对策协调小组"，由原国家计委牵头，外交部、原国家环保总局、中国气象局、原建设部、国家林业局、国家海洋局、中国科学院等 13 家部门参加，负责统筹协调中国参与应对气候变化国际谈判和国内对策措施。2003 年 10 月，经国务院批准，新一届国家气候变化对策协调小组正式成立。组长单位为国家发展和改革委员会，副组长单位包括外交部、科技部、中国气象局和原国家环保总局。协调小组的成员单位由财政部、商务部、农业部、原建设部、交通部、水利部、国家林业局、中国科学院、国家海洋局、中国民用航空局、国家统计局和国土资源部派出的有关负责人担任。

随着中国节能减排形势的进一步加剧以及国际上减缓气候变化的压力，为切实加强对应对气候变化工作的领导，中国政府于 2007 年成立"国家应对气候变化领导小组"，作为国家应对气候变化工作的议事协调机构，研究制订国家应对气候变化的重大战略、方针和对策，统一部署应对气候变化工作，研究审议国际合作和谈判对案，协调解决应对气候变化工作中的重大问题。领导小组由温家宝总理担任组长，小组会议视议题确定参会成员。"国家应对气候变化领导小组"成员单位包括外交部、国家发展和改革委员会、科技部、工业和信息化部、财政部、国土资源部、环境保护部、住房和城乡建设部、交通运输部、水利部、农业部、商务部、卫生部、国家统计局、国家林业局、中国科学院、中国气象局、国家能源局、中国民用航空局、国家海洋局。这些相关部委都相继成立专门机构和办公室，以加强应对气候变化的机构能力建设。

2008 年国务院进行了机构改革，旨在提高政府整体工作效能。外交部、农业部、中国气象局等 8 个部门成立了部门应对气候变化领导小组，并在内部设立了专门的管理机构，其他部门都在内部明确了管理职责，加强了应对气候变化的指导和管理。在国家发展和改革委员会新设"应对气候变化司"，承担国家应对气候变化领导小组有关应对气候变化方面的具体工作。

为健全应对气候变化部际沟通协调机制，做好应对气候变化领导小组办公室的具体工作，经国务院领导同志同意，2010 年 7 月 4 日，国家发展和改革委员会办公厅印发《国家发展改革委办公厅关于印发国家应对气候变化领导小组协调联络办公室主任、副主任组成名单的通知》，成立国家应对气候变化领导小组协调联络办公室。国家发展和改革委员会解振华副主任任办公室主任，外交部、科技部、财政部、环保部、中国气象局、国家林业局、国家能源局分管部（局）领导任副主任，领导小组各成员单位有关负责同志为成员。

中国于 2007 年成立了国家气候变化专家委员会，作为国家应对气候变化的专家咨询机构，委员会专家分别来自中国科学院、中国气象局、清华大学、国家海洋局、中国建筑科学研究院、国土资源部、中国农业科学院、中国社会科学院、国家环保总局、中国林业科学院、国家发展和改革委员会。气候变化专家委员会办公室设在中国气象局科技发展司。

2010 年 9 月，第二届国家气候变化专家委员会成立，新一届专家委员共 31 人，包括气候变化科学、经济、生态、林业、农业、能源、地质、交通、建筑以及国际关系等诸多领域的院士和高级专家。专家委员会主任由中国工程院原副院长杜祥琬院士担任，副主任由中国科学院副院长丁仲礼院士、国家气候中心原主任丁一汇院士、清华大学原副校长何建坤教授担任。专家委员会日常工作由国家发展和改革委员会和中国气象局负责。作为国家应对气候变化领导小组的专家咨询机构，专家委员会主要就气候变化的相关科学问题及我国应对气候变化的长远战略、重大政策提出咨询意见和建议。

40.3　地方应对气候变化的体制机制建设

2007 年国务院要求各地区、各部门结合本地区、本部门实际，认真贯彻执行《应对气候变化国家方案》。建立健全应对气候变化的管理体系、协调机制和专门机构，建立地方气候变化专家队伍，根据各地区在地理环境、气候条件、经济发展水平等方面的具体情况，因地制宜地制定应对气候变化的相关政策措施，建立与气候变化相关的统计和监测体系，组织和协调本地区应对气候变化的行动。

第一，地方应对气候变化综合机构的建立。

根据国务院的要求，所有的省、直辖市、自治区在地方的机构改革中设立或明确了应对气候变化工作的职能职责，截至 2009 年底，中国 16 个省、直辖市、自治区基本上都成立了省市区一级的气候变化领导小组，多个省市的发展和改革委员会已成立或准备马上成立专门的"应对气候变化处"，其余的省份则至少是在原有部门基础上明确增加了气候变化工作任务职责。

第二，地方应对气候变化方案的编制。

2008 年 6 月 30 日，中国正式启动"中国省级应对气候变化方案项目"。这一项目是根据国务院 [2007] 17 号文件要求，为推动国家方案在地方的贯彻落实而开展的，目的在于通过编制省级应对气候变化方案，加强地方应对气候变化机构与能力建设，切实把中国应对气候变化国家方案转化为地方具体行动，从而更好地应对气候变化带来的挑战。截至 2009 年年底，中国 32 个省、自治区、直辖市（包括新疆兵团）均已完成省级应对气候变化方案的编制工作，其中 18 个省份已颁布方案进入组织实施阶段。

第三，建立省级 CDM 技术服务中心。

为推动地方可持续发展的能力建设，应对全球气候变化，中国通过在能力建设领域开展国际合作，结合国内的资源，积极推动建立省级清洁发展机制技术服务中心。中国省级CDM 技术服务中心的设立旨在提高地方官员、企业管理人员和公众对于 CDM 的认识，培训地方 CDM 专家团队，开发可复制和推广的 CDM 示范项目，以帮助地方提高应对和适应全球气候变化的能力。

通过国家科技支撑项目和一系列的双边和多边国际合作项目，科技部重点开展了提高国家执行 CDM 能力方面的活动。近几年来，科技部与联合国开发计划署、世界银行、亚洲开发银行等国际组织，以及法国、加拿大、日本、意大利、德国、荷兰、挪威等发达国家政府开展了一系列项目合作。利用这些合作项目，创造性地建立了地方 CDM 技术服务中心，促进了 CDM 理念和项目合作活动在国内的迅速开展，取得了可喜成果。截至 2009 年底，科技部已支持建立了 28 个省市区和新疆兵团的地方 CDM 技术服务中心。

第四，地方积极开展低碳发展示范工作。

中央政府积极促进低碳发展的决心，为地方开展低碳发展的实验带来了机遇。2010 年 8 月 18 日，国家发展和改革委员会启动国家低碳省和低碳城市试点工作。广东、辽宁、湖北、陕西、云南五省和天津、重庆、深圳、厦门、杭州、南昌、贵阳、保定八市入选试点省、市。开展试点的"五省八市"需编制低碳发展规划，制定支持低碳绿色发展的配套政策，加快建立以低碳排放为特征的产业体系，建立温室气体排放数据统计和管理体系，并积极倡导低碳绿色生活方式和消费模式。地方各级政府在创建低碳城市、发展低碳产业等实践中，必将促进应对气候变化的机制体制建设的逐步深化。

40.4 实施清洁发展机制项目合作的体制建设

作为《公约》非附件一缔约方（即发展中国家缔约方），中国于 1998 年 5 月 29 日签署了《议定书》，并于 2002 年正式核准，取得了开展清洁发展机制（以下简称 CDM）项目东道国的资格。作为世界上最大的发展中国家，中国的发展水平相对较低，基础较弱，正在进行大规模的基础设施建设，中国开展 CDM 项目的潜力巨大。经过几年的发展，中国在促进 CDM 项目发展的政策和管理体制方面均取得了一定的进展。

首先，中国制定了 CDM 项目开发与实施的管理办法。

中国开展 CDM 项目活动应符合中国的法律法规、可持续发展战略、政策以及国民经济和社会发展规划的总体要求。为了指导和促进中国的 CDM 项目开发和实施，2004 年 6 月 30 日，国家发展和改革委员会、科学技术部和外交部联合颁布了《清洁发展机制项目运行管理暂行办法》。随后，在《暂行办法》实施和实践基础上，综合项目参与者的建议，原国家气候变化对策协调小组颁布了《清洁发展机制项目运行管理办法》，并于 2005 年 10 月 12 日起施行。《管理办法》是中国 CDM 活动的法律基础，指导中国 CDM 项目的申请、实施和管理。

第二，中国建立了垂直管理的 CDM 项目管理体制结构。

中国初步形成了垂直管理的 CDM 项目管理体制结构（图 40.1），目前涉及 CDM 项目的管理机构包括国家气候变化对策协调小组、国家清洁发展机制项目审核理事会、国家发展和改革委员会、清洁发展机制项目管理中心和清洁发展机制基金管理中心，其中，国家发展和改革委员会是指定的中国开展 CDM 项目的国家主管机构。

国家气候变化对策协调小组是清洁发展机制重大政策的审议和协调机构，其职责包括审议清洁发展机制项目的相关国家政策、规范和标准，批准项目审核理事会成员，审议其他需要由协调小组决定的事项。2007 年 6 月，国务院成立了国家应对气候变化领导小组，温家宝总理担任组长、马凯任小组办公室主任。国家应对气候变化领导小组代替气候变化对策协调小组，负责政策制定和 CDM 相关问题的协调。

CDM 项目审核理事会由国家发展和改革委员会、科学技术部、外交部、财政部、农业部、环保部和中国气象局。项目审核理事会的职责包括审核 CDM 项目，向国家气候变化对策协调小组报告 CDM 项目执行情况和实施过程中的问题及建议，提出和修订国家 CDM 项目活动的运行规则和程序的建议。国家发展和改革委员会和科技部是项目审核理事会的联合组长单位，环保部、中国气象局和其他几个部委是成员单位。

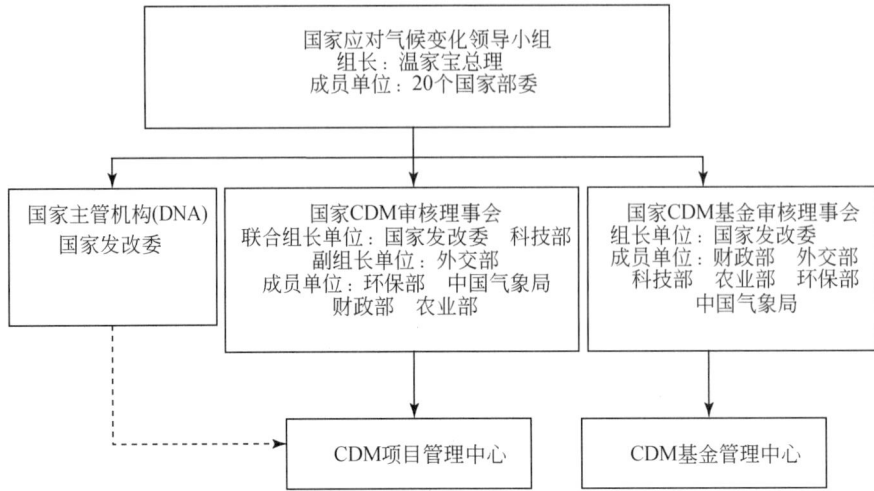

图 40.1   中国清洁发展机制管理体系

审核理事会的下一层级是国家发展和改革委员会，是 CDM 的主管机构即中国国家 DNA，负责受理 CDM 项目的申请，依据项目审核理事会的审核结果，会同科技部和外交部批准 CDM 项目，代表中国政府出具 CDM 项目批准文件，在地方发改委帮助下对清洁发展机制项目实施监督管理，成立 CDM 项目管理机构，处理其他相关事务。

新近成立的国家 CDM 项目管理中心和 CDM 基金管理中心是在项目审核理事会领导下的主要的 CDM 管理机构。

第三，主要管理机构的职责。

国家发展和改革委员会作为 CDM 项目的中国国家 DNA，其主要职责包括：受理 CDM 项目的申请；依据项目审核理事会的审核结果，会同科技部和外交部批准 CDM 项目；代表中国政府出具批准函；监督 CDM 项目的实施；与有关部门协商成立 CDM 项目管理机构；处理其他相关事务；机构安排和资金。

国家 CDM 项目管理中心依托于国家发展和改革委员会授权能源研究所，该中心在国家发展和改革委员会气候变化司的指导下，主要进行项目级的活动并组织 CDM 审核理事会会议，其主要职责包括：组织专家审评 CDM 项目并提出评审意见；建立 CDM 项目管理数据库，提供 CDM 项目开发和管理信息，负责将经核证的减排量（CERs）登记和录入信息系统；监测、监督 CDM 项目的实施；开展 CDM 能力建设活动，提供管理和技术咨询服务；负责由国家发展和改革委员会气候变化司执行的对外合作项目的管理和协调；在国家气候变化司指导下，负责中国 CDM 基金资助项目的汇总工作；承担气候变化司委托的有关研究工作；受其他机构和有关部门的委托，承担其他气候变化对外合作项目的管理和实施。

中国 CDM 基金管理中心是在财政部的牵头下成立的，用于管理 CDM 基金。碳减排市场价值较高会刺激污染行业不当的运营和追加投资。为此，《管理办法》引入收益分配机制，根据项目类型，对项目产生的 CERs 收益进行分配。为管理 CDM 项目的收益，建立了 CDM 基金。CDM 基金也接受技术援助和其他资助机构的支持。CDM 基金在基金审核理事会指导下运行。基金审核理事会由国家发展和改革委员会、财政部、外交部、科技部等代表组成。基金的筹集和使用的详细规则由财政部和国家发展和改革委员会以及其他相关部门共同制定。CDM 基金通过提供资金技术支持和贷款来加强国内的 CDM 项目和其他与气候变化相关的减缓和适应方面的项目和活动。

40.5　应对气候变化的科技体制建设

40.5.1　主要政策及工作部署

国家中长期科学和技术发展规划纲要。我国政府 2006 年发布了《国家中长期科学和技术发展规划纲要》。《纲要》明确提出把解决能源、水资源和环境保护技术放在科学技术发展的优先位置，把能源和环境确定为我国科学技术发展的重点领域，把全球环境变化监测与对策明确列为环境领域的优先主题之一。

中国应对气候变化科技专项行动。2007 年，我国政府颁布了《中国应对气候变化国家方案》，为了对《国家方案》的实施提供科技支撑，统筹协调国家气候变化科学研究与技术开发，全面提高国家应对气候变化的科技能力，科技部联合有关部门制定了《中国应对气候变化科技专项行动》，提出了我国应对气候变化科技工作在"十一五"期间的阶段性目标和到 2020 年的远期目标，对气候变化的科学问题、控制温室气体排放和减缓气候变化的技术开发、适应气候变化的技术和措施、应对气候变化的重大战略与政策等几个方面进行了重点部署。

节能减排科技专项行动。为贯彻落实《节能减排全民行动实施方案》，科技部会同国家发展和改革委员会、中宣部、中国科协、全国人大环境与资源保护委员会、全国政协人口资源环境委员会联合制定了《节能减排全民科技行动方案》。

"十二五"应对气候变化科技发展专项规划。为进一步提高应对气候变化的科技支撑能力，根据 2009 年 8 月 12 日国务院常务会议关于"制定应对气候变化的科技发展战略与规划"的要求，科技部会同国务院有关部门迅速组织了"十二五"国家应对气候变化科技发展专项规划编制的准备工作，并于 2009 年 9 月正式启动了专项规划编制工作。

40.5.2　科研、人才与基础设施

第一，科技研发。

中国政府重视并不断提高气候变化相关科研支撑能力，"十一五"期间，国家科技计划中安排用于节能减排和应对气候变化的投入超过 100 亿元。通过国家科技攻关计划、国家高技术研究与发展计划（863 计划）、国家基础研究发展计划（973 计划）等先后组织开展了一系列与气候变化有关的科技项目，重点研究了全球气候变化预测与影响、中国未来生存环境变化趋势、全球环境变化对策与支撑技术、中国重大气候和天气灾害形成机理与预测理论，能源清洁高效利用技术，节能和提高能源效率，可再生能源和新能源开发利用技术等，在气候变化的基础科学研究、气候变化的影响与对策、控制温室气体排放和减缓气候变化的技术开发和应用、气候变化的社会经济影响分析及减缓对策等方面取得了卓有成效的成果。如组织实施了国家重大科技项目"全球气候变化预测、影响和对策研究"、"全球气候变化与环境政策研究"等，开展了国家攀登计划和国家重点基础研究发展计划项目"中国重大气候和天气灾害形成机理与预测理论研究"、"中国陆地生态系统碳循环及其驱动机制研究"等研究工作，完成了"中国陆地和近海生态系统碳收支研究"等知识创新工程重大项目，开展了"中

国气候与海平面变化及其趋势和影响的研究"等重大项目研究,提高了我国在全球环境与气候领域的研究水平。

国家重大基础研究计划(973计划)。973计划项目是对国家发展和科学技术进步具有全局性和带动性,需要国家大力组织和实施的重大基础性研究项目。针对我国节能减排和新能源领域的重大科技需求,973计划主要围绕节能降耗与提高能源利用效率、控污减排、探索大规模发展新能源和可再生能源等几个方面进行了重点部署,取得了一批原创性成果。截至2008年年底,973计划"十五"和"十一五"共安排了30项节能减排和新能源项目,投入经费8.9亿元。

高技术发展:国家高技术研究发展计划(863计划)。863计划是在世界高技术蓬勃发展、国际竞争日益激烈的关键时期,我国政府组织实施的一项对国家的长远发展具有重要战略意义的国家高技术研究发展计划,在我国科技事业发展中占有极其重要的位置,肩负着发展高科技、实现产业化的重要历史使命。"十一五"前三年,863计划在节能减排和新能源方面,重点围绕清洁生产、控污减排、新能源开发。资源综合利用等开展了前沿技术研究和高技术集成应用,设计9个专题、9个重大项目、21个重点项目,累计安排国拨经费超过45亿元,占863计划总经费的1/3。项目的实施突破了一系列关键技术,取得了一批具有自主知识产权的发明专利和重大成果,部分成果在示范工程中得到应用。

关键、共性和公益技术研发与示范:国家科技支撑计划。支撑计划旨在面向国民经济和社会发展需求,重点支持对国家和区域经济社会发展以及国家安全具有重大战略意义的关键技术、共性技术、公益技术的研究开发与应用示范。"十一五"国家科技支撑计划围绕清洁能源与可再生能源利用关键技术研究与示范、重点行业工业节能技术与装备开发、建筑节能关键技术与材料开发、资源综合勘探与开发技术、生态治理与恢复、重点行业清洁生产关键技术与装备开发等方面,开展了关键技术研发和应用示范。截至2008年年底,安排节能减排和新能源相关项目129项,国拨经费47亿元。

自然科学基金。针对我国节能减排和新能源领域的重大科技需求,国家自然基金主要围绕节能降耗与提高新能源利用效率、控污减排、探索大规模发展新能源和可再生能源等几个方面进行了重点部署,特别对西部环境和生态科学、西部能源利用及环境保护、全球变化及其区域响应进行了重点研究,取得了一批原创性成果。截至2009年,"十一五"期间国家自然科学基金批准资助节能减排和新能源各类项目566项,资助经费约3.7亿元。

第二,科技人才培养与机构建设。

我国在气候变化领域初步形成了一支包括经济、社会、能源、气象、气候、生态、环境等跨领域、跨学科的核心专家团队,培养了上千人的开展气候变化领域基础研究和应用研究的科技队伍。基本建成了国家气候监测网、国家天气观测网、国家专业气象观测网、国家生态系统网络和中国CO_2通量观测网等大型观测网络体系;陆续组建了一批可供全球变化研究的国家重点实验室和部门重点开放实验室;自主研发和通过国际合作引进了一批气候变化研究的大型科学仪器设备。同时,陆续建立了若干国家级的气候变化专业研究机构;一批大专院校设立了与气候变化相关的专业及课程;各地方也建立了一批省级清洁发展机制技术服务机构。

40.5.3　产业化与示范应用

在 2009 年中央政府出台的十大产业调整振兴规划中，各个产业的规划都把淘汰落后产能、提高技术水平、节能减排作为努力的重点。新增加的 4 万亿元刺激经济的投资中，国家安排了 5800 亿元绿色投资用于节能减排、生态工程、技术改造与应对气候变化的相关项目。

为充分发挥节能减排和应对气候变化科技工作在产业结构调整中的作用，科技部、国家发展和改革委员会、财政部、工业与信息化部等相关部门共同启动了"十城千辆"、"十城万盏"和"金太阳"等节能和新能源技术示范与推广工程，组织实施了"科技节能减排专项"，重点开展社区、企业、村镇的节能减排综合科技示范和中小城市控污减排技术示范；加大科技创新的投入，着力突破产业转型升级的关键技术，创新发展可再生能源技术、节能减排技术、清洁煤利用技术、核能技术，大力推进节能环保和资源循环技术的利用，为促进新兴产业和绿色经济的发展提供强有力的科技支撑，对我国经济结构调整起到积极的先导性作用。

十城千辆。"十城千辆工程"计划在十余个城市的公共交通领域规模化地推广应用混合动力、纯电动和燃料电池汽车，预计到 2012 年推广应用 6 万辆节能与新能源汽车，带动中国新能源汽车产业的发展。

十城万盏。"十城万盏计划"将在 21 个城市的公共照明领域推广应用半导体照明技术。据初步统计，试点城市已经使用大功率 LED 灯具 17 万盏；预计用 3 年时间推广使用 600 万盏半导体功能性和景观照明产品，年节电 10 亿 kW·h。到 2015 年，半导体照明将进入 30% 的通用照明市场，年节电可达 1400 亿 kW·h。

金太阳工程。"金太阳工程"综合采用财政补助、科技支持和市场拉动方式，加快光伏发电产业的发展，计划在 2~3 年内，采取财政补助方式支持不低于 500 兆瓦的光伏发电示范项目，预计到 2015 年实现新增太阳能光伏发电系统装机容量 250 万 kW，国内光伏市场形成年产值 200 亿元，创造 9 万个就业岗位。

国家高新技术产业园区。国家高新技术产业园区按节能减排总体要求高标准进行规划和建设，已经成为国家节能减排技术创新和成果转化的重要基地，区内的科技企业孵化器超过 300 家，累计培育科技企业 4 万余家。在孵化器内一批从事节能减排的企业逐渐形成与壮大，成为国内清洁技术产业的佼佼者。全国最大的太阳能企业中，有近 60% 来自高新区。截至 2008 年年底，全国已有 50 个国家高新技术产业园区，遍及全国 91% 以上的省级行政区。国家高新技术产业园区平均 GDP 综合能耗仅为全国平均的 40%。

奥运会、世博会等大型活动的低碳行动。用保护环境、保护资源、保护生态平衡的可持续发展思想，指导大型活动的工程建设、市场开发、采购、物流、住宿、餐饮及大型活动等，尽可能减少对环境和生态系统的负面影响。如 2010 年上海世博会将"低碳世博"作为演绎"城市，让生活更美好"主题的重要内容，全过程切实贯彻低碳理念，集中应用、展示、推广环保低碳技术和实践，广泛开展低碳理念和实践的传播活动，积极实施世博会碳补偿措施，并充分发挥世博会的示范带动效应，加快推动生产、生活方式转变，促进城市低碳发展转型。

参 考 文 献

埃森哲公司 . 2008. 应对气候变暖：电力工业责无旁贷——气候变化对中国电力工业的影响 . 中国电力企业管理 . 13：
  48～50

安娜，高乃云，刘长娥 . 2008. 中国湿地的退化原因、评价及保护 . 生态学杂志，27 (5)：821～828

安月改 . 2004. 京津冀区域近 50 年大雾天气气候变化特征 . 电力环境保护，20 (3)：1～4

安芷生，吴锡浩，卢演俦等 . 1991. 最近 18000 年中国古环境变迁 . 自然科学进展——国家重点实验室通讯，(2)：
  153～159

白树华，卢继平 . 2006. 西藏高原的气候环境对风力发电的影响分析 . 电力建设，27 (11)：38～43

白雪爽，胡亚林，曾德慧等 . 2008. 半干旱沙区退耕还林对碳储量和分配格局的影响 . 生态学杂志，27 (10)：1647～1652

白彦锋，姜春前，张守攻 . 2009. 中国木质林产品碳储量及其减排潜力 . 生态学报，29 (1)：399～405

包庆，刘屹岷，周天军等 . 2006. IAP/LASG 大气环流谱模式对陆面过程的敏感性试验 . 大气科学，30 (6)：1077～1090

毕军 . 2009. 后危机时代中国低碳城市的建设路径 . 南京社会科学，11：12～16

伯勒斯 . 2007. 21 世纪的气候 . 秦大河等译校 . 北京：气象出版社

蔡承智，梁颖，李啸浪 . 2008. 基于 AEZ 模型预测的我国未来粮食安全分析 . 农业科技通讯，(2)：15～17

蔡秋芳，刘禹，宋慧明等 . 2008. 树轮记录的陕西中～北部地区 1826 年以来 4～9 月温度变化 . 中国科学 (D 辑)：地球科
  学，38 (8)：971～977

蔡榕硕，张启龙，齐庆华 . 2009. 南海表层水温的时空特征与长期变化趋势 . 台湾海峡，28 (4)：447～459

蔡新玲，刘宇，康岚等 . 2004. 陕西省雷暴的气候特征 . 高原气象，23 (zl)：118～123

蔡旭晖，邵敏，苏芳 . 2002. 甲烷排放源逆向轨迹反演模式研究 . 环境科学，23 (5)：25～30

蔡运龙，Smit B. 1996. 全球气候变化下中国农业的脆弱性与适应对策 . 地理学报，51 (3)：202～212

蔡兆男，土永，Liu Xiong 等 . 2009. 利用探空资料验证 GOME 卫星臭氧数据 . 应用气象学报，20 (3)：337～345

曹广超，马海州，张璞等 . 2009. 11.5ka BP 以来尕海沉积物氧化物地球化学特征及其环境意义 . 沉积学报，27 (2)：
  360～366

曹丽娟，高学杰 . 2007. IPCC WGI 第四次评估报告引用文献概况 . 气候变化研究进展，3 (4)：246

曹祥村，袁群哲，杨继来 . 2007. 2005 年登陆我国热带气旋特征分析 . 应用气象学报，18 (3)：412～416

曹小玉，吕勇，张晓蕾等 . 2008. 湖南省湿地生态效益补偿机制初探 . 西北林学院学报，23 (5)：168～172

曹治强，吴兑，吴晓京 . 2008. 1961～2005 年中国大雾天气气候特征 . 气象科技，36 (5)：556～560

车涛，晋锐，李新等 . 2004. 近 20a 来西藏朋曲流域冰湖变化及潜在溃决冰湖分析 . 冰川冻土，26 (4)：397～402

车涛，李新，晋锐 . 2009. 利用被动微波遥感低频亮温数据监测青海湖封冻与解冻 . 科学通报，54 (6)：787～791

陈波，史瑞琴，陈正洪 . 2010. 近 45 年华中地区不同级别强降水事件变化趋势 . 应用气象学报，21 (1)：47～54

陈德亮，高歌 . 2003. 气候变化对长江流域汉江和赣江径流的影响 . 湖泊科学，15 (增刊)：105～114

陈光华，黄荣辉 . 2006. 西北太平洋热带气旋和台风活动若干气候问题的研究 . 地球科学进展，21 (6)：610～616

陈昊明，周天军，宇如聪等 . 2009. IAP/LASG 耦合模式 FGOALS_s 模拟的东亚夏季风 . 大气科学，33 (1)：155～167

陈虎魁，刘建睿，黄卫东 . 2008. HFC-134a 气体在保护镁及合金熔体过程中的分解行为 . 铸造技术，29 (1)：59～63

陈建徽，陈发虎，张家武等 . 2008. 中国西北干旱区小冰期的湿度变化特征 . 地理学报，63 (1)：23～33

陈锦，李东庆，孟庆州等 . 2009. 江河源区的湿地退化现状与驱动力分析 . 干旱区资源与环境，23 (4)：43～50

陈静，张树文，张养贞 . 2009. 近十五年来东北地区沼泽湿地变化研究 . 内蒙古师范大学学报 (自然科学汉文版)，
  38 (1)：85～92

陈凯先，汤江，沈东婧等 . 2008. 气候变化严重威胁人类健康 . 科学对社会的影响，1：19～23

陈莉，方修睦，方修琦等 . 2006. 过去 20 年气候变暖对我国冬季采暖气候条件与能源需求的影响 . 自然资源学报，
  21 (4)：590～597

陈楠，许吟隆，陈晓光等 . 2008. PRECIS 模式对宁夏气候模拟能力的初步验证 . 气象科学，28 (1)：94～99

陈洋勤 . 1996. 全球增暖对自然灾害的可能影响 . 自然灾害学报，5 (2)：96～101

陈洋勤，王效科，王礼茂 . 2008. 中国陆地生态系统碳收支与增汇对策 . 北京：科学出版社

陈少勇，董安详 . 2008. 中国黄土高原土壤湿度的气候响应 . 中国沙漠，28 (1)：66～72

陈文颖，高鹏飞，何建坤．2004．用MARKAL－MACRO模型研究碳减排对中国能源系统的影响．清华大学学报（自然科学版），44（3）：342～346

陈文颖，吴宗鑫．2001．用MARKAL模型研究中国未来可持续能源发展战略．清华大学学报（自然科学版），41（12）：103～106

陈鲜艳，张强，叶殿秀等．2009．三峡库区局地气候变化．长江流域资源与环境，18（1）：47～51

陈贤章，王光宇，李文君等．1995．青藏高原湖冰及其遥感监测．冰川冻土，17（3）：241～246

陈小勇，林鹏．1999．我国红树林对全球气候变化的响应及其作用．海洋湖沼通报，2：11～17

陈晓光，Conway D，陈晓娟等．2008．1961～2005年宁夏极端降水事件变化趋势分析．气候变化研究进展，4（3）：156～160

陈晓清，崔鹏，杨忠等．2005．近15a喜马拉雅山中段波曲流域冰川和冰湖变化．冰川冻土，27（6）：793～800

陈肖柏，刘建坤，刘鸿绪等．2006．土的冻结作用与地基．北京：科学出版社

陈雄文，王凤友．2000．林窗模型BKPF模拟伊春地区红松针阔叶混交林采伐迹地对气候变化的潜在反应．应用生态学报，11（4）：513～517

陈亚宁，徐长春，陈亚鹏等．2008．新疆塔里木河流域近50a气候变化及其对径流的影响．冰川冻土，30（6）：921～929

陈亚宁，徐宗学．2004．全球气候变化对新疆塔里木河流域水资源的可能性影响．中国科学（D辑）：地球科学，34（11）：1047～1053

陈宜瑜．1995．中国湿地研究．长春：吉林科学技术出版社

陈宜瑜．2005．中国气候与环境演变（下卷 气候与环境变化的影响与适应、减缓对策）．北京：科学出版社

陈宜瑜，丁永建等．2005．中国气候与环境演变评估（Ⅱ）：气候与环境变化的影响与适应、减缓对策．气候变化研究进展，1（2）：51～57

陈迎．2006．英国促进企业减排的激励措施及其对中国的借鉴．气候变化研究进展，4：197～201

陈迎，潘家华，谢来辉．2008．中国外贸进出口商品中的内涵能源及其政策含义．经济研究，11～25

陈永仁，李跃清．2007．夏季北半球极涡与南亚高压东西振荡的关系．高原气象，26：1067～1076

陈瑜，倪健．2008．利用孢粉记录定量重建大尺度古植被格局．植物生态学报，32（5）：1201～1212

陈峪等．2010．中国主要河流流域极端强降水变化特征．气候变化研究进展，6（4）：265～269

陈峪，高歌，任国玉等．2005．中国十大流域近40多年降水量时空变化特征．自然资源学报，20：637～643

陈峪，黄朝迎．2000．气候变化对能源需求的影响．地理学报，55（增刊）：11～19

陈峪，叶殿秀．2005．温度变化对夏季降温耗能的影响．应用气象学报，16（增刊）：97～104

陈正洪，杨宏青，任国玉等．2005．长江流域面雨量变化趋势及对干流流量影响．人民长江，36（1）：22～30

陈宗良，邵可声，李德波．1994．控制稻田甲烷排放的农业管理措施研究．环境科学研究，7（1）：1～10

程国栋．2003．局地因素对多年冻土分布的影响及其对青藏铁路设计的启示．中国科学（D辑）：地球科学，33（6）：602～607

程建刚，解明恩．2008．近50年云南区域气候变化特征分析．地理科学进展，27（5）：19～26

程相坤，蔡冬梅，王式功．2007．中国沙尘暴天气研究进展及主要科学问题．气象与环境学报，23（6）：51～56

程肖侠，延晓冬．2007．气候变化对中国大兴安岭森林演替动态的影响．生态学杂志，26（8）：1277～1284

程肖侠，延晓冬．2008．气候变化对中国东北主要森林类型的影响．生态学报，28（2）：534～543

程尊兰，朱平一，党超等．2008．藏东南冰湖溃决泥石流灾害及其发展趋势．冰川冻土，30（6）：954～959

初子莹，任国玉，邵雪梅．2005．我国过去近千年地表温度序列的初步重建．气候与环境研究，10（4）：826～836

崔林丽，史军，杨引明等．2008．长江三角洲气温变化特征及城市化影响．地理研究，27（4）：775～786

崔鹏．2008．长江上游及西南诸河泥石流滑坡及其减灾对策．中国水土保持，（12）：31～34

崔素萍，刘伟．2008．水泥生产过程CO_2减排潜力分析．中国水泥，（4）：57～59

大气环境保护战略专题组．2009．中国环境宏观战略研究．见：大气环境保护战略．北京

戴会超，王玲玲，蒋定国．2007．三峡水库蓄水前后长江上游近期水沙变化趋势．水利学报，10（增刊）：226～231

戴君虎，潘嫄，崔海亭等．2005．五台山高山带植被对气候变化的响应．第四纪研究，25（2）：216～223

戴志军，李为华，李九发等．2008．特枯水文年长江河口汛期盐水入侵观测分析．水科学进展，19（6）：835～840

邓可洪，居辉，熊伟．2006．气候变化对中国农业的影响研究进展．中国农学通报，22（5）：439～441

邓玉梅，董增川．2008．我国台风防御应急管理对策．水文，28（2）：80～81

邓振镛，张强，刘德祥等.2007.气候变暖对甘肃省种植结构和农作物生长的影响.中国沙漠，27（4）：627～631

邓振镛，张强，倾继祖，徐金芳，黄蕾诺，张树誉.2009.气候暖干化对中国北方干热风的影响.冰川冻土，31（4）：664～671

邓振镛，张强，徐金芳等.2008.西北地区农林牧生产及农业结构调整对全球气候变暖响应的研究进展.冰川冻土，30（5）：835～842

丁玲，李碧英，张树深.2003.沿海城市海水入侵问题研究.海洋技术，22（2）：79～83

丁荣荣，左军成，杜凌等.2008.南海海平面变化规律以及比容和风的影响.中国海洋大学学报，37（6）：23～30

丁一汇.2008.气候变化的不确定性和复杂性：是否可能有效运用本地机制预测未来？见：刘燕华主编.气候变化与科技创新.北京：科学出版社

丁一汇，李巧萍，董文杰.2005.植被变化对中国区域气候影响的数值模拟研究.气象学报，63（5）：613～621

丁一汇，钱永甫，颜宏等.2000.高分辨率区域气候模式的改进及其在东亚持续性暴雨事件模拟试验中的应用，国家"九五"重中之重科技项目"我国短期气候预测系统的研究"之二，短期气候预测业务动力模式的研制.北京：气象出版社

丁一汇，任国玉.2008.中国气候变化科学概论.北京：气象出版社

丁一汇，张莉.2008.青藏高原与中国其他地区气候突变时间的比较.大气科学，32（4）：794～805

丁永建.2009.中国冰冻圈变化影响研究50年.见：中国科学院寒区旱区环境与工程研究所.中国寒区旱区环境与工程科学研究50年.北京：科学出版社

丁永建，刘时银，叶柏生等.2006.近50a中国寒区与旱区湖泊变化的气候因素分析.冰川冻土，28（5）：623～632

丁永建，潘家华.2005.气候与环境变化对生态和社会经济影响的利弊分析.见：秦大河，陈宜瑜，李学勇.中国气候与环境演变下卷：气候与环境变化的影响与适应、减缓对策.北京：科学出版社

丁永建，秦大河.2009.冰冻圈变化与全球变暖：我国面临的影响与挑战.中国基础研究，11（3）：4～10

丁仲礼，段晓男，葛全胜等.2009a.2050年大气CO_2浓度控制：各国的排放配额计算.中国科学（D辑）：地球科学，39（8）：1009～1027

丁仲礼，段晓男，葛全胜等.2009b.国际温室气体减排方案评估及中国长期排放权讨论，中国科学（D辑）：地球科学，39（12）：1659～1671

董春雨，王乃昂，李卓仑等.2009.基于水热平衡模型的青海湖水位变化趋势预测.湖泊科学，21（4）：587～593

董光荣，靳鹤龄，陈惠忠.1997.末次间冰期以来沙漠～黄土边界带移动与气候变化.第四纪研究，（2）：158～167

董敏.2001.国家气候中心大气环流模式—基本原理和使用说明.北京：气象出版社

董明伟，喻梅.2008.沿水分梯度草原群落NPP动态及对气候变化响应的模拟分析.植物生态学报，32（3）：531～543

杜碧兰.1997.海平面上升对中国沿海主要脆弱区的影响及对策.北京：海洋出版社

杜川利，刘晓东，WU Wanli.2008.CLM3模拟的1979～2003年中国土壤湿度及其对全球变暖的可能响应.高原气象，27（3）：463～473

杜凌，左军成，张建立等.2005.台湾海峡潮波有限元模拟.海洋湖沼通报，（4）：1～9

杜文涛，秦翔，刘宇硕.2008.1958-2005年祁连山老虎沟12号冰川变化特征研究.冰川冻土，30（3）：373～379

段炼，陈章.2006.近42年成都地区雷暴的气候统计特征.自然灾害学报，15（4）：59～64

段晓男，王效科，逯非等.2008.中国湿地生态系统固碳现状和潜力.生态学报，28（2）：463～469

樊江文，钟华平，梁飚等.2003.草地生态系统碳储量及其影响因素.中国草地，25（6）：51～58

范代读，李从先.2005.中国沿海响应气候变化的复杂性.气候变化研究进展，1，（3）：111～114

范丽军，符淙斌，陈德亮.2007.统计降尺度法对华北地区未来区域气温变化情景的预估.大气科学，31（5）：887～897

范伶俐.2005.广州禽流感流行的气象条件分析.气象科技，33：580～582

范一大，史培军，周俊华等.2005.近50年来中国沙尘暴变化趋势分析.自然灾害学报，14（3）：22～28

方国洪，王凯，郭丰义等.2002.近30年渤海水文和气象状况的长期变化及其相互关系.海洋与湖沼，33（5）：515～525

方精云.2000.中国森林生产力及其对全球气候变化的响应.植物生态学报，24（5）：513～517

方精云，郭兆迪，朴世龙等.2007.1981～2000年中国陆地植被碳汇的估算.中国科学（D辑）：地球科学，37（6）：804～812

方精云，刘国华，徐嵩龄.1996.中国陆地生态系统的碳库.见：王庚臣等.温室气体年度和排放监测及相关过程.北京：中国环境科学出版社

方立，冯相明 . 2007. 凌期气温变化对河段封开河的影响分析 . 水电能源科学，25（6）：4～6

方修琦 . 1998. 从农业气候条件看我国北方原始农业的衰落与农牧交错带的形成 . 自然资源学报，14（3）：212～218

方修琦，葛全胜，郑景云 . 2004. 全新世寒冷事件与气候变化的千年周期 . 自然科学进展，14（4）：456～461

方修琦，王媛，徐锬等 . 2004. 近代年气候变暖对黑龙江省水稻增产的贡献 . 地理学报，59（6）：820～828

房建宏 . 2008. 青海省公路交通行业应对气候变化探讨 . 1期：9～10

费宇红，陈宗宇，张兆吉等 . 2007. 气候变化和人类活动对华北平原水资源影响分析 . 地球学报，28（6）：567～571

冯琳，林霄沛 . 2009. 1945～2006 年东中国海海表面温度的长期变化趋势 . 中国海洋大学学报，39（1）：13～18

伏玉玲，于贵瑞，王艳芬等 . 2006. 水分胁迫对内蒙古羊草草原生态系统光合和呼吸作用的影响 . 中国科学（D辑）：地球科学，36（S1），183～193

付允，马永欢，刘怡君等 . 2008. 低碳经济的发展模式研究 . 中国人口、资源与环境，（18）：14～19

傅丽昕，陈亚宁，李卫红等 . 2008. 塔里木河三源流区气候变化对径流量的影响 . 干旱区地理，31（2）：237～242

傅涛，倪九派，魏朝富等 . 2001. 双氰胺在四川 3 种主要土壤上的硝化抑制作用 . 土壤与环境，10（3）：210～213

高歌 . 2008. 1961～2005 年中国霾日气候特征及变化分析，地理学报，（7）：761～768

高歌，陈德亮，任国玉等 . 2006. 1956～2000 年中国潜在蒸散量变化趋势 . 地理研究，25（3）：378～387

高歌，陈德亮，徐影 . 2008. 未来气候变化对淮河流域径流的可能影响 . 应用气象学报，19（6）：742～745

高惠芸，杨青，梁岩鸿等 . 2008. 新疆阿克苏河流域降水的时空分布 . 干旱区研究，25（1）：70～74

高丽洁，王体健，徐永福等 . 2004. 中国地区硫酸盐气溶胶及其辐射强迫的模拟 . 高原气象，23（5）：610～619

高留喜，杨成芳，冯桂力 . 2007. 山东省雷暴时空变化特征 . 气候变化研究进展，3（4）：239～242

高荣，董文杰，韦志刚 . 2008. 青藏高原季节性冻土的时空分布特征 . 冰川冻土，30（5）：740～744

高卫东，魏文寿，张丽旭 . 2005. 近 30a 来天山西部积雪与气候变化——以天山积雪雪崩研究站为例 . 冰川冻土，27（1）：68～73

高晓清，柳艳香，董文杰等 . 2002. 地磁场与气候变化关系的新探索 . 高原气象，21（4）：395～401

高学杰 . 2007. 中国地区极端事件预估研究 . 气候变化研究进展，3（3）：162～166

高学杰，石英，Giorgi F. 2010. 中国区域气候变化的一个高分辨率数值模拟 . 中国科学（D辑）：地球科学，40（7）：911～922

高学杰，张冬峰，陈仲新等 . 2007. 中国当代土地利用对区域气候影响的数值模拟 . 中国科学（D辑）：地球科学，37（3）：397～404

高彦春，王晗，龙笛 . 2009. 白洋淀流域水文条件变化和面临的生态环境问题 . 资源科学，31（9）：1506～1513

高阳华，居辉，Jan Verhagen 等 . 2008. 气候变化对重庆农业的影响及对策研究 . 高原山地气象研究，28（4）：46～49

高由禧等 . 1962. 东亚季风的若干问题 . 北京：科学出版社

高众勇，陈立奇，王伟强 . 2001. 南大洋二氧化碳源汇分布及其海-气通量研究 . 极地研究，13（3）：175～185

格丽玛，何清，冷中笑等 . 2007. 新疆艾比湖流域近 40 年来气候变化特征分析 . 干旱区资源与环境，21（1）：54～58

葛全胜，戴君虎，何凡能等 . 2008. 过去 300 年中国土地利用，土地覆被变化与碳循环研究 . 中国科学（D辑）：地球科学，38（2）：197～210

耿瑞涛 . 2008. 我国建筑节能问题的经济思考 . 北方经济，3：30～31

龚道溢，韩晖 . 2004. 华北农牧交错带夏季极端气候的趋势分析 . 地理学报，59（2）：230～238

龚高法，张丕远，吴祥定等 . 1983. 历史时期气候变化研究方法 . 北京：科学出版社

勾晓华，陈发虎，杨梅学等 . 2007. 青藏高原东北部树木年轮记录揭示的最高最低温的非对称变化 . 中国科学（D辑）：地球科学，37（11）：1480～1492

谷德近 . 2008. 资金机制：气候变化谈判博弈的焦点 . 上海金融 . 2008（9）：14～18

顾阿伦，何建坤，周玲玲等 . 2010. 我国进出口贸易中的内涵能源及转移排放分析 . 清华大学学报，50（9）：1456～1459

广东省气候变化评估报告编制课题组 . 2007. 广东气候变化评估报告 . 广东气象，23（9）：1～6

郭超，邵利民，朱福海，杨继鋆，李昌荣 . 2009. 2007 年影响我国的热带气旋特征分析 . 海洋预报，26（1）：52～58

郭华，姜彤，王艳君等 . 2006. 1955～2002 年气候因子对鄱阳湖流域径流系数的影响 . 气候变化研究进展，2（5）：217～222

郭洁，李国平 . 2007. 若尔盖气候变化及其对湿地退化的影响 . 高原气象，26（2）：422～428

郭连云 . 2008. 青海同德近 50 年气候与草地畜牧业生产的关系青海同德近 50 年气候与草地畜牧业生产的关系 . 草业科学，

25 (1)：77～81

郭连云，吴让，汪青春等.2008.气候变化对三江源兴海县草地气候生产潜力的影响.中国草地学报，30 (2)：5～10

郭连云，熊联胜，王万满.2008.近50年气候变化对塔拉滩草地荒漠化的影响.水土保持研究，15 (6)：57～63

郭铌，张杰，梁芸.2003.西北地区近年来内陆湖泊变化反映的气候问题.冰川冻土，25 (2)：211～214

郭其蕴，蔡静宁，邵雪梅.2003.东亚夏季风的年代际变率对中国气候的影响.地理学报，58：569～576

郭伟其，沙伟，沈红梅等.2005.东海沿岸海水表层温度的变化特征及变化趋势.海洋学报，27 (5)：1～8

郭艳君，丁一汇.2008.近50年我国探空温度序列均一化及变化趋势.应用气象学报，19：646～654

国际能源机构 IEA.2009.能源技术展望：面向2050年的情景与战略

国际能源机构 IEA.2008.世界能源展望，2007

国家发展和改革委员会.2008.国家发展改革委办公厅关于鼓励利用电石渣生产水泥有关问题的通知，化学工业，(11)：38～39

国家发展和改革委员会能源研究所课题组.2009.中国2050年低碳发展之路：能源需求暨碳排放情景分析.北京：科学出版社

国家林业局.2005.第三次中国荒漠化和沙化状况公报.http：//www.gov.cn/ztzl/fszs/content_650487.htm.2005-06-15

国家林业局.2005.中国林业发展报告.北京：中国林业出版社

国家林业局.2007.中国林业发展报告.北京：中国林业出版社

国家林业局.2008.中国林业发展报告.北京：中国林业出版社

国家林业局.2009.第七次全国森林资源清查结果.http：//www.china.com.cn/zhibo/zhuanti/ch-xinwen/2009-11/17/content_18903306.htm.2009-11-27

国家气候变化对策协调小组办公室，国家发展和改革委员会能源研究所.2007.中国温室气体清单研究.北京：中国环境出版社

国家气候中心.2009.全国气候影响评价.北京：气象出版社

国家统计局.2007.中国能源统计年鉴2006.北京：中国统计出版社

国家统计局.2008.中国能源统计年鉴2007.北京：中国统计出版社

国家统计局.2009.中国能源统计年鉴2008.北京：中国统计出版社

国家统计局.《中国统计年鉴》(1995～2008年).北京：中国统计出版社

国家统计局.中国统计年鉴.2009.北京：中国统计出版社

国务院.2002.关于加强草原保护与建设的若干意见.http：//www.chinaacc.com/new/63/73/131/2006/2/zh734620484962260025600-0.htm.2009-10-10

国务院.2006.国家中长期科学和技术发展规划纲要(2006～2020年)http：//www.most.gov.cn/kjgh/kjghzcq/200512/t20051220_55285.htm.2009-10-10

国务院办公厅.2005.国务院关于做好建设节约型社会近期重点工作的通知.http：//www.gov.cn/zwgk/2005-09/08/content_30265.htm.2009-10-10

国务院办公厅.2007.关于严格执行公共建筑空调温度控制标准的通知(国办发[2007]42号).北京

国务院办公厅.2009.2009年节能减排工作安排(国办发[2009]48号).北京

国务院发展研究中心课题组.2009.全球温室气体减排：一个理论框架和解决方案.经济研究，3 (3)：1～13

海香，李强，任明明.2008.2006年重庆特大旱灾及其原因分析.陕西师范大学学报，36 (2)：85～90

韩邦帅，薛娴，王涛.2008.沙漠化与气候变化互馈机制研究进展.中国沙漠，28 (3)：410～416

韩乐悟 2009.三北防护林30年建设成就显著 森林覆盖率增一倍.法制日报，2009年09月06日

韩秋影，黄小平，施平等.2006.华南滨海湿地的退化趋势、原因及保护对策.科学通报，51 (增刊II)：102～107

韩永伟，高吉喜.2005.中国草地主要生态环境问题分析与防治对策.环境科学研究，18 (3)：60～62

韩宇平，张建龙.2007.宁夏引黄灌区气候变化特征分析.华北水利水电学院学报，28 (6)：1～3

郝永红，王玮，王国卿等.2009.气候变化及人类活动对中国北方岩溶泉的影响——以山西柳林泉为例.地质学报，83 (1)：138～144

郝占庆，代力民，贺红士等.2001.气候变化对长白山主要树种的潜在影响.应用生态学报，12 (5)：653～658

何钢.2007.应对气候变化媒体和NGO如何参与.绿叶，6：58～59

何宏涛，袁文献.2005.水泥生产中减排二氧化碳措施和效果分析.中国水泥，(3)：47～49

何建坤.2009.发展低碳经济,关键在于低碳技术创新.绿叶,46~50

何建坤,柴麒敏,2008.关于全球减排温室气体长期目标的探讨.清华大学学报(哲学社会科学版),(04):15~25

何建坤,陈文颖,滕飞等.2009.全球长期减排目标与碳排放权分配原则.气候变化研究进展,5(06):362~368

何建坤,李伟,刘滨.2009.低碳经济:减缓气候变化的必由之路.北京:学苑出版社

何建坤,刘滨,王宇.2007.全球应对气候变化对我国的挑战与对策.清华大学学报(哲学社会科学版),22(5):75~83

何建坤,苏明山.2009.应对全球气候变化下的碳生产率分析.中国软科学,(10):42~47

何建坤,滕飞,刘滨.2009.在公平原则下积极推进全球应对气候变化进程;清华大学学报(哲学社会科学版),(6):47~53

何建坤,周剑,刘滨等.2010.全球低碳经济潮流与中国的响应对策.世界经济与政治,(4):18~35

何元庆,章典.2004.气候变暖是玉龙雪山冰川退缩的主要原因.冰川冻土,26(2):230~231

洪斌.2006.铝电解含氟烟气的净化与回收.国外建材科技,27(3):57~59

洪国平,李银娥,孙新德等.2006.武汉市电网用电量、电力负荷与气温的关系及预测模型研究.华中电力,19(2):4~7

侯伟,匡文慧,张树文等.2006.近50年来三江平原北部土地利用/土地覆被变化及生态效应分析.生态环境,15(4):752~756

胡建信,万丹,李春梅等.2009.中国汽车空调行业HFC-134a需求和排放预测.气候变化研究进展,1(5):1~6

胡江林,陈正洪,洪斌等.2002.华中电网日负荷与气象因子的关系.气象,28(3):14~18,37

胡江林,陈正洪,洪斌等.2002.基于气象因子的华中电网负荷预报方法研究.应用气象学报,13(5):600~608

胡荣明,石广玉.1998.中国地区气溶胶的辐射强迫及其气候响应实验.大气科学,22(6):197~202

胡松,朱建荣,傅得健等.2003.河口环流和盐水入侵II—径流量和海平面上升的影响.青岛海洋大学学报,33(3):337~342

胡秀莲等.2007.中国减缓部门碳排放的技术潜力分析.中外能源,12(4):1~8

胡亚南,柴绍忠,许吟隆等.2008.CERES~Maize模型在中国主要玉米种植区域的适用性.中国农业气象,29(4):383~387

胡娅敏,宋丽莉,刘爱君.2008.登陆我国不同区域热带气旋气候特征的对比.大气科学研究与应用.北京:气象出版社

《湖南省气象志》编纂委员会.2008.湖南省气象志.北京:气象出版社

华丽娟,马柱国,罗德海.2004.1961-2000年中国区域气温较差分析,地理学报,59(5):680~688

黄东锋,郑祥民,王辉等.2008.长江河口海洋自然灾害初探.亚热带资源与环境报,3(3):12~18

黄国宏,陈冠雄,张志明等.1998.玉米田N₂O排放及减排措施研究.环境科学学报,18(4):344~349

黄建斌,周天军,朱锦红等.2008.与热盐环流相关的海温异常对大西洋沿岸气候影响的诊断模拟研究.自然科学进展,18(2):154~160

黄磊,郭占荣.2008.中国沿海地区海水入侵机理及防治措施研究.中国地质灾害与防治学报,19(2):118~123

黄玫,季劲钧,曹明奎等.2006.中国区域植被地上与地下生物量模拟.生态学报,26(12):4156~4163

黄妮,刘殿伟,王宗明等.2009.1954~2005年三江平原自然湿地分布特征研究.湿地科学,7(1):33~39

黄培档,李启剑,袁勤芬.2008.准噶尔盆地南缘梭梭群落对气候变化的响应.生态学报,28(12):6051~6059

黄荣辉,蔡榕硕,陈际龙等.2006.我国旱涝气候灾害的年代际变化及其与东亚气候系统变化的关系.大气科学,30(5):730~743

黄荣辉,徐予红,周连童.1998.我国夏季降水的年代际变化及华北干旱化趋势.高原气象,18:465~476

黄润禅.1985.高炉渣热材的综合利用,冶金能源,4(3),38~41

黄世宽,熊汉锋.2008.湖北省湿地生态环境现状分析及对策.鄂州大学学报,15(5):38~41

黄雪松,丘平珠,唐炳丽.2003.广西交通与气候.广西气象,24(04):46~49

黄艳,杨文发,陈力.2009.气候变化对长江流域未来水资源的影响,人民长江,63(2):12~16

黄耀,孙文娟.2006.近20年来中国大陆农田表土有机碳含量的变化趋势.科学通报,51:750-763

黄勇,李崇银,王颖等.2008.近百年西北太平洋热带气旋频数变化特征与ENSO的关系,海洋预报,25(1):80~87

黄镇国,谢先德.2000.广东海平面变化及其影响与对策.广州:广东科技出版社

黄镇国,张伟强.2004.珠江河口近期演变与滩涂资源.热带地理,24(2):97~102

吉振明，高学杰，张冬峰等．2010．亚洲地区气溶胶及其对中国区域气候影响的数值模拟．大气科学，34（2）．262～274

纪瑞鹏，班显秀，张淑杰．2003．辽宁省冬小麦北移热量资源分析及区划．农业现代化研究，24（4）：264～266

纪忠萍，谢炳光，梁健等．2007．赤道气压振荡与登陆中国热带气旋的关系．中国科学（D辑）：地球科学，37（11）：1556～1564

季劲钧，黄玫，李克让．2008．21世纪中国陆地生态系统与大气碳交换的预测研究．中国科学（D辑）：地球科学，38（2），211～223

季劲钧，黄玫，刘青．2005．气候变化对中国中纬度半干旱草原生产力影响机理的模拟研究．气象学报，63（3）：257～266

季劲钧，余莉．1999．地表面物理过程与生物地球化学过程耦合反馈机理的模拟研究．大气科学，23：439～448

季明霞，黄建平，王绍武等．2008．冬季中高纬度地区阻塞高压活动及其气候影响．高原气象，27（2）：415～421

季伟峰，胡时友，宋军．2007．中国西南地区主要地质灾害及常用监测方法．中国地质灾害与防治学报，18（增刊）：38～41

江滔，孙兴洋．实现中国节能减排目标的对策建议．法制与经济．2009年2月（总第195期）：130～133

江滢，罗勇，赵宗慈．2008．近50年我国风向变化特征．应用气象学报，19（6）：666～672

江志红，屠其璞．2001．国外有关海气系统年代际变率的机制研究，地球科学进展，16（4）：17～25

江志红，张霞，王冀．2008．IPCC-AR4模式对中国21世纪气候变化的情景预估．地理研究，27（4）：787～799

姜大膀，王会军．2005．20世纪后期东亚夏季风年代际减弱的自然属性．科学通报，50：2256～2262

姜大膀，王会军，郎咸梅．2004a．全球变暖背景下东亚气候变化的最新情景预测．地球物理学报，47：590～596

姜大膀，王会军，郎咸梅．2004b．SRES A2情景下中国气候未来变化的多模式集合预测结果．地球物理学报，47：776～784

姜大膀，张颖，孙建奇．2009．中国地区1～3℃变暖的集合预估分析．科学通报，54（24）：3870～3877

姜加虎，黄群．2004．青藏高原湖泊分布特征及与全国湖泊比较．水资源保护，4（6）：24～27

姜加虎，黄群，孙占东．2006．长江流域湖泊湿地生态环境状况分析．生态环境，15（2）：424～429

姜克隽，胡秀莲，庄幸等．2008．中国2050年的能源需求与CO_2排放情景．气候变化研究进展，4（5）：296～302

姜克隽，苗韧，郑平，李超颖．2010．气候变化与中国企业．北京

姜丽霞，李帅，纪仰慧．2009．1980～2005年松嫩平原土壤湿度对气候变化的相应．应用生态学报，20（1）：91～97

姜艳，徐丽萍，杨改河等．2007．不同退耕模式林草初夏小气候效应．干旱地区农业研究，25（2）：162～174

蒋忠诚，曹建华，杨德生等．2008．西南岩溶石漠化区水土流失现状与综合防治对策．中国水土保持科学，6（1）：37～42

焦克勤，井哲帆，韩添丁等．2004．42a来天山乌鲁木齐河源1号冰川变化及趋势预测．冰川冻土，26（3）：253～260

矫江，许显斌，卞景阳等．2008．气候变暖对黑龙江省水稻生产影响及对策研究．自然资源学报，17（3）：41～48

金心，石广玉．2000．海洋对人为CO_2吸收的三维模式研究．气象学报，58（1）：40～48

居辉，熊伟，马世铭等．2008．气候变化与中国粮食安全．北京：学苑出版社

居辉，熊伟，许吟隆．2008．东北春麦对气候变化的响应预测．生态环境，17（4）：1595～1598

居辉，熊伟，许吟隆等．2005．气候变化对我国小麦产量的影响．作物学报，31（10）：1340～1343

居辉，许吟隆，熊伟．2007．气候变化对我国农业的影响．环境保护，（6）：71～73

康尔泗，程国栋，董增川．2002．中国西北干旱区冰雪水资源与出山径流．北京：科学出版社

康兴成，程国栋，陈发虎等．2003．祁连山中部公元904年以来树木年轮记录的旱涝变化．冰川冻土，25（5）：518～525

康志成．2004．中国泥石流研究．北京：科学出版社

科学技术部社会发展科技司，中国21世纪议程管理中心．2007．全民节能减排实用手册．北京：社会科学文献出版社

孔宁谦，陈润珍，蔡敏．2007．南海中北部热带气旋强度突变的天气气候特征分析．台湾海峡，26（2）：188～196

赖远明，张鲁新，张淑娟等．2003．气候变暖条件下青藏铁路抛石路基的降温效果．科学通报，48（3）：292～297

雷加富．2009．认清形势 理清思路 明确任务为打赢相持阶段生态建设的攻坚战奠定基础——在全国森林资源林政管理工作会议上的讲话．中国绿色时报，2005年09月14日（1）

雷金蓉．2004．气候变暖对人居环境的影响．中国西部科技，10：103～104

雷瑞波，王文辉，董吉武等．2008．全球气候变化对我国海岸和近海工程的影响．海岸工程，27（1）：67～72

冷传明，杨爱荣．2004．我国洪涝灾害加剧的社会因素分析与减灾对策．焦作工学院学报（社会科学版），5（1）：52～54

冷文芳，贺红士，布仁仓等.2006.气候变化条件下东北森林主要建群种的空间分布.生态学报，26（12）：4257～4266

黎伟标，杜尧东，王国栋等.2009.基于卫星探测资料的珠江三角洲城市群对降水影响的观测研究.大气科学，33（6）：1259～1266

李冰，胡大源.2008.全球变暖的经济影响评估与中国的政策调整.商业时代（原名《商业经济研究》）.（10）

李博，周天军.2010.基于IPCC A1B情景的中国未来气候变化预估：多模式集合结果及其不确定性.气候变化研究进展.6（4）：270～276

李博，周天军，李丽娟.2010.IPCC A1B情景试验对21世纪全球海表面高度变化的预估.气候变化研究进展.6（4）：270～276

李崇银，王作台，林士哲等.2004.东亚夏季风活动与东亚高空西风急流位置北跳关系的研究.大气科学，28：641～658

李春晖，刘春霞，程正泉.2007.近50年南海热带气旋时空分布特征及其海洋影响因子.热带气象学报，23（4）：341～347

李凤霞，常国刚，肖建设等.2009.黄河源区湿地变化与气候变化的关系研究.自然资源学报，24（4）：683～690

李刚，周磊，王道龙.2008.内蒙古草地NPP变化及其对气候的响应.生态环境，17（5）：1948～1955

李贵东，周云轩，田波等.2008.基于遥感和GIS的上海市滩涂湿地资源近期变化分析.吉林大学学报（地球科学版）38（2）：319～323

李昊天.2008.气候变化越剧烈，负面影响就越大.中国林业产业，4：60～63

李加林，王艳红，张忍顺等.2006.海平面上升的灾害效应研究——以江苏沿海低地为例.地理科学，26（1）：87～93

李晶，王明星，陈德章.1998.水稻田甲烷的减排方法研究及评价.大气科学，22（3）：354～362

李俊峰等.2005.《中华人民共和国可再生能源法》解读.北京：化工出版社

李克让，曹明奎，於利等.2005.中国自然生态系统对气候变化的脆弱性评估.地理研究，24（5）：653～656

李克让，王绍强，曹明奎.2003.中国植被和土壤碳储量.中国科学D辑：地球科学，33（1）：72～80

李兰，陈正洪，洪国平，2008.武汉市周年逐日电力指标对气温的非线性响应.气象，34（5）：26～34

李立娟，王斌，周天军.2007.外强迫因子对二十世纪全球变暖的综合影响.科学通报，52（15）：1820～1825

李林，吴素霞，朱西德等.2008.21世纪以来黄河源区高原湖泊群对气候变化的响应.自然资源学报，23（2）：245～253

李玲萍，杨永龙，钱莉.2008.石羊河流域近45年气温和降水特征分析.干旱区研究，25（5）：705～710

李凌浩.1998.土地利用变化对草原生态系统土壤碳贮量的影响.植物生态学报，22（4）：300～302

李茂松，李森，李育慧，2003，中国近50年旱灾灾情分析.中国农业气象，24（1）：7～11

李培基，米德生.1983.中国积雪的分布.冰川冻土，5（4）：9～18

李巧萍，丁一汇，董文杰.2006.中国近代土地利用变化对区域气候影响的数值模拟.气象学报，64（3）：257～270

李韧，赵林，丁永建等.2009.青藏高原总辐射变化对高原季节冻土冻结深度的影响.冰川冻土，31（3）：422～430

李荣平，周广胜，王玉辉.2006.羊草物候特征对气候因子的响应.生态学杂志，25：277～280

李淑，余克服.2007.珊瑚礁白化研究进展.生态学报，27（5）：2059～2069

李硕颀，谭红专，李杏莉等.2004.洪灾对人群疾病影响的研究.中华流行病学杂志，25：36～39

李文华.2003.西部大开发中有关生态学的几点思考.中国西部科技，6：3～4

李想，李维京，赵振国.2005.我国松花江流域和辽河流域降水的长期变化规律和未来趋势分析.应用气象学报，16：593～599

李晓东，王绍武.1994.火山活动对气候影响的数值模拟研究.应用气象学报，5（1）：90-97

李晓文，李维亮，周秀骥.1988.中国近30年太阳辐射状况研究.应用气象学报，9：24～31

李一平，2004，湖南省农作物生物灾害发生特点、成因及对策.中国农学通报，20（6）：268～271

李英，陈联寿，张胜军.2004.登陆我国热带气旋的统计特征.热带气象学报，20（1）：14～23

李永红，陈晓东，林萍.2005.高温对南京市某城区人口死亡的影响.环境与健康杂志，22：6～8

李永生，武鹏飞.2008.基于MODIS数据的艾比湖湖面变化的研究.水资源与水工程学报，19（5）：110～112

李玉娥，李高.2007.气候变化影响与适应问题的谈判进展.气候变化研究进展，3（5）：303～307

李育材.2009.总结经验振奋精神努力把退耕还林工程建设推向科学发展的新阶段.林业经济，9：4～12

李云，徐兆礼，高倩.2009.长江口强壮箭虫和肥胖箭虫的丰度变化对环境变暖的响应.生态学报，29（9）：4773～4780

李志，刘文兆，张勋昌.2007.解集GCM输出模拟黄土塬区土壤水分平衡的潜在变化.生态学报，27（9）：3769～3777

李忠勤，韩添丁，井哲帆等.2003.乌鲁木齐河源区气候变化和1号冰川40a观测事实.冰川冻土，2（2）：117～121

李众敏，何帆 . 2006. 中国能源进口与再出口分析 . 中国社会科学院世界经济与政治研究所 . 9 月 30 日 . 见 http：// old. iwep. org. cn/web/20060929/zgnyjkyzckfx. pdf

厉以宁 . 2008. 区域可持续发展：中国区域发展战略的必然选择 . 北京邮电大学学报（社会科学版），10（4）：1～2

廉毅，高枞亭，沈柏竹等 . 2007. 吉林省现代气候变化对粮食生产影响的简析 . 气候变化研究进展，3（1）：46～49

梁萍，何金海 . 2008. 江淮梅雨气候变化研究进展 . 高原气象，27（增刊）：8～15

梁松，钱宏林，齐雨藻 . 2000. 中国沿海的赤潮问题 . 生态科学，19（4）：44～50

廖赤眉，严志强 . 2002. 全球环境变化对人类健康的影响及其研究意义 . 广西师范学院院报（自然科学版），19：23～26

廖桧标，范代读 . 2008. 全球变暖是否导致台风增强：古风暴学研究进展与启示，科学通报，53（13）：1489～1502

廖清海，高守亭，王会军等 . 2004. 北半球夏季副热带西风急流变异及其对东亚夏季风气候异常的影响 . 地球物理学报，47：10～18

林而达，李迎春，马占云等 . 2009. 不同稳定浓度下不同温度情景下气候变化的影响 . 气候变化专项课题报告 . 北京

林而达，刘颖杰 . 2008. 温室气体排放和气候变化新情景研究的最新进展，中国农业科学，41（6）：1700～1707。

林而达，许吟隆，蒋金荷等 . 2006. 气候变化国家评估报告（Ⅱ）：气候变化的影响与适应 . 气候变化研究进展，2（2）：51～56

林而达，许吟隆，蒋金荷等 . 2007. 气候变化的影响和适应 . 见：《气候变化国家评估报告》编写委员会编著 . 气候变化国家评估报告 . 北京：科学出版社

林凡，李典友，潘根兴等 . 2008. 皖江自然湿地土壤碳密度及其开垦为农田后的变化 . 湿地科学，6（2）：192～197

林惠娟，张耀存 . 2004. 影响我国热带气旋活动的气候特征及其与太平洋海温的关系 . 热带气象学报，20（2）：218～226

林小红，任福民，刘爱鸣等 . 2008. 近 46 年影响福建的台风降水的气候特征分析 . 热带气象学报，24（4）：411～415

林学椿，于淑秋，唐国利 . 1995. 中国近百年温度序列 . 大气科学，19：525～534

刘爱军，杜尧东，王惠英 . 2004. 广州灰霾天气的气候特征分析 . 气象，30（12）：68～71

刘宝霞，张威，李想 . 2005. 自然环境对航空装备的影响及改善措施 . 沈阳航空工业学院，22（1）：14～16

刘波，姜彤，任国玉等 . 2008. 2050 年前长江流域地表水资源变化趋势 . 气候变化研究进展，4（3）：145～150

刘春兰，谢高地，肖玉 . 2007. 气候变化对白洋淀湿地的影响 . 长江流域资源与环境，16（2）：245～250

刘丹，那继海，杜春英等 . 2007. 1961～2003 年黑龙江主要树种的生态地理分布变化 . 气候变化研究进展，3（2）：100～105

刘德祥，董安祥，陆登荣 . 2005. 中国西北地区近 43 年气候变化及其对农业生产的影响 . 干旱地区农业研究，23（2）：195～201

刘杜鹃，叶银灿，2005. 长江三角洲地区的相对海平面上升与地面沉降 . 地质灾害与环境保护，16（4）：400～404

刘国华，傅伯杰，方精云 . 2000. 中国森林碳动态及其对全球碳平衡的贡献 . 生态学报，20（5）：733～740

刘海昆，黄树祥，王慧 . 2002. 论冻土对土壤水分动态的影响 . 黑龙江水利科技，30（3）：87

刘洪鹄，林燕 . 2005. 中国风雪流的变化趋势和时空分布规律 . 干旱区研究，22（1）：125～129

刘吉峰，李世杰，丁裕国 . 2008. 基于气候模式统计降尺度技术的未来青海湖水位变化预估 . 水科学进展，19（2）：184～191

刘吉勋 . 2008. 城市建筑节能技术研究 . 企业技术开发，27（3）：95～97

刘纪远，王绍强，陈镜明等 . 2004. 1990～2000 年中国土壤碳氮蓄积量与土地利用变化 . 地理学报，59（4）：483～496

刘嘉麒，吕厚远，Negendank J 等 . 2000. 湖光岩玛珥湖全新世气候波动的周期性 . 科学通报，45（11）：1190～1195

刘健，陈星，彭恩志等 . 2005. 气候变化对江苏省城市系统用电量变化趋势的影响 . 长江流域资源与环境，14（5）：546～550

刘九夫，张建云，关铁生 . 2008. 20 世纪我国暴雨和洪水极值的变化 . 中国水利，（2）：35～37

刘绿柳，姜彤，原峰 . 2009，珠江流域 1961～2007 年气候变化及 2011～2060 年预估分析 . 气候变化研究进展，5：209～214

刘绿柳，刘兆飞，徐宗学 . 2008. 21 世纪黄河流域上中游地区气候变化趋势分析 . 气候变化研究进展，4（3）：167～172

刘猛，夏自强，李俊芬等 . 2008. 全球气候变暖背景下黄河源区蒸发变化研究 . 人民黄河，30（9）：30～33

刘明哲，魏文寿 . 2005. 南疆近 60 年来的气候变化及其对沙尘暴发生条件的影响 . 干旱区地理，28（4）：479～483

刘瑞霞，刘玉洁，杜秉玉 . 2004. 中国云气候特征的分析 . 应用气象学报，15：468～476

刘时银，丁永建，张勇等 . 2006. 塔里木河流域冰川变化及其对水资源影响 . 地理学报，61（5）：482～490

刘拓.2009.我国荒漠化防治现状及对策.发展研究,(3):65～68

刘贤赵.2006.莱州湾地区海水入侵发生的环境背景及对农业水土环境的影响.水土保持研究,13(6):18～21

刘小宁,张洪政,李庆祥等.2005.我国大雾的气候特征及变化初步解释.应用气象学报,16(2):220～231

刘晓宏,秦大河,邵雪梅.2004.祁连山中部过去近千年温度变化的树轮记录.中国科学(D辑):地球科学,34(1):89～95

刘兴元,梁天刚,郭正刚等.2008.北疆牧区雪灾预警与风险评估方法.应用气象学报,19(1):133～138

刘扬,孙炜.2002.紫外线致白内障的流行病学研究现状.中国公共卫生,18:109～110

刘颖杰,林而达.2007.气候变暖对中国不同地区农业的影响.气候变化研究进展,3(4):229～233

刘禹,安芷生,Hans W.等.2009.青藏高原中东部过去2485年以来温度变化的树轮记录.中国科学(D辑):地球科学,39(2):166～176

刘禹,马利民,蔡秋芳等.2001.依据陕西秦岭镇安树木年轮重建3～4月份气温序列.自然科学进展,11(22):157～162

刘玉芝,石广玉,赵剑琦.2007.一维辐射－对流模式对云辐射强迫的模拟研究.大气科学,31(3):486～495

刘育红,李希来,李长慧等.2009.三江源区高寒草甸湿地植被退化与土壤有机碳损失.农业环境学报,28(6):2559～2567

刘振乾,刘红玉,吕宪国.2001.三江平原湿地脆弱性研究.应用生态学报,12(2):241～244

刘志林,戴亦欣,董长贵等.2009.低碳城市理念与国际经验.城市发展研究,6:1～12

刘子刚,张坤民.2005.黑龙江省三江平原湿地土壤碳储量变化.清华大学学报,45(6):788～791

刘宗发,邹进泰,余宏平.2006.气候变化对我国城市社会经济的影响及对策——以武汉市为例.科技进步与对策,11:89～92

柳艳香,吴统文,郭裕福等.2007.华北地区未来30年气候变化趋势模拟研究.气象学报,65(1):45～51

卢昌义,林鹏,叶勇等,1995.全球气候变化对红树林生态系统的影响与研究对策.地球科学进展,10(4):341～347

卢暄,米多.2007.国内浓硝酸市场分析.化学工业,25(2-3):45-47,50

卢燕宇,黄耀,张稳等.2007.基于GIS技术的1991-2000年中国农田化肥氮源一氧化二氮直接排放量估计.应用生态学报,18:1539～1545

卢燕宇,黄耀,郑循华.2005.农田氧化亚氮排放系数的研究.应用生态学报,16:1299～1302

鲁安新,王丽红,姚檀栋.2006.青藏高原湖泊现代变化遥感方法研究.遥感技术与应用,21(3):173～177

鲁安新,姚檀栋,王丽红.2005.青藏高原典型冰川和湖泊变化遥感研究.冰川冻土,27(6):783～792

鲁亮,林华亮,刘起勇.2010.基于天气因素的我国登革热流行风险地图.气候变化研究进展,6(4):254～258

吕安涛,冯晋祥,李祥贵.2003.我国汽车排放标准的发展现状及对策研究.交通标准化,(120):39～42

吕佳佳,吴建国.2009.气候变化对植物及植被分布的影响研究进展.环境科学与技术,32(6):85～95

吕颂辉,齐雨藻.2005.中国的赤潮、危害、成因和防治.中国赤潮研究与防治——中国海洋学会赤潮研究与防治学术研讨会论文集,北京:海洋出版社

吕迎春,2007.重庆地区夏季空调负荷分析及调控措施建议.决策管理,23(12):15～16

《铝工业污染物排放标准》编制组,2007.铝工业污染物排放标准.北京:中国标准出版社

栾维新,崔红艳.2004.基于GIS的辽河三角洲潜在海平面上升淹没损失评估.地理研究,23(6):805～814

罗伯良,张超,林浩.2008.近40年湖南省极端强降水气候变化趋势与突变特征.气象,34(1):80～85

罗台福,胡迪.2007.武汉机场航空气象要素的年变化特征分析.空中交通管理,04:26～28

罗燕,吴涧,王卫国.2006.利用MODIS-GOCART气溶胶资料研究中国东部地区气溶胶直接辐射强迫.热带气象报,22(6):638～647

马春梅,朱诚,郑朝贵等.2008.晚冰期以来神农架大九湖泥炭高分辨率气候变化的地球化学记录研究.科学通报,53(增刊Ⅰ):26～37

马进德,周海,赵振明.2007.铝电解含氟烟气的治理探讨.青海科技,2:69～72

马丽,方修琦.2006.近20年气候变暖对北京时令旅游的影响——以北京市植物园桃花节为例.地球科学进展,21(3):313～319

马瑞俊,蒋志刚.2006.青海湖流域环境退化对野生陆生脊椎动物的影响.生态学报,26(9):3061～3066

马世铭,林而达.2003.气候变化适应性和适应能力研究进展.中国农业气象,24(增刊):46～51

马晓波.1999.中国西北地区最高、最低气温的非对称变化.气象学报,57(5):613~621

马玉霞,王式功.2005.全球气候变暖人类健康的影响.环境研究与监测,18:7~9

马治国,陈惠,陈家金.2009.气候变化对福州植物气候生产力的影响分析.中国农学通报,25(22):320~323

马柱国.2007.华北干旱化趋势及转折性变化与太平洋年代际振荡的关系.科学通报,52(10):1199~1206

马柱国,符淙斌.2006.1951~2004年中国北方干旱化的基本事实.科学通报,51(20):2429~2439

马柱国,任小波.2007.1951~2006年中国区域干旱化特征.气候变化研究进展,3(4):195~201

满志敏,张修桂.1993.中国东部中世纪温暖期的历史证据和基本特征的初步研究.见:张兰生.中国生存环境历史演变规律研究(一).北京:海洋出版社

毛玉如,方梦祥,马国维.2004.水泥工业的废弃物利用与CO_2排放控制探讨.再生资源研究,(4):32~37

梅娟等.2008.交通运输领域温室气体减排与控制技术.北京:化学工业出版社

梅雪英,张修峰等.2008.长江口典型湿地植被储碳固碳功能研究——以崇明东滩芦苇带为例.中国生态农业学报.16(2):269~272

蒙吉军,王钧.2007.20世纪80年代以来西南喀斯特地区植被变化对气候变化的响应.地理研究,26(5):857~865

孟维忠,葛岩,于国丰.2007.辽西半干旱地区高效节水技术集成模式.灌溉排水学报,26(5):71~74

米娜,于贵瑞,温学发等.2008.中亚热带人工针叶林对未来气候变化的响应.应用生态学报,19(9):1877~1883

闵骞,刘影.2006.鄱阳湖水面蒸发量的计算与变化趋势分析(1955~2004年).湖泊科学,18(5):452~457

闵屾,钱永甫.2008.我国近40年各类降水事件的变化趋势.中山大学学报(自然科学版),47(3):105~111

那平山,王玉魁,满都拉.1997.毛乌素沙地生态环境失调的研究.中国沙漠,17(4):410~414

南卓铜,李述训,程国栋.2004.未来50与100 a青藏高原多年冻土变化情景预测.中国科学(D辑):地球科学,34(6):528~534

宁金花,申双和.2008.气候变化对中国水资源的影响.安徽农业科学,36(4):1580~1583

宁森,叶文虎.2009.我国淡水湖泊的水环境安全及其保障对策研究.北京大学学报(自然科学版),45(5):848~853

牛虎明.2007.环境保护与高压电器制造业发展趋势.电器工业,8:42~45

牛建明.2001.气候变化对内蒙古草原分布和生产力影响的预测研究.草地学报,9(4):277~282

牛振国,宫鹏,程晓等.2009.中国湿地初步遥感制图及相关地理特征分析.中国科学(D辑):地球科学,39(2):188~203

农业部科技教育司.2007.农业部关于加强农业和农村节能减排工作的意见.http://www.agri.gov.cn/govpublic/KJJYS/200803/t20080305_24614.html.2009-10-10

潘根兴.2008.中国土壤有机碳库及其演变与应对气候变化.气候变化研究进展,4(5):282~289

潘家华.2008.满足基本需求的碳预算及其国际公平与可持续含义.世界经济与政治,(1):35~42

潘家华.2009.正确认识发展低碳经济.绿叶,(5)(总第132期)1:52~58

潘家华,陈迎.2009.碳预算方案:一个公平、可持续的国际气候制度框架.中国社会科学,5:83~98

潘家华,陈迎,庄贵阳等.2006.英国低碳发展的激励措施及其借鉴.中国经贸导刊,(18):51~52

潘家华,郑艳.2009.基于人均公平市郊的碳排放概念—国家人均碳排放与人均累积碳排放的分析.见:张坤民等.低碳发展论.北京:中国环境科学出版社

潘绍忠,王绍勤.2005.浅谈HFC-23 CDM项目.有机氟工业,3:21~22

潘葳楠,余潇潇,潘根兴等.2009.大学生气候变化意识的一次调查——以南京农业大学为例.气候变化研究进展,5(5):304~308

潘愉德,Melillo J M,Kicklighter D W et al.2001.大气CO_2升高及气候变化对中国陆地生态系统结构与功能的制约和影响.植物生态学报,25(2):175~189

潘玉君,张谦舵,华红莲.2007.试论可持续发展的地域公平性.中国人口资源与环境,17(1):41~43

庞文保,刘宇,张海东.2007.气候变暖与西安市冬季供暖的能源消耗分析.气候变化研究进展,3(4):220~223

裴海昆.2004.不同放牧强度对土壤养分及质地的影响.青海大学学报(自然科学版),22(4):29~31

彭海燕,周曾奎,赵永玲等.2005.2003年夏季长江中下游地区异常高温的分析.气象科学,25(4):355~361

彭珂珊,王继军.2004.中国退耕还林(草)的发展历史阶段与对策探讨.水土保持研究,11(1):106~109

彭少麟,赵平,任海.2002.全球变化压力下中国东部样带植被与农业生态系统格局的可能性变化.地学前缘,9(1):217~226

彭穗萍 . 2002. 下坂地水库替代部分平原水库可行性分析论证 . 西北水力发电，18（2）：8～11

蒲健辰，姚檀栋，段克勤等 . 2005. 祁连山七一冰川物质平衡的最新观测结果 . 冰川冻土，27（2）：199～204

蒲健辰，姚檀栋，王宁练等 . 2004. 近百年来青藏高原冰川的进退变化 . 冰川冻土，26（5）：517～522

濮冰，王绍武，朱锦红 . 2007. 中国东部四季降水量变化空间结构的研究 . 北京大学学报（自然科学版），43：620～629

濮冰，王绍武，朱锦红 . 2008. 对中国东部夏季降水有重要影响的一种东亚遥相关型 . 气候变化研究进展，4：17～20

濮冰，闻新宇，王绍武等 . 2007. 中国气温变化的两个基本模态的诊断和模拟研究 . 地球科学进展，22：456～468

齐君，杨林生，王五一 . 2008. 初探京津地区城市化与健康 . 干旱区资源与环境，22（7）：12～16

齐晔，马丽 . 2007. 走向更为积极的气候变化政策与管理 . 中国人口·资源与环境，17（2）：8～12

祁如英，祁永婷，郭卫东等 . 2008. 青海省东部大杜鹃的始绝鸣日期对气候变化的响应 . 气候变化研究进展，4（4）：225～229

《气候变化国家评估报告》编写委员会 . 2007. 气候变化国家评估报告 . 北京：科学出版社

气象科学研究院天气气候所，中央气象台 . 1984. 中国气温等级图 . 1911～1980年 . 北京：气象出版社

钱维宏 . 2008. 气候变化：长期趋势和短期振荡 . 见：刘燕华 . 气候变化与科技创新 . 北京：科学出版社

钱维宏，符娇兰，张玮玮 . 2007. 近40年中国平均气候与极值气候变化的概述 . 地球科学进展，22（7）：673～684

钱颖骏，李石柱，王强等 . 2010. 气候变化对人体健康影响的研究进展 . 气候变化研究进展 . 6（4）：241～247

钱正英，张光斗 . 2001. 中国可持续发展水资源战略研究综合报告及各专题报告 . 北京：中国水利水电出版社

乔建平，田宏岭，石莉莉等 . 2008. 采用危险指数法研究达县特大型暴雨滑坡发育特征 . 山地学报 . 26（6）：739～744

秦大河 . 2002. 中国西部环境演变评估（第二卷）——中国西部环境变化的预测 . 北京：科学出版社

秦大河 . 2007. 应对全球气候变化防御极端气候灾害 . 求是杂志，8：51～53

秦大河 . 2009. 气候变化与干旱 . 科技导报，（11）：1

秦大河，陈宜瑜，李学勇 . 2005. 中国气候与环境演变 . 北京：科学出版社

秦大河，丁一汇，苏纪兰等 . 2005. 中国气候与环境演变评估（I）：中国气候与环境变化及未来趋势 . 气候变化研究进展，1（1）：4～9

秦大河等 . 2007. 当前全球气候变化研究的科学认知 . 气候变化研究进展，3（2）：63～73

覃嘉铭，袁道先，程海等 . 2004. 新仙女木及全新世早期气候突变事件：贵州茂兰石笋氧同位素记录 . 中国科学（D辑）：地球科学，34（1）：69～74

邱建军，唐华俊，陈庆沐等 . 2002. 中国农业耕地土壤碳平衡与碳排放研究 . 中国青年农业科学学术年报 . 121～126

屈宏乐 . 2008. 我国建筑节能工作的现状和展望 . 砖瓦世界，1：22～26

全国绿化委员会办公室 . 2009. 2009年中国国土绿化状况公报 . 北京：中国林业出版社

全国汽车标准化技术委员会 . 2008. 《乘用车燃油消耗量限值》国家标准实施效果评估研究报告 . 北京

任朝霞，杨达源 . 2008. 近50a西北干旱区气候变化趋势及对荒漠化的影响 . 干旱区资源与环境，22（4）：91～95

任福民，王小玲，陈联寿等 . 2008. 登陆中国大陆、海南和台湾的热带气旋及其相互关系 . 气象学报，66（2）：224～235

任国玉 . 1996. 与当前全球增暖有关的古气候学问题 . 应用气象学报，7（3）：361～370

任国玉 . 2007. 气候变化与中国水资源 . 北京：气象出版社

任国玉，初子莹，周雅清等 . 2005. 中国气温变化研究最新进展 . 气候与环境研究，10（4）：701～716

任国玉，封国林，严中伟 . 2010. 中国极端气候事件变化观测研究若干进展 . 气候与环境研究，15（4）：337～353

任国玉，郭军 . 2006. 中国水面蒸发量的变化 . 自然资源学报，21（1）：31～44

任国玉，郭军，徐铭志 . 2005. 近50年来中国气候变化基本特征 . 气象学报，63（6）：942～956

任国玉，姜彤，李维京等 . 2008. 气候变化对中国水资源情势影响综合分析 . 水科学进展，19（6）：772～779

任国玉，徐影，罗勇 . 2002. 世界各国 CO_2 排放历史和现状 . 气象科技，30（3）：129～134

任宪韶，户作亮，曹寅白 . 2007. 海河流域水资源评价 . 北京：中国水利水电出版社

任勇，周国梅等 . 2009. 中国循环经济发展的模式与政策 . 北京：中国环境科学出版社

三峡泥沙课题组（国务院三峡工程建设委员会办公室泥沙课题专家组和中国长江三峡工程开发总公司三峡工程泥沙专家组）. 2002. 长江三峡工程泥沙问题研究（第八卷）. 北京：知识产权出版社

单洋天，于炳松，李朝晖等 . 2009. 我国西南地区岩溶石漠化趋势及可持续发展研究 . 安徽农业科学，37（2）：753～754

单亦和 . 2001. 废钢作为可持续发展资源在钢铁工业中的应用 . 钢铁，36（10），6～11

邵雪梅，黄磊，刘洪滨等 . 2004. 树轮记录的青海德令哈地区千年降水变化 . 中国科学（D），34（2）：145～153

邵雪梅，梁尔源，黄磊等.2006.柴达木盆地东北部过去1437a的降水变化重建.气候变化研究进展，2（3）：122～126

申富勇，2005，浅谈河南省林业生物灾害可持续治理.中国森林病虫，26（6）：42～44

申彦波，赵宗慈，石广玉.2008.地面太阳辐射的变化.影响因子及其可能的气候效应最新研究进展.地球科学进展，23（9）；1001-8166（2008）09-0915-09

沈焕庭，茅志昌，朱建荣.2003.长江口盐水入侵.北京：海洋出版社

沈明洁，谢志仁，朱诚.2002.中国东部全新世以来海面波动特征探讨.地球科学进展，17（6）；886～894

沈永平，刘时银，丁永健等.2003.天山南坡台兰河流域冰川物质平衡变化及其对径流的影响.冰川冻土，25（2）：124～129

沈永平，王根绪，吴青柏等.2002.长江～黄河源区未来气候情景下的生态环境变化.冰川冻土，24（3）：308～314

沈永平，王国亚，苏宏超等.2007.新疆阿尔泰山区克兰河上游水文过程对气候变暖的响应.29（6）：845～853

施能，陈家其，屠其璞.1995.中国近100年来4个年代际的气候变化特征.气象学报，53（4）：431～439

施少华.1994.气候变化和人类活动对历史时期黄河决溢的影响.中国人口·资源与环境，4（2）：44～48

施新民，黄峰，陈晓光 等.2008.气候变化对宁夏草地生态系统的影响分析.干旱区资源与环境，22（2）：65～69

施雅风.1996.全球变暖影响下中国自然灾害的发展趋势.自然灾害学报，5（2）：102～116

施雅风.2000.中国冰川对21世纪全球变暖响应的预估.科学通报，45（4）：434～438

施雅风.2003.中国西北气候由暖干向暖湿转型问题评估.北京：气象出版社

施雅风.2005.简明中国冰川目录.上海：科学普及出版社

施雅风，孔昭宸，王苏民等.1993.中国全新世大暖期鼎盛阶段的气候与环境.中国科学，23（8）：865～873

施雅风，沈永平，李栋梁等.2003.中国西北气候由暖干向暖湿转型的特征和趋势探讨.第四纪研究，23（2）：152～164

石春娥，杨军，邱明燕等.2008.从雾的气候变化看城市发展对雾的影响.气候与环境研究，13（3）：327～336

石峰，李玉娥，高清竹等.2009.管理措施对我国草地土壤有机碳的影响.草业科学，26（3）：9～15

石广玉.2000.全球（气候）变化研究的思考-不知道我们不知道什么，见：21世纪初大气科学回顾与展望.北京：气象出版社

石广玉.2007.大气辐射学.北京：科学出版社

石广玉，郭建东，樊小标等.1996.近百年全球平均气温变化的物理模式研究，科学通报，41（18）：1681～1684

石洪卫，2007，中国钢铁工业年鉴.2006.北京：《中国钢铁工业年鉴》编辑部

石培礼，孙晓敏，徐玲玲等.2006.西藏高原草原化嵩草草甸生态系统CO_2净交换及其影响因子.中国科学（D辑）：地球科学，36（S2）：194～203

石淑芹，陈佑启，姚艳敏等.2008.东北地区耕地变化对粮食的影响评价.地理学报，63（6）：574～586

石英，高学杰.2008.温室效应对我国东部地区气候影响的高分辨率数值试验.大气科学，32（5）：1006～1018

石英，高学杰，Giorgi F 等.2010a.RegCM3对华北地区气候变化的高分辨率模拟.应用气象学报，21（5）：580～589

石英，高学杰，Giorgi F 等.2010b.全球变暖对中国区域极端降水事件影响的数值模拟.气候变化研究进展，6（3），164～169

石英，高学杰，吴佳等.2010c.全球变暖对中国区域积雪变化影响的数值模拟.冰川冻土，6（3）：164～169

石正国，延晓冬，尹崇华等.2007.人类土地利用的历史变化对气候的影响.科学通报，52（12）：1436～1444

时小军，陈特固，余克服.2008.近40年来珠江口的海平面变化.海洋地质与第四纪地质，28（1）：127～134

史军，崔林丽，周伟东.2008.1959～2005年长江三角洲气候要素变化趋势分析.资源科学，30（12）：1803～1810

史培军，陈晋，潘耀忠.2000.深圳市土地利用变化机制分析.地理学报，55（2）：151～160

史正涛，刘新有，彭海英.2008.气候变化对中国水安全的挑战.云南师范大学学报（哲学社会科学版），40（2）：11～16

宋瑞艳，高学杰，石英等.2008.未来我国南方低温雨雪冰冻灾害变化的数值模拟.气候变化研究进展，4（6）：352～356

宋希坤，刘志勇，蔡雷鸣等.2008.福建省海岸带海水入侵和土壤盐渍化监测初步研究.海洋环境科学，27卷（增刊1），5～8

苏布达，姜彤，任国玉等.2006.长江流域1960-2004年极端强降水时空变化趋势.气候变化研究进展，2（1）：9～14

苏凤阁，谢正辉.2003.气候变化对中国径流影响评估模型研究.自然科学进展，13（5）：502～507

苏维瀚，张秋彭，沈济等.1986.北京地区大气能见度与大气污染的关系初探.大气科学，10（2）：138～144

苏伟，吕学都，孙国顺.2008.未来联合国气候变化谈判的核心内容及前景展望——"巴厘路线图"解读.气候变化研究

进展，4（1）：57～60

苏永中，赵哈林．2003.持续放牧和围栏对科尔沁退化沙地草地碳截存的影响．环境科学，24（4）：23～28

苏永中，赵哈林，文海燕．2002.退化沙质草地开垦和封育对土壤理化性状的影响．水土保持学报，16（4）：5～8

苏占胜，陈晓光，黄峰．2007.宁夏农牧交错区（盐池）草地生产力对气候变化的响应．中国沙漠，27（3）：430～435

苏镇西．2008.SF6气体回收及净化处理工作的综述．上海电力，4：336～340

孙传生，黄长海，朱大为等．2006.东北黑土区水土保持保护性耕作措施探讨．水土保持研究，13（5）：132～133，136

孙芳，林而达，李剑萍等．2008.基于DSSAT模型的宁夏马铃薯生产的适应对策．中国农业气象，29（2）：127～129

孙凤华，杨素英，任国玉．2007.东北地区降水日数、强度和持续时间的年代际变化．应用气象学报，18（5），610～618

孙家仁，刘煜．2008.中国区域气溶胶对东亚夏季风的可能影响（I）：硫酸盐气溶胶的影响．气候变化研究进展，4（2）：111～116

孙建奇，王会军．2006.东北夏季气温变异的区域差异及其与大气环流和海表温度的关系．地球物理学报，49（3）：662～671

孙清元，郑万模，倪化勇．2007.我国西南地区山地灾害灾情年际综合评估．沉积与特提斯地质，27（3）：105～107

孙庆贺，陆永琪，傅立新等．2004.我国氮氧化物排放因子的修正和排放量计算：2000年．环境污染治理技术与设备，5：90～94

孙全辉，张正旺．2000.气候变暖对中国鸟类分布的影响．动物学杂志，14：45～48

索比太阳能．2009.现场制氟：用于CVD工艺的可持续清洗，http://www.solarbe.com/news/content/2009/4/4219.html.2009-10-7

谈建国，郑有飞，彭静等．2008.城市热岛对上海夏季高温热浪的影响．高原气象，27（增刊）：144～149

谭方颖，王建林，宋迎波等．2009.华北平原近45年农业气候资源变化特征分析．中国农业气象，30（1）：19～24

谭亮成，安芷生，蔡演军等．2008.4.2 ka BP气候事件在中国的降雨表现及其全球联系．地质论评，54（1）：94～104

谭明，侯居峙，程海．2002.定量重建气候历史的石笋年层方法．第四纪研究，22（3）：209～219

汤超莲，郑兆勇，游大伟等．2006.珠江口近30a的SST变化特征分析．台湾海峡，25（1）：97～101

汤剑平，陈星，赵鸣等．2008.IPCC A2情景下中国区域气候变化的数值模拟．气象学报，66（1）：0013～25

汤懋苍，柳艳香，冯松．2002.一个新的千年暖期可能已经来临，高原气象，21（2）：128～131

唐邦兴．2000.中国泥石流．北京：商务印书馆

唐川，铁永波．2009.汶川震区北川县城魏家沟暴雨泥石流灾害调查分析．山地学报，27（5）：625～630

唐国利，2006.仪器观测时期中国温度变化研究．中国科学院大气物理研究所硕士学位论文，1～76

唐国利，巢清尘．2005.中国近49年沙尘暴变化趋势的分析．气象，31（5）：8～11

唐国利，丁一汇，王绍武等，2009.中国近百年温度曲线的对比分析．气候变化研究进展，5（2）：71～78

唐国利，林学椿．1992.1921～1990年我国气温序列及变化趋势．气象，18（7）：3～6

唐国利，任国玉．2005.近百年中国地表气温变化趋势的再分析．气候与环境研究，10（4）：791～798

唐国利，任国玉，周江兴．2008.西南地区城市热岛强度变化对地面气温序列的影响．应用气象学报，19（6）：722～730

唐红玉，翟盘茂，王振宇．2005.1951～2002年中国平均最高、最低气温及日较差变化．气候与环境研究，10（4），728～735

唐俊梅，张树文．2002.基于MODIS数据的宏观土地利用/土地覆盖监测研究．遥感技术与应用，17（2）：104～107

唐曙光．2007.我国建筑节能技术政策研究．中外建筑，4：80～83

唐为安．2007.区域农业对气候变化的脆弱性评价—宁夏案例研究．中国农业科学院研究生院硕士研究生论文

陶波，曹明奎，李克让．2006.1981～2000年中国陆地净生态系统生产力空间格局及其变化．中国科学（D辑）：地球科学，36（12）：1～9

陶勇，沈颖．2006.夏季气象条件对地区空调负荷的影响．华东电力，34（10）：29～30

田春秀等．2009.气候变化与环保政策的协同效应．环境保护，（12）：67～68

田光进，庄大方，刘明亮．2003.近10年中国耕地资源时空变化特征．地球科学进展，18（1）：30～36

田青，方修琦，乔佃锋．2005.从吉林省安图县案例看人类对全球变化适应的行为心理学研究．地球科学进展，20（8）：916～919

田素珍，杜碧兰，禹军．1997.海平面上升对渤莱湾沿岸地区的影响及对策．海洋通报，16（1）：1～9

田卫堂，胡维银，李军，高照良．2008.我国水土流失现状和防治对策分析．水土保持研究，15（4）：204～209

田应兵，熊明彪，熊晓山等.2003.若尔盖高原湿地土壤—植物系统有机碳的分布与流动.植物生态学报，27（4）：490～495

童长江，吴青柏，张森琦.2004.拯救黄河源生态环境～对南水北调西线工程规划的一点看法.水利规划与设计，4（增）：20～25

涂长望.1959.关于二十世纪气候变暖的问题.见：陶诗言.涂长望文集.北京：气象出版社

屠其璞.1984.近百年来我国气温变化的趋势和周期.南京气象学院学报，2：151～162

万钢.2009.中国十一五用于应对气候变化科技投入将过100亿.http://www.chinanews.com.cn/gn/news/2009/09-30/1895463.shtml

汪家铭.2008.氮肥行业节能减排实施目标与技术创新.化工设计，18（6）：44～46

汪澜.2006.论中国水泥工业CO_2的减排.中国水泥，（4）：34～36

汪品先，卞云华，李保华等.1996.西太平洋边缘海的"新仙女木"事件.中国科学（D辑）：地球科学，26（5）：452～460

汪双杰等著.2008.多年冻土地区公路修筑技术.北京：人民交通出版社

汪永钦，李年荣，刘荣花等.1994.稻田甲烷排放抑制剂实验结果分析.河南气象，（4）：15～17

王爱娥.2006.农业生物灾害呈加重态势植保专业化防治势在必行.山东农药信息，12：13～14

王宝桐，张锋.2008.东北黑土区水土保持耕作措施防蚀机理及效果.中国水土保持，1：9～11

王澄海，王芝兰，崔洋.2009.40余年来中国地区季节性积雪的空间分布及年际变化特征.冰川冻土，31（2）：301～310

王春鹤，张宝林，刘福涛.1996.大小兴安岭多年冻土退化规律及利弊的初步分析.冰川冻土，19（增刊）：176～180

王春乙.2007.重大农业气象灾害研究进展.北京：气象出版社

王翠花，李雄，缪启龙.2003.中国近年来日最低气温变化特征研究.地理科学，23（4）：441～447

王存忠，牛生杰，王兰宁.2009.50年来中国沙尘暴的多时间尺度变化特征.大气科学学报，32（4）：507～512

王大钧，陈列，丁裕国.2006.近40年来中国降水量、雨日变化趋势及与全球温度变化的关系.热带气象学报，22（3）：283～289

王道波，张广录，周晓果.2005.华北水资源利用现状及其宏观调控对策研究.干旱区资源与环境，19（2）：46～51

王发科，苟日多杰，祁贵明等.2007.柴达木盆地气候变化对荒漠化的影响.干旱气象，25（3）：28～33

王芳，田素珍.2000.海平面上升对珠江三角洲地区的社会经济及环境影响研究.中国减灾，10（2）：33～37

王馥棠.2002.近十年来我国气候变暖影响研究的若干进展.应用气象学报，13（6）：755～765

王馥棠，赵宗慈，王石立等.2003.气候变化对农业生态的影响.北京：气象出版社

王根绪，胡宏昌，王一博等.2007.青藏高原多年冻土区典型高寒草地生物量对气候变化的响应.冰川冻土，29（5）：671～679

王根绪，李娜，胡宏昌.2009.气候变化对长江、黄河源区生态系统的影响及其水文效应.气候变化研究进展，5（4）：202～208

王根绪，李元寿，吴青柏等.2006.青藏高原冻土区冻土与植被的关系及其对高寒生态系统的影响.中国科学（D辑）：地球科学，36（8）：743～754

王庚辰，温玉璞.1996.温室气体浓度和排放监测及相关过程.北京：中国环境科学出版社

王广伦，杜尧东，罗晓玲.2005.广东近年大旱、大涝的反思.广东气象，4：17～19

王国庆，贺瑞敏，李亚曼等.2008.基于流域水文模拟的径流变化原因研究.水电能源科学，26（3）：11～13

王国庆，王云璋.2000.径流对气候变化的敏感性分析.山东气象，3：17～20

王国庆，张建云，贺瑞敏.2006.环境变化对黄河中游汾河径流情势的影响环境.水科学进展，17（6）：7～12

王国亚，沈永平，苏宏超等.2008.1956～2006年阿克苏河径流变化及其对区域水资源安全的可能影响.冰川冻土，30（4）：562～568

王海潮.2007.李盛霖部长在全国水运工作会议上提出要进一步强化水上安全监管.中国海事.7：8

王宏，石广玉，Aoki T等.2004.2001年春季东亚-北太平洋地区沙尘气溶胶的辐射强迫.科学通报，49（19）：1993～2000（中文版）.Radiative forcing due to dust aerosol over east Asia-north Pacific region during spring, 2001 Chinese Science Bulletin, 49 (20): (2004), 2212～2219（英文版）

王宏，石广玉，王标.2007.中国沙漠沙尘气溶胶对沙漠源区及北太平洋地区大气辐射加热的影响.大气科学，31（3）：515～526

王鸿斌,张真,孔祥波等.2007.入侵害虫红脂大小蠹的适生区和适生寄主分析.林业科学,43（10）：71～76

王会军,范可.2007.北太平洋涛动与台风和飓风频次的关系研究.中国科学（D辑）：地球科学,37（7）：966～973

王会军,曾庆存,张学洪.1992.大气中 CO_2 含量加倍引起的气候变化的数值模拟研究.中国科学（B辑）：化学,35（6）：663～672

王建,李硕.2005.气候变化对中国内陆干旱区山区融雪径流的影响.中国科学（D辑）：地球科学,35（7）：664～670

王金霞,李浩,夏军等.2008.气候变化条件下水资源短缺的状况及适应性措施：海河流域的模拟分析.气候变化研究进展,4（6）：336～341

王劲松,费晓玲,魏锋.2008.中国西北近50年来气温变化特征的进一步研究.中国沙漠,28（4）：724～732

王丽丽,宋长春,葛瑞娟等.2009.三江平原湿地不同土地利用方式下土壤有机碳储量研究.中国环境科学,29（6）：656～660

王丽萍,陈少勇,董安祥.2006.气候变化对中国大雾的影响.地理学报,61（5）：527～536

王菱,谢贤群,李运生等.2004.中国北方地区40年来湿润指数和气候干湿带界线的变化.地理研究,23（1）：45～54

王菱,谢贤群,苏文等.2004.中国北方地区50年来最高和最低气温变化及其影响.自然资源学报,19（3）：337～343

王民.1999.论环境意识的结构.北京师范大学学报,35（3）：423～426

王民.2000.环境意识概念的产生与定义.自然辩证法通讯,（4）：86～90

王明星,李晶,郑循华.1998.稻田甲烷排放及产生、转化、运输机理.大气科学,22（4）：600～612

王明星,刘卫卫,吕国涛等.1989.我国西北部沙漠地区大气甲烷浓度的季节变化的长期变化趋势.科学通报,9：684～686

王乃昂,王涛,高顺尉等.2000.河西走廊末次冰期芒硝和砂楔与古气候重建.地学前缘,7（增刊）：59～66

王佩,邱国玉,尹婧等.2008.泾河流域温度和器皿蒸发量时空特征及变化趋势.干旱气象,26（1）：17～22

王鹏祥,何金海,郑有飞等.2007.近44年来我国西北地区干湿特征分析.应用气象学报,18（6）：769～775

王庆一,中国可持续能源项目参考资料：2008能源数据,2008

王秋香,张春良,刘静等.2009.北疆积雪深度和积雪日数的变化趋势.气候变化研究进展,5（1）：39～43

王全才,王兰生,李宗有等.2009.柔性框架石笼在大型崩塌体治理工程中的应用——以5·12汶川地震区豆芽坪崩塌错落体为例.山地学报,27（5）：631～635

王润元,杨兴国,张九林等.2007.陇东黄土高原土壤储水量与蒸发和气候研究.地球科学进展,22（6）：625～635

王绍武.1990.近百年我国及全球气温变化趋势.气象,16（2）：11～15

王绍武.2001.现代气候学研究进展.北京：气象出版社

王绍武,蔡静宁,朱锦红等.2002.19世纪80年代到20世纪90年代中国降水量的年代际变化.气象学报,60：637～639

王绍武,董光荣.2002.中国西部环境特征及其演变.见：秦大河主编,中国西部环境演变评估（第一卷）.北京：科学出版社

王绍武,龚道溢.2000.全新世几个特征时期的中国气温.自然科学进展,10（4）：325～332

王绍武,闻新宇,罗勇等.2007.近千年中国温度序列的建立.科学通报,52（8）：958～964

王绍武,伍荣生,杨修群等.2005.中国的气候变化.见：秦大河、丁一汇、苏纪兰主编.中国气候与环境演变（上卷）,第九章.北京：科学出版社

王绍武,叶瑾琳,龚道溢等.1998.近百年中国年气温序列的建立.应用气象学报,9（4）：392～401

王绍武,翟盘茂,蔡静宁等.2003.中国西部降水增加了吗？气候变化通讯,2（5）：8～9

王绍武,赵振国,李维京.2009.中国季平均温度与降水量百分比距平图集（1880--2007）.北京：气象出版社

王绍武,赵宗慈.1979.近五百年我国旱涝史料的分析.地理学报,34：329～341

王绍武,赵宗慈,陈振华.1993.公元950～1991年的旱涝型.见：王绍武,黄朝迎著.长江黄河旱涝灾害发生规律及其经济影响的诊断研究.北京：气象出版社

王绍武,赵宗慈,龚道溢等.2005.现代气候学概论.北京：气象出版社

王绍武,朱锦红,裴伟光等.1996.北半球及中国上空自由大气温度的变化.85～913项目02课题论文编委会编.见：气候变化规律及其数值模拟研究论文.第三集.北京：气象出版社

王淑英,张小玲,徐晓峰.2003.北京地区大气能见度变化规律及影响因子统计分析.气象科技,31（2）：109～114

王涛,吴薇,陈广庭等.2003.近10年来中国北方沙漠化土地空间分布的研究.中国科学（D辑）：地球科学,33（增刊）：73～82

王涛，杨保，A. Braeuning 等 . 2004. 近 0.5 ka 来中国北方干旱半干旱地区的降水变化分析 . 科学通报，49（9）：883～887

王体健，谢旻，高丽洁等 . 2004. 一个区域气候－化学耦合模式的研制及初步应用 . 南京大学学报，40（6）：711～727

王文颖，王启基，王刚 . 2006. 高寒草甸土地退化及其恢复重建对土壤碳氮含量的影响 . 生态环境，15（2）：362～366

王喜红，石广玉 . 2001. 东亚地区人为硫酸盐的直接辐射强迫 . 高原气象，20（3）：258～263

王喜红，石广玉，马晓燕 . 2002. 东亚地区对流层人为硫酸盐辐射强迫及其温度响应 . 大气科学，26（6）：751～760

王小玲，任福民 . 2008. 1951～2004 年登陆我国热带气旋频数和强度的变化 . 海洋预报，25（1）：65～73

王效科，冯宗炜，欧阳志云 . 2001. 中国森林生态系统的植物碳储量和碳密度研究 . 应用生态学报，12（1）：13～16

王雪臣，庞军 . 2009. 中国能源密集型企业应对气候变化的挑战、机遇及行动建议 . 气候变化研究进展，5（2）：110～116

王雪臣，王守荣 . 2004. 城市化发展战略中气候变化的影响评价研究 . 中国软科学，4：107～109

王彦龙 . 1992. 中国雪崩研究 . 北京：海洋出版社

王艳芬，陈佐忠，Tieszen L T. 1998. 人类活动对锡林郭勒地区主要草原土壤有机碳分布的影响 . 植物生态学报，22（6）：545～551

王艳红，张忍顺，谢志仁 . 2004. 未来江苏中部沿海相对海面变化预测 . 地球科学进展，19（6）：992～996

王叶堂，何勇，侯书贵 . 2007. 2000～2005 年青藏高原积雪时空变化分析 . 冰川冻土，29（6）：855～861

王益志 . 2002. 镁合金熔炼中采用 SF6 对环境的影响 . 铸造，51（4）：239～241

王毅 . 2008. 探索中国特色的低碳道路 . 绿叶，8：46～52

王毅勇，郑循华，宋长春等 . 2006. 三江平原典型沼泽湿地氧化亚氮通量 . 应用生态学报，17：493～497

王颖，任国玉 . 2005. 中国高空温度变化初步分析 . 气候与环境研究，10：780～790

王颖，王传宽，傅民杰等 . 2009. 四种温带森林土壤氧化亚氮通量及其影响因子 . 应用生态学报，20：1007～1012

王永光，龚振淞，许力等 . 2005. 中国温度，降水的长期气候趋势及其影响因子分析，应用气象学报，16（增刊）：86～91

王咏梅，李维京，任福民等 . 2007. 影响中国台风的气候特征及其与环流场关系的研究 . 热带气象学报，23（6）：538～544

王勇，缪启龙，丁园圆 . 2008. 西北地区春季沙尘暴的区域性时间变化特征 . 干旱区资源与环境，22（11）：30～37

王玉辉，何兴元，周广胜 . 2002. 放牧强度对羊草草原的影响 . 草地学报，10（1）：45～49

王跃思，王长科，刘广仁等 . 2002. 北京大气 CO_2 浓度日变化、季变化及长期趋势 . 科学通报，24：13～17

王再文 . 2009-6-16. 强化企业公民理念实施低碳发展战略 . 光明日报

王在志，宇如聪，包庆等 . 2007. 大气环流模式（SAMIL）海气耦合前后性能的比较 . 大气科学，31（2）：202～213

王铮，李山，蔡砥等 . 2004. SARS 流行期的气候学尺度分析 . 安全与环境学报 . 4：67～72

王志立，郭品文，张华 . 2009. 黑碳气溶胶直接辐射强迫及其对中国夏季降水影响的模拟研究 . 气候与环境研究，14（2）：161～171

王志强，方伟华，何飞 . 2008. 中国北方气候变化对小麦产量的影响——基于 EPIC 模型的模拟研究 . 自然灾害学报，17（1）：109～114

王中隆 . 2001. 中国风雪流及其防治研究 . 兰州：兰州大学出版社

王仲颖，任东明，高虎 . 2009. 中国可再生能源产业发展报告 2008. 北京：化学工业出版社

王宗明，宋开山，李晓燕等 . 2007. 近 40 年气候变化对松嫩平原玉米带单产的影响 . 干旱区资源与环境，21（9）：112～117

王祖伟 . 2004. 区域可持续发展系统研究 . 天津师范大学学报（自然科学版），24（1）：19～23

王遵娅，丁一汇 . 2006. 近 53 年中国寒潮的变化特征及其可能原因 . 大气科学，30（6）：1068～1076

王遵娅，张强，陈峪等 . 2008. 2008 年初我国低温雨雪冰冻灾害的气候特征 . 气候变化研究进展，4（2）：63～67

魏殿生 . 2003. 造林绿化与气候变化：碳汇问题研究 . 北京：中国林业出版社

魏文寿 . 2000. 现代沙漠对气候变化的响应与反馈：以古尔班通古特沙漠为例 . 科学通报，45（6）：636～641

温仲明，杨勤科，焦峰等 . 2002. 基于农户参与的退耕还林（草）动态研究——以安塞县大南沟流域为例 . 干旱地区农业研究，20（2）：90～94

文海燕，赵哈林，傅华 . 2005. 开垦和封育年限对退化沙质草地土壤性状的影响 . 草业科学，14（1）：31～37

文焕然，文榕生．2006．中国历史时期植物与动物变迁研究．重庆：重庆出版社

闻新宇，王绍武，朱锦红等．英国 CRU 高分辨率格点资料揭示的 20 世纪中国气候变化．大气科学，2006，30：894~904

翁笃鸣，韩爱梅．1998．我国卫星总云量与地面总云量分布的对比分析．应用气象学报，9：32~37

吴滨，施能，李玲等．2007．44 年雾日趋势变化特征及可能影响因素．应用气象学报，18（4）：497~505

吴波，周天军，Tim Li 等．2009．耦合模式 FGOALS _ s 模拟的亚澳季风年际变率及 ENSO．大气科学，33（2）：285~299

吴春强，周天军，宇如聪等．2009．热通量和风应力影响北太平洋 SST 年际和年代际变率的数值模拟．大气科学，33（2）：261~274

吴春霞，刘玲．2008．加拿大一枝黄花入侵的全球气候背景分析．农业环境与发展，25（5）：95~97，104

吴德星，李强，林霄沛等．2005．1990~1999 渤海 SSTa 年际变化的特征．中国海洋大学学报，35（2）：173~176

吴德星，牟林，李强等．2004．渤海盐度长期变化特征及可能的主导因素．自然科学进展，14（2）：191~195

吴海涛．2006．气候变化对栾川工农业生产的影响．河南气象，1：58~59

吴建国．2009．气候变化对中国干旱区分布及其范围的潜在影响．环境科学研究，2（22）：199~204

吴建国，吕佳佳．2009．气候变化对中国干旱区范围的潜在影响．环境科学研究，22（2）：199~206

吴涧，蒋维楣，刘红年等．2002．区域气候模式和大气化学模式对中国地区气候变化和对流层臭氧分布的模拟．南京大学学报 38（4）：572~582

吴金秀，肖稳安，张华．2009．SF_6 的辐射强迫与全球增温潜能的研究．大气科学，33（4）：825~834

吴青柏，程国栋，马巍．2003．多年冻土变化对青藏铁路工程的影响．中国科学（D 辑）：地球科学，33（增）：115~122

吴青柏，陆子建，刘永智．2005．青藏高原多年冻土监测及近期变化．气候变化研究进展，1（1）：26~28

吴庆标，王效科，段晓男等．2008．中国森林生态系统植被固碳现状和潜力．生态学报，28（2）：517~524

吴瑞贞，马毅．2008．近 20 a 南海赤潮的时空分布特征及原因分析．海洋环境科学，27（1）：30~32

吴绍洪，戴尔阜，黄玫等．2007．21 世纪未来气候变化情景（B2）下我国生态系统的脆弱性研究．科学通报，52（7）：811~817

吴绍洪，尹云鹤，赵慧霞等．2005．生态系统对气候变化适应的辨识．气候变化研究进展，1（3）：115-118

吴素芬，韩萍，李燕等．2003．塔里木河流域水资源的变化趋势预测．冰川冻土，25（6）：708~711

吴涛，康建成，王芳等．2006．全球海平面变化研究新进展．地球科学进展，21（7）：730~737

吴向阳，张海东．2008．北京市气温对电力负荷影响的计量经济分析．应用气象学报，19（5）：531~538

吴晓江．转向低碳经济的生活方式．2008．社会观察，（6）：19~22

吴艳红，朱立平等．2007．纳木错流域近 30 年来湖泊—冰川变化对气候的响应．地理学报，62（3）：301~311

吴增祥，2005．气象台站历史沿革信息及其对观测资料序列均一性影响的初步分析．应用气象学报，16（4）：461~467

吴照和．2005．循环经济是电石发展的必由之路．中国氯碱，（11）：42~45

吴正方．2003．东北阔叶红松林分布区生态气候适宜性及全球气候变化影响评价．应用生态学报，14（5）：771~775

吴正方，靳英华，刘吉平等．2003．东北地区植被分布全球气候变化区域响应．地理科学，23（5）：564~570

吴志祥，周兆德．2004．气候变化对我国农业生产的影响及对策．华南热带农业大学学报，10（2）：7~11

武健伟，鲁瑞洁，赵廷宁．2004．中世纪暖期的中国东部沙地．中国水土保持科学，2（1）：29~33

武洲宏，马湘山．2008．中国民航业控制航空排放政策研究．环境与可持续发展，5：9~12

夏敬源．2008．我国重大农业生物灾害暴发现状与防控成效．中国植保导刊，28（1）：5~9

夏军，刘孟雨，贾绍凤等．2004．华北地区水资源及水安全问题的思考和研究．自然资源学报，19（5）：550~560

夏军，Thomas Tanner，任国玉等．2008．气候变化对中国水资源影响的适应性评估与管理框架．气候变化研究进展，4（4）：215~219

向旬，王冀，王绪鑫等．2008．我国极端气温指数的时空变化与分区研究．气象，34（9）：73~80

萧楠．2006-4-24．双轮驱动我国己二酸产业提速．中国化工报，03 版

肖风劲，张海东，王春乙等．2006．气候变化对我国农业的可能影响及适应性对策．自然灾害学报，15（6）：327~331

谢飞．2010．每年 1000 亿美元的"蛋糕"由谁来做——剖析《哥本哈根协议》中的资金问题，《中国财经报》2010 年 1 月 28 日第四版．

谢立勇，冯永祥．2009．北方水稻生产与气候资源利用．北京：中国农业科学技术出版社

谢庄, 苏德斌, 虞海燕等. 2007. 北京地区热度日和冷度日的变化特征. 应用气象学报, 18 (2): 232~236

谢自楚, 苏珍, 沈永平等. 1998. 贡嘎山海螺沟冰川物质平衡、水交换特征及其对径流的影响. 冰川冻土, 23 (1): 7~15

辛晓歌, 周天军, 宇如聪. 2008. 气候系统模式对北极涛动的模拟. 地球物理学报, 51 (2): 337~351

新华社. 2005. 中共中央国务院关于进一步加强农村工作提高农业综合生产能力若干政策的意见. http://news. xinhuanet. com/zhengfu/2005-01/31/content_2529073. htm. 2009-10-10

新华社. 2006a. 中共中央国务院关于推进社会主义新农村建设的若干意见. http://news. xinhuanet. com/politics/2006-02/21/content_4207811. htm. 2009-10-10

新华社. 2006b. 中华人民共和国国民经济和社会发展第十一个五年规划纲要. http://www. gov. cn/ztzl/2006-03/16/content_228841. htm. 2009-10-10

新华社. 2007. 关于积极发展现代农业扎实推进社会主义新农村建设的若干意见 http://news. xinhuanet. com/politics/2007-01/29/content_5670478. htm. 2009-10-10

新华社. 2008a. 中共中央关于推进农村改革发展若干重大问题的决定. http://www. gov. cn/jrzg/2008-10/19/content_1125094. htm. 2009-10-10

新华社. 2008b. 中共中央国务院关于切实加强农业基础建设进一步促进农业发展农民增收的若干意见. http://news. xinhuanet. com/newscenter/2008-01/30/content_7527980. htm. 2009-10-10

新华社. 2009. 我国林业发展成就和农村生态建设状况综述. 中国林业网 http://www. forestry. gov. cn/. 2009-03-23

信忠保, 许炯心, 郑伟. 2007. 气候变化和人类活动对黄土高原植被覆盖变化的影响. 中国科学 (D辑): 地球科学, 37 (11): 1504~1514

邢灿飞, 廖成旺, 李树德等. 2005. 我国东部沿海海平面变化研究现状及问题. 大地测量与地球动力学, 25 (3): 129~132

熊伟, 林而达, 居辉等. 2005. 气候变化的影响阈值和中国的粮食安全. 气候变化研究进展, 1 (2): 84~87

熊伟, 杨婕, 林而达等. 2008. 未来不同气候变化情景下我国玉米产量的初步预测. 地球科学进展, 23 (10): 1092~1101

胥加仕, 罗承平. 2005. 近年来珠江三角洲咸潮活动特点及重点研究领域探讨. 人民珠江, (2): 21~23

徐海, 洪业汤. 2002. 红原泥炭纤维素氧同位素指示的距今6ka温度变化. 科学通报, 2002年第47卷第15期

徐华清. 2007. 应对气候变化的能源战略与对策. 环境保护, (6A): 47~49

徐华清, 崔成, 郭元等. 2008. 我国能源发展的环境约束问题研究报告. 北京: 国家发展改革委能源研究所

徐华清, 于胜民. 2008. 应对气候变化中国的挑战和机遇研究报告 (2050). 北京: 国家发展改革委能源研究所

徐会明, 顾清源, 杨淑群等. 四川省大雾天气的气候特征. 四川气象, 24 (3): 34~36

徐玲玲, 张玉书, 陈鹏狮等. 2009. 近20年盘锦湿地变化特征及影响因素分析. 自然资源学报, 24 (3): 483~491

徐明, 冯超德. 2009. 长江流域气候变化脆弱性与适应性研究. 北京: 中国水利水电出版社

徐汝梅, 叶万辉. 2003. 生物入侵~理论与实践. 北京: 科学出版社

徐先勇, 方厚辉, 张国强. 2007. 建筑照明节能途径. 大众用电, 10: 37~39

徐晓斌, 林伟立. 2010. 卫星观测的中国地区1979~2005年对流层臭氧变化趋势. 气候变化研究进展, 6: 100~105

徐晓斌, 林伟立, 王韬等. 2006. 长江三角洲地区对流层臭氧的变化趋势. 气候变化研究进展, 2 (5): 211~216

徐影, 赵宗慈, 高学杰等. 2005. 南水北调东线工程流域未来气候变化预估. 气候变化研究进展, 1 (4): 176~178

徐影, 赵宗慈, 李栋梁. 2005. 青藏高原及铁路沿线未来50年气候变化的模拟分析. 高原气象, 24 (5): 700~707

徐永福, 浦一芬, 赵亮. 2005. 海洋碳循环模式的研究进展. 地球科学进展, 20 (10): 1106~1115

徐玉高, 吴宗鑫. 1998. 国际间碳转移: 国际贸易与国际投资. 世界环境, (1): 24~29

徐志龙, 曹阳, 杨敏. 2009, 1951~2005年海河流域汛期降水量的时空变化特征分析. 水文, 29 (1): 85~88

许何也, 李小雁, 孙永亮. 2007. 近47a来青海湖流域气候变化分析. 干旱气象, 25 (2): 50~54

许继军, 杨大文, 雷志栋等. 2006, 长江流域降水量和径流量长期变化趋势检验. 人民长江, 37 (9): 63~67

许艳, 杨善利, 杨宗保等. 2008. 宝水上安全促水运发展. 中国海事, 6: 7~9

许吟隆, 黄晓莹, 张勇等. 2007. PRECIS对华南地区气候模拟能力的验证. 中山大学学报, 46 (5): 93~97

许吟隆, 薛峰, 林一骅. 2003. 不同温室气体排放情景下中国21世纪地面温度和降水变化的模拟分析 气候与环境研究, 8 (2): 209~217

许吟隆, 张勇, 林一骅等. 2006. 利用PRECIS分析SRES B2情景下中国区域的气候变化响应. 科学通报, 51 (17):

2068～2074

许志中，曹双梅，郭红．2004．我国建筑节能技术的研究开发与发展前景探讨．工业建筑，34（4）：73～75

薛建辉，胡海波．2008．冰雪灾害对森林生态系统的影响与减灾对策．林业科学，44（4）：1～2

延晓冬，符淙斌，Shugart H H．2000．气候变化对小兴安岭森林影响的模拟研究．植物生态学报，24（3）：312～319

闫琨，周康根，2008．电石渣综合利用研究进展，环境科学导刊，27（增刊）：103～106

严作良，周华坤，刘伟等．2003．江河源区草地退化状况及原因．中国草地，25（1）：73～78

阎三忠，2007．中国化学工业年鉴2005年～2006年．中国化工信息中心

阎新兴，张素珍，李素丽等．2009．白洋淀水资源综合承载力最佳水位研究．南水北调与水利科技，7（3）：81～83

颜梅，左军成，傅深波等．2008．全球及中国海海平面变化研究进展．海洋环境科学，27（2）：197～200

杨保，Braeuning Achim．2006．近千年青藏高原的温度变化．气候变化研究进展，2（3）：104～107

杨朝飞．1992．关于环境意识内涵的研究．环境保护，（4）：26～28

杨丹辉．2008-1-17．世界经济发展的十大趋势及其影响．中国经济时报

杨桂山．2000．中国沿海风暴潮灾害的历史变化及未来趋向．自然灾害学报，9（3）：23～30

杨国静，杨坤，周晓农．2010．气候变化对媒介传播性疾病传播影响的评估模型．气候变化研究进展．6（4）：259～264

杨宏青，陈正洪，石燕等．2005．长江流域1960年以来暴雨日数和暴雨量的变化趋势．气象，31（3）：66～68

杨金虎，江志红，王鹏祥等．2008．中国年极端降水事件的时空分布特征．气候与环境研究，13（1）：75～83

杨景成，韩兴国，黄建辉等．2003．土壤有机质对农田管理措施的动态响应．生态学报，23（4）：787～796

杨坤，潘婕，杨国静等．2010．不同气候变化情景下中国血吸虫病传播的范围与强度预估．气候变化研究进展．6（4）：248～253

杨坤，王显红，吕山等．2006．气候变暖对中国几种重要媒介传播疾病的影响．国际医学寄生虫病杂志，33（4）：182～187

杨莉，戴明忠，窦贻俭．2001．论环境意识的组成、结构与发展．中国环境科学，21（6）：545～548

杨伶俐，李小娟，王磊等．2006．全球气候变暖对我国西南地区气候及旅游业的影响．首都师范大学学报（自然科学版），27（3）：86～71

杨勤，许吟隆，林而达等．2009．应用DSSAT模型预测宁夏春小麦产量演变趋势．干旱地区农业研究，27（2）：41～48

杨青，崔彩霞，孙除荣等．2007．1959～2003年中国天山积雪的变化．气候变化研究进展，3（2）：80～84

杨世伦，朱骏，李鹏．2005．长江口前沿潮滩对来沙锐减和海面上升的响应．海洋科学进展，23（2）：152～158

杨西伟等．2007．我国主要建筑节能技术应用与发展．建筑节能，8：39～43

杨小利．2009．陇东黄土高原土壤水分演变及其对气候变化的响应．中国沙漠，29（2）：305～311

杨晓东，张玲．2003．钢铁工业温室气体排放与减排．钢铁，38（7），65～69

杨修，孙芳，林而达等．2004．中国水稻对气候变化的敏感性和脆弱性．自然灾害学报，13（5）：85～89

杨续超，张镱锂，刘林山等．2009．中国地表气温变化对土地利用/覆被类型的敏感性．中国科学（D辑）：地球科学，39（5）：638～646

杨玉华，应明，陈葆德．2009．近58年来登陆中国热带气旋气候变化特征．气象学报，67（5）：689～696

杨泽龙，杜文旭，侯琼．2008．内蒙古东部气候变化及其草地生产潜力的区域性分析．中国草地学报，30（6）：62～66

杨针娘，杨志怀，梁凤仙等．1993．祁连山冰沟流域冻土水文过程．冰川冻土，15（2）：235～241

姚凤梅，张佳华，张白妮等．2007．气候变化对南方稻区水稻产量影响的模拟和分析．气候与环境研究，12（5）：659～666

姚惠明，秦福兴，沈国昌等．2007．黄河宁蒙河段凌情特性研究．水科学进展，18（6）：893～899

姚檀栋，焦克勤，杨志红等．1995．古里雅冰芯中小冰期以来的气候变化．中国科学（B辑）：化学，25（10）：1108～1114

姚檀栋，刘时银，蒲健辰．2004．高亚洲冰川的近期退缩及其对西北水资源的影响．中国科学（D辑）：地球科学，34（6）：535～543

姚檀栋，蒲健辰，田立德等．2007．喜马拉雅山脉西段纳木那尼冰川正在强烈萎缩．冰川冻土，29（4）：503～508

姚檀栋，秦大河，田立德等．1996．青藏高原2ka来温度与降水变化—古里雅冰芯记录．中国科学（D辑）：地球科学，26（4）：348～353

姚檀栋，秦大河，徐柏青等．2006．冰芯记录的过去1000年青藏高原温度变化．气候变化研究进展，2（3）：99～103

姚愉芳，齐舒畅，刘琪 . 2008. 中国进出口贸易与经济、就业、能源关系及对策研究 . 数量经济技术研究，25（10）：56～65

姚玉璧，张秀云，段永良 . 2008. 气候变化对亚高山草甸类草地牧草生长发育的影响 . 资源科学，30（12）：1839～1845

冶金工业部《中国钢铁工业年鉴》编辑委员会 . 1986. 中国钢铁工业年鉴 1986. 北京：冶金工业出版社

叶柏生 . 2002. 冰雪径流和出山径流对气候变化的响应 . 见：康尔泗，程国栋，董增川 . 中国西北干旱区冰雪水资源与出山径流 . 北京：科学出版社

叶柏生，成鹏，丁永建等 . 2008. 100 多年来东亚地区主要河流径流变化 . 冰川冻土，5：34～38

叶柏生，赖祖铭，施雅风 . 1996. 气候变化对天山伊犁河上游河川径流的影响 . 冰川冻土，18（1）：29～35

叶柏生，杨大庆，丁永建等 . 2006. 我国过去 50a 来降水变化趋势及其对水资源的影响（I）：年系列 . 冰川冻土，26（5）：587～594

叶殿秀，张强，邹旭恺 . 2005. 三峡库区雷暴气候变化特征分析 . 长江流域资源与环境，14（3）：381～385

叶瑾琳，王绍武，李晓东 . 1997. 中国东部旱涝型的研究 . 应用气象学报，8（1）：69～77

易先良，龚雁梓 . 1987. 环境意识初探 . 社会科学，（5）：25～27

易燕明，杨兆礼，万齐林等 . 2006. 近 50 年广东省雷暴、闪电时空变化特征的研究 . 热带气象学报，22（6）：539～546

殷永元，王桂新 . 2004. 全球气候变化评估方法及其应用 . 北京：高等教育出版社

游大伟，汤超莲，邓松等 . 2009. 珠江口近 15 年海平面变化特点及其与强咸潮发生的关系 . 广东气象，31（3）：4～9

于革，赖格英，薛滨等 . 2006. 中国西部湖泊水量对未来气候变化的响应～蒙特卡罗概率法在气候模拟输出的应用 . 湖泊科学，16（3）：193～202

于贵瑞 . 2003. 全球变化与陆地生态系统碳循环和碳蓄积 . 北京：气象出版社

于贵瑞，孙晓敏 . 2006. 陆地生态系统通量观测原理及其方法 . 北京：高等教育出版社

于贵瑞，孙晓敏 . 2008. 中国陆地生态系统碳通量观测技术及时空变化特征 . 北京：科学出版社

于淑秋，林学椿 . 1989. 中国近五百年旱涝型及环流特征 . 气象科学研究院院刊，4（2）：163～170

丁新文 . 2010. 中国参与长期（2000-2050 年）CO_2 减排的情景选择 . 气候变化研究进展，6（01）：53-59

于宜法，刘兰，郭明克 . 2007. 海平面上升导致渤、黄、东海潮波变化的数值研究 II —海平面上升后 渤、黄、东海潮波的数值模拟 . 中国海洋大学学报，37（1）：7～14

余晖，费亮，端义宏 . 2002. 8807 和 0008 登陆前的大尺度环境特征与强度变化 . 气象学报，60（增刊）：78～87

余克服，蒋明星，程志强等 . 2004. 涠洲岛 42 年来海面温度变化及其对珊瑚礁的影响 . 应用生态学报，15（3）：506～510

於琍，曹明奎，陶波等 . 2008. 基于潜在植被的中国陆地生态系统对气候变化的脆弱性定量评价 . 植物生态学报，32（3）：521～530

喻甦 . 2003. 中国石漠化分布现状与特点 . 中南林业调查规划，22（2）：53～55

袁飞，韩兴国，葛剑平 . 2008. 内蒙古锡林河流域羊草草原净初级生产力及其对全球气候变化的响应 . 应用生态学报，19（10）：2168～2176

袁婧薇，倪健 . 2007. 中国气候变化的植物信号和生态证据 . 干旱区地理，30（4）：465～473

袁顺全，千怀遂 . 2004. 气候对能源消费影响的测度指标及计算方法 . 资源科学，26（6）：125～130

云雅如，方修琦，王丽岩等 . 2007. 我国作物种植界线对气候变暖的适应性响应 . 作物杂志，3：20～23

曾从盛，钟春棋，仝川等 . 2008. 土地利用变化对闽江河口湿地表层土壤有机碳含量及其活性的影响 . 水土保持学报，22（5）：125～129

曾辉，袁春良，胡振全 . 2007. 辽宁风沙区退耕还林生态效应的初步研究 . 辽宁师专学报，9（2）：73-75

曾宁 . 2009. 气候变化：中国的困境、机遇和对策 . 气候变化研究进展，5（3）：163～166

曾小凡，苏布达，姜彤等 . 2007. 21 世纪前半叶长江流域气候趋势的一种预估 . 气候变化研究进展，3（5）：293～298

翟建青，曾小凡，苏布达等 . 2009. 基于 ECHAM5 模式预估 2050 年前中国旱涝格局趋势 . 气候变化研究进展，5（4）：220～225

翟盘茂，任福民，张强 . 1999. 中国降水极值变化趋势检测 . 气象学报，57（2）：208～216

翟盘茂，王志伟，邹旭恺 . 2007. 全国及主要流域极端气候事件变化 . 见：任国玉 . 气候变化与中国水资源 . 北京：气象出版社

翟盘茂，章国村 . 2004. 气候变化与气象灾害 . 科技导报，7：11～14

翟盘茂，周琴芳．1997.中国大气水分气候变化研究．应用气象学报，8（3）：342～351

翟劭燚，张建云，刘九夫等．2009.海河流域近50年降水变化多时间尺度分析．海河水利，（1）：1～4

张爱英，高霞，任国玉．2008.华北中部近45年极端降水变化特征，干旱气象，26（4）：46～50

张爱英，任国玉，周江兴等．2010.我国地面气温变化趋势中的城市化影响偏差研究．气象学报，68（5）

张保安，钱公望．2007.中国灰霾历史渊源和现状分析．环境与可持续发展，1：56～58

张春霞，胡长庆，严定鎏等．2007.温室气体和钢铁工业减排措施，中国冶金，17（1）：7～12

张德二．1980.近500年来我国南部冬温状况的初步探讨．科学通报，（6）：270～272

张德二．1983.近500年我国各区域旱涝变化及其与冬季冷暖的关系．气象科学技术集刊，（4）：40～46

张德二．1993.我国"中世纪温暖期"气候的初步推断．第四纪研究，1：7～14

张德二．1997.我国历史上严冬和冷夏个例的实况复原研究，中国学术期刊文摘，3（4）：487～488

张德二．2000.相对温暖气候背景下的历史旱灾——1784～87年典型实例．地理学报，55（增刊）：106～112

张德二．2004.中国三千年气象记录总集．南京：江苏教育出版社

张德二．2010.历史文献记录用于古气候代用记录的校准试验．气候变化研究进展，（1）：70～72

张德二，Demaree Gaston.2004.1743年华北夏季极端高温—相对温暖气候背景下的历史炎夏事件研究．科学通报，49（21）：2204～2210

张德二，李小泉，梁有叶．2003.《中国近五百年旱涝分布图集》的再续补（1993～2000年）．应用气象学报，14（3）：379～384

张德二，梁有叶．2009.近五百年我国北方多雨年及其与温度背景的关联．第四纪研究，29（5）：863～870

张德二，梁有叶．2010.历史极端气候事件研究—1876～1878年我国大范围持续干旱事件．气候变化研究进展，（2）106～112

张德二，刘月巍．2002.北京清代"晴雨录"降水记录的再研究～应用多因子回归方法重建北京1724～1904年降水量序列．第四纪研究，22（3）：199～208

张德二，王宝贯．1990.18世纪长江下游梅雨活动的复原研究．中国科学（B辑）：化学，（12）：1333～1339

张东启，效存德，秦大河．2009.近几十年来喜马拉雅山冰川变化及其对水资源的影响．冰川冻土，31（5）：885～895

张冬峰，高学杰，赵宗慈等．2005.RegCM3区域气候模式对中国气候的模拟．气候变化研究进展，1（3）：119～121

张峰，周广胜，王玉辉．2008.内蒙古克氏针茅草原植物物候及其与气候因子关系．植物生态学报，32（6）：1312～1322

张国宝．2009.中国能源发展报告2009.北京：经济科学出版社

张海东，孙照渤，2008.气候变化对我国取暖和降温耗能的影响及优化研究．北京：气象出版社

张宏声，2003.全国海洋功能区划．北京：海洋出版社

张鸿文，杜纪山，李芳芳等．2009.退耕还林工程生态效益监测探讨．林业经济，9：38～40

张厚瑄．2000.中国种植制度对全球气候变化响应的有关问题．I.气候变化对我国种植制度的影响．中国农业气象，21（1）：9～13

张华．2009.IPCC关于可选择温室气体排放测量方法的科学专家会议简介．气象科技合作动态，3：11～12

张华丽，董婕，延军平等．2009.西安市城市生活用水对气候变化响应分析．资源科学，31（6）：1040～1045

张华，马井会，郑有飞．2008.黑碳气溶胶辐射强迫全球分布的模拟研究．大气科学，2（5）：1147～1158

张华，马井会，郑有飞．2009.沙尘气溶胶全球辐射强迫的模拟研究．气象学报，67（4）：510～521

张华，王志立．2009.黑炭气溶胶气候效应的研究进展．气候变化研究进展，5（6）：311～317

张华，吴金秀，沈钟平．2011.PFCs和SF_6的辐射强迫与全球增温潜能的研究．中国科学（D辑）：地球科学，41（2）：225～233

张怀清，朱晓荣，周金星等．2009.退田还湖工程前后洞庭湖区湿地变化分析．林业科学研究，22（3）：309～314

张建波，田琪．2005.洞庭湖湿地生态保护现状及对策．水资源保护，21（1）：52～54，61

张建平，赵艳霞．2007.气候变化情景下我国主要粮食作物产量变化模拟．干旱地区农业研究，25（5）：208～213

张建平，赵艳霞，王春乙等．2008.气候变化情景下东北地区玉米产量变化模拟．中国生态农业学报，16（6）：1448～1452

张建云，王国庆等．2007.气候变化对水文水资源影响研究．北京：科学出版社

张建云，王国庆，贺瑞敏等．2009.黄河中游水文变化趋势及其对气候变化的相应．水科学进展，20（2）：153～158

张建云，王金星，李岩等．2008.近50年我国主要江河径流变化．气候变化观测事实，中国水利，2：31～34

张建云，章四龙，王金星等.2007.近50a来我国六大流域年际径流变化趋势研究.水科学进展，18（2）：230～234

张洁，周天军，满文敏等.2009.气候系统模式 FGOALS_g1 模拟的小冰期气候.第四纪研究，29（6）：1125～1134

张锦文，王喜亭，王惠.2001.未来中国沿海海平面上升趋势估计.测绘通报，（4）：4～5

张景华，李英年.2008.青海气候变化趋势及对植被生产力影响的研究.干旱区资源与环境，22（2）：97～102

张俊香，黄崇福，刘旭拢.2008.广东沿海风暴潮灾害的地理分布特征和风险评估.应用基础与工程科学学报，16（3）：393～402

张凯博.2007.活性石灰回转窑节能降耗和资源综合利用的探讨.矿山机械，（10）：152～154

张凯，司建华，王润元.2008.气候变化对阿拉善荒漠植被的影响研究.中国沙漠，28（5）：879～885

张坤民.2008.低碳经济论.北京：中国环境科学出版社

张兰生，方修琦，任国玉.2000.全球变化.北京：高等教育出版社

张莉，任国玉.2003.中国北方沙尘暴频数演化及其气候成因分析.气象学报，61（6）：744～750

张立盛.石广玉.2001.硫酸盐和烟尘气溶胶辐射特性及辐射强迫的模拟估算.大气科学，25（2）：231～242

张丽霞，周天军，吴波等.2008.气候系统模式 FGOALS_s1.1 对热带降水年循环模态的模拟.气象学报，66（6）：968～981

张刘春，肖登明，张栋等.2008.c-C_4F_8/CF_4替代 SF_6 可行性的 SST 实验分析.电工技术学报，6（23）：14～18

张鲁新.2000.青藏铁路高原冻土区地温变化规律及其对路基稳定性影响.中国铁道科学，21（1）：37～47

张美根.韩志伟.2003.TRACE-P 期间硫酸盐、硝酸盐和铵盐气溶胶的模拟研究.高原气象，22（1）：1～6

张明军，周立华.2004.气候变化对中国森林生态系统服务价值的影响.干旱区资源与环境，18（2）：40～43

张宁，孙照渤，曾刚，2007，1955-2005 年中国极端气温的变化，南京气象学院学报，31（1）：123～128

张丕远，龚高法.1979.十六世纪以来中国气候变化的若干特征.地理学报，34（3）：238～246

张强，邓振镛，赵映东，2008，全球气候变化对我国西北地区农业的影响.生态学报，28（3）：1210～1218

张强，罗勇等.2007.三峡库区夏季高温干旱及成因分析.中国三峡建设，2：89～91

张强，邹旭恺，肖风劲等.2006.气象干旱等级.GB/T20481-2006，中华人民共和国国家标准.北京：中国标准出版社

张乔民.2001.我国热带生物海岸的现状及生态系统的修复与重建.海洋与湖沼，32（4）：454～464

张乔民，隋淑珍，张叶春等.2001.红树林宜林海洋环境指标研究.生态学报，21（9）：1427～1437

张人禾，武炳义，赵平等.2008.中国东部夏季气候 20 世纪 80 年代后期的年代际转型及其可能成因.气象学报，66（5）：697～706

张苏平，刘应辰，张广泉等 2009 基于遥感资料的 2008 年黄海绿潮浒苔水文气象条件分析.中国海洋大学学报，39（5）：870～876

张钛仁，颜亮东，张峰.2007.气候变化对青海天然牧草影响研究.高原气象，26（4）：724～731

张文菊，彭佩钦，童成立等.2005.洞庭湖湿地有机碳垂直分布与组成特征.环境科学，26（3）：56～60

张文君，周天军，宇如聪.2008a.中国土壤湿度的分布与变化 I.多种资料间的比较.大气科学，32（3）：581～597

张文君，宇如聪，周天军.2008b.中国土壤湿度的分布与变化 II.耦合模式模拟结果评估.大气科学，32（5）：1128～1146

张先恭，李小泉，1982.本世纪我国气温变化的某些特征.气象学报，40（2）：198～208

张小全.2007.减少发展中国家毁林排放谈判进展.气候变化研究进展，3（1）：54～57

张小全，武曙红，何英等.2005.森林、林业活动与温室气体的减排增汇.林业科学，41（6）：150～156

张小曳，龚山陵.2006.2006 年春季的东北亚沙尘暴.北京：气象出版社

张小曳，周凌晞，丁国安.2006.大气成分与环境气象灾害.见：许小峰.气象灾害丛书.北京：气象出版社

张晓东，颉耀文，史建尧等.2008.石羊河流域土地利用与景观格局变化.兰州大学学报（自然科学版），44（5）：19～25

张秀芝，裴越芳，吴迅英.2005.近百年中国近海海温变化.气候与环境研究，10（4）：799～807

张旭辉，李典友，潘根兴.2008.中国湿地土壤碳库保护与气候变化问题.气候变化研究进展，4（4）：202～208

张学洪，郭裕福，袁重光等.1999.中国科学院大气物理研究所环流模式（GCM）研究的成就.见：陶诗言，Ricnes M R，陈泮勤，Wang W C.温室效应与气候变化研究：中国科学院、美国能源部"二氧化碳导致的气候变化"联合研究进展（1984～1999）.北京：海洋出版社

张学洪，俞永强，宇如聪等.2003.一个大洋环流模式和相应的海气耦合模式的评估：I.热带太平洋年平均状态.大气科

学 . 27 (6)：949～970

张学敏，商少平，张彩云等 . 2005. 闽南—台湾浅滩渔场海表温度对鲐鲹鱼类群聚资源年际变动的影响初探 . 海洋通报，
　　24 (4)：91～96

张艳霞，钱永甫，王谦谦 . 2004. 西北太平洋热带气旋的年际和年代际变化及其与南亚高压的关系 . 应用气象学报，
　　15 (1)：74～80

张勇，曹丽娟，许吟隆等 . 2008. 未来中国极端温度事件变化情景分析 . 应用气象学报，19 (6)：655～660

张远辉，陈立奇 . 2006. 南沙珊瑚礁对大气 CO_2 含量上升的响应 . 台湾海峡，25 (1)：68～76

张增信，栾以玲，姜彤等 . 2008. 长江三角洲极端降水趋势及未来情景预估，南京林业大学学报（自然科学版），32 (3)：
　　5～8

张真，王鸿斌，孔祥波 . 2005. 红脂大小蠹，《主要农林入侵种的生物学与控制》第十章 . 北京：科学出版社

张正龙，徐韧，范海梅 . 2008. 近 20 年以来长江口生态监控区边滩湿地变化的研究 . 海洋环境科学，27 (1)：5～8

张志达 . 2009. 天保十年喜结硕果 . 2008 年 06 月 04 日 http：//www. tianbao. net/zzjg/tb0604. htm (2009-9-17)

张周来，王军伟 . 2008. 中国可再生能源发展亟须政策和市场支持 . 价格与市场，(12)：40

章大全，钱忠华 . 2008. 利用中值检测方法研究近 50 年中国极端气温变化趋势 . 物理学报，57 (7)：6435～6440

赵传燕，南忠仁，程国栋等 . 2008. 统计降尺度对西北地区未来气候变化预估 . 兰州大学学报（自然科学版），44 (5)：
　　12～25

赵春雨，任国玉，张运福等 . 2009. 近 50 年东北地区的气候变化事实检测分析 . 干旱区资源与环境，23 (7)：25～30

赵凤君，王明玉，舒立福等 . 2009. 气候变化对林火影响的研究进展 . 气候变化研究进展，2009 (1)：50～55

赵哈林，大黑俊哉，周瑞莲等 . 2008. 人类活动与气候变化对科尔沁沙质草地植被的影响 . 地球科学进展，23 (4)：408～
　　414

赵慧颖 . 2007. 呼伦贝尔沙地 45 年来气候变化及其对生态环境的影响 . 生态学杂志，26 (11)：1817～1821

赵慧颖，乌力吉，郝文俊 . 2008. 气候变化对呼伦湖湿地及其周边地区生态环境演变的影响 . 生态学报，28 (3)：
　　1064～1071

赵家荣 . 2009. 重点耗能行业能效对标指南 . 北京：中国环境出版社

赵俊芳，延晓冬，贾根锁 . 2008. 东北森林净第一性生产力与碳收支对气候变化的响应 . 生态学报，28 (1)：92～101

赵林，丁永建，刘广岳等 . 2010. 青藏高原多年冻土层中地下冰储量估算及评价 . 冰川冻土，32 (1)：1～9

赵茂盛，Ronald P N，延晓冬等 . 2002. 气候变化对中国植被可能影响的模拟 . 地理学报，57 (1)：28～37

赵名茶 . 1993. 全球气候变化对中国自然地带的影响 . 见：张翼，张丕远，张厚瑄等 . 气候变化及其影响 . 中国科学院地
　　理研究所全球变化研究系列文集（第一集）. 1993，北京：气象出版社

赵名茶 . 1995. 全球 CO_2 倍增对中国自然地域分异及农业生产潜力的影响预测 . 自然资源学报，10 (2)：148～157

赵庆云，张武，王式功 . 2003. 空气污染与大气能见度及环流特征的研究 . 高原气象，22 (4)：393～396

赵珊珊，杨雪梅，2008. 2008 年北安市农作物主要灾害发生趋势探析 . 现代农业科技，13：180～181

赵伟，刘红年，吴涧 . 2008. 中国春季沙尘气溶胶的辐射效应及对气候影响的研究 . 南京大学学报（自然科学），44 (6)：
　　598～607

赵习方，徐晓峰，王淑英等 . 2001. 北京地区低能见度区域分布初探 . 气象科技，29 (4)：19～22

赵昕奕，张惠远，万军 . 2002. 青藏高原气候变化对气候带的影响 . 地理科学，22 (2)：190～195

赵秀兰，延晓冬 . 2006. 近 20 年黑龙江省土壤水储量变化趋势研究 . 地理科学，26 (5)：569～573

赵义海，柴琦 . 2005. 全球气候变化与草地生态系统 . 草业科学，17 (5)：49～54

赵振国 . 1999. 中国夏季旱涝及环境场 . 北京：气象出版社

赵宗慈，1991. 近 39 年中国的气温变化与城市化影响 . 气象，17 (4)：14～17

赵宗慈，罗勇 . 2007. 21 世纪中国东北地区气候变化预估 . 气象与环境学报，23 (3)：1～4

赵宗慈，罗勇，高学杰等 . 2007. 21 世纪西北太平洋台风变化预估，气候变化研究进展，3 (3)：158～161

赵宗慈，罗勇，江滢等 . 2008. 未来 20 年中国气温变化预估 . 气象与环境学报，24 (5)：1～5

赵宗慈，王绍武，罗勇 . 2007. IPCC 成立以来对温度升高的评估与预估 . 气候变化研究进展，3：183～184

赵宗慈，王绍武，罗勇等 . 2009a. 气候变暖中自然和人类强迫的联合估算 . 科技创新导报，18：137～138

赵宗慈，王绍武，罗勇等 . 2009b. 近百年气候变暖的不确定性分析 . 科技导报，27 (23)：41～48

赵宗慈，王绍武，徐影等 . 2005. 近百年我国地表气温趋势变化的可能原因，气候与环境研究，10 (4)：808～817

郑景云，葛全胜，方修琦等，2007.基于历史文献重建的近 2000 年中国温度变化比较研究.气象学报，65（3）：428～439

郑景云，葛全胜，郝志新.2002.气候增暖对中国近 40 年植物物候变化的影响.科学通报，47（20）：1582～1587

郑景云，王绍武.2005.中国过去 2000 年气候变化的评估.地理学报，60（1）：21～31

郑斯中.1983.我国历史时期冷暖年代的干旱型.地理研究，2（4）：32～41

郑文振.1999,全球和我国近海验潮站地点（和地区）的 21 世纪海平面预测.中国东部沿海地区海平面与陆地垂直运动.北京：海洋出版社

中国冰川资源及其变化调查项目组.2008.中国 82％冰川处于退缩状态.环境经济，2：70

《中国钢铁工业年鉴》编辑委员会.1995.中国钢铁工业年鉴 1995.北京：冶金工业出版社

中国工程院.2008.中国可再生能源发展战略丛书.北京：中国电力出版社

中国海洋统计年鉴编委会.2009.中国海洋统计年鉴.北京：海洋出版社

中国环境与发展国际合作委员会低碳经济课题组.2008.中国发展低碳经济途径研究.见：中国环境与发展国际合作委员会秘书处 2008 年年会文件汇编.北京：中国环境与发展国际合作委员会

中国科学院可持续发展战略研究组.2000.2000 中国可持续发展战略报告.北京：科学出版社

中国科学院可持续发展战略研究组.2009.2009 中国可持续发展战略报告——探索中国特色的低碳道路.北京：科学出版社

中国可持续发展林业战略研究项目组.2002.中国可持续发展林业战略研究总论.北京：中国林业出版社

《中国绿色时报》.2007.中欧森林执法和行政管理国际会议在京召开.http://www.forestry.gov.cn/portal/main/s172/content_348404.html.2007-9-20（1）

中国农业年鉴编辑委员会.2008.中国农业年鉴.北京：中国农业出版社

《中国气候变化国别研究》组.2000.中国气候变化国别研究.北京：清华大学出版社

中国气象局气象科学研究院.1981.中国近五百年旱涝分布图集.北京：地图出版社

中国气象局.1971～1988.台风年鉴（1971～1988 年）.北京：气象出版社

中国气象局.1989～2000.热带气旋年鉴（1989～2000 年）.北京：气象出版社

中国生物多样性国情研究报告编写组.1998.中国生物多样性国情研究报告.北京：中国环境科学出版社

《中国湿地百科全书》编辑委员会.2009.中国湿地百科全书.北京：中国大百科全书出版社

《中国水旱灾害公报》编委会.2006.中国水旱灾害公报.北京：中国水利水电出版社

中国统计局.2008.中国统计年鉴 2008.北京：中国统计出版社

中国有色金属工业协会.2008.中国有色金属工业年鉴 2008.北京：中国有色金属工业年鉴社

中华人民共和国.2004.中华人民共和国气候变化初始国家信息通报.北京：中国计划出版社

中英气候变化合作项目.2007.气候变化对中国农业影响研究.见：《气候变化国家评估报告》编写委员会编著.气候变化国家评估报告.北京：科学出版社

钟宝玉，邹寿发，张扬等.2007.广东省水稻螟虫种群结构及其主要影响因素.广东农业科学，6：51～53

钟华平，樊江文，于贵瑞等.2005.草地生态系统碳蓄积的研究进展.草业科学，22（1）：4～11

周斌，乔木，王周琼.2007.长期定位施肥对灰漠土农田土壤质量的影响.中国生态农业学报.15（2）：33～36

周建军，林秉南，张仁.2002.三峡水库减淤增容调度方式研究—多汛限水位调度方案.水利学报，3：12～19

周剑，何建坤，张希良.2009.全球金融危机及其对全球应对气候变化进程的影响.国际金融研究，（9）：43～49

周剑，刘滨，何建坤.2009.低碳发展是我国应对经济危机与气候危机的必然选择.中国经贸导刊，（8）：18～20

周礼恺，徐星凯，陈利军等.1999.氢醌和双氰胺对种稻土壤 N_2O 和 CH_4 排放的影响.应用生态学报，10（2）：189～192

周丽等.2006-11-07.降低能耗须控制隐性能源出口.转自《科学时报》，2006-11-7，清华新闻网

周连童，黄荣辉.2006.华北地区降水、蒸发和降水蒸发差的时空变化特征.气候与环境研究，11（3）：280～294

周凌晞，刘立新，张晓春等.2008.我国温室气体本底浓度网络化观测的初步结果.应用气象学报，19（6）：641～645

周名江，朱明远.2006."我国近海有害赤潮发生的生态学、海洋学机制及预测防治"研究进展.地球科学进展，21（7）：673～679

周启星.2007.气候变化对环境与健康影响研究进展.气象与环境学报，22（1）：38～40

周天军.2003a.全球海气耦合模式中热盐环流对大气强迫的响应.气象学报.61（2）：164～179

周天军.2003b.大洋经向翻转环流的多空间尺度变率.科学通报.48（增刊 2）：49～54

周天军，Helge D. 2005. 卑尔根气候模式中大西洋热盐环流年代际与年际变率的气候影响. 大气科学，29（2）：167～177

周天军，李立娟，李红梅等. 2008. 气候变化的归因和预估模拟研究. 大气科学，32（4）：906～922

周天军，满文敏，张洁. 2009. 过去千年气候变化的数值模拟研究进展. 地球科学进展. 24（5）：469～476

周天军，王绍武，张学洪. 2000. 大洋温盐环流与气候变率的关系研究：科学界的一个新课题. 地球科学进展，15（6）：654～660

周天军，王在志，宇如聪等. 2005a. 基于 IAP/LASG 大气环流谱模式的气候系统模式. 气象学报，63（5）：702～715

周天军，俞永强，宇如聪等. 2004. 气候系统模式发展中的耦合器研制问题. 大气科学，28（6）：993～1007

周天军，宇如聪，王在志等. 2005b. 大气环流模式 SAMIL 及其耦合模式 FGOALS _ s. 北京：气象出版社

周天军，宇如聪，张学洪等. 2001. 海气耦合气候模式对大气中水汽输送、辐散辐合与海气间水通量交换的模拟. 大气科学，25（5）：598～608

周天军，张学洪，王绍武. 2000. 大洋温盐环流与气候变率的关系研究. 科学通报，45（4）：421～425

周天军，赵宗慈. 2006. 20 世纪中国气候变暖的归因分析. 气候变化研究进展，2（1）：28～31

周卫建，李小强，董光荣等. 1996. 新仙女木期沙漠/黄土过渡带高分辨率泥炭记录—东亚季风气候颤动的实例. 中国科学（D 辑）：地球科学，26（2）：118～124

周伟东，朱洁华，李军等. 2009. 华东地区热量资源的气候变化特征. 资源科学，31（3）：472-478

周晓峰，王晓春，韩士杰等. 2002. 长白山岳桦～苔原过渡带动态与气候变化. 地学前缘，9（1）：227～231

周晓农，杨坤，洪青标等. 2004. 气候变暖对中国血吸虫病传播影响的预测. 中国寄生虫学与寄生虫病杂志，22（5）：262～265

周晓英，胡德宝，王赐震等. 2005. 长江口海域表层水温的季节、年际变化. 中国海洋大学学报，35（3）：357～362

周秀骥等. 2005. 中国大气本底基准观象台进展总结报告（1994～2004）. 北京：气象出版社

周秀骥，李维亮，罗云峰. 1998. 中国地区大气气溶胶辐射强迫及区域气候效应的数值模拟. 大气科学，22（4）：418～427

周雅清，任国玉，2005. 华北地区地表气温观测中城镇化影响的检测和订正. 气候与环境研究，10（4）：743～753

周雅清，任国玉. 2009. 城市化对华北地区最高，最低气温和日较差变化趋势的影响. 高原气象，28（5）：1158～1166

周亚利，鹿化煜，Mason J A. 2008. 浑善达克沙地的光释光年代序列与全新世气候变化. 中国科学（D 辑）：地球科学，38（4）：452～462

周一星. 2005. 城镇化速度不是越快越好，科学决策，2005（8），30～33

周幼吾，郭东信，邱国庆等. 2000. 中国冻土. 北京：科学出版社

周玉荣，于振良，赵士洞. 2000. 中国主要森林生态系统碳贮量和碳平衡. 植物生态学报，24（5）：518～522

周自江，2000. 我国冬季气温变化与采暖分析. 应用气象学报，11（2）：251～252

周自江，章国材等. 2003. 中国北方的典型强沙尘暴事件（1954～2002 年）. 科学通报，2003，48，1224～1228

周自江，朱燕君，鞠晓慧. 2007. 长江三角洲地区的浓雾事件及其气候特征. 自然科学进展，17（1）：66～71

朱科伦，冯业荣，杜琳等. 2004. SARS 流行与气象因素的相关性分析. 广州医药，1～2

朱留财，吴恩涛，张雯，陈兰. 2009. 2012 年后联合国气候变化框架公约履约资金机制初步研究，经济科学出版社

朱松丽. 2000. 水泥行业的温室气体排放及减排措施浅析. 中国能源，（7）：25～28

朱震达. 1997. 全球变化与荒漠化. 地学前缘，4（1-2）：213～219

竺可桢. 1973. 中国近五千年来气候变迁的初步研究. 中国科学，（2）：168～189

祝列克. 2009. 关于做好当前退耕还林工作的几点意见. 林业经济，9：13～14，43

祝燕德，胡爱军，何逸等. 2009. 重大气象灾害风险防范—2008 年湖南冰灾启示. 北京：中国财政经济出版社

庄炳亮，王体健，李树. 2009. 中国地区黑碳气溶胶的间接辐射强迫与气候效应. 高原气象，28（5）：1095～1104

庄贵阳. 2006. 能源补贴政策及其改革—为减排提供经济激励. 气候变化研究进展，（3）：78～81

庄贵阳. 2008. 低碳经济引领世界经济发展方向. 世界环境，（3）：35～38

庄贵阳，郑艳. 2009. 节能减排与低碳城市建设. 见：潘家华等编. 中国城市发展报告（No.2）. 北京：社会科学文献出版社

邹旭恺，张强，任国玉. 2010. 中国气象干旱指数及其监测研究. 气候与环境研究，15（4）：371～378

邹用昌，杨修群，孙旭光等. 2009. 我国极端降水过程频数时空变化的季节差异. 南京大学学报（自然科学），45（1）：98～109

左军成，陈宗镛，戚建华. 1997. 太平洋海平面变化特征及与埃尔尼诺的关系. 青岛海洋大学学报，27（4）：446~452

左书华，李蓓. 2008. 近20年中国海洋灾害特征、危害及防治对策. 气象与减灾研究，31（4）：28~33

左志燕. 张人禾. 2008. 中国东部春季土壤湿度的时空变化特征. 中国科学（D辑）：地球科学，38（11）：1428~1437

2050中国能源和碳排放研究课题组. 2008. 《2050中国能源和碳排放报告》. 北京：科学出版社

Achard F，Eva H D，Mayaux P，et al. 2004. Improved estimates of net carbon emissions from land cover change in the tropics for the 1990s. Global Biogeochemical Cycles，18，GB2008

Adams P J，Seinfeld J H，Koch D，Mickley L，Jacob D. 2001. General circulation model assessment of direct radiative forcing by the sulfate-nitrate-ammonium-water inorganic aerosol system, J Geophys Res，106（D1）：1097~1111

Alexander L V，et al. 2006. Global observed changes in daily climate extremes of temperature and precipitation，J Geophys Res，111，D05109，doi：10.1029/2005JD006290

Allen M R，France D J，Huntingfore C，et al. 2009. Warming caused by cunmulative carbon emissions towards the trillion tome. Nature，458：1163~1166

Allison I，Bindoff N L，Bindschadler R A，et al. 2009. The copenhagen diagnosis：updating the world on the latest climate science. The University of New South Wales Climate Change Research Centre（CCRC）. Australia：Sydney

Amory Lovins. 1977. Soft energy paths：toward a durable peace. New York：Harper & Row

Anderson K，Shackley S，Mander S，et al. 2005. Decarbonising the UK energy for a climate conscious future. Manchester：Tyndall Centre

Andrea Bigano，Francesco Bosello，Giuseppe Marano. 2006. Energy demand and temperature：a dynamic panel analysis. Working Papers：2006.112，Fondazione Eni Enrico Mattei

Andreas Schafer，Henry D Jacoby. 2005. Technology detail in a multisector CGE model ：transport under climate policy. Energy Economics，27（1）：1~24

Baer P，Harte J，Haya B，Herzog A V，Holdren J，Hultman N E，Kammen D M，Norgaard R B，Raymond L. 2000. Equity and greenhouse gas responsibility. Science，289（5）：2287（2000）

Bai Aijuan，Panmao Zhai，et al. 2006. On climatology and trends in wet spell of China. Theor Appl Climatol，doi 10.1007/s00704-006-0235-7

Baik J J，Paek J S. 1998. A climatology of sea surface temperature and the maximum intensity of Western North Pacific tropical cyclone. J Meteor Soc Japan，76：129~137

Barker T. 2003. Representing global，climate change，adaptation and mitigation. Global Environmental Change，13（1）：1~6

Barletta B，Meinardi F S，Simpson I J，Rowland F S，Chan C~Y，Wang X，Zou S，Chan L Y，Blake D R. 2006. Ambient halocarbon concentrations in 45 Chinese cities. Atmos Environ，40：7706~7719

Bates N R. 2002. Interannual variability in the global ocean uptake of CO_2. Geophys Res Lett，29（5）：1059

Battle M，Bender M L，Tans P P，et al. 2000. Global carbon sinks and their variability inferred from atmospheric O_2 and $\delta^{13}C$. Science，287：2467~2470

Baumert K A，Blanchard O，Llosa S，and Perkaus J. 2002. Building on the Kyoto Protocol：Options for protecting the climate. Washington D.C：World Resources Institute

Baumert K A，Herzog T，Pershing J. 2005. Navigating the numbers：greenhouse gas data and international climate. Washington D C：World Resources Institute

Beinhocker E，Oppenheim J，Irons B，et al. 2008. The carbon productivity challenge：curbing climate change and sustaining economic growth . McKinsey Global Institute，McKinsey & Company

BERR. 2003. Our energy future -creating a low carbon economy. Energy White Paper. London：Department of Business Enterprise and Regulatory Reform

BERR. 2007. Energy white paper：meeting the energy challenge. London：Department of Business Enterprise and Regulatory Reform，http：//www.berr.gov.uk/energy/whitepaper/page39534.html. Nov. 2008

Betts R A，Falloon P D，Goldewijk K K，and Ramankutty N. 2007. Biogeophysical effects of land use on climate：model simulations of radiative forcing and large-scale temperature change. Agric For Meteor，142（2~4）：216~233

Bindoff N L，Willebrand J，et al. 2007. Solomon S，Qin D，Manning M，Chen Z，Marquis M，Averyt K B，Tignor M and Miller H L. Observations: oceanic climate change and sea level. In: Climate Change 2007: The Physical Science Basis. Contribution of Working Group I to the Fourth Assessment Report of the Intergovernmental Panel on Climate Change. Cambridge, United Kingdom and New York, USA: Cambridge University Press

BIN S, DOWLATABADI H. 2005. Consumer lifestyle approach to US energy use and the related CO_2 emissions. Energy Policy, 33: 197~208

Bluth G J S, Doiron S D, Schnetzler C C, Krueger A J and Walter L S. 1992. Global tracking of the SO_2 clouds from the June, 1991 Mount Pinatubo eruptions. Geophys Res Lett, 19: 151~154

Bolin B, Sukumar R, 2000. Global perspective. In: Watson R T, Noble Ill, Bobn B, et al. Cambridge: land use, land use change, and forestry. Cambridge, Unied Kingdom and New York, USA: Cambridge University Press

Bond T C, Streets D G, Yarber Y F, et al. 2004. A technology-based global inventory of black and organic carbon emissions from combustion. J Geophys Res, 109 (D14203), doi: 10. 1029/2003JD003697

Borzenkova I L, Vinnikov K Y, Spirina L P, et al. 1976. Change in the air temperature of the Northern Hemisphere for the period 1881-1975. Meteor Gidrol, 7: 27~35

Bounoua L et al. 2002. Effects of land cover conversion on surface climate. Clim Change, 52: 29~64

Bradfield R, Wright G, Burt G, et al. 2005. The origins and evolution of scenario techniques in long range business planning. Futures, 37 (8):, 795~812

Bradley R S, 1999. Paleoclimatology: reconstructing climates of the Quaternary. San Diego: Academic Press

Bradley R S, Jones P D. 1993. "Little Ice Age" summer temperature variations: their nature and relevance to recent global warming trends. The Holocene, 3: 367~376

Brazil. 1997, Proposed elements of a protocol to the UNFCCC. presented by Brazil in response to the Berlin mandate, FCCC/AGBM/1997/MISC. 1/Add. 3. Bonn, UNFCCC

Bürger G, 2007. On the verification of climate reconstructions. Clim Past, 3: 397~409

Briffa K R, Jones P D, Schweingruber F H, et al. 1998. Influence of volcanic eruptions on Northern Hemisphere summer temperature over the past 600 years. Nature, 393: 450~454

Broecker W S, Peng T H. 1993. Evaluation of the ^{13}C constraint on the uptake of fossil fuel CO_2 by the ocean. Global Biogeochemical Cycles, 7 (3): 619~626

Brohan P, et al. 2006. Uncertainty estimates in regional and global observed temperature changes: a new data set from 1850. J Geophys Res, 111 (D12106), doi: 10. 1029/2005JD006548

Brohan P, Kennedy J J, Harris I, et al. 2006. Uncertainty estimates in regional and global observed temperature changes: a new data set from 1850. J Geophys Res, 111, D12106, doi: 101029/2005 J D006548

Brovkin V M, et al. 2006. Biogeophysical effects of historical land cover changes simulated by six earth system models of intermediate complexity. Clim Dyn, 26 (6): 587~600

Brown J D. 2004. Knowledge, uncertainty and physical geography : towards the development of methodologies for questioning belief. Transactions of the Institute of British Geographers, 29 (3): 367~381

Burniaux J M, Lee H L. 2003. Modelling Land Use Changes in GTAP. https: //www. gtap. agecon. purdue. edu/resources/download/1509. pdf. 2010-3-1

Burton I, Huq S, Lim B, Pilifosova O, Shipper E L. 2002. From impacts assessment to adaptation priorities: the shaping of adaptation policy. Climate Policy, 2 (2-3): 145~159

Byrd D M, Cothern C R. 2000. Introduction to risk analysis : a systematic approach to science-based decision making. Rockville, M D, USA : Government institutes

Camargo S J, Sobel A H. 2005. Western North Pacific tropical cyclone intensity and ENSO. J Climate, 18 (15): 2996~3006

Cao G, Zhang X, and Zheng F. 2006. Inventory of black carbon and organic carbon emissions from China. Atmos Environ, 40: 6516~6527

Cao G, Zhang X, An X, Gong S. 2009. Inventory of primary aerosol and trace gases emissions from China. Tellus submitted

Cao M K, Prince S D, Li K R, et al. 2003. Response of terrestrial carbon uptake to climate interannual variability in China. Global Change Biology, 9: 536~546

Cao M, Woodward F I. 1998. Dynamic responses of terrestrial ecosystem carbon cycling to global climate change. Nature, 393 (6682): 249~252

Carmichael G R, et al. 1997. Aerosol composition at Cheju Island, Korea. J Geophys Res, 102 (D5): 6047~6061

Castro L M, Pio C A, Harrison R M, Smith D J T. 1999. Carbonaceous aerosol in urban and rural European atmospheres: estimation of secondary organic carbon concentrations. Atmos Environ, 33: 2771~2781

Celis J E, Morales J R, Zaror C A, Inzunza J C. 2004. A study of the particulate matter PM10 composition in the atmosphere of Chill, Chile. Chemosphere, 54: 541~550

Chan C Y, Tang J H, Li Y, et al. 2006. Mixing ratios and sources of halocarbons in urban, semi~urban and rural sites of the Pearl River Delta, South China. Atmos Environ, 40: 7331~7345

Chang W, Liao H. 2009. Anthropogenic direct radiative forcing of tropospheric ozone and aerosols from 1850 to 2000 estimated with IPCC AR5 emissions inventories, Atmos Oceanic Sci Lett, 2: 201~207

Chang W, Liao H, Wang H. 2009. Climate responses to direct radiative forcing of anthropogenic aerosols, tropospheric ozone, and long-lived greenhouse gases in eastern China over 1951-2000, Adv Atmos Sci, 26: 748~762

Chan J C L, Duan Y H, Shay L K. 1998. Tropical cyclone intensity change from a simple ocean atmosphere coupled model. J Atmos Sci, 8: 154~172

Che H Z, et al. 2005. Analysis of 40 years of solar radiation data from China, 1961~2000. Geophys Res Lett, 32, L06803, doi: 10.1029/2004GL020322

Chen B, et al. 2008. Comparison of regional carbon flux estimates from CO_2 concentration measurements and remote sensing based footprint integration. Global Biogeochemical Cycles, 22, GB2012

Chen, et al. 2009. Modeling impacts of vegetation in western China on the summer climate of northwestern China. Adv Atmos Sci, 26 (4): 801~810

Chen M C, Zuo J C, et al. 2008. Spatial distribution of sea level trend and annual range in the China Seas from 50 long term tidal gauge station data. In: Proceedings of the Eighteenth (2008) International Offshore and Polar Engineering Conference

Chen W, Wang L, Xue Y K, Sun S F. 2009. Variabilities of the spring river runoff system in East China and their relations to precipitation and sea surface temperature. International Journal of Climatology, 29: 1381~1394

Chen X G, Zhang X Q, Zhang Y P, Booth T and He X H. 2009. Changes of carbon stocks in bamboo stands in China during 100 years. Forest Ecology and Management, 258 (7): 1489~1496

Chen Yongli, Hu Dunxin, Wang Fan. 2004. Long-term variabilities of thermodynamic structure of the East China Sea Cold Eddy in summer. Chinese Journal of Oceanology and Limnology, 22 (3): 224~230

Che Tao, Li Xin, Jin Rui, Armstrong R, Zhang Tingjun. 2008. Snow depth derived from passive microwave remote sensing data in China. Annals of Glaciology, 49 (1): 145~154, doi: 10.3189/172756408787814690

Chia H H, Ropelewski C F. 2002. The inter-annual variability in the genesis location of tropical cyclones in the Northwest Pacific. J Climate, 15 (20): 2934~2944

Choi G, Collins D, Ren G, et al. 2009. Changes in means and extreme events of temperature and precipitation in the Asian-Pacific Network region, 1955-2007. International Journal of Climatology, Published online in Wiley InterScience, doi: 10.1002/joc.1979

Choi J C, Lee M, Chun Y, Kim J, Oh S. 2001. Chemical composition and source signature of spring aerosol in Seoul, Korea. J Geophys Res, 106: 18 067~18 074

Chonghai Xu, Yong Luo, and Ying Xu. 2009. Projected changes in extreme climates in river basins of China under SRESA1B Scenario before 2050

Chow J C, et al. 1993a. PM10 and PM2.5 compositions in California's San Joaquin Valley. Aerosol Science and Technology, 18: 105~128

Chow J C, et al. 1993b. The DRI thermal/optical reflectance carbon analysis system: description, evaluation and applications in U.S. air quality studies. Atmos Environ, 27A: 1185~1201

Chow J C, Watson J G, Edgerton S A, Vega E. 2002. Chemical composition of PM 2.5 and PM 10 in Mexico City during winter 1997. Sci Total Environ, 287: 177~201

Christensen J H, Hewitson B, et al. 2007. Regional climate projection. In: Solomon S, Qin D, Manning M, Chen Z, Marquis M, Averyt K B, Tignor M, Mille H L. Climate change 2007: the physical science basis. Contribution of working group I to the fourth assessment report of the intergovernmental panel on climate change . Cambridge, United Kingdom and New York, NY, USA: Cambridge University Press

Christiansen B, Schmith T, Thejll P. 2009. A surrogate ensemble study of climate reconstruction methods: stochasticity and robustness. J Climate, 22 (4): 951~976

Chu Guoqiang, Liu Jaqi, Sun Qing, et al. 2002. The 'Mediaeval Warm Period' drought recorded in Lake Huguangyan, tropical South China. The Holocene, 12 (5): 511~516

Chung C E, Ramanathan V, Kim D, and Podgorny I A. 2005. Global anthropogenic aerosol direct forcing derived from satellite and groundbased observations. J Geophys Res, 110 (D24207), doi: 10. 1029/2005JD006356

Chung H-S. 2005. Balance of CO_2 emissions embodied in international trade: can korean carbon tax on its imported fossil fuels make any difference in BEET? Paper presented on the economic model conference of 2005, available at http: // www. ecomod. net/conferences/ecomod2005/ecomod2005 _ papers/889. pdf

CLINTON H R. 2009. Remarks at the major economies forum on energy and climate. In: STATE D O. Major Economies Forum on Energy and Climate. Loy Henderson Conference Room. Washington, DC, Secretary of State

Conceição P, Zhang Y, Bandura R. 2007. Brief on Discounting in the Context of Climate Change Economics Human Development Report Office OCCASIONAL PAPER. United Nations Development Programme, New York. August 2007

Corfee-Morlot J, Höhne N. 2003. Climate change: long-term targets and short-term commitments. Global Environmental Change, 13, 2003: 277~293

Cox P M, Betts R A, Jones C D, et al. 2000. Acceleration of global warming due to carbon-cycle feedbacks in a coupled climate model. Nature, 408: 184~187

Crus R V, Harasawa H, Lai M, Wu S, et al. 2007. Asia Climate Impacts, In: Drry M L, et al. Adaptions and vulnerability, WGII, IPCC AR4. Cambridge, UK: Cambridge University Press

Dasgupta P. 1993. An inquiry into well-being and destitution. New York: Oxford University Press

Dasgupta Partha. 2007. Comments on the Stern Review's Economics of Climate Change. Cambridge. UK: University of Cambridge. http: // www. econ. cam. ac. uk/faculty/dasgupta/STERN. pdf. 2008-08-01

Deardorff J W. 1978. Efficient prediction of ground surface temperature and moisture, with inclusion of a layer of vegetation. J Geophys Res, 83C: 1889~1903

DEFRA. 2007. Draft climate change bill. Department of Environment, Food and Rural Affairs, www. official-documents. gov. uk/document/cm70/7040/7040. pdf. 2008-05-01

DeFries R, Houghton R A, Hansen M, et al. 2002. Carbon emissions from tropical deforestation and regrowth based on satellite observations for the 1980s and 90s. Proceedings of the National Academy of Sciences, 99 (22): 14 256~14 261

Delong Brad. 2006. The stern review on global climate change once again. The Semi-Daily Journal of Brad Delong, December 30, http: //delong. typepad. com/sdj/2006/12/the _ stern _ revie. html. 2008-08-01

Den Elzen M G J, Meinshausen M, 2005. Meeting the EU 2°C climate target: global and regional emission implications. MNP Report 728001031/2005, Netherlands Environmental Assessment Agency (MNP), Bilthoven, the Netherlands

Denman K L, Brasseur G, Chidthaisong A, et al. 2007. Couplings between changes in the climate system and biogeochemistry. In: Solomon S, Qin D, Manning M, Chen Z, et al. Climate change 2007: the physical science basis. Contribution of working group I to the fourth assessment report of the intergovernmental panel on climate change. Cambridge and New York: Cambridge University Press

Dickinson R E, Henderson-Sellers A, Kennedy P J, Wilson M F. 1986. Biosphere-atmosphere transfer scheme (BATS) for the NCAR community climate model. NCAR Technical Note NCAR/TN-275+STS. Boulder, Colorado: National Center for Atmosphere Research

Dietz Simon. 2007. Discounting the benefits of climate-change policy: the stern review, its critics, and policy implications. Paper presented at Envecon 2007: Applied Environmental Economics Conference, hosted by the UK Network of Environmental Economists (UKNEE), Royal Society, London, 23 March. http: //personal. lse. ac. uk/dietzs/Discounting％20the％20benefits％20of％20climate-change％20policy％20-％20the％20Stern％20Review，％20its％20critics％20and％20policy％20implication. pdf. 2008-08-01

Dimson E，Marsh P，Staunton M M. 2000. The millenium book：a century of investment returns. London：ABN-AMRO

Ding A J，Wang T，Thouret V，Cammas J～P，et al. 2008. Tropospheric ozone climatology over Beijing：analysis of aircraft data from the MOZAIC program. Atmos Chem Phys，8：1～13

Ding Y H，Ren G Y，Zhao Z C，et al. 2007. Detection，causes and projections of climate change over China：An overview of recent progress. Adv Atmos Sci，24：954～971

Ding Y，Ye B，Han T，Shen Y，Liu S. 2007. Regional difference of annual precipitation and discharge variation over west China during the last 50 years. Sci China Ser D，50（6）：936～945

Dixon R K，Andrasko K J，Sussman F G，et al. 1993. Forest sector carbon offset projects：near-termopportunities to mitigate greenhouse gas emissions. Water，Air，and Soil Pollution，70：561～577

DTI . 2003. Energy white paper：creating a low carbon economy. London：London，Department of Trade and Industry

Du Ling，Zuo J C，et al. 2005. The response of tidal wave and engineering water level to long-term sea level variation in the Jiaozhou Bay. IOSPE，713～719

Easterlling，D R，Evens，L，Groisman，P Y，et al. 2000. Observed variability and trends in extreme climate events：a brief review. Bull Amer Meteor Soc，81（3）：417～425

Ellis E，Pontius R. 2007. Land-use and land-cover change. http：//www. eoearth. org/article/Land-use ＿ and ＿ land-cover ＿ change. 2009-12-4

Enrico De Cian，Elisa Lanzi，Roberto Roson. 2007. The impact of temperature change on energy demand：a dynamic panel analysis. Working Papers：Department of Economics Ca' Foscari University of Venice，No. 04 /WP/2007，ISSN：1827/336X

Esper J，Cook E R，Schweingruber F H. 2002. Low-frequency signals in long tree-ring chronologies for reconstructing past temperature variability. Science，295：2250～2253

Esper J，Frank D. 2008. The IPCC on a heterogeneous medieval warm period. Clim Change，Doi 10. 1007/s10584-008-9492-z

Fang J，Piao S，Field C. 2003. Increasing net primary production in China from 1982 to 1999. Frontiers in Ecology and the Environment，1（6）：293～297

Fang J Q. 1993. Lake evolution during the last 3000 years in China and its implications for environmental change. Quaternary Research，39（2）：175 ～ 185

Fang J Y，Guo Z D，Piao S L，Chen A P. 2007. Terrestrial vegetation carbon sinks in China，1981-2000. Sci China Ser D，50：1341～1350

Fang Y T，et al. 2009. Soil-atmosphere exchange of N_2O，CO_2 and CH_4 along a slope of an evergreen broad-leaved forest in southern China. Plant Soil，319：37～48

Fan S，Gloor M，Mahlman J，et al. 1998. A Large Terrestrial Carbon Sink in North America Implied by Atmospheric and Oceanic Carbon Dioxide Data and Models. Science，282（5388）：442～446

Fan S，Gloor M，Mahlman J，et al. 1999. North American carbon sink. Science，283：1815

FAO. 2001. Global Forest Resources Assessment 2000：Main Report. FAO Forestry Paper 140

FAO 2006. 2005 年全球森林资源评估 . 罗马：xii～xxvii

FAO. 2006. Global forest resources assessment 2005. FAO Forestry Paper 147. Rome：FAO

FAO. 2008. The state of food insecurity in the world：High food prices and food security-threats and opportunities. Rome：Italy

Fasham M J R，Balino B M，Bowles M C. 2001. A new vision of ocean biogeochemistry after a decade of the Joint Global Ocean Flux Study（JGOFS）. In：Ambio Special Report. Stockholm，Sweden：Royal Swedish Academy of Sciences

Feng J，et al. 2006. A comparative study of the organic matter in PM2. 5 from three Chinese megacities in three different climatic zones. Atmos Environ，40：3983～3994

Fischer-Burns I，Banse D F，Feichter J. 2008. Future impact of anthropogenic sulfate aerosol on North Atlantic climate. Clim Dyn，32（4）：511～524

Fishman J, Creilson J K, Wozniak A E, Crutzen P J. 2005. The interannual variability of stratospheric and tropospheric ozone determined from satellite measurements. J Geophys Res, 110, D20306, doi: 10.1029/2005JD005868

Fishman J, Wozniak A E, Creilson J K. 2003. Global distribution of tropospheric ozone from satellite measurements using the empirically corrected tropospheric ozone residual technique: Identification of the regional aspects of air pollution. Atmos Chem Phys, 3: 893~907

Foley J A, DeFries R, Asner G P. 2005. Global consequences of land use. Science, 309: 570~574

Folland C K, Karl T R, et al. 2001. Observed climate variability and change. In: Houghton, J T, Ding Y, Griggs D J, Noguer M, van der Linden P J, Dai X, Maskell K, and Johnson C A. 2001. Climate change 2001: The science basis. Contribution of working group I to the third assessment report of the intergovernmental panel on climate Change. Cambridge, UK: Cambridge University Press

Forster P, et al. 2007. Changes in atmospheric constituents and in radiative forcing . In: Solomon, Qin S D, Manning M, Chen Z, Marquis M, Averyt K B, Tignor M and Miller H L. IPCC. Climate change 2007: the physical science basis. Contribution of working group I to the fourth assessment report of the intergovernmental Panel on Climate Change. Cambridge, United Kingdom and New York, USA: Cambridge University Press

Frankignoulle M, Bourge L, Canon C, et al. 1996. Distribution of surface seawater partial CO_2 pressure in the English Channel and in the Southern Bight of the North Sea. Continental Shelf Research, 16 (3): 381~395

Frich P, Alexander L V, Della-Marta P, et al. 2002. Observed coherent changes in climatic extremes during the second half of the twentieth century. Clim Res, 19: 193~212

Friedlingstein P, Cox P, Betts R, Bopp L, Bloh W Von, et al. 2006. Climate-carbon cycle feedback analysis: results from the C4MIP model intercomparison. J Climate, 19: 3337~3353

Fu C B, Wang S Y, Xiong Z, et al. 2005. Regional Climate Model Intercomparison project for Asia. Bull Amer Meteor Soc, 86 (2): 257~266

Fujino J, Hibono G, Ehara T, et al. 2008. Back-casting analysis for 70% emission reductions in Japan by 2050. Climate Policy, 8 (suppl) : 108~124

Gangsheng Wang, Jun Xia, Ji Chen. 2009. Quantification of effects of climate variations and human activities on runoff by monthly water balance model: a case study of the Chaobai River basin in northern China. Water Resources Research, 44: 1~12

Gao Q, Li X, Yang X. 2003. Responses of vegetation and primary production in North-South Transect of Eastern China to global change under land use constraint. Acta Botanica Sinica, 45 (11): 1274~1284

Gao X J, Pal J S, Giorgi F. 2006a. Projected changes in mean and extreme precipitation over the Mediterranean region from a high resolution double nested RCM simulation. Geophys Res Lett, 33: L03706

Gao X J, Shi Y, Song R Y, et al. 2008. Reduction of future monsoon precipitation over China: comparison between a high resolution RCM simulation and the driving GCM. Meteorol Atmos Phys, 100: 73~86

Gao X J, Xu Y, Zhao Z C, et al. 2006b. On the Role of Resolution and Topography in the Simulation of East Asia Precipitation. Theor Appl Climatol, 86: 173~185

Gao X J, Zhao Z C, Ding Y H, et al. 2001. Climate change due to greenhouse effects in China as simulated by a regional climate model. Adv Atmos Sci, 18: 1224~1230

Gao X J, Zhao Z C, Giorgi F. 2002. Changes of extreme events in regional climate simulations over East Asia. Adv Atmos Sci, 19 (5): 927~942

Gao Xuejie, Zhao Zongci, Ding Yihui, et al. 2001. Climate change due to greenhouse effects in China as simulated by a regional climate model. Adv Atmos Sci, 18: 1224~1230

GCI. 2005. GCI briefing: contraction & convergence. Global Commons Institute. April, 2006

Genxing Pan. 2007. Capacity building when addressing climate change: farmers' participation Lessons learnt from a questionnaire survey in rural areas near Nanjing, China, http://www.ireea.cn/show.asp? classid = 60&articled = 221&classtype=54

Ge Q S, Zheng J Y, Fang X Q, et al. 2003. Winter half-year temperature reconstruction for the middle and lower reaches of the Yellow River and Yangtze River, China, during the past 2000 years. The Holocene, 13 (6): 933~940

Ge Q S, Zheng J Y, Tian Y Y, et al. 2008a. Coherence of climatic reconstruction from historical documents in China by different studies. International Journal of Climatology, 28 (8): 1007~1024

Ge Quansheng, Jingyun Zheng, Xifeng Guo, Zhixin Hao. 2008b. Meiyu in middle and lower reaches of Yangtze River since 1736. Chinese Science Bulletin, 53 (1): 107~114

Ge Quansheng, Jingyun Zheng, Zhixin Hao, et al. 2005. Reconstruction of historical climate in China: high—resolution precipitation data from Qing dynasty archives. Bull Amer Meteor Soc, 86 (5): 671~679

Ge Quansheng, Jingyun Zheng, Zhixin Hao, et al. 2007. Coherence of climatic reconstruction from historical documents in China by different studies, Inernational Journal of Climatology, doi: 10. 1002/joc. 1552

Ge Quansheng, Jingyun Zheng, Zhixin Hao, et al. 2010. Temperature Variation of 2000 years in China: An Uncertainty Analysis of Reconstruction and Regional Difference. Geophys Res Lett, Doi: 10. 1029/2009GL041281

Ge Quansheng, Zheng Jingyun, Yanyu Tian, et al. 2007. Coherence of climatic reconstruction from historical documents in China by different studies. International Journal of Climatology, (27), doi: 10. 1002/joc. 1626

Gerlach T M. 1991. Present-day CO_2 emissions from volcanoes. Eos, Transactions, American Geophysical Union, 72 (23): 249, 254~255

Giorgi F, Bi X, Qian Y. 2002. Direct radiative forcing and regional climatic effects of anthropogenic aerosols over East Asia: A regional coupled climate-chemistry/aerosol model study. J Geophys Res, 107, D20, 4439, doi: 10. 1029/2001JD001066

Giorgi F, Bi X, Qian Y. 2003: Indirect versus direct effects of anthropogenic sulfate on the climate of east Asia as simulated with a regional coupled climate-chemistry/aerosol model. Clim Change, 58: 345~376

Giorgi F, Coln J, Ghassem A. 2009. Addressing climate information needs at the regional level. The CORDEX framework. WMO Bulletin, 58 (3): 175~183

Giorgi F, Diffenbaugh N S, Gao X J, et al. 2008. Exploring uncertainties in regional climate change: the regional climate change Hyper-Matrix Framework. Eos Trans. AGU, 89 (45): 445~446

Giorgi F, Marinucci M R, Bates G T. 1993a. Development of a second-generation regional climate model (RegCM2). Part I: Boundary-Layer and Radiative Transfer Processes. Mon Wea Rev, 121: 2794~2813

Giorgi F, Marinucci M R, Bates G T. 1993b. Development of a second-generation regional climate model (RegCM2). Part II: Convective Processes and Assimilation of Lateral Boundary Conditions. Mon Wea Rev, 121: 2814~2832

Giorgi F, Marinucci M R, Visconti G. 1990. Use of a limited-area model nested in a general circulation model for regional climate simulation over Europe. J Geophys Res, 95 (D11): 18413~18432

Giorgi F, Mearns L O. 2003. Probability of regional climate change based on the Reliability Ensemble Averaging (REA) method. Geophys Res Lett, 30 (12): 1629

Glenn W Harrison, Richard Jones, Larry J Kimbell, Randal Wigle. 1993. How robust is applied general equilibrium analysis. Journal of Policy Modeling, 15 (1): 99~115

Glen P Peters and Edgar G Hertwich. 2008. CO_2 Embodied in International Trade with Implications for Global Climate Policy. Environmental Science and Technology, 42 (5): 1401~1407

Gloor M, Gruber N, Sarmiento J, et al. 2003. A first estimation of present and preindustrial air-sea CO_2 flux patterns based on ocean interior carbon measurements and models. Geophys Res Lett, doi: 10. 1029/2002GL015594

Goklany I M. 2007. Integrated strategies to reduce vulnerability and advance adaptation, mitigation, and sustainable development. Mitigation and Adaptation Strategies for Global Change, 12 (5): 755~786

Goldstein G A. 1991. PC-MARKAL and the MARKAL users support system (MUSS) user's guide, BNL-46319, Brookhaven National Laboratory, Upton, NY, April

Gollier C. 2002a. Discounting an uncertain future. Journal of Public Economics, 85 (2): 149~166

Gollier C. 2002b. Time horizon and the discount rate. Journal of Economic Theory, 107 (2): 463~473

Gollier C. 2004. The consumption-based determinants of the term structure of discount rates, mimeo. University of Toulouse

Gollier Christian, Richard Zeckhauser. 2005. Aggregation of heterogeneous time preferences. Journal of Political Economy, 113 (4): 878~896

Goodale C L. et al. 2002. Forest carbon sinks in the Northern Hemisphere. Ecological Applications, 12 (3): 891~899

Goulden M L, William Munger J, Fan S M, et al. 1996. Exchange of carbon dioxide by a deciduous forest: response to interannual climate variability. Science, 271: 1576~1578

Govindasamy B, Duffy P B, Caldeira K. 2001. Land use changes and Northern Hemisphere cooling. Geophys Res Lett, 28 (2): 291~294

Gritsevskyi A, Nakićenović N. 2000. Modeling Uncertainty of Induced Technological Change, Energy Policy, 28 (13): 907~921

Grubler A, Nakicenovic N. 2001. Identifying dangers in an uncertain climate. Nature, 412 (6842): 15

Guido Franco, Alan Sanstad H. 2006. Climate change and electricity demand in California. White Paper, California Climate Change Center, CEC-500-2005-201-SF

Gu J X, et al. 2007. Regulatory effects of soil properties on background N_2O emissions from agricultural soils in China. Plant Soil, 295: 53~65

Guo H, Lee S C, Louie P K, et al. 2004. Characterization of hydrocarbons, halocarbons and carbonyls in the atmosphere of Hong Kong. Chemosphere, 57: 1363~1372

Guo L B, Gifford R M. 2002. Soil carbon stocks and land use change: a meta analysis. Global Change Biology, 8: 345~360

Guoqing Wang, Jianyun Zhang, Ruimin He, et al. 2008. Runoff reduction due to environmental changes in the Sanchuanhe River basin. International Journal of Sediment Research, 123 (2): 174~180

Guo W D, Fu C B, Su B K, et al. 2005. An integrated predicted study on the evolution of aridification over northern China in early 21 century, Abstracts of IAMAS, Assembly 2005 (Session C2), Aug. 2-11, Beijing, China

Gupta S, Bhandari P M. 1999. An effective allocation criterion for CO_2 emissions. Energy Policy, (27): 727~736

Gurney K R, Chen Y H, Maki T, et al. 2005. Sensitivity of atmospheric CO_2 inversion to potential biases in fossil fuel emissions. J Geophys Res, 110

Gurney K R, Law R M, Denning A S, et al. 2002. Towards robust regional estimates of CO_2 sources and sinks using atmospheric transport models. Nature, 415: 626~630

Hagler G S W, et al. 2006. Source areas and chemical composition of fine particulate matter in the Pearl River Delta region of China. Atmos Environ, 40: 3802~3815

Halsnaes K, Markandya A. 2002. Analytical approaches for decisionmaking, sustainable development and greenhouse gas emissionreduction policies. In: Climate Change and sustainable development. Prospects for developing countries. London: Earthscan Publications Ltd

Halsnaes K, Shukla P S. 2007. Sustainable development as a framework for developing country participation in international climate policies. In: Mitigation and Adaptation Strategies for Global Change. first published online < http://www.springerlink.com/content/102962>accessed 05/06/07, doi 10.1007/s11027-006-9079-9

Halsnaes K, Verhagen J. 2007. Development based climate change adaptation and mitigation-Conceptual issues and lessons learned in studies in developing countries. In: Mitigation and Adaptation Strategies for Global Change, first published online <http://www.springerlink.com/content/102962> accessed 05/06/07, doi 10.1007/s11027-007-9093-6

Hansen J, et al. 2001. A closer look at United States and global surface temperature change. J Geophys Res, 106: 23947~23963

Hansen J, et al. 2005. Efficacy of climate forcings. J Geophys Res, 110 (D18104), doi: 10.1029/2005JD005776

Hansen J, et al. 2010. Global surface temperature change. http://www.columbia.edu/~jehl/

Hansen J, Lebedeff S. 1987. Global trends of measured surface air temperature. J Geophy Res, 92: 13345-13372

Hao Zhixin, Jingyun Zheng and Ge Quansheng. 2008. Relationship between precipitation and the infiltration depth over the middle and lower reaches of the Yellow River and Yangtze-Huaihe River Valley. Progress in Natural Science, 18 (9): 1123~1128

He Jiankun, et al. 2009a. Long-term climate change mitigation target and carbon permit allocation. Advances in Climate Change Research, 5: 78~85

He J K, Deng J, Su M S. 2009b. CO_2 emission from China's energy sector and strategy for its control. Energy, 2009, Special Issue on Sustainable Energy Development in China, 1-5. doi: 10.1016/j.energy.04.009

He K, et al. 2001. The characteristics of PM2.5 in Beijing, China. Atmos Environ, 35: 4959~4970

Heller T, Shukla P R. 2003. Development and climate: Engaging developing countries. Arlington, USA: Pew Centre on Global Climate Change

Hickler T, et al. 2006. Implementing plant hydraulic architecture within the LPJ dynamic global vegetation model. Global Ecology and Biogeography, 15 (6): 567~577

Hölhne N, et al. 2009. Economic/climate recovery scorecards—How climate friendly are the economic recovery packages, E3G/WWF

Hodson D L R, et al. 2009. Climate impacts of recent multidecadal changes in Atlantic Ocean sea surface temperature: a multimodel comparison. Climate Dynamics, doi 10. 1007/s00382-009-0571-2

Ho K F, et al. 2003. Characterization of chemical species in PM2. 5 and PM10 aerosols in Hong Kong. Atmos Environ, 37: 31~39

Holdridge L R. 1967. Life Zone Ecology. Tropical Science Centre, San Jose, Costa Rica

Holler R, Tohno S, Kasahara M, Hitzenberger R. 2002. Long-term characterization of carbonaceous aerosol in Uji. Japan Atmos Environ, 36: 1267~1275

Hong Y T, Jiang H B, Liu T S, et al. 2000. Response of climate to solar forcing recorded in a 6000~year d18O time~series of Chinese peat cellulose. The Holocene, 10 (1): 1~7

Houghton R A. 1999. The annual net flux of carbon to the atmosphere from changes in land use 1850-1990. Tellus, 51B: 298~313

Houghton R A. 2003a. Why are estimates of the terrestrial carbon balance so different? Global Change Biology, 9: 500~509

Houghton R A. 2003b. Revised estimates of the annual net flux of carbon to the atmosphere from changes in land use and land management 1850 - 2000. Tellus, 55B: 378~390

Houghton R A, Hackler J L. 2003. Sources and sinks of carbon from land-use change in China. Global Biogeochemical Cycles, 17: 1034

Huang Y, et al. 2007. Net primary production of Chinese croplands from 1950 to 1999. Ecological Applications, 17 (3): 692~701

Huang Y, et al. 2008. The response of summertime extreme wave heights to local climate variation in the East China Sea. JGR, 113, C09031, doi: 10. 1029/2008JC004732, 2008, 2. 953

Huang Y, Yu Y Q, Zhang W. 2009. Agro-C: a biogeophysical model for simulating the carbon budget of agroecosystems. Agricultural and Forest Meteorology, 149: 106~129

Hueglin C, et al. 2005. Chemical characterisation of PM2. 5, PM10 and coarse particles at urban, near-city and rural sites in Switzerland. Atmospheric Environment, 39: 637~651

Hu Guoquan, Dai Xiaosu, Greg Bodeker, Andy Reisinger. 2005. Numerical Simulation Study on the Scientific and Methodological Aspects of the Brazilian Proposal, ACTA Meteorologica Sinica (in English), 19 (4): 447~456

Hu Guoquan, Luo Yong, Liu Hongbin. 2009. Contributions of Accumulative Per Capita Emissions to Global Climate Change, Advances in Climate Change Research, 5 (supplement): 30~33

IAEA. 2002. MESSA GE User Manual

IINC, 2004. India's initial national communication to UNFCCC, Chapter 6

IMF. 2008. World economic outlook database. Washington DC: International Monetary Fund

IPCC. 1990. Climate change: the IPCC scientific assessments. Houghton J T, Jenkins G J and Ephraums J J (eds.). Cambridge: Cambridge University Press

IPCC. 1995. IPCC second assessment report. Cambridge: Cambridge University Press

IPCC. 1996. Climate change 1995: economic and social dimensions of climate change. Cambridge: Cambridge University Press

IPCC. 1996. Climate change 1995: the science of climate change. Contribution of working group I to the second assessment report of the intergovernmental panel on climate change. Houghton J T, Meira Filho L G, Callander B A, Harris N, Kattenberg A and Maskell K (eds.). Cambridge: Cambridge University Press

IPCC. 2000a. Good Practice Guidance and Uncertainty Management in National Greenhouse Gas Inventories. http: // www. ipcc-nggip. iges. or. jp/public/gp/english/ index. html. 2009-10-7

IPCC. 2000b. Land use, land use change and forestry. In: Watson R T, Noble I R, Bolin B, Ravindranath N H, Verardo

D J，Dokken D J（Eds）．Land use，land use change，and forestry，A special report of the IPCC. Cambridge：Cambridge University Press

IPCC. 2001a. Climate change 2001：mitigation. Contribution of working group III to the third assessment report of the intergovernmental panel on climate change（IPCC）．Cambridge：Cambridge University Press

IPCC. 2001b. Climate change 2001：the scientific basis. Contribution of working group I to the Second assessment Report of the Intergovernmental Panel on Climate Change. Houghton J T，Ding Y，Griggs D J，Noguer M，van der Linden P J，Dai X，Maskell K and Johnson C A（eds.）．Cambridge：Cambridge University Press

IPCC. 2001c. Climate change 2001：the scientific basis. Contribution of working group I to the third assessment report of the intergovernmental panel on climate change. In：Houghton J T，Ding Y，Griggs D J，Noguer M，van der Linden P J，Dai X，Maskell K，Johnson C A（eds.）．Cambridge，United Kingdom and New York，NY，USA：Cambridge University Press

IPCC. 2001d. Working group II，climate change 2001：impacts，adaptation and vulnerability，summary for policymakers，IPCC WG2 Third Assessment Report（TAR.）：Cambridge，UK：Cambridge University Press

IPCC. 2005. IPCC /TEAP special report：safeguarding the ozone layer and the global climate system：issues related to hydrofluorocarbons and perfluorocarbons. http：//www. unep. org/pdf/FinalSPM _ Web. pdf. 2009-10-7

IPCC. 2006. IPCC guidelines for national greenhouse gas inventories，volume 3：industrial process and product use prepared by the national greenhouse gas inventories programme. Eggleston H S，Buendia L，Miwa K，Ngara T and Tanabe K（eds）．Published：IGES，Japan，2006

IPCC. 2007a. Climate change 2007：impacts，adaptation and vulnerability. Contribution of working group II to the fourth assessment report of the intergovernmental panel on climate change. Parry M L，Canziani O F，Palutikof J P，van der Linden P J and Hanson C E，Eds. Cambridge，UK：Cambridge University Press

IPCC. 2007b. Climate change 2007：the physical science basis. contribution of working group I to the fourth assessment report of the intergovernmental panel on climate change . Solomon S，Qin D，Manning M，Chen Z，Marquis M，Averyt K B，Tignor M and Miller H L（eds.）．Cambridge，United Kingdom and New York，NY，USA：Cambridge University Press

IPCC. 2007c. Climate change 2007：synthesis report. Contribution of working groups I，II and III to the fourth assessment report of the intergovernmental panel on climate change . Core Writing Team，Pachauri R K and Reisinger A（eds.）．Geneva，Switzerland：IPCC

Ito A，Penner J E. 2005. Historical emissions of carbonaceous aerosols from biomass and fossil fuel burning for the period 1870-2000. Global Biogeochemical Cycles，19（GB2028），doi：10. 1029/2004GB002374

Jacobs C M J，Kohsiek W，Oost W A. 1999. Air-sea fluxes and transfer velocity of CO_2 over the North Sea：result from AS-GAMAGE. Tellus，51 B：629～641

Jager C D. 2005. Solar forcing of climate. 1：solar variability. Space Science Reviews，120（2-4）：197～241

Jastrow J D，et al. 2005. Elevated atmospheric carbon dioxide increases soil carbon. Global Change Biology，11（12）：2057～2064

Jiang D. 2008. Projected potential vegetation change in China under the SRES A2 and B2 scenarios. Adv Atmos Sci，25：126～138

Jiang T，Su B D，Hartmann H. 2007. Temporal and spatial trends of precipitation and river flow in the Yangtze River Basin，1961-2000. Geomorphology，85（3-4）30：143～154

Jiang Ying，et al. 2010. Changes in wind speed over China during 1956- 2004. Theor. Appl. Climatol. ，99：421- 430 Doi 10. 1007/500704-009-0152-7

Jiang Zhihong，Zhao Zongci，Fan Lijun. 2008. Chapter 10 Projection of future climate in China. In：Fu C，Jiang Z，Guan Z，et al. Regional Climate Studies of China. Berlin Heidelberg：Springer-Verlag，476

Jiang Z，Zhao Z，Fan L. 2008. Projection of future climate in China. In：Fu C，Jiang Z，Guan Z，et al. Regional Climate Studies. Springer-Verlag Berlin Heidelberg

Jiankun He，Jing Deng，Mingshan Su. 2010. CO_2 emissions from China's energy sector and strategy for its control. Energy，35（11）：4494～4498

Ji J J，Huang M，Li K R. 2008. Prediction of carbon exchanges between China terrestrial ecosystem and atmosphere in 21st century. Sci China Ser D, 51: 885~898

Jin H G, et al. 2008. Fundamental study of CO_2 control technologies and policies in China. Sci China Ser E, 51 (7): 857~870

Jin Xiangze, Zhang Xuehong, Zhou Tianjun. 1999. Fundamental framework and experiments of the Third Generation of IAP/LASG World Ocean General Circulation Model. Adv Atmos Sci, 16: 197~215

John P. Weyant. 2004. Introduction and Overview. Energy Economics, 26 (4): 501~515

Jones P D. 1994. Hemispheric surface air temperature variations: a reanalysis and an update to 1993. J Climate, 7: 1794~1802

Jones P D, Briffa K R, Osborn T J, et al. 2009. High-resolution palaeoclimatology of the last millennium: a review of current status and future prospects. The Holocene, 19 (1): 3~49

Jones P D, Groisman P Ya, Coughlan M, et al. 1990. Assessment of urbanization effects in time series of surface air temperature over land. Nature, 347: 169~172

Jones P D, Kelly P M, Wigley T M L. 1986a. Northern Hemisphere surface air temperature variations: 1851-1984. Jour Clim Appl Meteor, 25: 161~179

Jones P D, Moberg A. 2003. Hemispheric and large-scale surface air temperature variations: An extensive revision and an update to 2001. J Climate, 16: 206~223

Jones P D, New M, Parker D E, Martin S, Rigor I G. 1999. Surface air temperature and its changes over the past 150 years. Rev. Geophys. , 37: 173~199

Jones P D, Raper S C B, Wigley T M L, 1986b. Southern Hemisphere surface air temperature Variations: 1851 - 1984. Jour Clim Appl Meteor, 25: 1213~1230

Jones P D, Wigley T M L, Kelly P M. 1982. Variations in surface air temperature: part 1, Northern Hemisphere, 1881-1980. Mon Wea Rev, 110: 59~72

Jones P, Lister D H, Li Q. 2008. Urbanization effects in large-scale temperature records, with an emphasis on China. J G R, 113, D16122

Ju W M, Chen J M, Harvey D, et al. 2007. Future carbon balance of China's forests under climate change and increasing CO_2. Journal of Environmental Management, 85: 538~562

Kahrl F, Roland- Holst D. 2007. Growth and structural change in China's energy economy. UC Berkeley, Research Paper No. 07082001

Kaiser D P. 2000. Decreasing cloudiness over China! An updated analysis examining additional variables, Geophys Res Lett, 27: 2193~2196

Kaneyasu N, Ohta S, Murao N. 1995. Seasonal variation in the chemical composition of atmospheric aerosols and gaseous species in Sapporo Japan. Atmos Environ, 29: 1559~1568

Kaneyasu N, Takada H. 2004. Seasonal variations of sulfate, carbonaceous species (black carbon and polycyclic aromatic hydrocarbons), and trace elements in fine atmospheric aerosols collected at subtropical islands in the East China Sea. J Geophys Res, 109, D06211, doi: 10. 1029/2003JD004137

Karl T R, et al. 2006. Temperature trends in the lower atmosphere: steps for understanding and reconciling differences, a report by the climate change science program and subcommittee on global change research. http: // www. climatescience. gov/library/sap/sap1-1/finalreport/default. htm

Kaya Y, Yokobori K. 1999. Environment, energy and economy: strategies for sustainability. Delhi: Bookwell Publications

Kelly P M, Adger W N. 2000. Theory and practice in assessing vulnerability to climate change and facilitating adaptation. Climatic Change, 47 (4): 325~352

Kendall M G. 1975. Rank Correlation Methods. London: Griffin

Kim B M, Teffera S, Zeldin M D. 2000. Characterization of PM2. 5 and PM10 in the South Coast Air Basin of southern California: Part 1-Spatial variations. J Air Waste Manag Assoc 50: 2034~2044

Kinzig A P, Kammen D M. 1998. National trajectories of carbon emissions: analysis of proposals to foster the transition to low-carbon economies. Global Environmental Change, 8: 183~208

Kitoh A, Uchiyama T. 2006. Changes in onset and withdrawal of the East Asian summer rainy season by multi-model warming experiments. J Meteorol Soc Japan，84：247～258

Klauer B，Brown J D. 2004. Conceptualizing imperfect knowledge in public decision making：ignorance，uncertainty，error and "risk situations". Environmental Research，Engineering and Management，27（1）：124～128

Klein Goldewijk K. 2001. Estimating global land use change over the past 300 years：the HYDE database Global Biogeochem Cycles，15：417～433

Koelle K，Pascual M. 2004. Disentangling extrinsic from intrinsic factors in disease dynamics：a nonlinear time series approach with an application to cholera. Am Nat 163，901～913

Kurpick P，Kurpick U，Huth A. 1997. The influence of logging on a malaysian dipterocarp rain forest：a study using a forest gap model. Journal of Theoretical Biology，185：47～54

Lal. R. 2002. Soil carbon dynamics in cropland and rangeland. Environmental Pollution. 116（3）：353～362

Lau K M，Kim M K. 2005. Asian summer monsoon anomalies induced by aerosol direct forcing-the role of the Tibetan Plateau. Clim Dyn，26：855～864

Lean J L，Rind D H. 2009. How will earth's surface temperature change in future decades? Geophys Res Lett，36：L15708

LEAP. 2001. Long-range energy alternatives planning system，user guide for LEAP version 2000. Boston，USA：Stockholm Environment Institute（SEI-B），Boston Center，Tellus Institute

Lee H S，Kang B W. 2001. Chemical characteristics of principal PM2. 5 species in Chongju，South Korea. Atmos Environ，35：739～749

Lehtonen M. 2004. The environmental-social interface of sustainable development：capabilities，social capital，institutions. Ecological Economics，49（2）：199～214

Lenschow P，Abraham H J，Kutzner K，Lutz M，Preu J D，Reichenbacher. 2001. Some ideas about the sources of PM10. Atmo Environ，35：23～33

Lenton T M，et al. 2008. Tipping elements in the earth's climate system. PNAS，106（6）：1786～1793

Leon Clarke，John Weyant，Jae Edmonds. 2006. On the sources of technological change ：what do the models assume. Energy Economics，30（2）：409～424

Liao H，et al. 2004. Global radiative forcing of coupled tropospheric ozone and aerosols in a unified general circulation model. J Geophys Res，109，D16207，doi：10. 1029/2003JD004456

Liao H，Seinfeld J H. 2005. Global impacts of gas-phase chemistryaerosol interactions on direct radiative forcing by anthropogenic aerosols and ozone. J Geophys Res，110（D18208），doi：10. 1029/2005JD005907

Li C S，et al. 2001. Comparing a process-based agro-ecosystem model to the IPCC methodology for developing a national inventory of N_2O emissions from arable lands in China. Nutrient Cycling in Agroecosystems，60：159～175

Li H，Dai A，Zhou T，Lu J. 2008. Responses of East Asian summer monsoon to historical SST and atmospheric forcing during 1950～2000. Clim Dyn，DOI 10. 1007/s00382-008-0482-7

Lin Zhongda and Lu Riyu. 2005. Interannual meridional displacement of the East Asian upper-tropospheric jet stream in summer. Adv Atmos Sci，22：199～211

Li S，Wang T J，Zhuang B L，Han Y. 2009. Indirect radiative forcing and climate effect of the anthropogenic nitrate aerosol on regional climate of China. Adv Atmos Sci，26（3）：543～552

Liu H，Zhang X，Li W，Yu Y，Yu R. 2004. An eddy-permitting oceanic general circulation model and its preliminary evaluations. Adv Atmos Sci，21：675～690

Liu H，Zhao P，Lu P，Wang Y S，Lin Y B，Rao X Q. 2008. Greenhouse gas fluxes from soils of different land-use types in a hilly area of South China. Agri Ecosyst Environ，124：125～135

Liu K K，Iseki K，Chao S Y. 2000. Continental marine carbon fluxes. In：Hanson R B，Ducklow H W and Field J G eds. The changing ocean cycle. Cambridge：Cambridge University

Liu Qiao，et al. 2010. Recent shrinkage and hydrological response of Hailuogou Glacier，a monsoon temperate glacier on the east slope of Mount Gongga，China. Journal of Glaciology，56（196）：215～224

Liu Shiyin，Zhang Yong，Zhang Yingsong，Ding Yongjian. 2009. Estimation of glacier runoff and future trends in the Yangtze River source region，China. Journal of Glaciology，55（190）：353～362，doi：10. 3189/002214309788608778

Liu Y，Sun J R，Yang B. 2009. The effects of black carbon and sulphate aerosols in China regions on East Asia monsoons. Tellus 61B：642～656

Li Xin，et al. 2008. Cryospheric change in China. Global and Planetary Change，62（3～4）：210～218，doi：10.1016/j. gloplacha. 2008. 02. 001

Li Z，et al. 2009. Uncertainties in satellite remote sensing of aerosols and impact on monitoring its long-term trend：a review and perspective. Ann Geophys，27：1～16

Li Z，et al. 2010a. First Observation-based Estimates of Cloud-free Aerosol Radiative Forcing across China，J Geophys Res，revised

Li Z，et al. 2010b. Long-term net impact of aerosols on cloud and precipitation，Science，submitted

Li Z Q，et al. 2006. Effect of spatial variation on area evapotranspiration simulation in Haibei，Tibet plateau，China. International Journal of Remote Sensing，16：3487～3498

Lonati G，Giugliano M，Butelli P，Romele L，Tardivo R. 2005. Major chemical components of PM2. 5 in Milan（Italy）. Atmos Environ，39：1925～1934

Lovelock J E. 2000. Gaia：a new look at life on earth 3rd revised edition. Oxford：Oxford University Press

Lugina K M，et al. 2006. Monthly surface air temperature time series area-averaged over the 30-degree latitudinal belts of the globe，1881-2005. In Trends Online：A Compendium of Data on Global Change. Carbon Dioxide Information Analysis Center，Oak Ridge National Laboratory，U. S. Department of Energy，Oak Ridge，Tennessee，U. S A

Luo C，John J C S，Zhou X，Lam K S，Wang T，Chameides W L. 2000. A nonurban ozone air pollution episode over eastern China：Observations and model simulations. J Geophys Res，105（D2）：1889～1908

Luyssaert S，Schulze E D，Börner A，et al. 2008. Old-growth forests as global carbon sinks. Nature，455：213～215

Ma J，Zhou X，Hauglustaine D. 2002. Summertime tropospheric ozone over China simulated with a regional chemical transport model，2，Source contributions and budget. J Geophys Res，107（D22），4612，doi：10.1029/2001JD001355

Malm W C，Trijonis J，Sisler J，Pitchford M，Dennis R L. 1994. Assessing the effect of SO_2 emission changes on visibility. Atmos Environ，28：1023～1034

Manning A C，Keeling R F. 2006. Global oceanic and land biotic carbon sinks from the Scripps atmospheric oxygen flask sampling network. Tellus，58B：95～116

Mann M E，Bradley R S，Hughes M K，1999. Northern hemisphere temperatures during the past millennium：Inferences，uncertainties，and limitations. Geophys Res Lett，26（6）：759～762

Mann M E，Jones P D. 2003. Global surface temperatures over the past two millennia. Geophys Res Lett，30（15）：1820，doi：10.1029/2003GL017814

Mann M E，Zhang Z，Hughes M K，et al. 2008. Proxy-based reconstructions of hemispheric and global surface temperature variations over the past two millennia. PNAS，105：13252～13257

Marland G，Boden T A，Andres R J. 2006. Global，regional，and national CO_2 emissions. http：//cdiac. ornl. gov/trends/emis/overview. 2010-2-10

Marland G，Boden T A，Andres R J. 2006. Global，regional，and national fossil fuel CO_2 emissions，In Trends：A Compendium of Data on Global Change，Carbon Dioxide Information Analysis Center，Oak Ridge National Laboratory，U. S. Dept. of Energy，Oak Ridge，Tenn. ，U. S. A.（http：//cdiac. ornl. gov/trends/emis/meth _ reg. htm）

Ma X，Guo Y，Shi G，Yu Y. 2004. Numerical simulation of global temperature change during the 20th century with the IAP/LASG GOALS model，Adv Atmos Sci，21：227～235

Mckinsey & Company. 2008. The carbon productivity challenge：curbing climate change and sustaining economic growth. The McKinsey Quarterly

Mckinsey & Company. 2009. Pathways to a Low-Carbon Economy：Version 2 of the Global Greenhouse Gas Abatement Cost Curve. McKinsey & Company

Meehl G A，et al. 2007. Global Climate Projections. In：Solomon S，Qin D，Manning M，et al. Climate change 2007：the physical science basis. Contribution of working group I to the fourth assessment report of the intergovernmental panel on climate change. Cambridge，United Kingdom and New York：Cambridge University Press

Meinshausen Malte. 2007. Stylized emission path. Prepared for the human development report 2007 climate change and human development-risk and vulnerability in a warming world，human development report 2007/2008，UNDP

Meinshausen M，et al. 2006. Multi-gas emission pathways to meet climate targets. Clim Change，75 (1)：151~194

Meinshausen M，et al. 2009. Green house-gas emission targets for limiting global warming to 2℃. Nature，458：1158~1162

Menon S，et al. 2002. Climate effects of black carbon aerosols in China and India. Science，297：2250~2253

Messner S，Strubegger M. 1995. User's guide for MESSAGE III，WP-95-69，International Institute for Applied Systems Analysis，Laxenburg，Austria

Metz B，et al. 2002. Towards an equitable climate change regime：compatibility with Article 2 of the climate change convention and the link with sustainable development. Climate Policy，2 (2~3)：211-230

Mikaloff Fletche S E，et al. 2006. Inverse estimates of anthropogenic CO_2 uptake，transport，and storage by the ocean. Global Biogeochemical Cycles，20/GB2002

Mikami M，et al. 2006. Aeolian dust experiment on climate impact，An overview of Japan – China joint project ADEC. Global and Planetary Change，52：142~172

Milly P C D，et al. 2008 Stationarity is dead：whither water management? Science，319：573~574

Mircea M，et al. 2005. Importance of the organic aerosol fraction for modeling aerosol hygroscopic growth and activation：a case study in the Amazon Basin. Atmos Chem Phys，5：3111~3126

Mirza M M Q. 2003. Climate change and extreme weather events：can developing countries adapt. Integrated assessment，1：37~48

Mitchell J M. 1961. Recent secular changes of global temperature. Ann. N. Y. Acad Sci，95：235~250

Mityakov，Sergey，Christof Ruehl. 2007. Small Numbers，Large Meaning：A Sensitivity Analysis of the Stern Review on Climate Change. February 2. http：//economics. uchicago. edu/pdf/Mityakov _ 030507. pdf. 2007-12-01

Müller B. 2002. Equity in climate change：The great divide. Clime Asia (COP8 Special Issue)

Moberg A，et al. 2005. Highly variable Northern Hemisphere temperatures reconstructed from low- and high- resolution proxy data. Nature，433 (7026)：613~617

Moseley R K. 2006. Historical landscape change in northwestern Yun-nan，China. Mountain Research and Development，26：214~219

Moss R H，Edmonds J A，Hibbard K A，Manning M R，Rose S K，van Vuuren D P，Carter T R，Emori S，Kainuma M，Kram T，Meehl G A，Mitchell J F B，Nakicenovic N，Riahi K，Smith S J，Stouffer R J，Thomson A M，Weyant J P & Wilbanks T J. 2010. The next generation of scenarios for climate change research and assessment. Nature，463：747~756

Munasinghe M，Swart R. 2005. Primer on climate change and sustainable development. Cambridge：Cambridge University Press

Mu Q，et al. 2008. Contribution of increasing CO_2 and climate change to the carbon cycle in China's ecosystems. J Geophys Res，113，G01018

Nabuurs G J，et al. 2007. Forestry. In：Climate change 2007：mitigation. contribution of working group III to the fourth assessment report of the intergovernmental panel on climate change. Cambridge：Cambridge University Press

Nakicenovic N，et al. 2000. Special report on emissions scenarios. A special report of working group III of the intergovernmental panel on climate change. Cambridge，United Kingdom and New York，USA：Cambridge University Press

National Research Council of the National Academies. 2006. Surface temperature reconstructions for the last 2000 years. Washington D C：The National Academies Press (on-line publication on http：//www. nap. edu)

New Economics Foundation. 2008. A green new deal：joined-up policies to solve the triple crunch of the credit crisis，climate change and high oil prices. London：Green New Deal Group

Newell R，Pizer W. 2004. Uncertain discount rates in climate policy analysis. Energy Policy，4 (32)：519~529

Nie Suping，Luo Yong，Zhu Jiang. 2008. Trends and scales of observed soil moisture variations in China. Adv Atmos Sci，25 (1)：43~58

Ni J. 2000. A simulation of biomes on the Tibetan Plateau and their responses to global climate change. Mountain Research and Development，20：80~89

Ni J. 2001. Carbon storage in terrestrial ecosystems of China：Estimates at different spatial resolutions and their responses to climate change. Clim Change，49 (3)，339~358

Ni J. 2002. Carbon storage in grasslands of China. Journal of Arid Environments，50：205～218

Niu F J，et al. 2008. Permafrost characteristics of in the Qinghai-Tibet Plateau and methods of roadbed construction of railway. ACTA Geologica Sinica，82 (5)：949～958

Nordhaus W. 2001. After Kyoto：Alternative mechanisms to control global warming. Paper prepared for a joint session of the American Economic Association and Association of Environmental and Resource Economists

Oanha N T K，et al. 2006. Particulate air pollution in six Asian cities：spatial and temporal distributions，and associated sources. Atmos Environ，40：3367～3380

OECD，2004. Sustainable Development in OECD Countries：Getting the Policies Right. Paris

OECD/IEA. 2008. Worldwide Trends in Energy Use and Efficiency-Key Insights from IEA Indicator Analysis. International Energy Agency. OECD，Paris

Ou X M，et al. 2009. Energy consumption and GHG emissions of six biofuel pathways by LCA in (the) People's Republic of China. Applied Energy，86 (supplement 1)：197～208

Pachauri S，Spreng D. 2002. Direct and indirect energy requirements of households in India. Energy Policy，30，511～523

Pal J S，Giorgi F，Bi X Q，et al. 2007. Regional climate modeling for the developing world：The ICTP RegCM3 and RegC-NET. Bull Amer Meteorol Soc，88 (9)：1395～1409

Pandey Rahul. 2002. Energy policy modeling：agenda for developing countries. Energy Policy，30 (2)：97～106

Pan G，et al. 2010. An increase in topsoil SOC stock of China's croplands between 1985 and 2006 revealed by soil monitoring. Agriculture，Ecosystem and Environment，136：133～138

Pan Y，et al. 2004. New estimates of carbon storage and sequestration in China's forests：effects of age-class and method on inventory-based carbon estimation. Climatic Change，67 (2)：211～236

Parka H-C，Heob E. 2007. The direct and indirect household energy requirements in the Republic of Korea from 1980 to 2000-An input-output analysis. Energy Policy，35：2839～2851

Parka S U，Jeong J L. 2008. Direct radiative forcing due to aerosols in Asia during March 2002. The Science of the Total Environment，407 (1)：394～404

Parker D E. 2006. A demonstration that large-scale warming is not urban. J Climate，19：2882～2895

Park S S，Kim Y J，Fung K. 2001. Characteristics of PM2. 5 carbonaceous aerosol in the Sihwa industrial area，South Korea. Atmospheric Environment 35，657～665

Peet R，Hartwick E. 1999. Theories of Development. New York：The Guildford Press

Peng T，et al. 1998. Quantification of decadal anthropogenic CO_2 uptake in the ocean based on dissolved inorganic carbon measurements. Nature，396：560～563

Penman J，et al. 2000. Good Practice Guidance for Land Use，Land-Use Change and Forestry. http：//www. ipcc-nggip. iges. or. jp. 2009-12-04

Perez N. et al. 2008. Partitioning of major and trace components in PM10～PM2. 5～PM1 at an urban site in Southern Europe. Atmos Environ，42：1677～1691

Pershing J，Tudela F. 2003. A long-term target：framing the climate effort. Beyond Kyoto：advancing the international effort against climate change. Washington D. C：Pew Climate Center

Phillips O L，Malhi Y，Higuchi N，et al. 1998. Changes in the carbon balance of tropical forests：evidence from Long-Term Plots. Science，282 (5388)：439～442

Piao S L，et al. 2008. The carbon balance of terrestrial ecosystems in China. Nature，458：1009～1014

Pielke R. 2009. The British climate change act：a critical evaluation and proposed alternative approach. environmental research letters，4：024010 (7pp)

Pirani A，Meehl G，Bony S. 2009. WCRP/CLIVAR working group on coupled modeling (WGCM) activity report：overview and contribution to the WCRP crosscut on anthropogenic climate change，Exchanges，Newsletter of CLIVAR，No. 49/50 (No. 2/3，Vol. 14)

Portney P R，Weyant J. 1999. Discounting and intergenerational equity. John Hopkins University Press，Baltimore，MD

Post W M，Kwon K C. 2000. Soil carbon sequestration and land-use change：processes and potential. Global Change Biology，6：317～328

Potter C, et al. 2007. Satellite-derived estimates of potential carbon sequestration through afforestation of agricultural lands in the United States. Climatic Change, 80 (3~4): 323~336

Pregitzer K S, Euskirchen E S. 2004. Carbon cycling and storage in world forests: biome patterns related to forest age. Global Change Biology, 10: 2052~2077

Prinn R G, et al. 2000. A history of chemically and radiatively important gases in air deduced from ALE/GAGE/AGAGE. J Geophys Res, 105: 17 751~17 792

Putaud J P, et al. 2004. European aerosol phenomenology-2: chemical characteristics of particulate matter at kerbside, urban, rural and background sites in Europe. Atmos Environ, 38 (16): 2579~2595

Qiang Mingrui, et al. 2005. Climatic changes documented by stable isotopes of sedimentary carbonate in Lake Sugan, northeastern Tibetan Plateau of China, since 2 ka BP. Chinese Science Bulletin, 50 (17), 1930~1939

Qian Y, et al. 2003. Regional climate effects of aerosols over China: modeling and observation. Tellus, 55B: 914~934

Qin D. 2007. Decline in the concentrations of chlorofluorocarbons (CFC~11, CFC~12 and CFC~113) in an urban area of Beijing, China. Atmos Environ, 41: 8424~8430

Qin Dahe, Liu Shiyin, Li Peiji. 2006. Snow Cover Distribution, Variability and Response to Climate Change in Western China. J Climate, 19 (9): 1820~1833, doi: 10.1175/JCLI3694.1

Qiu J H, Yang L Q, Zhang X Y. 2004. Characteristics of the imaginary part and single~scattering albedo of urban aerosols in northern China. Tellus B, 56: 276 doi: 10.1111/j.1600~0889.2004.00101.x

Quay P D, Sonnerup R, Westby T, et al. 2003. Changes in the ^{13}C/^{12}C of dissolved inorganic carbon in the ocean as a tracer of anthropogenic CO_2 uptake. Global Biogeochemical Cycles, 17 (4): 1~20

Quay P D, Tilbrook B, Wong C S. 1992. Oceanic uptake of fossil fuel CO_2: carbon-13 evidence. Science, 256: 74~79

Querol X, et al. 2007. Spatial and temporal variations in airborne particulate matter (PM10 and PM2.5) across Spain 1999-2005. Atmospheric Environment, 42 (17): 3964~3979

Ramankutty N, Foley J A. 1999. Estimating historical changes in global land cover: croplands from 1700 to 1992. Global Biogeochem. Cycles, 13 (4): 997~1027

Ramsey, Frank P. 1928. A Mathematical Theory of Saving. Economic Journal, 38 (December): 543~559

Randall D A, Wood R A, et al. 2007. Climate models and their evaluation. In: Climate change 2007: the physical science basis. Contribution of working group I to the fourth assessment report of the intergovernmental panel on climate change. Cambridge, United Kingdom and New York, USA: Cambridge University Press, 589~662

Raupach M R, et al. 2007. Global and regional drivers of accelerating CO_2 emissions. PNAS, 104: 10288~10293

Raworth K. 2007. Adapting to climate change: what's needed in poor countries and who should pay. Oxfam International. Available at: <http://www.oxfam.org/en/files/bp104_climate_change_0705.pdf/download>

Reddy M S, et al. 2005. Aerosol optical depths and direct radiative perturbations by species and source type. Geophys Res Lett, 32, L12803, doi: 10.1029/2004GL021743

Ren Fumin, Byron Gleason, David Easterling. 2002. Typhoon Impacts on China's Precipitation during 1957-1996. Adv Atmos Sci, 19 (5): 943~952

Ren Fumin, Wang Y M, Wang X L. 2007. Estimating tropical cyclone precipitation from station observations. Advances in Atmospheric. Science, 24 (4): 700~711

Ren G. 2000. Decline of the mid-to late Holocene forests in China: climatic change or human impact? Journal of Quaternary, Science, 15 (3): 273~281

Ren G, Beug H-J. 2002. Mapping Holocene pollen data and vegetation of northern China. Quaternary Science Review, 21 (12-13): 1395~1422

Ren G, Yaqing Zhou, Ziying Chu, et al. 2008. Urbanization effect on observed surface air temperature trend in North China. J Climate, 21 (6), 1333~1348

Ren Jiawen, Jing Zhefan, Pu Jianchen, Qin Xiang. 2006. Glacier variation and climate change in the central Himalayas over the past few decades. Annals of Glaciology, 43 (1): 218~222, doi: 10.3189/172756406781812230

Rind D. 2002. The sun's role in climate variations. Science, 296 (5568): 673~677

Roberts M. Baraha. 1994. Calibration procedure and the robustness of CGE models. Economic of Planning, 27 (3):

189～210

Robertson J E, Watson A J. 1992. Thermal skin effect of the surface ocean and its implications for CO_2 uptake. Nature, 358: 738～740

Robins N, Clover R, Singh C. 2009. A Climate for Recovery: The colour of stimulus goes green. Global Research. HSBC Bank plc. London, UK: HSBC

Robinson J. 1990. Futures under glass: a recipe for people who hate to predict. Futures, 22 (8): 820～842

Robinson J, et al. 2006. Climate change and sustainable development: realizing the opportunity. Ambio, 35 (1): 2～8

Ross R. McKitrick. 1998. The econometric critique of computable general equilibrium modeling : the role of functional forms. Economic Modelling, 15 (4) : 543～573

Rotmans J, Dowlatabadi H. 1998. Integrated assessment modeling. Columbus, OH, Battelle

Rutherford S, et al., 2005. Proxy-based Northern Hemisphere surface temperature reconstructions: sensitivity to methodology, predictor network, target season and target domain. J Climate, 18: 2308～2329

Sabine Messner, Leo Schrattenholzer. 2000. MESSAGE-MACRO : linking An Energy Supply Model With A Macroeconomic Module and Solving It Iteratively. Energy, 25 (3) : 267～282

Sagar A. 2000. Capacity building for the environment: view for the South, view for the North. Annual Review of Energy and the Environment, 25: 377～439

Salam A, Bauer H, Kassin K, Ullah S M, Puxbaum H 2003. Aerosol chemical characteristics of a mega～city in Southeast Asia (Dhaka-Bangladesh) . Atmos Environ, 37: 2517～2528

Sands R, Leimbach M. 2003. Modeling agriculture and land use in an integrated assessment framework. Climatic Change, 56: 185～210

Sang W G, Su H X. 2009. Interannual NPP variation and trend of Picea schrenkiana forests under changing climate conditions in the Tianshan Mountains, Xinjiang, China. Ecological Research, 24 (2): 441～452

Scaife A A, et al. 2009. The CLIVAR C20C Project: Selected 20th century climate events. Climate Dynamics, 33: 603 - 614, DOI 10. 1007/ s00382-008-0451-1

Schlamadinger, et al. 2007. A synopsis of land-use, land use change and forestry (LULUCF) under the Kyoto Protocol and Marrakech Accords. Environmental Science and Policy, 10: 271～282

Schneider S H, Londer R. 1984. The Co-evolution of climate and life. San Francisco: Sierra Club Books

Schneider S H, Semenov S, Patwardhan A, et al. 2007. Assessing key vulnerabilities and the risk from climate change. In: Parry M L, Canziani O F, Palutikof J P, et al. Climate change 2007: impacts, adaptation and vulnerability. Contribution of working group II to the fourth assessment report of the intergovernmental panel on climate change. Cambridge, United Kingdom and New York: Cambridge University Press

Sellers P J, Mints Y, Sud Y C, Dalcher A, 1986. A simple biosphere model (SiB) for use within general circulation models. J Atmorsp Sci, 43: 505～531

Sheppard P R, Tarasov P E, Graumlich L J. 2004. Annual precipitation since 515 BC reconstructed from living and fossil juniper growth of northeastern Qinghai Province, China. Clim Dyn, 23 (7/8): 869～881

Shi G Y, et al. 1997. A physical model for the global mean surface air temperature anomalies over the past century. Chinese Science Bulletin, 42 (No. 8): 658～662

Shi G Y, et al. 2005. Sensitivity experiments on the effects of optical properties of dust aerosols on their radiative forcing under clear sky condition. J Meteor Soc Japan, 83A: 333～346

Shi G Y, et al. 2008. Data quality assessment and the long-term trend of ground solar radiation in China. J App Met Climato, 47: 1006～1016

Shi G Y, Fan X B. 1992. Past, present and future climatic forcing due to greenhouse gases. Adv Atmos Sci, 9 (3): 279～286

Shimizu K, Tanaka Fujimori M. 2000. Chemosphere - global change science 2 (2000) 425-434, abatement technologies for N_2O emissions in the adipic acid industry

Shine K P, Berntsen T K, Fuglestvedt J S, and Sausen R. 2005. Scientific issues in the design of metrics for inclusion of oxides of nitrogen in global climate agreements. Proc Natl Acad Sci USA, 102 (14): 15 768～15 773

Shui B，Harriss R. 2006. The role of CO_2 embodiment in US－China trade. Energy Policy，34：4063～4068

Singer S F，Avery D. 2007. Unstoppable global warming：every 1500 years. Rowman—Little field Publishers，Inc

Sist P，et al. 1998. Harvesting intensity versus sustainability in Indonesia. Forest Ecology and Management，108：251～260

Sitch S，et al. 2003. Evaluation of ecosystem dynamics，plant geography and terrestrial carbon cycling in the LPJ Dynamic Global Vegetation Model. Global Change Biology，9：161～185

Slingo J，et al. 2003. Scale interactions on diurnal to seasonal timescales and their relevance to model systematic errors. Ann Geophys，46：139～155

Smith D J，et al. 1996. Concentrations of particulate airborne polycyclic aromatic hydrocarbons and metals collected in Lahore，Pakistan. Atmos Environ，30：4031～4040

Smith P，et al. 2007. Agriculture. In：Metz B，Davidson O R，Bosch P R，Dave R，Meyer L A. Climate change 2007：mitigation. Contribution of working group III to the fourth assessment report of the intergovernmental panel on climate change. Cambridge，United Kingdom and New York，NY，USA：Cambridge University Press

Smith T M，et al. ，2005. New surface temperature analyses for climate monitoring. Geophys Res Lett，32：L14712

Smith T M，Reynolds R W. 2005. A global merged land-air-sea surface temperature reconstruction based on historical observations（1880-1997）. J Climate，18：2021～2036

Song J M. 2009. Biogeochemical Processes of Biogenic Elements in the China Marginal Seas. Springer & Zhejiang University Press

Soon W，Baliunas S，2003. Proxy climatic and environmental changes of the past 1000 years Clim Res，23（2）：89-110

Steadman R G. 1984. A universal scale of apparent temperature. J Clim Appl Meteorol，23：1674～1687

Stephens B B，et al. 2007. Weak northern and strong tropical land carbon uptake from vertical profiles of atmospheric CO_2. Science，316：1732～1735

Stern N. 2006. The economics of climate change：the stern review. Cambridge：Cambridge University Press

Stern N. 2007. The economics of climate change：the stern review. Cambridge：Cambridge University Press

Stern N. 2008. Key Elements of a Global Deal on Climate Change . The London School of Economics and Political Science （LSE）. April 30

Stern Nicholas. 2009. A blueprint for a safer planet：how to manage climate change and create a new era of prosperity. London：The Bodley Head

Stirling A. 2007. Risk，precaution and science ：towards a more constructive policy debate. European Molecular Biology Organization Reports，8（4）：309～315

Streets D G，Bond T C. ，Carmichael G R，Fernandes S D，Fu Q，He D，Klimont Z，Nelson S M，Tsai N Y，Wang M Q，Woo J H，Yarber K F. 2003. An inventory of gaseous and primary aerosol emissions in Asia in the year 2000. J Geophys Res，108（D21）：8809，doi：8810. 1029/2002JD003093

Streets D G，Yu C，Wu Y，et al. 2008. Aerosol trends over China，1980-2000. Atmos Res，88：174～182

Su B D，Jiang T，Jin W. 2006. Recent trends in temperature and precipitation extremes in the Yangtze River basin，China. Theoretical and Applied Climatology，83（1-4）：139～151

Subhes C. Bhattacharyya. 1996. Applied general equilibrium models for energy studies ：a survey. Energy Economics，18（3）：75～80

Sudip Mitra，et al. 1999. Effect of rice cultivars on methane emission. Agriculture，Ecosystems and Environment，73：177～183

Sun Y，Solomon S，Dai A. 2006. How often does it rain? J Climate，19：916～934

Susan Solomon，Dahe Qin，et al. 2007. Climate change：the physical science basis，IPCC WG1 AR4 Report，2007. Cambridge，UK，New York，USA：Cambridge University Press

Takahashi T，et al. 1997. Global air-sea flux of CO_2：an estimate based on measurements of sea-air pCO_2 difference. Proceedings of the National Academy of Sciences，94：8292～8299

Takahashi T，et al. 2002. Global sea-air CO_2 flux based on climatological surface ocean pCO_2 and seasonal biological and temperature effects. Deep-Sea Research II，49：1601～1622

Tanaka S，Nishii R. 1997. A model of deforestation by human population interactions. Environmental and Ecological Statistics, 4 (1): 83~92

Tang Q, et al. 2008. Hydrological Cycles Change in the Yellow River Basin during the Last Half of the Twentieth Century. J Climate, 21: 1790~1806

Tang Xiaohui, et al. 2009. Warming trend in northern East China Sea in recent four decades. Chinese Journal of Oceanology and Limnology, 27 (2): 185~191

Tang X L, et al. 2006. Soil-atmospheric exchange of CO_2, CH_4, and N_2O in three subtropical forest ecosystems in southern China. Global Change Biology, 12, 546~560

Tan Ming, et al. 2003. Cyclic rapid warming on centennial scale revealed by a 2650~year stalagmite record of warm season temperature. Geophys Res Lett, 30 (12): 1617~1621

Tao F L, et al. 2008. Climate-crop yield relationships at provincial scales in China and the impacts of recent climate trends. Climate Research, 38: 83~94

Tao Shiyan, Chen Longxun. 1987. A review of recent research on the East Asian Monsoon in China. In: Chang C-P and Krishnamurti T N, (eds). Monsoon Meteorology. London: Oxford University Press

Tao Shiyan, Zhang Xiaoling. 2004. The seasonal change of rainfall patterns in East Asia and its relationship with the seasonal change of the East Asian summer monsoon. The Fourth International Symposium on Asian Monsoon System (ISAM4). Kunming City Yunnan Province, China, 24~29 May, 4~8

The office of Tonny Blair, the Climate Group. 2009. Breaking the climate deadlock: a global deal for our low-Carbon future. Report submitted to the G8 Hokkaido Toyako Summit. http://www.cop15.dk/NR/rdonlyres/64EB28CF-9665-4345-AB53-46BC63BA1E02/0 /AGlobalDealforOurLowGarbonFuture.pdf, Nov. 2008

Trenberth K E, et al. 2007. Observations: surface and atmospheric climate change. In: Solomon S, Qin D, Manning M, et al. Climate Change 2007: The Physical Science Basis. Contribution of Working Group 1 to the Fourth Assessment Report of the Intergovernmental Panel on Climate Change. Cambridge: Cambridge University Press

Twohy C H, et al. 2005. Evaluation of the aerosol indirect effect in marine stratocumulus clouds: droplet number, size, liquid water path, and radiative impact. J Geophys Res, 110, D08203, doi: 10.1029/2004JD005116

UNFCCC. 2008a. Carbide Calcium Cement Production in Zhejiang Province, http://cdm.unfccc.int/Projects/DB/DNV-CUK1218616488.94/view. 2009-10-7

UNFCCC. 2008b. Blended cement production in Shanxi Province. http://cdm.unfccc.int/Projects/DB/JQA1219212928.84/view. 2009-10-7

UNFCCC. 2009. Catalytic N_2O Abatement Project in the tail gas of the Caprolactam production plant in Thailand, http://cdm.unfccc.int/Projects/DB/ DNV-CUK1221294154.43/view. 2009-10-7

Usoskin I G, et al. 2004. Latitudinal dependence of low cloud amount on Cosmic ray induced ionization. Geophys Res Lett, 31, L16109

Venkataraman C, Reddy C K, Josson S, Reddy M S. 2002. Aerosol size and chemical characteristics at Mumbai, India, during the INDOEX-IFP (1999). Atmos Environ, 36, 1979~1991

Vinnikov K Y, Groisman P Y, Lugina K M, 1990. Empirical data on contemporary global climate changes (temperature and precipitation). J Climate, 3: 662~677

Vollmer M K, et al. 2009. Emissions of ozone- depleting halocarbons from China. Geophys Res Lett, 36: doi: 10.1029/2009GL038659

von Storch H, et al. 2004. Reconstructing past Climate from Noisy Data. Science, 306: 679~682

Walker W E, Harremoës P, Rotmans J. 2003. Defining uncertainty a conceptual basis for uncertainty management in model-based decision support. Integrated Assessment, 4 (1): 5~17

Wang B, et al. 2009. A View of Earth System Model Development, Acta Meteorologica Sinica, 23 (1): 1~17

Wang B, Chan J C L. 2002. How does ENSO regulate tropical storm activity over the western North Pacific? J Climate, 15 (13): 1643~1658

Wang B, Lin H. 2002. Rainy Season of the Asian-Pacific Summer Monsoon. J Climate, 15: 386~398

Wang C. 2004. A modeling study on the climate impacts of black carbon aerosols. J Geophys Res, 109, D03106, doi: 10.1029/2003JD004084

Wang C, et al. 2007. Evaluation of the economic and environmental impact of converting cropland to forest: A case study in Dunhua county, China. Journal of Environmental Management, 85: 746~756

Wang Genxu, et al. 2008. Effects of permafrost thawing on vegetation and soil carbon pool losses on the Qinghai-Tibet Plateau, China. Geoderma, 143 (1~2): 143~152, doi: 10.1016/j.geoderma.2007.10.023

Wang H, et al. 2003. The impact of land-cover modification on the June meteorology of China since 1700-Simulated using a regional climate model. International Journal of Climatology, 23: 511~527

Wang H, et al. 2004. Radiative forcing due to dust aerosol over cast east Asia and North Pacific in spring 2001. Chinese Science Bulletin 49: 2212~2219

Wang H L, Lau K M. 2006. Atmospheric hydrological cycle in the tropics in twentieth century coupled climate simulations, Int. J Climatol, 26: 655~678

Wang M H, Knobelspiesse K D, McClain C R. 2005. Study of the Sea-Viewing Wide Filed-of-View Sensor (Sea WiFs) aerosol optical property data over ocean color products. J Geophys Res, 110, D10S06, doi: 10.1029/2004JD004950

Wang S B, et al. 1995. Measurements of atmospheric N_2O concentration and its emission fluxes from soils in China. Sci in China Series B, 38 (9): 1101~1107

Wang S, et al. 2004. Abrupt climate change around 4 ka BP: Role of the thermohaline circulation as indicated by a GCM experiment. Adv Atmos Sci, 21 (2): 291~295

Wang S, et al. 2007. Carbon sinks and sources in China's forests during 1901~2001. Journal of Environmental Management, 85: 524~537

Wang Shao-Wu, Li Wei-Jing. 2007. Climate of China. Beijing: China Meteorological Press

Wang S W, et al. 2002. Study on change of global average temperature in the past thousand years. Advance in Natural Sciences, 12: 1145~1149

Wang T J, et al. 2003. Seasonal variations of anthropogenic sulphate aerosol and direct radiative forcing over China. Meteorology and Atmospheric Physics, 84 (3-4): 185~193

Wang T, et al. 2006. Investigations of Main Factors Affecting Tropospheric Nitrate Aerosol using a Coupling Model. China Particuology, 4 (6): 336~341

Wang X, et al. 2005. Evolution of the southern Mu Us Desert in north China over the past 50 years: An analysis using proxies of human activity and climate parameters. Land Degradation & Development, 16 (4): 351~366

Wang Y M, Lean J L, Sheeley N R. 2005. Modeling the sun's magnetic field and irradiance since 1713. Astrophys J, 625: 522~538

Wang Yongjin, et al. 2001. A high resolution absolute dated late Pleistocene monsoon record from Hulu cave. China. Science, 294 (5550): 2345~2348

Wang Y S, et al. 2005. Effects of environmental factors on N_2O emission from and CH_4 uptake by the typical grasslands in the Inner Mongolia. Chemosphere, 58: 205~215

Wanninkhof R H. 1992. Relationship between gas exchange and wind speed over the ocean. J Geophy Res, 97 (CS): 7373~7381

Weber C L, Peters G P, Guan D, and Hubacek K. 2008. GUAN Dabo and KLAUS Hubacek. The Contribution of Chinese Export to Climate Change. Energy Policy, 36: 3572~3577

Weiss R A, McMichael A J. 2004. Social and environmental risk factors in the emergence of infectious diseases. Nat Med 10, S70~76

Weitzman M L. 2001. Gamma discounting. American Economic Review, 91: 260~271

Wene C O. 1996. Energy-economy Analysis: Linking the Microeconomic and Systems Engineering Approaches. Energy, 21 (9): 809~824

Wen Xinyu, Zhou Tianjun, Wang Shaowu, Wang Bin, Wan Hui, and Li Jian. 2007. Performance of a Reconfigured Atmospheric General Circulation Model at Low Resolution. Adv Atmos Sci, 24 (4): 712~728

Willett H C. 1950. Temperature trends in the past century. Centenary Proceedings of the Royal Meteorological Society, 195~206

William D Nordhaus. 1994. Managing the global commons: the economics of climate change. The MIT Press

William D Nordhaus. 2000. Warming the world: economic models of global warming. The MIT Press

Wilson D, Swisher J. 1993. Exploring the gap : top-down vs bottom-up analysis of the cost of mitigating global warming. Energy Policy, 21 (3) : 249~263

Wing Ian Sue. 2008. The synthesis of bottom-up and top-down approaches to climate policy modeling : electric power technology detail in a social accounting framework. Energy Economics, 30 (2) : 547~573

Winjum J K, Dixon R K, Schroeder P E. 1993. Forest management and carbon storage: an analysis of 12 key forest nations. Water Air Soil Pollut, 70: 239~257

Wu Bingyi, Yang Kun, Zhang Renhe. 2009. Eurasian snow cover variability and its association with summer rainfall in China. Adv Atmos Sci, 26 (1): 31~44, doi: 10. 1007/s00376-009-0031-2

Wu J, et al. 2004. Simulation of the radiative effect of black carbon aerosols and the regional climate responses over China. Adv Atmos Sci, 21: 637~649

Wu J, et al. 2008. Simulation of direct effects of black carbon aerosol on temperature and hydrological cycle in Asia by a Regional Climate Model. Meteorol Atmos Phys, 100: 179~193

Wu Q, Zhang T, 2008. Recent Permafrost Warming on the Qinghai-Tibetan Plateau. J Geophys Res, 113, D13108, doi: 10. 1029/2007JD009539, 2008

Wu Q, Zhang T. 2010. Changes in active layer thickness over the Qinghai-Tibetan Plateau from 1995-2007, J Geophys Res, 115, D09107, doi: 10. 1029 / 2009JD01297

Wu S H, et al. 2010. Impact of future climate change on terrestrial ecosystems in China, Int. J Climatol, 30: 866~873

Wu Tongwen, Yu Rucong, Zhang Fang, et al. 2010. The Beijing climate center atmospheric general circulation model (BCC _ AGCM2. 0. 1): description and its performance for the present-day climate. Clim Dyn, 34: 123~147, doi 10. 1007/s00382-008-0487-2

Wu Tongwen, Rucong Yu, Fang Zhang. 2008. A modified dynamic framework for atmospheric spectral model and its application. J Atmos Sci, 65: 2235~2253

Xiao Cunde, et al. 2007. Observed changes of cryosphere in China over the second half of the 20th century: an overview. Annals of Glaciology, 46 (1): 382~390, doi: 10. 3189/172756407782871396

Xiao H Y, Liu C Q. 2004. Chemical characteristics of water ~ soluble components in TSP over Guiyang, SW China, 2003. Atmos Environ, 38: 6297~6306

Xia X, et al. 2007a. Significant reduction of surface solar irradiance induced by aerosols in a suburban region in northeastern China. J Geophys Res, 112, D22S02, doi: 10. 1029/2006JD007562

Xia X, et al. 2007b. Estimation of aerosol effects on surface irradiance based on measurements and radiative transfer model simulations in northern China, J Geophy Res, 112, D22S10, doi: 10. 1029/2006JD008337

Xia X, et al. 2007c. Aerosol optical properties and radiative effects in the Yangtze Delta region of China, J Geophys Res, 112, D22S12, doi: 10. 1029/2007JD008859

Xie P, et al. 2007. A gauge-based analysis of daily precipitation over East Asia. J Hydrol, 8 (3): 607~626

Xie Z, et al. 2007. Soil organic carbon stocks in China and changes from 1980s to 2000s. Global Change Biology, 13: 1989~2007

Xing G X. 1998. N_2O emission from cropland in China. Nutrient Cycling in Agroecosystems, 52: 249~254

Xiong W, et al. 2009a. Potential impacts of climate change and climate variability on China's rice yield and production. Climate Research, 40: 23~35

Xiong W, Conway D, Lin E D. 2009b. Future cereal production in China: The interaction of climate change, water availability and socio-economic scenarios. Global Environmental Change, 19: 34~44

Xiong W, Lin E D, Ju H, et al. 2007. Climate change and critical thresholds in China's food security. Climatic Change, 81: 205~221

Xu D Y, Yan H. 2001. A study of the impacts of climate change on the geographic distribution of Pinus koraiensis in China. Environment International, 27 (2-3): 201~205

Xue Y K, et al. 2005. Multiscale variability of the river runoff system in China and its long-term link to precipitation and sea surface temperature. Journal of Hydrometeorology, 6: 550~570

Xu R, et al. 2003. A comparison between measured and modeled N_2O emissions from Inner Mongolian semi-arid grassland. Plant Soil, 255: 513~528

Xu Y, et al. 2009. A daily temperature dataset over China and its application in validating a RCM Simulation. Adv Atmos Sci, 26 (4): 763~772

Xu Y F, Li Y C. 2009. Estimates of anthropogenic CO_2 uptake in a global ocean model. Adv Atmos Sci, 26 (2): 265~274

Xu Y, Giorgi F, Gao X J. 2010. Upgrades to the REA method for producing probabilistic climate change predictions. Climate Res, doi: 10.3354/cr00835

Xu Z X, Li J Y, Liu C M. 2007. Long-term trend analysis for major climate variables in the Yellow River basin. Hydrological Processes, 21: 1935~1948

Yang B, Brauning A, Shi Y F. 2003. Late Holocene temperature fluctuations on the Tibetan Plateau. Quaternary Science Reviews, 22 (21/22): 2335~2344

Yang B, et al. 2002. General characteristics of temperature variation in China during the last two millennia. Geophys Res Lett, 29 (9): 38-1-4

Yang Y H, et al. 2008. Storage, patterns and controls of soil organic carbon in the Tibetan grasslands. Global Change Biology, 14: 1592~1599

Yang Z B, Hodgkiss I J. 2004. Hong Kong's worst "red tide" —causative factors reflected in a phytoplankton study at Port Shelter station in 1998. Harmful Algae, 3 (2) : 149~161

Yan X Y, Akimoto H, Ohara T. 2003. Estimation of nitrous oxide, nitric oxide and ammonia emissions from croplands in East, Southeast and South Asia. Global Change Biology, 9 (7): 1080~1096

Yan Y P, Sha L Q, Cao M, Zheng Z, Tang J W, Wang Y H. Zhang Y P, Wang R, Liu G R, Wang Y S, Sun Y. 2008. Fluxes of CH_4 and N_2O from soil under a tropical seasonal rain forest in Xishuangbanna, Southwest China. J Environ Sci-China, 20: 207~215

Yan Z, Yang C. 2000. Geographic patterns of extreme climate changes in China during 1951-1997. Climatic and Environmental Research, 5 (3): 267~272

Ye B, et al. 2003a. Concentration and chemical composition of PM2.5 in Shanghai for a 1- year period. Atmos Environ, 37: 499~510

Ye Baisheng, et al. 2003b. Responses of various-sized alpine glaciers and runoff to climate change. Journal of Glaciology, 49 (164): 213~218, doi: 10.3189/172756503781830999

Ye Baisheng, et al. 2009. Variation of hydrological regime with permafrost coverage over Lena Basin in Siberia. J Geophys Res, 114, D07102, doi: 10.1029/2008JD010537

Yohe G, Tol R S J. 2002. Indicators for social and economic coping capacity-moving toward a working definition of adaptive capacity. Global Environ. Chang, 12, 25~40

Yu G R, et al. 2008. Environmental controls over carbon exchange of three forest ecosystems in eastern China. Global Change Biology, 14: 2555~2571

Yu G R, Fu Y L, Sun X M, et al. 2006. Recent progress and future directions of ChinaFLUX. Science in China Series D, 49: 1~23

Yu G R, Wen X F, Tanner B D, et al. 2006. Overview of ChinaFLUX and evaluation of its eddy covariance measurement. Agricultural and Forest Meteorology, 137: 125~137

Yu Y, et al. 2008. Coupled Model Simulations of Climate Changes in the 20th Century and Beyond. Adv Atmos Sci, 25 (4): 641~654

Zhai P M, Pan X H. 2003. Trends in temperature extremes during 1951- 1999 in China. Geophys Res Lett, 30, doi: 10.1029/2003Gl018004

Zhai P M, Ren F M, Zhang Q. 1999. Detection of trends in China's precipitation extremes, 1999. Acta Meteorologica Sinica, 57: 208~216

Zhai P M, Zhang X B, Wan H, et al. 2005. Trends in total precipitation and frequency of daily precipitation extremes over China. J Climate, 18: 1096~1108

Zhang De'er. 1994. Evidences for the existence of the Medieval warm Period in China Climatic Change. 26 No. 2~3 289~298

Zhang De'er. 2005. Severe drought events as revealed in the climate records of china and their temperature situations over the last 1000 years. Acta Meteorologica Sinica，19（4）：485~491

Zhang De'er, Li H, Ku T, Lu L. 2010. On linking climate to Chinese dynastic change: Spatial and temporal variations of monsoonal rain. Kexue Tongbao, 55（1）：77~83

Zhang D F, et al. 2009. Simulation of dust aerosol and its regional feedbacks over East Asia using a regional climate model. Atmos Chem Phys, 9, 1095~1110

Zhang H, et al. 2009. A modeling study of the effects of direct radiative forcing due to carbonaceous aerosol on the climate in East Asia. Adv Atmos Sci, 26（1）：57~66

Zhang H, Wu J X. 2009. A study of radiative forcing and global warming potentials due to HFCs, AIP（American Institute of Physics）Conf. Proc. , 1100（1）：593~596

Zhang H, Wu J X, Lu P. 2011. A study of the radiative forcing and global warming potentials of hydro-fluoro-carbons. Journal of Quantitative Spectroscopy & Radiative Transfer, 112: 220~229

Zhang Renhe, et al. 2008. The decadal shift of the summer climate in the late 1980s over eastern China and its possible causes. Acta Meteorologica Sinica, 22（4）：435~445

Zhang W, et al. 2008. Emissions of nitrous oxide from three tropical forests in Southern China in response to simulated nitrogen deposition. Plant Soil, 306: 221~236

Zhang X Y, Wang Y Q, Lin W L. 2009. Changes of atmospheric compositions and optical property over Beijing: 2008 Olympic Monitoring Campaign. Bulletin of the American Meteorological Society, 90: 1633~1651

Zhang X L, et al. 2009. China's wind industry: policy lessons for domestic government interventions and international support. Climate Policy, 9（5）：553~564

Zhang X Q, Xu D Y. 2003. Potential carbon sequestration in China's forests. Environmental Science and Policy, 6（5）：421~432

Zhang X Y, et al. 2002a. Characterization of Atmospheric Aerosol over XiAn in the South Margin of the Loess Plateau, China. Atmos Environ, 36: 4189~4199

Zhang X Y, et al. 2002b. Atmospheric dust loadings and their relationship to rapid oscillations of the Asian winter monsoon climate: two 250-kyr loess records. Earth and Planetary Science Letters, 202: 637~643

Zhang X Y, et al. 2003. Sources of Asian dust and role of climate change versus desertification in Asian dust emission. Geophys Res Lett, 30, doi: 10. 1029/2003GL018206, 2272

Zhang X Y, et al. 2005. Characterization and sources of regional~scale transported carbonaceous and dust aerosols from different pathways in costal and sandy land areas of China. J Geophys Res, 110: D15301, doi: 10. 1029/2004JD005457

Zhang X Y, et al. 2008a. Carbonaceous aerosol composition over various regions of China during 2006. J Geophys Res 113, doi: 10. 1029/2007JD009525

Zhang X Y, et al. 2008b. Aerosol monitoring at multiple locations in China: contributions of EC and dust to aerosol light absorption. Tellus B 60B: 647~656, 10. 1111/j. 1600~0889. 2008. 00359

Zhang Yaocun, et al. 2006. Seasonal evolution of the upper-tropospheric westerly jet core over East Asia. Geophys Res Lett, 33, L11708, doi: 10. 1029/2006GL026337

Zhang Y, et al. 2006. A future climate scenario of regional changes in extreme climate events over China using the PRECIS climate model. Geophys Res Lett, 33: L24702

Zhang Y, et al. 2009. A 1232 years tree-ring record of climate variability in the Qilian Mountains, Northwestern China. IAWA J, 30（4）：407~429

Zhang Y H, Wang W Q, Chen L Q. 2000. Advances in studies of oceanic carbon dioxide. Advance in Earth Science, 55: 559~564

Zhang Yongsheng, Li Tim, Wang Bin. 2004. Decadal Change of the Spring Snow Depth over the Tibetan Plateau: the Associated Circulation and Influence on the East Asian Summer Monsoon. J Climate, 17（14）：2780~2793, doi: 10. 1175/1520-0442（2004）017<2780: DCOTSS>2. 0. CO; 2

Zhao L, et al. 2004. Changes of climate and seasonally frozen ground over the past 30 years in Qinghai-Xizang（Tibetan）Plateau, China. Global Planet Change, 43: 19~31

Zhao L, et al. 2006. Diurnal, seasonal and annual variation in net ecosystem CO_2 exchange of an alpine shrubland on Qinghai-Tibetan plateau. Global Change Biology, 12: 1940~1953

Zhao Lin, et al. 2000. Chapther 6: permafrost: status, variation and impacts. In: Zheng Du, Zhang Qingsong and Wu Shaohong. Mountain Geoecology and Sustainable Development of the Tibetan Plateau. Kluwer Academic Publishers, Kluwer - Boston-London, 113~138

Zhao Lin, et al. 2008. Regional changes of permafrost in central Asia. In: Proceedings of 9th International Conference on Permafrost, Fairbanks, Alaska, US., 2061~2069

Zhao M, Pitman A, Chase T N. 2001. The impacts of land cover change on the atmospheric circulation. Clim Dyn, 17: 467~477

Zhao M, Zhou G S. 2006. Carbon storage of forest vegetation in China and its relationship with climatic factors. Climate Change, 74: 175~189

Zhao Ping. 2009. Long-term changes of rainfall over Eastern China and large-scale atmospheric circulation associated with recent global warming. J Climate, doi: 10.1175 /2009JCLI2660.1

Zhao Ping, Zhou Zijiang, Liu Jiping. 2007. Variability of Tibetan spring snow and its associations with the hemispheric extratropical circulation and East Asian summer monsoon rainfall: an observational investigation. J Climate, 20 (15): 3942~3955, doi: 10.1175/JCLI4205.1

Zhao Zong-Ci, et al. 2005. Recent studies on attributions of climate change in China. Acta Meteorologica Sinica, 19: 389~400

Zhao Zong-ci, et al. 2009. Impacts of dimming and brightening on warming in China. Scientific Research Monthly, 8: 34~37

Zheng Jingyun, et al. 2006a. Climate and extreme events in central ~ southern region of eastern China during 1620 ~ 1720. Advanced in Geosciences, Volume 2: Solar Terrestrial. Singapore: World Scientific Co Pte Ltd

Zheng Jingyun, et al. 2006b. Precipitation variability and extreme events in Eastern China during the past 1500 years. Terrestrial Atmospheric and Oceanic Sciences, 17 (3): 579~59

Zheng Jingyun, Hao Zhixin, Ge Quan Sheng. 2005. Reconstruction of annual precipitation in the Middle and Lower Researches of the Yellow River for the last 300 years. Science in China, 35: 765~774

Zheng X H, et al. 2004. Re~quantifying the emission factors based on field measurements and estimating the direct N_2O emission from Chinese croplands. Global Biogeochem Cycl, 18, GB2018

Zheng X H, Liu C Y, Han S H. 2008. Description and application of a model for simulating regional nitrogen cycling and calculating nitrogen flux. . Adv Atmos Sci, 25: 181~201

Zhou G S, et al. 2008. Toward a general evaluation model for soil respiration (GEMSR). Science in China Series C, 51: 254~262

Zhou G Y, et al. 2006. Old-growth forests can accumulate carbon in soils. Science, 314: 1417

Zhou H, Rompaey A V, Wang J. 2009. Detecting the impact of the "Grain for Green" program on the mean annual vegetation cover in the Shaanxi province, China using SPOT-VGT NDVI data. Land Use Policy, 26: 954~960

Zhou L X, et al. 2004. Ten years of atmospheric methane observations at a high elevation site in Western China. Atmos Environ, 38: 7041~7054

Zhou L X, et al. 2005. Long-term record of atmospheric CO_2 and stable isotopic ratios at Waliguan Observatory: background features and possible drivers, 1991~2002. Global Biogeochem Cycles, 19: doi: 10.1029/2004GB002430

Zhou L X, et al. 2006. Long-term record of atmospheric CO_2 and stable isotopic ratios at Waliguan Observatory: Seasonally averaged 1991-2002 source/sink signals, and a comparison of 1998-2002 record to the 11 selected sites in the Northern Hemisphere. Global Biogeochem Cycles, 20 (2): GB2001, doi: 10.1029/2004GB002431

Zhou M J, Shen Z L, Yu R C. 2008a. Responses of a coastal phytoplankton community to increased nutrient input from the Changjiang (Yangtze) River. Continental Shelf Research, 28 (12): 1483~1489

Zhou M J, et al. 2008b. Role of short-term climate fluctuation on the outbreak of a large-scale dinoflagellate bloom along the east Chinese coast in 2005. Proceedings of the 12th International Conference on Harmful Algae

Zhou T, et al. 2007. Progress in the Development and Application of Climate Ocean Models and Ocean-atmosphere Coupled Models in China. Adv Atmos Sci, 24 (6): 729~738

Zhou T, et al. 2008a. A fast version of IAP/LASG climate system model and its 1000-year control integration, Adv Atmos

Sci，25（4）：655～672

Zhou T，et al. 2008b. The CLIVAR C20C project：which components of the Asian-Australian monsoon circulation variations are forced and reproducible? Clim Dyn，DOI 10. 1007/s00382-008-0501-8

Zhou Tianjun，et al. 2000. The North Atlantic Oscillation Simulated by Version 2 and 4 of IAP/LASG GOALS Model. Adv Atmos Sci，17（4）：601～616

Zhou Tianjun，Yu R，Li H，Wang B. 2008c. Ocean forcing to changes in global monsoon precipitation over the recent half century，J Climate，21：3833～3852

Zhou Tianjun，Yu Rucong. 2006. 20th century surface air temperature over China and the globe simulated by coupled climate models，J Climate，19：5843～5858

Zhou Tianjun，Zhaoxin Li. 2002. Simulation of the east Asian summer monsoon by using a variable resolution atmospheric GCM. Clim Dyn，19：167～180

Zhou T，Wu B，Wang B. 2009a. How well do Atmospheric General Circulation Models capture the leading modes of the interannual variability of Asian-Australian Monsoon? J Climate，22：1159～1173

Zhou T，et al. 2009b. Why the Western Pacific subtropical high has extended westward since the Late 1970s. J Climate，22：2199～2215

Zhou X N，et al. 2007. Epidemiology of Schistosomiasis in the People's Republic of China，2004. Emerging Infectious Diseases，13（10）：1470～1476

Zhou X N，et al. 2008. Potential impact of climate change on schistosomiasis transmission in China. Am J Trop Med Hyg，78：188～194

Zou J W. 2007. Quantifying direct N_2O emissions in paddy fields during rice growing season in mainland China：Dependence on water regime. Atmos Environ，41：8030～8042

Zou J W，et al. 2009. Changes in fertilizer～induced direct N_2O emissions from paddy fields during rice-growing season in China between 1950s and 1990s. . Global Change Biology，15：229～242

Zou Xukai，Zhai Panmao，Zhang Qiang. 2005. Variations in droughts over China：1951～2003. Geophys Res Lett，32，L04707，doi：10. 1029/2004GL021853

Zuo Juncheng，et al. 2001. Effect of sea level variation upon calculation of engineering water level. In：China Ocean Engineering，15（3）：383～394

名 词 解 释

地面温度的变化：如果想用一个单一的热力学物理量来表征全球气候状况的话，那么地面温度无疑是最恰当不过的。因此，地面温度的变化（ΔTs）是温室气候效应的最直观、也是最终的一种度量。但是，它取决于地气系统中的多种反馈过程，例如水汽—温度反馈、雪冰反照率—温度反馈以及云—气候反馈等。对这些过程，目前尚未完全了解。因此，即使在气候系统的外部强迫已知的条件下，对 ΔTs 的预测的不确定性仍然很大。比如，当大气中 CO_2 浓度增加 1 倍时，目前预测的 ΔTs 在 $1.5^\circ C \sim 4.5^\circ C$ 之间，相差 3 倍左右，实际上可能更大。

辐射强迫（RF）与气候变化的辐射强迫（RFCC）：辐射强迫（RF）指的是某种辐射强迫因子变化时，它所造成的大气对流层顶净辐射通量的变化，它可以描述单一事件（例如某次沙尘暴的爆发）对地气系统辐射收支的扰动，其时间尺度可能较短；但是，气候变化的辐射强迫（RFCC）是完全不同的概念。按照 IPCC，它指的是工业革命（1750 年）以来某种辐射强迫因子所造成的对全球气候变化的辐射强迫，描述的是某种"历史演变"。二者不可以混为一谈。当然，RF 的概念可以从对流层顶推广到大气顶和地面，但应当在有关行文中予以指明。

古气候（paleoclimate）：指现代气象观测仪器出现以前的气候，包括历史气候和地质时期气候。历史时期气候主要利用历史文献和考古发掘物中的气候证据，以及其他高分辨率的古气候代用记录，分析历史时期的气候状况。地质时期气候研究包括寻找古气候证据和确定证据年代（称为断代技术）两个步骤。

古气候代用记录（paleoclimate proxy record）：由于气象观测记录年代短，对过去更久远的时期，须根据物理学、生物物理学、生物气候学的原理和定年技术，将出孢粉分析、树木年轮、珊瑚、石笋和各种来自冰芯、泥芯的记录，以及历史文献记载等推算成过去时期的气候要素值或相关要素的组合指标，作为过去气候的定量的替代表示，称为古气候代用记录。

多年冻土活动层：多年冻土表面至某一深度在夏季（暖季）发生融化、冬季（冷季）又重新冻结，被称作活动层，也有称其为季节融化层的。活动层厚度增加，则预示多年冻土退化。由于水和冰的密度不同，活动层冻—融循环对道路等工程的影响很大；多年冻土的水、热迁移及其对地表水循环和生态的影响也主要发生在活动层。

海平面：系指某一时间段海面的平均值，可以是月均值、年均值或其他时间尺度内的海面平均值。由于海面地形的存在，平均海平面与大地水准面并不完全重合，而是存在一定偏差。海平面可分为相对海平面和绝对海平面。

海岸带：海岸带是陆海相互作用的地带，是地圈、水圈、生物圈和大气圈相互作用最强烈的地带。对海岸带的范围有不同的理解，但现今世界各国广为采用的是 1994 年地圈生物圈计划（International Geosphere Biosphere Project，IGBP）的陆海相互作用（Land Ocean Interaction in Coastal Zone，LOICZ）核心计划所提出的。它从物质和能量交换的角度将海岸带的外界定在大陆架和大陆坡的接界之处，内界定在海岸平原的上限。

寒潮：是大范围的强冷空气在一定环流形势下向南爆发的现象，是一种大型天气过程。其主要特点是剧烈降温和大风，有时还伴有雨、雪、雨凇或霜冻。寒潮能导致河港封冻、交通中断、牲畜和早春晚秋作物受冻，但它也有利于小麦灭虫越冬、盐业制卤等。

径流：流域地表面的降水，如雨、雪等，沿流域的不同路径向河流、湖泊和海洋汇集的水流称径流。在某一时段内通过河流某一过水断面的水量称为该断面的径流量。径流是水循环的主要环节，径流量是陆地上最重要的水文要素之一，是水量平衡的基本要素。

经验正交函数（Empirical Orthogonal Function，EOF）：对一种气象要素场的时间序列或一个点多要素时间序列，用统计学工具提取主分量的分析方法。通过这样的分析，一种要素场的时间序列可以分解为若干特征函数与时间系数乘积的线性组合。特征函数不是预先给定的，而是根据经验关系确定的，并且各特征函数之间是正交的，因此称为经验正交函数，也有人称为自然正交函数。EOF 按解释总方差的多少排序，称为 EOF1，EOF2 等，其相应的时间系数称为 PC1，PC2 等。一般 3~5 个 EOF 即可解释 70% 以上的总方差，但是这与气象要素场的时空维数有关。

南亚高压（South Asian High）：对流层上层盘踞在亚洲大陆的高压，5 月进入大陆，10 月撤出大陆。其南侧为强大的东风急流。高压及与之相联的东风急流对东亚、南亚及东非—阿拉伯地区夏季降水有重要影响。

冰川平衡线、雪线：冰川上物质收入（称为积累）和支出（称为消融）之间的差额被定义为物质平衡，是冰川变化的重要指标。一年中冰川表面积累与消融相等的点的连线被称作物质平衡线或零平衡线，简称平衡线。夏季末有雪覆盖和无雪覆盖区的界限为通常所说的雪线，略高于平衡线。雪线一般是针对某一山区（或区域）而言，平衡线则针对某一具体冰川。

气象干旱指数：指综合气象干旱指数（CI）。CI 是利用近 30 天和近 90 天降水量标准化降水指数，以及近 30 天相对湿润指数进行综合而得。相对湿润指数采用 Thornthwaite 方法计算得到。CI 指数可以反映月和季节尺度干湿气候异常情况，适合实时气象干旱监测和气象干旱历史变化评估。

热带气旋：是发生在热带或副热带洋面上的低压涡旋，是一种强大而深厚的热带天气系统。通常在热带地区的海面上形成，其移动主要受科氏力及其他大尺度天气系统影响，最终在海上消散、或变性为温带气旋、或在登陆后消散。

沙尘暴：是指水平能见度小于 1km 的沙尘天气现象。沙尘天气则是指强风将地面细小尘粒卷入空中，使空气混浊、能见度明显降低的现象。按照轻重程度不同，沙尘天气分为浮尘、扬沙、沙尘暴三类。我国的沙尘暴主要出现在北方的春季。

生态系统净生产力（NEP）：如果没有收获、火灾等，则 NEP 为净初级生产力（Net Primary Production，NPP）与生态系统异养呼吸（Rh）的差值。

树轮气候学（dendroclimatology）：研究气候与树木年轮关系的学科。气候是影响树木生长的环境因子之一，通常气候适宜的年份年轮长得宽，不适宜的年份长得窄。因此由树木年轮可以间接了解过去的气候，以补气象资料的短缺。

碳汇：来源于《联合国气候变化框架公约》缔约国签订的《京都议定书》，该议定书于 2005 年 2 月 16 日正式生效。由此形成了国际"碳排放权交易制度"（简称"碳汇"）。通过对陆地生态系统的有效管理来提高固碳潜力，所取得的成效抵消相关国家的碳减排份额。

温室气体：是指那些允许太阳光无遮挡地到达地球表面、而阻止来自地表和大气发射的长波辐射逃逸到外空并使能量保留在低层大气的化合物。包括水汽（H_2O）、二氧化碳（CO_2）、甲烷（CH_4）、氧化亚氮（N_2O）、六氟化硫（SF_6）和卤代温室气体等。工业革命以来，人类活动排放导致大气中温室气体浓度迅速上升，破坏了自然平衡，增强了温室效应，造成全球气候增温。

西太平洋副热带高压（Subtropical High over the Western Pacific）：对流层中层西太平洋上的高压。由于高压母体及中心经常在日界线以东，西太平洋上主要是一个东西向的高压脊。这个脊南北向的季节性移动及东西向进退对中国夏季雨带的形成有决定性的作用。

咸潮：是一种天然水文现象，它是由太阳和月球（主要是月球）对地表海水的吸引力引起的。淡水河流量不足，令海水倒灌，咸淡水混合造成上游河道水体变咸，即形成咸潮。咸潮一般发生于冬季或干旱的季节，即每年十月至翌年三月之间出现在河海交汇处。我国长三角、珠三角周边是遭受咸潮入侵危害较为严重的河口地区。

阻塞高压（Blocking High）：对流层中层高纬度的闭合暖高压。其南部为冷空气隔断，与中低纬度暖空气母体分离。冬季阻塞高压主要出现在北大西洋东部到乌拉尔山及北太平洋东部到阿拉斯加，东亚发生的频率很低。夏季则相反，东亚的阻塞高压相对活跃，特别鄂霍次克海高压与日本的冷夏及中国的梅雨有密切关系。

情景（scenario）：是在对一系列有重要内在关系和驱动因子作出协调一致及合理假设的基础上，为世界或地区提供未来发展的可能状态。它不同于预测，并不力图描绘被研究对象未来最可能发生的情况。

敏感性（sensitivity）：是指系统（如农业、林业、渔业、自然生态系统等）受与气候变化有关（包括气候平均态的变化和气候变率的变化）的刺激因素影响的程度，包括不利和有利影响。

适应性（adaptation）：是指系统对气候变化（包括气候平均态、气候变率、极端气候事件等的多种变化）的人为或自发的可能响应，以及减轻气候变化的潜在损失、提高气候资源的利用机会或应对气候变化后果的能力。适应性的大小常与系统资源禀赋的多少相关。

脆弱性（vulnerability）：是指系统容易遭受和有没有能力应付气候变化（包括气候平均态、气候变率、极端气候事件等的多种变化）不利影响的程度。它是系统对各种气候因素变化反应的敏感性以及系统适应能力的综合反映。

阈值（threshold）：即系统所能承受的外界因素影响的临界点。气候变化的影响阈值是指使生态系统丧失自然的适应能力、粮食生产和经济的可持续发展受到威胁的气候变化的危险水平。

国内生产总值（GDP）碳排放强度（GDP carbon intensity）：指当年全国碳排放量与国内生产总值的比率。

碳捕集与封存（carton capture and storage，CCS）：指将 CO_2 从发电、水泥、钢铁、合成氨、炼油等固定排放源中分离出来，通过某种运输方式运输到特定地点，注入地下或海洋，使其与大气长期分离的过程。

低碳经济（low carbon economy）：2003 年英国政府发表了题为《我们未来的能源：创建低碳经济》的能源白皮书，首次提出了"低碳经济"概念。所谓低碳经济，是指在可持续发展理念指导下，通过技术创新、制度创新、产业转型、新能源开发等多种手段，尽可能地减少煤炭石油等能源消耗，减少温室气体排放，达到经济社会发展与生态环境保护双赢的一种经济发展形态。

减排成本（abatement cost）：每减少 1 t CO_2 排放所需成本。提高能效、发展新能源与可再生能源等是 CO_2 减排的主要措施，这些措施的实施会产生技术、设备、人力等费用，这些费用构成减排成本。

碳税（carbon tax）：对每单位 CO_2 当量征收的税目。

JI：联合履约（Joint implementation），是《京都议定书》框架下三种灵活减排机制之一，JI 是附件一国家之间的一种基于项目的合作机制，一个附件一国家提供资金和/或技术，在别的附件一国家实施减排项目，并获得项目产生的减排指标，项目所产生的减排指标从东道国的分配数量中扣除。

ET：排放贸易（Emission Trading），是《京都议定书》框架下三种灵活减排机制之一，ET 是附件一国家之间的一种纯粹的排放权贸易，不涉及具体的减排项目。

CDM：清洁发展机制（Clean Development Mechanism），是《京都议定书》框架下三种灵活减排机制中唯一连接发达国家和发展中国家的减排机制，CDM 是附件一国家和非附件一国家之间的基于项目的合作机制，附件一国家提供资金和/或技术，在非附件一国家实施减排项目，并获得项目产生的减排指标。

EB：联合国 CDM 执行理事会（Executive Board）。

DOE：指定经营实体（Designated Operational Entity），是 EB 批准的第三方独立审核查机构，负责对 CDM 申请项目进行定性评估和定量评估，以确定申请项目是否符合 CDM 标准，以及该项目的减排量。

CERs：核证减排量（Certified Emission Reductions），指 CDM 项目所产生的额外的、可核实的 CO_2 减排量，由中国的项目企业所拥有，并可出售。

DNA：CDM 项目的指定国家主管机构（Designated National Authorities）。

后 记

　　《第二次气候变化国家评估报告》的编制工作由科学技术部、中国气象局、中国科学院、外交部、国家发展和改革委员会、农业部、教育部、水利部、环境保护部、国家林业局、国家海洋局、国家自然科学基金委员会等部委组成的编写领导小组组织实施。编写领导小组对编制工作全过程进行了周密、合理的部署和安排。从 2008 年 12 月 28 日启动编制工作以来，共有 16 个部门的 158 位专家参与了评估报告的编写，另有 13 个政府部门和 78 位专家参加了评估报告的评审工作。先后六易其稿，凝练出目前书稿。这是中国第二次组织编制气候变化国家评估报告。今后将视气候变化科学研究和国际谈判形势的进展情况，视国内制定和实施气候变化政策措施的需要，编制第三次气候变化国家评估报告。